ZHONGGUO GUDAI

RIYONG HUAXUE

GONGCHENG JISHUSHI

中国古代
日用化学
工程技术史

后德俊　周嘉华 / 著

山西出版集团
山西教育出版社

彩图 1-1-1　缠藤篾朱漆木筒（河姆渡遗址出土）
（摘自《中国美术全集·工艺美术编 8》）

彩图 1-1-2　深山割漆
（摘自《中国古代漆器》）

彩图 1-3-1　秦代彩绘漆卮
（摘自《中国美术全集·工艺美术编 8》）

彩图1-4-1　针刻纹漆奁（西汉中期）
（摘自《湖北漆器图录》）

彩图1-4-2　彩绘嵌银箔漆砂砚（西汉晚期）
（摘自《中国美术全集·工艺美术编8》）

彩图1-5-1　云龙纹嵌螺钿漆背铜镜（唐代）
（摘自《中国美术全集·工艺美术编8》）

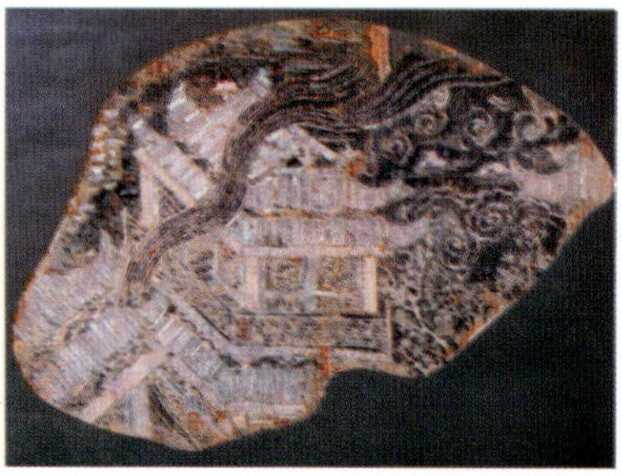

彩图1-6-1　广寒宫图嵌螺钿黑漆盘残片(元代)
(摘自《中国美术全集·工艺美术编8》)

彩图1-6-2　"卢葵生制"百宝嵌漆砂砚(清代)
(摘自《中国美术全集·工艺美术编8》)

彩图1-6-3　沈正镐制漆桃盘(清代晚期)
(摘自《中国漆器全集6·清》)

彩图2-1-1　越王勾践剑剑格上的玻璃

彩图2-2-1　玻璃牌饰
(摘自《西汉南越王墓》)

序言

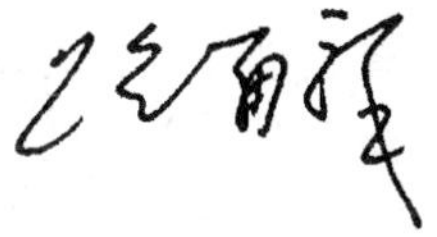

“工程技术”活动是人类最为基本的社会实践之一。现代工程技术主要表现为以科学发现来引导技术创新，并应用于生产；又围绕生产过程对技术实行集成，并以理论的形态，形成诸多独立的学科，起到联结科学与生产的桥梁作用。工程技术是在人类利用和改造自然的实践过程中逐渐产生，并发展起来的，在古代，人们只有有限，且不太系统的科学知识；科学与生产的联系也不像今天这样直接和紧密。古代工程技术，主要表现为累积了世代经验的生产手段和方法，这些手段和方法，有的经过了一定的总结和概括，有的就蕴含于生产过程之中。当然，由于目的及所采用的手段和方法的不同，古代工程技术也形成了许多门类。就中国古代工程技术而言，最为主要的有以下内容：采矿技术、冶铸技术、机械技术、建筑技术、水利技术、纺织和印染技术、造纸和印刷技术、陶瓷技术、军事技术、日用化工技术等。这些门类，也就是《中国古代工程技术史大系》所要包括的内容。

在科学技术突飞猛进的现代，来研究中国古代工程技术史，我觉得不能不思考三个问题，一是中国古代工程技术发展的特点或规律，二是中国古代工程技术实践的历史意义，三是中国古代工程技术实践的现实价值。我是学现代工程技术的，近些年因工作关系，与科学史界有较多接触，这次《中国古代工程技术史大系》编委会要我担任主编，也促使我有意识地对这些问题进行了思考，借此机会，谨将一些初步的认识梳理罗列于下，以与海内外科学史界的朋友交流、讨论。

（1）中国古代工程技术发展的主要特点

根植于中华农业文明，发展进程具有连续性、渐进性和相对独立性。

国家因素起着重大作用，具有强大组织功能的中央集权制国家机器推动产生了一系列规模宏大的工程技术实践。

独特的环境、独特的资源和独特的历史，孕育了诸多独特的发明创造。

辽阔与各具特点的地域，既孕育了丰富多样的技术成果，也导致了技术发展的地区差异。

（2）中国古代工程技术实践的历史意义

与中国古代农业技术相结合，共同构成了中华农业文明体系的技术基础。

以富有特色的大量发明创造，形成了世界古代工程技术的独特体系。

以一系列独具匠心的发明，对人类文明进步和近代世界发展作出了贡献。

凝聚了中国古人对于自然以及人与自然关系的丰富而独到的认识。

（3）中国古代工程技术实践的现实价值

当前我们正面临一个全球化的时代，现代化和全球化不能以失落传统为代价，未来世界应当是一个高度发达，同时又保有多样文化传统的多彩世界，中国古代工程技术实践的成果结晶既是中华民族文化传统的有机组成部分，也是人类科学技术传统的重要组成部分。

基于“敬天悯人”的意识，中国先贤一直以“顺天而动”、“因时制宜”、“乘势利导”、“节约民力”为工程技术活动的重要原则，由于多种因素的交互作用，既有成功，也有失败，这部“悲欣交集”的历史长卷，对于今天的工程技术实践乃至整个人类的活动，仍有丰富的启迪意义。历史的经验和教训从来都是一笔宝贵的财富，后来者要善于以史为鉴、服务当今、创造未来。

以上诸点，只是粗线条的概括性认识。我相信，本书各卷的撰著者，必然都从各自的领域和角度对这些问题进行了深入的思考，并以大量的资料进行论证，从而得出自己独立的见解，为读者展现出丰富而生动的学术成果。

中国科技史研究以往存在重数理而轻技术的现象，我希望这次通过编纂《中国古代工程技术史大系》，能够集中全国各方面专家学者的力量，对中国古代工程技术实践进行系统的整理和研究，力求科学地理解中国古代工程技术发展的历史，并对以往有关中国古代工程技术史的研究进行一次总结。

前　言

广义地说，利用物质的化学变化，采用化学的方法来实现生产目的的生产过程都可以称为化工生产。由此，人类文明史上曾有重大影响的许多生产活动，例如，陶瓷的烧制、冶金和金属的加工、锻造和许多食品的加工、玻璃制造和漆器生产都可划归于化工生产。

在中国古代的诸多化工生产中，像陶瓷生产、冶金和金属加工业已发展成为与人类生活息息相关的庞大行业，故在本丛书描述古代技术发展脉络中，它们都已独立成书。同时，由于古代的化工生产内容十分庞杂，面面俱到实在是力不从心，也大可不必。本书只选择了大漆、玻璃、盐糖酒醋的古代技术作为考察对象，第一编、第二编讲述古代的漆器、玻璃制作技术，第二编叙述盐糖酒醋生产技术的演进。在中国古代，漆器、玻璃主要为日用品，盐糖酒醋更是日常生活所需，故本书取名为《中国古代日用化学工程技术史》。

原中国科学院院长、中国科学技术史学会理事长卢嘉锡先生在《中国科学技术史》的总序中曾精辟地指出："中国古代科学技术蕴藏在汗牛充栋的典籍之中，凝聚于物化了的、丰富多彩的文物之中，融化在至今仍具生命力的诸多科学技术活动之中。"我们正是沿着这一思路来考察漆器、玻璃、盐糖酒醋生产技术在中国古代的历史沿革。

大漆属于天然高分子材料。在古代，它主要取材于漆树分泌的树汁。漆树属于亚热带作物，在中国长江以南许多地区都有种植。漆器制作之早、应用之广在古代中国不亚于陶瓷。考古的发现和出土的文物都表明古代中国的漆器生产在公元前的春秋战国已颇具规模，漆器技术也达到了相当的水平。只是到了当代（20世纪起），人工合成的高分子材料（包括涂料和颜料）迅速地取代了天然的大漆，从而使许多年轻人不知天然漆为何物。本书正是要告诉读者古代中国高超的漆器技术。

玻璃、陶瓷同属于硅酸盐材料制品。在古代中国，陶瓷技术获得了较快的发展，精美的陶瓷琳琅满目，充斥在生活和艺术的许多重要场所。精湛的陶瓷技术为世人所赞。作为与陶瓷釉同宗的玻璃技术却没有因陶瓷的辉煌而大显身手，相反的，因陶瓷而相形见绌，玻璃技术的发展不受重视而远落后于古希腊、古罗马及西方的许多地区和民族。这就造成许多人只知中国会烧陶瓷而不知中国也会制玻璃。本书就是要告诉读者，中国古代早已有玻璃技术及其产品，其技术又是怎样发展的。

由于工作的便利条件，笔者能接触到大量的出土玻璃和漆器，故对其技术的探索主要以出土文物为依据，参考相关的古代文献与传统技术，展现几千年来该领域技术发展的脉络。这一考察有点像一个物化了的文物史。在探索中笔者也取得了一批新的研究成果。例如，通过对春秋战国时期漆器的研究，得出了“楚国漆器是我国古代漆器生产史上的第一高峰”的结论。通过对早期玻璃的研究，提出了“玻璃之路”一说，将我国与西方古代文明的交流时间提早到公元前6世纪晚期。

盐糖酒醋都是人类生活中的常见物资，每个民族获取它们时都有自己的不同渠道。在中国，地域辽阔，自然环境差异性较明显。食盐分别采自盐湖、大海及地面上的岩盐、土盐；地面下的盐泉、盐卤，因此，制盐技术是多头并进的。食糖的获取，先是饴糖和蜂蜜，后是蔗糖。蔗糖的制造技术则是中外合璧。酿酒制醋更有特色，利用曲（微生物培养基）来促进发酵更是中国酿造技术的创新。中国先民早在公元前就已开创了微生物工程，这项成就与“四大发明”相比也毫不逊色。总之，盐糖酒醋古代制造技术的剖示是中国古代文明展示的重要内容。

由于盐糖酒醋等物难于长期留存，故此在探索有关它们的古代生产技术时，在方法上有别于漆器、玻璃技术，它的探索基本上以古代文献为主，参考相关的考古发现和出土的技术设施，来描述该技术的历史面貌。由于古代文献相关技术细节极少，而且大多出自文人之笔，文人与掌握技术的工匠有一定的距离，造成文献的叙述难免有不确实之处或某些遗漏，为此，笔者只能在理解文献的同时，根据科学常识加以分析和推理及更正。在本书中，在盐糖酒醋的技术史考察中，笔者也有新的收获。例如，对于古代池盐、海盐生产技术的细节，成熟的蔗糖制造技术、酿酒的起源与原始农业的关系、原始的酿酒技术源于人们对自然发酵过程的模仿、蒸馏酒在中国产出的时期及其技术背景等问题，有了新的认识。

总之，在一本古代技术史的著作中能看到多种科学技术史研究方法的运用，不仅能拓宽视野，还能更好地做好综合考察，便于客观地认识历史的真迹。

对于这种涉及知识面很广的科学技术史研究，由于笔者的专业、学识及资料信息的局限，往往感到力不从心，遗漏、不足、谬误、失察在所难免，恳请读者赐教指正。

目录

第一编　大　　漆

第二编　玻　璃

第三编　盐　糖　酒　醋

CONTENTS

The Second Part Glass

第一编　大　　漆

漆，作为一种涂料，在现代社会中有着广泛的用途。漆，又具有各种不同的种类。按其形成的途径进行分类的话，主要有天然漆和人造漆两大类。人造漆，顾名思义就是通过人工合成生产的漆料，它是随着近代化学工业的兴起与发展逐步诞生和发展起来的，这也是近百年来的事，在古代是没有的。因此，本篇所论述的是天然漆，也就是大漆，而对人造漆则不予涉及。

在自然界，能产生天然漆液的植物有数十种之多，在我国也有多种。从古至今，我国劳动人民所使用的天然漆都是来自一种被称为“漆树”的植物。所以本篇所论述的大漆，均是漆树所产。

漆树（Rhus verniciflua），原产我国，是我国一个古老的树种。现今，在我国的许多省份都有分布。

天然漆在我国被称为大漆、生漆、国漆、土漆等，又根据分布地带、海拔高度的不同等，在民间又有大木漆、小木漆等称谓。大漆是我国的特产之一。大漆是漆树韧皮层中分泌出的一种液体，人们通过切割漆树的韧皮层来采集漆液，所以这种劳动被称为“割漆”。从漆树的韧皮层中刚刚割下来的漆液是一种乳白色的液体，在空气中，其颜色会逐渐地加深变成棕色、棕褐色和黑色。这种不经任何加工的漆液被称为生漆（也称之为“原生漆”或“本色漆液”），生漆虽然也能够直接进行应用，但由于髹饰效果不佳，一般很少直接使用。生漆在使用之前，一般都要经过加工精制，我们称之为“制漆”。经过加工精制后的漆液被称为精制漆。此外，根据生漆加工方法的不同和加工过程中用料的不同等，所生产出来的精制漆又有不同的类别和名称。人类最早使用的漆液应该是未经任何加工精制的生漆。

生漆中的主要成分为漆酚、漆酶、胶质和水分。其中漆酚是生漆中主要的成膜物质，含量较多，它在生漆中含量的多少及质量的好坏从根本上决定了生漆质量的好坏。湖北省利川市毛坝出产的生漆，俗称“毛坝漆”，其漆酚的含量可达60%或更高，质量佳，所以毛坝漆被誉为“国漆”——即中国漆的简称，早已闻名于中外。

漆，本作桼。《说文》曰：“桼，木汁。可以髹物，象形桼，如水滴而下。”漆字在古代文献中的出现，目前所知最早的当推湖北省随县曾侯乙墓出土竹简上的“漆”字，该竹简上记载有“漆甲”等内容，其“漆”字写作“[illegible]”，字的左边像是一棵树上有水滴而下的形状，其右边十分明显地是一把刀，整个字的意思为：用刀将树木割破后从树上滴下的树汁液，是一个比较形象的字。曾侯乙墓的年代为公元前433年或稍晚几年，属战国早期。湖北省荆门包山2号楚墓出土的竹简上也记载有“漆”字，如该墓出土有两件青铜樽，关于它们的装饰该墓出土的竹简上记载为“皆彤中漆，外二金”，是指这两件青铜樽的内表面髹有红色漆、外表面用黄金与白银两种金属进行了镶嵌，其中漆字写成“㯃”，该字右边也为刀或斧形的工具，与曾侯乙墓竹简上的漆字相近，也是一个比较形象的字，包山2号墓的年代为公元前316年，为战国中期。以上两座墓葬的出土文物充分证明，我国古代所用的漆都是从漆树上割下来的天然大漆。

我国使用漆的历史十分悠久，对漆及其制品的研究也十分古老，从目前已经掌握的有关资料来看，我国古代第一部见著于文献的研究漆的专著是五代时期的《漆经》，是由一位叫做朱遵度的人撰写的，可惜该书早已失传，现在只是在《宋史·艺文志》中记载着五代时有过这本书而已。另据考证，现在能看到的我国古代研究漆的“专著，明代黄成《髹饰录》要算是仅存的一部了”。① 20世纪50年代以来，随着文物考古工作的开展，一大批各个时期的漆制品相继被发掘出来，为我国古代漆工艺的研究提供了珍贵的实物资料。北京王世襄先生的《髹饰录解说》、四川沈福文先生的《中国髹漆美术工艺简史》等都是在出土文物的基础上研究出的成果。

我国使用漆的历史不仅十分悠久，而且影响广泛，我国周边的一些亚洲国家，如日本、越南、朝鲜等国，其古代漆器生产都曾与我国的古代漆器生产有过联系，就是原来没有漆树分布的欧洲一些地区，也自1874年以后从我国引进漆树到欧洲各地栽培后有了漆树的栽培和生漆的生产。② 可以说，大漆的生产和使用是中华民族对人类的重要贡献之一。需要说明的是：本编所论述的漆器，是指一切用人工髹了大漆的器物，而不论其质地、用途等的不同，这与我们今天考古报告中有关漆器的分类与记述不完全相同。

---

① 王世襄：《髹饰录解说》，第5页，文物出版社，1983年。

② 肖育檀：《中国漆树生态地理分布的初步研究》，《陕西生漆》1979年3期。

第一章

新石器时代的漆器——人类用漆的开始

由于气候变化等原因，在我国南北各地，历史上大部分地区都曾经有过漆树生长，所以说大漆是人类早期所认识的天然产物之一，从这一角度来看，人类最早遇到大漆的年代可以说是十分悠久、十分遥远的。早期的人类在生产活动中弄破漆树树皮的现象应该是时有发生的，然而人类从遇到大漆到对大漆有一些初步的认识，这中间有一个相当长的过程，而从认识大漆到使用大漆，这中间也要经历一个相当长的过程。因为从认识大漆到使用大漆必须要有两个前提条件：

第一，对大漆的基本性质要有一定程度的认识和了解。如，从破损的漆树树皮中流出的漆液是乳白色的、有一定的黏性、在空气中颜色逐渐加深、涂抹在木片上之后，经过一段时间会形成比较坚硬的膜等。更为重要的是，还要将这种认识和了解应用到自身的生活中去，这是一种创造性的劳动。

第二，对早期的人类来说，大漆的使用是一种比较高层次的需要，而不是基本生存条件之一，因此，只有在人类的基本生活条件相对稳定之后，这类较高层次的需要才能变得比较迫切起来。在新石器时代中期前后，随着农耕的发展，人类的定居程度大为增加，生产资料的剩余使得在一部分人中间较高层次的需要更为迫切。正是在这样两个前提条件下，人类使用大漆的历史开始了。本章所论述的早期漆器实物几乎都是新石器时代晚期的遗物，基本上都是经过精制后的大漆所髹饰的制品。而在此之前，人类用漆的历史必定还存在一个直接使用天然漆液，也就是生漆（又称为“原生漆”或“本色漆液”）的过程，尽管这一过程不可能是相当长的。人类早期所使用的漆器，姑且称之为“原始漆器”，即直接用天然漆液涂抹的器物，至今我们还未发现，但我们仍然坚信，正是这种使用过程中的不断进步，才导致了新石器时代晚期红色、黑色漆器的出现。

第一节　文明的起源与漆的使用

一、人类早期使用大漆原因的探索

新石器时代的中晚期，由于人类定居程度的不断增加，农业、养殖业等的发展，生产资料的丰富和剩余程度也不断地增加。在物质生活的条件得到改善的同时，人们的精神生活也随之丰富起来：细石器和彩绘陶器的大量出现和使用、玉器的出现和使用等都是这方面的表现。漆的发现与使用也是在这种情况下产生和发展起来的。

使用天然颜料进行装饰或美化是人类的天性，远在几万年前的山顶洞人时期，人类已经采用了天然赤铁矿的粉末将物品涂成红色，其目的就是为了好看。为了达到涂刷装饰的目的，使用颜色时首先必须用一种液态物质作为固态颜料的调合剂和黏结剂，没有这类调合剂和黏结剂，固体颜料的粉末就无法比较牢固地涂在器物的表面。人类最早使用的调合剂和黏结剂是水，但是用水混合的颜料涂刷之后一经干燥就易脱落；人类早期还可能使用了谷物类胶液作为颜料的调合剂和黏结剂，这类物质对颜料虽然有比较好的黏结作用，但受潮或遇水后表面容易发黏而损坏。如何找到一种没有上述缺陷的胶液就成了先民们面临的一个难题。

二、彩色漆器出现原因的探讨

单纯使用大漆髹饰的制品都是黑色的，所以黑色又被称为大漆的本色。而这里所说的彩色漆器则是指黑色以外的其他颜色的漆器，主要指的是红色漆器（这与后面一些章节中所论述的“彩绘漆器”是两个不同的概念）。

在古代人类的生活中，用石器砍伐树木是一种经常性的劳动，砍破树木的表皮后，带有一定黏性的树木的分泌液引起了人们的好奇与注意，然而大多数树木的韧皮层中分泌的液体量比较少或分泌出的液体在空气中很快就凝固了，无法为当时的人们所利用。而在亚热带地区广泛生长的漆树，当其树皮被砍破后，会有较多的液体从韧皮层中分泌出来而滴下，同时这种乳白色的汁液在空气中能够较长时间地保持其胶状的液体状态，但其颜色会逐步地变深，而最后变成褐色的硬块。漆树韧皮层分泌液的这种现象在人类长期的实践中，一定会引起古代劳动人民的注意。此外，人们在砍伐树木时当然也会砍伐到漆树，在砍伐漆树时不可避免地会出现漆液粘到手上或身上的情况，如果将粘在手上的漆液随手涂抹在衣物或其他器物（如砍伐下来的木片）的表面，一段时间过后，被涂抹的漆液在衣物或器物上就形成了一块褐色的硬膜，这种硬膜不仅黏结得比较牢固，而且不易被水洗去，这些现象也一定会引起古代人们的注意。长此下去，人们就会有意识地去采集漆树的分泌液并使用它们，这就是人类使用大漆的开始。大漆是一种黏稠状的液态物质，人类最初使用大漆就是将它作为一种涂料涂布在其他器物的上面，大漆在空气中能自动地形成黑褐色的漆膜，从而能改变其他器物的外观颜色，这也可能是人类早年对大漆的最初认识。正是基于这些认识，人类开始尝试着将其作为颜料的调合剂和黏结剂来使用，当然这中间经历了一段时期，但是这一时期不可能是很长的。到目前为止，我国考古发现的最早期的漆制品，大多数都是彩色的，其原因也就在这里。

从根本上讲，大漆的使用是人类的物质生产达到一定的水平之后，为满足人类精神生活某一方面需要的结果。由此可见，人类最早使用大漆的目的主要就是为了装饰。关于这一点，在我国古代的文献记载及出土文物中都有反映。

《韩非子·十过》篇中记载：“尧禅天下，虞舜受之，作为食器，斩山木而财之，削锯修之迹，流漆墨其上，输之于宫以为食器，诸侯以为益侈，国之不服者十三。舜禅天下而传之于禹，禹作为祭器，黑染其外，而朱画其内。”“王念孙注曰：染，当为漆，谓黑漆其外也。”①

虞舜和大禹都是我国历史上原始社会末期（即新石器时代晚期）著名的部落首领，他们所使用的漆器都是彩色漆器，说明我国早期应用大漆就是将其作为颜料的调合剂和黏结剂来使用的。浙江余姚河姆渡遗址出土的漆木碗，就是木碗的外表面髹有红色的大漆，髹在外表面的目的当然是为了装饰。

有的学者认为：“从事物发展规律来看，从用本色天然漆到用调朱漆来髹器，其间肯定经历了一个相当长的过程。”②这种观点仅仅只能看作是一种推测而已，是值得商榷的。因为从大漆的性质来说，从割开的漆树韧皮层中采集的漆液被称为生漆，采用这类未经精制的生漆（即所谓的“原生漆”或“本色天然漆”）直接涂刷在器物的表面，所形成的黑色漆膜光泽晦涩、质地硬脆，难以形成美丽的外观，这与人类早期使用大漆的意图是相悖的。因此，古代的人们绝不可能在一个相当长的时间内使用这种生漆来髹饰器物，他们一定会将采集来的生漆液作为颜料的调合剂和黏结剂来使用，从而制出美丽的彩漆来髹饰器物。考古发掘出的出土文物也证明了这一点：至今在我国各地考古发掘中出土的新石器时代的漆器，几乎都是彩色漆制品，没有发现使用“原生漆”或“本色天然漆”髹饰的漆制品。这是否与我国先民早已掌握的彩陶技术有关，就不得而知了。

漆树原产我国，是一种在亚热带气候区内广泛生长着的植物，竺可桢先生指出：“在近五千年中的最初二千年，即从仰韶文化到安阳殷墟，大部分时间的年平均温度高于现在2℃左右。”③所以在我国的许多地区，包括现今的北部一些地区，如辽宁、河北、山西等地，在距今5 000 ~7 000年前后的新石器时代中晚期，都应该有漆树生长。既然有漆树生长，各地的人们发现和使用大漆的可能都是存在的，因此，人类发现和早期使用大漆的地区就不可能只有一个，而应该有多个。在本章下面的有关章节里将可以从出土文物中再次证明这一点。

总之，在新石器时代中晚期，随着生产的发展与社会的进步，人们在物质生活逐步丰富的基础上，精神生活方面的要求也不断出现。为了美化生活，人们需要一种比较适用的天然颜料的调合剂和黏结剂，以满足对许多日用品装饰的要求。正是在这种社会背景下，我们的祖先发现了大漆并发明了大漆使用的方法。在我国新石器时代中晚期遗址的考古发掘中，在各地相继发现了一批古城遗迹、金属制品或冶炼金属的遗迹、早期的文字及刻画符号等，因此，从社会发展的一个侧面来看，大漆的发现与使用可以说是中华民族文明起源的标志之一。

第二节　考古发现的新石器时代的漆器

早期的漆器，一般都是在木胎上髹饰而成的，这可能源自于早期砍伐漆树时将粘在手上的漆液随手涂在砍下的木片上，一段时间后木片表面生成了一层褐色

① 《韩非子集释》，上册，第187页，上海人民出版社，1974年。
② 王世襄：《中国古代漆工艺》，《中国美术全集·工艺美术编8·漆器》，文物出版社，1989年。
③ 竺可桢：《中国近五千年来气候变迁的初步研究》，《竺可桢文集》，科学出版社，1979年。

的漆膜，在这一现象的启发下，早期的漆制品一般都是在木胎上髹漆而成。木制品容易腐烂，在几千年的地下经历中，绝大多数腐烂成泥了，得以保存到今天的少数早期漆制品，成为我们今天研究古代漆工艺的珍贵资料。

一、考古发现的漆器实物

1978年，在浙江余姚河姆渡遗址第三文化层中出土了一件木碗，口径9.2~10.6 cm、高5.7 cm。据沈坤荣先生介绍："此碗为木质，器壁较厚，口及壁部残甚，圈足稍外撇。壁外涂有一层薄薄的朱红色涂料，微见光泽。经用化学方法和光谱分析，此涂料为天然漆。这件漆碗是我国至今发现的最早的漆器之一，在中国漆器发展史上占有相当重要的地位。"①

1973年，在浙江余姚河姆渡遗址第四文化层中出土了一件缠藤篾朱漆木筒，木筒长32.6 cm、直径9.4 cm、壁厚0.7 cm。据沈坤荣先生介绍："此筒系用整段木料加工而成。内外壁错磨光洁，器壁厚薄均匀，断面略呈椭圆形。外壁两端缠有数道藤篾类圈箍，出土时呈金黄色。器壁外涂有一层较薄的朱色漆状物，虽历时久远，剥落较甚，但光泽仍依稀可见。这件朱漆木筒也是我国漆器发展史上最早的实物之一。"② 河姆渡遗址的年代约为公元前4000多年（见彩图1-1-1）。

1997年10月至1998年1月，湖北省荆州博物馆对江陵阴湘城遗址进行了第四次发掘，在大溪文化壕沟内的淤泥层中出土了时代为大溪文化五期，即距今5000~5400年左右的漆器两件：一件可能是簪，木质，残长7 cm，一端镂一圆孔，外表以红漆为地，再用黑漆勾成叶脉等形状的图案。另一件可能是箭杆，竹质，外表髹红漆。③

该遗址还出土了一件屈家岭文化早期的漆器，形状像柄，在装入石头的地方挖出很深的榫，全长59.5 cm、宽6.5 cm、厚0.8 cm。表面以褐漆为地，在凹刻的图案处涂有红漆。

1973年发掘的江苏省常州圩墩新石器时代遗址，是一处马家浜文化遗址，其年代为公元前4 300年至公元前3 200年。在遗址的下层出土有两件喇叭形木器，一件木器的上部已残，上端较细，下呈喇叭状，内空，并有被烧灼的痕迹，器表上端涂成黑色，下端涂成暗红色，残高18 cm。另一件喇叭形残木器，表面涂黑色的涂料。这两件木器的涂料，黑色表面还微有光泽，直观同现在的漆没有什么差别。④

1978年至1980年发掘的山西省襄汾陶寺墓地中出土了一些彩绘木器。器物的木质胎体已经腐烂成灰。但尚可辨认出其器型有鼓、豆、案、俎等，其中彩绘木豆的彩绘表皮剥落时呈卷状，与漆膜剥落时的情况相似。该墓的发掘者认为这些彩绘木器的发现对于揭示我国古代北方地区漆器的渊源，不无意义。⑤ 襄汾陶寺墓

① 《中国美术全集·工艺美术编8·漆器》，图版1~3的说明，文物出版社，1989年。

② 《中国美术全集·工艺美术编8·漆器》，图版1~3的说明，文物出版社，1989年。

③ 《阴湘城发掘又获重大成果》，《中国文物报》1998年7月1日。

④ 吴苏：《圩墩新石器时代遗址发掘简报》，《考古》1978年4期。

⑤ 中国社会科学院考古研究所山西工作队：《1978—1980年山西襄汾陶寺墓地发掘简报》，《考古》1983年1期。

地正处在所谓的“夏墟”范围内，“夏墟”是我国古代传说中由禹的儿子启所建立的夏朝的中心地域所在。该墓地的年代约为公元前1800年至公元前2000年。因此，出土的这批类似漆的彩绘木器，与《韩非子·十过》篇中关于“禹作为祭器，黑染其外而朱画其内”的记载是相吻合的。

1987年在浙江省余杭县瑶山良渚文化遗址中出土了一件嵌玉高柄朱漆杯，高29 cm、口径11 cm、圈足径12 cm。据牟永抗先生介绍：“此杯为敞口，圆筒形，下接细而高的喇叭形圈足。形似现代的高柄酒杯。出土时杯的胎体已朽，但通体内外壁原髹之漆膜仍保持原状，推知原器壁厚约二至三毫米。漆膜呈朱红色，涂布均匀，出土时仍有光泽感。在杯底与圈足的结合部及圈足近底处的外壁，各镶嵌一面弧凸、一面平整的椭圆形玉珠一周，从而使红色的漆膜和晶莹的白玉交相辉映，产生出特有的艺术效果。这是我国最早的嵌玉漆器。”① 良渚文化是位于长江下游地区的一支古代文化，其年代约为公元前3300年至公元前2200年。这件高柄朱漆杯的出土，证明了早期的人们对大漆的认识是作为颜料的调合剂和黏结剂来使用的。因为朱漆杯上的玉珠不是通过镶嵌工艺固定在漆杯表面上的，而是通过黏结固定在漆杯表面上的，这就表明大漆的黏结性能在使用初期就已经被人们所认识和了解。

1955年，在江苏省吴江团结村良渚文化遗址中发现一件漆绘彩陶杯；1959年，在江苏吴江梅堰良渚文化遗址中又发现了一件棕地黄红两色彩绘黑陶壶，对陶壶上的彩绘层曾进行过化学分析，发现此彩绘层与汉代漆器上漆膜的“反应相同，而和仰韶文化的彩陶、吴江红衣陶的试验结果迥异”。② 由此推测这两件陶器上的彩绘层也是髹漆而成的。

二、早期漆器实物所反映的几个问题

从以上所述可以看到以下几点：

1. 我国古代的早期漆器并不局限于在某一个地区出现，而是在许多地区都有发现。在几千年前的新石器时代中晚期，文化及科学技术的传播速度是十分缓慢的，所以当时的人们发现和使用大漆的地区可能不止一个而应该是有多个。王世襄先生指出：“远古漆器分布颇广，不只是某一地区、某一文化才有。”③

2. 在我国发现的早期漆制品几乎都是红、黑两种颜色的彩绘制品，“原生漆”或“本色天然漆”的制品尚未发现。这一现象表明人类早期用漆的目的就是将漆作为一种颜料的调合剂和黏结剂来使用。

3. 人们将漆髹饰在木器、陶器的外表面，并与玉石等一起使用，其目的主要是为了追求美观而不是其他。这一点也只有在新石器时代中晚期社会发展与生产进步达到一定程度时才有可能出现。

三、河姆渡遗址出土漆木碗的讨论

河姆渡遗址第三文化层中出土的一件漆木碗，因为时代早而引起国内外的广

---

① 《中国美术全集·工艺美术编8·漆器》，图版1～3的说明，文物出版社，1989年。
② 王世襄：《中国古代漆工艺》，《中国美术全集·工艺美术编8·漆器》，文物出版社，1989年。
③ 王世襄：《中国古代漆工艺》，《中国美术全集·工艺美术编8·漆器》，文物出版社，1989年。

泛注意，当时有关单位曾采用红外光谱对河姆渡样品进行分析，可惜无鉴定分析报告可供依据，曾引起包括笔者在内的一些研究者的怀疑。1990 年起，上海博物馆等几个单位联合研究，采用裂解色谱—富里叶红外光谱联用技术对漆木碗上的红色涂料进行检测，并且与出土的战国时期楚国的漆膜、汉代漆膜、宋代漆膜及现代漆膜进行比较，最后确定木碗上的红色涂料是采用生漆为原料、调和天然硫化汞为颜料在木碗外表面髹饰而成的。①

河姆渡遗址位于浙江省杭州湾南岸的余姚市河姆渡村，遗址在 1973 年和 1977 年曾进行过两次较大规模的发掘，出土了大批的珍贵文物。表明距今 6 000 多年前的河姆渡人已经定居（建造有大面积的“干栏”式房屋），从事农业生产（种植水稻等），已经具有雕刻、绘画、陶塑等原始艺术，遗址中曾有漆树生长（在第四文化层中曾发现有漆树的花粉）。所以说河姆渡人生产出漆制品是有其社会、物质等方面基础的。

河姆渡遗址的年代为距今 6 000 多年至 7 000 年，在这么早的古代，人们就发明了漆制品，确实是令人惊叹的。所以，河姆渡漆木碗的出土在国内外曾引起轰动。由此联想到在湖北省枝城市与湖南省澧县一带发掘的彭头山文化（又称为城背溪文化）遗址，其年代为距今 6 000 多年至 7 000 年，早期遗存可到距今 8 000 年至 9 000 年前后，与河姆渡遗址的年代相近或稍早一点，这些遗址中已经发现有陶器、人工栽培的水稻甚至还有古城等遗物，理应有漆制品出现，只是目前尚未发现而已。如有发现，则可以进一步确证我国远古时期的用漆中心存在多个。

第三节　早期的采漆、制漆技术及髹饰工艺的探讨

人类早期使用的漆是天然的大漆，是漆树韧皮层中的一种分泌物，刚刚从漆树上割下来的漆被称为生漆。生漆中因为含有较多的水分，一般都不直接使用，而需进行精制后再用，所以，人类从开始用漆的初期就有一个制漆的问题。下面就大漆的有关知识作一简单的介绍：

将生漆放在显微镜下观察，可以看到生漆中大小不一的水珠悬浮在油一样的乳液中，可见，生漆是一种“油包水”类型的乳胶类物质。生漆的化学成分主要是漆酚、漆酶、胶质和水分。

漆酚是生漆中的主要成分，含量较多。生漆中漆酚含量多，其质量就好。一般说来，漆酚在生漆中的含量可达 50% 至 80% 不等。湖北省利川市出产的“毛坝漆”之所以有名，就是因为其漆酚的含量达到 60% 或更高的缘故。

漆酚是一种具有不同饱和键及不饱和长侧链的邻苯二酚的混合物，其结构可随不同地区树种而异。其不饱和长侧链 R 是不同的，我国、朝鲜、日本出产的生漆中漆酚的长侧链，经过鉴定主要是由以下四种成分组成的混合物：

$R_1—(CH_2)_{14}CH_3$

$R_2—(CH_2)_7CH{=}CH(CH_2)_5CH_3$

① 陈元生等：《史前漆膜的分析鉴定技术研究》，《文物保护与考古科学》7 卷 2 期，1995 年。

$R_3—(CH_2)_7CH=CHCH_2CH=CH(CH_2)_2CH_3$

$R_4—(CH_2)_7CH=CHCH_2CH=CHCH=CHCH_3$

当然，R 还可以是其他一些类型的侧链。带有上述 R_1 类型的漆酚，我们称为饱和漆酚，在常温下为固态物质；其他几种我们均称之为不饱和漆酚，在常温下为液态物质。其中带有 R_2 侧链的漆酚称为单烯漆酚；带有 R_3 侧链的漆酚称为双烯漆酚；带有 R_4 侧链的漆酚称为三烯漆酚（含有共轭双键）。一般说来，天然漆中漆酚含量高，质量较好，若其中三烯漆酚多，漆的质量就会更好。前面已提及的利川市出产的“毛坝漆”，不仅漆酚含量高，而且漆酚中三烯漆酚的含量比较大，一般都占漆酚含量的 50% 以上，所以漆的质量佳，成膜坚固，干燥速度快。

漆酶存在于生漆中氮的物质内，它不溶于有机溶剂，也不溶于水，但能溶于漆酚中。生漆中含氮物质的含量约在 10% 以下。

漆酶是一种氧化酶，它能使漆酚在常温下的空气中氧化成醌类化合物并进一步反应聚合成膜，促进漆膜干燥。漆酶是生漆在室温下干燥成膜不可缺少的成分，也就是说没有漆酶的催化、氧化作用，生漆是无法在室温下干燥成膜的。

漆酶的活性（即漆酶对漆酚的催化、氧化功能）与生漆采割后放置时间的长短、介质中的酸碱度、环境温湿度等有关，生漆放置的时间越长，漆酶的活性越低；一般说来，在 30 ℃左右、相对湿度 75% 或更高一些时，漆酶的活性较高，温湿度过高和过低都会影响漆酶的活性，例如，我国出产的生漆中的漆酶在 60 ℃就会被破坏而使生漆无法干燥。因此，在长江中游一带地区，每逢春夏之交的“梅雨”季节或夏秋之交的阴雨时节都是制造漆器的好时节。另需指出的是，漆酶中还含有铜、铝等金属元素，这些微量的金属元素对漆酶的活性也起着重要的作用。

胶质又称为树胶质。胶质是生漆中不溶于有机溶剂而溶于水的部分，在生漆中的含量为 3.5% ~9%。生漆中的胶质属于聚糖类物质，其中含有微量的钙、钾、镁、铝、钠、硅等金属。从生漆中分离出来的胶质为一种黄白色透明状的液体，它在生漆中含量的多少不仅影响到生漆的稠度，并可能影响生漆与被髹饰的器物表面之间的黏结强度。

实验表明，生漆在缓慢氧化过程中，漆酚与胶质之间产生了相互作用，所以胶质与生漆的干燥性能也有重要的关系。同时，胶质还是一种很好的悬浮剂和稳定剂，能使生漆中各主要成分（包括生漆中的水分）成为稳定分散的乳胶体。①

生漆中水分的多少不仅与树种、环境有关，也与割漆的时期、割漆技术有关。例如割漆时切口过深，切入木质部时，流出漆液的含水量就会多一些。生漆中水分的含量约占生漆总量的 15% ~30%，一般说来，水分含量少的生漆质量较好，水分含量多的生漆质量较差。这种由生漆自然分泌出来的水分，制漆行业俗称为“骨浆”，它的存在是生漆形成乳状液的主要成分之一，而且也是生漆在自然干燥过程中，漆酶发挥其催化、氧化作用时所必需的条件。实践表明，即使在精制漆中，其含水量也必须在 4% ~6% 左右，否则漆将难以在常温下自然干燥。

生漆在成膜过程中的化学、生化和物理转化中的结构是极其复杂的。近些年

① 杜予民：《近年来天然漆化学研究概况》，《中国生漆技术》1981 年 2 期。

来国内外都作过一些研究，“其成膜机理大致为：漆酚中侧链的共轭二烯→共轭三烯→侧链氧化→成为交连结构”。① 即是漆酚在漆酶的催化、氧化作用下变成了漆酚醌，此时乳黄色的漆液变成了红棕色；漆酚醌与漆酚反应生成漆酚的二聚体，此时漆层的颜色由红棕色变成了浅褐色；漆酚醌与漆酚的二聚体作用，生成漆酚的多聚体，此时漆层的颜色由浅褐色转变为深褐色；漆酚侧链中的许多不饱和化学键氧化聚合成体型结构的高聚物即固化成膜，此时漆层的颜色由褐色逐渐变黑。② 需要指出的是，生漆成膜时必须有充足的氧和适量的水分存在，同时温度和湿度对聚合成膜速度影响显著。

生漆的这些基本性质，对于人类早期发现与使用天然漆具有决定性的作用。

一、早期采漆技术的探讨

在新石器时代中晚期，人类砍伐树木时使用的工具主要是石制的石斧、石刀、石锛等。由于石质工具硬脆且不锋利，砍伐完一棵较大的树是十分困难的，人类砍伐最多的应是那些树干较细的树木，而生长在低山丘陵及河谷地带的漆树一般都比较矮小，胸径大都在 10 ~ 20 cm，属于人类早期易于砍伐的树木之一。

在新石器时代中晚期，金属制品虽然已经出现，但十分珍贵，几乎不可能用于割漆等生产劳动中，人类早期采集漆液所用的工具主要应是石器。用石器来采集漆液时，由于石器不可能磨制得薄而锋利，因此大多数情况下不是割漆而是“砍漆”了，即是用石器砍破漆树的树皮来采集漆液。一般说来，一棵漆树一生中能够采集到的漆液约 500 ~ 1 000 g，割漆时每割一次仅能采集到数毫升的漆液，因此，早期的人们为了得到较多的漆液，往往会在一棵漆树上同时砍破多处树皮、甚至是将树干某处四周的树皮全部砍破，从而彻底切断了树皮中的全部导管，而导致漆树的死亡。如何根据漆树的不同树龄选择不同的割漆部位、一棵漆树上不同时间内割漆部位的分布位置、割漆部位树皮切口的深浅度及切口的形状、一年之中最佳的割漆时间，等等，这些采漆技术的掌握对于在一棵漆树的一生中尽量多地采集出漆液是十分重要的。而对这些技术的认识和了解又是人们在长期生产实践中不断摸索的结果，直至现代，采漆工人们为了更多地采集漆液仍在不断地摸索采漆技术（见彩图 1 – 1 – 2）。早期的人们是不可能在一个比较短的时间内摸索出一套较好的割漆技术来的。因此，下面的两个问题就比较好理解了。

1. 在新石器时代中晚期，虽然有大量的漆树资源，但是人们能够采集到的生漆的数量却是十分有限的，甚至是很少的。同时，由于采漆技术的问题，对漆树资源往往产生破坏作用，致使在来年无法再次采集到生漆。这就是新石器时代中晚期漆器数量稀少的根本原因之一。所以，像《韩非子 · 十过》篇中记载的那样，“虞舜受之，作为食器……流漆墨其上，输之于宫以为食器，诸侯以为益侈，国之不服者十三”。甚至连受到人们爱戴的虞舜用了几件漆器都遭到了众多诸侯的反对，认为是侈奢享受，可见漆的来之不易和稀有程度。

2. 正是因为稀少，人们才十分珍惜它，一般情况下不可能直接地用来涂刷器

① 杜予民：《近年来天然漆化学研究概况》，《中国生漆技术》1981 年 2 期。

② 杜予民：《近年来天然漆化学研究概况》，《中国生漆技术》1981 年 2 期。

物，而是作为颜料的调合剂和黏结剂来使用。这就是出土的早期漆器几乎都是彩色漆器或镶嵌漆器的原因所在。

二、早期制漆技术的探讨

从漆树的韧皮层中采集的漆液是乳白色的，一旦接触空气，表层漆的颜色立即加深，逐渐地变成棕色、褐色直至黑色，数小时或数十小时后表面的漆液就干硬固化形成漆皮。生漆的这一变化是十分明显的，古代的人们对其认识也一定是十分深刻的。为了防止表面生漆的过快变色与硬化，人们会在生漆的表面放一片树叶等物质将生漆遮盖起来，遮盖之后生漆变色的速度有所变慢，这一现象也是十分明显的。正是生漆的这一物理、化学变化在外观上的显著反映，促使了早期制漆技术的诞生。

1. 生漆表面因接触空气的原因颜色变深，而其内部生漆的颜色较浅，因此人们在使用生漆时一定会搅拌它，目的是想将生漆表面的颜色和内部的颜色调和均匀，当这种搅拌达到一定程度时，随着生漆内部水分的蒸发，生漆的透明度将得到改善。因此，这种搅拌就是早期的制漆技术之一。如果是在阳光下进行搅拌就成了“晒漆”，如果一边进行加热一边搅拌就成了“煮漆”，这两种方法都是我国早期制漆的技术之一。我们知道，从漆树的韧皮层割出来的生漆中都含有15%～30%的水分，直接使用这种生漆涂刷器物所形成的膜，在光泽和强度等方面都不理想，而通过搅拌可以促进生漆内部水分的蒸发，去除部分水分之后的生漆（去除部分水分后的生漆应称为精制漆，例如，含水量为6%～8%的脱水生漆称为推光漆）所形成的膜在光泽、强度等方面都比原生漆要好一些，而且膜的颜色也稍浅一些。此外，搅拌促进了生漆内部聚合反应的进行，漆酚醌及二聚体、三聚体的生成，对加快涂刷后漆膜的干燥是有利的。

2. 将搅拌后去除部分水分的生漆（应为精制漆）与颜料混合在一起制成彩色漆，这也是早期制漆的方法之一。在混合的过程中必须要经过一定程度的搅拌，在这一过程中使生漆内部的水分再一次去除一部分。新石器时代的人们所使用的红色颜料是天然的红色朱砂，这一点河姆渡遗址出土的木碗上的红色颜料的分析结果就是一证。朱砂是人类早期使用的矿物之一，是其纯净的红色吸引着人们，用朱砂制成的红色漆直至今天仍广为人们所使用。至于黑色漆使用的是什么颜料，因未作分析尚不能最后确定，估计为烟炱类物质。

从人类早期发现和使用大漆开始直至现代，在这长达数千年的漆器生产发展史中，大漆制品一直以红、黑两种颜色为主，在各个时代都是如此，其原因在哪里呢？前面已经指出，生漆在空气中颜色逐渐加深直至黑色，经过脱水处理去除一部分水分的精制漆髹成的漆膜是深棕色的，单独采用漆液，无论是生漆还是经脱水处理的精制漆都无法配制出颜色浅淡的色漆来。明代黄成《髹饰录》杨明注中指出：“然黑唯宜漆色，而白唯非油则无应矣。”又说“如天蓝、雪白、桃红则漆所不相应也。”①也就是说，单独使用大漆只能配制出红、黑等深色漆，如果要配制浅色漆必须要用油。而将油与漆一起使用，则是比较晚的事了，可能在春秋

① 王世襄：《髹饰录解说》，第93页，文物出版社，1983年。

时期才出现。此外，油的加入虽然改进了漆的某些性能，如光泽增加，然而，在强度、耐磨性、黏结能力等方面则比单独用漆要差得多。所以历代漆制品仍然以漆为主进行制造，只是在彩绘等装饰方面使用加入油的精制漆。这些就是历代大漆制品主要为红、黑两色的根本原因之所在。

三、关于早期髹饰工艺的考察

1. 因为早期的大漆是作为颜料的调合剂和黏结剂使用的，所以主要是与颜料混合在一起用来作器物的装饰之用。在木、竹、陶等器物的表面主要用红、黑两种色漆进行装饰后改变了器物原来的外观，增加了美感。从浙江余姚河姆渡遗址出土的缠藤篾朱漆木筒表面髹饰的情况来看，推测当时的髹饰工艺是这样的：

（1）将采割来的生漆进行一定程度的搅拌，搅拌的目的是为了将生漆表面及其内部的颜色尽量混合均匀，客观上也去除了大漆内部的一些水分。

（2）将经过搅拌后的漆液与朱砂等矿物颜料（颜料加入之前要研磨成粉末）相混合，在混合的过程中又要进行一定程度的搅拌。需要指出的是，早期人们所使用的天然朱砂（又称丹砂、辰砂等）是从沙矿中采集来的，本身就呈细沙粒状，古代文献中将其称之为“丹粟”①。当然在使用时还需要将它碾成更细的粉末。

（3）将制好的漆液直接涂布在器物的表面。在涂布漆液之前，器物的表面可能进行过比较细致的加工，但是没有进行过“打灰底”等髹漆工序，所以至今发现的早期漆制品在出土时其漆膜大部分都脱落了。

2. 由于大漆具有较好的黏结性，在采用大漆髹饰器物的同时也可以将玉石、贝壳等镶黏在漆膜的表面，而使器物更加富丽美观。浙江省余杭县瑶山良渚文化遗址出土的嵌玉朱漆高足杯就是我国已知最早的嵌玉漆器。

嵌玉漆器的出土与红色漆器的出土，并不能说明在此之前人类用漆“肯定经历了一个相当长的过程”②，而恰好是人类早期用漆经历不长的证明。因为新石器时代中晚期的人们在发现大漆后不太长的时间内就将大漆作为颜料的调合剂和黏结剂使用，出土的新石器时代中晚期的漆制品充分证明了这一点。前面已经指出，从漆树韧皮层中采割出的漆液是乳白色的，遇到空气后颜色逐渐加深，漆液的这种颜色的明显变化给人们的印象是深刻的，人们一定会用手去摸一下这种液体，当手粘上漆液之后，要想完全去掉是比较困难的，因为漆液有较大的黏性，大漆的这种黏结性给人们的印象也是十分深刻的。人们一定会很快地利用这种黏性进行物体的黏结，例如将玉石等镶黏在器物的表面，如果“经历一个相当长的过程”而不利用这种黏性倒是十分奇怪的了。

---

① 夏湘蓉等：《中国古代矿业开发史》，第309页，地质出版社，1980年。
② 王世襄：《中国古代漆工艺》，《中国美术全集・工艺美术编8・漆器》，文物出版社，1989年。

第 二 章

商及西周时期的漆器

随着社会的发展，我国古代社会逐渐由原始社会进入奴隶社会，古代传说中的夏朝就是一个由奴隶主建立起来的国家，夏朝之后的商朝及西周王朝可以说是我国历史上奴隶社会发展的鼎盛时期，奴隶们用自己辛勤的劳动创造出光辉的“青铜文化”，青铜工具的使用也在某种程度上使漆器的生产有了一些发展。本章论述商及西周时期的漆器，至于东周时期的漆器，将在本编第三章中加以论述。

第一节　考古发现的商及西周时期的漆器

一、考古发现的商代漆器

河南省偃师县二里头遗址处于我国历史上夏朝与商朝之交的时期，考古学界往往将其时代定为早商，也有人认为属夏代中晚期和商代早期或夏代。1978 年，在这里发掘的一座大墓中出土了一件红漆木匣，是贮放狗骨的容具；1981 年，在这里发掘的两座墓中发现了钵、瓠、鼓等器物，其表面都髹有红色漆；1984 年，在这里又发现了盒、瓠各一件，“盒出土于 M11 墓底的南端，扁圆珠体，外表有很薄的红漆皮，直径 16～20 cm；瓠出于 M9 墓底的中部西侧，高 25 cm，外观已变形，保存较差。”①

地处湖北省武汉市郊的黄陂县盘龙城商代遗址，1974 年在此发掘了一座商代奴隶主的墓葬，编号为李家嘴 2 号墓，该墓的年代为早于殷墟（即是在商王盘庚迁殷之前）的商代中期。李家嘴 2 号墓的墓主人为男性，墓内出土有大型青铜钺，可能是其方国侯、伯赐赠给墓主人之物，可见墓主人身份之高。这座墓为长方形竖穴土坑墓，有一椁一棺，发掘时虽然棺椁已经全部腐烂成灰，但从板灰痕迹看，可知棺长 2.06 m、宽 1.03 m；椁长 2.78 m、宽 2.02 m、高约 0.65 m。经过仔细清理出的十多块椁板板灰发现，这些椁板原来是一面有精细的雕花、一面为涂朱素面的大木板。两块最大的椁顶雕花板灰，一块长 2 m、宽约 0.4 m，另一块长 1.5 m、宽约 0.22 m。椁板的雕花一面皆阴刻饕餮纹和云雷纹，每组图案间的阴刻部分涂朱、阳面涂黑，而板灰则呈灰白色，出土时色彩斑斓。② 联系到 1976 年在河南

① 中国社会科学院考古研究所二里头工作队：《1984 年秋河南偃师二里头遗址发现的几座墓葬》，《考古》1986 年 4 期。

② 湖北省博物馆等：《盘龙城 1974 年度田野考古纪要》，《文物》1976 年 2 期。

安阳小屯村北17号墓中发现的棺椁部分残存有黑地朱纹的漆膜来看，李家嘴2号墓出土的雕花板灰应是彩绘漆雕花木板腐朽后的遗物。由此可见，盘龙城李家嘴2号墓中的椁板也是髹了漆的，该墓的年代为商代中期，早于小屯村17号墓。同时，我们已经看到这些板灰中最大的一块长2 m、宽约0.4 m，属于大型髹漆器物，由它们构成的椁室当然更大更重，这种大型的髹漆制品一般来说应该是在当地制造的。距今3500多年前的商代中期前后，交通及运输工具都十分落后，这类大型漆器的运输不仅会使漆膜受损，也几乎不可能进行长途运输。

1976年，在河南安阳小屯村发掘的商代墓中，发现了棺椁的部分残存及板灰，在保存稍好的棺椁板上可以看到其表面刻阳纹龙，髹朱色漆；阴纹地，髹黑色漆。棺木南端漆皮尚好，黑地朱纹，线条很细。① 安阳小屯村即殷墟所在地，该墓的年代为商代中晚期。

1973年，在河北省藁城县台西村商代遗址中发现了一批漆制品。在F6南墙外文化层中我们曾发现了一些漆器残片，虽然胎已腐朽，但据残片观察，有些仍能看出器形，有盘有盒，花纹分饕餮纹、夔纹、雷纹、蕉叶纹几种，均为朱红地黑漆花纹，有的花纹上还嵌有磨制成圆形、方圆形、三角形嫩绿色的松石，色彩绚丽鲜明，漆面乌黑发亮，杂质很少，朱地粉状颗粒细而难辨，花纹纤细精巧，比例匀称，这不仅表现了我国人民晒漆、兑色、髹漆等几个方面的成就，而且也说明当时的镶嵌艺术也达到了很高的水平。该遗址的年代为公元前13至公元前15世纪。② 另外，在该遗址出土的一件漆盒的朽痕中，还发现有半圆形金饰薄片，薄片的正面阴刻云雷纹，背面有朱漆痕迹，显然该薄片原来是贴在漆盒表面上的。③

1980年发掘的河南省罗山县天湖商代墓地中出土了10件漆制品，墓地的时代为商代晚期，据欧潭生先生《河南罗山县天湖出土的商代漆木器》④ 一文介绍：出土漆器中黑漆木碗1件（M12：34），出土时放置在铜罍（M12：25）内，说明此碗是盛主食的用具，观察木纹，可知此碗是用边材板加工而成，器形规整，碗底弧度自然，里外表面光滑，推测其制作方法系采用机械旋转辅以手工修整，类似陶器的轮制法，尖唇，敛口，壁和底较厚。朱红弦纹黑漆木豆8件，出土时均放置在墓主人头侧，一般都是2～3件并排随葬，M18：20，尖唇，敛口，器壁较厚。丝线缠绕黑漆木柲1件（M12：8），出土时位于墓主人东侧，北端有一铜矛，很可能就是这件铜矛的木柲。木柲握手部位缠绕五层丝线，构成细密的方格云雷纹，每组图案为四层方格和一个十字纹，两端边缘横绕丝线21道。该墓地同时代棺板均髹黑漆，特别是出土的青铜礼器中，有8件铜鼎和1件铜卣，在繁缛的饕餮纹、圆涡纹、夔纹和云雷纹阴线部位，都填充了黑漆，使纹饰更加醒目、鲜明。

1990年11月，湖北省阳新县白沙商代晚期遗址中，出土了一件黑漆木柲残

① 中国社会科学院考古研究所安阳工作队：《安阳小屯村北的两座殷代墓》，《考古学报》1981年4期。

② 河北省博物馆等台西发掘小组：《河北藁城县台西村商代遗址1973年的重要发现》，《文物》1974年8期。

③ 河北省文物管理处台西考古组：《河北藁城台西村商代遗址发掘简报》，《文物》1979年6期。

④ 欧潭生：《河南罗山县天湖出土的商代漆木器》，《考古》1986年9期。

片，这是在湖北境内迄今发现的最早的古代漆器。木柲残片长 14 cm，最宽处 3.9 cm。木柲上仅保存有部分漆膜，另有约一半的木质和漆膜已经不存在。漆膜为黑色，分为两部分：一部分先用直径约 0.04 cm 的丝线平整而密集地缠绕，宽度为 4.5 cm，然后在线层表面髹黑漆；另一部分先用直径约 0.04 cm 的丝线编织成方格云雷纹，宽度 9 cm，每组图案为五层方格和一个十字，丝线表面再髹黑漆。值得注意的是，方格云雷纹的花纹线高低显著，其花纹高处表面与平整密集绕制的丝线表面高度一致（图 1－2－1）。

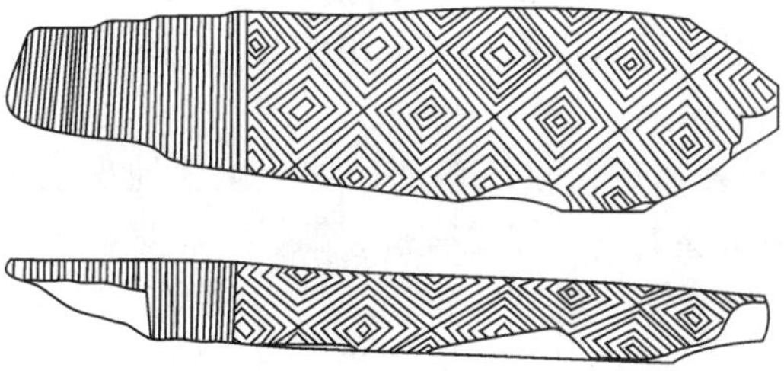

图 1－2－1　商代漆木柲（残）示意图

除了上述各地出土的商代漆器之外，在内蒙古敖汉旗、山东省益都等地的商代墓葬中也有漆器出土。

二、考古发现的西周漆器

西周漆器的考古发现最早在 20 世纪的 30 年代。1933 年郭宝钧先生在西周卫国墓地中发现有蚌泡，因这些蚌泡出土时位于其他器物的周围，曾推测它们是某种器物的配饰物。实际上它们是漆器上的镶嵌物，因漆器腐烂殆尽，只剩下蚌泡了。这一推测为后来的考古发现所证实。

1953 年，在陕西省长安普渡村西周墓葬中发现了一些蚌泡，蚌泡上面还附着漆膜，漆膜为棕黑色，蚌泡平直的一面镶嵌在漆膜上，凸起的一面露在外面。由于漆膜有多层重叠，推测漆膜里面原来有一层木质或编织的腔，也就是漆器的胎体。据石兴邦在《长安普渡村西周墓葬发掘记》① 中介绍：标本 1：14 陶鬲周围所环绕的蚌泡和标本 1：15 底下一部分拔出后，知道它们是这样镶嵌在上面的：蚌泡平行地排列在所饰物口部的边缘，各蚌泡之间的距离平均约 3.5 cm，亦有 4 cm 的，紧切蚌泡的上下，各有平行的一道红色漆皮，宽约 0.3 cm，这些红色漆带和蚌泡形成很规则的几何形图案花纹。长安普渡村西周墓葬的时代为西周初期。

据《中国文物报》1995 年 1 月 8 日报道，1994 年 10 月至 12 月间，中国社会科学院考古研究所在山东滕州前掌大遗址发现了一批保存完好的商代末年至西周早期的贵族墓地，其中，时代为西周早期的 11 号墓中出土有髹红、黑漆的盾牌 10 件，其中 4 件保存完好；另外还有漆豆、漆案等。

在河南洛阳庞家沟发掘的 M410 号西周墓，时代为西周中晚期。据《洛阳庞家沟五座西周墓的清理》②一文介绍：靠近墓圹北壁的填土中发现一片漆痕，上边放

① 石兴邦：《长安普渡村西周墓葬发掘记》，《考古学报》1954 年 8 期。

② 洛阳博物馆：《洛阳庞家沟五座西周墓的清理》，《文物》1972 年 10 期。

置有蚌泡。值得注意的是漆痕上还放着一个圈足已缺失的瓷豆盘。这件瓷豆盘的外面有朱、墨色的漆片，上面镶嵌有两排蚌泡。这件镶嵌蚌泡的漆器应当是瓷豆的器托。洛阳庞家沟墓410：7号瓷豆及镶嵌蚌泡的漆器托的出土，证实了上述普渡村、辛村和斗鸡台西周墓葬所出陶器或瓷器之外确实有镶嵌蚌泡的漆器托的存在。

1958年在湖北省圻春县毛家嘴西周遗址中发现了一件残破的漆杯，残高8.3 cm、厚0.3 cm。器作圆筒形，口微仰，近底部器壁作弧形凸出，圈足是器壁的延长，外视似无圈足。黑色或棕色地上绘红彩，颜色鲜艳。纹饰可分为四组，每组均由云雷纹和回纹组成带状纹饰，第二组中还绘有圆涡纹蚌泡状装饰，每组纹饰之间均用红色彩线间隔。①

1981年至1983年发掘的北京琉璃河西周燕国墓地出土了一批西周时期的漆器，主要出土于大中型墓葬中。种类有罍、觚、壶、簋、豆、杯、盘、俎、彝等，以豆居多，均为木胎，器胎一般较厚重，漆器表面多有彩绘，多为褐地红彩或红地褐彩，一些漆器表面皆用蚌泡或蚌片镶嵌，与彩绘共同组成装饰图案。其中②：豆，形制较多。深盘、粗把，豆盘外镶一周蚌泡，间以小型蚌片，豆柄部饰有蚌片和漆绘构成的饕餮纹，通高20.3 cm、口径17.6 cm。觚，通高28.3 cm、口径13.3 cm、圈足直径8.5 cm。器身镶三道金箔，在下面二道金箔上，镶嵌有绿松石，两条金箔之间，雕刻出三个变形夔龙纹，以绿松石为目。红地褐绘，通体的花纹均由蚌片镶嵌和彩绘组成。殷玮璋指出：上述漆器在墓葬中“与青铜礼器、玉器等一起出土，说明漆器在当时也是礼器”。③

在陕西长安张家坡M170井叔墓中还出土有西周时期的铜足漆案，这可能是目前考古发现的最早的一件带有铜饰件的漆器。

此外，在甘肃灵台、安徽屯溪、山西天马等地的西周墓葬中也发现有漆器出土。

三、出土漆器反映出的有关漆工艺及漆器生产的几个问题

以上所列举的仅仅是部分商代及西周时期的遗址和墓葬中出土漆器的情况，随着考古工作的开展，新的商代及西周时期遗址和墓葬的发掘，一定还会有更多的漆器被发现。这些地下文物的出土，反映了以下几个问题：

1. 从地域来看，在我国南北许多省份，商代及西周时期的遗址和墓葬中都有漆器出土，不仅说明了在这些地区当时可能都有漆树生长，而且漆制品的生产也同时在这些地区进行着。在商代及西周时期，理应有一个或几个漆器生产的中心区域，只是由于漆制品易于腐烂、难以保存到今天的缘故而没有被发现。

2. 从出土漆器的墓葬规格来看，商及西周时期出土有漆器的墓葬几乎全是奴隶主贵族的墓葬，表明这一时期的漆器仅仅是统治阶级享有的高档物品之一，而且多数是作为礼器出现的。

---

① 中国科学院考古所湖北发掘队：《湖北圻春毛家嘴西周木构建筑》，《文物》1962年1期。

② 中国社会科学院考古研究所等琉璃河考古队：《1981—1983年琉璃河西周燕国墓地发掘简报》，《考古》1984年5期。

③ 殷玮璋：《记北京琉璃河遗址出土的西周漆器》，《考古》1984年5期。

3. 从数量来看，有一个遗址或墓地出土数十件漆器的现象存在，但在一座墓葬中一般只有一件或数件漆器出土。一座墓葬中出土数十件漆器的情况十分少见。所以说，在商代及西周时期，漆制品的数量总的来说还是比较少的。

4. 从种类来看，出土漆器中既有生活用品：碗、盘、盒等；也有礼器：觚、豆、罍等。这一点与新石器时代出土漆器的情况基本相同。此外，考古发掘资料表明：碗、盘、盒等生活用漆器几乎都是与觚、豆、罍等漆制礼器同时出土，有时还与青铜礼器等放在一起，表明这些生活用漆器也属于礼器的范畴，不能将它们单纯地看做是生活用器，从而得出西周时期漆器已经在生活中得到了较多的应用这一不恰当的结论。

5. 从髹饰工艺来看，商代及西周时期的漆器所使用的仍然是红、黑两种色漆，其他颜色的色漆尚很少发现。然而在雕刻、镶嵌、贴金等工艺方面有所发展，特别是在镶嵌工艺方面取得了最明显的进步，用作漆器表面镶嵌的材料不仅有玉石类，如绿松石，还有蚌泡、蚌片、金箔等。特别是镶嵌蚌片漆器的出土将我国螺钿漆器的制造提早到了西周时期。

第二节　商及西周时期漆器的制作工艺

商及西周时期漆器的制作工艺是在新石器时代漆器制作工艺的基础上逐步发展起来的：木胎的制作、彩绘、雕刻、镶嵌等漆器制造工艺都有所发展，其中商代的镟木胎制作技术、木柄表面缠绕丝线后的髹漆技术、青铜器表面的填漆技术等，都开创了我国漆器髹饰工艺中同类技术的先河，特别是填漆青铜器的出现，为我国金属胎漆器的最早实物，开创了我国使用大漆保护金属的先例。西周时期漆器上的蚌片、蚌泡等镶嵌技术更有长足的进步。下面将分别予以论述。

一、木胎制作工艺

（一）商代漆器的木胎制作技术

1. 镟木胎。上述已经列举的河南罗山天湖商代晚期墓中出土的黑漆木碗，据欧潭生先生考证：“此碗是用边材板加工而成，器形规整，碗底弧度自然，里外表面光滑，推测其制作方法系采用机械旋转辅以手工修整，类似陶器的轮制法。”①“它可能是现知最早的一件车镟木胎漆器。”②车镟木胎的出现，是陶器的轮制法工艺与青铜工具相结合制作漆器胎体的结果，开创了木胎漆器制作的新工艺，是目前所发现的最早的一件半机械化生产的漆器，战国时期出现的许多镟木胎漆器其渊源就在这里。镟木胎制作工艺的出现与快轮制陶有着一定的联系，我国快轮制陶技术在新石器时代中晚期就已经使用，是将和好的泥土放在转台上一边转动一边制作陶胎，如将木块放在此转台上进行旋转加工，制出的就是镟木胎。

2. 薄木胎。河北藁城台西商代遗址出土有薄木胎漆器，这也是目前所知最早

---

① 欧潭生：《河南罗山县天湖出土的商代漆木器》，《考古》1986年9期。

② 王世襄：《中国古代漆工艺》，《中国美术全集·工艺美术编8·漆器》，第4页，文物出版社，1989年。

的薄木胎漆器。薄木胎的出现表明商代晚期木材加工所用工具的犀利程度。需要指出的是，薄木胎漆器的胎体制造不仅要有犀利的工具还需要有较好的拼合黏结技术。可能是拼合黏结技术的问题，在西周时期此类漆器数量很少，直至战国时期才较多地出现，而当时已经采用了榫卯与斜面黏结等相结合的木胎拼合黏结技术。

（二）西周漆器的木胎制作工艺

目前发现的西周漆器，均为木胎，且胎体多较厚重，一般都在 1 cm 左右；薄木胎漆器的胎体厚度仅有 0.2 cm，但数量很少。西周时期的漆器在品种上比商代漆器要多一点，所以其木胎的加工技术与商代相比较有所发展，特别是一些器型较大且较复杂的漆器，往往是采用斫木胎工艺分别制出器物的各个部件后再进行黏结而成。

据王巍先生考证，西周时期漆器木胎的制法“是根据器物的大小和形态而定。豆、盒、杯等器型比较简单，体积较小的器物，一般多用整块木料挖凿出坯胎，然后精修而成。至于像罍、尊、簋等器形较大或造型复杂的，则事先加工好器底、器身、器耳等各个部分，然后黏结而成。”① 这类小型木胎的制造方法称之为“斫木胎”，在西周时期已经较多地得到采用，这是我国古代小型木胎漆器胎体制作常用的方法；这类大型木胎的制造方法，后来发展成先分别进行雕刻然后再行拼合、黏结的制胎技术，创造出了许多精美绝伦的艺术品。

二、镶嵌工艺

（一）商代漆器的镶嵌工艺

商代漆器的镶嵌工艺在新石器时代漆器镶嵌工艺的基础上有所发展，主要表现在以下几个方面。

1. 镶嵌的饰物除玉石类之外，又出现了镶贴金箔的工艺，如河北藁城台西商代遗址中出土的漆盒上粘贴的金箔，在金箔上还阴刻有花纹。漆器上的贴金装饰在明代黄成《髹饰录》中属于“金髹”的一种，所谓“金髹，一名浑金漆，即贴金漆也……又有贴银者，易霉黑也”。②春秋战国时期楚国的贴金箔漆器及流行于汉代的在漆器上镶金银箔工艺，其渊源均在这里。

2. 将镶嵌与雕刻两种工艺相结合进行漆器的装饰。“如安阳殷墟 1001 号大墓中出土的木质抬板两端雕刻的兽头装饰，便采用了蚌、石、牙等各种镶嵌物，利用它们各自不同的色泽和质感，配合半立体雕刻和彩绘，构成了和谐统一的艺术效果。”③镶嵌的绿松石预先磨制成圆形、三角形等不同的形状。

在新石器时代，人们采用玉石镶嵌在漆器上，由于所采用的玉石较厚，镶嵌强度差，到了商代人们将绿松石或蚌泡磨成片状进行镶嵌，其镶嵌强度要好得多。例如，河北安阳侯家庄 1001 号大墓出土的兽面纹漆器上，兽面的眼睛就是用圆石片镶嵌成的；山东省益都县商代晚期墓葬中还出土有用蚌片和龟甲镶嵌出虎纹及

① 王巍：《关于西周漆器的几个问题》，《考古》1987 年 8 期。
② 王世襄著：《髹饰录解说》，第 76 页，文物出版社，1983 年。
③ 王巍：《关于西周漆器的几个问题》，《考古》1987 年 8 期。

兽面纹的漆器。① 从采用单一的蚌片进行镶嵌到采用多个蚌片组成花纹进行镶嵌，这就是中国历史上著名的“螺钿”漆器的起源。所以说“螺钿”的渊源是“镶嵌”，前者是从后者逐步发展而来的。那么，什么是“螺钿”呢？蚌泡镶嵌算不算是“螺钿”？王巍指出，根据《髹饰录》的记载，螺钿似应具有下述特征：一是应系用蚌壳磨成的薄片状；二是蚌片本身可以呈各种形状，但却要组成一定的图案；三是有的蚌片上还可以刻有纹饰。不应将镶嵌蚌泡的漆器看作螺钿漆器。②

商代发达的青铜制造技术为漆器制作工艺的进步提供了条件，例如，湖北黄陂盘龙城出土的商代青铜器中就有斧、锛、凿、锯、刀等多种青铜工具。大型漆器木胎上的雕刻制作可以说是青铜工具使用的必然结果。黄陂盘龙城李家嘴 2 号墓及安阳殷墟出土的雕花木板都是使用工具制成的。需要指出的是，从商代雕刻漆器来看，其雕刻工艺是十分原始和粗放的。笔者曾处理过盘龙城李家嘴 2 号墓出土的雕花木板（灰），发现其雕刻的花纹线条粗糙，有的花纹宽度可达 0.5 cm 以上。这与漆器制作中雕刻工艺刚出现不久以及青铜工具的性能等都有关系。将镶嵌与雕刻结合在一起的漆器髹饰工艺，增加了装饰功能，使得生产出的制品更加生动。

（二）西周漆器的镶嵌工艺

镶嵌，是西周漆器最主要的装饰手法之一，在商代漆器镶嵌工艺的基础上又有了较大的发展。按照镶嵌所用材料的不同，西周漆器的镶嵌工艺又可以分为蚌片镶嵌、蚌泡镶嵌、绿松石镶嵌和贴金箔四种。

1. 蚌片镶嵌。蚌片镶嵌漆器是在蚌泡、玉石类镶嵌漆器的基础上发展起来的，因为蚌泡呈凸起状，镶嵌在漆器表面时容易被碰脱落，所以当时的人们采用了呈平面状的蚌片作镶嵌物使用。

西周时期的螺钿漆器目前已经发现了多件：1967 年在陕西沣西张家坡西周墓葬中出土的螺钿漆俎，未施彩绘，仅以蚌片构成图案；1981 年至 1983 年发掘的北京琉璃河西周燕国墓地出土的螺钿漆器，大多是由蚌片与彩绘共同组成图案。一般是以蚌片作为主要的纹饰，如兽面纹的眉、目、鼻、口等部分，有的部分纹饰由数块小蚌片组合而成。琉璃河 M1009：14 漆豆柄部以蚌片和彩绘组成的兽面纹，兽面的眉眼部分就是由四块蚌片组合成的。这种做法可能是由于采用化整为零的方法，便于蚌片加工的缘故。在蚌片的四周，往往用彩漆勾画出轮廓，然后在其他部分填充几何形图案作陪衬。这样，螺钿与彩绘共同组成图案，二者交相映衬，十分醒目。在目前所见的西周螺钿漆器中，最能反映当时螺钿工艺水平的，当属北京琉璃河西周燕国墓地 M1043 出土的漆罍，是研究西周漆器难得的珍品，它的出土表明西周时期的螺钿工艺已经达到了比较高的水平③。

漆罍高 54.1 cm，木胎，以朱漆为地、施以褐彩。罍身通体的装饰花纹为蚌片镶嵌和彩绘组成的凤鸟纹带、圆涡纹带和兽面图案。罍耳上用镶嵌的蚌片和彩绘组成两只凤鸟纹。圈足上嵌有多组长方形蚌片并有长条状彩绘。罍盖上立有四个

① 王巍：《关于西周漆器的几个问题》，《考古》1987 年 8 期。
② 王巍：《关于西周漆器的几个问题》，《考古》1987 年 8 期。
③ 《中国美术全集·工艺美术编 8·漆器》，图版说明 3、4 页，文物出版社，1989 年。

兽头，也用蚌片镶嵌出兽的眼、耳、角等。

2. 蚌泡镶嵌

西周时期漆器的蚌泡镶嵌工艺与商代漆器一样，都是将蚌泡磨制成一面平整、一面圆鼓的圆泡，将平整的一面镶嵌在漆器的表面，圆鼓的一面朝外。这类蚌泡镶嵌的漆器在我国许多地区都有发现，如陕西、河南、北京、湖北等地。1958 年在湖北省圻春县毛家嘴西周遗址中发现漆杯一件，残高 8.3 cm、厚 0.3 cm。器作圆筒形，口微仰，近底部器作弧形凸出，圈足是器壁的延长，外视似无圈足。黑色或棕色地上绘红彩，颜色鲜艳。纹饰可分为四组，每组均由云雷纹和回纹组成带状纹饰，第二组中还绘有圆涡纹蚌泡状装饰，每组纹饰之间均用红色彩线间隔①。与该漆杯同时出土的还有木瓢一把，器形似碗状，系采用一块整木料雕挖而成，与西周漆器木胎制作工艺相同。

3. 镶嵌绿松石和贴金箔

北京琉璃河西周燕国墓地出土的一件漆觚，高 28.3 cm、口径 13.3 cm、圈足直径 8.5 cm。觚为木胎，敞口、束腰、带圈足。器身贴有三道金箔，在下部两道金箔上镶嵌有绿松石。在这两道金箔之间，雕刻三条变体夔龙纹，组成装饰纹带。这件漆觚用朱漆为地，施以褐彩，加之绿色的松石和黄色的金箔，使整体显得光彩夺目②。可见这件漆觚的装饰采用了镶嵌、贴金箔、雕刻和彩绘多种工艺于一体，比起河北藁城台西商代遗址出土的贴金箔漆器在工艺上又向前迈进了一步。

三、彩绘工艺及填漆青铜器的发现

商及西周时期漆器上的彩绘主要是红、黑（包括褐、棕等）两种颜色，而一些浅淡鲜艳的漆绘颜色几乎没有发现。红色的颜料用的可能是天然的朱砂，因为出土时红色仍十分鲜艳；黑色的颜料用的是什么呢？有的研究者提到采用氢氧化铁制造黑色漆，这在古代是不可能的。我国早期漆器中所用的黑色颜料应该是烟炱，王世襄先生指出：烟煤，俗称锅烟子或黑烟子，用它调漆调油均可③。烟炱是人们经常接触到的物质之一，它的黑色性质早已为人们所认识，战国时期的黑色漆器曾被做过少量样品分析，含有碳，推测是采用烟炱为原料制造的，商和西周时期也应是如此。

河南省罗山县天湖商代晚期墓中出土的几件填漆青铜器，是在青铜纹饰的阴线部位填上黑漆，从而使青铜纹饰阳线原有的青铜亮黄色更加鲜明、醒目，增加了美感。这些填漆青铜器的出土将我国大漆在金属上使用的时间提早到了商代晚期，需要指出的是：大漆最早在青铜器上的应用主要是从青铜装饰的角度考虑的，而不是为了青铜器的防腐需要。但是，大漆在金属防腐上应用的渊源却是从这里开始的。

四、商代髹漆木柲制作工艺的考察

从有关河南省罗山县天湖商代晚期墓葬出土漆木柲的资料来看，它与湖北省

① 中国科学院考古所湖北发掘队：《湖北圻春毛家嘴西周木构建筑》，《文物》1962 年 1 期。

② 《中国美术全集·工艺美术编 8·漆器》，图版说明 3、4 页，文物出版社，1989 年。

③ 王世襄著：《髹饰录解说》，第 33 页，文物出版社，1983 年。

阳新县白沙商代晚期遗址中出土的漆木柲在髹漆和装饰工艺上基本上是相同的。下面以笔者亲自处理的湖北阳新白沙出土漆木柲为例说明之。

通过在显微镜下观察，发现漆木柲表面纹饰处有纤维存在，据推测应为丝纤维；在黑色漆膜的下面有灰层。据此，我们推测该木柲的髹漆和装饰工艺为：

1. 用木材制成木柲的胎体后，在胎体表面上一道漆灰层（或其他质地的灰层)。在现代，这道工序俗称为“刮灰”“打底”，目的是使木质胎体表面平整及加大髹漆后胎体表面与漆膜之间的黏结强度。由此表明，至迟在商代晚期我国髹漆工艺中已经出现“刮灰”工艺。

2. 当漆灰层处于半干状态时，在表面用丝线缠绕出一定的纹饰，由于漆灰层有一定的黏结能力，缠绕上的丝线纹饰容易被固定。丝线是从不同的方向分层缠绕的（河南罗山天湖商墓中出土的漆木柲上是用五层丝线缠绕的)，所以，组成的云雷纹中五层方格就有了高低之分。

3. 在丝线表面髹漆，由于髹的漆层一般比较薄，干燥之后，随着缠绕出的丝线的高低，髹漆的花纹也就显示出高低。木柲上的纹饰高低纯属丝线缠绕的结果，与后代的堆漆工艺是截然不相同的。

木柲用丝线缠绕后再髹漆，不仅美观，而且有加固作用，能防止木柲在干燥气候中变形开裂，同时还能增大摩擦力，在使用的过程中防止脱落。

第三节　商周时期漆器生产发展缓慢的原因

我国从新石器时代中晚期开始发现和使用漆器，直至西周晚期已经经历了数千年的时间，就是从商代开始计算，到西周晚期也有数百年的时间。然而，我们今天在有关商代及西周时期的考古发掘中，发现商周时期漆制品的数量是比较少的，很多比较有名的商代或西周时期的墓葬中几乎都没有漆器出土。造成这一现象的根本原因有哪些呢？人们首先想到的是漆器易于腐烂，商周时期及其之前的漆器在地下埋藏的时间太久了，一般难以保存到今天，这是造成出土商周时期及其之前漆器数量稀少的一个原因，但这不是其根本原因。造成这一现象的根本原因是商周时期漆制品生产数量少。漆制品生产发展缓慢，漆制品生产的数量少，所以能够保存到今天的商周时期的漆器就比较少。

一、关于人工栽培漆树的讨论

早期人们采割的漆树都是野生的，但野生漆树的资源是有限的，加上早期人们割漆技术方面存在的问题对漆树产生损害，更加快了对漆树资源的破坏。而人工栽培的漆树，据笔者目前所掌握的有关古代文献记载，最早提到的是庄子曾为“漆园吏”，《史记・庄子传》记载：“庄子者，蒙人也，名周。周尝为蒙漆园吏。”既然名为“漆园”，面积一定比较大，在园内当然生长着大片的漆树林，其中主要应该是人工栽培的漆树，所以才专门设置官吏进行管理。庄子是春秋晚期人，据此推测在春秋时期我国一定有了漆树的人工栽培，考虑到漆树从野生到人工栽培有一个发现和发展的过程，由此上溯到西周中晚期或晚期，我国也可能有了漆树的人工栽培，因为《周礼・载师》中有一段记载：“凡任地，国宅无征；园廛二十而一；近郊十一；远郊二十而三；甸稍县都皆无过十二；唯其漆林之征，二十而五。”①然而，这里说的“漆林”是否包括人工栽培的漆树林就不得而知了。至于我国早期漆树的人工栽培技术是如何发现和发展的，目前尚难以考证。

正是因为漆树的人工栽培在春秋时期（最早也只能上溯到西周中晚期或晚期）才形成一定的规模，而在此之前人们用漆的来源主要是野生漆树，野生漆树资源有限，加上人为的损坏，使得漆的产量一直难以大量增加，从而限制了我国商周时期漆器生产的发展。

二、早期的割漆技术影响了生漆的资源和产量的增长

我们知道，生漆是漆树韧皮层内的一种分泌液，采集漆液是通过切割漆树的树皮来进行的。就单株漆树来说，一般说来，一棵漆树一生中可以采集生漆约500~1000 g，现代人工培育的优良品种和一些树龄长的野生漆树，也有一棵漆树一生中可以采集生漆达到数千克的。以现代人工栽培的名为“火焰子”的漆树为例，栽种5~6年才能开始割漆，每年割出的生漆量平均约为100 g左右（各年出漆量不同），一共只能割3~4年，产漆总量为400~500 g时，树势就已衰退，需要砍去重新栽新树。同样，对于一棵漆树来说，出漆量的多少与品种、树龄、割漆的位置及割口的形状、割漆的时间及地理气候等因素有关，本文不是割漆技术的专门著作，下面仅举几点为例说明之。

1. 开始割漆的漆树，第一年一般只开一个割口，以后的几年内割口数可以逐年增加。在割漆的季节里，每隔6~10天割一次，但割口的最宽处不能超过树围的2/5，否则就会影响到漆树的生长，甚至造成漆树的死亡。割口不能过浅，过浅分泌的漆量少，也不能过深，过深会伤及树皮的形成层甚至木质部，影响到割口的愈合。

2. 割漆的时间一般在每年的7月上旬到10月上旬，温度和湿度都比较大的天气漆树分泌漆液量比较多，如果气候不合适，往往会出现割口处流出的漆液还未到达收集漆液的容器时就干涸了的现象。

3. 漆树要生长到一定的年龄才能开始割漆，而且割漆的年数也是有限的。例如，现代某些快生漆树，生长5~6年后就可以开始割漆，但继之3~5年后漆树长势衰退，出漆量减少，必须砍去重新栽培；某些野生漆树，树型高大，树龄要到10年才能开始割漆，寿命长达30~50年，但耐割，可以割漆10~15年，有的可以达到20年以上。无论是哪一种漆树，其可以割漆的时间都是有限的，如果没有新的漆树生长，在几千年的漫长岁月中再多的漆树资源也会枯竭。

从上述几点可以看出，在人工栽培漆树之前，漆树资源增加和延续主要靠自然生长与繁殖，而这是无法满足人们对生漆资源的需要的；人们在早期采集漆液时，对割口的位置、大小、形状等有一个长期的观察、了解、认识的过程，为了多采集生漆，一次多处、大面积地割破树皮的现象，在早期割漆时可能是常见的，这样一来必然会影响漆树的生长甚至导致漆树的死亡，从而破坏了漆树的资源。另外，在西周中晚期之前人们的生产条件简单，只能利用距自己身边不太远的漆

① 清·孙诒讓：《周礼正义》，10册，第963页，中华书局。

树资源，无法深入到遥远的深山老林中去采割生漆。

漆树资源有限是我国商周时期及其之前漆制品生产发展缓慢的主要原因。

三、商周时期漆器生产发展缓慢的有关证据

（一）古代文献记载

《周礼·载师》记载："园廛二十而一；近郊十一；远郊二十而三；甸稍县都皆无过十二；唯其漆林之征，二十而五。"为什么对漆林征收的税率最重？历来有不同的看法。曹金柱认为："由于当时的生产力水平很低，采割生漆十分困难。劳动强度大，耗费劳动时间多，产量少，'物以稀为贵'；而生漆又是制作珍贵漆器不可缺少的原料，经营生漆的奴隶主贵族和商人从而大获其利，于是朝廷有意识地加重漆林税。"①

（二）考古发掘资料

1. 考古发现的西周漆器大都是觚、罍、簋、壶、彝等礼器，杯、盘等日用器较少，出土最多的漆豆（约占目前出土西周漆器总数的一半），虽然是一种食器，但多出于大中型墓葬，小型葬中极少发现。杯、盘、豆等虽然是日用漆器，但它们常常与礼器或青铜器一起出土，也应该属于礼器的范畴。这些都表明西周时期生漆的产量是不多的，只能供给统治阶级用来制造少量主要作祭祀用的礼器和部分食器。特别是镶嵌漆器（包括螺钿漆器）主要是豆、罍、觚等食器和礼器更说明了这一点。

2. 考古发掘出土的商及西周时期的漆器中，镶嵌漆器占有相当大的比重，特别是西周时期螺钿漆器的较多出土，说明在西周时期漆器制作中的螺钿镶嵌工艺有了比较大的发展。"然而，耐人寻味的是，在迄今所发现的大量春秋、战国时期的遗址和墓葬中，虽然出土了许多漆器，但却很少发现螺钿漆器。""那么，西周时期盛极一时的螺钿工艺，为何在春秋战国以后却似乎踪迹皆无了呢？这是一个值得深思的问题。"②西周以后螺钿漆器的衰落，其主要原因之一是螺钿漆器本身造成的：

（1）螺钿漆器用漆量比一般漆器多。为了将蚌片镶嵌在漆器的表面，所髹的漆层比较厚，所用的生漆量当然就比较多了。

（2）为了将蚌片比较牢固地镶嵌在漆器表面，不仅所髹的漆膜要比较厚，而且漆器胎体表面"打底"时也要使用较多的生漆，否则蚌片难以镶嵌得牢固。出土的西周螺钿漆器上许多蚌片脱落的原因可能就是没有"打底"或"打底"不牢固。

（3）我国漆器制造史上的"推光"工艺是较晚才出现的，由于没有采用推光工艺，螺钿漆器的装饰功能难以充分地体现出来，甚至无法与多种颜色的彩绘漆器相媲美。

用漆多、易脱落是早期螺钿漆器本身存在的问题。由于用漆量大，一件螺钿漆器的用漆量可以用来髹饰几件一般的漆器（包括彩绘漆器），在西周时期也只是

① 曹金柱：《中国生漆税收史的研究》，《中国生漆科技》1981 年 1 期。

② 王巍：《关于西周漆器的几个问题》，《考古》1987 年 8 期。

用来制造少量统治阶级用的觚、豆、罍等礼器。加之镶嵌的蚌片易脱落、漆器的“推光”工艺尚未出现，使得螺钿漆器装饰效果未充分体现出来，况且蚌片是一种易得的物质，远远不如金、银、玉等珍贵，所以，自春秋战国直到汉魏时期，螺钿漆器一直很少为人们所制造。螺钿漆礼器的出现，表明当时的人们想利用有限的漆原料制造出尽可能美观的漆器用于祭祀，从而反映出西周时期生漆的产量不可能是很多的。

（三）气候因素

前面已经指出，漆树在生长的季节里需要较多的水分和热量，从今天的有关调查资料看，漆树主要生长在亚热带气候区，而黄河流域一带主要属于温带气候，生长的漆树数量一般都较少。在新石器时代中晚期到商周时期的几千年间，我国黄河流域一带的气候有过几次变化的历程，根据竺可桢先生的考证：“近五千年期间，可以说仰韶和殷墟时代是中国的温和气候时代”，“周朝的气候，虽然最初温暖，但不久就恶化了”。“周朝早期的寒冷情况没有延续多久，大约只有一、两个世纪，到了春秋时期又暖和了。”① 在气候比较温暖湿润的时候，就会有比较多的漆树生长，而气候比较寒冷时，对漆树的生长是不利的，漆树的数量就会减少。这一点与长江流域的情况不同，因为长江流域地处亚热带气候区，历史上的气候变化虽然造成了温度及降雨量的变化，但是这一地区的气候仍然是亚热带气候，而不是变成了温带气候，所以仍然比较有利于漆树的生长。

① 竺可桢：《中国近五千年来气候变迁的初步研究》，《考古学报》1972 年 1 期。

第三章

春秋战国时期的漆器

我国古代的漆器生产在春秋战国时期有了较大的发展，近几十年来考古发掘出土的大量漆器证明了这一点。据不完全统计，自20世纪50年代初至今，我国考古发掘的春秋战国时期的墓葬总数中，楚墓及与楚文化相关的墓葬就占60%～70%之多，出土的漆器数量至少也占这一时期墓葬出土漆器总数的70%～80%或更多。因此，本章所论述的漆器以楚墓及属于楚文化范畴的墓葬、遗址中出土的漆器为重点加以讨论。

楚国，是我国历史上春秋战国时期的一个比较大的诸侯国，历史书中常常提到的"春秋五霸"和"战国七雄"，楚国都是其中之一。楚国强盛时的疆土相当广大，几乎包括了我国现今版图的整个南半部，所谓"楚人地南卷沅湘，北绕颍泗，西包巴蜀，东裹郯淮，颍汝以为洫，江汉以为池"（《淮南子·兵略训》），在此广大的土地上，劳动人民创造了光辉灿烂的古代文化，现今的学术界将其称为"楚文化"。《楚学文库》编委会在《编者献辞》中指出：中国的古代文化是多元复合的，它的主体华夏文化是二元耦合的。所谓二元，就方位来说是北方与南方，就流域来说是黄河与长江……春秋战国时代的华夏文化，北方以晋（韩、赵、魏）为表率，南方则由楚独领风骚。世界的古代文化更是多元复合的，它的主体即旧大陆的古代文化也是二元耦合的。这个二元，简单地说来，就是西方与东方。从公元前6世纪中到公元前3世纪中，西方的希腊与东方的楚竞辉齐光，宛如太极的两仪。① 能与西方古代的希腊文化相媲美的楚文化中，最具特色的当为楚国的漆器文化，春秋战国时期的楚国漆器，数量多、品种全、制造技术先进、使用范围广大，在当时的各诸侯国中是首屈一指的。楚国劳动人民创造了我国漆器生产史上的第一个高峰。

第一节　漆源之乡

一、楚人用漆的渊源

楚人自称是华夏民族的一支，是黄帝的后裔。远在新石器时代晚期，楚人的先祖就有机会接触、了解或认识到大漆以及有关大漆的知识等。令人感兴趣的是，至今我国考古发现的新石器时代漆制品中，朱色（即红色）漆器占多数，这一点

① 后德俊著：《楚国的矿冶、髹漆和玻璃制造》，"编者献辞"，湖北教育出版社，1995年。

与楚人“尚赤”的思想习俗是十分吻合的。

《诗·商颂·殷武》记载：“维汝荆楚，居国南乡”；《左传·昭公九年》记载：“巴、濮、楚、邓，吾南土也”。说明在商代及西周时期，楚人已经生活在商王朝、西周王朝的南方，也就是现今的江汉地区一带。这一地区一定生长着众多的漆树，在商代及西周时期不仅已经有了漆器生产，而且髹漆工艺业已具有一定的水平。黄陂盘龙城李家嘴 2 号墓出土髹漆椁板上所饰的饕餮纹是商代青铜器常用的装饰图案，圻春毛家嘴出土漆杯上的蚌泡状装饰与同时期的黄河流域出土的漆器上的蚌泡装饰是十分相似的。从这两点推测，在商代及西周时期，现今湖北一带的漆器制作工艺，与同时期黄河流域漆器制作工艺应该是一脉相承的。这些漆工艺当然也会为生活在这一地区的楚人所了解、所认识，楚人当然也会向掌握髹漆技术的人们学习。这种延续不断的漆器制作工艺，才是春秋战国时期楚国漆器产生、发展的渊源和基础，也就是在这一基础上，通过楚地广大劳动人民多年的辛勤劳动和发明创造，才造就了我国历史上光辉灿烂的漆器文化。

考古发掘的出土文物也证明了楚国的漆器制造技术正是在商及西周时期漆器制造技术的基础上发生、发展起来的。考古发掘资料表明：西周时期的楚国漆器至今尚未见到过，但是春秋时期的楚国漆器已经发现，例如，1987 年发掘的湖北省当阳县赵巷 4 号楚墓，墓葬的年代为春秋中期偏晚，墓主人的身份仅相当于大夫一级，该墓早年已经被盗，但在墓中仍有 20 件左右的精美彩色漆器出土。表明楚国的漆器制造业在春秋中期前后已经比较发达了，那么，在此之前一定还应有一个比较长的发展时期。否则，一座中型楚墓中不可能有这么多的精美漆制品出土。

二、楚地拥有丰富的大漆资源

楚人在立国之初就生活在现今鄂、豫、陕交界的丹江一带地区，后来又到了湖北西北部的荆山一带，所谓“僻在荆山”是也。楚人生活在山区，而野生的漆树主要也是生长在山区，所以楚人必定会对漆树、大漆产生一定的认识和了解。

1. 从古代文献记载来看，春秋战国时期楚地拥有丰富的大漆资源。

《庄子·人间世》记载：楚昭王（公元前 512 ~ 前 489 年在位，属于春秋晚期）时期，孔子南游来到了楚国，楚狂接舆（楚国一个名叫“接舆”的狂人）游其门曰：“桂可食，故伐之；漆可用，故割之。人皆知有用之用，而莫知无用之用也。”在本编第一章中我们已经论述过，人们采集生漆是通过切割漆树的树皮来进行的，所以，直到今天人们对这项生产活动都有一个专门的名称，叫做“割漆”，这一名称将人们采集生漆活动的要点形象地表达了出来。《庄子·人间世》中的这段记载不仅说明了“割漆”一词的出现至今已有 2500 多年的历史，更重要的是表明“割漆”在春秋时期的楚国已经是一项十分普遍而经常性的生产活动了，否则，就不可能出现在文学作品中。由此可见，当时的楚国疆域内生长着众多的漆树，楚国劳动人民经常从事“割漆”这项生产劳动。

《史记·货殖列传》记载：“陈夏千亩漆。”这条记载虽然是西汉前期的情况，但是“陈”在春秋战国时期曾经是楚国的疆土，它也间接地反映出春秋战国时期楚地曾有大片人工栽培的漆树林。

2. 从现代有关资料来看，春秋战国时期楚地也应拥有丰富的大漆资源。

漆树是一种重要的经济树木，从生物学的角度看，漆树在生长和分泌漆液的过程中，常要求有较多的水分和较高的温度，在年平均温度为 15 ℃左右、年平均降雨量为 1 000 mm 左右的地区，比较适宜漆树的生长。楚人从立国之初“僻在荆山”时起，就生活在现今的鄂、豫、陕交界一带地区，后来疆土不断扩大，其中心区域仍在长江中游或中下游。从现代气象学的有关资料来看，以楚国故都湖北江陵纪南城所在地的荆州来说，其年平均温度约为 15～17 ℃、年平均降雨量约为 1 100 mm，这种亚热带的气候适宜漆树的生长。又如，位于湖北西部盛产生漆的利川市，其海拔高度一般在 1 000 m 左右、年平均气温约为 13 ℃、年降雨量约为 1 300 mm 左右，十分利于漆树的生长。

从今天的有关资源统计资料得知，我国现今漆树分布的中心区域，主要包括秦岭、大巴山、武当山、巫山、武陵山脉一带，这些地区既有大面积的天然漆树林，也有成片分布的人工栽培的漆树林。这些地区出产的毛坝漆、建始漆（两地均位于湖北省西部的鄂西自治州）、平利漆（位于陕西省的南部）等，素有“国漆”（即“中国漆”的简称）之美名而蜚声中外，其质量好、色泽佳，在国际贸易中享有很高的声誉。1977 年，生漆产量达到 500 担以上的 18 个县（或县级市）中，有 14 个就分布在鄂、川、陕的交汇地区及其附近一带（见表 1－3－1），所以这一地区被称为“漆源之乡”，其中的大部分均是春秋战国时期楚国的疆土所在。另据《湖北省情》《湖北年鉴》等资料统计，1985 年，仅湖北省利川市的坝漆（又称为毛坝漆，因产于利川市的毛坝而得名）产量就达 1 400 多担；1990 年湖北省出口生漆金额达到 500～1 000 万美元，直到今天，湖北省仍然是全国生漆产量的大省之一，生漆产量在全国居第二位，而湖北也正是春秋战国时期楚国的腹地。①

表 1－3－1　1977 年全国重点产漆县一览表

省名	生漆产量在 500 担以上的县名
陕西省	紫阳、镇巴、镇平、宁陕、凤皋、平利
湖北省	利川、恩施、建始、咸丰、竹溪
四川省	巫溪、北川、城口
贵州省	大方、毕节、金沙
云南省	镇雄

因此可以说，楚国人从立国之初就生活在产漆区，在他们的周围生长着众多的漆树。后来随着楚国国力的强盛、疆土的扩展，楚人逐步占有了位于今天的湖北西部及西北部、陕西南部及四川东部一带的产漆区，而这一地区至今仍有大批的漆树生长，被称为“漆源之乡”。所以我们说楚人拥有丰富的大漆资源。

① 肖育檀：《中国漆树生态地理分布的初步研究》，《陕西生漆》1979 年 3 期。

第二节　考古发现的楚国漆器

王世襄先生指出：就我国漆工艺的发展而言，历史上第一次的突飞猛进、兴盛繁荣，出现在战国时期，且经久不衰，一直延续到西汉。战国漆器的产量之多、品种之完备、制作之精、分布之广，都远远超过了前代。战国漆器大多数出自楚墓。楚国是战国时期幅员最大的国家，已发掘的战国墓也以楚墓为最多。①

漆器在楚文化中占有重要的地位。

王世襄的上述结论当然是在考古发掘出的实物、特别是楚墓中出土漆器实物的基础上得出来的。据不完全统计，到目前为止，全国已经发掘的春秋战国时期的墓葬约有8 000～9 000座左右，其中楚墓的数量就有6 000座左右，这中间湖北省已经发掘的楚墓就有3 000～4 000座左右，占已经发掘的楚墓中的大部分，到底有多少座楚墓中出土有漆器，至今尚未见到有关的统计资料。

张正明先生主编的《楚文化志》一书中列举了当时已经发表和即将发表的约2 000座楚墓中出土漆器的简略情况，现摘其要点简略综述如下。②

1．从楚墓分布的地区来看，涉及湖北、湖南、河南、安徽、浙江五省，遍布湖北的江陵、武昌、鄂城、大冶、郧县、松滋、宜城、随州、黄冈、襄阳、云梦；湖南的长沙、衡阳、湘乡、常德、临澧；河南的信阳、淅川；安徽的舒城及浙江的绍兴等地区。

2．从墓葬的时代来看，从春秋早期到战国晚期的楚墓都有，其中战国中晚期的墓葬占大多数。目前，尚未在西周时期的楚墓中发现有漆器，出土最早的楚国漆器是春秋早期的，例如湖北当阳赵家塝2号楚墓，时代为春秋早期，墓中棺椁已经腐烂，“从棺椁板上残留少量的朱、黑漆皮看，棺、椁均涂有朱、黑漆，棺底板为朱漆”。③这是目前考古发现的最早的楚国漆器。

3．从漆器的种类来看，饮食用器、日用器、丧葬用器、乐器、兵器、工具等都有出土。

4．以江陵雨台山楚墓为例，1973年至1976年间共发掘出春秋和战国时期的墓葬558座，其中出土有漆器的墓葬共有224座，约占总数的40%，其中尚不包括那些所陪葬的漆器已经完全腐烂或已经腐烂的仅剩有少量痕迹的墓葬；224座楚墓中共出土漆器近千件，平均每座楚墓中约有4件，由此可以看出春秋战国时期楚国漆器的发达水平。

一、小型楚墓出土漆器的情况

大、中、小型楚墓的划分并没有一个十分明确的界限。这里所论述的小型楚墓是指那些墓坑尺寸较小、只有单棺或一棺一椁的墓葬，这类楚墓的墓主人生前身份都不是很高，一般都是属于“士”或“士”以下的庶民阶层，是当时中下阶

---

① 王世襄：《中国古代漆工艺》，《中国美术全集·工艺美术编8·漆器》，第5页，文物出版社，1989年。

② 张正明主编：《楚文化志》，第63页，湖北人民出版社，1988年。

③ 高仲达：《湖北当阳赵家塝楚墓发掘简报》，《江汉考古》，第1982年1期。

层的人物。表 1－3－2 是部分小型楚墓出土漆器的情况。从小型楚墓中出土漆器的情况，可以看出当时楚国漆器的使用范围和发达程度。

表 1－3－2　部分小型楚墓出土漆器的情况

墓　号	墓坑尺寸(m)	棺椁	出土漆器名称	资料来源
江陵拍马山 19 号楚墓	2.1×0.66	单棺	彩绘方盒、彩绘漆盒、竹卮等	《考古》1973 年 3 期
江陵拍马山 5 号楚墓	2.08×0.64	单棺	素面漆盒、圆漆盒、漆木板、漆甲片	《考古》1973 年 3 期
江陵雨台山 315 号楚墓	2.5×1.0	单棺	漆耳杯、漆盒、漆豆	《江陵雨台山楚墓》
江陵雨台山 254 号楚墓	2.2×0.7	单棺	漆耳杯	《江陵雨台山楚墓》
江陵九店 56 号楚墓	2.5×0.8	单棺	漆耳杯、漆圆盒、漆皮甲、漆墨盒	《江陵九店东周墓》
江陵九店 7 号楚墓	2.36×0.98	单棺	漆耳杯、漆圆盒	《江陵九店东周墓》
鄂城鄂钢 53 号楚墓	3.36×2.50	一棺一椁	漆耳杯、漆剑椟、漆棋盘	《考古学报》1983 年 2 期
黄冈国儿冲 1 号楚墓	3.7×3.16	一棺一椁	彩绘漆豆、镇墓兽、小漆盒等	《江汉考古》1983 年 3 期

二、大中型楚墓出土漆器的情况

大中型楚墓中出土漆器的数量较多，有时一座墓中出土几十件甚至上百件的漆器，其中常有制作精良或工艺先进的漆制品，漆器的种类往往也是多种多样。表 1－3－3 是几座大中型楚墓出土漆器的有关情况，从中可以看出当时楚国漆工艺的高超水平。

表 1－3－3　部分大中型楚墓出土漆器的情况

墓葬名称	数量	种类、具有代表性的漆器名称	资料来源
湖北江陵望山 1 号楚墓	97 件	饮食器：铜蹄足漆樽、浮雕涡纹酒具盒、红黄蓝彩绘耳杯；日用器：铜足漆案、彩绘漆俎；兵器：剑鞘、皮甲；乐器：漆瑟、漆鼓；装饰器：彩绘木雕座屏；工具用器：夹苎胎削鞘、漆文书工具盒；丧葬器：漆棺、彩绘镇墓兽等。	《江陵望山沙冢楚墓》

（续表）

墓葬名称	数量	种类、具有代表性的漆器名称	资料来源
湖北江陵望山2号楚墓	125件	饮食器：漆勺、漆豆、漆耳杯；日用器：漆案、漆俎；兵器：剑鞘、矢服；乐器：漆瑟、漆鼓；装饰器：木雕座屏；丧葬器：漆棺、彩绘镇墓兽等。	《江陵望山沙冢楚墓》
湖北荆门包山2号楚墓	约70件	饮食器：双连杯、带流杯；日用器：夹苎胎车马出行图漆奁、错银铜扣铜足漆案；乐器：漆瑟、漆鼓；装饰器：夹苎胎漆冠饰；丧葬器：彩绘漆棺；兵器中的剑鞘、矛柄、戈柄、皮甲、车伞等50余件尚未计算在内。	《包山楚墓》
河南信阳长台关1号楚墓	约150件	饮食器：漆杯豆、漆耳杯；日用器：漆方盒、漆俎；兵器：戈鞘；乐器：漆锦瑟、漆鼓；丧葬器：漆棺、彩绘镇墓兽；工具用器：漆工具箱、刀柄、锥柄。	《信阳楚墓》
湖北随县曾侯乙墓	230件	饮食器：彩绘鸳鸯盒、彩绘漆豆；日用器：彩绘漆案、28宿漆箱；装饰器：木雕座屏；丧葬器：漆棺、漆雕梅花鹿；尚不包括近百件的乐器（琴、瑟、鼓、笙等）及兵器杆件等漆制品在内。	《曾侯乙墓》

三、出土的楚国漆器所反映出的几个问题

（一）出土数量多

如前所述，在已经发掘的楚墓中，不仅出土有漆器的楚墓占有相当大的比重，而且一座楚墓中出土漆器的数量往往也是相当惊人的，一些大中型楚墓中常常有几十件、上百件甚至几百件的漆器出土，除前面已经论述的之外，再如，湖南长沙浏城桥1号楚墓，只是一座中型墓葬，墓中也出土了漆器60多件。一些小型楚墓中出土漆器的数量有时是几件、有时也有十多件的。这类小型楚墓，大多数只有一棺，也就是所谓单棺墓，其墓主人的身份是比较低下的，属于当时社会的庶民阶层，也就是相当于“自由民”一类的普通百姓，在他们的墓中都能有几件漆器陪葬，说明了当时楚国使用漆器的普及程度。这是楚国漆器的一个十分重要的特点，它表明了当时的楚国漆器是作为整个社会生活各个领域的普通用品之一得到应用的，这也是为什么楚国漆器大量出土的根本原因之一。《盐铁论·散不足》篇中的“一杯卷用百人之力，一屏风就万人之功”以及“夫一文（纹）得铜杯十”等记载，常常被研究者们所引用，借以说明漆器的珍贵和制造的困难。实际上，《盐铁论·散不足》篇中记述的是西汉中期前后的情况，这一时期，高档漆器正处在开始发展的阶段，王公贵族所追求的是那些豪华的漆器精品，所谓“银扣黄耳，金罍玉钟”之类的漆制品。这些漆器用料考究，如使用了珍贵的金、银、

玉等，此外，又着意于漆器的装饰，精雕细刻，所以价格才十分昂贵。但是，对于楚国的漆制品是不能这样看待的，因为出土的楚国漆器中绝大部分是一些普通的漆制品，这些东西都是在胎体上髹几道漆而成的，原料易得，制作技术也不十分困难。有些漆器上的漆膜很薄，如，湖北江陵望山楚地出土的漆耳杯残片上的漆膜厚度，有的仅有0.1 mm左右，其胎体上可能只髹了2～3道漆而已，有些朱色彩绘也是一次髹饰而成，所使用的漆液数量当然很少，制作也比较简单，这样漆器的成本就不可能高。最能说明楚国漆器成本不会很高的例子是髹漆陶器，也就是说楚国人还使用各种颜色的彩漆来髹饰陶器的表面，使之美观华丽。例如，湖南常德德山楚墓出土的陶漆敦、漆壶、漆钵等髹漆陶器都是在一般的灰陶表面髹漆而成的，这些十分普通的灰陶器通过彩色漆髹饰之后，外表显得十分华丽美观，所以作为一种陶礼器用来陪葬。在木器上髹漆就成了漆器，在陶器上髹漆就成了髹漆陶器，在普通的陶器上都能使用彩色漆来进行髹饰，表明在当时的楚国生漆并不是一种很昂贵的生产资料。髹漆陶器不仅在湖南楚墓中出土，在其他地区的楚墓中也常有发现，例如湖北云梦珍珠坡1号楚墓中没有一件青铜礼器陪葬，而是出土了一组仿铜礼器的髹漆陶器：陶壶、陶钫、陶豆等。如果说在春秋战国时期楚国生漆的价值很高，那些地位属于庶民阶层的单棺墓的墓主人们又如何能用得起几件或十多件（包括彩绘漆器在内的）漆制品来陪葬呢？如果当时的楚国漆器是“一屏风就万人之功”的话，历史上已经被盗掘过的湖北省江陵天星观1号楚墓（时代为战国中期）中也难以有数百件漆制品，其中包括有“万人之功”的5件彩绘木雕屏风出土了。更能说明问题的是：天星观1号墓被盗掘的时间大约在战国晚期或西汉前期，盗洞中发现的铁器等盗墓工具证明了这一点。连盗墓贼都不要这些漆制品，可见在当时漆器的价值到底值几何了。总之，春秋战国时期的楚国漆器是一种中下阶层的人们都能用得起的物品，漆器并不十分昂贵，加之楚地又拥有丰富的生漆资源，所以漆器的生产数量很大。这就是为什么楚墓中能有如此多的漆器出土的重要原因之一。

（二）出土漆器的地域广大、出土漆器的楚墓在时代上前后相连没有中断

出土有漆器的楚墓分布范围很广，除了上述的鄂、豫、湘、皖、浙之外，在江苏、江西、广西等地也有发现。可见当时的漆器在楚国许多地区都在使用。

从时代上来看，出土有漆器的楚国墓葬在时代上也是连贯的，前后相连没有中断，现列举数座出土有漆器的楚墓以证之：

1．湖北当阳赵家塝楚墓中出土的棺、椁均髹有朱、黑色漆，墓葬的年代为春秋早期。

2．河南淅川下寺楚墓中出土有漆棺、花纹中填有黑色漆的青铜鼎等漆制品。墓葬的年代为春秋中期或稍晚一点。

3．湖北当阳赵巷4号楚墓中出土有漆壶、漆簋、漆豆等一批漆器。该墓的年代为春秋中期偏晚。

4．湖北襄阳山湾27号楚墓中出土有贴金漆制品，时代为春秋晚期。

5．湖北江陵溪峨山3号、7号楚墓中出土了一批漆器；湖北随县曾侯乙墓出土有大批漆器。墓葬的时代为战国早期。

6. 河南信阳长台关1号、2号楚墓中出土有漆瑟、漆耳杯等漆制品约300件。墓葬的时代为战国中期偏早。

7. 江陵望山楚墓中出土有大批漆制品，墓葬的年代为战国中期。

8. 江陵马山1号楚墓出土有漆盒、漆盘等漆器，该墓的年代为战国中期偏晚。

9. 湖北鄂城楚墓出土有漆耳杯、漆碗、漆豆等，墓葬的年代为战国中期偏晚。

10. 湖北云梦珍珠坡楚墓出土有漆制品，墓葬的年代为战国晚期。

11. 安徽长丰楚墓、舒城楚墓中出土有漆耳杯、漆奁、漆盘等漆器，墓葬的年代为战国晚期。

以上所列举的出土有漆制品的部分不同时代的楚墓已经证实：至迟从春秋早期开始到战国晚期为止的500多年的历史进程中，楚国的漆器生产一直就没有中断过。这在其他诸侯国墓葬发掘中是没有见过的。

（三）楚国漆器的使用范围广

春秋战国时期楚国漆器的用途可以说已经深入到当时社会生活中的很多领域。从出土的楚国漆器实物中我们就可以看出它们具有各种各样的用途：如，日常生活用品中的床、案、几、箱、奁、盒、盂等；饮食用品中的杯、盘、壶、豆、勺、俎等；生产工具用品中的工具箱、工具鞘、工具柄等；武器类的漆弓、漆盾、漆甲胄以及各种兵器的杆、柄、鞘、髹漆的车器等；乐器中的鼓、瑟、琴、笙等；衣物类中常用来作衬里用的“漆缅”、部分鞋面用的髹漆苎布等；丧葬用器中的漆棺、镇墓兽以及漆鹿、座屏等工艺品；礼器中的漆簠、漆敦等。因此，从使用的角度看，春秋战国时期的楚国漆器也几乎与陶器、青铜器一样，成为当时人们生活中的常用物品。

楚国人在社会的多个方面大量地使用漆器，既扩大了漆器的使用范围，同时也推动了漆器的生产与发展。从楚国人在日常生活、乐器、工具、兵器、葬具等各个领域内使用漆器的情况看，他们利用了生漆优良的耐水、耐磨、耐土壤腐蚀、耐溶剂性等特点。

（四）品种比较齐全

1. 从胎体的质地划分，楚国漆器的胎质有木、夹苎、陶、皮、竹、金属、丝麻等纺织品等多种。近现代漆器中常用的胎质，两千多年前的楚国漆器中都已经具备了。仅就木胎来说，就有斫木胎、旋木胎、卷木胎以及通过雕刻、拼接而成的胎体。特别是在丝、麻等纺织品上髹漆的品种，是当时新出现的一类漆制品，不仅在春秋战国的其他诸侯国墓葬中至今很少有发现，就是在现代也不多见。

2. 从种类上看，楚国漆器品种比较齐全：以漆制饮食器为例，就有杯、盘、豆、圆盒、碗、卮、樽、壶、勺等十种左右。仅就杯来看，不仅有大、中、小外形尺寸不同之分，还有耳杯、双连杯、带流杯等不同形制之分。

3. 从髹饰工艺上看，楚国漆器的品种也是多种多样的：普通的素面漆器、彩绘漆器、描金及贴金漆器、镶嵌漆器等。特别是将透雕、浮雕等工艺与多种髹漆工艺相结合的漆器制作技术，使得楚国漆器具有鲜明的特色，造型优美、形象生动，具有很高的艺术价值。

由于楚国漆器具有多种胎质和多种髹饰技法，加之为适应不同的使用目的，使得制造出的产品品种繁多，千姿百态，形成了一种特有的“漆器文化”。

四、战国时期漆工艺最发达的地区是楚国

王世襄先生指出：漆工艺在“历史上的第一次突飞猛进、兴盛繁荣”①主要应是由楚国漆器的发展而显示出来的。然而他又指出，考古发掘中楚国漆器出土的数量多有其特殊的原因。是因为楚墓采用白膏泥密封木结构墓室的方法，对保存漆器极为有利，这也是我们从楚墓中见到大量战国漆器的一个主要原因。如上所述，难免会给人一种感觉，即战国时期楚及受楚文化影响的地区漆工艺最发达，其次是巴蜀。但这不一定完全符合历史的真实。原因是楚墓之所以有大量漆器保存下来，和木椁外封白膏泥的墓葬有密切的关系。就是四川的荥经、青川战国秦墓，也是木椁外封白膏泥。至于其他地区，尤其是中原及北方，由于墓葬构造不同，对漆器保存不利，因此不能由于这些地区出土漆器不多而得出漆工艺不发达的结论。王先生将中原及北方地区春秋战国时期的墓葬中出土漆器数量不多的原因归结于这些墓葬中没有使用白膏泥，这种解释有一定的道理，但不能完全说明问题，更不能否定“战国时期楚及受楚文化影响的地区漆工艺最发达”的历史事实。理由是：

1. 目前已经发掘出的商代、西周及春秋早期的漆制品，主要出土于中原及北方地区的墓葬。这些早期的漆器都能在中原及北方地区保存到今天，如果战国时期中原和北方地区的漆工艺确很发达，漆器的数量一定很多，那么一定也会有较多的漆器保存到今天。因为战国时期比商代和西周至少要晚 300 ~ 1 000 多年。对于同一地区来说，晚期的漆器应该比早期的漆器更容易保存下来。在中原及北方地区发掘的战国时期中小型墓葬，特别是小型墓葬中很少发现有漆器或者漆器腐烂之后的痕迹存在，与战国时期相当一部分小型楚墓中都有漆器，甚至是近十件漆制品陪葬的事实之间是存在很大差距的。所以，将战国时期中原及北方地区的漆器数量少的原因归结于墓葬的结构是不能令人完全信服的。楚国漆器能大量保存下来的首要原因是“战国时期楚及受楚文化影响的地区漆工艺最发达”，楚地生产出了大量的漆器，这才是楚地中出土的漆器在数量和品种上都远远超过中原及北方地区的根本原因所在。

2. 楚墓中陪葬的漆器，是否保存下来或保存程度的好坏主要与墓室的密封性有关。而墓室的密封性，对于楚墓及西汉初年的墓葬来说，又与墓室的结构、填土的夯实程度、白膏泥的使用（包括用量及使用方法等）、地下水的性质等有关系，其中地下水的性质起着相当重要的作用。笔者在《墓葬的密封性与文物的保存状态》一文中对此作过比较详细的讨论，② 仅仅只提白膏泥一项是不全面的。更为重要并需注意的是：采用白膏泥填塞在棺椁的周围是楚墓的一个重要特点，四川省荥经、青川等地区出土漆器的墓葬也采用白膏泥密封，正好说明了这些墓葬与楚文化之间的关系，它们应该属于受楚文化影响的墓葬之列。此外，考古发掘

① 王世襄：《中国古代漆工艺》，《中国美术全集·工艺美术编 8·漆器》，第 12 ~ 13 页，文物出版社，1989 年。

② 后德俊：《墓葬的密封性与文物的保存状态》，《江汉考古》1984 年 2 期。

情况已经表明，四川省新都战国墓中出土了一批漆器，该墓的时代为战国中期，并且是一座具有较多楚文化内容的墓葬，对此，徐中舒、唐嘉弘、郭德维先生等都已经有过较详细的论述。①

3. 认为战国时期其他诸侯国的漆器也比较发达的学者们所列举的例子往往是巴蜀（或秦国）漆器。实际上，考古发掘出土漆器早已证实，楚国漆器在时间上早于巴蜀漆器；从漆器的数量及品种上讲，出土的楚国漆器也远远超过了巴蜀或秦国漆器；更为重要的是：战国晚期至秦代，出土秦代漆器最多的地区恰恰又是原来楚国的疆土或受楚文化影响的地区之内。

综上所述，可以认为，“战国时期楚及受楚文化影响的地区漆工艺最发达”，楚国劳动人民创造了我国漆器生产史上的第一个高峰，创造了光辉的“漆器文化”。

第三节　楚国漆器的制胎工艺

一、木胎制作工艺

从出土的楚国漆器实物来看，其胎体中占绝大多数的是木胎，这主要与木材易得、同时木材也比较容易加工成型等因素有关系。楚国木胎漆器的胎体制作方法主要有：斫木成型、卷木成型、镟木成型以及雕刻、拼接成型等。

（一）斫木成型

所谓斫木成型，就是采用刀砍斧削的方式将木材加工成一定的形状。例如，楚墓中大量出土的耳杯，绝大多数是采用整木块，用刀、斧、锛等工具先将其内空部分挖制成型，然后再砍削其外表成型。大致成型后，一般都还要用刀、锛等工具进行细加工，以使胎体表面平整、光滑。

（二）卷木成型

卷木成型，就是将木材先制成薄木板，然后将木板卷起来做成漆器的胎体。楚墓中出土的漆奁、漆卮等器物的器壁均是这样制成的。现以漆奁为例说明之。

制作漆奁的胎体时，先要选用合适的木材，用来制作一块长条形的薄木板，木板的厚度要均匀、长度要稍长于器物壁的周长。将木板两端削成斜面，再采用一定的方法（如加热卷曲等）将木板卷成圆筒状，然后，将两端的斜面用生漆等黏结剂黏结起来（也可以采用榫卯等其他连接方式）制成奁壁，奁盖壁也是这样制作。奁的底和盖均是采用较厚的圆木块制成并与奁壁黏结，有的奁盖还进行了镟制。出土楚国漆奁的实物表明，奁的底和盖与奁壁（或盖壁）的黏结方式一般都是底、盖的外缘与奁壁（或盖壁）的内表面黏结，这是因为底、盖为较厚的木块（有的厚度达 1 cm 或更多），外缘表面积较大，与奁壁内表面黏结后强度较大。

卷木成型制胎工艺的出现是楚国漆器胎体制造工艺的一大进步，也是楚国的木工技术向精加工方向发展的结果之一，因为制作薄而均匀的长条形木板以及将

① 徐中舒等：《古代楚蜀的关系》，《文物》1981 年 6 期；郭德维：《楚系墓葬研究》，第 323 页，湖北教育出版社，1995 年。

木板卷成均匀的圆筒状，都需要具有较高的木材加工技术水平。变挖制为卷制，不仅节省了木料、工时，同时也使制造出的器物显得轻巧美观。

（三）镟木成型

镟木成型，主要是一些胎体较厚的圆形器物，如圆盒等，其内空部分一般是采用挖制，而器物的表面则是采用镟制。在这类器物的外表面上，虽然髹了漆，有时仍然可以发现呈圆圈形的镟制加工的痕迹。目前，我国发现最早的镟木胎漆器实物是1980年在河南罗山仰天湖商代晚期墓中出土的光唇敛口平底木碗，已经作过介绍。楚国木胎漆器胎体的镟制工艺应该是在商周时期木胎镟制工艺的基础上发展起来的，1973年至1976年发掘的江陵雨台山楚墓中出土的16件漆圆盒，其外形就是镟制而成的，因为在其外表发现有十分均匀的、呈凸起状的圆圈纹。不过，楚国镟制木胎的机械实物至今尚未发现。现代民间一些地区仍在使用简单的木制镟床来制作木碗、木轮、轧面棍等日用小型木制品。这种木制镟床主要是由木架、踏脚板、传动带、木轮与夹具等组成，脚踏板通过传动带带动木轮旋转，从而带动夹具转动，被加工的器物固定在夹具上面，双手持刀在器物的表面进行切削，从而制出了圆形的器物。两千多年前楚国制造漆器木胎的镟床，在原理与使用方法上估计与现今民间使用的木制镟床相近似。

（四）雕刻、拼接成型

在楚国木胎漆器胎体的制作中，最富于艺术特色的是那些采用透雕、圆雕及浮雕工艺加工成型或再进行拼接的器物。其制造方法主要又可分为两种：一种是先将木料加工成器物形状的粗坯，然后在坯料上进行雕刻，其方法与黄陂盘龙城出土雕花椁板的方法相近，例如，楚墓中出土的雕花板、漆瑟等就是这样制成的；另一种制作方法是先用不同大小的坯料，分别雕刻成各种器物，然后再将它们用黏结、榫接等方法互相拼合在一起组成一个完整的器物，例如，一些楚墓中常常出土的虎座飞鸟、彩绘木雕座屏等，它们的胎体就是采用这种方法加工成型的。

采用雕刻、拼接工艺制作的器物中最负盛名的江陵望山1号楚墓出土的彩绘木雕座屏，是一件通高为15 cm、宽度为51.8 cm、厚度仅有3 cm的漆制品，分为屏、座两个部分，总共雕刻着鸟、鹰、蛇、蛙等动物54个。其中屏上的一些动物是分别雕刻后互相拼接在一起的，加上它们的外表都髹有漆膜并加以彩绘有美丽花纹，使得每个动物都显得栩栩如生，许多参观过该件漆器的人都惊讶不已，赞叹其工艺水平的“巧夺天工”。该座屏上各种动物组成的图案所表现的正是当时江汉地区云梦泽一带的自然景象：在广阔的云梦泽一带，梅花鹿在原野上奔跑，鸟在天空飞翔；鹰吃蛇，蛇吃蛙。这种种大自然中的景象都被楚国的艺术家们通过雕刻手法在座屏上反映了出来。

湖北枣阳九连墩1号墓出土的龙凤蛇纹漆圆盒，盒盖与盒身通体浮雕龙凤蛇纹，具有很强的艺术感染力。

采用雕刻、拼接工艺制作的虎座飞鸟，是楚墓中特有的漆制品。虎座、鸟身、鹿角，三种不同的动物或动物的一部分有机地组合在一起，组成了一个完整的器物。楚地劳动人民的想象之丰富、浪漫主义的表现手法等由此可见一斑。

从工艺的角度来看，楚国的这种漆器胎体制作中的雕刻工艺与陶器中的镂孔、铜器中的镂空和浮雕等工艺有着密切的关系，应该是一脉相承的。由于雕刻工艺的采用使得所表现的对象具有强烈的立体感，体态比较逼真，增强了艺术感染力。

以上介绍的四种楚国漆器中木胎的制作方法，无论采用哪一种方法加工成型的漆器木胎，它们都有一个共同的特点：就是木胎的表面都加工得比较平整，很少见到有凸凹不平的现象。这一点很有现实意义，因为胎体表面光滑就使得髹漆的第一道工序，即打灰底的工作量减少到最少的程度，不仅节约了工时，而且也节约了生漆等原料；同时，在这种胎体上就是简单地进行髹漆后也容易获得比较光滑、平整、色泽好的漆面，这一点对于我们现今的漆制品生产仍然具有指导价值。无论在两千多年前的楚国还是21世纪的今天，生漆的价值都要高于一般的木材，适当地选用制胎用的木料和进行较精细的加工，不仅能够制造出精美的漆制品，同时也节约了漆的用量，即意味着成本的降低。

二、夹苎胎漆器的创始

（一）夹苎胎名称的起源及其演变的研究

夹苎胎漆器，最早是指漆器的胎体是采用麻布等纺织品加漆灰等为原料制成的。在几千年漆器制作史上，其用料和制作方法都有一些变化，其名称也有不同的称谓。

1. “苎”为何物?

苎，是麻类的一种。我国古代种植棉花的时间较晚（除两广部分地区及海南等地之外），人们的衣服用料主要是丝、麻、葛、皮等，对于广大劳动人民来说，大多数都是穿用麻类的衣服。我国古代种植的麻主要有两种：大麻和苎麻。我国是大麻和苎麻的原产地，所以国际上也将大麻称为“汉麻”，而将苎麻称为“中国草”。大麻纤维比较粗硬，宜用来制造绳索等物品；苎麻纤维较柔软，适宜用来制造纺织品。苎麻，在《说文》中被称为“苎”，《诗经·陈风》中有这样的记载：“东门之池，可以沤麻”“东门之池，可以沤苎”。所谓“沤麻”“沤苎”，就是将刚刚砍伐下来的已经成熟的大麻或苎麻放在水池中浸泡一段时间，利用微生物发酵来去除麻纤维中的胶质，使麻纤维变得疏松并易于从麻秆上剥离下来。直到今天，位于江汉地区的湖北省枝江县、江陵县等农村的村民们仍然在使用这种“沤”的方法进行麻纤维脱胶，每到麻类的收获时节，在公路两边的水沟中常常可以看到成捆的麻被“沤”着。我国使用以苎麻为原料制成的纺织品的时间很早，1958年浙江吴兴钱山漾新石器时代遗址中出土的麻布，经过浙江省纺织科学研究所鉴定，系苎麻织物，每平方厘米有经纬线24根、16根以及经线30根纬线20根三种。① 楚墓中也常常有麻织品出土，笔者曾经在湖北当阳赵巷4号墓陪葬者的棺内清理出一块麻织物的残片，后经有关部门鉴定为苎麻织物，该墓的年代为春秋中期偏晚。1952年，在长沙第406号战国时期楚墓中，出土了两块白色的麻布片，它的经线和纬线均是麻质的，经鉴定该麻布为苎麻纤维纺织成的平纹组织，其经线每10 cm为280根、纬线每10 cm为240根。这种麻织品相当于汉代的17升布的标准，被称为“缌麻”（即“丝麻”），表示所制成的这种苎麻纤维的精细程度

① 吴淑生等：《中国染织史》，第25～26页，上海人民出版社1986年。

已经相当于蚕丝了。

2. 夹苎胎名称的演变

夹苎胎就是采用苎麻纺成的织物为主要原料之一制成的一种漆器胎体。战国时期的楚国称夹苎胎为何名，已有出土文物提供了依据：1986 年底至 1987 年初发掘的湖北省荆门包山 2 号楚墓中出土了两件夹苎胎漆奁，同墓出土的竹简上记载为“二革云”，“云”是当时对奁的称谓。可见夹苎胎在战国时期的楚国被称为“革”，可能是这种胎体在某个方面与皮胎有些相类似，因此以“革”称之。在秦代末年或西汉初年，江汉地区一带的人们称夹苎胎为“绪”，也是有出土文物为依据的：1972 年底至 1973 年初在湖北云梦发掘的大坟头 1 号墓，时代为西汉初年的墓葬，该墓出土的一件木牍上记载着陪葬品的清单，据对《云梦大坟头一号墓》一文的详细考证，其中所记载的有关漆器的内容与该墓出土的漆器实物基本上可以一一对照起来。该木牍上有“绪杯廿”的记载，恰恰与该墓中出土的 20 个夹苎胎黑漆素面耳杯相吻合。据考证，“绪”就是“苎”，“绪杯廿”就是“苎杯廿”。① 湖北江陵凤凰山 8 号汉墓出土的竹简上也记载着陪葬品的清单，竹简上所记载的“早绪禅衣”就是指该墓中出土的皂色苎麻织的禅衣，“早”即是“皂”，“绪”即是“苎”。同样，凤凰山 167 号汉墓出土的竹简上所记载的“绪卑虒”就是指该墓中出土的夹苎胎漆盘，“绪”即是“苎”，“卑虒”就是盘子；广西贵县罗泊湾 1 号汉墓出土的木牍上将苎麻织的衣服记载为“绪”衣。马王堆 1 号汉墓出土的竹简上记有“漆布小卮一容二升”，出土文物中有夹苎胎针刻云兽纹卮 1 件……这些出土文物表明，在秦末或西汉时期，原来的楚地或受楚文化影响的地区内都是将夹苎胎称为“绪”或直称“漆布”。

“夹苎”之名起源于何时？笔者目前所见到的最早资料是东汉前期的，王仲殊先生在《汉代考古学概说》一书中提到的王盱墓中出土漆杯上的铭文：1925 年在现今的朝鲜平壤附近发掘的王盱墓中，有一件建武廿八年（公元 52 年）蜀郡西工所造的漆杯，其铭文为：“建武廿八年蜀郡西工造乘舆侠苎量二升二合羹杯，素工回，髹工吴。”② “侠苎”就是“夹苎”，该漆杯的胎体就是夹苎胎。因此，至迟在东汉前期夹苎之名已经出现了。夹苎胎造像在唐初甚为流行，对这种漆器的称谓，既称为夹苎，有时也称为“漆布彩绘”。郁进先生指出：造塑艺术中的干漆夹苎造像技法，本为我国所特有，史称初见于东晋，当时佛教已广为流传，戴逵手制夹苎像五躯，与师子国（即今斯里兰卡）送的玉佛、顾恺之绘的维摩诘像，共称“三绝”。③

3. “夹苎”的含义是什么？

“夹苎”，可能是指两种意思：一种是，夹苎胎是采用多层苎麻布，层层涂布漆灰后制成的，然后表面还要髹漆，等于用漆灰和漆将苎麻布夹在中间的意思；

① 湖北省博物馆：《云梦大坟头一号墓》，文物编辑委员会编《文物资料丛刊·4》，第 1 ~ 28 页，文物出版社，1981 年。

② 王仲殊著：《汉代考古学概说》，第 62 页，中华书局，1984 年。

③ 郁文：《日本奈良唐招提寺鉴真夹苎像》，《文物》1986 年 3 期。

另一种是，由于这种胎体采用了多层苎麻布，夹苎是指多层苎布的意思，正如我们现今将那些由多层布料制成的衣服称为“夹衣”一样。

（二）考古发现的楚国夹苎胎漆器

考古发掘出的楚国漆器中，夹苎胎漆器的数量比较少，而且几乎都出土于战国中期前后的楚墓内，战国中期的楚人还将其与皮胎一样看待，称其为“革”。这些都表明夹苎胎漆器在战国中期前后才出现不久，应该属于当时漆器中的一个新品种，所以楚国人还没有想出一个新的名称来称呼它。

1．湖北荆门包山2号楚墓出土两件夹苎胎漆奁。一件为直口奁，直径26.4 cm、通高14 cm、胎厚0.3 cm，内髹红漆，外髹黑漆。另一件是子母口奁，直径27.9 cm、通高10.8 cm、胎厚0.3 cm，内髹红漆，外髹黑漆，器盖黑地上用红、黄、金绘龙凤等图案，器表四周的黑漆地上用橘红、土黄、棕褐、青等色绘有一幅“迎宾图”，图中仅绘制的人物就有26个。①

2．湖北江陵望山1号楚墓中出土一件漆削鞘。该件漆器是一件青铜削刀的削鞘，与青铜鞘一起出土于文书工具箱内，鞘呈弧形，口部平而宽，尾部较尖，长29.8 cm。夹苎胎，通体髹黑色漆，并用红、黄和金色彩绘花纹。该墓的年代为战国中期的楚威王（公元前339年～前329年在位）时期或楚怀王（公元前328年～前299年在位）前期。② 笔者曾亲自脱水处理过这件漆器，因其出土时器身已经断裂，在放大的条件下，从断裂处可以看到纺织品的织纹和纤维束的外形。

3．1982年发掘的江陵马山1号楚墓中出土的一件漆盘。该漆盘出土时与其他漆器一起被装在竹笥内，盘为夹苎胎，折沿较宽，沿面上斜，唇外侈，圜底。口径27.1 cm、深5.1 cm、器壁厚0.2～0.4 cm。漆盘内外黑色漆，用朱红色漆和暗红色漆彩绘花纹图案。③ 该墓的年代为战国中期偏晚或战国晚期偏早，但晚于江陵望山1号楚墓。

4．湖北荆门包山2号楚墓中出土的一件车壁袋，是采用麻纱（麻织品的一种）两面贴以皮革，以生漆黏结而成。其麻纱的经纬密度为每平方厘米7×8根，麻纱的线径为0.07 cm。从其线径的细度来看应是苎麻制品。壁袋内外髹黑色漆，表面有红、金、黄、蓝、棕五色彩绘。④ 严格地说，这是一件皮胎与夹苎相结合的漆制品。包山2号墓的年代为公元前316年，即楚怀王前期。

5．1974年长沙黄土岭魏家大堆1号楚墓出土的漆卮和漆奁的器壁都是用夹苎胎制成，湖南长沙左家塘3号楚墓出土的夹苎胎黑漆杯和彩绘耳杯、湖南常德德山楚墓出土的夹苎胎漆奁等，都是战国中晚期或晚期时楚国的夹苎胎漆器实物。

综上所述，可以看到在成千件的楚国漆器中，夹苎胎漆器的数量是很少的，而且这些夹苎胎漆器均是出土于战国中期或中晚期的楚墓中，这就意味着夹苎胎漆器在战国时期的楚国还是一种新的漆器品种，夹苎胎漆器制作工艺出现的时间还不太长，由此推测楚人开始使用夹苎胎的时间可能比战国中期要稍早一些。此

① 湖北省荆沙铁路考古队：《包山楚墓》，第146页，文物出版社，1991年。

② 湖北省文物考古研究所：《江陵望山沙冢楚墓》，第106、210页，文物出版社，1996年。

③ 湖北省荆州地区博物馆：《江陵马山一号楚墓》，第80页，文物出版社，1985年。

④ 湖北省荆沙铁路考古队：《包山楚墓》，第118页，文物出版社，1991年。

外，根据笔者目前所掌握的资料，在目前我国所发现的早期夹苎胎漆器实物中，几乎都是楚地的产品，尚未见到同时期其他诸侯国墓葬中出土有夹苎胎漆器。需要说明的是：1957 年发掘的山东栖霞县杨家圈战国墓，“在清理时还出土多量的漆片，大致有两种，一种是夹苎胎，部分能对接起来，长方形，中间和四边有二或四个铆钉穿孔，并留有镶饰的痕迹，黑地、朱红花纹，中间有二条宽长的直线，四边全是带形回纹，长 78 cm、宽 66 cm”。① 从该报告看，这不是夹苎胎漆器，因为“长 78 cm、宽 66 cm”的漆器，体积太大，薄薄的夹苎胎胎体是无法承受的，其漆片内面必须要有其他的胎体支撑才行（后来的大型夹苎胎漆器的内面都有木制的支撑）。当时不可能有这么大的夹苎胎漆器，它们可能是某种大型漆制品（如棺木）表面的漆片，因为原来髹漆前贴有麻布（如，江陵马山楚墓中出土的棺木上缠有几层麻布后再髹黑漆的情况相似）之类的纺织品，所以看似夹苎胎漆器的漆片了。数年之前，笔者曾经撰文指出：“可以认为，夹苎胎漆器的制作工艺很可能就是在楚国诞生的。”②直到今天，考古发现的夹苎胎漆器实物仍然是出土于楚墓或受楚文化影响的墓葬之中；同时，下面将要论述到楚地具有导致夹苎胎漆器制作工艺出现的条件，并且已经为考古发现的楚国漆器实物所证实。因此，我们仍然可以说夹苎胎漆器极有可能是楚人的发明创造的。

（三）可能导致夹苎胎漆器制作技术出现的几点线索

1．楚墓中出土的卷木胎漆器，其长条形薄木板两端连接后，为了加强连接的牢固程度，有时要在连接处多涂布一些漆灰或生漆，或者在涂布漆灰或生漆的地方再贴上一层或数层麻布。在木胎上贴上麻布后再髹漆的例子，在楚墓的发掘中已经见到：1982 年发掘的马山 1 号楚墓，其棺未髹漆，棺外表用麻布横向束 3 道，麻布宽 7 cm，间距 56 cm，髹黑色漆。③ 实际上在丝麻织物上髹漆的做法在楚地出现得很早，时代为战国早期（公元前 433 年或稍晚一点）的随县曾侯乙墓中出土的大量积竹柄（戈、矛等的杆），其外表用丝线密集地缠成一段一段的宽带，宽带上髹红、黑两色漆。这种做法就为夹苎胎漆器制作工艺的出现奠定了一定的基础。

2．战国中期前后的楚墓中出土有一种特殊的漆剑鞘，这种漆剑鞘在湖北黄冈国儿冲楚墓、江陵雨台山楚墓中都有出土，其中雨台山楚墓中还出土有多件。如，雨台山 127 号墓，墓葬的年代为战国中期前段（公元前 4 世纪前期），该墓出土的剑鞘，内为木胎，系用两块长条形薄木板黏合而成，木板表面用丝线密密地缠绕了一层，并且缠得很紧，在丝线外面再髹上黑色漆。特殊之处在于木质剑鞘的外面所缠的丝线，一般的剑鞘是没有的。剑鞘的外面为什么要用丝线密密地缠一层呢？主要是因为木剑鞘是用两块长条形薄木板制成的，为了轻巧美观，所用的木板有时制作得比较薄，这样两块木板之间的黏结面就比较少，黏结强度就不可能很高。楚人特别喜爱佩剑，“带长铗之陆离兮，冠切云之崔巍”（《楚辞·离骚·涉江》），实际佩带时，随着人的行动，青铜剑会在剑鞘内产生震动，这样黏结并不

① 杨子范等：《山东栖霞县战国墓》，《考古》1963 年 8 期。
② 后德俊：《楚国彩绘漆鞘》，《文物天地》1985 年 6 期。
③ 湖北省荆州地区博物馆：《江陵马山一号楚墓》，第 8 页，文物出版社，1985 年。

牢固的两块木板就容易裂开。而用丝线在木板外表密密地缠紧之后再加以髹漆，两块木板之间结合得就相当牢固了，一般情况下是不会发生开裂的。木胎上密密地缠上一层丝线就等于包上了一层纺织品，其上髹漆就等于在纺织品上髹漆，这正是夹苎胎制作技术的萌芽。楚墓中出土的这类剑鞘可以说是楚国漆器从木胎向夹苎胎发展过程中的中间产品。

3. 楚墓中还出土有一种特殊的漆制品，即以丝、麻织物为胎体的漆制品，那种以丝织品为胎体的髹饰物我们称之为“漆缅”，如，江陵马山1号墓出土的一种深褐色的纱，就是将半透明状的漆液涂布在丝织方孔纱上而制成的；马山1号墓出土的麻鞋，其前端表面就是采用髹了黑色漆的麻布制成的。丝麻织物涂布漆液后，硬度增大，常用在需要挺括织物的场合。丝麻织物髹漆后变硬的现象为夹苎胎的出现提供了最明显、最直接的启示。因为只要将多层涂布漆液的丝麻织物粘叠在一起，就可以形成坚硬的板块并能始终保持最初的形状。从马山1号楚墓出土的“漆缅”（出土时是作为绵袴的内衬使用）及表面髹漆的麻鞋来看，战国中期偏晚时，髹漆织物已经在楚人的日常生活中得到了十分合适的应用。由此推测，楚国的髹漆丝麻织物极有可能在战国中期之前或更早就已经出现，只是丝麻织物在墓葬中难以保存，目前尚未发现而已。

（四）楚国夹苎胎漆器的制作工艺

江陵望山1号墓出土的彩绘漆鞘，是一件距今已有2300多年历史的珍贵文物，因其出土时器身已经断裂，笔者曾亲自处理过它，在放大的条件下对其断裂处进行过比较仔细的观察，可以看到其胎体是在预先制好的模具上用一种纺织品加漆灰（漆液的量较多，而灰的用量较少）涂布而成的，鞘壁的厚度约为0.4～0.6 mm左右，比较均匀，内表面也比较平整，在断裂处可以见到纺织品的织纹和纤维束的外形，但是否为麻布，目前尚未进行过鉴定。在纺织品的两面都有漆灰，据此推测，该漆鞘的制作工序大致为：

1. 在预先制好的模具上先涂上一薄层漆灰。

2. 在漆灰上铺纺织品，并与模具贴紧，纺织品上再涂漆灰。按此反复操作数次。

3. 胎体干燥后去除模具，将胎体外表面磨光、髹漆、彩绘。

（五）夹苎胎漆器的优点

1. 因为夹苎胎是采用纺织品经涂布漆灰而成，厚度薄、胎体轻，使得制造出的漆器显得十分轻巧美观。

2. 木胎漆器一般比较厚重，而且在气候变化较大的时候容易发生开裂和变形，这是由木材本身的性质决定的：在正常情况下，木材吸湿时体积膨胀，失水时体积缩小，而且在各个方向上膨胀或缩小的程度又各不相同。如，木材的径向收缩一般为3%～5%、弦上收缩为6%～13%、纵向收缩为0.1%～0.8%，这是木胎漆器的一大弱点。而夹苎胎，由于是采用纺织品和漆灰为原料制成的胎体，本身吸湿、失水的程度就比木材小得多，所以遇到气候变化较大时，其膨胀或收缩的程度也比木材小得多；加之夹苎胎没有木材那种膨胀或收缩时的各向异性，所产生的膨胀或收缩也比较均匀。因此，夹苎胎漆器的外形是比较稳定的。直到汉代，夹苎胎漆器才开始比较盛行，战国时期一般用木材作胎的器物，如奁、匣、盒等，至此往往代以夹苎。后来，随着佛教的传入与兴起，夹苎胎漆器得以有了较大的发展，由于这类漆制品具有不易变形的优点，适宜用来制作佛像。

三、其他各类胎体的制作

出土的楚国漆器中，除木胎、夹苎胎之外，还有皮胎、竹胎、金属胎、陶胎、笋叶胎以及丝麻织品髹饰物等。下面主要介绍一下皮胎、竹胎的制作工艺，有关楚金属胎漆器、丝麻织品髹漆物将在以后的章节中论述。

（一）皮胎

皮革具有轻巧、柔软、易于成型、不易开裂等优点，因此是用来制作甲胄的好原料；但是皮革又有怕潮湿、外表不美观的缺点，所以，古代劳动人民在制作甲胄时往往要进行髹漆，制成所谓的“漆甲”。《左传·宣公二年》（公元前607年）记载：“曰：牛则有皮，犀兕尚多，弃甲则那？役人曰：从其有皮，丹漆若何？”“丹漆”，就是指丹砂和大漆。这表明，在春秋中期前后，制造甲胄是一定要进行髹漆的。杨泓先生在《中国古兵器论丛》一书中引用了一件传为长沙地区楚墓出土的彩绘木俑，模拟着一个披甲的战士，身上披甲，涂黑色，并用黄色线条画出一排排的甲片①。也表明当时楚国的皮甲胄是一定要髹漆的。

1. 考古发现的楚地髹漆皮甲——“漆甲”

（1）1978年在湖北随县（今随州市）曾侯乙墓中就出土了大批的甲胄，已清理出的有保存完整程度不等的人甲13件和马甲3件，其中保存较为完整且已复原的是3号人甲。3号人甲是由身甲、袖甲、裙甲三部分组成，其中身甲又由胸甲、背甲、肩片、肋片及领甲组成。这些甲片均经髹漆，漆色乌黑发亮，黑漆地上用朱色漆彩绘花纹图案。甲片的皮胎几乎全部腐烂，仅有部分漆壳内残存有少量皮胎。该墓出土的竹简上记载了陪葬品的名称，其中皮甲部分中就有“参匹漆甲”“乘马彤甲”等记载，“彤甲”就是有红色彩绘花纹的髹漆皮甲。

图1－3－1　“参匹漆甲”简文摹本

（2）1986年在湖北荆门发掘的包山2号楚墓中出土了人甲、马甲各2件，甲片均用皮革裁成，表面髹黑色漆或红色漆。包山4号楚墓中也出土有髹漆人甲一件。

（3）1965年发掘的江陵望山楚墓中出土的髹漆人甲，表面髹深褐色漆，皮胎已经腐烂。

（4）江陵藤店1号楚墓、江陵拍马山5号楚墓中都出土有皮胎漆甲片，其中，藤店墓中出土的漆甲片是采用两层皮革合在一起制成的，《周礼·考工记》中称之为“合甲”。

① 杨泓著：《中国古兵器论丛》，第5页，文物出版社，1985年。

楚墓中出土的皮胎漆器，除漆甲之外，还有皮胎漆盾等制品。例如，荆门包山2号楚墓中出土的一件皮胎漆盾，通高46.8 cm，皮胎已经腐烂，残存的漆皮上髹黑色漆，用红、棕红、黄、金四种色漆彩绘花纹图案。湖南长沙楚墓中出土的皮胎漆盾和漆甲片，它们的胎体是采用牛皮制成的。因为牛皮坚韧，特别是采用双层牛皮制成的合甲，对于防护主要是青铜武器的进攻还是十分有效的。所以，《史记·礼书》上记载："楚人鲛革犀兕，所以为甲，坚如金石。"《荀子·议兵》篇记载："楚人鲛革、犀兕以为甲，坚如金石。"

《楚辞·九歌·国殇》中有"操吴戈兮披犀甲，车错毂兮短兵接"的记载；《左传·襄公三年》（公元前570年）中有"使邓廖帅组甲三百，被练三千"的记载，杜预注曰："组甲，漆甲成组文。""组甲三百"，就是指穿有漆甲的三百名士兵。邓廖是春秋时期楚国的一位将领，由此可见，楚国使用皮胎漆器的数量还是很大的。春秋战国时期的楚墓中常有漆甲片出土也说明了这一点。

2. 楚国髹漆皮甲的制作工艺

楚墓中出土的漆甲片，都具有一定的形状。例如，包山2号楚墓出土的人甲，"甲片均为皮革裁制，多呈弧形和球面形，表髹黑漆"。①曾侯乙墓出土的漆甲片，"甲片的中部凸起或呈弧形，以增强防卫力。部分甲片有压边，压边宽0.5 cm"②。《周礼·考工记》"函人为甲"："凡为甲，必先为容，然后制革……凡甲，锻不挚，则不坚，已敝则桡。"一般说来，未经鞣制的生皮是不能进行"锻革"的，联系到《周礼·考工记·鲍人之事》中的记载，楚墓中出土的髹漆皮甲所用的皮革一定是经过鞣制的。关于髹漆皮甲的制作，《曾侯乙墓》一书的作者做了出土皮甲的复原复制研究，现摘录如下：③

结合此墓出土的甲片，我们可以看到，所组成的甲胄的片块，一片片都是经过模具压制而成。这些片块因在不同的部位，所以形状都不尽相同，故此也就需要大量不同的模具。现以复原出的Ⅲ号人甲（带胄）来说，至少需要下列模具数：

胄，十八副模具，压成十八片；

身，十九副模具，压成二十三片；

裙，四副模具，压成五十六片；

袖，五副模具，压成一百零四片。

这些模具当时很可能是用金属制作的。裙甲、袖甲片较为简单，而胄片用异形马甲片，有一些特殊的形状，故其模具相应较为复杂。从此墓青铜器的铸制可以看出，要做出这些模具并不算太难，然而，这许多模具压出的甲片，拼在一起，要能完好地组装，却不是一件很容易的事。前面已述及此墓出土甲胄，经天津皮革研究所鉴定其质"为生皮，尚未加工成革"。既然是生皮要压模成型，就不能不是问题。根据《考工记·鲍人之事》提到："革欲其荼白，而疾澣之，则坚；欲其柔滑，而腥脂之，则需。"郑玄注："郑司农云：'韦革不欲久居水中。'又云：

① 湖北省荆沙铁路考古队：《包山楚墓》，第217页，文物出版社，1991年。

② 湖北省博物馆：《曾侯乙墓》，第334页，文物出版社，1989年。

③ 湖北省博物馆：《曾侯乙墓》，第351页，文物出版社，1989年。

‘腥读如沾渥之渥，劅读为柔需之需，谓厚脂之韦革柔需。’”这就明确告诉人们，如果要革柔软，就要用很厚的油脂去沾染。具体是怎样用油脂去沾染的，就不得而知了。由此可见，当时起码要用水泡或油脂沾染的方法来处理。这样一种方法，较之后世用酸、碱方法去处理，自然原始，而在当时却达到了理想的效果，这是很不简单的。

包山楚墓、曾侯乙墓等墓葬中出土的髹漆皮甲片都是中部呈凸起或呈弧形，部分甲片还有压边，这样就增强了甲的防护能力。因此，《周礼·考工记·函人为甲》中的“挚”即是指皮革经模压后定型，甲片的中部呈凸起或呈弧形，否则甲片的防护能力就不强，即“不坚”了；至于《周礼·考工记·函人为甲》中的“敝”，是指甲片没有定型好的时候所产生的不规则的波折状，即“橈”了。定型后的甲片还要打孔，打孔后再髹漆，为了使甲片不受潮，一般不仅在甲片的内外两面都髹漆，连孔眼的部位都髹了漆。制好的甲片要编成甲衣，有两种编缀的方法，一种是上下左右固定的编法，用于身甲等不需要活动的部位；另一种是横排固定、纵排用丝带或革带留出余量连起来的编法，用于人甲中的袖、裙和马甲的胸部等需要活动的部位。

（二）竹胎

在楚墓的考古发掘中竹胎漆器也时有发现，楚国的竹胎漆器有在竹筒上髹漆的，也有在竹片、竹篾上髹漆再制成的物品。其中，以髹漆后的精细生篾为原料制成的竹编织物最为精致，这类物品出土时，其篾片的精细、髹漆颜色的鲜艳、花纹的美丽等无不令人惊讶，如不是亲眼所见，很难想象它们是两千多年前的遗物。

1. 考古发现的髹漆竹编织物

（1）湖北江陵雨台山354号楚墓中出土了两件竹笥，虽然已经腐烂，但仍存留有部分篾片，篾片宽约0.12 cm，表面髹红、黑两种色漆，编织成红黑相间的“山”字纹和矩形纹。该墓的年代为战国中期前段。①

（2）1965年发掘的江陵望山1号楚墓中出土的一件竹笥，近于正方形。② 其底与盖的形制相同，均由内外两层构成，其中，外层篾片窄而薄，宽仅0.1 cm、厚约0.01 cm，还分别髹红、黑漆，采用矩纹编织法制作，即由髹黑漆篾片的纬条穿于髹红漆篾片的经条下3根，并分别压于经条上1～3根，编成矩形纹样，又在矩形纹里编织出连续的小“十”字纹。

（3）江陵九店712号楚墓出土的髹漆竹圆盒，③ 圆形，盖、身相扣合。均为双层，表层为彩漆篾、里层素篾编织而成。盖、身表层篾宽1～1.2 mm、厚约0.2 mm，分别涂红、黑漆，以涂黑漆的篾片为地，涂红漆的篾片编织花纹，盖面为矩形纹、“十”字纹，盖壁几何纹。

（4）1982年发掘的江陵马山1号楚墓，出土了一件竹扇。④ 扇全形是菜刀形，

① 湖北省荆州地区博物馆：《江陵雨台山楚墓》，第117页，文物出版社，1984年。
② 湖北省文物考古研究所：《江陵望山沙冢楚墓》，第97页，文物出版社，1996年
③ 湖北省文物考古研究所：《江陵九店东周墓》，第318页，文物出版社，1995年。
④ 湖北省荆州地区博物馆：《江陵马山一号楚墓》，第84页，文物出版社，1985年。

扇面略近梯形，扇缘长弧形，外侧长 24.3 cm、内侧长 30.4 cm，宽 14.7 cm、16.8 cm。经篾红色，纬篾黑色，用三经一纬的细篾编织而成（起花部分三纬一经）。每根篾宽 0.1 cm。扇面由两部分组成：外侧单层，只有一面编织黑色矩形和十字形花纹；内侧两层，正背皆有三段不相连接的相同的长方形矩形花纹。

2. 竹编漆器的制作工艺

上述墓葬的发掘，有的笔者曾经参加过，也曾亲自处理这类出土的竹制品。它们的制作工艺是：

（1）制作篾片。用削刀将一定长的竹条削制成宽约 0.1 cm、厚约 0.01 cm 的篾片。在削制的过程中，篾片是由宽到窄、由厚到薄逐步削成的。由此可见，战国时期楚地削制工具的犀利程度。

（2）由于篾片表面比较光滑，无需刮灰打底，直接用红、黑色漆髹饰。

（3）漆膜干燥后，用髹有红、黑两色漆的篾片编制出所需的纹饰来。

除髹漆竹编织物外，楚国的竹胎漆器中还有以竹筒、竹片等为胎的，这些胎体的制作一般均是采用锯、削、挖等工艺制成。

第四节　漆的精制

楚墓中出土的大量漆器反映出春秋战国时期楚地对于天然大漆的使用基本上可分为两类：一类是直接使用未经任何加工处理的天然漆（又称生漆、原生漆等），一类是使用经过加工处理（即精制）的天然大漆（又称精制漆）。用于制造漆器的主要是后者。

一、原生漆的使用

湖北随县曾侯乙墓出土的漆木瑟，其瑟身是采用一块整木挖制而成的，其挖制成的内面涂有原生漆，呈黑褐色，晦涩无光。

荆门包山 2 号墓出土的黑漆小圆盒，其胎体是采用骨、木、竹为原料制成的复合胎体。其盒盖的周边为竹筒，盖顶木质，嵌入竹筒，中部钻圆孔，用一竹管贯穿骨帽、纽柄、盖顶，将三者榫接，并以生漆黏结。

湖南长沙颜家岭 35 号墓出土的漆奁，“系木胎，制作方法是用薄木板构成圆筒形，在接榫处削成斜角以漆黏合，然后接上底板”。长沙左家公山 15 号墓出土的漆剑鞘“为木胎，用两长条形薄木板相合，以漆交住”。①这类用于黏合的漆都应是原生漆。原生漆由于未经精制，含水量比较多，所髹成的漆膜在色泽和透明度等方面都比较差，性硬且脆。所以一般只是用它进行黏结或调漆灰用。

二、脱水精制

将天然漆加热，去除一部分水分，生漆中水分的含量达到 6% ~8% 时的产品，现代称为“推光漆”。在现代，生漆的脱水精制是采用红外线加热与搅拌的方法进行的；在古代，人们常常采用晒、煮等加热的方法来去除生漆中的部分水分，俗称“晒漆”“煮漆”，这些制漆方法直至今日在我国许多地区仍然是民间工匠们常

① 吴铭生：《长沙楚墓出土的漆器》，《文物参考资料》1957 年 7 期。

常采用的方法。现代漆化学研究表明，生漆在加热脱水的过程中，其主要成分漆酚中的各种基团，相互之间都会发生不同的化学反应，从而进行初步的聚合作用，这时的漆液实际上是一种高分子聚合物的初级产品。使用这种漆所形成的膜在亮度、光泽、韧性等方面都比未经加工的原生漆好，特别适宜于制造黑色漆（制造时还需加入黑色颜料）。现今，黑色推光漆的制造仍然采用这种方法。

从考古发掘出土的楚国漆器漆膜的色泽、透明度等方面来看，楚国漆器上的黑色漆膜（无论是在黑色底子上髹饰的面漆或是直接采用黑色漆髹饰的面漆）采用脱水精制的漆髹饰的占有相当一部分，但是否进行过“推光”工艺，目前还难以确定。从湖北云梦大坟头西汉初期墓出土的漆器来看，其花纹中的“枯笔”十分明显，表明我国漆工艺中的“推光”工艺在西汉初年尚未出现。采用脱水精制的方法制造出的黑色漆，漆色纯正、庄重，在未进行“推光”工艺前，亮度较差（这也是与加油精制漆之间的区别），因而更显得古朴。在这种黑色漆膜上进行彩绘（如朱绘），越发显出彩绘鲜艳、面漆深沉、对比明显，所谓“生成天质见玄黄”，使彩绘的花纹更加光彩艳丽。楚墓中出土的一些漆器，许多都是黑地朱绘，出土时红色显得十分鲜艳，其原因正在于此 。

三、加油精制

出土的楚国漆器中，彩绘漆器占有相当大的比重，如，江陵雨台山楚墓出土的 272 个漆耳杯中，没有纹饰的素面耳杯只是少数，绝大多数都是彩绘耳杯，耳杯上的纹饰颜色有金、黄、红等；江陵望山楚墓出土的耳杯上有白色的花纹，该墓出土的彩绘木雕小座屏上，其彩绘花纹的颜色有红、绿、金、银等多种，其中绿色甚为鲜明；河南信阳长台关楚墓出土的漆瑟残片上，其彩绘的颜色有红、黄、绿、蓝、白、金等多种。《江陵雨台山楚墓》一书中指出雨台山楚墓出土的“漆器都以黑、红漆为地色，一般在器表髹黑漆，器内髹红漆。彩绘纹饰都施于黑漆地上，常用的颜色有金、黄、红、赭等色，因为大都是漆绘，不易脱落”。①彩绘纹饰在清洗时一般不易脱落的楚国漆器绝大多数都是漆绘，即使用漆为原料之一加以调制的。这就表明，当时的楚国漆工艺中，已经采用了多种颜色的“色漆”，其颜色至少有红、黑、金、银、蓝、绿、白、黄等。髹饰工艺的实践告诉我们，凡是黑色或深色的主要用漆，要描绘浅淡鲜艳的花纹时，必须要用油。明代黄成《髹饰录》“质色第三”“油饰”下杨明注：“黑唯宜漆色，而白唯非油则无应矣。”“描饰第六”“描油”下又说“如天蓝、雪白、桃红则漆所不相应也”。就是说，为了获得描绘鲜艳的花纹所需的色漆，一定要用植物油为原料之一进行配制。由此可以推定，当时的楚国漆工匠们在漆器上彩绘白、蓝、绿等花纹时，所用的色漆一定是加入了植物油进行配制的，采用这两种方法制得的漆，现今称为“油性大漆”。

从我国民间漆工艺的实践中可以看到，在漆液中加入植物油进行精制的方法基本上有两种：一种是在原生漆中直接加入已经熬制好的植物油；另一种是将原生漆脱去一部分水分后再加入熬制好的植物油。采用这种方法进行精制的漆，因

---

①　湖北省荆州地区博物馆：《江陵雨台山楚墓》，第 91 页，文物出版社，1984 年。

为各种不同的配方以及操作方法上的差别，所制出的产品往往有着不同的名称。至于两千多年前的楚国漆器中，所使用的是何种植物油的问题，目前尚无定论。这主要是因为天然物质在地下环境中经过了数千年之后，结构变化很大，一般难以进行测定。有的研究者认为用的是桐油，有的研究者认为用的是荏油（即苏子油），笔者认为后者的可能性要大一些。

楚国制漆工艺的发展，无论是原生漆的脱水或植物油的熬制，都可以看做是高分子化合物的加热聚合问题，可以说是我国古代漆化学的萌芽。特别是油、漆并用工艺的产生，是髹饰工艺的一个重大进步和发展，它的出现标志着我国最早的涂料行业从单一材料向复合材料的进步。我国民间将各种漆的髹饰工艺称为“油漆”，将从事该项工作的工匠称为“油漆匠”。人们为什么会将油和漆这两种截然不同的东西合在一起并形成一个专用名词呢？就是因为在两千多年前，楚国人在制造漆器时已经将油和漆合在一起使用并且一直延续到今天的缘故。

油、漆并用的工艺在我国起源于何时，这个问题目前尚难以考证。从考古发掘出土的春秋战国时期漆器实物来看，带有多种浅淡、鲜艳颜色花纹的漆器，如，带有白色、黄色、绿色、蓝色等花纹的漆器，主要是在楚墓或受楚文化影响的墓葬中出土的，也就是属于楚国的漆器。而在同时代的其他诸侯国的墓葬中，带有多种浅淡、鲜艳花纹的漆器十分少见或几乎未见到过。

第五节　楚国漆器的髹饰工艺

考古发掘出土的楚国漆器实物反映出当时楚国的髹饰工艺有多种，除大量使用的彩绘之外，还有描金、贴金、扣器、雕刻与填漆等。

一、彩绘

楚国漆器的色彩是十分丰富的，但在楚国漆器上使用最多的颜色是红色与黑色，特别是黑地朱绘的彩绘漆器，黑色深沉，红色鲜艳。楚国漆器上为什么大量使用这两种颜色呢？可能有下述几点原因：

1. 楚国漆器是在继承新石器时代漆器及商周时期漆器的基础上发展起来的，目前在我国发现的这些时期的漆器中，红色与黑色就是主要的颜色。前面已经引述过的《韩非子·十过》篇关于“禹作为祭器，黑漆其外，而朱画其内”的记载，也说明当时的漆器主要是红、黑两种颜色。

2. 黑色与红色对比较为强烈，黑色深沉、红色鲜艳，可以使彩绘的花纹达到“生成天质见玄黄”的艺术效果。出土的楚国黑地朱绘漆器往往给人以深刻的感受，其原因也正在于此。

3. 红色与黑色两种颜料来源较为丰富，比较容易得到。楚国漆器中的红色颜料（特别是那些至今仍然较为鲜艳者）大多数用的是丹砂，而黑色颜料主要用的是烟炱。丹砂，又名辰砂、朱砂，即天然红色硫化汞矿物，赵匡华引用《汲冢周书》中“方人以孔鸟，濮人以丹砂”的记载后指出濮人曾以丹砂向周天子进贡。①而濮人与楚人同时生活在江汉地区，楚人可以从濮人那里学习到丹砂开采技术，况且丹砂又以古辰州（即今天湖南省的辰溪、麻阳一带）出产的品质最佳，所以又名辰砂，楚地拥有丰富的丹砂资源。②

4. 丹砂与烟炱，楚人使用得也比较多。例如，楚人曾经使用丹砂作为染料来进行丝织品的染色，楚墓中出土有这类丝织品（1975 年长沙左家塘楚墓中出土的两块对龙对凤纹锦，经检测，其朱色彩条部分就是采用朱砂染色的）；楚人用烟炱制造墨锭用来在竹简上书写文字，楚墓中也出土有这种墨锭（湖北省江陵九店 56 号楚墓中出土有用烟炱为原料制成的墨锭）。所以说，楚人对丹砂与烟炱的有关性质是有较为深刻的认识的。曾经有一种推测，认为楚国漆器上的黑色可能是使用绿矾等为原料制成的铁的氧化物形成的，笔者曾对少量黑色漆膜做过分析，结果表明含有较多的碳，而铁的含量则很少。

从出土的楚国漆器残片的断面上看，当时楚国漆器的髹饰过程与现今的髹漆工艺一样，主要分为打底、上漆、彩绘（或装饰）三大步骤。有些漆器因为是作为陪葬用的明器或因胎体本身比较光滑（如细篾胎等），是不经打底而直接在胎体上髹漆的。

从髹饰工艺上看，楚国漆器上的彩绘工艺，大多数还处在绘画的范畴，即《髹饰录》中被称为“漆画”或“描漆”的工艺方法。《髹饰录》“描饰第六”：“漆画，即古昔之文饰，而多是纯色画也。”所谓“纯色画”就是只用一种色漆进行勾描，如，河南信阳长台关楚墓中出土的杯豆和圆盘豆等漆器，都属于“纯漆画”漆器，它们都是黑地朱绘，再没有使用其他颜色的漆了。关于“描漆”的工艺方法，《髹饰录》“描饰第六”：“描漆，一名描华，即设色漆画也。其文各物备色，粉泽烂然如锦绣。”这种彩绘方法与“纯漆画”的彩绘方法是不同的，这是一种在漆器上使用多种色漆彩绘花纹的做法。湖北江陵雨台山 354 号楚墓出土的圆漆盒、387 号楚墓中出土的耳杯等都是“描漆”制品。如，漆圆盒上的彩绘花纹，是在黑色漆地上用红色漆勾画后，又用金色漆与黄色漆进行勾描，使得彩绘出的花纹更加艳丽，真是达到了“烂然如锦绣”的地步。

楚国漆器的彩绘风格主要是线条画与平涂画相结合，这种画法可能是从青铜器上冶铸的平块花纹和线条纹饰发展而来的。由于当时彩绘的工具是毛笔（楚墓中已经多次出土有毛笔实物），因此漆器上彩绘线条显得比较流畅。

二、贴金

贴金漆器在楚国漆器中也有发现，但数量极少：1972 ~ 1973 年发掘的湖北襄阳山湾东周墓，其中 27 号楚墓，时代为春秋晚期，在墓坑内的棺木痕迹中发现有黑色的漆皮和不少金箔，说明这座墓的棺木髹黑色漆，表面贴有金箔制作的花纹。由此可见，这种装饰是用漆作黏合剂将金箔贴在已经髹好的漆面上。该墓是一座

① 赵匡华：《我国古代“抽砂炼汞”的演进及其成就》，赵匡华主编：《中国古代化学史研究》，第 128 页，北京大学出版社，1985 年。

② 后德俊著：《楚国的矿冶、髹漆和玻璃制造》，第 180 页，湖北教育出版社，1995 年。

中型楚墓，历史上曾经被盗过，能够较完整地保存下来的漆器几乎没有。另外，据有关资料介绍，在湖南临澧九里楚墓中也发现有粘贴金箔的漆器出土，① 该报告未见发表，详细情况无法论及。

根据王世襄先生考证，漆器上粘金有贴金、上金、泥金三种工艺方法，贴金用的是金箔，上金、泥金用的是金粉。贴金一般是用在黑色漆面上，而且是全器贴金，贴金前漆器上先涂一层漆液（称为金漆），待漆液“干到恰到好处，似乎已经全干了，但还略有黏性，方为合适”。②然后将金箔贴上去。出土文物表明楚国的贴金漆器的制作工艺与此基本相同，不同的是楚国漆器上不是全器贴金，而只贴上部分用金箔制成的花纹。

贴金漆器在出土的先秦漆器中是非常少见的，从已经掌握的资料看，商代只有一例，西周一例。楚国漆器中目前也只有两例。在湖北襄阳蔡坡楚墓（与山湾楚墓相近）中出土有一批贴金青铜器，其贴金工艺与漆器上的贴金工艺基本相同。③

三、描金

描金，就是在漆器上描绘金色花纹的做法。在具体操作时，往往是金银同时采用，所以现代称这种方法为“描金银漆装饰法”。学者们在举例说明这一工艺时，所用的就是楚国漆器。④ 例如：

1．时代为战国早期的湖北随县曾侯乙墓（具体年代为公元前 433 年或稍晚几年）中出土的内棺，在朱色漆地上用黑色和金色彩绘异常复杂的图案。该墓出土的漆盖豆上的龙纹中的鳞甲等部位也是采用金色绘制的。

2．时代为战国早期偏晚或战国中期偏早的河南信阳长台关楚墓中出土的漆瑟残片上，就有用极细的金彩在兽身的周围作平涂，其细如尘埃的金点在阳光下仍然放出灿烂的光辉。

3．时代为战国中期的湖北荆门包山 2 号楚墓（具体年代为公元前 316 年）出土的双连杯，杯内髹红漆，杯外髹黑漆，并用红、黄、金三色彩绘。该墓出土的带流杯，木胎镟制而成，器内髹红漆，器外髹黑漆，也用红、黄、金三色彩绘。

4．时代为战国中期偏晚或战国晚期偏早的江陵马山 1 号楚墓中出土的漆耳杯，器表及口沿髹黑色漆，器内髹暗红色漆，用朱红、黄、浅黄、金粉彩绘纹饰。

特别值得提出的是江陵雨台山 427 号楚墓出土的鸳鸯豆，深盘、凸盖，豆盖与豆盘合起来是一只鸳鸯。鸳鸯的头、翅等部位大都是采用金色描绘的。此外，江陵望山楚墓出土漆器上有许多银灰色的纹饰，表明当时的楚国漆器上不仅有描金装饰，也有描银装饰。

现今大漆制造工艺中，描金的方法是：待面漆制作完毕后，用半透明漆（即经过脱水精制的漆）调彩漆（一般采用黄色漆，利于为金色衬底），薄描花纹在漆面上，然后放入温室，待漆将要干燥时，用丝棉球蘸着金粉，刷在花纹上，花纹

① 陈绍棣：《战国楚漆器述略》，《中原文物》1986 年 1 期。

② 王世襄著：《髹饰录解说》，第 77 页，文物出版社，1983 年。

③ 后德俊著：《楚国的矿冶、髹漆和玻璃制造》，第 163 页，湖北教育出版社，1995 年。

④ 王世襄著：《髹饰录解说》，第 86 页，文物出版社，1983 年。

则成为金色。如果过早地刷上金粉，因漆尚湿，不但要粘多量的金粉，且不会显出明亮的黄金光泽。① 楚国漆器上的描金，能够保存到今天，并且不易被洗去，说明是采用漆绘的；加之表面仍可看出小如尘埃的金点，从这两点推测，估计其描金工艺与现代漆器描金工艺情况相类似。

四、扣器

扣器，就是将一种金属制的圈安放在漆器的口沿（或底圈）部位，即扣在上面，起到加固漆器兼装饰作用，称为扣器的原因也在于此。这种工艺可能是在受金银青铜器制作方法的影响下产生的，最初，可能主要是为了起加固作用或使用方便，漆器由于镶上金属后显得富丽堂皇，后来人们就有意地将金银等金属镶嵌在漆器上面，从而发展成一种独特的漆制品。从下面列举的出土文物中，我们将能看到该工艺的形成过程。

1. 湖北江陵雨台山 554 号楚墓与 161 号楚墓都是属于战国中期前段的墓葬，这两座墓中出土的两件漆樽，大小形状相同，均为斫木胎，口径 12 cm、通高 17.4 cm,圆筒形、直壁、平底。略呈凸起的盖面正中有一铜制的环纽，器壁两边有对称的铜质铺首一对，底部有三只兽首形的铜足。② 环纽、铺首、铜足，都是为了使用方便，当然在使用过程中它们对漆樽也起到了保护与加固作用。带有铜质附件的漆器在西周中期前后就已经出现，它们与楚国的带铜质附件漆器之间的关系如何，目前还难以说清楚，因为西周及春秋时期的此类漆器出土数量很少，仅有极少数的例子。

2. 湖南临澧九里 79M1 楚墓，时代为战国中期前段，该墓出土的一件漆案，长 137.2 cm、宽 60 cm、高 20 cm，长方形、浅盘状，盘下四角置有 4 个铜质蹄足，盘的四角套有 4 个铜质拐角以加固。漆案通体髹黑色漆，并用黄、红等色漆彩绘。③ 漆案比较宽大，四角容易被碰坏，这是日常生活中常会遇到的事，四角加铜质拐角保护，作用明显。

3. 湖北荆门包山 2 号楚墓，时代为战国中期，该墓中出土的一件矮足案，长 182.8 cm、宽 85.4 cm、高 13.6 cm，案面为长方盘形，下有 4 个铜质蹄形足，案的四角镶嵌截面为直角形的曲尺形铜构件，铜构件表面镶嵌有错银的纹饰（见图 1－3－2）。④ 可以认为这是一件近似于扣器的实物。

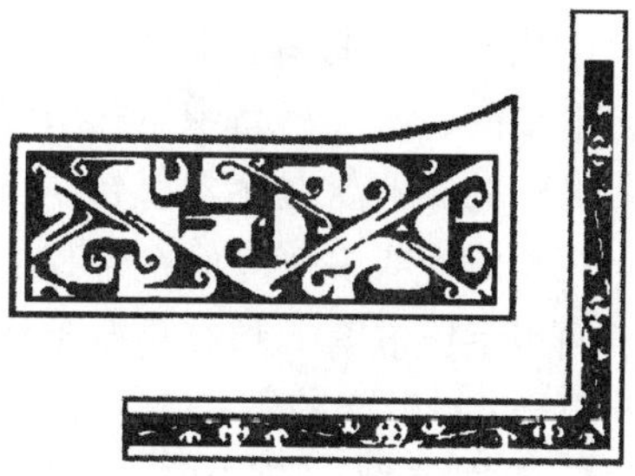

图 1－3－2　漆案上的包角及错金图案
（摘自《包山楚墓》）

4. 湖南桃源三元村 1 号楚墓，是一座战国中期偏晚的墓葬，该墓出土的一件漆卮，木胎、圆筒状。“髹漆内红外黑，盖呈扁圆形，

① 王世襄著：《髹饰录解说》，第 87 页，文物出版社，1983 年。
② 湖北省荆州地区博物馆：《江陵雨台山楚墓》，第 98 页，文物出版社，1984 年。
③ 湖南省博物馆等：《临澧九里楚墓》，《湖南考古辑刊·3》，第 102 页，岳麓书社，1986 年。
④ 湖北省荆沙铁路考古队：《包山楚墓》，第 125 页，文物出版社，1991 年。

平顶，上有铜纽3个，朱漆填满凹槽……器身腰一侧装铜质环形扳手一个，平底下镶装铜箍，箍铸有3个铜足。周身用朱漆绘星辰、翔鸟、飞龙等图案，寓意写实，线条潇洒，笔调简朴，通高为17.5 cm、径11.5 cm。”① 从该卮底部镶有带3个蹄形足的铜箍来看，应属于扣器无疑。

5. 1978年发掘的安徽舒城秦桥楚墓中出土的错金铜扣大漆盒，是战国晚期楚国的扣器实物之一，漆盒上的错金铜扣花纹生动流畅，十分精美。

以上所列举的出土文物显示，楚国漆制品中的扣器是在战国中期前段开始出现的镶嵌青铜附件漆器的基础上不断发展起来的，到了战国晚期，这一工艺已经达到比较成熟的阶段。本章下面有关部分中将要论述的四川成都羊子山战国晚期墓中出土的一批扣器也应是楚人所为或受到楚国漆工艺影响的结果。相比之下，直到目前为止，在有关春秋战国时期其他诸侯国墓葬的发掘中还很少见到有带铜附件的漆器或扣器出土，例如，时代为西周中期的陕西长安张家坡西周墓葬中已经出土有铜足漆案，陕西凤翔战国或秦代墓中也出土有带铜饰件的漆奁，这些均只是个别的例子，并没有任何出土文物证实这类带铜饰的漆器制造工艺已经发展成了扣器。更为重要的是：能够反映扣器制作工艺发展过程的一系列出土漆器实物，只有楚墓中才有出土。仅仅从这一现象推测，我国漆器制造史上扣器的出现应该属于楚国劳动人民的创造。

楚国的扣器以及在漆器上镶装金属附件的工艺，与楚国漆器上的贴金工艺等，都可以看做是我国古代一种著名的漆制品，即金银嵌漆器的早期形式。所谓金银嵌就是“用金或银的薄叶，镂切成物象花纹，或再在上面加刻划文理，贴在漆器表面，上漆若干道，使漆地与它齐平，然后再将花纹磨显出来”。②楚国的扣器及贴金箔漆器的制作工艺与金银嵌漆器的制作工艺虽然不尽相同，但它们之间有一个共同点：都是将金属镶装在漆器的表面。

在漆器上镶装金属的工艺，到了汉代又有了进一步的发展，主要是较多地采用贵金属以及玉等作饰件。当时的富豪之家竞相使用这类漆制品，《盐铁论·散不足》中指出的“富者银扣黄耳，金罍玉钟”，就是讲的这种情况。

出土的楚国漆制品中不仅有镶嵌金属的扣器及贴金漆器，还出土有镶嵌石英石、玉石的漆器。在漆器上镶嵌玉、石等物，在我国出土的先秦时期的漆器中只有新石器时代有一例。而在楚墓中却可以找到几例：荆门包山2号楚墓在出土的粉绘窄面俎上镶嵌有2颗石英石子作为兽的眼睛；出土的粉绘带立板俎上镶嵌有6颗石英石子；③ 河南信阳长台关2号楚墓中出土的黑漆朱绘漆几，其立板和侧面板上均匀地镶嵌着白玉20块，每块玉的体积约为1.5 cm^3，形状不近规整，颜色洁白。④ 楚墓中出土的这几件镶嵌石英石、玉石的漆器可以看做是西汉中晚期扬州等地大量出现的镶嵌玛瑙等漆器的先河。同时也证明了楚人对大漆的黏结性能有了

① 常德地区文物工作队等：《桃源三元村一号楚墓》，《湖南考古辑刊·4》，第27页，岳麓书社，1987年。

② 王世襄著：《髹饰录解说》，第106页，文物出版社，1983年。

③ 湖北省荆沙铁路考古队：《包山楚墓》，第128～130页，文物出版社，1991年。

④ 张正明主编：《楚文化志》，第78页，湖北人民出版社，1988年。

更进一步的认识，漆器制作中常常使用漆作黏结剂也证明了这一点。

五、雕刻与填漆——“锥画”工艺的萌芽

湖南长沙马王堆3号西汉墓中出土有针刻漆器。所谓针刻漆器，即是在已经髹好的漆器表面用针或其他尖锐的工具刻画出很细的花纹线条，然后在花纹内填上不同的色漆或色料（与漆地颜色不同）。马王堆3号墓出土的竹简上记载了这种漆器髹饰工艺的名称，叫做“锥画”。楚国漆工艺中的雕刻与填漆就孕育了“锥画”工艺的萌芽。

这里所说的雕刻与填漆，不是指雕漆及我国传统的磨显填漆工艺，这些工艺是在汉代以后才逐步发展起来的。出土的楚国漆制品中有的漆器上刻画有文字或符号，还有的在这些文字或符号内填上色漆。例如，江陵雨台山297号楚墓中出土的圆盒，其盖侧和底部有“*”形刻画符号；湖南桃源三元村1号楚墓中出土的耳杯，有三件耳杯的耳背面或底部用尖锐工具刻画有文字，文字笔画细而直，系采用锐利的工具造成的；长沙杨家湾6号楚墓出土的漆盒盖内阴刻“王二”二字；河南信阳长台关楚墓出土的漆木柄上也有用尖锐的工具刻画的一行文字（见图1－3－3）；湖北随县曾侯乙墓中出土的衣箱、编钟横梁等漆制品表面都有雕刻的文字等并填有色漆，如，出土的天文衣箱盖上雕刻着“紫巾之衣”等文字，因为箱盖表面为黑色漆地，文字内填的是红色漆，红、黑对比明显，一目了然。

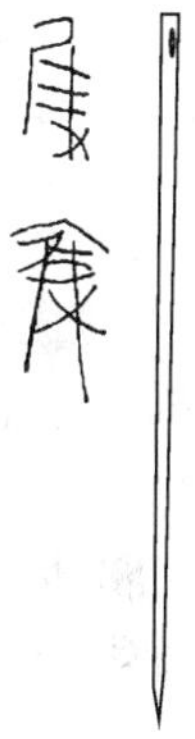

图1－3－3　漆木柄上的针刻文字（摘自《信阳楚墓》）

楚国漆器上的雕刻、填漆工艺，与“锥画”工艺是有区别的，楚国漆器上的雕刻文字或用尖锐工具刻画的文字，都有一个共同的特点，几乎都是刻画破了漆器的漆膜，甚至划伤漆器的胎体；而“锥画”同样是用尖锐的工具在漆膜上刻划，但是几乎都只是浅浅地划破漆膜的表层，而很少将漆膜完全划破。楚国漆器上的刻画文字、雕刻文字及字内填漆等工艺，虽然与“锥画”工艺还不尽相同，但在这些工艺中已经包含着“锥画”工艺出现的某些条件，两者之间的工艺基础非常相同，所以说楚国漆器上的雕刻填漆工艺是汉代漆器“锥画”工艺的渊源所在。

六、堆漆工艺的萌芽

湖北荆门包山2号楚墓中出土有一件双连杯，系用竹、木结合制成一凤负双杯状。前端为凤头、腹部，后端尾微上翘，中间并列两个竹质筒形杯，近底部相连处用一竹管相通。“主凤之翅和二足凤之尾，用堆漆法浮凸出器身。”①杯内髹红漆，杯口黄色漆绘花纹；杯外髹黑漆，用红、黄、金三色彩绘；凤身、尾、足绘凤羽纹。该杯是一件十分精美的漆制品，凤身、凤尾等都是木雕后髹漆而成，主凤之翅与二足凤之尾位于竹质筒形杯表面，如采用木材雕刻，因其十分细薄难以加工，也不可能与圆形的杯体吻合在一起，而采用堆漆法浮凸出器身，不仅突出了整个凤鸟的立体感，同时也使得凤翅、凤尾与突出杯体的木质凤身相一致。堆漆的方法是采用漆灰薄薄地堆出凤翅、凤尾的形状后，再加以髹漆与彩绘而成。

① 湖北省荆沙铁路考古队：《包山楚墓》，第140页，文物出版社，1991年。

在已经发掘出土的楚国漆器中，采用堆漆工艺制作的漆器目前仅发现以上一例，据此只能称其为堆漆工艺的萌芽。然而，从漆工艺的发展角度来看，堆漆工艺的萌芽与漆灰的使用及夹苎胎的出现有着直接的关系，因为，使用漆灰与织物可以形成漆器的胎体（夹苎胎），那么，在某些比较特殊的情况下，单独使用漆灰也应该能够形成漆器的胎体。值得注意的是：湖南长沙砂子塘西汉墓出土外棺上的堆漆花纹、长沙马王堆3号西汉墓出土长方形奁上的堆漆花纹等，都是我国早期采用堆漆工艺制作的产品，它们都是产自楚地，而在此之前其他诸侯国墓葬出土的漆器中尚未发现采用堆漆工艺制作的产品。马王堆3号墓的下葬年代为公元前168年，离楚国灭亡之时不足60年时间。由此推测，堆漆工艺也应是楚人的创造之一。

七、漆器的铭文

楚国漆器中带有铭文的很少，大都是战国中晚期之物。例如鄂城钢铁厂74号楚墓出土的一件漆樽外底部有烙印文字“市攻”。“市攻”，即为“市工”,① 指该漆樽是市属工官或工匠制造的产品，表明战国时期楚国的漆器制造业中早已有了官办或属其管辖的作坊，在这种作坊内漆制造工序间的分工可能已经存在；长沙杨家湾6号楚墓出土的耳杯外底部有烙印文字“市攻”，一漆盒盖内有阴刻“王二”二字。“王二”，可能就是该漆盒制作者的名字，表明战国时期楚国漆器的生产中“物勒工名”的生产责任已经出现；荆门包山2号楚墓出土的髹漆马身甲内有刻文“□公”，还有漆书的铭文“□公”。可见，战国时期楚国漆器上刻、烙、漆书三种形式的铭文都已经存在。

八、楚国漆工艺在我国漆器生产史上的地位

从漆器的胎质来看，楚国漆器的胎质种类几乎包括了我国古代漆器胎质的全部。特别是楚人创造的夹苎胎漆器，对我国漆器制造业的发展产生过重大的影响，汉代的夹苎胎“乘舆”漆器、六朝隋唐时期的夹苎胎漆佛像、现今著名的福建脱胎漆器，无不起源于楚国的夹苎胎漆工艺。

从漆器的髹饰工艺来看，楚国漆器的髹饰工艺基本上包括了我国传统大漆制作工艺中的大部分内容。例如油、漆并用工艺，制造出各种不同的色漆，使漆器的髹饰更加多彩多姿；扣器及镶嵌漆器的出现，开创了“金银嵌”“百宝嵌”“金银平脱”等漆器髹饰工艺的先河；我国传统漆工艺中的雕漆（如“剔犀”“雕红”等），也可以在楚国漆器的雕刻与填漆工艺中找到其原始状态时的影子。

楚国的髹漆青铜器和髹漆纺织品，是两种新的髹漆制品，它们的出现扩大了天然大漆的使用领域，直到今天仍然具有现实意义。

第六节　两种特殊的漆制品

在考古发掘出土的楚国漆器中，有两种漆制品是比较特殊的，这就是髹漆青铜器和髹漆纺织品。说它们是比较特殊的，不仅是因为在楚国出土文物中比较少

① 石泉主编：《楚国历史文化辞典》，第472、54页，武汉大学出版社，1996年。

见，在同时代其他诸侯国墓葬的出土文物中基本上未发现过，而且在楚以后各个历史时期墓葬的考古发掘中也较少有发现。然而，这两种漆制品，在我们现代生活中仍然具有一定的现实意义。因此，有必要单独进行论述。

一、髹漆青铜器——大漆在金属防锈中的应用

在青铜器上髹漆，在我国出现的时间很早，本编第二章中提到的河南罗山天湖商代晚期墓葬中出土的8件铜鼎和1件铜卣，在繁缛的饕餮纹、圆涡纹、夔纹和云雷纹阴线部位，都填充了黑漆，使纹饰更加醒目、鲜明。河南淅川春秋中期偏晚的楚墓中出土的铜鼎，在表面花纹的低凹处填有黑色漆，出土时仍然黑明发亮。然而，这类器物只能称为填漆青铜器，因为它们的表面并没有全部髹漆。

楚国的髹漆青铜器出土的数量很少，是一种特殊的漆制品。主要有下列几例：

1. 1958年在河南信阳长台关2号楚墓的左侧室中出土铜镜两枚，铜镜背面绘有彩漆。一枚径12.4 cm、厚0.1 cm，铜镜背面的朱漆地上绘黑、银灰、黄三色盘结在一起的虺纹；另一枚径13.8 cm、厚0.2 cm，镜背面绘有朱色的对称云纹。

2. 湖北江陵九店楚墓出土的方形彩绘铜镜，边长8.1 cm，镜背在黑色漆地上用朱漆绘方格纹图案；九店楚墓出土的3件圆形彩绘镜，大小不等，最大的一件直径16.7 cm，镜背在黑色漆地上用朱、黄两色漆彩绘云纹和鸟纹。

3. 湖北随县曾侯乙墓出土编钟上的髹漆铜人、爬虎状挂钩等，都是髹漆铜器。

4. 湖北荆门包山2号墓出土的方形铜镜，是一面复合镜，边长11.1 cm、厚0.25 cm。镜面采用含锡量高的青铜铸成，镜背采用含锡量低的青铜铸成镂空纹饰，纹饰表面髹黑色漆并用红、黄二色漆彩绘，表面还镶嵌有绿松石。出土的一件圆形铜镜，制作工艺与方形镜相似。该墓出土的人擎灯上铜人的头发也是髹了黑色漆的。

5. 湖北荆州天星观2号墓出土的漆绘铜镜，直径23 cm，铜镜背面髹黑漆，其上用红、黄等色漆彩绘三组龙凤纹；湖北枣阳九连墩2号墓出土的漆绘龙纹铜镜，直径约30 cm，在湖北省博物馆《九连墩》专题馆中展出。

在青铜器上髹漆，其工序与木胎漆器相同，分为打底、上漆、彩绘等步骤，有的时候因是用于陪葬的明器或青铜器表面比较平整光滑，也有不经打底而直接髹漆的。

在青铜器上髹漆，从当时的楚人所要达到的目的来看，主要是为了装饰，使青铜器表面单一的亮黄色变得绚丽多彩，例如，长台关楚墓出土的青铜镜背面髹有黑、银灰、黄三色盘结在一起的虺纹，使青铜镜的花纹别具一格，不仅节省了铸造镜背花纹的工序，而且其花纹的色彩比青铜铸出的花纹更丰富、更鲜艳；又如，曾侯乙墓出土的铜人，表面髹棕褐色漆后又彩绘了类似现今“连衣裙”形状的服饰，使铜人栩栩如生；同墓出土的爬虎状挂钩，表面髹漆后又彩绘了虎皮的斑纹，比起未髹漆的铜虎要形象、生动得多；包山楚墓中出土的人擎灯上，铜人的头发髹了黑色漆，十分形象美观。楚人在青铜器上髹漆的目的，除了装饰之外，还有一个重要的目的，那就是为了金属的防腐。对此，包山楚墓中两件青铜樽的出土，提供了直接而充分的证据。

包山楚墓出土的两件青铜樽，在该墓出土的竹简上记载为“二于角，皆彤中漆，外二金”。“二于角”，是指两件青铜樽，“于角”（这两字原文为古文字，在此用现代字代替）是铜樽的名称；“皆彤中漆”中的“彤”，就是红色，“中”，是指内面，这句话的意思是说铜樽的内面都髹了红色漆；“外二金”，是指铜樽的外表面上错金、银的纹饰，“二金”，金、银也。出土的两件青铜樽正是外表面错纹金银饰，樽内全髹红色漆，竹简上的记载与出土实物完全吻合。其中一件铜樽的口径为24.8 cm、通高17.5 cm，出土时樽内盛放着禽畜的骨头，说明是用来盛放肉食用的。

铜樽外表面错金银，完全是为了使铜樽显得美观、富贵；而其内面全髹红色漆的目的绝不是为了美观，因为红色漆是髹在铜樽的内面，从外面是看不到的（铜樽上面有盖）。因此，樽内髹上红色漆的真正目的完全是出于青铜防腐蚀的考虑。试想：樽内盛放着肉食等食物，这些食物都有一定程度的酸碱性，时间稍长它们就会与金属内壁发生化学反应，使青铜樽的内壁生锈，而这种外观为绿色或蓝绿色的铜锈又会污染盛放的食物，使之无法食用。为了防止这一现象的发生，楚人在铜樽内面髹了一层耐腐蚀的漆膜，从而解决了这一问题。由此可见，战国时期的楚国劳动人民对天然大漆优良的耐腐蚀性能已经有了比较深刻的认识和了解。

髹漆铜器的出土，特别是包山楚墓中内面髹有红色漆的青铜樽的出土，说明了楚人已经将天然大漆的使用范围扩展到了一个新的领域，即金属防锈的领域。天然大漆在金属防锈上的应用至迟在战国中期之前就已经在江汉大地出现。以曾侯乙墓出土的青铜器来看，表面上都有不同程度的黑色或绿色的锈蚀情况存在，而表面髹有漆膜的铜人和爬虎状挂钩，有的漆膜虽然在出土时已经脱落或损坏，但漆膜脱落处却显出一种亮黄的青铜光泽，说明有漆膜保护的青铜表面的锈蚀情况比较轻微。这一现象充分说明了我国的特产——天然大漆是一种优良的金属防腐涂料，所以至今在生产中仍被较广泛地使用。

在金属上髹漆，对天然大漆来说是一件有重要意义的创新。楚国髹漆铜器的出土及漆膜对金属防锈的优良效果，证明了天然大漆在金属防锈中的应用在我国至少有2 300多年的历史。即使在科学飞速发展的今天，虽然出现了许多人工合成的高分子材料，但天然大漆在金属防锈领域内仍然起着重要的作用。如，化肥厂的主要设备三塔一柜（脱硫塔、再生塔、水洗塔和煤气柜）的防化学介质的腐蚀、地下矿井中钢铁结构件的防腐蚀等，有些仍在使用天然大漆涂料或天然大漆改性涂料。随着有关天然漆化学研究的深入，天然大漆的优良性能将会更加充分地得到利用。

二、髹漆纺织品——服装业中“衬布”的起源

髹漆纺织品，也是一种比较特殊的漆制品，它和夹苎胎漆器的不同之处在于：夹苎胎漆器是用丝（或麻）织物和漆灰制成胎体后再髹漆，而髹漆纺织品是将漆液直接髹在丝、麻织物上。这类漆制品的出土实物极少，可能与其难以保存下来有关。

1976年发掘的陕西凤翔八旗屯春秋早期秦墓车马坑中，发现有髹赭色漆的马面饰印痕，发掘者认为是髹漆麻布制成的。由于仅仅只是一种印痕，加上马匹本

身下葬时全身都包裹着麻布，上面还盖有席子，① 该面饰是否一定为髹漆的麻布制成，还当存疑。

1982 年发掘的湖北江陵马山 1 号楚墓，出土了一批楚国的丝织品，被誉为“丝绸宝库”。这批丝织品中有一种方孔纱，是一种经纬线均较稀疏的平纹织物，为蚕丝织成。据《江陵马山一号楚墓》一文介绍：“另一种深褐色纱，有附着于凤鸟花卉纹绣红棕绢面绵袴（N25）表里和 8－11 竹笥中存留的两片。在方孔纱的上面附着一层半透明的胶状物，使纱孔变成圆形。干燥后发脆，成粉末。它或许就是漆缅。”此外，该墓还出土有麻鞋 3 双，“仅一双保存较好。大菱形纹锦面麻鞋（8－1），前端近圆形，侧视呈缓坡状。表层用麻布，髹黑漆，里层用草编成，鞋口和鞋帮均用锦面。鞋底用麻线编结，从中是向外逐圈缠绕二十七圈。……长 23 cm、宽 7 cm、高 5 cm。另两双鞋的结构与 8－1 同，N20 鞋面为土黄色绨”。②这类麻鞋在其他楚墓，如江陵雨台山楚墓中也有发现，只是保存不好，有的仅仅只剩下麻鞋底了。

河南信阳长台关楚墓出土竹简（2－02）上有“一两漆缇屦”的记载。“缇”是厚缯，“屦”是木屐。“漆缇屦”，即是用厚缯作面，经髹漆等加工后的木屐。是适宜于南方雨天使用的一种雨鞋。缯髹漆后可防水。

在丝、麻织物上髹漆是楚国劳动人民对纺织品加工处理的一种比较特殊的方法，很有可能就是楚人独创的一种方法，它的出现与楚地盛产大漆及楚国漆器制造业比较发达有关。

在丝、麻织物上髹漆，至少有两个方面的作用：

1. 改变纺织品的颜色，使之更适于使用。例如，麻鞋前端的麻布表面髹上黑色漆之后，不仅颜色与鞋帮、鞋口的锦面比较协调，而且也比较实用。

2. 纺织品髹漆后硬度增大，变得较为坚挺。将它作为麻鞋表层布使用，使得呈半圆形的鞋面更显得挺括、丰满；作为绵袴的表里也起到了衬布的作用。这应该是目前我国所发现的最早使用的衬布之一。现代人们在制作一些服装时往往也必须用衬，如，市场上销售的马尾衬、麻布衬等，作用之一就是使衣服显得挺括，增加美感。楚人用漆缅作绵袴的表里也是起同样的作用。服装上所用衬布的起源与髹漆工艺有关系，如果不是考古发现实物，真是出人意料、令人难以想象。

髹漆纺织品的制作比较简单，用色漆或半透明漆直接涂刷在纺织品上即可。这种制造工艺在近、现代仍在使用。现今，在我国的某些地方，人们仍在将大漆或大漆与桐油配合涂布在棉布、绵纸等表面，用来制造防雨布、雨鞋、雨伞等日用品。

髹漆纺织品的出土，既显示出楚人用漆的广泛性，也反映出楚国漆器生产的发达程度。

---

① 吴镇锋等：《陕西凤翔八旗屯秦国墓葬发掘简报》，文物编辑委员会编《文物资料丛刊·3》，第 67～85 页，文物出版社，1980 年。

② 湖北省荆州地区博物馆：《江陵马山一号楚墓》，第 24～33 页，文物出版社，1985 年。

第七节 漆器与社会的关系——楚国漆器发展的原因

楚人生活的江汉地区，在商周时期被称为“南土”“南乡”。在这一地区，最迟在商代就已经有了漆器制造业的存在。楚人当然也可以从西周王朝及其属国那里学习到漆器制作技术，例如，河南信阳黄君孟夫妇墓出土的漆器，计有黑地朱绘的漆豆一件、漆器盖一件、素面漆斗一件，墓主人的棺木也是黑地朱绘。① 这些漆器均为斫木胎，胎很厚，制胎工艺与春秋中晚期湖北当阳赵巷4号楚墓出土的漆器相似。黄君孟墓的年代为春秋中期前段（公元前648年楚灭黄之前）。春秋战国时期楚国漆器的发展、楚人创造了我国漆器生产史上的第一个高峰的原因，除了已经论述过的楚地拥有丰富的大漆资源等之外，还有政治、经济、科学技术及文化等方面的原因。

一、光辉的“漆器文化”——漆器的制作与楚人的思想观

楚国的腹地在现今的江汉地区，从气候上看属于亚热带气候区，气候温和、雨量充沛；长江、汉水横贯其间；著名的云梦泽地域广阔，大泽烟云，飘缈朦胧，气象万千；洲渚幽林、大江芳泽的辽阔景象，培养了楚人浪漫主义的思想，这一点在屈原的作品中已经表现得十分强烈。在漆器的制作方面，楚人的浪漫主义思想同样表现得十分强烈。

1. 楚国漆器中有一类是楚墓中特有的制品，这就是镇墓兽、鹿角飞鸟、虎座飞鸟、虎座鸟架鼓等。这些漆器的一个共同特点就是将不同的动物或它们身体的一部分有机地结合在一起，组成了一个新的器物形象，达到了亦真亦幻的境地，将楚人的浪漫主义思想强烈地表现了出来。例如，江陵雨台山楚墓出土的虎座飞鸟，下面是一只昂首踞伏状的猛虎，虎背上直立着一只仰首展翅的飞鸟、鸟背上插着一双鹿角，依鹿角的自然弯曲向两边分开，形同鸟的两只大翅一般，虎与鸟的身上还绘有花纹图案。雨台山楚墓出土的镇墓兽，方座、龙身、兽面、鹿角，兽面上雕刻着凸眼、卷眉、龇牙、长舌，并都进行了彩绘。

2. 楚国漆器上的彩绘图案中，各种云纹或变形云纹是最富有特色的花纹之一，这些描绘成旋涡形、波浪形、S形的纹饰，有的单独存在，有的连成一片，像云、像雾、像山林蒸气、像大泽烟云，飘忽不定。有的还绘有人、鸟、兽等在其中游荡。

楚国地处江汉，属于当时的蛮夷之地，虽然受到中原文化的影响，但楚人思想意识及文化形态都与中原地区有区别。《汉书·地理志》记载：楚地“信巫鬼，重淫祀”。《楚文化志》一书指出：“随着楚国政治实力的强大和疆域的扩展，楚除信奉太乙、东君、云中君、司命、风伯、雨师等本民族之神外，还信奉高辛、轩辕等北方诸夏之神和伏羲、女娲等南方夷越之神。”“他们认为天与地之间，神鬼与人之间，山川与人之间，乃至禽兽与人之间，都有着某种易感而难解的奇特的联系，认为万物都同自己一样有生命，有情感，人死归天以后其灵魂仍存在于另

---

① 河南省信阳地区文管会等：《春秋早期黄君孟墓发掘报告》，《考古》1984年4期。

一个世界衣食作息，监视着他们的行为。”“对于这一切，他们既虔敬又恐惧，于是求教于秉性和教养高于常人的、近乎全知的导师——巫。”①

楚人的这些思想在漆器制作中也有了比较充分的表现：河南信阳长台关楚墓出土漆瑟上所绘的巫师作法图、巫师持法器图等，后一图案上的巫师，头戴高冠、手持法器，站立于祥云之上，担当着天与地、人与神之间的使者；曾侯乙墓内棺表面绘制有众多的兽面人身或人面兽身的鬼怪，似乎在阴间守护着曾侯乙的灵魂；江陵马山1号楚墓的头箱正中央放置有一具木胎漆器——辟邪，辟邪用树根雕成，虎头、龙身、四足，头上昂、嘴微张，通体髹暗红漆，腿上还雕刻有蛇、蛙、蝉等动物，并加以彩绘。这是一件镇墓之物，保佑墓主人在地下世界里的安全。由于许多丧葬用漆器，比较适合楚人“信巫鬼，重淫祀”的需要，能较好地体现出楚人的思想观，这也是促进战国时期楚国漆器发展的原因之一。

《左传·宣公十二年》记载：“楚自克庸以来，其君无日不讨国人而训之，于民生之不易，祸至之无日，戒惧之不可以怠。”“训之以若敖、蚡冒，筚路蓝缕，以启山林。箴之曰：‘民生在勤，勤则不匮’”。

“民生在勤，勤则不匮”，这种艰苦奋斗、不断进取的创业精神，是楚地劳动人民的优良品质，也是我们中华民族的优良品质之一。正是凭着这种精神，楚人利用国土内大量生长的树木与丰富的生漆资源，发展了漆器制作技术，创造了光辉的“漆器文化”。这在漆器的制作上也有较多的表现，例如，楚墓中出土最多的漆器品种是木胎漆耳杯。楚墓中的木胎漆耳杯不仅有大、中、小等不同的规格，还有圆耳、方耳、素面、彩绘等各种不同的形式；不仅有单个使用的，还有成套使用的，如楚墓出土的耳杯盒或酒具盒内往往盛有近十件相同形式的成套耳杯。可见，对于一种小小的杯子，楚人也将其发展成各种不同的形式，以适合不同场合的需要，这种不断进取的精神正是促进楚国漆器发展的重要原因之一。

二、漆化学知识的萌芽

出土的商代与西周时期的漆器实物表明，当时这些漆器主要还是作为礼器出现的，日常用器（包括饮食器）比较少，春秋时期的楚国漆器中这一现象有所改变，但依然存在。然而，到了战国时期，这一现象有了较大的改变，作为礼器使用的漆制品数量减少，而饮食器的数量，特别是漆耳杯数量却大为增加。例如江陵雨台山224座楚墓出土的近千件漆器中，漆耳杯的数量为270多个，占漆器总数的28%～30%。许多出土有漆器的楚墓都有类似的现象，表1－3－4是七座楚墓中出土饮食类漆器的情况。

饮食类漆器的数量增加，表明当时的楚国人将漆用在饮食器制作上的比重增大。造成这种现象的原因是多方面的，仅从科学技术的角度看，说明楚人对天然漆的化学性质，特别是对天然漆优良的耐化学腐蚀性能已经有了比较深刻的认识和了解。我们知道，当时人们的饮食用具主要有三种质地的东西：陶器、青铜器、漆器。陶器制作简单、价格便宜，但外观不漂亮，而且容易破碎；青铜器高雅庄重，但用它们作饮食器，不仅制造工艺复杂、价格昂贵，而且青铜器在盛放食物

① 张正明主编：《楚文化志》，第406页，湖北人民出版社，1988年。

表 1-3-4 七座楚墓中出土饮食类漆器的情况

出土地点	出土漆器总数	饮食类漆器的种类及数量	饮食类漆器占漆器总数的百分比	资料出处
江陵藤店1号楚墓	15件	耳杯7、豆2	60%	《文物》1973年9期
江陵李家台4号楚墓	22件	耳杯7、豆2	约40%	《江汉考古》1985年3期
江陵秦家嘴48号楚墓	200余件	耳杯40、豆54	约45%	《江汉考古》1988年2期
河南信阳长台关1号楚墓	150余件	耳杯30、耳杯豆30、圆盘豆12、高足方盒12、勺2	约54%	《信阳楚墓》
河南信阳长台关2号楚墓	130余件	耳杯13、耳杯豆21、圆盘豆28、勺2	约46%	《信阳楚墓》
江陵雨台山554号楚墓	10多件	耳杯4、豆3	约50%	《江陵雨台山楚墓》
江陵马山1号楚墓	17件	耳杯12、圆盒1、盘1	约76%	《江陵马山一号楚墓》

时，时间稍长一点就容易生锈，这是因为食物中含有大量的水分并不同程度地含有一些酸碱性物质。例如，出土的古代青铜器在潮湿的空气中表面上很快就会生出一层绿色的铜锈，这种铜锈往往使食物被污染，不仅使食物的颜色发生变化，而且使食物的味道也改变了，令人无法食用。然而，使用漆器作为饮食器就兼有陶器、青铜器两者的优点，同时也克服了它们的一些缺点：

第一，漆器虽然比陶器贵重，但比起精美的青铜器来，价格要便宜得多，而且民间也可以制造。

第二，漆器不仅外观华丽鲜艳，甚至比青铜器还要好看，更重要的是漆器基本上不污染食物，因为漆膜具有优良的耐腐蚀性。

第三，漆器虽然没有青铜器那样结实，但是比起陶器来破碎的可能性要小一些，所以我国历来用漆器作饮食器的很多，至今，某些地区仍有使用。我们的邻国日本现在某些场合还有用天然漆的制品作饮食用具，道理也正在这里。

从另一角度看，正是因为饮食器是人们常用的器具，需求量大，所以漆器在楚国得到了广泛的应用。此外，前面我们论述过的有关楚人进行大漆精制以及制造色漆的工艺，都说明了楚国劳动人民对天然大漆的有关化学性质已经有了一定的认识和了解，我们称之为“漆化学知识的萌芽”。

三、铁工具的使用

楚国使用铁器的时间比较早，目前考古发掘出土的春秋时期的铁器，多数都是楚地出土的。春秋战国时期，楚国不仅能够生产块炼铁，而且还能够生产生铁。笔者曾经指出：“虽然世界上一些古代文明地区在使用铁器的时间上比楚国要早几个世纪，但是楚人后来居上，冶铁技术在春秋战国时期已经超过了这些地区。”①从社会生产的需求情况看，由于从事农业生产的人口多，从事手工业生产的人口少，因而铁工具的需求量当然要远远小于铁农具的需求量。虽然楚国铁农具的使用仍然不十分普遍，但楚国铁工具的品种却是比较齐全的，除去铁锯外，斧、锛、凿、锥、钻、锉、削刀等铁制工具在楚墓中都有出土。这些铁工具的使用和逐步普及为木工技术向细加工和精加工方向的发展创造了条件，而各种造型优美、奇特及精巧的漆器的木质胎体正是木工向精细方向发展的必然结果之一。另外，木工技术的进步带动民间木工作坊的发展，同时也促进了民间漆器作坊的发展。

第八节 楚国漆器与巴蜀等地漆器的关系

一、楚国漆器与巴蜀漆器的关系

现今的四川省（包括重庆市在内）在古代被称为巴蜀，也是一个出产天然漆的地区。特别是在西汉中期前后，四川生产的漆器十分著名，被称为“蜀漆”。自从20世纪初叶在现今的朝鲜首都平壤附近发现了一批带有“蜀郡工官”“广汉郡工官”等铭文的蜀地生产的漆器以来，在我们国内也多次发掘出四川制造的战国和汉代漆器。例如，在四川荥经、新都、青川等地发掘出土的战国秦汉漆器，有的漆器上带有“成造”的铭文。然而，在研究古代巴蜀漆器的时候，包括笔者在内，往往将在四川境内出土的战国秦汉漆器通通都看成是巴蜀漆器进行讨论，这样不利于问题的澄清。例如，王世襄先生提出：由于荥经、青川所出漆器有“成亭”的针划铭文或烙印戳记，不少学者推断是成都工官的制品。不过对工艺精湛的成都漆器是巴蜀固有的还是由秦传给巴蜀的则有截然不同的看法。有人认为秦灭巴蜀之后，受巴蜀影响，才开始发展自己的髹器工艺；有人则认为秦的漆工艺上承商周，在灭了巴蜀之后才把漆器制造技术带到巴蜀地区。问题的澄清有待于更多的考古发现②。

为了利于问题的讨论，在此，以战国时期秦国占领巴蜀的时间（古代文献如《史记·秦本记》中记载为公元前316年，一些学者认为是公元前329年，这对本节的讨论无大的关系）为分界线，将年代在此之前的墓葬中出土的漆器作为巴蜀漆器，年代在此之后墓葬中出土的漆器作为秦国漆器。这样分开讨论后我们将会看到，在四川荥经、新都、青川、成都羊子山等地战国秦汉墓中出土的漆器所反

① 后德俊著：《楚国的矿冶、髹漆和玻璃制造》，第128页，湖北教育出版社，1995年。

② 王世襄：《中国古代漆工艺》，《中国美术全集·工艺美术编8·漆器》，第12页，文物出版社，1989年。

映出的既不是秦“自成体系”的漆工艺，也不是巴蜀“固有的”漆工艺，而是楚国的漆工艺及其影响的结果。

（一）巴蜀漆器出土的有关情况

1. 1981年10月至1982年3月在四川荥经曾家沟发掘了战国早期的墓葬6座，均为长方形竖穴土坑墓，据《四川荥经曾家沟战国墓群第一、二次发掘》一文介绍：“这6座墓具有楚墓的结构特征，如使用白膏泥，Ⅱ形木椁内放置木棺等都与湖北、湖南的楚墓……葬制相同。”如，曾家沟第16号墓的椁盖板上和椁壁的四周填有10～15 cm的白膏泥，墓底也填有白膏泥。“曾家沟的漆器均为单色、无彩绘，胎厚质粗、造型古朴。……漆器上刻画文字接近周代金文的风格。”出土的漆器中有耳杯11件，耳杯厚木胎，文字是髹漆前刻画上去的，内髹红漆，外髹黑漆，有的耳杯带有刻画的“成”字铭文，个别耳杯未髹漆；出土的2件漆奁，旋制器底，器壁卷制，内髹红漆，外髹黑漆，器外用篾编成器套，盖内刻画“成造”二字。①

2. 四川新都战国墓是一座战国中期的墓葬，其时代在秦灭巴蜀之前。郭德维先生在对有关墓葬详细考证之后指出：新都战国墓的年代“即战国中期晚段，秦灭巴蜀之前”。“此墓出土邵氏鼎等典型的楚文物，与鼎、敦、缶、盥缶等典型的楚器物组合，这些又是确确实实的楚文化因素，因此只能说它是含有楚文化因素的墓葬。”②对于上述两点，学术界的意见基本上是一致的。该墓的发掘者在《四川新都战国木椁墓》一文中指出：墓中一些出土“文物的造型和纹饰却又多与中原文化和荆楚文化的关系较密切”，“如木椁葬制和器物上‘邵’之食鼎的铭文，凤纹等均具有楚文化的特征”。③ 徐中舒先生等指出：“新都战国墓具有相当浓厚的楚文化因素，甚至可以说，这是一座颇为典型的楚文化墓葬。”④ 该墓出土的文物中发现有大量的漆器腐烂后的痕迹，其中可以看出器型的有木胎漆耳杯等。

3. 宋治民先生指出：“解放以来经过发掘并已公布材料的巴蜀文化系统的战国和秦代墓葬，已有相当数量。但在这些巴蜀文化系统的墓葬中，大部分是没有漆器出土的，只有少数墓葬出土过漆器。它们是：宝轮院第十三号、十四号墓各出土漆盒两件；冬笋坝第二十一号墓有彩漆盘残迹，第二十三号墓有彩漆盘残迹和奁的印迹，漆盘为朱色地加黑色勾画云气纹，奁带有铜饰件。……涪陵小田溪三号墓出残漆奁一件，只残存铜扣部分。宝轮院十四号墓为船棺葬，十三号墓为狭长坑墓，它们大约为秦代的墓葬，这两墓的漆器均为木胎、手工挖制、髹黑漆，在制作方面比较粗糙和原始。从以上巴蜀文化墓葬的考古材料看，在战国和秦代代表巴蜀文化的漆器只有宝轮院十三号和十四号墓出土的漆器。可知巴人和蜀人的漆器制造手工业，不但不发达，而且技术也很原始，找不出像青川和荥经那样精美的漆器。”⑤

---

① 四川省文管会等：《四川荥经曾家沟战国墓群第一、二次发掘》，《考古》1984年12期。

② 郭德维：《楚系墓葬研究》，第322页，湖北教育出版社，1995年。

③ 四川省博物馆等：《四川新都战国木椁墓》，《文物》1981年6期。

④ 徐中舒等：《古代楚蜀的关系》，《文物》1981年6期。

⑤ 宋治民：《略论四川的秦人墓》，《考古与文物》1984年3期。

（二）楚国漆器对巴蜀漆器的影响

1. 楚与巴蜀是相邻的地区，由于各种交流，楚地的漆器和漆工艺比较容易传到巴蜀地区。《淮南子·兵略训》记载：“楚人地南卷沅湘，北绕颍泗，西包巴蜀，东裹郯邳。”明确地指出了在战国时期巴蜀曾为楚所“包”。在巴蜀出土有战国漆器的主要墓葬，从墓葬形制、白膏泥的使用、出土文物的器形、图案、铭文等，都显示出楚文化的强大影响。例如，荥经曾家沟21号墓出土的漆双耳长盒，外底部有针刻“番阳脜”三字，发掘报告者推断是战国中期前后居住在此地的楚人墓。“番阳”为漆器产地。①

2. 新都战国中期墓出土器物上有“邵（昭）之食鼎”的铭文，邵（昭）氏是楚国有名的氏族之一，湖北荆门包山2号楚墓的墓主人的姓名就叫“邵陀”，他死于公元前316年，生前是楚国主管司法的高级官员。带有邵氏铭文的器物在四川新都出土，说明当时的楚人极有可能屯驻蜀地。② 楚人的西进给巴蜀之地带去了楚文化，其中就包括当时比较发达的楚国漆器和制造漆器的技术与工匠，这些技术与工匠就有可能留在了巴蜀之地，对于带动或促进巴蜀地区战国中期以后漆器的生产，起了相当重要的作用。战国晚期，巴蜀地区的青川、成都、荥经等地出土的精美漆器，不能说与此毫无关系。

二、楚国漆器与秦国漆器的关系

在有关战国秦汉时期漆器的研究中，楚国漆器与秦国漆器的关系是一个重要的课题。由于在四川、湖北等地的战国秦汉墓中出土了许多漆器、漆器上所表现出来的典型的秦文化因素等，有的学者就认为秦国漆器“自成体系”，这是不符合历史事实的。下面以出土文物为依据进行探讨。

（一）秦国墓葬中出土的漆器

秦国地处关中，关中地区出土的最早的漆器是西周初年的。关中地区西周各个时期墓葬中都有漆器出土，甚至还有镶嵌铜饰的漆器出现，表明西周时期关中地区的漆器制造还是比较发达的。然而“春秋战国时期，秦人在丰岐之地崛起，取代了周而垄断关中。此时关中地区出土漆器的墓葬亦为数不多”。“此时的漆器由于不利的自然环境仍保存较差，多为残留的漆片，根据其残迹，可辨明的器形有盘、盒、奁、杯、勺等，不仅较之西周时期没有增加，而且较同一时期的中原地区器形种类也有所减少。”漆器的“用色依旧比较单调，只有红、黑、棕、褐几种，较之以前也未增加，且绝少彩绘”。③

1. 1974年发掘的陕西户县宋村春秋前期秦墓中，棺木已经腐烂，但从残留的漆皮看，棺木是内髹红漆，外髹黑漆；殉葬的奴隶放置在髹黑漆的木匣内；另外还发现已经腐烂的盾牌和矛柄的表面髹有褐色漆。这是目前考古发现的最早的秦国漆器之一。需要指出的是，该墓也是目前发表的有关秦墓资料中随葬器物规格

---

① 石泉主编：《楚国历史文化辞典》，第472、54页，武汉大学出版社，1996年。

② 徐中舒等：《古代楚蜀的关系》，《文物》1981年6期。

③ 彭文：《从关中地区的髹漆业看关中文化与中原文化的交流》，《秦文化论丛·第四辑》，第366～392页，西北大学出版社，1996年。

最高的一座墓。①

2. 1976年在陕西凤翔八旗屯发掘的40座秦墓中，27号墓的年代为春秋早期，是一座身份比较高的奴隶主贵族墓，有二椁一棺。墓中出土有漆器的朽痕，出土的盾由皮条、藤条编成，后再髹漆。同时发掘的春秋早期车马坑中，木制的车构件上髹有褐色漆，还有髹赭色漆的马策和在麻布上髹赭色漆的马面饰。《陕西凤翔八旗屯秦国墓葬发掘简报》一文中指出："这次发掘的四十座墓葬，根据出土器物的组合和器形，可以分为六期，第一期以铜礼器为主，兼有陶、漆等器物。""五期器物组合已趋简单……铁器、漆器较多。""一期为春秋早期……五期为战国中期。"然而该简报对于其他几期墓葬中的出土文物，未见任何有关漆器或漆器痕迹的报道。②

3. 1977年发掘的凤翔高庄秦墓，葬具多为木质棺椁，棺椁具备的有34座，一棺一椁的居多，说明这些墓的主人均属于中产阶级范畴。墓葬年代可分为五期，最早的是春秋晚期，最晚的为秦代，报告中提到出土的漆奁已经腐烂殆尽，仅留镶件共5件（座1件、圈箍4件），未见有出土漆器的介绍。另外，属于春秋时期的墓中出土的陶礼器，绝大多数都有彩绘，彩绘的颜色一般是朱红与白色两种，报告中未说明是什么材料彩绘的，③ 然而从其白色来看，也不可能是漆绘，即不是髹漆陶器，而应是粉绘。即是粉彩陶器。

4. 凤翔西村战国前期秦墓的车马坑中出土的矢杆、弓及马策上髹有红色或褐色漆。有人认为其弓是夹苎胎，④ 这是不对的，夹苎胎硬而较脆，韧性差，如何能做弓呢？实际上，弓是由多块木材或竹材制成的，为了加强其相互之间的牢固程度，一般都要在外表缠一些丝麻织物。该车马坑中出土的弓就是这样制造的。由于木材已经腐烂，仅剩漆皮，就误将其看成夹苎胎了。

5. 在战国晚期的一些小型秦人墓中却有漆器出土，如，陕西蓝田泄湖战国中晚期平民墓中出土有漆器；咸阳黄家沟战国晚期平民墓中出土有漆盒等⑤。

6. 1979年2月至1980年7月，在四川青川县城郊先后进行了三次发掘，共清理了墓葬72座，其中一棺一椁墓有45座，多数保存较好，椁室平面呈"Ⅱ"形，与楚墓相似。椁盖板上一般有10～30 cm厚的白膏泥。墓葬的发掘者指出："墓底多夯填白膏泥，有的厚5 cm，有的达2 m多，椁室周围也填白膏泥。如1号墓是整个墓群中最大的一个墓，坑长5.10 m、宽3.46 m、深7 m，墓底夯填2 m深的白膏泥。"⑥ 3座无棺有椁墓和13座无棺无椁的土坑墓中也存在使用白膏泥填

---

① 陕西省文管会秦墓发掘小组：《陕西户县宋村春秋墓发掘简报》，《文物》1975年10期。

② 吴镇锋等：《陕西凤翔八旗屯秦国墓葬发掘简报》，文物编辑委员会编，《文物资料丛刊·3》，第67～85页，文物出版社，1980年。

③ 吴镇锋等：《陕西凤翔高庄秦墓地发掘简报》，《考古与文物》1981年1期。

④ 彭文：《从关中地区的髹漆业看关中文化与中原文化的交流》，《秦文化论丛·第四辑》，第366～392页，西北大学出版社，1996年。

⑤ 彭文：《从关中地区的髹漆业看关中文化与中原文化的交流》，《秦文化论丛·第四辑》，第366～392页，西北大学出版社，1996年。

⑥ 四川省博物馆等：《青川县出土秦更修田律木牍》，《文物》1982年1期。

充的现象。《青川县出土秦更修田律木牍》一文指出①：青川墓群各类型墓葬中，都大量使用白膏泥，这是楚墓葬制的特点之一。其晚期随葬品，虽没有楚墓“鼎、敦、壶”的陶礼器组合，但“鼎、盒、壶”的器形还是与之接近的。其他如羽状纹地菱纹镜等小件铜器，也是楚墓中较为常见的器物。由于巴蜀与楚毗邻，其民族融合与文化交往就更为频繁。就髹漆工艺而论，它们之间存在着许多共性。例如，长沙左家公山漆耳杯，与青川4式漆杯极为相似；江陵雨台山、长沙杨家湾等地所出土的漆杯也多与青川漆器相似。左家公山与杨家湾出土的漆奁也与青川第3型漆奁接近。说明巴蜀与楚的漆工艺虽然分属两个不同的地方工艺系统，各有个性，但又有共性，在战国时期就相互影响。青川墓群的时代为战国中晚期，部分墓属于晚期。墓群中共出土漆器177件，占随葬器物总数的41%，皆为生活用器，胎质多为木胎，也有在木胎上贴麻布的做法。木胎制作方法有镟、雕、挖、削、卷等几种；髹饰工艺有彩绘、针刻文字和镶嵌。例如：鸱鹗壶一件，为两块整木剔挖黏合而成；扁壶5件，木胎，腹部黑地朱绘对舞双凤；耳杯86件，有木胎及木胎上贴麻布两种做法，一些耳杯的底部或耳部有针刻“东”字；56件漆奁中有的奁壁是用薄木胎、夹苎或竹胎卷制而成；出土的一件漆匕，竹管柄，匙为夹苎胎，匙之前部用他物（是何质地不清）镶嵌两条鱼（已脱落）；漆卮底部有“成亭”的戳记。

7. 1955年发掘的四川成都羊子山172号墓，为长方形竖穴墓，墓的四周和墓底都有一层0.5 m厚的白膏泥。《成都羊子山172号墓发掘报告》一文指出：“值得注意的是墓里的许多器物，如玉具剑、大鼎蹄足上的饕餮纹、分成两部的甗、铜罍的形制和花纹制法、铜矛和漆盒的图案、金银错的图案等都与楚器极为相似。”② 宋治民先生指出：羊子山172号墓出土的漆器制作精美，有的饰有金属扣。但这批漆器都明显地具有楚器的风格，漆器的彩绘图案也为楚器的风格。③ 可以认为，羊子山172号墓出土漆器乃是楚器而非巴蜀漆器。

8. 1977年发掘的四川荥经古城坪秦汉墓，时代为战国晚期到秦代，墓坑中均使用白膏泥，带有楚文化的影响。其中1号墓与2号墓中共出土漆器27件，有木、竹、夹苎三种胎体，彩绘漆器一般是黑地朱绘，有的漆器上带有朱书的“邦”字或烙印“成亭”铭文。

9. 20世纪70年代到80年代，在湖北云梦、江陵等地发掘了一批秦代墓葬，出土了许多漆器，如，1975年在云梦睡虎地发掘的12座秦墓中出土漆器180多件，1977年在睡虎地发掘的10座战国秦汉墓中出上漆器168件。这些漆器的胎体几乎全是木胎，只有两件是竹胎；木胎的制法主要为斫制、卷制；髹饰的颜色主要是黑、红两色（见彩图1-3-1）。1978年的发掘中也出土了大批漆器。现举几件比较典型、有代表性的实物④，就可以看出它们的制作工艺，如：

---

① 四川省博物馆等：《青川县出土秦更修田律木牍》，《文物》1982年1期。

② 四川省文物管理委员会：《成都羊子山172号墓发掘报告》，《考古学报》1956年4期。

③ 宋治民：《略论四川的秦人墓》，《考古与文物》1984年3期。

④ 陈振裕：《综论湖北战国秦汉漆器》，湖北省博物馆、香港中文大学文物馆《湖北出土战国秦汉漆器》，第16页及部分图版说明，1994年。

1975 年 11 号墓出土的凤鱼纹盂，木胎，镟制，黑漆地上用红、褐色漆彩绘，器外底烙印“亭”字。

1978 年 43 号墓出土的豕口形双耳长盒，木胎，挖制，有盖，黑漆地上用红、褐色漆彩绘，器外底烙印“咸包”“亭上”。

1978 年 44 号墓出土的牛马图扁壶，木胎，挖制，由两片木胎黏合而成，黑漆地上用红、褐色漆彩绘。

1978 年 45 号墓出土的漆卮，木胎，卷制，有盖，内髹红漆，外髹黑漆，黑漆地上用红漆彩绘。

1975 年 9 号墓出土的凤首勺，木胎，雕制，勺内髹红漆，其余以黑漆为地，用红、褐色漆彩绘。

（二）楚国漆工艺与秦国漆工艺的初步比较

需要指出的是：这里所进行的比较是采用出土的楚国漆器与出土的秦国漆器之间的比较，其中，秦国漆器是以巴蜀地区的青川、荥经秦墓以及云梦秦墓出土漆器为主，均为战国晚期或秦代的遗物。因为，认为秦国漆工艺“自成体系”的学者所依据的也正是这几处出土的漆器。至于战国中期及其之前秦墓中出土的漆器，由于数量少等原因，根本无法与同一时期楚墓中出土的漆器相比较了。

1. 制胎工艺

秦国漆器的胎体主要为木胎，木胎的制作方法有斫、卷、镟、雕刻等，与楚国漆器的木胎制作方法相同，楚国木胎漆器中常见的采用雕刻与黏结相结合的制胎工艺，在秦国漆器中极少见到；秦国漆器中夹苎胎与竹胎都比较少，而楚墓中已经出现的髹漆青铜器、髹漆纺织品、皮胎漆器等在秦墓中很少见到。

2. 髹饰工艺

从彩绘工艺来看，秦国漆器中的彩绘花纹主要是黑地朱绘或朱地黑绘，其他颜色的色漆所勾画的纹饰很少或基本上未见，缺少楚国漆器中所用的蓝、绿、金等色漆描绘的花纹。特别是楚国漆器中使用较多的描金工艺，在秦国漆器中几乎未见到过。此外，楚国漆工艺中的贴金、镶嵌石英石和玉石、堆漆、填漆等髹饰技法，在秦墓中也几乎未见过。造成这一现象的原因主要有两点：一是秦国中下阶层的人们比较崇尚实用，对一些比较豪华的漆制品很少使用；另一点是秦在灭楚的过程中，对当地的社会生产造成了较大的破坏，一些掌握较高漆器制作工艺的匠人已经死亡或迁徙，包括油漆并用工艺在内的许多髹饰技术还没有恢复到原有的水平。

更为重要的是，无论是夹苎胎制作技术还是扣器制作技术，在楚国漆器的发展历程中都有其发生、发展的脉络，而在秦国漆器中却没有这一点。例如，成都羊子山 172 号战国晚期墓中出土的扣器，制作水平比较高。如果认为它们是秦国漆器的话，为什么在此墓之前的秦墓中几乎未见到有扣器出土，就是带有铜饰件的漆器也十分少见（陕西长安张家坡出土的铜足漆案，有人认为是西周早期的遗物，也有人认为是西周中期的遗物，但不是秦的。除此之外仅有凤翔高庄秦墓出土的漆奁上的铜附件一例，年代为战国或秦代），难道秦国的扣器水平能够凭空地在战国晚期就达到了如此高的水平？这是令人难以理解的。而我们说它们是楚国工匠制作的或是楚国漆工艺的继承和延伸，从漆工艺发展的角度看却是有出土文物予以证实的。

3. 铭文

秦国漆器上的铭文制作方法与楚国漆器一样，有烙、刻、书写三种。最能反映出秦国漆工艺比楚国漆工艺先进的证据是秦国漆器上的铭文记载：湖北云梦、江陵等地秦墓出土漆器上所记载的“告”“包”“素”及“咸亭”“许市”“市”等铭文。① “告”，即是“造”，就是指后来的“造工”；“包”，是髹漆的意思，即是指后来的“髹工”；“素”，即是指后来的“素工”，是指制作漆器胎体的工匠。它们的出现反映在秦代，秦国漆器的制造已经有了工序方面的分工并基本上明确了下来。而楚国漆器上虽然也有“市工”“王二”“□里□”等铭文，表明楚国漆器生产中可能也已经有了工序方面的初步分工，但从未见到过类似“造”“包”等铭文，说明其工序上的分工并没有达到较明确的程度。由此也表明：秦国占领了原为楚国疆土的云梦等地后，对当地原有的制漆技术在分工方面有所发展。

至于秦墓出土漆器上的“咸亭”“许市”“郑市”等烙印铭文，有的学者认为是表示该漆器的产地，即“咸阳市亭”“许昌市亭”“新郑市亭”，就是现今陕西的咸阳、河南的许昌及新郑等地。② 在两千多年前，交通运输十分落后的条件下，当地大量地生产漆器（出土带有这些铭文漆器的云梦秦墓都是中小型墓葬，墓主人的身份都不是很高的，他们都使用上了“咸亭”“许市”“郑市”等地生产的漆器，说明这些地区漆器的生产数量是比较多的）。本地很少使用而大部分运往外地的情况是不可能的，加之漆器的漆膜容易磨损、漆器的胎体容易被压破等原因，漆器的长距离运输也是比较困难的。所以，“咸亭”“许市”“郑市”等地生产的漆器主要应该在当地使用才是合理的。然而，奇怪的是，这些带有“咸亭”“许市”“郑市”等铭文的漆器，在这些地区已经出土的成千上万件文物中至今也没有发现过一例，而偏偏出现在距离这些地区几百里远甚至几千里远的原为楚地的云梦秦墓中，其原因是什么？“难以保存”是不能完全说明问题的。彭文先生指出：“尤其在秦统一以后，关中地区不再有漆器出土这一事实，说明了关中地区髹漆业的发展受着客观和主观因素的制约。”“战国后期，秦发动大规模统一战争的时候，中原地区及南方楚国等地的髹漆业和漆器制造业已十分繁荣，全国范围内又有新的漆器制造基地兴起，使秦的统治者放弃了本来就不如中原等地发达的关中地区，而另外选择基础、条件各方面情况较好的地区发展秦代的髹漆业了。湖北云梦等地秦墓中出土的大量精美漆器就是明证。”③ 彭文先生的这一论断，否定了带有“咸亭”铭文的漆器是咸阳生产的可能，那么，这些漆器是哪里生产的呢？我们是否能作这样的推测：云梦、江陵是制作漆器的“基础、条件各方面情况较好的地

① 陈振裕：《综论湖北战国秦汉漆器》，湖北省博物馆、香港中文大学文物馆《湖北出土战国秦汉漆器》，第16页及部分图版说明，1994年。

② 陈振裕：《试论楚墓出土漆器的产地问题》，《楚文化研究论集·第二集》，第46页，湖北人民出版社，1991年。

③ 彭文：《从关中地区的髹漆业看关中文化与中原文化的交流》，《秦文化论丛·第四辑》，第366～392页，西北大学出版社，1996年。

区”，但是秦人对这一地区的楚人又不放心，只得采用占领该地的异地工官在此监制的方法生产漆器。同时，由于秦代的时间太短以及当地楚人的强烈反抗等原因，这类漆器的生产时间不会长、生产数量也不会太多，主要也是在当地使用等。这一解释虽然纯属臆测，但与出土文物所反映出来的实际情况却是比较吻合的。

（三）秦墓中出土的漆器所反映出的有关问题

秦国地处关中，早在西周时期其漆器制造就已经具有一定的水平，彭文先生指出：“关中地区出土最早的漆器是在西周初年，此时中原地区的髹漆业已十分发达。关中在吸收中原文化因素的基础上，没有经过髹漆业发展的启蒙阶段，而直接迈进了高级阶段。”① 然而，自春秋战国时期秦国在丰岐之地崛起，秦国的漆器制造业在原有的基础上虽然有所发展，但发展的程度不如中原地区，当然更不如南方的楚国了。彭文先生还指出：“同一时期关中地区的髹漆业在许多方面都落后于中原，这是因为：第一，春秋末年，王室衰微，礼崩乐坏，诸侯战乱。秦扬弃古制，不再将漆器制成礼器随葬，而制成了大量的生活用品。第二，战乱使秦的统治者更多地注意军功给社会带来的益处，并以法律的形式确保了奖励军功政策的实施，而忽略了手工业的发展。”② 这就是出土文物所反映出来的事实：秦国在春秋前期就已经有了漆器，特别是在身份比较高的奴隶主贵族墓中，已经有多件漆器陪葬，说明在春秋前期秦国的漆器生产不比楚国差，可能还要强一些。但是在春秋晚期到战国中期秦国的漆器较少有发现，而战国晚期的关中一些平民秦墓中却有漆器发现。如果将春秋晚期到战国中期秦国漆器出土少的原因归结于“关中地区漆器不易保存”，是难以令人信服的。试问：为什么同为关中地区的墓葬，时代早到西周的墓葬中出土有许多漆器，时代为战国晚期的秦国平民墓中也有漆器保存（或部分保存）了下来，而恰恰是时代位于中间一段的秦墓中却很少有漆器保存下来呢？仅仅以“难以保存”为缘由是解释不通的，唯一能够作出的解释是：这一时期秦国的漆器生产没有中原地区发达，更没有楚国发达，所生产的漆器数量比较少，秦国的中下阶层的人们一般难以使用上漆器，在他们的墓葬中没有漆器陪葬，所以，在春秋晚期到战国中期的关中地区的中小型秦墓中难以有漆器出土，许多甚至连漆器的痕迹也没有。

我们还可以将事情反过来看，云梦、江陵等地的时代为秦代的秦墓中一般都有漆器陪葬，就连云梦龙岗 6 号墓的墓主人生前是一个受过刖刑的罪犯，他的墓中都有 6 件漆器，其中包括 3 件彩绘漆器陪葬（见图 1－3－4），说明秦人也是十分喜爱漆器的。如果战国时期的秦国漆器比较发达、自成体系的话，那么，一些小型秦墓中不可能连一点漆器的痕迹也不存在。

① 彭文：《从关中地区的髹漆业看关中文化与中原文化的交流》，《秦文化论丛·第四辑》，第 366～392 页，西北大学出版社，1996 年。

② 彭文：《从关中地区的髹漆业看关中文化与中原文化的交流》，《秦文化论丛·第四辑》，第 366～392 页，西北大学出版社，1996 年。

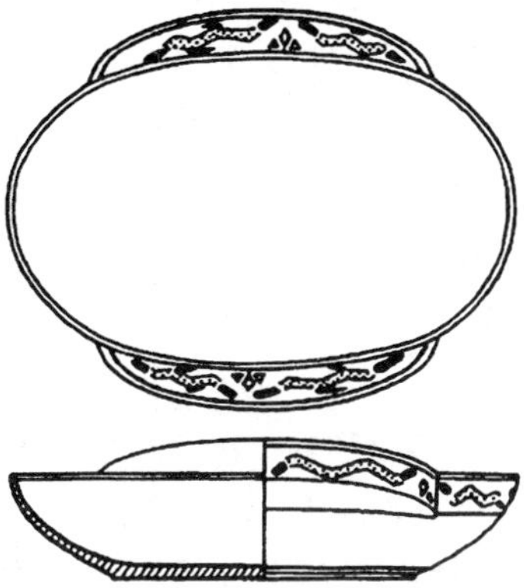

图 1-3-4　秦代彩绘漆耳杯图

此外，从上述出土文物的情况我们还可以看到更为重要的几点是：

1. 从战国中晚期开始，被秦国占领后的原为楚地或受楚文化影响的地区内的秦墓或其他墓葬中却出土有大量的漆器，并且是具有相当高的制作水平的漆器。

2. 从战国中晚期到秦代，出土有大量漆器的秦墓几乎都在原来的楚地或受楚文化影响的地区，而在其他地区的秦墓包括关中地区的秦墓中出土漆器的数量很少。

3. 出土漆器的战国秦汉墓葬中或多或少地都带有一些楚文化的因素。

上述三点，是秦国漆工艺“自成体系”“关中地区漆器不易保存”的观点所无法解释的。而以下几点历史事实却能较圆满地解释这一现象。

1. 战国中晚期时，巴蜀之地逐渐为秦国占领，而且在秦国的强大压力下楚国势力削弱并东移，逐步失去了具有丰富大漆资源的现今鄂、陕、川三省相连地区的“漆源之乡”。《史记·秦本记》记载：秦惠文王时“庶长章击楚于丹阳，虏其将屈匄，斩首八万；又攻楚汉中，取地六百里，置汉中郡”。这是指公元前 312 年秦与楚战于丹阳，楚败，失去汉中一事。此时，巴蜀之地早已经纳入秦国的版图了。秦昭襄王“二十八年，大良造白起攻楚，取鄢、邓，赦罪人迁之”。这是公元前 279 年秦军攻占楚国的鄢都等地的记载。第二年，公元前 278 年秦军就攻占了楚国的都城——郢，楚顷襄王迁都河南淮阳一带。秦国占领了楚国的大片疆土，不仅占有了原为楚国所有的大漆产区，拥有了丰富的大漆资源，更为重要的是，秦国俘获了大批楚国的漆器制作工匠，也就拥有了楚国的漆器制造技术。例如，成都羊子山 172 号战国晚期墓中出土的漆器，在胎质、形制和制作工艺上与江陵楚墓出土的漆器存在着许多相同之处，特别是其扣器的制作技术，可以说是楚国扣器制作技术的延伸与发展，与战国中晚期时湖南桃源三元村楚墓出土的铜扣漆卮、安徽舒城楚墓出土的错金铜扣大漆盒的制作工艺如出一辙，就是因为这些漆器极有可能是楚国的工匠制作的，或是按照楚国的漆工艺制作的缘故。

2. 如果秦国漆器是“自成体系”的话，那么在秦灭楚之后，秦国的漆器制造工艺会在楚国漆器的基础上有一个较大的进步才是，而出土文物所反映的事实却不是如此。从楚国漆工艺与秦国漆工艺的比较来看，秦代湖北云梦、江陵等地秦墓中出土的漆器所反映出来的漆工艺并没有在楚国漆工艺的基础上有太大的进步，有些楚国漆器中已经出现了的工艺技术在秦墓出土的漆器上并没有出现。如，髹漆纺织品以及贴金、描金、镶嵌玉石等髹饰工艺在云梦等地秦墓出土的漆器上均很少见到。为什么会出现这一现象呢？这是因为秦国在灭亡楚国的过程中，对楚人的镇压是相当残酷的，楚国郢都一带的社会生产几乎被破坏殆尽，陈振裕先生指出："云梦睡虎地秦简《语书》，是篇秦国南郡守腾发给所辖各县道的文书。据《语书》记载：'古者，民各有俗，其所利及好恶不同，或不便于民，害于邦。'说明当时秦、楚民俗不同，于是，秦的律令曾三令五申要楚人'去其淫避（僻），除其恶习，而使之于为善也。'正是秦王朝以律令的形式，强行要求楚人改变原有的习俗，所以楚墓出土的漆器中最具有楚文化特色的镇墓兽、虎座飞鸟、鹿座飞鸟等漆器，在战国晚期至秦代的秦墓中已不再见到了。"① 正因为如此，秦国灭亡楚国之后，原来楚地的漆器制造业不仅没有太大的进步，而且在工艺上也没有达到战国中期前后楚国强盛时的漆器制造水平。所以，秦代云梦秦墓中出土的漆器，从工艺上来看并不比战国时期楚国的漆工艺先进。

3. 从出土漆器的数量来看，秦国占领巴蜀之后，特别是占领了楚国的腹地——江陵、云梦等地后，秦墓中不仅出现了陪葬的漆器，而且陪葬的漆器数量也相当多，上面已经列举的云梦龙岗6号秦墓就是一个典型的例子。出现这种现象的原因就是秦国占领漆器制造相当发达的楚地之后，拥有了丰富的大漆资源及漆器生产能力，也就是拥有了大批廉价的漆器，所以，生活在这一地区的、处于社会中下阶层的秦人才有可能用上漆器，这就是连一些小型秦墓中也有几件漆器陪葬的缘由。

4. 与此相反的是，秦国统一六国之后，在秦国的本土关中地区却极少有漆器发现。彭文先生指出："令人奇怪的是，秦统一之后，除秦俑坑外关中地区再没有漆器出土，而秦陵的修建又历时三十七年，跨越战国和秦代两个时代，因此，很难辨明其中出土漆器究竟属于哪个时代。而且秦统一后召集了全国的能工巧匠营造秦陵，秦陵成为集大成之作，接受外来文化对它施加的影响是必然的。所以可以说，漆器好像在关中地区骤然消失了。《秦律杂抄》对秦国漆园的管理、《效律》对漆的质量要求等问题都有严格规定，说明战国晚期的秦国十分重视漆的生产和使用。而关中地区又盛产漆，有髹漆业和漆器制造业发展的物质基础和法律上的保证，应该说髹漆业在统一以后的关中地区该有大的发展。但事实正好与此相悖。分析其中的原因，笔者认为：第一，关中地区具有先天的极不利于漆木器保存的地理环境劣势，使漆木器难以保存下来，加大了研究难度。第二，随着髹漆业的发展，贵族已不再垄断对漆的使用，使漆由雅文化走向了俗文化，为全社会范围内的大部分人所接受，漆器成为一种非常普遍的生活用品，对统治者来说，已失去了用它随葬的意义，而用其他东西取而代之；对一般平民来说，由于它外观的华美及制作的不易，也不再用它随葬，而将它传至后代。因此，墓葬中再没有漆

① 陈振裕：《试论楚墓出土漆器的产地问题》，《楚文化研究论集·第二集》，第55页，湖北人民出版社，1991年。

器出土。第三，战国后期，秦发动大规模统一战争的时候，中原地区及南方楚国等地的髹漆业和漆器制造业已十分繁荣，全国范围内又有新的漆器制造基地兴起，使秦的统治者放弃了本来就不如中原等地发达的关中地区，而另外选择基础、条件各方面情况较好的地区发展秦代的髹漆业了。湖北云梦等地秦墓中出土的大量精美漆器就是明证。第四，战国晚期诸侯割据，争霸战争愈演愈烈，国与国之间的隔阂越来越大，壁垒日见坚强，在很大程度上阻碍了各地域间文化的交流。战国晚期到秦统一后关中地区髹漆业的消退，正与此有关。第五，从某种意义上说，秦文化是一种耕战文化，其重农政策给社会带来了深远影响，使秦文化在某些方面表现出排他倾向，在髹漆的发展上即显示出秦文化的这一特质。”“从整体上看，关中地区髹漆业的发展不如中原地区的程度高，关中文化对中原文化继承的多，发展的少，尤其在秦统一以后，关中地区不再有漆器出土这一事实，说明了关中地区髹漆业的发展受着客观和主观因素的制约。”“关中文化在髹漆业的发展上主要是吸收了中原文化的因素，没有形成自身完整的体系，发展中出现了断裂。”①

如上所述，从某种意义上来说，战国中晚期之后，秦国漆工艺的发展是在楚国漆工艺的基础上产生的，无论是巴蜀之地青川、荥经秦墓出土的漆器还是云梦、江陵等地秦墓出土的漆器，都说明了这一点。

（四）湖南长沙穿眼圹楚墓出土漆卮的考证

1. 漆卮的有关情况

（1）据传该件漆器出土于20世纪30年代，现藏于美国旧金山亚洲艺术博物馆，它首先出现在商承祚先生所著的《长沙古物见闻录》一书中，是比较著名的战国漆器之一。一般认为这是一件秦国漆器。

（2）该漆器原来称为漆奁，现在称为漆卮，也有的学者称其为漆樽。据《楚国历史文化辞典》②一书介绍，该漆卮（该书称其为漆樽）的形制为：圆筒形，分为器盖与器身两部分，在漆地上用朱漆绘几何纹饰。器身下有3个铜质蹄形足，足上错银质几何纹。

（3）该件漆器出土的墓葬：据已经发表的资料所言，有的说是长沙穿眼圹（有的写成穿眼塘）楚墓，有的认为该墓即是长沙烈士公园3号墓。

（4）铭文刻在漆卮外底部，共四行18个字，字外刻有很周正的方框，针刻铭文小如粟米，方框左侧有朱书的“长”字。由于对部分铭文识读不同，有如下三种识法。

第一种为：“廿十九年六月，乍告，吏丞向，右工帀（师）象，工大人台。”

第二种为：“廿十九年，大（太）后□告（造），吏丞向，右工帀（师）象，工大人台。”

第三种为：“廿十九年，大司□告，吏丞向，右工帀（师）象，工大人台。”并推测“大司”后面的一字为“空”，即“大司空”。

① 彭文：《从关中地区的髹漆业看关中文化与中原文化的交流》，《秦文化论丛·第四辑》，第366～392页，西北大学出版社，1996年。

② 石泉主编：《楚国历史文化辞典》，第472、54页，武汉大学出版社，1996年。

（5）李学勤先生认为漆卮上的文字是秦国文字，释读如上述第二种。并指出："此器当制于秦昭王廿十九年，即公元前278年，当时秦国的统治尚未南抵长沙。如裘锡圭同志所说，铭文中'太后'是秦昭王之母宣太后，宣太后是楚人，她和楚国有一定联系。卮上的'长'字系'长沙'之省，这只能和其他秦器的惯例一样，是漆卮的置用地点。至于漆卮本身，应该是秦国制造的。"①

2. 该漆卮是楚国漆器还是秦国漆器

（1）秦昭王二十八年（公元前279年），秦国军队在大良造白起的率领下攻占了楚国的重地鄢，烧毁了楚国先王的陵墓，秦昭王二十九年（公元前278年）秦将白起率军又攻陷了楚国的都城——郢都，几乎将郢都破坏殆尽，江陵一带的社会经济也几乎被彻底破坏。楚王等向东北方向逃窜。此时远在"南楚"的屈原听到国都陷落后不久就投入汨罗江自杀了。如果说该漆器是宣太后令人制造的话，作为具有强烈爱国主义思想的楚国人的一员，宣太后此时此刻又如何有心情去令人制造如此精美的漆器？又如何能送到此时仍在楚统治下的长沙去呢？

（2）漆卮上有朱书的铭文"长"字，能保存至今说明是用红色漆书写的，此红色漆与漆卮上的红色纹饰所用漆应该是相同的。从髹饰工艺看，一般说来采用红色漆书写的铭文在前，因为它是与红色的纹饰一道髹饰而成的；针刻的铭文在后，因为只有一件漆器制造完成后才刻铭文，而且在针刻铭文的周围刻有"很周正"的方框，表明是在漆卮制好后，根据花纹空隙处的宽窄、将要刻的铭文数量及大小统一安排，因此才出现了很周正的方框、针刻铭文小如粟米、排成四行的结果。这就充分地说明了朱书铭文与针刻铭文是先后形成的。此外，一件漆器上既有朱书铭文又有针刻铭文，这在出土的战国中晚期漆器中也是十分少见的（包山2号楚墓出土髹漆马身甲内有刻文及漆书文字，秦墓出土漆器上尚未见到过同时有刻文及漆书文字的），如果在制造时就已经定好该漆卮是送到长沙去用的，所有铭文完全可以一次朱书完成，不必在器物制好后再行针刻，而且针刻的字小如粟米，肉眼也难以一下子看明白（据李学勤先生在《论美澳收藏的几件商周文物》一文中介绍，他在释读铭文前是利用放大镜察看的）。对于刻写铭文的目的来说，这样小的、肉眼难以看清的铭文是毫无作用的。由此可以推测该针刻文字极有可能是后来补刻的。

（3）如前所述，从漆器制作工艺看，战国中晚期之前的秦国墓葬中从未发现过如此精美的漆器，秦国的漆器制作技术不可能在公元前278年一下子就达到如此高的水平。与此相反的是，楚国早在战国中期前后就已经制作出了带有三个青铜质地蹄形足的漆器、错银铜饰漆器等，它们与错银铜足漆卮完全属于同一类产品。也就是说，当时只有楚人才具有生产这类漆器的能力。

（4）该漆卮出土于长沙楚墓之中，并且是战国晚期前后段之交时的楚墓，此时秦国尚未占有长沙，贺刚先生已作过比较详尽的论证。② 如此精美的错银铜足的漆卮，而且又是秦国太后或大司空命令生产的漆器，怎么会在一座时代为战国晚

① 李学勤：《论美澳收藏的几件商周文物》，《文物》1979年12期。

② 贺刚：《论湖南秦墓、秦代墓与秦文化的因素》，《湖南考古辑刊·5》，《求索》杂志社，1989年。

期的中小型楚墓中出土呢？正如前面所述，当时秦、楚两国正在进行你死我活的战争，作为礼品由秦国送到楚国去的可能是不存在的。唯一的解释是：该漆卮是楚人制造的产品，在秦人攻占楚国都城时落入秦人手中，由于楚国漆器十分有名，加之该漆卮又很精美，深受秦人的喜爱，所以在漆卮花纹的空隙处加刻了秦式铭文，因为空隙有限，字才刻的很小。也是由于战争的原因，该漆卮又落入楚人手中，因此才有可能在中小型楚墓中出现。当然，目前这只是一种推测。

三、其他诸侯国的漆器

（一）齐国墓葬中出土的漆器

1. 据《中国文物报》1997 年 3 月 30 日在《临淄战国齐墓发掘又获新成果》一文中报道：1996 年 1 至 7 月山东省文物考古研究所为配合淄博市临淄区行政办公中心的建设，在临淄齐国故城西南约 5 km 的相家墓地发掘了 6 座属于战国时期的大型墓葬，这是迄今发掘的齐国上层贵族墓中规模最大、数量最多、人殉墓葬最为集中的一处贵族家族墓地。这些墓葬的地面封土建筑都比较讲究，该文指出："这种由大陵台、小陵台和圆锥形的顶组成的地上封土建筑，构成中国古代墓葬的'金字塔'结构，显示了齐国贵族的厚葬之风。""这 6 座墓葬均遭盗掘，但仍出土各类遗物 200 余件，其中 6 号墓出土遗物较为丰富，不仅随葬大量陶礼器、漆木器和竹器，而且出有一组完整的铜礼器。""从清理出的遗迹和采用石膏灌注获取的标本看，漆木器有簠、豆、盖豆、壶、盘、罍等，与该墓同出的铜礼器和陶礼器的种类及有些器形几乎相同，特别是簠应属礼器而绝非一般实用器，因此这类漆木器应是作为礼器随葬的。"

这是齐国上层贵族的大型墓葬，虽然墓葬历史上被盗掘过，但漆器一般是不会被盗墓者看中的。墓中出土的漆器主要是礼器，而不是日常用器，表明墓内根本就没有陪葬日用漆器。这一现象至少说明了两点：

第一，漆器在战国时期的齐国还是比较宝贵的制品，所以统治阶级只是将其用在礼器上。

第二，战国时期的齐国，日用漆制品的使用还不太广泛，当然，其制造的漆器数量也就不可能很多了。

2. 据《山东临淄郎家庄一号东周殉人墓》一文介绍，1971 年至 1972 年发掘的山东临淄郎家庄 1 号东周墓，是一座时代为春秋战国之交的齐国墓葬，墓内出土有黑地朱绘的漆豆 4 件及一些漆膜碎片。从漆器上的彩绘图案看，均为黑地朱绘，以几何纹为主，图案讲究对称，比较严谨规矩。如，出土的一件圆形漆器的漆膜碎片上的图案为黑漆朱绘，绘有四座对称的房子及人物、花草等。该墓是一座较大型的齐国墓葬，其陪葬墓中均无漆器出土。①

从漆器上的图案严谨、规矩来看，该墓中出土的漆器，包括出土的漆豆在内，可能都是属于礼器范畴的用品，而不可能是日用漆器。

3. 同在现今山东地区的莒国墓葬中也有漆器出土。据《山东沂水刘家店子春秋墓发掘简报》一文介绍，1977 年发掘的该墓为一座春秋中期莒国国君的墓葬，

① 山东省博物馆：《临淄郎家庄一号东周殉人墓》，《考古学报》1977 年 1 期。

墓中无漆器出土，但从已经腐烂的棺木痕迹看，棺木是髹了漆的。①

1975 年发掘的山东莒南大店 1 号墓，也是一座莒国的墓葬，年代为春秋战国之交，墓内的棺木髹有朱色漆，墓中还出土有一件漆绘的木棒、髹有黑色漆的车伞盖和一些漆器残片。② 然而，这些漆器可能与楚国有关，因为，早在战国早期莒国就被楚国消灭了，《史记·楚世家》记载“简王元年，北伐灭莒”，楚简王元年即公元前 431 年。

4. 1957 年发掘的山东栖霞县杨家圈战国墓，“在清理时还出土多量的漆片，大致有两种，一种是夹苎胎，部分能对接起来，长方形，中间和四边有二或四个铆钉穿孔，并留有镶饰的痕迹。黑底，朱红花纹，中间有二条宽长的直线，四边全是带形回纹。长 78 cm、宽 66 cm”。③ 我们已经指出，这不是夹苎胎漆器，而可能是某种大型漆制品（如棺木）表面的漆片，因为原来髹漆前贴有麻布之类的纺织品，所以看似夹苎胎漆器的漆片了。

（二）晋国墓葬出土的漆器

1. 1961 年发掘的山西侯马上马村 14 座东周墓，其中 13 号墓最大，时代为春秋中晚期，仅有 13 号墓的棺木是髹漆的，其“黑彩红地图案琮清晰可见”，其他无任何漆制品出土。④

2. 1972 年至 1979 年发掘的山西长子县东周墓中仅有 2 号墓与 7 号墓出土有少量漆器。据《山西长子县东周墓》一文介绍，7 号墓的棺椁均已腐烂，从痕迹看，棺木髹朱色漆，出土的漆器有漆舟两件、漆扁壶一件，均髹黑红色漆，竹编漆盒一件，髹黑色漆。漆舟为整木雕成，连外壁上的耳也是同一块整木雕成的；出土的扁壶，实心，仅外形像壶，是一件明器。这两件木胎漆器的胎体制作都反映出其制胎工艺的原始性。2 号墓出土漆箱一件，已经腐烂。这两座墓的年代为春秋晚期。⑤

3. 1972 年发掘的山西长治分水岭 269、270 号东周墓，时代为战国早期，两座墓中各出土了一件朱地黑绘的漆木箱，出土时木箱已经腐烂。269 号墓的棺木外髹朱色漆。⑥ 长治原为晋地，战国时期是韩、赵、魏三国的交错地区。

4. 1954 年至 1955 年发掘的长治分水岭 9 座战国墓中无一件漆器出土；同时发掘的 3 座西汉早期墓中仅有 17 号西汉墓出土了 3 件夹苎胎漆器。⑦

（三）越国墓葬出土的漆器

1994 年 11 月至 1995 年 4 月发掘的苏州真山大墓，是一座时代为春秋中晚期的吴王墓，在该墓的棺床外有一漆盒，盒中放有串饰，该墓的棺木髹漆，为朱地黑绘。⑧

---

① 山东省文物考古研究所等：《山东沂水刘家店子春秋墓发掘简报》，《文物》1984 年 9 期。
② 山东省博物馆等：《莒南大店春秋时期莒国殉人墓》，《考古学报》1978 年 3 期。
③ 山东省博物馆扬子范等：《山东栖霞县战国墓》，《考古》1963 年 8 期。
④ 山西省文物管理委员会侯马工作站：《山西侯马上马村东周墓葬》，《考古》1963 年 5 期。
⑤ 山西省考古研究所：《山西长子县东周墓》，《考古学报》1984 年 4 期。
⑥ 山西省长治市博物馆等：《长治分水岭 269、270 号东周墓》，《考古学报》1974 年 2 期。
⑦ 山西省文物管理委员会：《山西长治市分水岭古墓的清理》，《考古学报》1957 年 1 期。
⑧ 苏州市博物馆：《江苏苏州浒墅关真山大墓的发掘》，《文物》1996 年 2 期。

1981 年发掘的绍兴 306 号战国早期墓，是一座楚灭越之前的越国墓葬，墓中的漆器已经腐烂，从其痕迹看，方形盒较多，还有圆形的盘、奁、耳杯。①

此外，1980 年发掘的安徽舒城九里墩春秋墓，是春秋末年群舒中某一位君主的墓葬，墓中出土的漆器已经腐烂，从其残片看有带铜环的漆器、漆盒、戈柄等，均为朱地黑绘。这些漆器实际上应该是楚国的产品，因为，早在春秋中期楚人已经消灭了群舒，现今安徽舒城一带已是楚国的疆土。②

1978 年在河北平山县发掘的中山王墓，时代为战国中期偏晚（公元前 310 年前后），出土了一些漆器，其中“木漆盆只剩朽痕，平面呈长方形，直壁，宽折沿。遗痕长 154 cm、宽 94 cm、上沿宽 10 cm。下部有加固带，横三顺二，带宽 8 cm……此盆原高度也不会低于 60 cm”。③ 发掘者认为是夹苎胎漆器，实际上此盆太大，夹苎胎无法承受这么大的重量，有加固带出现就表明该盆是木胎，否则加固带如何“生根”？上面的多层丝帛实为木胎上髹漆贴上去的，目的是为了防止开裂漏水。该工艺也是楚国漆器中早已有的。

以上就是目前公开发表的资料中主要出土有漆器的墓葬的有关情况，从这些资料可以看出，在春秋早期，一般均只有墓葬中的棺木髹漆，很少有陪葬的漆器；春秋中期以后的墓葬中虽然有漆器陪葬，但是数量一般都比较少；战国时期的墓葬中发现有漆器陪葬的墓的数量也比较少。由此可见，春秋战国时期其他诸侯国墓葬中出土的漆器与楚墓及受楚文化影响的墓葬相比较而言，漆器不仅数量少、品种少，而且出土有漆器的墓葬数量也要少得多。

---

① 浙江省文物考古研究所等：《绍兴 306 号战国墓发掘简报》，《文物》1984 年 1 期。

② 安徽省文物工作队：《安徽舒城九里墩春秋墓》，《考古学报》1982 年 2 期。

③ 河北省文物研究所：《战国中山国国王之墓》，第 250 页，文物出版社，1995 年。

第四章

两汉魏晋南北朝时期的漆器——漆器生产从顶峰走向衰落

西汉是我国漆器生产史上的又一个高峰期。与春秋战国时期不同的是，西汉时期漆器的生产在原有的基础上经过不断的发展已经在全国各地形成了多个漆器制作中心，其中大都是官办的。漆器制作中心的出现极大地促进了漆器制作工艺的发展与进步：漆器制造过程中的工序分工、贵金属和玉石类珍贵材料的大量使用、精工细作的高档漆器的大量生产、漆器及漆工艺的外传等，创造了我国漆器生产史上的第二个高峰。漆器生产的发展是有两条道路可走的：一条是像楚国漆器那样，除了生产少部分比较高档的漆器供统治者使用外，大量生产面向中下层阶级的中低档漆器，使漆器的使用范围不断地扩大到社会生活的各个领域；另一条是随着漆器制作工艺的发展与进步，漆器生产向精工细作的高档化发展，主要生产的是那些供统治者享用的精美制品，使得漆器的使用范围越来越窄。西汉中晚期的漆器生产所走的就是后一条道路，从而导致了自身的逐步衰落。当然，漆器生产衰落的原因是多方面的，但漆器生产的高档化是其主要原因之一。

第一节　西汉前期的漆器

一、考古发现的西汉前期漆器

考古发掘出土的西汉前期的漆器在我国许多省份都有：湖北、湖南、安徽、山东、广东、广西。其中，出土漆器数量比较多的主要有3处：湖北的云梦、江陵和湖南的长沙。下面分别予以论述。

1972年在湖北云梦大坟头发掘的1号汉墓，其年代为公元前217年至公元前167年之间，出土了漆器81件，其中夹苎胎漆器24件，其余的为木胎，木胎的制作工艺有挖制、镟制和卷制等。彩绘漆器占出土漆器总数的绝大部分，颜色主要有黑、红、褐、金等。该墓出土的木牍上记载了墓葬内随葬品的清单，其中有关随葬漆器的记载与该墓中出土的漆器实物基本上是相互吻合的。现将该墓中出土的漆器实物与木牍上有关漆器的记载对照见表1－4－1。①

① 湖北省博物馆：《云梦大坟头一号汉墓》，文物编辑委员会编：《文物资料丛刊·4》，第17页，文物出版社，1981年。

表1-4-1　大坟头1号墓出土漆器与木牍文字对照表

木牍上的文字记载	出土漆器的名称及数量	漆器上的铭文
漆汨画盂二	彩绘漆盂2件	
漆汨画盛二合	彩绘漆圆盒2件	针刻“东”字
漆汨画小棓十	彩绘小漆耳杯10件	有的耳杯烙有“告”“素”“包”“亭上”等;有的针刻文字“衷”“章”及“大女子鹜”等
漆汨画大棓十	彩绘大漆耳杯10件	
漆汨画閪二	彩绘特大漆耳杯2件	
漆汨画小卑虒二	彩绘小漆盘2件	盘底外针刻“宦里大女子鹜”
漆汨画勺一	彩绘漆勺1件	烙印“亭”字
漆汨画曲一	六博1件	
金匕、木匕各一	铜匕、彩绘木匕各1件	
竟检一	彩绘漆圆奁、铜镜各1件	
漆椭检画其一小画	椭圆盒彩绘小椭圆盒各1件	
漆木检一合	漆圆奁1件	
漆卑虒四	漆盘4件	
酱棓十	漆耳杯10件	
绪棓二十	夹苎胎漆耳杯20件	
漆棓十	耳杯盒内10件漆耳杯	耳杯盒上有烙印“亭”字

湖北江陵凤凰山167号汉墓的年代晚于云梦大坟头1号西汉墓，为西汉文、景帝时期的墓葬，墓中出土漆器90余件，绝大多数为木胎，夹苎胎漆器数量少。彩绘的颜色以黑、红为主，部分漆器上有烙印或针刻铭文。现将该墓出土的漆器与同墓出土的木简上有关漆器的记载见表1-4-2。①

① 江陵凤凰山167号汉墓发掘整理小组：《江陵凤凰山167号汉墓发掘简报》，《文物》1976年10期。

表 1-4-2　江陵凤凰山 167 号汉墓出土漆器与木简文字对照表

木简		器物		备注
编号	内容	名称	数量	
17	大盛一盒	大盒、盒各一	2	实物多一
18	柯二枚	大耳杯	2	
19	酱杯三十枚	花耳小耳杯、酱色耳杯各 10	20	实物少 10
20	盂四枚	大、小盂各 2	4	
21	炙卑虒四枚	盘	4	
22	小盛二合	小盒	2	
23	梃一枚		1	
24	小脯检一枚	小椭圆奁	1	
25	大脯检一枚	大椭圆奁	1	
26	三斗壶二枚	壶	2	
27	尺卑虒六枚	盘	6	
28	墨杯二十枚	墨色耳杯	10	实物少 10
29	小杞一枚	单耳小卮	1	
30	酱杞一枚	双耳大卮	1	
31	伤杯三十枚	花耳杯 20、素耳杯 9	29	实物少 1
32	大柙一枚	扁壶	1	
33	一斗检一枚	小圆奁	1	
34	二斗检一枚	大圆奁	1	
35	绪卑虒一只	夹苎胎盘	2	两两相扣合
36	食卑虒一只	盘	2	两两相扣合
37	脍卑虒一只	盘	2	两两相扣合

长沙马王堆三座墓中 2 号墓时代最早，为公元前 186 年，出土漆器 200 多件，以夹苎胎漆器为主，多数是漆盘和漆耳杯，但保存情况不好，大多数都腐烂了；3 号墓的年代为公元前 168 年，墓中出土漆器 300 多件，保存情况比 2 号墓好；1 号墓时代最晚（约为公元前 168 年之后几年），出土漆器 184 件，保存情况最好，许多漆器出土时似乎是完好如新。1 号墓出土的漆器以木胎为主，另外还有夹苎胎和竹胎等，木胎的制法有三：旋木胎、斫木胎、卷木胎。同墓出土的竹简上记载了出土漆器的名称与数量，见表 1-4-3。①

① 湖南省博物馆等：《长沙马王堆一号汉墓·上集》，第 76～93 页、143～148 页，文物出版社，1973 年。

表 1-4-3　马王堆 1 号汉墓出土漆器与竹简文字对照表

竹简号	竹简文字	出土漆器名称及数量	备注
165	漆画木鼎七皆有盖盛羹	镟木胎彩绘云纹鼎 7 件	
166	漆画比六	斫木胎彩绘云纹匕 6 件	
171	右方……漆画壶六		墓中未见漆壶
175	……漆画枋四	斫木胎彩绘云纹钫 4 件	
178	……漆画钟二	镟木胎彩绘云纹钟 2 件	
179	漆画斗卮二有盖	卷木胎彩绘云纹卮 1 件	实物少 1 件
180	漆画七升卮二皆有盖	卷木胎彩绘七升卮 1 件	实物少 1 件
181	漆布小卮一容二升……	夹苎胎针刻云兽纹卮 1 件	
182	漆画二升卮八	卷木胎彩绘二升卮 4 件	实物少 4 件
184	漆画大杸容四升十	斫木胎彩绘四升耳杯 10 件	
185～186	漆画龚中幸酒杯十五	斫木胎彩绘耳杯 20 件	两简所记同，少 10 件
188	漆画食盘径一尺二寸廿枚	镟木胎彩绘漆盘 10 件	少 10 件，径 28.5 cm
189	漆画大盘径三尺一寸一枚		墓中未见该漆盘
190	漆画也二	斫木胎彩绘云纹 2 件	
192～193	漆汨幸食杯五十	斫木胎素面耳杯 50 件	两简所记同，少 50 件
195	漆画小具杯廿枚……	斫木胎彩绘耳杯 10 件	实物少 10 件
196	漆画具杯柙二合	斫木胎彩绘具杯盒 1 件	实物少 1 件
200	漆画勺二	竹胎浮雕彩绘漆勺 2 件	
201	漆画华盂十枚……	镟木胎彩绘漆盂 6 件	实物少 4 件
202	漆画木盘容五斗		墓中未见此盘
203	漆画盛六合……	镟木胎彩绘漆盒 4 件	实物少 2 件
205	漆画平盘径尺六寸一枚	镟木胎彩绘平盘 1 件	径 35 cm
206	漆画平盘径二尺一枚		墓中未见此盘
207	漆画平盘径二尺五寸一枚	镟木胎彩绘平盘 1 件	径 53.6 cm
208～209	漆画其末一长二尺六寸……	斫木胎彩绘漆案 1 件	两简所记同，少 1 件
210	漆画其末二广各二尺……	斫木胎彩绘漆案 1 件	少 1 件，宽 46.5 cm
212	漆 汨食检一合盛稻谷	夹苎胎油彩绘漆奁 1 件	
214	漆画卑匽径八寸四十……	镟木胎彩绘小漆盘 20 件	径 18.5 cm，少 20 件
216	漆画木变机一	斫木胎油彩绘漆几 1 件	
217	木五彩画屏风一……	斫木胎油彩绘漆屏风 1 件	
218	木漆画大检一合		墓中未见此奁

（续表）

竹简号	竹简文字	出土漆器名称及数量	备注
230	九子曾检一合	夹苎胎油彩绘九子奁 1 件	双层，内有小奁 9 件
231	五子检一合	卷木胎彩绘五子奁 1 件	单层，内有小奁 5 件
228	付篓七	九子奁，五子奁内的小奁	实物多 7 件
229	布漆检一合盛小付篓四		墓中未见此奁
232	布检五彩……		墓中未见此器

此外，马王堆汉墓中还出土有髹漆陶器、彩绘漆棺等漆器，有些在同墓出土的竹简上也有文字记载，这里就不一一列举了。

上述云梦、江陵、长沙三地墓葬虽然都属于西汉早期，但年代仍有先后，只是相差不多而已。因此，它们之间既有相同的地方，也有不同之处，例如，漆器上的彩绘都称为“画”、奁均称为“检”、小漆盘称为“卑虒”；也有不同的地方，例如，最为不同的是云梦与江陵西汉前期墓出土的夹苎胎漆器称为“绪”，而马王堆汉墓中则将夹苎胎漆器直称为“漆布”。

在河南、陕西、山东等省的一些西汉前期墓中也有漆器出土，只是其数量不如上述墓葬出土的多而已。如，河南南阳麒麟岗 8 号西汉前期墓中除了出土 14 件木胎彩绘漆器之外，还出土了几件髹漆陶器，如彩绘髹漆陶壶 2 件，内髹黑漆，外髹酱紫色漆衣并绘有暗黄色花纹。①

陕西咸阳杨家湾 4 号陪葬墓，是西汉文、景时期的墓葬，墓中出土有带铜制或铁制铺首衔环的素面漆盒之外，还出土了彩绘漆车，车箱为夹苎胎，表面有彩绘。②

山东临沂金雀山 9 号墓也是一座西汉前期的墓葬，墓中出土了 2 件素面漆耳杯，有趣的是在耳杯的残破处还留有修补过的痕迹。通过墓中出土文物的比较研究，《山东临沂金雀山 9 号汉墓发掘简报》一文指出：“说明山东南部在战国末至西汉前期受楚国文化影响。”③

《中国文物报》1995 年 12 月 3 日在《绵阳双包山 2 号汉墓出土大批珍贵文物》一文中报道，四川绵阳双包山 2 号西汉中前期墓中出土了数百件漆器，分木胎与夹苎胎两类，主要品种有耳杯、盘、案、俑、马等，髹饰方法主要有素面和彩绘两种，仅在部分马头的颈部饰有鎏金的铜饰，该铜饰应为马饰的一种，而不是漆马本身的镶嵌物。

二、西汉前期漆器的制作工艺

西汉前期的漆器制作工艺是在战国时期漆器制作工艺的基础上发展起来的，在一定程度上是继承楚国漆器制作工艺的基础上发展起来的。例如：楚国漆器胎体制作工艺中的斫木胎、镟木胎、卷木胎等工艺，在西汉前期的漆器胎体制作中

---

① 南阳市文物工作队：《河南南阳市麒麟岗 8 号西汉木椁墓》，《考古》1996 年 3 期。

② 陕西省文管会等：《咸阳杨家湾汉墓发掘简报》，《文物》1977 年 10 期。

③ 临沂金雀山汉墓发掘组：《山东临沂金雀山 9 号汉墓发掘简报》，《文物》1977 年 4 期。

仍在使用，然而，西汉前期漆器中夹苎胎数量明显增多；楚国漆器髹饰工艺中的彩绘、贴金与描金、扣器、堆漆等，西汉时期的漆器中也在使用，然而，西汉漆器中的一些新工艺如“锥画”等得到了较多的使用。值得注意的是，这些新工艺可以在楚国漆工艺中找到它们的渊源。

（一）“锥画”工艺

对于漆器上的“锥画”工艺，人们较早发现的是1941年在湖南长沙黄土岗古墓中出土的针刻凤纹漆奁，原来认为这是一座楚国的墓葬，现经重新考证，该墓不是楚墓而是西汉早期的墓葬。奁上绘有凤、鹿、虎以及在云气中互相追逐的各种野兽，线条明快，各种动物形态栩栩如生。“锥画”漆器最早被考古工作者称为“针刻”漆器，因为它是在髹好之后的漆面上用针或其他尖锐的工具刻画出细如发丝的花纹线条，与彩绘相似。然而“针刻”不是用色漆来描绘花纹，而是用刻出的阴纹来表现花纹，在刻出的花纹内也可以填充不同的色料，从而显示出美丽的图案。长沙马王堆3号墓出土的竹简上将这一工艺称为“锥画”。

“锥画”工艺起源于楚地漆器中的雕刻工艺及针刻文字。河南信阳长台关楚墓出土的漆木柄上针刻着一行文字，笔画细而直，这类在漆膜表面针刻的文字在工艺上与“锥画”基本相同。此外，云梦大坟头西汉初年墓中出土的小漆盘底部有针刻文字“宦里大女子骛”。可见，漆器上的“锥画”工艺正是在漆器的雕刻文字、针刻文字的工艺基础上逐步发展而来的。

“锥画”与针刻文字的重要区别是：“锥画”的图案一般只划破漆膜的浅表层，很少出现将漆膜完全划破的现象；而针刻文字并不注意这一点，往往将漆膜完全划破。湖北光化西汉中期墓出土的夹苎胎漆卮，是一件比较著名的西汉“锥画”漆器，其“锥画”后又填充了色料，所以十分引人注目（见彩图1－4－1）。笔者曾亲自脱水处理并修复好这件器物，发现其外表棕褐色的漆地上“锥画”纹饰的深度较浅，约为0.2 mm左右，未发现漆膜破损的现象，而其卮盖内面的“锥画”凤鸟纹饰则刻得比较深，有几处已经完全划破了漆膜，与针刻文字工艺相近。从曾侯乙墓出土漆器上的雕刻文字到信阳楚墓出土的针刻文字、云梦秦墓及云梦西汉初年墓出土漆器上的针刻文字，直到马王堆汉墓出土漆器上的“锥画”以及西汉中期前后出现的“锥画”并填以色料的工艺，从漆器髹饰工艺发展的角度看，其脉络是十分清楚的。

“锥画”工艺对髹漆有一定的要求，一般说来主要有两点：

第一，需要进行“锥画”的漆器，其表面必须髹饰多道漆，使漆膜形成一定的厚度。否则，仅髹一、二道或二、三道薄漆的漆器上是无法进行“锥画”的。

第二，需要进行“锥画”的漆面上所髹饰的漆中一般是不加油的，也就是说一般不采用油性大漆，主要是因为加的油量比较多的油性大漆硬度较低，不适于进行“锥画”。

在考古发掘中战国和西汉时期的铁锥都有过发现，但是专门用在漆器上进行“锥画”的铁锥目前尚未发现，在湖北江陵凤凰山西汉早期墓中出土有钢针，十分尖锐，完全可以用于“锥画”。

从出土的西汉前期“锥画”漆器的实物来看，画面整体布局有序、合理，线条纤细、流畅，由此推测在进行“锥画”之前一般都应有画稿，而不是随意画出的。只是“锥画”之后还需进行轻轻地擦磨，所以其画稿一般是难以保留下来的。

（二）堆漆工艺的初步发展

在现代漆工艺中，堆漆是一个含义较为广泛的名称，凡是用漆（或漆灰、油灰等）堆起的花纹，都被称为堆漆。堆漆的做法有两种：一种是采用比较稠的漆液涂刷堆起的花纹，另一种是采用漆灰（或油灰、胶灰等）先堆起纹饰，然后再在其上用漆进行描绘。这两种堆漆工艺在长沙马王堆西汉墓出土的漆器上都得到了采用。

1. 1973 年发掘的长沙马王堆 3 号西汉墓中出土了一件长方形漆奁，外表满布粉彩云气纹，纹饰的做法是“先用白色凸起的线条勾边，然后用红、绿、黄三色勾填漫卷的云气纹，色彩灿烂，极为华丽”。①王世襄指出：“这种白色物体的用法和效果近似后代壁画、彩画中常见的蚚粉。”“根据白色稠料很难用漆来调制这一经验来判断，当时的白色物体应是用胶质或油料调成的。”1961 年在长沙砂子塘西汉墓中出土的外棺上的部分花纹也是先用稠灰堆起，然后再加以描饰的。②

2. 1972 年发掘的马王堆 1 号墓出土的黑地彩绘棺上的一些纹饰是采用矿物颜料调漆或调油绘制而成的，颜色有朱、白、黑、黄、绿及紫红、赭色等。一些浅色的纹饰应是采用用油调制的色料绘制，而深色的纹饰则可能是采用大漆调制的色料绘制。李正光指出：“所绘的线条，色由厚到薄，形成浅浮雕感，与凸出的云纹轮廓线协调统一。”“有凸起的白线穿插在各色之间。”“对肌肉的绘制，是在笔含色饱满时，用腹部随结构偏转重压，使颜色向一边挤出，使之产生一种厚薄不匀的浅浮雕感。”③

无论是采用漆（或油）调制的颜料绘制的浅浮雕式花纹，还是采用漆灰先堆制后再描绘的浅浮雕式花纹，这种凸起纹饰的髹漆工艺就是漆器制作中堆漆工艺的早期形态，而堆漆工艺的萌芽在楚国漆器中就已经出现。

三、西汉前期的几处漆器制作中心

西汉前期，随着社会秩序的逐步稳定和生产的不断发展，作为当时人们日常用品之一的漆器生产也得到了较大程度的发展。为了满足人们对漆器的需求，在全国各地相继出现了一些官办的漆器生产中心。

（一）南越国的漆器制造中心——“蕃禺”和“布山”

南越国是西汉初年位于现今两广一带地区的一个地方性政权，属于南越国时期的漆器在广东、广西的多处地区都有发现，而且数量不少。20 世纪 50 年代仅在广州市郊发掘的南越国墓葬（年代为公元前 122 年左右）中就曾出土过完整的漆器 87 件；1976 至 1981 年，在广西贵县罗泊湾 1 号（年代与长沙马王堆西汉墓相近或稍早一点）、2 号西汉墓及贺县金钟 1 号西汉墓中都出土有大批的南越国时期的漆制品；1983 年发掘的广州南越王赵昧的墓中出土的漆器更多，虽然都腐烂严

① 湖南省博物馆等：《长沙马王堆二、三号墓发掘简报》，《文物》1974 年 7 期。

② 王世襄著：《髹饰录解说》，第 112、109 页，文物出版社，1983 年。

③ 李正光：《长沙马王堆一号汉墓黑地彩绘棺的艺术成就》，《湖南考古辑刊·1》，岳麓书社，1982 年。

重，但遗存尚在。

在广州出土的南越国时期的一些漆器上发现有烙印“蕃禺”及朱漆书写的“高乐”“龙中”等文字。特别是“蕃禺”烙印文字的发现，表明广州南越国墓葬中出土的漆器中，大部分都是西汉南海郡蕃禺市府经营的漆器作坊制造的产品，因为“蕃禺”就是现在的广州。

1976年在广西贵县罗泊湾1号西汉墓出土的10多件漆耳杯上都发现了烙印文字“布山”，表明广西贵县、贺县等地西汉前期墓中出土的大量漆制品均为布山市府经营的漆器作坊制造的。罗泊湾1号墓出土的漆耳杯上，有的还带有“市府草”“市府□”的烙印文字，有人认为它可能是从外地输入的成都市府的产品，①，这是不可能的。因为同一种耳杯，当地的布山市府经营的漆器作坊不仅能够大量制造，而且工艺水平几乎完全相同，人们有什么必要从千里迢迢的四川成都运漆器来呢？“市府草”“市府□”中的“市府”为什么就不是指“布山”市府呢？更重要的是，在成都一带的西汉早期墓中几乎没有出土过大量带有“市府草”等烙印的漆制品。因此，罗泊湾1号西汉早期墓中出土带有“市府草”“市府□”烙印的耳杯，也应是布山市府经营的漆器作坊生产的产品。

从漆器制造工艺上看，南越国的漆器受到楚国漆工艺的影响很大，应是在楚国漆器的基础上发展起来的。早在战国时期，楚文化已经对两广地区产生过较大的影响，楚国的漆器不仅早已传到了该地区，而且还通过该地区与东南亚地区的古代文化发生接触（参阅本书第二编中有关“玻璃之路”的论述）。此外，在战国晚期，由于秦国势力的不断东进和扩展，原来生活在“南楚”（即长沙）一带的人们（包括制漆工匠）为了躲避战乱，必定有一部分南迁，他们也将楚国的漆工艺带到了两广地区。人们常常发现，在两广地区发掘的战国时期墓葬的出土文物往往带有比较浓厚的楚文化因素，其原因也就在这里。对此，考古发掘资料中多有记载。

1. 南越王赵昧墓的发掘者认为：“南越漆器与长沙、江陵、扬州等地出土的同时期漆器大同小异。胎骨质地主要是木胎，小型器多用夹苎胎。木胎的制法还可以分为镟木胎、斫木胎和卷木胎。器形可辨的以耳杯、盘、案、盒、卮、扁壶等饮食器和梳妆奁为最多，造型大都工整优美。”②广西贵县罗泊湾1号墓的发掘者认为：从该墓出土“部分漆器的造型、纹饰来看，明显地继承了战国时代楚器的风格，与湖南、湖北西汉墓出土的漆器十分相似”。③

2. “南越王墓出土的漆博局、漆花翎式屏风、漆画铜镜以及罗泊湾1号墓出土的漆画铜筒、铜盆，均为汉代考古中所罕见。”④ 实际上并不罕见，如博局在湖北云梦大坟头1号西汉早期墓中已有出土，漆制的小型屏风、座屏在战国时期的楚墓中已经发现过许多，至于髹漆铜镜及髹漆铜器更是战国时期楚人的创造。所以说南越王墓和罗泊湾汉墓中出土的这些漆制品是在继承与发展楚国漆工艺的基础

① 广州市文物管理委员会等：《西汉南越王墓》，第337～338页，文物出版社，1991年。
② 广州市文物管理委员会等：《西汉南越王墓》，第337～338页，文物出版社，1991年。
③ 广西壮族自治区博物馆编：《广西贵县罗泊湾，汉墓》，第93页，文物出版社，1988年
④ 广州市文物管理委员会等：《西汉南越王墓》，第337～338页，文物出版社，1991年。

上制造出来的产品。

3. “广州漆器较多使用金色，甚至用金色作地。广州 1134 号墓出土的漆圆盒，盖上有凹形宽弦纹带两周，把盖面分为内外两区。两区内髹金色漆作地，上绘云纹图案，疏落处又以细线勾勒的圆涡纹相衬。1048 号墓出土的漆盘，盘面外圈髹朱漆，盘心黑漆为地，以金色涂绘 4 组凤形纹，或鱼形纹，再用朱漆勾勒。金色光泽夺目，纹样突出，非常华丽。漆器上施用金色的做法，在其他地区较少见，岭北更少。”① “描金” 工艺是楚国漆工艺中常用的一种，湖北江陵凤凰山 168 号西汉早期墓中出土的彩绘三鱼纹漆耳杯，其鱼纹就是采用朱色漆与金黄漆彩绘的；江陵雨台山战国楚墓出土的彩绘木雕鸭形漆豆（又称彩绘鸳鸯漆豆），其花纹就是采用朱红、金黄等色漆绘制的，在鸭尾的两侧还用金黄色绘制了两只对称的金凤。所以说南越国墓葬中出土的漆器上施用金色的工艺是楚国漆工艺的继承和发展。

4. 湖北云梦大坟头汉墓出土的木牍上将夹苎胎漆耳杯记载为“绪杯”，小漆盘称为“卑虒”；湖北江陵凤凰山 8 号汉墓出土的竹简上将皂色苎麻织的禅衣记载为“早绪禅衣”，凤凰山 167 号汉墓出土的竹简上将夹苎胎小漆盘记载为“绪卑虒”；贵县罗泊湾 1 号汉墓出土的木牍上将苎麻织的衣记载为“绪衣”，将小漆盘记载为“卑虒”。更重要的是，罗泊湾汉墓中出土有漆缅纱帽，这种涂有漆液的麻织品是楚人的创造，仅在战国时期的楚墓中或原为楚地的西汉前期墓中发现过几例，而在同时期的其他墓葬中十分罕见。罗泊湾汉墓的年代为赵佗称王的南越国时期，约为公元前 150 年前后，晚于云梦大坟头汉墓，与江陵凤凰山汉墓的年代大致相当。所以西汉前期“蕃禺”和“布山”一带生产的漆器，都曾受到楚国漆工艺的影响，从某种意义上也可以说是楚国漆工艺的继承和发展。

（二）城阳国的漆器生产中心——莒县

1973 年在山东临沂银雀山发掘的 4 号西汉早期墓，其年代上限不早于汉文帝五年（公元前 175 年）。墓中出土有 24 件漆器（不包括 21 件髹漆陶器和髹漆木棺等），其中几件耳杯的外底部上有烙印文字“莒市”“市府草”“市”等，都是烙印后再髹漆的；在漆卮的外底部有烙印文字“食官”，是髹漆后再烙印的；在一件夹苎胎盘的底部针刻有“马”“门”二字。

据蒋英炬考证，莒，周代为莒国，汉代置莒县，位于山东省的东南部。据《汉书·地理志》记载，西汉时期莒县属于城阳国，城阳国辖四县，莒县为首。而临沂银雀山 4 号墓的年代不早于汉文帝五年，此时莒县正是城阳国的治所。② 作为西汉王朝分封的一方诸侯国的治所，是当时该诸侯国政治文化中心，成为其漆器制作中心也是很自然的。莒县出产的漆器带有某些楚文化的遗风，所以此地的漆器制造工艺也是在继承楚国漆工艺的基础上发展起来的。原因是：

1. 战国时期，楚国先后灭了莒、曾、郯、鲁等国，占领了现今山东省的南部，楚国发达的漆器制造业必然影响于此。例如，临沂银雀山 4 号墓出土的髹漆陶器中有一组礼器，计：鼎 4 件、盒 4 件、壶 4 件。

---

① 广州市文物管理委员会等：《西汉南越王墓》，第 337 ~ 338 页，文物出版社，1991 年。

② 蒋英炬：《临沂银雀山西汉墓漆器铭文考释》，《文物》1975 年 6 期。

2. 该墓的发掘者认为，临沂银雀山西汉墓的“墓坑形制和棺椁葬具等，和南方长沙等地区的西汉墓较一致。随葬器物中除有共同特征外，有些形制作风更接近于南方长沙地区”。“漆器作风也很相近，4 号墓的双层七子奁和马王堆 1 号墓双层九子奁形制相同”，“4 号墓出的禾、豆、鐅等小灰陶器及蒜头壶，在长沙、湖北等地西汉早期墓出的陶、铜器也常见到同样的形式。这可能是受楚文化的影响”。①

3. 临沂银雀山 4 号西汉墓中出土的漆器应是莒市市府经营的漆器作坊生产的产品。漆器的胎体有木胎和夹苎胎两种，木胎中主要是斫木胎和卷木胎；髹饰的方法主要有彩绘及“锥画”，彩绘中主要采用红、黑色漆，有时也用金色漆，等等。这些在楚国漆工艺中都可以找到其脉络所在。

（三）“成市草”“成市饱”的讨论

目前，考古发现西汉前期出土漆器数量最多、工艺水平最高的地区是湖北的云梦、江陵及湖南的长沙三地，这些地区本来就是楚国的故地，特别是江陵，为楚的故都所在地，漆器制造业的基础非常雄厚。然而，自从在江陵、长沙两地出土的西汉前期漆器中发现了一部分漆器中带有“成市草”“成市饱”“市府草”“市府饱”等铭文后（见图 1－4－1），一些学者认为这几处出土的西汉前期的漆器中有相当一部分是当时四川成都生产的产品，千里迢迢运到江陵和长沙的。历史的事实是否真的如此呢？需要在与考古发现的资料进行相互对照的基础上加以讨论。

图 1－4－1　“成市草”铭文摹本

1. 据俞伟超先生等研究，马王堆 1 号汉墓出土的 184 件漆器中有 75 件带有“成市草”“成市饱”“南乡□”等铭文；马王堆 3 号墓出土的漆器中多件带有“成市草”“成市饱”“南乡□□”“中乡□”等铭文；江陵凤凰山 8 号西汉前期墓出土漆器中多件带有“成市草”“成市饱”“市府草”“市府”“北市□”等铭文。俞先生等认为“马王堆 1 号墓的漆器主要是成都市府制造的”。②“蜀道难，难于上青天。”这是唐代大诗人李白对入川道路的描述，在李白之前 800 多年的西汉早期，入川道路的艰难更是可想而知。马王堆 1 号墓出土的通高近 60 cm 的漆钟、通高达 50 cm 以上的漆钫以及每具重达数百斤至数千斤的四具套棺，要完好无损地从成都运到长沙，就是在今天也不是一件十分容易的事，何况在两千多年前的西汉早期。

2. 既然成都市府的漆器作坊生产的产品已经大量地运往湖北的江陵与湖南的长沙，那么在成都附近的西汉早期墓中就应该发现更多的成都市府生产的漆器才是，然而，至今在成都等地所发掘的西汉早期墓中几乎没有类似长沙马王堆、江陵凤凰山、云梦大坟头这类大量精美的漆制品出土。难道西汉早期成都市府漆器作坊生产的产品都运到长沙和江陵去了，这是令人难以理解的。四川绵阳双包山 2

① 山东省博物馆等：《临沂银雀山四座西汉墓葬》，《文物》1975 年 6 期。
② 俞伟超等：《马王堆一号汉墓出土漆器制地诸问题》，《考古》1975 年 6 期。

号汉墓的时代是西汉中前期，与马王堆、凤凰山、大坟头相比，时代上要晚一些，该墓虽然出土了大批漆器，但其漆器种类和制作工艺均未超过上述墓葬中出土的漆器，漆器上也没有“成市草”等铭文。

3. 江陵凤凰山8、9、10号三座西汉墓，墓葬规格相近，其墓主人的身份都比较低，如，10号墓的墓主人张偃就是一个小商贩，他与同乡的几个人一起进行小型的商业贩运活动。这些地位低下的人物如何能够拥有几十件远从成都运来的豪华漆制品呢？江陵毛家园西汉墓，墓葬规格比上述各墓还要低一些，然而，该墓中仍然出土了精美的彩绘漆器几十件。就是规格较高的江陵凤凰山167、168、169号三座西汉早期墓葬，其墓主人的身份最高的也只是县丞一级，然而，这些墓中都有几十件甚至上百件的漆制品出土，其中精美的彩绘漆器占相当大的比重。如果这些漆器都是从成都、咸阳等地运来的产品，这些人能用得起它们来陪葬吗？此外，上述这些墓葬中出土的大量漆器，绝大多数是实用品，不要说漆器本身的价值，就是只看运输费用，这些中下阶层的人们也是用不起远从成都运来的几十件或上百件的漆器陪葬的。因此，这些陪葬的漆器只能是本地生产的产品。

4. 秦代末年墓中出土的陶器上多处发现“安陆市亭”的印记，所以，湖北云梦秦汉墓中出土的带有“亭”字的漆器极可能是安陆市亭经营的漆器作坊的产品。湖北鄂城楚墓、湖南长沙杨家湾楚墓中出土的漆器带有“市攻”铭文，“市攻”就是“市工”，说明该漆器是由市府管理的漆器作坊生产的产品，表明战国中晚期的楚国已经有了市府属下的漆器作坊。由此推测，带有“市府草”“市府饱”等烙印的漆器也不一定是成都市府的产品，也有可能是当地市府（如安陆市府等）经营的漆器作坊生产的产品。至于“成市草”“成市饱”中的“成市”，为什么就一定是指成都呢？

5. 据《汉书·地理志》记载，西汉时在全国设有工官多处，由中央政府直接控制。这些工官的设置，大概是在景帝至武帝的前期①。从本编第三章中我们已经看到，四川成都等地漆器制造业就是在楚国漆器的影响下发展起来的，从漆器制造的角度看，江陵、长沙、成都三者之间的关系是相当密切的。而西汉初年的江陵及长沙等地属于“地广人稀”的“江南之地”（《史记·货殖列传》），如已经论述过的那样，采用异地工官在当地监制的办法生产漆器也是有可能的。

6. 湖北云梦大坟头、江陵凤凰山、长沙马王堆三处出土的西汉早期的漆器，在名称上也大体相同，例如，漆圆盒都称为“盛”、漆圆奁都称为“检”等。更奇怪的是对漆盘的称谓，对于盘径小于30 cm的小漆盘一律都称为“卑虒”，这一称谓应该是楚地的方言，因为从大坟头到马王堆的几十年间这一称谓一直未变，甚至广西罗泊湾西汉早期墓中出土的小漆盘也称为“卑虒”。而在其他地区却很少见到这种称谓出现。鉴于此，上述墓葬中出土的漆器大多数也应是本地生产的产品，而不是从千里之外运来的。

到目前为止，出现“成造”“成亭”“成市草”等带有“成”字铭文的漆器，最早的为四川荥经曾家沟出土的战国中期（或偏早）的文物，该墓出土的耳杯上

① 王仲殊：《汉代考古学概说》，第48~62页，中华书局，1984年。

有“成”字铭文，出土的漆奁上有“成造”二字的铭文。本编第三章中我们已经论述过曾家沟战国墓，从墓葬形制、白膏泥的使用、出土文物等方面，都显示出楚文化的影响。例如，已经提到过的荥经曾家沟21号墓出土的漆双耳长盒，外底部有针刻“番阳脜”三字，报告者推断是战国中期前后居住在此地的楚人墓。“番阳”为漆器产地，“番”是战国时期楚地之一，也是楚国的姓氏之一，如，江陵天星观1号楚墓（年代为战国中期）的墓主人就叫“番乘”。联想到四川新都战国墓中出土的“邵之食鼎”之“邵”是指楚国的“邵氏”，那么，曾家沟战国墓出土的漆器上的“成”“成造”中的“成”字是否可以理解为是指楚国大族之一的“成氏”，“成造”就是“成氏制造”呢？因为成氏与邵氏都是楚国有名的几大氏族之一。果真如此，成都一带的漆器生产应该是由楚国人发展起来的。

所以说，湖北的云梦、江陵，湖南的长沙，由于具有楚国漆器生产的基础，在西汉初年仍然是我国当时的漆器生产地区之一。

除去上述的有关漆器生产中心之外，在安徽阜阳双古堆发掘的汝阴侯墓中也出土了一批漆器，共114件。其中漆卮上的铭文为“女阴侯卮容五升三年女阴侯库己工年造”、漆盂上的铭文为“女阴侯盂容斗五升六年库己工年造”、漆耳杯上的铭文为“女阴侯杯容一升半八年库处工意造”等等，由此可知，这批漆器是汝阴侯国自设的漆器作坊为汝阴侯制造的产品，该地也应是当时一处漆器制造的中心。阜阳双古堆1号墓为第二代汝阴侯夏侯灶的墓葬，2号墓是其妻的墓葬。夏侯灶是汉高祖刘邦的功臣夏侯婴之子，他死于汉文帝十五年（公元前165年）。1号墓中出土漆器84件，其中木胎漆器65件、夹苎胎漆器19件，大部分已经残破，比较重要的有二十八宿圆盘等，髹饰方法有彩绘、针刻、银扣等。值得注意的是该墓中出土了一批银扣器，如银扣漆奁、银扣漆盘、银扣三足卮以及玉柄漆匕、漆纚冠的残片等。阜阳在战国时期为楚国的疆土，扣器工艺是楚国漆工艺中的一种，而漆纚这种髹漆纺织品更是楚人的创造，在战国时期的其他墓葬中几乎没有发现过，在西汉前期，只有受楚文化影响的墓中才有发现。由此推测，汝阴侯墓中出土的漆器也是受到了楚国漆工艺的影响。

综上所述，可以看到西汉前期我国出现的几处漆器制作中心，几乎都是在楚国漆工艺的影响下形成的，这也反过来证明了战国时期楚地的漆器生产最为发达。如果说在政治制度等方面是“汉承秦制”的话，从漆器制造工艺来说却是“汉承楚制”。

为什么在西汉初年各地会出现多个由官府管理的漆器生产中心呢？蒋英炬认为：“这种市府作坊的制品，是一种地方性的官府手工业。汉初时期，由于诸侯王割据面积甚大，在当时的历史环境中，这种地方性的官府手工业往往受所在诸侯王国的控制，成为封建割据势力的一种经济力量。”① 漆器是当时人们日常生活用品之一，无论是官府内工匠们制造的或是由官府管辖的漆器作坊制造的，其目的主要有两点：一是为统治者服务，生产一些比较高档的产品；二是发展地方手工业和商业贸易，各诸侯王国可以从中获得大量的租税，而汉代的市井租税又是一

① 蒋英炬：《临沂银雀山西汉墓漆器铭文考释》，《文物》1975年6期。

笔很大的收入。正是有这些原因存在，各诸侯王国都尽量地发展自己地域内的漆器制造业，从而使各地出现了多个漆器生产的中心。

第二节　西汉中晚期及东汉时期的漆器

一、“银口黄耳，金罍玉钟”——奢侈之风与高档漆器

《盐铁论·散不足》：“富者银口黄耳，金罍玉钟；中者野王苎器，金错蜀杯。”将贵重金属金、银及玉等大量使用在漆器上，使漆器生产向高档化发展。“银口”即“银扣”，原来是指用白银制成的扣件，镶扣在漆器的口沿等部位，由于白银的珍贵，既可起到加固作用，更主要的是起到了装饰作用；“黄耳”，就是在漆耳杯两侧杯耳上镶嵌有表面鎏了金的铜耳；“金罍”，表面贴有金箔的漆罍；“玉钟”，表面镶嵌有玉石等的漆钟、漆卮；“野王苎器”，“野王”是西汉时河内郡的一个县，而河内郡是西汉时设置工官的地区之一，其中包括漆器制造；“苎”，原是指苎麻，这时是指夹苎胎漆器；“野王苎器”就是指由河内郡生产的高档夹苎胎漆器；“金错蜀杯”，“金错”又称金银错，就是用金银在漆器铜扣件表面进行装饰，“蜀”是指成都，也是西汉时设置工官的地区之一，“金错蜀杯”就是四川蜀郡工官的漆器作坊生产的铜扣件表面用金银装饰的漆耳杯。

（一）考古发现的西汉时期的高档漆器

1. 1986 年发掘的徐州北洞山西汉楚王墓，位于徐州市北 10 km 处，时代下限为公元前 128 年，属西汉前期。墓葬早年被盗，墓中出土的漆器基本上都腐烂了，仅剩下大量漆器残片，从残片上可以看出漆器的胎体主要有夹苎胎和木胎两种，器形有漆案、漆卮、漆耳杯等，大部分漆器为彩绘制品，但很少发现有漆器上的鎏金扣件或玉石等镶嵌件出土①。

2. 1968 年在河北省满城县发掘的刘胜夫妇墓，年代为公元前 113 年，属西汉前期晚段。刘胜于汉景帝前元三年（公元前 154 年）被封于中山国，死于汉武帝元鼎四年（公元前 113 年）。该墓中出土的漆器大都已经腐烂，从遗留的残片看，有樽、卮、耳杯等。胎体有木胎与夹苎胎等。樽的盖和器身、卮的把手、耳杯的耳等处往往有银质或铜质鎏金的附件和装饰，特别是带有鎏金铜饰和兽纹铜足的漆案；有镂空铜饰带，带上还有错金银的花纹并镶嵌着绿松石和玛瑙的五子漆奁；镶嵌有大小 26 块玉璧的漆棺等都是高档漆器。

3. 1974 至 1975 年在北京南郊的大葆台发掘了两座西汉墓葬，其中 1 号墓的主人为西汉元帝时的广阳顷王刘建，2 号墓为刘建妻子的墓葬。刘建死于汉元帝初元四年（公元前 45 年），属西汉中晚期。他的墓中所出土的漆器上镶嵌有鲜艳的红玛瑙、白玛瑙、红琥珀、金箔等物。例如，嵌玛瑙珠漆器残件，木胎，其下均髹黑色漆，其上用朱色、黄色漆彩绘，面上有一圆孔，内嵌扁圆形白玛瑙珠一颗，厚 1 cm；夹苎胎平脱漆奁，圆底，外髹黑漆，器上贴花草、云纹和鹤、兔等金箔，奁盖上带有鎏金的铺首衔环；夹苎胎漆耳杯，彩绘，两侧附有新月形鎏金铜扣耳；

① 徐州市博物馆等：《徐州北洞山西汉墓发掘简报》，《文物》1988 年 2 期。

另外，出土的红色、白色玛瑙珠，红色琥珀珠等都是漆器上的镶嵌物，因漆器胎体腐烂而脱落。

4.《中国文物报》1996 年 4 月 7 日在《西汉泉陵侯墓出土珍贵文物》一文中报道：1995 年 12 月湖南考古工作者对永州市泉陵侯 2 号墓进行了发掘，出土金、玉、瓷、陶、漆、青铜等器 100 余件，该墓早年被盗。墓主人为女性。某代泉陵侯夫人。墓中出土有“鎏金铜扣纪年铭漆盘一件，漆盘口沿外扣铜质鎏金圆箍，盘底部嵌有三个圆形浅足，亦为鎏金铜质，出土时仍漆黑金黄，锃亮如新。特别是在漆盘口沿背面的髹漆部分有一圈针刻篆体铭文，全文 60 余字，内容包括该盘制作年代、产地、尺寸、督造监工、各道工序及完成各工序的工匠姓名等。铭文表明：该漆盘产自四川成都，生产年代为汉哀帝建平年间。……特别引人注目的是，与鎏金铜扣漆盘放置在一起的有两种漆卮，其中一件底部有‘大官’两字，可能来自汉朝廷的赐予或长沙王的馈赠”。汉哀帝建平年间为公元前 6 年至前 5 年，属西汉晚期。

5. 1977 年 10 月，在邗江县甘泉公社老山大队发现一座大型木椁墓。墓内出土“妾莫书”银印，因名“妾莫书”木椁墓。墓中出土漆器百余件，多为生活用品。漆器表面有用金银嵌饰、用金银箔制成花纹加贴、针刻及朱、黑、绿、黄等色彩绘。纹饰主要是云气纹、云龙纹，辅以动物、植物纹饰。该墓的年代为西汉晚期，可能在汉元帝至汉平帝这一时期，① 该墓的主人可能是刘氏宗族的家属。

6. 1985 年 2 月发掘的江苏邗江姚庄 101 号西汉墓，位于扬州西北 12 km 的邗江县甘泉乡，为夫妇合葬墓，墓葬年代为西汉晚期。该墓出土遗物 250 件，其中漆器 131 件。许多件漆器带有金、银、玛瑙等扣件或饰件。该墓的年代为西汉晚期。②

上述考古发掘资料表明，西汉早期的墓葬中带有金、银、玉等的高档漆器比较少见，仅在阜阳汝阴侯墓中出现较多的银扣漆器。而从西汉中期（偏早）以后，高档漆器逐步多了起来，不仅是最高统治者大量使用，到了西汉晚期连地方诸侯的家属们也大量地使用并用于陪葬。

（二）高档漆器出现的原因

1. 如前所述，在西汉初年，由于各诸侯王国的割据，为了本身的利益，各地相继出现了许多漆器制造中心，这些中心所拥有的漆器作坊基本上都是由官方掌管的，他们所生产的产品除了进行商业交换之外，另一主要的任务是为各诸侯王国的统治者服务。但是从西汉前期就已经开始的西汉中央王朝与各诸侯王国的政治斗争中，各诸侯王国的势力逐步地被削弱，中央王朝对整个国家经济的控制逐步加强。到了汉武帝时，设立了由中央政府统一掌管的铁官、盐官、工官等，当然，属于工官管辖的漆器制造业也同样地归到了中央政府的掌管之中。这种管理形式的变化虽然削弱了各诸侯王国在漆器生产中的经济收益，然而漆器生产为各诸侯王国的统治者服务的目的却得到了进一步的加强。此外，随着西汉王朝社会

① 扬州市博物馆：《扬州西汉“妾莫书”木椁墓》，《文物》1980 年 12 期。
② 扬州市博物馆：《江苏邗江姚庄 101 号西汉墓》，《文物》1988 年 2 期。

的逐步安定和生产的发展、生活水平的不断提高，也加剧了西汉统治者对奢侈之风的追求，表现之一就是高档漆器的较多出现。

2．高档漆器是从扣器开始逐步发展起来的。从我们已经引述过的西汉时期的诸侯王、侯等墓葬中出土漆器的情况可以看出：

（1）西汉前期的长沙马王堆汉墓（轪侯家族墓）出土漆器中扣器很少见，而镶嵌有“黄耳”及玉石等的漆器则未见。

（2）西汉前期的汝阴侯墓（年代为公元前165年，与马王堆汉墓相近）出土漆器中，仅汝阴侯夏侯灶墓（1号墓）中出土了一组银扣漆器，同样未见镶嵌有“黄耳”及玉石等的漆器，更为明显的是其2号墓（汝阴侯妻子之墓）中连一件银扣器也没有。

（3）年代为公元前128年的徐州北洞山西汉楚王墓中未见“银扣”“黄耳”等高档漆器。

（4）年代为西汉前期晚段（公元前113年）的刘胜墓中不仅出土有扣器，而且在扣饰上错金银，镶嵌有“黄耳”及玉璧等的漆器也都出现了，虽然其数量还不多。

（5）年代为公元前45年的西汉中晚期广阳顷王刘建墓中则出土了镶嵌有各色玛瑙、金箔、“黄耳”的高档漆器一大批，共数十件。

（6）年代为西汉晚期的永州泉陵侯夫人墓以及地位与之相当或稍低的江苏邗江西汉晚期墓中，不仅出土有镶嵌“黄耳”等的高档漆器，而且这类高档漆器往往一座墓中就出土数件或数十件。

从上述考古发现的西汉漆器可以看出，这些高档漆器主要出土于西汉统治阶层的墓葬内，大批多种类高档漆器主要出现在西汉中晚期的墓葬中，是从西汉前期晚段开始统治者的生活日益奢侈的表现之一。《盐铁论》成书于公元前81年或稍后几年，所记载的正是西汉中期前后的情况。

3．西汉时期的漆工艺在战国时期楚国漆工艺的基础上有了较大的发展，至迟从西汉中期开始，在比较大的漆器作坊中，漆器的制造开始出现了流水作业，同时各道工序都相对固定并相互衔接，从管理人员到具体工匠均分工明确、职责分明。制漆工艺的发展与进步为高档漆器的生产提供了技术上的保证。

二、“蜀郡西工官”与“广汉郡工官”漆器

在西汉王朝与各地诸侯王国的政治斗争中，随着中央集权的加强，西汉王朝对各地经济的控制也逐步加强，大约在汉景帝至汉武帝时期陆续在各地设立了一批工官，由中央政府直接掌管。设立在蜀郡成都的称为“蜀郡西工官”，设立在广汉郡（治所在今四川梓橦）的称为“广汉郡工官”。自20世纪二三十年代起陆续在朝鲜的平壤、蒙古的诺音乌拉发现了许多带有“蜀郡西工官”“广汉郡工官”等铭文的漆器，这两处工官制造的漆器一直受到人们的重视。特别是新中国成立后在贵州省的清镇、甘肃省的武威等地的汉代墓葬中出土的带有“蜀郡西工官”“广汉郡工官”等铭文的漆器，可以与朝鲜平壤出土的同类漆器进行比较，更加深了人们对这类漆器的注意。实际上，制造漆器仅仅是工官所管辖的许多制造业中的一项，如《汉书·贡禹传》记载：“蜀、广汉主金银器，岁各用五百万。”表明

“蜀郡西工官”与“广汉郡工官”还担负着为宫廷制造金银器的任务。

从平壤、诺音乌拉、清镇出土的汉代漆器中，带有纪年铭文的漆器，最早的为西汉时期汉昭帝始元二年（公元前 85 年）制造的产品；最晚的为东汉时期汉和帝永元十四年（公元 102 年）制造的产品。《后汉书·和熹邓皇后纪》中记载：元兴元年（公元 105 年），“其蜀汉扣器、九带佩刀，并不复调”。王仲殊先生指出：“这可能说明，蜀郡和广汉郡工官从此不再为宫廷制造漆器了。前面已经说过，在朝鲜平壤地区发现的大量有纪念铭文的漆器中，年代最晚的为永元十四年（公元 102 年），这一事实正与上述《后汉书·和熹邓皇后纪》的记载相符。因此可以推测，到了东汉中期以后，官营的漆器制造业已经衰落，代之而起的则是由各地豪强地主经营的私营手工业。”①

“蜀郡西工官”与“广汉郡工官”所制造的漆器主要是进贡给汉王朝的宫廷使用，有些漆器在铭文中还带有“乘舆”字样，说明这类漆器是皇帝的御用品。例如，1925 年在朝鲜平壤发掘的王盱墓中出土了一件蜀郡西工所造的漆杯，其铭文中有“建武二十八年（公元 52 年）蜀郡西工造乘舆侠苎量二升二合羹杯……”的记载，贵州清镇 15 号墓出土的一件耳杯铭文中有“元始三年，广汉郡工官造乘舆髹汧画木黄耳棓……”的记载。王仲殊先生指出：“蜀郡和广汉郡工官所制的漆器，主要是供宫廷中使用；有的漆器在铭文中有‘乘舆’字样，正说明它们是皇帝的御用品。这些漆器在清镇、平壤、诺音乌拉等地出土，大概是由于当时的朝廷用它们来赏赐边郡的官吏和少数民族的首领，或赠送给外国。”②

从“蜀郡西工官”与“广汉郡工官”所制造漆器的工艺来看，主要有下面几点：

1. 漆器的胎质主要是木胎和夹苎胎两种，其中夹苎胎占有一定的数量。

2. 漆器的髹饰工艺方法主要有彩绘、针刻、镶嵌、贴金银箔等，特别是鎏金铜耳（即“黄耳”）耳杯占有一定的数量，表明该两处工官是专门为宫廷生产漆器的主要工官。王仲殊先生指出：“除了蜀郡和广汉郡工官外，设在首都长安的工官亦制作漆器；……从考古发现的情形来看，长安工官的产品可能不如蜀郡和广汉郡工官的产品多。”③ 此外，有些漆器上的铭文也是针刻的，值得注意的是，这些针刻文字一般都刻得比较浅，而不像战国或秦代漆器那样将漆膜完全划破，这是一种进步，说明当时的针刻技术用在文字上已经相当成熟了。

3. 出土的“蜀郡西工官”与“广汉郡工官”漆器上的铭文反映出这些漆器是按照一定的制作工序制造出来的。正因如此，产品虽然经过精工制作，质量上乘，但在漆器的造型、髹饰方法等方面缺少创新，未见新的漆器制造工艺的出现。如本章第四节中阐述的西汉晚期扬州漆器中的漆砂砚、漆面罩等漆器新品种在“蜀郡西工官”“广汉郡工官”制造的漆器中均未发现过。

① 王仲殊：《汉代考古学概说》，第 48 ~ 62 页，中华书局，1984 年。
② 王仲殊：《汉代考古学概说》，第 48 ~ 62 页，中华书局，1984 年。
③ 王仲殊：《汉代考古学概说》，第 48 ~ 62 页，中华书局，1984 年。

第三节　汉代漆器制造工序的形成及“涓工”的性质

春秋战国时期制造漆器的作坊中既有官办的也有民间办的，而且民间作坊的数量可能占有较大的比重，大量出土的楚国漆器说明了这一点。到了西汉前期，西汉王朝分封的各诸侯王国的统治者们为了自身的利益，以官府管辖的漆器制作中心在各地相继形成。西汉王朝在与各诸侯王国的政治斗争中逐步加强了中央集权，相继在各地设立了工官，直接掌管全国各地的各种制造业（包括漆器生产在内）。这种管理形式、管理权限的变化直接影响到漆器生产形式的改变，使漆器生产从民办走向官办、从个体走向作坊、从分散走向集约、从小作坊走向大作坊，最后成为由国家掌握，具有一定规模，集金属、玉石等制造、加工与漆器生产相结合的新型手工业。这种生产形式发展的过程也就是漆器制造工序逐步发展，直至最后形成的过程。

一、问题的提出

研究这一时期我国漆器生产工序的形成，必须首先搞清楚“涓”及“涓工”。在本章的有关章节中我们已经引述过一些墓葬中出土漆器上带有“涓”的铭文，如：

湖北省云梦县大坟头1号汉墓中出土的漆器，同墓出土的木牍上书写有记载这些漆器的文字，如，出土的两件木胎彩绘漆盂被记为“漆涓画盂二”，出土的两件木胎彩绘漆圆盒被记为“漆涓画盛二合”等。该墓为西汉初年的墓葬，其年代早于汉文帝十三年（公元前167年）。

湖南长沙马王堆1号汉墓中出土的漆器，同墓出土的竹简上书写有记载这些漆器的文字，如，出土的50件木胎“君幸食”素面耳杯被记为“漆涓幸食杯五十”，出土的一件夹苎胎彩绘漆奁被记为“漆涓食检一合盛稻谷”等。该墓的年代为汉文帝十二年（公元前168年）以后数年。

朝鲜平壤附近发掘的王盱墓中出土的一件夹苎胎耳杯，杯上的铭文为“建武二十八年蜀郡西工造乘舆侠苎量二升二合羹杯，素工回、髹工吴、涓工文、漆工廷、造工忠，护工卒史旱，长汜、丞庚、椽翕、令史茂主”。建武廿八年即公元52年。

从目前的考古资料来看，带有“涓”字的漆器铭文还有下述两例：

甘肃省武威磨子嘴62号汉墓中出土的夹苎胎耳杯上的铭文为“乘舆，髹涓画木黄耳一十六籥棓。绥和元年，考工工造。涓工丰、护臣彭、佐臣诩、啬夫臣孝主。守右丞臣忠、守令臣丰省”。绥和元年即公元前8年①。

贵州省清镇15号汉墓中出土的夹苎胎耳杯上的铭文为“元始三年，广汉郡工官造乘舆髹涓画木黄耳棓。容一升十六籥。素工昌、休工立、上工阶、铜耳黄涂工常、画工方、涓工平、清工匡、造工忠造。护工卒史恽、守长音、丞冯、椽林、

① 甘肃省博物馆：《武威磨子嘴三座汉墓发掘简报》，《文物》1972年12期。

守令史谭主”。元始三年即公元3年。①

对于这些漆器文字的考释学术界已经有过比较详细的研究，但对“洀”及“洀工”的含义及有关问题则研究得不多，与漆器的髹饰工艺也难以吻合。不弄清楚它们也就不可能弄清楚秦汉时期我国漆器制造工序的形成。因此，需要作一较为全面的论述。

二、从出土文物看“洀”字的写法

从目前所了解到的资料看，对于“洀”字的写法至少有以下6种，这可能是对于出土文物上的文字辨认与理解的不同而产生的不同结果。例如：

《云梦大坟头一号汉墓》一文的作者将“洀”字写成“汧”。②

《长沙马王堆一号汉墓》一书的作者将“洀”字写成“羽”。③

《武威磨子嘴三座汉墓发掘简报》一文的作者将“洀”字写成“洀”，但在释文时又将其释为“汧”字④。

《贵州清镇平坝汉墓发掘报告》一文的作者将“洀”字写成“羽”。⑤

此外，还有将“洀”字写成“彤”“汨”“雕”的。⑥

王仲殊先生在《汉代考古学概说》一书中将此字写成“洀”。⑦

上述6种写法中到底哪一种是正确的呢？当然应该以出土文物上原有文字的写法为准。图1-4-2所示依次为云梦大坟头1号汉墓出土木牍上的“洀”字、长沙马王堆1号汉墓出土192号竹简上的“洀”字、云梦秦墓出土秦简《效律》45号简上的“洀”字，经过计算机处理后的结果⑧。《武威磨子嘴三座汉墓发掘简报》中没有发表铭文的照片，但其发表的铭文摹本上将该字十分清晰地写成“洀”字。⑨ 从图1-4-2所示的几个不同地区出土的该字原样可以看出，该字左边确实是“氵”，右边是“月”，应该是没有疑问的。弄清楚这两点，对于该字的形成原因及其含义的诠释是最为重要的。

图1-4-2　秦汉出土文字中的“洀”字

① 贵州省博物馆：《贵州清镇平坝汉墓发掘报告》，《考古学报》1959年1期。

② 湖北省博物馆：《云梦大坟头一号汉墓》，文物编辑委员会编：《文物资料丛刊·4》，第17页，文物出版社，1981年。

③ 湖南省博物馆等：《长沙马王堆一号汉墓·上集》，第76~96页，文物出版社，1973年。

④ 甘肃省博物馆：《武威磨子嘴三座汉墓发掘简报》，《文物》1972年12期。

⑤ 贵州省博物馆：《贵州清镇平坝汉墓发掘报告》，《考古学报》1959年1期。

⑥ 湖南省博物馆等：《长沙马王堆一号汉墓·上集》，第76~96页，文物出版社，1973年。

⑦ 王仲殊：《汉代考古学概说》，第48~62页，中华书局，1984年。

⑧ 图1-4-2从左至右依次为：湖北省博物馆：《云梦大坟头一号汉墓》，文物编辑委员会编：《文物资料丛刊·4》，文物出版社；1981年，图版陆《云梦大坟头汉墓出土的木牍》正面第二部分第五行中“洀”字；湖南省博物馆等：《长沙马王堆一号汉墓·下集》，第235页，192号竹简上“洀”字，文物出版社，1973年；云梦秦简《效律》45号竹简上“洀”字，转引自陈振裕等编著：《睡虎地秦简文字编》，第100页，湖北人民出版社，1993年。

⑨ 甘肃省博物馆：《武威磨子嘴三座汉墓发掘简报》，《文物》1972年12期。

三、"汨"及"汨工"的含义

1. "汨"及"汨工"是指漆器的打磨推光或是指红色漆吗?

有关上述铭文的诠释，王仲殊先生在《汉代考古学概说》一书中有过较为详细的论述，他指出①："素工"是制木胎的工人，如系夹苎器，则不用"素工"。"髹工"是漆工。"上工"有时作漆工，可见也是漆工，它与"髹工"的区别可能在于"髹工"是初步涂漆。"上工"是进一步涂漆。"铜耳黄涂工"的任务是在漆杯所镶的铜耳上镀金，如系镶有铜箍的漆盘和漆壶等，则铭文中称"铜扣黄涂工"。"画工"是在器物上画花纹的。……"清工"是将制成的漆器加以修整、洗净，实际上负有检验产品的责任，也可以说是检验工。"造工"则是工场中的工人主任。

这里需要补充的一点是，夹苎胎漆器上也同样用"素工"，如前述王盱墓中出土的一件漆耳杯上的铭文是："建武廿八年蜀郡西工造乘舆侠苎量二升二合羹杯，素工回、髹工吴、汨工文、漆工廷、造工忠……""侠苎"就是夹苎，当然是夹苎胎漆耳杯。贵州清镇出土的夹苎胎耳杯上的铭文中也有"素工"。所以说"素工"就是制造漆器胎体（其中包括夹苎胎）的工匠。那么"汨"及"汨工"是干什么的呢?

王仲殊先生认为②："汨工"的性质曾引起许多争论，但看来以"雕工"的可能性为大，其任务或认为在于雕刻花纹和铭文。但是，有些漆器并无雕刻的花纹，而铭文中仍有"汨工"的名字；湖北省云梦大坟头汉墓中的许多漆器没有雕刻的铭文，但该墓的"赗方"（考古学上对出土记载有随葬器物名单的木牍的称谓）中仍称它们为"漆汨画盂"，等等，可见"汨工"的意义不是雕刻的花纹或铭文，可能是指在漆器上精心刮磨，使其发出光泽。

《长沙马王堆一号汉墓》一书的作者认为：就制造漆器程序而言，是指画花纹后的打磨抛光。③

《云梦大坟头一号汉墓》一文的作者认为④：从这件木牍的八个"汨"字，明显地看出是从水之字。有人把"汨"字释为彩绘图案。该文的作者显然认为将"汨"字释为彩绘花纹图案是不对的，但又未提出自己的看法，同时却将"汨"字写成"泋"，是否意味着是指"红色漆"呢?湖北省云梦县睡虎地秦墓出土的秦简《效律》中有如下记载："殳、戟、弩，髹汨相易也，勿以为赢，不备，以职耳不当之律论之。"

贺润坤先生认为："简文的大意是，殳、戟、弩等军器，涂黑色和涂红色的调换了，不要认为是超过或不足数的问题，应按标错次第的法律论处。"⑤在此，贺先生将"髹"释为黑色漆，将"汨"释为红色漆。对于后者，可能与将"汨"释

① 王仲殊:《汉代考古学概说》，第48～62页，中华书局，1984年。

② 王仲殊:《汉代考古学概说》，第48～62页，中华书局，1984年。

③ 湖南省博物馆等:《长沙马王堆一号汉墓·上集》，第143～148页，文物出版社，1973年。

④ 湖北省博物馆:《云梦大坟头一号汉墓》，文物编辑委员会编:《文物资料丛刊·4》，第17页，文物出版社，1981年。

⑤ 贺润坤:《从云梦秦简"日书"看秦国的农业水利等有关情况》，《江汉考古》1992年4期。

为“泮”的意思相近。

“消”及“消工”的含义是不是指漆器制造工艺中的打磨推光呢？

首先来看马王堆1号汉墓出土彩绘食奁的情况：墓中出土的212号竹简上所记载的“髹消食检一合盛稻谷”就是指的这件食奁。该食奁的奁身内髹红色漆，外髹黑褐色漆，素面无纹饰，其奁盖内髹红色漆，外表用黄、灰、红三色油彩在黑褐色的漆地上绘云气纹，据《长沙马王堆一号汉墓》一书介绍：所谓“油彩”，“系用朱砂或石绿等颜料调油（可能是桐油）绘画于已髹漆器物上”。① 大漆髹饰工艺的实践告诉我们，单独采用油调制颜料的彩绘称为“油绘”，由于油成膜之后的硬度比较低，是无法对其进行打磨推光的，如果强行进行打磨，很快就会使油绘的表面层遭到损坏。此外，油绘的亮度也比较好，根本无需进行打磨推光。至于该墓出土的50件幸食杯，除一件外，杯内均写有“君幸食”3字，都没有彩绘花纹，当然也就不存在“画花纹后的打磨抛光”了。

其次，我们再来看一下云梦大坟头1号汉墓出土漆器的情况：笔者曾经亲自参与该墓的发掘并对出土的部分漆器进行保护处理，该墓出土的彩绘漆器，无论是黑色面漆或朱绘花纹均没有发现进行过打磨推光的痕迹，朱绘的笔迹十分清楚，笔迹形成的漆层厚薄现象和“枯笔”的现象都存在。而这些彩绘漆器在同墓出土的木牍上均被记载为经过“髹消画……”等工序。

以上几个出土文物的实例已经证明“消”及“消工”的含义不是指漆器制造工艺中的打磨推光。

“消”及“消工”的含义是不是指漆器制造工艺中髹红色漆的工序呢？请看上面已经引述的秦简《效律》中的记载，殳、戟、弩等兵器需要髹漆的主要是杆、柄等木质部分，仅从髹漆的角度看，如果将“髹”释为涂黑色漆、“消”释为涂红色漆，那么，无论是“赢”或“不备”都只能是指漆而言，不可能是指被髹漆的兵器杆、柄的数量（如湖北荆门包山楚墓出土的戟柄上髹有红、黑相间的两种色漆）。髹漆工艺实践表明，在相同的质量条件下，无论是髹黑色漆或是红色漆，所花费的大漆数量是差不多的，基本上不存在“赢”或“不备”的问题。所以，“消”既不是指髹红色漆，也不可能是指红色的涂料。《效律》中这段话的真正意思将在下面论述。

2.“消”是指漆器制造工艺中的阴干工序，“消工”是从事该工序的工匠。

（1）“消”与水有关。图1－4－2中所列出的几个出土文物中的“消”字，其偏旁无疑都是“氵”，由此可见“消”与水有关。为什么会与水有关呢？首先需要从中国的特产大漆的性质进行讨论。

大漆是漆树的分泌液，现代分析测试的结果表明大漆中的主要成分是漆酚，大漆中漆酚含量的多少以及漆酚中某些化学基团的结构等都是影响生漆结构的重要因素，同时漆酚又是构成漆膜的主要成分。然而，漆酚必须在漆酶的催化作用下才能较好地成膜，而漆酶的活性（即催化能力）在25 ℃左右、相对湿度75%以上时比较好。此时大漆成膜的速度较快，漆膜的性能（亮度、硬度等）也比较好；

① 湖南省博物馆等：《长沙马王堆一号汉墓·上集》，第143～148页，文物出版社，1973年。

如果环境的温度、湿度过低或过高，大漆成膜的速度就比较慢，甚至使涂刷后的生漆膜难以硬化，表面发黏。如果发生这种现象，制作的漆器可以说基本上是失败了。大漆的这一性质，在大漆经过精制后也依然存在，因此，在这类漆器的制作过程中，如何创造一种适合的温、湿度环境使漆膜较快地形成光滑、质硬的表面是十分重要的环节之一，就是说这是一道重要的工序，对任何一种大漆制品都是如此。例如，战国及汉代漆器基本上都是多色漆器，就是说一件漆器上髹有两种或两种以上的色漆，在髹第二种色漆时，必须等第一种已经髹好的色漆干燥后才能进行。否则，不仅操作困难，而且不同的色漆在交接处还会发生相互混淆的现象。特别是彩绘漆器，面漆（也就是彩绘的底漆）与彩绘、不同色漆的彩绘一般都是分别进行的。因此，不仅在进行彩绘之前，漆器上的面漆必须干燥，而且每彩绘一种色漆花纹后也必须进行干燥，才能进行另一种色漆的花纹彩绘，否则，都会发生漆液之间的相互混淆、漫漶等现象（现代漆工的行话叫做“咬底”），从而极大地影响到产品的质量。为了加快漆器制作的速度，提高功效，在工匠、设备等相同的情况下，促进漆膜的快速干燥就成了其最重要的因素，同时这也是保证漆器质量的重要因素之一。由此可见，创造一个合适的温、湿度环境利于漆膜干燥是漆器制作过程中十分重要的工序之一。

实际上，我国古代很早之前就认识到这道工序的重要性。《史记·滑稽列传》记载：“二世立，又欲漆其城，优旃曰：‘善。主上虽无言，臣固将请之。漆城虽于百姓愁费，然佳哉！漆城荡荡，寇来不能上。即欲就之，易为漆耳，顾难为荫室。’于是二世笑之，以其故止。”其主要意思是说，秦二世时，想用漆将整个城墙漆成光滑的表面。优旃说，这倒是个好主意，光滑的漆表面，敌人也上不来。漆起来也比较容易，但是找不到这么大的荫室呀？没有荫室，上了漆的城墙表面难以干燥，“荫”者，潮湿也，荫室就是具有一定温、湿度的房间。对于气候比较干燥的黄河流域来说，当环境温度较为适合时，重要的是加大湿度，因此称为“荫室”。

可见，无论是从大漆的化学性质还是从古代文献记载来看，在漆器制作中，创造一个合适的温、湿度环境，将刚髹过漆的器物置于其中，不仅利于漆器的快速干燥，又能减少灰尘等污染，保证漆器的质量，所以它是漆器制作中的重要工序之一。直至今日，长江中游一带的民间漆工们在生产大漆制品时，不仅要选择合适的季节，而且有时要在工作场地上泼上一些水以增加工作场地的环境湿度，利于漆膜的干燥。所以“㓗”就是指将刚刚髹了漆的器物放在湿度较大的荫室内进行干燥这一工序，当然与水有关。

（2）“㓗工”是指将刚刚髹了漆的器物放入荫室内负责漆膜干燥的工匠。

在设备、人力等条件基本相同的情况下，增加漆器产量的一个重要方面就是加快生产速度、缩短制作周期。促进漆膜的快速干燥是提高漆器生产工效最重要的因素。此外，由于漆器生产的发展，不仅在气候合适的季节里进行漆器生产，在炎热及寒冷等气候不合适的季节里也需进行生产。这样一来，如何促使漆膜的快速干燥就显得更加重要，专门负责漆膜干燥的工匠所承担的工作自然也得到了重视和加强。随着人们对该项工作认识的不断加深，从而将其作为一道独立的工序确定下来，承担这项工作的工匠就被称为“㓗工”。

为上层统治者使用的“乘舆”漆器等高档漆器，对漆膜的亮度、光洁度、硬度等的要求是比较高的，在荫室内进行漆膜的干燥或在工作场地泼一些水，不仅能加快漆膜的干燥速度、形成性能优良的膜，同时，由于环境湿度的增加，也基本避免或减少了灰尘对漆膜的影响，使得生产出来的漆膜表面光滑，疵点减少。正是在这一情况下，“㳉”这道工序逐步得到重视，从而作为一个独立的工种存在，被称为“㳉工”。

（3）“㳉”及“㳉工”的上述含义还有下述的出土文物予以证实：“㳉”及“㳉工”的上述含义，对于云梦秦简《效律》中“殳、戟、弩，髹㳉相易也，勿以为赢，不备，以职耳不当之律论之”的记载就比较容易解释了。这段记载的大意是：殳、戟、弩等兵器的髹漆部分，在髹漆过程中，如果将“髹工”与“㳉工”之间的工作顺序颠倒（相易）了而使产品出现质量问题，不是工匠们贪污了漆料（赢）或漆料不足的原因（不备）造成的，而应以工序（职）不当的法律论处。如前所述，每髹一道漆时，都必须在前一道漆干燥后进行，也就是先“髹”后再“㳉”，“㳉”后才能再髹，否则就会发生“咬底”现象，使产品出现质量问题，所以，“髹工”与“㳉工”之间的工作顺序是不能颠倒的。

（4）王仲殊先生在《汉代考古学概说》一书中，将元始三年（公元 3 年）至元始四年，广汉郡工官和蜀郡西工所制造的 14 件漆器铭文中有关工人、官员的名字列成两个表格，现摘录如下（见表 1－4－4、表 1－4－5）。①

表 1－4－4　元始三年至四年广汉郡工官工人官员名字表

广汉郡工官	素工	休工	上工	黄涂工	画工	㳉工	清工	造工	护工卒史	长	丞	掾	令史
元始三年漆杯（清镇）	昌	立	阶	常	方	平	匡	忠	恽	音	冯	林	谭
元始三年漆杯（清镇）	昌	隆	孙	惠		平	匡	忠	恽	音	冯	林	谭
元始四年漆盘（清镇）		则	良	伟	谊	平	郎		恽	亲	冯	忠	万
元始四年漆杯（平壤）		玄	护		武			仁	恽	亲	冯	忠	万

表 1－4－5　元始三年至四年蜀郡西工官工人官员名字表

蜀郡西工官	素工	休工	上工	黄涂工	画工	㳉工	清工	造工	护工卒史	长	丞	掾	令史
元始三年漆杯（清镇）	丰	建	常	武	典	万	政		章	良	凤	隆	宽
元始三年漆杯（平壤）	丰	赣	谭	充	谭	戎	政	宜	章	良	凤	隆	宽
元始三年漆杯（平壤）	禁	给	钦	武	丰	宜	政	宜	章	良	凤	隆	宽
元始四年漆盒（平壤）		吕	活	古	钦	戎	平	宗	章	良	凤	隆	褒
元始四年漆盘（平壤）		恭	周	威	辅	丰	平	宗	章	良	凤	隆	褒

① 王仲殊：《汉代考古学概说》，第 48～62 页，中华书局，1984 年。

（续表）

元始四年漆盘（平壤）	石	谭	丰	张	戎	平	宗	章	良	凤	隆	褒
元始四年漆杯（平壤）	顺	匡	毁	岑	戎	平	宗	章	良	凤	隆	褒
元始四年漆杯（平壤）	宗	活	毁	孟	丰	平	宜	章	良	凤	隆	褒
元始四年漆杯（平壤）	立	当	古	定	丰	平	宗	章	良	凤	隆	褒
元始四年漆杯（平壤）	便	匡	毁	丰	忠	平	宜	章	良	凤	隆	褒

从表1－4－4与表1－4－5中可以看到，就制造漆器的工人而言，“清工”“造工”人数最少，因为他们是检验工和工场主任，当然不可能人数多；“素工”是制胎的木工（或制作夹苎胎的工人），一人制胎也可供多人髹漆、彩绘，人数也不能太多。剩下的五个工种中，“髹工”人数最多，“上工”“黄涂工”“画工”人数次之，“涓工”人数最少。因为“髹工”不仅担负髹面漆的任务，而且在髹面漆之前还必须做补胎、磨平胎面及打底漆等工作，所以人数最多。而“涓工”主要是负责将刚刚髹了漆的器物放入荫室中干燥，保证漆膜质量，加快干燥速度，相对来说在这五个工种中工作量是最小的，所以人数也最少。并且从表1－4－5中可见，作为工场主任的“宜”也可以代作“涓工”的工作，可见“涓工”不是一个技术要求很高的工种。这两点也说明了“涓工”是一个将刚髹漆的器物放入荫室进行干燥的工种。

四、“涓”的出现及汉代漆器制造工序的形成

（一）“涓”的出现

从目前笔者所掌握的资料来看，“涓”字最早出现在云梦秦简《效律》中，这可能与秦国地处关中，气候比较干燥（与地处长江中游的楚国比较而言）有关系。如前所述，大漆成膜过程中，需要一定的温度和较大的湿度，而关中地区一年中湿度较大的时间较短，无法满足大漆成膜时对湿度的需求，因此，在制造漆器时常常需要借助于“荫室”，这就是“涓”字从水的原因所在。

髹漆工艺实践表明，一般情况下，每髹一道大漆后，其干燥的时间约需3～5天（与大漆的质量、髹漆的厚薄等有关），如，元代陶宗仪的《辍耕录》（又称《南村辍耕录》，中华书局，1959年）中有关黑色推光漆的记载：“黑光者，用漆斤两若干，煎成膏，再用漆。如上一半，加鸡子清打匀，入在内。日中晒翻三五度，如栗壳色，入前项所煎漆中和匀。试简看紧慢，若紧，再晒；若慢，加生漆。多入触药。触药即铁浆沫，用隔年米醋煎此物，干为末，入漆中，名曰黑光。用刷蘸漆漆器物上，不要见刷痕。停三五日，待漆内外俱干，置荫处晾之，然后用揩光石磨去漆中类。”

这里所指的是髹一道黑色的面漆就需要3～5天漆才能干燥，如果加上髹底漆和彩绘，一件秦汉时期比较高档的漆器至少要髹5～6道漆或者更多，这样用于漆膜干燥的时间就达一个月左右。“涓”字的右边从月，原因可能就在这里。当然，目前这还仅仅是一种推测。

（二）汉代漆器制造工序的形成

我们已经指出，春秋战国时期楚国的漆器制造是十分发达的，至迟在战国中晚期，楚国已有了市府进行管理的漆器作坊，这类官府管理、规模较大的专业漆器作坊的出现，为漆器制造工序的形成创造了条件。如湖北省鄂城楚墓中出土的漆樽上带有铭文“市攻”二字，“市攻”就是“市工”，表明该件漆樽是由当时市府管理的漆器作坊生产的。湖南省桃源县三元村3号楚墓中出土的3件木胎漆耳杯上都带有刻文，其中一件耳杯上的刻文有人释为“□工□”,① 从发掘报告中的铭文摹本来看，第一个字与“髹”字有些相似，这表明战国中晚期时楚国的漆器制造工序已经开始出现。

战国晚期，秦国占领了现今湖北、湖南等楚国的疆土，将在其本土制造漆器时常用的“荫室”技术带到了长江中游地区，给当地原有的漆器制造技术以一定的影响，所以在秦末汉初的云梦等地形成了以髹、洀、画为主要工序的漆器制造工序，如云梦大坟头1号汉墓出土木牍上记载的“髹洀画……”那样。王仲殊先生指出：在平壤、诺音乌拉出土的带铭文漆器，年代最早的为西汉时期汉昭帝始元二年（公元前85年）的产品，在该类漆器的铭文中“工人只有‘髹工’、‘画工’、和‘洀工’，只是在成帝以后的漆器铭文中才增加了‘上工’、‘黄涂工’与‘清工’。这可能是说明起初分工较简单，到后来才越分越细。”② “髹工”，就是漆工。由此可见，直到西汉中晚期之前，漆器制造中只有“髹工”、“画工”、“洀工”是明确固定的工种，也就是说只有“髹”“画”“洀”是漆器制造工序中明确固定的工序。其他各类工序虽然存在但并没有如上述三道工序那样在早期就受到人们的重视。对于彩绘漆器来说，尽管一件彩绘漆器质量的高低是多道工序配合的结果，但在各道工序中，“髹”“洀”“画”是更加直接影响到所髹漆膜质量高低的三道工序，它们中的哪一道工序出一点毛病都会较严重地影响到漆器的质量。所以，“洀工”在漆器铭文中也出现得比较早。到了西汉中晚期，随着“银扣黄耳，金罍玉钟”等高档华贵的漆器大量生产，“黄涂工”等才作为一个工种，在漆器制造工序中确定下来。

（三）余论

既然“洀工”是负责漆膜干燥的工匠，那么，出土的西汉时期的漆器上有的记有“洀”字，有的却没有记“洀”字，其原因何在？原因主要有两点，现以长沙马王堆1号汉墓出土的漆器为例说明之。

1. 长沙马王堆1号汉墓出土漆器184件，除去192～193号两枚竹简上所记的100件（实际上出土的实物只有50件）幸食杯为素面无纹饰外，其余134件均为有花纹装饰的彩绘漆器。但是只有50件幸食杯与一件彩绘食奁在竹简上记有“洀”字，从漆器制造工序来看，无论有或没有彩绘的漆器都有一个漆膜干燥的问题，而且要制造质量好的漆器必须重视“洀”这道工序才行。但是，这里有一个气候条件不同的问题存在：地处长江中游地区的湖北、湖南与秦国的关中地区相比，气候要温暖湿润得多，“江南卑湿，丈夫早夭”。（《史记·货殖列传》）这种

① 石泉主编：《楚国历史文化辞典》，第472页，武汉大学出版社，1996年。

② 王仲殊：《汉代考古学概说》，第48～62页，中华书局，1984年。

“卑湿”的气候对于漆器制造却是比较适宜的，所以直到今天，湖北、湖南等地的民间工匠们在制造大漆制品时一般都不需要专门的荫室，特别是在春夏之交的梅雨季节里生产漆器，漆膜的干燥速度是比较快的。这样，有一部分漆器根本就没有专门经过“䋛”这道工序，所以在铭文中也就没有记载“䋛”字了。

2. 在西汉前期，漆工艺的分工还比较简单，对“䋛”这道工序的认识还处在开始重视但还没有提到与“髹工”“画工”同样重要的程度，虽然在漆器生产中“䋛”是与“髹”“画”一样不可缺少的。这一点也在前面列出的表1－4－4、表1－4－5中得到了证实：直到西汉晚期及以后，“䋛工”还是一个工作量相对较小、技术要求相对来说较低的一个工种，以至于担任其他工作的人可以兼任这一工作。正因如此，早在西汉前期，“䋛工”这道工序虽然是不可缺少的但并不被所有的工匠或作坊所重视，在漆器上书写铭文时往往可有可无，这就出现了同一座墓里出土的漆器有的在铭文中写上了“䋛”“䋛工”，有的却未写的情况。

西汉晚期之后，由国家设立的“工官”管辖的漆器作坊为上层统治者生产漆器，如“乘舆”漆器等，质量要求高。为了保证质量的统一与稳定，制造工序已经规范化，无论气候是否适宜，漆膜的干燥都得由“䋛工”在荫室内进行。所以，这类漆器上只要带有铭文，必有“䋛工”出现。

第四节　汉代的扬州漆器

扬州，在汉代称为广陵。自20世纪50年代初以来，在扬州一带的汉墓中有大批的漆器出土。《扬州邗江县胡场汉墓》发掘者认为：“历年来扬州地区汉墓中屡有漆器出土，在时代上也有早晚之分，但从器形、纹饰与图案的组合来看，风格都是一脉相承的，和湖北、湖南汉墓出土的漆器相比，装饰图案在线条运用上则较为细腻，具有地方特色。……这批漆器的出土，连同以往的多起发现，数量既多，又自成一种风格，似为当地产品。”① 在西汉晚期前后，扬州应该是一处漆器制造中心，出土文物和考古发掘资料都证明了这一点：据《扬州邗江县郭庄汉墓》一文介绍，在扬州发现的古河道中出土的一种小型短途运输的货船仓内发现有漆器、瓷器残片，表明当时扬州生产的漆器曾作为商品运往附近的一些地区进行交易。

这里所论述的汉代扬州漆器主要是指西汉中晚期及东汉前期的漆制品。

一、考古发现的汉代扬州漆器

（一）扬州“妾莫书”墓出土的漆器

1977年10月，在邗江县甘泉公社老山大队发现一座大型木椁墓。墓内出土“妾莫书”银印，因而被称为“妾莫书”木椁墓。年代为西汉晚期，可能是汉元帝至汉平帝这一时期的墓葬。墓内出土漆器百余件，多为生活用品；漆器表面的髹饰工艺主要有：用金银嵌饰、用金银箔制成花纹加贴、针刻及采用朱、黑、绿、

① 扬州市博物馆等：《扬州邗江县胡场汉墓》，《文物》1980年3期。

黄等色漆彩绘。其纹饰主要是云气纹、云龙纹，辅以动物、植物纹饰。主要品种有：①

1. 漆耳杯60多件。夹苎胎或木胎，有8种尺寸，长10.8～21 cm。多数彩绘，一般外黑内红。有的内外都绘有花纹。还有的镶鎏金铜扣、银扣，杯身贴金箔。在各种鸟兽轮廓的金箔上用墨笔勾画出细部纹饰。

2. 彩绘漆罐三件。夹苎胎，全身贴有鸟兽和云气纹金箔，腹下贴三角形金箔一圈，在口沿、腰和底部嵌银箍。罐盖中心嵌银片柿蒂形座，上套铜环。罐盖表面上贴四兽金箔，边沿嵌银扣。罐高6cm，口径4.5cm。

3. 漆圆盒两件。夹苎胎。盒盖中心为银片柿蒂形座，有环，盖边沿和中间嵌银箍一道，空间贴金银箔鸟兽纹。从残件看，盒全身朱绘云气纹，口、腰、底部各有银箍。盒径8.5cm。

4. 彩绘漆案三件。木胎，长方形。其中一件边沿嵌铜钉，马蹄形案足，并镶有鎏金铜扣。

5. 桃形小漆盒一件。木胎，口沿镶有银扣，内髹朱漆，墨绘云气纹。盒长7.5 cm、宽4.5 cm。

此外还有：出土的素面黑漆碗已残碎，碗底针刻有“工定”二字款；彩绘漆箱4件；彩绘木笥9件及漆盘、漆壶、漆方盒等20多件等。

（二）扬州姚庄101号汉墓出土的漆器

该墓位于扬州西北12 km的邗江县甘泉乡，1985年2月发掘，墓葬的年代为西汉晚期，是一座夫妇合葬墓。墓内出土器物250件，其中漆器就有131件，占50%以上。现将其出土的主要漆器及有关情况摘录如下。②

1. 男棺内出土器物20件，其中漆器5件，主要有：

（1）漆面罩一件，木胎，主体呈正方形，盝顶盖，盝顶中心饰鎏金铜柿蒂，四角饰鎏金铜乳钉各一颗，四角边缘也饰鎏金铜乳钉。盝顶下三面带立板，左右立板下方开马蹄形孔，孔上外壁各饰铜铺首一枚。后立板中间开一方形气孔，气孔置有网状铜格板，四角以铜乳钉加固。面罩内上顶及左右壁各嵌铜镜一面。面罩外髹褐漆，内髹朱漆，均彩绘。

（2）银扣嵌玛瑙七子漆奁一件，木胎，直径22.5 cm、高14.5 cm。奁外表纹饰由银扣和金银贴箔组成，在金银箔上或空隙处绘朱色纹，层次、内容、形象丰富，装饰华丽。盖顶部正中为六瓣银柿蒂，柿蒂中心嵌一颗直径约1.8 cm的红玛瑙，在周围每瓣中各嵌一颗鸡心形红玛瑙，玛瑙之间饰鸡心形朱绘镞状纹。四周为金银贴箔饰带。奁盖外壁以三道银扣形成两个纹饰带，纹饰带主要以金银贴箔组成山水云气纹，在山水之间装饰羽人祝祷、车马出巡、狩猎、斗牛、六博、听琴等。奁身彩绘，奁内朱漆彩绘。奁内有七子盒，均为薄木胎，器表也嵌玛瑙、镶银扣。分述如下：

长方形漆子盒两件，一件为盝顶式盖，盝顶中心为变体银双叶柿蒂纹。周围

---

① 扬州市博物馆：《扬州西汉“妾莫书”木椁墓》，《文物》1980年12期。

② 扬州市博物馆：《江苏邗江姚庄101号西汉墓》，《文物》1988年2期。

以朱漆勾边线，柿蒂中心和柿叶上嵌三颗黄色鸡心形玛瑙，柿蒂四周贴金箔，金箔上用黑漆绘云气纹。顶边银扣。上盖和器身外部口、腹、底部位三道银扣。银扣之间为两条纹饰带，纹饰带上、下各以朱漆边线为界，内以金、银箔剪贴成山水禽兽图案，有羽人、锦鸡、孔雀、羚羊、熊、马、虎等内容。盒内满髹褐漆，内口边缘饰连续几何纹带。盒内残剩鎏金的铜化妆用具。长 15.2 cm、宽 3.6 cm、高 6.7 cm。另一件的装饰手法与此件大致相同，长 8.4 cm、宽 4 cm、高 6.7 cm，盒内残存一些酱褐色稀糊状粉末。

圆形漆子盒两件，盒盖圆形，顶心饰银四叶柿蒂，柿蒂四周以朱线勾边线，柿蒂中心和柿叶上嵌五颗黄色鸡心形玛瑙，柿蒂四周贴金箔，上用黑漆绘云气纹，顶部有两道银扣。盒身呈圆柱体，在盒盖和器身的口、腹、底的部位各有三道银扣，银扣之间形成两条纹饰带，纹饰带的上、下边线以朱漆绘成，线内以金银箔剪贴成山水、禽兽图案，有大雁、锦鸡、羚羊及羽人等内容，在露白处髹黑色漆地，以朱色绘云气纹。盒内满髹褐漆，口内边缘饰几何纹带。直径 8 cm、高 7.1 cm。另一件形制及装饰手法与此件相同，直径 5 cm、高 6.5 cm。盒内残存白色稀糊状粉末。

马蹄形漆盒一件，马蹄形盝顶式盖，顶心饰银变体三叶柿蒂纹，柿蒂纹周边以朱漆勾边线，柿蒂中心和柿叶上分嵌四颗黄色鸡心形玛瑙，柿蒂四周贴金箔，上用黑漆绘云气纹，盖顶两道银扣。盒盖和器身外部各有三道银扣，银扣间的两条纹饰带上下用朱漆勾边，内用金银箔剪贴山水、人物、禽兽图案，有羽人牧马、人物骑射、弹瑟及鹿、雁、羚羊等内容。长 9.4 cm、宽 6.7 cm、高 7.1 cm。

方形漆子盒一件，盒盖为四方盝顶式，顶心饰银四叶柿蒂纹，柿蒂中心嵌一颗黄色鸡心形玛瑙，柿蒂周边以朱漆勾边，四周贴金箔，上绘黑色云气纹，盖顶两道银扣。盒盖和器身外壁镶三道银扣，银扣间的两条纹饰带上下用朱漆勾边，内用金银箔剪贴成山水、动物图案，有羚羊、雁、锦鸡、狼、虎、孔雀等内容。盒内残存绛色粉末。边长 4.2 cm、高 6.6 cm。

椭圆形漆子盒一件，盖顶为椭圆盝顶式，顶心饰一银变体四叶柿蒂纹，上嵌三颗黄色鸡心状玛瑙，柿蒂周边以朱漆勾边线，外贴金箔，上绘云气纹，盖顶两道银扣。盒盖、器身外壁各有三道银扣，银扣间的两条纹饰带上下用朱漆勾边，线内用金银箔剪贴成山水、人物、禽兽图案，主要有人物骑射、孔雀、锦鸡等内容。盒内残剩黑色粉末。长 7.2 cm、宽 4.2 cm、高 6.7 cm。

此外，男棺内还出土有髹漆木剑鞘、髹漆铁削鞘等漆器。发掘报告中均未将其计算在 131 件漆器之列。

2. 女棺内出土器物 43 件，其中漆器 6 件，主要有：

（1）漆奁两件。其中小漆奁一件，木胎，奁顶盖中心为一银质四叶柿蒂座，其外三道银扣饰组成两道纹饰带，纹饰上勾出简练的大幅云气纹，间饰各种形态的小鸟。漆奁盖、身外壁均以三道银扣组成两道纹饰带，山石、树木、云气掩映，无数神态各异人、神、动物杂置其间。

（2）银扣嵌玛瑙七子奁一件，木胎，奁顶盖中心为一银质四叶柿蒂座，柿蒂中心嵌一颗直径 1.2 cm 的黄色玛瑙，四叶上各嵌一颗鸡心形红玛瑙，外为三道银扣，中间夹两道纹饰带，绘如意云气纹，间饰虎、羊、驼、鸟、羽人等图案。奁壁上的银箔纹饰带均已氧化，无法辨其貌。奁内出一套子盒，子盒也有银扣，顶上亦嵌红玛瑙，器壁也有银箔纹饰。盒内有梳篦及化妆用品。奁的直径为 21 cm、高 13 cm。

（3）此外还有粉彩面罩一件，形制略同于男棺漆面罩，上有柿蒂形鎏金铜饰，雕镂彩绘；漆盒两件，木胎，外髹褐漆，朱绘，内髹朱漆。其中一件在朱绘的云气纹中饰金箔剪贴的虎、羚羊、獐等动物图案；漆壶一件，夹苎胎，表面饰针刻纹饰；髹漆剑鞘等。

3. 头箱出土器物 94 件，其中漆器 57 件，主要有：

（1）漆砂砚和木砚各一件。漆砂砚平面呈凤尾形，前端为盝顶式砚盒，中空，容积为 200 mL。后端为梯形砚池，容积为 195 mL。池面木质坚硬，髹深褐色漆，触摸似有极细砂粒的感觉。池、盒之间有三角形流孔，出土时孔内用木雕羊首形栓堵塞，砚面残留有墨迹。漆砂砚表面满髹黑漆，除砚面外，均有褐彩绘云气纹。砚外侧用银箔贴饰精美图案。砚盒盝顶上饰四出柿蒂银扣。砚底朱漆黑绘十多只动物，其中砚底蛟龙的形象装饰摆脱了图案化，龙脊凸起，用小点装饰龙鳞，细线刻画龙腹，立体感很强（见彩图 1－4－2）。

（2）铜扣漆耳杯一件，夹苎胎，内外褐漆朱绘，双耳铜扣鎏金，长 18 cm、宽 14 cm、高 5.8 cm。木胎褐漆素面耳杯 28 个，分大小两种。

（3）漆碗一件，夹苎胎，通体褐漆，外壁口沿下有一针刻饰带，外底有针刻“工完”两字款。

（4）漆黛板一件，木胎，黛板外髹褐漆，中间朱绘，盒身内满髹朱漆，置一长方形黛石和一圆形研磨石。

（5）此外还有漆盒一件，漆勺一件，漆樽一件，漆案两件，漆盘九件以及漆几、漆六博局、漆板、漆盾、漆弩（带铜弩机）、漆弓、漆箭等。

4. 侧箱出土器物 19 件，其中漆器 12 件，主要有：

（1）漆笥 11 件。分大、中、小三类，均为木胎。大漆笥一件，盝式顶，顶四角饰鎏金铜乳钉。内髹朱漆，外髹褐漆朱绘，漆笥两侧各饰一铜铺首，笥底四角亦饰鎏金铜乳钉。长 88 cm、宽 55 cm、高 42 cm。中漆笥一件，内装小漆笥六件，另外还有小漆笥三件，它们的形制与大漆笥基本相同。

（2）漆盘一件，木胎，直径 34 cm，是该墓中出土的最大一件漆盘。盘内外均为黑地朱绘。

5. 足箱出土器物 76 件，其中漆器 50 件，主要有：

（1）针刻漆盘六件，夹苎胎，直径 24 cm，大小形制相同。内外髹褐色漆，针刻线纹，并绘黄色圆点。内底为针刻双线纹，中间部分针刻三神兽，并用黄漆在嘴、眼、足、尾等部位点绘，增加神兽的动感。

（2）铜扣漆盘一件，木胎，褐地朱绘，口沿有鎏金铜扣。

（3）漆碗两件，夹苎胎，敞口尖唇，圆鼓腹，饼足。针刻纹饰。直径 11.6 ~ 14.2 cm、高 5.5 ~ 6 cm。

（4）漆量一件，整木刳成，平面略成椭圆形，前小后大。身后部置一圆把。

通体髹褐漆。通长 42.9 cm、前宽 11 cm、后宽 13 cm、高 10.6 cm、把长 11.5 cm。用水实测容量为 2500 mL。

(5) 此外还有漆樽一件，木胎，盖顶有柿蒂形铜饰，底有三蹄状铜足；漆几一件，通体髹褐漆。

（三）扬州胡场汉墓出土的漆器

1979 年发掘的扬州邗江县胡场四座汉墓，时代为西汉晚期。其中 1 号墓出土漆器 69 件，除一件七子奁为夹苎胎之外，其余全为木胎；2 号墓早年被盗，出土漆器十多件；3 号墓也出土有一件七子奁。这批漆器中主要有：①

1. 1 号墓出土的夹苎胎七子奁一件，通高 14 cm、口径 21 cm，圆筒形，黑漆朱绘。器盖顶贴柿蒂纹银箔及 4 只银箔白虎。

2. 1 号墓出土的木胎三足奁两件，通高 21 cm、口径 23 cm，盖顶贴柿蒂纹铜饰，其中一件漆奁内出漆勺一件，勺内针刻孔雀一只，刻纹内填红漆。

3. 2 号墓出土的夹苎胎耳杯五件，其中两件耳翼下分别针刻“工冬”“工克”二字，杯身还有针刻的纹饰。另一件耳杯底部用红漆写有“大张”二字。

4. 1 号墓出土的 14 件木胎漆笥，长方盒形，分大、中、小三种，器盖外壁一端书写着藏物名称计 13 种，如“肉一笥”“脯一笥”“梅一笥”“钱金一笥”等，出土时笥内分别放有梅、枣、陶五铢等物，与笥上书写的名称相对应。

（四）扬州郭庄汉墓出土的漆器

扬州邗江县郭庄汉墓的时代为西汉晚期或新莽时期，出土了一批漆器。主要有：②

1. 夹苎胎漆奁一件，通高 13 cm、直径 14.5 cm，棕地朱绘，器盖顶镶贴柿蒂形银箔及虎形银箔，奁内有圆、长方、马蹄形三个夹苎胎小盒，小盒盖顶上均镶贴有柿蒂形银箔。

2. 出土的木胎漆案上放置着耳杯多个，案下放一排陶罐，其中一个陶罐经过鉴定是采用生漆粘补过的。

（五）扬州凤凰河 5 号汉墓出土的漆器

扬州凤凰河 5 号汉墓是一座夫妇合葬墓。墓室长 3.9 m、宽 2.4 m；椁室长 2.75 m、宽 1.44 m、高 0.76 m，属于中小型墓葬。该墓内除去出土五铢钱等货币 44 件之外，还有漆器、铜器、陶器、玉石器等共 39 件，其中漆器就有 16 件，尚不包括两件铁剑与两件铁刀的漆鞘在内。这批漆器中多数为彩绘漆器，胎体有木胎与夹苎胎两种。③ 从漆器的形制来看应属于西汉中晚期的遗物。

另外，在 1955 年至 1956 年凤凰河拓宽工程所“清理的 60 多座墓葬中，大多数为汉代木椁墓，随葬器物以漆器为最精，不论在制作形式上、花纹图案上都可和长沙楚墓漆器相媲美。漆器的数量多则十余件，少则四五件。器形有盘、耳杯、奁……棋盘、麻布袋，甚至连陶钵上也髹漆，为前所少见”。④ 凤凰河 25 号西汉墓

---

① 扬州市博物馆等：《扬州邗江县胡场汉墓》，《文物》1980 年 3 期。

② 印志华：《扬州邗江县郭庄汉墓》，《文物》1980 年 3 期。

③ 苏北治淮文物工作组：《扬州凤凰河汉代木椁墓出土的漆器》，《文物》1957 年 7 期。

④ 屠思华：《清理漆器的体会》，《文物》1957 年 7 期。

位于扬州东北 6 km 处，出土的数件漆器已坏，三件漆方盒中一件上书“钱金”两字款、一件盖上镶嵌直径 3 cm 的圆形石一块，石上刻有“富贵”两字款。①

由此可见，扬州地区的汉代小墓中都有较多的漆器出土，表明当时扬州漆器的数量之多及使用的范围之大。

除上述几处之外，扬州邗江县甘泉 2 号汉墓，时代为东汉，其墓主人为死于东汉永平十年（公元67 年）的广陵王刘荆，出土的漆器中有一件木胎漆奁，盖上镶柿蒂纹铜叶，中间镶一颗水晶珠，壁上有三道鎏金铜箍。奁内的九件各式小盒，盒盖上也镶有柿蒂形铜叶，中间镶水晶珠或琥珀珠。

1962 年发掘的扬州七里甸汉墓，距扬州市区仅 5 km，时代为东汉初年，出土五铢钱 15 枚及器物 29 件，其中漆器就占 22 件。出土的部分木胎耳杯的口沿处“绕一段麻布，然后髹漆”，耳杯外绘有印章，上书“朱”字；出土的木胎漆勺，雕刻成型，“其中一件口部绕一段绢，然后再髹漆”。该墓的男棺内还出土了一件漆面罩。②

据《中国文物报》1996 年 5 月 26 日张元华等《精巧实用的汉漆砚》一文中报道，1995 年 5 月江苏省邗江县杨庙乡发现的汉墓中出土了一件木胎漆砚，“漆砚平面呈长方形，长 18 cm、宽 9. 9 cm、高 6 cm。前端为正方形盝顶式砚盒，中空，容积约 255mL，后端为正方形砚池，容积为 190 mL。池面木质坚硬，髹黑色漆。池、盒之间有锥形圆孔相通，孔内塞木栓，塞紧池、盒之间的流孔，即可在池内研墨。盒内可以储水，在书写时，木栓将流孔堵塞，砚池的墨液不致流入盒中；书写毕可拔去木栓，多余的墨液即可倾入木盒内存储待用。出土时砚池表面尚残留墨痕”。该墓的年代为西汉时期。与姚庄汉墓出土的漆砚一样，其设计是相当精巧的。

二、汉代杨州漆器的制造工艺及特点

（一）品种

1. 与汉代以前的漆器及汉代其他地区的漆器相比，从品种上来看扬州漆器的特点是高档的精品漆器多，如日常用的漆奁，是战国秦汉时期常见的漆器品种，然而，汉代扬州的漆奁上则往往镶嵌着用金银箔制成的动植物图案或玛瑙等玉石，使得一件普通的漆奁变得十分华丽、高贵。在漆器上大量使用金、银、玉等珍贵材料是汉代扬州漆器的主要特点之一。

2. 从品种上看，扬州漆器的另一主要特点是漆器新品种的出现，这就是漆面罩和漆砚。其中漆面罩可以说是汉代扬州漆器所独有的品种，在我国几千年的漆器生产史上几乎可以说是在其他地方从未发现过。

3. 扬州姚庄 101 号汉墓和杨庙汉墓中出土的漆砚，是目前我国考古发现的两件最早的漆砚实物，它的出土不仅将我国漆砚制作的年代提早到了西汉中晚期或更早一些，而且证明了我国漆器制作工艺中最重要的工艺方法之一的“推光”工艺技术至迟在西汉晚期之前就已经出现。因为漆砚的砚池表面是一定需要进行打

---

① 屠思华：《江都凤凰河西汉木椁墓的清理》，《考古通讯》1956 年 1 期。
② 南京博物院等：《江苏扬州七里甸汉代木椁墓》，《考古》1962 年 8 期。

磨平整的。漆器表面经过打磨平整之后再加以细细地磨光，这就是漆工艺中的“推光”技术。

（二）制造工艺

1. 汉代扬州漆器的胎体主要有木胎与夹苎胎两种，其他质地的胎体一般比较少。

2. 汉代扬州漆器的髹饰工艺主要有彩绘、镶嵌、粘贴、扣器、针刻等，几乎包括了我国汉代及汉以前漆器制作的所有工艺技术。另外，漆砚制作中采用的打磨推光和堆漆技术，开我国漆器制作史上的先河。汉代扬州漆器的镶嵌与粘贴工艺达到了比较高的水平：从镶嵌与粘贴的材料看，有金、银、铜、玛瑙、玉石等多种；从髹饰工艺看，不仅有将金、银、铜的薄片制成各种动植物的图案后进行镶嵌与粘贴的，还有在金、银薄片上再用漆等绘出纹饰，与盛行于我国唐代的金银平脱漆器工艺相类似。在漆器表面镶嵌柿蒂形金属片和动植物纹样金属片也是汉代扬州漆器的主要特点之一。

3. 出土的这两种漆砚池面的制作采用了初步的打磨推光工艺（只是尚未细细地进行推光），使池面不仅十分平整，而且触摸时有细砂粒的感觉，便于发墨，这是我国目前发现的最早的两件经过打磨推光的漆器实物；砚底蛟龙的龙脊采用了堆漆装饰，使龙脊凸起，具有立体感，是我国目前发现的早期堆漆实物之一。这两件漆砚在设计上的独具匠心，表明我国漆砚的制作技术可能要早于西汉中晚期。

其他如汉代高档漆器中经常采用的鎏金铜扣、银扣等工艺，汉代扬州漆器上不仅都有较多的使用，而且常常将它们与彩绘、粘贴、镶嵌等工艺相结合，创造出精美绝伦的漆制品。

4. 采用麻布或丝绢粘贴在器物的口部然后再髹漆的工艺，可以说是“布漆”工艺的萌芽。

5. 汉代扬州漆器是当地工匠生产的产品，这一点在出土文物上也有反映。邗江胡场 2 号墓出土的耳杯上刻有“工冬”“工克”的铭文；七里甸汉墓出土耳杯上绘有“朱”字印章；海州霍贺墓出土的漆奁底部用墨线绘长方形印章，上书“桥氏”两字。这些都是漆器生产者的印记，这类印章形的印记也是汉代扬州漆器的一个特点，在同时代其他地区出土的漆器上较少发现。

三、影响和波及的地区

汉代扬州漆器不仅在当地一带大量出土，而且在今天的安徽、江苏、河南等一些地区也都有发现，前面已经提到的扬州附近古河道中出土的短途运输船船舱内发现的漆器残片，即证明汉代的扬州漆器曾较多地销往外地。

1975 年在安徽天长安乐北岗汉墓群发掘的九座汉代木椁墓中就出土有漆器 123 件，其中双层银扣彩绘漆奁的奁盖“顶部和底上均嵌三道银丝，盖顶嵌银柿蒂，在四叶上及中心共镶五颗珠饰”。①

1973 年 3 月发掘的江苏海州霍贺墓、同年 12 月发掘的侍其繇墓及 1962 年发掘的纲疃庄汉墓，均是同一地点的西汉晚期墓。霍贺墓中出土的一件妆奁，大小

① 杨鸠霞：《谈安徽出土的汉代漆器》，《文物研究》1993 年 8 期。

共八件，除一长方形奁为木胎，其余为夹苎胎，均是彩绘漆器，盖中部都镶有柿蒂纹银片，“圆形大奁盒是其中最精美的一件，除黑地朱绘流云纹外，器身和器盖的周围也贴饰银质兽纹，形象生动、逼真……”① 侍其繇墓出土的“小漆盒除针刻云气等纹饰外，顶部都有银平脱四叶或三叶纹”。②

1974 年发掘的江苏盱眙东阳汉墓，时代为西汉晚期前后，地理位置上与安徽天长毗邻，1 号墓出土的一件梳妆奁“保存较完整，七子圆奁”“盖顶中心贴柿蒂形铜片，器表有银平脱走兽”。“奁盒内盛铜镜和七个形状不同的小漆盒。”③

1972 年发掘的银川平吉堡汉墓，时代为西汉晚期，墓中出土有四叶蒂形铜花钉装饰的内涂黑色漆的木棺，其他出土的漆器已经腐烂，有盘、奁等，有的漆器上还带有铜铺首。发掘者指出：银川在“西汉时属北地郡廉县。棺内发现的竹席和丝绸，并非当地所产，足以说明当时河套一带与中原地区在商业贸易上联系已很紧密”。④ 这种四叶蒂形铜花钉装饰与扬州汉墓出土漆器上的四叶柿蒂形铜饰基本上是相同的，因此，银川出土的漆器极有可能是从扬州一带运输过去的或者是在扬州漆工艺的影响下制造的。

20 世纪 50 年代在云南晋宁石寨山发掘的 23 号西汉墓出土了一批漆器，从该墓漆奁中所盛铜镜的形制看，其时代应该在西汉晚期左右，其中一些漆器的器盖上镶嵌有四叶柿萼花，与西汉晚期扬州漆器在制造技术及装饰风格上十分相近。例如，银花银箍漆奁两件，圆径 24. 8 cm、通高 6. 2 cm。全身有银箍 5 道，奁盖上 2 道，奁身 3 道，奁盖中央嵌柿萼花一枚，花外嵌圆圈二，外圈嵌在盖的边沿。凡银箍银花，皆极薄如纸，与残存的漆皮面齐平，漆奁内髹红漆、外髹黑漆。奁内有一西汉时期的铜镜，镜下面有 6 个长、方、圆等形状的小漆盒，小漆盒的盒盖上也镶嵌有银质的四叶柿萼花等及银箍。此外，还有鎏金铜耳漆耳杯、鎏金铜边漆盘等。李家瑞先生指出：这些“漆器从中原传来是没有问题的”。⑤ 这些带有四叶柿萼花装饰的漆器极有可能是从扬州传去的。

20 世纪 50 年代发掘的广州西汉晚期墓中出土的漆器几乎都腐烂殆尽了，但是漆器上的嵌件仍然存在，如，M3028 出土有鎏金铜质四叶形饰九件，均为扁平四叶形，中有圆孔；M3016 出土有锡质四叶形饰 12 件，其中三件较大的饰件表面有鎏金。从这些饰件的形状看，它们与扬州西汉晚期墓中出土漆器上的饰件几乎相同。黎金先生指出：以上这些地区（指广州地区）汉墓中出土漆奁的制作工艺与扬州姚庄 101 号汉墓中出土的七子奁的制造工艺如出一辙⑥。从漆器上的四叶形金属装饰来看，广州汉墓中出土的这些漆器有可能是扬州的产品或是按照当时扬州的漆工艺制造的。

据《中国文物报》1997 年 9 月 14 日一版报道：1996 年 11 月至 1997 年 5 月，

---

① 南京博物院等：《海州西汉霍贺墓清理简报》，《考古》1973 年 3 期。
② 南波：《江苏连云港市海州西汉侍其繇墓》，《考古》1975 年 3 期。
③ 南京博物院：《江苏盱眙东阳汉墓》，《考古》1979 年 5 期。
④ 宁夏回族自治区博物馆：《银川附近的汉墓和唐墓》，《文物》1978 年 8 期。
⑤ 李家瑞：《云南晋宁石寨山古墓出土漆器复原》，《文物》1964 年 12 期
⑥ 广州市文物管理委员会等：《广州汉墓》，第 293 页，文物出版社，1981 年。

河南开封考古工作者在杞县发掘了许村岗1号汉墓，该墓的年代为西汉晚期，墓中出土的漆器皆为残片，系夹苎胎，并伴出有柿蒂形铜饰及用于漆器贴纹的金银箔残片，器形有漆耳杯、漆盘等。杞县地处河南东部，出土的柿蒂形铜饰与扬州漆器上的同类饰物完全一样，这批西汉晚期的漆制品极有可能也是来自扬州一带。

王世襄先生指出："位于扬州西北的安徽天长、江苏盱眙古墓，今虽分在苏皖两省，但都靠近东阳故城，在西汉晚期应属同一墓区。""时代相同、制作也近似的嵌银箔漆器还在江苏海州的霍贺墓及网疃庄墓发现。海州北去扬州稍远，但风格的一致，使人相信仍出自同一地区工匠之手。它的中心产地可能就是西汉的广陵国，即今天的扬州地区。"[①]《江苏盱眙东阳汉墓》一文指出：东阳汉墓出土的"这批漆器虽然都没有烙印戳记，它的产地可能就在广陵地区"。[②]

四、与同时期其他地区出土漆器的比较

西汉中晚期墓葬中出土的漆器，在其他一些地区也有发现，这些漆器虽然也有许多是精美之物，然而无论是从所用原料、制造工艺还是从出土高档漆器的数量来看都不能同扬州漆器相比。现举几例：

1. 1978年在山东莱西县发掘的西汉中晚期墓中出土的一批漆器，该墓可能为夫妇异穴同葬墓。其中1号墓出土漆器76件，分为木胎和夹苎胎两种。樽、盘、耳杯之类皆为木胎，妆奁盒和各种小漆盒俱为夹苎胎。夹苎胎漆器一般保存较好，木胎漆器多朽残。漆盘12件，规格相同，口径22.5 cm、高7.5 cm，平沿外折，浅腹平底。内施朱红漆，外施黑褐色漆。在内壁红底上用金黄色和黑色彩绘，口沿饰一圈红漆线。有的用红漆在外壁写上三个"B"形字。漆碟16件，规格一致，口径13 cm、高1.6 cm。平沿外侈，浅盘，平底，大都内髹朱红漆，外髹黑褐色漆，口沿饰朱、黄二色线纹，内底饰云气纹，外底有一圈红线。耳杯28件，椭圆形，新月形耳上翘，平底，内髹朱漆，外髹黑褐色漆，纹饰均在口沿内外和耳外，多为卷涡和点纹，个别在内底饰云气纹、鸟纹。奁盒一件，圆形，有盖，盖顶嵌银质花瓣，盖与奁身的腹部各嵌银虎三只，内髹朱漆，外髹棕色漆，外壁满绘云气、草叶等纹饰，通高12 cm、直径17 cm。梳、篦盒，胭脂盒，粉盒各一件，盖、底上下套合，内髹朱漆，外髹棕色漆，内外绘云气纹、草叶纹，盖顶嵌银饰，色泽鲜艳如新。樽盖一件，木胎，直径23 cm。内髹红漆，外髹棕色漆，绘云气纹、草叶纹、卷涡纹，盖顶镶嵌铜质铺首套环。勺一件，勺头椭圆扁平。正、背髹红漆，正面用金粉勾描鸟纹，把涂黑漆，绘三道红色线纹，长26 cm。[③]

2.《中国文物报》1996年9月15日报道，安徽巢湖放王岗西汉中晚期墓中出土漆器300余件，其中木胎漆耳杯就有100余件，这些漆器大多是彩绘器物，尚未见到采用鎏金、镶嵌等工艺制造的高档漆器。

综上所述，可以看到汉代扬州漆器与战国或西汉初年楚地出土的漆器相比较，数量虽然没有那么多，应用的社会生活领域虽然没有那么广，但是出土的汉代扬

① 王世襄：《中国古代漆工艺》，《中国美术全集·工艺美术编8·漆器》，第19~22页，文物出版社，1989年。

② 南京博物院：《江苏盱眙东阳汉墓》，《考古》1979年5期。

③ 烟台地区文物管理组等：《山东莱西县岱墅西汉木椁墓》，《文物》1980年12期。

州漆器中许多都是高档制品，突出的是“精”字，这一点与我国漆器生产史上第一个高峰的楚国漆器是不同的。出土的汉代扬州漆器不仅反映出我国汉代及汉代以前漆器生产史上的各种制作工艺，而且在此基础上还有了一定的发展与创新，制造出了许多精品。所以说汉代扬州漆器是我国漆器生产史上的第二个高峰。

第五节 三国及南北朝时期的漆器

一、考古发现的三国时期漆器

目前考古发现的三国时期的漆器主要是吴国的墓葬中出土的，由于墓葬的结构等原因，如，墓室一般都是用砖建造，不利于地下水的积储等，漆器一般都难以保存下来。现将朱然墓、高荣墓等墓葬中出土的漆器分述如下。

（一）朱然墓出土的漆器

1984 年，考古工作者在安徽省马鞍山市发掘出三国时期东吴右军师、左大司马朱然的墓葬，出土漆木器约 80 件，种类有案、盘、耳杯、槅、盒、壶、樽、奁、凭几、砚等。出土时部分漆器保存尚好，部分已经腐烂。主要有：①

1. 宫闱宴乐图漆案，木胎，制作时先在木胎上贴一层麻布，然后涂漆腻，打磨光滑后再行髹漆。案面长方形，四缘都镶嵌有鎏金的铜皮，在黑红漆地上用朱红、黑、金等色漆绘制出宫闱宴乐的场面，其中人物就有 55 个。这种彩绘的方法称为描漆法，又称为设色画漆。

2. 季扎挂剑图案盘，木胎，边缘镶鎏金铜扣，盘外底朱红漆书“蜀郡造作牢”五字铭。盘内底中间黑漆地上用红、黄、灰、金等色绘春秋吴季扎挂剑徐君冢树的历史故事。四周及盘壁绘有许多动植物和人物图案。

3. 犀皮黄扣耳杯，皮胎，耳及口沿都镶有鎏金铜扣。器身属黑面红中黄底片云斑犀皮，表面光滑、花纹流畅，是目前我国考古发现最早的犀皮漆器实物。

4. 槅，木胎，长方形，内分为 7 格，槅内面髹红色漆，外壁髹黑红色漆，分别用金、黑、绿等色漆绘动植物纹饰。

5. 漆砂砚，木胎，分为四层，三盘一盖，可以叠合，下为底盘可放研石、颜料等。砚池长 27.4 cm、宽 24 cm，池内涂黑漆和细砂粒。池上方有一方形小水池。再上为笔架盘，内嵌两条锯齿状笔架。最上面是盖。该砚也是我国目前所发现的早期的漆砂砚之一。

6. 锥刻戗金漆盒盖，木胎，胎内外两侧先粘贴一层粗麻布，再涂漆腻，然后外髹黑红漆，内髹赭红漆。顶面和四侧针刻青龙、白虎等，线条流畅，刻纹内戗金。

7. 漆尺，木胎，制作时先做成一粗坯，然后上约 1 mm 的漆腻，再镶嵌出花纹与刻度。尺长 24.8 cm。

8. 凭几，木胎，全身髹黑红漆，是考古发现的早期“一色漆器”的实物之一。所谓一色漆器，就是表面没有彩绘，只髹有一种或两种色漆的漆器。它与一

① 安徽省文物考古研究所等：《安徽马鞍山东吴朱然墓发掘简报》，《文物》1986 年 3 期。

般素面漆器的重要区别在于：一色漆器的器形设计得比较具有特色、漆膜表面处理得比较考究，有的经过“推光”工艺。我国古代的一色漆器至迟在东汉时期就已经出现，宋代时，一色漆器的制作工艺达到了很高的水平。

除了上述漆器之外，该墓中还出土有“百里奚会故妻图”漆盘、“贵族生活图”漆盘等彩绘漆盘及多件素面漆盘（有的属于一色漆器）。因为漆器上带有“蜀郡作牢”的铭文，杨泓先生指出：“朱然墓出土的漆器应是三国时的产品。三国时蜀地在刘备所建蜀国的版图之内，因此这批蜀郡制作的精美漆器是蜀国的产品。”①

朱然墓出土的漆器反映了我国古代漆器生产在东汉时期已经逐步地从实用性向艺术性转变，该墓出土的部分素面漆器，器形设计具有特色，漆膜表面处理考究，成为“一色漆器”，王世襄先生指出：这是“把无纹饰的一色漆器作为艺术精品来制作”。② 该墓出土的彩绘漆器，一般都绘有历史故事或人物图案等，是珍贵的古代绘画实物，将其视为艺术品比起将其视为实用品更加合适一些。

（二）高荣墓出土的漆器

1979 年考古工作者在江西南昌市发掘出三国时期东吴高荣的墓葬，时代为东吴前期。出土漆器 15 件，均为木胎，有的在木胎表面粘贴麻布后再髹漆；漆器的外表多为黑色，内面为暗红色或朱色。主要有：③

1. 盒两件，圆筒形，木胎表面贴麻布。外罩套盖，盖顶中用铜镶嵌柿蒂形图案纽饰，图案外圈镶有 1 cm 宽的铜片，顶盖边缘彩绘。筒腹上间隔镶嵌铜片二道。

2. 奁盒两件，圆筒形，内有盘形盖，外加套盖，盖顶中心用铜片镶嵌柿蒂形图案钮，在每出瓣中和蒂中心各镶嵌水晶珠一颗。柿蒂形图案外用铜片镶嵌两圈，在盖顶边角处用铜片包裹，盖体下沿及中部也镶有铜片，铜片之间彩绘。

3. 圆盖一件，盖顶中心镶嵌铜柿蒂形图案，四周彩绘。

此外还有槅、钵、碗等漆器，有些碗表面的漆膜处理得比较考究，属于一色漆器。

该墓出土的漆器与西汉晚期及东汉初期扬州漆器十分相似，特别是柿蒂形镶嵌物及花瓣中镶嵌水晶珠等工艺，两者可以说是如出一辙，而这种髹饰工艺在西汉及东汉时期其他墓葬出土漆器中却很少发现，表明这些漆器当是长江下游地区的产品，而不是如朱然墓出土的漆器那样是蜀郡生产的。然而，该墓出土的漆器与朱然墓出土的漆器在制作工艺上也有某些相似之处，例如，在木胎上粘贴麻布、上漆灰、镶嵌铜扣件以及一色漆器的制作等。

（三）麻桥墓出土的漆器

1978 年，在安徽省南陵县麻桥发掘了四座三国时期东吴的墓葬，时代为东吴前期，其中 2 号墓出土了几件漆器，主要有：④

1. 长方盒，盖顶镶嵌铜柿蒂形图案，器身及套盖均镶有三道铜扣。

---

① 杨泓：《三国考古的新发现》，《文物》1986 年 3 期。

② 王世襄：《中国古代漆工艺》，《中国美术全集·工艺美术编 8·漆器》，第 19～22 页，文物出版社，1989 年。

③ 江西省历史博物馆：《江西南昌市东吴高荣墓的发掘》，《考古》1980 年 3 期。

④ 安徽省文物工作队：《安徽省南陵县麻桥东吴墓》，《考古》1984 年 11 期。

2. 小圆盒，盖顶镶嵌铜柿蒂形纽饰，盖盒均有三道铜扣。

3. 双层奁，奁盖上镶嵌有铜片柿蒂纹。

此外，还有夹苎胎马蹄形梳妆盒、果盒（即槅）、碗等。该墓出土的漆器与南昌高荣墓出土的漆器十分相似，再一次证明了它们均是长江下游地区的产品。

二、考古发现的南北朝时期漆器

（一）“描漆”漆器——北魏司马金龙墓出土的屏风漆画

1965年底至1966年初在山西大同发掘的北魏司马金龙墓，位于大同市东南约13 km处。据该墓出土的墓志上记载，司马金龙死于公元484年，所以，该墓的年代应为这一年或稍晚一点。墓中出土有陶瓷器、金属器及漆器等，据《山西大同石家寨北魏司马金龙墓》一文介绍，墓中出土有木板漆画，较完整的有五块，每块长约80 cm、宽约20 cm、厚约2.5 cm。木板的上下有榫，可以相互拼合，应该是一件木胎漆屏风，所以又称之为屏风漆画。漆画“板面遍涂红漆，题记及榜题处再涂黄色，上面墨书黑字。绘画中线条用黑色，人物面部和手部涂铅白（易脱落），其余有黄、白、青绿（深浅不同）、橙红、灰蓝等色。颜色中调漆类黏合剂不易剥落”。除木板漆画外，该墓中还出土有漆食榼一件，木胎，漆膜较厚，出土时已残破。①

司马金龙墓出土的屏风漆画，就是在板面上遍涂红漆，以黑漆勾绘题记的边框及人物的轮廓，然后再填以各种颜色。所以，从漆器髹饰工艺来看这是一件比较典型的“描漆”制品。

到目前为止，考古发现的南北朝时期漆器实物十分稀少，这件屏风漆画的出土对研究北魏时期的漆器制造工艺是难得的实物资料。

（二）“描漆”漆器——宁夏固原出土的棺板漆画

1973年夏季在宁夏固原西郊发掘了一座北魏时期的墓葬，这是一座夫妇合葬墓，出土时棺木和尸骨均已腐烂，男性墓主人木棺外原有的漆画虽已脱落破碎，但仍清理出大小不等的残片上百块，经过发掘者精心的整理拼对，棺盖、前挡及左右两侧漆画的原貌大致可以恢复，而后挡漆画已残毁。可见，除棺底之外该漆棺的五面均绘有漆画。整个棺板漆画均是以红色为底色，上以赭色、石青、石绿、黄色等调漆绘制，并在部分黄色及蓝色下开金，白色（蛤粉）则似未调漆，以彩色或墨线勾描。漆画有一些题记，题记也是书写在用墨线绘好的长方形框内。

三、三国及南北朝时期的漆工艺

（一）“布漆”工艺

在朱然墓、高荣墓出土漆器的制作工艺中都提到了在木胎上贴一层麻布再涂漆腻的制作方法，这一方法在明代黄成所著的《髹饰录》中被称为“布漆”。它是漆器制作工艺中常用的技术之一，特别是一些高档漆器或大型漆器的制作过程中一般都要用到它。

1. “布漆”工艺的作用

我国古代漆器一般以木胎为主。由于木材具有随气候温湿度变化其外形尺寸

---

① 山西大同市博物馆：《山西大同石家寨北魏司马金龙墓》，《文物》1972年3期。

也随之发生变化的特性，所以，在气候变化时漆器往往会发生开裂、变形等。为了克服木材的这一缺点，在长期的实践中人们逐步摸索出一些方法，“布漆”就是其中的一种。麻布（近现代漆工们常用的“夏布”就是用苎麻纤维制成的）是用麻纤维经纺织而成的，与漆灰一起像一张十分牢固的网粘贴在木材的表面上，在一定程度上克服了木材外形尺寸随气候所发生的变化。特别是比较大型的木胎漆器，其胎体是采用多块木板或木块拼接而成的，当气候温湿度发生变化时各木板或木块外形尺寸的变化是不同的，为此，就更加有必要在木胎的表面进行“布漆”。

2.“布漆”工艺形成的时间

虽然战国时期楚国漆器的木胎制作中已经在少数场合采用了涂漆灰及贴布，但是“布漆”工艺真正形成却要晚得多。从目前考古发现的出土实物来看，最早的是朱然墓和高荣墓出土的漆器，如前所述，这两座墓的漆器是不同地区制造的产品，由此推测“布漆”在东汉末年已经是漆器制造中常用的工艺之一，它的形成时间应该早于东汉末年。1962 年发掘的扬州七里甸汉墓，时代为东汉初年，出土漆器 22 件。其中部分木胎耳杯的口沿处“绕一段麻布，然后髹漆”，耳杯外绘有印章，上书“朱”字；出土的木胎漆勺，雕刻成型，“其中一件口部绕一段绢，然后再髹漆”。绕一段麻布与绕一段绢的目的是为了加固胎体较薄的口沿处，以防止其开裂、变形，这一方法可以说是“布漆”工艺的初始状态。由此可见，“布漆”工艺真正形成的时间应该在东汉时期。①

“布漆”工艺的形成与发展和漆器功能的变化有着一定的关系。我们已经指出，在东汉时期我国的漆器生产逐步地从实用性向艺术性转变，也就是说，漆器不再完全是一种实用器，它同时还是一种艺术品，在某些场合后一种功能还更加突出。特别是某些较大型的漆器，其胎体只得采用多块木板拼接，为了获得大块光滑的平面用于绘画，采用“布漆”工艺是一种既简单又实用的方法。更重要的是，采用了“布漆”工艺的漆器其随气候变化的稳定性得以增强，得以保存更长的时间而不损坏，这一点对于艺术品来说也是相当重要的。

3.“布漆”工艺简介

“布漆”工艺在明代黄成所著《髹饰录》中属于制造漆器的第四道工序（前三道工序分别为卷素、合缝、捎当），其做法是：在已经填平裂缝、节眼的漆器木胎表面涂一层漆灰，漆灰上贴一层麻布，干燥后麻布上一般还要再涂一层漆灰，漆灰干后需用砺石打磨光滑才能髹漆。近代漆工在制作比较考究的漆器时，往往采用丝绸代替麻布，而且不是只粘贴一层绸布，而是涂一层漆灰贴一层绸布、再涂一层漆灰再贴一层绸布，有时要贴三层绸布。

明代黄成《髹饰录·乾集》中有“布漆之二过”的记载，一为“邪瓦”，像建筑工人铺屋面的瓦一样，没有铺均匀易产生漏雨；二为“浮起”，布没有贴紧日后可能产生凸起。② 所以“布漆”操作时，一是布要贴紧，不要留有空隙；二是所

① 南京博物院等：《江苏扬州七里甸汉代木椁墓》，《考古》1962 年 8 期。

② 王世襄著：《髹饰录解说》，第 68、69 页，文物出版社，1983 年。

贴的布松紧均匀，不能有松有紧。

（二）打磨推光工艺

推光，在明代黄成著《髹饰录》中称为“退光”，现代一般将其称为“推光”，这是一种漆器制作的常用工艺。

1. 打磨推光工艺出现的原因

漆膜的修饰是通过涂刷来完成的，由于大漆的漆液具有一定的黏度，无论采用什么工具进行涂刷都会在髹漆的表面留下刷痕，因此，要想得到十分平整光滑的表面是比较困难的。江苏扬州西汉中晚期墓中出土的漆砚，其池面（研磨面）木质坚硬，髹深褐色漆，触摸似有极细砂粒，表明在漆砚的木胎上髹有极细砂粒的深褐色漆，然后打磨推光，使漆砚的池面不仅十分平整而且具有细砂粒的感觉，这样才便于磨墨。如果不进行打磨推光，刷痕的存在就使得池面不可能十分平整，磨墨时就会出现高低不平及存在凸棱的感觉。漆砚的出土证明打磨推光工艺至迟在西汉晚期就已经出现了。实际上漆器制作过程中的打磨工艺在战国时期就已经出现，如，卷木胎接头处涂刷漆灰后必须进行打磨，否则难以平整；夹苎胎制作时也要进行打磨平整，然后才能髹漆。然而，这一时期的打磨工艺是在漆灰上进行的，而不是在髹漆面上进行的。在髹漆面上进行打磨推光的工艺，可能出现得比较晚，扬州邗江西汉中晚期墓中出土的漆砚是采用这一工艺制作的早期漆器之一。

打磨推光工艺的出现与漆器制作从实用性向艺术性转变有关。带有较强艺术性的漆器，其表面的绘画首先要求有一个光滑平整的底面，如果底面有高低不平或较明显的刷痕存在，由于光线的反射与折射，从不同方向观察画面时就会发现局部画面有变形现象存在，从而破坏了整个绘画的艺术效果，特别是大中型漆器上画面比较宽大时这一现象更加明显。为了克服这一缺点，面漆髹涂后进行打磨推光是一种行之有效的方法。在光滑平整的表面绘画，一般就不会出现变形的现象。

2. 打磨推光工艺的形成与发展

一色漆器的出现促进了打磨推光工艺的形成与发展，一色漆器的主要特点之一是漆器的表面处理比较考究。由于这类漆器主要是单一的颜色，没有彩绘，其表面采用打磨推光工艺处理后，不仅光滑明亮，一扫铅华，而且带有一种淡雅、深沉的美感，比较适合某些封建士大夫的爱好。朱然墓与高荣墓中都有一色漆器出土，说明在东汉末年一色漆器的制作已具有一定的数量，从而也就促进了打磨推光工艺的形成与发展。

大中型漆器绘画的较多出现也促进了打磨推光工艺的形成与发展。这一时期的大中型漆器上的绘画与战国及西汉初年的大中型漆器上的绘画有所不同，前者所绘的内容以生活写实为主，如固原漆棺上的漆画、朱然墓出土漆盘上的人物故事等；后者以变形的神人、神兽为主，如马王堆汉墓及曾侯乙墓出土的彩绘漆棺。战国及西汉时期的墓葬中虽然也出土彩绘有生活写实内容的漆器，如包山楚墓出土的漆奁等，一般都是中小型器物。因此，相比之下，前者更需要有一个光滑平整的漆器表面，以保证从不同方向欣赏漆器上的绘画时不会出现变形等破坏绘画工艺性的现象。此外，如司马金龙墓中出土的屏风漆画，是用多块木板拼接而成的，为了保证整个画面的平整，不仅木胎制作时要做平整，涂漆灰后要打磨平整，髹面漆后可能也进行了打磨推光。

3. 打磨推光工艺简述

近现代采用打磨推光工艺制作的漆器中以黑色漆器为主，黑漆是以半透明漆加黑色颜料制成，近现代一般采用人工制造的铁黑，在古代一般采用烟炱。沈福文先生在《漆器工艺技术资料简要》一文中介绍了一种现代制作彩绘漆盘时所用的打磨推光方法，摘录如下：①

（1）彩绘的色漆干燥后，盘上全面涂一层黑漆；黑漆干燥后就放在打磨机上用灰条打磨，重新显露出彩绘花纹；打磨机上很难打磨得周到，还需用木炭打磨整理（灰条是用极细的砖瓦灰调生猪血做成，干燥后在生桐油内煮沸，取出待桐油干固即可沾水进行磨漆；打磨漆面所用的木炭系采用质地较软的木炭），以使黑漆下面的彩绘花纹基本上都显露出来。

（2）在推光机上进行推光。在需要推光的漆器上先涂一层油泥，推光机上有一个用粗麻布扎成的圆形布盘，布盘转动时产生摩擦，可使漆器初步光亮，这是第一次推光。（油泥系用少量菜子油调黄土粉制成，推光后漆器上残留的油泥可用手沾黄土粉擦去）

（3）将第一次推光后的漆器，用极干净的脱脂棉着少量生漆在漆器面上擦上一层薄漆，再用干净棉花揩一次，使漆器上没有不匀的生漆存留，放入温湿室内，经过20小时后取出，用脱脂棉着极少量的菜子油在漆器面上用力推磨，再用手指沾取鹿角细粉在漆面上推磨，漆器面上显出光亮。如此推光操作1~2次，就成为光亮而美丽的漆器。

王世襄先生在《髹饰录解说》一书中介绍了有关宋代及清代制作黑色古琴时所用推光工艺的内容，推光后的漆琴表面黑如乌木，淡雅、深沉，古色古香。现摘录如下：②

（1）北宋人退光（推光）法　经水杨木皮不拘多少，烧为桴炭，入瓶器罨杀，匆令成灰，捣罗为末，细为妙，此为退光药。右用退光先于窨中取琴出看，如见可退，即用黄腻石浇水轻手磨去琴上蓓蕾，然后用细熟布帛蘸药末以手来去揩擦，候见光莹即住。后用净水洗拭令干，以手少点些油揩其光黑，转更莹澈，此为出光法也。

（2）南宋人退光（推光）法　垂柳木断如鸡子大，湿烧旋取桴炭罨杀。次用砂杉木准前烧桴炭等分为末，以手点油遍涂琴上，却糁炭末以手掌或软布揩擦，候光采即止。以皂角揉水洗拭令干，再用手揩擦。又法：皂角刺炭、桑木炭、青石末各等份，以水调涂琴上，用手力磨去其翳，自然光焰发也。

（3）清代人退光（推光）法　所谓退光者，非徒以光漆刷上候干，而有光亮已也。乃于干透后，用飞过砖灰或磁灰，以老羊皮蘸芝麻油，沾灰按光擦之。初

① 沈福文：《漆器工艺技术资料简要》，《文物参考资料》1957年7期。

② 王世襄著：《髹饰录解说》，第68、69页，文物出版社，1983年。

令去其外面浮光，再则推出内蕴之精光也。以愈推愈妙，致令须眉可鉴。唯砖磁灰中与所擦之羊皮，二者不可稍沾细微砂粒。一有擦成划痕，切宜慎之。指甲划着，亦致痕路。推擦时，须去指甲为妙。

至今，推光工艺仍然是漆器制造中常用的一种方法，较为高档一些的漆制品一般其表面都采用推光工艺制成。

第六节　漆器生产衰落的原因

从考古发掘的资料来看，东汉以后，无论是墓葬或遗址的考古发掘中出土漆器的情况均比较少见，偶有发现，其数量也不太多。这一现象从一个侧面也说明了我国古代的漆器生产至迟在东汉前期已经开始走向衰落，其原因何在？不外乎内因与外因两个方面。

一、青瓷器生产的发展是漆器生产衰落的外部原因

（一）同一墓葬中出土的青瓷器与漆器之间的比较

1. 朱然墓中出土青瓷器33件，计有碗5件、盘4件、盏2件、盆2件、壶4件、罐4件、熏2件、灯1件、勺1件、盖3件及明器瓷仓5件。它们大都是灰白色胎、豆青色釉。根据釉色及器底的区别，这些青瓷器分为两大类：一类是浙江越窑的产品，另一类是江西、湖北一带长江中游地区生产的产品。这一现象“反映了这时吴国的青瓷手工业的勃勃生机，不仅江浙一带形成了青瓷器生产的越窑系统，在长江中游的鄂赣地区也具有烧制青瓷器的能力”。① 从品种上看，出土的这些青瓷器几乎都是日常用的实用品，其中大部分是饮食用器，它们不仅在日常生活的某些领域，特别是饮食用器方面取代了漆器，而且其实用性也已经超过该墓出土的漆器。

2. 高荣墓中出土青瓷器17件，计有罐7件、钵6件、盅3件等。这些青瓷器均为浅灰色胎，豆青色釉，釉层薄而匀，不脱落，说明其烧制技术已经达到较高的水平。这些青瓷器均是实用器，虽然在种类上还不及该墓出土的漆器，但在数量上则已经超过了该墓出土的漆器（15件）。②

3. 司马金龙墓中出土的青瓷唾壶“全身施青黄色釉，均匀润泽，有小冰裂纹，制作技术很高”。墓中还出土有一些青瓷器的残片。③ 表明这一时期我国青瓷制作已经达到很高的水平，许多日常生活用品都采用青瓷器。同时漆器作为日常生活用品的作用逐步地在下降。

以上几座墓葬出土文物表明：

第一，至迟从东汉晚期开始，人们的日常生活中使用的器具既有漆器也有青瓷器；青瓷器已经在许多日常生活领域，特别是饮食用器和日常用器方面取代了漆器。

---

① 安徽省文物考古研究所等：《安徽马鞍山东吴朱然墓发掘简报》，《文物》1986年3期。

② 江西省历史博物馆：《江西南昌市东吴高荣墓的发掘》，《考古》1980年3期。

③ 山西大同市博物馆：《山西大同石家寨北魏司马金龙墓》，《文物》，1972年3期。

第二，相比较而言，墓葬中出土的漆器带有较强的艺术性，而出土的青瓷器在实用性方面已经超过了出土的漆器。

从以上几座墓葬中出土的漆器与青瓷器的比较就可以看到：漆器生产的衰落在墓葬的出土文物上已经比较充分地表现了出来。

（二）青瓷器与漆器的对比研究

青瓷器与漆器相比较，具有如下的优点：

1. 原料来源广泛。

青瓷器的主要原料是瓷土，其表面的釉料主要是瓷土和植物灰等的混合物。瓷土是一种天然矿物，储量一般都比较丰富，而且大都是露天开采，釉料中的一部分也是采用天然矿物为原料，相对来说釉料的用量比较少。因此，在一段比较长的时期内，制造青瓷所用原料的来源是比较稳定的。而漆器的主要原料之一是天然的大漆，其产量往往受到气候、环境、栽培技术、采割技术等因素的影响，加之生漆难以长期保存，所以在原料来源及价格上都不能与青瓷相比。

2. 制胎工艺简单。

青瓷器是先成型后烧制，在成型的过程中，由于瓷土的可塑性好，相同的器形可以用模具成型，大量成批生产。而木胎漆器的胎体，多数需要一件一件制造。相比较起来，青瓷器胎体制作要简单得多了。

3. 产量大，价格低廉。

青瓷器是烧制而成的，烧成温度一般为 1 100℃左右，一窑内可以几百件甚至上千件一次烧成，生产量大。加上表面有一层青色釉，往往呈半透明状，也比较美观。而漆器在古代大都是一件一件制造的，就是一件普通的漆盘与同样大小的青瓷盘相比较，由于青瓷盘可以大量制造，加之原料易得、工艺简单，与漆器相比较也要廉价得多。所以，从东汉晚期开始，人们大量使用的日常用品，特别是杯、盘、碗、罐等饮食用器都逐步地采用了瓷器。

二、漆器生产的高档化及其艺术性功能的增强，是漆器生产衰落的内部原因

（一）高档化的影响

高档漆器工序复杂、用料考究、价格高昂，只能是少数统治阶级享用的珍品，不可能大量地生产，为广大中下阶层所用，从而使漆器的持续发展失去了广泛的基础。社会需要是生产发展的基本动力之一，当社会发生动荡之时，高档漆器的消费需求就会锐减，其生产很快就难以为继，致使漆器生产的衰落。

（二）艺术性功能的影响

漆器最早是作为一种新型的实用器出现的，在早期的漆器中实用器占有相当大的部分，由于漆器表面彩绘工艺的发展，其艺术性功能得以增强，使漆器本身既具有实用性又具有艺术性，有的时候其后者更加突出，例如漆屏风等，直至发展到后来的漆画，有些漆制品几乎完全失去了其实用性，成为纯粹的艺术品。漆器艺术性功能的增强，一方面提高了对漆工艺的要求，增大了制造时的工作量，增加了成本，不可能为广大人民所使用，从而失去了赖以持续大量发展的基础；另一方面加剧了漆器向高档化、大型化发展的趋势，这与统治者越来越高的享乐要求及其他需要相适应。东汉以后，在我国大量出现的夹苎胎漆器佛像正是这一趋势发展的必然结果。

（三）漆器生产衰落的内涵分析

由于上述的内、外两个方面的原因，东汉时期及其之后我国漆器的生产逐步走向衰落，这是历史的事实。然而，对其内涵进行分析后发现，这一衰落是指整个漆器生产的规模、数量方面的衰落，而不指漆器制作工艺方面的衰落。相反，随着漆器向高档化的发展、漆器艺术性功能的增强，我国的漆器制造工艺不是衰落了而是进一步发展了，唐、宋及其之后，大量出现的金银平脱漆器、螺钿漆器、一色漆器、百宝嵌漆器及其雕漆、堆漆、磨漆等工艺的出现正是我国古代漆工艺不断发展的证明。

其次，还应该看到，我们说整个漆器生产的规模、数量方面的衰落，主要是指日常生活用漆器的衰落，特别是原来为人们经常使用的杯、盘、碗等饮食用漆器及盂、奁、盒等日用漆器。东汉以后，它们中的绝大部分都逐渐地被瓷器所替代。由于这些漆器占原来漆器数量的一大部分，所以引起了漆器生产的衰落。而一些瓷器难以替代的漆器品种，如床、柜、箱、盆等及适合统治者享用和需要的高档漆器品种，如一色漆器、百宝嵌漆器等，不是衰落了而是不断地有所发展。

第五章

唐宋时期的漆器

唐宋时期的漆器制造工艺在两汉六朝漆工艺的基础上又有了一定的进步，主要表现在大型夹苎胎漆制佛像的制作、“金银平脱”漆器和螺钿漆器较多出现、“一色漆器”的大量使用以及我国古代漆器制造工艺的外传等方面。

第一节 夹苎胎佛像的制作技术

一、鉴真干漆夹苎像

供奉于日本奈良唐招提寺御影堂（又称开山堂）中的鉴真和尚干漆夹苎像，是目前现存的古代夹苎胎佛像中最具盛名的一件。这不仅与鉴真和尚在历史上的重大贡献有关系，也与该像是由中日两国的高僧和工匠共同制作，至今被誉为日本的国宝等因素有关系。据郁进先生介绍：公元 763 年（唐广德元年、日本天平宝字七年）春，积劳成疾的鉴真日渐不支，徒众深为忧惧。在弟子思托、忍基等设计下，造干漆夹苎像一躯。像高 80.1 cm，彩色。这年五月初六，鉴真“结跏趺坐，面西化，春秋七十六”。鉴真的干漆夹苎像，系中日两国僧众共同的作品。倡议者忍基是日本对佛学造诣很深的高僧。鉴真抵日后，建成东大寺戒坛院，忍基与灵福、贤璟等八十几位日本僧人舍旧戒，从鉴真重受足戒。设计者思托是始终追随鉴真六渡的高足弟子。两国僧俗人等，共同动手造像。日本研究者根据造像风格继承天平盛期的特点，推断有造东大寺的日本工人参加。鉴真夹苎像是一躯等身的坐像。1937 年维修时，日本学者安藤更生和大川逞一见到了像的内部。据他们称，漆布很薄，多者五、六层，少则三、四层。木屎漆厚的地方有 4.5 mm。内部从头至腹，涂着白粗砂。背部九分角处，有长约 27 cm 的简单的井字形木框。从右肩到右腕，支撑一种 H 形的木框。鉴真像的彩绘是：身作肉色，唇点朱，眉墨描，并画睫毛。头上两丝、鼻下须和颚须，都用黑白两色点描。耳毛也是墨描。褊衫为朱彩，横被用带黄的朱色涂绘。墨笔勾出袈裟柔和的衣纹。按法衣的定式，且用绿、青、朱、丹等色描成各种纹样。①

二、夹苎胎佛像的创始及发展

佛教传入我国大约在东汉时期，1956 年 12 月考古工作者在湖北武昌发掘了一座吴国墓葬，该墓的年代应在东吴景帝孙休永安五年（即公元 262 年）或稍晚一

① 郁进：《日本奈良唐招提寺鉴真夹苎像》，《文物》1980 年 3 期。

点，出土一件鎏金铜佛像。1975 年湖北鄂州出土的一件南北朝时期“四叶八凤佛兽镜”上，铸有佛像四尊。① 这些出土文物说明了当时的人们对制造佛像的重视和热情。

人们建筑寺庙，一定要供奉佛像，佛像的早期制造方法不外乎两种：泥塑或木雕。泥塑佛像和木雕佛像都有一个耐气候性问题，气候变化剧烈时容易发生干裂或变形等现象，这些问题在佛像制作初期是难以很快解决的。而夹苎胎漆器的耐气候性特点正好可以解决这一问题，这可能就是夹苎胎佛像创始的原因。当然这只是一种推测。

郁进认为：“造塑艺术中的干漆夹苎造像技法，本为我国所特有，史称初见于东晋，当时佛教已广为流传，戴逵手制夹苎像五躯，与师子国送的玉佛、顾恺之绘的维摩诘像，共称‘三绝’。”“唐初僧慧满、智周等，或造高达数丈夹苎大像，或改泥塑为漆布彩绘。”②“漆布彩绘”就是夹苎胎漆器，改泥塑为漆布彩绘，表明夹苎胎漆器在唐初时期的盛行程度。果真如此，则我国古代开始制造夹苎胎佛像的时间不晚于东晋。

夹苎胎造像在唐初盛行的情况，古代文献中多有记载。郁进先生指出：

“公元 692 年（如意元年），武则天将嵩山少林寺普光佛堂神王像二躯，改为夹苎像，安置宫中。”

“公元 695 年（天册万岁元年），武则天下令造夹苎大像：‘（正月）初，明堂既成，太后命僧怀义作夹苎大像，其小指中犹容数十人，于明堂北构天堂以贮之。堂始构，为风所摧，更构之，日役万人，采木江岭，数年之间，所费以万亿计，府藏为之耗竭。’胡三省注称：‘夹苎者，以苎布夹缝为大像，后所谓麻主是也。’（《资治通鉴》卷二百五《唐记》二十一）”

“司马光所记武则天造夹苎大像，大约引据唐人张鷟所撰《朝野佥载》（卷五），文字略有不同：‘周证圣元年，薛师名怀义，造功德堂一千尺于明堂北，其中大像高九百尺，鼻如千斛船，中容数十人并坐，夹苎以漆之。’（《丛书集成》初编本 65 页）这类干漆夹苎像并没有保存下来，很快在兵火中澌灭。”③

我国唐代制造的佛像实物得以保留下来的很少。

三、夹苎胎佛像制造工艺简介

夹苎胎，如本编第三章中已经论述的，在出土的西汉初年漆器铭文中称为“绪”或直称“漆布”；出土的东汉时期漆器铭文上称为“侠苎”；元代称为“搏换”“搏丸”“脱活”；明代黄成所著《髹饰录》扬明注中称为“布心纸胎”“重布胎”；清代称为“脱胎”，至今我们仍然称它为“脱胎”。有关唐宋时期夹苎胎佛像制造工艺的记载，作者目前尚未见到。但从下面引述的元代陶宗仪《南村辍耕录》（又称《辍耕录》）中的记载及清代夹苎胎佛像的制作工艺中多少可以看出一些该工艺的历史状况。

---

① 湖北省博物馆等：《鄂城汉三国六朝铜镜》，第 7 页，文物出版社，1986 年。

② 郁进：《日本奈良唐招提寺鉴真夹苎像》，《文物》1980 年 3 期。

③ 郁进：《日本奈良唐招提寺鉴真夹苎像》，《文物》1980 年 3 期。

《辍耕录》卷二十四“精塑佛像”中记载：“刘元，字秉元，蓟之宝坻人，官至昭文馆大学士。”“传其艺非一，而独长于塑。至元七年，世祖建大护国仁王寺，严设梵天佛像，特求奇工为之，有以元荐者。及被召，又从阿尼哥国公学西天梵相，神思妙合，遂为绝艺。凡两都名刹，有塑土范金，抟换为佛，一出元之手，天下无与比。所谓抟换者，漫帛土偶上而髹之，已而去其土，髹帛俨然像也。昔人尚为之，至元尤妙。抟丸又曰脱活，京师语如此。”①

这里讲得很清楚，夹苎胎佛像的制作工艺主要是：先做泥塑，然后在泥塑表面贴帛，再髹漆灰等而成。

为了便于对夹苎胎制作工艺有更深的了解，现将清代《圆明园内工佛作则例》中有关夹苎胎佛像的制作条款也摘录如下：

“佛像脱纱堆塑泥子坐像，法身高一尺四寸至三尺，立胎糙泥一遍，衬泥一遍，长面像粗泥一遍，中泥一遍，细泥二遍。每高一尺用：黄土一筐，西纸六张，砂子三分筐，麦糠三分筐，麻经二两，塑匠一工二分。每尊用秫秸半束。漆灰脱纱使布十二遍，压布灰十二遍，长面像衣纹熟漆灰一遍，垫光漆三遍，水磨三遍，漆灰粘做一遍，脏膛朱红漆二遍。每尺用：严生漆十二两六钱，夏布一丈四尺四寸，土子面三斤十五两二钱，笼罩漆六钱，漆朱一两二钱，退光漆一斤十五两六钱，脱纱匠二工四分。”

王世襄先生注释：所谓“堆塑泥子”，就是塑造泥模作为内范，在表面糊布的偶像；所谓“脱纱”，即在泥塑完成后，用漆灰在上面糊布并加髹饰，以及去掉泥塑，使布胎成为脱空像的过程。②

四、现代夹苎胎花瓶的制作工艺

夹苎胎漆器在近现代仍有生产，为了解这项工艺的现状，下面将现代夹苎胎花瓶的制作工艺简单介绍如下。该工艺与夹苎胎佛像的制作工艺大体上是相同的。

脱胎花瓶制作方法：③

第一步，制作脱胎花瓶模型。先制成花瓶石膏模型，它的做法以一根圆钢条为轴心，放在木架上，缠上草绳，缠绕方向与钢轴周转方向一致，再敷上黏土，做出泥胎的粗坯，再敷上一层薄石膏。用薄铁皮，按照花瓶设计的形状大小高矮尺寸，按花瓶的半径剪出铁皮，依照轴心距离，正确地钉在木架上。在敷上石膏时（熟石膏，调成稀泥状），圆条钢轴朝着铁皮方向转动（周转），剪成花瓶半径的铁皮，距离泥坯约二分空隙，石膏敷上泥模通过空隙时多余的就被刮去，这样就形成立体的石膏花瓶模型了。

第二步，花瓶模型干燥后，在石膏层上刷上浓肥皂水或胶水，稍厚一些，作为脱离剂用。

第三步，刷上细漆灰。模型上肥皂水干燥后，刷上一层细漆灰（细漆灰调制方法：黄土细粉55%，生漆45%，将黄土细粉先调入10%的生漆，搅拌均匀后，

---

① 元·陶宗仪：《南村辍耕录》，第294页，中华书局，1959年。

② 王世襄著：《髹饰录解说》，第165页，文物出版社，1983年。

③ 沈福文：《漆器工艺技术资料简要》，《文物参考资料》1957年7期。

再将其余的生漆掺入调拌均匀，再加10%的清水成为泥状即可使用），干燥后又刷上一层，共需刷上三层。

第四步，细漆灰干燥后，刷上三层较细的中漆灰（中漆灰调制方法：用生漆40%，糯米糊5%，瓦灰25%，细黄土粉30%，另加15%的清水调合成泥状）。

第五步，中漆灰干燥后，再在上面刷上三层粗漆灰（粗漆灰调制方法：生漆40%，糯米糊20%，砖灰20%，加水调拌如泥状）。

第六步，在粗漆灰面上，用漆糊裱上麻布，干固后，将相接重叠的地方，用刀削平，每层刷上一薄层中漆灰，再裱麻布，连续裱上四层。

第七步，在麻布上刷上三层粗漆灰。

第八步，在粗漆灰上刷上三层中漆灰。

第九步，在中漆灰上刷上二层细漆灰，干燥后仍用原来的造型铁皮来整理器形，同时用细漆灰敷在花瓶上，转动钢轴，多余的细漆灰被刮除，就成为平顺完整的花瓶了。

第十步，干固后，就将中心钢轴抽出，然后将草绳拉掉取去泥木，把花瓶放入热水桶内，使剩余的石膏层随肥皂水的溶化而脱落。至此，脱胎花瓶初步成功，与中心轴相反周转即可取出。

第十一步，脱胎花瓶里外经过细磨石打磨光滑，髹涂黑漆，干燥后用灰条或木炭打磨，再涂黑漆经打磨平顺。至此器物的造型基本完成，就可以装饰花纹了。装饰完成后，再安装上底子。

用脱胎方法制造花瓶，任何造型都可以正确地制造出来，同时它是用麻布和漆灰做成的，很坚硬结实。

第二节　“金银平脱”漆器

一、考古发现的“金银平脱”漆器

1. 中国历史博物馆藏“金银平脱”漆背铜镜，其镜背在褐色漆地上满嵌金银片镂成的展翅羽人、飞凤、花鸟、蝴蝶等，镜纽外围还有用金银片嵌成的八瓣莲花座。整个器面的金银平脱纹饰茂密华丽，镂刻精湛。

2. 1984至1985年发掘的河南偃师杏园村唐墓，其中宋祯墓（年代为唐中宗神龙二年即公元706年）中出土有一件嵌银箔菱花镜，六出花瓣，最大径6.2 cm。“此件工艺极为考究，镜背边缘高起而中部下凹，然后将一菱花形银箔嵌入下凹处，银箔以鱼子纹为地，錾出鸟兽图案。”李景由墓中出土有一件银平脱方漆盒，盒的木胎已朽，盒由盖、身两部分组成，内盛漆盒、银盒、银碗、铜镜等物，“漆盒外表用银箔平脱工艺，錾刻缠枝花卉图案，技法精湛，纹饰繁缛。长20.5 cm、宽21 cm、盖高3 cm、通高12 cm”。①

3. 在河南偃师杏园村发掘的唐代郑洵夫妇合葬墓（年代为大历十三年即公元

① 中国社会科学院考古研究所河南第二工作队：《河南偃师杏园村的六座纪年唐墓》，《考古》1986年5期。

778年）中出土了一枚金银平脱对鸟镜，直径21 cm，主要图案是对鸟衔花图，用银箔修剪而成。另用金箔制成一对石榴，贴于对鸟的首尾空隙处。铜镜周边内侧，有一周银箔制成的串珠图案。金、银箔的一般厚度为0.2～0.3 mm，串珠直径0.4 mm。王振江先生指出：平脱系指工匠将金银捶打成极薄的箔片，“再经剪裁錾花，制成各种鸟兽花枝图案，然后镶嵌在漆、木、铜器表面，用大漆黏合，从而制造出金银与漆、木、铜器合璧的新型工艺品”。①

4. 洛阳博物馆曾征集到一枚唐代银花铜镜，圆形，直径4.2 cm。镜背的纹饰系采用银丝、银片平脱而成的灵芝花，并列环绕一周。②

5. 江苏常州五代墓出土的花卉纹银平脱黑漆镜盒，木胎，分盖、底两部分。盖顶正方形，周廓拼接弧形木板，委角，边沿圈薄木片，镶银扣，盖面复一整体镂雕花卉图案的银片，银片略高出漆地，其上花卉叶脉等雕刻纹饰，纤毫可辨。盖内朱书两行，一行仅存“魏”字左半边，另一行为“并底盖七两”。盒底正中嵌铜质团花纹片，花纹旁朱书两行，一行为“魏真上牢”，另一行为“并满盖七两”，盒底下附一周薄木片圈足，圈足外有银扣两道，盒内放有一枚“千秋万岁”铜镜。③

6. 1942～1943年发掘的四川前蜀时期王建墓中出土有几件银平脱漆器，如出土的两件册匣，木胎，长2.32 m、宽0.45 m、高0.225 m。盖、底座上镶银质薄带5匝，用银钉钉实。通身朱漆。盖面用银质雕花的凤、鹤等图样装饰；出土的铜镜匣系一银平脱木胎朱漆盒，27.5 cm正方，盖面饰以银质方形团花，盖的四侧两银镶边之间，嵌条枝花纹一道，盒身两道银镶边之间嵌约2.5 cm宽的花纹一条。冯汉骥先生认为镜匣是王建“墓内发现的最精美的银平脱漆器之一”，“其设计及雕镂均臻上乘，系一极成功的作品。”④

二、古代文献中关于唐代“金银平脱”漆器的记载

唐代是我国古代封建社会中经济十分发达的时期，由于社会经济的大发展，人们的消费水平不断提高，加之盛唐时期社会风气比较开放，特别是统治阶层崇尚奢侈豪华的生活，使得金银平脱漆器之类的高档消费品的生产得以有一个较大的发展，所以金银平脱漆器在唐代比较盛行，这一点在有关文献中多有记载：⑤

1. 唐代段成式《酉阳杂俎》卷一记载：安禄山恩宠莫比，锡赍无数，其所赐品目有：金平脱犀头匙筯、金银平脱隔馄饨盘、平脱着足叠（碟）子、银瓶平脱、掏魁织锦筐、银平脱食台盘。

2.《资治通鉴》卷二一六，唐纪天宝十载：上命有司为安禄山治第于亲仁坊，敕令但穷壮丽，不限财力。既成，具幄帘器皿，充牣其中，有帖白檀床二，皆长

① 王振江：《唐代金银平脱铜镜的修复》，《考古》1987年12期。

② 洛阳博物馆：《洛阳出土铜镜》，图版说明第16页，文物出版社，1988年。

③ 陈晶：《常州等地出土五代漆器刍议》，《文物》1987年8期。

④ 冯汉骥：《前蜀王建墓出土的平脱漆器及银铅胎漆器》，《文物》1961年11期；杨有润：《王建墓漆器的几片银饰件》，《文物参考资料》1957年7期。

⑤ 冯汉骥：《前蜀王建墓出土的平脱漆器及银铅胎漆器》，《文物》1961年11期；杨有润：《王建墓漆器的几片银饰件》，《文物参考资料》1957年7期。

丈，阔六尺；银平脱屏风，帐方丈六尺。

3. 宋乐史《杨太真外传》卷上记载：妃又常遗禄山金平脱装具玉合，金平脱铁面碗。

4.《新唐书》卷六，肃宗本纪中记载：禁珠玉、宝钿、平脱、金泥、刺绣。

金银平脱漆器是一种高档的消费品，其原因，一是要消耗很多的金银，二是其制造工艺比较复杂，费工费料，所以，在唐代后期统治阶级明令禁止，五代以后文献中很少见到记载，宋代以后纯粹的金银平脱漆器几乎绝迹，因而在明代黄成所著《髹饰录》中记载各种漆工艺极详，但却没有提及平脱工艺。尽管如此，金银平脱工艺在漆器制作中却依然存在，并没有消失，明清两代的漆器制作中常将其与螺钿工艺相结合使用，称之为“螺钿加金银片”漆器。

三、“金银平脱”漆器的起源及其工艺简介

（一）起源

“金银平脱”工艺的起源之一，应该是从漆器上的贴金工艺开始的，因此可以上溯到商代，河北藁城台西商代遗址中出土的漆器上已经贴有金箔，这一工艺在春秋战国时期楚国的漆器制作中仍在使用并一直延续了下来；湖北襄阳山湾春秋时期楚墓中出土的漆器中有的就贴有金箔；西汉前期的河北满城刘胜墓、北京大葆台刘建墓等墓葬中出土有贴金箔（或银箔、铜箔）的漆器；西汉中晚期的江苏扬州、连云港等地墓葬中出土有贴银箔的漆器等。

“金银平脱”工艺的起源之二，应该是从扣器工艺开始的，由此可以上溯到战国时期，湖北江陵雨台山楚墓出土的漆樽、湖南桃源三元村楚墓出土的漆卮等都是我国漆器制造史上早期的扣器之一。扣器，可以说是金银嵌漆器的早期形式，而“金银平脱”正是金银嵌类漆器之一。西汉时期，扣器比较盛行，所谓“银扣黄耳”“金错蜀杯”都是扣器，西汉早期的夏侯灶墓、西汉前期的刘胜墓、西汉中晚期的江苏扬州等地汉墓中都出土有数量较多的金、银、铜等扣器。

（二）贴金（银、铜）漆器、扣器、“金银平脱”漆器三者工艺的异同

1. 相同之处

这三者都是将金属薄片镶嵌在漆器的表面，而且所镶嵌的金属薄片一般都预先制作成一定的形状。这是三者工艺上的相同之处。

2. 不同之处

（1）从所用金属片的厚度来看，扣器所用的金属片厚度最大，“金银平脱”所用的最薄。因为扣器所用金属片的主要功能是为了加强漆器某一部位的强度，如口沿、底圈等部位，所以其厚度一般都在 1 mm 以上，使其有一定的强度。“金银平脱”所用金属片的主要功能是作装饰，其厚度一般都只有零点几毫米，有的厚度仅有 0.1 ~0.2 mm。贴金漆器所用的金属片的厚度一般在上述两者之间。

（2）从所用金属片的表面加工工艺来看，贴金（银、铜）漆器及“金银平脱”漆器所用的金属片一般都进行了加工，其表面往往还采用镂空、雕刻等工艺进行再加工。特别是后者所用的金属片上，为了更好地体现纹饰的立体感，往往在金属片表面采用“毛雕”（一种在金属薄片表面刻出纹饰而又不将薄片刻穿的雕刻工艺）工艺进行加工。扣器所用的金属片表面一般均没有刻出的纹饰或采用铸

造成型的纹饰，有些扣器上的金属片表面采用金银错装饰。

(3) 从髹饰工艺来看，贴金（银、铜）漆器及扣器所用的金属片是在面漆已经髹好之后而镶嵌在漆器的表面，镶嵌之后的漆器就不再进行髹漆了；“金银平脱”漆器所用的金属片却是在髹饰面漆之前就镶嵌在漆器的表面，镶嵌之后还需在漆器表面（包括金属薄片的表面）再髹漆若干道，使漆地与金属片齐平（也有金属片略高于漆地的），然后将金属片磨显出来。

（三）“金银平脱”工艺简介

1. 利用金、银延展性好的特点，将金、银制成薄片，成为金箔和银箔。将金箔和银箔镂切成所需要的各种物像花片。

2. 漆器髹好底漆之后，用漆作黏合剂将已经制好的金银薄片粘贴在漆器表面的预定位置上。

3. 在漆器表面再行髹漆二、三道，使漆地与金属薄片齐平。放置干燥后，通过打磨推光将金属薄片磨显出来。

4. 根据需要在金属薄片上加刻细微的纹饰。

我国唐代的“金银平脱”漆器及其工艺曾经传到邻国日本，如，现今藏于日本奈良正仓院的金银平脱琴，其上的花鸟、人物、文字等均是采用平脱工艺以金、银的薄片或银丝镶嵌而成的。日本古代所制作的“金银平脱”漆器，如，日本镰仓时代制作的一些“金银平脱”漆器，其工艺的渊源应该是由我国唐代传过去的。

第三节 唐宋时期的螺钿漆器

一、考古发现的螺钿漆器

螺钿漆器的起源很早，在有关西周漆器的论述中已经作了阐述。螺钿又名“螺甸”“螺填”“钿嵌”等。螺钿主要取材于蚌壳，将蚌壳的珠光层磨薄磨光加工成薄片后，制成人物花草鸟兽等形象嵌入预先雕成的凹形图案内，再髹上一层透明漆，然后磨平打光露出钿片，就制成色彩艳丽的螺钿漆器了。

螺钿漆器在唐宋时期有了一定的发展，其工艺也达到了较高的水平，厚螺钿、螺钿刻纹等工艺相继使用，制作出了许多精美的漆器实物。

1955 年在洛阳 16 工区 76 号唐墓中出土了一件铜镜，“直径 25 cm，背部有带孔圆钮，并以螺钿镶嵌成一幅图画：上部是一棵花树，树梢有一轮明月……整个形象极为生动，衣纹、须发、羽毛刻画精细，花纹间并填漆，是一件具有很高艺术价值的文物”。① 该镜背上的螺钿大都由乳白色的钿片组成，镶嵌后曾根据图案花纹的需要，在螺钿片上再行刻画出人物服饰上的衣纹、动物身上的羽毛纹饰、植物叶片上的脉络等。这是一件标准的唐代厚螺钿漆器，② 估计其螺钿片的厚度在 1 mm 以上。

① 河南省文化局文物工作队第二队：《洛阳 16 工区 76 号唐墓清理简报》，《文物参考资料》1956 年 5 期。

② 王世襄著：《髹饰录解说》，第 103 页，文物出版社，1983 年。

1957年河南三门峡唐墓出土的云纹龙镜，直径22 cm，镜背用螺钿镶嵌一条盘龙，形象生动。① 龙身上的有些纹饰也是镶嵌后根据需要刻画的，估计这也是一件厚螺钿漆器（见彩图1－5－1）。

1978年在江苏苏州瑞光寺塔出土的嵌螺钿黑漆经箱，是一件十分精美的嵌螺钿与金银平脱相结合的漆器，箱内所藏经卷上的题记早至吴杨溥大和三年（公元931年），故该箱是晚唐至五代时期的漆制品。箱为木胎，通身髹黑漆，上面用彩色厚螺钿镶嵌成各种花纹，颜色有大红、水红、绿、黄等，整个经箱上螺钿花纹密布，如闪烁的繁星；在经箱须弥座的四周有凹形壶门，内施金平脱花纹，金碧辉煌。②

二、唐宋时期的“螺钿”工艺简述

“螺钿镶嵌实际上也是一种平脱”，所以螺钿漆器的制作工艺与“金银平脱”制作工艺基本上是相同的，只是前期镶嵌物的制作方法不同，后期的黏贴、髹漆、打磨、刻纹等工序基本上是一样的。

（一）厚螺钿与薄螺钿

厚螺钿与薄螺钿是相对而言的，并没有十分严格的尺寸界限，我国有的地方将厚螺钿称为硬螺钿，将薄螺钿称为软螺钿。厚螺钿的贝壳片厚度一般在0.5～2 mm左右，薄螺钿的贝壳片可以薄如纸，其厚度一般在0.5 mm以下，有的只有0.07 mm左右。我国早期的螺钿漆器都属于厚螺钿，如，上述考古发现的唐宋时期的螺钿漆器均为此类。厚螺钿只适宜于用在家具及胎体比较厚的漆器上面，轻巧胎薄的漆器上面是难以采用厚螺钿进行镶嵌的。

（二）螺钿刻纹

螺钿刻纹与平脱刻纹基本上是相同的。洛阳16工区76号唐墓出土铜镜镜背上的螺钿大都是由乳白色的钿片组成，镶嵌后曾根据图案花纹的需要，在螺钿片上再行刻画出人物服饰上的衣纹、动物身上的羽毛纹饰、植物叶片上的脉络等；三门峡唐墓出土的云纹龙镜，镜背用螺钿镶嵌一条盘龙，龙身上的有些纹饰也是镶嵌后根据需要刻画的。对此，王世襄先生有一段论述：“螺钿的嵌片，总是依照物体各个部分的形状来裁切；所以各片拼合的线缝，都成了画的线条。但这些线条，不能将物象完全表现出来，许多地方，必须加划纹。如花叶的须筋，树石的皴擦，禽兽的羽毛，人面的眉眼口鼻，衣服的皱褶，都是要用划纹的。即纯粹图案性的厚螺钿，也往往沿着轮廓周缘加划纹，用来显示花纹的组织并增强线条的感觉。”③

螺钿工艺在现代漆器制作中仍有较多的使用。沈福文先生在《漆器工艺技术资料简要》一文中介绍了一种“蛋壳镶嵌装饰法”，蛋壳的厚度与厚螺钿所用贝壳片的厚度比较相近，因此这一工艺与螺钿漆器的制作工艺大体上是相同的，现摘录如下：④

---

① 黄河水库考古工作队：《1957年河南陕县发掘简报》，《考古通讯》1958年11期。

② 苏州市文管会等：《苏州市瑞光寺塔发现一批五代、北宋文物》，《文物》1979年11期。

③ 王世襄著：《髹饰录解说》，第103页，文物出版社，1983年。

④ 沈福文：《漆器工艺技术资料简要》，《文物参考资料》1957年7期。

第一步，将鸡蛋壳浸在水里，然后把蛋壳内的薄膜剥取净，用生漆厚涂在小块的蛋壳内，黏在漆器上，形成花纹，黏贴时要将蛋壳压平，成破碎纹。一个花纹是要用许多块蛋壳拼镶而成的。

第二步，待它十分干固后（约需两周时间），雕除去不整齐的部分，再在花纹以外的较低地涂上一层黑漆，刷上细碳粉。

第三步，炭粉干固后，全面刮上一层细漆灰。

第四步，细漆灰干燥后，用细红砂石打磨平顺，全面髹涂黑漆或彩色漆。

第五步，待漆干燥后，打磨显出蛋壳花纹。

第六步，依照推光方法，使它光亮。

第四节　漆工艺的外传及日本的“莳绘”

一、漆工艺的外传

我国古代的漆器制造工艺很早以前就传到了我国现今版图以外的地区，本编第三章中曾经提到在公元前5世纪越南古代的东山文化就已经与战国时期的楚国漆器有过接触；西汉时期，在今天的两广一带地区建立的南越国，其主要城市蕃禺、布山都曾是当时漆器制作的中心，广州南越国时期墓葬中出土的精美漆器一定也会与毗邻的越南北部地区进行交流，发达的楚国及南越国的漆工艺当然会对越南古代的漆器制造产生影响。我国的古代文献如《安南游记》《安南杂记》等中均有古代越南产漆和使用漆器的记载。

我国汉代生产的漆器曾经在朝鲜平壤一带大量出土，在朝鲜半岛的庆州一带时代为公元5~6世纪的新罗古墓中也出土有我国生产的漆器，表明朝鲜半岛的古代漆工艺与我国漆器的渊源关系。朝鲜也是一处著名的天然大漆产地，宋代徐竞的《宣和奉使高丽图经》（《知不足斋丛书》本）中多处提到朝鲜的漆器，如“盘棜皆木为之而黑漆”“螺钿之工，细密可贵”等。王世襄先生指出：“从很早的时候起，朝鲜宫廷就有专职的髹漆工匠，并在制造上有高度的分工。”他还指出，日本正仓院收藏的金泥绘新罗琴、金薄押新罗琴等漆器上的“平脱”工艺，就是在唐代由中国传去的漆工艺之一，由朝鲜的工匠用于琴的制作上。① 可见，朝鲜古代的漆工艺曾经受到我国古代漆工艺的影响。

据日本学者乡家忠臣研究，日本出土的最早漆器可能是绳文时代晚期（公元前3世纪）的遗物，到公元6世纪初期，随着佛教的东传，中国内地和朝鲜半岛生产的一些佛教用的精制漆制品和掌握较高漆器制造工艺的工匠们也都先后来到日本。至今在日本正仓院还保存有中国的唐代漆器，这些对日本古代的漆工艺都产生过很大的影响。我国生产的漆器可以通过朝鲜半岛间接地传到日本，也可以从海路直接传到日本。唐代天宝年间，著名的鉴真和尚东渡时，带去了许多当时中国的生产技术，其中包括漆器制作技术，例如，夹苎胎制作佛像的技术就是鉴真东渡时传到日本的，鉴真和尚干漆像正是中、日两国的工匠们根据这一技术在日

① 王世襄：《髹饰录解说》，第181页，文物出版社，1983年。

本制造的。宋、元、明时期，不断地有中国生产的漆器运往日本，现存日本的“婴戏图雕漆盘”，是宋代人许子元（1226—1286年）于公元1279年携往日本的；① 现存日本兴临院的元代张成（浙江嘉兴人）所制造的“花鸟雕漆朱盆”，是传入日本的一件非常重要的中国出产的雕红漆器，对日本文化产生很大的影响，极大地促进了日本漆工艺品的生产。②

在中国漆工艺的影响下，日本古代漆器制造工艺不断发展，创造出了许多精美的漆制品，彩绘、描金、螺钿、金银嵌等漆器制作工艺都有相当的发展，今举几件日本古代的漆器，从中可以看出其制作工艺与我国古代漆工艺之间的关系。

1. 玉虫厨子，是日本飞鸟时代具有代表性的漆工艺品（时代约为公元7世纪），外形如一座宫殿：下部为四方形有足台座，台上有二层宫殿，殿顶为四坡歇山顶。通高233.3 cm，其中宫殿高95.7 cm。厨子的用途可能是用来盛装佛经的。厨子通体髹黑色漆，在黑漆地上用红、黄、绿等彩绘佛教的传说故事等内容，同时还采用了金、铜、玉等进行镶嵌。对其彩绘工艺有两种不同的看法：一种认为是采用荏油等油料加入颜料后绘制的，也就是所谓的“油绘”；另一种认为是采用大漆加入颜料后制成的色漆绘制的，也就是所谓的“漆绘”。乡家忠臣先生认为“漆绘”的看法比较有力；③ 王世襄先生认为是采用“油绘”制成的，并指出：厨子的结构“是承袭我国六朝式的衣钵”，“在制作及画法上受中国的影响”，还引用了日本学者小野胜年的看法，认为该厨子可能是使用了“密陀油”（加入密陀僧即氧化铅的俗名之一，而熬制成的油）绘制的。④

2. 日本考古发现的早期莳绘漆器是在平城宫遗址出土的棱形漆木棍，长约20 cm、直径约1.5 cm，上面用金粉、银粉绘制花鸟等图案。这是一件公元8世纪的遗物，也是日本早期的莳绘作品之一。⑤

3. 莳绘三十帖子箱，制造年代在日本延喜十九年（公元919年），日本最早的莳绘漆器代表作之一。此箱是专门为存放日本高僧弘法大师空海（774—836年）从中国求得的佛经而作。箱长方形，天盖地式，用金银粉描绘花鸟图案，花纹优美流畅。⑥

二、日本的“莳绘”

莳绘，是日本漆器髹饰工艺的称谓，依其工艺上的差别大体上又可以分为平莳绘、高莳绘和研出莳绘三种，也通称为莳绘。

平莳绘，明代黄成《髹饰录》中称之为描金，我国近现代漆工艺中也称之为描金。漆器上的描金工艺，早在战国时期楚国的漆工艺中就已经出现，可能是唐代或稍晚时传到了日本。三十帖子箱是一件采用平莳绘工艺髹饰的作品。

---

① 王世襄著：《髹饰录解说》，第126页，文物出版社，1983年。

② ［日］乡家忠臣：《漆工》，文部省文化厅监修：《重要文化财25 工艺品Ⅱ》，第30页，彩版4说明，每日新闻社，1976年。

③ ［日］乡家忠臣：《漆工》，文部省文化厅监修：《重要文化财25 工艺品Ⅱ》，第30页，彩版4说明，每日新闻社，1976年。

④ 王世襄著：《髹饰录解说》，第93~94页，文物出版社，1983年。

⑤ 朝日新闻社编：《莳绘》，朝日新闻社，1995年。

⑥ 王世襄著：《髹饰录解说》，第180页，文物出版社，1983年。

高莳绘，明代黄成《髹饰录》中称之为“识文描金”。“识文描金又分屑金和泥金两种。屑金识文描金是在用漆堆成的花纹上洒屑金，泥金识文描金是在用漆堆成的花纹上贴金或上金。”“还有一器兼用屑金和泥金的。”①

此外，研出莳绘也是日本漆器制作中金髹工艺的一种。

日本古代的漆工艺受到我国古代漆工艺的影响，漆器金髹工艺只是其中之一，这是一个方面；另一个方面是日本古代劳动人民在学习、应用、借鉴我国漆工艺的同时，根据本国的实际又有所发展，莳绘就是一个很好的例子。

第五节　宋代的圈胎漆器

我国古代漆器的胎体多种多样，有木、竹、夹苎、皮、金属等，但使用最多的仍然是木质胎体。在宋代漆器中出现了一种圈胎漆器，其胎体的制作在我国古代漆器中别具一格。更为有趣的是：这种圈胎漆器仅仅在宋代前后的出土漆器中发现过，在此之前或之后均未有发现。因此需要专文予以论述。

一、考古发现的宋代圈胎漆器

1977 年，在江苏省沙洲县宋墓中出土了两件宋代雕漆碗，与青瓷碗等同出于棺内，漆碗高 6.5 cm、口径 14 cm、壁厚 0.5 cm、底径 6 cm，圈足。胎骨以 0.3 cm 宽、0.1 cm 厚的竹片编成，两面堆漆。碗内壁包裹薄薄的银箔，由底包到口沿外，反转后嵌入漆中，银边与漆口黏得很牢，似融为一体。据陈晶先生介绍，该漆碗的胎骨系用木片圈叠而成，外面涂灰，表面层层髹漆，原来所说竹片胎有误。②所以这也是一件木质圈胎漆器。

1978 年，在湖北省监利县发现的一座砖石墓中出土了 9 件漆器，种类有碗、盘、盒、勺等，全部漆器均为木胎，内髹红漆，外髹黑褐色漆，无彩绘，应属于“一色漆器”。其胎体的制作除漆勺是整木雕成的之外，其他几件漆器的胎体均是采用 0.2 cm 宽的薄杉木条一圈圈制成器形，然后外裱麻布后髹漆而成。该墓中同时出土有开元通宝钱及三彩陶罐，所以，原来将其时代定为唐代，③王世襄先生认为是北宋前期的墓葬，④ 应是有道理的。

1982 年，在常州北环北宋中期墓中出土了两件木质圈胎的“一色漆器”：⑤

1. 扁圆形黑漆盒，平底，失盖，高 3.7 cm、口径 13.7 cm。用宽 3.5 cm、厚 0.1 cm 三层薄木片圈盘组成胎体，外面两层木片重叠圈盘，内层伸出呈子口。木胎外灰腻质地不坚，漆层很薄。

2. 黑漆钵，口内敛，圆腹，平底。薄木片圈成胎体，出土时破碎，残高约 14 cm，腹径约 20 cm。

---

① 王世襄著：《髹饰录解说》，第 112 页，文物出版社，1983 年。

② 陈晶：《常州北环新村宋墓出土的漆器》，《考古》1984 年 8 期。

③ 湖北省荆州地区博物馆保管组：《湖北监利县出土一批唐代漆器》，《文物》1982 年 2 期。

④ 王世襄：《中国古代漆工艺》，《中国美术全集·工艺美术编 8·漆器》，第 23 ~ 33 页，文物出版社，1989 年。

⑤ 陈晶：《常州北环新村宋墓出土的漆器》，《考古》1984 年 8 期。

二、圈胎的制造方法（见图1－5－1）

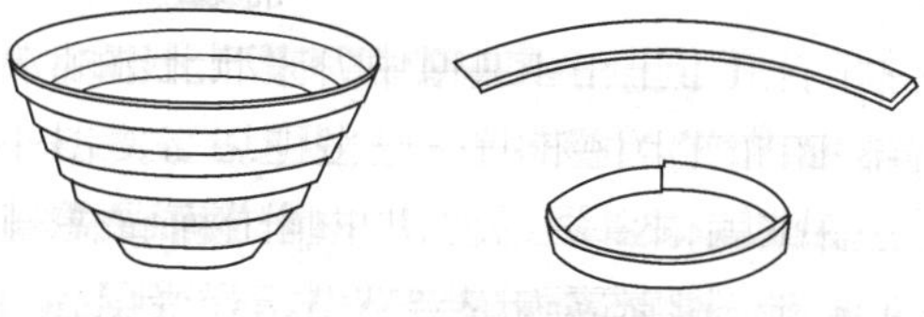

图1－5－1　圈胎制法示意图

湖北监利出土的圈胎漆器，有关人员在保护时曾经对其胎体的制作方法作过考察，笔者也作过研究，初步认定其工序如下：

1. 上述出土文物表明宋代的圈胎漆器的胎体主要是木质的，所以制造圈胎的第一步是制作合乎要求的长条形薄木片，其中木片一般是采用木纹比较平直的杉木等来制作。

2. 采用火烤等方法将木片均匀地弯曲成圆圈形状。对木片来说，一条薄木片一般只弯曲成一个圆圈，其接头处一般还需黏结。用于制造圈胎漆碗等的薄木片，有的在弯曲时要利用木片的宽度形成上部口径大、下部口径小的喇叭形。

3. 将相应尺寸的木质圆圈相叠成器物的形状，一般为碗、钵等圆形器物，相叠时各圈之间要进行适当的黏结。

4. 在木质圈胎外面涂漆灰，待漆灰干燥后还需打磨平整才能再行髹漆。

三、圈胎出现及消失的原因

（一）圈胎出现的原因

早在战国时期，楚国薄木胎漆器的胎体就是采用类似的工艺制造的，然而薄木胎的出现是为了追求漆器的轻巧，并没有从根本上消除木材随气候而发生的变化。为了克服木材的这一缺点，人们发明了夹苎胎。而圈胎是采用多块木片与漆灰共同制成，可以看做是木胎与夹苎胎相结合的一种胎体，加之圈胎是由多条木片组成，耐气候性是比较好的，然而仅仅从耐气候性这一点来看，圈胎并不比夹苎胎强，甚至还要差一点。因此，我们可以说，增强漆器胎体的耐气候性不是圈胎出现的唯一原因。那么，圈胎出现的原因还有哪些呢？

1. 在木胎上涂漆灰的做法，在战国时期就已经出现。广州西汉前期墓中曾出土过一件漆器，被称为漆敦，已残损，笔者曾保护处理过这件漆器，发现它是采用长约10 cm、宽约1 cm、厚约1.5 mm的薄木片（前半部分可能逐步削尖），弯成抛物线形后并排组成一个圆筒形状，为了在前端形成一个半球形，木片之上又涂了漆灰，这种采用木片拼合胎体的做法极少见到过。圈胎正是在卷木胎、木片拼合胎的基础上，将一整块的卷木圈分开来变成多块卷木圈、将拼合胎的木片弯曲成圆圈叠合而成的。

2. 采用圈胎直接成型，可以省去夹苎胎制作时器物模范的制造及夹苎胎制作完成后器物模范的去除等工序。这对于一些小型圆形器物，如碗等，工艺上并不太复杂，有一定的适用性。

3. 如果是金属胎上涂漆灰，圈胎的使用利于漆灰与金属胎体的相结合，能增加其牢固的程度。

4. 由于有一层圈胎存在，涂漆灰时可以不需要贴布，也减少了漆灰的用量，当然也就是减少了漆的用量，使成本稍有降低。

（二）圈胎消失的原因

圈胎作为漆器的一种胎体并没有在许多漆制品中出现，说明它的使用范围不广、数量也不多，而且在宋元之后的漆器中极少发现它的踪迹。造成这一现象的原因主要有：

1. 圈胎是采用圆形的薄木圈叠合而成，因此，只能制造那些小型的圆形漆器，如碗、钵等，除此之外，其他器型的漆器或较大型的圆形漆器都难以采用圈胎来制造。

2. 圈胎的制作虽然在工艺上并不复杂，对小型圆形漆器又有一定的适用性，但是薄木片的削制与弯曲成型却比较费时费工。与夹苎胎比较，虽然省去了制模及去模工序，但从整个工序总量来看并没有减少。

3. 与夹苎胎漆器比较，圈胎漆器所具有的轻巧性、耐气候性等优点并不明显，所以人们往往使用夹苎胎或薄木胎加漆灰及布来制作漆器，而不一定要使用圈胎。

第六节　宋代的“一色漆器”

一、考古发现的宋代“一色漆器”

（一）襄州出产的“一色漆器”

1965 年 11 月，考古工作者在武汉市汉阳十里铺发掘的北宋时期的墓葬中出土了十多件“一色漆器”，其中有几件漆器书写有铭文，根据铭文可知这些漆器是当时襄州的漆器作坊生产的产品。现将有关情况见表 1－5－1①。

表 1－5－1　武汉市汉阳北宋墓出土“一色漆器”的有关情况

名称及数量	尺寸、胎质及髹漆情况	铭文
碗四件	Ⅰ式，敞口外侈，为六花瓣形，胎薄，器壁内外均为黑红色。黑漆脱落处均露出红色漆，故黑中透红 Ⅱ式，平折宽唇，外髹黑红漆，内髹赭色漆，口径 10.5 cm，通高 4.1 cm	底外壁朱书“丙戌邢家上牢”
盏托二件	由上敛口弧壁小碗及下张开式六花瓣托盘组成，木胎极薄。除小碗内及圈足内髹黑红色漆之外，其余为深红色。小碗口径 8.4 cm，盘径 14.2 cm	

① 湖北省文化局文物工作队：《武汉市十里铺北宋墓出土漆器等文物》，《文物》1966 年 5 期。

（续表）

名称及数量	尺寸、胎质及髹漆情况	铭文
盘二件	口外侈，为六花瓣形，胎薄，除器底髹黑红漆外，其余均髹暗红色漆，口径 17.2 cm，通高 3.2 cm	
钵二件	Ⅰ式，直口，六花瓣形，平底，木胎薄，器壁内外髹黑红色漆，近底部有一小圆块棕红色。口径 17.9 cm，通高 5.8 cm Ⅱ式，敛口，胎较薄，髹漆同Ⅰ式，口径 12.8 cm，通高 6 cm	器壁外朱书“己丑襄州邢家造真上牢” 器壁外朱书“戊子襄州骀马巷西谢家上牢□□”

襄州，即位于现今湖北省西部的襄阳，在唐、宋时期称为襄州。在宋代，襄州属于京西南路，是当时南北交通的要冲，当时我国漆器生产的中心有多个，襄州是其中之一。《宋史》卷八十五“地理志”：“襄阳府，望，襄阳郡……贡麝香、白谷、漆器。”说明在宋代襄州生产的漆器是上贡朝廷的贡品之一。考古发掘出的实物也证实了宋代襄州漆器生产水平是很高的。

（二）杭州、温州、江宁府出产的“一色漆器”

1959 年，江苏淮安发掘了五座北宋墓，其中两座是纪年墓，1 号墓为嘉祐五年，2 号墓为绍圣元年。墓中出土一大批“一色漆器”，均为木胎，或木胎涂漆灰加布，主要为黑色，或酱（红）色与黑色。现将部分带有铭文的出土漆器的有关情况列成表 1－5－2①。

表 1－5－2　江苏淮安北宋墓出土部分“一色漆器”的有关情况

名称及数量	尺寸、胎质及髹漆情况	铭文
碗四件，1 号墓出土	花瓣式、平底，木胎粘织物，通身髹黑色漆，口径 16 cm、高 7 cm	外底部各红书一字“香”或“库”
小盘八件，1 号墓出土	花瓣式，平底，木胎粘织物，底部髹黑漆，其余髹酱色漆，口径 9～11 cm、高 2.5～3 cm	4 件外底部红书“杭州胡”，一件书“己酉杭州吴□上牢”
盘二件，2 号墓出土	花瓣式，圈底，木胎粘织物，通身髹黑色漆，口径 16 cm、高 4 cm	盘外边红书“丁卯温州开元寺东黄上牢”或“壬申杭州真大□□上牢”
圆罐一件，2 号墓出土	平底，木胎粘织物，通身髹黑色漆，口径 9 cm、高 11 cm	盖里红书“壬申杭州北大吴□□”

① 罗宗真：《淮安宋墓出土的漆器》，《文物》1963 年 5 期。

（续表）

名称及数量	尺寸、胎质及髹漆情况	铭文
碗一件，3号墓出土	花瓣式，圈底，木胎粘织物，通身髹黑色漆，口径 12 cm、高 7 cm	外底部红书“选行素漆丙子□张义目□□”
盘一件，3号墓出土	花瓣式，平底，木胎粘织物，通身髹黑色漆，口径 15.5 cm、高 3.5 cm	外底部红漆书“杨中”
圆盒一件，4号墓出土	花瓣式，圈底，木胎粘织物，通身髹酱红色漆、外底髹黑色漆，底径 14 cm、高 4 cm	外底部红书“戊申温州□三叔上牢”
盘四件，4号墓出土	花瓣式，平底，木胎粘织物，两件内髹酱红色外髹黑色漆，口径 14 cm、高 4 cm。另两件通身髹酱红色漆，外底髹黑色漆，口径 9～11 cm，高 2.5～3 cm	外底部分别红书“江宁府烧朱任□上牢”“江宁府烧朱□□上牢庚子□”“杭州胡二”“己丑温州□□上牢□”。

罗宗真先生指出：“淮安宋墓出土的漆器，经过我们初步整理、修补，发现大部分是黑色的，酱红色的较少；但有一部分是内黑外红或内红外黑的……这些漆器中黑漆的大部分未褪色，相当完好……故可推测当时制漆多用黑色素漆，既朴素美观，又经久耐用。”“这些漆器除少数为木胎外，其余全为木胎糊织物。小件盘、托的木胎做得极为精细，圆形的底片，旋削得极薄、极圆。盘、碗的花瓣形边，匀称平正，与底边胶接得无缝可见。在木胎外包涂的漆灰，非常工整紧凑，相当牢固。”①

（三）临安府出产的“一色漆器”

1953 年，在杭州西湖区老和山 4 座小型宋墓中出土了一批南宋时期的“一色漆器”，计有十余件。除一件漆盒为厚木胎之外，其余的均为薄木胎；漆器基本上都髹黑色漆，仅在残存的漆皮上发现有彩绘的痕迹。现将其中几件“一色漆器”的有关情况列成表 1－5－3。②

表 1－5－3　杭州老和山南宋墓出土部分“一色漆器”的有关情况

名称与数量	尺寸、胎及髹漆情况	铭文
碗三件，M201 出土	敞口，深腹，薄木胎，通体髹黑色漆。径 17.5～18.5 cm、高 6.1～6.6 cm	外口下朱书“壬午临安府符家真实上牢”
盘一件，M201 出土	敞口，平底，薄木胎，通体髹黑色漆。口径 14 cm、高 2.5 cm	外口下朱书“壬午临安府符家真实上牢”
盒一件，M204 出土	分盖与底两部分，薄木胎，通体髹黑色漆。最大圆径 11.8 cm、高 5.6 cm	
奁一件，M204 出土	分盖与底两部分，薄木胎，通体髹黑色漆。圆径 7.8 cm。盖、底的口沿均镶有铜箍	

① 罗宗真：《淮安宋墓出土的漆器》，《文物》1963 年 5 期。

② 蒋赞初：《谈杭州老和山宋墓出土的漆器》，《文物》1957 年 7 期。

杭州老和山南宋墓出土的漆器有些已经腐烂，从木胎的残片看，其厚度有厚、薄两种，厚的有0.3～0.4 cm、薄的只有0.1～0.2 cm。

（四）苏州出产的“一色漆器”

1982年6月，在常州市北环宋代中期墓中出土了几件“一色漆器”，其中一件朱漆托子底部带有朱书铭文，说明这是一件苏州生产的漆器。此外，还出土有两片夹罗漆片，可能是幞头背面作衬里用的，漆片以两层棕色花罗，中间涂灰腻，两面髹漆，呈深棕色，漆层光滑，花罗纹样透露清晰。这种以漆制纺织品作衬里，在战国及西汉时期的楚地都有过出土，而后来的考古发掘中却极少发现，由此可见北宋中期苏州的漆器制作还是较为发达的。现将几件“一色漆器”的有关情况列成表1－5－4。①

表1－5－4　常州北环新村北宋墓出土“一色漆器”的有关情况

名称与数量	尺寸、胎及髹漆情况	铭文
银里漆盖罐二件	内壁为银质筒形罐，外层漆罐，木胎、素面黑漆、退光。口径8 cm、通高6.3 cm。有盖	
银里扁圆盒一件	内壁为银质平底盒，外层漆盒，木胎、素面黑漆、退光。口径10 cm、通高3 cm。有盖	
漆托一件	杯口内敛，六瓣形托沿。杯、托内髹黑漆，外髹红漆。杯口、托沿、足沿周镶银包口。通高6 cm、杯口径8.7 cm、托径14.5 cm	托底朱书“苏州真大黄二郎上”“辛卯”
扁圆形黑漆盒一件	平底，木圈胎，失盖，通体髹黑色漆。高3.7 cm、口径13.7 cm	
黑漆钵一件	口内敛，圆腹，平底，木圈胎，通体髹黑色漆，残高14 cm、腹径约20 cm	

在北宋时期，苏州已经是长江以南手工业发达商业繁华的城市之一，北环新村出土茶托上的铭文证明了当时苏州也有一些漆器作坊在生产“一色漆器”。1956年在苏州虎丘云岩寺塔内发现的北宋初年银镶鎏金漆经箱，经考证也是苏州当地的产品。这表明苏州在北宋时期也是一处漆器生产地。

此外，据《中国文物报》1997年3月9日报道：1995年10月至1996年5月，扬州博物馆与宝应县文物部门在宝应县城内发掘了北宋真宗至神宗时期的墓葬21座，出土了“一色漆器”50多件，计有碗、盆、盘、钵盂、盒、粉盒及箸、匕等，部分漆碗、漆盒的口部与足部镶有银扣；部分漆器上用漆书或针刻“马”“王”“苗”等铭文，报道中明确指出这批漆器皆为私家作坊的产品。

1974年在辽宁法库叶茂台一座辽墓中出土有20多件漆器，其中多数都是“一

① 陈晶：《常州北环新村宋墓出土的漆器》，《考古》1984年8期。

色漆器”，种类有钵、碗、奁、盘、勺等，胎体多为旋木胎或卷木夹苎胎，漆器的颜色有黑、朱红、酱红三种。如瓜楞式奁盒，卷木胎，胎表糊苎布再髹漆，外体黑光，内壁和凹窝处红色；盒内还有一个花式盘，盘的胎体很薄，盘内面髹红色漆，外表髹黑色漆。部分漆器的底部有红色漆书写的铭文，如花式盘盘底的铭文为“□□成上牢”。《法库叶茂台辽墓记略》一文指出①：此墓漆器款识的一个特点，是不署产地，这和无锡、杭州、淮安等地宋墓出土的那些注明“杭州”“温州”“临安府”“江宁府”字样的款识不同。联想到河北钜鹿出土的残器底仅有“辛大郎祖铺”字样，同样不署产地，我们推测可能是当时北方漆器铭款识的一个共同格式。北宋时的髹漆工人“名匠多在定州”，这批漆器（包括钜鹿出土）有可能就是定州生产的。

二、北宋时期“一色漆器”的生产情况

江苏淮安北宋墓中出土的这批漆器，从漆器本身所书写的铭文来看，均为北宋时期杭州、温州、江宁府生产的漆器，而且都是“一色漆器”。武汉市汉阳北宋墓中出土的十多件漆器也全部是“一色漆器”。更为重要的是这些“一色漆器”又是上述各地的不同的漆器作坊生产的产品。鉴于此，对北宋时期“一色漆器”的生产情况可以看出下列几点：

1. 北宋时期，全国许多城市都有漆器制造业，《朱启钤先生髹饰录弁言》指出：“北宋名匠，多在定州。”“靖康以后，群工南渡，嘉兴髹工，遂有取代定器之势。”②《古今图书集成·经济汇编考工典》第十卷“漆工部纪事”中记载：髹器“祥符天禧中每为会，即盛陈之，然制自江南，颇质朴。庆历后浙中始造，盛行于时”。可见，北宋时期全国许多地方都有漆器制造业存在，除定州外，襄州、杭州、温州、江宁府等地的漆器制造业也比较发达，这些地区（包括定州）所生产的漆器中“一色漆器”可能占有相当大的比例，而且质量也比较好。

2. 从出土漆器上的铭文来看，北宋时期的漆器（包括“一色漆器”）的生产是以家庭作坊为主的一种生产形式，汉阳十里铺出土漆器铭文中所记载的“邢家”“谢家”；淮安出土漆器铭文中所记载的“杭州胡二”“杭州北大吴”“温州□三叔”“江宁府烧朱任□”等，都应是当时当地比较有名的漆器作坊。所以，在他们所制造的产品上才将作坊的姓氏、制作的时间甚至作坊的地址等都书写在产品上，以示产品质量的档次及其对产品质量的保证。直到南宋初年，这一做法依然保留，杭州老和山201号南宋墓（时代为南宋初年）出土的漆碗、漆盘上的铭文也证实了这一点（见图1－5－2）。

① 辽宁省博物馆：《法库叶茂台辽墓记略》，《文物》1975年12期。
② 王世襄著：《髹饰录解说》，第15页，文物出版社，1983年。

图 1-5-2　宋墓出土漆器上的铭文（摘自《文物》1966 年 5 期；《考古》1984 年 8 期）

3. 北宋时期，襄州、杭州、温州、江宁府等地制作漆器（包括“一色漆器”）的作坊都有多家，反映出这些地区的漆器制造业是比较发达的。

4. 襄州生产的“一色漆器”在当时已经远销到数百千米之外的现今汉阳十里铺一带，表明当时襄州漆器生产的规模及产品数量都是比较可观的。而杭州等地生产的漆器也远销到了现今苏北的淮安，说明这些地区漆器生产的规模及产品数量也是比较可观的。

5. 从出土漆器的铭文可以看出，淮安 2 号宋墓出土的漆器中既有温州的产品也有杭州的产品，并且还有杭州多家漆器作坊的产品。另根据淮安 2 号北宋墓出土的墓志铭记载，该墓的主人生前曾在蕲州、广济、台州、天台一带为官，前两地在今天湖北的东部，离襄阳很远；后两地在今天的浙江的东部，也不在上述几处漆器产地内。该墓出土的漆器中，有一部分可能是他在为官地购买的，这不仅说明了上述几处漆器产地的产品已经远销各地，同时也说明了当时的人们比较喜爱“一色漆器”，仅淮安 2 号宋墓中就出土“一色漆器”30 多件。

三、“一色漆器”的制作工艺

出土的“一色漆器”均为木胎或木胎贴布，质地薄而均匀。襄州生产的“一色漆器”的胎体上可以看出细密的旋纹。笔者曾经对其中的一件漆碗做过脱水保护处理，碗的厚度约为 0.5 cm（包括漆灰、漆膜的厚度），其中木胎厚度仅有 0.3 cm 左右。这么薄的木胎，而且十分均匀，不是挖凿成型，而是通过旋床一类的机械加工成型的，从脱漆的部位可以看到旋切的痕迹。杭州等地生产的“一色漆器”，如，“小件盘、托的木胎做得极为精细，圆形的底片，旋削得极薄、极圆。盘、碗的花瓣形边，匀称平正，与底边胶接得无缝可见。在木胎外包涂的漆灰，非常工整紧凑，相当牢固”。这表明北宋时期襄州、杭州、温州、江宁府等地漆器作坊中生产的“一色漆器”，在制胎工艺上采用了旋切，使原来厚重的木胎变得薄而轻巧，首先就从胎体上保证了所制作漆器的几何形美。同时，通过旋切的平整表面又为能制出平整的漆膜提供了良好的基础。

大漆的产品从古至今其主要颜色就是红、黑两种。一般说来，漆器表面的颜色除彩绘之外，不是髹成红色（包括棕红、暗红等）就是髹成黑色（包括褐、棕褐等），而宋代襄州生产的一些“一色漆器”的表层却连续地髹有红、黑两色漆。从汉阳十里铺出土的漆器实物来看，表层漆膜脱落的地方可以看到在木胎的漆灰地上先髹一层红漆，较厚，待这层红漆干燥后再在其上髹一层黑褐色漆，与红漆层相比，黑褐色漆层要薄一些。这种工艺与雕漆的髹饰有些相似，但是所髹的漆层只有两层，而且黑褐色层又较薄，不可能作雕漆用。那么，襄州漆器如此髹漆的原因何在？前面已经指出，“一色漆器”是以胎体的外形及表面髹漆工艺的精致来体现其特点的，表面髹漆工艺采用了推光，汉阳十里铺北宋墓中出土的“一色漆器”，有的表面光亮如镜，几乎看不到有疵点存在，说明当时已经采用了从粗磨、细磨到沾水（或油）打磨等多道打磨推光工艺。北宋时期襄州漆器在红漆层上再髹一层黑褐色漆的原因在于：由于黑褐色漆层比较薄，随着打磨推光工序的完成及漆器在使用过程中的时常拂拭，漆器的表面就呈现出一种黑里透红的颜色，深沉、庄重。直至今天，黑里透红仍然是人们喜爱的大漆制品的常用颜色。

汉阳、淮安北宋墓出土的“一色漆器”都是以黑色为多，也有红色的，这与有关的文献记载是相互吻合的：

宋代推光工艺的具体做法，目前已经难以考证了，然而，元代人陶宗仪所编写的《辍耕录》卷三十却记载有黑色推光漆的具体做法。这一记载，在时间上距宋不太远，手工业方面，尤其是制漆工艺，元代大部分是承袭了宋制，所以能以大致反映出宋代推光工艺的概况。

现将《辍耕录》中的有关记载摘录：“黑光。凡造碗、碟、盘、盂之属，其胎骨则梓人以脆松劈成薄片，于旋床上胶粘而成，名曰捲素。髹工买来，刀刳胶缝，干净平正。夏日无胶汎之患，却炀牛皮胶，和生漆，微嵌缝中，名曰捎当。然后胶漆布之，方加粗灰，灰乃砖瓦捣屑筛过，分粗、中、细是也。胶漆调和，令稀稠得所，如髹工自家造卖低歹之物，不用胶漆，止用猪血厚糊之类，而以麻筋代布，所以易坏也。粗灰过，停令日久坚实，砂皮擦磨，却加中灰，再加细灰，并如前。又停日久，砖石车磨，去灰浆，洁净停一二日，候干燥，方漆之，谓之糙漆。再停数月（日），车磨糙漆，绢帛挑。去浆迹，才用黑光。黑光者，用漆斤两若干，煎成膏，再用漆，如上一半，加鸡子清，打匀，入在内，日中晒翻三五度，如栗壳色，入前项所煎漆中和匀，试简看紧慢，若紧，再晒；若慢，加生漆，多入触药。触药即铁浆沫，用隔年米醋煎此物，干为末，入漆中，名曰黑光。用刷蘸漆，漆器物上，不要见刷痕。停三五日，待漆内外俱干，置荫处晾之，然后用揩光石磨去漆中类。揩光石，鸡肝石也，出杭州上柏三桥埠牛头岭。再用翦髮，次用布髮，次用菜油傅，却用出光粉揩，方明亮。朱红，修治布灰一一如前，不用糙漆，却用䞓朱桐叶色。然后用银朱，以漆煎成膏子，调朱。如朱一两，则膏子亦一两，生漆少许，看四时天气，试简加减，冬多加生漆，颜色暗。春秋色居中；夏四五月，秋七月，此三月，颜色正，且红亮。”①

由上述记载可以看出，从五代到宋元，推光漆中既有黑色推光也有红色推光。

① 元·陶宗仪：《南村辍耕录》，第375页，中华书局，1959年。

黑色推光工艺中仅推光工序就有五道：揩光石推光、篛帉推光、布帉推光、菜油推光、出光粉推光。现代漆工们在制造大漆制品时也是采用揩光粉制成的油泥、生漆、菜油、鹿角粉等进行推光，也有四五道工序，其工艺与上述记载基本上是一致的。

《辍耕录》中记载的有关黑色推光漆中所用的“触药”，是采用铁浆沫与米醋煎熬制成的产物。从现代化学的观点来看，这种称为“黑光”的触药应该是一种铁的化合物。铁浆沫中的主要成分是氧化铁，隔年米醋中含有醋酸，两者一起煎熬，氧化铁与醋酸作用首先生成醋酸铁，然后醋酸铁水解，水解的产物中除了铁盐外还有一部分亚铁盐，它们最终生成的产物为四氧化三铁，一种黑色的粉末，也就是铁黑（因制作时的操作条件不同，制成的铁黑往往带有褐色）。值得注意的是，直至20世纪50年代，长江流域一带的民间工匠们在制造黑色推光漆时仍然采用铁浆沫加醋煎熬的方法来制造所用的铁黑，其所用的推光技术与《辍耕录》中的记载几乎也是相同的。由此可以看出，我国传统的大漆制作工艺一千多年来并没有太大的进展，同时也说明了我国的大漆制作工艺至今仍然保存着我国古代固有的传统技术。20世纪50年代以后，随着化学工业的发展，制作黑色推光漆时，逐步采用硫酸亚铁与碳酸氢钠来制造铁黑，随后就直接采用工业生产的铁黑（铁盐与亚铁盐加碱制造）了。

四、“一色漆器”盛行的原因

（一）社会原因

“一色漆器”，也就是素面漆器，即是说该漆器是采用一种（有时是两种）颜色的漆髹饰而成的，表面没有任何的彩绘或其他装饰。前面已经论述过，“一色漆器”的出现与当时社会生活中士大夫追求典雅、淡泊的思想及漆工艺中推光工艺的出现有关。从社会的意识形态来看，宋代与唐代是存在区别的：唐代，特别是盛唐时期，不仅经济发达，而且整个社会的开放程度比较大，如，唐代皇室的妇女还可以改嫁就是一例；宋代，虽然其前期的经济也比较发达，但整个社会的开放程度不如唐代，而程朱理学却比较盛行。在士大夫阶层中崇尚浮华与追求典雅的风气并存，“一色漆器”所表现出来的典雅、淡泊的风格与一部分士大夫的思想相吻合，同时“一色漆器”与“平脱”“螺钿”“雕漆”等漆器相比较，制造工艺较为简单，特别是不采用昂贵的金、银、玉石等材料，价格相对比较便宜，适合于一般中产阶层使用，这就是为什么“一色漆器”在唐代并不盛行而在宋代却比较盛行的原因之一。淮安2号宋墓的墓主人生前曾在多处担任税官，他的墓内出土有30多件漆器就是一个很好的例证。

（二）技术原因

从《辍耕录》中有关黑色推光漆器制造技术的记载来看，这一技术已经相当成熟了。成熟的技术所制造出的一色漆器，表面光亮照人，惹人喜爱，从某一方面讲超过了一般的彩绘漆器及镶嵌漆器。另一方面，由于比较精细的旋切加工技术的采用，漆器的木质胎体可以制作得十分薄而平整，在木胎上涂漆灰或贴布之后又进一步改变了胎体的耐气候性，使制造出来的产品不仅外表光亮、造型美观，而且轻巧、耐用，所制成的盘、碗、罐、盒等日常用品足以与当时的同类瓷器相媲美。所以“一色漆器”在当时得以有一个比较大的发展。

第七节 宋代的金银胎漆器

金属胎漆器在我国的起源很早，在战国时期的楚墓中就有金属胎漆器出土。宋代的金属胎漆器，最为人们所注意的是金胎、银胎漆器，而不是青铜胎质的漆器，它的出现完全是宋代的统治者奢侈豪华生活的一种表现。金胎、银胎上髹漆，主要是制作雕刻漆器，不仅要表现漆层的美观，还要将胎体的某些部分暴露出来，由此来显示器物的珍贵与豪华。

一、古代文献中关于宋代金银胎漆器的记载

明代黄成《髹饰录》“雕镂第十”中记载：“金银胎剔红，宋内府中有金胎、银胎者，近日有鍮胎、锡胎者，即所假效也。”①

明代高濂《遵生八笺》卷十四记载：“宋人雕红漆器，如宫中用盒，多以金银为胎，以朱漆厚堆至数十层，始刻人物楼台花草等像，刀法之工，雕镂之巧，俨若画图。”②

谢堃《金玉琐碎》卷上：“宋有雕漆盘盒等物，刀入三层，书画极工，竟有以黄金为胎者，盖大内物也。民间有银胎、灰胎，亦无不精妙。近因贾肆跌损一器，内露黄金，一时喧哄，争购剥毁，盖利其金。殊不知金胎少而灰胎多。一年之内，毁剥略尽。”③

二、考古发现的类似金银胎漆器实物

宋代的金银胎漆器实物，虽然在古代文献中多见记载，然而其实物至今极少见到过有关报道，一方面说明宋代的金银胎漆器本来数量就不会多，难以流传下来；另一方面则因为人们“盖利其金”，将其“剥毁略尽”了。王世襄先生曾举一例：故宫博物院所藏的宣德款人物楼阁剔红盘，盘底被人钻一孔，露出锡胎。这应当是当年宫中典守的人，想知道漆下是否有金银胎才探挖的。④如果这是一件金银胎漆器，可能早就被人“剥毁”了。下面所介绍的均为类似金银胎漆器的出土文物。

1. 1942～1943年在四川发掘的王建墓中出土了一件银铅胎漆器——漆碟，王建墓的下葬年代为前蜀光天元年（公元918年），虽为五代时期的遗物，比宋要早一些，但也能从中看出这种漆制品的有关情况。据冯汉骥介绍：“碟为五瓣形，圆底，圈足，最大直径19.5 cm，深2 cm，圈足高1 cm。胎分二层，内层为银，外层为铅，共厚约1 mm。外层表面极粗糙，其上髹漆，但漆已脱落，仅余痕迹。碟面不髹漆，故银胎露于外。银胎上用极薄金皮一层，将花纹钻于银胎之上，钻痕直透至铅胎上。空白处将金皮镂空，故银胎与金花相映。”“这一漆碟，大概系记载中所称的金银胎剔红”，“我们由王建墓内此一银、铅胎骨看，可以认定它是一件雕红器，所可惜者，漆痕全落，不能推见它雕镂得如何”。⑤

---

① 王世襄著：《髹饰录解说》，第123页，文物出版社，1983年。

② 明·高濂：《遵生八笺》卷十四“论剔红倭漆雕刻镶嵌器皿”，《影印文渊阁四库全书》871册。

③ 谢堃：《金玉琐碎》卷上，上海神州国光社排印本，1936年。

④ 王世襄著：《髹饰录解说》，第124页，文物出版社，1983年。

⑤ 冯汉骥：《前蜀王建墓出土的平脱漆器及银铅胎漆器》，《文物》1961年11期。

这件银铅胎漆碟，碟外层采用的是铅，表面粗糙，所以其上髹红漆并进行雕刻，既可增加器物的美观又可将粗糙的铅胎掩盖起来；碟内层采用的是银，所以不髹漆，而是粘贴一薄层镂切好的金箔花纹，胎体银白、花纹金黄，既高贵又美观。所以“大概系记载中所称的金银胎剔红”，权作一件金银胎漆器看待。不过，该器的制作工艺与宋代金银胎漆器的制作工艺在指导思想上是完全吻合的。

2. 已经论述过的苏州沙洲宋墓中出土了两件宋代雕漆碗，碗高 6.5 cm、口径 14 cm、壁厚 0.5 cm、底径 6 cm，圈足。胎骨以 0.3 cm 宽、0.1 cm 厚的木片圈叠而成（原报告为竹胎），两面堆漆。碗内壁包裹薄薄的银箔，由底包到口沿外，反转后嵌入漆中，银边与漆口黏得很牢，似融为一体。银面由于长期浸在水中，已变为黑色，刮去外层，还能露出洁白的银质。① 这两件碗虽然是木圈胎加灰，但其内层包有银箔，与银胎漆器有所相似，器表为“剔犀”工艺制成，与文献中记载的宋代金银胎漆器的制作工艺基本相同。它们的出土也证明了宋代生产金银胎漆制品的真实性。

3. 1982 年在常州市北环发掘的北宋中期墓中出土了几件银里漆器，所谓银里漆器是指漆器的胎体分为两层，内层为银质、外层为木胎髹漆。②

（1）银里漆盖罐两件。圆筒形，其中一件通高 6.3 cm、口径 8 cm、厚 0.34 cm。罐分内外两层，内层器壁为一银质平底筒形罐，为银里，里壁厚 0.12 cm。外层漆罐，木胎，素面，黑漆、推光。银筒罐口都高于漆罐外壁，形成子口底部有 0.15 cm 宽的一周边沿，略高于器底。器盖高 1.8 cm，内壁银质，外壁以漆盖包合，盖面略呈弧形。

（2）银里扁圆盒一件。通高 3 cm、口径 10 cm。内层银质平底盒为里，银里口部伸出，形成子口，外层漆盒，木胎、素面、黑漆、推光。盖内层银质，外包漆盖，盖面略呈圆弧形。

这种银里漆器在出土的漆器也是十分少见的。它们的出土说明在宋代不仅宫廷内制作金银胎漆器，民间可能也有制作金银胎漆器的。

三、有关制作工艺的推测

以金银作胎，质地很重，不轻巧，其上髹漆，往往会产生漆膜浮脱的毛病，如果漆膜较薄，漆膜起翘等现象容易发生，所以，这类漆器的漆膜一般来说应该比较厚才行。从上述的出土文物看，无论是银铅胎漆器或是银木胎漆器，其制作工艺有两种：

一种是银的表面不髹漆，而只是在铅或木的一面髹漆，直接将银面显露出来，达到富贵、美观的效果。如常州市北环宋墓中出土的银里漆盖罐、银里扁圆盒。

另一种是在银表面也髹漆，但是做成漆层比较厚的雕漆。这样一来，既克服了容易出现的漆膜浮脱的毛病，其银的一面又显露了出来，达到了富贵、美观的效果。如苏州沙洲宋墓中出土的雕漆碗。

---

① 包文灿：《江苏沙洲出土包银竹胎漆碗》，《文物》1981 年 8 期。
② 陈晶：《常州北环新村宋墓出土的漆器》，《考古》1984 年 8 期。

第八节　宋代温州的鎗金漆器

一、考古发现的宋代温州鎗金漆器

1978年，江苏省常州市的考古工作者在武进县村前乡又发掘了3座南宋时期的墓葬，编为4、5、6号墓，以区别1976年发掘的1、2、3号3座南宋墓。编号为4号和5号的两座墓中出土了一批漆器，其中比较重要的有三件温州出产的鎗金漆器，现摘录如下：①

（一）4号墓出土的鎗金漆器

鎗金细钩填漆斑纹地长方盒一件，通高11 cm、长15.4 cm、宽8.3 cm。盒盖内朱书“庚申温州丁字桥巷廨七叔上牢”十三字铭文。

（二）5号墓出土的鎗金漆器

鎗金细钩花卉人物奁一件，通高21.3 cm、直径19.2 cm。十二棱莲瓣形，分盖、盘、中、底四层。银扣镶口，木胎。盖面戗划人物花卉，盖内侧朱书“温州新河金念五郎上牢”十字。

鎗金朱髹长方盒一件，通高10.7 cm、长15.3 cm、宽8.1 cm。盒盖内朱书“丁酉温州五马钟念二郎上牢”十二字。

4号墓的年代为公元1260年之后，5号墓的年代为公元1237年之后。

陈晶等指出：“三件鎗金漆器中两件鎗金朱髹，盖面都以人物画为题材，其技巧之娴熟，刻画之精美，已臻炉火纯青的程度。”②

二、鎗金工艺的起源

元代陶宗仪《辍耕录》中记载了“鎗金银法”漆器制造工艺，“鎗金银法，嘉兴斜塘杨汇髹工鎗金鎗银法：凡器用什物，先用黑漆为地，以针刻画，或山水树石、或花竹翎毛、或亭台屋宇、或人物故事，一一完整。然后用新罗漆。若鎗金，则调雌黄，若鎗银，则调韶粉。日晒后，角挑挑嵌所刻缝罅，金箔或银箔，依银匠所用纸糊笼罩，置金银箔在内，遂旋细切取，铺已施漆上，新棉揩拭牢实。但著漆者自然粘住，其余金银都在棉上，于熨斗中烧灰，坩埚内熔锻，浑不走失。”③

明代黄成《髹饰录》“鎗划第十一”：“鎗金，鎗或作戗，或作创，一名镂金。”王世襄先生从《诗经·周颂·载见》中有关“鞗革有鸧，休有烈光”的记载出发，考证出漆器鎗金名称的由来，当起源于金工的鸧金。这一观点是很有见地的。他指出：“鎗金漆器从它的形态来看，与嵌金的铜器或铁器，确有相似之处。所以漆工鎗金命名的由来，当起源于金工的鸧金。”④

可见，鎗金、鎗银的做法是在朱色或黑色漆地上，用针或刀尖镂画出纤细的花纹，花纹之内打金胶，然后将切好的金箔或银箔黏着上去，成为金色或银色的花纹。

漆器的鎗金工艺名称虽然是从金属器的金银错工艺发展而来的，然而漆器上的

---

① 陈晶等：《江苏武进村前南宋墓清理纪要》，《考古》1986年3期。

② 陈晶等：《江苏武进村前南宋墓清理纪要》，《考古》1986年3期。

③ 元·陶宗仪：《南村辍耕录》，第379～380页，中华书局，1959年。

④ 王世襄著：《髹饰录解说》，第136页，文物出版社，1983年。

铊金工艺却是直接来源于漆器的针刻工艺。针刻漆器在战国时期的楚国漆器中就已经出现，在西汉初年被称为“锥画”，在针刻的阴纹中填入色料或色漆，就是**铊**金工艺的早期形式。广为人们熟知的湖北光化五座坟西汉中期墓出土的针刻纹漆卮曾被有的学者认定为是一件我国早期的**铊**金漆器，该漆卮表面刻纹内所填的色料只有很少部分保留下来，计有红色和极少量的黄色，据笔者观察，该黄色不是黄金，所以不能认为它是一件**铊**金漆器。但是，该漆卮的制作工艺则可以看做是**铊**金工艺的渊源。

铊金工艺的出现还与我国唐代盛行的“金银平脱”工艺有关。我国早期的漆器上使用金银，一般都是采用黏贴、镶嵌、平脱、描绘等工艺。如金银平脱漆器上的金银箔发生破损或脱落后就会留下凹槽，可以用金银箔重新黏贴上去进行修复，如果破损或脱落的纹饰较纤细的话，该修复工艺与**铊**金工艺就十分相近了（平脱工艺的金银箔在凹槽内，其表面与四周漆面相平；**铊**金工艺的金银箔也在凹槽内，但其表面一般是低于四周漆面）。黏贴、镶嵌、平脱等工艺所用的金银量都比较大，而**铊**金所用的金银量相对来说却要少一点，因为只在所刻的细线内粘贴一点点金箔，剩余的金箔可以全部回收，正如元代陶宗仪《辍耕录》中所说“浑不走失”。此外，虽然**铊**金所用的金箔用量较少，但由于金色明亮，金色与漆地相差明显，十分突出，从而达到装饰的效果。

三、宋代温州漆器的生产概况

宋代温州生产的漆器，在江苏淮安、武进等地宋墓中都有出土，如前面已经论述过的淮安宋墓中出土的花瓣式漆盘，圈底，胎体为木胎黏贴织物，通身髹黑色漆，口径 16 cm。在盘外边用红色漆书“丁卯温州开元寺东黄上牢”铭文。出土的花瓣式圆盒，圈底，胎体为木胎黏织物，通身髹酱红色漆、外底髹黑色漆，底径 14 cm、高 4 cm。外底部用红色漆书“戊申温州□三叔上牢”铭文（见图 1－5－3）。这些出土文物说明宋代的温州也有较多的漆器生产出来。

图 1－5－3　宋代温州产漆器上的铭文
（摘自《考古》1986 年 3 期）

陈晶先生指出：“吴自牧《梦粱录》中记载杭州城里著名的漆铺有‘清湖河下戚家犀皮铺’‘里仁坊游家漆铺’‘彭家温州漆器铺’‘黄草铺温州漆器’，这些专门出售温州漆器的铺子，或由温州迁到临安的漆器铺子。”①

“温州漆器是当时享有盛誉的商品，除《梦粱录》记载临安市肆中著名的温州漆器铺外，《东京梦华录》也记载了北宋开封设有‘温州漆器什物铺’。”②

在宋代，温州漆器铺已经开到两宋的都城开封与临安，表明当时温州的漆器作

---

① 陈晶：《常州北环新村宋墓出土的漆器》，《考古》1984 年 8 期。

② 陈晶等：《江苏武进村前南宋墓清理纪要》，《考古》1986 年 3 期。

坊很多、从事漆器制造的工匠也很多，所以才向外发展，将温州漆器铺开到了京城。

从出土漆器的铭文中也可以看出当时温州漆器生产的概况，“新河”“五马”“丁字桥”都是温州城里街巷之名。光绪《永嘉府志》：“城厢西北隅新河大街……隅厢五马街……西北隅丁字桥”，现今温州城里还有这些地名。① 民间作坊分布于城厢各处，说明当时温州漆器行业的兴盛。金念五郎、钟念二郎、廨七叔等都是具有较高技能的出色漆工匠，他们敢于将自家漆器作坊的地址和本人的真实姓名写在每件产品上，既是一种广告宣传，更是一种对于本身产品质量的保证，他们生产的漆器在质量上是过硬的，并且行销全国。

第九节　宋金时期的剔犀漆器

一、考古发现的宋金时期的剔犀漆器

已经论述过的苏州沙洲宋墓中出土两件宋代雕漆碗，两面堆漆，内薄外厚，外部漆层最厚处达 0.3 cm。漆色褐黑带红，至今仍乌亮耀眼。碗的外壁用刀剔刻成云纹式样上下相交的如意图案，刀口断面厚薄不等，显露出堆漆层中有规律的色层。这种剔刻厚漆的工艺，叫剔犀，在我国宋代比较盛行。②

20 世纪 50 年代，在山西大同一座金代墓葬中出土了一件剔犀漆奁，长 24 cm、宽 16 cm、高 12.2 cm，楠木胎，胎壁厚 0.4～0.5 cm，胎体内外皆先制平整，然后裱糊一层麻布，再髹漆。里髹褐红色漆，外用红、黑二色漆相间髹成。器表剔犀，通体为凸起的香草纹。奁内有托盘一件，托盘正面也采用剔犀工艺制成香草纹。③

1975 年，在江苏金坛南宋周瑀墓中出土了一件剔犀扇柄，扇柄略呈橄榄形，长 12.5 cm、最大圆周 7.2 cm；柄上镂空透雕对称三组云头如意纹饰，并刻有“君玉”二字；在镂空处可以看到木质扇轴。扇柄表层漆色黝黑，刀口呈赭色，底层黑色漆，要细看才能看出在 0.5 cm 左右的刀口上呈现出十多道红漆，每道间以黑漆，其细如发，雕工精细，刀法圆润。该扇柄是采用剔犀与脱胎相结合的工艺制成，所以扇柄可以在扇轴上转动。④

1982 年 7 月，在四川省彭山县发掘的南宋虞公著夫妇合葬墓中出土了一件朱漆雕花圆盒盖，该漆盒胎体已朽，仅残存漆皮。盖径 7.7 cm、高 1.5 cm，盖上饰有由五组勾连纹及葵籽纹组成的雕花图案。⑤ 这是一件朱面剔犀漆器。⑥

二、宋金时期剔犀工艺略说

（一）髹漆

剔犀漆器的漆膜厚度都比较厚，而且是分层、分色进行髹漆，每层漆的厚度

---

① 陈晶等：《江苏武进村前南宋墓清理纪要》，《考古》1986 年 3 期。

② 包文灿：《江苏沙洲出土包银竹胎漆碗》，《文物》1981 年 8 期。

③ 陈增弼等：《介绍大同金代剔犀奁兼谈宋金剔犀工艺》，《文物》1985 年 12 期。

④ 和惠：《宋代团扇和雕漆扇柄》，《文物》1977 年 7 期。

⑤ 四川省文物管理委员会：《南宋虞公著夫妇合葬墓》，《考古学报》1985 年 3 期

⑥ 王世襄：《中国古代漆工艺》，《中国美术全集 · 工艺美术编 8 · 漆器》，第 23 页，文物出版社，1989 年。

也不完全相同。因此，产品就多种多样。如：其面漆的颜色不同，就有不同的名称，红色面漆的称为“朱面剔犀”、黑色面漆的称为“黑面剔犀”、紫色面漆的称为“紫面剔犀”。

分层、分色进行髹漆时的顺序不同，所制造出的产品也不相同。黑色漆层夹红色漆层的被称为“乌间朱线”；红色漆层夹黑色漆层的被称为“红间黑带”。

（二）雕刻

又称剔法。在髹好的漆层上雕刻时，用刀角度的不同也有不同的名称。刀法深而陡者称为“峻深”，刀法较平斜、浅而圆者称为“仰瓦”。

由于用刀角度的不同，在雕刻面上就呈现出不同形状的各色漆层。

（三）古代文献记载

1. 明代黄成《髹饰录》“雕镂第十”：“剔犀，有朱面，有黑面，有透明紫面。或乌间朱线，或红间黑带，或雕黸等复，或三色更叠。其文皆疏刻剑环、绦环、重圈、回文、云钩之类。纯朱者不好。”

其下杨明注：“此制原于锥毗，而极巧致，精复色多，且厚用款刻，故名。三色更叠，言朱、黄、黑错重也。用绿者非古制。剔法有仰瓦，有峻深。”①

2. 明代曹昭《格古要论》卷八《古漆器论》：“古剔犀器皿，以滑地紫犀为贵，底如仰瓦，光泽而坚薄，其色如胶枣儿，俗谓之枣儿犀。亦有剔深峻者，次之。”②

（四）出土文物所反映出的剔犀工艺

1. 大同金代墓葬出土的剔犀奁，其剔犀的做法是：胎体表面共髹有五层漆，黑、红、黑、红、黑。如每层漆髹 3～5 道，则共需髹 15～25 道漆，其漆膜的厚度达 0. 12 cm。因为面漆为黑色，所以这是一件黑面剔犀器；黑漆中夹红漆，属“乌间朱线”；刀法浑熟，圆宛有致，属于仰瓦的刻法。③

2. 周瑀墓出土的剔犀扇柄，其做法是：胎体表面采用黑、红二色漆相间各髹十余层，从刀口处看漆层“其细如发”，如每层漆髹 2～3 道，则共需髹 60～90 道漆，其漆膜的厚度至少在 0. 2 cm 以上。因为面漆为黑色，是一件黑面剔犀器；红漆与黑漆相间，二色漆层厚薄基本相同，所以属“雕黸等复”；刀法圆润，刀口宽约 0. 5 cm，应是比较深的，可能属于峻深的刻法。值得注意的是，该扇柄是采用扇轴为内模、层层髹漆后通过雕镂工艺再使扇柄与扇轴分开，扇柄可以在扇轴上旋转而又不能取下来。可见，该扇柄是采用类似脱胎工艺制成。④

3. 苏州沙洲出土的剔犀银里漆碗，其剔犀的做法是：木胎紫面，用红、黄、紫三色漆相间髹饰而成，漆膜厚达 0. 3 cm。因为面漆为紫色，应是一件“透明紫面”剔犀器，即“滑地紫犀”；三色漆相间髹成，所以属于“三色更叠”；刀口浅而圆，属于仰瓦刻法。⑤

---

① 王世襄著：《髹饰录解说》，第 131 页，文物出版社，1983 年。

② 明・曹昭：《格古要论》卷八，《古漆器论》，《新增格古要论》，1987 年 4 月北京中国书店影印本。

③ 陈增弼等：《介绍大同金代剔犀奁兼谈宋金剔犀工艺》，《文物》1985 年 12 期。

④ 和惠：《宋代团扇和雕漆扇柄》，《文物》1977 年 7 期。

⑤ 陈晶：《常州北环新村宋墓出土的漆器》，《考古》1984 年 8 期。

4. 现将几件剔犀器列成对照表（见表1－5－5），便于对其工艺的了解。

表1－5－5　出土宋、金时期剔犀漆器比较表①

名称		沙洲北宋剔犀碗	大同金代剔犀奁	武进南宋剔犀镜盒	彭山南宋剔犀圆盒盖	金坛南宋剔犀扇柄
尺寸（cm）		径14 高1.5	长24 宽16 高12.2	长27 厚3.2 径15.9	径7.7 高1.5	长12.5 最大径2.4
名称		沙洲北宋剔犀碗	大同金代剔犀奁	武进南宋剔犀镜盒	彭山南宋剔犀圆盒盖	金坛南宋剔犀扇柄
胎质		木、银	木	木	木	夹苎
剔犀漆层	表层	重枣	黑	黑	朱	黑
	中间	红、黄、紫三色更叠	朱、黑二色更叠，朱漆二层	朱、黄、黑三色更叠		朱、黑二色更叠朱漆十余层
	底层		黑	重枣		黑
剔犀纹样		云纹	香草纹	云纹	云纹	三组如意云纹
器物内表面		银箔	重枣漆	黑漆		
出土数量		2	1	1	1	1
出土情况		一件完好，一件银箔与木胎脱离	奁已散架，剔犀全部附于木胎，同出妇女梳妆品一套	剔犀大部脱落，仅左下部及桶周缘尚存约1/5	盒体已失，盒盖木胎已朽，仅剩盒盖剔犀漆皮	完好，尚可绕扇轴旋转

需要指出的是：剔犀漆器的品质好坏不仅与髹漆工艺有关，更重要的是与雕刻工艺有关。所谓雕漆，就是要看雕刻的刀法，雕刻后一般还需进行打磨。因此，刀法的浑熟、圆润等是说明一件剔犀漆器的重要标志，同样也是说明一件雕刻漆器的重要标志。上述出土文物所反映出来的情况，已经将宋代剔犀漆器制作工艺的大致脉络勾画了出来。

① 陈增弼等：《介绍大同金代剔犀奁兼谈宋金剔犀工艺》，《文物》1985年12期。

第六章

元明清时期的漆器

元明清时期，我国的漆器制造工艺在唐宋的基础上有新的发展，主要表现在髹漆工艺已经处在从单纯的实践向实践与理论相结合的逐步总结过程中，《辍耕录》中有关几种髹饰工艺的记载、特别是《髹饰录》的诞生，为我国几千年来的髹漆工艺作了一个很好的总结；一些在髹漆工艺方面具有高水平的工匠们创造了具有自身特点的漆器，为髹饰工艺的发展作出了贡献；明代果园厂皇家漆器作坊和清代造办处皇家漆器作坊的设立，在人、财、物诸方面为漆器的制作提供了前所未有的条件，一大批体现当时最高髹漆水平的漆器被制造出来，许多还一直保存到今天，为我们留下了宝贵的财富。

第一节　元代漆器

一、《辍耕录》中有关髹漆工艺的记载

元代学者陶宗仪在其所撰的《辍耕录》中记载了几种漆器的制造工艺，是我国古代文献中少有的关于漆器制造工艺的记录之一。在元代，人们对漆器的称谓不仅是称作“漆器”，还称之为“髹器”，对从事涂漆工艺的工匠称为“髹工”。《辍耕录》中记载了“黑光”“朱红”“鳗水”“**铃**金银法”等漆器制造工艺，现摘录如下。①

《辍耕录》卷三十中记载：髹器，“黑光。凡造碗、碟、盘、盂之属……”

“朱红，修治布灰一一如前，不用糙漆……”

“鳗水。好桐油煎沸，以水试之，看躁也。方入黄丹腻粉，无名异煎一滚，以水试，如蜜之状，令冷，油水各等分，杖棒搅匀。却取砖灰一分、石灰一分、细面一分，和匀，以前项油水搅和稠粘灰器物上，再加细灰，然后用漆，并如黑光法，或用油亦可。”

“**铃**金银法……”

《辍耕录》卷二十四中记载：“精塑佛像 ……”

《辍耕录》卷十一中记载：“髹器称西皮者，世人误以为犀角之犀，非也。乃西方马鞯，自黑而丹，自丹而黄，时复改易，五色相叠，马蹬磨擦有凹处，粲然

① 元·陶宗仪：《南村辍耕录》，第375~376页、138页，中华书局，1959年。

成文，遂以髹器仿为之。事见因话录。”

其中“黑光”“朱红”“铪金银法”“精塑佛像 ”已经在上一章中引用过。

（一）《辍耕录》中有关髹漆工艺的记载与《髹饰录》的简略对比

1.《辍耕录》中几种有关髹漆的记载与《髹饰录》比较后可以发现，两者关于木胎漆器胎体的制作工艺基本上是相同的：如“棬素”“捎当”“布漆”“糙漆”等；不仅工艺相同，而且工序的名称都相同。其他如黑色推光漆器、鳗水、朱红漆器、铪金银漆器等的制作工艺，两者基本上也是相同的。

2.《辍耕录》中几种有关髹漆工艺的记载，文字描述比较通俗详细，使人一看就大体上知道其工艺过程如何，如鳗水的熬制，其记载就像操作规程一样，使人一看就懂。不像《髹饰录》那样复杂、晦涩。

3. 正是因为记载得比较通俗而详细，《辍耕录》为我们留下了一批宝贵的髹漆工艺资料：上面已经提到的鳗水熬制中加入黄丹与无名异、黑色推光漆中“触药”的制法等，都是《髹饰录》中没有提到的，也是研究我国古代漆工艺必须涉及的一些问题。从目前研究古代漆工艺的角度看，《辍耕录》从某些方面补充了《髹饰录》的不足。

4.《辍耕录》不是一部漆器制作的专著，它所记载的有关髹漆的内容仅仅是其内容的极小部分，这为数不多的几种漆器制造工艺，当然既不全面也不可能系统。而《髹饰录》是一部漆器制作的专著，它所记载的不仅包括了当时绝大多数漆器品种的制造工艺，而且对我国漆器生产的历史及有关问题也进行了比较全面的阐述。

（二）有关“鳗水”的讨论

1.“鳗水”为何物?

从《辍耕录》的记载看，“鳗水”是将熬制好的桐油与水混合后调灰，用于漆器胎体表面处理。《髹饰录》质法第十七杨明注：“鳗水即灰膏子也。”①

现代的北京漆工不知道“鳗水”，而称之为“打满”。“打满的方法是用生桐油放入锅中煎熬，缓缓调搅，及沸，放入研细的章丹（即铅丹，又名黄丹）和土子。章丹经煎熬，色渐转黑，然后取出少许，滴入水碗中试之。如油入水便散，说明尚未煎成；如入水凝成珠状，沉下去又浮上来，便算煎成。这时锅须离火，用勺在油内搅动，使油出烟，至油凉烟尽为止。”“油冷后，用坚牢的纸将油面盖严，放在一边待用。以上是打满中熬灰油的一道工序。”“另外用石灰泡成水，取稀薄的灰水调和白面成稀糊状，在此糊内加熬好的油，标准的比例是一比一。”“灰油，面糊调匀后，加入血料（由猪血做成），用木棍搅合。搅时需注意向一个方向旋转，不宜来回往返地搅。调匀后成灰白色的浆糊状，打满至此，便算完成。用时再加砖灰，稀稠以适用为度。将它敷在器物上，可以代替灰漆。”②

2. 黄丹与无名异

黄丹，又名蜜陀僧，主要成分是氧化铅，化学式为 PbO；无名异是一种结核状的锰矿石，主要成分是氧化锰，另外还含有铁、钴、镍等，两者均是我国古代炼

---

① 王世襄著：《髹饰录解说》，第 171 页，文物出版社，1983 年。

② 王世襄著：《髹饰录解说》，第 172～173 页，文物出版社，1983 年。

丹术中常用的物质之一；腻粉可能就是古代妇女化妆用的一种铅粉。

对于在熬制桐油等油料时为什么要加入黄丹与无名异的问题，现代的漆化学研究对此已经有了一些答案。

催干剂，又名干料、燥剂，是一种能够催促漆膜干燥的物质，对于干性油膜的吸氧、聚合作用，能起一种类似催化剂的促进作用。

铅催干剂是促使漆膜的聚合作用多于氧化作用的催干剂。漆膜干后柔韧，可伸缩，经久性和耐候性强。因催干能力不及钴、锰，所以是催干剂中用量比重最大的一种催干剂。不宜单独使用，必须加入钴、锰帮助氧化。①

《辍耕录》“鳗水”中所记载的熬制桐油的方法中加入黄丹、无名异，是为了用这种油髹饰器物或该种油兑漆髹饰器物时，所形成的膜的干燥速度较快。直到今天，我国的民间油漆匠们在熬制桐油时仍在使用加入黄丹等物质的方法。

二、考古发现的元代螺钿漆器

元代的髹漆技术是比较发达的，《辍耕录》中记录的关于浙江嘉兴西塘地方的**铊**金银漆器、元代末年西塘张成与杨茂的剔红漆器、元明之际今天江西吉安一带的螺钿漆器等，由于元代漆器“实物多流往日本，保存在国内的甚少”，② 所以给研究者带来许多不便。

1970 年，考古工作者在发掘北京后英房元代贵族居住遗址时，出土了一件元代螺钿漆器的残片，该残片原是木胎漆盘的一部分，盘径约为 37 cm 左右，木盘内表面用闪烁着五光十色的海螺壳薄片镶嵌成一幅以广寒宫作为背景的嫦娥奔月图：图案正中是一双层楼阁，楼阁旁边种植有梧桐树和桂树，楼阁上方云雾缭绕，气象万千（见彩图 1 –6 –1）。该螺钿漆器具有下面三大特点：

1. 是目前发现的我国最早的薄螺钿漆器。

一般说来，明代中叶以后薄螺钿漆器才比较普遍，在此之前一般的螺钿漆器都属于厚螺钿漆器，如已介绍的唐代螺钿漆器，都属于厚螺钿漆器。薄螺钿漆器与厚螺钿漆器的主要区别在于所用的钿片厚度不同，薄螺钿漆器所用的钿片往往薄如细纸，因此，可以用来镶嵌一些精致的花纹图案，这也是薄螺钿的优点所在。当然，在钿片的加工上薄螺钿要比厚螺钿复杂一些。原来学术界一般都认为薄螺钿漆器在明代才较多出现，该件残片的出土说明了我国元代的薄螺钿漆器制作已经达到了很高的水平，元代已经有了比较成熟的薄螺钿漆器制作工艺。

2. 利用钿片本身的色彩表现图案的颜色。

这件元代螺钿漆器残片上“螺钿所呈现的光泽，有粉红色的栏柱与树干，有绿色的瓦屋与树枝，还有紫色的云气等”。③贝壳本身具有不同的颜色，制成薄片后其颜色各不相同，根据花纹图案不同部位颜色的不同，采用不同色彩的钿片来镶嵌花纹图案，再不需要进行另外的施彩染色，就能够达到近似设色的艺术效果，十分真实而自然，所以这件元代螺钿漆器“光华可赏”。

---

① 《油漆制造概况》，第 146 ~150 页，化学工业出版社，1970 年。

② 王世襄：《中国古代漆工艺》，《中国美术全集·工艺美术编 8·漆器》，第 23 页，文物出版社，1989 年。

③ 《中国美术全集·工艺美术编 8·漆器》，图版说明第 42 ~50 页，文物出版社，1989 年。

3．镶嵌工艺水平比较高。

从实物看，这件元代螺钿漆器上的数百上千片钿片与漆盘胎体之间的镶嵌水平比较高，不仅表现在整个螺钿镶嵌面比较平整、规矩，而且所有镶嵌的钿片基本上没有脱落翘起的现象存在；更重要的是，钿片与钿片之间镶嵌得十分整齐而吻合，基本上没有脱节走样的现象出现。

三、其他的元代漆器

元代的髹漆工艺是比较发达的，漆器在当时社会生活中使用得也比较多，一些元代漆器实物传到了国外。如，日本广岛光明坊收藏的双鸟纹经箱，是一件**铊**金漆器，上有“延祐二年栋梁神正杭州油局桥金家造”铭文，延祐二年为公元1315年。①

故宫博物院内还收藏有元代晚期浙江嘉兴西塘著名工匠张成、杨茂制作的剔红漆器，这些都是我国古代漆器中的珍品。如，杨茂制作的“剔红观瀑布八方盘”，盘径17.8 cm、高2.6 cm，盘心雕殿阁长松，老人面对栏外石上流泉，天、水和地都用锦地刻成。另一件张成造的剔红栀子纹盘，盘径16.5 cm、高2.6 cm，栀子纹布满全盘，盘正中雕刻一朵盛开的双瓣栀子花，旁刻四朵含苞微绽，枝叶舒卷自如，空隙处露黄色漆地，不施锦纹。② 有关张成、杨茂制作的剔红漆器将在下面进行论述。

第二节　《髹饰录》——我国现存唯一的古代漆工艺专著

一、《髹饰录》简介

《髹饰录》是我国目前所发现的唯一的一本有关古代漆工艺的专著，在此之前虽然也有过漆工艺的著作出现，但是都已经佚失了。

（一）《髹饰录》流传及出版经过

《髹饰录》虽是我国现存唯一的古代漆工艺专著，但三四百年来只有一部抄本保存在日本。直到1927年才经朱启钤先生刊刻行世。关于它的流传及出版经过，《阚铎髹饰录跋》一文中已经讲清楚了。

《阚铎髹饰录跋》：“右《髹饰录》二卷，明黄成著，杨明注。日本享保年间，当我国乾、嘉之际，木村孔恭氏兼葭堂藏钞本一部。嗣是展转传钞，而原钞本入昌平坂学问所及浅草文库，最后乃归帝室博物馆。其现在帝国图书馆及美术学校所藏钞本，皆自兼葭堂本钞出者也。”“甲子、乙丑间，紫江朱公桂辛，于校刊宋李明仲《营造法式》之暇，命铎鬼辑古今治髹漆之书，理董以成《漆书》。求朱遵度《漆经》，苦不可得。适读日儒大村西崖氏《支那美术史》，极道此书之美。即移书索之，历数月始以此本邮寄。朱公又与西崖商榷体例，亲加仇校。先以正文付梓，以复明本之旧。以原抄本付铎装订，谨受而识其缘起如右。”③可见，该书是经朱桂辛即朱启钤先生的努力才得以刊行于世的。

---

① 王世襄著：《髹饰录解说》，第138页，文物出版社，1983年。

② 王世襄著：《髹饰录解说》，第122页，文物出版社，1983年。

③ 王世襄著：《髹饰录解说》，第186页，文物出版社，1983年。

（二）《髹饰录》主要内容简介

《髹饰录》一书分为《乾集》和《坤集》，共二卷。《杨明髹饰录原序》中已经说明：“新安黄平沙称一时名匠，复精明古今之髹法，曾著《髹饰录》二卷。”①《乾集》二章，《坤集》十六章，共十八章，一百八十六条。

《乾集》的内容又分为“利用第一”与“楷法第二”二章，即两部分，前者是论述“髹具”，即髹漆所用的各种工具及髹漆所用的各种主要原料；后者是论述“工则”，即髹饰过程中应该注意的问题、容易出现的问题及其产生的原因。黄成认为拥有和掌握这些是漆器工匠进行髹饰工艺的基础，即“元气”所在。现代漆工实践也表明，如果不拥有和掌握这些、特别是在实践中需要不断地摸索和掌握的髹饰工艺中出现的问题，要想制造出精美的漆器是不可能的。

《坤集》的主要内容是论述漆器制造时的各种工艺方法，分为十六章，按照《乾集》中“利用第一”“楷法第二”的顺序连续排列下来，所以《坤集》中的第一章为“三”、最后一章为“十八”。这十六章均是关于漆工艺的论述，如“质色第三”（即第三章）中就包括有“黑髹”“朱髹”“黄髹”“绿髹”“紫髹”“褐髹”“油饰”“金髹”八个方面，而每个方面又细分为不同的小类别。可以说《髹饰录》中所论述的各种漆器及其工艺制法几乎囊括了我国几千年漆器制造工艺中的所有漆器品种和工艺制法，王世襄先生将《髹饰录》中的十八章、一百八十六条中的主要内容列成一个简单的表格，现摘录如下：

表 1－6－1　髹饰录内容简表②

集别	章名	条数	内容	内容归纳
乾集	（乾集序）	1	总论制造方法	制造方法
	利用第一	40	漆工的原料、工具及设备	
	楷法第二	31	各种漆工容易发生的毛病及所以发生毛病的原因	
坤集	（坤集序）	1	总论漆器分类	分类叙述各类漆器
	质色第三	9	单纯一色不加纹饰的各种漆器	
	纹匏第四	5	表面有不平细纹的各种漆器	
	罩明第五	5	打色地上面罩透明漆的各种漆器	
	描饰第六	6	用漆或油描花纹的各种漆器	
	填嵌第七	8	填漆、嵌螺钿、嵌金、嵌银的各种漆器	
	阳识第八	6	用漆堆出花纹的各种漆器	
	堆起第九	4	用漆灰堆出花纹，上面再加雕刻描绘的各种漆器	
	雕镂第十	13	雕漆、雕螺钿的各种漆器	
	戗划第十一	3	刻画细花纹再填金、填银或填色的各种漆器	
	扁烂第十二	20	两种或两种以上的纹饰相结合的各种漆器	
	复饰第十三	6	某种漆地与一种或一种以上的纹饰相结合的各种漆器	
	纹间第十四	7	填漆类中的某种做法与戗划类中的某种做法相结合的各种漆器	
	裹衣第十五	4	胎骨上面不上漆灰而用皮或织物蒙裹的各种漆器	
	单素第十六	5	简易速成，只上一道漆的各种漆器	
	质法第十七	8	漆器的基本制造方法	制造方法
	尚古第十八	4	修补及摹仿旧漆器	制造方法
共计	18 章	186 条		

① 王世襄著：《髹饰录解说》，第 19 页，文物出版社，1983 年。

② 王世襄著：《髹饰录解说》，第 6 页，文物出版社，1983 年。

（三）《髹饰录》的价值所在

《髹饰录》是我国现存的唯一一部古代漆工艺的专著，仅此一点就可以说其价值是很高的。主要有以下几点：①

1.《髹饰录》是研究古代漆工艺的重要文献。

《髹饰录》成书于明代，其内容却涉及唐宋，不仅在研究明代漆工艺时，《髹饰录》的重要性是无可比拟的，同时在研究我国古代漆工艺，探索漆工艺史方面，也有重大的参考价值。

2.《髹饰录》为髹漆工艺提出了比较合理的分类。

《髹饰录》讲到的漆器品种虽甚繁多，但是阅读起来并不觉得庞杂纷乱，相反的，却不难得到一个比较系统的概念。这不能不归功于黄成的分类。本书是按漆器的特征来分门别类的。仅仅这一比较合理的分类，黄成已为漆工研究者开辟了方便的途径。

3.《髹饰录》为继承传统漆工艺，推陈出新，提供了宝贵资料。

《髹饰录》用了更多的篇幅叙述各种漆器的形态和做法，这些材料更为宝贵。根据这本书的描述进行挖掘试制，若干已经中断或久已失传的品种是可以获得新生的。另一方面，依据《髹饰录》中讲到的不同品种，相互结合，可以帮助我们掌握漆工的变化规律，使髹饰工艺呈现出新的面貌。

4.《髹饰录》为漆器定名提供了比较可靠的依据。

在古代漆器编目时，往往感到定名称有困难。如沿用过去古玩业的旧称，既嫌笼统，不能表明其特点，又不免众说纷纭，莫衷一是。及待查阅了《髹饰录》，就找到了比较可靠的定名依据。

二、《髹饰录》诞生原因初析

（一）作者黄成和注者杨明的生平与《髹饰录》诞生的关系

黄成，号大成，新安（今安徽省黄山市）平沙人，是隆庆（1567—1572）前后的一位漆工。他的著作总结了前人和他自己的经验，较全面地叙述了有关髹饰的各个方面。此书在天启五年（1625年）又经嘉兴西塘的杨明（号清仲）为它逐条加注，并撰写了序言。西塘又名斜塘，是元、明两朝制漆名家彭君宝、张成、杨茂、张德刚的家乡。杨明可能是杨茂的后裔。②

在明代，黄成所制造的剔红漆器可与北京果园厂制造的皇家御用漆器剔红作品相媲美。由于制作精良，所以价格很高。清代吴骞在《尖阳丛笔》卷5中记："明隆庆时，新安黄平沙造剔红，一合三千文。"当时，三千文钱可购买上等机布六匹，约合雇工一年多的工钱。③

明代隆庆年只有5年左右，由此可以看出黄成是明隆庆之前的人，其漆工艺在隆庆年间已经十分著名。黄成是新安人，新安也就是现今的皖南黄山一带地区，黄成本人就是一名精通漆工技法的工匠，其剔红漆器可与果园厂制造的皇家御用

① 王世襄著：《髹饰录解说》，第7～8页，文物出版社，1983年。
② 王世襄著：《髹饰录解说》，第5页，文物出版社，1983年。
③ 木子："黄成与《髹饰录》"，《中国文物报》，1996年9月1日。

品媲美，而果园厂漆器作坊早期就是由张成的儿子张德刚领导的，其剔红工艺当然属于西塘派的（有关西塘派漆工艺的论述参看本章第四节的内容）。这不仅说明了黄成的剔红工艺已经达到了张成、杨茂、张德刚的水平，同时也说明黄成的剔红工艺与西塘派的剔红工艺是相近的。由此可以认为：黄成不仅对于元末明初浙江嘉兴西塘派的漆器工艺有着比较全面的认识与了解，而且其剔红技术极有可能就是西塘派剔红技术的继承和发展，其工艺技术是一脉相承的。此外，从《髹饰录》"雕镂第十"中关于剔红的记载"宋元之制，藏锋清楚，隐起圆滑，纤细精制"①来看，正是元代末年西塘派漆工张成、杨茂和明代永乐、宣德两朝张德刚等人制作的剔红漆器的特点，② 这不仅再一次说明了黄成的髹漆工艺中有许多正是西塘派髹漆工艺的继承与发展，而且也表明元末明初西塘派的髹饰工艺为《髹饰录》的诞生奠定了比较坚实的实践基础。如果杨明是西塘派漆工杨茂的后裔，他为《髹饰录》作注也是顺理成章的事了。

（二）明朝统治者的重视推动了髹漆工艺的发展

明朝政府对漆的生产，极为重视，洪武初年就曾在南京东郊设漆园、桐园、棕园，以示提倡。到了永乐年间，明王朝在北京设立了果园厂漆器制造作坊，专门为皇家生产漆器用品；永乐皇帝还专门将张成的儿子张德刚召到北京，具体负责皇家漆器作坊的漆器生产。明代最高统治者的重视推动了当时髹漆业的发展，广大民间髹漆工匠在实际生产中对髹漆技术有一个学习、提高的要求，特别是一些高档漆器的生产技术需要得到推广、规范与提高，正是在这一生产需要的背景下，《髹饰录》得以诞生了。《杨明髹饰录原序》中已经说明："今每条赘一言，传诸后进，为工巧之一助云。"③ 不正是证明了这一点。

（三）资本主义经济的萌芽促进了髹漆工艺的发展

明代前期，国内外的交流十分频繁，社会生活中资本主义经济的萌芽已经出现，前面提到"明隆庆时，新安黄平沙造剔红，一合三千文"。当时，三千文钱可购买上等机布六匹，约合雇工一年多的工钱，说明黄成制作的剔红漆器不仅是一种人们十分喜爱的物品、而且也是一种价格很高的商品。资本主义经济的萌芽促进了商品的交换，当然也促进了作为人们喜爱的商品——漆器的生产与交换。为了保证作为商品的漆器的质量，打击假劣产品（如《髹饰录》中提到的用灰漆堆起的假雕红漆器等），使之按正确的方向发展，有必要对传统的髹漆工艺进行整理与总结。《髹饰录》的诞生也正是这一社会背景下的产物。

三、从"晒漆"看《髹饰录》的研究

黄成是一名漆工，并且是一名具有很高髹饰技术的著名工匠，他所撰写的《髹饰录》，在语言上十分简短，甚至隐晦难懂，使得现代的一些研究者往往不知所云，这当然有该书语言上的问题，此外，现代的一些研究者不是专业的漆工出身也是原因之一。现举一例说明之。

---

① 王世襄著：《髹饰录解说》，第 119 页，文物出版社，1983 年。

② 王世襄著：《髹饰录解说》，第 120 页，文物出版社，1983 年。

③ 王世襄著：《髹饰录解说》，第 19 页，文物出版社，1983 年。

《髹饰录》"利用第一"："时行，即挑子。有木、有竹、有骨、有角。百物斯生，水为凝泽。"从字面看，此所谓"挑子"即木、竹等制成，在晒漆或煮漆过程中用来搅动漆液的工具。实际上，这里所说的挑子的含义除此之外还有一层含义：就是指漆液在晒、煮过程中每次被挑起来时的形状，这是漆工掌握所晒、所煮漆液程度的标准。对此，该条下杨明注中已经讲得十分清楚了，杨明注："漆工审天时而用漆，莫不依挑子，如四时行焉，百物生焉。漆或为垸，或为当，或为糙，或为饱，如水有时以凝，有时以泽也。"我们知道，天然大漆是一种含有一定水分的乳胶液，晒漆或煮漆的目的之一就是去除漆液中的水分，促进漆液中各种化学基团之间的初步聚合。髹漆工艺中不同的场合需要或可以使用含水量不同的大漆，既满足了需要又节约了人力物力。如，"垸"（垸漆）和"当"（揁当）时可以直接用未经任何脱水处理的生漆（又称原生漆）或仅仅只脱去少量水分的漆，而"饱"（饱漆，也就是面漆）则需要使用含水量比较少的漆（如，制作黑色推光漆时一般要用含水量为6%～8%的漆）。古代的漆工们是没有任何手段来测量漆液中的水分含量，他们只能根据晒漆或煮漆过程中搅拌及挑起漆液时，被搅动或挑起的漆液的外观和形状来判断其含水量的多少。20世纪50年代前后，在湖北一些地区的漆工中间流传着一首有关描写大漆质量的顺口溜："好漆似明油，照见美人头，搅动虎斑色，挑起钓鱼钩。"这几句话都是表示质量好的漆，其外观和形状给予人的视觉表象，与《髹饰录·乾集》中的记载："潮期，即曝漆挑子。鲻尾反转，波涛去来。"及该条下杨明注："鲻尾反转，打挑子之貌。波涛去来，挑翻漆之貌。"①的意思完全相同。"搅动虎斑色"是指漆液被搅动时的样子，由于大漆表面因为接触空气的缘故一般呈棕色或棕褐色，而其内部一般是白色或黄白色，这样在搅动时漆的表面就出现了棕白或棕黄相间的颜色，既像"虎斑"，又似水的"波涛"，所以杨明说是"挑翻漆之貌"。大漆在晒或煮的过程中，其内部的某些化学基团之间有了一定程度的聚合，而且因漆液中水分去除的多少其聚合的程度和漆液的黏度是不同的。用搅漆工具的一端将漆液挑起时，漆液从上向下流动，当流动的漆液线断裂时，其断裂的上半部分漆液的下端有一个向上弹的现象出现，其形状就像"钓鱼钩"，又像"鲻尾反转"，所以杨明说是"打挑子之貌"。"虎斑色""钓鱼钩""鲻尾反转""波涛去来"都是说明采用晒或煮等方法制造精制漆时，漆液所表现出来的各种现象，也是搅动和挑起精制过程中的漆液时，漆液所表现出来的现象。大漆质量的好坏、大漆中水分含量的多少，在"挑子"上都有形象的反映，所以杨明说"漆工审天时而用漆，莫不依挑子"，"挑子"形状的不同表明漆液中水分含量的不同。可见"挑子"对漆工的重要之所在。

上面的例子说明，《髹饰录》中的记载虽然十分简短，甚至有些晦涩难懂，如果我们自身了解髹饰工艺或者与髹漆工匠相结合对其进行研究，将会对《髹饰录》中的内容有更多的认识与了解，发掘出更多的髹饰工艺技术，为今天的社会服务。

① 王世襄著：《髹饰录解说》，第48页，文物出版社，1983年。

第三节 明清时期的宫廷漆器

明清时期在京城都建有专门为皇家服务的所谓宫廷漆器作坊，从全国各地抽调能工巧匠生产一些高档时兴的漆器为皇家使用。此外，各漆器制作发达地区的官员们也常常将一些本地区生产的漆器精品作为贡礼进献给朝廷。所以直至今天，故宫博物院等处仍然收藏着大量的明清时期漆器。

一、明代朱檀墓出土的漆器

1970 年底至 1971 年初在山东发掘的朱元璋第十个儿子朱檀的墓葬，墓中出土戗金漆器五件：**铊**金盝顶漆箱一件、**铊**金长方形漆盒两件、**铊**金夹苎墩式罐两件；剔黄笔管一件；沥粉贴金盝顶匣一件。朱檀死于明初洪武二十二年（公元 1389 年），此时明王朝的都城还在南京，北京的果园厂漆器作坊尚未建立，所以，这批漆器不属于明代果园厂宫廷作坊生产的产品，但其中的精品一定是当时的制漆名家为明代宫廷制造的产品，其中有的**铊**金漆器极有可能是浙江西塘派漆工制造的产品。该墓出土的漆器表明：明代初年的皇室成员比较喜爱漆器，他们一定会购买或指定有关工匠专门生产一些精美的漆器供宫廷使用。朱檀被朱元璋封为“鲁王”，所以这批漆器中的多数应是明代的宫廷漆器。

铊金盝顶漆箱表面朱色漆层比较薄，**铊**金制作时先用勾刀在朱色漆层上刻画出云龙阴线图案，“打金胶”后填上泥金，再行磨光而成。在现存明代戗金漆器中堪称最为优秀的一件。该箱“可以帮助我们认识由元末嘉兴杨汇到明永乐‘果园厂’的过渡时期漆工艺的一些特点”。①

剔黄笔管笔杆长 21 cm、径 1.4 cm，笔帽长 9.7 cm、径 1.6 cm，皆通体髹黄，雕刻卷云纹。笔管上的黄漆厚约 1 mm，髹黄漆约 20～30 道，其花纹单纯，刀法朴拙，仍不失为较好的一件剔黄漆作。剔黄是雕镂漆器的一种，其黄色系调入石黄而成。从用色上看，可区分为“通黄”和“红地”两种。该笔管无红地，应属于“通黄”一类。②

沥粉贴金盝顶匣通高 27.4 cm、宽 22.8 cm、长 22.8 cm，匣内盛装“鲁王之宝”木印。其工艺是“在木胎上作极薄之浅黄色‘糙漆’地，过云龙墨样，用‘沥粉’法沿稿样作隐起浑圆线条，干后打金胶并贴金”。“沥粉技术由来已久，又名立粉、爬粉。朱檀墓出土的沥粉贴金盝顶匣是明代初年单一的沥粉贴金漆器。《髹饰录》中有关金漆的记录不下十几处，唯独不见沥粉贴金。”③

二、明代果园厂漆器作坊

（一）果园厂漆器作坊设立的原因简析

明朝政府对漆器生产甚为重视，洪武初便在南京东郊设漆园、桐园、棕园，以示提倡。这一方面是为了满足统治者的需要，另一方面则是为了国防之需，这

---

① 杨伯达：《明朱檀墓出土漆器补记》，《文物》1980 年 6 期。
② 杨伯达：《明朱檀墓出土漆器补记》，《文物》1980 年 6 期。
③ 杨伯达：《明朱檀墓出土漆器补记》，《文物》1980 年 6 期。

一点，与历代官漆业都是不同的。《读史方舆纪要》载："洪武初，以造海军及防倭战船，油漆缆，用费繁重，乃立三园，植棕、漆、桐树各千万株，以务用而省民供焉。"三园旧址在今南京孝陵卫东，其规模相当宏大。①

明代与元代漆工业机构的最大不同是明代统治者把嘉兴的地方漆器作坊纳入宫廷的管理范围。凡是宫廷官府所需的漆制品，尽量由官设作坊制作。明代初期宫廷漆作坊就是在这样的条件下兴办的。②

明代建立宫廷漆作坊也有其偶然的因素。据《嘉兴府志》载："张德刚，西塘人，父成，与同里杨茂俱善髹漆剔红器。永乐中，日本、琉球购得之以献于朝，成祖闻而召之，时二人已没，德刚能继其父，遂召至京，面试，称旨，即授营缮所副，复其家。"③由此得知，因日本、琉球向永乐帝进贡张成制作的漆器，遂召能继父业的张德刚至京，授营缮所副，统领工匠，从事雕漆制作。

明永乐年间，在北京皇城内金鳌玉蝀桥西、趣北棂星门、果园厂设立制造漆器的作坊，大量制造剔红填漆器。④

（二）果园厂漆器作坊的髹饰工艺

《杨明髹饰录原序》中提到明代的宫廷漆器作坊，"然而今之工法，以唐为古格，以宋元为通法。又出国朝厂工之始，制者殊多，是为新式"。⑤杨明在这里所说的"国朝厂工"就是指在明代果园厂作坊里从事髹饰的工匠们。他们继承并发展了唐宋时的髹漆工艺，制造出许多精美的漆器。而他们在剔红漆器的制作工艺上所采用的方法就是《髹饰录》"雕镂第十"剔红条下杨明注所说的："藏锋清楚，运刀之通法；隐起圆滑，压花之刀法；纤细精致，锦纹之刻法；自宋元至国朝，皆用此法。"⑥

张理萌先生指出："正由于张德刚、包亮以及一批杰出的漆工以其辛勤劳动和聪明才智，利用皇家提供的雄厚的物质条件，开创了西塘派的全盛时期。"⑦由此可以看出，明代早期宫廷漆器作坊内的髹饰工艺是以西塘派的髹饰工艺为主线的。

清代高士奇《金鳌退食笔记》载："明永乐年制造漆器，以金、银、木为胎，有剔红、填漆两种。所制盘盒文具不一。""其法朱漆三十六次，镂以细锦，底黑光漆针刻'大明永乐年制'，比元时张成、杨茂剑环香草之式似为过之。"⑧

下面介绍几件可能为果园厂漆器作坊生产的漆器实物，由此也可见其髹饰工艺。

1．剔红双层牡丹花卉圆盘⑨

高 4.4 cm、口径 32.6 cm。施黄漆作硬地，其上髹朱漆约二百道，分两层雕刻

---

① 转引自史树青：《漆林识小录》，《文物参考资料》1957 年 7 期。
② 张理萌：《试论元末明初西塘派剔红工艺的发展》，《故宫博物院院刊》1985 年 2 期。
③ 万历《嘉兴府志》卷 22，明万历二十八年刻本。
④ 朱家溍：《元明雕漆概说》，《故宫博物院院刊》1983 年 2 期。
⑤ 王世襄著：《髹饰录解说》，第 19 页，文物出版社，1983 年。
⑥ 王世襄著：《髹饰录解说》，第 119 页，文物出版社，1983 年。
⑦ 张理萌：《试论元末明初西塘派剔红工艺的发展》，《故宫博物院院刊》1985 年 2 期。
⑧ 清·高士奇：《金鳌退食笔记》卷下"果园厂"，《影印文渊阁四库全本》588 册。
⑨ 张理萌：《试论元末明初西塘派剔红工艺的发展》，《故宫博物院院刊》1985 年 2 期。

牡丹花卉，盛开花朵为上五下一。花饰锦纹细勾，花瓣立刀深刻，随花朵盛开之势，在瓣叶上浅划出筋脉纹理，周围还有数朵含苞待放的蓓蕾作衬托，剩余位置几乎全被枝叶所占据，黄色硬地仅见于极细窄的空隙处。雕刻枝干的技艺手法是隐起细磨，花叶采用斜刀弯雕的表现形式，盘底边缘图案基本与盘心相同。足内为褐色漆，中部有"大清乾隆仿古"楷书戗金三行款，左边缘尚存隐约可见的"大明永乐年制"行书单行针划款。作品的乾隆款系后伪刻。这是一件标准的永乐时期西塘派的雕漆器。

2. 剔红孔雀牡丹纹盘①

盘面雕孔雀二只，以牡丹花衬底。盘径较大，气势富丽而豪放，花纹细谨而生动。尤其是孔雀的雕镌……增加了形象的立体感。足内有"大明永乐年制"针划款。

3. 八宝纹剔红盒②

故宫博物院藏，口径 30.2 cm、高 9.4 cm。此盒为圆形。盖面中心雕大莲花一朵，外围一周雕轮、螺、伞、盖、花、罐、鱼、肠八宝。各宝之间以花卉间隔，形成一幅均匀、对称的吉祥图案。外壁雕菊花、莲花等。盒底髹黄褐色漆，针划"大明永乐年制"直行款。

三、清代造办处漆器作坊

清王朝的统治者与明王朝统治者一样，在皇城内设立了各种作坊，生产皇家所需要的各类物品，其中也包括漆器在内。

（一）造办处漆器作坊的设立③

据《大清会典事例》卷一一七四载："原定造办处预备工作以成造内廷交造什件。其各'作'有铸炉处、如意馆、玻璃厂。""油木作所属之雕作、漆作、刻字作、镟作。""成造什件所需物料，由户工二部内务府六库行取。""漆作"是其中的一个"作"，这个"作"在紫禁城内和圆明园内制作的漆器和江宁、苏州、杭州、扬州、江西、福州、广州、贵州所制作的漆器，有不少至今仍保存在故宫。这些藏品有些是继承明代传统，保留了原来的式样和做法，还有些品种则有所发展和创新。

清代康熙、雍正、乾隆三朝养心殿造办处各"作"承做的器物都非常精美，代表着清代工艺制造的最高水平。这些器物都是当时全国最优秀的工匠们的作品。有些工匠从地方被选送到养心殿造办处当差，还有多数从事各该行当的手艺人仍在当地，通过督、抚、关差、织造、盐政等等关系接受造办处的定制活计。

（二）从文献记载和漆器实物看造办处漆器作坊的工艺水平

朱家溍先生根据《养心殿造办处各作成做活计清档》中的记载，将清代雍正、乾隆年间造办处漆器作坊制作的漆器，按工艺的不同分为 9 类：黑漆与朱漆、金漆、彩漆、描金和洋漆、填漆与戗金、雕漆、阳识和堆起、皮胎和卷胎、漆与其

① 故宫博物院编：《故宫博物院藏雕漆》，图版说明 257～262 页，文物出版社，1985 年。

② 《中国美术全集·工艺美术编 8·漆器》，图版说明第 42～68 页，文物出版社，1989 年。

③ 朱家溍：《元明雕漆概说》，《故宫博物院院刊》1983 年 2 期。

他工艺相结合的器物。现摘录几种：①

1. 金漆，即《髹饰录》中的“金髹”，工艺主要有“泥金”与“贴金箔”两种。

“雍正九年五月初八日，内务府总管海望奉旨：‘前日着造的观音菩萨像，衣褶做扫银堆画金花，花样照新织来西番小花样锦的花样画，面部用泥金画，钦此。’海望拟得菩萨法身高一尺。”

2. 彩漆，就是彩绘漆器。

“乾隆二年八月初九日宫殿监正侍李英交红地画彩漆云龙菊花茶盘一件。传旨：‘着照此样做些水脚放高些，龙身略粗着收细些，里边去加密些，钦此。’于三年九月画得十二件。”

3. 描金和洋漆。这里所说的“洋漆”，是指在黑漆、红漆或其他色漆地上描金，或加其他色漆描绘。可能是当时习惯上认为描金之法来自东洋（实际上不是），所以称之为“洋漆”。

“五月十九日，内务府大臣海望奉上谕：‘造办处所做洋漆活计甚好，着将做洋漆活计之人每人赏给银十两。做的荷叶臂格亦好，亦赏给银十两，钦此。’随又奏称：……彩漆匠孙盛宇、王维新、秦景岩，家里漆匠王四、柳邦显每名银五两。”

“乾隆三年四月二十八日，太监高玉传旨：‘今日所进红里洋漆盒子，漆水花样俱好，此盒胎子蠢些，再做时要比此胎子秀气些，钦此。”

4. 阳识和堆起，就是“堆漆”，用漆或漆灰堆起花纹的工艺。

“雍正六年正月二十七日郎中海望持出汉玉一统天平一件，随紫檀木架，黑堆漆夔龙万字锦式匣盛，系宜照熊、刘师恕进。奉旨：‘此架还好不必换，黑堆漆匣做法花纹亦甚好，着留样，嗣后若做漆水匣子等件有可用此做法的俱照此做，钦此。’”

5. 皮胎和棬胎。棬胎就是用薄木板卷成的胎体，一般用杉木板。

“雍正七年正月，做得漆皮盘、盒、碗各十件。”雍正七年三月十三日“做杉木棬胎漆盒一对”。

以上记载可以看出，清代养心殿造办处漆器作坊是专为皇家服务的，主要是为皇帝服务的。由于清代最高统治者的重视和参与，所制作的漆器都属于精制的高档产品，华丽、富贵、典雅、庄重，可以说代表了当时漆器制作工艺的最高水平。下面介绍两件清代雍正年间造办处漆器作坊生产的漆器：②

1. 彩绘云龙纹双圆形漆盘，故宫博物院藏，盘口长 28 cm、宽 15.7 cm、高 1.4 cm。此盘为双圆交连形，里外髹橘红色漆作地，用姜黄、银灰、浅紫、黑等色漆在盘内描绘云龙纹及团寿字纹。腰部一侧有描金楷书“雍正年制”款。据清代《养心殿造办处各作成做活计清档》载，此盘为雍正三年造办处所制。

2. 蝙蝠勾莲纹柿形雕填漆盒，故宫博物院藏，直径 20 cm、高 10 cm。此盒为

① 朱家溍：《元明雕漆概说》，《故宫博物院院刊》1983 年 2 期。

② 《中国美术全集·工艺美术编 8·漆器》，图版说明第 42～68 页，文物出版社，1989 年。

柿形。通体髹朱漆作地，彩绘蝙蝠勾莲纹。足内髹黑漆，中心彩绘树梗及五片柿叶。据清代《养心殿造办处各作成做活计清档》载，此盒为雍正十一年造办处所制。

第四节 张成、杨茂为代表的西塘派雕漆工艺

浙江嘉兴西塘的张成、杨茂是元代晚期有名的雕漆工匠。目前，保留下来的元代雕漆器，主要均是这二人的作品。他们继承了唐宋以来的漆工艺传统，曾在元末明初之际形成独特的剔红工艺派别，其作品得到了统治阶级的欣赏和喜爱。此后，这一派别的继承者张德刚、包亮等主持明代果园厂漆器作坊，使雕漆工艺更趋成熟和发展。所谓“西塘派剔红”，即是指浙江嘉兴以张成、杨茂为首，传派张德刚、包亮为骨干的西塘漆工集团。①

雕漆，是漆工艺中重要的一类，其主要制作方法有两种：一种是在已经髹好底漆的漆面上用笔将色漆堆成花纹图案的大致轮廓，然后再行雕刻；另一种是在胎体上一层层地涂上色漆，当涂上的色漆层达到一定厚度时再行雕刻。两者的区别在于：前者只在有花纹图案的表面部分堆色漆，后者则是在整个胎体表面涂色漆。《髹饰录》“扁烂第十二”“雕漆错镌甸”下杨明注：“雕漆有笔写厚堆者，有重髹为板子而雕嵌者。”② 就是指的这两种工艺。

一、张成、杨茂的雕漆作品简介

1. 张成造剔犀圆盒，安徽省博物馆收藏。盒径 14.5 cm、通高 6.5 cm。盒盖及盒底的周缘均雕刻云纹，堆漆肥厚，漆色黝黑、刻工圆润，刀口深约 1 cm，刀口中露出朱漆三层，每层相隔约 2 mm。盒底足边缘有针刻“张成造”三字款③。

2. 故宫藏张成造剔红山水人物圆盒。“表面为朱红罩漆堆起，约八十道左右漆层，呈深红色（俗称枣红色），里面及底部都用光漆，呈赭黑色（俗称栗子皮色），盒底靠边有针刻‘张成造’三字款。”

3. 故宫藏杨茂造剔红花卉渣斗。“周身以土黄色罩漆为地，用朱红罩漆堆起，约五十道左右漆层，雕成秋葵、山茶纹样，底和里面用的是数道纯黑色退光漆，底部靠边有针刻‘杨茂造’三字款。”④

除故宫收藏有数件张成与杨茂的雕漆作品外. 其他如上海博物馆也有收藏，但数量都很少。

二、张成、杨茂的雕漆工艺特点⑤

从上述实物可以看到，张成、杨茂两人的技术全面，作品题材广泛。两人剔红作品的共同点，均以黄漆为地，不刻锦纹，属于《髹饰录》中所说“有无锦纹

① 张理萌：《试论元末明初西塘派剔红工艺的发展》，《故宫博物院院刊》1985 年 2 期。

② 王世襄著：《髹饰录解说》，第 150 页，文物出版社，1983 年。

③ 王世襄：《记安徽省博物馆所藏的元张成造剔犀漆盒》，《文物参考资料》1959 年 7 期。

④ 魏松卿：《元代张成与杨茂的剔红雕漆器》，《文物参考资料》1956 年 10 期。

⑤ 李久芳：《元明清雕漆工艺概论》，故宫博物院编：《故宫博物院藏雕漆》，第 2 ~ 5 页，文物出版社，1985 年。

者，黄地似之”的一类。在黄漆素地上压朱漆花纹的处理方法，既能表现雕刻深度，又可烘托花纹，突出主题。这种具有时代特征的手法，直至明初仍继续应用。

张成以花卉为题材的作品，通常髹漆较厚，多雕盛开的大朵花，旁衬含苞欲放的花葩，枝叶肥厚，舒卷自如，满布全器，雕工浑厚圆润，不露刀痕。

杨茂以花卉为题材的作品，用漆不厚，刀法娴熟，花卉表面略显平滑，在平滑的花瓣和叶面上，刻阴线花筋叶脉，给人以娇嫩、淡雅、清新之感。其处理方法，与张成的作品采取边缘凸起，花瓣、枝叶反正卷折，显得茁壮丰满的风格略有不同。

张成、杨茂两人的作品，均于器物底部左侧边缘针划“张成造”或“杨茂造”三字名款，笔体遒劲，字痕极细，如不仔细观察，很容易同漆器的断裂纹混淆。

三、明代初年西塘派漆工艺的继承与发展

《嘉兴府志》载：“张德刚，西塘人，父成，与同里杨茂俱善髹漆剔红器。永乐中，日本、琉球购得之以献于朝，成祖闻而召之，时二人已没，德刚能继其父，遂召至京，面试，称旨，即授营缮所副，复其家。”①

由此得知，因日本、琉球向永乐帝进贡张成制作的漆器，遂召能继父业的张德刚至京，授营缮所副，统领工匠，从事雕漆制作。

正是由于张德刚等一批杰出的漆工以其辛勤劳动和聪明才智，利用皇家提供的雄厚的物质条件，开创了西塘派的全盛时期。

张理萌在《试论元末明初西塘派剔红工艺的发展》一文中，用一件永乐时期西塘派的作品与元末西塘派代表张成的一件作品加以比较，以探索两者之间的继承关系②，同时也可以看出这一时期西塘派的雕漆工艺水平。

剔红双层牡丹花卉圆盘，高 4.4 cm、口径 32.6 cm。施黄漆作硬地，其上髹朱漆约二百道，分两层雕刻牡丹花卉，盛开花朵为上五下一。花饰锦纹细勾，花瓣立刀深刻，随花朵盛开之势，在瓣叶上浅划作出盘脉纹理，周围还有数朵含苞待放的蓓蕾作衬托，剩余位置几乎全被枝叶所占据，黄色硬地仅见于极细窄的空隙处。雕刻枝干的技艺手法是隐起细磨，花叶采用斜刀弯雕的表现形式，盘底边缘图案基本与盘心相同。足内为褐色漆，中部有“大清乾隆仿古”楷书戗金三行款，左边缘尚存隐约可见的“大明永乐年制”行书单行针划款。作品的乾隆款系后伪刻。这是一件标准的永乐时期西塘派的雕漆器（以下简称“永乐造”）。

剔红栀子花圆盘，高 2.6 cm、口径 15.6 cm、足径 12.3 cm。呈圆形撇口，内外黄漆硬地髹朱漆，内雕栀子花纹，外雕勾云带状蔓草纹，底为黑退光漆，足内边缘针划“张成造”单行三字款。图案简练，雕刻精到，磨工细润。这是文物界公认的元代张成的作品（以下简称“张成造”）。

现试将这两件剔红作品作一比较：

漆色　张成造漆色鲜艳，漆质坚硬。永乐造漆色浑暗，漆质较嫩。关于漆色问题，行家是这样论述的：“髹之春暖夏热，其色红亮，秋凉漆色殷红，冬寒乃不

① 万历《嘉兴府志》卷22，明万历二十八年刻本。

② 张理萌：《试论元末明初西塘派剔红工艺的发展》，《故宫博物院院刊》1985年2期。

可。”由此可见，张成造的制作时间为春夏之际，而永乐造则是秋季制作的。就漆质问题，笔者曾向雕漆厂化验同志请教，得知雕漆器愈久愈干燥，且日趋老化。张成是元代工匠，其作品老化严重；牡丹花盘则是永乐年间工匠的作品，从质方面看，肯定不如前者坚实。

髹漆　这两件器物髹漆都较厚，尤其是牡丹花肋更甚，因为要雕刻双层花卉的缘故。值得注意的是，两件作品的漆层底部都有一条黑色的纹层，显然是作者在髹漆过程中故意加了数道黑漆所留下的痕迹。《髹饰录》“雕镂第十”“剔红”下杨明注：“古人精造之器，剔迹之红间露黑线一、二带，一线者或在上，或在下；重线者，其间相去或狭或阔无定法，所以家家为记也。”① 两件作品的黑线位置是相同的，由此可推断这是西塘派髹漆的标记之一。

图案　两件作品是两种花卉图案，虽然表现方法不同，但有许多相似之处。首先是构图饱满，两者都是从细缝隙中才能隐约见到黄漆硬地，除主题花外，梗叶几乎都占满了全部空间；另外，均有数朵蓓蕾作陪衬，可见构图的思路大致相似，只是张成造的栀子花表现得更为自然，而永乐造的牡丹花则露出生机。从花纹演变逐渐趋于工整的这一历史发展过程来考察这个问题，两种构图情况符合雕漆工艺的发展规律。

刀法　尽管栀子花和牡丹花这两种花在造型处理上是不同的，但它们的细部处理却完全一样。花瓣皆呈卷曲状，均有极细而有力的斜刀纹，枝梗圆雕细磨，叶瓣筋脉都用一长一短的刀法表示。笔者认为，只有对前师的传授心领神会，才能做到，换言之，只有西塘派的嫡系后辈，才能在作品细微处做到如此相似。

磨工　两件作品均有打磨精细、圆润光滑的特点，无论对花瓣、枝梗或对叶子的处理都好像出自一人之手，极为相似。

断纹　永乐造出现了蛇腹断，张成造的底部除蛇腹断外，还出现了冰裂断，另外，在盘边也有几处深深的断裂。张成造比永乐造断裂严重，正说明两者间的先后关系。

经过以上比较，可证实这样一个论点，即西塘派的剔红工艺在明初经过不断探索和实践，已有很大发展，但并未越出轨道，依旧保留着西塘艺人所说的：“藏锋清楚，运刀之通法；隐起圆滑，压花之刀法；纤细精致，锦纹之刻法。”永乐时期正由于有一大批掌握高超剔红技艺的西塘漆匠制造了大量的杰出作品，不仅供宫廷享用，并且流传国外，从而使永乐剔红与宣德炉、景泰蓝相提并论，成为明代工艺美术的三项佳作而名扬四海。

第五节　江千里及他的螺钿漆器

螺钿漆器是我国古代漆器中的主要品种之一，有着悠久的历史。明代晚期有一个著名的制造螺钿漆器的工匠，他就是江千里。江千里，号秋水，扬州人，善以薄螺钿嵌以山水人物、花鸟等图案，尤擅用历史故事为题材。其作品闻名朝野，

① 王世襄著：《髹饰录解说》，第119页，文物出版社，1983年。

得到社会上广泛的赞赏。王世襄认为："被阮葵生称为'名闻朝野，信今传后无疑'的嵌钿巨匠江千里，扬州人，号秋水，和名画家查士标同时。两家作品，都曾风靡当世。""'杯盘处处江秋水，卷轴家家查二瞻'。亦可见一时风尚。""由此可见江千里还开设了作坊，故能生产出大量杯盘。"①

石志廉指出："江千里款锡胎嵌螺钿黑漆执壶""的形状与1977年北京市海淀区八里庄明武清侯李伟夫妇墓出土的万历时六角錾花错金执壶，1958年北京昌平明定陵出土的万历时的玉执壶和1959年陕西耀县寺沟出土的明嘉靖酱釉描金孔雀牡丹纹执壶等十分近似。故此，壶的制作年代也应在嘉靖、万历年间。江千里应是这一时期制作嵌螺钿漆器的名家，他的作品被保存下来的不多，一些传世品中带有江千里款识的漆器大都出于仿制"。②

下面介绍几件学术界基本已经认定为江千里制作的螺钿漆器。

一、江千里制螺钿漆器实物简介

1. 云龙海水纹螺钿加金银片长方黑漆盒。故宫博物院藏，长13 cm、宽9.7 cm、高6.7 cm、盖高2.4 cm。"盒盖用闪红光螺钿嵌隶书铭文五行：'式如金，式如玉。……西白铭。'引首篆文'长庚堂'一长方印，款下篆文'星贲'一方印，都用闪绿光螺钿嵌成。盖边缘嵌三角形图案细锦纹一条，内镶金点。盒盖、盒底内墙，上下通景，四面各嵌一龙。两横面龙势弩空，两纵面龙欲出水，姿态各异。此盒花纹，不仅成片的物象用螺钿裁嵌，凡龙的须鬣、海水、卷云等处的细线，也都用螺钿嵌成，圆婉自如，精能之至。龙睛及鳞，都间镶金点。海水浪花，用银填嵌……盒底嵌一海螺，螺口吐一火焰珠。螺壳花纹用方胜形的钿片及金叶嵌成。螺壳后衬花叶一枝，叶皆用划理勾筋。盒盖内一篆文方印'江千里式'四字。盒胎厚约2 mm，当是木制。"③

云龙纹嵌螺钿长方形黑漆盒可视为江千里作品的标准器。方印"江千里式"中的"式"字可认为有示范之意，更足以说明这是他的铭心之作④。

可见，这是一件"螺钿加金银片"漆器。由于金银在颜色方面的特点，将龙睛、龙鳞、海水等均十分形象地表现了出来，不仅弥补了螺钿片颜色方面的不足，更为重要的是，金银片的采用使漆器显得富丽堂皇，十分珍贵。

2. 锡胎嵌螺钿黑漆执壶。中国历史博物馆藏，通高35 cm、口径6.3 cm × 7 cm。方壶，细颈，通体横截面均呈四角形，方圈足略小于器身，形颇俏丽。卷耳状细长柄，上扬平伸弯曲嘴，柄及周边棱角均嵌以薄而发光的小圆螺钿片及凹入成六瓣小朵花卉纹的锦纹。器身上下两层四面开光处嵌以红玛瑙、珊瑚、绿松石、白绿二色螺钿，构成一幅精致的花鸟蝴蝶和梅花纹饰，别具匠心。盖四周作描金缠枝花卉纹，盖顶作一朵嵌彩色螺钿的多瓣圆形花朵，闪红绿光，耀人眼目。圈

① 王世襄：《中国古代漆工艺》，《中国美术全集·工艺美术编8·漆器》，第23～42页，文物出版社，1989年。

② 石志廉：《明江千里款嵌螺钿黑漆执壶和明紫檀雕十八学士长方盒》，《文物》1982年4期。

③ 王世襄著：《髹饰录解说》，第145页，文物出版社，1983年。

④ 王世襄：《中国古代漆工艺》，《中国美术全集·工艺美术编8·漆器》，第23～42页，文物出版社，1989年。

足内作嵌螺钿方框形印一，文为嵌螺钿篆书“千里”二字，笔法粗犷。它除嵌以玛瑙、珊瑚、松石、螺钿外，尚施以描金彩绘的技法，这种技艺应叫“描金加钿”，更为少见。①

《髹饰录》“扁烂第十二”记载：“描金加甸，描金杂螺片者。”同条下杨明注：“螺象之边，必用金双钩也。”可见，这里所说的“描金加甸”是在所嵌钿片的周围描金。

3. 黑漆嵌螺钿宫苑图插屏。河北省正定县文管所藏。屏，五扇，黑漆嵌薄螺钿美女亭台楼阁山水景。周边以曲折纹间朵花为饰，每扇屏背后书七言诗二句，亦嵌螺钿。诗句后为嵌螺钿方篆书“千里”二字款。从插屏边角漆面脱落处可知，此屏为杉木胎，糊麻布，再打漆灰，髹黑漆，然后刻出图案轮廓，嵌以螺钿。②

4. 嵌螺钿山水人物楼阁圆盒。故宫博物院藏。该圆盒上除用螺钿片镶嵌外，还采用了成块的金片镶嵌，以弥补螺钿颜色的不足。

此外，“在日本东京国立博物馆还藏有江千里款螺钿漆盒两件”。③

二、江千里制螺钿漆器的工艺特点

1. 所镶嵌的钿片很薄，是江千里制螺钿漆器的工艺特点之一。一般认为，螺钿加金银片漆器，都以黑漆作地，螺钿壳片如纸，属于薄螺钿一类。金银片的厚薄，约与钿片相等，是与钿片同时粘嵌到漆地上去的。④

上面所介绍的江千里制云龙海水纹黑漆盒与山水人物楼阁圆盒都是镶有金银片的螺钿漆器，金银片一般都是用的金箔、银箔，其厚度是很薄的，像纸一样，钿片与金银片厚度相等，当然也就相当薄了。

此外，与故宫博物院藏的缠枝莲纹嵌螺钿舟形黑漆洗上所用的钿片厚度比较来看，也可以得知江千里制螺钿漆器所用钿片的厚薄程度：该黑漆洗的花朵枝叶，系用长条形螺钿片嵌成，其钿片厚度薄于一般的厚螺钿漆器，应属于薄螺钿漆器，“但比江千里所用的壳片又厚逾一倍”，⑤ 由此推测，江千里所用的螺钿壳片的厚度是很薄的。我们已经指出，与厚螺钿比较起来，薄螺钿所镶嵌的花纹图案更加精细致密。江千里所制螺钿漆器之所以在当时十分有名，其原因之一就在于此。

2. 将螺钿与金银、玛瑙、珊瑚、松石等同时镶嵌在一件漆器上，也是江千里制螺钿漆器的一个特点，上面所述的锡胎黑漆执壶就是采用此法制造的。江千里制螺钿漆器，本身工艺很精，加之，采用多种珍贵的物品镶嵌，使之显得更加富贵、庄重、高雅，其所制漆器之所以在当时十分有名，这也是原因之一。将多种珍贵的物品一起镶嵌在漆器上，这一工艺方法称之为“百宝嵌”。《髹饰录》“扁烂第十二”记载：“百宝嵌，珊瑚、琥珀、玛瑙、宝石、玳瑁、钿螺、象牙、犀角之

① 石志廉：《明江千里款嵌螺钿黑漆执壶和明紫檀雕十八学士长方盒》，《文物》1982 年 4 期。

② 中国漆器全集编辑委员会：《中国漆器全集·5》，图版说明第 63 页，福建美术出版社，1995 年。

③ 石志廉：《明江千里款嵌螺钿黑漆执壶和明紫檀雕十八学士长方盒》，《文物》1982 年 4 期。

④ 王世襄著：《髹饰录解说》，第 145 页，文物出版社，1983 年。

⑤ 王世襄：《中国古代漆工艺》，《中国美术全集·工艺美术编 8·漆器》，第 23～42 页，文物出版社，1989 年。

类，与彩漆板子，错杂而镌刻镶嵌者，贵甚。”①

《新唐书·肃宗纪》至德二载十二月“禁珠玉、宝钿、平脱、金泥、刺绣”，②宝钿就是指的这种镶嵌工艺品。说明唐代和北宋时已有“宝钿”或较为简略的“百宝嵌”。

“百宝嵌”是我国古代漆工艺中的一种，它的早期形式既不是始于明代，也不是始于唐宋，而是始于西汉中晚期的扬州漆器，对此，本篇已经有过较为详细的论述。需要指出的是：由于江千里等一批著名漆器制作艺人的努力，其在螺钿镶嵌等漆器制作上的高超水平，从客观上促进了明清时期我国“百宝嵌”漆器的发展。

第六节 卢葵生和他的漆沙砚

以漆为原料制砚在我国有着悠久的历史，因为砚面是采用“沙漆”制作，抚摸起来有细沙粒的感觉，便于发墨，所以在清代此类漆砚又被称为“漆沙砚”。

扬州是我国历史文化名城之一，自古以来就是我国重要的漆器产地，早在西汉晚期，扬州漆器就创造了我国漆器生产史上的第二个高峰。我国漆砚的最早实物就出土于扬州姚庄汉墓。清代卢葵生制作的漆沙砚闻名于世，与当时扬州的政治、经济情况及其制作漆器的历史都应有着一定的关系。

一、文献中有关卢葵生及其漆沙砚的记载

卢葵生，名栋，清代扬州人，卒于道光三十年（1850年），终年七十多岁。据此推测他应是生于清代乾隆年间。其祖父卢映之在清代乾隆年间就以仿制宋代宣和漆沙砚而著名，所以他家世代从事漆器制作。卢葵生在继承先人漆工艺的基础上有所发展，他制作的漆沙砚，不仅漆灰坚细、体质极轻，利于发墨，而且由于与其他漆工艺有机地结合，使其产品高贵、典雅、轻巧、美观。

据王世襄先生介绍，赵元方先生家藏卢葵生制作盛放漆砚的楠木匣内活屉中还保留有两张卢葵生的仿单，均为木刻水印。较小的一张，红纸隶书，上面说明卢家制作漆沙砚的历史及其特征、卢家的地址等内容，类似于现今“认清商标，谨防假冒”的广告词一样；较大的一张，牙色纸楷书，刊印了顾千里作于清道光丙戌年（公元1826年）的《漆沙砚记》，类似于现今所售商品中所附的专家评语一般。现将其部分内容摘录如下。③

红纸隶书：

其砚全以沙漆，制法得宜方能传久、下墨。创自先祖，迄今一百一十余年，并无他人仿制，近有市卖者，假冒不得其法，未能漆沙经久，尚蒙赏鉴，须认明研记图章、住址不误，住扬州钞关门埂子街进士巷南首古榆书屋卢氏。

牙色纸楷书：

① 王世襄著：《髹饰录解说》，第151页，文物出版社，1983年。

② 《新唐书·肃宗纪》至德二载十二月，中华书局。

③ 王世襄等：《扬州名漆工卢葵生和他的一些作品》，《文物参考资料》1957年7期。

漆沙砚记

邗上卢君葵生，以漆沙砚风惠，且告予曰：康熙丁酉春，先大父于南城外市中买得一砚，上有宋宣和内府制六字，其形质类澄泥而绝轻，入水不沉，甚异之。久后知其为漆沙所成，授工仿造。……予惟砚之品颇伙，产于天者端溪称首，为于人者澄泥盛行。而逮今日，端溪老坑采凿已罄，澄泥失传，粗疎弗良，求砚之难，殆同赵璧。若此漆沙，有发墨之乐，无杀笔之苦，庶与彼二上品媲美矣……

以上记载表明，当时卢葵生的漆沙砚是一种十分受人欢迎的漆制品，所以市场上才出现了假冒的漆砚；卢葵生制作的漆沙砚“有发墨之乐，无杀笔之苦”，可以与端砚、澄泥砚相媲美；卢葵生继承了其多年来世业漆工的技术经验。这些都说明了卢葵生漆工艺的高超及其所制漆砚的技术之精、质量之高。

二、卢葵生制造的漆沙砚实物（见彩图 1－6－2）①

北京故宫博物院收藏卢葵生制造的漆器有 10 余件，其中漆沙砚或盛有漆沙砚的砚盒等漆器就有 8 件，占收藏总数的一半以上。

1. 紫漆地百宝嵌榴花荇藻游鱼图长方委角漆砚盒，高 4.5 cm、长 21.5 cm、宽 11.1 cm……黄云母、白云母、红石各雕鱼一条，象牙煎绿镂作水藻，并石榴一支，嵌于盒盖。盒内有屉一层，置笔方圆形漆砚一，紫漆描金墨床一，黄漆描青铜胎海棠式小水盂一，黑漆管毛笔一（缺笔头），配置妥帖得宜。盒里及外底髹黑漆。外底正中有朱漆正方篆书双行款印“卢葵生制”。

2. 八宝灰瓶漆砚，长约 17 cm、宽约 12 cm，形制奇特，外露的左砚墙刻金农铭文“恒河沙，沮园漆，髹而成，研同金石，既寿其年，且轻其质，子孙宝之传奕奕”。砚有四足，外底黑漆，正中一方朱漆阳文篆书正方双行印“卢葵生制”。

3. 正圆漆砚盒，径约 20 cm、高约 6 cm，外壁髹赭，内壁髹黑。盒盖以云母镶嵌梅花……花蕊不另作镶嵌，而于花上阳刻蕊丝，密钻圆眼，显得疏朗大方。盒底与盒里髹黑推光，底有红漆篆书“卢葵生制”正方印。盒内辟雍漆沙砚，砚髹黑推光漆，有研磨痕迹。

中国历史博物馆收藏卢葵生制作的漆器有 5 件，其中漆砚盒有 3 件，占总数的 60%。历史博物馆藏卢葵生漆器，多为卢氏佳作。

八宝灰漆砚盒，木胎，极轻。长约 20 cm、最宽处约 15 cm、高约 5 cm，外形似葫芦，盖棱浑圆。盒外壁黑色漆中拌入牙屑、角屑磨显。能看出角屑、牙屑深浅层次不同，可能面上用了透明漆。盒底髹黑推光漆，红漆绘阴文长方小印“葵生”。……盒内沙砚亦作葫芦状，套扣紧密。砚堂灰黑，见有沙粒，有研磨过的痕迹。砚反面阴刻篆书铭文“和沙漆，含辉光，比金玉，大吉祥”。

上海博物馆收藏卢葵生制作的几件漆器中也有两件漆沙砚或漆砚盒。

漆沙水砚，木胎，圆形，似端石打水砚，径 13.1 cm、高 3.2 cm，砚面深 1 cm、砚底深 1.2 cm……砚面残留墨痕，黑漆内有明显闪光砂粒。砚墙刻隶书款“道光庚子春日葵生监制”10 字。

四川省博物馆收藏卢葵生制作的漆器 11 件，其中有漆沙砚或砚盒 5 件，约占

① 张燕：《晚清扬州漆器艺人卢葵生作品闻见录》，《故宫博物院院刊》1992 年 1 期。

总数的45%。

长方漆砚盒，卷木胎，长约14 cm、宽约10 cm、高约2 cm、盖高约1.5 cm。……盒底有朱漆阳文正方篆字双行印“卢葵生制”。砚也作五边形，木胎髹黑，斜砚堂，内有细沙颗粒并研磨痕迹，体亦极轻极坚。

天津博物馆也藏有卢氏漆砚。

赵元方先生收藏卢葵生制作的嵌梅花漆沙砚放在一个楠木匣内，抽开匣盖和蓝色锦糊的里盖，一个装着四个小轮子的活屉，承放着砚台。活屉中间还有夹层，里面放着两分仿单（前面已经介绍过）。砚长方形，长14.6 cm、宽8.5 cm、厚1.9 cm。黑色，漆内含有带闪光的极细沙粒。从漆的质地来看，粗细约与歙石相等，似乎还相当发墨。体质很轻，只重119 g，要比体积同样大小的石砚轻许多。墨池凹下，砚侧阴刻篆书“葵生”。

三、漆沙砚制作工艺的探索

卢葵生的漆工艺技术是多方面的，仅就漆沙砚制作来说，在砚盖的装饰上所采用的技艺就有浅刻、百宝嵌、八宝灰、彩绘、描金等多种。这里主要对其砚面的制作工艺进行探讨。由于现存的卢葵生制作的漆器均属于国家珍贵文物，至今尚未见到有关的分析测试结果，因此，对其制作工艺只能做一点理论上的探讨。

卢葵生所制漆沙砚上的铭文及出售漆沙砚时所附的仿单上都已经简略地说明了漆沙砚的制作技术，如，故宫博物院藏八宝灰瓶漆砚的左砚墙上刻有“恒河沙，沮园漆，髹而成，研同金石，既寿其年，且轻其质，子孙宝之传奕奕”的铭文；中国历史博物馆藏八宝灰漆砚盒内漆沙砚的反面刻有“和沙漆，含辉光，比金玉，大吉祥”的铭文。现存的漆沙砚的砚面上一般都有极细的沙粒，卢葵生所售漆沙砚的仿单上也说明该砚是采用“沙漆”制成的，假冒者的技术不足之处就在于“不得其法，未能漆沙经久”。研究卢葵生的漆沙砚制作技术首先要对其“沙漆”或“漆沙”进行探讨。

（一）“沙漆”为何物

制作漆沙砚的表面主要需考虑三个方面：砚面沙粒的粗细程度、致密程度、胶结程度。歙砚、端砚、澄泥砚等之所以是名砚，就是因为其质地在这三个方面比较适合，墨锭研磨时易于发墨，研出的墨液中颗粒细腻，使液汁显得丰满。由此可见，沙漆就是一种漆与沙相混合的产物。

1. 所用的沙可能是与端砚、歙砚相同或近似的石料研细后的细沙，该细沙在颗粒细度、硬度两个方面应与歙砚石、端砚石相近似。赵元方先生收藏的卢氏漆沙砚的砚面沙粒，经王世襄先生观察约与歙石相同，就是一个例证。为此，制作漆沙砚所用的沙，首先必须选用相应的石料（如歙石、端石等）以保证沙粒的硬度；其次，对研细的沙粒还要进行漂洗、筛分，将太细、太粗等的沙粒去除，以保证所用沙粒粒度的均匀。

2. 所用的漆应是采用质量比较好的原生漆，通过晒、熬等工艺进行精制后的精制漆，其方法如元代学者陶宗仪在其所撰的《辍耕录》中记载的“黑光”漆相近，该漆所形成的漆膜在硬度、韧性、粘接性等方面都应是比较好的。

3. 卢葵生制作的漆沙砚砚面一般都是黑色或灰黑色，说明其沙漆中除去漆、沙之外还应有黑料，在现代化学知识在我国使用之前，我国元明清时期兑入漆中所用的黑料一般是采用陈年老醋浸泡铁屑来制造的，如《辍耕录》中记载的那样，主要成分为四氧化三铁的粉末。沙漆中所用的黑料，也应是采用这一方法制造的。将黑料兑入漆中，制成黑色或灰黑色的漆。

4. 所制成的沙粒、漆二者需按一定的比例兑制，才能保证砚面的沙粒具有一定的致密程度并为黑色，否则砚面不易发墨。至于二者之间的比例是多少，只能经过模拟实验才能逐步地摸索出来，目前笔者尚无此能力。

（二）漆沙砚制作工序推测

1. 卢葵生所制漆沙砚一般均为木胎，所以制作漆沙砚的第一步就是制作木胎。应选用质地比较致密的陈年木材，有疤痕、树节、虫眼等不用，以避免漆沙砚在使用过程中发生开裂。木胎一般比较厚，如，赵元方先生收藏的卢葵生制作的漆沙砚，厚1.9 cm，除去墨池下凹0.8 cm及沙漆的厚度外，木胎厚度在0.5 cm以上。上面所列举的数件卢葵生制作的漆沙砚，未见一件木胎发生开裂现象，表明当时所选用的木材是合适的。

2. 木胎上用未经精制的原生漆加一定量的沙粒等涂布（俗称刮灰），以保证漆与木胎间粘接牢固。放在荫室中干燥。而不能采用猪血、胶类等为原料来进行刮灰，那样是不牢固的。

3. 将配制好的沙漆涂布在砚面上，并有一定的厚度。涂布时要注意密实，不能留有空隙。放入荫室中干燥。

4. 采用硬度、粗细度与沙漆中所用沙粒相近的沙石打磨砚面、再用细角粉等打磨推光，使砚面平整光滑又具有极细的沙粒状。需要指出的是：漆沙砚砚面的推光又称为“退光”，是不需要表面光亮的。《髹饰录》“质色第三”：“黑髹，一名乌漆，一名玄漆。即黑漆也。正黑光泽为佳。揩光要黑玉，退光要乌木。”砚面所采用的就是这种如“乌木”的“退光”工艺。而一般黑色推光漆的那种推光，又称之为“退光出光法”，用角粉等打磨后还要采用油、生漆等进行，打磨后漆器表面十分光亮。①

卢葵生在仿单上指出漆沙砚的假冒品“不得其法，未能漆沙经久”，其原因主要在于沙漆的制作中所用的漆、沙等原材料不合要求或相互之间的比例不对，所以“漆沙不能经久”，墨锭研磨一段时间后砚面就会出现沙粒脱落等现象。“不得其法”，主要是指制造沙漆及其各种用料的方法（包括原料的选用等）不对。

流传下来的卢葵生制造的漆器中以漆沙砚的数量最多，其原因主要有二：一方面是当时卢氏制造的漆沙砚数量就比较多，而且是作为其家族的专利产品和名牌产品推向社会的，其销售量一定也比较大；另一方面是当时的文人雅士在“端溪老坑采凿已尽，澄泥失传，粗疎弗良，求砚之难，殆同赵璧”的情况下，也只能较多地使用漆沙砚。他们购买、收藏漆沙砚的数量一定是比较多的。加之文人雅士们一般都喜爱收藏，这样较多的漆沙砚就流传了下来。

---

① 王世襄著：《髹饰录解说》，第68页，文物出版社，1983年。

四、卢葵生的其他漆制品

卢葵生作为一代著名的漆工，不仅其漆沙砚制作得十分出名，其他方面的漆工艺也应该是相当精湛的。下面仅举几个与漆沙砚制作工艺有关的例子。

（一）紫沙漆器

紫沙漆是用大漆调和紫色颜料和细沙髹成。卢葵生受紫砂壶镌刻名人书画的启发，用紫推光漆髹涂，再退光仿紫砂陶，做成紫沙漆壶、砚台等漆玩，刻以文人书画，备受士大夫赞誉。① 传世下来的卢葵生制紫沙漆器，张燕先生介绍了数件，例如：

南京博物院藏道光十六年卢葵生制仿紫砂漆茶壶，高约 8 cm，扁四面体，四棱，鼓腹。外壁阴刻篆书“独携天上小圆月”，出自苏东坡《惠山烹小龙团》诗，楷书落款“丙申秋月葵生”，下钤“栋”字小方印。造型浑厚古拙。②

紫沙漆器，所用的大漆中也掺有细沙，当然也可以说是一种“沙漆”。只有这样，制作出来的紫沙漆器才能与真正的紫砂器相像。卢葵生制造的紫沙漆器，仅从外表看几乎可以乱真，所以其内壁一般都不髹漆，使人们可以看出是一件仿紫砂制品。据张燕先生介绍，1983 年出版的《中国工艺美术简史》中曾误将卢葵生制作的一件仿紫砂漆壶当作明代宜兴紫砂壶而编入书中，由此可见卢葵生的仿紫砂漆制品确已达到了乱真的程度。③

（二）八宝灰漆器

“八宝灰”则是扬州漆工的称谓，是将一种色屑，如，牙屑拌入灰漆磨显，也可以用骨屑、珊瑚屑、绿松石屑、孔雀石屑、螺钿屑、漆屑、金属屑、角屑中的数种混合拌入灰漆磨显，类似建筑中水磨地面做法。色屑硬度宜相近，才能使磨面平整。《髹饰录》“填嵌第七”：“嵌金、嵌银、嵌金银。右三种，片、屑、线各可用。”④ 八宝灰唯独在清代扬州流行，因为它漆黑的漆地迎合了士大夫求朴求雅的情怀，而闪烁的色点又打破了漆地的沉闷感，带给人些许清新愉悦。清代扬州，大则屏风、罩隔、楹联，小则花盆、花架、砚盒，常用八宝灰满饰漆地，或不加雕嵌，或与雕嵌结合。⑤ 传世下来的卢葵生制八宝灰漆器，张燕先生介绍了数件，例如：

王世襄先生家藏锡胎八宝灰漆壶，高 12. 5 cm……灰漆中掺进牙角碎料，褐黑色漆面磨显出黄白碎点，看去犹如夜空繁星……另一面刻行书款“坡雪斋茗具小石铭湘秋书葵生刻”。⑥

漆沙砚、仿紫砂漆器、八宝灰漆器，它们有一个共同的特点：在漆中都分别使用了石、角、金属等质地的粉末或碎屑作为原料之一，在工艺上有其相似的地方。由此可见，卢葵生的漆沙砚之所以有名，在漆工艺上有着广泛而深厚的基础是其最主要的原因。

① 张燕：《奇技百端》，《故宫博物院院刊》1994 年 4 期。
② 张燕：《晚清扬州漆器艺人卢葵生作品闻见录》，《故宫博物院院刊》1992 年 1 期。
③ 张燕：《晚清扬州漆器艺人卢葵生作品闻见录》，《故宫博物院院刊》1992 年 1 期。
④ 王世襄著：《髹饰录解说》，第 106 页，文物出版社，1983 年。
⑤ 张燕：《奇技百端》，《故宫博物院院刊》1994 年 4 期。
⑥ 张燕：《晚清扬州漆器艺人卢葵生作品闻见录》，《故宫博物院院刊》1992 年 1 期。

第七节　清代福建沈氏家族的脱胎漆器

福建福州沈氏家族的脱胎漆器以其质地轻巧、经久耐用、工艺精湛而闻名，是我国清代及近代历史上有名的漆器之一。《福建史稿》一书对福州漆器有一段结论性的论述："福州漆器，成为专业化的工艺品，还不到150年。前清乾隆中叶，有一个沈绍安，掌握了髹漆技巧，领悟到泥塑佛像的夹苎制法，因而有脱胎漆器出现。"胎"就是模型，有泥模、木模、石膏模各种。法用绸布、夏布，以漆为粘料，依模裱上，成为一薄壳，脱去内模，即成为雏形，加上涂漆，加上漆灰，和磨光等四十多道工序，成为半成品。又添了各种装饰，上色，绘画而为成品。"

"初期所塑造，多为神话或传说人物像。到了清末，才有屏风联板。为了迎合国内外顾客的嗜好，逐渐有茶具、酒具、烟具、瓶盒出现。更突出的是采取各种花叶形态，刻成盆碟。"①

一、沈氏漆艺世家简介

我国古代的漆器生产，既有官办的漆器作坊，也有民间的个体工匠，就髹漆工艺来说，大多是家族相传或师徒相传，然而，像福建沈氏家族这样将髹漆工艺作为传家宝、历经二百余年兴盛不衰、传至数代绵绵不绝的现象，在我国几千年的髹漆史上还是绝无仅有的。20世纪80年代中期，福州市曾经举办了一个"纪念沈绍安脱胎漆器二百年"的活动，为此，在《福建工艺美术》1986年3期上发表了沈绍安的后裔沈元先生的文章"回忆与展望"、郑朝铨先生的文章"沈氏漆艺世家传略"，现将"传略"一文的有关内容摘录如下：②

沈绍安创始脱胎漆艺，族传家承，世代不衰……沈氏后裔从事漆工，代有其人，都以沈绍安为冠顶，一脉相承，各号店记。

据《闽侯县志》载："沈绍安漆器创自乾隆间，绍安字仲康始得秘传研究漆术，巧配颜色，创造了脱胎漆具。"沈绍安生于乾隆丁亥年四月（1767年），卒于道光乙未年（1835年），是一个破落官僚的子弟，厌读诗书，转而专事漆艺，在福州双抛桥老铺子开起脱胎漆器店。初期制售一些朱漆筷子、漆碗、神主之类的小商品，后来主要生产茶箱、奁镜、首饰盒、提盒、观音佛像等脱胎漆器，装饰技法有了泥金银彩绘山水、花卉、人物等。在当时封建王朝年代，沈绍安漆器正适应官场应酬馈赠及"富贵人家"之需求，于是沈绍安漆器崭露头角成闽漆巨擘，为沈氏漆艺奠定了坚实的基础，时年他仅三十余岁。

沈绍安二代沈初朱，字拱璧，子承父业，衣钵相传，福州辟为五口通商口岸后，沈初朱模仿西方造型，迎合欧洲人士爱好，生产了各种烟具、茶具、花瓶等。为求得品质更加坚固，他进行了必要的重复工序，改一次垸灰为二次垸灰，品种增多，销路畅通，得到当世赏识者的好评。

三代沈作霖不但继承了祖传漆艺，而且应用纯金箔炼古铜和黑、朱地筛金方

① 朱维幹著：《福建史稿》，第457页，福建教育出版社，1986年。
② 郑朝铨：《沈氏漆艺世家传略》，《福建工艺美术》1986年3期。

法，更加丰富了漆器装饰，倍加美观。为了制法守秘，创下沈家自己独有的家规，技术方面“四传四不”：传内不传外、传长不传次、传男不传女、传嫡不传庶。这样的家规，在当时对巩固沈氏漆器独家经营地位，保证技术不外泄起到了一定的约束作用。

清代光绪中叶，封建的残余法权开始动摇，沈家的家规也开始动摇，沈作霖后期，第四代长房沈允中的儿子们相继操业开张。

四代沈允中专门研究和搜集各种木材，在坯胎上下工夫，分别应用楠木、紫心木、山榉木等制作细木坯和车旋坯，同时聘请木刻工制造木刻产品，颇有贡献。沈允中有五个弟弟，其中三个从事漆艺。大弟允济，字桂藩，擅长漆画描金；……三弟允华，字兰庭，尤善作装饰钉铜技术。

五代沈正镐、沈正恂、沈正恺、沈正愉都是沈允中的儿子，沈正禧和沈幼兰是沈允中兄弟沈允济、沈允华的儿子，他们后来都分道扬镳，各立门户，这就成了沈氏漆艺第五代传人。

1887 年，闽浙总督许应骙为了报效慈禧太后，向沈正镐和沈正恂两兄弟买了价值几百两银子的脱胎漆器，送给慈禧太后，脱胎漆器首次进入内廷，得到慈禧太后的赏识，赐予沈正镐、沈正恂兄弟为四等商勋、五品顶戴，始祖沈绍安也名列闽侯县志。因此，沈家漆器在国内市场声名鹊起。……1898 年沈正镐创作的“莲花盒”“茶叶箱”在法国巴黎博览会上获得金牌奖。1910 年、1911 年沈正恂创作的“古铜色荷叶瓶”“大梅瓶”和“观音佛”先后在美国圣路易斯博览会和意大利多兰多博览会上获得头等金牌最优奖状和一等奖章各一。

20 世纪 50 年代，“福州脱胎漆器刚从战乱中走过来，只剩下沈绍安兰记、德记两家，门前是一片荒凉冷落的景象。党和政府及时采取抢救措施，使具有悠久历史的福州脱胎漆器得到了恢复和发展，沈氏的后代也都得到了充分发挥技艺的机会”。

二、沈氏家族髹漆工艺的主要特点

（一）用细夏布或丝绸代替麻布

沈氏家族所制造的夹苎胎漆器，最早也是在泥模上铺敷织物并涂刷漆灰或生漆而成。为了使所制成的夹苎胎薄而轻巧，制胎时采用的是细夏布（一种比较细薄的苎麻织物）或丝绸,[①] 而不用比较粗糙的麻布，这样不仅减少了胎体的体积，同时也增强了胎体的强度。为了进一步增加胎体的强度，在胎体制作时，改一次垸灰为二次垸灰，使胎体更加紧密，沈氏脱胎漆器虽然薄而轻巧、但十分耐用的原因之一正在于此。

（二）脱胎方法改阳脱为阴脱

沈氏的脱胎漆器，在其开创前期均是采用泥模，在泥模上铺敷夏布或丝绸，涂刷漆灰或生漆，待漆干燥后形成硬壳，去除里面的泥模即成。这种脱胎工艺的方法，因为所脱的胎体在模的外面，所以称为阳脱。由于制胎后泥模要毁去，因此，这一脱胎工艺可以说是“一模一器”。在沈正镐时，为了增加产量，提高生产

① 沈元等：《回忆与展望——纪念沈绍安脱胎漆器二百年》，《福建工艺美术》1986 年 3 期。

效率，曾经对此工艺进行改革，改阳脱为阴脱，改“一模一器”为“一模多器”。郑朝铨先生指出：“夹苎脱胎方法改阳脱为阴脱，不再是塑一泥稿，然后加裱浸水脱胎的旧法了，且用木模为胎，可聚可分，聚则成型，分则易于脱模”。① 采用了可以拆分的木模，使用时将木模合起来，在木模内面铺敷夏布或丝绸、涂刷漆灰或生漆，待漆干燥后，从外面将木模拆开除去，这样漆器的胎体就形成了。因为所脱的胎体在木模的里面，所以称为阴脱。拆开除去的木模还可以重新合起来使用，因此，这一脱胎工艺可以说是“一模多器”，不仅提高了工效，节约了成本，而且保证了所生产的同一种产品在外形尺寸上完全一致。

（三）注意漆器的表面处理

沈氏家族制造的脱胎漆器不仅轻巧结实，而且其表面也十分美观，这主要表现在两个方面：

1. 具有一套磨、擦、推、揩等比较完整的漆器推光工艺，使得所生产的脱胎漆器表面平滑如镜、光亮照人。② 为了达到好的效果，在漆器制作时所采用的漆均是质量比较好的生漆及其精制品，而且从不掺入猪血等其他东西，使得所髹成的漆膜在硬度、韧性、光泽等方面都比较好，也利于打磨推光工艺的进行。

2. 调配出一些色彩比较浅而鲜艳的色漆进行彩绘，使得生产出的产品十分美观。据沈绍安的后裔沈元先生在《回忆与展望》一文中介绍：“用金箔或银箔研成粉末调漆制成淡黄色或白色的浅色漆，然后再和其他的彩色漆掺混，便可以调出一系列浓淡不同、鲜艳明亮的色彩”，“使彩色的人物花鸟栩栩如生”。③

这里所说的用金粉或银粉调制出淡黄色或白色的浅色漆，可能是采用经过精制的半透明漆或是经过熬制的油调制的，因为半透明漆本身带有颜色，单独采用半透明漆是调不出淡黄色或纯白色来的。郑朝铨先生在《沈氏漆艺世家传略》一文中提到沈家六代传人沈德椿曾经创造出“沈金漆”，④ 这种“沈金漆”也应是采用半透明漆或熬制好的油为主调制成的。一般来说，描金等髹饰都是先用漆薄描花纹，待其要干但尚未完全干燥时将金粉粘到花纹上，《髹饰录》中已多有记载，很少有将金粉直接调入漆中的。据吴山主编的《中国工艺美术大辞典》漆器部分的介绍：⑤

银箔料。用 100 张银箔（重七分）调入油漆 2.5 分，每版研磨 45 分钟，翻三次制成银箔料。是薄料髹涂的一种用料。

颜色料。将 50% 的颜色料调入配制的油漆 50%（油漆按紧推光漆 50%、中明油 15%、大明油 35% 配制），每版研 15 分钟。是薄料髹涂的一种用料。

薄料色漆。由银箔料和颜色料按比例调拌均匀后，再调入油漆料，或直接用紧推光漆、广油、银箔和颜料调配制成。

薄料髹涂。为使漆色变得更加鲜艳，又能节省漆料，并达到需要的装饰效果，

① 郑朝铨：《沈氏漆艺世家传略》，《福建工艺美术》1986 年 3 期。
② 郑朝铨：《沈氏漆艺世家传略》，《福建工艺美术》1986 年 3 期。
③ 沈无等：《回忆与展望——纪念沈绍安脱胎漆器二百年》，《福建工艺美术》1986 年 3 期。
④ 郑朝铨：《沈氏漆艺世家传略》，《福建工艺美术》1986 年 3 期。
⑤ 吴山主编：《中国工艺美术大辞典》，第 421 ~ 434 页，江苏美术出版社，1989 年。

将银箔研细后调入漆色，制成薄料漆色，再采用薄髹的装饰方法，称为“薄料髹涂”，这种髹饰方法由福州著名漆工老艺人沈绍安发明。

从以上介绍可以看出，沈氏家族发明的这一种髹饰工艺，首先是将金箔或银箔与油漆一起研磨成细粉（其方法与“泥金”工艺中金粉的制法相同），然后再与油漆混合。使用时也有将颜色料一起用的。用金银粉调油漆而制成的色漆，其黏度相对来说应该较小一点，这样才利于“薄髹”，即是在漆器表面涂上很薄的一层，或者再通过揩光工艺使漆层薄而光亮。由于涂得很薄，加之揩光后的明莹光亮，其颜色当然比较鲜艳。本篇的有关论述中，已经多次指出单独用漆是调制不出颜色浅淡的色漆，必须要用油，沈氏家族制作出的这种金银色漆，不仅说明他们在金银粉的制作上有着较独到的工艺，同时也说明了他们在半透明漆的精制、油的精制等方面也有较为独到的工艺方法。

三、沈氏家族所制漆器简介

《中国美术全集·工艺美术编8·漆器》中刊载了一件沈绍安制作的漆器——彩绘描金花鸟纹漆盒：

盒口长32 cm、宽15.6 cm、高11 cm。故宫博物院藏。此盒为木胎，通体髹缃色漆地，用红、淡紫、浅绿、银灰等色漆绘花纹，用金勾勒花纹轮廓及纹理。盖面有桃花、月季、山石和一只雏鸡。四壁饰梅、竹纹。盒里为黑漆洒金。盖内贴有清代宫中写的黄纸签，上书“福建福州府工人沈绍安制”。盖内贴有清代宫中写的黄纸签，说明这件漆盒是沈绍安为宫廷制造的产品或者是地方官员向宫廷的贡品，无论是哪一种情况都表明当时沈绍安制作的漆器已经比较有名，否则不太可能为宫廷收藏。①

《中国漆器全集·6·清》中刊载了多件沈氏家族所制漆器：②

1. 沈氏脱胎漆桃盘。通高66.7 cm、口径53 cm。上海博物馆藏。

盘。脱胎制，通体髹彩、金漆。下为底座，作福海寿山中鳌鱼负荷叶形盘，盘中盛大小桃和枝叶，器底有“沈正镐”圆形印（见彩图1-6-3）。

2. 绿漆墨彩长方盒。长18 cm、宽16 cm、高8 cm。故宫博物院藏。

盒，长方形，平顶，直壁。通体绿漆地，盖面上墨彩画五松高耸，一老翁一童子立于松下，作松下问童子诗意。盒内黑漆洒金，底黑漆，印款“中华福州沈绍安恂记漆器”，其下为英文牌记。

---

① 《中国美术全集·工艺美术编8·漆器》，图版说明第42~68页，文物出版社，1989年。

② 中国漆器全集编辑委员会：《中国漆器全集·6》，图版说明第28~30页，福建美术出版社，1995年。

第七章

部分少数民族地区的漆器

我国少数民族众多，在各自历史的进程中都曾经或多或少地生产或使用过漆器，其髹漆工艺也可能各有特色。由于笔者的学识水平和资料的限制，无法全面地进行探讨，只能略述一二。

第一节　大方皮胎漆器

大方，是一地名，位于现今贵州高原西北乌蒙山区，古代称之为水西、大定。那里温度偏低，湿度较大，土质好，适宜于漆树的生长。该地产的漆，所含的漆酚含量较高，涂于器物表面鲜明光亮，且具有快干、结膜坚硬耐久、耐腐蚀等特性。至今，这一带仍然是我国重要的产漆区之一。

一、有关大方皮胎漆器的文献记载及实物

明清时期，大方漆器的胎体已有多种，皮胎漆器是其主要的品种之一。据20世纪30年代的有关统计，大方漆器的品种大致有十类：皮盘、皮烟盒、皮箱、盒、传盒、茶瓶、茶船、匾对、箸、奁等，其中除匾对和箸为木竹胎外，其余都是以皮胎形成特色。①

《髹饰录》“填嵌第七”“填漆”条下杨明注：“磨显填漆，饱前设文，镂嵌填漆，饱后设文，湿色重晕者为妙。又一种有黑质红细纹者，其文异禽怪兽，而界郭空闲之处，皆为罗文、细条、縠绉、粟斑、叠云、藻蔓、通天花儿等纹，甚精致，其制原出于南方也。”②

杨明认为这类“黑质红细纹”的填漆漆器，“其制原出于南方”，但并没有说是出自贵州。

对此，王世襄认为：“查此种实物过去在北京文物店中偶尔能见到，多为黑漆皮胎，划纹很细，填色漆，以朱色为主。它与一般填漆的不同在所填的只是勾画的线条而没有较大面积的剔刻。它的产地有人认为在贵州，有人认为在山西。实际上是两地都有。”③

---

① 兰一芳：《明清之际大方漆器考》，《故宫博物院院刊》1992年3期。

② 王世襄著：《髹饰录解说》，第95页，文物出版社，1983年。

③ 王世襄著：《髹饰录解说》，第95页，文物出版社，1983年。

王世襄认为两地都有，并且举出了20世纪50年代山西生产的皮胎漆器为例。①然而，从杨明是一位名漆工来看，他指出“其制原出于南方”是不会出差错的，而山西却位于北方，因此，杨明说的“黑漆红细文者”很有可能就是指贵州大方生产的皮胎雕嵌漆制品。

清代田雯在《黔书》中讲到贵州漆器时有如下一段记载：“盘、盂、盅、卷之属，凡数种矣，壶为善。”“用水牛皮，牝者首，牡者次焉。阔者贵，狭者贱焉。”“以水浸之，燔毛刺肉，取其泽且平也。以火烘之，龟纹缦理，取其干且厚也。以木张之，以契定之，以刀削之，而后膏以楅髹焉。膏之其功十也。以沙复之，以土窨之，以石砻之，而后绘以文采焉。绘之其色四也，四色皆和漆成之。首则黄，盖色之正者，故首也。”“黄以石黄，绛以灌口砂，碧色合靛青、石黄而一之。羊肝色兼黄、朱、靛而三之。锯车铁笔，共鸟赋形，斫轮承蜩之技也。雕虫镂卉，运斤成风，崔青蚓、边鸾之手也。”② 王世襄认为：从文中“铁笔”“镂卉”等字句来看，贵州所生产的确为皮胎雕嵌漆器。③

兰一方先生曾经对大方漆器进行过考证，他指出：“清道光年间（1821～1850年），大方漆工作坊遍及县城，从事此业的匠人达千余人，故有‘漆城’之称。1826年前后，大方髹漆界奉朝廷之命特制了朝珠盒、朝帽盒、凤冠霞帔盒、满汉席全堂餐具等入朝进贡。现收藏于北京故宫博物院的皮胎描金葫芦亦在当时贡品之列。此葫芦朱地描金，设计和制作都十分巧妙。其外形呈葫芦状，中间呈竖直线剖开为两半，内装有杯盘碗碟箸等器具，可供十人进餐之用。”④

该大方皮胎漆葫芦可能就是王世襄先生在《髹饰录解说》一书中所介绍的那件皮胎漆葫芦或其类似产品。承朱桂辛先生见告：“前古物陈列所藏有皮胎大葫芦，内装成套餐具，有碗、碟、羹匙等不下百数十件，也全用皮胎做成。”“古物陈列所藏品部分归故宫博物院收藏，曾见葫芦形外盒的成套皮胎餐具，是晚清时代制品。它体轻便于携带，又不易破碎，是旅行时的用具。”⑤ 三位先生所说的皮胎葫芦餐具，有可能是指同一件器物，是清代贵州大方地区的产品。

贵州出产的皮胎漆器进贡于朝廷，在清代的有关档案中就有记载，如，《养心殿造办处各作成做活计清档》中记有：“雍正元年十月二十六日，奏事郎中双全，交描金龙漆皮捧盒大小四十个，系贵州巡抚金世扬进。传旨：‘交养心殿’。”⑥ 雍正元年即公元1723年，说明在清代前期贵州的皮胎漆器就已经比较有名了，这批漆器极有可能就是大方漆器。朱家溍先生指出：这种漆器的“做法是牛皮胎上刷单色漆作地，漆上用金画花纹，最后还要刷上一层笼罩漆”。⑦

---

① 王世襄著：《髹饰录解说》，第98页，文物出版社，1983年。

② 田雯：《黔书》卷四，《丛书集成》3182册，第79页，中华书局，1983年。

③ 王世襄著：《髹饰录解说》，第98页，文物出版社，1983年。

④ 兰一芳：《明清之际大方漆器考》，《故宫博物院院刊》1992年3期。

⑤ 王世襄著：《髹饰录解说》，第168页，文物出版社，1983年。

⑥ 朱家溍：《清代造办处漆器制做考》，《故宫博物院院刊》1989年3期。

⑦ 朱家溍：《清代造办处漆器制做考》，《故宫博物院院刊》1989年3期。

二、大方皮胎漆器制作工艺简述

大方地处贵州西北的山区，农田耕作自古以来都要依赖于牛耕，我国南方是使用水牛的，所以水牛的皮也应该是当地的特产之一。以皮革为胎制造漆器有几个优点：一是皮革用水浸泡后变软，易于成型；二是皮革为胎不易开裂；三是皮胎漆器比较经久耐用。皮胎的缺点是不能受潮，皮革受潮后易脱硝、变软、变形，重新干燥后又容易变硬、变脆，然而皮胎髹漆后对于防潮有一定的作用。

根据田雯《黔书》中的记载来看，贵州大方皮胎漆器的制作工艺主要有：皮革的柔制、定型、髹漆彩绘和雕填。

（一）皮革的鞣制

《黔书》："牝者首，牡者次焉"，就是说制作漆器所选用的牛皮，以母水牛皮最好，公水牛皮次之。牛皮用水泡软，去其毛、肉，并采用多种方法使其变干变平，然后用"膏"鞣制。

（二）定型

将鞣制好的皮革固定在用木、泥等材料制作的器物模型上。需要缝合的皮革，其缝口的密合度、松紧度都要适当，方圆规整。"以沙复之，以土窨之，以石砻之"。器物的模型可以是阳模，也可以是阴模。待皮革干固后从模型上取下，少数不平复的地方还可以采用熨烫的办法平整。这是皮胎漆器制作工艺中最难、最不易掌握的一道工序。

（三）髹漆彩绘

这道工艺与其他胎体的漆器相近，打底、磨平、髹漆、彩绘。

（四）雕填

用钩刀或锥子之类的尖锐工具，在皮胎上刻画出细而浅的花纹图案后填色漆。其制作方法是在制好的皮胎上先行打底后再髹色漆；用钩刀或锥子一类锐利的工具在面漆上刻画很细的花纹图案（刻画之前面漆上应有花纹图案的底稿），由于牛皮表面漆模的厚度有限，刻画的线条深度一般都比较浅；在刻纹中填上色漆；漆器的表面进行推光。

需要指出的是：大方漆器虽然在清代有较大的发展，然而在清代，我国制作皮胎漆器的地区不是只有大方一处，为皇家宫廷制作皮胎漆器的也不是只有大方一处。"皮胎漆器除在造办处'漆作'制作外，还命福建定制。"① 由此可以看出，虽然清代皇家有着自己的漆器作坊等生产皮胎漆器，但仍然要大方生产的漆制品进贡，就是因为当时大方的漆制品（主要为皮胎漆器）具有自身的特色，才引起了皇家的重视与喜爱。因此，兰一方先生认为："皮胎漆器制作工序繁难，产品造型要求工艺高而且不容易掌握，因此历史上只有贵州、广东、山西等地区生产，而以此闻名的则只有贵州大方一处。"② 虽有夸饰之意，但亦反映了大方皮胎漆器在明清时期是比较著名的，否则，居住在现今浙江西塘的杨明也不可能知道"黑质红细文者""其制"是出于南方。

---

① 朱家溍：《清代造办处漆器制做考》，《故宫博物院院刊》1989 年 3 期。
② 兰一芳：《明清之际大方漆器考》，《故宫博物院院刊》1992 年 3 期。

第二节　四川凉山彝族的漆器工艺

一、概况

彝族是我国少数民族之一，生活在四川凉山一带的彝族制造和使用漆器已经有了数百年的历史。在我国众多的少数民族中，掌握漆器制造工艺的相当多，但是真正具有本民族特色、并能在本民族的传统工艺中占有相当重要地位的漆工艺却不多。四川凉山彝族制作的漆器，以其使用的广泛性、鲜明的艺术特色，不仅在本民族的传统文化、传统工艺中占有相当重要的地位，而且在我国少数民族的漆器制作工艺中也是比较引人注目的。

凉山彝族生产漆器的历史起始于何时，目前尚无一致的看法。罗明刚先生认为："彝族漆器，相传髹漆技术是由狄一伙甫发明开始的，距今57代左右，有1400余年的历史。"① 张建世先生认为："凉山彝族的漆器生产有着悠久的历史，传说始于1400年前，但从所知材料看，约有400年的历史。"②

凉山彝族的漆器生产一直是以单个家庭为主进行的，在历史上没有形成一个专门的手工业生产部门，从事漆器生产的工匠大都是农民，他们在农忙时从事农业生产，农闲时制作漆器出售，完全是一种家庭副业的形式。根据调查，直到近现代，这种家庭副业的形式生产漆器的情况在凉山一带的农村仍然较多地存在，凉山彝族自治州的美姑县、甘洛县、昭觉县、喜德县等地都有以家庭为单位的农民在制作漆器。

据张建世先生在《凉山彝族传统漆艺文化述论》一文中介绍："历史上喜德县只有吉伍家族的人会制造漆器，从1616年吉伍吉史迁到喜德县开始制作漆器至今，已传16代。第八代的吉伍阿必迁到今喜德米市区依洛乡的阿普如瓦地方居住，至今已传9代，居住了223年。现阿普如瓦约有50户吉伍家族的人。吉伍家族为了保密，漆器技术传儿不传女，故现在阿普如瓦吉伍家族的男人一般都会制造漆器。他们做好的漆器放在家里，需者登门购买。""吉伍族制作的漆器，传统上有木胎、皮胎、角胎三种，品种主要有传统的餐酒具和兵马具。"兵马具包括马鞍、铠甲、马具等。③ 凉山彝族漆器的这种生产方式直到20世纪80年代前后才有所改变，成立了漆器生产的工厂或民族工艺厂等。

二、制作工艺

凉山彝族的漆器制作工艺的主要方面与汉族漆器的制作工艺差不多，也分为制漆、制胎、髹饰等工序，现就其主要内容概述如下。

（一）制漆工艺

制漆工艺的实践告诉我们，凉山彝族的制漆方法主要有两种：一种方法是将采集来的大漆通过棕叶等进行过滤，去除杂质，盛放在竹筒内，密封保存，使用前一般还需进行晒制，去除大漆中的部分水分，使形成的漆膜光亮而坚韧，并利

① 罗明刚：《凉山彝族漆器》，《四川文物》1992年4期。
② 张建世：《凉山彝族传统漆艺文化述论》，《民族研究》1998年3期。
③ 张建世：《凉山彝族传统漆艺文化述论》，《民族研究》1998年3期。

于打磨推光；另一种方法是在大漆中加入预先熬制好的桐油，制成油性大漆，加入桐油后，髹饰成的漆膜亮度增加。

（二）制胎工艺

凉山彝族的漆器胎体主要有木胎、皮胎、蹄爪胎、角胎等。

木胎的制法有斫制、镟制、黏结等。

皮胎的制法为："皮胎制作先把剥下的牛皮刮去毛，然后浸泡在水中，按所做器物的形状，剪成皮料，再在水中浸泡。同时用木料或石料制成所需要做的器皿模型，即内模。制皮胎时，将泡好的牛皮包扎在内模上，越紧越好，用木钉钉住。绷紧后，用石锤敲打牛皮，使其平整。阴干后，割掉器口以上的牛皮，拿出内模，取下牛皮套，这就是皮胎了。彝族的皮胎可做成酒杯、酒碗、护臂、盾牌、甲胄。"① 凉山彝族的蹄爪胎漆器是一种以动物的蹄爪和皮、木胎相结合制成的。其中皮、木胎是作为漆器的主体部分，而蹄爪是作为漆器的器座。在制作时，动物的蹄爪都要进行定型处理，处理的方法主要是捆、扎等。

角胎是采用动物角制成的，从实物来看，一般是先将动物的角取下后进行水煮，并去除角内的血肉，然后锯成一定的形状，将角的表面打磨光滑即可髹漆了。

（三）髹饰工艺

凉山彝族漆器的髹饰工艺与汉族漆器的髹饰工艺大致相同，分为打磨、梢档（填平胎体上的缺陷，使其平整）、上底漆等。

由于凉山彝族漆器多数有彩绘花纹，髹饰后的漆膜如何快速干燥是十分重要的，否则将影响到漆器的质量。彩绘"所用的原料为桐油和石华粉，配以颜料即成"。"彝族不设阴室，但常在房前屋后的土崖上，挖一个横窑，高 1 m 左右，宽1 m许，纵深也 1 m 多，留一个小门，装有木门板，或者用石块、泥土封死。窑内铺燕麦草、松毛，把漆器码在草上，可以几个摞在一起，然后把窑口封住。夏天封闭两三天，冬天封闭半月之久，即可取出漆器。使用时，先用温水试用，久之才能盛开水"。②

三、浓厚的民族特色

凉山彝族的祖先是游牧民族，就在 19 世纪以前，地处凉山腹地的彝族人仍然是以畜牧为主，农业为辅，过着迁徙不定的游牧生活。以畜牧为主的游牧迁徙生活就要求生活的用具简单实用、易于搬迁携带，且不易破碎，凉山彝族的传统漆器，正是具有这样的特点。

（一）从漆器的胎质来看

凉山彝族漆器的胎质有木胎、皮胎、蹄爪胎和角胎，其中皮胎、蹄爪胎和角胎占有相当大的比重，这些质地的漆器一般都具有不易破碎的优点，而且体积小，重量轻，便于携带。特别是鹰爪杯、雁爪杯、牛角杯等更是体现了游牧民族的特色，在我国的漆制品中是比较少见的。

（二）从漆器的造型来看

凉山彝族漆器中的酒杯、酒壶、钵、盒等饮食用具一般都有较高的足（底座），究

① 宋兆麟：《凉山彝族的漆器制作工艺》，《中国历史博物馆馆刊》1996 年 1 期。

② 宋兆麟：《凉山彝族的漆器制作工艺》，《中国历史博物馆馆刊》1996 年 1 期。

其原因，是彝族用餐大都是席地而坐，一般无桌椅，餐具放在地上。高足的用具放在地上，使用起来要方便一些，鹰爪杯、雁爪杯、猪蹄杯等使用较多的原因之一正在于此。

凉山彝族漆器中的酒壶为木胎制成，无论是圆形酒壶或扁圆形酒壶，都是由头、腹、足三部分组成。高足是为了席地而坐就餐时取用方便；塔形的头部既美观又便于系绳拴在马上而不易脱落；盛酒的腹部更是结构奇特，其中圆形酒壶的腹部是由上下两个半球形通过子母口扣合而成、扁圆形酒壶的腹部是由左右两个圆盘形通过子母口扣合而成，这两种酒壶的共同点是既无壶嘴又无壶盖。原来在酒壶足底的中心在一圆孔，插有一根两端开口的圆竹管直达圆形腹部最上壁的下方，圆孔与竹管外壁间是密封的，该竹管就是壶盖，灌装酒液时将酒壶倒立，从竹管外端口注入酒液，由于竹管内端口在酒壶腹部最上壁的下方，所以注入的酒量基本上可以将腹部充满，剩下的空间较少了，酒壶直立后，酒液也不会流出来；另在酒壶腹部的上端再开一圆孔，斜插一竹管直达腹底壁，该竹管与酒壶的塔形头部约成45°角，竹管的外端口高于腹部的最上壁，这就是壶嘴，可以通过它吸干壶内的酒液。这种结构的酒壶在颠颇摇晃时酒液也不会漏出来。更妙的是，这种酒壶带有一定的密封性能，可以使酒液在壶内保存较长的时间而不变质（见图1-7-1）。①

图1-7-1　彝族漆酒壶结构示意图
（摘自《凉山彝族民间美术》）

（三）“三色文化”

凉山彝族漆器上的彩绘图案主要采用红、黄、黑三种颜色，这三种颜色错综搭配、间隔使用，色彩明快艳丽。凉山彝族漆器一般都是以黑色为底（也有部分以红色为底的），以红、黄两色进行彩绘，对比强烈，形成了“天生丽质见玄黄”的艺术效果，这一点颇有一些楚国漆器制作工艺的遗风。

从民族学的角度看，漆器上使用的这三种颜色不仅是为了美观，更有着民族观念等方面的原因。彝族人比较喜爱这三种颜色，他们认为红色代表勇敢、热情，黄色代表美丽、光明、吉祥，黑色代表尊贵、权力、庄重、博大之意。形成了凉山彝族独具特色的“三色文化”。

在中国漫长的社会发展史上，凉山只经历了原始社会，在20世纪50年代初民主改革前仍处于奴隶社会。由于物质条件落后，交通闭塞，处于几乎与外界社会隔绝的状态，人们心理上已习惯于大自然的造化。环境对色彩心理的影响占主导地位。漆器艺人世代承袭相传，传男不传女，顽强地保持着自己民族独特的古朴厚重特色，彝族艺人只是在漆器的胎质、造型、线条上不断加工创意，而在色彩上却至今保持只用红、黄、黑三色的民族风格，以自己极其鲜明的色彩，顽强地显示着自己民族强大的生命力。②

① 宋兆麟：《凉山彝族的漆器制作工艺》，《中国历史博物馆馆刊》1996年1期。

② 潘诗友：《凉山彝族漆器艺术美浅探》，《四川文物》1999年4期。

第二编　玻　　璃

玻璃，是现代社会常用的物品之一。然而所谓玻璃，按照现代的说法，是指熔体过冷而成固体状态的无定形物体，一般性脆而透明。玻璃的化学成分比较复杂，我们通常所说的玻璃，如，家庭门窗所用的平板玻璃、日常生活用的玻璃瓶等都是指硅酸盐玻璃。从结构上讲，玻璃的主要特征是具有非晶态的结构（现代社会所生产的某些特殊的玻璃除外）；从制造工艺上讲，玻璃一般是通过先将原料加热熔融后成型的产品，也就是说是先熔融后成型。

人类制造和使用玻璃的历史十分悠久，从目前的有关资料可知，在古代埃及或美索不达米亚一带，公元前3000年前后就有了玻璃出现，公元前1300年左右古埃及第十九王朝初期，透明的玻璃制品已经在一些地方使用。然而，早期的玻璃制品数量是比较少的，到公元前6世纪，在地中海沿岸的一些地区、特别是古希腊一带玻璃生产有了比较大的发展，较多的玻璃制品通过东西方之间的交流传到了东方以及世界其他地区。公元前1世纪前后，吹制玻璃技术在地中海沿岸出现，从而更加促进了西方玻璃生产的发展。吹制的玻璃器皿，用途广泛，更加得到人们的喜爱，并随着东西文化的交流传到我国，同时，其比较先进的玻璃生产技术也逐步地传入我国，影响到我国古代的玻璃生产。

玻璃，作为一种人造物品，人类制造玻璃的技术是如何产生的呢？对此，我们现在已经难以进行考证了。不过关于玻璃制造技术的诞生，存在着一则广为人们熟悉的故事：罗马博物学家大普林尼的《自然史》写于公元1世纪70年代。他在这本书中写道，腓尼基商人从非洲运载了一船天然纯碱〔即天然的碱块，其主要成分为碳酸钠（Na_2CO_3）〕，一天傍晚，商船停泊在伯鲁斯（Belus）河的入海口宿营，由于沙滩上找不到石块架锅造饭，商人们只得从船上搬来碱块支架起锅子烧饭，出乎意料的是在火底下流出了闪亮的玻璃液。对于这一记载，我们只把它看做是一个传说故事。①

我国制造和使用玻璃的时间与西方一些古代文明地区相比要晚得多。从目前的有关考古发掘的资料来看，在我国，玻璃制造技术的萌芽可以追溯到西周时期，1975年在陕西宝鸡茹家庄䲨国墓地出土了一批“玻璃珠”，其主要由石英砂组成，仅有石英砂的少部分表面被烧成了玻璃体，大部分仍然是烧结在一起的石英砂，所以，这些珠子并不是真正的玻璃珠，人们称它们为石英珠，也有人称之为料珠。䲨国墓地的年代为西周时期，其中出土石英珠、管约1000件以上的䲨伯及其妻之墓的年代为西周中期偏早，约为公元前10世纪。

---

① 安家瑶：《我国古代玻璃研究中的几个问题》，《中国考古学研究》，第337页，文物出版社，1986年。

新疆拜城县克孜尔吐尔墓地第一次发掘时出土了四枚外形不完全相同的绿色和淡蓝色的料珠。这次发掘一共发掘了 27 座墓葬，出土石珠的墓有多座，只在 M26 的女性墓主人的颈部不仅出土了几枚石珠，同时还出土了四枚料珠。发掘简报中只是根据碳 14 的有关数据，推断墓葬年代为西周至春秋时期，而没有考古报告中常见的器物时代排序，所以其年代不可能十分确定，可能更晚，特别是出土料珠的 M26 号墓。据李青会先生告知，最新的检测结果表明，这批料珠属于钠钙玻璃类型，但其化学成分中含有一定量的钾和镁，其中一件的化学成分中竟含有 9% 以上的氧化铅。它们既不同于西方早期的钠钙玻璃，也不同于我国早期的铅钡玻璃，可能是吸取西方的技术在当地生产的。由于墓葬的年代还不太确定，加之这批料珠的化学成分也比较特殊，目前还无法进行更多的讨论。

迄今为止，在我国出土的最早的真正玻璃制品是 1978 年在河南固始发掘的侯古堆 1 号墓中出土的几颗“蜻蜓眼”式玻璃珠，经检测，它们的化学成分为钠钙玻璃，无论是外形或成分都与当时西方的同类产品相近，所以，一般都认为这几个玻璃珠应是西方传来的。河南固始侯古堆 1 号墓的年代为公元前 504 年，属春秋末年（至于越王勾践剑、吴王夫差剑上的玻璃应是战国时期的遗物，详见本篇有关章节的论述）。从目前的资料来看，我国自己生产的最早的玻璃品，是在春秋战国时期长江中游一带地区生产的玻璃，这类玻璃制品在战国时期的楚墓或属楚文化范畴的墓葬中已经有了比较多的发现。其中，铅钡含量高的玻璃制品是我国早期玻璃的一大特点，是同一时期世界其他地区制造的玻璃产品中所没有的。

我国玻璃的生产从春秋战国时期开始直到明清时期一直受到西方传入的玻璃制品及其玻璃制造技术的影响，尽管如此，我国古代的玻璃生产一直是十分缓慢的。这与我国古代具有比较发达的漆器、瓷器等制造业有关系，也与我国古代玻璃的化学成分、玻璃制品的用途等有关系。

我国古代玻璃的研究，20 世纪 50 年代前还很少有人涉及，之后，随着我国考古工作的开展，大批的古代玻璃实物不断地被发现，现代检测技术在文物考古领域中的应用以及楚文化研究的深入，使我国关于古代玻璃的研究获得了一定的进展。对于诸如我国古代玻璃制造究竟起源于何时、我国早期的玻璃制造技术是我国古代劳动人民自己创造的还是由国外传入的等问题，都有了比较深入的认识和研究。

第　一　章

我国早期的玻璃

我国早期的铅钡玻璃出现在春秋战国时期的长江中游一带，当时，这一带是楚国的疆土。楚国是春秋战国时期我国南方的一个强大的诸侯国，其最强盛时期的疆土几乎包括了我国现今长江中、下游及其以南的大部分地区。《淮南子·兵略训》中记载："楚人地南卷沅湘，北绕颍泗，西包巴蜀，东裹郯邳，颍汝以为洫，江汉以为池"，"南卷沅湘"，不仅说明现今的湖南省的全部或大部分地区已经是楚国的疆土，同时也表明楚国及楚文化的影响已经到达岭南的两广和云南一带地区，进而与南亚及东南亚某些地区的古代文化相交流，并通过它们与早已传入这些地区的西方文化之间有了交流和相互影响。公元前5世纪至前4世纪这一地区玻璃制造的兴起与此有着密切的关系。

第一节　我国早期玻璃制造技术溯源

一、陶瓷工艺和青铜冶铸对早期玻璃制造技术的影响

我国有着悠久的陶瓷工艺技术和青铜冶铸技术，它们的存在对我国早期玻璃制造技术的萌芽起到了一定的奠基和推动作用。

在我国的商代就已经出现了早期的瓷器，考古学上称其为原始瓷器。这种原始瓷器的部分或大部分表面上都有一层釉，一些原始瓷器的表面还有釉滴存在，这是釉层在高温下被熔融后发生流动而形成的。而这层釉一般是采用石粉和植物的灰烬等为原料，制成泥浆涂刷在瓷器表面后烧成的。这一点对古代人们是一种启示，表明某些石头（即矿物）的粉末在一起是可以被烧成熔融状态的、透明或半透明的产品。这就是我国玻璃制造技术萌芽的条件之一。

这些原始瓷器的胎体一般是采用了与陶土截然不同的瓷土为原料制成的，烧成后的胎体呈灰白色，其胎体虽然只有极少部分被烧成了玻璃体、绝大部分仍然是烧结体，但是与陶胎相比较，这类胎体的特点是：颜色浅淡、均匀；质地细腻、致密；孔隙少、吸水性差。这种原始瓷器烧制成功就给了人们一种启示：采用质地比较纯净的石头粉末，先成型后烧制，可以制造出外观比较美丽的产品。那么，采用白色的细沙子为主要原料，先成型后烧制，按道理当然也是能够烧制出外观比较美丽的产品来的。这就是我国早期玻璃制品的前身——西周料珠出现的渊源之一，当然也是我国玻璃制造技术萌芽的条件之一。

至迟在春秋中期前后，古代的工匠们在冶炼铜矿石的过程中已经使用了配矿技术，在投入到炼铜炉内的炉料中已经加入了作为熔剂的铁矿石，使得炼出的炉渣黏度较小，排出后的渣液呈薄片状、表面有水波纹样。① 从某种意义上讲，它们也可以被看做是一种玻璃，只是一种不透明的、无一定形状的黑色“玻璃”而已。这一现象表明，某几种不同的石头（即矿石）混在一起，比较容易被烧熔化，冷却后又成固体。这一启示当然也是我国玻璃制造技术萌芽的条件之一。

二、考古发现的西周及春秋时期的料珠

1975 年在陕西宝鸡茹家庄发掘出一批西周墓葬，时代为西周时期，是㢼国的墓地，其中时代为西周中期偏早的㢼伯及其妻之墓中出土了 1 000 多颗料珠、料管。它们与红玛瑙、玉石、蚌等质地的珠、管一起组成串饰或链饰（见图 2－1－1）。

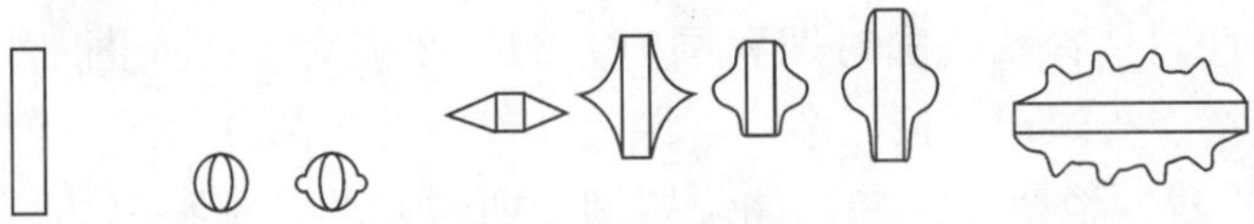

图 2－1－1　西周石英珠外形图（摘自《中国古玻璃》）

此外，在陕西省扶风县上宋公社北吕村三座西周前期墓也出土了一批类似的料珠和料管。计有料珠 11 颗、料管 15 件，均为浅蓝色或浅绿色。它们与红玛瑙珠、绿玉管等一起组成链饰。②

1978 年山东省曲阜鲁国故城 47 号西周晚期墓中出土有夹杂于红玛瑙串饰中的三颗浅蓝色的料珠，与㢼伯墓中出土的料珠相似。③

陕西省扶风县云塘西周晚期 5 号平民墓中出土有料珠 33 颗，料管 19 件，均为浅蓝色或浅绿色。其中有的料管上有带有点饰。它们与白色的石珠等一起组成链饰④。

1964 年在河南洛阳庞家沟五座西周早、中期墓葬中出土两件白色穿孔料珠。该墓地出土了一批原始瓷器，瓷器以高岭土为原料制造，胎体灰白色，吸水性差，敲击时声音清脆，表面绿色釉。⑤

1995 年北京琉璃河西周墓地 M2 出土的串饰，由各色料珠与玛瑙珠、小陶管、圆蚌片、穿孔贝壳等组成。⑥

1955 年至 1956 年发掘的河南三门峡上村岭虢国墓地出土的串饰中发现有菱形料珠七颗、管形料珠两颗。它们与玉石、绿松石、鸡血石等质地的同一类型的珠管混在一起组成串饰。墓葬的年代为西周晚期至东周初期，其年代的下限不晚于

① 后德俊：《楚国的矿冶、髹漆和玻璃制造》，第 60 页，湖北科学技术出版社，1995 年。
② 杨伯达：《西周玻璃的初步研究》，《故宫博物院院刊》1980 年 2 期。
③ 杨伯达：《西周玻璃的初步研究》，《故宫博物院院刊》1980 年 2 期。
④ 杨伯达：《西周玻璃的初步研究》，《故宫博物院院刊》1980 年 2 期。
⑤ 洛阳市博物馆：《洛阳庞家沟五座西周墓的清理》，《文物》1972 年 10 期。
⑥ 北京市文物研究所等：《1995 年琉璃河遗址墓葬区发掘简报》，《文物》1996 年 6 期。

公元前655年。①

2002年开始发掘的湖北枣阳郭家庙曾国墓地，时代为西周末年至春秋早期，29座墓多数被盗，只有四座墓出土有料珠，共有八颗圆管形和68颗菱形珠，后者表面一般都有绿色或蓝色的釉层，出土时大部分脱落了。笔者曾考察过这些料珠，它们是先成型后烧制的。值得注意的是，该墓地中九座保存较好的庶民墓中，却没有一颗料珠出土。

1977年至1978年发掘的河南淅川下寺楚墓群，也出土有大批的料珠。其中1号墓出土65颗，菱形，正中有孔，质疏松，表面绿色。该墓还出土有呈管状及枣核状的料管16件，均为浅绿色；2号墓中出土49颗，质轻，浅绿色，表面较细密，从断面看内层疏松，中含许多气泡，如海绵状。该墓还出土有浅绿色直管状的料管11件；3号墓出土22颗，浅绿色，中穿孔，质松，内有气孔。该墓还出土有浅绿色直管状料管五件；7号墓出土41颗，珠体作菱形，绿色，质轻，四周起棱，中有小穿孔；8号墓出土五颗，绿色，质轻，四周起棱，中有小穿孔，从料珠的断面看，内部含有气孔。淅川下寺楚墓的年代为春秋中晚期，具体地说，7号墓和8号墓的年代为春秋中期后段，即公元前620～前571年；1号墓、2号墓及3号墓的年代为春秋晚期前段，即公元前570～前521年。其中2号墓出土的青铜器上铸有“王子午”等铭文，王子午即楚康王时的令尹子庚，他死于楚康王八年，即公元前552年，所以该墓的年代是比较精确的。②

1994年11月至1995年4月发掘的苏州真山大墓，是一座时代为春秋中晚期的吴王墓，在该墓的棺床外有一漆盒，盒中放有串饰，串饰由大量的玛瑙珠、水晶珠、绿松石珠等组成，其中琉璃珠25颗，菱形、孔雀蓝色、中穿孔。③ 这种菱形蓝色料珠与上述西周及春秋墓中出土的同类料珠基本上是相同的。

湖北随县曾侯乙墓（时代为战国早期）出土的料珠中有一颗质地类似于瓷质的，胎体灰白色，质地坚硬、比较致密。笔者曾考察过这件珠子，它应是先成型后烧制的。

出土西周及春秋时期料珠的地区还有一些，这里就不一一介绍了。

陕西、河南等地出土的这些料珠，其制造工艺和曾侯乙墓出土的这颗珠子基本上应是相同的，就是将石英砂等粉末拌入少量的助熔剂与黏合剂塑成珠形，然后进行烧制而成。可能是由于采用的石英砂的粒度大小不同或所采用的黏合剂和助熔剂等不同，烧制成型后，有些产品质地比较致密，有些产品质地比较疏松；有些产品的石英砂粒表面部分被烧成了玻璃体，从而黏合在一起；有些产品的石英砂粒表面虽然未被烧成玻璃体，但可能是其助熔剂被烧成了玻璃体，从而将石英砂粒等黏合在了一起。从制造工艺上看，这几种情况都与原始瓷器的制造工艺基本上是相同的，只是所采用的原料有所不同而已。这些料珠、料管大都出土于墓主人的胸、颈、腕部并与玉石、玛瑙等质地的珠、管在一起，作为玉石器代用

① 杨伯达：《西周玻璃的初步研究》，《故宫博物院院刊》1980年2期。
② 河南省文物研究所等：《淅川下寺春秋楚墓》，第314～319页，文物出版社，1991年。
③ 苏州市博物馆：《江苏苏州浒墅关真山大墓的发掘》，《文物》1996年2期。

品使用的（见图2-1-2）。

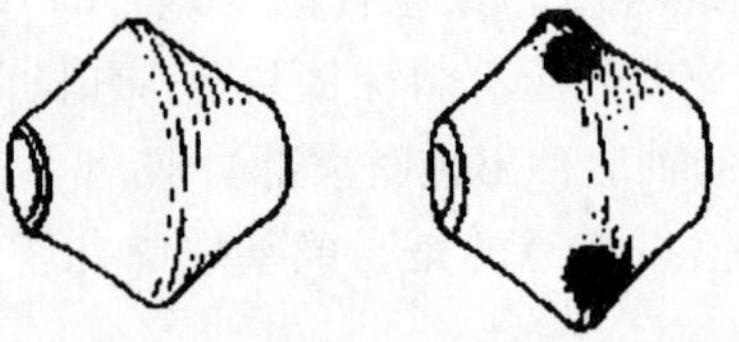

图2-1-2　下寺石英珠、曾侯乙陶珠外形示意图

三、西周料珠的化学成分及有关问题

王世雄在《宝鸡、扶风出土的西周玻璃的鉴定与研究》一文中报道了陕西宝鸡西周強国墓地和扶风上宋西周墓地出土的料珠的化学成分、结构、铅同位素的分析结果等，见表2-1-1、2-1-2。

表2-1-1　两批西周墓葬中出土的料珠的有关结构和成分

样品	出土地点	结果
管形珠碎片	宝鸡強国墓	1. 石英——碎屑状，棱角尖锐，粒度直径0.02~0.5 mm 2. 玻璃质——均匀性，带有淡蓝色，折射率低于石英，以石英为主，玻璃质为胶结构，石英量>90%
圆形珠碎片	扶风北吕周人墓	1. 石英——细粒，碎屑状，不等粒，颗粒间有玻璃质胶结 2. 玻璃质——匀质性，折射率低于石英，有少量孔洞，石英量>80%

表2-1-2　強国墓料珠与汉代玻璃器的铅同位素比率

年代	样品	风化程度	色泽与透明度	铅同位素比率		
				$^{207}Pb/^{206}Pb$	$^{208}Pb/^{206}Pb$	$^{204}Pb/^{206}Pb$
周初	料珠	中度风化	淡蓝、不透明	0.843 5	2.072 7	0.055 20
汉？	大珠子	严重风化	淡蓝、透明	0.846 8	2.102 6	0.053 72
汉？	鱼	中度风化	白色、不透明	0.847 30	2.094 87	0.053 941
汉	蝉	严重风化	白色、混浊	0.846 65	2.098 33	0.053 828
汉	耳杯	严重风化	黑	0.843 32	2.093 96	0.053 581

从表2-1-1中可以看出，这些西周时期的料珠，其主要成分为石英砂，只含有少量的玻璃质。它们既不是真正意义上的玻璃珠，也不是单纯的砂质珠，有些类似于古代埃及等地生产的氟昂斯（Faience）珠。但料珠中的石英颗粒棱角尖锐，边缘并无熔融的玻璃态物质，在石英颗粒间有玻璃质胶结。从表2-1-2所提供的数据看，西周料珠的铅同位素比率与几件已经判定为中国生产的汉代玻璃器相近，由此，可以认为宝鸡強国墓出土的料珠是我国生产的。①

① 王世雄：《宝鸡、扶风出土的西周玻璃的鉴定与研究》，《中国古玻璃研究——1984年北京国际玻璃学术讨论会论文集》，第131~137页，中国建筑工业出版社，1988年。

陕西、河南等地出土的料珠，从时间上看，时代最早的为西周初年，约为公元前11世纪后叶，时代最晚的为春秋中晚期，约为公元前6世纪中叶；从出土数量上看，陕西省扶风县北吕周人墓地的500座墓葬中，近400座墓葬中有这种料珠出土，一座墓中出土几件、几十件不等；从考古资料看，这些料珠大都是与玉石质地的同类器物一起出土，是玉石器的代用品。这三点均说明了这些早期的料珠是我国自己的产品，它们的出土表明远在公元前11世纪后叶，我国的玻璃制造技术已经开始了萌芽，并且延续了几百年。只是由于我国内地一般都缺乏天然碱等资源，用于降低石英熔点的助熔剂的大量使用比较晚一些，而烧制温度因受技术限制又无法提得更高，因此没有将石英烧熔化（鳞石英的熔点为1670 ℃，方石英的熔点为1 710 ℃。而在春秋中期前后楚国冶铜竖炉内的冶炼温度才达到1 100～1 200 ℃）而制造出真正意义上的玻璃。

第二节　考古发现的早期玻璃制品

一、湖北江陵和湖南长沙出土的早期玻璃品

目前考古发现的我国早期玻璃，主要是春秋战国时期的遗物，这些玻璃制品几乎都是从墓葬中发掘出来的，其中相当多的一部分是从楚墓或属于楚文化范畴的墓葬中发掘出来的。据不完全统计，仅江陵一带就有几十座楚墓中出土有玻璃品。由于这一时期的楚墓常常有夯实的填土、密封的膏泥层以及厚实的棺椁等多层的保护，加上玻璃制品本身具有一定的化学稳定性，因此，尽管这些玻璃制品都比较小（如珠、管、耳珰等）、性脆，也能部分或完整地保存到今天，为我们提供了十分珍贵的实物资料，对我国古代玻璃的研究有着重要的作用。表2－1－3是近些年来湖北江陵地区与湖南长沙地区部分楚墓中出土玻璃制品的情况。

表2－1－3　湖北江陵与湖南长沙部分楚墓出土玻璃制品小计

出土地点及墓号	时代	名称	数量	外观	其他	资料来源
江陵马山1号楚墓	战国中期	“琉璃”管 “琉璃”珠	1 2	圆筒状深灰色 “蜻蜓眼”式	同出有玉管	①
江陵马山10、12号楚墓	战国中期	“料管” “料珠”	1 1	蓝色半透明 “蜻蜓眼”式	同出有玉璧	②
江陵拍马山楚墓	战国	“料珠”	9	珠，柱状，部分为“蜻蜓眼”		③
江陵秦家嘴楚墓	战国	“料珠”		部分为“蜻蜓眼”	同出有玉珠及玉管等	④

① 湖北省荆州地区博物馆：《江陵马山1号楚墓》，第92～93页，文物出版社，1985年。
② 湖北省博物馆江陵工作站：《江陵马山十座楚墓》，《江汉考古》1988年3期。
③ 湖北省博物馆等发掘小组：《江陵拍马山楚墓发掘简报》，《考古》1973年3期。
④ 荆沙铁路考古队：《江陵秦家嘴楚墓发掘简报》，《江汉考古》1988年2期。

（续表）

出土地点及墓号	时代	名称	数量	外观	其他	资料来源
江陵雨台山楚墓	战国中期	“料珠” “料管”	共近百件	部分为“蜻蜓眼”绿色、黄色	同出有玉环等物	①
江陵九店楚墓	战国中晚期	“料珠” “料管”	200多件	部分为“蜻蜓眼”绿、深红等色	同出有玉管、石珠、陶珠等	②
长沙近郊楚墓	战国	璧 珠 剑首 剑珥 印章	80多 70多 3 4 1	绿、黄、白、黑 “蜻蜓眼”等 浅绿 绿、黄、白 绿		③
长沙黑石头5号墓	战国末	剑首 “料珠”	1 2	“蜻蜓眼”		④

注：表中名称一栏采用的是考古文章中的称谓，它们中的大部分是玻璃制品。除长沙、江陵地区外，在湖北、湖南的其他地区楚墓中也常有类似的玻璃品出土。

二、其他地区墓葬中出土的玻璃

1. 山西省考古工作者发掘的太原M251号墓，具体年代为公元前475～前450年左右，墓中出土有“蜻蜓眼”玻璃珠13枚，最大的一枚直径2.1 cm，其余为直径0.9 cm的小珠。无论是年代或珠子的大小都与河南淅川徐家岭楚墓（时代为战国早期）、湖北曾侯乙墓（约公元前433年）相近。⑤

2. 1992年，河南洛阳市文物工作队在洛阳市区发掘出一座战国晚期的墓葬，发掘者认为该墓“应属周王室的陪葬墓”，墓主人为女性。墓中出土“蜻蜓眼”式玻璃珠3枚，外形有圆形和棱形两种，大者直径约2.8 cm，小者直径只有0.8 cm。墓中还出土一枚“六山镜”，该镜的背面“间饰18枚嵌料珠或包金箔的梅花形乳钉”⑥，青铜镜的背面花纹中镶嵌玻璃，在我国古代玻璃制作工艺中是十分少见的，但是与玻璃剑饰相比，其性质又基本相同，都是采用玻璃品来装饰青铜器。“山字镜”中有“四山镜”“六山镜”等，学术界一般认为这类青铜镜是战国中期或中晚期楚国或楚地的产品，从这一点上看，该镜极有可能是楚地的产品。

3. 1979年，河南省文物商店在洛阳收购到一件战国琉璃球，球的直径为5.8 cm，有对称的十字孔，球表面是白、蓝、黄、红等五彩缤纷的萤光层。球通体有

① 湖北省荆州地区博物馆：《江陵雨台山楚墓》，第115页，文物出版社，1984年。

② 湖北省文物考古研究所：《江陵九店东周墓》，第332～333页，文物出版社，1995年。

③ 高至喜：《从长沙楚墓看春秋战国时期当地经济文化的发展》，《中国考古学会第二次年会论文集》，第64～65页，文物出版社，1980年。

④ 李正光等：《长沙沙湖桥一带古墓发掘报告》，《考古学报》1957年4期。

⑤ 山西省考古研究所等：《太原晋国赵卿墓》，第158～159页，文物出版社，1996年。

⑥ 洛阳市文物工作队：《洛阳市西工区CIM3943战国墓》，《文物》1999年8期。

48 个双彩圈和彩球组成的“蜻蜓眼”凸，每 6 个一组，围成一个圆圈，共分 8 组。此球颜色之艳、体积之大、造型之美，为新中国成立后发现战国琉璃球之最。①

4. 在山东临淄郎家庄 1 号东周墓中，出土“料珠九枚，有球形和扁圆形两种。饰豆青、淡蓝、白色的鱼目纹”。同时还出土有带穿孔的“料饰”一件，② 这种料珠是典型的“蜻蜓眼”式。考古报告中原认为该墓的年代为公元前 500 ~ 前 400 年，现在看来应是战国中期偏早的墓葬。

5. 山西长治分水岭战国晚期墓中出土有“料珠 14 件。36：19 浅蓝胎，面饰七个蓝点，外绕黄白圈，中有孔，径 1 cm。25：122 黑胎，白圈，蓝点，径 1 cm。其余为褐绿与白色胎，组成方格与圆点图案”。③ 浅蓝色胎与褐绿色胎的可能是玻璃珠，黑色胎与白色胎的可能是陶珠。

6. 河北石家庄市战国遗址的发掘中出土“料环，为一残段，料质已朽，只有部分透明的蓝绿本色，环上有两周突起的圆点文。另外还有料渣一小块，为蓝绿色半透明体，布满气孔，可能为制作釉陶之釉料”。该遗址的时代为战国中期或晚期。④

三、早期玻璃制品出土时的有关问题

纵观春秋战国时期的墓葬中出土玻璃制品的情况，下列几点对于我国古代玻璃的研究应是比较重要的。

1. 新中国成立以来，在湖北、湖南、河南、安徽等地发掘的春秋战国时期的楚墓已有数千座之多。但是，在春秋时期的楚墓中至今尚未见到有玻璃制品出土（河南淅川下寺春秋楚墓中出土的料珠，其成分中 90% 是石英，所以，应称其为石英珠，而不是玻璃珠。河南固始侯古堆 1 号墓出土的“蜻蜓眼”式玻璃珠、湖北江陵望山楚墓出土越王勾践青铜剑上的玻璃等将在下面有关章节中讨论）；战国时期的楚墓中出土的玻璃品，从品种和数量上看，又以战国中晚期楚墓中出土的品种和数量占大多数。也就是说，楚墓中出土玻璃制品主要为公元前 5 ~ 前 4 世纪及公元前 3 世纪初的遗物。

2. 从出土玻璃品的楚墓所在的地区来看，以长沙为中心的“南楚”一带楚墓中出土玻璃制品的品种、数量都占首位，超过了以江陵为中心的楚国腹地。特别是玻璃剑饰、玻璃璧、玻璃印章等，不仅在其他地区的楚墓中很少发现，在国内目前已发掘的同时期的墓葬中也难以见到。

3. 从外形尺寸上看，楚国的玻璃品都是一些小型的器物，如管、珠、璧等。例如，玻璃璧是楚墓中出土玻璃品中形态较大的一种。据湖南战国楚墓出土 57 件玻璃璧统计，璧直径最小的为 6.5 cm，最大者达 14.1 cm，大多数均在 7.9 ~ 9.4 cm 之间；璧的厚度最薄的为 0.2 cm，最厚的 0.45 cm，一般在 0.25 ~ 0.35 cm 之

---

① 赵文玺：《罕见的战国琉璃球》，《中原文物》1993 年 2 期。

② 山东省博物馆：《临淄郎家庄 1 号东周殉人墓》，《考古学报》1977 年 1 期。

③ 山西省文管会：《山西长治分水岭战国墓第二次发掘》，《考古》1964 年 3 期。

④ 河北省文物管理委员会：《石家庄市市庄村战国遗址的发掘》，《考古学报》1957 年 1 期。

间。其重量最轻的是 28 g，最重的是 225 g，一般重为 40 ~ 60 g。①

4. 楚墓中出土的玻璃品常常是与同类型的玉石等质地的器物一起出土。此外，出土的玻璃品以不透明和半透明者占绝大多数，完全透明的器物少见。说明当时玻璃品的作用类似于同时出土的玉石等质地的器物。

5. 出土玻璃品的楚墓中不仅有大、中型墓葬，更多的是小型墓葬。江陵、长沙等地的一些小型楚墓中常有玻璃品出土。"湖南所出的战国玻璃璧，绝大多数出现在小型的"士"和"平民"墓中。连平民阶层也能较多地使用它，当然不难看出当时玻璃器的生产已达到了一定的水平，产区基本是在本地和附近。②

6. 楚墓中出土的玻璃品基本上都应该是楚地制造的产品，特别是具有典型楚地风格的玻璃剑饰、玻璃印章、玻璃璧等。例如，2000 年湖北江陵天星观 2 号墓出土的料环，质地坚硬，蓝色釉，环身饰八个黄釉彩环，它是该墓出土的木剑 M25：51 的剑首，当是楚地产品。又如，1956 年长沙左家塘 41 号楚墓中出土的一件玻璃印章，鼻纽，印面方形，每面宽 0.95 cm，高仅 0.8 cm。印面有篆体"中身"二字。此外，湖南省博物馆还收藏有"中身""称"字战国玻璃印各一枚。这些印章上的文字都是汉字，又是用的当时的篆书，当然是楚地的产品无疑。

7. 在战国时期，与楚墓中出土玻璃品的情况相比较，其他诸侯国的墓葬中出土的玻璃品不仅数量较少，而且品种也比较单一。因此，本章主要以楚墓中出土的玻璃品为依据，探讨我国古代的玻璃制作技术。

第三节 "玻璃之路"——关于早期西方玻璃传入我国路线的探索

关于早期的中外文化交流，一直是学术界关心的课题之一。通过西域的北方"丝绸之路"早已闻名于世，它在中外文化交流史上占有十分重要的地位。一般认为，北方"丝绸之路"的开通是在西汉初年张骞通西域之时，这也是人们都熟悉的。实际上，在此一百多年前的战国中晚期时，地处长江中游的楚国生产的丝绸已经运到北方"丝绸之路"上的某些地区，这一点已为现代的考古发掘资料所证实。仅从这一点来看，春秋战国时期在长江中游一带的古代文化即楚文化与域外文化之间的交流是存在的。这里所说的域外，是指我国现今版图以外的地区，本节所涉及的主要是古希腊、西亚、印度、南亚及东南亚一带地区。

春秋战国时期，楚国的丝绸是比较著名的。1981 年发掘的湖北江陵马山 1 号楚墓中出土了大批的丝绸，被誉为"丝绸宝库"。《左传·僖公二十三年》记载：(晋公子重耳)"及楚，楚子飨之，曰：'公子若返晋，则何以报不谷?'对曰：'子女玉帛则君有之……其波及晋国者，君之余也。'"这表明在公元前 637 年以前，楚国的丝绸已经输往黄河以北的晋国。

在前苏联阿尔泰的巴泽雷克古代游牧民族的贵族墓葬中发现了刺绣丝织物，

① 高至喜：《湖南出土战国玻璃璧和剑饰的研究》，《中国古玻璃研究——1984 年北京国际玻璃学术讨论会论文集》，第 53 ~ 58 页，中国建筑工业出版社，1986 年。

② 高至喜：《湖南出土战国玻璃璧和剑饰的研究》，《中国古玻璃研究——1984 年北京国际玻璃学术讨论会论文集》，第 53 ~ 58 页，中国建筑工业出版社，1986 年。

熊传新先生指出，无论丝纤维、花纹风格还是刺绣工艺，这些刺绣丝织物都与长沙烈士公园3号墓中出土的战国时期楚国龙凤刺绣相同。这些丝绸很有可能是楚国、郑国或其他诸侯国的商人携至北方出售的。①

在新疆的阿拉沟（托克逊西）东口，1977年也发现了春秋战国时期的丝绸织物和漆器，出土的菱纹链式罗是战国时内地刚刚才有的丝绸珍品，由于外销，已经沿着丝绸之路运到了天山山麓。②

菱纹链式罗在战国时期的楚墓中已有出土实物，如，江陵马山1号楚墓出土的四经绞素罗就呈菱纹链式，这类丝绸品种在同时代的其他墓葬中极少发现，新疆阿拉沟东口出土的漆器和菱纹罗极有可能是楚国的产品。

从地理区域的角度看，我国同西方古代文明地区的文化交流，大体上应有南北两条通道，北道就是有名的“丝绸之路”；南道则是云南、两广等地或海路或陆路，经过印度、南亚、东南亚地区再通往西亚及西方。上面已论述的有关阿尔泰、阿拉沟等地出土的丝绸等，只是表明楚国的丝绸等已经运到了靠近西亚的地区，但是否与西亚、古希腊等地发生过文化交流，目前尚无任何可寻的线索。然而在南道，通过考古发现的古玻璃等方面的研究，却找到了早期中西文化交流的点滴线索，故称之为“玻璃之路”，而且是萌芽时期的“玻璃之路”。更为重要的是，这条“玻璃之路”自开通以后直至明清时期一直没有中断过，这一点在我国汉代及汉以后各个时代的文献中均有记载，在出土文物中也有反映。近些年来，国内外学术界多次进行过讨论的“陶瓷之路”“稻米之路”等，无不与早期的“玻璃之路”有关，可以说它们是早期“玻璃之路”的发展和继续。

一、陆上“玻璃之路”的考证

在西周时期，楚国（又称“荆”）还是一个“辟在荆山”“土不过同”的小国，以后逐步发展，春秋战国时期其全盛时的疆土基本上包括了长江中下游的大部分地区。“战国人口估计为两千万，荆占四分之一，是人口最多的国家。荆的版图最盛时估计面积达100万平方千米以上。”“‘支那’一词的起源应归结于荆（即楚国）的影响和存在。”③

楚国在发展壮大的过程中吞并了许多诸侯国和部族，所谓“汉阳诸姬，楚实尽之”（《史记·楚世家》）是也。这些被吞并的诸侯国和部族的人民一部分会留下来，成为楚的臣民，也必然有一部分在楚在压力下实行迁徙。由于当时的北方有着较强大的中原诸国，他们主要是迁往南方。例如，原来生活在汉水流域的濮人，很早就是楚人的吞并对象。《史记·楚世家》记载：楚武王“始开濮地而有之”，就是楚人侵占濮人之地的记述。在楚人的压力下，一部分濮人不得不向南迁徙。据研究，当时大部分濮人南迁到长江以南的现湖北石首、湖南岳州（岳阳）一带，随着楚国势力的不断向南发展，又有一部分濮人溯沅水南迁，迁徙到现今的贵州、滇东等地。原来生活在鄂西、川东的巴人在楚国势力发展的过程中，一部分巴人

① 熊传新：《楚国的丝绸业》，《江汉论坛》1982年8期。
② 沈福伟：《中外文化交流史》，第5页，上海人民出版社，1985年。
③ 苏仲湘：《论“支那”一词的起源与荆的历史与文化》，《历史研究》1979年4期。

留下来与楚人生活在一起，例如，在楚国的都城郢都里就生活着一些巴人，甚至在楚音乐中也有“下里巴人”这样的歌曲。同时也有相当一部分巴人迁徙了，“楚国南有巴渝，过江南有黔中之后，形成了楚地西包巴蜀的有利形势……巴受楚的威胁和压迫，逐步地向西南方向迁徙”。①

越人也具有类似的情况，不仅原来生活在长江下游地区、曾经建立起国家的越人，到战国中期，在楚国“南平百越”及楚威王灭越的过程中也向南或东南方向迁徙。《史记·越王勾践世家》记载：“楚威王兴兵而伐之，大败越，杀王无强……而越以此散，诸族子争立，或为王，或为君，滨于江南海上，服朝于楚。”

正是因为迁徙的不是一个诸侯国或部族的整体，这些南迁的部族在逐步迁徙的过程中总会有一部分人留下来，例如，南迁的濮人在迁徙的过程中，在长江以南的岳州以及湘西、贵州、滇东等地都有一部分濮人留了下来，这样，在楚国与这些地区之间就建立起一条天然的纽带。同时，南迁的人们开辟出多条楚地通往南方这些地区的道路，客观上为楚文化与南方的交流创造了一个最基本的条件。可以认为，楚将庄蹻入滇的道路就是这些南迁的人们早已开辟的道路之一。《史记·西南夷列传》记载：“始楚威王时，使将军庄蹻将兵循江上，略巴、黔中以西。庄蹻者，故楚庄王苗裔也。蹻至滇池，方三百里，旁平地，肥沃数千里，以兵威定属楚。”

楚军的这次远征，加强了楚文化向南方地区的渗透及其与南方文化之间的交流。

楚文化向南方地区的渗透及其与南方文化之间的交流，在我国的两广、云南等地区直至南亚（或东南亚）、西亚、古希腊一些地区的古代遗址或古代墓葬的发掘中可以找到许多例证，在许多文献中也有许多有关这方面的记载：

1. 云南楚雄万家坝古墓群的时代从春秋中晚期到战国前期，其中出土四颗玻璃珠的第49号墓是战国前期的墓葬。②云南江川李家山第22号墓是一座春秋末至战国初的墓葬，出土有浅绿色六棱形玻璃珠。③ 云南“石寨山的这种青铜文化，似乎也受到一些楚文化的影响”。④

2. 金正耀、李晓岑等分析了河南安阳妇好墓、四川广汉三星堆、江西新干大洋洲三处出土的商代青铜器，发现这三处出土的部分青铜器中都含有铅同位素比值很低的异常铅存在。并认为含有这种比值很低的异常铅的矿藏只有云南才有，从而认为远在商代中晚期时，中原及长江流域一带地区制造青铜器的部分原料来自于云南。⑤

3. 关于楚文化与古印度文明之间相互交流的情况，《史记·大宛列传》记载：“张骞曰：‘臣在大夏时，见筇竹杖、蜀布。问曰：安得此？大夏国人曰：吾贾人往市之身毒。’身毒在大夏东南可数千里。”

---

① 沈仲常：《楚国灭巴考》，《贵州社会科学》1984年6期。

② 云南省博物馆：《云南楚雄万家坝古墓群发掘简报》，《文物》1978年10期。

③ 云南省博物馆：《云南江川李家山古墓群发掘报告》，《考古学报》1975年2期。

④ 孙太初：《在云南考古工作中得到的几点认识》，《文物参考资料》1957年11期。

⑤ 李晓岑：《商周中原青铜器矿料来源的再研究》，《自然科学史研究》12卷3期，1993年。

这里所说的"蜀布"应该是指"苎布"，即是采用苎麻为原料纺织而成的，"苎布"质轻拉力好，吸湿和散热比其他纤维都好，洁白轻爽，清凉利汗，特别适于夏天穿用，所以身毒（即印度）的人民十分喜爱。春秋战国时期楚国的麻纺水平较高，长沙楚墓中曾出土每平方厘米经纬线为 28×24 根的苎麻布，而在同一时期的其他墓葬中这类高质量的苎麻布很少发现。因此，在张骞通西域之前传到古代印度的"蜀布"很可能是从楚地输出的，表明在西汉之前楚地与古代印度之间可能已经有交流。

刘玉堂等指出："在古代楚国与南亚之间，存在着一条通道，这条通道的东端是长沙，西端是印度，而其中点则是昆明。昆明是上古中西文化交流的驿站。公元前 320 年至前 315 年之间，古印度商那阁的《政论》一书中，说到当时印度已有从'支那'贩运过去的'成捆的丝'。""此处'支那'即指'荆楚'。""早在 20 世纪 40 年代，印度的觉月教授就指出，中国的楚文化与印度东部和南部的文化或许曾相互交通，而这两种文化交通的枢纽，正是昆明。"①

4.《中西交通史料汇编》一书指出，希腊国王亚历山大于公元前 334 年至前 324 年侵入西亚、伊朗和印度等地，腓尼基海员曾充当亚历山大军队的水手，腓尼基商人也跟随其军队进入亚洲内地。腓尼基商人经营的商品有杉木、橄榄油、紫色染料、织物和玻璃制品，同时还把中国的丝绸、印度的宝石、香料以及西亚的珍珠转卖给希腊、罗马。② 中国的绢制品能在公元前 5 世纪传到印度，早已传到印度的西方玻璃品当然也能够在公元前 5 世纪传到中国。同样的道理，传入印度的中国丝绸通过贸易与交流也能够传到西方。这就是下面将要提到的古希腊上层人物使用丝绸的来源渠道之一。

5. 20 世纪 30 年代在阿富汗出土过公元前 3、前 4 世纪的丝织品。因为当时北方战乱，丝绸之路未开，这些东西可能是由"南方丝绸之路"传过去的。③

6.《中外文化交流史》一书指出：丝路西端的希腊，由于在雕刻的陶器彩绘人像中发现所穿衣服细薄透明，因而有人推测在公元前 5 世纪中国丝绸已成为希腊上层人物喜爱的服装，这些雕像有巴特侬神庙的"命运女神"（公元前 438 年～前 431 年），埃里契西翁的加里亚狄像等公元前 5 世纪雕刻家的杰作，他们都身穿长袍，衣褶雅丽，质地柔软，都系丝织衣料。④

7. 安家瑶指出："镶嵌玻璃珠（'蜻蜓眼'式玻璃珠）在世界许多地方都有发现，与中国早期镶嵌珠相似的珠子在公元前 1000 年西亚很流行。"⑤ 这些珠子可以通过"玻璃之路"传入我国，当然也可以通过北方"丝绸之路"传入我国，只是后者目前尚未进行过较详细的研究。

综上所述，西方玻璃制品首先是通过商业贸易及文化交流传到印度等南亚地

---

① 刘玉堂等：《楚国历史文化与南方都市（续篇）》，《武汉大学学报·哲学社会科学版》，1994 年。

② 张星烺编：《中西交通史料汇编》，中华书局，1977 年。

③ 高大伦：《关于"南方丝绸之路"的几点思考》，《中国史研究》1995 年 2 期。

④ 沈福伟：《中外文化交流史》，第 5 页，上海人民出版社，1985 年。

⑤ 安家瑶：《中国古玻璃与日本吉野里的玻璃管饰》，《中国考古学论丛》，第 415～421 页，科学出版社，1993 年。

区，再通过民间的往来辗转地通过云南等地区传到楚地。根据民族学的资料，这种交通运输是间接而不是直接的。一个商队通常只能在本族或友善邻族的领地内完成较短的旅程，然后由第二个民族的商队接替下一段的旅程。通过这种方式，商品经由不同的传递者，辗转各地，最后到达遥远的目的地。直到20世纪上半叶，云南与缅甸之间的贸易仍遵循着这一传统的模式。这就是“玻璃之路”萌芽时期第一条路线，也就是陆上“玻璃之路”，印度及我国云南等地出土的这一时期的玻璃品都证实了这一点。

二、海上“玻璃之路”的考证

“玻璃之路”萌芽时期的第二条路线，是西方的玻璃品首先传到印度等地，然后通过海上贸易，经过东南亚一些地区，如马来半岛、越南等地，传到我国的两广等地区，进而传到楚地。这条路线可以称为海上“玻璃之路”。关于这条路线的情况，在出土文物和文献记载中也可以找出许多例证。

据《不列颠百科全书》有关古代玻璃一节的介绍，一些研究结果表明，早期的玻璃制品比较少，从公元前6世纪开始，玻璃品开始显示出成倍的增长，特别是在希腊人居住的爱琴岛、希腊本土、意大利和西西里。在现代的研究中往往将希腊出土的蓝色白眼烧珠（即“蜻蜓眼”式玻璃珠）称为希腊烧珠。

《马来亚史》一书指出：“马来同印度的接触，远在公元前几个世纪……在霹雳沿海的瓜拉塞林辛，在那里（印度商人）用烧珠和符录交换金、锡、象牙。”“在东爪哇的一个公元前3世纪的多尔门（石室）中，曾经有公元前6世纪时的希腊蓝色白眼烧珠出土……而希腊烧珠则在中国古代早已仿制。”①

谭·夏里臣在《1964年在马来西亚最近考古发现》一文中介绍：近年来在马来西亚各地发现了大量的琉璃珠（玻璃珠），绝大部分是中东产品，也有一些是来自中国，时代从公元开始或更早一些。② 可见，当时的希腊等地出产的玻璃制品（烧珠）也可以通过马来半岛再运到我国来。

杰里米·戴维森在《越南近年来的考古活动》一文中指出：“1975年潘切（越南的一个地区）北部12 km的一处好像有瓮棺葬墓地的白沙采掘场进行过多次抢救性发掘……没有发现铁器，只发现一件青铜手镯的残片，即发现了几个装有大量彩色小串珠的小罐，这些小串珠与隆庆出土串珠相像……这个遗址的年代可能比沙萤（约公元前350年）和隆庆等遗址要早一些。”③

《越南古代史》一书也提到：在东山文化时期的遗址中曾出土过彩色的玻璃珠、淡青色的玻璃耳坠等物，为公元前4世纪前后的遗物。④ 由于在东山时期，越南古代的文郎文化既开始同印度和西亚地区进行交流又与战国艺术初次接触，那么，传入印度等地的西方玻璃制品有可能通过越南的某些地区传入到我国的两广

---

① 理查德·温斯泰德：《马来亚史》，第29页，姚梓良译，商务印书馆，1974年。

② 谭·夏里臣：《1964年在马来西亚最近考古发现》，《皇家亚洲学会·马来西亚分会会报》28卷1部，1965年。

③ 杰里米·戴维森：《越南近年来的考古活动》，《考古学参考资料》第2辑，第69页及该页的注释，文物出版社，1979年。

④ 陶维英：《越南古代史》下册，317页，刘统文等译，商务印书馆，1976年。

一带，进而传到楚地。下面将要提到的广东肇庆战国墓出土的“蜻蜓眼”式玻璃珠，可能就是通过这条路线传入的，由于未作化学分析测试，当然也不排除这枚玻璃珠是楚人仿制品的可能性。

据《广东肇庆市北岭松山古墓发掘简报》一文介绍，这是一座战国时期的墓葬，出土文物中有一件“蜻蜓眼”式的玻璃珠和楚式风格的青铜剑，其中一把“插心剑”（即复合剑）长 71 cm。① 另外，广东始兴县一座春秋墓中也出土了楚式风格的青铜剑。所以，黄展岳先生在《两广先秦文化》一文中指出：“冶金史学家曾对广东出土的 38 件东周青铜器（春秋的一件）进行科学考察，认为先秦青铜冶铸业是直接在中原地区，特别是在楚文化的影响下建立起来的。”② 带有西方风格的“蜻蜓眼”式的玻璃珠与楚文化风格的青铜剑同时在广东肇庆战国墓中发现，这一点是耐人寻味的。它证实了在楚文化与南方文化交流的过程中，已经与传到该地的西方文化有了接触，从而也就说明楚文化与西方文化的交流已在间接地、辗转式地进行之中。

广州南越王墓出土有一件银盒，银盒通高 12.1 cm、腹径 14.8 cm，该盒的造型和纹饰与我国传统器具的风格完全不同，但和西亚的波斯帝国时期（前 550 ~ 前 330 年）的金银器类同，表明是舶来品。有趣的是，这件银盒传入中国后，盖面及底部都刻写了汉字铭刻。公元前 330 年之前的波斯银器可以传到广州，那么，西亚出产的玻璃器当然也就可以传到广州，进而传到楚地。

西方的玻璃制品通过“玻璃之路”萌芽时期的两条路线传到楚地，在楚墓及受楚文化影响的墓葬发掘中也可以证实这一点：

1. 楚墓中出土玻璃制品最多的地区是位于“南楚”的长沙一带，甚至超过了郢都（楚国的都城）所在地的湖北江陵地区。从地域上来看，它与西方玻璃制品传入我国的路线是相当吻合的。

2. 在以后的有关论述中我们将能看到，出土玻璃品（基本上均属于铅钡玻璃）的楚墓及受楚文化影响的墓葬，几乎都是战国时期的墓葬，也就是说这些玻璃品均属于公元前 5 ~ 前 4 世纪或公元前 3 世纪初的遗物。可见，楚国玻璃生产兴起的时间与上述所列的各地出土文物的时代、文献记载均是相当吻合的。

3. 1978 年在河南固始侯古堆发掘的勾吴夫人墓，时代为春秋晚期，墓葬的确切年代为公元前 504 年。墓中出土的“蜻蜓眼”式玻璃珠据分析为钠钙玻璃，其成分及外形与西方玻璃珠基本相同，而与楚人发明的铅钡玻璃在成分上完全不同，也与楚墓中出土的其他玻璃制品在成分上不同，基本上可以肯定是来自西方的产品。这是西方“蜻蜓眼”式玻璃珠在公元前 6 世纪末已经传到了楚地的唯一比较确凿的证据。湖北随县曾侯乙墓出土的战国早期的 100 多个“蜻蜓眼”式玻璃珠中，也不排除有西方产品的可能性。从时间上看，它们与上述所列的各地出土文物的时代、文献记载均是相当吻合的。

综上所述，可以看到公元前 5 ~ 前 4 世纪楚国玻璃制造的兴起与西方玻璃制品

---

① 广东省博物馆等：《广东肇庆市北岭松山古墓发掘简报》，《文物》1974 年 11 期。

② 黄展岳：《两广先秦文化》，《文物与考古论集》，第 167 页，文物出版社，1986 年。

的传入有着密切的关系。两者在时间上、地点上是相当吻合的；在出土文物、古代文献方面又均得到了证实。至此，早期的“玻璃之路”就粗略地勾画了出来。

需要指出的是，“玻璃之路”萌芽时期的两条路线中的第一条，即陆上“玻璃之路”，由于多种因素、特别是社会因素的影响，“辄杀略汉使，终莫得通”，没有形成较具规模的交流通道，而第二条路线，即由东南亚一些地区通过海上与我国之间交往的海上“玻璃之路”，在汉代即有了进一步的发展，这在我国的古代文献中多有记载：《汉书·地理志》《后汉书·西域传》《三国志·吴志》《梁书·扶南传》《新唐书·地理志》、宋·赵汝适《诸蕃志》、元·汪大渊《岛夷志略》等中都有记载。可见，这条交流的通道后来虽然没有像北方的“丝绸之路”那样有名和发展，然而它却是一直存在着的，从这一点上来讲，“玻璃之路”可以说是我国“海上丝绸之路”的前身。

第四节　公元前5～前4世纪我国玻璃兴起的原因

我们已经指出，20世纪50年代以来湖北、湖南、河南、安徽等地发掘的楚墓已有数千座之多，其中春秋时期的楚墓也占有一部分，但是至今尚未见到我国生产的玻璃品出自春秋时期的楚墓中。到了战国时期，特别是战国中期前后楚墓及晚期楚墓中，出土这类玻璃品的数量突然多了起来，例如，长沙地区就有100多座楚墓中出土有玻璃品。此外，本章第一节已经论述过的河南淅川下寺楚墓，时代为春秋中晚期，其中2号墓的年代为公元前554年或稍晚，该墓群中只有石英含量很高的料珠出土，而没有见到玻璃珠；然而，在同一地区发掘的河南淅川和尚岭楚墓（时代为战国早期）中即出土了几十颗“蜻蜓眼”式的玻璃珠，时代为公元前433年或稍晚几年的湖北随县曾侯乙墓中出土了100多颗“蜻蜓眼”式的玻璃珠。这些发掘情况表明，在公元前5～前4世纪，位于长江中游一带的楚国，其玻璃生产得以兴起，并且有了一定程度的发展。出现这一历史现象的原因是什么呢？现从技术与社会需求的角度试就以下几点进行论述。

一、当时的人们已经掌握了早期的料器制造技术

湖北枣阳郭家庙曾国墓地出土的料珠，时代为西周末至春秋早期，经鉴定为石英，粒度为0.01～0.6 mm，与陕西宝鸡西周強国墓地出土的石英珠的粒度（0.02～0.5 mm）相近。河南淅川下寺楚墓出土的料珠，为春秋中期偏晚的遗物，它们的出土表明了至迟在西周末年或春秋早、中期，楚人就已经掌握了采用石英砂为主要原料，使用先成型后烧结的方法生产料珠。当然，楚国的这一技术极有可能是从西周王朝那里学来的。楚国曾是西周王朝的属国之一，与西周王朝有着密切的联系，楚国从那里学习到这一技术是十分可能的。这种方法与战国中期时楚国制造外形类似“蜻蜓眼”式玻璃珠或氟昂斯珠的方法基本上是相同的。楚墓中出土的玻璃品，如，珠、管等小型器物，其中有一部分就是采用先成型后烧结的方法制造出来的，只是由于所采用的原料有差别以及烧制它们的温度高低不完全相同，有一部分产品烧成了氟昂斯珠（管），也有一些烧成了一部分或大部分为玻璃质、另一部分或少部分为仍是烧结的砂粒的玻璃珠（管）。如，湖北随县曾侯

乙墓出土的 E. C. 11. 240 号绿色料珠，经测定“X—射线衍射有四条线条，也说明它有局部结晶态”。“化学全分析总数为 80. 68%，说明有部分有机质。”① 近 20% 的有机质的存在以及局部结晶态的存在均说明该料珠极有可能是先成型后烧制的。由此可以认为，至迟在春秋中期前后楚国就已经掌握了早期料器的制造技术，只是由于助熔剂与烧制温度的原因，所用的原料中仅有很少的一部分被烧成了玻璃体，而绝大部分仍然是烧结在一起的晶体的缘故。所以，当时没有制造出真正意义上的玻璃制品来，但是其基本制造技术楚人是早已掌握了的。这就是公元前 5 ~ 前 4 世纪楚国玻璃兴起的原因之一，而且是重要的内部原因之一。

二、西方玻璃制品的传入

（一）关于夫差夫人墓出土玻璃珠的讨论

1978 年，考古工作者在河南省固始县侯古堆发掘出一座春秋末年的墓葬，编号为侯古堆 1 号墓。该墓是一座较大型的墓葬，除出土了大批文物之外，还发现了有 17 个人为墓主人殉葬的现象，足以说明该墓主人的高贵身份。据该墓出土的墓主人的骨骼以及出土文物上的有关铭文考证，该墓为春秋末年宋国国君宋景公的妹妹、当时吴国的太子夫差（即后来成为吴国国君的吴王夫差）的妻子之墓。据《史记·吴太伯世家》记载：吴国阖闾“十一年（公元前 504 年），吴王使太子夫差伐楚，取番。楚恐而去郢徙都”。这说明在春秋末年吴国的太子夫差曾统兵攻打楚国，并攻占了楚国的番地。今天的河南省固始县正是春秋时期番国（番国在春秋中期之前已为楚所灭）的所在地，番国故城遗址至今犹存。番是楚庄王（公元前 613 ~ 前 591 年在位）时楚国的令尹孙叔敖的封地，是楚国的重镇之一。因在公元前 506 年，伍子胥率领吴军一举攻占了楚国的都城郢城，迫使楚昭王出奔。公元前 505 年楚军在秦军的帮助下才击退吴军，恢复郢都。所以，公元前 504 年吴军攻占番地之后，楚国十分恐慌，立即准备迁都，所谓“去郢徙都”是也。夫差的妻子随夫出征，当吴军占领番地之后她突然暴病而亡，可能是由于当时正处在战争时期，局势动荡，只好将她就地予以厚葬，以 17 人殉葬就是证明。该墓的内棺中出土有几颗“蜻蜓眼”式的玻璃珠，据张福康等检测，其化学组成为钠钙玻璃，氧化钠的含量达 10. 94%、氧化钙的含量达 9. 42%，其他成分见下节表 2 – 1 – 5。

这几件玻璃珠，无论是化学成分还是外形纹饰都与西方同类产品十分相似，而与楚墓中出土的玻璃制品的化学成分不同，基本上可以肯定是由西方传入的。已经引用的“镶嵌玻璃珠（‘蜻蜓眼’式玻璃珠）在世界许多地方都有发现，与中国早期镶嵌珠相似的珠子在公元前 1000 年西亚很流行”这条文献就是一证。这些传入的西方玻璃珠在当时是十分珍贵的，所以被夫差作为随葬品为其妻陪葬。对于它们的来历有两种推测：一种是从西方通过辗转的历程传到吴地，是夫差妻子的财物，她死后也随之带入墓中；另一种是吴军占领番地时从楚人手中刚刚夺来的战利品，因为是一种珍贵的装饰品，所以成了占领军主帅夫人的财物。从考古发掘的有关资料来看，后者的可能性要大得多。

春秋战国时期的吴、越之地，濒临大海，通过萌芽时期的“玻璃之路”，具有

① 湖北省博物馆：《曾侯乙墓》，第 658 页，文物出版社，1989 年。

获得西方玻璃品的可能性。然而，据笔者掌握的资料，目前通过考古发掘出土的玻璃品，与吴越有关者仅有三例。除侯固堆1号墓之外，另两例是：江陵望山楚墓出土越王勾践剑剑格上的玻璃；河南辉县一带战国墓中出土吴王夫差剑剑格上的玻璃。越王勾践（公元前497~前465年在位）和吴王夫差（公元前495~前473年在位）都是春秋时期的著名人物，他们的用剑后来大都流入楚人手中。越王勾践剑上的玻璃可能是战国时期的楚人所为（见本章第五节）。特别要指出的是，出土"蜻蜓眼"玻璃珠的吴墓仅此一座，而且恰恰是埋葬在刚被吴人攻占的楚国疆土番地之内。比较合理的解释是：河南固始侯古堆1号墓出土了一组"番子成周钟"，此"番子成周"可能就是《左传·定公四年》中所记载的"潘子臣"。公元前504年，潘子臣作为楚军的主帅与夫差作战，败，为吴人所俘。"番子成周钟"也成了战利品为夫差的夫人陪葬。所以说侯古堆1号墓中所出土的"蜻蜓眼"式玻璃珠，应是从西方输入的产品，而且是传到了楚地，成为楚人的财物，原也是楚人的东西，为吴人战利品后才葬入吴人墓中的。吴人攻占番地时夺取了它们，因为铜钟和玻璃珠在当时都比较珍贵，因此用来给统帅的夫人陪葬。

西方生产的"蜻蜓眼"式玻璃珠辗转地传到楚地，其数量可能是比较少的。同时，由于是辗转式的交流，关于玻璃的制造技术、原料的选用等，一般说来是很难随之一道传入的。爱好新奇的楚国人看到了这种比自己原已生产的料珠具有更加美丽外观的珠子，一定十分喜爱，为了能更多地获得这种珠子，楚人采用烧制料珠的工艺，并在烧制过程中试用不同的矿物为原料来仿制。可见，西方玻璃品的传入是公元前5~前4世纪楚国玻璃兴起的一个重要的外部原因。

（二）楚人仿制西方"蜻蜓眼"式玻璃珠的实物证据

1994年发掘的河南新蔡葛陵楚墓，时代为战国中期偏早（约公元前340年）。墓中出土有2298颗"蜻蜓眼"式象牙珠，其中最大者直径约达3 cm，表面有40个大小不一的"蜻蜓眼"，最小的象牙珠上也有3个"蜻蜓眼"。其制作方法是：在象牙珠的球面上，钻出小圆锥形的窝或做出小圆形凹槽，在其周围，环绕中心窝点，再加工出两周极细的凹线形同心圆，然后用极细的铜丝嵌入凹槽内，再将已加工好的类似现在的"图钉"形状的圆形铜片嵌入中心的锥形窝内，这样就形成了一个"蜻蜓眼"。由此可见楚人对西方"蜻蜓眼"式玻璃珠的喜爱和加以仿制的决心。

1986年开始的湖北荆沙铁路考古发掘中，考古工作者在江陵秦家嘴战国中期前后的楚墓内发掘出"蜻蜓眼"式玻璃珠数枚，其外形与河南固始侯古堆夫差夫人墓中出土的玻璃珠基本相同。仔细观察可以发现，这些"蜻蜓眼"式玻璃珠的表面虽然已经烧成了玻璃质，但其内部仍然是烧结在一起的砂粒，与西方的"氟昂斯"珠更相近一些（为了叙述的方便，这里仍然称为玻璃珠）。特别重要的是，这些玻璃珠穿孔处仍然保留有已经烧结的黄泥芯，证明这些玻璃珠是在江陵当地制造的，而且是烧制后很快就埋藏到墓里了。

江陵望山楚墓（时代为战国中期）还出土有"蜻蜓眼"式的陶胎珠，其珠体上的花纹表面已经被烧成了玻璃质，但其胎体却仍然是烧结在一起的陶胎。说明当时楚国所采用的仿制西方玻璃珠的方法是多种多样的。

1996年发掘的湖北省荆门罗坡岗楚墓群，出土有几颗直径约为4～5 cm的玻璃珠，出土时已经破碎，其内部均为细沙粒，表面是一层已被烧成玻璃质、较坚硬的外壳，外壳上分布着数个“蜻蜓眼”，“蜻蜓眼”上有绿、白、棕等色花纹，成分分析表明含有较多的氧化铅和氧化钡，为我国制造的产品，出土该类玻璃珠的楚墓的年代最迟不晚于战国中期。

三、社会的需求

从新石器时代以来直到汉代，玉璧等玉制品不仅是我国传统的“礼仪”用器和装饰品，而且被视为珍宝，用来显示自己的身份和地位。然而玉的来源比较少，战国时期的“士”和“平民”们一般是用不上的。例如，湖北随县曾侯乙墓出土玉器和湖北荆门包山楚墓出土玉器的鉴定结果显示（见表2－1－4），它们和新疆和田地区出产玉料的化学成分比较相近，表明楚墓中出土的玉器中有些玉器可能就是采用和田出产的玉料制成的，这与我们已经论述过的有关楚国丝绸和漆器在新疆阿拉沟出土是相吻合的，由此也可见当时楚国的玉器是比较珍贵的。

表2－1－4　曾侯乙墓、包山楚墓出土玉器及和田玉的化学成分

名称	主要化学成分（%）							资料来源
	SiO_2	Al_2O_3	Fe_2O_3	TiO_2	CaO	MgO	FeO	
曾侯乙墓E65	57.61	0.73	0.58	0.38	13.85	21.76	1.87	①
曾侯乙墓E238	56.89	微	0.44	0.20	13.24	21.46	1.72	
包山楚墓	57.37	0.97	0.4	0.026	12.83	24.16	0.89	
新疆“和田玉”	56.40	2.40	1.37		13.11	22.85		

正是因为玉料的珍贵，下层人士是难以用上的。因此，湖南所出土的战国时期的玻璃璧，绝大多数出现在小型的“士”和“平民”墓中，其原因就在于地位低下的“士”和“平民”用不起玉器，只能使用比较廉价的代用品。于是努力仿制玉质的玻璃制品，把玻璃璧做得像玉璧一样。用玻璃制成的装饰品，不仅具有类似玉的外观，而且色彩可以人工掌握，制出的产品可以比玉的颜色更鲜艳、更丰富一些，同时原料易得、价格也较玉器低廉，深受人们喜爱。正是这种社会需要，促进了当时楚国玻璃生产的兴起和发展。

第五节　楚国玻璃的制造技术

一、化学成分

古代玻璃的化学成分是研究古玻璃不可缺少的一个基本数据。不了解它们，对于古玻璃的原料组成、制造工艺及有关性质等就无法进行研究。近些年来，国内外的一些学者对我国古代玻璃的近百个样品进行过分析测定，得出了一批结果，

① 后德俊：《楚国的矿冶、髹漆和玻璃制造》，第273页，湖北科学技术出版社，1995年。

对我国古玻璃的研究起了很大的作用。其中包括了一批楚墓或受楚文化影响的墓葬中出土玻璃品的有关数据。需要指出的是：楚墓中出土的玻璃品，经过分析测定的大都是湖南长沙一带出土的器物，湖北及其他地区楚墓出土的玻璃品进行分析测定的很少，可能是因为这些地区出土玻璃品数量较少、同时又是完整器物等原因造成的。表2－1－5 列出了部分出土玻璃品的化学成分（西周墓与下寺楚墓出土的石英珠也一并列入）。①

表2－1－5　西周至春秋战国部分玻璃制品的化学成分

名称	出土地点	时代	成分（%）									资料来源
			Ai_2O_3	Fe_2O_3	PbO	BaO	CaO	MgO	K_2O	Na_2O	CuO	
琉璃珠	陕西沣西	西周	0.7	0.4			0.4	0.2	0.3	0.3	0.8	
琉璃珠	河南洛阳	西周	0.3	0.2			0.4	0.3	3.4	1.2	1.6	
琉璃管	河南洛阳	西周		0.33	0.23		0.35	0.15	1.30	0.64	1.20	
琉璃珠珠芯（白色）	淅川下寺	春秋中晚期					0.18	0.06	1.19	0.44		
琉璃珠珠皮（绿色）	淅川下寺	春秋中晚期			<0.01		0.30	0.11	3.20	0.86		
“蜻蜓眼”绿玻璃珠	固始侯古堆	春秋末年		0.65			9.42	0.39	0.52	10.94		
绿色料珠	曾侯乙墓	战国早期	1.37	1.02	2.80	0.05	4.07	2.24	2.60	6.99	0.37	*
料珠眼	九店 M286	战国中期晚段	4.92	1.60		0.50	4.19	1.03		5.24		**
料珠外壳	九店 M286	战国中期	2.80	1.55		1.56	4.25	1.24		4.80		**
料珠白砂	九店 M286	晚段	3.37	0.71	0.11	0.07	3.90	1.60		1.34		**
料管外壳	九店 M533	晚段	1.07	0.97		0.05	2.30	0.37		1.09		**
料管白砂	九店 M533	战国中期晚段	4.57	1.41		0.10	2.50	0.67		2.00		**
料管	九店 M533	战国中期晚段	5.68	0.86	0.01		2.36	0.57	9.6		1.76	***
料管	九店 M533	战国中期晚段	6.53	1.99	0.99		2.95		10.9		4.17	***
浅绿色谷纹璧	64长沙长下物 M22	战国	0.62	0.16	39.8	13.4	1.95	0.40	0.27	3.32	0.03	
深绿色谷纹璧	56长沙长卫 M22	战国	1.67	0.22	41.53	10.4	2.75	0.41	0.34	3.07	0.73	
白色云纹璧	53衡阳铁 M3	战国	0.46	0.15	44.71	10.1	2.1	0.21	0.1	3.72	0.02	

① 干福熹等：《中国古玻璃化学组成的演变》，《中国古玻璃研究——1984年北京国际玻璃学术讨论会论文集》，第140～142页，中国建筑工业出版社，1988年。

（续表）

名称	出土地点	时代	成分（%）									资料来源
			Ai_2O_3	Fe_2O_3	PbO	BaO	CaO	MgO	K_2O	Na_2O	CuO	
白玻璃片	长沙楚墓	战国	0.9	0.2	28.3	大量	0.73	0.14	0.09	0.64	0.02	
蓝玻璃珠	长沙楚墓	战国		1.4	0.6		0.6	0.2	15.2	0.8	0.3	
料壁	长沙	战国		1.06	37.24	10.36	9.62	0.54		5.2		
米黄色玻璃壁	57长沙陈军M29	战国	3	1	10	13	1	0.5				
墨绿色玻璃壁	55长沙陈军M4	战国	1.5	0.7	>5	>5	1.5	0.3				
乳白色玻璃壁	湖南资兴旧市M5	战国	2	0.5	5	10	1	0.5				
浅绿色玻璃壁	湖南资兴旧市M4	战国	2	0.2	5	10	3	0.5				
料珠	曾侯乙墓	战国早期	6.76	5.32			14.96		3.0	3.11	1.27	****
料珠	江陵雨台山M10	战国中期	7.7	14.61			5.14		8.37			****
料珠	江陵雨台山M10	战国中期	5.36	6.71			20.38		14.95		4.88	****
料珠	河南淅川徐家岭	战国早期	6.82	4.35			22.33		2.56	1.32	0.92	****
料珠	河南淅川徐家岭	战国早期	6.91	3.27			17.78		0.98		2.0	****

* 湖北省博物馆：《曾侯乙墓》，第658页，文物出版社，1989年。

** 湖北省文物考古研究所：《江陵九店东周墓》，第534页，科学出版社，1995年。

*** 干福熹先生提供，分析方法：EDXRF、PIXE。

**** 何堂坤先生提供，分析方法：扫描电镜；其中曾侯乙墓出土料珠的成分中还含有锑6.83%。

从表2－1－5中可以看出，时代为公元前6世纪中叶及后半叶的河南淅川下寺楚墓出土的料珠，其化学成分与陕西、河南西周墓中出土的料珠的化学成分十分相似，表明楚人制造料珠的技术是从周人那里学来的。令人感兴趣的是，河南洛阳西周墓和下寺楚墓出土的料珠中都含有一定量的氧化钾，而氧化镁、氧化钠、氧化钙的含量却相当少，表明钾的来源不可能是采用了草木灰的水溶液（或浓缩液）作黏合剂之一造成的，而是直接使用硝石为原料制造的。

从表2－1－5所列的数据可以看出楚墓及受楚文化影响的墓葬中出土的玻璃，可分为4种类型：

1. 二氧化硅、氧化铅、氧化钡（$PbO-BaO-SiO_2$）类型。如表2－1－5所列湖南出土的米黄、墨绿、乳白、浅绿色玻璃壁。

2. 二氧化硅、氧化铅、氧化钡、氧化钠（$PbO-BaO-Na_2O-SiO_2$）类型。

如表 2-1-5 所列长沙出土的浅绿、深绿、白玻璃璧及白玻璃片。

3. 二氧化硅、氧化钾（K_2O-SiO_2）类型。如表 2-1-5 所列长沙出土的蓝玻璃珠、雨台山 M10 出土的料珠。

4. 二氧化硅、氧化钠、氧化钙（$Na_2O-CaO-SiO_2$）类型。如表 2-1-5 所列河南固始侯古堆出土的玻璃珠。

从化学成分上看，楚墓及受楚文化影响的墓葬中出土的玻璃制品，均属于硅酸盐玻璃的范畴。仅从氧化铅、氧化钡的含量来看，上述的第二种类型玻璃可以与第一种类型合并，这类玻璃又称之为铅钡玻璃，是我国古代玻璃制品中最富有特色的一种。美国康宁玻璃公司的布里尔（R. H. Brill）博士等分析了几十件我国古代的玻璃品，他们指出："从化学上来分析，对早期中国玻璃最感兴趣的是这些都含有高的氧化铅和氧化钡。这些玻璃已引起一些学者的注意。"①毫无疑问，这些玻璃是在中国制造的，因为 19 世纪以前在世界其他地方完全不知道这类组成。而西方含大量氧化铅的古玻璃，从没有发现这样高的氧化钡含量。②

表 2-1-5 中所列河南固始侯古堆夫差夫人墓中出土的"蜻蜓眼"式玻璃珠是属于二氧化硅、氧化钠、氧化钙（$Na_2O-CaO-SiO_2$）类型的玻璃，我们已经指出，无论是外形还是化学成分都与西方古代玻璃品基本相同。表 2-1-6 为公元前 1350 年古埃及深青色（不透明）玻璃的化学成分。③

表 2-1-6　公元前 1350 年古埃及深青色（不透明）玻璃的主要化学成分（%）

SiO_2	MnO	CaO	MgO	K_2O	Na_2O	CuO	$Al_2O_3+Fe_2O_3$
61.70	0.47	10.05	5.14	1.58	17.63	0.32	3.20

可以看出，西方古代玻璃品的特点之一是化学成分中氧化钠、氧化钙的含量高，所以称之为钠钙玻璃。夫差夫人墓中出土的"蜻蜓眼"式玻璃珠中氧化钠的含量达 10.94%、氧化钙的含量达 9.42%，与楚墓及受楚文化影响的墓葬中出土我国自已生产的玻璃品的化学成分完全不同。

表 2-1-5 中所列的湖北随县曾侯墓出土的绿色料珠，原报告者认为这件料珠"从化学成分上看，除 SiO_2 外就是 Ca 和 Na 为主，几乎不含 Ba、Pb。阿拉伯产的料器，Ca 和 Na 是其主要成分，中国产料器则是以 Ba、Pb 为主要成分。从这点可以认为它是阿拉伯产的料器"。④

曾侯乙墓出土的"蜻蜓眼"式的玻璃珠，笔者曾对少量样品采用 X—荧光分析法作过定性测定，结果表明含有大量的二氧化硅及较多的钾、钙等成分，而铅、钡的含量很少，属钾钙玻璃。⑤ 分析结果不同的原因很可能是分析的样品不同造成的。曾

① R. H. Brill 等：《一批早期中国玻璃的化学分析》，《中国古玻璃研究——1984 年北京国际玻璃学术讨论会论文集》，第 15～35 页，中国建筑工业出版社，1988 年。

② 干福熹等：《我国古代玻璃的起源问题》，《硅酸盐学报》6 卷 1～2 期，1978 年。

③ 干福熹等：《我国古代玻璃的起源问题》，《硅酸盐学报》6 卷 1～2 期，1978 年。

④ 湖北省博物馆：《曾侯乙墓》，第 658 页，文物出版社，1989 年。

⑤ 后德俊：《谈我国古代玻璃的几个问题》，《中国古玻璃研究——1984 年北京国际玻璃学术讨论会论文集》，第 60 页，中国建筑工业出版社，1988 年。

侯乙墓出土的料珠中至少有一部分是我国自己生产的产品，理由有下列4点：

1. 曾侯乙墓出土的绿色料珠的化学成分中，氧化钠和氧化钙的含量与早期西方玻璃品的化学成分相比较要低，另外，它还含有2.60%的氧化钾和2.80%的氧化铅，与西方早期钠钙玻璃的化学成分差别明显。何堂坤等采用扫描电镜对曾侯乙墓出土的部分料珠碎片进行了多点检测，平均结果是：钾的含量为3.0%，钠的含量为3.1%，钙的含量约为15%，与早期进行的定性测定结果相近。西方早期的玻璃中一般钾含量不会这么高，采用含钾的草木灰为原料制造玻璃则是中世纪的事了。而在我国的早期玻璃中，含钾量高的玻璃已有出土，如表2－1－5中的蓝玻璃珠。同时在我国的早期玻璃中也发现了含有钠、钙的例子，如表2－1－5中的料璧，是我国春秋战国时期的典型器形，其化学成分中除含有较多的二氧化硅、氧化铅、氧化钡之外，氧化钠和氧化钙的含量分别为5.2%和9.62%。

2.《淮南子·览冥训》中多次提到“随侯之珠”；东汉·王充《论衡·率性》篇中也有“随侯以药作珠，精要如真”“道人消炼五石，作五色之玉”的记载。曾侯乙墓的墓主人是一个叫做“乙”的曾国的国君，据考证，“曾”就是“随”，曾国就是随国，因此，曾侯就是随侯。出土有100多颗“蜻蜓眼”式玻璃珠的曾侯墓的主人曾侯乙就是一个“随侯”，与古代文献中关于“随侯之珠”“随侯以药作珠”的记载是吻合的。

3. 曾侯乙墓中除出土有100多颗玻璃珠之外，还出土有紫晶珠、陶珠等，其中有陶珠38颗，与玻璃珠一起出土于内棺中，表明它们和玻璃珠一起是曾侯乙所用的装饰品。其中编号为E.C.11.276－2的陶珠，外形与前面提及的枣阳郭家庙曾国墓地出土的石英珠相同，绿色，灰白胎，火候较高，肉眼观察可见烧结致密，似已瓷化，比一般的氟昂斯珠结实得多，应是采用石英沙或瓷土为原料先成型后烧制的，该陶珠的中间“品”字形排列着三个湖蓝色的凸起状圆点，已玻璃化，表明该珠具有较简单的“蜻蜓眼”形式，该珠应为楚地制造的产品无疑。当然也不排除曾侯墓中出土的100多颗玻璃珠中包括有西方传入的玻璃品的可能，因为我们无法对每一枚出土的料珠都作一次分析。

4. 1996年7月，笔者对曾侯乙墓出土的四颗保存完好的“蜻蜓眼”式料珠作了比重测定，它们的编号是：E.C.11.259、E.C.11.179、E.C.11.135及E.C.11.207，后两颗料珠因外形相同是一起进行测量的，测量时尽量考虑到误差的存在，得出它们的密度依次为：2.2～2.4 g/cm^3、2.1～2.24 g/cm^3、2.2～2.3 g/cm^3，都在钾玻璃的范围之内，与前面已述的X—荧光分析结果是一致的。这种钾玻璃有可能是楚人的一种创造。

湖北江陵九店出土的玻璃制品也存在着类似的情况。据《江陵九店东周墓》一书介绍，该墓群出土料器253件，除去12件陶珠和23件陶管外，还有玻璃珠38件（其中素面珠23件，花纹珠15件）、玻璃管144件（其中素面管142件，花纹管两件）、陶胎琉璃珠（表层为琉璃质，“蜻蜓眼”形式，胎为烧结的砂粒，正确的描述应是氟昂斯珠）26件。①需要指出的是：出土的玻璃珠和玻璃管都是玻璃

① 湖北省文物考古研究所：《江陵九店东周墓》，第332页，文物出版社，1995年。

质，其中花纹珠和花纹管均为“蜻蜓眼”形式，因为是完整器，没有进行化学分析。原来认为它们之中可能有西方输入的产品，如，编号为703：1玻璃花纹管（时代为战国晚期早段），深蓝色，椭圆形体，管上饰九个高凸的“蜻蜓眼”，眼上有白蓝相间的圆圈纹五圈，旁边双衬托九个单圈小“蜻蜓眼”，造型华丽、典雅，在楚墓出土的玻璃器中这种形制的器物十分少见，可能是西方输入的产品，但不能肯定。不久前，笔者对其比重进行了测量，结果发现它属于铅钡玻璃。由此可以认为，该墓群出土的26件氟昂斯珠和大部分玻璃珠都应该是我国自己的产品。理由是：

1. 出土的26件陶胎琉璃珠（应是氟昂斯珠），器表为一层绿色的玻璃质，扁圆体，中间穿孔，珠体表面均饰凸起的白、蓝色或深绿色圆圈纹，为“蜻蜓眼”式，质地疏松，多残碎。可见，这种氟昂斯珠质地疏松、强度差，容易破碎，如是西方的产品，万里迢迢运来楚国是不太可能的。江陵秦家嘴战国中晚期楚墓中就出土过这类氟昂斯珠，“蜻蜓眼”形式，表面是一层玻璃质，内部是烧结的砂粒，出土时珠体穿孔处还保留有烧结的黏土，说明该珠制成后立即就被随葬了，当然应该是当地制造的产品。由此证明，战国时期楚地已经能够生产这类玻璃品，所以这26件琉璃珠是楚人仿制的产品，而不是从西方输入的。

2. 所分析的该墓群出土玻璃样品是笔者经手的，武汉水生所进行的分析，由于当时仪器分析手段的限制，多数样品的氧化铅含量未作分析，所以分析结果的总量只有50%～70%左右。我们可以看到，时代为战国中期的九店M286出土氟昂斯珠外壳的化学成分中氧化钡的含量达1.56%，在当时的西方玻璃珠中是十分罕见的，说明该珠应是我国自己生产的产品。安家瑶先生指出：“因为直到19世纪，为了制造光学玻璃，欧洲才开始把钡引进玻璃的原料。在此之前，无论是欧洲还是西亚的玻璃都不含钡（除非是微量元素），因此国外一般将钡的存在作为中国玻璃的特征。”①

3. 干福熹等采用EDXRF和PIXE方法对江陵九店出土的料管（表面蓝色，内壁粘有砂粒）进行了分析，发现样品中氧化钾的含量很高，两种方法的结果分别为9.6%与10.9%，属钾玻璃，应是我国生产的产品。

4. 江陵九店东周墓，大部分都是小型墓葬，墓主人地位不高。如，出土有一颗玻璃珠、2颗玻璃管的第703号墓就是一座小型墓，墓口长302 cm、宽175～194 cm；墓底长296 cm、宽144～158 cm。墓中出土11件器物，除玻璃珠、管外，还有铜带钩1件、铜环1件、陶器6件。这类地位低下的人们在当时一般是用不起从西方输入的珍贵玻璃珠来陪葬的。

5. 九店楚墓出土的M410：19号彩色玻璃珠，“蜻蜓眼”形式，其密度约为3.51 g/cm^3。M703：1号彩色玻璃管，“蜻蜓眼”形式，其密度约为3.76 g/cm^3。史美光先生指出：“一般钾硅玻璃的密度为2.33～2.41 g/cm^3，一般古代钠钙玻璃

① 安家瑶：《中国古玻璃与日本吉野里的玻璃管饰》，《中国考古学论丛》，第415～421页，科学出版社，1993年。

密度为 2.50 g/cm³ 左右。"① 他们测量的一批国人自己生产的战国时期、汉代及唐宋时期的铅钡玻璃制品的密度，都在 3.25 g/cm³ 以上，有的高达 5.3 g/cm³。所以江陵九店出土的这两件玻璃制品应属于铅钡玻璃，当然是国人自己制造的产品。

6. 九店出土的玻璃管，蓝色，从外至内可视为三层：最外一层是湖蓝色的玻璃层，厚度为 0.5～1 mm，有的管壁厚度在 1 mm 以上；中间是烧结的灰白色的细砂粒层，厚度在 1 mm 左右；最里层是黄色黏土层，原来是管芯的黏土去除后留下的部分，与江陵秦家嘴楚墓出土的带泥芯的料珠内的黏土颜色几乎相同。经测量 8 颗湖蓝色玻璃管共重 8.6348 g，体积为 3.8～4 cm³，则其密度为 2.16～2.27 g/cm³，与其化学成分是相符的。

刘保昌先生在《楚地"蜻蜓眼"式玻璃珠》② 一文中认为九店出土的 26 件"蜻蜓眼"式料珠是西方的产品、是从西方输入的看法是值得商榷的。在古玻璃的研究中，存在着一种模糊的认识，似乎认为只要是化学成分中含有一定量的氧化钠和氧化钙的玻璃必定是西方输入的产品，而没有具体问题具体分析。至于在战国时期，我国生产的"蜻蜓眼"式玻璃珠中氧化钠、氧化钙的来源，可能是因为当时的人们使用了硝石一类矿物造成的。长沙马王堆 3 号汉墓（年代为西汉早期）出土的帛书上所记载的战国医方里已经记载有消（硝）石，谓"稍（消）石直（置）温汤中，以洒痈"。《史记·扁鹊仓公列传》记载，西汉名医淳于意曾以它治病，说明楚人使用硝石制造玻璃器是可能的。但是，战国时期的人们对硝石的种类区别不清，往往将硝石（钾硝石）、芒硝（钠硝石，有时含有较多的钙化合物）等混淆在一起。这就是楚地出土的玻璃器中钠、钙成分的由来。

二、原料

我们现代日常生活中使用的玻璃，一般都属于钠钙玻璃，它是以石英砂、纯碱、长石及石灰石等为主要原料制成。古代埃及和西方一些古代文明地区制造玻璃所用的原料主要是石英砂和天然纯碱（主要成分为碳酸钠）等物质。战国时期的楚国人制造玻璃品的主要目的之一是为了获得比较廉价、易于成型的近似于玉石制品的器物。由此可见，当时楚国人制造玻璃所采用的原料，当然是和玉石类材料的外观相近似而又比较容易获得的某些矿物，这一点应是肯定的，因为西周时期的人们和春秋时期的楚国人以石英砂为原料烧制料珠就是出于这一原因。

春秋晚期至战国时期，随着西方玻璃制品传入楚地，楚国人看到了外观美丽、色彩鲜艳的"蜻蜓眼"式玻璃珠（与楚国人原来已经会生产的料珠相比较而言）时，一定会十分喜爱的。同时，由于这些西方传入的玻璃品是万里迢迢辗转地传入楚地的，不仅数量十分稀少，而且其制造技术在当时也是无法全面传到楚地的。楚国的工匠们在仿制西方的"蜻蜓眼"式玻璃珠时，只能采用自己已经掌握的制造料珠的技术进行，所采用的原料在外观上与玻璃有某些相似之处，当然也就多种多样，所以楚墓中出土玻璃品的化学成分也就互有差别了。从楚墓出土的玻璃器来看，推测战国时期楚国人用于制造玻璃的原料主要有以下几种：

---

① 史美光等：《一批中国汉墓出土钾玻璃的研究》，《硅酸盐学报》14 卷 3 期，1986 年。
② 刘保昌：《楚地"蜻蜓眼"式玻璃珠》，《中国文物报》1996 年 3 月 24 日。

石英砂　一种分布很广的矿物砂粒，主要成分为二氧化硅，熔点 1 670℃（鳞石英）、1 710℃（方石英）。表面带有玻璃光泽，常呈半透明或不透明状。制造玻璃常用的是白色的石英砂。

方铅矿　铅矿的一种，主要成分是硫化铅。表面有金属光泽，铅灰色，性脆。楚地产铅，《史记·货殖列传》："长沙出连、锡。""连"，可能就是指铅。楚墓中常有铅锡合金器出土，说明楚国用铅的时间较早。

重晶石　白色或灰色的矿物，有时带有天蓝、粉红等色，常呈粗粒致密的块状，带有玻璃的光泽，性脆。主要成分是硫酸钡。楚国制造的铅钡玻璃中钡的来源就是因为楚国工匠们使用了重晶石为原料。白色的重晶石粉具有与白色的石英砂相近似的外观，所以被楚国人用于玻璃制造。楚地拥有丰富的重晶石资源，湖北、湖南两省的许多地区都有重晶石矿。例如，现今的湖北省谷城县（战国时期是楚国的中心区域之一）的重晶石粉厂所生产的就是重晶石粉、硅石等产品。

赵匡华先生认为，楚国的铅钡玻璃是采用了铅钡混合矿为原料制造出来的，因为在湖南也发现有这类矿藏，这是值得商榷的。① 楚国的铅钡玻璃中铅和钡的含量均比较高，氧化铅的含量达到 30% ~40% 或更多，氧化钡的含量达到 10% 以上，这种高质量的混合矿一般是比较少的。此外，如果使用了混合矿，制出的产品中铅与钡的含量应成一定的比例关系，然而在已经作过化学分析的楚墓出土的玻璃品中，这种比例关系并不存在。R. H. Brill 先生等指出："本文作者之一曾发现在康宁分析的第一批少数样品中，BaO 含量与 PbO 含量成正比，并且两者的摩尔百分数也非常接近 1:1。因此，他认为铅和钡是以某化合物形式同时引入，即某些矿物同时含有等分子的铅和钡。而现在我们分析了大量玻璃后发现这种简单关系并不普遍存在。"②

硝或硝石　硝，是对某些矿物的泛称，在我国古代常常是指硝石、芒硝等矿物。在我国，硝石的使用有着悠久的历史，长沙马王堆 3 号汉墓（年代为西汉早期）出土的帛书上所记载的战国医方里已经记载有消（硝）石，谓"稍（消）石直（置）温汤中，以洒痈。"硝石，又名钾硝石、土硝、火硝、焰硝，常呈针状集合体，白色，有玻璃光泽，其主要成分是硝酸钾（KNO_3），我国许多地区都有出产。（同治）湖北《来凤县志》记载："硝出峒中者良，色莹洁者为上。"硝石是制造黑火药的主要原料之一，对于它的性能古代文献中早有记载，我国第一部本草专著《神农本草经》中指出："朴硝能化七十二种石。"这里所说的"朴硝"不是指的芒硝而是指的火硝，孟乃昌先生已经详尽论证过。③"能化七十二种石"中的"化"，是指熔化、熔解的意思，"七十二种石"是泛言其多之意，其中大部分应是硅酸盐类的岩石。如果用硝石来熔解石英就能够制成钾玻璃，我国两广地区汉墓中出土的钾玻璃制品，就是采用硝石为原料之一制成的（见本篇第二章）。表

① 赵匡华：《试探中国传统玻璃的源流及炼丹术在其间的贡献》，《自然科学史研究》10 卷 2 期，1991 年。

② R. H. Brill 等：《一批早期中国玻璃的化学分析》，《中国古玻璃研究——1984 年北京国际玻璃学术讨论会论文集》，第 15 ~35 页，中国建筑工业出版社，1988 年。

③ 孟乃昌：《汉唐硝石名实辨》，《自然科学史研究》2 卷 2 期，1983 年。

2－1－7中所列的长沙楚墓出土的蓝玻璃珠，其氧化钾的含量高达15%以上，而氧化镁的含量又很少，由此推测该玻璃珠是采用硝石为原料制成的。

芒硝又名皮硝（因用于鞣制皮革的缘故）、朴硝，其主要成分为含有结晶水的硫酸钠（$Na_2SO_4 \cdot 10H_2O$），脱水后的产物称为无水芒硝，常呈致密块状，有玻璃光泽。天然的芒硝中往往含有其他类物质，如，石膏（$CaSO_4$）等。芒硝和硝石，在我国古代是将它们当作同一种物质看待的，开始区分它们是东汉以后的事，真正将它们区分开来就更晚了。所以，在战国时期，人们在制造玻璃时，硝石与芒硝可能都使用过。表2－1－5中所列出的湖南出土的米黄等4件玻璃璧，其化学成分中氧化钠与氧化钙可能就来源于芒硝。

我们已经指出，西方的玻璃品在公元前6世纪末传到了楚地，但是其制造技术并没有同时传到楚地，或者只是一鳞半爪的传说。所以，楚人只得利用自己已有的烧制料珠的技术，试用多种具有玻璃的光泽或具有类似玉石类材料外观的矿物来仿制西方的玻璃品，这就是楚墓中出土玻璃品的化学成分多种多样的原因。战国时期的楚国人没有化学分析的能力，他们只能通过对一些物质的某些物理性质的比较来选择原料。在玻璃中，石英砂是玻璃的主要构成者，是玻璃中含量最多的物质；方铅矿主要提供铅的来源，氧化铅是玻璃的主要构成者之一，同时它还能起到降低玻璃的熔融温度、提高玻璃的折射性和可塑性的作用。其中降低玻璃熔点温度这一点，相当于西方玻璃生产时采用的天然碱所起的作用。因为在我国内地，天然碱资源是比较缺乏的。硝石和芒硝也能起到助熔剂的作用。

重晶石的使用同样也能降低玻璃的熔融温度。此外，钡的存在能使玻璃产生一定的混浊，使制出的玻璃品呈半透明或不透明状，起到类似玉石制品外观的效果。湖南长沙一些楚墓出土的某些玻璃璧，其化学成分中氧化钡的含量甚至超过了氧化铅的含量，其原因可能就在这里。R. H. Brill指出："钡可能是作为一种配合料组分故意引入的。因为它可以像碱一样起助熔作用或对钙的稳定作用。""钡在玻璃中还能产生一定的混浊度，因此钡也可能是中国玻璃制造者为获得像玉一样的玻璃而引入的。电子探针分析表明这是由于存在二硅酸钡析晶产物，这一结论已由X—射线衍射所证实。"①

三、"蜻蜓眼"式玻璃珠中"眼"的形式

楚国玻璃品的种类有珠、管、片、璧、印章、剑饰等多种。从它们的外形来看，片、璧、剑饰、印章的外形与同类的玉石类制品或青铜制品比较相近，而玻璃珠（包括大部分未烧成玻璃质的氟昂斯珠）的外形虽然一般都呈圆形或圆柱，但其表面的纹饰却呈多种不同的形式，也就是说，"蜻蜓眼"式玻璃珠表面"眼"的形式也有多种。所谓"蜻蜓眼"，是考古工作者对这一类玻璃珠表面纹饰的一种形象的称谓，主要是指玻璃珠表面的圆（或椭圆）圈纹。这种圈纹是由中间一点以及由相邻颜色不同的大圆圈套小圆圈形成的。圈数少则1～2个，多则5～6个或更多，圈纹的颜色蓝、白者多，棕、绿者次之，所以称之为"蜻蜓眼"，也有些学

① R. H. Brill等：《一批早期中国玻璃的化学分析》，《中国古玻璃研究——1984年北京国际玻璃学术讨论会论文集》，第15～35页，中国建筑工业出版社，1988年。

者称之为镶嵌珠。对于这些“眼”的外形及有关现象的了解将有助于探讨其制造技术问题。下面仅就常见的一些“蜻蜓眼”式玻璃珠的“眼”的形式分述如下：

1. 圆面型。指玻璃珠表面的花纹，即“眼”与珠体相平，没有明显的凸起或凹下的情况。如，江陵马山1号楚墓出土的N21号玻璃珠，深蓝色，扁圆体，珠周身饰大小相套的白色圆圈纹及黄、灰色乳钉纹，花纹与珠体表面相平。

2. 凸面型。指玻璃珠表面花纹，即“眼”明显地高于珠体表面，呈突起状，有的甚至像角一样。如，曾侯乙墓出土的E.C.11.135号玻璃珠，珠体扁方形，橘黄色，表面有八个“眼”，“眼”的中心为蓝紫色，外有白、蓝紫相间的三道圆圈纹。

3. 叠压型。这类玻璃珠上的纹饰是通过珠体表面相互叠压的圆点和圆形薄片形成的。如，江陵望山楚墓出土的料珠。其表面一组“眼”的构成大致为：珠体表面粘接（或原与珠体相连）一圆形薄片，薄片上又涂有一层圆形（直径小于圆形薄片）黏结剂类物质，正中置一凸起的圆粒。从正面看，形成套圈纹，像“眼”一样。

4. 嵌入型。即在珠体表面形成多个凹坑，用另一种颜色的玻璃粒嵌入凹坑内。嵌入玻璃粒的四周不与珠体相连或者是用另一种颜色的物质嵌入玻璃粒的四周形成一个圈，这样也就形成了“眼”的形式。曾侯乙墓出土的E.C.11.206号玻璃珠，珠体为翠绿色，嵌入的玻璃粒有19个（见图2－1－3）。

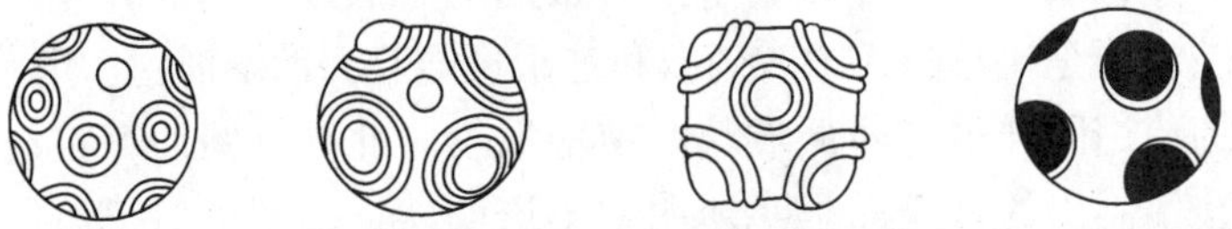

图2－1－3　“蜻蜓眼”玻璃珠的四种类型示意图

以上只是笔者所见到的为数很少的“蜻蜓眼”式玻璃珠（包括氟昂斯珠）的情况，并且只是循着有利于探索其制造工艺的角度进行分类的。实际上楚墓（或受楚文化影响的墓葬）中出土的“蜻蜓眼”式玻璃珠的“眼”的形式可能还不止这四种。

在上述四种类型的每一种里面，“眼”的形式相同，但组成每一个“眼”的一组纹饰的细部都互有区别。既不能在同一颗珠子上找到两个在花纹的大小、形状及每一个花纹线条的相互位置等方面完全一样的“眼”，也很难找到“眼”的个数、类型、排列方式、相互位置及每组花纹的外形尺寸、花纹线条的相互关系等完全相同的两个珠子。例如，曾侯乙墓出土的E.C.11.179号玻璃珠，珠体深蓝色，表面有七个“眼”，“眼”微拱。每个“眼”的组成是：中间为一深蓝色的玻璃点，直径0.1～0.2 cm；深蓝色的玻璃点外有白、褐相间的圆圈纹七圈。“眼”径0.5～0.6 cm。这七个“眼”虽然看起来都大致相同，仔细观察就会发现每个“眼”之间都存在多处不同，可以说几乎找不到在点的外形、大小、各个圈纹的大小、弧度、相互位置等方面完全相同的两个“眼”。

出土文物所显示的上述现象给了我们一个启示，它表明玻璃珠上的花纹（即

"眼"）在制造过程中存在着较多的随意性，有可能是一个个单独制造的。这就为我们探索楚国玻璃品的制造工艺提供了珍贵的资料。

四、几种制造工艺的考证

按照现代有关玻璃的定义，是指熔化了的物质冷却后所形成的无定形的产品，其内部一般是没有晶体存在的。即是说玻璃的特征之一是先熔融后成型的产品。而春秋战国时期楚国的玻璃制造工艺中既有采用先熔融后成型的方法制成的器物，也有采用先成型后熔融的方法制成的器物。其中，用后一种方法制成的产品中，一般是部分或大部分已成玻璃体，但仍有大部分或部分晶体存在。存在有较多晶体的产品叫氟昂斯，但其已成玻璃体的部分，具有玻璃的特性。更重要的是，这种制造工艺与玻璃的生产有密切的关系，所以在此一并加以讨论。

楚国生产玻璃的地区至少有两个：一个是长沙、一个是江陵。高至喜先生通过对出土玻璃璧墓葬的分析，指出长沙一带出土的玻璃璧应是在当地生产的。① 江陵楚墓中出土有带有泥芯的氟昂斯珠，这类产品当然也应是在当地制造的。如果是外地输入的话，其珠体穿孔处的泥芯是不会保留下来的。然而，需要指出的是，至今楚国制造玻璃的有关遗址尚未发现，古代文献中对此也未见记载。因此，只能以考古发现的楚国玻璃制品为依据，对其玻璃制造工艺进行一些考证。

（一）模压法

玻璃制造工艺中模压法的出现和使用与青铜铸造技术有着相当密切的关系，从某种意义上说，玻璃制造中模压工艺的出现和使用是青铜器泥范铸造技术的延伸与发展。楚墓中出土的玻璃璧、玻璃剑首、玻璃印章等都是采用模压法成型的，西汉墓中出土的玻璃块、玻璃耳杯等也是采用模压工艺成型的。采用模压工艺制造玻璃品时，其生产工序大致可分为下列几个步骤：

1. 制模

根据所需器物的形状先制泥范，一般说来，玻璃璧、玻璃剑首、玻璃块、玻璃耳杯、玻璃盘等只需上下两块范，泥范制好后必须先将它烘干。为了防止浇铸时高温玻璃液的突然冷却，泥范在浇入玻璃液之前需进行预热。由于泥范在浇铸前进行了预热，加上浇入的玻璃液具有很高的温度，使得制成的玻璃制品有一个自然冷却的时间过程，这一过程对玻璃制品来说，实际上起到了一定的退火作用，使得生产出的玻璃品不易发生脆裂而损坏。

2. 熔化

将各种制造玻璃的原料（一般呈粉末或碎片状）拌匀后放入坩埚内进行加热熔化。坩埚可以置于熔炉内进行加热。出土的楚国玻璃制品都是小型器物，由此推测当时熔化玻璃的坩埚容积也比较小，这一点与春秋战国时期楚国所具有的科学技术水平也是相当吻合的。根据布里尔博士的考证，二氧化硅·氧化铅·氧化钡类型的古代玻璃的熔化温度达 1 050 ℃（表 2－1－7），② 考虑到熔化后的玻璃料

① 高至喜：《从长沙楚墓看春秋战国时期当地经济文化的发展》，《中国考古学会第二次年会论文集》，第 64～65 页，文物出版社，1980 年。

② R. H. Brill 等：《中国早期玻璃的物理性质》，《中国古玻璃研究——1984 年北京国际玻璃学术讨论会论文集》，第 10～14 页，中国建筑工业出版社，1988 年。

在操作过程中会逐渐冷却，开始进行挑料、模压等操作时的温度比970 ℃还要再高70～80 ℃。这一温度与春秋战国时期楚国采用炼铜竖炉冶铜时所达到的冶炼温度（1 100～1 200 ℃）是比较相近的，也是楚人拥有的科学技术能力所能达到的水平。

表2-1-7　早期中国玻璃的作业温度

作业温度	近似温度（℃）			
	$PbO \cdot BaO \cdot SiO_2$	$PbO \cdot SiO_2$	$Na_2O \cdot CaO \cdot SiO_2$	$K_2O \cdot PbO \cdot SiO_2$
熔化	∽1 050	∽840	∽1 020	∽1 030
挑料	∽970	∽810	∽980	∽980
吹制	≥950	≥780	≥930	≥930
模压	∽950	∽780	∽930	∽930
烧结温度	∽750	∽650	∽740	∽730
退火温度	∽520～560	∽380～430	∽470～520	∽450～530

3．浇铸

将熔化后的玻璃液浇入泥范中，由于玻璃液的黏度较大，必须使其表面大致平整，然后盖上另一块泥范。泥范本身有一定的重量，对玻璃液起到模压的作用，这主要是由于玻璃液的黏度较大，难以采用泥范浇铸出合格的产品。同时，冷却后的玻璃又硬又脆，浇铸成型时其浇道的存在使形成的玻璃浇道的清除也相当困难。长沙楚墓中出土的玻璃璧，有纹饰的一面光滑并有光泽，另一面则粗涩无光。① 造成该现象的原因是因为刚刚浇入的玻璃液温度高，泥范上的花纹就在玻璃璧的表面显示出来；而玻璃璧的另一面，因要控制浇入玻璃的量（即控制玻璃璧的厚度）和使玻璃液的表面平整，因而耽误了一些时间，使玻璃表面温度下降，黏度增大，盖上另一块泥范时所形成的表面就变得粗涩无光了。

（二）铸接法

楚墓出土的“蜻蜓眼”式玻璃珠中相当一部分是采用铸接法制成的。这种方法是利用熔化后的玻璃液在冷却时有一个黏度逐渐增大、质地由软变硬的过程而进行玻璃成型工艺的。所以有的古玻璃研究者将它们称为镶嵌珠。

在前面的有关论述中，我们将“蜻蜓眼”式玻璃珠中“眼”的形式分成了四种类型，其中圆面型和凸面型“眼”的内部结构基本上是相同的。仔细地观察这类珠子的碎片后就会发现，其“眼”的内部结构为：中间是一蓝色的玻璃粒，在玻璃粒的背面一层层地覆盖着白、棕、蓝等颜色的玻璃，不同颜色的玻璃相互间隔，“眼”的表面有多少道圈纹，蓝色玻璃粒的背面就有多少层不同颜色的玻璃层，从而形成一个中间厚、周缘薄的呈铁饼状的“眼”。“眼”内各层不同颜色的玻璃的厚度相互之间不太相同，但每层玻璃的厚度却比较均匀。此外，还需要指

① 高至喜：《湖南出土战国玻璃璧和剑饰的研究》，《中国古玻璃研究——1984年北京国际玻璃学术讨论会论文集》，第53～58页，中国建筑工业出版社，1988年。

出的是，各层不同颜色玻璃之间的界面一般都比较清晰，也有部分浸润现象存在。通过这类破碎的玻璃珠所显示出的这些现象为我们考证它们的制造工艺提供了十分重要的实物资料（见图2－1－4）。

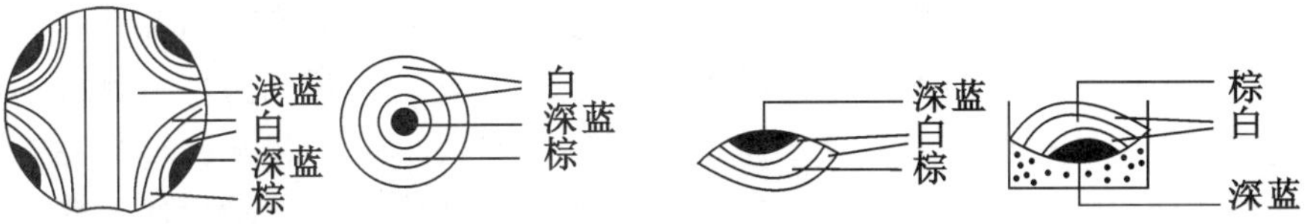

图2－1－4　“眼”的结构示意图

1.“眼”的制作

在呈一定弧度的凹形范模内，滴入一滴蓝色的玻璃液，稍稍冷却后立即在其上表面覆盖一层有一定黏度的白色或棕色玻璃液；待稍冷却后再覆盖一层另一种颜色的玻璃液。如此反复，直到需要的层数为止。

由于“眼”是一个个分别制成的，每一个“眼”的每一次玻璃的用量、相互之间的位置等都可能存在差别，因此，很难在“蜻蜓眼”式玻璃珠上找到花纹、弧度大小、相互位置等完全相同的两个“眼”来。

1998年，笔者曾到美国圣迭哥考察，看到一家由西班牙人开设的玻璃工艺店，店内有许多玻璃料条，有一种截面为圆形的料条，直径约7 mm，其一侧是一蓝色的料条，直径约1～2 mm，蓝色料条外缘的2/3以上部分被其他颜色的玻璃一层层地包围着，使用时在喷灯上加热熔融后剪下所需的长度。如用这种玻璃料条制造“眼”是十分方便的，然而，当时的楚国是不可能有这种玻璃制造技术的。

2.“蜻蜓眼”式玻璃珠的制作

在一根细金属棍的一端涂上一层耐火泥，耐火泥上粘一层石英粉末或细砂粒，挑起一块熔化的玻璃料绕在耐火泥上，趁其熔融状态时将其做成近似的圆珠形，有的学者将其称为“缠心法”。[①] 在其表面粘贴（或滚压）上一定数目的“眼”，再通过相应的工具进行加工定型。在整个操作过程中，为避免玻璃表面的冷却，需不断地进行加热。由于每个“眼”都有一个曲率相近的表面，容易较服帖地铸接在同一个圆珠体的表面上。出土的“蜻蜓眼”式玻璃珠，其穿孔的内表面往往可以见到残存的少量砂粒，就是在采用铸接法制造它们时所留下的痕迹。

可见，“蜻蜓眼”式玻璃珠的制造工艺与某些带有附件的青铜器的制造工艺有一些相似之处，所以将这种方法称为铸接法。

楚墓中出土的玻璃耳珰、玻璃管等的制造工艺与上述方法相类似，只是其表面没有“眼”的装饰，不存在铸接的工序。这一类玻璃品可能是采用了较简单的泥范或模具，有的就是在细金属棍的一端涂上耐火泥后再挑起玻璃液加工成型的。湖北江陵楚墓出土的料管，其内表面有白色的砂粒存在，证明是采用此种方法制造出来的。

---

① 安家瑶：《中国古玻璃与日本吉野里的玻璃管饰》，《中国考古学论丛》，第415～421页，科学出版社，1993年。

（三）烧结法

这种方法主要用于先成型后熔化（或烧结），被称为氟昂斯的一类器物的制造。

安家瑶先生指出：氟昂斯是一种外观上和原料上都与玻璃相似的物质。美索不达米亚和埃及地区，从公元前4000年，印度从公元前3000年都开始生产氟昂斯制品，有些地区氟昂斯的生产一直延续到公元14世纪。氟昂斯虽然有许多不同类型，但它们的主体材料一般是用磨细的石英砂，掺入少量的碱水，塑成一定的形状后，加热到900 ℃左右而成。表层的石英砂（二氧化硅）熔融形成一薄层光亮的釉，内部石英颗粒的表面在碱和高温的作用下也有部分熔融了，使得石英砂粒互相黏结在一起，但内部的石英颗粒并没有完全熔融，仍然保持着结晶的状态①。前面已经提到过的湖北江陵楚墓出土的“蜻蜓眼”式氟昂斯珠，时代为战国中期或稍晚，珠体的穿孔处还保留着已烧结的黄色黏土（即泥芯），证明该珠确是楚人在当地制造的。该珠外表的颜色为深绿色，表面有多个“眼”，深绿色的玻璃粒与灰褐色凸起外环组成一个“眼”，外环与玻璃粒之间是一环形的凹槽。从珠体破碎的断面可以看到，表层深绿色玻璃层的厚度约为0.5 mm，不太均匀，内部全是灰白色的砂粒。由此推测这类器物的制作工艺是：

1. 将掺和有一定量助熔剂的石英粉末用水或黏合剂调成干稠状后塑成圆珠形。穿孔处填置黏土支撑。在珠体表面做出“眼”的形式，其凸起的外环可能是用成分不完全相同的另一类原料制成的。

2. 在一定的温度下进行焙烧。珠体表面的砂粒被烧成了玻璃体，形成了厚度不可能十分均匀的玻璃体薄层。珠体的内部仍然是未熔融的砂粒，只是被烧结了而已，所以将这种方法称为烧结法。

3. 珠子烧成之后再剔去穿孔处的黏土。

第六节　越王勾践剑上玻璃的讨论

春秋时期，除了类似河南淅川楚墓出土的料珠之外（苏州真山吴王墓出土的菱形蓝色料珠虽然未作分析，但与西周及春秋墓出土的同类料珠相同，推测也属于此范围），真正玻璃品的发现目前看来只有三例：河南固始侯古堆1号墓出土的“蜻蜓眼”式玻璃珠，前面已经作过论述，认为它们属于从西方输入的产品，原来是楚人的财产；出土于河南辉县南部战国墓中的吴王夫差剑剑格上的三块蓝色玻璃；1965年出土于湖北江陵望山1号楚墓的越王勾践剑剑格上的两块浅蓝色玻璃。吴王夫差和越王勾践都是我国历史上著名的人物，脍炙人口的历史故事《卧薪尝胆》，主要就是描写这两个人之间所发生的故事。因为这两把剑上分别铸有“攻吴王夫差，自作其元用”和“越王勾践，自作用剑”的铭文，所以这两把青铜剑的制作年代是比较准确的。正因如此，这两把青铜剑剑格上的几块玻璃，对于我国

① 安家瑶：《我国古代玻璃研究中的几个问题》，《中国考古学研究》，第337页，文物出版社，1986年。

古代玻璃的研究是十分珍贵的资料，历来受到学术界的重视。下面主要对越王勾践剑剑格上的两块玻璃进行一些探讨。

一、越王勾践剑出土时的有关情况

1965 年冬，湖北省考古工作者在江陵发掘了三座战国时期的中型楚墓，越王勾践剑就出土于编号为望山 1 号的楚墓中。

越王勾践剑为青铜制成，X—荧光无损分析结果表明，其主要成分是铜和锡，铅的含量较少，其他元素都是微量的。该剑剑格上的纹饰为铸造而成的阴纹，剑格两面的纹饰大致相同，一面用绿松石镶嵌，镶嵌得十分紧密而平整，显示出高超的工艺水平，至今仍然保存完好；另一面的花纹凹槽内仅存有玻璃两块，其中一块为残损件。玻璃呈浅蓝色、半透明，形状不同，一块呈球冠形，底径约 5 mm；一块呈烟斗形（一端残），通长约 6 mm。它们均被一种灰白色的物质黏结在剑格上的花纹凹槽内，玻璃四周与花纹凹槽边缘之间存在着一定的空隙（见彩图 2 - 1 - 1），与镶嵌绿松石一面相比较，无论是制作工艺及制作水平都存在着较大的差别，表明它们可能是不同的工匠在不同的时期分别制成的。

需要指出的是，江陵望山 1 号楚墓是经过科学发掘的一座未被盗掘的墓葬，考古发掘清理工作进行得十分细致和彻底，不存在任何细小器物遗漏的可能性，所以该剑剑格上只有两块玻璃的情况说明了该剑下葬时剑格上只有这两块玻璃，而从剑格（一个面）上的花纹来看，至少应该有 8 块玻璃。还需指出的是，该剑出土时位于棺内墓主人的身边，并插在木质的漆剑鞘中。

二、越王勾践剑为什么会在楚墓中出土

楚人尚武，喜爱佩剑，“带长铗之陆离兮，冠切云之崔嵬”。（《楚辞・离骚・涉江》）“长铗”，就是长剑，所以在楚墓的考古发掘中常常有青铜剑出土。在楚墓出土的众多青铜剑中，带有越王、吴王等铭文的吴越名剑特别惹人注目。仅就越王剑来说，已有数例，除越王勾践剑之外，还有江陵藤店 1 号楚墓出土的越王州句剑、江陵张家山楚墓出土的越王盲姑剑、湖北秭归县出土的另一把越王州句剑、1988 年江陵郢都北郊出土的越王者旨于剑（又名越王鹿郢剑）。据湖北《长江日报》1988 年 9 月 19 日报道，越王鹿郢是越王勾践之子，越王盲姑之父，越王州句之祖父。连续四代越王的青铜剑都在楚国的故都江陵纪南城附近的楚墓中发现，这对研究越王剑为什么会流传到楚国这个问题提供了直接的证据。

望山、藤店、张家山这三座出土越王剑的楚墓，其年代均为战国中期，其规模是：望山、藤店为中型楚墓，张家山为小型楚墓。对于越王剑在楚墓中出土的原因，历来说法多种，然而鉴于下述几点理由，可以认为它们是楚人的战利品被葬入楚墓中的。

望山 1 号楚墓出土竹简的“祷辞”中记有楚简王、楚声王、楚悼王三个楚王的名字，所以该墓的年代定为楚威王（公元前 339 ~ 前 329 年在位）后期或是楚怀王（公元前 328 ~ 前 299 年在位）前期。① 司马迁《史记・越王勾践世家》记载：“楚威王兴兵而伐之，大败越，杀王无疆，尽取故吴地至浙江，北破齐于徐州。而

① 陈振裕：《望山 1 号墓的年代与墓主》，《中国考古学会第一次年会论文集》，文物出版社，1978 年。

越以此散，诸侯子争立，或为王，或为君，滨于江南海上，服朝于楚。”关于楚国灭亡越国的时间，学术界并未最后定论，有楚威王时期说和楚怀王时期说，不管哪一种说法更符合历史实际，楚威王时“大败越，杀王无疆，尽取故吴地至浙江”，这一点是肯定无疑的。既然楚军攻占了越国的腹地，杀了越王，掠取越国的珍贵物品（包括越王剑）是理所当然的事。楚墓中出土的实物与史料中的记载在时间上是十分吻合的。司马迁是西汉时期的人，离楚威王大败越只有100余年的时间，他的记载大概不会有重大的差错。

联系到湖北襄阳、江陵等地出土吴王夫差剑、吴王夫差矛（该矛出土于江陵马山一座小型楚墓中）的事实，它们极有可能是越灭吴（公元前473年越王勾践灭了吴国，吴国的珍宝，包括吴王剑、吴王矛等当然为越国所有）、楚又大败越之后作为战利品带到楚国来的。从价值的观点来看，只有作为战利品，这些越王、吴王用的珍贵兵器才有可能为身份较低的人们所获得。正因如此，它们才有可能在小型楚墓中出土。

江陵藤店1号楚墓中只出土有两柄青铜剑。越王州句剑出土时放在墓室的头箱，与甲胄在一起。将它与甲胄放在一起，表明它与甲胄都是墓主人生前用的武器或是显示墓主人的战功，说明它可能就是墓主人生前的战利品。该墓简报的作者也作了类似的推测。①

春秋战国时期，吴越之地铸剑技术之精早已闻名于世，特别是对吴越名剑，楚人是十分想得到的。《吴越春秋·阖闾内传》记载：“湛卢之剑恶阖闾之无道也，乃去而出，水行如楚。楚昭王卧而寤，得吴湛卢之剑于床。”该剑原产于越国，同书记载：“臣闻吴王得越所献宝剑三枚，一曰鱼肠、二曰磐郢、三曰湛卢。”《越绝书》卷十一记载：“楚王召风胡子而问之，曰：寡人闻吴有干将，越有欧冶子”，“寡人愿赍邦之重宝，皆以奉子，因吴王请此二人作铁剑，可乎？”楚王做梦都想得到吴越名剑，并不惜“赍邦之重宝”请吴越名师作剑，可见楚人对吴越名剑的重视和想获取的急切心情。在楚人大败越的过程中，楚人千方百计地去夺取这些吴越名剑是理所当然的。可以预计，在今后的考古发掘中还会有吴越名剑在楚墓中出土。

三、越王勾践剑剑格上两块玻璃的有关问题

（一）制造工艺

关于越王勾践剑上的两块玻璃，笔者曾经在放大的条件下进行过观察，可以清晰地看到它们内部有气泡，其中在呈烟斗形玻璃中气泡的一端呈椭圆形，表明这块玻璃在制造过程中曾经被拉伸过。据此推测，两块玻璃的制造工艺为：

1. 制作一个与剑格花纹相同的泥范并烘干备用。

2. 将熔融的玻璃料取出一定量之后，圆形的纹饰可直接滴入玻璃料，因玻璃料的黏度较大，冷却后呈球冠形；呈烟斗形的纹饰可以一边向泥范内滴入玻璃料一边进行拉伸，使玻璃料充满一段花纹的凹槽。拉伸的力量很小，玻璃内部原已存在的较大的圆珠形气泡的一端则在拉力的作用下变成了椭圆形。

---

① 荆州地区博物馆：《湖北江陵藤店1号墓发掘简报》，《文物》1973年9期。

3．冷却后除去泥范。将制好的玻璃用黏合剂黏合在剑格上的花纹内。

（二）产地

越王勾践剑剑格上的这两块玻璃会不会是当时西方输入的产品？或者是西方输入的玻璃经过加工或重新熔化后制成的呢？以下的几点理由说明这些均不可能。

1．越王勾践在位时间为公元前497～前465年，属于公元前5世纪前期，萌芽时期的“玻璃之路”是没有能力将越王勾践剑剑格上的花纹图样送到西方、在西方按图样制成玻璃镶嵌物之后再运回越国的。

2．由于这两块玻璃内部都有气泡，并且又很细小，加上玻璃的特征是又硬又脆，试图采用西方输入的玻璃品通过加工制成剑格上纹饰的形状，在技术上也是难以办到的。况且在这两块玻璃的表面也看不到任何一点加工的痕迹存在。

3．我们已经指出，除河南固始侯古堆1号墓之外，在吴越的墓葬中几乎未见有玻璃品出土，如前所述，苏州真山吴王墓中出土的菱形蓝色料珠可能也是石英珠，并且有可能是从中原输入的物品。因此，春秋时期吴越之地还不拥有西方输入的玻璃品，同时也不拥有玻璃制造技术，又怎么能采用西方输入的玻璃为原料、通过重新熔化或加工来制成青铜剑上的装饰物呢？

4．剑是一种兵器，这把作为勾践“自作用剑”的青铜剑，主要应该是用于防身和战斗，而黏结有玻璃饰物的青铜剑一般说来是不能用于实战的。一方面是玻璃性脆，遇到较大的震动时容易破碎；另一方面是这两块玻璃被粘在剑格花纹的凹槽内，牢固程度差，遇到较大的震动时容易脱落。而剑格另一面的绿松石是被镶嵌在花纹凹槽内（其底部可能也进行了黏结），牢固程度高，所以不易脱落。因此，可以认为，就是当时的越国能够生产玻璃，也不会用这种方法来装饰勾践用的青铜剑，戎马一生的越王勾践也不可能用这种青铜剑作自己的佩剑。

（三）这两块玻璃系楚人制作

越王勾践剑剑格上的两块玻璃是哪里来的呢？它们应该是战国中期楚人制造的。其理由为：

1．《楚辞·九歌·东皇太一》中有“抚长剑兮玉珥”的名句，剑珥可以用玉来做，也可以用玉的代用品玻璃来做，剑珥位于剑的重心部位，佩剑时正在腰部，故抚摸剑时，往往先摸到剑珥。从目前所了解到的有关考古资料来看，用玻璃作青铜剑的装饰，当为战国时期的楚国首创。玻璃剑珥、玻璃剑首、玻璃剑珌等玻璃剑饰，除长沙、江陵之外在其他地区是十分罕见的也证明了这一点。所以说楚人用玻璃来装饰剑格上的花纹是有其传统的。

2．江陵望山楚墓的年代为战国中期，具体年代为公元前329年前后，为公元前4世纪后期，正值楚国玻璃制造兴起的时期。在这一时期，楚人已经生产了不少玻璃品，完全有技术、有能力制造出勾践剑剑格上的玻璃。

3．该剑剑格的另一面镶嵌着绿松石，工艺水平较高。因剑格两面的花纹相近似，黏结有玻璃的一面原来也应该是镶嵌着绿松石的。只是因为该剑是楚人的战利品，在楚人夺取它的过程中，某种原因使这一面镶嵌的绿松石被破坏了。为了保持其美观，该剑后来的主人就试用当时楚国新出现不久的玻璃作花纹装饰。

4．望山1号楚墓主人的身份为大夫级，据该墓出土的竹简记载，他生前曾

“出入侍王”，是楚王的亲信，地位是比较高的。他将越王勾践剑作为陪葬品放在身边，目的是显示他的地位和功劳，与江陵藤店1号墓中出土越王州句剑的含义在某一方面有些相似。也就是说：望山1号楚墓的主人不是将越王勾践剑作为一件实用的武器看待（这与勾践当时制造该剑时的目的不相同），而是作为一件显示自身地位和功劳的物品看待。因此，他采用玻璃来装饰剑格上的花纹就是合情合理的事了。

四、吴王夫差剑上的三块玻璃

这一把吴王夫差剑出土于河南辉县南部的战国墓中，夫差剑剑格上镶有3块玻璃。据崔墨林先生在《吴王夫差剑的考究》一文介绍，这几块玻璃的透明度较高，为硅酸钙玻璃制品，熔化时铜离子着色。他还认为该剑可能是“黄池”会盟时吴王送给卫国的。① 可见，该剑上的玻璃与勾践剑上的玻璃至少有下列三点相同之处：

1. 都是作为剑格上的装饰。
2. 相对于当时一般的玻璃品来说，都是透明度较好的玻璃。
3. 都是呈蓝色或淡蓝色的玻璃。因为夫差剑上的玻璃为铜离子着色，当为蓝色无疑。

据《中国文物报》1996年2月4日刊载的英夫先生《吴王夫差剑集录》一文介绍，传1935年安徽寿县西门内出土，或云河南辉县出土的吴王夫差剑，现藏中国历史博物馆，通长为58.9 cm，腊部有“攻吾王夫差，自作其元有”2行10字。剑格饰简化兽面纹，并嵌有绿松石。可见，吴王夫差剑与越王勾践剑一样原来应是镶嵌绿松石的。鉴于上述有关越王勾践剑上玻璃的讨论，辉县出土的吴王夫差剑上的三块玻璃也应为战国时期的人们所制作的物品，不可能是春秋时期的吴国或越国制造的。

第七节　楚国玻璃在我国玻璃生产史上的地位

楚国的玻璃品主要是用玻璃为原料仿制同类型的玉石器物，所以，楚国的玻璃成分中加入了一定量的含钡物质，以使其制成品在外观与质地上与玉石器相近。在春秋战国时期，楚人对玉石的用途主要是制造装饰品（珠、管、耳珰等）和部分祭祀用品（璧、琮等），因此同时代的玻璃品主要也是这类器物，出土的楚国玻璃品在墓葬中往往与玉器放在一起也证明了这一点。从楚国玻璃的化学组成、制造工艺、用途等方面来看，楚国的玻璃在我国的玻璃生产史上都占有重要的地位。

一、创造了我国历史上最早的玻璃——铅钡玻璃

从化学成分上看，楚国人为了制造出类似玉的质地的材料，采用了含钡的矿物（重晶石等）作为制造玻璃的主要原料之一，结果创造出了铅钡玻璃。这是一种在化学组成上具有我国自身特色的古代玻璃品种，在当时的世界上是独一无二

① 崔墨林：《吴王夫差剑的考究》，《中原文物》特刊1981年。

的。因此，可以说铅钡玻璃是我国古代玻璃的最早品种。西汉以后逐渐出现的高铅玻璃就是在铅钡玻璃的基础上发展起来的。

二、创造了玻璃生产中的模压工艺

从楚墓中出土的玻璃品来看，楚国的玻璃制品中既有先成型后熔融的如氟昂斯珠等，也有先熔融后成型的玻璃璧等，后者是采用模压工艺制作而成的。从制造工艺的发展过程来看，楚国玻璃制造中的模压工艺应该是从青铜器的铸造工艺发展而来的。春秋战国时期的楚国具有比较发达的青铜铸造水平，楚地劳动人民将其工艺运用在玻璃制造中，生产出了玻璃璧、玻璃剑首等玻璃制品。

三、制造出我国历史上最早的平板玻璃制品

从制造工艺上看，楚国制造的玻璃璧、玻璃剑首等所采用的模压工艺，为我国早期平板玻璃的出现创造了条件。实际上，玻璃璧、玻璃剑首等就可以说是我国最早的平板玻璃，只是形状不同，并且还不透明。如果当时采用的制造玻璃的原料中含钡的矿物比较少的话，那么，采用模压工艺制成的玻璃产品就是比较好的平板玻璃，而且可以在建筑物的门窗上得到应用。西汉·刘歆《西京杂记》记载："赵飞燕女弟居昭阳殿……窗扉多是绿琉璃，亦皆达照，毛发不得藏焉。"可见，这种绿玻璃是平板玻璃，透明度相当好。平板玻璃在楚墓中虽然未见出土，但在西汉早期的广州南越王墓（该墓的年代约为公元前122年左右）中已有发现，该墓出土有多块长方形的平板玻璃，浅蓝色、半透明，尺寸已达9.5 cm×4.5 cm×0.3 cm，这样的玻璃块如果安装在建筑物的窗格上不仅美观艳丽，而且也有一定的采光性能，在建筑物上是能够得到应用的。更为有趣的是，广州南越王墓中出土的平板玻璃，在化学成分上与楚国的铅钡玻璃完全相同，也是地道的铅钡玻璃，其氧化铅的含量可达30%以上、氧化钡的含量可达10%以上。从楚文化对南方的影响来看，这种板块玻璃的出现与楚国的玻璃制造工艺之间有着密切的关系，极有可能是楚国玻璃制造技术中模压工艺的继承和发展。

四、玻璃工艺所达到的仿玉效果

从用途上看，楚国的玻璃品基本上都是作为装饰品使用的，在器形上绝大多数都是璧、珠、管等小型器物，与同类的玉石质地的器物在外形上相近。从使用目的看，楚国的铅钡玻璃，制品在外观上和使用性能上都基本上达到了同类玉石器代用品的效果，在技术上也是成功的。

此外，楚国的玻璃制品已经开始用在了日用器上，如玻璃印章，扩大玻璃制品使用范围的思路已经出现。然而，从楚国玻璃品用途的总体来看，玻璃的使用范围还仅仅局限于作为制造仿玉的装饰材料这一狭小的范围之内，这样其需求量就不可能很大，影响了玻璃生产的进一步发展，这也正是我国古代玻璃生产发展缓慢的原因之一。采用模压法制造平板玻璃，如果不考虑仿玉的效果，完全可以制造出透明度较好的平板玻璃产品，以用于除装饰以外的其他领域。然而，直到西汉晚期，人们制出的玻璃衣片（仿玉衣的玉片）仍然采用二氧化硅—氧化铅—氧化钡类型的玻璃，不仅如此，人们还在玻璃衣片的外层粘上一层灰白色的矿物粉末，使衣片的外观更接近于玉石类材料，从而达到仿玉石衣片的效果。这一思想阻碍了我国古代玻璃生产的发展与进步。

综上所述，可以认为楚国劳动人民开创了我国玻璃生产史上第一个具有自身特色的玻璃品种，并且达到了比较好的仿玉石器物的效果；楚国劳动人民制造玻璃璧等所采用的模压工艺为我国早期平板玻璃的制造奠定了基础；同时，楚人将玻璃仅仅作为玉石材料的一个补充来看待的思想，将玻璃的用途限制在仿制玉石类器物这一狭小的范围之内，这也是我国古代玻璃生产发展缓慢的原因之一。

第 二 章

汉魏六朝时期玻璃技术的发展

先秦时期，我国的玻璃制品以铅钡玻璃为主，这一技术直到西汉早期仍然存在，但工艺有所发展，已经能够采用模压技术生产耳杯等玻璃器皿，是玻璃应用方面的一大进步。随着玻璃生产的发展，我国的玻璃生产逐步地开始了从铅钡玻璃向铅玻璃转变，其原因至今还不十分清楚。从西汉中期开始在我国的广东、广西一带出现了以天然硝石等为原料而制成的钾玻璃，是我国古代玻璃的又一特点。同时，由于中西方交流的发展，西方的玻璃制品及制造工艺也逐步较多地传入我国。这里所说的汉魏六朝就是指两汉魏晋南北朝时期。

第一节 玻璃制品出土情况

汉魏六朝时期，考古发掘的玻璃制品的种类较春秋战国明显增多。现就部分出土情况作一简单介绍。

一、考古发现西汉早期的玻璃制品

（一）广州南越王墓出土的玻璃制品

1983 年在广州象岗发掘的南越王墓是西汉前期南越国第二代国王赵眜的陵墓。南越国是西汉前期割据岭南的地方政权，赵眜墓的年代为公元前 122 年左右，为西汉前期。该墓各室中出土了一批玻璃制品，现分述如下：①

1．该墓西耳室出土玻璃制品 20 件。计有玻璃璧五件，色青白、器表饰蒲纹，直径约 11 cm，大小略有差异，表明是逐个分铸的，出土时表面有丝绢压痕，说明玻璃璧是用丝绢包裹后随葬的。“蜻蜓眼”式玻璃珠一件，模制，灰黑色，扁圆算珠形，中有一孔，表面有绿、白两色“蜻蜓眼”，并有白色小点排成双线菱形纹饰，直径 2 ~2. 1 cm。浅蓝色玻璃牌饰七对（14 件），均为长方形，以铸出的铜框嵌一块浅蓝色透明平板玻璃，铜框表面有纹饰、鎏金，玻璃底部衬麻布一块，再嵌薄木板一块，其上再覆一块铁盖板。牌饰均成对，以玻璃面两两相对，中间夹以细麻纤维或丝绵，然后逐对以丝绵包裹随葬（见彩图 2 -2 -1）。该墓出土的平板玻璃，一般长 8 ~10 cm、宽 4 ~5 cm、厚约 0. 3 cm。

2．该墓主棺室内出土玻璃牌饰六对，与一对鎏金龙纹铜牌饰同出于玉衣的两

① 广州市文物管理委员会等：《西汉南越王墓》，第 133、211 ~223 页，文物出版社，1991 年。

侧或底下，形式与结构均和西耳室出土的玻璃牌饰基本相同。与这类玻璃牌饰相类似的其他质地的牌饰在宁夏、内蒙等地的秦汉时期的墓葬中有较多的发现，是作革带饰用的，南越王墓中出土的这类牌饰的用途也是如此。

主棺室内出土数以千计的小玻璃珠，发掘者推测为“珠襦”饰物。出土时位于玉衣胸部，已散乱，有少数可见排列成串，多呈黄白或灰黄色，个别青绿，清洗后呈浅蓝色，扁圆环，高温下拉丝围圈而成，大小相似而不全同，直径 0.2 ~ 0.3 cm、孔径约 0.2 cm。该室还出土玻璃贝 70 枚，出土时位于玉衣的胸腹部，多已散乱，浅蓝色，破碎处可见气泡，模铸，仿贝形。玻璃贝底边磨平，大小不全同，长 1.4 ~ 1.5 cm、宽 0.9 ~ 1.1 cm。这些贝是用线缝缀在织物上的，应为玉衣上装饰物品的一部分。

3. 该墓东侧室出土玻璃牌饰两件，与西耳室出土的同类器物相近；该室出土有约 2100 颗小玻璃串珠，环形，径约 0.3 cm，有竖孔，器壁极薄，多数呈浅蓝色透明，出土时与玉佩在一起，应为装饰品。

4. 该墓的西侧室中出土有玻璃鼻塞两件，胎为蓝色透明；该室出土的十颗玻璃珠，胎质疏松，有的轻触即碎。

除了南越王赵眜墓中出土的玻璃制品外，在广州市郊发掘的南越国时期的墓葬中也有玻璃器发现。例如，1954 年发掘的登峰路 1 号墓中就出土了深绿色的玻璃珠 77 颗，这些玻璃珠为圆形或扁圆形，有穿孔，直径 0.4 cm；在石头岗南越国墓群里还出土了数件谷纹或带有圆涡纹的玻璃璧，璧的颜色有青白、黄白、绿等。璧是我国古代的典型器物，它们当然是我国自己生产的。

（二）河北满城中山靖王刘胜墓中出土的玻璃制品

中山靖王刘胜墓的年代为公元前 113 年，为西汉前期偏晚。该墓出土了一件玻璃盘和两件玻璃耳杯，盘和耳杯的玻璃质料相同，都为翠绿色，微有光泽，呈半透明状。玻璃盘经光谱定性分析，其主要成分为硅和铅，并含有钠和钡，耳杯的化学成分应与玻璃盘相仿，[①] 为铅钡玻璃制品。这两件玻璃耳杯的形状与我国西汉流行的漆耳杯极为相似，耳杯是我国自春秋战国时期以来大量使用的一种器物，其形式是我国特有的，国外尚未见到过这种形式的器物。所以，玻璃盘和玻璃耳杯是我国自己生产的产品，也是我国西汉时期已经能够生产铅钡玻璃容器的证明。玻璃盘与玻璃耳杯的制造方法，与我国曾较多生产的玻璃璧等相似，都是采用模压法铸造而成的，只是工艺上要复杂一些。玻璃盘与玻璃耳杯成型后曾进行过通体的打磨加工。

（三）陕西汉茂陵出土的玻璃璧

在陕西汉茂陵发现了一个直径近一尺（汉代的尺，约合 23 ~ 24 cm）的大玻璃璧，璧呈深蓝色、半透明，表面饰谷纹。直径 23.4 cm、厚 1.8 cm，质量 1.9 kg。[②] 谷纹璧是战国至西汉时期我国墓葬中常出土的器物之一，这件大型玻璃璧应是我国自己生产的。表明在西汉早期我国已经能够生产尺寸较大的板块玻璃制品。

---

① 安家瑶：《中国的早期玻璃制品》，《考古学报》1984 年 4 期。

② 王志杰等：《汉茂陵及其陪葬冢附近新发现的重要文物》，《文物》1976 年 7 期。

（四）江苏徐州北洞山西汉楚王墓中出土的玻璃品

西汉楚王墓的年代为公元前128年，为西汉前期，该墓早年被盗。出土的玻璃制品有：①

1. 玻璃杯16件，其中两件较完整，编号6103的玻璃杯口径8.4 cm、缘厚0.4 cm、高8.2 cm、底径8.3 cm、底厚0.6 cm。杯身呈筒形，平沿直壁，平底。外观极光滑，有光泽但有小气孔。内壁较粗糙，有较大的孔。从杯身截面观察，内部气孔较多，一般都呈椭圆形，最大者达0.4 cm×0.5 cm。杯呈淡绿色，截面颜色较深。……其大小、轻重、厚薄说明铸造应为一模一杯，而非同模所铸。杯身外沿下，中部和近底部有三道箍痕，可能原有金箍等饰物，已为盗墓者砸碎杯身取走。箍的宽度不一，沿箍宽0.7~0.9 cm……杯底有模注时预先留下的深0.15 cm的凹槽，用于嵌箍，较为特殊。每个杯底部距边缘0.4 cm处有一道朱线绘成的圆。

由于玻璃中含有少量的氧化铜，杯身呈绿色。通过X—射线衍射分析，玻璃杯不透明的原因是由于玻璃杯在成型过程中产生了析晶现象。杯密度仅4.049 g/cm^3，其折射率也较小。由于在入模浇铸过程中，液体固化时受到张力的影响，形成许多气孔，这些都表现出早期的玻璃容器不足之处。

2. “蜻蜓眼”饰纹玻璃，共三件，呈深蓝色半透明状，背平，表面嵌四或六个“蜻蜓眼”纹饰。眼中间厚，四周越向边缘越薄。编号6140的玻璃长1.8 cm、宽1.2~1.6 cm、厚0.2 cm，表面嵌四眼。……从其大小、形状判断，应为器物上的嵌饰物。

3. 玻璃兽一件，其残剩部分约为全器的1/2，推测全器质量达1.5 kg以上。

北洞山发现的这20件玻璃品，种类虽然较少，但数量较多，突破了我们以往对我国自制玻璃都为小件饰品及祭祀用品的认识。这批玻璃品中出现了目前我国自制最早的玻璃容器和大型实用玻璃工艺品之一，而且说明当时已经具备了成批生产这种玻璃容器的能力，标志着在西汉前期时，我国传统的自制玻璃已经开始了由生产小件装饰品向生产生活日用器皿和大型实用工艺品的过渡。北洞山出土的即使是小块蓝玻璃，也不是单纯的小件装饰物，而是具有实用价值的嵌饰物。

该墓出土的16件玻璃筒形杯，每件的重量都超过了500 g，残破仅剩半只的玻璃兽重达852 g，由此可以看出在西汉前期，我国已有能力熔制较大的玻璃料块，用来制造玻璃容器等。

（五）广西贵县罗泊湾1号西汉墓中出土的玻璃制品

罗泊湾1号墓的年代为西汉早期，该墓中出土有玻璃鼻塞及玻璃珠等。玻璃鼻塞为圆钉帽状，绿色，半透明，模压成型，长1.3 cm。②

此外，1986年12月，安徽天长县安乐乡西汉初年墓中发现两块玻璃璧残片，一块大些，面积约6 cm^2，另一块甚小，应是前一块的碎片。玻璃璧系模制，壁体平薄、深绿色、半透明。一面印有凸起的涡纹，色泽光亮；另一面有厚约1 mm的风化层，粗糙不平，光泽全无。残璧的厚度约3 mm，按曲率计算，玻璃璧的直径

① 李德银：《徐州发现一批重要西汉玻璃器》，《东南文化》1990年1~2期。
② 黄启善：《广西古代玻璃制品的发现与研究》，《考古》1988年3期。

约为 15 cm。发掘者指出："该墓没有被盗过，因此该玻璃璧制作年代的下限应为西汉初期。发掘清理表明，该玻璃璧是以残片陪葬的，说明玻璃制品在西汉初期是十分珍贵的，因而认为这块玻璃璧业已传过几代的观点是可以接受的。"分析结果表明它是属于铅钡玻璃。①

以上论述的广州南越墓、满城刘胜墓、徐州西汉楚王墓等地出土的玻璃品，它们基本上代表了我国西汉早期或稍晚的墓葬中出土玻璃品的情况。在我国其他地区的西汉前期墓中也有玻璃制品出土，但大部分是玻璃珠、玻璃耳饰等小型器物。

二、考古发现西汉中晚期及东汉时期的玻璃制品

（一）长沙出土的玻璃矛

1956 年，在长沙市北郊沙湖一座西汉中晚期墓中出土了一件玻璃矛，这是目前我国考古发掘中所发现的大量玻璃制品中唯一的一件玻璃质地的兵器。矛由刺身和柄两部分，通体一次制成，全长 18. 8 cm、刺身长 9 cm、柄长 9. 8 cm。刺身中部有凸起棱脊，脊两侧有牙形血槽；柄为圆柱形，中部有一圆球形凸起。矛质坚而脆，色泽浅蓝、晶莹透明、有少量气泡存在，矛的表面有明显的打磨痕迹，其尖锋和刃部均不锋利，"从这件矛的形制和质地分析，它的用途，显然不是作为实用的兵器，可能是专供仪式典礼上用的一种器物或是一种工艺品"。②

这件玻璃矛由于比较完整，仅做过密度测定，其密度为 2. 47 g/cm^3，既不属于铅钡玻璃（铅钡玻璃制品的密度一般都在 3 g/cm^3 以上），也不属于高铅玻璃或钾玻璃，应是属于钠钙玻璃，有人认为是传入的西方玻璃制品。但是从其形制来看，该矛与长沙地区出土的战国时期的青铜矛基本相似，只是矛柄上的圆球状凸起比较特殊，该凸起可以认为是为了便于安装矛柄进行固定而特地为该矛所添加的。所以这件玻璃矛也有可能是我国自己生产的玻璃制品。

（二）两广地区出土的钾玻璃制品

1. 广州汉墓中出土的钾玻璃及其他玻璃制品③

西汉中期以后，广州汉墓中出土的玻璃品与西汉前期墓葬出土的玻璃品相比较，不仅数量增加、品种增多，而且我国自己生产的玻璃品与国外传入的玻璃品在同一墓葬中出土；在西汉晚期及东汉时期出土的玻璃品中还有相当一部分是钾玻璃制品。

广州西汉中期墓中出土有玻璃璧、玻璃带勾、玻璃碗等，如广州横枝岗 1 号墓出土黄白色谷纹玻璃璧一件，玻璃碗三件，碗上尚留有朱砂的痕迹，说明该碗是实用品。璧是我国自己生产的，碗是从西方传入的，它们被埋在一起了。

广州西汉晚期墓中出土玻璃珠的数量较多，仅 20 世纪五六十年代发掘的广州西汉晚期墓中出土的玻璃珠就达 2 600 余颗。其中比较透明的玻璃珠的颜色有：深蓝、浅蓝、淡青、月白、深绿、浅绿、湖绿、白色等，形状有圆、扁圆、长圆、

① 王步毅等：《安徽古玻璃璧分析》，《考古与文物》1995 年 5 期。

② 熊传新：《谈中国长沙出土的一件汉代玻璃矛》，《中国古玻璃研究——1984 年北京国际玻璃学术讨论会论文集》，第 72 ~ 74 页，中国建筑工业出版社，1988 年。

③ 黄淼章：《广州汉墓中出土的玻璃》，《中国古玻璃研究——1984 年北京国际玻璃学术讨论会论文集》，第 82 ~ 85 页，中国建筑工业出版社，1988 年。

圆管、四角长条、扁壶等，其中一颗为白色六瓣圆形，表面涂金；较为不透明玻璃珠的颜色有：砖红、黄、绿等色较多，少数黑色，形状有圆、扁圆，个别菱形。M3019（即广州大元岗6号墓）出土的一件月白色玻璃珠，经过检测其氧化钾含量达13.72%，属于氧化钾—二氧化硅系列玻璃，即钾玻璃（见表2－2－6）。

广州东汉时期的墓葬中也出土有大批玻璃珠，其中相当部分是钾玻璃制品，如，东汉前期的M4013号墓，为夫妇合葬墓，出土玻璃珠达1965颗，颜色有深蓝、浅蓝、紫色等，与玛瑙等质地的珠子一起出土，对其中三个样品进行了光谱半定量分析，结果表明均是钾玻璃制品。

2. 广西汉墓中出土的钾玻璃制品

与广州汉墓的情况相近，西汉中期以后，广西汉墓中出土玻璃珠的数量与西汉前期墓葬相比也有了较多的增长，玻璃珠的外形有渔网坠形、椭圆形等多种。这些玻璃珠中的一些样品曾经过检测，其氧化钾的含量均在11%以上，最多的可约达16%，它们也应是钾玻璃制品。这些出土的钾玻璃制品中氧化钾含量较高的主要有：①

1977年广西贵县风流岭2号东汉墓中出土的一件高足杯，淡青色、透明；该墓出土的一件圜底杯，蓝色半透明。经检测这两件玻璃杯中氧化钾的含量都在15%以上，属于钾玻璃。

1985年广西合浦文昌塔1号西汉晚期墓中出土的龟形器，模压成型，青绿色、透明；合浦县饲料公司7号西汉晚期墓中出土的两件玻璃环，模压成型，蓝色、半透明。经检测这几件玻璃制品中氧化钾的含量已达17%左右，是已经检测的考古发现的西汉中晚期玻璃制品中氧化钾含量最高的玻璃品。

广西贵县北郊7号东汉墓中出土的耳珰，淡绿色、透明，其氧化钾含量达13%以上，属于钾玻璃。

（三）江苏出土的玻璃玉衣

1977年10月在江苏邗江县“妾莫书”木椁墓中出土了一件玻璃玉衣，共出土玻璃片近600片，多数散布在棺内底部，在衣片上还粘有人的骨渣，所以，可能是盖在尸体头部和身上的服饰。（详细的论述见本章“妾莫书”玻璃玉衣一节）

（四）安徽发掘出的玻璃器皿

1974～1978年发掘的安徽亳县曹操宗族墓葬，年代为东汉末年。其中元宝坑1号墓出土聚光玻璃器两件，一件扁圆形，径2.4 cm、凸高0.6 cm；一件扁桃形，长2 cm、宽1.8 cm、凸高0.55 cm。明亮度与水晶相同。在放大镜下，可以看到内含微泡，硬度同玻璃一样。董园村1号墓出土聚光玻璃三件，一件扁圆形，径1.5 cm；两件扁桃形，长1.2 cm。形状、质量与元宝坑相同，边有铜绿。从边有铜绿来看，说明玻璃聚光器四周原来曾镶有铜制的边缘或把手，由此推测这些聚光玻璃器是实用器，可能就是所谓的“阳燧”，应是我国生产的产品。② 近年来，也有的研究者对其进行了重新考察，认为是水晶制品。

---

① 黄启善：《广西古代玻璃制品的发现与研究》，《考古》1988年3期。

② 安徽省亳县博物馆：《亳县曹操宗族墓葬》，《文物》1978年8期。

（五）考古发现西汉中晚期及东汉时期的进口玻璃制品

西汉元鼎六年（公元前111年），汉武帝派兵灭了南越国，设南海、苍梧等九郡，南北交流不再受人为的阻拦，广州逐步地成为我国南方对外贸易的一大港口。《汉书·地理志》记载了由合浦等地出发，到达今天的越南、泰国、缅甸、印度等地的行程和路线；还记载了黄支国“其州广大，户口多，多异物”，所产明珠、璧琉璃、奇石异物，自汉武帝以来源源传入中国以及汉武帝时有人入海“市明珠、璧琉璃”等。广州南越王墓中出土的乳香，主要产于红海沿岸；出土的圆形银盒，其制作技术起源于波斯；出土的五枚大象牙等都应是南越国从南亚或东南亚一带间接输入的。西方的玻璃品当然也能够逐步地、辗转地传入我国的两广地区。在广州西汉中晚期墓葬及东汉墓葬中出土的四角形、六角形、菱形玻璃珠，可能有相当一部分应是输入的西方产品，只是由于未作化学分析尚难加以肯定。20世纪50年代在广州横枝岗1号西汉中期墓中出土的三件玻璃碗，大小颜色相同，均为蓝紫色、透明，模制成型，外壁及口沿经过打磨，口沿下的阴弦纹饰也是磨刻而成的，安家瑶先生认为这三件玻璃碗的制造风格“很像地中海南岸的罗马玻璃中心公元前1世纪的产品”。所以，它们“有可能是我国出土的最早罗马玻璃器皿”。① 然而，从该玻璃碗中的一件所作的同位素X—射线荧光分析结果来看，除含有较多的硅之外，还含有一定量的钾和钙，而钠与镁的含量则因为分析方法的原因而无法测出。所以并不能十分肯定它就是西方输入的钠钙玻璃制品，它也可能是我国自己生产的钾玻璃（或钾钙玻璃）制品。

江苏邗江甘泉2号汉墓出土的一件搅胎玻璃钵（残片），“此种玻璃采用搅胎装饰技法，即将熔融的紫红色透明玻璃液和白色半透明玻璃液混合起来，经过一定的搅拌，再灌模成型”。“该残片经化学分析，为钠钙玻璃，氧化铝的含量较高，氧化钾和氧化镁的含量很低，不超过百分之一，符合罗马玻璃的标准组成。此件玻璃残器的器形、制作方法、装饰手法及其主要成分，都与罗马帝国的同类产品相似，年代上也相符。因此把这件玻璃残器定为罗马玻璃”。② 甘泉2号墓的年代为公元67年，属东汉前期。

1957年广西贵县南头村1号东汉墓中出土了一件托盏高足玻璃杯，淡青色、通体透明、吹制，与现在的玻璃制品十分相似。黄启善先生认为该杯腹部所饰的凸弦纹是中国汉代常见的一种花纹，具有我国民族风格，可能为国产玻璃品；③ 安家瑶认为“广西东汉墓中多次出土玻璃器，如玻璃碗、玻璃托盏（即托盏高足杯），可能也是罗马玻璃”。④ 这件玻璃高足杯是吹制成型的，工艺成熟，技术水平高，而我国当时并不具备这样高的玻璃吹制技术。在我国考古发现的古代玻璃制品中，至今所发现的可能为我国自己生产的吹制玻璃品，最早的为1987年广西贵县风流岭2号西汉晚期或东汉墓中出土的高足玻璃杯，淡青色，透明，经检测其氧化钾含量达15%以上，属钾玻璃，应是我国生产的产品。这件钾玻璃制品有可能就是吹制成型的，可能由于

① 安家瑶：《中国的早期玻璃制品》，《考古学报》1984年4期。
② 安家瑶：《中国的早期玻璃制品》，《考古学报》1984年4期。
③ 黄启善：《广西古代玻璃制品的发现与研究》，《考古》1988年3期。
④ 安家瑶：《中国的早期玻璃制品》，《考古学报》1984年4期。

吹制的技术不成熟，这件钾玻璃高足杯出土时已经残碎过甚而无法复原，因此也不能排除其他工艺制造的可能。河北定县北魏塔基中出土的吹制玻璃制品如玻璃钵、玻璃葫芦瓶等，玻璃中含有密集的气泡，技术水平不高，说明直到六朝时期，我国玻璃吹制工艺尚不成熟。综合这几个方面来考虑，广西贵县南头村东汉墓出土的这件玻璃托盏高足杯应是西方传入我国的玻璃制品。

从上述出土的玻璃制品情况可以看出，西汉中晚期及东汉时期进口玻璃制品的数量明显地增加，最早的进口玻璃制品可能出现在两广地区。在这一时期，两广是当时我国玻璃生产的主要地区。

第二节　两汉时期的玻璃制造工艺

一、国产玻璃的化学成分

（一）南越王墓出土玻璃制品的化学成分①

表 2-2-1　南越王墓出土玻璃制品的化学成分（能谱分析结果　单位:%）

器号	名称	测点	硅	铝	磷	钾	钠	钙	铜	铁	铅	钡	钛	镁
C138	蜻蜓眼珠	1	37.45	3.44	9.83			1.59	3.96	1.58	6.44	35.2		2.09
		2	39.54	4.02	10.90	0.65		2.85	1.66	5.65	33.23		1.19	
		3	21.10	6.23	19.37	2.25	1.60	7.16	2.48	8.03	29.22		2.57	
C221	璧	1	34.96	8.47	8.26			1.05	5.78		37.72	1.11		2.64
		2	22.16	8.05	8.00			0.43	5.13		50.59	2.67		2.97
		3	45.99	3.81	5.07			0.68	1.51		40.27	2.21		0.46
D73-2	牌饰	1	14.21						1.87		48.44	35.47		
		2	34.42								40.81	24.77		
		3	33.83								45.55	20.63		
D43	贝	1	33.67	3.90				8.37	2.06		20.35	22.45		0.61
		2	22.45	3.00				1.92	1.99	2.33	37.14	25.96		

表 2-2-2　南越王墓出土玻璃制品的化学成分（光谱分析结果）

名　　称	化学成分（%）										
	SiO_2	Al_2O_3	CaO	MgO	PbO	BaO	K_2O	Na_2O	Fe_2O_3	CuO	MnO
平板玻璃 C181	42.64	0.18	3.79	0.43	33.73	12.83	0.05	5.01	0.09	0.04	0.06
平板玻璃 C211	40.49	0.95	5.41	0.89	33.35	11.93	0.34	6.03	0.09		
乳白色璧 C192	40.03	1.56	1.24	0.67	38.73	10.85	0.77	4.40	0.03		
蓝色珠串 D140	40.00	1.71	2.47	1.20	25.00	1.89		5.80	0.73		

① 广州市文物管理委员会等：《西汉南越王墓》，第 133、211～223 页，文物出版社，1991 年。

（二）徐州北洞山西汉楚王墓出土玻璃品的化学成分①

表 2-2-3　徐州北洞山西汉楚王墓出土玻璃品的化学成分

名　称	化学成分（%）								
	SiO_2	Al_2O_3	Fe_2O_3	CaO	MgO	K_2O	Na_2O	PbO	BaO
玻璃兽	39. 18	0. 96	0. 2	0. 85	0. 1	0. 26	3. 66	41. 28	11. 15
深蓝色玻璃块	41. 63	1. 52	1. 46	1. 96	0. 76	0. 15	4. 23	25. 64	19. 46
玻璃杯残片	34. 66	1. 48	0. 11	0. 42	0. 1	0. 11	3. 65	39. 25	16. 23

（三）广西贵县罗泊湾 1 号墓出土玻璃鼻塞的化学成分②

表 2-2-4　贵县罗泊湾 1 号墓出土玻璃鼻塞的化学成分（能谱分析）

名称	化学成分（%）						
	SiO_2	CaO	MgO	K_2O	Na_2O	PbO	BaO
鼻塞	39. 87	0. 29			7. 2	34. 4	17. 4

（四）安徽天长玻璃璧的化学成分③

表 2-2-5　玻璃璧粉末的能谱分析

区域	元素	百分重量	百分原子比
1	Si	23. 146	66. 465
	Ca	0. 926	1. 863
	Ba	10. 690	6. 278
	Pb	65. 237	25. 395
2	Si	21. 517	63. 497
	Ca	1. 843	3. 810
	Ba	10. 001	6. 035
	Pb	66. 639	26. 658

从上面的化学成分可以看出，这一时期主要还是以铅钡玻璃为主，但是南越王墓中出土的串珠，其氧化钡的含量不到2%，而氧化铅的含量却达25%。可能就预示着我国古代玻璃制品的化学成分从铅钡玻璃向铅玻璃的转化过程已经开始。

① 李德银:《徐州发现一批重要西汉玻璃器》,《东南文化》1990 年 1 ~2 期。

② 黄启善:《广西古代玻璃制品的发现与研究》,《考古》1988 年 3 期。

③ 王步毅等:《安徽古玻璃璧分析》,《考古与文物》1995 年 5 期。

（五）两广地区钾玻璃的化学成分①

表2-2-6 两汉时期两广地区部分钾玻璃的化学成分

出土地点	名称	时代	化学成分（%）								
			SiO_2	Fe_2O_3	Al_2O_3	CaO	MgO	K_2O	Na_2O	MnO	CuO
广州大元岗6号墓	玻璃珠	西汉后期	76.97	0.57	7.15	0.67	0.28	13.72	0.49		
广西合浦	蓝色珠	西汉	81.20	0.65	2.69	1.0	0.49	12.16	0.79	0.36	
广西合浦	蓝色珠	西汉	78.22	1.28	2.56	1.45	0.27	13.81	0.41	1.85	
广西合浦文昌塔1号墓	龟形器	西汉晚期	77.87	2.14	1.55	1.42		16.97			
广西合浦饲料公司7号墓	玻璃杯	西汉晚期	73.83		1.75	3.47	0.57	17.60		1.41	
广西贵县风流岭2号墓	淡青色玻璃杯	东汉	76.28	0.47	3.28	0.54	0.45	15.43	0.27		0.01
广西贵县风流岭2号墓	蓝色玻璃杯	东汉	74.94	0.60	4.60	0.03	0.18	15.99	0.16	1.52	1.24
广西贵县北郊7号墓	耳珰	东汉	78.11	1.25	3.22		0.68	13.76	1.56	1.52	

二、国产玻璃的制造工艺

1. 模铸技术有了一定的发展。

刘胜墓中出土的耳杯及盘、南越王墓中出土的可能是用于腰带的板块玻璃、北洞山墓中出土的玻璃杯等器物，几乎都是采用模铸技术制造的。采用模铸技术制造璧、剑饰、印章等器物到制造杯、盘等容器，其工艺上的进步与发展是显而易见的。

2. 玻璃冷加工工艺已经采用。

刘胜墓中出土的玻璃盘与玻璃耳杯，成型后曾进行过通体的打磨加工。长沙出土的玻璃矛通体也经过打磨。这种冷加工工艺应该是从青铜器的铸造技术中引进来的，由于玻璃与青铜质地不同，性硬而脆，在打磨加工时用力要适当，并且需逐步进行，否则容易损坏器物。

3. 玻璃的热加工工艺已经出现。

南越王墓主棺室内出土数以千计的小玻璃珠，出土时位于玉衣胸部，已散乱，有少数可见排列成串，可能为“珠襦”饰物，清洗后呈浅蓝色，扁圆环，高温下

① 史美光：《一批中国汉墓出土钾玻璃的研究》，《硅酸盐学报》1986年3期；黄森章：《广州汉墓中出土的玻璃》，《中国古玻璃研究——1984年北京国际玻璃学术讨论会论文集》，第82~85页，中国建筑工业出版社，1988年；黄启善：《广西古代玻璃制品的发现与研究》，《考古》1988年3期。

拉丝围圈而成，大小相似而不全同，直径0.2～0.3 cm、孔径约0.2 cm。可见拉成的玻璃丝的直径大约只有0.1 cm或更细，这种通过拉丝围圈制造玻璃珠（严格地说应该是玻璃圈或玻璃环）的工艺，后来发展为玻璃热加工工艺的一种，即“贴丝”工艺，可以说拉丝围圈制造小玻璃珠工艺是后来玻璃热加工工艺的前身。

广西合浦文昌塔出土的龟形器，钾玻璃制成，时代为西汉晚期，据史美光先生考证，“玻璃龟系由玻璃条经加热软化，然后粘贴成形的”①。用玻璃丝互相粘贴，这一技术就是“贴丝”工艺，在当时的罗马玻璃制造技术中也属于先进的工艺之一。

成分分析结果表明，南越王墓玻璃珠为铅钡玻璃，氧化钡的含量为1.89%、氧化铅的含量却达25%，也可以说是一种高铅玻璃，应该是我国制造的产品，玻璃龟中的氧化钾含量近17%，属于钾玻璃，也是我国生产的产品。既如此，是否说明我国早在西汉时期，就已经在玻璃生产中采用了“贴丝”工艺呢？

“贴丝”工艺是公元前后罗马玻璃工匠的发明，为什么会在两广地区的西汉晚期及东汉时期的钾玻璃制品上得到应用呢？更为奇怪的是，这种玻璃制造工艺并没有在我国汉代及六朝时期的玻璃生产中进一步得到推广与应用，直至唐宋时期，我国生产的玻璃制品中才有这种工艺出现。产生这一现象的原因是什么呢？现作一些推测。

联系到本篇第一章中所论述的有关“玻璃之路”的两条路线，其中第一条经印度等南亚地区传到我国云南，进而传到楚地的路线，因“昆明之属无君长，善寇盗，辄杀略汉使，终莫得通”。而通过东南亚一带传到我国的两广，进而传到楚地的第二条路线在汉代却得到了进一步的发展。对此，古代文献中多有记载，如，《汉书·地理志》中记载西汉武帝时有人到海上“市明珠、璧琉璃”就是一例。由于这条中西交流路线的发展，不仅当时西方先进的吹制玻璃品传到了我国的两广地区，如广西贵县东汉墓出土的托盏高足杯，而且西方的玻璃工匠也有可能来到两广地区，同时带来了当时西方先进的玻璃制造工艺。在一个时期内、一定程度上促进了两广地区玻璃制造的发展，但由于当地缺乏西方制造玻璃所用的天然碱原料，只得采用当地出产的硝石等为原料进行制造。这可能就是两广地区汉代墓葬中较多出土钾玻璃的原因。

南越王墓中出土的小玻璃珠和玻璃串珠（总数达4 000～5 000个），是西方的工匠采用当时在西方已经有的玻璃拉丝工艺，在南越国内使用当地的原料制造成的。果真如此，这批玻璃制品当为目前为止西方工匠在我国国内制造的最早的玻璃产品。正因为它们是南越王使用的物品，价格高昂而稀有，其工艺也就难以较快地得到推广，随着工匠的离去或死亡，失传也是可以理解的了。玻璃龟的情况也应与此相近。

4. 玻璃镶嵌工艺已经萌芽。

徐州北洞山西汉楚王墓中出土的玻璃杯，杯身外沿下，中部和近底部有三道箍痕，可能原有金箍等饰物，已为盗墓者砸碎杯身取走。箍的宽度不一，杯沿箍

① 史光美：《一批中国汉墓出土钾玻璃的研究》，《硅酸盐学报》1986年3期。

宽0.7～0.9 cm。杯底有模注时预先留下的深0.15 cm的凹槽，用于嵌箍，较为特殊。每个杯底部距边缘0.4 cm处有一道朱线绘成的圆。这种镶嵌工艺应该是从青铜器表面错金银工艺中移植来的。

三、制造国产玻璃的原料

东汉王充《论衡·率性》篇中记载：“道人消烁五石，作五色之玉，比之真玉，光不殊别”，“随侯以药作珠，精耀如真”①。

西晋葛洪《抱朴子·内篇》“论仙”中记载：“外国作水精碗，实是合五种灰以作之，今交、广多有得其法而铸作之者。”②“水精碗”即是指的玻璃碗，“交、广”，是指今天的广东、广西及越南一带地区。这条文献说明了至迟在西晋时，“交、广”地区的人们已经从外国学到了制造“水精碗”的方法，并能够进行制造。

关于“五石”“五灰”，历来各家的看法并不完全相同。例如，有一种看法认为“五石者，丹砂、雄黄、白矾、曾青、磁石也”。但这些原料与出土的古代玻璃制品的化学成分是不一样的。在本篇第一章中，已经论述过先秦时期制造玻璃的原料主要有石英石、重晶石、方铅矿、硝石等。

万震《南州异物志》中记有：“琉璃本质是石，欲作器，以自然灰治之。自然灰状如黄灰，生南海滨，也可浣衣，用之不需淋，但投之水中，滑如苔石，不得此灰，则不可释。”③这种黄灰，据推测应是一种生在海边，富含钾或钠等元素的碱性物质。

在我国古代，硝是对某些矿物的泛称，常指硝石、芒硝等。硝石，又名土硝、火硝，焰硝，其主要成分是硝酸钾（KNO_3），我国许多地区都有出产，如果用硝石与石英等矿物一起熔炼就能够制成钾玻璃。如果使用的是芒硝（主要成分是硫酸钠），则得到的应是钠玻璃。如果将它们与铅钡等物质混合使用，其产物的成分就更复杂了。

火硝在大自然中生于洞穴、岩石表面、某些盐沼地带。特别是那些“色莹洁者”天然硝石，比较纯净，钾的含量高。在天然碱的资源比较缺乏的我国，从西汉中晚期到东汉时期，“交广”地区的人们在一段时期内从洞穴或盐沼地里开采到了这种类似玻璃的“色莹洁者”，用其做原料生产玻璃，所制出的当然是钾玻璃了。只是这种高品质的天然硝石矿数量较少，无法满足长期的需要，而从硝土中提纯火硝的技术出现得比较晚，因此这一时期生产的钾玻璃仅限于两广地区并且没有能够一直延续下来。

明代宋应星《天工开物》卷下记载：“煎化羊角，为盛油与笼烛者，为琉璃碗。合化硝铅，写珠铜线穿合者，为琉璃灯，捏片为琉璃瓶袋。（硝用煎炼上结马牙者）各色颜料汁，任从点染。凡为灯珠，皆淮北齐地人，以其地产硝之故。”这里所指的“硝用煎炼上结马牙者”，又称“马牙硝”，实际上它是硝土溶解后重结

① 《诸子集成》七册，《论衡》，第16页，中华书局，1954年。

② 王明：《抱朴子·内篇校释》卷2，第21页，中华书局，1980年。

③ 万震：《南州异物志》，清光绪正统间《麓山精舍丛书》二集本。

晶时析出的硝酸钾晶体，因呈马牙状，故名。潘吉星先生在《天工开物译注》① 一书中指出：宋应星在此处实际上是讲钾铅玻璃的制造，这种玻璃含14%的氧化钾、33%的氧化铅。氧化钾来自硝石。

四、两广钾玻璃产地的考证

（一）从化学成分看其产地

在西方，包括中亚、西亚一带，在中世纪前后开始较多地使用草木灰为原料之一生产玻璃制品，这就是西方的钾玻璃。然而，从年代来看，我国两广地区出土的钾玻璃制品主要为西汉中晚期和东汉时期的遗物，也就是公元前后及公元2世纪的产品，在年代上比西方在中世纪才较多使用草木灰生产的钾玻璃要早，所以它们不可能是从西方传入的。

采用草木灰为原料生产的钾玻璃，其氧化镁的含量应该比较高，因为草木灰中一般都含有较多的氧化镁。下表中列出了我国一些草木灰的化学组成。② 需要指出的是，国内外同一种类的草木灰的化学组成虽然不完全相同，但不会有太大的差别。

表2－2－7　各种中国草木灰的化学组成（质量百分数%）

名称	SiO_2	Al_2O_3	Fe_2O_3	CaO	MgO	K_2O	Na_2O	MnO_2	MnO_2
松树灰	24.35	9.71	3.41	39.73	4.45	8.98	3.77	2.74	2.78
松叶灰	35.44	9.66	2.99	12.08	5.62	21.56	0.24	4.06	
杉树枝叶灰	30.83	6.98	2.73	34.73	6.34	11.54	0.25	4.05	
橡树灰	39.81	15.11	3.56	23.54	4.09	5.77	1.47	4.32	2.30
蛇每树灰	34.60	4.38	0.49	47.71	5.99	2.51	0.06	0.33	3.93
抱树灰	63.71	3.87	0.88	22.59	1.32	1.35	0.33	0.19	4.86
白杨灰	1.61		1.60	66.50	3.18	13.44			13.30
高粱秆灰	70.82	5.49	2.51	7.61	3.85	5.98	0.58	0.32	1.62
稻草灰	80.11	3.25	1.39	4.92	1.53	5.02	0.58	0.60	2.34
狼鸡草灰	55.02	19.32	1.67	8.59	7.44	4.81	0.56	1.36	0.92
稻谷壳灰	94.36	1.78	0.61	1.04		1.35	1.35		
毛竹枝叶灰	60.02	0.76	0.36	5.94	2.78	25.56	0.10	0.89	2.95

从表2－2－7中我们可以看到，草木灰中除SiO_2、CaO含量比较多之外，MgO、K_2O二者的含量一般也不少，如果K_2O的含量在5%以上的话，MgO的含量一般不会少于1.5%。可见，如果采用草木灰做原料制造玻璃，其化学成分中MgO的含量一般都不会太低。黄启善指出：广西出土的钾玻璃“其显著特点是数量多，化学成分与众不同，如MgO，除一件红色玻璃珠的MgO含量高达2.83%之外，其

① 潘吉星：《天工开物译注》，第217页，上海古籍出版社，1992年。
② 张福康：《中国传统高温釉的起源》，《中国古陶瓷研究》，第45页，科学出版社，1987年。

余钾玻璃的 MgO 含量都很低，占 0.18% ~0.68% 之间，未超过 0.7%，这与西方中世纪钾玻璃含 MgO 高达 3% ~9% 有着明显区别。史美光同志指出：‘在中国出土的 K_2O 含量较高的玻璃中，不论是 K_2O-SiO_2 玻璃或是 $K_2O-CaO-SiO_2$ 玻璃，或是公元 10 世纪时的 $K_2O-PbO-SiO_2$ 玻璃，或是公元 14 世纪时的博山钾玻璃，都具有 MgO 含量低的特点。这可能意味着中国汉墓出土的钾玻璃采用了与西方不同的原料。’”①

化学成分上的这种差异，表明这一时期的钾玻璃是两广地区本地生产的产品，而且不是像西方那样采用草木灰为原料生产的，当然，这些玻璃品也就不可能是从西方输入的产品了。

（二）从形制看其产地

表 2-2-7 中列举的玻璃珠与玻璃耳珰，在我国战国中晚期的墓葬中已有较多的出土，在我国各地的汉墓中也出土了不少，例如，甘肃酒泉北稍门外出土的一件玻璃耳珰的化学成分是我国特有的铅钡玻璃，但它的形制却与广西汉墓出土的耳珰基本相同；《后汉书·舆服志》记载有：“簪、珥、耳珰，垂珠也。”说明用珠、耳珰等作装饰在我国有着悠久的历史。

（三）从铅同位素比值看其产地

彭子成认为：1975 年在广西合浦堂排发现的 2 号、3 号西汉墓中出土了千余件琉璃珠，X—荧光光谱测定 K_2O 含量为 10.4% ~14.5%，氧化镁含量小于 1%，这是一种典型的高钾低镁玻璃。“广西玻璃的 $^{207}Pb/^{206}Pb$ 为 0.8746 ~0.8953，属于高比值范围。从目前发表的数据来看，还没有发现外国玻璃有如此高的比值，这证实了广西合浦堂排的玻璃是由中国本土的矿料制成，排除了国外输入的可能。”②可见，从出土钾玻璃的铅同位素比值来看，两广地区汉墓中出土的这类高钾低镁的玻璃制品基本上都应是我国自己生产的产品。

第三节　“妾莫书”玻璃衣片

1977 年 10 月，考古工作者在江苏省邗江县甘泉公社发掘了一座西汉晚期的墓葬，墓内出土有龟纽银印一方，上有阴文篆书“妾莫书”三字，所以称之为“妾莫书”墓。该墓早年曾被盗，墓内的器物已经散乱，包括玻璃衣片在内。

一、玻璃衣片出土时的有关情况

据《扬州西汉“妾莫书”木椁墓》③ 一文介绍：该墓出土的玻璃衣片近 600 片，多数散布在棺内的底部，在衣片上还粘有人的骨渣；在棺室和椁室内也发现有少数玻璃衣片，这是由于盗墓者将尸体从棺内拖出所致。衣片大小不等，有长方形、梯形、三角形、圆形等。其中长方形玻璃衣片数量最多，一般长 6.2 cm、宽 4 cm；最小的梯形玻璃片的长为 6.2 cm、上宽 1.1 cm、下宽 0.8 cm。玻璃衣片

① 黄启善：《广西古代玻璃制品的发现与研究》，《考古》1988 年 3 期。
② 彭子成：《我国古代文物铅同位素比值研究的成果》，《文物》1996 年 3 期。
③ 扬州市博物馆：《扬州西汉“妾莫书”木椁墓》，《文物》1980 年 12 期。

的形状及尺寸见表 2－2－8。大多数玻璃片都是素面，只是在圆形玻璃片和少数长方形玻璃片上模印有蟠螭纹饰。在长方形玻璃片的纹饰中心有四瓣形花一朵，少数花蕊上还保留有一点金箔。在圆形玻璃片上穿有三个孔，其余的玻璃片上均为四角穿孔。只在一片玻璃片的穿孔内发现了一小截金属物，经分析其含铜较多。与玻璃片混杂在一起的有玉璧、玉璜、玉佩饰等几十件器物，多有穿孔，当为墓主人的佩饰。由于衣片的数量不多，可能是盖在墓主人头部或身上的服饰。表 2－2－8 为该墓出土的玻璃衣片分类表。①

表 2－2－8　玻璃衣片分类表（单位：cm）

编号	形状	尺寸（长×宽、或长×上宽×下宽）	厚度	穿孔数	纹饰
1	长方形	6.2×4	0.4	4	无
2	长方形	6.2×3.8	0.4	4	无
3	窄条梯形	6.4×1.7×1.4	0.4	4	无
4	梯形	6.2×2.5×2.1	0.4	4	无
5	窄条梯形	6.5×1.2×1	0.4	3	无
6	多角形	6.2×0.8×4	0.4	3	无
7	窄条梯形	6.4×2×1.8	0.4	4	无
8	梯形	6.2×3.5×3	0.4	4	无
9	长方形	6.2×3.6	0.4	4	无
10	长方形	6.2×4	0.4	4	有
11	圆形	直径 6.2	0.4	3	有

近些年来，我国考古工作者在西汉时期的墓葬中曾发掘出多件玉衣，如在河北发掘出的西汉中山靖王刘胜的金缕玉衣、在江苏徐州发掘的西汉楚王墓中出土的金缕玉衣、在广州南越王墓中发掘出的丝缕玉衣等。在我国古代，玉衣又称为玉匣，是一种比较高级的丧葬用品。“妾莫书”墓的墓主人自称为“妾”，定为女性，其身份当然无法与中山靖王、南越王等相比，所以使用的是仿玉的铜缕玻璃衣，与其身份相符，而且只是头部或身上一部分的服饰，并不是全身的。尽管如此，这些玻璃片的作用还是十分明确的，是玉衣片的代用品，因此我们也可以称其为玻璃质地的“玉衣”或玻璃“玉衣”，并且是一件铜缕玻璃“玉衣”。

二、玻璃衣片的化学成分与制造工艺

程朱海先生等采用了 X—射线分析、化学组成分析、岩相分析等测试方法对该墓出土的玻璃衣片进行了分析，证明了这些衣片为玻璃质地，其中含有许多微小的晶体，所以玻璃衣片呈半透明状。化学成分见表 2－2－9。②

① 程朱海等：《扬州西汉墓玻璃衣片的研究》，《中国古玻璃研究——1984 年北京国际玻璃学术讨论会论文集》，第 65～71 页，中国建筑工业出版社，1988 年。

② 程朱海等：《扬州西汉墓玻璃衣片的研究》，《中国古玻璃研究——1984 年北京国际玻璃学术讨论会论文集》，第 65～71 页，中国建筑工业出版社，1988 年。

表 2-2-9　玻璃衣片的化学成分（质量百分数%）

样品名称	SiO_2	PbO	BaO	Al_2O_3	K_2O	Na_2O	CaO	MgO	Fe_2O_3	总量
玻璃层	36.03	40.37	21.49	0.02	0.07	2.27	0.22	0.08	0.07	100.62
外层	30.27	50.39	3.60	0.12	0.04	2.28	0.70	0.03	0.32	87.75

从表 2-2-9 中我们可以看到，“妾莫书”玻璃衣片的玻璃层为铅钡玻璃，是我国特有的玻璃品种。其外层近似于铅玻璃，据考证是制造时为了便于脱模而撒上的一层玻璃配合料粉，这层料粉也能烧成玻璃，只是未能加热熔化成玻璃而已。我国古代的玻璃生产从春秋战国时期的铅钡玻璃为主发展到西汉中晚期前后直至唐宋时期的铅玻璃为主的变化过程，在“妾莫书”玻璃衣片的化学成分中得到了反映。

“妾莫书”墓中出土的玻璃衣片，虽然可按大小、形状和纹饰的不同分成不同的类型，但是每一类型的玻璃衣片的尺寸几乎相同，且厚度均比较一致，特别是那些有纹饰的衣片，纹饰四边无棱角，底部深浅一致，无雕刻痕迹，这些特点都足以说明衣片是用模压工艺铸成的。对于衣片制作工艺，程朱海等指出：至于衣片的表层，我们认为不是玻璃的风化层。因为从偏光显微镜和扫描电镜中可以看到衣片的玻璃层和表层俨然是两层叠加，毫无中间反应层。从带有纹饰的衣片上也可以看到花蕊处还贴有金箔，若表层是风化层，则金箔早已不复存在。根据化学分析的结果，表层的化学成分和玻璃较相近。我们曾将刮下来的表层粉末加热熔化，它也能熔成玻璃，只是熔化温度比衣片玻璃的高些。通过上述分析，我们认为衣片的制作工艺可能是先在陶模中撒上一层玻璃配合料粉（为了便于脱模），然后将熔好的玻璃液倒入模内，接着在玻璃上再撒一层玻璃配合料粉，趁玻璃未硬化之前，压成衣片。由于陶模形状不同，有带阴纹的，也有光面的，所以铸成的衣片有形状、大小和有无纹饰之别。①

“妾莫书”玻璃衣片采用铅钡玻璃为原料及表层撒一层玻璃配合粉，其主要目的是为了更好地模仿玉石的质地，特别是表层的一层粉末，使得衣片表面呈白色的陶瓷状，也就是未经细磨的玉石器的外观，该玻璃衣片出土时也曾有人认为是“石衣”，也就是用玉石制成的，可见模仿效果之佳。笔者曾见过几件出土的汉代玉衣，其中的一些玉片也未经细致的打磨，表面呈白色或灰白色细粒状，“妾莫书”玻璃衣片上的一层粉末正起到了这一效果。我国早在战国时期就采用模压工艺生产玻璃璧等器物，特别是长沙战国楚墓中出土的玻璃璧，表面光滑、半透明，根本没有表面的粉末层，这种玻璃璧是仿制半透明的玉璧制作的，由此也可看出在玻璃璧的制作过程中不存在撒粉末便于脱模的问题。可见，玻璃衣片的制作过程中撒一层玻璃配合料粉，主要并不是为了便于脱模，而是为了更真实地模仿那种表面未经细致琢磨的玉片的外观。

① 程朱海等：《扬州西汉墓玻璃衣片的研究》，《中国古玻璃研究——1984 年北京国际玻璃学术讨论会论文集》，第 65～71 页，中国建筑工业出版社，1988 年。

第四节　西方玻璃制造工艺的传入

在西汉中晚期到东汉时期，已经有一些西方的玻璃制品传到了我国，例如，前面已经介绍过的广州横枝岗西汉中晚期墓出土的玻璃碗、江苏甘泉东汉前期墓出土的玻璃钵、广西贵县南头村东汉墓出土托盏高足杯等。在两广出土的部分汉代国产玻璃制品中，甚至还可能看出西方玻璃制造工艺影响的存在，随着中外文化交流的发展，到了六朝时期，不仅有了更多的西方玻璃制品传到我国内地，其制造工艺也随之逐步深入地传到我国。

一、考古发现六朝时期的玻璃制品

（一）国产玻璃制品

1964 年在河北省定县华塔塔基石函中出土了北魏时期的玻璃品七件。其中玻璃钵一件，无模自由吹制成型，口沿烧成了圆唇，缠贴玻璃条为圈足，天青色透明、气泡较多；出土的两件玻璃瓶，无模吹制成型，器壁特别薄，约 0.1 cm，天青色透明、有密集的气泡；出土的三件玻璃葫芦小瓶，无模自由吹制成型，浅蓝色透明；出土的一件残玻璃器，也是无模自由吹制成型，天青色透明，气泡多。安家瑶认为：这几件器物虽采用了西亚的玻璃工艺，但掌握得并不纯熟，七件器物中六件是小型器，器形简单，也不很规整，玻璃含密集的气泡，与西亚的产品有较大的差距。从器形上看，玻璃钵是我国的传统器形……葫芦瓶的器形可视为我国的特有器形……这批玻璃器应为国产品。①

玻璃制造中的无模吹制工艺，是西方先进的玻璃制造工艺之一。这批北魏吹制玻璃器的发现，说明这一工艺在此之前早已传入我国。

（二）进口玻璃制品

1. 1970 年在南京象山 7 号东晋墓中，出土了两件磨花筒形杯，无色透明，气泡较少，其中完整的一件表面磨有椭圆形等纹饰。“这种筒形杯的器形，不是我国的传统器形，而在罗马玻璃器中，却是常见的器形”；1972 年发掘的南京大学北园东晋墓出土的玻璃杯残片以及在南京北郊东晋墓出土的浅黄绿色玻璃残片，这“两处出土的残片成分相似，主要为硅、钠、钙；钾和镁的含量都比较低；值得重视的是，铁的含量很低，说明原材料经过精选；含有微量的锰，采用了二氧化锰作为脱色剂和澄清剂，这些都反映了玻璃制造水平之高”。“这批玻璃的成分与德国出土的罗马玻璃相似，尤其和科隆 4 世纪墓葬中出土的一块淡绿色玻璃瓶的残片成分几乎完全相同。”② 所以它们均为西方传入的产品。

2. 在辽宁省北票发掘的北燕冯素弗墓中出土了五件玻璃品，其中鸭形玻璃注一件，无模自由吹制成型，是经过多种多样的工序吹制而成的，要求有很高的技术，鸭身上的装饰是采用玻璃料拉成玻璃条后在冷却之前缠绕而成的；出土的一件玻璃碗，质地光洁明彻，闪淡绿色，气泡很少；出土的一件玻璃杯，深翠绿色

① 安家瑶：《中国的早期玻璃制品》，《考古学报》1984 年 4 期。

② 安家瑶：《中国的早期玻璃制品》，《考古学报》1984 年 4 期。

透明，质地纯净，色泽鲜丽，很少气泡，底部有疤痕，说明制造时采用了铁棒技术，该杯的“器形国内罕见，罗马时期的地中海沿岸常见……这五件玻璃器皿可归入罗马玻璃器”。①

3. 1978 年发掘的湖北鄂城五里墩 121 号西晋墓中出土的一件磨花圆底玻璃碗残片，无色透明，有小气泡，外表有多排椭圆形的磨花纹饰，是经冷加工磨琢而成的。这类碗在伊朗高原 3 ~7 世纪墓葬中曾有大量出土，是“最早输入东方的萨珊玻璃之一”。②

4. 1965 年北京西晋华芳墓出土的一件圜底玻璃碗（残片），淡绿色透明，内含较多的、大小不一的气泡，所以透明程度不太好。该碗为无模自由吹制成型，腹部的乳钉装饰是采用烧软的玻璃条趁热粘上去的。其化学成分与出土的伊朗磨花玻璃残片比较相近，应是传入我国的萨珊玻璃品之一。③

5. 1983 年宁夏固原北周李贤夫妇墓中出土了一件完整的玻璃碗，淡黄绿色，内含比较均匀的小气泡，有模吹制成型，表面有琢磨而成的凹球面纹饰，是古代玻璃的精品。为传入我国的萨珊玻璃品之一。④

二、从出土文物看西方玻璃制造工艺的传入

玻璃的吹制法是在公元前 1 世纪前后发明的，吹制法的出现是玻璃生产的一场革命，它的出现大大简化了玻璃生产过程，降低了生产成本，使先前一直是罕见昂贵的玻璃器变成了比较常见的物品。罗马玻璃一般是指公元前 1 世纪到公元 5 世纪广大罗马帝国领域中的玻璃产品。西罗马帝国灭亡之后到阿拉伯帝国兴起为止，地中海东岸的玻璃产品也可以视为罗马玻璃。此外，地处伊朗高原的萨珊王朝（公元 226 ~651 年）的玻璃生产在罗马玻璃的影响下发展了起来，被称为萨珊玻璃，萨珊玻璃虽然受到罗马玻璃的影响，但又有着自己的独特风格。⑤ 罗马帝国繁荣发展之际，我国正处在两汉魏晋南北朝时期，而萨珊王朝大约相当于我国的东汉末年（三国时期）至唐代初年。这两种玻璃制品在我国这一时期的墓葬中均有出土。更为重要的是，随着西方这些玻璃制品不断地传入我国，有关这些玻璃品的制造工艺也开始逐步地传入到我国境内。请看下面的例子。

1. 前面已经介绍过的江苏邗江甘泉 2 号汉墓中出土了搅胎玻璃钵的残片，为紫红色和乳白色相间的透明体，外壁有模印的纹饰。该墓的年代大约为公元 67 年（东汉前期）。安家瑶指出：此种玻璃采用搅胎装饰技法，即将熔融的紫红色透明玻璃液和白色半透明玻璃液混合起来，经过一定的搅拌，再灌模成型。成品产生了类似大理石花纹的效果，非常美丽。掌握这种技法并不容易，首先两种不同颜色的玻璃一定要选热膨胀系数相同的，否则成品易破裂；其次还需按一定的规律搅拌，才能达到类似大理石的艺术效果。公元前后罗马领地的玻璃匠经常采用这种技法。该残片经化学分析，为钠钙玻璃，氧化铝的含量较高，氧化钾和氧化镁

① 安家瑶：《中国的早期玻璃制品》，《考古学报》1984 年 4 期。
② 安家瑶：《中国的早期玻璃制品》，《考古学报》1984 年 4 期。
③ 安家瑶：《中国的早期玻璃制品》，《考古学报》1984 年 4 期。
④ 安家瑶：《北周李贤墓出土的玻璃碗》，《考古》1988 年 2 期。
⑤ 安家瑶：《中国的早期玻璃制品》，《考古学报》1984 年 4 期。

的含量很低，不超过1%，符合罗马玻璃的标准组成。①

这种搅胎玻璃品的出土，表示着这种新的玻璃制作工艺已经开始向我国传入。表2－2－10是几件罗马玻璃制品的化学成分。②

表2－2－10　几件罗马玻璃制品的化学成分（质量百分数%）

名称	时代	出土地点	SiO_2	Al_2O_3	K_2O	Na_2O	CaO	MgO	Fe_2O_3	MnO_2	CuO	MnO
玻璃钵	东汉	江苏邗江	64.79	3.44	0.88	18.18	7.66	0.61	1.30	2.45	0.03	
玻璃杯	东晋	江苏南京	69.39	1.89	0.49	19.60	6.81	0.27				
玻璃杯	东晋	江苏南京	67.70	3.43	0.45	19.23	6.05	0.94	0.58	1.63	0.02	
玻璃粒	东晋	江苏南京	69.15	2.09	0.33	15.84	5.79	0.55	1.22	0.03	0.27	
玻璃钵	北燕	辽宁北票	64.82	2.71	4.43	16.02	6.14	2.35	0.82	0.08	0.02	
玻璃瓶	4世纪	德国科隆	68.10	2.31	0.95	18.61	6.87	0.84	0.63			1.52

2. 前面已经指出的1957年在广西贵县东郊南头村1号东汉墓中出土的托盏高足杯，淡青色，通体透明，吹制。该器由杯与托盘两部分组成，托盘内底有圆形凹槽，杯足恰好可以套入凹槽内，既平稳又美观。这类高水平的吹制玻璃制品，东汉时期的我国是难以制造出来的，该器物应是西方输入的罗马玻璃产品。

3. 在南京象山等东晋墓中出土的磨花玻璃碗、玻璃片等从化学成分和器形上看均为传入我国的罗马玻璃制品。河北景县封氏墓群中祖氏墓（时代为北魏）出土的一只淡绿色玻璃碗，“口沿内翻卷成圆唇，底部缠玻璃条成矮圈足，底部有疤痕。……此件碗的器形更规整，器壁很薄，约0.2 cm，内壁很光滑，外壁有明显的水平纹理，这说明采用的是模吹成型工艺。模吹成型即用吹管把料泡吹成适当形状和大小的时候，放入模子里吹制成型，冷却后自模子中取出。因此模吹的器皿比无模自由吹制的器皿更为规整。它与该墓群中封魔墓出土的另一只玻璃碗均为传入我国的罗马玻璃制品。”③

4. 在湖北鄂城五里墩121号西晋墓（公元265～316年）中出土的一件磨花玻璃碗（残片），无色透明，稍泛黄绿色，复原后的碗为球腹圜底状，腹部与底部均有磨制的呈内凹的花纹。这类器形的磨花玻璃碗在伊朗吉兰州的3～7世纪的墓中有大量的出土，它们是萨珊王朝时期伊朗高原一带生产的萨珊玻璃制品，在化学成分上也与伊朗出土的同类玻璃碗（残片）相近（见表2－2－11④）。

表2－2－11　几件萨珊玻璃制品的化学成分（质量百分数%）

名称	时代	出土地点	SiO_2	Al_2O_3	K_2O	Na_2O	CaO	MgO	Fe_2O_3	MnO_2	CuO	MnO
玻璃碗	西晋	湖北鄂城	64.22	1.64	3.59	17.51	9.19	3.21	0.57	0.04	0.02	
玻璃碗	3～7世纪	伊朗高原	60.00	2.30	5.10	14.00	7.40	5.30	0.87		0.02	0.03
			60.00	1.20	3.80	14.00	8.80	8.50	0.39			0.50
			59.00	1.30	3.50	14.00	8.40	7.00	0.47			0.33

① 安家瑶：《中国的早期玻璃制品》，《考古学报》1984年4期。
② 安家瑶：《中国的早期玻璃制品》，《考古学报》1984年4期。
③ 安家瑶：《中国的早期玻璃制品》，《考古学报》1984年4期。
④ 安家瑶：《中国的早期玻璃制品》，《考古学报》1984年4期。

这些西方玻璃制品的不断传入，其本身所体现出的制造工艺当然也会逐步地传到我国。

三、西方玻璃制造工艺与我国六朝时期的玻璃生产

从表2－2－10和表2－2－11可以看出，无论是罗马玻璃制品还是萨珊玻璃制品，从化学成分看它们都是属于钠钙玻璃，其氧化钠的含量均在14%以上，最高的可达20%左右。这类钠钙玻璃的化学成分不仅与我国早期的铅钡玻璃、东汉时期的钾玻璃的化学成分截然不同，也与我国汉代以后的高铅玻璃的化学成分不相同。西方玻璃制造工艺的传入对我国古代的玻璃生产所产生的最初影响，主要表现为使用西方的技术人员和制作工艺生产玻璃制品。

《北史·大月氏传》记载：（魏）太武时，其国（月氏）人商贩京师，自云能铸石为五色琉璃。于是采矿山中，于京师铸之，既成，光泽乃美于西方来者。乃诏为行殿，容百余人，光色映彻，观者见之，莫不惊骇，以为神明所作。自此，国中琉璃遂贱，人不复珍之。①

从这段记载我们可以看到，随着西方玻璃制造技术的传入，不仅对我国的玻璃生产起到了一定的促进作用，而且也使人们对玻璃制品的使用观点发生了变化，南北朝时期人们对玻璃制品的要求重点是“光泽乃美于西方来者”“光色映彻”，强调了玻璃的透明度，而不是强调玉石器的呈半透明状的外观。这种转变在两汉时期可能已经开始，到东汉及南北朝时期更加确立而已。由于钡的加入使玻璃产生混浊而影响其透明度，我国早期的铅钡玻璃到了两汉之际前后就逐步消失，而代之以高铅玻璃，与这一时期人们对玻璃制品要求的转变有着一定的关系。

那么，河北定县北魏塔基中出土的国产玻璃器与月氏人在大同生产的玻璃有没有关系呢？有的学者进行了研究，认为从年代上看是有可能的。塔基年代晚于太武年间，从塔基下出土物来看，除了玻璃器之外，还有金币、银币、金银器，都是罕见珍宝。夏鼐先生对其中的萨珊银币进行过专文研究，他认为：“这些建塔时的施舍品，很可能有一部分便是皇室贮藏库（御库）中拨调出来的。”所以我们有理由认为：月氏人在大同为北魏宫廷生产的玻璃器，很可能有一部分作为“施舍品”而埋在定县塔基石函中。值得注意的是，这批玻璃器皿的工艺与汉代玻璃盘和耳杯大不相同，采用了吹制的成型工艺。技术的传播与工匠的迁移有密切关系，我国采用吹制玻璃技术也许与外来工匠有关。如果《北史》中的记载与北魏塔基出土的玻璃器皿之间确有联系，那么，我们可以得出如下结论：5世纪时中亚的工匠将吹制玻璃技术传到中国。这是中国玻璃史上的一个重要转折。北魏以后的玻璃器皿，绝大多数都采用了吹制技术。②

---

① 《北史·大月氏传》，中华书局校点本第10册，第3226页，中华书局，1974年。

② 安家瑶：《中国的早期玻璃制品》，《考古学报》1984年4期。

第五节 我国铅钡玻璃的外传与日本早期的玻璃制品

我国古代玻璃制造的兴起和发展受到西方玻璃的影响，这是一个方面；另一个方面是我国的玻璃生产也曾对其他国家产生过影响，在本篇第一章有关“玻璃之路”的论述中曾提到在马来西亚出土的公元前后中国制造的玻璃珠，就是一例。近些年来，由于日本一些古代玻璃制品的出土，为研究我国铅钡玻璃的外传与日本早期玻璃制品之间的关系提供了宝贵的实物资料。

一、考古发现的日本早期玻璃制品

日本早期的文化史分为绳纹和弥生两个时代，两者均是根据出土的陶器命名的。绳文时代（早于公元前3世纪）的玻璃尚未发现，但在几个地点都发现了弥生时代（约为公元前3世纪至公元3世纪）的玻璃制品。据安家瑶先生考证，日本最早的玻璃制品出土于弥生时代中期，即公元前1世纪至公元初年，相当于我国的西汉中期和晚期；同时，日本最早的玻璃主要出土于日本的九州北部。①

日本九州佐贺县吉野里遗址北部坟丘墓内的一座瓮棺里，出土了一柄丁字把铜剑和75件玻璃管饰。该墓是一座身份特殊的大墓，而同一墓地的其他瓮棺中却很少有随葬品，可见，出土的玻璃管饰与铜剑是墓主人生前财富和权力的象征。管饰呈圆筒形，一般长3~4 cm，最长者达6.8 cm，色泽艳丽，透明度较好。安家瑶认为：吉野里出土的玻璃管饰是日本年代最早的玻璃，但色泽艳丽、技术成熟，没有相当技术水平的工匠是无法制造出这样精美的管饰的。并从该玻璃管饰的制造方法、形制、化学成分、制造技术等方面进行分析，认为它们是采用中国输入的玻璃料块在日本加工成型的产品。

山崎一雄等介绍了几例日本九州出土的早期玻璃制品，并从这些玻璃制品的化学成分、铅同位素比率等方面分析，认为它们“很可能是用进口的汉朝以前中国制造的玻璃块或玻璃制品在日本制作的”。②

1. 出土于九州北部福冈县春日市须玖冈本一座陶棺内的玻璃珠，圆柱形管状，深绿色，长约2 cm、直径0.5 cm，时代为公元前1世纪。

2. 出土于福冈县饭冢市立岩28号陶棺内的呈棒状或杵状的玻璃珠，深绿色，长约3 cm、宽1.5 cm，时代为公元1世纪前半期至1世纪后半期。

3. 出土于佐贺县唐津市宇木汲田106号陶棺内的圆柱形管状玻璃珠，深绿色，长0.8 cm、宽0.7 cm，时代为弥生时代后期。

二、日本早期玻璃制品的化学成分及铅同位素比率

（一）化学成分

安家瑶和山崎一雄分别介绍了几件日本九州出土古代玻璃的化学成分，现将

① 安家瑶：《中国古代玻璃与日本吉野里的玻璃管饰》，《中国考古学论丛》，第415~421页，科学出版社，1993年。

② 山崎一雄等：《中国古代玻璃与日本尔生时代古墓中出土的玻璃之间的关系》，《中国古玻璃研究——1984年北京国际玻璃学术讨论会论文集》，第47~52页，中国建筑工业出版社，1988年。

它们与我国长沙出土的战国时期玻璃璧的化学成分见表2-2-12。①

表2-2-12 几件日本九州出土古代玻璃品及长沙战国玻璃璧的化学成分

出土地点	名称	化学成分（%）									
		SiO_2	Al_2O_3	K_2O	Na_2O	CaO	MgO	Fe_2O_3	PbO	CuO	BaO
须玖冈本	管状玻璃珠	38.00	0.35	0.19	3.90	1.10	0.51	0.29	38.5	0.78	14.00
立岩	棒状玻璃珠	37.00	0.52	0.50	2.65	0.50	0.20	0.14	40.80	0.76	16.00
宇木汲田	管状玻璃珠	38.90	0.56	0.21	4.68	2.83	0.95	0.30	43.50	0.42	7.59
吉野里	玻璃管饰	41.20	0.46	0.25	6.82	0.42	0.27	0.06	35.72		11.43
中国长沙	战国玻璃璧	36.00	0.36	0.26	1.65	1.60	0.16	0.13	46.10	0.88	14.00

从这几件日本出土的古代玻璃的化学成分可以看出，它们与战国时期楚国铅钡玻璃制品的化学成分基本相同，也与西汉前期江苏徐州北洞山楚王墓出土的铅钡玻璃制品的化学成分基本相同，都含有比较多的氧化铅与氧化钡。铅钡玻璃是我国古代特有的玻璃品种，所以日本九州出土的这些古代玻璃制品应是从我国传去的，至于从我国传去的是玻璃原料还是制成品，将在下面进行讨论。

（二）铅同位素比率

山崎一雄等还对有关出土的古代玻璃制品的铅同位素比率进行了测定，美国Brill博士等也对我国自己生产的几件早期“蜻蜓眼”式铅钡玻璃珠的铅同位素比率进行了测定，（见表2-2-13②）。

表2-2-13 几件中国、日本出土古代玻璃品的铅同位素的比率

出土地点	名称	$^{207}Pb/^{206}Pb$	$^{208}Pb/^{206}Pb$	$^{206}Pb/^{204}Pb$
须玖冈本	管状玻璃珠	0.8881	2.1933	17.45
立岩	棒状玻璃珠	0.730 1（0.05）	1.944（0.04）	22.17（0.15）
宇木汲田	管状玻璃珠	0.8898	2.1939	17.42
中国	汉代玻璃璧	0.8846	2.1930	17.55
中国	汉代玻璃璧	0.8840	2.1939	17.57
中国	早期玻璃珠	0.8842	2.1902	17.57 *
中国	早期玻璃珠	0.88811	2.19931	17.41 *

* 是根据$^{204}Pb/^{206}Pb$的数值计算而来的。

① 安家瑶：《中国古代玻璃与日本吉野里的玻璃管饰》，《中国考古学论丛》，第415～421页，科学出版社，1993年；山崎一雄等：《中国古代玻璃与日本生时代古墓中出土的玻璃之间的关系》，《中国古玻璃研究——1984年北京国际玻璃学术讨论会论文集》，第47～52页，中国建筑工业出版社，1988年。

② R. H. Brill等：《中国早期玻璃的铅同位素研究》；山崎一雄等：《中国古代玻璃与日本弥生时代古墓中出土的玻璃之间的关系》，《中国古玻璃研究——1984年北京国际玻璃学术讨论会论文集》，第36～52页，中国建筑工业出版社，1988年。

从表2-2-13中可以看出，日本须久冈本和宇木汲田两地出土的管状玻璃珠的各种铅同位素比率都与我国出土的汉代及早期玻璃品的铅同位素比率相同。至于日本立岩出土的棒状玻璃珠，据金正耀等对我国出产铅矿的研究，我国普通铅中$^{207}Pb/^{206}Pb$为0.84~0.90；只有云南一些地区出产的铅矿中$^{207}Pb/^{206}Pb$为0.71~0.78。我国一些商代及西周时期的青铜器中$^{207}Pb/^{206}Pb$的比值比较低，例如江西新干大洋洲出土的商代晚期青铜器中11个样品的$^{207}Pb/^{206}Pb$为0.71~0.78，因为是使用了云南的铅矿做原料而造成的。① 可见，从各项铅同位素分析结果来看，日本九州出土的古代玻璃制品也应是从我国输出的产品或是用我国输出的原料制成的。

三、日本早期玻璃制品的渊源

从地缘的角度看，日本九州北部的福冈一带隔对马海峡与朝鲜半岛相望。我国与日本的交往在汉代或更早一些时候就已经开始，著名的除福东渡的传说就是一例。在日本出土的许多我国汉代制造的青铜镜，表明当时中、日之间的交往是存在的，汉代的玻璃制品当然可以通过这种交往从朝鲜半岛传到日本，并最早在九州北部的福冈一带出现。

在福冈县的另一地方还发现一个弥生时代用以浇注逗点状玻璃珠的砂石模和与这模子相配的高BaO含量的玻璃珠，这表明在弥生时代日本和中国之间就可能进行玻璃贸易了。②

吉野里玻璃管饰的形制与中国有一定的差别。吉野里的玻璃管饰一般长3~4 cm，最长的达6.8 cm，直径0.5~0.8 cm。可以推测吉野里的玻璃管饰是在中国熔制好的玻璃料块，运到日本后加工成型的，而制造珠子的方法也是从中国传去的。③

我国早期的玻璃生产中也有生产玻璃料的可能，对此，史树青先生提供了一点线索：已故的广州文史馆馆长陈大年同志，是一位著名的文物鉴赏家，生前在广州、长沙等地搜集战国、秦、汉时期的琉璃器物百余件，于1959年捐赠中国历史博物馆。其中有浅青色琉璃棒和柱状琉璃，皆长10 cm左右，应是制器的原料。

这表明，在汉代或稍早一些的时候，我国的玻璃生产中不仅生产玻璃制品，也生产玻璃的半成品——玻璃料棒。这类用于制造玻璃器物的原料，当然也有可能通过中日之间的交往传到了日本，对日本古代玻璃生产的兴起和发展起到了一定的促进作用。

① 金正耀等：《江西新干大洋洲商墓青铜器的铅同位素比值研究》，《考古》1994年8期。

② 山崎一雄等：《中国古代玻璃与日本弥生时代古墓中出土的玻璃之间的关系》，《中国古玻璃研究——1984年北京国际玻璃学术讨论会论文集》，第47~52页，中国建筑工业出版社，1988年。

③ 安家瑶：《中国古代玻璃与日本吉野里的玻璃管饰》，《中国考古学论丛》，第415~421页，科学出版社，1993年。

第 三 章

隋唐及宋元时期的玻璃

本章所论述的是从隋代开始到宋元时期的玻璃制品及其制作工艺。随着较多西方玻璃制品的传入，对我国的玻璃制作工艺产生较大的影响：吹制技术、铁棒技术、刻花等装饰技术在我国的玻璃生产中较多地得到应用。然而，这一时期的国产玻璃在化学成分上仍然未改变含铅量高的情况，所以，制造出的产品“色甚光鲜，而质则轻脆，沃以热酒，随手破裂”。从而阻碍了我国玻璃生产的发展。

第一节　考古发现的隋唐及宋元时期的玻璃制品

一、出土玻璃制品的有关情况

在田野考古发掘的有关资料里我们可以看到，隋唐至宋元时期的墓葬和遗址的出土文物中玻璃制品的数量总的来说还是不太多的，下面是这一时期部分墓葬和遗址中出土玻璃制品的情况：

1. 隋代李静训墓出土玻璃品 24 件，有瓶、盒、杯、蛋形器及珠、管等。

无颈瓶一件，绿色，小口、平底，底之中部有一凹窝，高 16. 3 cm、口径 2. 8 cm、腹径 9. 8 cm。

椭圆形瓶一件，有人称为绿扁瓶，绿色，口及腹部均为椭圆形，唇部作凸棱形，圜底，底中心有吹烧拉结瘤一个，下附短圈足，口唇与圈足后附，其与器身的结痕明显。瓶体的一面有一处斑痕，可能是由于吹烧时充气不均匀造成的。瓶高 12. 5 cm。

蛋形器两件，大小各异，绿色，中空，较大一端有一孔，其中较大者的孔洞处有涂金的痕迹，小者无。较大者长径 6. 3 cm、短径 4. 7 cm、厚 0. 1 cm。

杯两件，大小相近，蓝色或淡蓝色，杯口圆形，底附矮圈足，高 2. 4 ~ 2. 5 cm、口径 2. 8 cm。

盒一件，绿色，小圆口、圆底，口上有圆形盖，器口及盖口都有磨平的痕迹。

管形器一件，已残，绿色，有小气泡。中穿通孔，两端有磨平痕迹。①

安家瑶指出：“西安郊区李静训墓出土的八件完整的玻璃器，根据玻璃的质料和制作工艺，这批玻璃器可分为两种类型：绿玻璃盒、蛋形器和管形器属于同一

① 中国社会科学院考古研究所：《唐长安城郊隋唐墓》，第 22 ~ 23 页，文物出版社，1980 年。

类，它们都是绿色透明，稍泛草绿，无模自由吹制成型，器物底部没有疤痕，说明加工时并没有采用底部粘铁棒的技术。盒与管形器都经过冷加工，磨后未抛光，磨痕清晰可见。可以说这几件器物均为典型的中国器形，国外没有同类出土物。玻璃盒及盖经X—射线荧光分析，成分相同，含铅量相当高，没有钡。李静训墓的绿扁瓶、无颈瓶和蓝色小杯、淡蓝色小杯属于另一类型的玻璃，无模自由吹制成型，底部有疤痕，说明加工时曾采用铁棒技术。其中两件玻璃小杯和无颈瓶，用X—射线荧光分析为钠钙玻璃。钠钙玻璃与铁棒技术是西方玻璃的一般工艺特点，隋代以前的国产玻璃没有发现采用这两项工艺的，当然，我们不能仅根据这两点来区分进口玻璃和国产玻璃。随着我国玻璃业的发展，有可能采用或引进新技术，尤其在东西方文化交流频繁的隋唐，从西方引进新技术是非常容易的。只要认真鉴别、分析上述四件器皿的器形，从整个工艺水平考虑，可以肯定这几件玻璃器皿应该属中国产玻璃。”①

2. 西安郭家滩隋姬威墓出土两件料杯，一件高3.0 cm、口径3.8 cm，另一件稍小。嫩绿色、半透明、胎薄、斜壁、有圈足。②

3. 陕西耀县隋代塔基中出土的带盖玻璃瓶，绿色、透明、直颈、圆腹、圈足，盖上有圆形纽。从器形上看，该瓶与我国汉代的壶比较接近，国外没有出土过相似器形的玻璃器，该瓶的制作工艺与玻璃的质料颜色均与李静训墓的绿玻璃盒相似，该瓶可能是我国生产的。③

4. 1987年，在陕西扶风法门寺塔的地宫中出土玻璃制品约20件。从产地上看，这批玻璃器中有东罗马及西亚的产品，也有我国生产的产品。其中，以东罗马生产的盘口贴塑玻璃瓶为最早，大约是公元5世纪的遗物；刻花玻璃盘与素面玻璃盘则为伊斯兰玻璃，大约是公元9世纪初中叶的遗物；淡黄色的茶杯、茶托，则是唐代9世纪后半叶的产品；而模吹印花直桶杯的产地，目前还难以确定。

法门寺出土的所有玻璃品上，都有使用铁棒整修口沿的痕迹。茶托上之铁棒整痕亦明显，说明这项技术至少在9世纪已传入中国。④

5. 1985年，在陕西省临潼县庆山寺舍利塔塔基中出土唐代玻璃果六件，其大小若核桃，一件为乳白色，两件为褐黄色，三件为绿色，均壁薄而透明，中空。玻璃果作球形，一名阿那含果，出土时分别置于石雕宝帐前的两个三彩盘内，可见是佛教舍利塔内的供奉之物。⑤ 河南密县北宋塔基中也出土过类似的玻璃器，我们称之为玻璃蛋形器，此蛋形器经检测其化学成分中含铅量高，为高铅玻璃，应是我国自制的产品。据此推测，临潼庆山寺出土的唐代玻璃果也应是国产玻璃制品。

6. 湖北郧县唐代李泰墓中出土玻璃器皿四件，计：

---

① 安家瑶：《中国早期（西汉—北宋）玻璃器皿》，《中国古玻璃研究——1984年北京国际玻璃讨论会论文集》，第98~103页，中国建筑工业出版社，1988年。

② 陕西省文物管理委员会：《西安郭家滩隋姬威墓清理简报》，《文物》1959年8期。

③ 安家瑶：《中国的早期玻璃制品》，《考古学报》1984年4期。

④ 法门寺考古队：《扶风法门寺唐代地宫发掘简报》，《考古与文物》1988年2期。

⑤ 《中国美术全集·工艺美术篇10》，图版说明第70~71页，文物出版社，1989年。

矮颈玻璃瓶两件，黄色透明，器壁厚约1.5~2 mm。无模自由吹制成型，口部火烧成圆唇，其工艺与李静训墓出土的玻璃瓶工艺相似。该瓶的器形也与唐初的陶罐极相似，残片经检测其化学成分中氧化铅含量高达64%以上，为高铅玻璃，应是国产玻璃制品。

绿玻璃瓶和绿玻璃杯各一件，绿色透明，气泡较多，都是无模吹制、玻璃条缠圈足、底部有疤痕，从器形看它们都是唐代常见的器形。玻璃瓶口沿下打磨2.6 cm，打磨部分未经抛光，似为嵌包金属口沿。玻璃杯直口直壁，圈足，口沿火烧成圆唇。玻璃瓶的残片曾做过分析，从化学成分看它们属于钠钙玻璃，但成分中含有较多的镁和钾，与同时期的伊斯兰玻璃不同，应该是我国自己生产的产品。①

7. 1977年广西钦州县久隆1号隋末唐初的墓葬中出土了一件高足玻璃杯，高8.5 cm、口径6.3 cm，其形制与长沙地区隋墓出土的高足铜杯十分相似。杯口直且微内敛，深腹，把柄竹节形，足喇叭形，吹制、绿色、半透明。其化学成分为：二氧化硅34.9%、三氧化二铝1.57%、氧化钠1.43%、氧化铅62.1%。从形制与成分看均属于我国生产的产品。②

8. 在新疆喀什汗诺伊古城址中发现了喀喇汗王朝（公元10至13世纪）时期的浅绿、淡黄、蓝、褐色的玻璃器皿碎片；在新疆若羌巴什夏尔发现的喀喇汗王朝至元代的玻璃作坊中出土有数件玻璃小口高颈瓶、玻璃罐盖及大量玻璃碎片③。在出土的玻璃碎片中，有些是玻璃碗的碎片，这些碗的外形与当时传入的伊斯兰玻璃碗比较相近。在新疆若羌出土的一片玻璃残片，其年代被定为唐代（可能为宋元时期），经分析它的化学成分为：二氧化硅51.11%、三氧化二铝9.57%、三氧化二铁1.89%、氧化钙5.27%、氧化镁4.79%、氧化钾6.40%、氧化钠16.89%。安家瑶指出：这类“玻璃比较特殊，氧化钙和氧化钠的含量较低，而氧化钾、氧化镁和氧化铝的含量明显高于钠钙玻璃。在世界古代玻璃谱系中，这种钠钙玻璃是很罕见的，它既不同于用自然纯碱做助熔剂的罗马玻璃系统，也不同于用草木灰做助熔剂的欧洲中世纪玻璃。从氧化镁、氧化钾和氧化铝含量较高来看，这种玻璃很可能是用硝做助熔剂熔制的。由于其他地区没有发现过这种玻璃，土硝又是新疆地区易得的助熔剂，因此这类玻璃很可能是在新疆当地生产的”。④这种土硝不是那种比较纯净以硝酸钾为主要成分的“火硝”，而是一种从某些地面上直接采集来的“硝土”或其初制品，所以除含有较多的钾元素之外还含有较多的铝、镁等元素。

9. 1985年，在内蒙古自治区奈曼旗陈国公主墓中出土了七件玻璃制品。计：

刻花玻璃盘一件，此盘最显著的特点是在腹部采用砂轮磨出28个小四棱锥钉作为装饰，这是玻璃制品冷加工工艺中刻花工艺的一种，也被称为“磨雕”工艺。有的学者认为这种盘是公元10~11世纪拜占庭的产品。

带把玻璃杯两件，其中一件玻璃杯的杯把是采用玻璃液尚未凝固前堆砌而成的，

① 安家瑶：《中国的早期玻璃制品》，《考古学报》1984年4期。
② 黄启善：《广西古代玻璃制品的发现与研究》，《考古》1988年3期。
③ 马文宽：《辽墓辽塔出土的伊斯兰玻璃》，《考古》1994年8期。
④ 安家瑶：《中国的早期玻璃制品》，《考古学报》1984年4期。

形成了花式镂空的效果，杯底有粘棒疤痕，可能为公元10世纪伊朗高原的产品。

刻花玻璃瓶一件，其颈部和腹部部磨刻有几何形花纹，外底部有粘棒疤痕，可能为公元10世纪末或11世纪初伊朗的产品。

乳钉纹玻璃瓶一件，其把手也是采用玻璃液尚未凝固前堆砌而成的，形成了花式镂空的效果，化学检测发现其氧化钠的含量高达20.66%，可能是埃及或叙利亚的产品。

同时出土的两件高颈水瓶，高约28 cm、口径约8.5 cm，淡黄色透明，含较多气泡，口沿处压印了五个椭圆同心圆装饰，底部有疤痕，该瓶器壁薄，口沿部最厚，约5 mm，底部2~3 mm，颈部最薄，不足1 mm。从器形上来看，这两件高颈玻璃瓶与伊斯兰玻璃中的薄壁水瓶很接近，与我国新疆若羌瓦石硖宋元时期玻璃作坊遗址出土的玻璃瓶有相似之处，很可能是伊斯兰玻璃生产由西向东传播过程中中亚一带的产品。然而，从该玻璃瓶残片呈淡黄绿色透明、壁薄、玻璃内部含有较多的气泡、质量不如典型的伊斯兰玻璃等因素来看，很可能是中亚的产品。

陈国公主墓中出土的部分玻璃碎片曾经做过分析，结果见表2-3-1。①

表2-3-1　陈国公主墓出土部分玻璃品的化学成分

名称	化学成分（%）									
	SiO_2	Al_2O_3	Fe_2O_3	CaO	MgO	K_2O	Na_2O	MnO	TiO_2	Cl
高颈水瓶残片	68.00	3.85	0.83	6.40	2.74	4.11	12.35	0.98		0.49
乳钉纹瓶残片	59.78	4.20	0.21	4.56	6.46	3.95	20.66	0.15		
带把杯残片	63.66	4.07	1.25	6.25	3.18	4.27	15.58	0.18		0.76

注：前两种样品采用原子吸收光谱法分析；第三种样品采用微区EDAX法定量分析。

10. 1969年在河北定县发掘的两座北宋塔基中出土了70余件玻璃器②。在这些出土的玻璃器中属于伊斯兰玻璃制品的有玻璃瓶七件、玻璃碗（在简报中被称为玻璃盆）一件、玻璃杯（在简报中被称为玻璃缸）两件等，其余的玻璃制品中一部分为我国自己生产的玻璃制品。

定县5号塔始建于北魏，后经隋、唐、北宋几次重建，最后一次建于北宋太平兴国二年（公元977年）。塔基中出土有玻璃缸（应为玻璃杯）三件、玻璃盆（应为玻璃碗）两件、玻璃瓶七件、玻璃葡萄一串及其他玻璃品24件。其中出土的刻花玻璃瓶细长颈、折肩、平底、颈部和腹部都刻有几何形花纹，其器形和纹饰都是公元10世纪伊斯兰玻璃的流行式样，应是伊斯兰玻璃制品。出土的一件玻璃碗，绿色，器形较大；碗壁很薄，不足0.15 cm；底部有疤痕，说明制造时采用了铁棒技术；经X—荧光分析，该碗为铅玻璃，为国产品。③ 出土的玻璃葡萄，粒度大小

① 马文宽：《辽墓辽塔出土的伊斯兰玻璃》，《考古》1994年8期；安家瑶：《试论中国近年出土的伊斯兰早期玻璃器》，《考古》1990年12期。

② 河北定县博物馆：《河北定县发现两座宋代塔基》，《文物》1972年8期。

③ 安家瑶：《中国的早期玻璃制品》，《考古学报》1984年4期。

不一，有圆形、椭圆形；腹壁极薄，中空，半透明；颜色以棕色为多，白色和绿色较少。葡萄的制作工艺为无模吹制法，吹制成型后，从吹管上剪下即成。经分析氧化铅含量很高，达45%以上（见本章第五节表2－3－3），属于国产高铅玻璃制品。出土的玻璃葫芦瓶十件，器呈金黄、蓝、绿等色，透明度较好，内有气泡，系采用无模吹制法制成，底部无疤痕，说明未采用铁棒技术。① 其中一件样品经化学分析，氧化铅的含量高达70%以上，为国产的高铅玻璃制品。② 出土的一件天蓝色玻璃瓶，半透明，X—射线荧光分析结果表明是钠钙玻璃，其制造工艺与隋代李静训墓出土的钠钙玻璃杯相同，都是无模吹制、玻璃条缠圈足，底部有铁棒技术留下的疤痕，经考证，这是一件隋代的国产玻璃品。③

定县6号塔建成于北宋至道元年（公元995年），塔基中出土有玻璃盆（应为玻璃碗，也有人将其称之为玻璃杯）一件、玻璃瓶33件，其中玻璃葫芦瓶31件。出土的31件玻璃葫芦瓶，其制造工艺与化学成分都与5号塔中出土的相近，是我国自己生产的高铅玻璃制品。出土的一件玻璃碗（又称为玻璃花瓣口杯）为淡绿色、半透明，器壁有密集的冰裂纹和小气泡，碗的口沿加工成六出花瓣式，此碗形体较大，腹壁较薄，用无模吹制法制成。碗的底部有疤痕，说明采用了铁棒技术。经同位素X—衍射荧光分析表明，其主要成分中硅和铅的含量偏高，属高铅玻璃，其次是钙和钾，含量一般，它应是国产铅玻璃制品。这件玻璃碗工艺复杂，代表了当时玻璃制造技术的新水平。④

11. 河南密县北宋塔（建成于北宋咸平二年，即公元999年）基中出土的玻璃品比较多，可以看出器形的50余件，颜色分白色、淡绿色两种。⑤

其中玻璃蛋形器壁薄如纸，一端有圆形小孔。这种蛋形器在西安隋代李静训墓中出土过，陕西临潼庆山寺出土的唐代玻璃果也与之相似。经化学分析，蛋形器的成分中氧化钾13.75%、氧化铅41.57%，⑥ 属于钾铅玻璃制品。

出土的玻璃宝莲形物及呈瓜棱形的玻璃瓶，其表面的凹凸棱状是有模吹制成型的；玻璃宝莲形物胎薄如纸，仅0.02 cm，其底部有吹制时留下的疤痕，说明采用了铁棒技术。

出土的壶形鼎为绿色玻璃制成，小口圆唇，圆球状腹，胎体较薄。器腹下有等距离三实心足，足向下弯曲。该器采用吹制法制成，先做球状腹，再用玻璃料棍做成三足，加热后粘于器腹下部。

出土的玻璃鸟形器，用深绿色半透明玻璃制成，通高6 cm，鸟颈细长，体内中空，体外中部有一道凸起的弦纹，体侧伸出双翅，向上弯曲，两翅各套有一个小圆环。⑦

---

① 《中国美术全集·工艺美术篇10》，图版说明第70～71页，文物出版社，1989年。
② 建材研究院等：《中国早期玻璃器检验报告》，《考古学报》1984年4期。
③ 安家瑶：《中国的早期玻璃制品》，《考古学报》1984年4期。
④ 《中国美术全集·工艺美术篇10》，图版说明第70～71页，文物出版社，1989年。
⑤ 金戈：《密县北宋塔基中的三彩琉璃塔和其他文物》，《文物》1972年10期。
⑥ 建材研究院等：《中国早期玻璃器检验报告》，《考古学报》1984年4期。
⑦ 《中国美术全集·工艺美术篇10》，图版说明第70～74页，文物出版社，1989年。

此外，还有玻璃细颈瓶、玻璃葫芦瓶等。以上这批玻璃品都是国产玻璃。① 部分样品经分析，属于钾铅玻璃（见本章第五节表2-3-3）。

12. 1957年发掘的甘肃灵台舍利石函（年代为五代末至宋初）中出土有六件玻璃器，其中浅绿、米黄、白色玻璃瓶各一件，玻璃葫芦瓶三件。

出土的三件玻璃葫芦瓶，底内凹，器形规整，壁薄均匀，透明度大，外口沿是将拉成条状的玻璃丝热粘于口部做成的。② 这是一种典型的玻璃热加工装饰工艺，即贴丝工艺。从器形看这三件葫芦瓶应是国产玻璃制品。

浅绿色玻璃葫芦瓶残片经化学分析，结果是氧化铅含量达50.31%、氧化钾含量达10.09%，是一种钾铅玻璃，应是我国自己生产的玻璃制品。③

13. 1983年在天津蓟县独乐寺上层塔室中发现了四件玻璃器，其中，刻花玻璃瓶一件、绿玻璃葫芦瓶一件、绿玻璃瓶两件。刻花玻璃瓶，无色透明，细长颈、平底、底部有疤痕、颈部和肩部都刻有花纹，原子吸收光谱法分析结果表明，其化学成分与陈国公主墓出土的高颈水瓶相近，氧化钙的含量为6.21%、氧化钠的含量为13.62%，属于公元11世纪伊斯兰玻璃制品。④ 绿玻璃葫芦瓶，平口、高3.7 cm，与同时出土的其他三件玻璃器相比透明度差，从葫芦器形及透明度差两个方面推测，该瓶应是国产玻璃制品。

14. 江苏连云港海清寺出土的三件玻璃葫芦瓶，乳白色、不透明，质地脆而易碎，从外形推测应是国产玻璃制品。⑤

15. 1966~1967年发掘的浙江瑞安慧光塔中出土的刻花玻璃瓶及安徽无为宋塔中出土的蓝色刻花玻璃瓶，也都是公元11世纪伊斯兰玻璃制品。瑞安慧光塔中出土的小玻璃瓶，小口、平底、高约3~4 cm，壁薄如蛋壳，出土时已碎，可能是国产玻璃制品。⑥

16. 1954年在安徽六安东门护城河中出土的双股玻璃钗，是宋代妇女的一种首饰，全钗用直径0.4 cm棒形玻璃条对折而成；尾部弧形弯曲，前端呈尖状；乳白色，半透明。应是国产玻璃制品。

17. 著名的杭州雷峰塔地宫中出土的小玻璃瓶，葫芦形，外表呈浅绿色，壁薄如纸。残高3.2 cm、最大腹径2.9 cm。据浙江省文物考古研究所所长曹锦炎先生告之，应是国产制品。

18. 甘肃漳县汪世显家族墓的年代为元代大德十年（公元1306年），墓中出土的玻璃莲花盏和玻璃莲花托各一件，系一套用具。盏、托均用蓝色玻璃制造，半透明，有气泡。盏口及腹呈七瓣莲花形，假圈足，口径8.6 cm；托为平折沿，

---

① 安家瑶：《中国的早期玻璃制品》，《考古学报》1984年4期。

② 秦明智等：《灵台舍利石棺》，《文物》1983年2期。

③ 安家瑶：《中国早期（西汉—北宋）玻璃器皿》，《中国古玻璃研究——1984年北京国际玻璃讨论会论文集》，第98~103页，中国建筑工业出版社，1988年。

④ 安家瑶：《试论中国近年出土的伊斯兰早期玻璃器》，《考古》1990年12期。

⑤ 连云港市博物馆：《连云港海清寺阿育王塔文物出土记》，《文物》1981年7期。

⑥ 浙江省博物馆：《浙江瑞安北宋慧光塔出土文物》，《文物》1973年1期；《无为宋塔出土的文物》，《文物》1972年1期。

作八瓣莲花状，平底，口径12.5 cm。① 莲花形盏托，是具有我国民族特色的用具之一，从造型上看，应是国产玻璃制品。这套盏托器型较大，制作精美，色彩艳丽，是元代玻璃品中的稀世之珍。

19. 元代苏州张士诚父母合葬墓中出土的玻璃圭，长42.6 cm、宽6.5 cm，涅白色，长条形，通体素面无光。圭是我国古代常用的器物之一，这件玻璃圭应是国产品，可能是采用模铸法制成。②

二、出土玻璃制品所反映出的几个问题

从上述部分出土玻璃制品的情况可以看出这一时期出土的玻璃制品有以下几个比较明显的特点：

1. 西方传入的伊斯兰玻璃制品与我国自己生产的玻璃制品在这一时期的墓葬和遗址中往往同时出土。而且，西方传入的玻璃制品数量约占出土玻璃制品总数的1/3～1/2左右。

2. 出土的玻璃制品中玻璃器皿的数量占较大部分。

3. 出土的玻璃制品中，日常生活用品、宗教用品等占大多数，而作装饰用的玻璃品的数量较少，与我国出土的早期玻璃制品的情况有所不同。

4. 从西方传入的玻璃制品所反映出来的一些当时比较先进的玻璃制造技术，如，无模自由吹制技术、刻花技术、铁棒技术等在同时出土的国产玻璃制品中也开始得到了应用。

5. 在我国新疆等地，由于比较靠近西亚地区、处在当时西方玻璃制品向东传播的路线之中，在考古发掘中发现的玻璃作坊中不仅在仿制西方的玻璃品，同时也生产我国自己的玻璃器物。

6. 出土玻璃器皿的数量比两汉六朝时期出土玻璃器皿的数量明显地增多。

7. 在元代，主要为皇家服务的“将作院”内就设有可能是专门制造玻璃制品的“瓘玉局”。据陶宗仪撰《辍耕录》卷二十一中记载，元代的“将作院”内设有“玛瑙局提举司”“石局”“温犀玳瑁局”“瓘玉局”等。从其机构的设置排列来看，“瓘玉局”应该是管理生产玻璃制品的机构，“瓘”者“罐”也，从罐子里生产出的玉，应该是玻璃，因此“瓘玉”就是玻璃。当然，这仅是一种推测。甘肃漳县汪世显家族墓和苏州张士诚父母合葬墓出土的玻璃制品，制作精良，应该有可能是皇家作坊的产品。

以上所述与隋唐宋元时期我国与世界各国之间的交流比较频繁的历史事实是相互吻合的，西方的玻璃制品不仅通过北方的“丝绸之路”传到我国，同时也通过南方的海上“丝绸之路”传到我国。

此外，我们还应该看到：这一时期的墓葬和遗址中出土玻璃器皿的数量与两汉六朝时期的墓葬和遗址中出土玻璃器皿的数量相比，虽然有了明显的增多，但是与同一时期出土的陶瓷器等相比，在出土地点、数量、器物种类、使用范围等方面明显地要少得多；远远没有达到早期的漆器和这一时期的瓷器所达到的那种

---

① 《中国美术全集·工艺美术篇10》，图版说明第4页，文物出版社，1989年。

② 《中国美术全集·工艺美术篇10》，图版说明第74页，文物出版社，1989年。

比较广泛使用的程度；另外，在我国内地至今还很少发现这一时期的玻璃生产作坊。因此，可以说在隋唐宋元时期我国的玻璃生产仍然处在缓慢地向前发展的阶段。

第二节 隋唐及宋元时期的玻璃制造工艺

一、伊斯兰玻璃制品的传入

隋唐宋元时期，我国与世界各国之间的交流比较频繁，我国的丝绸等物品通过北方的陆上"丝绸之路"及南方的海上"丝绸之路"运往世界各地。同样，包括伊斯兰玻璃在内的世界各国物产也通过这些路线不断地传到我国。所谓伊斯兰玻璃，是指在公元7世纪伊斯兰阿拉伯兴起，很快占领了原位于地中海东岸和伊朗高原的两个玻璃中心，伊斯兰玻璃在制造工艺和器形上继承了罗马玻璃和萨珊玻璃的传统，在公元9世纪开始形成自己独特风格的玻璃制品，被称为伊斯兰玻璃。马文宽先生考证了从当时辽的上京（今内蒙古的巴林左旗）通往西亚等地的交通路线有两条，一条是从上京经镇州（今蒙古人民共和国的哈达桑）、科布多到高昌（今新疆的吐鲁番）的路线，这条路线再经敦煌、和田、莎车、喀什等地通往西亚；另一条是从上京经中京（今内蒙古的宁城）、丰州、鸡鹿寨（今内蒙古磴口市西北）通往高昌和沙州（今敦煌）的路线。① 伊斯兰玻璃能流传到辽的上京，当然也可以传到北宋的京都汴梁，所以，我国黄河流域一带隋唐宋元墓及辽墓中出土的伊斯兰玻璃绝大多数都是从这两条路线传入的；而在长江流域及其以南一带唐宋墓中出土的伊斯兰玻璃，相当一部分应是从海上"丝绸之路"传来的。唐贞元年间（公元785～805年）宰相贾耽详考方域道里之数，《新唐书·地理志》引贾耽所记，从通天竺的陆道、广州通天竺至地中海的海道等都有比较详细的记载；宋代赵汝适《诸蕃志·注辇国》记载："注辇国，西天南印度也。……地产真珠、象牙、珊瑚、玻璃。""大食番至其国，则坐之门外，馆之别室，具供帐器皿。"注辇国产的玻璃是大食国的商人贩来的，大食即是指中亚到地中海沿岸一带国家，这些国家当时生产的当然是伊斯兰玻璃制品。表2－3－2是部分唐宋时期的墓葬及遗址中出土伊斯兰玻璃的情况。

表2－3－2 部分唐宋时期墓葬及遗址中出土伊斯兰玻璃的情况

出土地点	年代（公元）	出土玻璃品名称及数量（件）	资料来源
陕西扶风法门寺塔	唐乾符元年（874）	刻花蓝玻璃盘6，印纹直桶杯2，贴花盘口瓶1，彩釉盘1等	②
内蒙古陈国公主墓	辽开泰七年（1018）	带把杯2，刻花瓶1，乳钉纹瓶1，刻花盘1、高颈瓶2	③

① 马文宽：《辽墓辽塔出土的伊斯兰玻璃》，《考古》1994年8期。

② 法门寺考古队：《扶风法门寺唐代地宫发掘简报》，《考古与文物》1988年2期。

③ 内蒙古文物考古研究所：《辽陈国公主驸马合葬墓发掘简报》，《文物》1987年11期。

（续表）

出土地点	年代（公元）	出土玻璃品名称及数量（件）	资料来源
河北定县两座宋塔	宋太平兴国二年（977）	刻花玻璃瓶 5，玻璃碗 1，玻璃杯 2	①
浙江瑞安北宋慧光塔	宋景祐元年（1034）	刻花玻璃瓶 1	②

二、伊斯兰玻璃工艺对我国玻璃生产的影响

前已指出，伊斯兰玻璃工艺是在继承罗马玻璃和萨珊玻璃工艺的基础上发展起来的，例如其贴丝工艺（将玻璃液拉成细丝，在玻璃丝冷却前贴到玻璃器皿上面）、刻花（又称为磨雕或磨刻花工艺，即用不同规格的砂轮在制好的玻璃器皿表面切割打磨出各种纹饰）、刻纹工艺（用钻石等硬质工具在制好的玻璃器皿的表面刻出浅浅的单线条纹饰）、模吹印花技术及铁棒技术等。由于这些制作工艺的采用，使得伊斯兰玻璃制品外形比较美观，传入我国之后能够得到人们的喜爱，在一定程度上促进了我国玻璃生产的发展。这主要表现在下面两个方面。

（一）玻璃品的使用范围有了一定程度的扩大

我国早期的玻璃品主要是仿玉制品而作装饰用的玻璃珠、玻璃管、玻璃剑饰等，到了两汉六朝时期，随着西方玻璃器皿的传入，我国也开始了玻璃器皿的生产，但数量比较少。在隋唐宋元时期，我国玻璃器皿的生产有了一定程度的发展，在酒器、食器、服药器、舍利器等多种场合都开始使用玻璃制品了。

1. 文献记载③

（1）唐代岑参《成王挽歌》中记载：铭旌门送客，骑吹路人看。漫作琉璃碗，淮王误合丹。

（2）唐代苏鹗《杜阳杂记》卷下中记载：夜则公主以红琉璃盘盛夜光珠，令僧祁捧立堂中，而光明如昼焉。

（3）《如意宝珠金轮咒王经》中记载：若无舍利，以金、银、琉璃、水精、玛瑙、玻璃众宝造舍利。

（4）南宋陆游《剑南诗稿》卷 4 记载：玻璃春满琉璃钟（玻璃春，眉州酒名），宦情苦薄酒性浓。饮如长鲸渴赴海，诗成放笔千觞空。

（5）北宋时期，苏东坡的诗作中曾有关于“药玉盏”的诗，“熔铅煮白石，作玉真自欺”，所谓药玉盏，就是用玻璃制作的一种盛药的小碗。④

2. 出土文物

（1）如本章第一节中所论述的国产玻璃制品与进口玻璃制品在墓葬和遗址中同时出土，表明国产玻璃品也与进口玻璃品一样得到人们的喜爱与使用。

---

① 河北定县博物馆：《河北定县发现两座宋代塔基》，《文物》1972 年 8 期。

② 浙江省博物馆：《浙江瑞安北宋慧光塔出土文物》，《文物》1973 年 1 期。

③ 清华大学图书馆科技史研究室编：《中国科技史资料选编·陶瓷、琉璃、紫砂》，第 49～65 页，清华大学出版社，1982 年。

④ 安家瑶：《中国早期（西汉—北宋）玻璃器皿》，《中国古玻璃研究——1984 年北京国际玻璃讨论会论文集》，第 98～103 页，中国建筑工业出版社，1988 年。

(2) 从使用范围看，已经检验被确定为国产玻璃制品的有：日用玻璃用品——玻璃碗、玻璃瓶等；宗教玻璃用品——玻璃葫芦瓶；装饰玻璃用品——玻璃葡萄等。

(二) 一些先进工艺得到了应用

当时西方比较先进的一些玻璃制造工艺在我国玻璃生产中得到了应用，例如无模吹制技术、铁棒技术、冷加工技术、“贴丝”工艺等。

三、从出土文物看这一时期的玻璃制造工艺

(一) 无模吹制技术的较多使用

玻璃的吹制技术在西方出现得很早，而我国的玻璃吹制技术出现得较晚，1977年广西贵县凤流岭2号墓（东汉）中出土的高足杯，由托盘与杯两部分组成，杯外壁腰部有规矩的弦纹，有可能是吹制而成，也可能是模制而成，该杯的成分中氧化钾的含量达15%以上。① 对于该件玻璃制品的产地，有的学者认为是西方的，也有的学者认为是我国的。从器型看，国产的可能性较大。如果是吹制的话，则该件器物应是我国目前发现的最早的国产吹制玻璃器。然而，玻璃的吹制工艺在汉魏六朝时期并未在我国的玻璃中得到一定的应用。综合考虑，如果这件高足杯是吹制成型的话，其制造技术的来源也应该是西方的工匠来到广西，利用他们的技术采用当地的原料生产的。

随着西方玻璃制品的不断传入，西方玻璃制造工艺也会不断地传入我国，到了隋唐宋元时期，无模自由吹制技术在我国的玻璃生产中得到较多的应用，这在我国内地这一时期出土的玻璃制品中反映得比较明显。

隋唐宋元时期，出土的部分国产玻璃制品中属于无模吹制成型的有：

1. 隋代李静训墓中出土的绿玻璃盒，无模吹制成型，其器口与盖口都有磨平的痕迹，清晰可见，说明采用了冷磨技术，但未见抛光。出土的玻璃蛋形器与陕西临潼庆山寺塔基中出土的玻璃果等，均为无模吹制成型。

2. 唐代李泰墓中出土的黄玻璃瓶，其器形与我国初唐时期的陶罐极其相似，采用无模自由吹制技术成型，瓶口采用火烧成圆唇。

3. 甘肃唐代塔基下出土的玻璃舍利瓶，无色透明，长颈、球腹、薄壁，无模吹制成型，口沿部自吹管上切割下来后未经加工，不很平整。

4. 陕西西安东郊开元八年舍利塔基下出土的舍利瓶，长颈、球腹、壁薄，口沿部平整，无模吹制成型，口沿部自吹管上切割下来后又经过了磨平加工，所以比较平整。②

5. 河北定县6号塔基出土的玻璃花瓣口杯，无模自由吹制成型，成型后底部粘在铁棒上，进行剪口、烧口并用钳子将杯的口沿夹成侈口及花瓣状。

6. 河北定县两座塔基中出土的几十件葫芦瓶，都是无模吹制成型，器壁很薄，瓶的口部加工得比较粗糙。

---

① 黄启善：《广西汉代玻璃制品初探》，《中国古玻璃研究——1984年北京国际玻璃讨论会论文集》，第75～79页，中国建筑工业出版社，1988年。

② 安家瑶：《中国的早期玻璃制品》，《考古学报》1984年4期。

7．浙江瑞安北宋慧光塔中出土的小玻璃瓶，其壁薄如蛋壳，也应是采用无模吹制工艺成型的。

（二）铁棒技术的使用

铁棒技术是西方玻璃制造工艺的一种，隋代以前的国产玻璃制品中还没有发现采用过这项工艺。① 所谓铁棒技术，就是在生产吹制玻璃器皿的过程中，当玻璃器皿已经吹制成型时需要将器皿从吹管上剪下来，以便对器皿的口沿进行加工，此时就要将玻璃器皿底部预先粘在铁棒上，再将器皿从吹管上剪下来。由于铁棒技术的采用，使得生产出来的玻璃器皿底部外壁出现粘棒的疤痕，该疤痕是检经玻璃器皿是否采用了铁棒技术的最直接的证据。

出土的部分国产玻璃制品中采用了铁棒技术的有：

1．隋代李静训墓中出土的玻璃小杯，杯外壁的底部有粘棒的疤痕，说明该玻璃小杯在制造过程中采用了铁棒技术。出土的一件无颈瓶，平底，底部有一明显的凹痕，应是采用铁棒技术留下的疤痕，但该疤痕深凹，反映出使用这项技术还不熟练、使用的时间还不太长。

2．河北定县5号北宋塔基中出土的天蓝色玻璃瓶，已经考证为隋代的国产玻璃制品，该器的底部有疤痕，说明在制造过程中采用了铁棒技术。

3．陕西法门寺出土的所有玻璃品上，都有使用铁棒整修口沿的痕迹。出土的淡黄色茶杯、茶托是唐代9世纪后半叶产品。茶托上之铁棒整痕亦明显。

4．河北定县塔基中出土的两件侈口薄壁碗（其中一件又称之为花瓣口杯），碗底留有疤痕，说明采用了铁棒技术；但碗底留下的疤蒂很长，说明采用铁棒技术还不纯熟。这种碗的尺寸较大，器壁又薄，不易运输，其制造地点当在定县附近。②

5．河南密县北宋塔基中出土的玻璃宝莲形物胎薄如纸，仅0.02 cm，其底部有吹制时留下的疤痕，说明采用了铁棒技术。

（三）冷加工技术的使用

早期西方玻璃的冷加工技术主要有刻花和刻纹两种，其中，刻花工艺就是使用不同规格的砂轮在玻璃器皿的表面打磨出条状或块状的纹饰，所以又称为磨刻花。在出土的隋唐宋元时期的玻璃制品上虽然还没有发现采用砂轮刻花或刻纹的例子，但是在玻璃器上采用砂石进行打磨的工艺已经得到了一定程度的使用。例如：

1．隋代李静训墓中出土的绿玻璃盒的器口与盖口都有磨平的痕迹，清晰可见，说明采用了冷磨技术，但未见抛光。出土的一件管形器，中穿通孔，两端有磨平痕迹，说明使用了冷加工技术。

2．郧县唐代李泰墓中出土的绿玻璃瓶，瓶口的沿下打磨2.6 cm，打磨部分未经抛光，似为嵌包金属口沿。

（四）“贴丝”等热加工工艺的应用

① 安家瑶：《中国的早期玻璃制品》，《考古学报》1984年4期。
② 安家瑶：《中国的早期玻璃制品》，《考古学报》1984年4期。

贴丝是将熔融的玻璃液拉成细丝，在玻璃丝冷却之前缠贴到已经做好的玻璃器皿上。贴丝与贴花一样，都属于玻璃热加工装饰工艺中的一种，地中海东岸的玻璃工匠们早在罗马帝国时期就已熟练掌握了这种工艺，公元7世纪以后，伊斯兰的玻璃工匠继承和发展了这种工艺。在出土的隋唐宋元时期国产玻璃品上使用这一加工工艺的已有多例：

1. 隋代李静训墓出土的绿扁瓶，绿色透明，吹制成型，玻璃条缠圈足和口沿。

2. 唐代李泰墓中出土的绿色细颈玻璃瓶，其器型是我国唐代常见的形式，无模吹制，玻璃条缠圈足。

3. 甘肃灵台舍利石函（年代为五代末至宋初）中出土的三件玻璃葫芦瓶，瓶底内凹，器形规整，壁薄均匀，透明度大，外口沿是将拉成条状的玻璃丝热粘于口部做成的。

4. 河南密县塔基中出土的长颈瓶，可能为高铅玻璃制成。细长颈、球形腹，无模吹制，在瓶的口部缠有玻璃条。①

5. 河南密县塔基中出土的壶形鼎，为绿色玻璃制成，小口圆唇，圆球状腹，器腹下有等距离三实心足，足向下弯曲。该器采用吹制法制成，先做球状腹，再用玻璃料棍做成三足，加热后粘于器腹下部。出土的玻璃鸟形器，用深绿色半透明玻璃制成，鸟颈细长，体内中空，体侧伸出双翅，向上弯曲，两翅各套有一个小圆环。向上弯曲的双翅，是制成并套上小圆环后再加热粘于器体的两侧。

第三节　钠钙玻璃与钾铅玻璃

一、出土的国产钠钙玻璃实物

1. 隋代李静训墓中出土的两件玻璃小杯和一件玻璃无颈瓶，经X—射线荧光分析为钠钙玻璃；河北定县北宋塔基中出土的天蓝色玻璃已经考证为隋代的国产玻璃制品，经X—射线荧光分析为钠钙玻璃。

2. 唐代李泰墓中出土的绿色细颈玻璃瓶和玻璃杯，其器型是我国唐代常见的形式，瓶的残片经分析属于钠钙玻璃，其化学成分为：二氧化硅61.58%、三氧化二铝1.66%、氧化钠17.86%、氧化钙6.27%、氧化钾3.53%、氧化镁6.43%。②这两件都是我国生产的钠钙玻璃制品。

李静训墓中出土的玻璃无颈瓶，所用的质料较粗，颜色较深，表明原料中铁的含量高，没有经过精选，比一般进口的钠钙玻璃质量差，反映了熔制钠钙玻璃的技术并不成熟；而唐代李泰墓中出土的绿色细颈玻璃瓶和玻璃杯，所用的质料相同，绿色透明，玻璃的熔制水平比较稳定，它们的出现可以看做是隋代钠钙玻璃制品的继续与发展。③

① 安家瑶：《中国的早期玻璃制品》，《考古学报》1984年4期。

② 建材研究院等：《中国早期玻璃器检验报告》，《考古学报》1984年4期。

③ 安家瑶：《中国的早期玻璃制品》，《考古学报》1984年4期。

二、出土的钾铅玻璃实物

1. 河南密县宋代塔基中出土的玻璃蛋形器，经化学分析，主要成分是：二氧化 31.66%、氧化钙 3.35%、三氧化二铝 2.22%、氧化钠 0.11%、氧化钾 13.75%、三氧化二铁 4.39%、氧化铅 41.57%，① 属于钾铅玻璃制品。

2. 甘肃灵台舍利石函（年代为五代末至宋初）中出土的浅绿色玻璃葫芦瓶残片经化学分析，结果是二氧化硅 36.32%、氧化钙 0.13%、氧化镁 0.10%、氧化钠 0.29%、氧化钾 10.09%、三氧化二铁 0.16%、氧化铅 50.31%、氧化铜 0.13%，② 是一种钾铅玻璃。

三、有关问题的讨论

我国早期的玻璃制品一般都是铅钡玻璃，大约从汉代开始，逐步地向铅玻璃发展，前面引用过的苏东坡的“药玉盏”诗“熔铅煮白石，作玉真自欺”，就是当时的人们制造铅玻璃器皿的生动反映：铅与白石共同熔炼，得到的当然是铅玻璃，用它来制造盛药的盏，外观看似玉盏，实际上却不是用玉石做的，真正是自己欺骗自己了。

我国钠钙玻璃产生的两种推测：

1. 西方进口的玻璃料在我国内地生产。

隋唐时期的墓葬中出土的钠钙玻璃制品，如，在西安附近发掘的隋代李静训墓出土的八件国产玻璃器皿中有三件是钠钙玻璃；在湖北郧县发掘的唐代李泰墓出土的四件国产玻璃器皿中有两件是钠钙玻璃，其中一件玻璃瓶残片的化学成分与萨珊玻璃的成分十分相似（见第二章第四节表 2-2-11），为这种推测提供了一定的依据，它们可能是采用进口的玻璃原料在我国生产的产品。北宋时，对进口伊斯兰玻璃原料有比较明确的记载，《铁围山丛谈》记有：“时（政和四年）奉宸中得龙涎香二琉璃缶，玻璃母二大筐。玻璃母者，若今之铁滓，然块大小犹儿拳，人莫知其方，又岁久无籍，且不知所从来，或云柴世宗显德间，大食所贡，又谓真庙朝物也。玻璃母诸当以意用火煅而模写之，但能作珂子状，青红黄白随其色，而不克自必也。”既然北宋时期我国进口伊斯兰玻璃原料，那么早一些的隋唐时期也有可能进口玻璃原料。③

1977 年至 1979 年美国水下考古研究所等在土耳其西南海岸塞尔斯利马尼发现的一艘公元 11 世纪 20 年代（相当于我国的北宋时期）的沉船内，发现了 20 件完整的玻璃器皿、重约一吨的玻璃器皿残片和重约两吨已熔好的玻璃料块。说明在我国的唐宋时期，出产于西方的玻璃半成品也曾经运往东方，当然也就可能为我国的玻璃生产所使用，这也是我国唐宋时期部分钠钙玻璃制品的由来。虽然这些钠钙玻璃制品出土于隋唐墓中，然而采用进口玻璃原料生产玻璃器的做法在六朝晚期就应该出现了。

---

① 建材研究院等：《中国早期玻璃器检验报告》，《考古学报》1984 年 4 期。

② 建材研究院等：《中国早期玻璃器检验报告》，《考古学报》1984 年 4 期。

③ 《铁围山丛谈》卷五，第 87 页，中华书局，1983 年。

2. 采用国产原料生产。

唐代名医孙思邈的《太清丹清要诀》中有一个“造白玉法”及“造玉泉眼药方”，原文是：①

造白玉法

右取大蛤蒲捣为末，细研之，取一斤内（纳）竹筒中，复内（纳）消石，密固之。内（纳）左味中，二十日成水。后取白石英半斤捣作末，投筒中即凝。出之，好炭火火之，令赤，即成白玉，亦服饵之也。

大哈蒲，是指蛤蚌之壳，主要成分为碳酸钙；硝石，是指钾硝石，有效成分为硝酸钾；左味，炼丹术中醋的隐名，主要有效成分为醋酸；石英，主要成分为二氧化硅。可见用这种方法制造出来的“白玉”应是一种钾钙玻璃。还需指出的是：在唐代，一般的工匠对硝石的认识并不是十分明确的，往往也会将另一种物质，如，朴硝、芒硝（有效成分为硫酸钠）等当作硝石使用。果如此，所得到的产物就应该是钠钙玻璃。

造玉泉眼药方

右取水精二两末之，乳半合和，瓷瓶中盛之。蜜固济，勿泄气，埋地下，百日出之。置一灶孔熏之一日，开之青白如玉。取铅锡成炼者二斤熔之，以此药丸如桐子大投中搅之，为真白矣。

水精，即石英，与乳混合放置并加热后成半干状，将此物投到熔化的铅中，所制成的“真白”当然为高铅玻璃。

我国古代往往会采用不同的原料来烧制玻璃，所以化学成分也较复杂。前面已经论述的我国新疆若羌出土的玻璃残片，时代可能为宋元时期，其成分中氧化硅和氧化钠的含量比一般的钠钙玻璃低，而氧化钾、氧化镁和氧化铝的含量比一般的钠钙玻璃高，既不同于以自然碱做助熔剂的罗马玻璃，也不同于以草木灰做助熔剂的欧洲中世纪玻璃。极可能是采用新疆出产的土硝为助熔剂制造的。如果将土硝与铅或铅化物一起使用，制造出来的就是钾铅玻璃了。

第四节　宋代烧制琉璃遗址

一、遗址发掘时的有关情况

《中国文物报》1996年1月7日一版报道江苏镇江古城考古所在镇江市区解放路大地大厦考古工地，清理出一座宋代灰坑及琉璃炼炉遗迹，发现宋琉璃象棋子等一大批文物。现将主要内容摘要如下：

宋代琉璃质象棋子四枚。呈圆形，直径2.5 cm、厚0.4 cm。文字阴印，其中泛蓝色棋子三枚，为两“卒”一“士”，泛白色棋子一枚，为“士”。所在的灰坑口部略近长方形，长4.8 m、宽4.1 m、深0.55 m。文化内涵丰富，出有各式文物标本一百三十余件，陶瓷遗物近三千件。灰坑南侧发现残存的一座砖砌琉璃炼炉，

① 宋·张君房：《云笈七签》卷七十一，《正统道藏》37册，第29882、29886页，台湾艺文印书馆影印，1977年。

内径约 1.2 m，炉壁内附着硬结的红烧土层，并出有多件炼制琉璃的小型坩埚及炼渣块。坩埚陶质，口径 5.5 ~6.5 cm、高 6.2 ~7.2 cm，埚内大都留有琉璃附着层，并且坩埚底外多还戳印有“小尹窑”字样。这表明，该处为一宋代生产琉璃的手工业作坊遗迹，灰坑所出琉璃象棋子及琉璃发簪，即是其炼制的产品。宋代镇江曾是琉璃的主要产地之一，市区东北侧甘露寺塔基出土的宋代银函刻文提供了润州（今镇江）制造琉璃的线索：“大宋嘉祐初，太学医生刘永徙携佛骨自西来，欲率润之巨姓建琉璃宝塔以葬”。证明润州不但能制作琉璃，而且可以制作“琉璃宝塔”一类的产品。苏东坡的《元日过丹阳，明日立春，寄鲁元翰》诗云：“西湖弄水犹应早，北寺观灯欲及辰。”北寺在镇江，其间正月元宵节观灯盛极一时，并“以琉璃灯为贵”。宋时镇江有街名“琉璃巷”（今电力路北段），“因所鬻之物，猥以为名”，在此巷内形成专营琉璃的特色市场。

象棋，至迟在唐代已在我国流行，到了宋代，象棋即定型为现在的棋制。而这次镇江出土的宋代琉璃象棋子，与 1974 年在福建泉州湾宋代沉船中出土的木制象棋子，属于迄今我国发现最早的象棋子。

二、有关问题的讨论

此次镇江出土的宋代烧制琉璃（实际上是指玻璃）遗址，是在我国所发现的极少见的古代玻璃生产的遗址，它的出土为研究我国古代的玻璃生产提供了宝贵的实物资料。从上述报道来看，这座烧制玻璃制品的遗址应是一座采用已经制造好的玻璃料块为原料生产玻璃制品的作坊遗址，而不是以石英砂等为原料烧成玻璃液之后、再进一步制造玻璃制品的作坊遗址。因为其砖砌的玻璃窑的内径只有约 1.2 m，窑内出土有炼制玻璃的坩埚多件，而坩埚的口径更小，只有 5.6 cm，高约 6.2 cm。这种小型的坩埚是无法用来进行玻璃原料生产的。据推测，该玻璃作坊是先将现成的玻璃料块破成碎末，放在坩埚里，然后置于砖窑内加热熔化，熔化之后将坩埚从窑内取出并将已熔化的玻璃液浇入预先制好的模子内，采用模铸技术生产玻璃象棋、玻璃发簪等小型器物。

由于熔化玻璃料块的温度比较高，所以砖窑的内径比较小，只有 1.2 m 左右，以利于保持窑内的高温；由于生产的都是些象棋子、发簪等小型器物，所以采用的是小型坩埚，一次只浇铸数枚棋子或发簪。这类玻璃生产设备的使用是比较科学的，因为熔化后的玻璃液从窑内取出后很快就会冷却，而玻璃制品、包括小型的玻璃制品都只能一件一件地浇铸，而不能像生产青铜货币那样一次浇铸数件（一次浇铸数件后的青铜浇道比较容易去除，而玻璃浇道却是难以去除的），这样一个坩埚内的玻璃液比较少，很快就能浇铸完毕，浇铸完后的坩埚加入玻璃原料再行放入窑内加热。同时，坩埚的体积小，窑内可以同时加热多个坩埚，这样就便于多人进行流水作业，提高了生产效率，降低了成本（见图 2 -3 -1）。

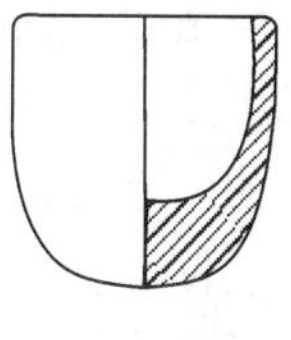

图 2 -3 -1　坩埚图
（摘自《南方文物》1996 年 1 期）

谢惠先生在《山东博山玻璃工业概况》① 一文中记载了20世纪30年代博山制作玻璃纽扣的情况与此相类似，现摘录如下：

以长柄小头之铁钳，钳一预制之纽鼻，置于小炉中烧红之。另以一钳钳料条一段，置入火中，待熔化时，以第一钳之纽鼻，蘸取玻液少许，因液体有形成最小表面之性质，故自成一小球状，待稍冷时，以另一铁器，弹入炭灰或草木灰盆中，冷后取出，便成衣纽。颜色及大小，可任意配制。

宋代镇江生产玻璃棋子、发簪等物，也应是先取出少许玻璃液放在预先制好的模子内，通过模制而成。

镇江，在宋代称为润州，是宋代我国与西方进行通商的口岸之一。采用西方输入的或我国其他地区生产的“玻璃母”为原料制造玻璃制品，与前面所引述的《铁围山丛谈》中的记载是吻合的。近些年来，镇江城市考古中，在宋代文化堆积层内常常有玻璃残片发现，说明当时该地玻璃制造业是比较发达的。

以进口或其他地区生产的玻璃料块为原料进行玻璃制品的生产，在我国可能出现于隋唐时期或更早，因为在我国的部分唐代墓葬中出土有国产的钠钙玻璃瓶等器物，其中可能之一就是采用进口原料制造的，前面已有论述。这一生产方式一直延续到近代。在明清时期，我国北京等地的工匠们从山东买来玻璃料条，重新熔化后制成玻璃品出售，所以当时将玻璃器也称为料器。直至今天，我国的一些考古工作者还将出土的玻璃器称为料器，其原因就在于此。

第五节 我国历史上玻璃生产发展缓慢原因的探索

在本编第一章中我们已经论述过我国的玻璃生产萌芽于西周时期，到了春秋战国时期，在西方玻璃制品传入后楚国人创造了具有我国自身特点的铅钡玻璃。然而，在我国的历史上玻璃生产的发展一直是十分缓慢的，这一状况不仅在隋唐宋元时期是如此，直到明清时期也是如此。那么，造成我国历史上玻璃生产发展缓慢的原因主要有哪些呢？

一、将玻璃作为玉石代用品使用是我国早期玻璃生产发展缓慢的主要原因

我国早期的玻璃制品主要是珠、管、璧等小型器物，而且是作为玉器的代用品使用的。当时所生产的玻璃制品的外观尽量仿制玉石器的外观，呈半透明的混浊状，这也是当时的玻璃成分中含有大量钡的氧化物的原因之一。玉器，主要是作为祭祀用品或装饰用品使用，到了后来虽然也作为部分生活用品使用，然而它们主要是为上层统治阶级少数人服务的。作为玉石代用品的早期玻璃制品，其使用当然也就仅仅局限于作为制造仿玉品这一狭小的范围内。因此，对于早期玻璃来说，玉石代用品的这一生产目的本身就产生出影响其生产发展的一些因素。

（一）社会对于它的需求量比较少

因为早期的玻璃主要是用来生产装饰品和祭祀用品，社会本身的需求量就不会多；另外，玉器是一种贵重物品，是为少数统治阶级服务的，作为玉石代用品

① 谢惠：《山东博山玻璃工业概况》，《交大季刊》13期，1934年。

的玻璃当然也是如此。社会的需要是生产发展的强大动力之一，早期的玻璃生产发展缓慢的原因是由于社会对它的需求量比较少。

（二）玻璃的主要特点被掩盖了

透明性好是玻璃与其他材料相比时所具有的主要特点，也是玻璃制品得到人们喜爱的主要优点之一。我国早期的玻璃制品主要是作为玉器的代用品，外观制成半透明的仿玉状，将玻璃透明性好的优点彻底地掩盖了。例如，广州南越王墓出土的块状玻璃，尺寸为长 8 ~ 10 cm、宽 4 ~ 5 cm、厚约 0.3 cm，是作为腰饰使用的，是玉制腰饰的代用品，表面呈半透明状，经分析它们属于铅钡玻璃。如果改变其使用目的、恢复玻璃自身透明性好的特点，这样大的板块状玻璃镶嵌在窗子上作采光也是比较适用的。实际上，在西汉前期我国已经制出了透明度比较好的玻璃品，已经引述过的西汉刘歆《西京杂记》中的绿玻璃就是一种透明度比较好的、可以用在窗子上作采光用的玻璃制品，只是玻璃的这一使用领域后来没有得以发展。

将玻璃作为玉石代用品的思想直至西汉晚期仍然存在，我们已经论述过的“妾莫书”玻璃玉衣就是一例。这一思想正是我国早期玻璃生产发展缓慢的主要原因。

二、悠久的制漆史是影响我国汉代玻璃生产发展的原因之一

（一）漆器的大量使用从客观上阻碍了玻璃器的发展

在汉代，我国生产的漆制品可以说几乎应用到了社会的各个领域，特别是人们的日常生活之中，而这一点又是当时的玻璃器无法替代的。河北刘胜墓中出土的玻璃耳杯和玻璃盘，正是说明了早在西汉前期的人们也想用玻璃来生产日常用品，然而与漆器相比，当时所生产的玻璃器的劣势是十分明显的，所以无法用玻璃器来替代漆器。

（二）高档漆制品的使用部分取代了统治者对玻璃器的追求

汉代漆器向高档化的发展，使漆器不仅是一种实用品，而且也是一种工艺品及珍宝。大量金银等贵重金属和玉的使用，使制出的漆器高贵、华丽、庄重，作为珍宝为统治者使用或收藏，同时也显示出使用者的身份与地位的高贵。这也是当时我国生产的铅钡玻璃或高铅玻璃制品难以达到的。

三、瓷器生产的发展是影响我国两汉之后玻璃生产发展的重要原因

瓷器是我国古代劳动人民的伟大创造，早在商周时期已经出现了原始瓷器，两汉六朝时期的青瓷生产不仅已经开始，而且有了一定程度的发展，到了唐宋时期，我国的瓷器生产十分发达，青瓷、白瓷、青白瓷、黑瓷等瓷器的品种、数量、制造工艺都达到了比较高的水平，瓷器已经深入到了社会的基层、深入到了广大人民群众日常生活的许多领域。在当时的社会生产条件下，瓷器与玻璃制品相比较，瓷器具有如下的优点。

（一）原料比较容易得到

瓷器的主要原料是瓷土，一般均是露天开采，而且储量丰富；青瓷表面的釉料是瓷土和钙的化合物，而且相对来说釉料的用量比较少。玻璃的主要原料是石英砂，还有用量比较大的铅、钡等矿物，石英砂虽然易得，但铅、钡等矿物不仅需要各自单独开采，而且大都是坑采。此外，铅还是制造青铜货币、青铜兵器、青铜镜等的主要原料之一，不可能大量地用来进行玻璃器的生产。因此，相对来说制造玻璃的原料比制造瓷器的原料来得比较困难一些。

（二）制造工艺比较简单、产量高

瓷器是先成型后烧结和熔融，烧成温度一般为1 100 ℃左右，在窑内可以几百件甚至上千件一次烧成，生产量大，价格低廉。由于瓷胎中的部分矿物已被烧熔成了玻璃体，因此，所生产出的青瓷、白瓷、青白瓷等外观呈半透明状、具有玉质感。玻璃制品一般是先熔融后成型，铅玻璃或铅钡玻璃的熔化温度一般在1 000～1 100℃左右，然而为了将原料全部熔化，所需的温度应更高一些，同时原料的量也不能太多，这样产量就不会很高。

瓷器是先成型后烧制，在成型的过程中，由于瓷土的可塑性好，可以长时间地进行操作，因此可制成各种比较复杂的器形和纹饰。玻璃是先熔融后成型，熔融后的玻璃液很快会冷却下来，如要制成较复杂的形状，不仅需要一定的模具、同时还需要较高的技术，才能在较短的时间内完成；玻璃制品上的刻花、刻纹装饰是在成型后使用砂轮、钻石等工具磨制和刻制的，与瓷器上的纹饰制作比较起来就要困难得多。

需要指出的是，在瓷器大量使用之前，我国广大劳动人民日常生活中所用的主要是陶器、部分漆器，在两汉时期还较多地使用过釉陶器。瓷器出现之后，它们中的相当部分都被瓷器所取代，更不用说原来就很少使用的玻璃器了。

四、化学成分中的高含铅量是唐宋时期我国玻璃生产发展缓慢的原因之一

我国历史上生产的玻璃，最早的主要是铅钡玻璃。约从汉代起，又逐步地向高铅玻璃发展，到了隋唐时期，虽然也出现了钠钙玻璃，但没有发展起来。以铅为主要成分之一是我国古代玻璃的一大特点（见表2－3－3），从表2－3－3中我们可以看到唐宋时期高铅玻璃的氧化铅含量在38%以上，有的甚至达到近65%。苏东坡“药玉盏”诗中“熔铅煮白石，作玉真自欺。”的诗句，与出土文物的化学成分是相互吻合的。

表2－3－3 部分出土的唐宋时期玻璃制品的化学成分①

名称	年代	出土地点	化学成分（%）								
			SiO_2	Al_2O_3	Fe_2O_3	PbO	CaO	MgO	K_2O	Na_2O	CuO
玻璃瓶	唐	陕西三原	36.16	2.42		46.65	1.09	2.84	0.95	10.01	
玻璃瓶	唐	湖北郧县	30.49	1.61	0.33	64.29	0.20	0.30	0.27	0.31	
玻璃瓶	北宋	甘肃灵台	36.32		0.16	50.31	0.13	0.10	10.09	0.29	0.13
玻璃葡萄	北宋	河北定县	36.93	1.11	4.13	45.93	0.36	0.08	8.45	0.08	1.44
细颈瓶	北宋	河南密县	39.97		0.29	38.12	3.29	0.43	11.95	0.15	2.00
葫芦瓶	北宋	河南密县	30.02	0.62	0.28	57.25	2.32	2.26	6.08	0.16	1.00
蛋形器	北宋	河南密县	31.66	2.02	4.39	41.57	3.35	0.30	13.75	0.11	

前面已经指出，铅在我国历史上历来都是制造青铜货币、青铜兵器、青铜镜

① 赵匡华：《试论中国传统玻璃的源流及炼丹术在其间的贡献》，《自然科学史研究》1991年2期。

的主要原料，铅的大量使用提高了玻璃的价格，使之无法与造价低廉的瓷器竞争，从而阻碍了唐宋时期玻璃生产的发展。

氧化铅是玻璃的助熔剂，它的大量存在不仅降低了玻璃的熔点，同时也提高了玻璃的折射率。“由于早期国产玻璃器皿多是铅玻璃，折射率高于钠钙玻璃，所以其光泽比进口的西方玻璃要好。”“有‘光泽美于西方者’，这是符合事实的记录。”①

宋代的一些文献中多处记载了我国生产的玻璃器皿与当时进口的西方玻璃器皿之间的差异：如，《宋本程氏演蕃露》卷三（续古逸丛书本）中记载：“然中国所铸有异于西域者，铸之中国则色甚光鲜，而质则轻脆，沃以热酒，随手破裂。至其来自海舶者，制差朴钝，而色也微暗，其可异者，虽百沸汤注之，与磁银无异，了不损动，是名蕃琉璃也。”宋代赵汝适《诸蕃志》卷下记载：“琉璃出大食，诸国烧炼之法与中国同，其法用铅、硝、石膏烧成，大食则添入南鹏砂，故滋润不烈，最耐寒暑，宿水不坏，以此贵重于中国。”②

安家瑶认为“国产玻璃‘色泽光鲜’‘质则轻脆’，与实物相符，不耐寒暑的原因除了原料上的差异外，还可能是由于没有退火”。玻璃在成型过程中，内外层总存在着一定的温度差。这种温度差在玻璃制品中形成相应的应力。由于局部的、不均匀的应力的存在，使得制品的强度减弱。退火的目的就是使制品内的应力减少到可以容许的程度。从早期国产玻璃器皿多薄壁器，可以推测我国当时还没有很好地掌握退火技术。③

正因如此，那些壁薄如纸的玻璃器皿十分容易破碎，无法大量生产食具等实用的玻璃制品。这也是唐宋时期玻璃生产发展缓慢的原因。

① 安家瑶：《中国早期（西汉—北宋）玻璃器皿》，《中国古玻璃研究——1984年北京国际玻璃讨论会论文集》，第98~103页，中国建筑工业出版社，1988年。

② 赵汝适：《诸蕃志》卷下，《影印文渊阁·四库全书》594册。

③ 安家瑶：《中国的早期玻璃制品》，《考古学报》1984年4期。

第四章

明清时期的玻璃

明清时期，山东颜神镇可以说是我国近现代玻璃工业的发源地，它不但生产玻璃制品，同时还生产玻璃原料供应外地。当时北京等地的玻璃工匠们正是使用这些原料制造各种玻璃品的，所以直到今天考古工作者还将出土的玻璃制品称为“料器”——即采用颜神镇生产的玻璃料条为原料制作出的器物。从目前的考古资料来看，颜神镇的玻璃制造业至迟在元代末年之前就已经开始，明代有了较大的发展。此外，明清两朝的宫廷作坊内也都有专门制造玻璃的作坊，特别是清代养心殿造办处玻璃作坊，为皇家生产了大批的玻璃制品。

第一节　山东淄博玻璃作坊遗址①

1982 年底，淄博市博物馆在配合该市博山大道建设中，清理了一座元末明初玻璃作坊遗址。遗址的地层共分三层，第一层是现代扰乱层，第三层是金、元文化层，第三层之下是生土。第二层是玻璃作坊遗址文化层，与玻璃有关的遗物主要都出自该层，该层上部还出土了一枚明代“洪武通宝”。此外，在第二层与第三层之间还有一厚约 10 ~ 15 cm 的淤积层，淤积层次分明，不包含遗物。所以，仅从地层来看，该遗址主要应是明代的玻璃作坊遗址。

一、熔炉

在 403 m^2 内基建工程开有三条大沟，考古发掘是配合基本建设工程进行的，在第二层中发现玻璃炉遗迹分布密集，排列较整齐。有大炉一座，小炉 21 座，大体上是按南北向直线排列。炉间距离远的（L19 和 L20）为 10. 8 m，近的（L18 和 L19）仅有 1 m。

发现的大炉仅剩炉底遗迹，以 L9 为例，平底，东西长 2 m。直壁，壁厚 8 cm、残高 40 cm，皆为红烧土块。炉底面上距地表 1. 1 m，炉底下的砖墙已被拆除，仅有遗迹可辨。这种炉的炉体较大，是把矿石熔化成玻璃液以生产玻璃料条的大炉。

小炉 21 座，发掘简报中介绍了两种形制不同的小炉。

1. L10，小炉，仅有炉底。炉底平面为不规则的长方形，长 83 cm、宽 67 cm，直壁，深约 30 cm。底面为灰土，四壁是用夹粗砂的耐火砖砌筑的。炉壁砖不规

① 淄博市博物馆：《淄博元末明初玻璃作坊遗址》，《文物》，1985 年 6 期。

则，厚约 11 cm。

2. L12，小炉，仅有炉底。平面呈亚葫芦形，前小后大。长 80 cm、深 20 cm。后部直径 30 cm，壁厚 8 cm，为红烧土块。前部直径 30 cm，底和四壁为一很薄层红烧土。前部与后部以一条宽 9 cm 的通道相连，通道以耐火砖砌成。炉底前浅后深呈簸箕形。

遗址的发掘者认为，大炉是专门生产玻璃料条的，小炉是制作玻璃器成品的。同时，还介绍了 20 世纪 80 年代中期前后，博山一带的某些玻璃厂仍然采用类似上述形制的熔炉生产玻璃的情况：

1. 据老工人介绍，类似 L9 的大炉，完全是手工操作的，这种大炉，祖辈相沿使用，结构很少变化。这种炉一般长 1.9 m、宽 2.14 m、高 2.62 m，其炉底大小及结构与 L9 基本相同，可作为研究和复原 L9 时参考。这种炉在使用时，先把装有矿石的硝罐置于炉腔内的夹壁上并盖严。在高温下硝罐内的矿石熔为玻璃汁。达到一定火候时，玻璃工匠打开炉体一侧的出料口，用长钩打开硝罐盖，除去浮在玻璃汁表面的杂质。用药杵（又称料头或料勺，一种一端粘有圆球状耐火料的长铁柄炉具）从硝罐内蘸出玻璃汁，快速地把它拖淌于平放在地上的长条铁板上，迅即凝为料条。趁尚软时，铁板一端有一工匠把它用铁钳截成一米长左右，以供小炉使用。

2. 结构及大小方面类似 L12 的小炉，炉体的横截面也呈亚葫芦形，宽处 69 cm、窄处 30 cm。炉体高 72 cm、长 120 cm。炉腔为密封式。炉顶为平面，中间有一条纵向的出火口，长 38 cm、中宽 13 cm、两端宽 4 cm。炉内烧焦炭。出火口中间放一块弧形耐火瓦，一方面把炽烈的火苗逼向出火口两端冒出，一方面调节出火口的温度。炉的两端可各坐一人同时操作。操作时，工匠一手持药捻子（一种粘满耐火料泥浆的铁条），横放于出火口的一端；一手持料条，顺着出火口的方向，在出火口处搭于药捻子上。出火口的烈焰把料条着火的一端熔成黏稠流动的玻璃汁，随着药捻子有节奏地捻转和抽动，玻璃串珠等产品就制造出来了。

二、炉具

硝罐，出土九件。圆唇，敛口，鼓腹，小平底，厚重粗糙。耐火料，夹粗砂。深褐色，器表凹凸不平。高 33 cm、口径 18 cm、腹径 28 cm、底径 17 cm。出土时有的罐内壁上粘有粉末状玻璃原料，有的罐内底还残留有已烧结的块状玻璃料。

硝罐上有盖，盖呈铁饼状，一面较平。耐火料，质地粗糙，红褐色，夹大粒粗砂。直径 25 cm、中心厚 5 cm、边缘厚 2 cm。盖中间有一直径 5 cm 的圆孔，孔内有耐火料的圆塞。圆塞顶端有深 2 cm 的凹窝。

硝罐的称谓是从什么时间开始的？现在已难以考证。据遗址的发掘者考证，这一称谓是由于在制造玻璃时采用硝石做助熔剂而形成的。实际上，硝罐也就是坩埚的一种。

坩埚，出土两件，均残。直筒状，圜底。耐火料，夹粗砂，灰褐色。残高 16 cm、壁厚 1.5 cm。

模范，出土一件。长方体，耐火料，质地细腻，浅红色。长 7.2 cm、厚 1.6 cm、宽 3 cm。正面中间有一横贯的纺锤形凹槽，两端有三个圆锥形凹窝。

此外，还出土有炉壁砖等物。

三、生产玻璃的原料

在多个硝罐内均发现有用来生产玻璃的矿石原料，呈颗粒状，有灰白色、白色及白中泛黄等几种颜色。这些矿石原料应该是经过加工后的形状。它们的化学成分见表2-4-1。

表2-4-1　玻璃作坊遗址出土遗物的化学成分

名称	化学成分（%）										
	F	Na_2O	MgO	Al_2O_3	SiO_2	K_2O	CaO	TiO_2	FeO	CuO	PbO
L1 浅绿色半透明玻璃珠		3.30	3.66	6.77	64.33	8.67	10.77	0.31	0.57	0.11	
深蓝色透明玻璃簪柄		2.00	0.22	6.06	59.93	19.78	9.42		0.30		0.46
L2 乳白色空心玻璃簪		3.53	0.48	7.83	58.76	14.99	12.09	0.25	0.64		0.25
L5 蓝色玻璃料		2.44		7.22	59.73	20.34	9.33				
L21 黑色玻璃料	0.10	3.61	3.29	5.90	64.38	8.39	13.52			0.11	
L8 紫色玻璃料			0.30	7.20	66.86	12.19	8.21	0.30	3.04	0.60	
L12 淡绿色玻璃料	0.80	0.30	0.49	19.97	72.04	0.15	2.28	0.18	0.76	0.46	
L21 黄色玻璃料			0.94	12.04	76.64	3.67	1.99	0.58	2.77	0.15	
L12 淡蓝色玻璃料		0.99	0.22	4.63	67.18	16.34	8.11			1.23	
L3 玻璃原料	0.23	9.65		22.59	62.98	1.08	2.08		0.20		
L21 硝罐内玻璃原料		0.67	0.41	8.73	80.33	3.22	2.75	0.39	0.35	0.86	
L21 硝罐粘壁残渣	12.85	2.50	0.13	43.02	28.80	3.91	0.31	4.64	1.26		

四、玻璃产品

玻璃料，即是矿石熔化后未制成料条而凝结成的玻璃块状物，遗址中多有发现，有半透明及不透明两种，颜色有绿、浅绿、蓝、浅蓝、白、乳白、豇豆红、黄、黑等，晶莹艳丽。

丝头，即使用过的玻璃料条所剩下的余料，当地称为丝头，明代是否也这么称之，不得而知。条状，截面扁圆，长1~3 cm不等。有绿、蓝、黑、淡黄、乳白等色。

玻璃器，品种有簪、簪花、串珠、环等。分半透明和不透明两种。颜色也有多种，与出土的料块、丝头相同。

五、有关问题的讨论

（一）遗址所反映出的生产规模

在403 m^2 的范围内就密布有20多座大小不同的玻璃熔炉，炉址密集，排列整齐。另外，在距离该遗址约50 m的地方也采集到乳白、蓝等颜色的玻璃簪、黑色的玻璃围棋子等物，与遗址中出土的物品相同，是属于同一时期的遗物。表明这是一处玻璃熔炉密集、工匠集中、分工较细的大型手工工场。该地玻璃制造业兴起的时间应该比元末明初更早。

（二）制造工艺

1. 从出土的玻璃实物来看，色泽纯正，颜色多样而艳丽，说明当时已经较准确地掌握了各种玻璃显色剂的比例、配方等，可以根据需要制造各种颜色的玻璃。

2. 出土的模范，表明采用有模铸压成型；出土的玻璃器中有的实心，有的空心，表明吹制技术同时也在使用。

3. 在采集到的乳白色玻璃簪的顶端，有豆粒大小的一块蓝色玻璃装饰，蓝白色界限分明，但两种玻璃结合紧密，浑然一体；出土的玻璃块中也可看出红、褐、绿等色的玻璃混在一起，这些都表明玻璃工艺中的套料技术已在使用。

4. 遗址中出土有作为燃料的焦煤，易家良等认为：用焦煤作燃料是我国玻璃熔炉的特点，欧洲到 17 世纪初才使用煤为燃料熔炼玻璃。①

5. 从化学分析结果看，该遗址出土的玻璃成分中氧化钾、氧化铝比较多，并有一定量的氟存在。易家良等指出：氧化钾含量高是由于大量使用硝石为原料，玻璃中氧化铝是由长石类矿物引入，氟是由萤石引入的。并认为：使用长石质矿物为主要原料，以萤石（还有硝石）为助熔剂和乳蚀剂具有中国独有的特点，与欧洲早期和中世纪的玻璃配方迥然不同。②

6. 大炉主要生产玻璃料条，小炉主要使用料条生产各种玻璃制品。这种大小炉功能分开的设置带有近代工业生产的因素。

7. 用来熔化矿石的硝罐和坩埚，都采用耐火料与含有粗砂的黏土制成。易家良等曾对出土的坩埚残片进行了研究，并分析了坩埚壁与坩埚盖的化学成分。他们指出：③

"坩埚壁断面呈明显的内外两层，内层颜色较深，坩埚盖底面呈明显的与玻璃料反应的痕迹。""坩埚壁粗粒和全样的 X—射线衍射分析结果相似，都含有玻璃相、莫来石、方英石以及少量的赤铁矿和金红石，看来坩埚熟料和黏合黏土是采用相近原料制成的。"

"坩埚耐火度 1 610 ~ 1 630 ℃，内层气孔率∽22%；外层∽40%，内外层不同气孔率是通过熟料颗粒配比不同来实现的。"

"琉璃与坩埚壁之间的反应层，经 X—射线衍射分析确定出主要晶相为白榴石（$K_2O \cdot Al_2O_3 \cdot 4SiO_2$），其次是沸石类矿物，还有少量金属铁、$CaF_2$ 及赤铁矿等。偏光显微镜下也找到明显的沸石类矿物。坩埚变质层中还发现长石英类矿物。"

出土坩埚残片的化学成分见表 2－4－2。

表 2－4－2　博山出土熔炼玻璃用坩埚的化学成分（单位：%）

名称	SiO_2	Al_2O_3	CaO	MgO	K_2O	Na_2O	Fe_2O_3	TiO_2
坩埚壁	61.55	29.36	0.59	0.74	1.40	0.67	4.45	1.13
坩埚盖	55.36	32.73	1.64	1.20	2.03	1.25	3.73	1.66

① 易家良等：《中国十四世纪博山玻璃的研究》，《中国古玻璃研究——1984 年北京国际玻璃讨论会论文集》，第 105 ~ 108 页，中国建筑工业出版社，1988 年。

② 易家良等：《中国十四世纪博山玻璃的研究》，《中国古玻璃研究——1984 年北京国际玻璃讨论会论文集》，第 105 ~ 108 页，中国建筑工业出版社，1988 年。

③ 易家良等：《中国十四世纪博山玻璃的研究》，《中国古玻璃研究——1984 年北京国际玻璃讨论会论文集》，第 105 ~ 108 页，中国建筑工业出版社，1988 年。

坩埚壁为双层壁，其作用是内层致密而耐侵蚀，外层气孔率大而耐温度急变。从坩埚的化学成分看，其原料是采用了二氧化硅、三氧化二铝含量高的矿物制成的，所以其耐火度高达1 610 ~1 630 ℃，完全可以满足当时玻璃生产的要求。

第二节 颜神镇——我国明清时期玻璃制品的重要产地

一、颜神镇生产玻璃的有关条件和开始生产玻璃的时间

（一）生产玻璃的有关条件

颜神镇，即今山东省的博山。关于它的来历，官美堞先生这样论述："颜神镇即今之博山，周为齐地，汉属莱芜、般阳两县地，南朝宋置贝邱县，隋属淄川，唐宋沿之。之所以叫颜神，是因'周末齐国西南郊长城岭下之北鄙，有孝妇颜文姜居岭下，没而有神，故后世曰其地为颜神'。初只为村，因地出石炭，土可甄陶，就居者日众，于是改村为店，时在金朝，元入益都后称镇，清雍正十二年（1734年），割淄川、莱芜两县部分村庄合设博山县，以颜神为县治。"①

颜神镇四面环山，在历史上地瘠土寡，人民贫穷，由于地少，发展农业生产比较困难，然而镇四周的山上埋藏有丰富的矿藏。"颜神土田虽少，而矿藏极富，有煤、铁、铅、铝、矾、黄丹、红土、黏土、陶土、焦宝石、紫石、马牙石，等等。这些都是田少土瘠，农产品不足的重要补充。镇炭藏极富，且多分布在地表浅处，得煤较易；又富黏土和焦宝石，此二者是烧造陶瓷的重要原料；还大量出产马牙石、紫石、黄丹、矾等，是玻璃、琉璃的原料。于是，石炭、陶瓷、琉璃成了远近驰名的颜神三大工业。琉璃的主要原料为马牙石、紫石等，镇藏甚富，代庄蟠龙山产者有紫、黑、白三色，岳家庄东南山恶峪产五色，东石马南山产者有红、白、蓝、紫各色，岳阳山麓产白石夹青石中，色光洁黑，黑山顶产砂土，破之洁白如石灰，皆琉璃、玻璃原料。"②

正是在原料等方面具有较好的条件，颜神镇才能逐步地发展成我国明清时期玻璃制品的重要产地。

（二）关于颜神镇开始生产玻璃的时间

《颜山杂记》卷二中有这样一段记述："炉座者，余家自洪武垛籍，所领内官，监青帘世业也。维国家营建郊坛、享殿，则执治其棂扉廉幌之事，而鳞次之。……隶籍内廷班匠事焉，故世执之也。"③ 乾隆《博山志·孙延寿传》说："家自洪武时隶籍内廷亘班匠事，故世执琉璃青帘。"官美堞认为：既然孙家在洪武初已为内廷琉璃班匠，可见琉璃业在颜神镇的兴起最迟不应晚于元末。④

从上述有关文献记载看来，颜神镇的玻璃制造业在元代末年就已经开始，到明清时得到了进一步的发展。但是，从前面已经引述过的考古发掘资料来看，颜神镇的玻璃制造业开始的时间，应该比元代末年更早。具体早到何时？是元代中

① 官美堞：《古代工矿市镇——颜神镇的形成和发展》，《文史哲》，1988年6期。
② 官美堞：《古代工矿市镇——颜神镇的形成和发展》，《文史哲》，1988年6期。
③ 《颜山杂记》，《影印文渊阁四库全书》592册。
④ 官美堞：《古代工矿市镇——颜神镇的形成和发展》，《文史哲》，1988年6期。

期或是中晚期？以及此地的玻璃制造业是如何开始的等问题，目前还无法进行确切的考证。

《颜山杂记》卷一记载：“言琉璃之炉冶也，其民多业琉璃。”① 明清时期，颜神镇的西冶街几乎都是生产玻璃制品的作坊，经营者甚多。官美堞指出：“琉璃、玻璃器皿也称料货，业此者称炉匠，是颜神镇的第三大工业。康熙《益都县志》卷二载：‘其器用淄砚、琉璃、瓷器，颜神镇居民独擅其能，镇土瘠确，而无冻馁者以此。’”“琉璃属于装饰品，非日用必需品，所以执此业者比执陶瓷者为少。业琉璃者多在西冶街，产品名目繁多。”“产品光洁可爱，远销各省县市。”“孙廷铨在为其曾祖父孙延寿作传时写道：‘晨起检料毕，即还视炉座工人。’廷铨生于崇祯年间，其曾祖父的生活年代应在嘉万时期，这是说明中后期在琉璃业中出现了雇佣工人。陶瓷业的情况也大体相当。”“明清时期琉璃和陶瓷业中的生产关系也发生了变化，萌发了新的资本主义的生产关系。”②

正是如此，明清时期颜神镇的玻璃生产获得了长足的进步，产品远销各地，成为当时我国玻璃制品生产的中心。

二、明清时期颜神镇玻璃制造工艺

（一）原料

颜神镇及其四周一带不仅出产制造玻璃所需的煤炭、石英砂、马牙石、紫石、凌子石等，而且也出产铅矿、铜铁矿、矾矿等。《颜山杂记》卷四记载：“黄丹，炒铅为之丹。重则铅为丹，铅急则丹复。”③ 同时还记载了“白矾”“绿矾”等制造的情况。

明清时期，颜神镇的玻璃作坊采用的原料主要有石英砂、马牙石、紫石、凌子石、石灰石、硝石、铅的化合物等。《颜山杂记》卷四记载：“琉璃，琉璃者石以为质，硝以和之，礁以锻之，铜铁丹铅以变之。非石不成，非硝不行，非铜铁丹铅则不精，三合然后生。白如霜廉削而四方，马牙石也；紫如英札札星星紫石也；棱而多角，其形似璞，凌子石也。白者以为干也，紫者以为软也，凌子者以为莹也。是故白以为干，则刚；紫以为软则斥之，为薄而易张；凌子以为莹，则镜物有光。硝，柔火也，以和内礁猛火也，以攻外其始也。”④

石英砂，主要成分为二氧化硅。

马牙石，在我国古代有不同的理解，在此可能是指结晶状的长石类矿物，因呈马牙状而得名，也就是20世纪30年代颜神镇的玻璃工匠们所说的白砾渣。主要成分是氧化硅和氧化铝。

紫石，即萤石，一种含有氟的矿物。

凌子石，即菱石，是指白云石类的矿物。

硝石，可能有两种，一种是钾硝石，主要成分是硝酸钾；一种是芒硝，又称皮硝或钠硝石，主要成分是硫酸钠或其与钙的化合物。

---

① 《颜山杂记》，《影印文渊阁四库全书》592册。
② 官美堞：《古代工矿市镇——颜神镇的形成和发展》，《文史哲》，1988年6期。
③ 《颜山杂记》，《影印文渊阁四库全书》592册。
④ 《颜山杂记》，《影印文渊阁四库全书》592册。

铅的化合物主要有铅丹、密陀僧等。

礁，就是煤炭，并且是指焦煤。

谢惠先生曾分析了颜神镇及其附近出产的部分制造玻璃所用原料的化学成分（见表2-4-3）。①

表2-4-3 博山玻璃原料成分化学分析表（原料名称均按当地名称）

原料名称	化学成分（%）								产地
	氧化硅	氧化铁	氧化铝	氧化钙	氧化镁	氧化钠	氧化钾	氟	
砂	97.24	0.28	0.43	0.04			1.62		莱芜
石灰石	0.42	0.39	0.12	51.76	1.46	0.37	1.86		博山
菱石	2.35	1.02	0.13	41.91	6.89		1.03		博山
白砾渣	87.78	0.32	8.29	0.43	0.09		1.97		淄川
紫石	2.74	1.54	0.53	48.68	1.21	1.04	2.73	39.79	博山

玻璃的着色剂，主要采用的是铜、铁、钴、铅的氧化物。不同品种的玻璃所用的原料配比及着色剂各不相同。《颜山杂记》卷四指出："五白之、紫一之，凌子倍紫得水晶。进其紫、退其白，去其凌子得正白。白三之、紫一之，凌子如紫，加少铜及铁屑焉得梅萼红。白三之、紫一之，去其凌，进其铜，去其铁，得蓝。法如白焉，钩以铜碛得秋黄；法如水晶，钩以画碗石，得映青；法如白，加铅焉，多多益善，得牙白；法如牙白，加铁焉，得正黑；法如水晶，加铜焉，得绿；法如绿，退其铜加少碛焉，得鹅黄。凡皆以焰硝之数为之程。"②

明代刘基《多能鄙事》卷五中记载了一种"炼琉璃法"："黑锡四两，硝石三两，白矾二两，白石末二两。右捣为极细，以锅用炭火熔前三物，和之，欲红入朱，欲青入铜青，欲黄入雄黄，欲紫入代赭石，欲黑入杉木炭末，并搅匀，令成色，用铁筲夹抽成条，白则不入他物。"③

古代文献中记载的这些玻璃着色剂的配比，大都是当时人们经验的总结，由于不同时期所用原料来源的不同，上述的记载仅是一种十分粗略的比例关系。如果要想按这些记载的配比来生产玻璃制品，则需要做大量的研究及实验。

谢惠先生在20世纪30年代调查过当时博山玻璃的情况，他指出："水晶料条之材料：白砾渣100.0、碱40.0、紫石2.4、硝0.4、红砒0.01、菱石0.8、石灰石0.4。"（作者注：这里指的可能是重量比）

"将上述材料调匀，依炼玻液之法，入炉烧之。待烧成后，以铁器取出少许，于地面上抽长即可。此种料条，无色透明，宛如水晶，故以水晶料条名之。"

"料条者，即将各种原料熔化后所抽成之扁长形条状物也。长约五六尺（约2 m），宽约一二寸（约3~6 cm），厚不及四分之一寸（约7 mm）。此种料条，用制

① 谢惠：《山东博山玻璃工业概况》，《交大季刊》13期，1934年。

② 《颜山杂记》，《影印文渊阁四库全书》592册。

③ 刘基：《多能鄙事》，明代嘉靖四十二年范唯一刻本。

各种玩具，文具，饰品，杯，盘，碗，碟等类，临用之际，将料条置于炉中，熔化之后，即可取用。料条之颜色，各种均有，要皆以水晶料条加以各种颜料而成者。”

关于彩色玻璃料条所用的颜料，谢惠先生指出：乳白，用紫石；金红，用氯化金；天蓝，用氧化铜；黄绿，用铬酸钾；蓝色，用氧化钴；黑色，用木炭；米黄，用三氧化二铁；紫色，用二氧化锰；蛋黄，用碳酸铅；茶晶，用碳酸钾；铜红，用铜屑；琥珀，用木炭。如制造红色的响器，如鼓当（民间俗称之为“滴洞”）所采用的原料为：白砾渣、硝、紫石、菱石、铁屑、铜屑。①

可见，从元末明初到20世纪30年代，颜神镇的玻璃制造业，在采用的原料（除去20世纪30年代采用人工制造的碱为主要原料之一这点外）和着色剂方面都没有什么根本性的变化。

至迟在明代初年，颜神镇的玻璃制造业中，熔炼玻璃时已经在使用煤炭为燃料。煤炭也是颜神镇当地矿产之一，而且埋藏较浅，可以露天开采。前面引述的《颜山杂记》“礁以锻之”中的“礁”即是指煤。对于用煤作燃料熔炼玻璃时，对其火候的掌握在《颜山杂记》卷四中也有记述：“石气浊，硝气未澄，必剥而争，故其火烟涨而黑，徐恶尽矣，性未和也；火得红徐，性和也，精未融也；火得青徐，精融矣；合同而化矣，火得白。故相火齐者，以白为候，其辨色也。”②

明代方以智《物理小识》卷七中对于明代颜神镇使用煤炭熔炼玻璃也有记载：“今山东益都颜神镇烧琉璃，采诸石以礁化之，即臭煤也。慢礁三日不熄，紧礁五日不熄，煮石为浆，重滤而凝，即玻璃也。西玻璃镜，近亦取此。”③

考古发掘资料也证明了这一点：1982年在山东博山博城区发掘出的古代玻璃作坊遗址中发现了若干焦煤，炉坑中主要由煤灰填满，并杂有未燃尽的焦块。易家良先生指出：“采用焦煤为燃料也是我国玻璃熔炉的特点，文献中也有此记载；欧洲到17世纪初才使用煤为燃料熔炼玻璃。”④ 可见，在公元14世纪时，我国已经采用煤炭熔炼玻璃，这比欧洲要早200~300年。

从以上的叙述可以看出，明清时期颜神镇制造玻璃所用的原料基本上都是当地出产的矿物，这种优越的条件是颜神镇成为我国明清时期玻璃生产中心的重要因素之一。

（二）炼炉和坩埚

1982年，在博山博城区的基建工地中发现了一批古代玻璃作坊的遗址，清理出熔炼玻璃的大炉一座、小炉21座。出土了一批玻璃熔炼炉残迹、坩埚残片、玻璃原料、玻璃料丝头及玻璃簪、玻璃珠、玻璃衣饰等制品。遗址的时代为元末明初。博城区即是原来的博山县城，其前身为颜神镇，所以，这次发现的古代玻璃作坊遗址就是元末明初颜神镇的玻璃作坊，前面已经作了介绍。下面所说的是

---

① 谢惠：《山东博山玻璃工业概况》，《交大季刊》13期，1934年。

② 《颜山杂记》，《影印文渊阁四库全书》592册。

③ 方以智：《物理小识》，《影印文渊阁四库全书》867册。

④ 易家良等：《中国十四世纪博山玻璃的研究》，《中国古玻璃研究——1984年北京国际玻璃讨论会论文集》，第105~108页，中国建筑工业出版社，1988年。

20世纪30年代的有关情况。

1. 炼炉

在20世纪30年代，博山的玻璃熔炉又细分为料炉、大炉、小炉、蓝货炉。谢惠先生指出：

料炉者，将原料熟炼使成为玻璃之炉也。此种料炉，乃专事制成条状之料以供小炉之需。每炉置硝罐一，约可容原料一百八十至一百九十斤（90～95 kg）……炉之建造与普通所用之炉不同。普通之炉，多以青砖与石灰造成。料炉则多以火砖与石灰砌成，高约八尺，宽约十尺，形如窑状，中空备置硝罐之用，上覆以盖，盖有数孔，以通火焰，前有小门，大数方寸，用以观察料液之成熟否，煤于原料未烧熟前，由两面之洞加入。

大炉，杂货炉，因其出口之种类较多故名。其建筑与料炉形状相同……惟容量则较料炉为小，每罐约可容原料一百二十至一百五十斤（60～75 kg）之数。

小炉者，以其规模较小之谓也。所用之原料，多购自料炉。火度既较大炉为弱，故毋须以火砖建造，仅普通用之青砖与石灰即可，炉为圆形，中有口，内燃以煤，其周可坐十余人，尽以购来之料条，熔之使软，制成器物。

蓝货炉者，专制景泰蓝之炉也，该炉容积甚小，可容五十至六十斤（25～30 kg）。①

从以上的记述可以看出大炉与小炉的根本区别之所在。那么，在出土的文物中大炉数量少、小炉数量多的现象，其原因也就不言而喻了。

2. 坩埚

到了20世纪30年代，颜神镇一带（当时已经改称为博山）仍然是采用坩埚一类的容器来熔炼玻璃，不过当时其名称叫做“硝罐”。谢惠指出：②

硝罐即熔玻液所用之罐。……兹将其制法，分段述之于下：

焦宝石粉制法。先用清水洗去焦宝石表面之泥土，然后以锤击碎之，堆于一处，待其水化而成碎块后，置于圆形石盘上，藉驴马之力，拖一石磙压之使碎，再以石磨磨细之，用竹制米筛筛过，盛于可容七百斤（350 kg）之大缸内。

窑泥（即青石泥）之制法。将青石击碎，依上法置于石盘上，用石磙压碎之。次以石砖围砌其周，加水冲之，以一陶缸接受流下之液。陶缸近口之处，有一圆孔，以棒搅动缸内之液，使青石之大粒沉下。加水其中，使超过圆孔之上，则悬浮之细末，由孔中流入一长方形槽内。其较大规模制法，则置青石于地面环形深沟中，以牛力曳石旋压之。此沟有孔，通一较低之深沟，时间经久，则悬浮之体，均沉淀于底，成为极浓之泥浆。次移之至加一长方槽内，日久因曝光之蒸发，水分减少，待黏结成块时，陆续取出，倾入一方形木模内。至干后则成固体方块，约重十余斤。此青石泥块，质甚疏松，稍加捶击研磨即变为粉状，加水也颇易溶解成粉末。

罐之制法。（子）和泥。将青石泥约二十块，捣碎后，与焦宝石粉三缸混合，加水和之，至可结合成为度，即堆于一处。每次取泥少许于地上，以足踏一周后，

① 谢惠：《山东博山玻璃工业概况》，《交大季刊》13期，1934年。

② 谢惠：《山东博山玻璃工业概况》，《交大季刊》13期，1934年。

堆于场之另一隅，再取少许，如法踏之，直至全体踏毕，谓之一遍，踏三遍为一工，共需七八十工足矣。(丑）制形。以预制之坯缸，其形若筒，圆底中空，大小数种，置于所和之泥一部之上，将泥逐渐紧敷于坯之外表，厚约二寸（6.6 cm)。迨近坯口时，加水坯缸，水由坯缸渗透而出，使近坯缸表面之泥潮湿，不致紧贴坯缸上，则可提出坯缸，此时罐之粗形具矣。(寅）修制。硝罐之粗形虽备，内外均甚粗糙，故有修制之必要。法以牙形刀将罐之外面不平处，依次削光之。次用水将内外各刷一遍，再以特制之磨石（青石泥呈扁圆形后烧之）磨擦之，至平滑为止。(卯）入窑。将上法制就之硝罐一百八十个，叠置窑内，封入足量之煤炭，约烧十昼夜，方可完成。(辰）罐盖。将大饼状之坯盖，大小约与罐口相等，置青泥土上，如（修制、入窑）二法作之。

这类“硝罐”分四种规格型号，其中三号“硝罐”的高为 38～42 cm、深 34.5～37 cm、外径 35～37.5 cm、内径 29～36 cm。与 1982 年在博山博城区发掘出的元末明初的熔炼玻璃的坩埚尺寸基本相同。可见，这类“硝罐”就是一种熔炼玻璃的坩埚。从化学成分上可以看出它们就是采用二氧化硅、三氧化二铝含量高的矿物做原料制成的，这些原料在颜神镇都有丰富的储藏。

（三）化学成分

经对 1982 年发掘出土的 12 例玻璃器和玻璃原料进行的检测在表 2－4－1 中已经列出，其中十例是钾钙玻璃，一例是钠钙玻璃。易家良等也分析了一件该遗址出土的玻璃料块，也应属于钾玻璃之列，其结果见表 2－4－4。①

表 2－4－4　玻璃料块的化学组成（单位%）

名称	SiO_2	Al_2O_3	CaO	MgO	K_2O	Na_2O	Fe_2O_3	CuO	F
玻璃料块	58.48	6.58	9.81	0.26	16.07	4.42	0.30	0.81	4.49

可见，明清时期，山东颜神镇所生产的玻璃制品以钾玻璃为主。其原因是我国天然碱的资源比较缺乏。所以，当时颜神镇的工匠们制造玻璃所用的原料中硝石是主要原料之一。明代宋应星《天工开物》卷下记载：“凡琉璃石与中国水精、占城火齐，其类相同。同一精光明透之义。然不产中国，产于西域。其石五色皆具，中华人艳之，遂竭人巧以肖之。于是烧瓴甋，转锈成黄绿色者，曰琉璃瓦。煎化羊角，为盛油与笼烛者，为琉璃碗。合化硝铅，写珠铜线穿合者，为琉璃灯，捏片为琉璃瓶袋。(硝用煎炼上结马牙者）各色颜料汁，任从点染，凡为灯珠，皆淮北齐地人，以其地产硝之故。凡硝见火还空，其质本无，而黑铅为重质之物。两物假火为媒，硝欲引铅还空，铅欲留硝住世，和同一釜之中，透出光明形象。”

这里所指的“硝用煎炼上结马牙者”，又称“马牙硝”。实际上它是硝土溶解后重结晶时析出的硝酸钾晶体，因呈马牙状，故名。

到了 20 世纪 30 年代，由于国外碱原料的输入和国产碱的生产，博山地区的玻璃生产就逐步地采用了碱为原料。如进口的卜内门公司的产品碱和国产的永利公

① 易家良等：《中国十四世纪博山玻璃的研究》，《中国古玻璃研究——1984 年北京国际玻璃讨论会论文集》，第 105～108 页，中国建筑工业出版社，1988 年。

司的产品碱等，因此，这时所生产的制品大都属于钠钙玻璃了。

（四）吹制工艺

吹制工艺是玻璃生产中的重要技术之一。明清时期颜神镇生产的玻璃制品中相当一部分是采用吹制成型的。如：各种容器、响器等。《颜山杂记》卷四记载："其次为灯泡、鱼瓶、葫芦、砚滴、佛眼、轩辕镜、火珠、响器、鼓珰，皆空之属。凡制琉璃，必先以琉璃为管焉，必有铁杖剪刀焉，非是弗工。石之在冶，涣然流离，犹金之在熔。引而出之者，杖之力也，受之者管也。授之以隙，纳气中空，使口得为功管之力也。乍出于火，涣然流离就管矣，未就口也。急则流、缓则凝，旋而转之，授以风轮，使不流不凝，手之力也。施气焉，壮则裂、弱则偏，调其气，而消息之气行而喉舌，皆不知则大不裂，小不偏，口之力也。吹圆球者，抗之；吹瓶胆者，坠之。一俯一仰，满气为圆，微气为长，身如朽株，首如鼗鼓，项之力也。引之使长，裁之使短，拗之使屈，突之使高，仰之使凹，剪之力也。"①

这段记载将玻璃吹制技术描绘得相当详细了，从中可以看出要掌握这一技术需要一个比较长的实践过程。对于葫芦等玻璃制品的吹制工序，《颜山杂记》卷四中也有记载："凡为葫芦，先得提，后得腹，接处为腰。为含子葫芦，先得子，次得提，纳子焉后得腹。凡为鱼瓶，先得口，次得腔，次得山，后得果枝。……凡为响器，先得下口，后得上口。……凡为灯碗，先得圆球，吸其下，接其上，断其脐，而坐之，上反为底，下反为面。……凡为空者，先养气，其气圆而体圆，此学书之说也。"②

颜神镇的玻璃工匠们在长期的实践中总结出了吹制玻璃工艺的关键所在是"其气圆而体圆"。可见，当时颜神镇的玻璃吹制技术已经达到了比较高的水平。颜神镇的工匠们之所以能够生产出许多种类的吹制玻璃制品，就是因为他们具有比较高水平的玻璃生产工艺。

谢惠先生在《山东博山玻璃工业概况》一文中记载了20世纪30年代博山吹制玻璃生产的情况，他指出：③

吹筒，即将玻璃液吹成筒状玻璃也。法以铁制吹管之一端，深入玻罐内，蘸取玻液少许，取出后即速将吹管旋转不息，俾玻液稍冷，得成球形。继置铁制半球形槽内，槽内需预置冷水少许，复转动之，使玻液质量均匀，使其温度降低，不易变形，又时以冷水浇泼筒端之近玻液处，使铁管温度减低，便于把持。次仍将吹管之一端蘸取玻液，依前法操作，如是凡四五次，直至玻球之径约七八寸（23～26 cm）后，速置之于铁制弧形槽内，以冷水浇其下端，自上端吹气，使玻球渐形涨大，并时时转动，使全体之质量及厚薄完全一致。再速置温炉内，温炉内之火需烧至红炽，使再熔软，易于吹涨。待全体已软，即取出，下端垂于炉前之深长方形槽中，上端吹气，此时玻液因地心吸力，或重力作用，全体下悬，同时因吹入之气，使涨大而粗薄，是以遇冷气而凝为固体，俨然成玻筒之一部分。

① 《颜山杂记》，《影印文渊阁四库全书》592册。

② 《颜山杂记》，《影印文渊阁四库全书》592册。

③ 谢惠：《山东博山玻璃工业概况》，《交大季刊》13期，1934年。

斯时全体仍未一致，下端尚多极厚之玻液，亦已凝结，不便再吹，则再将吹管搭于槽边炉前之活动铁架（目的在于省力，便于转动），投入温炉内，继续旋转，待软化后取出，于深槽内来回摆动旋转，同时以口吹气。如是操作凡数次，至全体成一极长之筒，厚薄一致时，仍搭于活动铁架上，另一人自炉之旁端，以铁杆蘸取玻液少许，涂于玻筒底端上，握管人以手复吹管之吹孔，将玻筒底端再送入炉内，玻筒内之空气，因受热膨胀，故于涂液之处，砰然一声，筒端裂开，再取置于深槽内摆动之，待凝缩后，则自与全部径长及厚度，一律相等矣。次置玻筒于木架上，以冷铨轻置于玻筒之近管处，再轻敲吹管，则吹管自与玻筒分离。

采用这种方法吹制出的玻璃筒，长度可达2.5 m左右，主要是作为生产平板玻璃的原料用的，生产平板玻璃时可将这种玻璃筒在炉内加热软化后沿纵向剖开摊平即可。

（五）颜神镇所产玻璃制品的种类

颜神镇所生产的玻璃制品的种类，在《颜山杂记》卷四中都有比较详细的记载，大致划分有：

（1）日常用品，青帘、灯泡、鱼瓶、葫芦、碗、盘、杯等；

（2）装饰用品，珠、簪、珥、花、佩等；

（3）玩具用品，棋子、响器、风铃等。

颜神镇所产的各种玻璃制品，许多都是使用有色玻璃或几种有色玻璃，采用套、夹、绞等工艺制成的，所以十分绚丽多姿，这在出土文物中也有反映。如，前面已经介绍的遗址中出土的丝头，即是矿石熔化后未制成料条而凝结成的玻璃块状物，遗址中多有发现，有半透明及不透明两种，颜色有绿、浅绿、蓝、浅蓝、白、乳白、豇豆红、黄、黑等，晶莹艳丽。

第三节　清代的皇家玻璃厂——养心殿造办处玻璃厂

一、玻璃厂创建的时间及有关情况

明末清初，由于战乱和灾荒，包括颜神镇玻璃业在内的我国玻璃制造业受到了比较严重的摧残，到康熙初年才逐步得以恢复，加之西方玻璃制品的大量输入和清代初年清王朝比较重视西方的科学技术，使得玻璃生产得以发展和兴旺起来。康熙三十五年（公元1696年）奉康熙的旨意成立了玻璃厂，后来隶属于养心殿造办处，所以称之为养心殿造办处玻璃厂，雍正年间设圆明园造办处，玻璃厂迁到该园六所烧造玻璃。该厂从康熙三十五年成立至宣统三年清朝灭亡为止，共存在215年。“在二百余年中，内廷玻璃厂随着清王朝国力的消长也经历了由盛到衰的过程。大体上可分为四个时期：玻璃厂自康熙朝成立到雍正末年的五十年间是兴盛期；乾隆前期二十余年是极盛期；乾隆后期至嘉庆是停滞期；道光以后是衰落期。”①

① 杨伯达：《清代玻璃概述》，《中国古玻璃研究——1984年北京国际玻璃讨论会论文集》，第109～117页，中国建筑工业出版，1988年。

养心殿造办处玻璃厂是清王朝的内廷玻璃厂，在二百余年中制造了大量的玻璃器皿，包括典章用品、室内陈设、文房用具、装饰品和鼻烟壶等，除供宫中使用之外，还大量地作为赏赐品和礼品，赏赐给皇亲国戚、文武大臣以及馈赠外国帝王和使臣。所以，该厂生产的应是比较高档的玻璃制品，所谓“御窑”玻璃。为此，在成立玻璃厂时所选调的工匠就是在当时全国各玻璃生产地比较好的工匠，另外还有掌握了西方先进的科学技术知识的传教士们，以后的情况大致也是如此。例如，康熙年间在该玻璃厂工作的程向贵、周俊二人就是来自广东的玻璃工匠；山东博山县的玻璃工匠何崇福在乾隆二十二年十二月二十三日起程赴京应役；嘉庆十七年至二十二年担任吹制工艺的郝珍、郝兰就是来自山东博山；西方传教士汪执中、纪文二人曾参与乾隆前期时的玻璃制造工作。这些来自各地的高水平工匠和传教士们，不仅带来了国内外先进的玻璃制作技术，同时他们相互交流，取长补短，提高了传统的玻璃工艺水平并创造了一些新的玻璃品种，可以说他们所生产的玻璃制品基本上可以代表我国清代玻璃生产的最高水平。

据杨伯达先生《清代玻璃概述》一文介绍，康熙时期的内廷玻璃厂在玻璃生产中有两个比较突出的创新：一是为仿制珍贵的青金石而制造的洒金蓝玻璃，即是在玻璃中烧出金星（洒金）的技术；二是玻璃套料技术，一般是指用白玻璃做地黏着片、条状的各种单色玻璃的技术。可惜这些玻璃实物现在已经见不到了，以收藏清代玻璃器较多的故宫博物院来说，也仅藏有一件康熙朝玻璃水丞而已。这件水丞是模仿水晶制作的，制作时先吹成扁圆形器，然后再按照琢磨宝石的方法磨成六方形，这种琢磨的方法是就是罗马玻璃和伊斯兰玻璃中常用的刻花工艺（又称磨刻花工艺），制作这件水丞的玻璃又被称为水晶玻璃。①

二、乾隆时期玻璃厂生产工艺简况

如前所述，乾隆前期是内廷玻璃厂生产的极盛期，这一时期的玻璃制品存世的也比较多。据杨伯达先生介绍，乾隆时期的单色玻璃有二十多种，仅仿水晶的玻璃就有水晶、茶晶等；复色玻璃也有数十种，如点彩、套彩、夹金等；乾隆时期的玻璃艺术加工工艺中值得提出的是泥金和珐琅彩工艺，泥金是在玻璃器皿上先刻画出阴刻的花纹后进行泥金，与戗金漆器上的泥金工艺相类似；珐琅彩是在玻璃上用珐琅料进行彩画后再行烧制而成。杨先生指出：“乾隆时期玻璃器存世较多，故宫博物院收藏的就不下数百件……下面分单色、复色、套料以及艺术加工等四个方面逐一介绍。”②

（一）单色玻璃

单色玻璃有涅白、砗磲白、浅黄、娇黄、雄黄、亮茶、亮茶黄、月白、宝蓝、空蓝、亮浅蓝、亮沉蓝、亮深红、亮玫瑰红、亮深宝石红、豆青、豇豆紫、亮深紫、桃红、粉绿、水晶、茶晶等二十余种。

（二）复色玻璃

① 杨伯达：《清代玻璃概述》，《中国古玻璃研究——1984 年北京国际玻璃讨论会论文集》，第 109～117 页，中国建筑工业出版，1988 年。

② 杨伯达：《清代玻璃概述》，《中国古玻璃研究——1984 年北京国际玻璃讨论会论文集》，第 109～117 页，中国建筑工业出版，1988 年。

复色玻璃是两种或两种以上色彩玻璃结合在一个器物上，有以下五种。

1．金星料：在深红或红褐色玻璃里闪耀着金星的玻璃。

2．点彩：以一种玻璃作地，捺压色彩玻璃斑点成块状。如，黑地洒金，黑地点金星料，松石地点金星料，黑料地捺金星料。黄、红、三彩、多彩地点彩，如，褐红透黄绿绞料地捺黄托红斑，蓝、白、绿、黄彩绞料地金星料斑。

3．夹金：黑或蓝地洒金外套透明玻璃。

4．夹彩：涅白地捺金星、绿蓝三色斑，外套浅绿透明料。

5．绞丝：一色深浅绞料有藕荷色绞料、玫瑰紫绞料、深粉绿绞料；多色绞料有涅白地绞绿、鲜红地绞黄、宝蓝地绞白、金星料、豌豆黄地绞深红、浅绿。

（三）套料

1．涅白地套彩：涅白套蓝、套红、套深红、套粉绿，透明玻璃套佛青。

2．彩玻璃地套彩：黄地套红、宝蓝地套粉绿、灰地套雄黄、桃红地套藕荷、绿地套佛青。

3．涅白地兼套：涅白地套月白、紫、紫红。

4．彩色间套：象牙黄地套佛青、深红。

5．斑地兼套：涅白红斑地套深红、透绿、透蓝。

（四）艺术加工

艺术加工分为雕刻、描彩、描金、珐琅彩等。

1．雕刻：使用砣玉的方法，由玉匠进行碾琢，有阴线刻、隐起和平凸。

2．描彩：在透明玻璃或金星料上加彩绘。

3．描金：在透明玻璃上描金。

4．泥金：阴刻线后泥金。

5．珐琅彩：多在涅白玻璃地上绘珐琅彩经烘烧而成。

从留下来的乾隆时期玻璃器皿来看，质量较精，而玻璃胎内的气泡、槽坑，因器而异，有多有少。现藏故宫的这些玻璃器，只是乾隆时期所生产的玻璃器中的极少一部分，但它们从一个侧面反映了清代玻璃生产的极盛时期。

自嘉庆朝以后的107年中，清宫玻璃厂生产及其艺术的总趋势是走下坡路，生产上是以完成年节进贡活计为主要任务。

需要指出的是，内廷玻璃厂生产所需的原料基本上都是由各地运入的，各种玻璃的配方总的来说与各地（特别是山东博山）也不会有太大的区别。厂内设有大窑和小窑，大窑是专为烧制大型花灯等器物而建造的，使用时间短，经常使用的是小窑，生产年节进贡的玻璃制品及皇帝临时指令生产的玻璃品。“当时，各种原料运往玻璃厂烧成玻璃料，再吹成各种器皿，从烧料到成型全部在玻璃厂完成。工匠们制作玻璃器皿是在高温下进行的，所以，每年只在春秋和冬初进行生产，夏季停烧。”

“乾隆二十年，为了准备一批在承德避暑山庄作赏赐品的玻璃器，四月七日传旨造办处制作鼻烟壶五百个、玻璃器皿三千件。”

“嘉庆初年，玻璃厂每年年节活计进贡玻璃盘、鸳盅、碟一百八十一件，玻璃鼻烟壶一百二十件，共计三百零一件。”①

三、部分产品介绍

可以认为，清代宫廷玻璃厂的创制与发展是建立在全国各地玻璃制造业基础上的。各地的玻璃制造作坊，不仅要向它提供各种原料和技术力量，而且还要将最好的原料和技术力量向其输送；其次，在以传统技术为主的基础上，在清代中晚期都不同程度地引进了一些国外的先进玻璃制造技术，如请国外来华的技术人员参与指导宫廷玻璃厂的生产等。下面将《中国美术全集·工艺美术篇10》中刊载的几件清内务府养心殿造办处玻璃厂烧造的玻璃制品的情况摘录如下：②

金星玻璃“三阳开泰”山子。高12.5 cm、长22 cm。金星玻璃，亦称“金星料”，在玻璃体内闪烁有点点金星。此山子雕琢成嶙峋的山石状，山石间卧有三只绵羊，其神态各异，生动逼真。底部镌“乾隆年制”篆书款。此器为清内务府养心殿造办处玻璃厂烧造的陈设品。

金星玻璃的制作，是在熔融过程中的玻璃料中撒入金粉，然后制成块料。再根据器物的设计需要，将料块切割、切削、琢磨成器。以金星玻璃制作的器物，金星闪耀，给人以金碧辉煌、富丽豪华之感。这种新型的玻璃制造工艺，是在西方传教士汪执中、纪文二人的参与和指导下，于乾隆六年（公元1741年）烧制成功的。但当时的生产数量较少。

“金星玻璃”是一种什么样的玻璃？对此，吴山先生主编的《中国工艺美术大辞典》“金星玻璃”条中是这样记述的：③“金星玻璃。一种含有结晶颗粒而显出金属色泽的闪光的玻璃。制造原理是利用某些金属如铜或某些金属氧化物如氧化铬等物质在玻璃中的溶解度很小这个特征，高温时呈溶解状态，降温时容易过饱和，而在一定的温度下从玻璃中析出并迅速长大，获得金属色泽和分布均匀的结晶。铜金星呈金黄色闪光体，又名沙金石。铬金星呈银白色闪光体。”

在《中国工艺美术大辞典》中还记载有以金为着色剂的“金红玻璃”，但这是一种以金为着色剂的胶体着色玻璃，产品呈玫瑰色、鲜紫红色，与“金星料”截然不同。所以说上述的“三阳开泰”山子是用金星玻璃制作的，但这种玻璃并不是在熔融的玻璃中掺入金粉制成的，而是掺入铜粉制成的。其原理正如吴山先生说的那样。《中国美术全集·工艺美术篇10》中的这段记载是值得商榷的。

搅胎玻璃瓶。高20.8 cm、口径11 cm。瓶口作喇叭状，外撇，颈部较细，腹部阔而圆，下有撇足。瓶外壁为白、蓝、红三色相间的螺旋式条带纹。口、足均为绿色。瓶底镌有“乾隆年制”款，清内务府养心殿造办处玻璃厂烧造。

此瓶制作工艺复杂，先用白色玻璃料吹出雏形，然后于白色的胎体外面缠绕蓝、红条状玻璃料，放入模子内，继续充气，直至完成。成型后再用绿色玻璃分别制成器口和底足，加热与瓶体粘合。一般将这种制作方法称为“搅料玻璃”或“搅胎玻璃”。

---

① 杨伯达：《清代玻璃概述》，《中国古玻璃研究——1984年北京国际玻璃讨论会论文集》，第109～117页，中国建筑工业出版，1988年。

② 《中国美术全集·工艺美术篇10》，图版说明第79～88页，文物出版社，1989年。

③ 吴山主编：《中国工艺美术大辞典》，第898页，江苏美术出版社，1989年。

白地套红玻璃八卦梵文杯。高 10.3 cm、口径 9.3 cm。杯以涅白玻璃作胎，口外撇，腹较窄，圈足底平。外壁饰有红色玻璃制成的浮雕式图案，器口外饰两条弦纹带，中间为八卦图形。

此器由清内务府养心殿造办处玻璃厂烧造。制件精细，纹饰新颖。其制作方法是，先用涅白色玻璃制成器胎，再根据设计需要，将红色玻璃料加热至半流质状，黏结在器胎表面，然后加工细部花纹。这种工艺技术俗称“套料”，至迟在康熙年间已经出现，至乾隆时已达到相当高超的水平。

磨花玻璃杯。高 3.4 cm、口径 6 cm。玻璃杯茶色透明，外壁磨有山石花卉图案。器型较小，口部微敛，底略内收。杯底镌“乾隆年制”四字款，清内务府养心殿造办处玻璃厂烧造。

所谓磨花玻璃，是以铊制玉器的方法，在玻璃表面碾琢出各种纹饰或图案。乾隆时期的磨花玻璃受欧洲磨花玻璃的影响很大，其技艺已经相当成熟。

第四节　特殊的玻璃制品——玻璃鼻烟壶

鼻烟壶，是一种比较特殊的日用品之一。因为是用来盛装鼻烟用的、外形像壶，所以被称为鼻烟壶。

1492 年，哥伦布发现美洲新大陆后，逐渐地使美洲的烟草流传到世界各地。鼻烟是在研磨极细的优质烟草中，加入麝香等香辛药材，并在密封蜡丸中陈化数年或数十年而成。16 世纪末，烟草由美洲经吕宋（今菲律宾吕宋岛）流传至中国。鼻烟，具有一定的提神作用，所以在明清两代的士大夫中十分流行。

据清代赵之谦《勇卢闲诘·鼻烟料壶》一文考证：“鼻烟来自大西洋意大利亚国，明万历九年利玛窦泛海入广东旋至京师献方物始通中国。”①

早期的鼻烟壶是用玉石、漆木或金属等材料制作的，由于玉石加工困难等原因，后来的鼻烟壶大都用玻璃制作，而且突出了玻璃仿玉石质地的外观效果，精益求精。这不能不说是我国几千年来玻璃制造史中仿玉指导思想的顽固表现，正是这种几千年不变的玻璃仿玉思想阻碍了我国玻璃生产的发展。

一、玻璃鼻烟壶的制作工艺

明清时期的鼻烟壶，比较有名的是清代乾隆时期及稍后的产品，这一时期的鼻烟壶不仅在玻璃质地上十分考究，而且大都采用了套彩，甚至是多层套彩的生产工艺，再配以“内画”、珐琅彩等装饰技法，使得制出的产品造型优美、色彩艳丽，不仅属清代玻璃制品中的上乘之作，也是我国古代玻璃制品中的上乘之作。关于鼻烟壶的制造概况，清代赵之谦《勇卢闲诘·鼻烟料壶》一文中有如下记载：

壶皆以五色玻璃为之，渔洋所称白如水晶，红如火齐者也，时天下大定，万物殷富……更创新制，谓之曰套。套者，白受彩也。先为之质，曰地，地则玻璃、车渠、珍珠（乃白色明玻璃，康熙中制有，之后不复见）。其后尚明玻璃，微白，色若凝脂或若霏雪，曰藕粉。套之色有红有蓝、有绿、黑、白。白者或蓝绿地或

① 清·赵之谦：《勇卢闲诘》，《丛书集成》1481 册，第 7～8 页，中华书局，1983 年。

黑地，无红地者，套蓝有红地，然不多见。更有间套，曰二采三采四采五采或重叠套……凡所造作或称曰皮，最著者曰辛家皮、勒家皮、袁家皮。别有古月轩，地则车渠，亦具五色，上为画采，间书小诗，壶足题古月轩，其题乾隆年制者尤美……但逾寸且有小如指节者，嘉庆后始务宽大。①

杨伯达先生在《清代玻璃概述》一文中对玻璃鼻烟壶的制造概况也有记述。他指出：②

乾隆时期北京所产的玻璃器中最突出的是精致的玻璃鼻烟壶。著名的有"辛家坯""勒家坯""袁家坯"。辛家鼻烟壶最精，色泽类似珍宝，光彩夺目，还有一种鼻烟壶的颜色像冲熟的藕粉，在半透明的料坯中含有珍珠状小泡，这种鼻烟壶大都是套红的，间也有套五色的，勒家生产的玻璃鼻烟壶也有藕粉地的，色泽好像冰雪一般洁白可爱，设色则异于辛家坯和袁家坯，做到"红紫苍翠天然间迭"。袁家玻璃鼻烟壶的特点是体重而胎薄，其地色有似砗磲者，有似凉粉者，胎上套五色料，按色做花，非常美观。其红、蓝之色似宝石，黄色很像真的旧金箔，如果对着光照可以看出有如金箔的丝纹。还有的雕镂仙山楼阁、珍禽异兽，有的点缀五色，如星在天，叫做"桃花洞"。这时北京制作的玻璃鼻烟壶取用方便，式样别异，径但逾寸，且有中指节者，"姣巧可爱"。

上述记载中的"地""皮""坯"，都是指的一个意思，就是指鼻烟壶的玻璃质地。例如，所谓"藕粉地"，就是指制作鼻烟壶的玻璃中含有比较均匀的细珍珠状的小气泡，因类似于冲熟的藕粉中的小气泡而得名。其他如砗磲（又名车渠，即玳瑁）地，就是指制作鼻烟壶的玻璃颜色像玳瑁一样，实际上这是一种搅胎玻璃；凉粉地，就是指制作鼻烟壶的玻璃颜色像凉粉一样的洁白，实际上这就是指涅白玻璃。

套采即套彩，属于玻璃品装饰工艺之一，就是在原玻璃制品外表套上一种或几种其他颜色玻璃制作的花纹图案。它要求所套的玻璃与原来的玻璃在热膨胀系数等方面必须相同或相近，否则，在制作和使用的过程中容易发生炸裂或脱落。制作这类鼻烟壶的技法有两种。一是在色料坯胎上满套与胎色不同的另一种色料之后，在外套的这一种料上雕琢花纹；另一种技法是用经加热半熔的色料棒直接在坯胎上做花纹。这两种技法，使制作出来的套料鼻烟壶都具有凸雕的工艺效果。

内画，顾名思义就是在鼻烟壶的内面进行绘画，这是我国特有的一种玻璃制品装饰工艺，大约出现于清道光年间，在清晚期及民国时期比较流行。内画鼻烟壶的材料大都用玻璃，因壶的容积极有限，在这样一个小天地里进行书法及绘画创作，必须反着进行"背画"，其难度可想而知。又因为玻璃壶的内壁一般都光滑，难以着墨施彩，所以首先要对壶的内壁进行磨砂处理。这是利用铁砂或金刚砂等物掺以水在壶的内膛滚动，使其内壁细而不光滑，产生有如同在宣纸上书画的效果。同书画作品一样，内画作品大都有题款、签款及印章。当时在全国有京

① 清·赵之谦：《勇卢闲诘》，《丛书集成》1481册，第7～8页，中华书局，1983年。

② 杨伯达：《清代玻璃概述》，《中国古玻璃研究——1984年北京国际玻璃讨论会论文集》，第109～117页，中国建筑工业出版，1988年。

派、鲁派、冀派三大流派，并且涌现出不少内画大师，最为著名的有周乐元、马少宣、叶仲三等。光绪时期，周乐元、叶仲三的内画鼻烟壶都进入了宫廷，其内画工艺还传播到了山东博山等地。

珐琅彩，就是在玻璃地上采用珐琅料进行彩绘，彩绘完毕后再行烧制而成。在玻璃上彩绘所用的珐琅料与铜胎上所用的珐琅料基本上是相同的，都是各种金属化合物的粉末，烧制后像釉一样附在玻璃的表面。

二、部分玻璃鼻烟壶介绍

《中国美术全集·工艺美术编10》中记载了六件故宫博物院藏清代鼻烟壶的有关情况，① 现摘录三件如下：

黑地捺彩玻璃扁圆烟壶。通高4.5 cm、口径1 cm。烟壶为黑色玻璃吹制，胎体中含有红黄两色金星料斑点。其制作方法是，在吹制成型的过程中，于料胎表面捺压小块的彩色金星料，经退火之后，再磨制抛光加工完成。此烟壶作扁圆体，无年款。由清内务府养心殿造办处玻璃厂烧造。从制作工艺看，属于清代中期的作品。

搅胎捺金星玻璃葫芦式烟壶。通高5.4 cm。烟壶以紫色玻璃为胎吹制而成。器作上小下大的葫芦式，底略内收。玻璃胎表面缠有细小的蓝、绿、黄色条纹，并有片状金星料斑点。此器制作工艺复杂，在吹制成型的同时，施用搅丝手法，将蓝、绿、黄色玻璃料丝不规则地缠绕上去，并于胎内捺入块状金星料。烟壶制成后，自然显出缠丝玛瑙的特有效果。此烟壶由清内务府养心殿造办处玻璃厂烧造。

玻璃胎珐琅彩花鸟烟壶。通高4.9 cm、口径1.5 cm。烟壶以白色玻璃作胎，扁瓶状，附铜足金盖。胎外施金彩为地，两面开光，珐琅彩画花鸟图案。底部镌刻“乾隆年制”款，由清内务府养心殿造办处玻璃厂烧造。珐琅彩烟壶因其造型优美，绘制精细，色彩艳丽而闻名。乾隆时期的制品多以人物、花鸟、山水等为绘画题材。

以上所列举的三件玻璃鼻烟壶属于故宫的藏品，从某些方面代表了清代玻璃鼻烟壶制造技术的最高水平。由此也可看出，仅仅只有几个厘米大小的鼻烟壶，不仅要造出仿玉的效果，而且采用多种工艺进行装饰，精益求精。表现出当时人们所追求的主要并不是鼻烟壶的实用性，而是它的装饰性。这也是几千年来我国玻璃生产中追求仿玉的效果、主要制造装饰品的指导思想的继承和反映。

第五节 明清时期的玻璃生产对我国近现代玻璃工业的影响

明清时期，我国玻璃的主要产地除山东颜神镇之外，还有广州、苏州等地。清代将广州制造的玻璃称为“广铸”，苏州制造的玻璃称为“苏铸”。据清代梁同书《古铜瓷器考》（《美术丛书·五》）一书中提到广州制造的玻璃“质薄而脆”，质量似乎不高；而“苏铸者更不及广铸”。

---

① 《中国美术全集·工艺美术篇10》，图版说明第79～88页，文物出版社，1989年。

正是由于山东颜神镇、广东广州、江苏苏州等地玻璃制造业的发展，从而形成了一定的辐射能力。因为原料、投资、销售等原因的影响，这些地区的玻璃生产者们必然要向外扩展，到他方去寻找新的发展机会。更重要的是，玻璃制造业的扩展将玻璃制品推向了社会的广大领域，“而此物由是价贱蜀中矣”，同时，明清时期颜神镇等地所生产的玻璃制品中的绝大多数是日用品，而不是少数人享用的珍宝，使玻璃制品从少数人享用的珍宝行列中脱离出来，变成了普通的日用品，逐渐地为广大劳动人民所接受。从而又反过来进一步地促进玻璃制造业的发展。

其次，明清时期玻璃制造业的发展也促进了我国现代玻璃工业的诞生。明清时期山东颜神镇玻璃制造业的发展为现代玻璃工业的建立提供了条件，我国最早的现代玻璃制造企业——博山玻璃公司的成立并不是偶然的，而是在原颜神镇玻璃制造业基础上诞生出来的。因为，颜神镇的玻璃制造业不仅为博山玻璃公司的建立提供了现成的、丰富的原料产地，而且提供了当时在我国处于领先地位的各种玻璃制造技术和玻璃生产工艺；更重要的是，提供了大批熟练地掌握了这些制造技术和生产工艺的技术人员和技术工人。

据谢惠先生在《山东博山玻璃工业概况》一文中的介绍，博山玻璃公司为顾思远先生所创办，公司成立于清光绪三十二、三十三年，即公元 1906 ~ 1907 年，公司的性质原为官商合办，占地约 30 多亩（20 000 m^2）。

厂屋均照新式建筑，内部一切，都用机械。聘德工程师七名，专制平面玻璃。厂内设有料炉、烘炉、摊片炉等，各炉所用之火力，均由一隧发出，（其隧开于厂之中央，乃穴地而成者）。四面通连各炉，供给火力，其不需火之处，有活闸以闭之。有发动机以给动力，用以压榨原料使成细粉，便易入炉。有煅石而成玻璃之炉曰料炉，与该县今日所用者绝不相同，盖现用者多以硝罐制炼而成。彼则以更代法炼取玻液，以生料入以一端，所熟之料流至他端，工人即于此取出，而制玻璃焉。有摊片炉，将玻液所吹成之筒，以火熔之成片，其建造与今博邑所用者同，惟彼之规模较大耳。又有烘炉者，为料器做成后，不可即时冷却，宜以微火烘之，使其渐冷之炉也。又有作房，地极宽敞，可容数十人。工作时无拥挤之虞。其他有宿舍以供工徒之住宿，有园圃以植蔬果而供食料，有堆货房以储存货品，有包装房装货成箱以便运寄，其他如自来水、电灯等，莫不应有尽有，诚为极大规模之设备也。①

第三，西方玻璃制造技术和生产工艺的引进与使用，为现代玻璃制造业造就了一大批掌握了这些制造技术和生产工艺的熟练工人。他们所掌握的采矿、制料、配料、烧炼、吹制、磨刻、摊片、套料、内画等技术，在现代玻璃生产中得到了进一步的使用和发挥，如博山玻璃公司那样。

在明清时期，由于颜神镇、广州、苏州等地玻璃制造业的发展，各地的工匠也是相互交流的，本章中已经论述过的颜神镇、广州等地的工匠被征调到北京，就是交流的一个例子。后来相继成立的一些现代玻璃生产企业也一定会从这些地区招聘熟练工匠，客观上就促进了我国现代玻璃工业的建立和发展。

① 谢惠：《山东博山玻璃工业概况》，《交大季刊》13 期，1934 年。

第三编 盐 糖 酒 醋

中国古代有句俗话说："开门七件事，柴、米、油、盐、酱、醋、茶。"即居家生活，这七样物品是应该具备的。其中油、盐、酱、醋都是烹饪饮食的主要调味品。酱的种类较多，成分也较复杂，油、盐、醋等则是以某类化学物质为主体的混合物。例如，油通常分两类：动物油脂和植物油。前者多含饱和酸脂肪，后者多含不饱和酸脂肪。盐明确地指食盐，无论是海盐、湖盐，还是井盐、岩盐、土盐，不管它的来源出处，都是以氯化钠为主。醋则是含有一定量的乙酸（即醋酸）的，呈酸味的液体混合物。油、盐、醋的加工提纯或制备，主要采用了物理、化学手段，有的还增加了生物方法。其中某些化学手段，在化工生产中具有典型意义，因此，它们的加工技术仍可归属于食物化学技术，是广义的化工生产的一部分。

糖，虽然是人体新陈代谢的必需品，却没有被列入居家生活的必备物品中。可能由于可以从多种食物，特别是淀粉类食物中汲取到糖分，所以人们不必靠专门吃糖来补充营养和能量。但是作为调味品，糖也是人们常见和喜爱的。糖主要包括果糖、蔗糖、乳糖、葡萄糖等，都是基本的有机化合物。它的加工工艺虽然与制盐一样，只是部分工序采用了化学手段，但是它依然可算作广义的化工生产。

酒也没有被包括在开门七件事中，然而，在许多人群或场合，酒的地位似乎比盐、糖、醋更显赫。逢年过节、接亲待友、红白喜事、出门征战、凯旋庆功等许多活动中，酒更是不可短缺。酒的社会地位，在其文化色彩的装潢下，已远远超过了作为食品或饮料所具有的价值。酒和醋、酱一样都是发酵化学的产品。中国先民创先地利用微生物，制造了曲，再通过对温度、湿度等环境因素的有效控制，将那些富含淀粉和糖类的物质，完成一系列复杂的生物化学过程，最终变成了酒。酿酒工艺属于发酵工程，发酵工程至今已是生物工程的重要组成部分。酿酒过程实现了物质的化学转化，应属于广义上的化学工程，其包含的生物化工技术至今仍是先进的化工技术之一。

淀粉经霉菌及其所分泌的酶系的作用下，糖化为葡萄糖、麦芽糖、果糖之类单糖，再经酵母菌的作用，演变为乙醇（酒精）。在特定的环境中，乙醇又在醋酸菌的作用下，变成了乙酸（醋的有效成分）。这是环环相扣的物质链。正是这一链条又把制糖、酿酒、制醋工艺联系在一起，构成了食品化工技术的重要、常见的一个系列。人们的日常生活是离不开这一生产系列的。

以上仅是从技术史的视角，讨论制盐、制糖、酿酒、做醋的科学属性。其实，技术作为人类应付周围环境、增强生存能力的手段，每当某种技术为人们所发明、掌握及推广，很自然地要影响或改变产业的结构，成为生产力发展的表征和社会经济系统中新的肌体。盐、糖、酒、醋都是日常生活的必需品或常见的饮食料，随着社会的发展和生活的变化，对它们的需求也会有相应的变化。这种变化必然会不停地刺激相关产业的伸缩和发展，又由于这些产业的赢利与否直接与政体、财经、社会、市场联系起来，遂成为国家、集体、个人之间竞相争利的阵地。由此，在不同的历史时期会有不同的政策法令来制约或协调这种复杂的关系。这些政策法令和社会资源背景一样，明显地影响了这些产业及其生产技术的发展水平和技术使用的规模。尽管这些技术的发展关系到国计民生，然而，在中国两千多年的封建社会里，它们的发展是缓慢的。显见的原因则是使用掌握这些技术的劳动者大多生活在社会的底层，他们的辛勤劳作没有受到应有的重视，他们只能在缺乏理性科学指导的氛围中，单凭实践中积累的经验来改善劳动的强度或环境，并做相应的技术改良。这种缺乏热情的劳动，势必束缚了他们对技术改良的关注和投入。只是市场的竞争和对好产品的时尚追求，才促使他们去追求生产质好量多的产品。

食品工业可谓是社会上最大最广的生产行业，户户都要炊饮作食，人人都需按日就餐，范围之广、需求量之大是其他行业无法比拟的。正因为食品的广博，它的品种门类及制作它们的方法就呈五花八门之态，技术不仅多源而且多样。盐、糖、酒、醋的生产作为食品工业的一部分，同样存在技术的多源多样。本编只能择主略侧了。

当我们考察上述技术的发展历程和相关的技术思想时，发现难度很大，不仅文物实物资料几乎没有，而且文献资料也很少。加上封建社会鄙视劳动，视工艺技术为不足称道的雕虫小技，像宋应星这样的学者如凤毛麟角，广大工匠一般文化知识水平低下，即便欲穷技术之原理也是力不从心。留存下来的文献资料大多出自古代士大夫阶层或文人墨客之手，他们之中有些人固然对工艺奇巧有兴趣，但很少躬亲实践，因此，他们的考察、观测、记录往往不全面，难深入，甚至出现问道于盲的状况。为此，我们在考察上述的工艺技术的发展时，会在必要的文献资料基础上，运用近代科学常识去分析推理，将古代文献没有说清的工艺原理或技术思想揭析出来，以供讨论。

第一章

食 盐

食盐的主要化学成分是氯化钠，化学式为 NaCl。日常生活中看到的盐主要是白色透明的立方晶体，当其中混有泥沙等不溶性杂质时，颜色将变成黄褐，或灰褐而且显暗白。在市场上，食盐可依它的形状，而分为粒盐、砖盐、筒盐、花盐等。人们更多地依其来源而将其分为海盐、池盐、井盐、岩盐及土盐。

由于来源不同，它们的生产技术也不尽相同，它们在各历史时期的发展状况也不同。在古代，由于交通运输条件的局限，人们对食盐的需求主要是就近解决。居海边的食海盐，住内陆湖边的用池盐，用池盐不便的内陆地区，人们则采食岩盐、土盐或凿井取盐卤煮井盐。相形之下，海盐、井盐需煮熬，岩盐、土盐较不纯洁，因此，从夏商周至宋代，采制的池盐最受欢迎，当时的皇宫贵族主要食用池盐。池盐的生产技术一直领先。

直到唐宋时期起，池盐的晒制技术被推广到海盐生产中，变煮为晒，使海盐生产的状况翻开了新的一页。海盐产量随之骤增，元明时期开始逐渐成为食盐的主要品种。随着近代科学的传入和相关科学知识对制盐技术的指导，从大海取盐已成为制盐行业的主要手段。

井盐生产早年一直局限在四川、云南两地，汉初人们根据掘井技术而发展起来的大口浅井采卤技术能提供有限的井盐。宋代卓筒井的发明标志着井盐生产发展到一个新的技术水平。当时的人们完全没有料到，这一盐卤的开采技术却成为后来石油开采技术的鼻祖。

总之，制盐技术的关键在于盐卤的获取和加工，不同的资源来路有不同的技术手段。

食盐的用途很广，不仅是烹饪必需的调味品，还供腌菜、盐藏、酿造及农业选种、施肥之用。在化工行业，食盐是基础化工的重要原料，生产三酸二碱、冶金、制革、颜料色素等都少不了。因此，食盐的生产和利用实际上超出了日用化工的范围。

第一节 古人对食盐的认识

人体是由化学物质构成的复杂体系，人类的生存和繁衍即其生命过程与这些物质的化学变化有关。在人类所需的化学物质中，食盐就居其一。当人类还处于原始的渔猎时代的茹毛饮血的生活中时，像其他肉食动物一样，人体所需的盐分可以从禽兽肉血中得到补给。当人类开始步入农业时代后，饮食的结构发生变化，某些部落和民族逐渐把谷物作为主粮，这时人体生长发育所需的盐分必然要在自然界寻找新的来源而加以弥补。正像某些食草的动物一样，平常从所吃的植物中得不到足够的盐，当盐分不足时，它们往往本能地长途跋涉奔赴含有盐分的地方，如舐咸泉土、咸石，甚至赴盐泉、盐湖去吃盐。智力尚高的人类当然会比野兽强。人们在有意识地寻找盐的过程中，不仅可以为自己补充盐分，还发现了食物加工中，加入某些盐分，食物变得更可口，从而逐渐学会了使用食盐及其识别和加工方法。

一、《周礼》中有关食盐的记载

原始社会尽管有部落的迁徙转移，但是在有了种植农业以后，人们的生活相对来说是以择地定点聚居为主。因此，食盐的来源大多是就地解决，即安居乐业的地方不会远离产盐的地区。好在食盐在自然界不仅有广泛的分布，而且以多种状态存在，在海边可以取得海盐；在某些内陆湖可以晒取池盐；在某些地域则可以发现岩盐；在某些地层下可以找到井盐；甚至在某些土层也可以熬出土盐。总之，人们获取食盐的途径是多样的。因而，在长期的生活实践中发展起多种采盐及其加工技术。

由于食盐是生活必需品，社会的需求量较大，随着社会的进步，特别是商品经济的发展，食盐的生产和供销逐渐在国计民生中占有独特的地位。食盐在《周礼》中称盐，在《礼记》中叫咸鹾。据《周礼·天官冢宰》记载，在周代天官中，专门设有“盐人”以掌管“盐之政令，以共（供）百事之盐”。① 当时已生产出几种不同的盐，而且不同的盐有不同的用场，即在不同场合、对不同对象使用不同品种的盐。例如，当时祭祀中主要供应“苦盐”和“散盐”。所谓苦盐、散盐，据《本草纲目》卷十一《食盐》中解释说：“苦盐即颗盐，出于池，其盐为颗，未炼治，其味咸苦。散盐即末盐，出于海及井，并煮鹻而成者，其盐皆散末也。”在周代，王者膳食供应的是饴盐，款待宾客的是形盐和散盐。所谓饴盐、形盐，《本草纲目》中解释道：饴盐，以饴拌成者，或云生于戎地，味甜而美也。形盐，即印盐，或以盐刻作虎形也；或云积卤所结，其形如虎也。此外，当时人们使用的食盐还有：崖盐，生于山崖；戎盐，生于土中；伞子盐，生于井；石盐，生于石；木盐，生于树；蓬盐，生于草。②

由上面的简单介绍可以推测，当时王公贵族吃的饴盐，实际上是采用与饴糖

① 《十三经注疏》，《周礼注疏·天官冢宰》，第3~37页，（上海）国学整理社，1935年。

② 明·李时珍：《本草纲目》卷十一，第620页，人民卫生出版社，1982年。

混合加工后的食盐。用于祭祀的苦盐，实际上是未经再加工的池盐，由于是天然结晶状，颗粒较大，又因为从湖水中结晶而出的同时，附着一些共结晶的其他氯化盐，故味咸苦。用于待客的形盐，可能在当时被视为较珍贵的，它一是将颗粒较大的池盐雕刻而成，另一是将较浓盐水放在一种虎形的模子里经蒸发水分浓缩而成。散盐既可用于祭祀，又可用来待客，应是较广使用的一种盐，它则是用海水或井水（盐井水）经煮熬浓缩而成。由此可见，上述几种盐的来源和加工方法是不同的。虽来源广泛，加工方法却很简陋粗放。

随着生活中时常与食盐打交道，人们对食盐的认识逐渐加深。在最早的本草著作《神农本草经》中，食盐可能是泛指一类物质的总称，反而未被明确收入，表明人们对它作为一类物质的共性还缺乏应有的认识。但是在下品药中提到了戎盐、大盐、卤盐，这些实际上就是当时人们使用的具体食盐品种。书中说戎盐主明目、目痛、益气、坚肌骨、去毒，大盐令人吐，卤盐味苦寒、主大热，消渴狂烦，除邪及下虫毒柔肌肤。① 我们暂且不评说上述这些医药功能的正确与否和认识水平，但是有一点是可以肯定的，人们在生活及疗病的过程中是需要食盐的。该书还指出：戎盐生胡盐山及西羌北地酒泉福禄城东南角北海青南海，大盐生邯郸及河东，卤盐生河东盐池。② 这里谈到的是这三种盐的出处。

据近代的常识可知，戎盐为卤化物类矿物石盐的结晶，表现为立方体的晶粒状或块状。纯净时为无色透明或白色。当包含某些杂质时，常呈灰色或黄色、红色、褐色甚至为黑色。性脆，有咸味，具吸湿性，易溶于水。其主要化学成分为氯化钠，常含的杂质为钙、镁、铁的硫酸盐或氯化盐。这种盐的溶液内服后，的确可起利尿功能。外用适度，对皮肤有洁净作用。这种盐主要产于炎热干燥地区的盐湖和海滨浅水湖中，或与其他盐矿伴生沉积岩中。青海盐湖是古代戎盐的主要产区。此外，陕西、山东、安徽、云南、甘肃、新疆、内蒙等也有分布。

大盐，肯定是指食盐的一种，若产于沿海各省的海水中，应是海盐；若产于内陆盐井、盐池、盐泉之中，则可能是井盐、池盐。其主要成分为氯化钠，视其来源和制法而夹杂不同杂质，常见的是氯化镁、硫酸镁、硫酸钠、硫酸钙等。

卤盐明确指出产于河东盐池，当时的河东盐池即今山西运城盐池，是古代最著名的内陆盐池。

二、《神农本草经》等本草著作对食盐的记述

《神农本草经》是我国古代第一部本草学著作，它既然把盐收入其中，算是带了头，以后历代的本草都没有把食盐遗忘，而是随着对食盐的进一步考察，记载日愈清晰和丰富。

历经了南朝宋、齐、梁三个朝代动荡生活的医药家陶弘景（456—536 年），学识渊博，曾在宋齐两个王朝做过官。南朝齐永明十年（公元 492 年）他受道家思想影响，将脱下的朝服挂在武门上，弃官来到了金坛茅山隐居，在修炼道家的养生之法的同时，钻研医药，完成了本草著作《本草经集注》，从书名可推知，它是

① 清·黄奭辑：《神农本草经》，第 258～259 页，中医古籍出版社，1982 年。
② 清·黄奭辑：《神农本草经》，第 258～259 页，中医古籍出版社，1982 年。

《神农本草经》的继承和发展。在该书中，陶弘景对食盐作了论述：五味之中，唯此不可缺，有东海、北海盐及河东盐池，梁、益盐井，交、广有南海盐，西羌有山盐，胡中有树盐。而色类不同，以河东者为胜。东海盐、官盐，白，草粒细，北海盐黄，草粒粗。以作鱼鲊及卤鹹菹乃言北胜而藏茧必用盐官者。蜀中盐小，淡，广州盐鹹苦……①

首先，这里用食盐囊括了不同品种的盐，指出它们在饮食中是不可缺少的调味品，然后一一指出它们的产地。东海、北海（今山东半岛）及交广的南海出海盐。河东（今山西运城）出池盐。梁（即今甘肃地区）和益（相当于今四川陕西一带）出井盐。西羌（即青海及西南地区）出山盐即岩盐。胡（即当时北方的大片土地）有树盐。据地质学家夏湘蓉在《中国古代矿业开发史》中说："东北地区所产柽柳属植物及内蒙、西北地区所产杨柳科植物胡桐等都是典型的泌盐植物，干燥时树叶上出现一层盐霜，可以摘下来食用。"② 这就是树盐。

据陶弘景介绍，当时的各种盐由于出处不同而颜色颗粒各不相同，其中以河东池盐为最好。东海盐是当时的官盐，色白而颗粒细，北海盐黄，但颗粒粗，腌制鱼肉常用北海盐，而收藏茧却喜欢东海盐。蜀地井盐细而淡，广州南海盐咸有点苦。

由上可见，南北朝时的陶弘景对食盐的认识明显地比东汉时提高了许多。

在陶弘景的《本草经集注》中，将食盐列在玉石部中品之后，依然把戎盐列入玉石部之下品。他作了一番新的解释："今俗中不复见卤咸，唯魏国所献虏盐，即是河东大盐，形如结冰圆强，味咸苦，夏月小润，液虏中盐乃有九种：白盐、食盐，常食者；黑盐，主腹胀气满；胡盐，主耳聋目痛；柔盐，主马脊疮；又有赤盐、驳盐、臭盐、马齿盐四种，不入食。马齿即大盐，黑盐疑是卤咸，柔盐疑是戎盐，而此戎盐又名胡盐，并主眼痛，二三相乱。今戎盐虏中甚有从凉州来，芮芮（古国名，今山西省芮城县一带）河南使及北部胡客从敦煌来亦得之，自是稀少尔，其形作块片，或如鸡鸭卵，或如菱米，色紫白，味不甚咸。口尝气臭，正如毈鸡子，臭者言真。又河南盐池泥中，自有凝盐如石片，打破皆方，青黑色，善疗马脊疮，又疑此或是。盐虽多种，而戎盐、卤咸最为要用。又巴东朐䏰县（今四川云阳西）北岸大有盐井，盐水自凝生粥子盐，方一二寸，中央突张如伞形，亦有方如石膏、博棋者。李云：戎盐味苦臭，是海潮水浇山石，经久盐凝著石取之，北海者青，南海者紫赤。又云：卤咸即是人煮盐，釜底凝强盐滓。如此二说并未详。"③

陶弘景的介绍相比《神农本草经》的内容，显然丰富了许多，这里面讲的实际上不止是戎盐，而是除海盐以外的池盐、石盐及井盐。他认为从液虏（卤水）中沉凝析出的盐有九种：白盐、食盐、黑盐、胡盐、柔盐、赤盐、驳盐、臭盐、马齿盐。白盐、食盐为经加工专供人食用的盐；黑盐可能是从盐卤中析出的盐；

---

① 宋・唐慎微：《重修政和经史证类备用本草》，第106、129页，人民卫生出版社，1957年。

② 夏湘蓉等：《中国古代矿业开发史》，第358页，地质出版社，1980年。

③ 宋・唐慎微：《重修政和经史证类备用本草》，第106、129页，人民卫生出版社，1957年。

马齿盐即大盐；柔盐可能是戎盐，而戎盐又称为胡盐，所以它与胡盐差不多；赤盐肯定是色呈红赤的盐。由于这里是讨论戎盐，故陶弘景对它的出处、形状、成色、特点讲得较多。实际上，戎盐属于石盐一类，广泛出现在我国西北的广大地区，那里一些内陆湖星罗棋布，加上气候干热，盐湖表面常常凝结着厚厚一层石盐。这些地区古代属于胡人居住的地带，人们就将这里产的石盐统称为戎盐，也称胡盐或羌盐。在秦汉之际，戎盐曾大量地被贩卖到中原地区，成为当时食盐的重要来源之一。戎盐常具有多种颜色，古籍中对此也有不少记载，由于不明其成因，因而记载中常有多种不同描述，并有不同的猜测，包括在医疗中也有不同的应用。

陶弘景对大盐等的记载与《神农本草经》差不多，没有新的发挥。

此后的历代本草都是以继承为主，只是对作者较熟悉的条目内容作些增补。其中，宋代苏颂等集体创作的《图经本草》在食盐条目中，在复述了陶弘景的介绍之后，又作了较详细的补充：“今解州安邑两池所种盐最为精好是也。又有并州两监末盐乃刮咸音（者）减煎炼不甚佳，其咸盖下品，所着卤咸生河东盐池者谓此也下品。又有大盐生邯郸及河东池泽，苏恭云大盐即河东印盐，人之常食者，形粗于末盐，乃似今解盐也，解人取盐于池旁耕地沃以池水，每盐南风急则宿昔成盐满畦，彼人谓之种盐。东海、北海、南海盐者，今沧、密、楚、秀、温、台、明、泉、福、广、琼、化诸州官场煮海水作之，以给民食者，又谓之泽盐。医方所谓海盐是也，其煮盐之器，汉谓之牢盆，今或鼓铁为之或编竹为之，上下周以蜃灰广丈深平底，实于灶，皆谓之盐盘。南越志所谓织篾为鼎和以牡蛎是也，然后于海滨掘地为坑，上布竹木覆以蓬茅，又积砂于其上，每潮汐冲沙，卤咸淋于坑中，水退则以火炬照之，卤气冲火皆灭，因取海卤注盘中煎之，顷刻而就。管子曰：齐有渠展之盐，伐菹薪煮海水，征绩之十月始生至于正月成三万是也。菹薪谓以茅菹然火也。梁益盐井者，今归州及西川诸郡，皆有盐井，汲其水以煎作盐，如煮海之法，但以食彼方之民耳。西羌山盐，胡中木盐者即下条云光明盐生盐州。下品有戎盐生胡盐山及西羌北地酒泉福禄城东南角。北海青南海赤者是也，然羌胡之盐自多。陶注（即陶弘景）又云，虏中盐有九种，白盐、食盐常食者，黑盐、柔盐、赤盐、驳盐、臭盐、马齿盐之类，今人不能遍识，医家治眼及补下药多用青盐，疑此即戎盐。而本经云此北海青南海赤，今青盐从西羌来者形块方稜明莹，而青黑者最奇，北胡来者作大块，而不光莹，又多孔窍若蜂窠状，色亦浅于西盐，彼人谓之盐枕，入药差劣。北胡又有一种盐作片屑如碎白石，彼人亦谓之青盐，缄封于匣中，与盐枕并作礼贽，不知是何色类。又阶州出一种石盐，生山石中，不由煎炼，自然成盐，色甚明莹，彼人甚贵之，云光明盐也，医方所不用，故不能尽分别也。又通泰海州并有亭户刮咸煎盐输官，如并州末盐之类，以供给江湖，极为饶衍，其味乃优于并州末盐也。滨州亦有人户煎炼草土盐，其色最粗黑，不堪入药，但可啖马耳。又下有绿盐条云：以光明盐，硇砂。赤铜屑酿之为块绿色，真者出焉耆国。水中石下取之，状若扁青、空青，今不闻识，此者医方亦不用……”①

书中不仅介绍了山西解州的池盐、沿海一带的海盐、四川的井盐及西北地区的多种石盐，还介绍了解盐、海盐、井盐及土盐的生产方法。

从《本草经集注》到《图经本草》的记载，使后人对这一时期各地生产的盐的基本概貌有了一个全面认识。

三、从《梦溪笔谈》到《天工开物》有关食盐及制盐的介绍

由于盐是生活必需品，除了本草学的著作外，某些类书、笔记小说、杂文及方志书也有一些关于食盐的记载。例如北宋沈括撰写的《梦溪笔谈》就翔实地叙述了当时各类食盐的分布与供应情况。

盐之品至多，前史所载，夷狄间自有十余种。中国所出，亦不减数十种。今公私通行者四种：一者“末盐”，海盐也，河北、京东（包括今鲁、苏、豫三省部分地区）、淮南（包括今苏、皖两省之江北地区及豫、鄂部分地区）、两浙、江南东西（指北宋时江南东路与江南西路，即包括今皖南及赣、苏、鄂部分地区）、荆湖南北（指北宋时的荆湖南路和荆湖北路，即包括今湖南大部分地区和湖北之南与西南地区）、福建、广南东西（指北宋时的广南东路和广南西路，即包括今广东大部分地区、海南及广西东部地区）十一路食之；其次“颗盐”，解州（今山西运城地区）盐泽及晋（今山西临汾）、绛（今山西新绛）、潞（今山西长治）、泽（今山西晋城）所出，京畿（今河南开封）、南京（今河南商丘）、京西（今河南西部和南部及鄂、陕部分地区）、陕西、河东（今山西大部及甘肃、内蒙部分地区）、褒（今陕西褒城一带）、剑（今四川剑阁一带）等处食之；又次“井盐”，凿井取之，益（今四川成都）、梓（今四川三台）、利（今四川广元）、夔（今重庆奉节）四路食之；又次“崖盐”，生于土崖之间，阶（今甘肃武都）、成（今甘肃成县）、凤（今陕西凤县）等州食之。②

《梦溪笔谈》中关于食盐的介绍较清晰，故可作为上面本草著作相关内容的注释和补充。但是涉及制盐工艺的内容仍不多。

明代李时珍的《本草纲目》虽然在相关章节中，总括了历代本草著作对食盐的认识，但是对食盐的认识并没有本质的提高。倒是宋应星的《天工开物》在卷五“作咸”中，通俗地表述了一些新的认识。宋应星在该卷的卷首就论述了对食盐的新看法。摘录如下：

宋子曰：天有五气，是生五味。润下作咸，王访箕子而首闻其义焉。口之于味也，辛、酸、甘、苦，经年绝一无恙。独食盐，禁戒旬日，则缚鸡胜匹，倦怠恹然。岂非天一生水，而此味为生人生气之源哉？四海之中，五服而外，为蔬为谷，皆有寂灭之乡，而斥卤则巧生以待。孰知其以然。③

这段话的大意是，自然界有与五行相对应的五气，五气又产生了咸、苦、酸、辛（辣）、甘五种味道。可见宋应星是根据流行中国古代的五行说来认识食盐的。

① 宋·唐慎微：《重修政和经史证类备用本草》，第106、129页，人民卫生出版社，1957年。

② 宋·沈括：《梦溪笔谈》卷十一，第21~23页，文物出版社，1975年。

③ 明·宋应星：《天工开物》卷五，第99页，（上海）国学整理社，1936年。

由五行——金、木、火、水、土，而衍生出的五味，咸为其一。当水性向下渗透后就具有咸味。周武王访问了箕子才开始明白这个道理。辛、酸、甘、苦这四种由人口舌感觉到的味，常年缺少哪一种，人都不会生病。唯独食盐，十天不吃盐，人就会疲乏得手无缚鸡之力了。这一简单的事实不正说明自然界产生了水，水的咸性已成了人类体力和生气的源泉吗？这一席话表明，当时的人们已认识到食盐在生活中是不可缺的。宋应星还提出一个疑问：内地和边疆都有一些不长庄稼的所谓“不毛之地”，而恰巧正是这些地方产出食盐等待人们去取用，这又是为什么？对这一自然现象，宋应星当然会感到困惑。发现问题往往是认识问题的初始，他能提出这一疑问，正表明他在思索。这种思索正是科学家所具备的起码素质。

紧接着下一段，宋应星介绍了中国的盐产状况：“凡盐产最不一：海、池、井、土、崖、砂石，略分六种，而东夷树叶、西戎光明不与焉。赤县之内，海卤居十之八，而其二为井、池、土碱。或假人力，或由天造。总之，一经舟车穷窘，则造物应付出焉。”① 这里，宋应星根据产出的地况把食盐分为六种，这六种还不包括东北西北某些地区的树盐和光明盐。并指出，当时中国所产的食盐、海盐占八成，井盐、池盐、土碱仅占两成。它们靠人力煎晒或天然结成。总之，凡是车船不到的地方，大自然都会产出食盐来。这又重复了上一段那个疑问。不毛之地产食盐。这里展示了宋应星那天人合一的自然观。

在分别介绍海盐、池盐、井盐及末盐、崖盐的生产技术中，宋应星对食盐的认识作了下述补充。他指出：“凡盐，见水即化，见风即卤，见火愈坚。凡收藏不必用仓廪。盐性畏风不畏湿。地下叠稿三寸，任从卑湿无伤。周遭以土砖泥隙，上盖茅草尺许，百年如故也。”②

盐易溶于水，故见水即化，即溶解了。风能促使盐卤的析出，故见风即卤。用火煎熬，继续蒸除盐中的水分，故见火愈坚。正因为食盐具有这些性质，食盐畏风不怕湿，储存食盐不必用仓库，只要在地上铺三寸稻草，什么地势低、湿度大都无碍。假如在四周砌上土砖，砖隙用泥封固，上面再盖上一尺厚的茅草，食盐在其中放置百年也将依然如故，即永不变质。

对于食盐的这种认识和储存方式显然是人们长期使用食盐的实践的经验总结。

对于末盐和崖盐，宋应星是这样叙述的：“凡地碱煎盐，除并州末盐外，长芦分司地土人，亦有刮削煎成者，带杂黑色，味不甚佳。”“凡西省阶、凤等州邑，海、井交穷，其岩穴自生盐，色如红土，恣人刮取，不假煎炼。”③ 由此可见，由地碱刮煎的末盐，即土盐，和在岩洞直接刮取的崖盐，前者杂黑色，后者如红土，由于都含有较多的杂质，味道都不太好，故在当时，这两种盐很少被人食用。

直到19世纪下半叶，近代科学技术，特别是生理学、营养学传入中国，人们进一步认清食盐的科学面目和它对于人及一切生物的生命繁衍的重要性，并逐渐解开为什么盐的产生与不毛之地联系在一起的疑团。

---

① 明·宋应星：《天工开物》卷五，第99页，（上海）国学整理社，1936年。
② 明·宋应星：《天工开物》卷五，第99页，（上海）国学整理社，1936年。
③ 明·宋应星：《天工开物》卷五，第99页，（上海）国学整理社，1936年。

从细胞到生物体，从低级动物到人体，水是构成其肌体生物物质的主要成分。细胞内的水中溶解有一定量的多种盐分以维系其能量传输、新陈代谢等生理功能，细胞内的盐分还需与细胞膜外的环境保持动态的平衡，这样生命体才能存活。而调节这种平衡的物质就是食盐（NaCl）。例如，当人体液的盐分浓度过高时，就会感到口渴。喝水后，稀释了盐分浓度，并使部分盐分随尿或汗排出体外，从而维持了平衡。又当人体因发烧而感到体虚时，或因饥饿而感到乏力时，补充点盐水，就会减轻病症或恢复体力。这就是一切生物体离不开盐的奥秘所在。

总而言之，对食盐的生理依赖，促使人们在生活实践中，发现了多种食盐及其采集的方法。对于不同产地的食盐，《周礼》对它们的使用进行了规范，可见人们还不很清楚这些盐的异同。到了汉代及其后，经验的积累使人们不仅能对食盐进行总括，并清楚地描述它们，还能指出它们的食疗价值。从《梦溪笔谈》到《天工开物》等文献，可以看到对食盐及其分类已很明确，特别是宋应星根据天人合一的观点和阴阳五行说，阐述了食盐对人生存的重要性和制盐的技术要领。认知的进步是明显的。真正的科学认识还是在近代科学传入中国之后，此刻人们才知食盐的化学成分及制取食盐的技术真缔。原先科学和技术上的一些疑问也得到完满的解答。

第二节　池　盐

由于人类生存繁衍对食盐的需求，早在有了原始农业和定居生活之后，即在原始人的食物结构中，易于获取的植物所占的比重愈来愈大后，人们就已开始采盐，并将采盐作为生活的重要内容。因地域环境的不同，人们只能依靠自然界的恩赐，分别采集和食用自己活动范围内的盐，即大多数是就近采集湖盐、海盐及井盐或岩盐、土盐、草盐等。

考察史前文明发祥之地，要么是自然产盐的地区，要么是得盐便利之处。远古文明的发展大多与食盐的供应便利相关联。在中国，黄河流域曾是中国华夏文明的发祥地之一。黄河下游临近海边，当然主要产出的是海盐，而黄河上、中游，属内陆地区，历史上有两个重要的产盐区，一是位于河东，即今山西运城南面，安邑与解县之间的解池。另一是位于今西北甘肃、宁夏、青海交界的盐池群。这两个产盐区生产的都属于内陆湖盐，即开采盐湖中的天然结晶盐，或以湖表面卤水晒制成盐。

一、解池的湖盐及其早期采捞

山西运城盐湖生产的食盐，历史上曾称其为苦盐、颗盐、大盐、解盐，是池盐中开采最早，也是最著名的食盐。考古工作者在解池为中心的几百里地区内，先后发现了属于旧石器时代的西侯度、匼河、公主岭、蓝田、南海峪洞穴等许多文化遗址，在进入新石器时代后，中国最早的一批原始公社部落大多就是以山西运城为中心，在黄河两岸聚居，并在这里相互争战。从自然环境来看，这一地区土地肥沃，气候温凉适宜，并有丰富的水利和动植物资源。除此之外，运城解池盛产食盐也是一个至关重要的因素。据考古研究，这一带不仅发现了属于仰韶文化、龙山文化的新石器时代的诸多文化遗存，中国先民还在这里创造了灿烂的古代文明。考古又证实今临汾市南郊有尧都古迹；今永济县薄州镇东南有舜都故址；今夏县禹王城是禹都遗址，同时也为夏朝国都。此外，夏县城北的西阴村相传为西陵氏之女、黄帝之妻、我国养蚕织丝的发明者嫘祖的故乡；运城平原北侧的稷王山相传为后稷教民稼穑之地。这些地方都距解池不远。有人认为，中国历史上的所谓尧、舜、禹“禅让”之说的实质，是三帝在不同的时期都掌握了解池的盐利，有了作为联盟首领的经济基础。考古发现还表明，在解池四周的夏县、运城、闻喜、绛县、新络、河津、永济、陕县、温池等地广泛地分布着二里头文化东下冯类型，这一类型恰好是夏文化的重要内容，由此可以说，解池作为河东地区最大的产盐地，它曾孕育了夏代的文明。此后，商文化系统自东向西发展，周文化自西向东延伸，除有晋南铜矿以外，丰富的盐资源是其深刻的原因。

春秋战国时期，盐在国家政权中仍然起到了重要作用，从经济发展到建立霸业或政权更替，对盐产业的支配权一直是个不容忽视的因素。正因为认识到这点，在西汉，汉武帝为了振兴经济，采取了盐铁的专卖，在朝廷设立了一套盐铁管理机构和一些专业性的政府工业作坊。西汉时设置了盐官 41 处，表 3－1－1 为西汉盐官驻在地。倚重盐铁之利，遂使国家财税收入大增，维系并发展了封建专制的政权，由此可见，当时的盐之利已成为国家经济赖以发展的强大支柱。解盐的开采和利用在其中的作用是可想而知的。

表 3－1－1 西汉盐官驻在地表

今省市	盐官驻在地
天津	渔阳郡泉州（武清）
河北	钜鹿郡堂阳（南宫）、渤海郡章武（沧县）、辽西郡海阳（滦县）
山西	河东郡安邑、太原郡晋阳（太原市西古城营）、雁门郡楼烦（朔县）、雁门郡沃阳（左云）
内蒙古	西河郡富昌（伊克昭盟准格尔旗）、朔方郡沃野（伊克昭盟，河套西北部）、五原郡成宜（包头市西）
辽宁	辽东郡平郭（盖县）
山东	千乘郡曲成（博兴）、北海郡都昌（昌邑）、北海郡寿光、东莱郡曲成（掖县）、东莱郡东牟（牟平）、东莱郡嵫（黄县）、东莱郡昌阳（莱阳）、东莱郡当利（掖县）、琅琊郡海曲（日照）、琅琊郡计斤（高密）、琅琊郡长广（莱阳）
浙江	会稽郡海盐（嘉兴）
广东	南海郡番禺（广州）、苍悟郡高要
陕西	上郡独乐（米脂）、上郡龟兹（榆林）
甘肃	陇西郡陇西（临洮）、安定郡三水（固原）、北地郡弋居（宁县）
四川	南郡巫（巫山）、蜀君临邛（邛崃）、犍为郡南安（夹江）、巴郡朐忍（云阳）
云南	益州郡连然（安宁）

资料来源：《汉书·地理志》，夏湘蓉等著：《中国古代矿业开发史》等，尚缺 5 处没列出。

在陕西、甘肃、宁夏、青海、新疆、内蒙古等西部和北部地区，由于干旱和半干旱的气候，分布着大小不一、形态各异的众多盐池，加上部分地区的丰富的水源，从而孕育了西北地区新石器时代的马家窑文化、齐家文化及续后的辛店文化等。食盐的供需逐成为生活在这一地区的各个民族之间的自然凝聚力。食盐产区像一盏明灯，将人群吸引到它的周围，共同创造了当地的原始文明。这些地区除池盐的开采外，还有岩盐（即石盐）的利用和交换。考察池盐的生产技术，本文将以解盐的生产作为典型范例。

在春秋时代以前，解盐的生产方式主要是组织大批人力，直接到湖里采捞由卤水中自然析出的食盐结晶。这种食盐结晶严格来说，应属于石盐范畴，只是它从卤水中析出而泡浸在卤水之中。《左传·成公六年》谓："晋景公谋去故绛（即旧绛城。绛，晋国都城，今山西翼城县东南，晋国都城从绛迁往新田后，称新田为绛，称原来的绛为故绛），诸大夫皆曰'必居郇瑕之地（郇瑕原为古国名，后被晋国所灭，遂称郇瑕之地，位于今山西临猗县西南），沃饶而近盬，国利君乐，不可失也。'"① 这里的"盬"是有特定的含义的。据唐人司马贞在《史记索隐·货殖列传》中考证："盬，音古。……杜子春以为苦读如盐，谓出盐直用不炼也。伊说，云盬盐，河东大盐散盐。东海煮水为盐也。"② 又《说文解字·盐部》云："盬，河东盐池，袤五十一里，广七里，周百十六里（1里约合415.8 m）。"③ 由此可见，"盬"字是古人专指解州的盐池，后来也泛指盐池。根据这种理解来看《左传》那段话，可见当时河东大盐即解盐的开采，获利丰厚，人们都不愿远离它，而且这种盐可直接使用，不需炼制，采集也很方便。后来北魏郦道元在《水经注》卷七中对《左传》的那段话也作了考释。他补充说："《汉书·地理志》曰：'盐池在安邑西南。'……今池水东西七十里，南北十七里（1里约合415.8 m），紫色澄渟，潭而不流，水出石盐，自然印成，朝取夕复，终无减损。唯山水暴至，雨澍甘潦奔迭，则盐池用耗。故公私共堨水径，防其淫滥，谓之盐水，亦为堨水也。故《山海经》谓之盐贩之泽也。……《春秋》（指《春秋左氏传》即《左传》）成公六年，晋谋去故绛，大夫曰：'郇瑕地，沃饶近盬。'服虔曰：'土平有溉曰沃，盐，盬池也。'土俗引水沃麻，分灌川野，畦水耗竭，土自成盐，即所谓咸鹾也，而味苦，号曰盐田，盐盬之名，始资助是。"④

从以上的记载可知古代解盐的地理位置和面积。直到魏晋南北朝时，人们仍可以采捞那些自然结晶而得的石盐。当雨大水多时节，人还有意筑堨而防其泛滥，堨即遏水之土堰，《水经注·济水》则明确指出是："以竹笼竹，葺土而为竭。"⑤ 所以解池就成为盐贩之泽。当地人从引水沃麻，引湖水灌溉中发现畦水耗竭，土自成盐，从而掌握了晒盐法，开始了垦畦汲卤、晒制湖盐的生产技术。

---

① 王守谦等译注：《左传全译》，第635页，贵州人民出版社，1990年。

② 唐·司马贞：《史记索隐·货殖列传第六十九》，《文渊阁四库全书》，总246册，第636页，台湾商务印书馆。

③ 汉·许慎：《说文解字》，中华书局，第247页，1963年。

④ 北魏·郦道元：《水经注》卷六，第16页，国学基本丛书，商务印书馆，1936年。

⑤ 北魏·郦道元：《水经注》卷六，第16页，国学基本丛书，商务印书馆，1936年。

最初，人们主要使用采捞湖中自然形成的结晶盐，随着人口增加，对结晶盐的需求量愈来愈大，特别是商品交换的需求，仅靠采捞，是难以满足需要的，因为朝取夕复，结晶盐的量是有限的。在古代很长一段时间里，陕西地区的食盐主要是山西的解盐。明代姚士麟在《见只编》卷上中曰："山陕食盐，皆用河东池盐，其盐以盐池雨后一日遇东南风则盐不可胜食矣。……池盐状如水晶，唐人谓：'盘中惟有水晶盐是也。'……近阅盐池志，以舜南风解愠，目为盐池而作，亦所谓想当然耳。"①

另外，山西运城解池的盐湖属于硫酸盐型，盐卤水中氯化钠含量相对来说并不很高。据山西地质局调查资料表明，1965 年运城盐湖表面卤水的成分为：

	NaCl	Na_2SO_4	$MgSO_4$	$CaSO_4$	K^+
含量（g/L）	16.07	21.94	12.64	2.8	0.3

当盐湖经长期不间断的"集工采捞"后，卤水含盐量会逐渐下降，自然结晶的石盐必然越来越少。为了满足不断增大的对结晶食盐的需求，人们只能是另辟途径来获取食盐。该途径就是垦畦汲卤、晒制湖盐。上面已讲到，当人们引水沃麻，或引水灌溉时，会发现畦水耗竭，土自成盐。这是发现通过卤水的日晒，蒸发掉水分也会得到食盐，当然这不是发现这一制盐方法的唯一引线。但是这一方法的发现和运用却很重要，它开辟了制盐技术的广阔前景。

二、从捞到晒的技术演进

晒盐法到底出现在何时，许多人认为它大概产生于春秋时代。笔者认为这种推测是有根据和可信的。

根据《周礼》的记载，周代天官冢宰下属中设有"盐人"，其职是掌盐之政令，以共（供）百事之盐。② 既然朝廷设有官职专管盐政和盐的生产供应，那么，像解湖那样方圆几百千米的大盐湖，盐的生产应是有组织的，而不是什么人都能随意进去采捞的。周边的人们可能划地为域，近者各守或豪贵封护。人们不仅从盐池中为自己采捞生活必需的盐，还要从卖盐、贩盐中获得大利。《史记·货殖列传》就记载："猗顿用监盬起。"③ 猗顿是战国时西河猗氏（今山西临猗县南）巨贾，他就以经营河东盐池致富。经营、开发河东盐池，仅靠采捞湖中自然结晶的石盐，显然是产量极为有限，要提高产量，唯有采用熬盐或晒盐法制盐。熬煮制盐不仅成本高，而且成品的质量也存在问题，故很少有史料提及煮盐。而晒盐的技术较复杂，人们只能在实践中探索这一方法，但是进展很慢。

利用硫酸盐型的盐湖卤水提取食盐，从现代的物理化学及相律的观点来看，这个过程是很复杂的。卤水要经过一系列养卤、配卤及化学变化的过程，才能达到氯化钠的结晶条件，而制得高质量的晶状氯化钠（食盐）。古代的先民没有科学知识的指导，只能凭长期实践中不断积累的经验而逐步总结出从培养硝板（古称盐板）到养护卤水、日晒制盐的工艺过程。这个实践过程，从春秋时代算起，到

① 明·姚士麟：《见只编》，第 49 页，《丛书集成初编》史地类，总 3964 册。
② 《十三经注疏》，《周礼注疏·天官冢宰》，第 3～37 页，（上海）国学整理社，1935 年。
③ 汉·司马迁：《史记·货殖列传》，第 3259 页，中华书局，1959 年。

唐代，经过了近1 600年的时间，池盐的日晒法才趋于成熟。

唐代初期，太宗皇帝李世民曾亲临山西运城盐湖视察，以示对制盐业的重视。那时的解池，已摆脱了依靠采捞天然晶盐的局限，主要是靠晒盐法来制盐。

据唐人张守节在其所著的《史记正义》中介绍说：

猗顿用监盬起：按倚氏蒲州县也，河东盐池是畦盐作畎，若种韭一畦，天雨下池中，咸淡得均，既畎池中水上畦中，深一尺许，以日曝之，五六日则成盐；若白矾石大小，若双陸及碁，则呼之为畦盐或有花盐。缘黄河盐池有八九所，而盐州有乌盐，猶出三色。盐有井盐、畦盐、花盐，其池中凿井深一二尺，去泥即到盐，掘取若至一丈，则著平石无盐矣，其色或白或青黑，名曰井盐。畦盐若河东者，花盐池中有下随而大小，成盐其下方微空，上头随雨下池中，其滴高起，若塔子形处，曰花盐，亦曰即成盐，马池中心有泉井水，淡所作池，人马尽汲此井。其盐四分之官，一分入百姓也。池中又凿得盐阁，一尺余，高二尺，白色光明洞，彻年贡之也。①

这就是说，当时人们已采用垦地平整分畦，将晒盐畦地建成像种韭菜一样的畦垅，当下雨天后，将经雨水稀释的湖中卤水，用牲口驮运至畦中，卤水约一尺多深，然后风吹日晒，蒸发浓缩，五六日则有结晶盐析出。白矾石究竟是何物，若从盐湖卤水结晶成分来推测，可能是硫酸钠结晶形成的硝板，当时人们称其为畦盐，后人称其为盐板。这种硝板在湖盐的生产中极为重要。

西汉时期在全国41处产盐地设立了盐官（见表3－1－1），其中海盐产区19处，池盐产区15处，井盐产区7处。山西运城解湖周边是盐官设置较多的地方，可见湖盐生产在当时的重要。随着制盐业的发展，到了魏晋南北朝时期，尽管政令仍然要坚持原先的食盐专卖政策，以控制盐利归朝廷。但是实际上，专制制度已难以推行，豪门贵族不顾法令，侵占川泽，专擅盐利的现象到处可见。部分地区甚至取消了专卖，允许民间自制食盐，只是收一点税即可。《魏书·食货志》记载：“河东郡有盐池，旧立官司以收税利……盐池天藏，资育群生。仰惟先朝限者，亦不苟与细民竞兹赢利。但利起天地，取用无法，或豪贵封护，或近者吝守，卑贱者远来，超然绝望，是以因置主司，令其裁察，强弱相兼。”②

国家食盐专卖政策的削弱和食盐税收政策的推行，特别是私营制盐业的发展，促进了盐业生产的竞争。除了对盐税、盐利的控制权的竞争以外，提高生产技术、降低生产成本、增加生产产量也是竞争的重要内容。在这种背景下，湖盐的生产更注重推广并发展晒制法，采捞自然成盐的份额只能是有限和越来越少，这就促成了垦畦浇晒的工艺在唐代趋于成熟。据《新唐书·食货志》记载，当时解池的产盐量，谓：“蒲州安邑、解县有池五，总曰两池，岁得盐万斛（唐代时仍以十斗为一斛），以供京师。”③

自唐以后，这种垦畦浇晒的制盐法不仅得到了大力推广，而且相关的记载也

① 唐·张守节：《史记正义·史部·货殖列传第六十九》，《文渊阁四库全书》，总248册，第396～397页，台湾商务印书馆。

② 北齐·魏收：《魏书·食货志》，第2862页，中华书局，1974年。

③ 《新唐书·食货志》（卷五十四）第5册，总1377页，中华书局，1988年。

多起来。例如唐慎微在《证类本草》中转引苏颂的《本草图经》的记载说："……以河东者为胜，河东盐，今解州安邑两池所种盐最为精好是也。……解州取盐，于池旁耕地，沃以池水，每临南风急，则宿昔成，盐满畦，彼人谓之种盐。"① 书中还附有两张精美插图。

图3－1－1 描绘的是垦畦浇晒的大致工艺。右边四个人正在垦地平畦，准备晒盐的畦地。左边四个人在做好的畦地里，引灌入池水。

图3－1－1 宋代的解盐生产

图3－1－2 描绘的是盐工们将晒制好的池盐交官吏们过秤收藏。

图3－1－2 宋代官府收购解盐

① 宋·唐慎微：《重修政和经史证类备用本草》，第106、129页，人民卫生出版社，1957年。

到了宋代，盐的专卖能为政府提供较大财政收入。据《宋史·食货志》记载，南宋盐课收入达2 100万余贯，占全年财政收入6 000万贯的32%，这是一笔相当可观的收入，它说明盐的专卖在经济运转中的重要作用。宋代盐的专卖基本上属两种方式，一是官运官卖，政府直接控制生产和流通的利润；二是通过课税来占有盐的生产和运销的利润。后面这种方式又称为盐钞法。据宋代沈括在《梦溪笔谈》中介绍说："陕西颗盐旧法，官自搬运，置务拘卖。兵部员外郎范祥始为钞法，令商人就边郡，入钱四贯八百售一钞，至解池请盐二百个，任其私卖得钱，以实塞下，省数十郡般（搬）运之劳。异日辇车牛驴以盐役死者，岁以万计。冒禁抵罪者不可胜数；至此悉免。"① 通过沈括的陈述，后人可以看到当时盐的专卖中官运官卖与盐钞法之间的利与弊。官运官卖实际上是承继五代之旧法，是地方势力割据的恶果。而实行盐钞法，商人可以到中央在各地开设的"榷货务"，花钱买"钞引"，然后再拿着"钞引"到产盐地收盐，运盐到指定的地方出售。"钞引"相当于现代的支票，"榷货务"实为盐钞交易所。这种方式，盐利的部分收入直接就归朝廷所有，商人通过组织盐的流通也可从中获利。原先由于官运官卖而造成大量为官府运盐的劳役伤亡大为减少，那些因违反或侵犯了官府对盐专卖权利的人也就没有了。

《宋史·食货志》写道："宋自削平诸国，天下盐利皆归县官，官鬻通商，随州郡所宜。然亦变革不常。"② 尽管在宋代，这两种方式并无定式，而是交替着使用，但是民间自由贸易的存在，肯定会促进盐业生产的发展。《宋史·食货志》记载："引池为盐，曰解州解县、安邑两池，垦地为畦，引池水沃之，谓之种盐，水耗则盐成。""安邑池，每岁岁种盐千席"，"颗、末盐皆以五斤（1斤约合633 g）为斗，颗盐之直（值）每斤自四十四至三十四钱，有三等"。③ 一个晒盐的亭户，一年种盐千席，可见产量是不少的，而且产出的盐已有等级品位的质量差别。当时（宋代）的都城都是以食用山西的颗盐为主，并以颗盐为最佳。

无论是《宋史·食货志》的记载，还是《图经本草》等本草著作的介绍，似乎宋代解池的晒盐技术仍是停留在垦地为畦。而到了明代，记载有了重要的变化。据明朝李时珍在《本草纲目》中介绍："池盐出河东安邑、西夏灵州（今宁夏灵武）。今惟解州种之。疏卤地为畦垄，而堑围之。引清水（按应为池水）注入，久则色赤。待夏秋南风大起，则一夜结成，谓之盐南风。"④ 李时珍的记载有一个特别值得注意的变动。宋代的记载是以耕地为畦，而李时珍则改为以卤地为畦。一字之差，不仅反映了李时珍务实、细致的科学态度，而且也反映了池盐晒制法一项重大的技术进步。所谓的卤地已不是原先的耕地，而是覆满硝板的湖边地。所谓的硝板，是历代生产池盐后废弃的固体沉积物，主要成分为白钠镁矾和芒硝。硝板表面非常坚硬，如同石板。上面可修整为平滑的石板，下面则是呈蜂窝状，有空隙。李时珍讲的以卤地为畦，就是将硝板加工为畦，让浓缩后的卤水在硝板

① 宋·沈括：《元刊·梦溪笔谈》卷十一，第24~25页，文物出版社，1975年。

② 元·脱脱：《宋史·食货志》，第4413~4414页，中华书局，1977年。

③ 元·脱脱：《宋史·食货志》，第4413~4414页，中华书局，1977年。

④ 明·李时珍：《本草纲目》，第630页，人民卫生出版社，1982年。

上风吹日晒。以卤地替代耕地为畦是湖盐晒制技术的重要进步，其科学内涵及意义下面再谈。这一技术进步应是盐民在长期实践中的经验总结。起初盐民在湖边耕地上，整地筑畦，引湖水入畦晒盐。时间长了，那些晒盐的畦地经年累月，卤水中的 Na_2SO_4、$MgSO_4$、$CaSO_4$ 等成分也会结晶沉积在地面上形成硝板卤地。可能人们起初没有认识到硝板在晒盐中有用，而把它铲除，堆弃在一边。后来无意中发现，在硝板上晒卤制盐，不仅制得的食盐更纯净更好，晒制的效益也较好，从而发展出利用硝板（即卤地）作畦晒盐。利用硝板养卤晒盐，究竟始于何时，从史料上来考，难有定论。若运用科学推理，可能在宋代后期或明代前期。说在宋代后期，似乎证据不足，说是明代前期，似乎又保守一点。因为在湖边的耕地上形成硝板只是时间问题，而发现在硝板上晒卤能获得较好的效果则需要盐民在实践中去观察和比较。也可能有些盐民已发现这一窍门，没有声张而不会被推广。而文人记载这种技术上的进步，则由于没有自己的亲历，往往有点迟钝，更何况耕地与卤地只有一字之差，难被点破。例如，在李时珍之后的另一明代科学巨匠宋应星，在其所著的《天工开物》卷五“作咸”中关于池盐的介绍：“凡池盐，宇内有二：一出宁夏，供食边镇；一出山西解池，供晋豫诸郡县。解池界安邑、猗氏（今山西临猗县）、临晋（古县名，也在今山西临猗）之间，其池外有城堞，周遭禁御。池水深聚处，其色绿沉。土人种盐者，池傍耕地为畦陇，引清水入所耕畦中，忌浊水，参入即淤淀盐脉。凡引水种盐，春间即为之，久则水成赤色。待夏秋之交，南风大起，则一宵结成，名曰颗盐，即古志所谓大盐也。以海水煎者细碎，故得大名。其盐凝结之后，扫起即成食味。种盐之人，积扫一石交官，得钱数十文而已。其海丰（今河北盐山县）、深州（今河北沧州一带），引海水入池晒成者，凝结之时，扫食不加人力，与解盐同；但成盐时日，与不藉南风，则大异也。”①

在这里，宋应星较详细地描述了池盐的生产过程，他甚至已注意引清水忌浊水，但是他仍然是写以耕地为畦陇。这表明有两种可能，一是宋应星并没有实地去考察，因而没有注意部分卤地已替代耕地。另一种可能是在当时卤地替代耕地仍不普遍。所以他绘制的插图（图 3－1－3）：池盐生产中，池外的城堞十分显眼，而整个晒盐过程却没有表现出来。这张插图较之苏颂《本草图经》就逊色多了。

南宋时，政治经济重心南移，解池作为兵家必争之地，动荡的形势必然会影响晒盐技术的发展。到了元代，盐课再次成为国家重要的财政收入。一般说来，盐课收入占“天下办纳的钱”的一半以上。元代的盐业生产的规模有所发展，产盐的地区，北起辽阳，南迄岭南，旁及四川、河东，共设盐场 136 所。固定的盐业劳动者达 5.2 万余户。② 元世祖末年食盐产量达 170 余引（每引 50 kg）。到了元朝中叶，食盐产量激增到 260 万引左右。食盐产量在南北方的情况是不同的，由于福建等大部分南方沿海盐场开始推广晒盐法，从煮盐到晒盐的技术转变，既降低了成本，又增加了产量。南方产盐区生产的大变，使海盐的产销越发成为食盐供销

---

① 明·宋应星:《天工开物》卷五，第 100～101 页，（上海）国学整理社，1936 年。

② 这两个数字是根据《元史》卷九四“盐法”统计出来的。

的主要品种。相形之下，对池盐的需求在减少。解州湖盐的开采虽然仍有部分盐户采用畦晒法，但更多的盐户又倒退到采捞法，即听任盐在池中凝结，然后再捞取，“不烦人力而自成”。① 只是到了明代，才重新恢复畦晒法。

盐　池

图 3－1－3　《天工开物》所描绘的解盐生产

由于盐课税收在元代财政收支中的重要作用，元代再次实行由政府直接经营盐业生产，不许民间介入。元代的盐业生产主要依靠对盐户的控制，他们规定，盐户必须世代从事制盐，不得改业。他们有特殊的户籍，与民户分开，固定在一定的盐场上劳动。当时北方各盐区，包括解州盐池，因历经战乱，旧户逃散，主要依靠重新招收劳力。劳力之中有部分就是元政府发遣判处“徒”刑的罪犯。他们到盐场“带镣居役”，期满放还。这些临时的盐户，既不懂技术，也不会专心于生产，故对食盐生产技术的进步不会有好的作用。

元朝为了保障盐课的收入，继续维系官运官销，更有甚之，是政府按照户籍人口强行摊派盐额，按额征收盐价，政府垄断了盐利。这一管理形式，显然也不会改善食盐的流通，只能加重对人民的盘剥。

明代的前期，食盐的生产仍然牢牢地在政府的掌控之中，朝廷由户部总管盐政，其下在两淮、两浙、长芦、山东、福建、河东产盐区设六个转运司（名称为都转运盐使司）。另有广东、海北、四川、黑盐井、白盐井、安宁盐井、五井等盐课提举司。可见盐的生产和运销仍属官工业的范畴。随着生产的发展、人口的增长，在明中叶工业经济中的纺织、陶瓷等部门开始出现资本主义萌芽。一位名叫丘浚（1418—1495 年）的一品大员，就主张“人人各得其分，人人各遂其愿”的新的经济思想，他反对由国家和大盐商互相勾结垄断经营食盐的“榷盐”制度，认为盐和各种自然资源都是“天地生物”，应该由全体人民公共之。他主张在国家监督管理下实行私人生产、私人运销的制度，食盐一概“任民自煮”。但是生产食

① 清·王袆：《重修盐池庙碑》，《河东盐法备览》卷一二，第 30 页，乾隆刊本。

盐的灶户要向官府申请，经批准后发给证明，并使用官府的“牢盆”（煮盐的工具），并交纳一定举火钱（即生产税），即可煮盐自卖。①

丘浚的经济思想，深刻地反映了明代商品经济发展的状况，在这种背景，即社会条件下，池盐的生产技术不仅恢复了畦晒法，而且进一步推广了在硝板上作畦晒盐的技术也是可以想象的。

三、湖盐晒制技术的成型

应该说，到了清代，解池的池盐生产技术已完全成熟。据实地调查，生产工艺过程大致上是：在硝板上构筑结晶畦，靠人工将“滩水”（即盐池表面的卤水）引入蓄卤池，经一段时间的蒸发，浓缩卤水，并使难溶的石膏成分先行结晶析出，及至卤水中盐分达到一定的浓度后，再引入下一级蓄卤池，继续通过日晒蒸发浓缩，并先让硫酸盐矿物，如，白钠镁矾（$Na_2SO_4 \cdot MgSO_4 \cdot 4H_2O$）和芒硝（$Na_2SO_4 \cdot 10H_2O$）结晶沉淀，然后再一次引入更下一级的蓄卤池，作进一步的蒸发、浓缩。每一次转移卤水时都用“过箩”滤去沉淀物。最后将除去大部分硫酸盐的卤水移入晒盐畦中，配以淡水，再进行曝晒，使食盐（NaCl）结晶析出。

这个生产过程，与海盐的晒制有很大的不同，它至少具备以下三个技术特点：一是在硝板上筑成的结晶畦上结晶；二是卤水成盐前必须搭配淡水，忌浊水；三是借助于南风，能获好收成。这就是在生产解盐的长期实践中，人们依据解池卤水的特点和解池的气候状况而摸索出来的技术奥秘。

为什么要在硝板上晒盐？

在唐代，治畦浇晒法得以推广，唐人张守节在《史记正义》中已有描述。但是在此后很长一段时间里，史籍对晒盐的畦地究竟是什么构造，一直没有具体记载，只是李时珍在《本草纲目》中，将畦地改为卤地，后人才注意到硝板的出现和应用。事实上，硝板的存在是很自然的，即人们在硝板上筑畦晒盐的出现起初很可能是不自觉的。

据1934年在西北实业公司工作的曹焕文先生所进行的取样分析，硝板的主要化学成分大致上为：硫酸钠40%～43%，硫酸镁25%～36%，氯化钠1%～1.6%，② 由此可以认为硝板是由硫酸钠和硫酸镁结合而成的复盐，化学式为$Na_2SO_4 \cdot MgSO_4 \cdot 4H_2O$，学名为白钠镁矾。颜色呈白色（乳白或灰白，甚至为灰色），味涩，咸苦，溶于水，一般为晶体，有时呈短柱状粗大颗粒，有时为细小颗粒。白钠镁矾的生成状况完全取决于卤水的成分和当时的气温条件。

前面已介绍运城解池盐湖表面卤水的主要成分为Na_2SO_4、NaCl、$MgSO_4$及$CaSO_4$。在通常情况下，这些物质以离子（Na^+、Mg^{2+}、Cl^-、SO_4^{2-}）形态存在于卤水中。在一定量的水中，每种盐类都有一定的溶解度。在一定温度条件下，溶液中所溶解的盐类已经达到最大限度，即此盐不能继续溶解时，此时的该溶液叫做该盐的饱和溶液。只有超过饱和溶液，才有结晶出盐的现象。据此，盐湖水在

① 明·丘浚：《大学衍义补·总论理财之道上》、《大学衍义补·山泽之利上》。

② 柴继光：《潞盐生产的奥秘探析》，《中国盐业史国际学术讨论会论文集》，第82页，四川人民出版社，1991年。

风吹日晒条件下，水分不断蒸发，而卤水步步浓缩，当浓缩到一定程度时，上述盐类会依其饱和点即溶解度的不同而先后进入过饱和状态，依次结晶析出。温度的高低也会对不同盐类的溶解度产生影响，因此，在浓缩卤水析出盐类过程中，温度也是一项应考虑的因素。

解池的盐湖属于硫酸盐型的盐湖，湖中卤水中主要成分的溶解度依下列次序增大：$CaSO_4 < MgSO_4 < Na_2SO_4 < NaCl$，而且温度变化对 $NaCl$ 的溶解度较 Na_2SO_4、$MgSO_4$ 的影响要小。因此，在盐湖卤水晒制过程中，随着水分的蒸发，卤水浓缩，首先应是 $CaSO_4$ 析出，但是卤水中 $CaSO_4$ 含量仅 2.8%，实际上它较晚才能达到过饱和状态，故没有结晶析出。因而首先析出的是 Na_2SO_4（其在卤水中含量为 21.94%，高于 $NaCl$ 的 16.7%），① 接着是 $MgSO_4$（其在卤水中含量为 12.64%）。它们率先结晶析出，很自然地结合成复盐白钠镁矾和芒硝（$Na_2SO_4 \cdot 10H_2O$）。当将浓缩的卤水转移到下一级蓄卤池时，白钠镁矾和芒硝或会被过滤除去或沉积在上一个蓄卤池的底部。天长日久及蓄卤池的多次使用，就会形成在硝板上晒盐水的事实。由于没有近代的化学知识，古代的盐工并没有认识到在硝板上晒盐有什么好处，很可能由于对硝板的他用，而将其铲除。后来有人发现在硝板上晒盐，不仅节省劳力，而且能获得质量更好的食盐。来自实践的经验，逐渐使硝板上晒盐成为传统工艺中的重要一环。据考察，在硝板上晒盐至少有以下几点好处：

第一，在硝板上晒卤，有利于卤水中 SO_4^{2-}、Mg^{2+}、Ca^{2+} 及 Na^+、Cl^- 离子形成 $Na_2SO_4 \cdot MgSO_4$ 结晶析出。这因为 $Na_2SO_4 \cdot MgSO_4$ 在水中的溶解和结晶析出是一个可逆化学变化，即在某种温度条件下，$Na_2SO_4 \cdot MgSO_4$ 等物质在卤水尚未呈饱和状态时，卤水可溶解硝板中的 $Na_2SO_4 \cdot MgSO_4$ 结晶；当卤水中 $Na_2SO_4 \cdot MgSO_4$ 已达到饱和或过饱和状态时，硝板上的 $Na_2SO_4 \cdot MgSO_4$ 结晶就成为晶核，帮助 $Na_2SO_4 \cdot MgSO_4$ 结晶析出。为了更好地让硝板促进这一化学变化，盐工们会在坚硬的硝板结晶畦的四角打斗窝，即从硝板表面打一个圆形或丁字形的洞直达硝板底层，因为硝板表面虽然坚硬得像一块石板，底部却有像蜂窝状的空隙，空隙中充斥着 $Na_2SO_4 \cdot MgSO_4$ 饱和卤水，俗称其为硝板肚子；也可以在硝板结晶畦边打一条一米宽的壕沟代替斗窝。无论是斗窝还是壕沟，其目的就是使引入的卤水与硝板底下的肚子相互沟通，有利于在硝板结晶畦上顺利将卤水中的 $Na_2SO_4 \cdot MgSO_4$ 析出排除，最终获得高质量的食盐。

第二，硝板结晶畦起调节温度的作用。硝板结晶畦上面和它的肚子里都有卤水，在白天日照下，太阳热能可使表面卤水升温，除促进卤水蒸发浓缩之外，还能通过硝板将热能传递给硝板下面肚子里的卤水，使其温度也升高，从而形成对表面卤水的上下加热，蒸发浓缩就更快了。此外，到了夜间，结晶畦表面卤水的温度下降了，而硝板下面肚子里的卤水，其温度下降较缓慢，它通过硝板将保存的热能传导到表面卤水，从而避免由于昼夜的温度反差而影响卤水或结晶食盐的质量。同时硝板生成的最佳温度在 22.5～24.5 ℃，而夏季晒盐季节，白天日晒的

① 柴继光：《潞盐生产的奥秘探析》，《中国盐业史国际学术讨论会论文集》，第 82 页，四川人民出版社，1991 年。

温度都在30 ℃以上，当地白昼和夜间的温差一般为15 ℃左右，因此夜间气温下降，恰好进入硝板生成的适度范围，从而进一步让 $Na_2SO_4 \cdot MgSO_4$ 的复盐析出，促使卤水中氯化钠含量提高，保证了食盐的质量。

第三，提高产品食盐的质量。在排除 $Na_2SO_4 \cdot MgSO_4$ 等成分后，在硝板上经浓缩的卤水中，其主要成分为食盐和水，随着过饱和食盐溶液的形成，首先会生成 NaCl 结晶核，然后结晶核徐徐生长，最后形成颗粒大、形体完整、色白纯洁的食盐晶体。倘若这个结晶过程不是在硝板上，而是在土面上进行，很难保证食盐晶体不混入杂质和纯白的颜色。

卤水晒制过程中，需给其搭配淡水，这是解盐晒制传统工艺的又一特点。唐代张守节在《史记正义》中就有“天雨下池中，咸淡得均”的话。稍后宋代沈括在《梦溪笔谈》中，也说：“解州盐泽，方百二十里（1 里约合 576 m）。久雨，四山之水悉注其中，未尝溢；大旱未尝涸。卤色正赤，在阪泉之下，俚俗谓之‘蚩尤血’。惟中间有一泉，乃是甘泉，得此水然后可以聚入。又其北有尧梢水，亦谓之巫咸河。大卤之水不得甘泉和之，不能成盐。唯巫咸水入，则盐不复结。故人谓之无（巫）咸河，为盐泽之患，筑大堤以防之，甚于备寇盗，原其理，盖巫咸（河）乃浊水，入卤中则淤（沉）淀卤脉，盐遂不成，非有他异也。”① 沈括清楚地记载了甘泉水之利，浊咸水之害。据考证，在今盐池卧云岗池神庙的东南侧确有甘泉，宋崇宁年间，曾封此甘泉水为普济公，并建神庙以供瞻仰。而盐池北面的巫咸河为浊水，让它与卤水相混，则会影响食盐结晶的生成。明代宋应星在《天工开物·作咸》中则明确指出：“土人种盐者，池傍耕地为畦陇，引清水入所耕畦中，忌浊水，参入即淤淀盐脉。”② 清代的《古今图书集成》在“山川典”中也记载：“池内北百步许有淡泉，甘冽，俗谓：盐须此水方结。”③ 此淡泉即前人所讲的甘泉。其他许多相关的书籍，均有关于解盐晒制过程中搭配淡水的记载。

综观以上文献，可以认为解盐在生产过程中给卤水搭配淡水的技术，由来已久。在实践中，人们已认识到在晒制的卤水中搭配淡水的必要，而且淡水的质量越纯净越好，从天而降的雨水被认为是最好的淡水，故由它生产的盐被誉为“雨水盐，是解盐佳品”。

为什么要在卤水晒制中搭配淡水，古代的盐工是知其然而不知其所以然。按常理，随着晒制过程中的水分蒸发，卤水浓度逐渐增大，似乎浓度愈大，盐类的结晶会尽快产生。事实上，在这种快速浓缩成盐中，即使通过箩筛的方法除去先行结晶的 $Na_2SO_4 \cdot MgSO_4$ 复盐，卤水仍会溶有一定量的 $Na_2SO_4 \cdot MgSO_4$，它们的细微结晶会伴随食盐结晶而析出，从而使成盐发苦，影响食盐质量。当在浓缩的卤水中，特别是出盐前的浓缩卤水中掺入适当的淡水后，这些淡水在稀释卤水时就会将剩余的 $Na_2SO_4 \cdot MgSO_4$ 复盐的细微结晶全部溶去，并让它通过斗窝或壕沟进入硝板的肚子。尔后的蒸发浓缩中，食盐就会以纯净之身结晶析出。搭配淡水

① 宋·沈括：《元刊·梦溪笔谈》卷十一，第 24～25 页，文物出版社，1975 年。
② 明·宋应星：《天工开物》卷五，第 100～101 页，（上海）国学整理社，1936 年。
③ 清·陈梦雷：《古今图书集成·山川典（上）》，鼎文版，第 363 页。

就像给成盐洗了个澡，把黏附在食盐晶体上的杂质再行清除。此外，由于清除了食盐晶体上附着的硝板一类杂质，就能减少食盐晶体与硝板表面之间粘连，从而在铲收食盐时容易得多。

搭配淡水，甘洌的甘泉当然好，但在引灌过程中难免混入或溶入其他杂质，相形之下，以雨水为最纯净。雨水盐以其颗粒大、结晶好、色白而为人称道，此外，雨水从天而降，人们还以为这是天助，故更受欢迎，可惜，这种天雨并不是人们所能控制的。

搭配淡水有两种方法，一是先灌卤水后配淡水，二是卤水和淡水同时灌进畦内。搭配淡水应该适量，多或少都不好。如何才算适量，传统工艺中，全凭盐工的经验，放水到一定程度，他用手伸进测试，以“感光”为标准，手感温度和浓度合适即可。只是到了近代，人们方采用仪表测试来确定。

搭配淡水要适当，为什么要忌浊水呢？顾名思义，浊水是含有大量杂质，特别是悬浮或未溶细微颗粒而混浊的水。最常见的浊水可能是流经泥地而未经沉淀过滤的水。由于浊水中可能含有 Al^{3+} 等离子，当它们与卤水中盐分相遇后，极易引起卤水中出现胶状泥浆的沉淀，这些沉淀不仅会阻塞硝板之中的盐脉，同时也会影响盐类结晶的正常析出，盐遂不成。

南风成盐是解池晒盐法又一特点。对于这一特点，沈括在《梦溪笔谈》中写道：“解州盐泽之南，秋夏间多大风，谓之‘盐南风’。其势发屋拔木，几欲动地。然东与南皆不过中条（山），西不过南席张铺，北不过鸣条，纵广止于数十里之间。解盐不得此风不冰，盖大卤之气相感，莫知其然也。”① 宋代王得臣《尘史·占验》中说：“今解，梁盛夏，以池水入畦，谓之种盐。不得南风，则盐不成，俗谓之‘盐风’。”② 又宋代赵彦卫在《云麓漫钞》中谓：“解州盐池，……其雇于官而种盐者曰‘揽户’，治畦其旁，盛夏引水灌畦而种之，得东南风，一夕而成，取而暴之。”③ 宋应星在《天工开物·作咸》中写道：“凡引水种盐，春间即为之，久则水成赤色。待夏秋之交，南风大起，则一宵结成，名曰颗盐，即古志所谓大盐也。”④

他们的记叙在文字上虽然不尽相同，但是有一点是共同的，夏秋之交的南风是成盐的最佳时机。为什么晒盐独睐“南风”呢？

据《解州志·山川》记载：“……又东十五里（1 里约合 576 m）为分云岭。岭巅出云，东西分布，世传尸盐泽者也。宋宣和间有成宝公庙，今废，岭下有风谷洞，若半井，投叶既飞，其风出则飞沙摧木。旁有盐风洞，洞口若盆。每仲夏应候风出，其声隆隆，俗谓之盐南风，盐花得此，一夕成盐。其上有天井山，谷口旧有风神庙。”⑤ 这一认识有其正确一面，也有其错误的地方。由于解池周围的山川地势，多风，尤其是夏秋两季多南风，这是一个气候特点。即南风是一种季

① 宋·沈括：《元刊·梦溪笔谈》卷十一，第 24 ~ 25 页，文物出版社，1975 年。
② 宋·王得臣：《麈史·占验》，《丛书集成初编》，总 208 册，第 58 页。
③ 宋·赵彦卫：《云麓漫钞》卷二，丛书集成初编，总 297 册，第 51 ~ 52 页。
④ 明·宋应星：《天工开物》卷五，第 100 ~ 101 页，（上海）国学整理社，1936 年。
⑤ 清·陈梦雷：《古今图书集成·山川典（上）》，鼎文版，第 365 页。

节风，每到仲夏时节必然来临。中条山上有岩洞生风，也是一种自然现象，它与晒盐并无直接关系。因此，沈括所说的“秋夏间多大风，谓之‘盐南风’”；宋应星说的“待夏秋之交，南风大起”，都是符合客观实际的。但是，由于没有相应的气候知识，盐工们会把南风起看成是天神相助，因而会盖风神庙以祈求风神帮助。沈括所说的“其势发屋拔木，几欲动地”，是有点夸张了，这种夸张起于对风神的崇敬，似乎也很正常。实际上，大风刮起，飞沙走石，发屋拔木，只能给食盐的结晶和盐业生产带来灾害；只有那徐徐的南风，才为池盐的结晶析出带来益处。天日晒盐，主要是使卤水中的水分蒸发而浓缩，最后形成食盐的过饱和溶液，促使食盐晶体析出。而带走蒸发的水分，有风与无风大不一样。众所周知，如果在绝对静止的空气中，卤水曝晒所产生的水蒸气只能是悬浮在结晶畦的表面，这样就会形成一层湿度很大的气团覆盖在结晶畦上面，这一气团对卤水的持续蒸发是不利的。当风吹拂晒盐池，将已蒸发的水蒸气不断驱走，从而保证了卤水中的水分不断蒸发，促进了食盐结晶析出。其实风不仅驱赶了结晶畦上的水蒸气，还由于风使卤水在畦田中产生波动，这种波动相当于一个搅拌器，也有利于卤水池中水分蒸发和结晶盐的析出。

上述前人记载中说，不得南风，则盐不成，是符合实际的，但是说盐花得此，一夕而成就有点夸张。解盐在夏秋季生产中，食盐结晶的析出一般要 5 ~ 6 天，最快的也得 3 ~ 4 天。

解池晒盐为什么独睐南风？其他方向的风又有什么影响呢？根据《河东盐法备览》卷五“坐商门、浇晒”中记载：如遇“东北、西南风，盐花不浮，畦畦如沸粥状，谓之‘粥发’，味苦色恶，不堪食用，须刮弃畦外”。① 由于解池所处的自然环境，夏秋晒盐季节多风，特别是南风，是很正常的。南风一般为热风，当南风刮过盐滩时，除可使卤水加速蒸发，促进食盐结晶析出外，还因维系了卤水的温度，稍稍提高了芒硝（Na_2SO_4）等硫酸盐在卤水中的溶解度，从而抑制了它们的结晶。天有不测风云之时，当解池上空刮起了东北风或西南风时，由于此风多为冷空气，它虽然也有利于卤水浓缩、水汽蒸发及食盐结晶析出，但是它使盐池表面和卤水的温度骤降，析出来的不仅有食盐，还有大量的芒硝等结晶混入食盐晶粒中。所谓的粥发，即是卤水中芒硝等微晶核大量析出，并处于结晶又未结晶的混沌状态。它们裹在食盐结晶之中，故使这种成盐“味苦色恶”。粥发时不仅食盐晶体不成形，有时还会形成“饼干”状的块体。总之若出现“粥发”，意味着晒盐的失败。

综上所述，湖盐在宋代以前曾是中原地区的主要食盐品种，由于供求的矛盾，从汉代起，人们试着变湖盐的采捞（大自然的恩赐）为晒制或煮熬制（人工力取），但是这一进程十分缓慢，直到唐代及其后，晒制湖盐的技术才得以推广，然而晒制技术的真正成型成熟已到了明代。此刻人们根据环境、气候等因素摸索出一整套在硝板上作畦晒盐的技术，这种技术一直延续到近代。

---

① 清·蒋兆奎：《河东盐法备览》卷五，乾隆刊本。

第三节 海 盐

海水是咸的，是因为它含有比河水、江水多得多的盐分。海水中盐类的含量因地域不同而略有差别。通常情况下，每升海水含食盐（氯化钠）20 多克。食盐质量的优劣主要根据其氯化钠的含量或纯度来决定。因为海水中还含有 Mg^{2+}、Ca^{2+}、K^{+}、SO_4^{2-}、CO_3^{2-} 等离子，构成 $CaSO_4$（石膏主要成分，在盐场中习称其为碱皮）、$MgSO_4$（医药上是泻药，盐场俗称为卤汁）、$MgCl_2$（是卤块的主要组成，俗称为卤杠）及 KCl、$CaCO_3$、$MgBr_2$ 等盐类。海水中各种盐类百分数的总和，叫做含盐度。海水含盐度愈高，海水密度就愈大。当海水涨潮涌上某个凹地后，经风吹日晒，水分自然蒸发，海水逐浓缩成卤水，当卤水成为过饱和盐溶液后，即海水的含盐量超过其在海水中的溶解度时，在某种条件下，从卤水中就会有食盐的结晶体析出。或当海水中的水分完全蒸干后，在凹地也会留下食盐的固形晶体，这种现象在海岸上不难发现。生活居住在离海岸不远的原始人群自然会观察到这一现象而发现了食盐，并沿着这一现象的探索而掌握了食盐的采集技术。

一、海盐煮熬技术的起始

在传世的先秦文献中，有关食盐的史料十分匮乏，仅有一些传说在后世流传。例如，《世本》说："黄帝时，诸侯有凤沙氏，始以海水煮乳熬成盐，其色有青、白、黑、紫四样。"① 明人罗颀的《物原》中说："轩辕臣凤沙作盐。"② 这些传说虽然不能说很准确，但是它却反映了这样一个历史事实：中国先民煮海取盐约兴起在神农教民稼穑的时代，即原始农业兴起的时代。传说无意地将先民的制盐与原始农业联系起来是符合历史的真实的，也是有科学道理的。因为只有当原始人定居后，发展起以种植业为主的农耕生活，才突显对食盐的需求。至于具体到哪个时期，人们又是如何掌握海盐的制取技术？时间久远了，当时又无文字记载，实难考证。但是根据原始社会的生产水平，人们采用直接煮煎食盐的方法，要耗费大量燃料，无论从哪个角度来看，都是不合算的，因此，极可能推广的方法是先将海水通过风吹日晒加工成食盐含量较高的卤水，然后再将卤水煎煮而提取食盐。后来相关的历史记载，讲述制盐方法都是煮海煎盐。

关于煮盐的记载，古籍较多。例如《周礼·天官·盐人》："凡齐事，煮盐以待戒令。"《史记·平淮书》："冶铸煮盐，财或累万金，而不佐国家之急，黎民重困。"《汉书·蒯伍江息夫传》："采山铜以为钱，煮海水以为盐。"《盐铁论》中煮海为盐更是常见。这里仅从经济角度谈煮海水为盐，到底怎样煮盐呢？《管子·地数》有一段管仲回答齐桓公有关盐政的询问能说明一点问题。

管子对曰："可。夫楚有汝汉之金，齐有渠展之盐，燕有辽东之煮。此三者亦可当武王之数。十口之家，十人咶盐，百口之家，百人咶盐。凡食盐之数，一月丈夫五升少半，妇人三升少半，婴儿二升少半。盐之重，升加分耗而釜五十，升加一耗而釜百，升

① 宋·宋衷注：《世本》卷一，第 16 页，《丛书集成初编》，总 3699 册。

② 明·罗颀：《物原》，第 26 页，《丛书集成初编》，总 0182 册。

加十耗而釜千。君伐菹薪煮泲水为盐，正而积之三万钟。至阳春请籍于时。”桓公曰：“何谓籍于时?”管子曰：“阳春农事方作，合民毋得筑垣墙，毋得缮冢墓，丈夫毋得治宫室，毋得立台榭。北海之众毋得聚庸而煮盐。然盐之贾（价）必四什倍。君以四什之贾，修河济之流，南输梁赵宋卫濮阳。恶食无盐则肿。守圉之本，其用盐独重。君伐菹薪，煮泲水以籍于天下，然则天下不灭矣。①

渠展，战国时齐国地域，河水所流入海之处，可煮盐之所。汝、汉二水在当时的楚地，盛产黄金。辽东当时属燕界，也有煮盐之业。这三者都很重要，所以可以成为武王的财富。“啠”字是“舐”字的俗字，应理解为“食”的意思。家庭乃至国家，食盐用量是相当大的，若将它作价成钱也是相当可观的。“煮泲水为盐”，历来有多种理解，较多的学者认为，“泲盖谓盐之质，盐者已煮之泲，泲者未煮之盐，海水之可以煮为盐者，正以其水中有此泲者，故曰‘煮泲水为盐’。‘泲’非水名之‘济’，泲水应是今天所谓的卤水”②。当时的煮盐虽是国家经营，亦需雇用人力，工人不止一人，盐场不止一处，故必须实行“正而积之”，这句话里的“正”即是征收或征集的意思。《管子·轻重篇甲》也有相近一段话：“管子对曰：‘楚有汝汉之黄金，而齐有渠展之盐，燕有辽东之煮，此阴王之国也。……今齐有渠展之盐，请君伐菹薪，煮沸火为盐，正而积之。’桓公曰：‘诺。’十月始正，至于正月，成盐三万六千钟。召管子而问曰：‘安用此盐而可。’管子对曰：‘孟春既至，农事且起。大夫无得缮冢墓，理宫室，立台榭，筑墙垣。北海之众无得聚庸而煮盐。若此，则盐必坐长而十倍。’桓公曰：‘善。行事奈何?’管子对曰：‘请以令粜之梁赵宋卫濮阳。彼尽馈食之国也，无盐则肿。守圉之国，用盐独重。’”③ 这段对话与上面那段对话意思相同，足以说明食盐在当时经济生活中的重要地位。食盐则是煮海水而得。

二、淋煎法的考古发现

《管子·轻重》成书在西汉末期，是一部专门讨论财政经济问题的书。书中主要的角色却是战国时期著名的政治家管仲和他的主子——齐桓公。因此，该书是作者借管仲之口，把自己的财政经济上的意见，用托古改制的方法说出来。从科学技术史的角度来看，该书确实能反映战国至秦汉山东地区包括制盐技术在内的科技水平。近年来，考古工作者在山东东北部沿海地区发掘了一处西周时期制盐遗址，获得一批较有价值的实物资料和分析数据，从而可以印证上述文献所说的煮泲取盐的史实。

山东大学考古系等单位在山东寿光县北 34 km 处发掘出大荒北央西周遗址，据出土的陶器推断，其年代应在西周前期，即公元前 1000 ~ 前 900 年之间。出土的大量陶圜底盔形器，约占全部陶器的 90%。完整可复原者仅六件，其余多为残片。陶片内壁大多附着有白色或灰绿色凝结物硬层，厚 1 ~ 3 mm，质地坚硬并显层理结构（见图 3 - 1 - 4）。

---

① 《管子·地数》，第 214 页，上海古籍出版社，1988 年。
② 马非百：《管子轻重篇新诠》，第 420 页，中华书局，1979 年。
③ 马非百：《管子轻重篇新诠》，第 533 页，中华书局，1979 年。

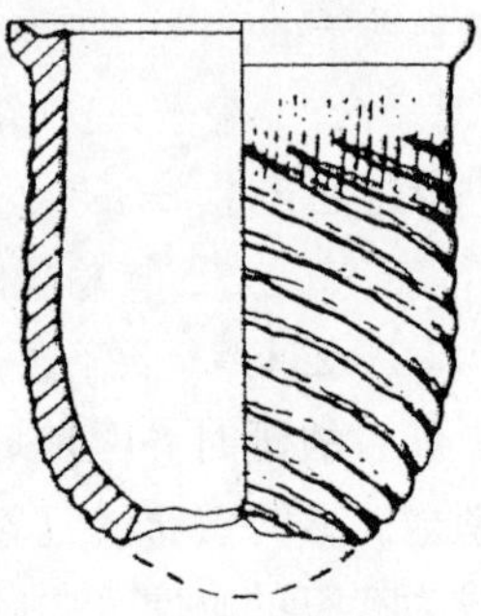

图3-1-4　出土的盔形器剖视图

这些陶制盔形器应与制盐有关，理由有四：

1. 盔形器适合放置在灶上煮盐，据非洲尼日尔人在20世纪70年代仍用这种圜底陶盆煮盐和美洲玛雅文化也用这种形状的陶盆煮盐为参照，可以表明它当时的用途。

2. 这些盔形器外表呈红褐或红色，都有二次高温氧化的表征，即它在烧成后又经火二次烧烤，表明它是在使用中被烧烤的。

3. 出土的盔形器绝大多数是残片。根据国内外相关资料表明，当时人们使用陶制盔形器煮盐都是一次性的，即通常是要打碎陶盆后才能取出煮成的盐饼。

4. 对陶片内壁的凝结物的采样分析表明，其主要成分是碳酸钙，其中平均含盐（NaCl）量在10%左右，表明该凝结层应是食盐析出后沉淀的难溶性钙化物。

由以上分析可以判定，这些出土的陶制盔形器是当时用于制盐的煎卤器，这一遗址是当时的制盐场所。①

为什么说这些盔形器是煎卤器而不是煮水器？下面再对遗址的地层状况作一分析。遗址主要有灰坑、灰沟和白色沉淀物硬面。五个小灰坑隔灰沟相对分布，无论是灰坑还是灰沟，其内壁均涂有2 cm厚的红褐色黏土，近底部有较多的草木灰颗粒，应是烧草制草木灰的场所。白色沉淀物硬面层发现于地下二层中，面积很大，它是由相互叠压的许多薄层和其间白色硬面构成。相互叠压很有规律，应是人为形成的。对白色硬面采样分析，推测应与含盐物质溶化后残留的难溶性物质有关。②

根据元代陈椿的《熬波图》可知，明代以前海盐生产大多采用淋煎法，其生产流程主要分两步：摊灰刮卤、煎卤成盐。为什么要摊灰刮卤？海水虽然是又咸又苦，但是海水的平均含盐量大约在27 g/kg，只有浓度达到265 g/kg（30 ℃）时，食盐才会结晶析出。若直接煮海水取盐，燃料的消耗就可想而知，其低效率是难以接受的。于是古人发明了一种方法：先将烧好的草木灰摊在含盐的地面上，让析出的盐花附在草木灰表面，然后刮取这些高盐分的盐土放入坑中，再淋浇海水将盐土中的盐分溶出制成卤水，这就是古代的摊灰刮卤。因为草木灰中含有碳酸钠和碳酸钾等可溶性盐，能与盐土及海水中的钙离子、镁离子（构成硫酸钙、硫酸镁、氯化镁）生成难溶的碳酸钙、碳酸镁而形成白色沉淀物（其典型的化学反应为 $Na_2CO_3 + MgCl_2 = 2NaCl + MgCO_3$），同时使氯离子、钠离子析出而增加了卤水中食盐的浓度。所以，当食盐随着卤水被撇走后，地面上就留下了以碳酸钙、碳酸镁为主要成分的难溶的白色沉淀残留物。据此可以认为，遗址地下二层中的白色沉淀硬面层应是海盐生产中“摊灰刮卤”所形成的遗迹。

根据大荒北央西周遗址的上述资料及其分析，可以认为商周时期山东北部生

① 王青、朱继平：《山东北部商周时期海盐生产的几个问题》，《文物》2006年4期。

② 王青、朱继平：《山东北部商周时期海盐生产的几个问题》，《文物》2006年4期。

产海盐已采用淋煎法，其大致的过程是先开沟获取卤水，然后就地摊灰刮卤，再进行筑坑淋卤，最后再建灶台，用盔形器煎卤，破罐取盐。

经地质部门勘探，现今莱州湾岸富存地下卤水。仅广饶、寿光、寒亭及昌邑沿海地带就有 1 318 km^2，5.174×10^9 m^3。其中浅水层卤水距地表仅 1.5～3 m，而层厚达 15～25 m，含盐浓度为正常海水的 4～5 倍，达到 10～18°Be′。① 据王青、朱继平等人的研究，山东北部沿海地区的海陆变迁形成的不同时期的海岸线和出土盔形器遗址的分布见图 3－1－5。他们又通过实地调查和发掘资料，可以判定出土盔形器的商周遗址多达数百处，目前已报道的有 30 多处。出土的盔形器数量颇大，约占出土陶器的 80%～90%。② 大荒北央西周遗址仅是其中之一。考古这一发现和研究，至少可以认定：

（1）商周时期的山东北部已生产海盐，地下卤水是其主要原料。

（2）当时的海盐生产已采用淋煎法，人们已掌握获取卤水和摊灰刮卤的技术。

（3）陶制盔形器是当时海盐生产即煎卤成盐的主要器具。

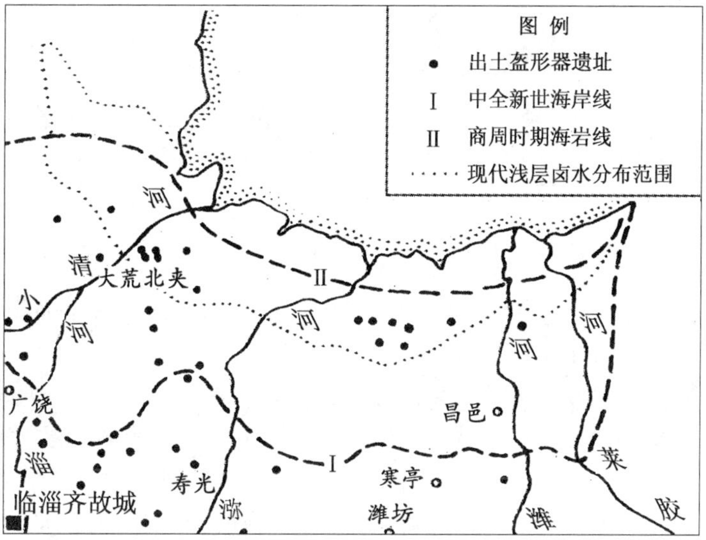

图 3－1－5　莱州湾南岸商周时期产盐地域（盔形器出土地点）示意图

三、宋元时期淋煎盐技术

随着生活对食盐的需求，秦汉以后，海盐的生产不断地扩大，根据宋代苏颂编著的《图经本草》记载，北宋时期海盐的生产，仅官营盐场已遍及沧、密、楚、秀、温、台、明、泉、福、广、琼、化诸州，即沿着中国东部自沧州以南沿海岸线展开。根据宋代沈括《梦溪笔谈》记载，这些地区生产的海盐已成为京东、淮南、两浙、江南东西、荆湖南北、福建、广南东西十一路居民的主要食盐来源。海盐产量虽然很大，但是海盐生产的方法，尽管各地因地制宜，各有特色，其基

① 山东省地质矿产局等主编：《山东省矿产图等》，1991 年内部资料。

② 王青、朱继平：《山东北部商周时期海盐生产的几个问题》，《文物》2006 年 4 期。

本的技术依然是先制卤，后熬盐，各地差别不大。

制卤的具体方法很多，苏颂《图经本草》所记载的方法如下：

……于海滨掘地为坑，上布竹木，复以蓬草，又积砂于其上。每潮汐冲砂，卤咸淋于坑中，水退则以火炬照之，卤气冲火皆灭，因取海卤注盘中煎之，倾刻而就。①

图 3-1-6 宋代的海盐生产

宋人乐史在其所著的《太平寰宇记》中，也较翔实地记载了通州海门县（今江苏长江口）海陵的刮砂浸卤的方法：

凡取卤煮盐，以雨晴为度，亭池（按：指已经饱吸盐分的海滩沙土地）干爽。先用牛、人牵“挟刺刀”取（亭地）土，经宿。铺草藉地，复牵爬车聚所刺土于草上成“溜”，大者高二尺，方一丈以上。锹作卤井于“溜”侧。多以妇人、小子执芦箕（舀水器），名之为“黄头”，舀水灌浇，盖从其轻便。食顷，则卤流入井。②

以上两者的记载，在技术方法上是类同的，都属于刮砂浸卤的方法。所谓刮砂，即将已吸附大量海盐的海滩砂土（即上文所称的亭池或积砂）收集起来，放置在竹木、茅草覆盖的架子上。浸卤，即是利用潮汐上来的海水或人工提舀海水冲淋放置在竹木、茅草之上的积砂，让海水将积砂中的盐分溶解下来。这样就使提高了含盐量的卤水流入坑中或井中。由于卤水含盐量高，煎熬出盐就容易了。为了提高卤水的含盐量，在进行刮砂浸卤的过程中，最忌碰上阴雨天，因为雨水会稀释卤水，影响以后的效率。为了提高熬煎成盐的效率，盐工会对卤水的浓度进行监测。当时的盐工就使用一种石莲法来判定卤水的浓度。《太平寰宇记》就介绍了一种石莲法，这方法是：“取石莲十枚，尝其厚薄（指卤水浓度），全浮者全

① 宋·苏颂：《图经本草》胡乃长等辑本，第39页。

② 宋·乐史：《太平寰宇记·淮南道八·通州海门县海陵监》，《文渊阁四库全书》，台湾商务印书馆。

收盐，半浮者半收盐，三莲以下浮者，则卤未堪（用），却须剩开，而聚溜卤。”① 对这种试法，明人陆容《菽园杂记》有所说明，谓：“（卤水）以重三分莲子试之。先将小竹筒装卤，入莲子于中，若浮而横倒者，则卤极咸，乃可煎烧；若立浮于面者，稍淡；若沉而不起者，全淡，俱弃不用。”② 石莲即莲子。据苏颂的《图经本草》中果部卷第十六“藕实”介绍：“藕实茎，生汝南池泽，今处处有之。生水中，其花名荷。……其花未发为菡萏，已发为芙蓉。其实莲，莲为房也。其根藕，……其中的莲中子谓青皮白子也，中有青，长二分，为薏，中心苦者是也。……其的至秋表皮黑而沉水者，谓之石莲。”由此可见石莲是深秋收获的，表皮已呈黑色的实心莲子。其比重大于水，略轻于饱和的盐水。古代人用它来测试卤水的浓度。这种方法，宋、元、明著述中多有记述，具体方法不尽相同。

关于浸卤（即淋卤）的方法，古籍中要数陈椿《熬波图》的记载最为详明，并有一批插图给以形象的说明。其记载如下：

灰淋一名灰挞，其法于摊场边近高阜处掘四方土窟一个，深二尺（1 尺约合 31.7 cm）许，广五六尺。先用牛于湿草地内踏炼筋韧熟泥，用铁铧锹掘成四方土块，名曰生田。人夫搬担，逐块排砌淋（坑）底，筑踏平实，四周亦垒筑如墙，用木槌、草索鞭打无纵，务要绕围及底下坚实，以防泄漏。仍于灰淋（坑）侧掘一卤井，深广可六尺，亦用土块筑垒如灰淋法。埋一小竹管于灰淋（坑）底下，与井相通，使流卤入井内。③

这里的工艺较以前的重要改进是在淋卤池侧设置了一个卤井。因为淋卤池中的卤水可能浓度不一。若浓度差一点，就可暂不放入卤井，待达到要求的浓度后，再放入卤井，这样用于煎熬的卤水浓度就有保证了。为了更形象地窥视当时的技术，将《熬波图》中相关的插图转载如下（见图 3－1－7）。

图 3－1－7　提舀海水入渠　（摘自《四库全书·熬波图》）

① 宋·乐史：《太平寰宇记·淮南道八·通州海门县海陵监》，《文渊阁四库全书》，台湾商务印书馆。
② 明·陆容：《菽园杂记》，第 148 页，中华书局，1985 年。
③ 元·陈椿：《熬波图》卷上，《文渊阁四库全书》，总 662 册，第 319 页，台湾商务印书馆。

到了明代，海边盐场淋卤煎盐的技术有了较大的发展。陆容的《菽园杂记》有了清楚的记载，但是应数宋应星《天工开物》的记载最为权威。该书将当时的制卤技术归纳为三种。

第一种："高堰地，潮波不没者，地可种盐（见图3-1-8)。……度诘朝（明日）无雨，则今日广布稻麦藁灰及芦茅灰寸许于地上（盐沙土)，压使平匀。明晨露气冲腾，则其下盐茅勃发。日中晴霁，灰、盐一并扫起淋煎。"① 这是指在地势高、向阳的滩地，用草木灰来吸取沙中的盐分。这种方法早此已载于《熬波图》中。清人王守基《盐法议略》谓："秋日刈草煎盐而藏其灰，待春暖以后，摊灰于亭场，俟盐花浸入，用海水淋之成卤。"② 就是对该方法的极明晰的解释。人们发现草木灰有强烈的吸附食盐的能力，因而加以利用而制成卤水。

图3-1-8　布灰种盐
（摘自喜咏轩丛书《天工开物》）

第二种，是在地势稍高、海水将及浅渍的滩地制盐，"潮波浅被地，不用灰压。俟潮一过，明日天晴，半日晒出盐霜，疾趋扫取起煎炼"③。这种方法显然已近乎晒盐了。但是它只适用于滩沙极为细腻、吸附海盐能力较强的情况。故陆容《菽园杂记》卷十二对此法则另有一说："凡盐利之成，须藉卤水。然卤之淋取，又各不同。有沙土（海水）漏过，不能成咸者，必须烧草为灰，布在摊场（亭场），然后以海水渍之，俟晒结浮白，扫而复淋。有泥土细润常涵咸气者，止用刮取浮泥，搬在摊场，仍以海水浇之，俟晒过干坚，聚而复淋。"④ 陆容介绍的方法似乎是把上面第一种方法和先前积砂淋卤的方法糅合起来，在技术上更全面，效益必将获得提高。

第三种，是在最低的摊场，就采取《图经本草》所描述的淋卤方法，"逼海潮深地，先掘深坑，横架竹木，上铺席苇，又铺（盐）沙于苇席之上，俟潮灭顶冲过，卤气由沙渗下坑中。撤去沙苇，以灯烛之，卤气冲灯即灭，取卤水煎炼"⑤。在第一与第二两种情况下，用草灰附之海盐要经过淋卤后再加以煎炼，其淋卤之法，则与第三种情况下的淋卤基本相同（见图3-1-9)。

① 明·宋应星：《天工开物》卷五，第100~101页，（上海）国学整理社，1936年。
② 清·王守基：《盐法议略》，《滂喜斋丛书》，清同治十二年（1873年）刻本。
③ 元·陈椿：《熬波图》卷上，《文渊阁四库全书》，总662册，第319页，台湾商务印书馆。
④ 明·陆容：《菽园杂记》，第148页，中华书局，1985年。
⑤ 元·陈椿：《熬波图》卷上，《文渊阁四库全书》，总662册，第319页，台湾商务印书馆。

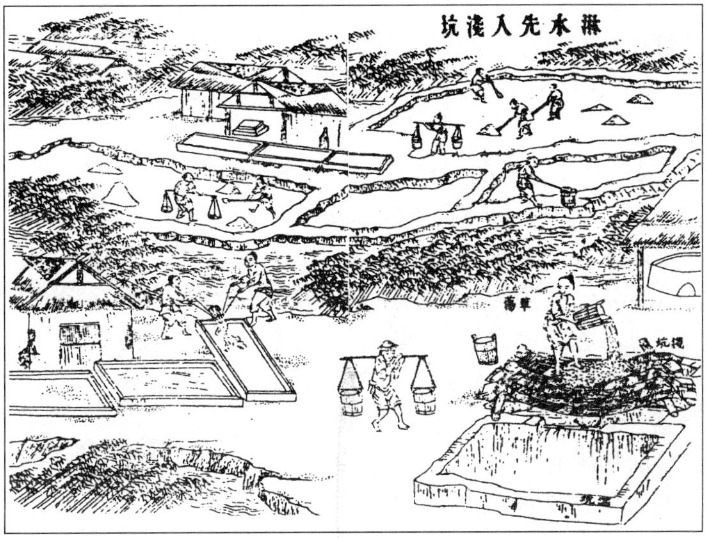

图 3－1－9 淋沙取卤 （摘自喜咏轩丛书《天工开物》）

制卤之后的工艺主要是煎制。最早采用什么器具装入卤水来煎制，先秦的文献没有记载，估计很可能是五花八门的。仅从当时制作工具的材料来推测，一是陶制，例如上述的陶制盔形器；二是金属制（青铜）。但是这两种都不理想，陶罐传热慢，又易在烧煎中碎裂。而且烧制成大型的扁平陶锅，在技术上有相当难度，采用小型的陶罐，效率又太低。若用青铜锅来煎熬，一则青铜不耐腐蚀，二则青铜材料珍贵，成本太高，用它熬制盐太不值了。后来发展起来的煮盐器具应是制作方便、成本较低，而且是因地制宜。据现有的史料，它是一种泥制的平锅，利用当地好找的竹子，编制成平锅形，再上下涂抹一定厚度的蜃灰泥，烧干了即可当作煎锅。蜃灰泥是将牡蛎壳烧成灰（主要成分是碳酸钙），然后和水而成。编织的竹篾在成型过程中起骨架作用，将牡蛎灰泥涂抹在竹篾内外两侧，形成盆状。这就是古时用于煮盐的泥制“牢盆”。当然，使用这种器具效率也不高，但是它毕竟成本较低，制作方便。

《史记·平准书》中有“因官器做煮盐，官与牢盆”① 的话，可见当时煮盐已成为官方参与管理的生产项目。煮盐的牢盆曾由官方提供给盐户使用。汉代沿袭前代的称谓，把煮盐卤的锅叫做牢盆。苏颂在《图经本草》中就写道：“其煮盐之器，汉谓之牢盆，今或鼓铁为之，或编竹为之，上下周以蜃灰，广丈、深尺、平底，置于灶背，谓之盐盆。《南越志》所谓‘织蔑为鼎，和以牡蛎’是也。”② 由苏颂的记载可以判定，当时煎盐的器具是很大的，直径过丈，深有尺余，平底，其状若盘。因为器具有这样大的表面积，陶制有相当难度，应是铁制或竹篾加牡蛎灰制。随着冶铁技术的发展，铁制工具在汉代得到进一步的推广使用，铁制煎盐的牢盆可能较晚些。铁制的牢盆比较耐用，但是成本较高。更多的盐工采用的

① 汉·司马迁：《史记·平准书》，第 1429 页，中华书局，1959 年。
② 宋·苏颂：《图经本草》，胡乃长等辑本，第 39 页。

还是竹篾编制、外涂牡蛎灰的牢盆，它就地取材，成本低廉。使用这种牢盆，产量和效率都是较高的。据《太平寰宇记》记载，一盘煎下来可得盐3～5石，（宋制每石25 kg）即一盘可得75～125 kg盐。

据南宋人李心传在《建炎以来朝野杂记》中记载，淮浙之盐亭户，以“镬子”煮盐。“将卤水载入灶屋……取采芦柴，茅草之属，旋以石灰封盘，（倾入卤水），散皂角于盘内。起火煮卤。一溜之卤分三盘至五盘，每盘成盐三石至五石。既成，入户疾着木履上盘，冒热收取，稍迟则不及收讫。”① 这一记载，与《图经本草》稍有不同。它称煮盐器具为镬而不是牢盆，镬即是无足的釜，它以石灰封盘，推测应是铁制，铁皮之间的缝隙用石灰补联。以芦柴或茅草为燃料。加热前，散皂角于盘内，以利于食盐的结晶和絮凝。在煮卤中，以木锨操拌。趁热收取食盐。

元代的海盐生产技术，尽管《熬波图》主要记载的虽是江浙盐场的纪事，但是它的翔实记载应是当时盐业状况最权威的反映。

关于煎盘，陈椿写道：“铁盘模样，盘有大小阔狭，薄则易裂，厚则耐久。浙东以竹编；浙西以铁铸。或篾或铁，各随其宜。”“以篾为者，止可用三二日，焚毁继成弃物则应酬官事而已，终不如铁铸者，可熬烈火烹炼也。”“方盘虽薄，容易裂；园镬虽深又难热。不方不园合而分，样自两淮行两浙。洪炉一鼓焰掀天，收尽九州无寸铁。明朝火冷合而观，疑是沉江九肋龟。”② 在这里陈椿讲述了熬卤成盐的铁盘的形状、大小、厚薄及其利弊，同时指出当时浙东盐场以竹编篾盘为主。浙西则以铁铸的镬盘为主，到底使用哪种，各随其具体情况而定。随后又指出篾盘只能用三二日，当然不如铁铸的使用长久。最后用四句诗来描述铁制熬盘的形状不方不圆，像个龟背，因生产它而耗费了大量的铁。铁盘模样见图3－1－10。

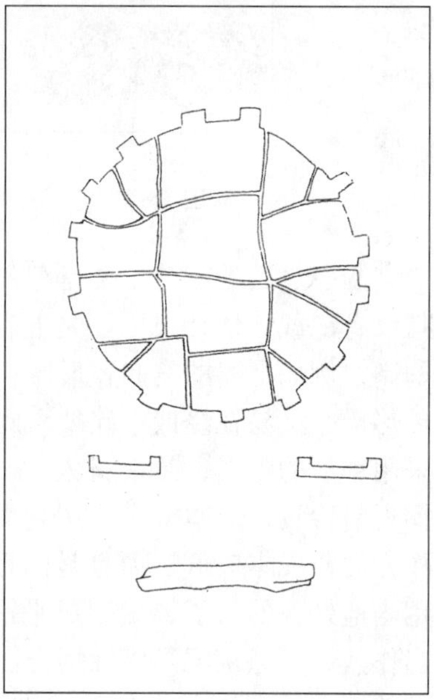

图3－1－10　铁制牢盆的样式

随后陈椿又介绍了铸造铁盘的方法：“镕铸柈（盘）各随所铸大小用工铸造。以旧破锅镬铁为上，先筑炉，用瓶砂、白墡炭屑、小麦穗和泥实筑为炉。其铁柈（盘）沉重难秤斤两，只以秤铁入炉为，则每铁一斤（1斤约合633 g）用炭一斤，总计其数，鼓革煽镕成汁，候铁镕尽为度，用柳木棒钻炉脐为一小窍，炼熟泥为溜，放汁入柈（盘）模内，逐一块，依所欲模样泻铸。如要汁止，用小麦穗和泥块，于杖头上抹塞之即止。柈（盘）一面亦用生铁块一二万斤。合用铸冶工食所费不多。”“大柈（盘）大小十余片，中盘四片，小盘二片。”③ 具体地说明了铸造

① 宋·李心传：《建炎以来朝野杂记》，《国学基本丛书》，商务印书馆，1937年。

② 元·陈椿：《熬波图》卷上，《文渊阁四库全书》，总662册，第319页，台湾商务书馆，台湾商务印书馆。

③ 元·陈椿：《熬波图》卷上《文渊阁四库全书》总662册，第319页。

铁盘的方法。然后再介绍承接铁盘的炉灶砌造和拼凑铁盘、装泥抹盘缝等工序。图 3－1－11～图 3－1－16 所示，形象地展示了这些工序的过程。在以上工序完成后，才开始煎盐，其过程如下：

3－1－11　**铸造铁柈**

3－1－12　**砌柱承柈**

3－1－13　**排凑柈面**

3－1－14　**装泥柈缝**

3－1－15　**上卤煎盐**

3－1－16　**捞洒撩盐**

上卤煎盐：柈（盘）面装泥已完，卤丁轮定柈（盘）次上卤，用上竹管相接于池边缸头内，将浣料舀卤自竹管内流放上柈（盘），卤池稍远者愈添竹管引之、柈（盘）缝设或渗漏，用牛粪和石灰掩捺即止。

捞洒撩盐：煎盐旺月，卤多味咸，则易成就，先安四方矮木架一二个，广五六尺（1尺约合31.7 cm），上铺竹篾，看柈（盘）上卤滚后，将扫帚于滚柈（盘）内频扫，木杌推闭，用铁铲捞沥欲成未结糊涂湿盐，逐一铲挑起撩床竹篾之上，沥去卤水，乃成干盐。又掺生卤，频捞盐，频添卤，如此则昼夜出盐不息，比同逐一柈（盘）烧干出盐倍省工力。若卤太咸，则洒水浇；否则柈（盘）上蘖，如饭锅中生糒焦，通寸许厚，须用大铁槌（一名拌槌）逐星敲打铲去了，否则为蘖所隔，非但卤难成盐，又且火紧致损盘铁。①

这两段记载完整地记叙了煎盐的工艺过程，其中有两点是很重要的。一是用铁铲将已结晶析出的湿盐铲出放在竹篾之上，沥去卤水，乃成干盐，这时同时掺进生卤，频捞盐，频添卤，昼夜出盐不息。这样做比逐一盘烧干出盐倍省工力。这样操作是非常科学的，它不仅充分利用了铁盘在灶上的热能，同时利用已结晶的盐粒作为过饱和溶液（卤水）的结晶的诱导因素。这种操作可谓连续生产，当然比间断性生产效率高多了。二是卤水不能太淡，太淡了结晶慢而少，费时费柴。卤水又不能太咸（浓），太咸必须洒水冲淡，否则盘上结板，像饭烧焦了一样，不仅影响煎卤，而且还会损坏铁盘，必须用大铁槌敲碎后铲去。

正是因为卤水咸淡（浓稀）影响了煎卤，故此在《熬波图》中，陈椿也提到了测试卤水咸淡的石莲法。

要知卤之咸淡，必用莲管试，如四莲俱起，其卤为上，淋过淡灰，次日再晒。谷莲之法，采石莲先于淤泥内浸过，用四等卤分浸四处，取咸粈卤浸一处（第一等），三分卤浸一分水浸一处（第二等），一半水一半卤浸一处（第三等），一分卤浸二分水浸一处（第四等），后用竹管盛此四等所浸莲子，四放于竹管内，上用竹丝隔定，竹管口不令莲子漾出，以莲管汲卤试之，视四莲子之浮沉以别卤咸淡之等。②

这里介绍的石莲法，与先前宋代乐史在《太平寰宇记》记载的稍有不同，但是原理是一样的，与后来化工生产中常用的比重计测溶液浓度的原理是相同的。

到了明代，海盐的生产技术主要仍是煎卤，但是生产效率有所提高。从明代《菽园杂记》和《天工开物》的相关记载中可以说明这一点。

明代陆容在《菽园杂记》中对当时两浙地区的煎盐方法有了进一步说明：

锅有铁铸，宽浅者谓之𨭆盘。竹编成者，谓之篾盘。铁盘用石灰黏其缝隙，支以砖块。篾盘用石灰涂其里外，悬以绳索。然后装盛卤水，用火煎熬。一昼一夜可煎三干。大盘一干可得盐二百斤（1斤约合595 g）之上。小锅一干可得盐二三十斤之上。若能勤煎，可得四干。大盘难坏而用柴多，便于人众，浙西场分多有之。小盘易坏而用柴少，便于自己，浙东场分多有之。盖土俗各有所宜也。③

石灰岩主要成分是碳酸钙（$CaCO_3$），灼烧后成生石灰（CaO），与牡蛎灰的成分基本相同。古代在海边使用牡蛎灰是就地取材，后来兼用石灰可能与生产量增大和石灰取之较易有关。

---

① 元·陈椿：《熬波图》卷上，《文渊阁四库全书》，总662册，第319页，台湾商务印书馆。

② 元·陈椿：《熬波图》卷上，《文渊阁四库全书》，总662册，第319页，台湾商务印书馆。

③ 明·陆容：《菽园杂记》第148页，中华书局，1985年。

一直沿用至明代的竹篾盘是中国古代煎盐生产中的一项发明，别具特色，各代古籍多有记载，而且也不断在改进，至清代时又以铁条为骨架，提高了它的耐用性。王守基的《盐法议略》就有介绍，不过他所讲的则是广东地区所通用的："竹锅大者周围丈余，小者亦六七尺，用篾编成，涂以牡蛎，用铁条数幅支架，使之骨立，其受火处以白蚬灰荡五六分厚即能敌火，不致焚毁。"①

宋应星在《天工开物·作咸》中对煎盐的叙述也很详细："凡煎盐锅，古谓之牢盆，亦有两种制度。其盆周阔数丈，径亦丈许。用铁者，以铁打成叶片，铁钉拴合，其底平如盂，其四周高尺二寸（1 尺约合 31.1 cm），其合缝处一以卤汁结塞，永无隙漏。其下列灶燃薪，多者十二三眼，少者七八眼，共煎此盘。南海有编竹为者，将竹编成阔丈深尺，糊以蜃灰，附以釜背。火燃釜底，滚沸延及成盐。亦名盐盆，然不若铁叶镶成之便也。凡煎卤未即凝结，将皂角椎碎，和粟米糠二味，卤沸之时，投入其中搅和，盐即顷刻结成。盖皂角结盐，犹石膏之结腐也。"（见图 3－1－17）②

3－1－17　**煎炼海卤**
（摘自喜咏轩丛书《天工开物》）

《天工开物》的这段记载，虽然在煎盐工艺上较之《熬波图》等没有本质上的技术进步，但是读起来，会感到比前者更清楚，特别是关于"皂角结盐法"的介绍。宋代乐史的《太平寰宇记》曾记述了这种方法，但是宋应星在《天工开物》中不仅过程讲得清楚，还指出它的原理与石膏点豆腐一样。这里的化学作用不外乎利用皂角和粟米糠的凝聚作用以促进食盐晶体的析出和成长。这也应算是古代盐工的一项有趣发明吧。

四、明代以后的海盐晒制

海盐的生产由煎盐工艺转向晒盐工艺是制盐工艺（海盐）的一大进步，它不仅节约了燃料和材料，而且由于充分利用了大自然的热能及风能，充分展示了人的智能。元代，池盐生产在唐代已开始垦畦浇晒，这种方法推广到海盐生产几乎经历了 500 年之久，可谓慢矣。据《元史·食货志》记载："福建之盐……至顺元年，实办课三十八万七千七百八十三锭。其工本钞，煎盐每引递增至二十贯，晒

① 清·王守基：《盐法议略》，《滂喜斋丛书》，清同治十二年（1873 年）刻本。
② 明·宋应星：《天工开物》卷五，第 100～101 页，（上海）国学整理社，1936 年。

盐每引至一十七贯四钱，所隶之场有七。”① 由此可推定晒制海盐在元代至顺元年以前已出现在远离山西的福建。晒制海盐的技术是否从福建盐场开始、池盐的晒制技术又是如何推广到海盐生产中的？这些问题尚待研究。

大约到了明代中叶，晒盐技术得到推广，有更多的产盐区采用这种较先进技术，改煎为晒。《明史·食货志》称：“淮南之盐煎，淮北之盐晒，山东之盐有煎有晒。”② 但其时的晒海盐法，还不过是以天日曝晒代替煎炼，而仍未摆脱预制海卤（淋卤）的工序。崇祯三年（1630年），礼部侍郎徐光启曾奏议，建议在江淮、两浙之地于海盐生产中亦废煎改晒。谈到其晒法时，谓：

福建漳泉等府海水亦淡，却用晒盐，盖是卤汁所成，今臣所拟即福建法也，而加广大焉。其法于平地筑而坚之，以砖石铺底砌墙，墙高于底二尺（1尺约合31.1 cm），势如浅池。砌法皆以三和之灰。三和者，一石灰，二石砂，三瓦末也。砌讫又建三和之灰涂之，令涓滴不漏。墙底之外为井以容卤，井有盖。池之方广无定度也。池之四周立柱架梁，用苇席为短棚，可舒捲，以就日而御雨也。淋卤如常法。卤既成，入于井。日出则戽卤于井，入之于池。卤不得过二寸，晒二三日成颗盐矣。盐成，刮取之。勿尽刮，久而底盐存积为盐床，盐床厚而入之卤则其成盐也更易。③

徐氏所说的晒盐法，仍然是“淋卤如常法”，但此议也未被摇摇欲坠的明政府所采纳。

明代时在河北沧州兴建了长芦盐场，出现了与现代海盐晒制法相似的方法。此后，该盐场获得迅速发展，很快成为中国海盐生产的中心和典范。关于长芦晒盐，《天工开物》在介绍解盐时就已顺便谈及了。它说：

解池……土人种盐者，池傍耕池为畦垄……引水种盐，春间即为之……待夏秋之交，南风大起，则一宵结成，名曰颗盐，即古志所谓大盐也。以海水煎者细碎，故得“大”名。其盐凝结之后，扫起即成食味。……其海丰（今山东无棣县）、深州（实指沧州④），引海水入池晒成者，凝结之时，扫食不加人力，与解盐同；但成盐之时日，与不藉南风，则大异也。⑤

可见明末时长芦晒盐法已是“引海水入池晒成者”，而摆脱了“制卤”的工序，所以可谓完全的晒盐法。《天工开物》的这段文字可能是依据明人章潢（1527—1608年）的《图书编》卷九一中的“长芦煎盐原委”⑥。该书中说：

海丰等场产盐，出自海水，滩晒而成。彼处有大口河一道，其源出于海，分为五派，列于海丰、深州（显然为沧州之讹，《天工开物》可能也因此以讹传讹）海盈二场之间。河身通东南而远去。先时有福建一人来传此水可以晒盐，令灶户高淳等于

① 明·宋濂：《元史·食货志》，第2392页，中华书局，1976年。

② 《明史·食货志》（卷八十）第7册，总第1935页，中华书局，1959年。

③ 明·徐光启：《屯盐疏稿·晒盐第五》，崇祯六月初九日上，见清·徐允希编《增订徐文正公集》卷二，宣统元年五月江南主教姚准刊，上海慈母堂排印本第2册第37页。另可参看《中华盐业史》，第264页。

④ 张子高指出：“深州在内地，并不产盐，而沧州所辖之长芦镇则盐产重地也。”见张氏著《中国化学史稿（古代之部）》，第152页。

⑤ 明·宋应星：《天工开物》，第100～101页，（上海）国学整理社，1936年。

⑥ 明·章潢：《图书编》卷九十一，《文渊阁四库全书》，总971册，第758页，台湾商务印书馆。

河边挑修一池，隔为大中小三段，次第浇水于段内，晒之，浃辰则水干，盐结如冰。其后，本场灶户高登、高贯等、深（沧）州海盈场灶户姬彰等共五十六家，见此法比刮土淋煎简便，各于沿河一带择方便滩地，亦挑修为池，照前晒盐。有占三五亩（1 亩约合 667 m^2）者或十余亩者，多至数十亩者，共占官地一十二顷八十亩。或一亩作一池，或三四亩作一池，共立滩池四百二十七处。所晒盐斤，或上纳丁盐入官，或卖于商人添色。虽人力造作之工，实天地自然之利。但遇阴雨，其盐不结。①

据邢润川考证，海丰、沧州盐场采用这种完全的晒海盐法最迟也不会晚于嘉靖初年。②

大约从明代后期到民国初期，海滩晒盐的方法大致是在海滨预先掘好潮沟，以待海潮漫入以供卤。在沟旁建造由高至低的七层或九层（最高者十一二层）的晒池，晒制时用风车或以两人用柳斗将潮水戽入最高层晒池。这种晒池，长芦、山东、辽宁谓之卤台，淮北谓之沙格，福建、广东谓之盐埕，也叫石池。每当涨潮时海水灌满沟渠。退潮后将沟中海水舀或车入最高一层晒池，注满曝晒，经适当浓缩后，则放入次层晒池。如此逐层放至末池。仍用上述石莲子法估测卤水浓度。及至已成浓卤，便趁晴曝晒，于是得到颗盐。到了清代初年，由天主教士又传来了意大利西西里岛人所创造（大约在 1 000 年前）的所谓“天日风力晒盐法”的经验，得到康熙帝的赞赏和奖励，于是先在辽宁、长芦推广。其后沿海各地也相继引进、融合此法。从此，晒法制海盐便逐步完全取代“煮海”的方法了。到清代后期，特别在洋务运动以后，随着近代的化学、化工知识的传入，一些生产海盐的盐场进一步完善了生产海盐的技术，从而形成了较完备的生产流程（见图 3 – 1 – 18）。

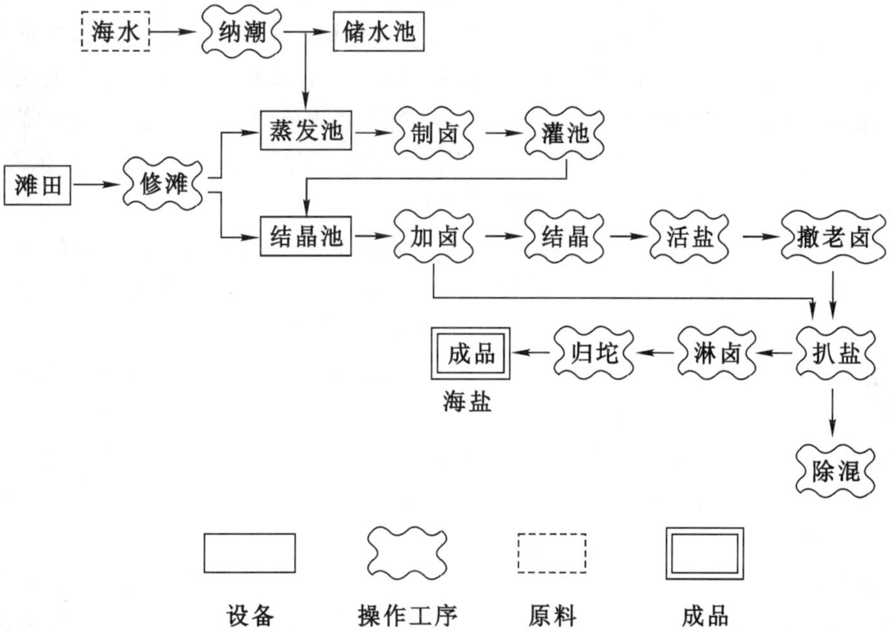

图 3 – 1 – 18　近代海盐生产流程

① 明 · 章潢:《图书编》卷九十一，《文渊阁四库全书》，总 971 册，第 758 页，台湾商务印书馆。

② 邢润川:《关于长芦区晒盐法制盐的来源》，《化学通报》1977 年 5 期。

考虑到不同地域不同层次的海水含盐比重的不同，盐工们很注意潮水的规律，尽可能在晴天无雨的季节里纳入比重较大的海水，以提高晒卤的效率。随后又根据影响蒸发制卤的各种因素，例如温度、风速、风向等，摸索出薄晒勤跑、走水留底、冰下抽咸、化冰排淡、加卤、勤扒盐、下盐种等技术措施来提高卤水和结晶盐的产量和质量。

薄晒勤跑是制卤过程中的一项操作技术。在蒸发池中，实行浅水制卤，叫做薄晒。让卤水从高处向低处流动，利用流动的速度来加快蒸发，这就是勤跑。因为在池中咸水浅，日照下液温上升较快，可增加水分蒸发速度，使咸水提前达到饱和。薄晒的缺点是产生的饱和卤水数量要少，故采取咸水勤跑的办法，加强其流动而提高效率。只薄晒而不勤跑，不但浓缩成的咸水量太少，而且易造成咸水还没到结晶池就在蒸发池中结晶析出，影响流程的继续。只勤跑不薄晒，而使咸水走到结晶池时，浓度还远离饱和，也将影响生产的效率。因此，薄晒和勤跑必须密切地结合起来，掌握好。怎样掌握好薄晒的“薄”和勤跑的“勤”，要依照不同的季节、日照、温度、湿度、风力、风向等具体因素而定。

走水留底又叫做卤咬卤，即在蒸发池中走咸水时，池子里的卤水不走干，约留 1/3 或 1/4，然后把上部蒸发池里的咸水走下来，和它混合。因为留底咸水的比重较刚下来的卤水比重稍高一些，所以两者混合后，还没开始蒸发，咸水的比重即升高了。这样做由于避免了晒滩而充分地利用了太阳光照热能，当然有利于制卤。加上走水过程中，利用咸水的流动，不仅促成下层咸水蒸发，同时由于咸水的流动也加速了蒸发。

冰下抽咸：北方的海盐产区，到了冬季，由于气温低，水分蒸发量减小，利用日光蒸发水分来制卤就较困难。盐工们则利用冰冻时节，淡水和咸水的不同比重和不同冰点，而采用冰下抽咸的技术以获取较浓的卤水。因为含盐分愈大，咸水的比重也大，在海滩晒盐池的咸水层中，它只能是分布在下层。当气温降到零下后，上层（比重较小）的咸水先结冰，而下层（比重较大）的咸水尚未结冰，这时从冰下抽取咸水，就是质量较好的卤水。

应用同样的原理，冬季适当的时候除去晒盐池上层的冰块，也可以代替浓缩海水，这种方法叫做化冰排淡。这种方法不仅用于冬季制卤，还可以为春季提早灌池做好准备。总之，这两种方法是充分地利用自然条件为人们做工。

灌满池漂是灌池子时的一种操作。在第一次往结晶池里灌卤水时，把结晶池口的板子打开，使用饱和的卤水，急流湧灌，迅速地把卤水的量灌足，这时，在池内的卤水面上，将漂起一层盐的细微结晶，由于灌池后满池里漂起了盐花，所以叫灌满池漂。这样操作的目的很明确，就是为了让卤水借助于这些细微的结晶，而很快生长成大量的结晶体，即加快了结晶的速度。这些细微的结晶作为母核，在过饱和卤水中逐渐成长，当它长到足够大了，即结晶体变大而变重了，就会下沉到池底，这就是人们所生产的盐粒。如果卤水灌入结晶池后，没有立即漂起盐花，那么即使卤水已是过饱和溶液，也必须经过一段时间后，才能打破饱和溶液的平衡，让食盐结晶析出。所以，灌满池漂的实际效果是打破卤水的过饱和状态，让食盐晶体迅速成长壮大。

当盐花打破了卤水过饱和状态时，就会促进食盐晶体成长析出，直到卤水由过饱和状态回复到饱和状态，重新建立起新的平衡。此后食盐晶体的形成和成长主要依赖水分的蒸发，卤水进一步变成过饱和状态。

将卤水灌入结晶池中，叫做加卤。加卤是生产过程中一项很重要的工序，它也是有讲究的，不是什么时间加都行，而是要选择最适当的时间。在晒盐生产的旺季——夏天，人们十分强调要在清晨气温较低时加卤。一般来说，一天气温最高约在下午两点左右，而清晨五点左右气温最低。清晨加卤，一方面使比重不同的新卤水和结晶池中留存的卤水有充分的时间来混合；另一方面，混合好的卤水可以充分利用有效的日照蒸发时间，使食盐结晶充分地成长。假若在气温较高的时间灌入温度已升高的结晶池的卤水中，不仅因降低池温而影响食盐结晶的生长，还会由于新旧卤水没有充分混合，而减慢了结晶的析出。此外，因为气温低，卤水中硫酸钙的溶解度降低，从而使硫酸钙能充分地析出而沉淀，最终提高了食盐的质量。

旺产季节，一般采用深卤结晶。所谓深卤是指在一定的卤水深度中，让食盐晶体缓慢地成长。这深度一般保持在 10 cm 左右。为什么要在旺季实行深卤结晶呢？这是因为卤水有一定深度，就可以尽量吸收热量，充分利用热能，多蒸发一些水分，以增加产量。卤水过浅，一天的日照只能利用几小时，食盐结晶就析出了，产量显然较低。卤水过深，大于20 cm 时，日光不容易晒到盐渣上，卤水也不易流动，势必影响结晶的速度。与深卤结晶相配合的还有勤扒盐。将长期结晶与勤扒盐科学地协调好是获得高产和提高盐的质量的重要手段。

下盐种是指在新做好的结晶池中，撒下适量的已晒好的盐。由于新池中没有盐粒，卤水就缺少结晶核，形成的过饱和液不易结晶。在新池中撒下盐种，就会打破卤水的过饱和状态，使撒下的盐粒成为晶核，促成食盐晶体尽快成长析出。下盐种时应注意盐种数量要适当，而且撒得均匀，否则影响效果和产出的食盐质量。

在长期的生产实践中，盐工们根据自已积累起来的经验不断地改良生产工艺。这些改良现在看来在客观上符合科学原理，因而遂使晒盐的生产形成一个配套的技术体系，不仅提高了生产效率，还保证了产品的质量。到了 20 世纪，晒盐技术主要朝着三个方向发展，一是逐步实现生产过程的机械化，从而减轻了盐工的劳动强度；二是根据近代的科学知识，加强了精制食盐的操作，为人们生活提供了符合卫生指标，保证产品质量的精细食盐；三是开展了对晒盐生产过程中，多种盐类资源（包括工业用盐）的综合利用。地球上的海水资源将通过晒盐、精制盐技术的发展而得到更充分和合理的开发利用。

总之，居住在海边的人群很早就知道，煮熬海水可以制盐。然而此法费时费料，成本很高，故难以推广。关键在于采用什么方法获取含盐分较高的盐卤水。从山东寿光县北的考古发现来看，当时已采用淋煎法制盐，即采用摊灰刮卤、煎卤成盐的技术。当时制卤方法虽然很多，而摊灰制卤是制备高浓度盐卤的主要手段。这种制取海盐的技术一直沿用到宋元明几个朝代。陈椿的《熬波图》、宋应星的《天工开物》等著作都对这种制盐法有图文并茂的详细叙述，特别是其中的淋卤技术。

直到明代中叶，福建的晒盐技术在东部沿海地区得以推广。其中河北沧州的长芦盐场引海水入池晒盐的技术不仅摆脱了传统制卤的繁忙工序，省力省料，充分利用了来自太阳的热能和风力。这套晒制海盐的技术已与近代的海盐晒制技术很相近。

第四节 井 盐

在古代的中国内陆地区，人们除去食用湖盐、海盐外，井盐和岩盐也是重要的食盐来源。根据地质资料，我国的卤水资源丰富，遍及四川、云南、贵州、甘肃、青海、西藏、新疆、湖北、江西、山东等地，尤其在川、滇地区，我国早期井盐卤水的开采也仅限于川、滇、藏、甘等地。井盐是以凿井的方式开采地下的天然卤水及固态岩盐，然后将卤水煎炼成盐。即古代的凿井取卤、煎炼成盐成为井盐的主要生产技术。

一、井盐采制的起始

据《史记·秦本纪》记载，周慎靓王五年（公元前316年）“司马错伐蜀，灭之”，此后巴蜀成为秦国的领地。公元前314年，秦在巴蜀封侯置相，改郡县，设蜀守，并移民万家于蜀，人口骤增，食盐的需求也随之大增。为了便于管理，蜀守张若于周赧王四年（公元前311年）开始在成都设置盐铁市官。据晋人常璩在《华阳国志·蜀志》中记载：“成都县本治赤里街，若徒置少城，内城，营广府舍，置盐铁市官，并长丞。”① 当时尚未开取井盐，张若任命的盐官主要是管理商人从安邑（当时秦国食盐主要产地解池）运来的池盐的销售。

《华阳国志·蜀志》中又记载：“周灭后，秦孝文王元年（公元前250年）以李冰为蜀守。冰能知天文地理，……又识齐水脉（据白广美考证，认为“齐”为“察”之讹，例《水经注》卷三三中有“李冰识察水脉，穿县盐井”之话②），穿广都（今双流县境）盐井，诸陂地，蜀于是盛有养生之饶焉。”③

李冰是战国时期著名的水利专家，史话中说是他在带领巴蜀百姓开山移土，修筑都江堰工程时，发现了成都平原地下的卤水资源。《华阳国志·蜀志》中也说：“南安县（今乐山市）郡东四百里（1里约合415.8 m）治有清衣江会。县溉，有滩名雷坻，亦曰盐溉，李冰所平也。”④ 盐溉也就是从地下流出的天然卤水，该记载明确指出李冰在都江堰水利工程中，开凿沱江，疏导青衣江。而在施工过程中，由于工程需要，必须填平、堵塞某些盐卤露头，平整卤水流出所形成的盐滩。可以想象，在疏水导水作业中，又因发掘采砂必然会发现新的盐卤资源。

卤水在当时是否已被看作资源，可能因地因时而异，至少他们已知道这卤水味咸苦，与一般河水、井水不一样。地下可开采的卤水分为地表卤水和地下卤水

① 晋·常璩：《华阳国志·蜀志》卷三，第30~31页，《丛书集成初编》史地类，总3187册。
② 白广美：关于画像砖“井火煮盐图”的商榷，《自然科学史研究》3卷1期，1984年。
③ 晋·常璩：《华阳国志·蜀志》卷三，第30~31页，《丛书集成初编》史地类，总3187册。
④ 晋·常璩：《华阳国志·蜀志》卷三，第30~31页，《丛书集成初编》史地类，总3187册。

两种。地表卤水即分布在地表浅层的淤泥或岩石孔隙间的天然卤水，甚至其卤水出口就暴露在地面上。地下卤水则是埋于地层深处、埋藏较深、封闭良好的卤水。这种卤水具有比地表卤水更高的矿化度。无论是哪种卤水都需要通过钻井的方法才能大量开采，由这种卤水熬炼出的盐才称为井盐。

从现有的古代文献来看，古代井盐的开采主要集中在四川和云南，四川应是中国井盐开采的发祥地。李冰是有记载的开采井盐的先驱者之一。李冰生活在战国时代，这就表明井盐开采的时间至迟在战国。有人会问：井盐最初的开采为什么出现在四川的成都地区，为什么时间在战国？

这当然与四川的自然条件有关，也与战国时期的历史背景有关。据地质勘探资料表明，四川成都平原的地下，特别是南部眉山、新津一带地下浅层有丰富盐卤，其中卤水含盐量达 100 g/L 左右，局部地区矿层埋深仅 20～30 m，并有盐卤水流出的露头区。这样的地质条件为井盐的开采提供了方便。战国时期，冶铁技术的出现和发展，使人们有可能利用铁制工具于生产，特别是挖土掘井。战国时期秦据蜀地，来自陕西、甘肃和湖北、湖南的大量移民不仅必需更多的食盐供应，而且还带来中原地区先进的农业技术，特别是中原的凿水井技术，这无形之中对井盐的开采起了促进作用。像都江堰这样的水利工程，进行大规模的“淘滩”“挖砂”“堆堤”“作堰”等作业，不仅进一步触及卤水，从而加深利用它的认识，同时，其操作方法与后来的“大口径浅井”时期的井盐开采方式也基本相似。由此可以认为，四川成都平原井盐生产始于战国时期，是有经济和技术的根据的。

自从 1997 年三峡库区地下文物的抢救保护工程开始以后，四川省文物考古研究所、北京大学考古系等单位的考古工作者在渝东地区已发现了多处先秦时期井盐生产的遗址。这些遗址的年代最早可至商代晚期。据此，人们对四川井盐开发的历史有了新的认识。

考古工作者从四川盆地地质结构、盐矿资源的自然分布入手，通过调查研究，认识到四川盆地的盐矿蕴藏十分丰富，东至石柱、重庆万州，西至洪雅、盐源，北至仪陇、阆中、江油，南至长宁、重庆江津等县都有盐盆分布。这些盐盆厚度大，夹层小。盐矿有盐岩、盐卤两种形式。

固态的盐岩通常深埋地下，只有个别地区有盐岩露头。古籍中曾有记载。例如，南朝范晔主编的《后汉书·西南夷列传》记叙：“元鼎六年，以为汶山郡（今岷山上游的汶川县），……地有咸土，煮以为盐，麢羊牛马，食之皆肥。”① 王隐《晋书·地道记》曰：“入汤口四十三里有石煮以为盐，石大者如升，小者如拳，煮之水竭盐成。”②（汤口位于今重庆云阳县）

液态的盐卤在地表露头的较多，它在盆地西的乐山、邛崃、蒲江，盆地中的自贡、蓬溪、盐亭，盆地东的宣汉、云阳、奉节、巫溪、开县等地都有分布。其中在盐盆地域的边缘褶皱断层地带，地下盐卤在河床边就有自然露头。对此古籍也有记载。例如北魏郦道元在其《水经注》中曰：“又东过巫山县南，盐水从县东

① 南北朝·范晔：《后汉书·西南夷列传》。

② 晋·王隐：《晋书·地道记》，《丛书集成初编》，总 3059 册，第 23 页。

南流注之。""江水又东，巫溪水注之。溪水导源梁州晋兴郡之宣汉县东，又南迳建平郡泰昌县南，又迳北井县西，东转历其县北。水南有盐井，井在县北，故县名北井，建平一郡所资也。盐水下通巫溪，溪水是兼盐水之称矣。"① 宋代王象之的《舆地纪胜》一八一卷"大宁监"记载："夔州大昌县前镇煎盐之所也，在县西六十九里（1 里约合 576 m），溪南山岭峭峻之中有咸泉涌出，土人以竹引泉置镬煮盐，开宝六年有旨于县境，境近盐井泉一十七里置大宁监。""宝山在监北一十七里，宝山半有穴如瀑泉，即咸泉也。"② 大宁盐泉位于大宁河上游人烟稀少的地区，盐泉至今仍像瀑布一般挂在河边。露头的盐卤较易被人们识别，理所当然地会成为人们争先利用的资源。

根据近几年的考古资料来看，特别是在重庆忠县一带发现了多处由大量陶器残片组成的文化堆积遗址，③ 这些遗址大多集中在盐泉自然露头或盐卤埋藏浅的地点。例如四川省考古研究所和北京大学考古系与美国学者联合发掘的忠县羊子岩遗址（2001 年）、哨棚嘴遗址（2001 年）、瓦渣地遗址（2002 年），大量的陶器残片主要是尖底杯、束颈釜、船形器三种类型。它们是汉代以前为熬盐烧制的专用容器。其中尖底杯出现最早，延续时间也较长，从商代后期一直延续到战国前后。束颈釜的出现稍晚于尖底杯，从西周延续到西汉。船形器发现较少，使用也较晚。在汉代以前熬卤制盐的主要器具不可能也不会是铁制，故上述遗址应是早期制盐的工业遗址。

综合对盐矿资源的历史考察，结合古代盐业遗址的考古发掘和相关的历史文献，一些学者有了一个新的认识。④ 他们认为四川盆地的井盐开发至迟在商代开始于渝东地区，秦灭巴蜀以后才发展到成都平原的边缘。尽管这一结论是初步的，还有一些问题需要作进一步的考古调查、发掘研究，但是这一新观点无疑对研究四川井盐开采利用的初始状况是极为重要的。

从秦汉到北宋初年，四川井盐的生产技术，主要是汲取卤水的技术，仍然采用由中原掘井技术演化而来的大口浅井技术，这一时期可谓我国井盐技术史的第一阶段。

井盐生产有别于海盐、湖盐，因为自然条件的不同，井盐的生产必须包括地质、钻井、采卤、制盐四大生产环节。这些环节又是彼此联系，相辅相成的。

采集卤水必须寻找有盐卤资源的开采点，在古人尚不具备相关盐卤成矿地质条件知识的情况下，人们一是寻找那些已露头的盐泉，或借助于动物本能地舐食咸泉土、咸石的启示，然后再试掘、试采，以确定开采的井位，由浅至深地不断探索。只有在某井位上试采成功，人们才可能进行大规模的开采活动。这就是说，人们是通过自己的生产实践而不断地丰富找矿经验。宋代王象之在《舆地纪胜·

① 北魏·郦道元：《水经注》卷六，第 16 页，《国学基本丛书》，商务印书馆，1936 年。

② 北宋·王象之：《舆地纪胜》一八一卷"大宁监"，道光二十八年刻本。

③ 孙华：《四川盆地盐业起源论纲——渝东盐业考古的现状、问题与展望》，《盐业史研究》2003 年 1 期。

④ 孙华：《四川盆地盐业起源论纲——渝东盐业考古的现状、问题与展望》，《盐业史研究》2003 年 1 期。

富顺监古迹》中引用《九域志》的纪事讲了一个井盐矿主的故事，说：“井主梅泽，神姓梅，梅本夷人，在晋太康元年（公元280年），因猎，见石上有泉，饮之而咸，遂凿石三百尺（1尺约合31.7 cm），咸泉涌出，煎之成盐，居人赖焉。”①这种找矿法当然带有一定的偶然性。像李冰建筑都江堰水利工程，发现卤水矿眼更好理解了。上述这些找矿法在很大程度上还是仰仗资源露头的自然恩赐。后来，通过长期生产实践所积累的经验，伴随着地质知识的萌芽和发展，及寻找铜、铁、金、银等金属矿藏技术的移植和创造，人们对井盐矿藏的开采利用，逐步变得更有理性地向地下深处拓展，主动地披露地下的矿体，从而促进井盐开采技术有了较大的发展。还应该承认，这种演进在古代是缓慢的，是与整个科学技术的发展水平息息相关的。

二、大口浅井的卤水开采

井盐生产技术有别于湖盐、海盐生产的最显著之点，就是它必须凿井取卤。因此井盐生产的凿井技术成为其最关键，又是最显著的技术。

中国的凿井技术早在原始社会已出现，史书中有“黄帝穿井”“伯益作井”“舜穿井”等。因为是传说，实难考证。但是在殷商时代，生活在中原一带的先民已知凿井而饮应是不容置疑的。“凿井而饮，耕田而食”应是农耕时代的一个标志。

甲骨文和金文中都有井字，与现今通用的井字没什么不同。井字沿用至今是因为它形象地展示了水井地面上的形制：先立四根木柱，每方再用横木相交构成井栏。具有井栏形的井字是典型的象形字，它表明井在殷商时期就已存在。甲骨文中还有井录二字，录字形为固，很像一个有轴的圆木，其下方悬着一个盛水器（陶瓮），位于水面之上。古人称此汲水设置为录，后人则称其为辘轳，录与轳古时属同音字。由此可以认为甲骨文中的井录存在，表明殷商时期的井不仅有井栏，而且已用辘轳汲水。这就是当时的水井状况。②

井盐的开采技术源于古代水井开凿技术，在李冰治水中，与引水工程配套，亦开凿了不少水井。在凿井中发现地下浅层的天然卤水是很自然的。在认识到天然卤水的价值后，李冰根据治水所积累的经验，组织人们利用开凿水井的方法来采集卤水，从而有了古代第一口盐井：广都盐井（今四川双流县东南华阳镇）。自首创了广都盐井技术后，这种技术很快在四川各地推广。秦代四川开凿盐井就有三个县，那时由于凿井技术十分原始，工具也较落后，人们往往是在地下，使用锄、锸、凿等简易工具，挖土掘井。劳动的井位至少留下一个人挥锄、挖掘、运土的空间，深挖时，掘出的土石可以用篮、筐等搬运上来，这就是早期的大口浅井。

到了汉代，盐井开凿区域逐渐扩大，根据《华阳国志·巴志·蜀志》和《汉书·地理志》《元和郡县志》《舆地广记》等记载，仅开凿井盐地区，包括了巫县、临江、朐忽、汉发、南充国、成都、广郡、郪县、南安、牛鞞、什邡、江阳、汉安、

① 北宋·王象之：《舆地纪胜》一八一卷“大宁监”，道光二十八年刻本。

② 徐中舒：《古井杂谈》自贡市盐业历史博物馆：《四川井盐史论丛》，四川社会科学院出版社，1985年。

南广、定管、武阳、临邛、汉阳等18个县。凿井的数量也相应有了很大增加。如汉安县“有盐井卤池以百数”。汉宣帝地节三年（公元前67年）一次即“穿临邛、蒲江盐井二十所，增置盐铁官”。① 汉代在部分地区还设了盐官来管理井盐生产。

开凿的盐井虽然增加了，但是凿井的技术并无很大进展，根据汉墓出土的汉代井盐生产的画像砖及一些汉代史料，可以窥其一斑。从1956年成都附近羊子山出土的汉代井盐生产的画像砖上，可推算出来当时的盐井直径约1.3～1.4 m，井深约2 m。与这画像砖相佐印的是西晋张华作于西晋武帝时（公元265～290年）的《博物志》中记载有：“临邛火井一所，从广五尺（1尺约合24.2 cm），深二三丈。井在县南百里，昔时人以竹木投以取火，诸葛丞相往视之，后火转盛热，以盆盖井上煮盐。”② 事实上，当时的盐井也有较深的，谯周作于东汉末年的《蜀王本纪》中就有“临邛有火井，深六十余丈”之说，按东汉1尺≈23.75 cm换算成现在的公制，相当于井深已达到约142.5 m。由此可见，当时的盐井有深有浅，视卤水储藏的深度而定。不管是深是浅，当时的盐井大多井径大，井身浅。井径大的可谓“纵广三十丈”，小亦必须能容一劳动者下到井底可以猫身作业，往下钻凿；井身浅的一般数丈，再深也不过数十丈。因此后人称这种盐井为大口浅井。

早期的大口浅井仅数丈深，它的开凿技术与一般水井的开凿没有明显的区别，都是由人力使用锄、锸、凿等简单的铁制工具挖掘或破碎岩石，再将其运出井口，逐步加深，直到获得盐卤。由于盐井浅，所以挖掘起来也不难，技术不复杂，工艺较简单。除了挖掘外，主要的技术在于防范井壁下落坍塌，当时人们采用固井的方法也与水井近似，以木或石砌壁来防止井壁坍塌。《水经注·江水》中就记载说：“迳巴东郡之南浦侨县西，溪硖侧盐井三口，相去各数十步，以木为桶，径五尺（1尺约合30.9 cm），修煮不绝。”③ 这里讲的是加固井壁的一种方法：以木料加固井壁。实际上，各地根据自己的环境条件，采用的方法是多样的，例如后人在四川西昌西南的盐源县白厂盐井所看到的盐井就是采用石头和木料共同筑成井壁。这里有一口盐井，长2.7 m、宽1.6 m、深13 m，外用条石筑砌，中间用楠木盘厢，再内钉木板来加固井。另有一口盐井由于一面临河，井面低于河身，因此在建井时，外层用石头砌成堤坎，里面再用楠木固井。由于卤水一般较地下水深，故盐井也就较水井凿得深。

汉代以后，大口浅井的采卤制盐技术在四川和云南得到推广，井盐生产也随之得到发展，到了唐代，仅四川境内的产盐区域已扩展到68个州县。在云南，井盐生产虽然起步较晚，据唐代人樊绰所著的《蛮书》卷七记载：“安宁城中皆石盐井，深八十尺。城外又有四井，劝百姓自煎。”④ 此时云南的盐井已在泸南（今大姚）、郎赕（今禄丰琅井）、剑川、丽江等地成批出现。

据李吉甫所著的《元和郡县志》记载，唐代陵州的陵井（今四川仁寿县境内）已深达八十丈（按唐1尺≈30.6 cm，故合今244.8 m）。“陵井纵广三十丈深八十余丈，益部盐井甚多，此井最大，以牛皮囊盛水引出之。”富义盐井亦深达二百五

① 晋·常璩：《华阳国志·蜀志》卷三，第30～31页，《丛书集成初编》史地类，总3187册。
② 晋·张华《博物志》卷二，《文渊阁四库全书》，总1047册，第584页，台湾商务印书馆。
③ 北魏·郦道元：《水经注》卷六，第16页，国学基本丛书，商务印书馆，1936年。
④ 唐·樊绰：《蛮书》卷七，第32页，《丛书集成初编》史地类，总3117册。

十尺（即约 76.5 m），“月出盐三千六百六十石”（1 石约合 76 kg）。① 由此可见，大口井愈挖愈深，井盐产量也在迅速增加。可以认为大口浅井的盐井到了唐代已进入全盛时期。这些深达数十丈的盐井的开凿也表明其开凿技术已发展到较高水平。据唐代杜光庭在《道教灵验记》中记载：“陵州盐井开凿时直下五百七十尺（约合今 174.4 m），透两重大石，方及咸泉。”② 宋朝释文莹在《玉壶清话》中也记载：“其井上土下石，石之上凡二十余丈（1 丈约合 3.17 m），以硬楠木四面锁叠，用障其土，土下即盐脉，自石而出。”③ 这些记载对于认识当时的典型的大口浅井盐井及其开凿技术是十分有用的。

大约在 20 世纪 50 年代，考古工作者在成都羊子山汉代砖室墓中发现一块画像砖（见图 3－1－19），上面清晰地描绘着一幅生动的井盐场生产全景。左方有一大口盐井，井架的顶上安装有滑车，架上有四个盐工两两相对，上下吸卤，灌入旁边卤水池，卤水又通过“笕”（即输卤管道，《富顺县志》谓：“以大斑竹或南竹，通其节，公母榫接逗，外用油麻，油灰缠缚。”）被翻山越岭输送到图中右方的盐灶，灶房内有贮卤缸，卤水由卤缸挹入盐锅，盐工从山上砍柴背运而来，以柴草煎盐。这个场面表明汉代井盐生产的规模已很大，当时吸卤的方法是利用井杆上的辘轳式滑车。若如画像砖所绘，绳的两端所系的是吊桶，一上一下，可提高效率。而唐代的陵井，汲卤已用大皮囊绞，十分沉重，故当时用牛拉，装满卤水的大皮囊车将其吊上。

图 3－1－19　东汉井盐开采的画像砖（四川博物馆）拓片

现今在四川云阳盐厂还可以看到类似于陵州盐井的固井方法。该厂白兔盐井就是一个典型的大口盐井，井径 3 m 多、井深 53 m，井形为八边形。在表层比较疏松的岩层采用厚 10 cm、长 145 cm、宽 26 cm 的木板来固井。即用八块这样的木

① 唐·李吉甫：《元和郡县志·剑南道·陵州》，《文渊阁四库全书》，总 468 册，第 561～564 页，台湾商务印书馆。

② 唐·杜光庭：《道教灵验记》，见宋·张君房辑《云芨七签》卷一一九。

③ 宋·释文莹：《玉壶清话》卷三，《笔记小说大观》第四辑。

板构成一个八边形的框架，一个个框架再垒叠，构成井壁。在贴板和井壁之间，则用石灰和杂泥混成的三合泥填充。井口是由20块长约50 cm的木板构成略为内缩的井口，在其上搭上木板以便于汲卤工人在上站立操作。据传，这浅井凿于汉代，沿用了2 000年，至今仍保存完好，是一个珍贵的实物资料。

在宋代，承袭前朝旧制，继续对盐业实行朝廷直接控制的专卖制，“大为监，小为井，监则官掌，井则土民干鬻，如其数输课”。① 在四川先后设立了陵井监、蒲江监、富顺监、公井监、淯井监、南井监、富国监、永安监、云安监、大宁监等十监，为监设官名井监使，监下辖井，井上设场务管理。政府根据各监所辖的盐井多少和产量来规定“日额”和“岁额”。

由于当时从事井盐生产的或是服“盐井役”的役夫，或是“籍民煎输”的灶户，他们虽然付出了繁重的劳动，得到的报酬却不足以维持其正常生活的开支。社会地位低下，致使他们不热心于生产，更无意于工艺技术的改进，造成了大口浅井生产能力的萎缩，甚至时常出现各种事故：“大井损坏，无力修葺……土石壅塞，弥旬累月，计不得取；或夏冬涨潦，淡水入井，不可烧煎；或贫乏无力，柴茅不继，虚失泉利；或假贷资财，以为盐本，费多利少，官课未偿，私债已重。”② 加上大口盐井的最大弱点是固井的技术，井中通风、照明及防止淡水渗入等技术一直没有得到妥善解决，故开凿过程中，盐井坍塌和废弃时常发生，劳民伤财，这意味着大口浅井技术的发展面临着严重的危机。

大口盐井一般深在数十至数百米之间，如此的深度只能开采浅层卤水。四川盆地的盐卤资源，其特点是卤水埋藏浅者则浓度低，是所谓黄卤，其含盐分约有13%，又因含有较多的氧化铁（Fe_2O_3），所以呈黄色。距地表约900 m的埋藏较深的卤水则浓度高，是所谓黑卤，其含盐分约有18%，且因为内含较多的腐败有机质及低价铁的氧化物（FeO）、硫化物，呈黑色。大口浅井只能开采黄卤，而且经历代频繁采卤，到宋代初年时已经接近枯竭了。

在宋初，由于新政权采取的宽松政策，社会秩序相对安定，经济生产得到恢复和发展，人口也随之有了增长。四川的情况也是一样。社会经济的繁荣，带来人口的增长。据宋初统计，“蜀平得户五十三万四千二九”③，这是在乾德三年（公元965年）四川四十六州二百四十县的户口数。到了元丰二年（公元1079年），“四川六十州一百九十九县，户口二百一十万余”。④ 人口的迅速增加当然加大了对食盐的需求，而大口浅井开凿技术的停滞不前又势必造成食盐产量的下降。社会的需求形成对井盐开采技术改革的巨大压力。盐荒而引发的社会动乱，迫使朝廷对盐政进行调整，在庆历八年（公元1048年）再度解除四川盐禁，进一步开放商人代销，即“盐人蜀者；亦恣不问”。⑤

① 元·脱脱：《宋史·食货志》，第4413~4414页，中华书局，1977年。

② 《皇宋中兴两朝圣政》卷五十五，淳熙四年。

③ 《文献通考》卷十一“户口”，亦见《宋史·太祖本纪》。

④ 宋·李心传：《建炎以来朝野杂记》，《国学基本丛书》，商务印书馆，1937年。

⑤ 宋·李寿撰：《续资治通鉴长编》卷一六五，庆历八年一月丁亥，上海古籍出版社影印浙江书局本，1986年。

这种社会环境为新凿井工艺技术的发明、推广创造了适宜的氛围，标志着井盐开采技术步入一个新的时期——卓筒井的发明。

三、卓筒井的发明和推广

“卓筒井”发明于北宋庆历（1041～1048年）年间，宋代文豪苏轼写的一篇杂文“蜀盐说”，对此有相当详细的记载，东坡居士谓：

蜀去海远，取盐于井。陵州井最古，淯井、富顺监亦久矣。惟邛州蒲江县井，乃祥符中民王鸾所开，利入至厚。自庆历、皇祐（1049～1054年）以来，蜀始创“筒井”。用圜刃凿山如盌（碗）大，深者至数十丈（1丈约合31.7 m）。以巨竹去节，牝牡相衔为井，以隔横入淡水，则咸泉自上。又以竹之差小者，出入井中为桶，无底而窍其上，悬熟皮数寸，出入水中，气自呼吸而启闭之，一筒致水数斗。凡筒井皆用机械，利之所在，人无不智。《后汉书》有“水鞴”，此法惟蜀中铁冶用之，大略似盐井取水筒。太子贤不识，妄以意解，非也。①

北宋人文同在其《奏为乞差京朝官知井研县事》中也谈到当时井研县及嘉州（今乐山市一带）、荣州（今荣县一带）的卓筒井，谓：

伏见管内井研县，去州治百里，地势深险最僻陋，在昔为山中小邑，于今已谓要剧索治之处。盖自庆历以来，始因土人凿地、植井，为（谓）之“卓筒井”，以取咸泉，鬻炼盐色。后来其民尽能此法，为者甚众。……（井研县）与嘉州并梓州路荣州疆境甚密，彼处亦皆有似此卓筒盐井者颇多，相去尽不远，三二十里（1里约576 m），连溪接谷，灶居鳞次。②

由以上两段文字可知，卓筒井是小口径盐井，井径与巨竹内径同，大口直径约八九寸（约25～28 cm），深度为数十丈，它的开凿技艺和开采工艺在当时是很先进了。概括地说，表现在三个方面：首先，发明了冲击式的顿钻凿井法，在世界技术史上第一次使用了钻头——“圜刃”来开凿井；其次，利用巨竹去节，首尾相衔接成套管下入井中，以防止井壁沙石入坠和周围淡水浸入，在世界技术史上又首创套管隔水法；再者，创造了汲卤筒，即将熟皮装置于一段竹筒的底部，构成单向阀，每当竹筒浸入卤水中时，卤水便冲激皮阀上启，而卤水入于筒中；每当提起竹筒时，筒内卤水便压迫皮阀关闭而卤水不漏，这是中国机械技术史上的一大发明。总之，“卓筒井”的发明，开创了西方冲击式顿钻凿井之先河，被誉为现代“石油钻井之父”。

卓筒井不仅技术先进，开凿时间短，占地面积小，还便于掩藏以逃避课税，故一经问世，便很快在巴蜀地区得到推广。仅到熙宁年间（1068～1077年），盐工便在陵州境内开凿卓筒井数百口。同时，与陵州相邻的嘉州（今乐山地区）、荣州（今荣县）等地，“亦皆有似此卓筒盐井者颇多，相去尽不远，三二十里，连溪接谷，灶居鳞次”。此外，“忠、万、戎、泸间夷界，小井尤多”。③

尽管苏轼和文同都生活在卓筒井发明、发展的年代，他们关于卓筒井的记载，

① 孔凡礼点校：《苏轼文集》卷七十三，第2367页，中华书局，1986年。

② 宋·文同：《丹渊集》，见《四部丛刊·集部》第100函《陈眉公先生订正丹渊集》（卷三十四）第7册，第15页。

③ 宋·李寿撰：《续资治通鉴长编》卷二五五，熙宁七年八月丙戌。上海古籍出版社影印浙江书局本，1986年。

勾画出卓筒井的大致轮廓，但是由于只是目睹，而不是亲自劳作，他们对圜刃是怎样凿成深达百米的盐井还是缺乏明确的技术描述。只是到了明代，相关文献才对圜刃是什么样子、由什么材料制成等一系列技术细节作了明确的介绍。

卓筒井技术的推广，显而易见地促进了井盐的生产。当它发展后，特别是可以隐藏而逃避课税时，又威胁到官办盐井的垄断利益，官府曾强令将其填闭。这种政令势必影响或限制其技术的进一步改革和提高，因此，在此后宋元的二百多年里，其技术基本上停留在初始的水平，没有新的突破。

四、明代的井盐采制

明代初期继承宋、元的盐业政策，仍然由政府直接控制盐的生产和专卖。盐商只能根据政府的安排在取得盐引——即贩盐的专利执照后，凭盐引到指定盐场买盐，运到指定的地区销售。随着商品经济的发展，明代中叶以后，盐业政策有了变化，主要表现在政府对盐业的控制被削弱，特别是余盐开禁。所谓的余盐开禁，即是盐场主生产的超额盐可以自行处理。余盐的开禁导致万历年间有了票盐制的推行，标志着商、灶间直接购销关系的建立。灶户有了自己处理余盐的权利，无疑会调动其生产积极性，这就成为停滞不前的井盐生产技术的改进的一股动力。宋应星在《天工开物》中关于井盐的生产技术是这样记载的：

凡蜀中石山，去河不远者，多可造井取盐。盐井周圆不过数寸，其上口一小盂覆之有余，深必十丈以外，乃得卤信，故造井功费甚难。其器冶铁锥，如碓嘴形，其尖使极刚利，向石山舂凿成孔，其身破竹缠绳，夹悬此锥。每舂深入数尺，则又以竹接其身，使引而长。初入丈许，或以足踏锥梢，如舂米形，太深则用手捧持顿下，所舂石成碎粉，随以长竹接引，悬铁盏挖之而上。大抵深者半载，浅者月余，乃得一井成就。盖井中空阔，则卤气游散，不克结盐故也。井及泉后，择美竹长丈者，凿净其中节，留底不去，其喉下安消息，吸水入筒，用长絙系竹沉下，其中水满。井上悬桔槔、辘轳诸具。制盘驾牛，牛拽盘转，辘轳绞絙，汲水而上。入于釜中煎炼（只用中釜，不用牢盆），顷刻结盐，色成至白。①

宋应星虽然没有去过四川，但是他能根据前人的资料作了以上叙述实属不易。他的记述虽然简单点，但基本技术要点都已提及。对明代井盐生产技术的记述最详尽可靠的要数明代四川射洪人马骥的《盐井图记》。

马骥是明代嘉靖、万历年间的人，曾中过举人，做过射洪县令。在他任职期间，伙同郭子章、岳谕方等好友，对射洪的盐井进行了考察，能通过“三问壮丁、井匠，颇得其详”。并对井盐生产的“其凿之甚艰，其入之甚深，汲之甚苦”的状况感慨万分。其间观察到的井盐生产技术使他们产生浓厚兴趣，于是由岳谕方绘制了《盐井图》，由马骥写出《盐井图说》，把他们考察的成果记录下来。可惜的是《盐井图》已佚，我们无法形象地窥视当时井盐生产的情景。好在《盐井图记》被收入曹学佺的《蜀中广记》和顾炎武的《天下郡国利病书》之中，为后人留下了关于明代井盐生产技术的珍贵资料。

《盐井图说》全文千余字，全文如下：

① 明·宋应星：《天工开物》卷五，第102页，（上海）国学整理社，1936年。

盐井其来旧矣。先世尝为皮袋井，围径三五尺（1 尺约 31.1 cm）许，底有大塘，利绕课重，工力浩巨，非一载弗克竣，今皆湮没殆尽，不可考。

民循故业以纳课，率多从竹井制。其施为次第，在井匠董之。凡匠氏相井地，多于两河夹岸、山形险急、得沙势处。鸠工立石圈，尽去面上浮土，不计丈尺，以见坚石为度，而凿大小窍焉。大窍，大铁钎主之；小窍，小铁钎主之。钎一也，大钎则有钎头，扁竟七寸（约 22 cm），有轮锋，利穿凿。兴井日，北口傍树两木，横一木于上，有小木滚子，以火掌绳钎末，附于横木滚子上。离井六七步为一木桩，纠火掌篾，而耦舂之滚竹运钎，自上下相乘矣。匠氏掌钎篾坐井口傍，周遭圜转，令其窍圆直。初则灌水凿之，及二三丈（1 丈约 3.11 m）许，泉蒙四出，不用客水。无论土、石，钎触处俱为泥水。每凿一二尺，匠氏命起钎，用筒竹一根，约丈余，通节，以绳系其梢，筒末为皮钱，掩其底（即单向阀）。至泥水所在，匠氏揉绳，伸缩皮敛水入，挹满搅出。泥水渐尽，复下钎凿焉。次第疏凿，不计功程力大，较至二三十丈许，见红石岩口，大窍告成矣。随议下竹，竹有木竹、**楴**竹二种。木竹，取坚也，刳木二片，以麻合其缝，以油灰衅其隙。**楴**竹出马湖山中，亦以麻裹之。木竹末为大麻头，累累节合，下尽全竹，四溃淡水障阻，不能浸淫。乃截去大钎头，用钎梢凿小窍，法如大窍。然凿至二十丈，中见白沙数丈，有咸水数担，名曰“腰脉水”，去咸水不远。寻凿之，而咸水渊涓自见也。

水有广水，昼夜力汲不竭，然味近淡。有咸水，昼夜计有数，然味亦不齐，有一担而煮盐五六斤（1 斤约 595 g）者，有八九斤至十二三斤者，顾遇何如耳。

厥工既就，始树楼架，高可似敌楼。上为天滚，有辘轳声。制筒索吸水，如前吸泥水法，而枢轴则管于车床也。床横木为盘，盘有两耳，作曲池状，左右低昂逆施，左揖地右伸，右揖地左伸，循环用力，索尽筒出。咸水就灰笆泼水，而煎烧有绪矣。转辘轳者，盖三人为之。力厚者则制牛车，车状大，力逸而功倍也。此自成井而论耳。

若掘凿之际，钎偶中折而坠其中者，或遭淤泥作阻者，其出法亦巧，而为器亦异。钎带火掌篾而坠者，以搅镰钩出，为力易易。惟钎半坠，或止坠钎头者，取之之法，制为铁五爪，如覆手状，爪背入木数寸，以竹三尺许，劈碎一尺，缠扼爪木，令坚致；上一尺亦劈碎，则活系撞子钎，不令拘泥偏向；中一尺通其节，以待撞子钎假道挞伐。垂爪入井，爪定所坠钎头，匠氏从上督索，撞子钎由筒中击木，木击五爪，数击，则爪攫劓钎头者，牢不可以游滑自匿，虽欲不出，不可得矣。若被淤泥填溢大小窍，犹关格症然，甚者制为搜子，以和解其胶密。搜子者，铁条之有啮齿者也。未甚者制为漕钎，以冲击其脂凝。漕钎者，撞子钎之有啮齿者也。支解既析，则为刮筒以取其泥。刮筒之制，与盐筒殊科，不通其节，而每节之始，凿为方口，投井中吸泥，亦如汲水式。盖水可以疏通翕受，泥则逾节不可，是则匠氏作法意也。

嗟乎，一井之成，其次第节目如此，亦云劳矣。乃劳归灶丁，利归商贩，富灶任逸，庸灶任力。终岁穷日疲竭若何，而征输又告急矣。至有坍塌而干赔国课者；有逋负而逃徙流离者。是在上之人宽一分，则民受一分之赐云。①

细读这段记载，不难看出马骥用了近2/3的篇幅来描述当时的钻井技术，按凿井的顺序，系统地从相井地、立石圈、凿大窍、扇泥到下竹、凿小窍作了完整的陈述。可见他已认识到这种技术的价值。

它的技术要点简单归结如下（同时参看宋应星《天工开物》的相关插图就一目了然了）：

1. 勘探井位。"凡匠氏相井地，多于两河夹岸、山形险急、得沙势处。"

2. 开凿井口，安置石圈。先铲除地面浮土，不计丈尺，直至掘到坚石为度，然后安置好井口石圈（见图3－1－20、图3－1－21），于是开始钻凿，"大窍，大铁钎主之；小窍，小铁钎主之。钎一也，大钎则有钎头，扁竞七寸，有轮锋，利穿凿。"

图3－1－20　开挖盐井井口

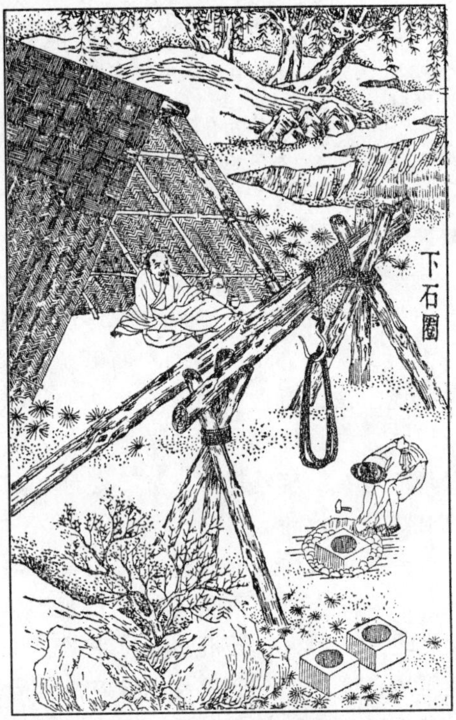

图3－1－21　在井口下石圈

3. 竖井架、凿大窍（见图3－1－22）。开凿之日，在井口"傍树两木，横一木于上。有小木滚子（称花滚子），以火掌（篾）绳钎末，附于横木滚子上。离井六七步为一木桩，纠火掌篾，而耦舂之滚竹运钎，自上下两乘矣"。这样钎钻一起一落，其力可将岩石舂碎如砂砾。"匠氏掌钎蔑坐井傍，周遭圜转，令其窍圆直。初则灌水凿之，及二三丈许，泉蒙四出，不用客水。无论土、石，钎触处俱为泥水。"在凿钻过程中，还需时时清孔，"每凿一二尺，匠氏命起钎，用筒竹一根，

① 明·马骥：《盐井图记》，见明·曹学佺《蜀中广记》卷六十六，《文渊阁四库全书》，总592册，第111～112页，台湾商务印书馆。

约丈余，通节，以绳系其梢，筒末为皮钱，掩其底。至泥水所在，匠氏揉绳，伸缩皮欹（倾斜）水入，挹满搅出。泥水渐尽，复下钎凿焉”。这样反复凿疏，“较（约）至二三十丈许，见红岩口，大窍告成矣”。

图3－1－22 竖井架，凿大窍

4．下套管（见图3－1－23）。大窍开成，开始下套管。套管为竹管，“竹有木竹、楻竹二种。木竹，取坚也，刳木二片，以麻合其缝，以油灰衅其隙。楻竹出马湖山中，亦以麻裹之。木竹末为大麻头，累累节合，下尽全竹，四溃淡水障阻，不能浸淫”。

图3－1－23 井孔下套管

5. 钻凿小孔。摘取大钎头，改用钎梢，继续下钻凿小孔。“凿至二十丈，中见白沙数丈，有咸水数担，名曰‘腰脉水’，去咸水不远。寻凿之，而咸水渊涓自见也。”

6. 架设汲卤盐井架。“高可似敌楼。上为天滚，有辘轳声。”

7. 汲卤（见图3-1-24）。先制作汲筒索以汲卤水，其原理和结构如前吸泥水法。“而枢轴则管于车床也。床横木为盘，盘有两耳，作曲池状，左右低昂逆施，左揖地右伸，右揖地左伸，循环用力，索尽筒出。咸水就灰笆泼水，而煎烧有绪矣。”转动辘轳者，或三人推转，或牛拉牵，“车状大，力逸而功倍也”。

图3-1-24　汲卤

从这些工艺技术要点可以清楚地看到卓筒井在当时的发展水平。若按此文所述，当时川北盐区的卓筒井上部大孔深20~30丈，下部小孔深20丈，共计有120~150 m深。

随着钻井深度的逐渐增加，到了清代嘉庆、道光年间，据李榕所著《自流井记》，其时“（盐）井至二百六、七十丈而咸极”，可知当时井深已接近300丈（1丈约合3.11 m）。① 又据《四川盐政史》卷二记载，其时富荣东、西两场（即自流井和贡井）盐井最深，分别已达320丈和300丈。②

在深井钻探技术成熟以后，人们在钻井时必然有很多机会遇到岩盐层。在清末时，川民开始采用水溶法开采岩盐深层的矿体。接着又创造了自然连通的开采方法，岩盐资源很快就成为井盐生产中的另一重要开采对象。

关于自盐井卤水中提取食盐的技术，在西南地区有个颇有趣的发展过程。初

① 清·李榕：《自流井记》，见《十三峰书屋文稿》，参看夏湘蓉等：《中国古代矿业开发史》，第388页注2，地质出版社，1980年。

② 夏湘蓉等：《中国古代矿业开发史》，第358页，地质出版社，1980年。

时，在一些文化后进的地区流行着“刮炭取盐”或“淋灰取盐”的做法。例如，《华阳国志·蜀志》谓：“定筰县……在郡西，渡泸水，滨刚徼，曰摩沙夷，有盐池。积薪，以齐（卤）水灌，而后焚之，成盐。”① 唐人樊绰的《蛮书》谓：“蕃中不解煮盐法，以咸池水沃柴上，以火焚柴成炭，即于炭上掠取盐也。”② 这就是“刮炭取盐”。另外，唐人李吉甫《元和郡县志》谓：“嶲州昆明县……盐井在县中。今按：取盐先积柴烧之，以［卤］水烧土（灰），即成黑盐。”③ 直至清人顾祖禹撰《读史方舆纪要》，仍记载：“波弄山下有盐井六所，土人掘地为坑，深三尺许，积薪其上（中），焚之，俟成灰，即井中之卤浇灰上，明日皆化为盐。”④ 可见这种方法在偏僻地区沿用颇久。当然，煮盐之法，大约早在汉代时，于巴蜀井盐区已开始采用，这种方法叫做“敞锅熬盐”，一直延续到现在，但其中细节则不断在改进。初时，大概是简单地把卤水煮干，盐成时“凝如锅范”，“厚四五寸许，大径四尺（1 尺约合 31.1 cm），重可五百斤（1 斤约合 595 g）”，但质地不纯，味苦，易潮解，并且食用不便。后来则发展为“煮花盐法”。⑤ 据光绪年间辑纂成书的《四川盐法志》卷二“井厂二·井盐图说”以及同治年间所修《富顺县志》（盐政新增）的记载，可知迟至清代时，熬盐的某些举措与今日自贡盐井的工艺已很为相似，包含了很多颇具科学意义的技术经验。例如：

1. 在煮盐前，往往先进行黄卤与黑卤的搭配，调剂浓度。黄卤的 NaCl 浓度大约为 100～150 g/L，并常含有一些有毒的 $BaCl_2$；黑卤的 NaCl 浓度约为 170～200 g/L，并含有较多的硫酸盐。兑卤的比例一般是黄卤比黑卤为 6:4 或 7:3。在此过程中，可使 $BaCl_2$ 转变为 $BaSO_4$ 而沉淀除去，Ba^{2+} 的毒性即可排除。

2. 当煎煮近于饱和时，往卤水中点加豆浆，可以使钙、镁、铁等的硫酸盐杂质凝聚起来，并以其吸附作用将一些泥土及悬浮物包藏住，此“渣滓皆浮聚于面”，用瓢舀出，再“入豆汁二三次”，直至“渣净水澄”。

3. 当卤水浓缩、澄清后，点加“母子渣盐”。“母子渣盐”就是在别锅煎制出的、结晶状态良好的食盐晶粒，它可以促使浓缩的卤水析出结晶。《四川盐法志》有很好的说明：“所谓子母渣者，别煮［卤］水，下豆汁，澄清后即灭火力，用微火煴熚。久之，水面盐结成，如雪花。待彼锅煮老澄清，挹此入之，盐即成粒。”

4. 洗去“硷质”，提高盐质，以防潮解。所谓“硷质”，实际上是镁盐（$MgSO_4$、$MgCl_2$ 等）。盐工们用竹制长网勺从卤水中打捞起盐粒后，“置竹器（叫篾渊）内”，再用“花水”冲洗盐粒（“沃数次”）。“花水者别用盐水久煮，入豆汁后即起之水也”，所以花水实际上是澄清了的饱和盐水，因此它可以洗去“硷质”，又不会溶去盐分。如此所得精品盐叫做“花盐”，“粒匀面色白，类梅花、

---

① 晋·常璩撰，刘琳校注：《华阳国志》卷三，第 320 页，巴蜀书社，1984 年。

② 唐·樊绰：《蛮书》卷七，第 32 页，《丛书集成初编》史地类，总 3117 册。

③ 唐·李吉甫：《元和郡县志·剑南道·陵州》，《文渊阁四库全书》，总 468 册，第 561～564 页，台湾商务印书馆。

④ 清·顾祖禹撰：《读史方舆纪要》，洪化出版社印行，1985 年。

⑤ 参看《明清四川井盐史稿》，第 71～74 页，及张子高：《中国化学史稿（古代之部）》，第 154～155 页，科学出版社，1964 年。

冰片”。

至迟在战国时期，四川平原的居民已通过凿井的方法采取地下卤水，然后熬卤制盐。熬卤方法与海盐熬卤技术相近。所以井盐采制的关键工序是凿井取卤。从文献和考古资料及汉画像砖的相关资料来看，在北宋以前，人们都是沿用大口浅井的方式采集卤水。直到北宋庆历年间，人们发明了卓筒井的凿井技术，它开凿的是小口径盐井，不仅施工占地面积小，而且省时省力。它首创了圜刃（钻头）、套管隔水法、汲卤筒，开创了西方冲击式顿钻钻井技术之先河。到了明代，已能开凿出小口深井，深达几百米。汲取的卤水既有浅层的黄卤，又有深层的黑卤。期间煮卤取盐的技术也由汉时“敞锅熬盐”发展到明末清初的“煮花盐法”。这种煮花盐的技术核心在于利用化学上的复分解反应，除去卤水中 $BaCl_2$ 等有毒“硷质”而使重结晶的盐分纯洁。

第　二　章

食　　糖

糖几乎存在于一切有机物质中，食糖则专指味甜的一类调味品和食品。味甜的物质很多，但作为食糖而为人们长期食用的却不多，从蜂蜜、饴糖到蔗糖、甜菜糖及某些甜味素，人们经历了对甜味物质选择、认识及加工的漫长过程，产生了制糖工艺。人们饮食对食糖的需求逐渐形成了社会生产中的制糖行业。可能由于获取甜味物质的途径较多，生活中对食糖需求量相对盐、酒来说要少多了，故制糖业的生产规模也没有制盐、酿酒那么大。制糖技术只是在王公贵族享用甜食时才被重视。蜂蜜的生产者是自然界的蜜蜂，人们只是去采集和加工，产量是极其有限的。饴糖虽然可以用谷物大量生产，一则它争口粮，二则它不适于作调味品，从而影响了它的使用和发展。蔗糖虽是最好的食糖，但是原生甘蔗当时主要在亚热带地区种植，品种也有讲究，故人们对它的认识稍晚，只是当唐太宗关心起中国落后的制糖技术后，决定派人到印度学习取经，中国的蔗糖生产才翻开了新的一页。

为什么在诸多的甜味物质中，蜂蜜、饴糖、蔗糖先后成为古代人们的主要食糖品种，这不能不从食用糖的基础知识讲起。

第一节　有关食用糖的基础知识

糖与脂肪、蛋白质、维生素及无机盐、水都是人类生存、生长的必需营养物质，同时它们又是化学研究的基础内容。糖几乎存在于一切有机物质之中，绿色植物利用其内含的叶绿素，吸收太阳光能，把空气中的二氧化碳和从土壤中吸收的水经过光合作用而合成葡萄糖，并放出氧气，形成一个生产贮藏能量的碳循环。在光合作用中，二氧化碳和水是原料，葡萄糖和氧气是生成物，绿色植物本身就成为一座天然的制糖厂。光合作用让植物不断地生成糖类也成为地球上一切生命赖以生存发展的物质基础。

从化学角度来认识，糖类物质是有机化合物中的一大类，俗称碳水化合物。它们分别以葡萄糖、果糖、淀粉、纤维素等多种物质形态而存在于植物的根、茎、叶及果实、种子之中。当人们以这些植物的有用部分作为食物后，通过人体相关酶的分解、消化，从而变成葡萄糖而被吸收，进而为人们一切生理活动提供能量。可以说没有糖类物质，就没有生命。

目前已被人们认识的糖类物质大约有一百多种，根据化学式和能否被水分解，它们可分为单糖、双糖、多糖三类。单糖是不能再水解的糖，也是最简单的碳水化合物。自然界较常见的单糖主要有戊糖和己糖，如，细胞中的核糖和脱氧核糖属于戊糖，它们分子中含有5个碳原子。而常见的葡萄糖、果糖属于己糖，它们分子中含有6个碳原子。若根据单糖分子含有醛基（—CHO）或酮基（ $-\overset{\overset{\displaystyle O}{\|}}{C}-$ ），葡萄糖则属于醛糖，果糖属于酮糖。自然界中的双糖和多糖都能水解为单糖。葡萄糖在众多环境下就是利用双糖或多糖的水解而产生的。现在人们在药房中能买到的葡萄糖是一种白色结晶体，它极易溶于水。几乎在任何的生物体内都存在有葡萄糖，它在生物体内进行氧化反应而提供热能。因为成熟的水果及蜂蜜中都含有葡萄糖，故它们自然成为人们生活的能量来源之一。呈现为黄色结晶体的果糖与葡萄糖在化学结构上是同分异构体，化学性质相似，它也易溶于水，但比葡萄糖甜，它往往与葡萄糖共存于水果和蜂蜜之中。

1个分子经过水解能生成2个单糖分子的糖就是双糖。常见的双糖有蔗糖、麦芽糖、乳糖。蔗糖是大家都熟悉的调味品和营养品，当它在人体消化器官内的酶的作用下，可分解为一分子葡萄糖和一分子果糖。麦芽糖的分子式虽然与蔗糖相同，但是它被水解后，却会产生两分子的葡萄糖，故麦芽糖不如蔗糖甜。日常生活中的蔗糖主要从甘蔗或甜菜的液汁中提炼而来。麦芽糖却是从含淀粉较多的谷物和薯类，例如大米、玉米、高粱、小米、麦类、土豆、豌豆、白薯、木薯等农产品中提取。这一生产过程首先应包括挑拣、清洗、蒸煮糊化，再在麦芽酶的催化下将淀粉水解为麦芽糖。这种能将淀粉分解为麦芽糖等双糖的淀粉酶，在人的唾液、胃液及某些霉菌中都存在。乳糖存在于人乳和牛羊乳之中，它在人体的肠道中，会被乳糖酶水解为半乳糖和葡萄糖。

多糖是由许多单糖失去水分缩合而成的。应算作一种高分子化合物，例如淀粉、糖类及纤维素等。在自然界中它有广泛的分布，可以说凡是植物都含有多糖。因为植物可以通过光合作用而将二氧化碳和水变成单糖（葡萄糖），单糖在植物体内通过聚合变成多糖而贮存起来，故植物就是一个天然的制糖厂。多糖在酸或酶的作用下，可水解为双糖或单糖。因此动物在食摄植物后，能将其中的多糖水解为单糖以供有机体的生命活动的需求。

以上就是有关糖的一些基础知识，了解它，特别是了解到它在人类生存发展中的重要地位，对于认识人类开发、食用糖类物质的过程有一个认知的基础。

第二节　水果、蜂蜜——人类早期食用的自然甜品

人自诞生以来，首先要吮吸母乳。母乳中含有乳糖，从而使婴儿尝到了甜味。母乳在胃肠等消化道中被相关的酶分解为半乳糖和葡萄糖，进而成为婴儿生长的营养来源。由此可认为人最早感受到的甜味是来自母乳的半乳糖。乳品是人类享用的第一类含糖食品。

在人类成长的过程中，自然界给人提供的第二类含糖食品是丰富多彩的各种

果实。许多果实或多或少含有果糖和葡萄糖，它们都在消化器官被人所吸收而成为能量的重要来源。在古代人们的食品中的2/3来自采集的植物及其果实。采集果实要比种植谷物、蔬菜要早。正是人们从果实中感受到的甜香和从中获取了生长的营养，才逐步将野生的果树加以栽培而发展起日益丰富的果树种植业，并使它成为农业经济中不可或缺的组成部分。我国最早的文学著作《诗经》中就记载了植物品种131种，其中果实就达17种：桃、李、梅、甘棠、杜、唐棣、常棣、郁、榛、栗、棘、羊桃（苌楚）、薁、木蜜（枸）、桑葚、藕（荷）、瓜。其他一些战国时期的著作，例如《庄子》《管子》《孟子》《吕氏春秋》等也记载了橘、柚、杏、山楂等果木，特别是《离骚》记述了柘（甘蔗），表明先秦的文献中已记载果实达数十种之多。这些果树大多已得到人们的重视和栽培，成为人们生活中甜品的重要来源。大约在汉代，在中外交流中，中原地区又先后引进了葡萄、石榴、胡桃等果品，并让它在中国的许多地区传播栽种。

在古代的早期，人们只能依靠大自然提供甜味食品，乳品、果食是最常见的两类。蜂蜜的发现和采集可谓是在获取甜味食品的前进中迈出了一大步。古人曾发现不仅果实有甜味，而且某些花蕊也含有糖分。人们却不知如何采集或加工它。自然界的蜜蜂倒有一个天生的本领，它们会采集花蕊中的糖分，并将它加工成蜂蜜供蜂王生长繁殖所用。也不知道何时起，人们发现了甜香浓郁的蜂蜜，主动地采集它，并成为人们甜品的重要来源。据对殷商时代甲骨文的研考，发现其中已有“蜜”字，说明当时蜂蜜已成为人们享受甜味的重要来源。从相关文献来看，直到战国时期，似乎人们主要还是通过火烧烟熏或捣毁野生蜂巢的办法来采集蜂蜜。在当时，人们虽然要吃蜜，但是不知道割蜜炼蜜。吃蜜时连蜂子一起吃下肚子。《尔雅》郭璞注“土蜂”说：“今江南大蜂，在地中作房者为土蜂，啖其子即马蜂”；又注“木蜂”说：“似土蜂而小，在树上作房，江东亦呼为木蜂，又食其子。”① 汉代许慎的《说文解字》则说：“蜂，飞虫，螫人者。蠠，蜂甘饴也，一曰螟子，从虫鼏声。𧖴，或从宓。”② 蠠、螟子、宓可能都是指将蜂子和蜜混合在一起的甘饴。古人吃这类甘饴不仅甜香适口，而且还觉得吃后有助于身体强壮，故公认它是一种滋补品，遂成为统治阶级饮食中的佳品。

吃蜂蜜既成为一种时尚，自然会促使人们去寻找、采集它。野生蜂蜜大多结巢于高山危崖或老树窟窿之中。土蜂结巢于崖壁，所酿蜂蜜称崖蜜、石蜜、石饴或阪蜜。木蜂结巢于树上，所酿之蜜称木蜜。当这类蜂蜜经数载而未受割采，就会因时间久远，水分蒸发而成红砂糖一样的干块。然而，当时采集野生蜂蜜是相当危险的。生活的需求，促使采集野蜂蜜成为居住在山林地区人们一项劳作。到了唐代，蜜的主要来源仍是采集野蜂蜜。据《唐书·地理志》记载，当时有19个州郡贡蜜，大部分是野蜂蜜。

野蜂蜜不仅产量有限，而且采集也十分艰难，这就促使人们去观察蜂群生活规律和采蜜的办法，从而发现蜂群也可以像家畜那样养殖，这样人们就可通过养

---

① 晋·郭璞注：《尔雅》卷九“释虫”，《丛书集成初编》，总1139册。
② 汉·许慎：《说文解字》十三篇下“虫部”，第283页，中华书局，1963年。

蜂主动地获取蜂蜜。据考，古代文献中关于养蜂的记载始于东汉。皇甫谧的《高士传》就记叙了东汉时期著名的养蜂人姜岐。他是汉阳上邽人（今甘肃天水一带），在东汉延熹年间（公元158～167年）因养蜂而成为西州的名人。姜岐不仅善养蜂和养猪，而且还将这种养殖技术传授给许多人，使许多人因此而得利。①

养蜂业逐起，到了公元3世纪，博物学家张华在其《博物志》中对养蜂技术做了较详细的记载："远方诸山出蜜、蜡处，其处人家有养蜂者。其法，以木为器，或十斛、五斛。开小孔，令才容蜂出入。以蜜、蜡涂器内外令遍。安着檐前或庭下。春月此蜂将作窠生育时，来过人家围垣者，捕取得两三头，便内器中，所滋长甚众。至夏，开器取蜜、蜡。所得多少，随岁中所宜丰俭。"②

养蜂业的兴起，除了人们生活对糖（甜味品）的需求外，还与古代制药和炼丹有一定的联系。古代炼丹是追求一种超越现实的长生不死，把长生寄托在服丹的效果上。当时的神丹大多是一些带有一定毒性的无机物的混合物，不仅不易消化吸收，而且口感也极差。要想吞服这些丹药，人们只好借助于蜂蜜。让蜂蜜调和这些粉状的矿物质而制成丸状，既便于服食，又有甜的口感，按方士们的观点，蜂蜜还具有味甘平、益气补中、止痛解毒的功效，"久服强志轻身，不饥不老"（《神农本草经》），因此，配制丹药就离不开蜂蜜了。姜岐生活在道教和炼丹活动盛行的年代，他又长期居住在当时盛产野蜂蜜的甘肃天水、武都一带。他的亲友和邻里，有相当多的人都是以采集野蜂蜜作为重要的收入，他与他们广泛接触，共同劳动，不仅熟悉并积累了丰富的采蜜经验，同时通过劳动和刻意的观察很自然地摸索出将野蜂圈养成家蜂的一套办法。由于他不仅能采野蜜，而且还有高人一筹的养蜂本领，故远近闻名，许多人慕名而来求教，从而把他的养蜂技术传播开来。

养蜂业在晋代的发展，首先表现在当时一些文人对养蜂的宣传和重视，一篇描绘细致的《蜜蜂赋》出现在晋代就是一个说明。这篇短文是这样写的："无花不缠，无隙不省，吮琼液于悬岌，峰赧津乎晨景。于是回骛林篁，经营堂蜜。繁布金房，叠构玉室。咀嚼华滋，酿以为蜜。自然灵化，莫识其术。散似甘露，凝如割肪。冰解玉润，髓滑兰香。百药须以谐和，扁鹊得之而术良。"③ 在这篇短文中，作者生动地描述了蜜蜂的辛勤劳作和它酿的蜂蜜已成为配制百药不可或缺的珍品。作者的见解反映了当时人们的普遍认识。短文描述的蜜蜂可能还是野蜂，因为在当时，人们使用的蜜源主要还是来自野蜂窠。相对于人们生活的需求，特别是炼制丹药的众多使用，蜂蜜成为甜味品（营养品）中紧缺的物质。代表统治集团利益的封建政府一方面开源，即奖励采蜜炼蜜，以增加蜂蜜的产量，例如，《晋令》中就规定："蜜工收蜜十斛，有能增煎二升者，赏谷十斛。"另一方面，则制定多种法规，限制百姓私采和享用。梁代有个地方叫新安郡，该郡有个产蜂蜜的蜜岭，政府规定，采蜜只能由太守掌管。在临海郡的蜜岩，采蜜则成为太守的专利。④ 曾

① 晋·皇甫谧：《高士传》下，第119页，《丛书集成初编》，总3396册。
② 宋·李昉等编纂：《太平御览》卷九五〇，引张华《博物志》，中华书局，1960年。
③ 唐·欧阳询：《艺文类聚》卷九十七，郭璞：《蜜蜂赋》，上海古籍出版社，1965年。
④ 宋·李昉等编纂：《太平御览》卷八五七，中华书局，1960年。

经做过高官的陶弘景，回故乡炼丹每日所需的两斤白蜜，还得由皇帝亲自批准，由地方政府供给。

正因为蜂蜜不易得，产量有限，这就进一步促使人们对养蜂炼蜜的重视，这在很大程度上推进了养蜂业的发展。

南北朝时期的养蜂业在推广中有了新的发展，研究养蜂技术的人也多起来。著名的医药学、本草学家陶弘景就是一例，他进行过家蜂蜜和野蜂蜜的比较研究，他说："野蜂蜜中的石蜜，色青赤，味小碱，食之心烦；木蜜，色青白；土蜂蜜，色青白，味碱。家蜂蜜与木蜜相近，亦白而浓厚，味美。"① 可见陶还特别赞赏家蜂蜜。由于当时的家蜂蜜产量已有较大增加，故家蜂蜜已作为商品上市，深受人们的喜爱。陶弘景对长安上市的家蜂蜜介绍说："白如凝酥，质量甘美，耐久储不坏。"② 在继承汉代张仲景用蜜作为润肠剂治便秘之后，陶弘景在其所著的《名医别录》中，进一步说"蜜能养脾气、除心烦、饮食不下，止肠澼、肌中疼痛、口疮，明目"③。此后，在民间开始用蜜兑水制成日常的保健饮料。

家蜂蜜的采集，关键的技术在于家蜂的繁殖和圈养。随着养蜂业的发展，人们积累的这方面的知识也日臻丰富，养蜂技术的进步集中反映在对家蜂的较系统的研究。南宋罗愿所著述的《尔雅翼》就对当时养蜂技术作了较详细的记载。在该书中，不仅列数了蜂的种类、蜂蜜的色味及蜂蜜与周边的植物的关系，还特别讲述了群蜂的生活习性，指出蜂群总是拥护着蜂王飞行，只要控制好蜂王，就能将这群蜜蜂收养起来。④ 这实际上就是养蜂的要诀。另一位学者王元之所写的《蜂说》也较详细地记叙蜂群和蜂王的生活及它们的分族和分工。元朝的官方进而把养蜂正式纳入农事行列之中。由朝廷主管农业和水利的司农司编纂的《农桑辑要》就专节增添了蜜蜂的养殖的内容。全文如下：

蜜蜂：人家多于山野古窑中收取。盖小房，或编荆囤，两头泥封；开一二小窍，使通出入。另开一小门，泥封——时时开却，扫除常净——不令他物所侵。秋花雕尽，留冬月蜂所食蜜，余蜜脾割取作蜜、蜡。至春三月，扫除如前。常于蜂窠前置水一器，不致渴损。春月蜂成，有数个蜂王，当审多少、壮与不壮。若可分为两窝，止留蜂王两个，其余摘去；如不壮，除旧蜂王外，其余蜂王，尽行摘去。⑤

这里介绍了怎样从废弃的窑洞或黄土洞穴中将野生的蜜蜂招引回来予以家养。家养有两种方式，一是箱式养蜂即盖小房，二是篓式（筒式）养蜂，即编荆囤。不仅要保持蜂巢清洁，更要防范其他飞禽和动物的侵犯。冬天取蜜时，必需给蜜蜂过冬留下一定的蜂蜜，否则蜜蜂会饿死。春天到了不仅要在蜂巢前置水供给蜜蜂解渴，特别要注意观察新旧蜂王的状况，以便挑选强壮的蜂王，一蜂巢之中只能留一个蜂王，若不及时分巢，极易发生自然分蜂成群飞走。

---

① 唐·苏敬著，尚志钧辑校：《唐·新修本草》卷十六，安徽科技出版社，1981 年。
② 唐·苏敬著，尚志钧辑校：《唐·新修本草》卷十六，安徽科技出版社，1981 年。
③ 唐·苏敬著，尚志钧辑校：《唐·新修本草》卷十六，安徽科技出版社，1981 年。
④ 宋·罗愿：《尔雅翼》，第 279～280 页，《丛书集成初编》，总 1145 册卷二十六。
⑤ 缪启愉校释：《元刻农桑辑要校释》，第 504 页，农业出版社，1988 年。

与养蜂技术同时发展的是蜂蜜的收集和加工。关于这方面的技术，元代维吾尔人鲁明善所著的《农桑衣食撮要》有较详尽的介绍。在文中他说："十月，天气渐寒，百花已尽，宜开蜂窭后门，用艾烧烟微熏，其蜂自然飞向前去。若怕蜂蜇，用薄荷叶嚼细涂在手面上，其蜂自然不蜇。或用纱帛蒙头及身上截，或用皮五指套手尤妙。约量存蜜，自冬至春，其蜂食之，余者拣大蜜脾，用利刀割下，却封其窭。将蜜脾用新生布纽净，不见火者为'白沙蜜'，见火者为'紫蜜'。入篓盛顿。却将纽下蜜柤入锅内，慢火煎熬。候融化，拗出纽柤再熬。预先安排锡镟或瓦盆，各盛冷水，次倾蜡汁在内，凝定自成黄蜡。以柤内蜡尽为度。要知其年收蜜多寡，则看当年雨水如何。若雨水调匀，花木茂盛，其年蜜必多。若雨水少，花木稀，其蜜必少。或蜜不敷蜜蜂食用，宜以草鸡或一只或二只，退毛，不用肚肠，悬挂窭内，其蜂自然食之，又力倍常。至来春二月间，开其封视之，只存鸡骨而已。"① 文章介绍了怎样取蜜及将蜜柤加工成蜂蜜和黄蜡，还特别告诫，当雨水少，花木稀，蜜尚不足蜜蜂食用时，可以草鸡肉供养蜜蜂过冬。

明代徐光启所著的《农政全书》中，关于养蜂技术的记载基本抄录元代王祯所著的《农书》的相关内容，王祯农书则是来自元代的《农桑辑要》和鲁明善的《农桑衣食撮要》的内容，只是增加两处内容，一是在蜂巢防范飞禽和动物的侵犯之后，加上"及予家院扫除蛛网，及关防山蜂、土蜂，不使相伤"；其二是在春月蜂成后的那一段，改写为："春月蜂盛，一巢止留一王，其余摘之。其有蜂王分巢，群蜂飞去，用碎土撒而收之，别置一巢，其蜂即止。春夏合蜜及蜡，每巢可得大绢一匹。有收养生分息数百巢者，不必他求，而可致富也。"② 补充内容虽不多，但是较之前述，似乎更清晰，更科学些。

从上述文献来看，可以认为，至迟到元代，养蜂和蜂蜜加工技术已臻完备。这些技术都是人们在长期的实践中摸索出来的。但是由于缺乏对养蜂和蜂蜜本身的科学知识，在广大的农民眼中，掌握养蜂技术还不是那么简单，故养蜂业的发展在各地仍不普及和平衡。直到明代，正如明代科学家宋应星所说："蜂造之蜜，出山岩土穴者，十居其八，而人家招蜂造酿而割取者，十居其二也。"即人工养蜂所收之蜜仅占蜜产量的20%，蜂蜜主要仍来自野蜂蜜。西北地区更是如此。

关于养蜂和炼取蜂蜜的技术，由于明代宋应星自己做过调查，故他在《天工开物》中的描述与徐光启的就不同，全文收录如下：

凡酿蜜蜂普天皆有。唯蔗盛之乡，则蜜蜂自然减少。蜂造之蜜，出山岩土穴者十居其八，而人家招蜂造酿而割取者，十居其二也。凡蜜无定色，或青、或白、或黄、或褐，皆随方土花性而变。如菜花蜜、禾花蜜之类，百千其名不止也。

凡蜂不论于家于野，皆有蜂王。王之所居，造一台如桃大。王之子世为王。王生而不采花，每日群蜂轮值，分班采花供王，王每日出遊两度（春夏造蜜时），遊则八蜂轮值以侍。蜂王自至孔隙口，四蜂以头顶腹，四蜂傍翼飞翔而去，遊数刻而返，翼顶如前。

---

① 元·鲁明善著，王毓瑚校注：《农桑衣食撮要》，第120～121页，农业出版社，1962年。

② 明·徐光启：《农政全书》卷四一，第846～847页，中华书局，1956年。

畜家蜂者，或悬桶檐端，或置箱牖下，皆锥圆孔眼数十，俟其进入。凡家人杀一蜂二蜂，皆无恙。杀至三蜂，则群起螫人，谓之蜂反。凡蝙蝠最喜食蜂，投隙入中，吞噬无限。杀一蝙蝠，悬于蜂前，则不敢食，俗谓之枭令。凡家畜蜂，东邻分而之西舍，必分王之子去而为君，去时如铺扇拥卫。乡人有撒酒糟香而招之者。

凡蜂酿蜜，造成蜜脾，其形鬣鬣然，咀嚼花心汁，吐积而成。润以人小遗，则甘芳并至，所谓臭腐生神奇也。凡割脾取蜜，蜂子多死其中。其底则为黄蜡。

凡深山崖石上有经数载未割者，其蜜已经时自熟，土人以长竿刺取，蜜即流下。或未经年而扳缘可取者，割炼与家蜜同也。土穴所酿多出北方；南方卑湿，有崖蜜而无穴蜜。凡蜜脾一斤（1 斤约合 595 g），炼取十二两。西北半天下，盖与蔗浆分胜云。①

此文的大概意思是：酿蜜的蜂到处都有，只是在盛产甘蔗的地方，蜜蜂自然就减少。蜂蜜当中，野蜂蜜占 8/10，家蜂占 2/10，蜂蜜没有固定的颜色，或青、或白、或黄、或褐，随各地花蜜种类不同而变。有菜花蜜、禾花蜜等，名目非常之多。

无论家蜂还是野蜂，都有蜂王。蜂王居住的地方，造成如桃子一样大的王台。蜂王的子孙世代为王。蜂王天生不采花，每天由蜂群轮值采花供养。蜂王在春夏造蜜季节每天出游两次。出游时，有八只蜂值班侍候。等到蜂王自己爬到洞口，就有四只蜂用头顶住它的腹部，另有四只蜂跟它傍翼飞翔出去。游几刻钟之后，又照样顶着和护卫着蜂王回巢。

养家蜂的人，把蜂桶挂在屋檐下，或者把蜂箱放在窗下，都是钻有几十个圆孔以让蜂群进出的。弄死一二只蜂没有关系，若弄死三只以上时，蜂就会群起而螫之，这叫做蜂反。蝙蝠最喜欢吃蜜蜂，如果被它钻进蜂桶（箱），就会吃个没完。可以杀死一只蝙蝠挂在蜂桶（箱）前面，其他的蝙蝠就不敢再来吞食，俗话叫做“杀一儆百”。家养蜂分群到邻舍时，必定是新蜂王分出去做王，蜂群组成扇形簇拥着它飞去。乡下人有撒酒糟招引蜂群的。

蜜蜂酿蜜，先造巢脾（即贮蜜和下卵的蜂巢小格），形状好像疏松多孔的鬃毛一样，蜜是蜂咀嚼着花心汁液，一点一滴吐出来积聚而成的。若以人的小便滋润一下，味道就又甜又香，这就是所谓“化臭腐为神奇”（蜜蜂除采集花蜜和花粉外，还需采集水分和无机盐，所以蜜蜂有时也会飞到人的小便处。酿蜜与小便没有直接关系，化臭腐为神奇，更是作者的联想）。割脾取蜜时，多数蜂蛹都被绞死在脾里。底层是黄色的蜂蜡。

深山岩石上有几年没有割取过的巢脾，其中的蜂蜜早就成熟了。当地有人用长竹竿刺取，蜜就会流下来。有些巢脾不够一年，只能爬上去割取，割炼方法跟家蜂一样。穴蜜多出在北方。南方因地势低而潮湿，只有崖蜜而没有穴蜜。一斤蜜脾可炼 12 两蜂蜜。西北地区蜂蜜产量约占全国一半，可与南方产蔗糖相媲美。

从宋应星的介绍来看，养蜂、酿蜜的基本技巧是一样的，但是具体到许多认识，还是与以前的记载有差异。宋的叙述中，有一些内容是过去没有提到的，例

① 明·宋应星：《天工开物·甘嗜》，（上海）国学整理社，1936 年。

如关于蜜的颜色，他说："蜜无定色，或青、或白、或黄、或褐，皆随方土花性而变。如菜花蜜、禾花蜜之类，百千其名不止也。"关于蜂王，他指出："凡蜂不论于家于野，皆有蜂王。王之所居，造一台如桃大。王之子世为王。王生而不采花，每日群蜂轮值，分班采花供王，王每日出遊两度，遊则八蜂轮值以侍。蜂王自至孔隙口，四蜂以头顶腹，四蜂傍翼飞翔而去，遊数刻而返，翼顶如前。"这一描述很形象生动，更突显蜂王在蜂群中的地位。关于蜜蜂蜇人，他告诫："凡家人杀一蜂二蜂，皆无恙。杀至三蜂，则群起螫人。"还特别警示："凡蝙蝠最喜食蜂，投隙入中，吞噬无限。杀一蝙蝠，悬于蜂前，则不敢食，俗谓之枭令。"这一警示也是前人没有提及的。文中还介绍了当时部分乡民利用撒酒糟来招引蜂群以利于家蜂的分群。关于酿蜜取蜜，他描述说：蜜蜂先造的巢脾，形状像疏松多孔的鬃毛一样，蜜是蜂从花心汁液中吸嚼起来，然后又吐在巢脾上一点一滴积聚起来。割脾取蜜时，会有许多蜂蛹被绞死在脾里，故底层是黄色的蜂蜡。野蜂蜜的摘取，只要找到深山岩壁上多年没有被割取过蜜的蜂巢，因其中窝藏的蜜已成熟，当地人大多采用长竹竿在巢穴上刺一个洞，蜜就会流下来。若有些蜂巢不够一年的，人们只好爬上去割取。宋应星还特别指出：穴蜜多产在北方，南方因地势低和天气潮湿，一般只有崖蜜而没有穴蜜。一斤蜜脾可炼 12 两蜂蜜。西北地区蜂蜜产量约占全国的一半，完全可以与南方产蔗糖相媲美。

宋应星的介绍使人们对当时的养蜂业和酿取蜂蜜技术及蜂蜜在整个制糖业中的地位有了更深入和全面的了解。

第三节　饴糖——古代早期的主要人工甜品

作为甜品的水果，不仅产量有限，而且受季节制约，不能保证人们对糖的日常需求。蜂蜜虽然是极有营养价值并有多种用途的甜味品，但获取它只能靠蜜蜂的辛劳，养蜂由于其圈养的难度，不像其他家禽那样容易获得发展，因而只能部分满足社会对糖的需求。在古代，人们最早并大量获得的人工所制的糖制品是饴糖。

饴糖，是谷芽制成的蘖来糖化各种蒸煮熟的稻米、黍米、大小麦等谷物或其蘖芽再煎熬出来的糖制品。汉代许慎的《说文解字》中说："饴，米蘖煎者也。"①在这个糖的定义中，清楚地说明饴即是当时主要的糖品，同时指出饴与蘖的关系，饴是由蘖煎熬而得的。实际上，这个定义也有个演进的过程。在古代的早期，人们对含糖物质的口感常用一个甘字来形容。由于口感的甘味来自舌头，故在造字时就延伸出一个甜字。古人最初称甜味的实体为饴，也有的称其为饧。饧音同唐，故又增加一个名称𩞐或从米为糖，即成为现在通用的"糖"字，饧和糖实指同一实体，即成为一切以谷物为原料，通过煎熬其芽而制成的实体的总称。汉代刘熙在《释名》中指出当时的饴糖品种有三：糖之精者曰饴，形怡怡然也。稠者曰饧，强硬如饧也。如饧而浊者曰餔。谓："饧，洋也，煮米消烂洋洋然也。饴，小弱于

① 汉·许慎著，清·段玉裁注：《说文解字注》，第 218 页，上海古籍出版社，1981 年。

饧，形怡怡也。”① 简略地说，当时的饴糖按稀稠软硬可分为三种：饴的形态稀薄，呈浆状，是饴糖类中的上品；饧的形态比饴稠厚；餔则是浑浊的干固态。

中国幅员辽阔，各地的物产不尽相同，又有各自的方言，因而对于饴糖的称谓也不同。古代与饧字义相近或相关的字就很多。《方言》：“饧谓之**餦餭**（郭璞注：即干饴也），饴谓之**𩜾**，**䬷**谓之**馆**，饧谓之**餹**（郭璞注：江东皆言**餹**也）。凡饴谓之饧，自关而东，陈、楚、宋、卫之通语也”②。黄河中下游地区又称干饴为凉饧。汉代的税务部门则称饴糖为“膏饧”。4 世纪东晋称甘饴为“甘脆”，后来的南朝又称饴为“胶饴”。后来有地方干脆称干饴为“脆糖”“关东糖”，把稍软的饴糖叫“湿糖”“糖稀”。这种由谷芽熬制的饴糖在称呼上，人们一直注意把它与由甘蔗汁熬成的蔗糖相区别。

无论饴糖怎么称呼，其生产技术大致上是一样的。问题是人们又是如何发明并掌握这种生产技术的？

从现有的资料可以判定，饴糖的出现，绝非是某人一时的发明，而是人们从观察自然现象中领悟出来的。谷物在存放中，受潮受热就可能会发芽。发芽时，谷物会自发地将内贮的淀粉在生物酶的作用下，自动地分解成双糖和单糖，即麦芽糖、葡萄糖和果糖等，以供作物发芽生根的生理需要。故发芽的谷物内贮一定的葡萄糖、果糖等单糖。当人们舍不得将这些发芽的谷物丢弃，而是将这些发芽的谷物煮熬成食物后，很自然地发现，食物是甜的。假若这种带甜味的糊化后的食物放置一段时间，空气和器具上的酵母菌和酒化酶就会进一步将其发酵成酒，这种酒在较高的气温中与空气接触又会在醋酸菌氧化下变成醋。糖与酒、与醋的化学变化可以用下的反应式来表达：

$$\text{谷物淀粉}\xrightarrow{\text{糖化}}\text{葡萄糖}\xrightarrow{\text{酵母菌}}\text{酒精（乙醇）}\xrightarrow{\text{醋酸菌}}\text{醋（乙酸）}$$

其实，淀粉糖化变葡萄糖，葡萄糖又发酵成酒、醋，这是一个常见的自然现象。人们正是发现了这一奥秘后，加以模仿而逐渐掌握了熬糖、制酒、做醋的技艺。至于这三项技术究竟谁先谁后，实难考证，但从科学常识来推断，它们的技术被掌握应相差不远，只是不同地区在不同时期被重视和被推广的程度不同而已。

《诗经·大雅·绵》中有一句诗：“周原朊朊，堇荼如饴”，意思是岐周平原真肥美，堇菜荼菜就像饴糖一样铺在大地上。这句诗虽然没有具体讲糖，却证明在当时饴已存在，而且还是甜美的食品。

谷芽既能制糖，又能酿酒和醋。利用谷芽即蘖做成的酒叫做醴，醴在夏商周很流行，这不仅在于醴的生产工艺简单好操作，而且时间较短，可以随时生产，醴带有甜味，在一定程度上可代替甜味的水。而谷芽熬糖，相对来说，技术难度较大。由此推测，饴糖的制作在当时没有像生产醴那样普遍和大量。同是谷芽，常用做醴，熬糖当然会少了。到了春秋战国时代，这种情况有了变化。人们的口味要求高了，他们嫌醴酒味薄，而更喜欢饮用由曲制成的酒。醴逐渐被淘汰，这就促使谷芽更多地转向饴糖的制作，因此自战国时代起，各地生产的饴糖多起来

① 汉·刘熙：《释名》，《丛书集成初编》，总 1151 册，第 65 页。
② 汉·杨雄：《方言》，《丛书集成初编》，总 1177 册，第 133 页。

了，此时相关的文献关于饴的记载也多起来了。如《礼记·内则》："子事父母，枣、栗、饴、蜜以甘之。"① 其意为父母公婆配上枣、栗、糖、蜜等甜食，使其饮食甘甜。这里饴明确为糖。《楚辞·招魂》："粔籹蜜饵，有**餦餭**些。"② 王逸作注说："**餦餭**，饧也，言以蜜和米面熬煎作粔籹，又有美饧，众味甘美也。"粔籹大概指馓子，即一种油炸的面食，蜜饵为蜜渍果品，**餦餭**即是指干饴。《吕氏春秋》卷二十六"审时"云："得时之黍，芒茎而徽下，穗芒以长，穗米而薄糠，舂之易，而食之不噮而香，如此者不饴。"③ 这段话的意思是：适时而种的黍，生长得高而直，其穗生芒而长，其结出的果实黍米圆壮而皮薄，舂起来容易，吃起来香，这样的米就像饴一样吃而不厌。

到了汉代，由于农业得到相当的发展，粮食较富足，特制谷芽以熬制饴糖已较普遍，饴糖不再是贵族所专有，并逐渐进入百姓家庭，东汉时，街头甚至能听到饴糖叫卖声。《淮南子·说林训》中说："柳下惠见饴曰：'可以养老。'盗跖见饴曰：'可以黏牡。'见物同而用之异。"④ 意思是鲁大夫柳下惠看到饴糖，说吃饴糖可以养年益寿；而其弟，被诬为盗贼的盗跖看到饴糖，就说它可以放在门榫上，开门时就没有响声。同一食物不同人有不同用法。可见饴糖在社会上已被更多人所食用，并有多种用途。

汉代崔寔所著的《四民月令》是最早记载关于饴饧制作的文献，他说："十月，先冰冻，作凉饧，煮暴饴。"⑤ 其意是到了冰冻的十月，人们可以制作较浓厚的饧和快速煎成的薄饴。假若作为商业上的需求，熬饴糖，只要有原料，什么时候煎熬都可以。但是作为普通家庭，一般都是选择入冬之初，此时已完成谷物收割，谷物较富有，传统的节日又较多，庆贺中需要饴糖。可能还有一个原因是这时节熬出的饴糖，不易酸坏。

熬糖的原料，南方多用稻米，北方则多用黍米。有钱人家愿用高质量的谷物制糖，这样可以保证所出的饴糖的质量。一般人家则尽可能先用那些质量较次的谷物来熬糖，特别是在谷物收割时，遇上了下雨，谷物受潮，这样的谷物不易贮藏，故可先用来熬糖。

饴糖生产技术实际上主要分两步。首先是制蘖，然后才是熬糖。东晋人谢讽所撰的《食经》中就有"作饴法"，介绍的熬饧工艺为："取黍米一石，炊作黍(应是饭)，着盆中，蘖末一斗搅和。一宿，则得一斛五斗。煎成饴。"⑥ 公元6世纪，北魏的贾思勰在《齐民要术》中更详细地记载了这种技术。

作蘖法：八月中作。盆中浸小麦，即倾去水，日曝之。一日一度著水，即去之。脚生，布麦于席上，厚二寸许。一日一度以水浇之，牙生便止。即散收，令干，勿使饼；饼成则不复任用。此煮白饧蘖。

---

① 《礼记·内则》，《十三经注疏》，中华书局，1980年影印本。
② 汉·刘向辑录，王逸作注：《楚辞·招魂》，《丛书集成初编》，总1811册，第107页。
③ 陈奇猷校释：《吕氏春秋校释》，第1781页，学林出版社，1984年。
④ 汉·刘安等著，陈广忠译注：《淮南子译注》，第815页，吉林文史出版社，1990年。
⑤ 缪启愉：《四民月令辑释·十月》，第98页，农业出版社，1981年。
⑥ 后魏·贾思勰著，缪启愉校释：《齐民要术校释》，第676页，农业出版社，1998年。

若煮黑饧，即待芽生青，成饼，然后用刀劙取，干之。

欲令饧如琥珀色者，以大麦为其蘖。

《孟子》曰："虽有天下易生之物，一日暴之，十日寒之，未有能生者也。"①

由这段文字可以看出当时制蘖技术的初端：一般选择8月中旬为制蘖生产的时间，先用盆泡浸小麦，泡了一段时间，就把多余的水倾去，再在阳光之下曝晒。一天一次浸水、日晒，直至小麦萌发出幼根，再将其摊布在草席上，厚度约二寸（1寸约合3.09 cm），每天还要泼水浇之，直到根芽长出，即可收集起来。先晒干，不能等到其形成饼状，即根芽相互盘结成饼，成了饼则不好使用。此蘖可以用来煮熬白饧，即浅白色的饴糖。

假若想获得黑饧（即暗褐色的饴糖），则待麦芽发青色，并纠结成饼状时才收集，然后用刀将其割开后，再晒干。

假若想获得琥珀色的饴糖，则应用大麦为原料制蘖。

孟子曾说过：天下的作物，假若一曝十寒，麦子是无法生芽的。故此要注意。

这里简略地交代了制取白饧、黑饧、琥珀饧在制蘖技术上的异同。

为什么选在八月中，笔者认为该时节大小麦均已收获，人们对用于制蘖的大小麦数量心中已有底，另外，该时节的气温、湿度也较适于麦子芽化。

关于熬糖技术，《齐民要术》有专节介绍，全文如下：

煮白饧法：用白芽散蘖佳；其成饼者，则不中用。用不渝釜，渝则饧黑。釜必磨治令白净，勿使有腻气。釜上加甑，以防沸溢。干蘖末五升，殺米一石。

米必细𥻗，数十遍净淘，炊为饭。摊去热气，及暖于盆中以蘖末和之，使均调。卧于𨡎瓮中，勿以手按，拨平而已。以被覆盆瓮，令暖；冬则穰茹。冬须竟日，夏即半日许，看米消减离瓮，作鱼眼沸汤以淋之，令糟上水深一尺（1尺约合30.9 cm）许，乃上下水洽。讫，向一食顷，便拔𨡎取汁煮之。

每沸，辄益两杓。尤宜缓火；火急则焦气。盆中汁尽，量不复溢，便下甑。一人专以杓扬之，勿令住手，手住则饧黑。量熟，止火。良久，向冷，然后出之。

用粱米、稷米者，饧如水精色。

黑饧法：用青芽成饼蘖。蘖末一斗，杀米一石。余法同前。

琥珀饧法：小饼如棋石，内外明彻，色如琥珀。用大麦蘖末一斗，杀米一石。余并同前法。

煮𩞄法：用黑饧蘖末一斗六升，杀米一石。卧、煮如法。但以蓬子押取汁，以匕匙纥纥搅之，不须扬。

《食经》作饴法："取黍米一石，炊作黍，着盆中，蘖末一斗搅和。一宿，则得一斛五斗。煎成饴。"

崔寔曰："十月，先冰冻，作凉饧，煮暴饴。"②

由上文可见煮白饧法：原料以白芽散蘖为佳，假若蘖已成饼状，则不能用。若用有渝的锅（据笔者推测这渝可能指因生锈而变色），则煮出的饧会呈黑色。锅

① 后魏·贾思勰著，缪启愉校释：《齐民要术校释》，第676页，农业出版社，1998年。
② 后魏·贾思勰著，缪启愉校释：《齐民要术校释》，第676页，农业出版社，1998年。

必磨将成铛亮干净，还不能使它沾有油腻。锅上还要加一个陶制的甑（即将大缸去掉底即成），以防煮糖水时沸溢。用干蘖末五升，配米一石为原料。即蘖、米比例为1:20。

用作原料的米必须研细淘洗干净，可以净淘数十遍。然后将米炊为饭，蒸透后拿出来摊开，散去热气，在它还有点温热时倒入盆中，与蘖末混合，务使和匀。再将它舀出放到酮瓮中。所谓酮瓮，即是一个底边上开一个小孔的陶瓮。饧饭入瓮后，勿用手按，只拨平即可。随后用被子覆盖住瓮口，保持一定的温度：冬天可以在瓮周围裹上一层保温层，需要一整天；夏天只要半日即可。看饧饭糖化到它离瓮边而下沉，冒出鱼眼般的泡沫时，用沸水淋之，令饧糟上水深一尺许，再搅拌使上下层水融和调匀。然后稍等一顿饭的时间，便可拔去瓮底边上的酮塞，取溶出的糖汁；煮熬浓缩。

每当沸溢时，就添加两勺饧汁，尤其注意要用慢火；火大了则易产生焦煳味。当煮到锅中汁尽，不再沸溢时，便可出锅了。一人专门用勺扬之，千万不能停下；手停下则会使饧变黑。等到饧已熬熟，止火。过一些时候，待冷后才出锅。

假若用高粱米、粟米做原料，则饧如水晶色。

黑饧法：使用长出青芽的蘖饼。蘖末一斗（1 斗约合 2 000 mL）加米一石，其蘖米比例为1:1000。其他操作技术同上。

琥珀饧法：制成的饴糖小饼如同棋子一般，内外明彻，色如琥珀即褐黄色。

生产琥珀饧需用大麦蘖芽为原料，一斗蘖末，配米一石，蘖米比例为1:10，其余方法同前。

煮脯法：用黑饧做，一斗六升蘖末配加米一石，蘖米比例为1.6:10（4:25）。糖化和煮熬方法同前。不过，它是采用蓬草（可能是一种较粗疏的过滤工具）过滤糖汁。煮时，用勺子不停搅拌而不是用勺子舀起来倒下去（扬）。

《食经》制饴法：将一石黍米炊成饭，放到盆里。然后加上一斗蘖末，搅匀。过一夜则可得到一斛五斗（15 斗）糖水，煎熬浓缩就可以得到饴。

根据贾思勰在《齐民要术》中的记载，可以认为，经过长期的实践，到了南北朝，人们已初步地掌握了饴糖生产的整套技术。在这套技术中，有几点是很关键的。

首先是制蘖技术。这里已不是简单地把大麦、小麦子制成麦芽，而是制成多种蘖。用白蘖生产白饧。白蘖则是麦芽刚长出，还没有转绿。当麦芽在光照下进一步生长，就会变绿，芽生根长还会相互盘扭在一起成饼状，这时的蘖只能用来生产黑饧。不同的蘖可以生产出不同的饧。当时不知道，只要在麦芽生长中，不让它见光，蘖芽仍然是白色的，即使已成饼状，照样可以制得白饧。这当然是后话。蘖末在与煮熟的大米混合中，不仅是原料，更重要的是一种糖化剂。其蘖末中含有丰富的糖化酶，它帮助将大米中的淀粉分解为糖类，这些糖分后来溶解在水里，成为糖浆而与米渣分离。因此制好饴糖，首要是制好蘖。

其次是煮熬糖浆时要掌握火候。不能用大火，只能用文火。因为饴糖经不起高温，如果到了102 ℃以上，就成焦色。文火煮熬的目的在于浓缩，即蒸发掉多余的水分。煮熬中不停用勺舀扬糖汁的目的一是避免局部温度过高，二是为了更好地赶走其中的水分。

到了唐代，蔗糖的加工和生产，由于中外科技交流，特别是印度的制糖技术的传入和影响，而有了长足的进步。即在蔗糖成为普遍的食用糖之前，饴糖是古代中国广大地区的主要食用糖，此时的饴糖不仅是糖的主要来源，还以它为基础发展起一个糖果加工业。所谓白饧之白者，即后来俗称的关东糖。关东糖在许多地方至今仍有生产。例如，在浙江农村春节前，人们还生产这类白饧。其加工方法大致如下：

先将小麦制成麦芽，再晾干后磨成蘖粉。将蘖粉拌入煮熟的大米中，在陶缸中充分拌匀，保温放置一段时间（视季节而定，半天或一天），看到冒出鱼眼泡，饧饭发酵下沉后，淋入适量沸水，令饧饭面上有33 cm水，再搅拌调匀。稍后将液汁（糖汁）与米渣分离。液汁在文火中熬煮浓缩，不停用勺舀搅拌，直至浓缩成软团的糖块。笼屉内铺上一层布，撒上一层草木灰，将熬好的糖倒在笼屉上冷却。半冷时再用木棍像擀面一样来回拉糖，糖块越拉越白，最后将糖块拉成短棍状或其他形状，撒上炒熟的豆面储存在陶瓮内。豆面是为了防止糖块间的粘连。

所谓的琥珀饴，就是后来的南糖中的牛皮糖，即是中国早期的淀粉类软糖，假若以高粱为原料，生产的就是高粱饴。以饴糖浆为原料，加入花生、芝麻、果料、豆类，就能生产形式多样的糖类果品。所以在唐代，除统治者能吃到蔗糖外，一般人都吃饴糖，市场上就有大扁饧、马鞍饧、荆饧等出售。①

关于饴糖，尽管历代医药本草学一些专著都有提到，但是大多没有涉及制造技术。明代宋应星在其所著的《天工开物》中再次叙述了饴糖的生产技术。全文如下：

凡饴饧，稻、麦、黍、粟皆可为之。《洪范》云：“稼穑作甘。”及此乃穷其理。其法用稻麦之类浸湿，生芽，暴干，然后煎炼调化而成。色以白者为上。赤色者名曰胶饴，一时宫中尚之，含于口内即溶化，形如琥珀。南方造饼饵者谓饴饧为小糖，盖对蔗浆而得名也。饴饧，人巧千方，以供甘旨，不可枚述。惟尚方用者名“一窝丝”，或流传后代，不可知也。②

其大致的意思是：

麦芽糖，可以用稻、麦、黍或粟来做。《尚书·洪范》说：“百谷产生甜味。”现在可明白这句话的道理了。做法是把稻谷或麦子浸湿、发芽、晒干后，再煎炼调化而成。白色的属上等品。赤色的叫做胶饴，样子像琥珀，皇宫中人曾一度喜欢吃，含在嘴里会慢慢溶化。南方制造糕饼点心的人把饴饧叫做小糖，以区别于蔗糖。人们千方百计发明了许多制造麦芽糖的方法，不可能一一列举。皇宫里有一种名叫“一窝丝”的，或许能流传到后代，这就不知道了。

从宋应星的介绍来看，当时大多数的谷物都可以用来制饴糖，从而验证了古籍《尚书·洪范》所说的“稼穑作甘”的道理。③ 其方法主要是将谷物浸湿、生

① 唐·段成式：《酉阳杂俎·酒食》，《丛书集成初编》，总0276册，第55页。

② 明·宋应星：《天工开物·甘嗜》，（上海）国学整理社，1936年。

③ 《尚书·洪范》，见《十三经注疏》“尚书正义”，第75页，（上海）国学整理社，1935年。

芽、晒干，然后煎炼调化而成，人巧千方，以保证人们对甜品的需求。这里宋应星没有详细介绍其具体的生产技术。这可能是宋应星认为这技术已太平常了，因为在当时农村的许多地方，对此技术已经是家喻户晓了。用饴饧制的甜品也很多，宋应星也不可能一一列举了。他只提到一种当时专作皇室供品的甜品：一窝丝。这“一窝丝”是利用饴饧可黏性经拔糖棒多次提拉再配以某些佐料而制成的又甜又酥的一类甜食。

第四节 蔗　　糖

甘蔗在植物学上属于禾本科甘蔗属，约有30多种。据研究表明，甘蔗的野生种：割手密、草鞋密，在中国古代南方曾有广泛分布。由于这些被称为密的禾本作物，其茎具有甜味，中国的先民就刻意将其采集并加以栽培。由此，也可以说中国也是甘蔗的发源地之一，中国的先人栽培甘蔗也曾有悠久的历史。因为认识到这种禾本作物榨出来的液汁不仅可以鲜吃，还可以熬糖，由此，甘蔗逐渐成为制糖的主要原料。随着优良蔗种的引进和栽培技术的提高，特别是认识到甘蔗含糖量高、制糖工艺简单、产品质量也好，作为甜味品使用十分便利，甘蔗的种植和蔗糖的产量得到了重视和发展。唐宋以后，蔗糖遂成为食糖最重要的品种。

一、早期蔗糖考

我国古代对甘蔗的称呼和写法很多。例如，战国人宋玉称为“柘”；西汉人张衡①、司马相如称为“**藷**（或诸）蔗”；西汉人刘向《杖铭》中称为“都柘”②；《神异经》写为“**甘𬞟**”；服虔写为“竿蔗”；东汉许慎《说文》中则写作“藷蔗”；晋代问世的《凉州异物志》又写作“甘柘”等等③。唐代僧人慧琳的《一切经音义》④又提到有“遮蚶草”“芊柘”“甘蔗”“籍柘”等写法。因此，我们可以大致判断，“甘蔗”，特别是“蔗”，是非汉语的音译。慧琳曾明确说：“此既西国语，随作无定体也。”那么，西国是哪个国家，他没有说明，在那时总应是邻国吧。是印度吗？但《梵语杂名》⑤和唐代时印度僧人僧怛多蘖多和波罗瞿那弥捨娑二人合辑的《唐梵两语双对集》⑥都把梵文iksu音译为“壹乞刍”，意译才是“甘遮”，可见“甘遮”不是印度语的音译；其他邻国中，孟加拉族语称bao，越南语称mia，马来语称tebu⑦。所以梵文学家季羡林认为：“甘蔗是外国传来的词儿，至于究竟是哪个国家，我现在还无法回答。”⑧也曾有人认为甘蔗一词并不是非汉语的音译。清乾隆时文人李调元就是其一，他在其《南越笔记》中曾写道：“蔗之名

① 梁·萧统：《文选》第四卷张衡（张平子）“南都赋”，第71页，中华书局，1977年。

② 唐·欧阳询：《艺文类聚》卷六九，第1210页；汉·刘向《杖铭》：“都柘虽甘，殆不可杖。”上海古籍出版社，1965年。

③ 清·张澍辑：《凉州异物志》《丛书集成初编》，总3024册，第3页。

④ 《一切经音义》，见《大正新修大藏经》第54卷，第311~933页。

⑤ 《梵语杂名》，见《大正新修大藏经》第54卷，第1223~1241页。

⑥ 《唐梵两语双对集》，见《大正新修大藏经》第54卷，第1241~1243页。

⑦ 李治寰：《中国食糖史稿》，第61页，农业出版社，1990年。

⑧ 季羡林：《一张有关印度制糖法传入中国的敦煌残卷》，《历史研究》1982年1期。

不一，一作竿蔗，蔗之甘，在干在庶也。其首甜而坚实，难食，尾淡不可食，故贵在干也。蔗正本少，庶本多，故又曰诸蔗。诸，众也，庶出之谓也；庶出者尤甘，故贵其庶也。曰都蔗者，正出者也。曹子建有《都蔗诗》，张协有《都蔗赋》，知其都之美，而不知其诸之美也。"① 但他的意见似乎有些牵强，因"竿蔗"二字出于《神异经》，近代学者已多认为它是魏晋南北朝时人伪托东方朔之作，因此，该两字远非甘蔗的最早文字，不能作为其称谓的起源；而且在汉代以前的人们恐怕对甘蔗也不会有这么深刻全面的了解。此外，李氏的意见也无法解释最早出现的"柘"的含义。近年，梁家勉提出了一个新的见解，饶有趣味，他认为：在远古文字出现之前，甘蔗早已出现，当人们尝到它的甜味采来食用时，初未有其字，但已有其音。可以设想，原来其称呼必有其用意，可以是反映它的特征，以音会意。假如联系到原始甘蔗的食用情况，相信会与"咋"（音 zē，咬也，笔者认为当是"嘬"，音 zuō，吮吸也）和"咀（音 jǔ，嚼也）咋（嘬）"的音意有关。"咋（嘬）"与"柘""蔗""咀"与"诸""藷""都"在古代以至现代有音系，是双声，双是叠韵，读音相近，习惯上往往相通假。根据这一语音去探索，甘蔗在很古以前，可能早就为我们的祖先以谐"咋（嘬）"或"咀嘬"的音，会"嘬"或"咀嘬"的意而作为其专名了。② 这倒确可作为一种颇有见地的新说，供我们进一步探讨。

初时，人们采集来甘蔗以后或生啖（咀嚼），"咋啮其汁"；或榨取其汁，随榨随饮。供饮用的蔗汁就叫蔗浆。据现代制糖厂的分析检验，食用蔗汁中，蔗糖大约占 15%，水分占 80% ~85%，还原糖（包括葡萄糖与果糖）大约占 2%，胶状物（如果胶等）约占 0.1%，含氮物质（包括蛋白质、氨基酸、氨基酸酰胺等）约占 0.03%，无机盐约占 0.3%，还有游离的有机酸（如乌头酸、苹果酸、草酸、柠檬酸等）可达 0.5%。所以，这种蔗汁只能随榨随吃，不能存放，因为其中的酸会促进蔗糖水解，生成更多的葡萄糖和果糖，而这些还原糖在蔗汁中普遍存在的酵母菌作用下又很容易变成酒和酸，因此搁置稍久，蔗汁就会变质。中国南方的先民究竟是在什么时候开始种植甘蔗并享食蔗浆的呢？

如果说到吃甘蔗，在战国时，宋玉曾作楚辞名篇《招魂》（一说是屈原之作），其中就有"胹鳖炮羔，有柘浆些"的词句，③ 这里古写的"柘"是"蔗"字的假借字，"柘浆"就是甘蔗汁。这句话的意思是：煮鳖肉，炙羊羔，再以甘蔗浆汁作饮料。这在当时大概已是很丰盛的美餐了。西汉辞赋家司马相如在其"子虚赋"中当写到云梦（今湘鄂的华容、监利一带）的园圃花草时提到"江蓠蘼芜，藷柘巴苴"，其中江蓠、蘼芜是两种水草，"藷蔗"即甘蔗，"巴苴"即芭蕉，一说是蘘荷（茎叶似姜，根香脆可食）。④ 东汉人服虔的《通俗文》也提到过"荆州竿蔗"。可见，在中国南方现今湖北一带地方，在战国时或更早时就已种植和食用甘蔗了。但那时还只是榨取它的浆汁，饮蔗水，还没有发展到制糖。

---

① 清・李调元：《南越笔记》，《丛书集成初编》，总 3126 册，第 178 ~179 页。
② 梁家勉：《中国甘蔗栽培探源》，《中国古代农业科技》，农业出版社，1980 年。
③ 郑尊法：《糖》，《万有文库》，总 678 册，第 22 ~23 页，上海商务印书馆，1933 年。
④ 北京大学中国文学史教研室选注：《两汉文学史参考资料》，第 32 页，中华书局，1962 年。

其后，人们采用了日晒和温火煎熬（加温到80~90 ℃）或两者结合，即“煮而曝之”的办法赶掉蔗汁中的大部分水分而得到较稠厚的胶状糖浆，微生物也大部分被杀死，可以保存较长的时间，这种糖稀就叫做蔗饴或蔗饧。晋·陈寿（233—297年）在其《三国志》中提到吴国废帝孙亮曾“使黄门以银椀并盖，就中藏吏，取交州所献甘蔗饧”。说明那时交州（今越南一部分及广西钦州地区、广东雷州半岛）的蔗饧已是名特产了。蔗饧其实在西汉时就有了。在东汉班固所撰的《汉书》卷二十二中载有“郊祀歌”19首，其中有“泰尊柘浆析朝酲”之句，说吃柘浆可以醒酒。东汉人应劭对这种柘浆有注释：“取甘蔗以为饴也。”[①] 可见“柘浆”一词到汉代时已是指蔗汁经过煎熬而成的糖膏了。

随着煎熬蔗汁技术的提高，可使水分充分蒸发而又不致焦化。当水分减到10%以下时，蔗饧冷却后就会固化凝成糖块，于是被称做“石蜜”，但它绝不是结晶糖。它颜色红褐，应是原始的红糖块。关于这种石蜜的记载，最早见于《汉书·南中八郡志》：“交趾有甘蔗，围数寸，长丈余，颇似竹，断而食之，甚甘。榨取汁，曝数时成饴，入口消释，彼人谓之石蜜。”[②] 贾思勰的《齐民要术》卷十中曾援引东汉杨孚所撰《异物志》卷十中的一段文字，讲得更明确：“甘蔗远近皆有，交趾所产甘蔗特醇好，……榨取汁为饴饧，名之曰‘糖’，益复珍也。又煎而曝之，既凝，如冰，破如博棋，食之，入口消释，时人谓之‘石蜜’者也。”[③] 当时的交趾郡相当于今越南北半部。西晋永兴年间嵇含所撰《南方草木状》对“石蜜”也有类似的记载，[④] 所以，南宋史绳祖所著《学斋占毕》中说：“是煎蔗为糖已见于汉。”[⑤] 这话是对的，这种最早的蔗糖即指蔗饧和石蜜。当时西北地区也有了这种石蜜，晋人宋膺所撰（李时珍认为是万震）《凉州异物志》对此就有记载，谓：“石蜜之滋，甜于浮萍，非石之类，假石之名，实出甘柘，变而凝轻（原注：甘柘似竹，煮而曝之则凝如石而甚轻）。”[⑥] 这种石蜜亦称“西极石蜜”，出于西域，所以被视为异物。但至迟到萧齐时期（479~502年）我国内地也生产这种粗制红糖了。那时前来我国翻译佛经的伽跋陀罗在广州就看到过这种糖块了。他把此见闻夹写在所译佛经《善见律毗婆沙》中，谓：“广州土境有黑石蜜，是甘蔗糖，坚强如石，是名石蜜”。[⑦]

这里需要说明两点：一是在蔗糖石蜜出现以前，人们把蜜蜂在岩洞巢中所酿的蜜称崖蜜，也叫石蜜，两者不可混淆；二是以上《凉州异物志》引文中的“浮萍”绝非是水上漂长着的那种浮萍，而是一种糖的名称。李治寰曾指出：南欧及小亚细亚一带有数种灌木经虫咬或刀划，能分泌一种甜汁。西方和阿拉伯人称这种甜汁为manna；梵语作amrta；波斯语作tarangubin，即甘露。[⑧]《隋书·高昌传》

---

① 汉·班固：《汉书》卷二十二，第1063页，中华书局，1962年。
② 唐·欧阳询：《艺文类聚》，第1501页，上海古籍出版社，1965年。
③ 缪启愉：《齐民要术校释》，第722页，北京农业出版社，1998年。
④ 晋·嵇含：《南方草木状》卷上，《丛书集成初编》总，1352册，第3页。
⑤ 宋·史绳祖：《学斋占毕》卷四，《丛书集成初编》，总303册，第68页。
⑥ 清·张澍辑：《凉州异物志》，《丛书集成初编》，总3024册，第2页。
⑦ 季羡林：《古代印度沙糖的制造和使用》，《历史研究》1984年1期。
⑧ 李治寰：《中国食糖史稿》，第61页，农业出版社，1990年。

说“高昌有草名羊刺，其上生蜜，而味甚佳”，就是这种甘露。唐代时将高昌改为西州，以刺蜜作贡品，陈藏器《本草拾遗》说：“刺蜜，胡人呼为‘给勃罗’。”“给勃罗”是“达郎古宾（tarangubin）”的省略语音。《凉州异物志》所谓“浮萍”，可能就是西域商人对“给勃罗”的谐音。后世元人汪大渊所撰《岛夷志略》说：“甘露每岁八九月下，民间筑净地以盛之，旭日曝则融结如冰，味甚糖霜。”① 所以西域商人用甘露（浮萍）来比喻石蜜，说石蜜比甘露更加甜，正是用以描述石蜜的珍贵。李氏的这番解释甚是恰当。

我国在汉代时，除“石蜜”外，又出现了所谓“沙糖”，这个称谓最早出现于张衡（78—139 年）的“七辨”中，有“沙饴石蜜，远国贡储”的话。② 表明当时这种“沙糖”是域外进贡的。及至萧梁时期，陶弘景在其所撰《本草经集注·甘蔗》中又提到它，谓：“甘蔗今出江东为胜，庐陵亦有好者。广州一种，数年生，皆如大竹，长丈余。取汁以为沙糖，甚益人。”③ 表明这时广州也能生产这种沙糖了。但这种“沙糖”究竟是怎样的一种糖，曾长期使令人迷惑不解，或误以为是今日常见的那种松散砂粒状的红糖。但实际上它仍然是干固的粗制的红糖，即与石蜜基本上是同一种类的糖。而汉至南北朝期间为什么会把它称为“沙糖”，由于它原是“远国贡储”的，所以，其中有一段历史的缘由，季羡林④、李治寰⑤等对此考证甚详。他们指出：印度古代有一种用手团成的、比较粗的糖，名叫 guda 或 gula。团时在糖膏中加些米（面）粉，并在手上也涂一层粉才去揉糖，很可能涂一次，团一次。guda 或 gula 这个字唐代《梵语千字文》中则意译为糖⑥，在《梵语杂名》里则意译为沙糖，音译为遇怒；在《梵语千字文别本》⑦ 中则只音译为虞拿。guda 的原意则是“球”。在孟加拉国有个地方叫 Gauda，来源就是 guda，因为此地盛产甘蔗，善制这种“沙糖”。东汉时代，我国进口的那种沙糖，可能就是当年古印度用手团揉成的、名为 guda 的球糖，它当时所以被译名为沙糖，大概是因为它很容易被打碎（因掺有米粉）变成黄色粉末状细沙，以形取名。当时这种糖远从西亚经“丝绸之路”送来我国，作为国际交往的礼品，表明它即使在西亚各国也是很珍贵的。从汉代把进口的这种粗制红糖球（从外观、质地上不完全相同于石蜜）译名为沙糖后，于是佛经的翻译家们对 guda 这个字便“入乡随俗”，既不译成粗制糖，也没译成球糖，而按照中国人的习惯译为“沙糖”。而这种球糖在南朝时广州地区也学会制作了。

汉代人们看到了域外贡品沙糖是什么样子。到了陶弘景生长的萧梁时期，人们进而明白，这种砂糖就是由甘蔗汁经浓缩加工而成的。广州等地已掌握了这种砂糖即粗红糖的生产技术了。从甘蔗到其浆汁，再从蔗饧到粗红糖，无疑表示人

---

① 苏继庼：《岛夷志略校释》，第 369 页中“麻呵斯离”条，中华书局，1981 年。
② 宋·李昉等：《太平御览》，第 3805 页，中华书局，1960 年。
③ 唐·苏敬著，尚志钧辑校：《唐·新修本草》卷十六，安徽科技出版社，1981 年。
④ 季羡林：《古代印度沙糖的制造和使用》，《历史研究》1984 年 1 期。
⑤ 李治寰：《中国食糖史稿》，第 61 页，农业出版社，1990 年。
⑥ 《梵语千字文》，见《大正新修大藏经》第 54 卷，第 1192 页。
⑦ 《梵语千字文别本》，见《大正新修大藏经》第 54 卷，第 1203 ~ 1204 页。

们不仅对甘蔗和蔗糖，而且对蔗糖的生产技术的认识在深化。

二、砂红糖

我国制糖技术到了唐代有了长足的进步，不仅“石蜜”有了新品种（所谓乳糖，详见下文），而且有了脱蜜沙糖，即名符其实的散砂状红糖，这与汲取当时印度的先进制糖法有直接的关系。贞观十九年（公元645年）正月二十四日，法师玄奘自印度取佛经回来，并向太宗“献诸国异物”。他在其所撰《大唐西域记·印度总述》中谈到那里的物产时说：“至于乳、酪、膏、酥、沙糖、石蜜……常所膳也。”① 因此，他带来的各国异物中就包括了那时的印度沙糖和石蜜。其后不久，西域及天竺诸国又纷纷遣使来到东方，向唐王朝赠送了他们的土特产，介绍了相应的一些技术，其中的“熬糖法”得到了贞观天子的赞赏，于是有遣使赴印度学习熬糖法之举。据欧阳修所撰《新唐书》记载：“摩揭它，一曰摩伽陀，本中天竺属国。……贞观二十一年（公元647年）始遣使者自通于天子，献波罗树，树类白杨。太宗遣使取熬糖法，即诏扬州上诸蔗。榨瀋（汁）如其剂，色味愈西域甚远。”② 但这段记叙中既未说明所取熬糖法的具体内容，是制石蜜还是沙糖，也没有对其“剂”（调配法）加以解释。唐代西明寺和尚道宣所撰《京大慈恩寺释玄奘传》却有所说明：在玄奘回国后，天竺王“戒日及僧各遣中使赍诸经宝远献东夏，则是天竺信命自奘而通。……使即西返。又敕王玄策等二十余人，随往大夏（按大夏是今阿富汗北部地区），并赠绫帛千有余段。王及僧等数各有差，并就菩提寺僧召石蜜匠。乃遣匠二人，僧八人，俱到东夏。寻敕往越州，就甘蔗造之，皆得成就。”③ 该文指出，摩揭陀之王即戒日之女婿，其国有“伽耶城，……又行六里有伽耶山，……山之西南‘如来’道成处，……其地所谓菩提寺是也”。可见王玄策是到摩揭陀国请来了制作石蜜的工匠。宋人王溥所撰《唐会要》，对此也有说明：“贞观二十一年三月十一日，以远夷各贡方物，其草木杂物有异于常者，诏所司详录焉。……摩揭陀国献菩提树，一名波罗，叶似白杨。……西番胡国出石蜜，中国贵之，太宗遣使至摩揭陀国取其法，令扬州煎蔗汁，于中厨自造焉，色味逾西域所出者。”④ 因此可以肯定，太宗时遣使至印度取的熬糖法，主要是制作优质石蜜的技术。

当时印度的石蜜与中国汉晋时期的石蜜已有所不同，这在《唐·新修本草》中有明确的说明。《新修本草》是唐王朝的“国家药典”，是由太尉长孙无忌领衔，组织了20余人进行编纂，“增损旧本，征天下郡县所出药物，并书图之”，最后由苏敬等详定，完成于高宗显庆四年（公元659年），即王玄策自摩揭陀国偕印度石蜜工匠来华（贞观二十二年，公元648年）后的11年，对这样一项由太宗遣使引进的先进技术必然得加以记载。所以，《新修本草·石蜜》条目中所引《名医别录》文为：“石蜜，味甘，寒，无毒，……出益州（今四川省广大地区）及西戎

---

① 唐·玄奘：《大唐西域记》，第42页，上海人民出版社，1977年。
② 宋·欧阳修、宋祁：《新唐书》卷二二一，第6239页，中华书局，1975年。
③《续高僧传》卷四《玄奘传》，《大正新修大藏经》第50卷，第545页。
④ 宋·王溥撰：《唐会要》卷一〇〇，《丛书集成初编》，总828册，第1796页。

（今黄河上游、甘肃西北部），煎沙糖为之，可作饼块，黄白色。”① 显然，这是中国固有的石蜜。在这段文字之后有“新附”，即苏敬所作的补充说明：“云用沙糖②、水、牛乳、米粉和煎，乃得成块。西戎来者佳。近江左亦有，殆胜蜀者。云用牛乳汁和沙糖煎之，并作饼，坚重。”③

显然，这种石蜜当是印度石蜜匠所传授而在“江左”推广的。所以过去西戎有（可能即由印度传去），“近江左亦有”。“近”字正是指王玄策自印度归来后那些年，江左即左东，指当时扬州、越州一带（即今江苏、浙江）。这种加牛乳、米粉的石蜜已有些像近世的牛奶糖，当时味道较红糖凝块要香甜醇美、洁白细腻。唐武周皇帝时孟诜撰《食疗本草》时亦作了说明：“石蜜（乳糖）……波斯者良。蜀川者为次，今东吴亦有，并不如波斯。此皆是煎甘蔗汁及牛乳汁。煎则细白耳。”④

由于乳糖石蜜一般只能作为甜食、待客茶食及筵宴礼品，所以只起到糖果的作用，但还不能代替一般的红糖。

至于沙糖，《新修本草·沙糖》条目中也有“新附”。苏敬谓：“蜀地、西戎、江东并有，而江东者先劣今优。”⑤ 这就是说，在高宗永徽和显庆初年时，江东扬、越诸洲的沙糖质量也有了明显的提高，我们相信，这也与十位印度制糖专家的到来有密切关系，也是汲取了印度沙糖法所取得的成效，因为优质石蜜必然也要以优质沙糖为原料，溶化后再和牛乳煎炼才得到的。但很遗憾，苏敬未对此优质沙糖的形态加以描述，不知仍是固块状的红糖球，还是散松砂粒状的红糖。南宋时著名学者陆游在其《老学庵笔记》卷六中引用过南宋制糖局勘定官闻人茂德的一段话，说：“沙糖中国本无之，唐太宗时外国贡至，问其使人此何物，云以甘蔗煎汁。用其法煎成，与外国者相等，自此中国方有沙糖。唐以前书传凡言及糖者皆糟耳，如糖蟹、糖姜皆是。”⑥ 如果这话确凿，那么宋代时人们所熟识的砂粒状干散的红糖制造技术也当是由唐太宗时聘来的石蜜匠师一并传授的了，与《新修本草》所记相符，而且可为其注。

那么，印度的沙糖制法究竟是怎样的？在20世纪发现的《敦煌残卷》中有一份有关印度沙糖的简要说明，⑦ 大约是我国唐代时期的记载，它向我们揭示当时印度沙糖法中至少有两项先进措施：第一，蔗浆结晶前用“灰”处理；第二，自蔗浆中分出并滤去不能结晶的糖蜜，于是可得到砂粒状干散的红糖。1982年季羡林对这份珍贵资料作了一番缜密严谨的考证和勘校，⑧ 其中制沙糖并以“灰”处理的那段文字经勘校后如下：

---

① 唐·苏敬著，尚志钧辑校：《唐·新修本草》卷十六，安徽科技出版社，1981年。

② “沙糖”二字原缺，据《重修政和经史证类本草》补正。

③ 唐·苏敬等撰：《新修本草》，第235页，上海古籍出版社，1985年。

④ 唐·孟诜：《食疗本草》，第45页，谢海洲等辑校，人民卫生出版社，1984年。

⑤ 唐·苏敬等撰：《新修本草》，第235页，上海古籍出版社，1985年。

⑥ 宋·陆游：《老学庵笔记》卷六，中华书局刘剑雄等校点本第80页及注（22），1979年，并参看明·陈懋德《泉南杂志》第9页，《丛书集成初编》，总3161册。

⑦ 《敦煌遗书总目索引》，卷号p3303，商务印书馆，1962年。

⑧ 季羡林：《一张有关印度制糖法传入中国的敦煌残卷》，《历史研究》1982年1期。

西天五印度出三般甘遮：一般苗长八尺，造沙糖多不妙；第二，较一、二尺矩，造好沙糖及造最上煞割令（指石蜜，见下文）；第三般亦好。初造之时取甘遮茎，弃去梢叶，五寸截断，着大木臼，牛拽，于瓮中承取，将于十五个铛中煎。旋泻一铛，著箸，揆出汁，置少许〔灰〕。① 冷定，打。若断者熟也，便成沙糖；又折不熟，又煎。

对这段文字，季羡林已作了一番解释，可以参读。由于文中可能还有错讹及漏脱之字，因此，有些地方仍很费解。然而，我们以现代的科学知识来分析这段文字，可以看出的确有很多值得称道的地方：

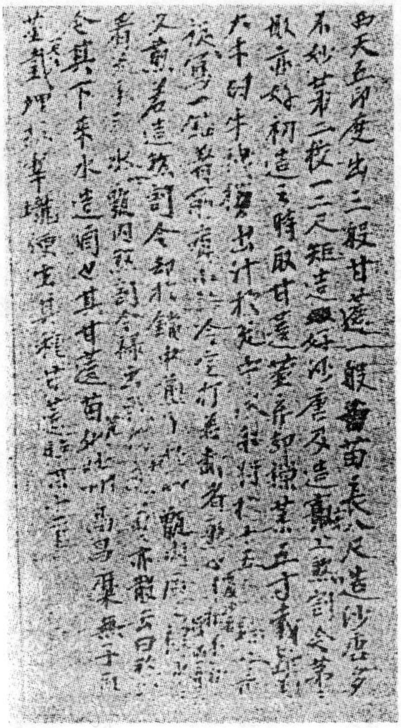

图 3－2－1　记载印度制糖法的《敦煌残卷》

其一，很注意对甘蔗品种的选择，按其经验，苗长过八尺（1 尺约合 33 cm）者不适于熬糖，而矮秆六七尺者是造沙糖与石蜜的良种。而中国唐代以前的制糖业，按陶弘景的记载，以广州为例，是以“斩而食之”的甘蔗作为熬糖的原料，它如大竹，竟长丈余。显然，后来我国就参考、学习了印度的这个经验，注意了各品种甘蔗的属性。在明万历十三年（公元 1585 年）王世懋所撰《闽部疏》便有明确说明：“蔗有二种，饴蔗节疏而短小；食蔗节密而长大。”②《天工开物》也着重说明了这项经验，指出：“凡甘蔗有二种。产繁闽广间，……似竹而大者为果蔗，截断生啖，取汁适口，不可以造糖；似荻而小者为糖蔗，……白霜、红砂皆从此出。”③

其二，在蔗浆冷定前“置少许”石灰（或草木灰）的举措，根据现代的科学制糖原理可知，它对沙糖的质量和产率至关重要。前文已述及，蔗汁中除蔗糖和水外，还有许多成分，虽然含量不算很大，但对制沙糖极不利，如各种有机酸会促使蔗糖水解生成还原糖，尤其在煎熬蔗汁时，这种情况更为严重。而这些还原糖在搁置蔗汁过程中不仅自身不能结晶并生成糖蜜（我国古代称为糖油），而且还妨碍蔗糖的结晶，所以用“灰”来中和、沉淀这些游离酸，对砂糖制法是个极大的改进。而且石灰的加入还可使某些有机非糖分、无机盐、泥沙悬浮物沉积或沉淀下来，既可改善蔗汁的味道，又可使蔗汁黏度减小，色泽变清亮，这都有利于蔗糖的析出和质量的提高。

① 此句原文为“瘨小许”，季羡林参考了后世的《天工开物》和《物理小识》把它勘正为“置少许〔灰〕”。

② 明·王世懋：《闽部疏》，《丛书集成初编》，总 3161 册，第 3 页。

③ 明·宋应星：《天工开物·甘嗜》，（上海）国学整理社，1936 年。

在此份《敦煌残卷》印度制糖法中还介绍了制作名叫“煞割令”的糖，季羡林指出，其原文为“Sarkara”，意译应为“石蜜”，但较过去的石蜜工艺，增加了“分出糖蜜”的重要举措。根据描述，这种“煞割令”实际上就是松散的砂粒状红糖。“制‘煞割令’法”说：“若造煞割令，却于铛中煎了，于竹甑内盛之。禄（漉）水下，闭门满十五日开却。着瓮承取水。竹甑内煞割令禄（漉）出后，手遂（搓）一处，亦散去，曰煞割令。其下来水，造酒也。”① 这段文字中所说“竹甑漉水”就是利用糖体自重的压力进行分蜜，漉出来的液体就是糖蜜，含大量葡萄糖和果糖，正可酿造糖蜜酒；所说“闭门满十五日开却”，就是要让室内温度不要骤然下降，而使糖浆逐渐冷却，徐徐分蜜，至期满15日糖蜜基本漉尽，而蔗糖的结晶也得以缓慢进行，从而获得较大晶粒；所说“手搓一处亦散去”，就是用手搓就可以把一块糖体捏散成结晶粒体。所以“煞割令”肯定就是名符其实的红砂糖了。这种石蜜可以长期贮存，不易潮解，是当时蔗糖中最重要的一个新糖品种了。当然，《残卷》中的这些经验和做法未必在贞观、天徽年间都是由那几位石蜜匠师传授到我国的，很可能是其后又陆续引进的，因为我们现在还不能考证出此《残卷》问世的精确年代。

从粗红糖到散砂状红糖，其技术进步主要归结为二：一是将蔗浆中的游离有机酸和某些非糖分的盐类及泥沙悬浮物加石灰以中和作用而沉淀下来，借分离而除去；二是通过过滤而将不能结晶的糖蜜分离开来。由此而获得的结晶状红糖表明制糖技术已发展到一个新水平。结晶状红糖的生产技术的推广，对于制糖业的发展和糖对日常生活的影响都是很重要的。稍后冰糖的出现应是我国制糖技术发展的又一标志。

三、冰糖的出现

我国宋代的“糖霜”就是我们今天所说的冰糖。那时又名糖冰。制作糖霜显然必须能掌握比制作沙糖更高、更丰富的结晶蔗糖的技术，因此它的出现较晚些。最早提及“糖霜”一词的是北宋的两位大文学家，一位是苏东坡（1037—1101年），元祐年间他在润州（今江苏镇江）金山寺送别四川遂宁僧人圆宝时曾作诗：“涪江与中泠，共此一味水。冰盘荐琥珀，何似糖霜美。”另一位是黄庭坚（1045—1105年），元符年间他在戎州（今四川宜宾）收到梓州（今四川三台）雍熙长老馈赠的糖霜后，作诗答谢：“远寄蔗霜知有味，胜于崔浩冰晶盐。正宗扫地从谁说，我舌犹能及鼻尖。”

宋人寇宗奭所撰《本草衍义》卷二十三也提到：“甘蔗今川、广、湖南北、二浙、江东西皆有。……石蜜、沙糖、糖霜皆自此出，惟川浙者胜。”② 由此可知，北宋时糖霜已是四川涪江流域的名特产了。其质地臻善，外观可与琥珀、水晶媲美。

南宋初年，四川遂宁府（今四川省遂宁县）人王灼于绍兴元年至二十三年间（公元1131～1153年）撰写了著名的《糖霜谱》（见图3－2－2），③ 它全面地叙述

① 季羡林：《古代印度沙糖的制造和使用》，《历史研究》1984年1期。

② 宋·寇宗奭撰：《本草衍义》卷二十三，见《重修政和经史证类备用本草》第471页。

③ 宋·王灼：《糖霜谱》，见《楝亭藏书十二种》，扬州书局重刊。

了我国南宋前的蔗糖史，对糖霜的介绍尤为翔实。其中有关于糖霜制作的内容可归纳摘要如下：

楝亭藏本

糖霜譜

揚州詩局重刊

頤堂先生糖霜譜

遂寧王灼晦叔父撰

原委第一

糖霜一名糖冰福唐四明番禺廣漢遂寧有之獨遂寧爲冠四郡所産甚微而碎色淺味薄纔比遂之最下者凡物以希有難致見珍故查梨橙柑荔枝楊梅四方不盡出乃貴重於世若甘蔗所在皆植所植皆善非異物也至結蔗爲霜則中國之大止此五郡又遂寧專美焉外之夷狄戎蠻皆有佳蔗而糖霜無聞此物理之不可詰也先是唐大曆間有僧號鄒和尚不知所從來跨白驢登繖山結茅以居須鹽米薪菜之屬即書付紙繫錢

图 3－2－2　曹栋亭刻本《糖霜谱》

1．“糖霜”一名“糖冰”。宋代时“福唐（福州）、四明（浙江宁波）、番禺（广东）、广汉（今川甘两省交界的白水江流域及四川涪江流域）、遂宁（四川遂宁县）有之，独遂宁为冠。四郡所产甚微而碎，色浅味薄，才比遂宁之最下者”。

2．四川涪江流域遂宁地区生产冰糖是从唐代大历年间（公元 766～779 年）开始的。传说是由一位姓邹的和尚来到遂宁繖（同“伞”）山传授的。而在此以前未闻有制作糖霜的记载。到了宋代，遂宁郡小县（今遂宁县）的伞山一带就已经有 40% 的土地、30% 的农户种植甘蔗，制作糖霜了。

3．甘蔗有四个品种，“曰杜蔗，曰西蔗，曰芳蔗（即《政和本草》所谓荻蔗），曰红蔗（即所谓的“昆仑蔗”）。红蔗只堪生啖；芳蔗可作沙糖；西蔗可作〔糖〕霜，色浅（指蔗皮），土人不甚贵；杜蔗紫嫩，味极厚，专用作霜”。

4．制作冰糖的工艺如下：

……收糖水煎，又候九分熟，稠如饧。插竹瓮中，始正入瓮，簸箕覆之。……糖水入瓮两日后，瓮面如粥文，染指视之如细沙。上元（农历正月十五日）后结小块，或缀竹梢如粟穗。渐次增大如豆，至如指节，甚者成座如假山，俗谓随果子。结实至五月，春生夏长之气已备，不复增大，乃沥瓮（漉水），过初伏不沥则化为水。霜虽结，糖水尤在。沥瓮者戽出（汲水）糖水，取霜沥干。其竹梢上团枝随长短剪出就沥，沥定，曝烈日中，极干收瓮。四周循环连缀生者曰瓮鉴；颗块层出如崖洞间钟乳，但侧生耳。不可遽沥，沥须就瓮曝数日令干硬，徐以铁铲分作数片出之。凡霜一瓮中品色亦自不同，堆叠如假山者为上；团枝次之；瓮鉴次之；小颗块次之，沙脚为下。紫为上，深琥珀次之，浅黄色又次之，浅白为下。不以大小，尤贵墙壁密排，俗号“马齿霜”。面带沙脚者刷去之。亦有大块者，或十斤或二十斤，最异者三十斤，然中藏沙脚，号曰“含凡沙”。

（5）关于糖霜的性质及收藏之法，王灼谓："霜性易销化，畏阴湿及风。遇曝时，风吹无伤也。收藏法：干大小麦铺瓮底，麦上安竹笼，密排笋皮，盛贮绵絮覆笼，簸箕覆瓮。寄远即瓶底著石灰数小块，隔纸盛贮，厚封瓶口。"

关于遂宁糖霜为异僧传授之事，其实早在北宋时谢采伯的《密斋笔记》卷三已有记载，谓：

遂宁冰糖，正字（按，官职名称）刘望之"赋"以为伞子山异僧所授。其法：柞（榨之误）蔗成浆，贮以瓮缶，列间屋中，阅（越）冬而后发之，成矣。其（《冰糖赋》）略曰："逮白露之既凝，室人告余其亦霜。猎珊瑚于海底，缀珠琲于枯篁。吸三危之秋气，陋万蕊之蜂房。碎玲珑于牙齿，韵亢爽于壶觞。"①

说明遂宁糖霜在北宋时便已驰名全国，但刘望《冰糖赋》的介绍远不如王灼记录翔实，所以，目前研究宋代糖霜工艺都以《糖霜谱》为据。对于今天的读者，如果对冰糖制作缺乏实践经验，那么，也很难充分读懂王灼的上述介绍。现援引制糖专家李治寰对《糖霜谱》冰糖制法的诠释文字，② 以作说明："十月至十一月，将甘蔗削皮，截成如钱串般的短节，然后入碾；没有碾具，也可用舂。将糖水装入表里涂漆的瓮中（贮），入锅煎煮。初碾和初舂的蔗渣，号曰'泊'。再将泊在锅灶上蒸，蒸透后上榨，尽取泊中糖水，加入锅中煎煮。将糖水在锅中煎至七分熟，相当于含糖分66%～68%，温度约为105 ℃时，即撇去浮漂杂质。停歇三日，任其冷却、沉淀。然后再将澄清蔗汁舀入锅内，留下渣滓。将蔗汁煎煮至九分熟，相当于含糖分85%～88%，温度约为114～123 ℃时（根据甘蔗糖汁纯度而定），使它熟稠成糖浆。不能煮至十分热，太稠了便只结晶成碎冰糖。将若干枝细竹梢排列插于表里涂漆的瓮中，注入糖浆。瓮上用箕席覆盖。两日之后，以两指捻视糖浆，如呈细砂状，即可结晶成好冰糖。过了春节，糖浆开始结晶，竹梢初结如谷穗，渐大如豆、如指尖、如假山。到五月，即不再增大。至迟在初伏之前，就要将瓮中余下的糖水戽出。有的技术没有过关，糖浆不能结晶，尽变成糖水，但仍可煮制沙糖。将结晶的糖块在烈日下晒干，即成冰糖。结晶糖块的形态极不规则，一瓮之中，堆叠如假山者为上品，竹梢上的团枝次之，瓮壁四周所结晶的瓮鉴（板块形）又次之，小颗块又次之，沙脚碎粒为最下。大块冰糖甚至重二三十斤（1斤约合633 g），必须用铁器敲碎。冰糖颜色紫者为上，深琥珀色次之，黄色又次之，浅白色为下。……当时对冰糖的包装、运输、保管都很有研究。因为冰糖容易吸潮溶化，怕阴湿、怕风，但在太阳下曝晒时，再大的风吹也不受伤害。收藏时，用干的大麦或小麦〔糠秕〕铺瓮底，麦［糠」上安放竹篓（冰糖置其中），用笋皮排垫周围。装糖后用棉絮覆盖竹篓，再编竹箕覆瓮。如寄远处，用瓦罐盛装，罐底垫石灰数小块，以吸收潮气。铺纸后再装冰糖，并严密地厚封罐口。"

由于遂宁冰糖在宋代是亲友间的馈赠珍品，很有声望，行销远近，所以，遂宁的糖房中后来往往都供奉邹和尚的画像，尊为糖业祖师，伞山还有纪念他的庙宇楞严院。南宋人王象之所撰《舆地纪胜》第155条——"遂宁府仙释邹和尚"，

① 宋·谢采伯：《密斋笔记》，《丛书集成初编》，总2872册，第33页。

② 李治寰：《中国食糖史稿》，第61页，农业出版社，1990年。

也叙述邹和尚传授糖霜法的事迹，看来确有其事。①

及至明代，国内外都有了脱色白沙糖，所以，往往以洋糖制冰糖，所得即今日洁白晶莹的冰糖了。《天工开物·甘嗜》对其时的冰糖有所记载，谓："造冰糖者，将洋糖煎化，蛋清澄去浮滓。候视火色，将新青竹破成篾片，寸斩，撒入其中，经过一宵，即成天然冰糖。"②

最后应指出，到了明代，民间则把新问世的白沙糖也形象地称为糖霜，正如李时珍所说："轻白如霜者为糖霜。"而把过去的"糖霜"只称作冰糖，也就是说"糖霜"的含义有了变化。但宋应星未能分辨，于是误把宋代《糖霜谱》所描述的"糖霜"误解释为白沙糖，这就必须加以澄清了。

四、制糖工艺脱色技术的演进

唐代在蔗糖的结晶技术方面无疑取得了很大进步（包括冰糖），然而可以肯定，在制糖工艺中还没有采取脱色的措施，所以，《新修本草》中说："沙糖，……榨甘蔗汁煎，成紫色。"唐天宝十二年（公元753年）扬州的鉴真高僧东渡赴日宣讲佛法，曾携带了我国的蔗糖二斤十两（1斤=16两，1斤约合633 g）赠给东大寺，并把制糖法也介绍到日本。他送去的沙糖当然是那时扬州地方最好的产品，但据日人田中方雄等所撰《有机制造工业化学》中卷的记载，那次送去的沙糖乃是黑糖。即使到了宋代，据政和年间寇宗爽所撰《本草衍义》记载，当时的沙糖仍为黑紫色，他说："沙糖又次石蜜，蔗汁清（因不加牛乳），故费煎炼，致紫黑色。"③ 所以，在孙思邈的《千金要方》（成书于唐永徽二年，公元651年）中虽多处提到用"白糖"，那不过是方法较得当而做出的相对较白净的沙糖（干固红糖）而已，并不是后世经脱色的白糖。

在讨论蔗糖脱色技术之前，有必要先说明一下蔗汁被着色的原因。简要地说，蔗汁中的着色物来自两个方面，一方面是来自甘蔗皮。紫色甘蔗的外皮有一种叫做花青苷（anthocyanins）的物质，它能溶于水，在强酸性介质中呈深红色，在强碱性介质中呈紫红色，可使榨出的蔗汁呈暗褐色。因此，王灼在其《糖霜谱》中说：杜蔗紫嫩，专用作霜，上等冰糖为紫色。另一方面是在制糖作业的过程中生成的有色物质，例如，非糖分中的多酚类物质与铁质（当用铁制釜熬蔗汁时）及与空气中的氧起化学反应而生成深色的化合物；又如，葡萄糖、果糖等还原糖在煎熬过程中受热而遭到破坏会生成黑褐色腐殖质和有机酸盐类，尤其在50 ℃以上的温度时，这种反应进行得更为显著；再者，这些还原糖还会与氨基酸及酰胺等含氮物质反应生成相对分子质量较高的深棕色物质。④

我国对蔗糖进行脱色处理的最早尝试，似乎应当算是利用鸭蛋清的凝聚澄清法。这种方法是把少许搅打后的鸭蛋清加到甘蔗原汁中，然后加热，这时其中的着色物质及渣滓便与蛋清一起凝聚，飘浮到液面上来，然后撇去，而使蔗汁变得澄清。最早的有关记载见于明弘治十六年（公元1503年）周瑛纂修的《兴化府

① 宋·王象之：《舆地纪胜》，台北文海出版社据（清）粤雅堂刻本影印，1971年。
② 明·宋应星：《天工开物·甘嗜》，（上海）国学整理社，1936年。
③ 宋·唐慎微：《重修政和经史证类备用本草》，第471页"沙糖"条，人民卫生出版社，1957年。
④ ［荷］P. Honig编，陈树功等译：《制糖工艺学原理》，轻工业出版社，1978年。

志》。它记述了福建莆田、仙游等县的造白糖法，其卷十三“山海物考”说：“甘蔗……捣其汁煮之则成黑糖，又以黑糖煮之则成白糖。”① 其卷十二“货殖志”中则说明了具体方法：“白糖每岁正月内炼沙糖为之。取干好沙糖，置大釜中烹炼，用鸭卵连清黄搅之，使查（渣）滓上浮，用铁笊篱撇取干净。……”

明万历年间（1573～1619 年）任泉州经历的陈懋仁所撰《泉南府志》卷上也有记载：“造白沙糖用甘蔗汁煮黑糖，烹炼成白。劈鸭卵搅之，使渣上浮。”②

方以智《物理小识》对此法也作了解释。③ 不过清人怀荫布、陈仕、郭赓武于乾隆二十八年所撰《泉州府志》对以上说法提出了一些“更正”：“按《泉南杂志》载煮糖法误。……煮冰糖乃以鸭蛋搅之。”④ 查《天工开物》，也是说只在造冰糖和兽糖时采用这种方法，它的说法是“造冰糖者，将洋糖煎化，蛋清澄去浮滓”。怀氏、陈氏的依据大概就是《天工开物》。不过笔者认为周瑛、陈懋仁的记载大概不会错，他们都是泉州府的地方官吏，亲身目睹，应当说是可靠的。而怀、陈所以会如此说，是因为到了明末宋应星所生活的时期，已普遍采用黄泥浆使黑糖脱色，尤其是泉州，更是率先推广这种方法的地区，所以，成本较高的蛋清脱色法就只作为造冰糖时进一步精炼白糖的方法了。而在泥浆法以前，鸭蛋清法则是唯一的手段。这种鸭蛋清法始于何时？可能开始于元末或明初，因为元时马可·波罗还说：福建地区供应宫廷享用的糖（当然是最上等的）仍然很粗；巴比伦人的方法也只是用木灰精。⑤ 而莆田、仙游诸县又至迟在弘治年间（1488～1505 年）已采用这种方法，据《兴化府志》载：“户部坐派物料，本府白沙糖（指用鸭蛋清净化及黄泥浆脱色，详见下文）三千六百五十三斤（1 斤约合 595 g），内莆田县该三千四百二十斤，仙游县该二百三十三斤。”并说“莆作业布为大，黑白糖次之。……至大小暑月乃破泥取糖，……用木桶装贮，……九月各处客商皆来贩卖”⑥。说明当时莆田白糖生产规模相当可观，糖户也很多。该《府志》还明确说：该制白糖法“旧出泉出，正统间（1436～1449 年）莆人有郑立者学得此法，始自为之，今上下习奢，贩卖甚广。”⑦ 还应指出，古代文人对手工业的技术成就

---

① 明·周瑛：《兴化府志》（明弘治十六年），北京大学图书馆善本书库藏本。

② 明·陈懋仁：《泉南杂志》，《丛书集成初编》，总 3161 册，第 9 页。

③ 明·方以智：《物理小识》，《万有文库》，总 543 册，第 134 页，商务印书馆，1930 年。

④ 清·怀荫布、陈仕、郭赓武：《泉州府志》（乾隆二十八年），北京大学图书馆善本书库藏书。

⑤ 马可·波罗（Marco Polo，1254—1324 年）是意大利旅行家，在元代至元十二年到二十九年（公元 1275～1292 年）期间一直在元政府供职，在其《马可波罗游记》第 81 章武干市（Un－guen）中有以下记述：“这个地方以大规模的制糖业著名，出产的糖运到汗八里供宫廷使用。在它纳入大汗（指元世祖忽必烈）版图之前，本地人不懂得制造高质量糖的工艺，制糖方法很粗糙，冷却后的糖呈暗褐色的糊状。等到这个城市归入大汗的管辖时，刚好有些巴比伦人来到帝廷，他们精通糖的加工方法，因此被派到这个城市来，向当地人传授用某种木灰精制食糖的方法。”这段文字是近年陈开俊等根据 1926 年出版的曼纽尔·科姆洛夫（MannelKomroff）的英译本转译的。对文中的“武干市”，译者注称“似今之尤溪”。文中所说的“木灰精”无疑是从木灰浸液中提取到的结晶碳酸钾（以取代唐代时印度制糖法中的石灰）。巴比伦（今伊拉克巴格达以南）人很可能也是从印度学来的这种技术。《马可·波罗游记》新译本由福建科学技术出版社于 1982 年出版。

⑥ 明·周瑛：《兴化府志》（明弘治十六年），北京大学图书馆善本书库藏本。

⑦ 明·周瑛：《光化府志》（明弘治十六年），北京大学图书馆善本书库藏本。

往往很不重视，因此，记载一般要远迟于实际应用，所以，笔者认为这种净化法始于正统年间或明代初年的估计比较可靠、稳妥，最早应在泉州流行。

这里要附带指出，清代乾隆年间，李调元在其《南越笔记》卷十五中谈到广东的糖时，曾说："乌糖者以黑糖烹之成白，又以鸭卵清搅之，使渣上浮，精英下结，其法本唐太宗时贡使所传。……"① 这话当然是靠不住的，显然他把黑沙糖、石蜜乳糖与结晶白沙糖混为一谈了。

在我国古代沙糖的脱色技术中成就最大、影响最广的当然是利用黄泥的脱色法。这项技术的发展从偶然的发现到自觉地运用和改进大致可以分为两个阶段。

第一个阶段是泥盖法。由于有关这种方法的文献记载都较粗略，又多有错讹和疏漏，往往不大容易读懂，因此，有必要先对此法作一番解说：先将蔗汁加热蒸发，浓缩到黏稠状态（滴到冷水中，便凝成软块），即倾入一个漏斗状的瓦钵中，这种瓦钵上部宽大，下端窄小，并向下开口，过去有很多名称，如瓦罂、碥、圂、漏斗、瓦溜等等。事先用稻草或其他栓塞封住其下口。经过二至三天后，钵的下部便被结晶出的沙糖堵塞住。于是拔出塞草，把瓦钵置于瓮、釜或锅上，上面再以黄泥饼均匀压上，或用黄土泥密封钵的上口。总之，第一要使黄泥与糖浆接触；第二要压力均匀，不可使糖浆局部下陷。这时黄泥便逐渐地渗入糖浆中，吸附了其中的各种着色物质并缓缓下沉到钵的底部，又随着糖蜜（明清叫糖油，即从糖液中分离出砂糖后剩下的未结晶的胶黏母液）逐滴落入下面的瓮釜中。这样经过一个相当长的时间，脱色作用便完成。揭去土坯或刮去干土，这时钵中的上层部分便成为上等白沙糖，即所谓"双清"；瓦钵底部仍为黑褐色糖，即所谓"瀵尾（贩尾）"②。

关于这种做法，在明末清初人方以智（1611—1671 年）的《物理小识》中讲得比较清楚。其卷六中有如下记述：

糖霜……今盛于闽广。智闻余赓之座师曰："双清"糖霜为上，"瀵尾"为下。十月滤蔗，其汁乃凝，入釜煮定，以锐底瓦罂穴其下而盛之。置大缸中，俟穴下滴，而土以鲜黄土作饼盖之，下滴久乃尽。其上之滓于是极白，是为"双清"；"次清"，屡滴盖除而余者；近黑则所谓"瀵尾"。③

这种做法的起源显然是化学与化学工艺史界很感兴趣的问题。关于此事，清初人刘献廷（字继庄，别号广阳子，1648—1695 年）所著《广阳杂记》卷二中记载了一则传闻：

涵斋言：嘉靖以前，世无白糖，闽人所熬皆黑糖也。嘉靖中，一糖局偶值屋瓦，堕泥于漏斗中，视之，糖之在上者，色白如霜雪，昧甘美，异于平日；中则黄糖；下则黑糖也，异之。遂取泥压糖上，百试不爽。白糖自此始见于世。④

刘献廷 19 岁后就定居江苏吴江县，历 30 年，这段记述是听杨涵斋说的，不是实地考察，只能作为参考。因为早在嘉靖以前，前述弘治十四年周瑛所修《兴化

① 清·李调元：《南越笔记》第 205 ~ 206 页，《丛书集成初编》史地类，总 3126 册。
② 郑尊法：《糖》，《万有文库》总 678 册，第 22 ~ 23 页，上海商务印书馆，1930 年。
③ 明·刘献廷著：《广阳杂记》，《丛书集成初编》，总第 2958 ~ 2960 册。
④ 明·刘献廷著：《广阳杂记》，《丛书集成初编》，总第 2958 ~ 2960 册。

府志》中就已记述了种方法，而且已是当时福建莆田、仙游两县家喻户晓的制白糖法，其记载较之《物理小识》还要详明。其做法是将黑沙糖溶化并加热，先用前文所引的鸭蛋清净化法将糖浆进行初步脱色、净化，在用笊篱除去上浮的渣滓后，接着进行如下处理：

[继续加热糖浆]，看火候足，利用两器，上下相接，上曰圂，下曰窝。圂下尖而有窍；窝内虚而底实。乃以草塞窍。取炼成糖浆置圂中，以物乘（趁）热觉（搅）之。及冷，糖凝定。[拔去草塞]糖油坠入窝中。三月梅雨作，乃用赤泥封之；约半月后，又易封之。则糖油尽抽入窝。至大小暑月，乃破泥取糖，其上者全白，近下者稍黑，遂曝干之。

前文已提及，该文最后指出：该法“彭志曰：旧出泉州，正统间莆人有郑立者学得此法，始自为之”。李治寰认为这种技术可能是郑和几次下西洋时一些海员从西洋某国学来的。[①] 这种见解值得参考。然而我们再查阅《泉州府志》，则另有别说。在该《府志》卷十九“货之属”中有如下记述：

糖，有黑沙糖，有白沙糖。白沙糖有三种，上白曰清糖；次白曰官糖；又次白曰贩尾。……凡甘蔗汁煮之，为黑糖；盖以溪泥，即成白糖。……盛黑糖者曰**㼽**，下有孔，置于小缸上，上置泥，则下注湿，是为糖水。其清者为洁水，盛（成）冰糖，以砵凿其底，而注湿为霜水，不用盖泥。初人不知盖泥法，相传元时南安（属泉州府）有一黄姓，墙塌压糖，去土而糖白，后人遂效之。

这个关于盖泥法的起源传说，与《广阳杂记》所说颇为相似，但时间上则从明朝嘉靖年间提早到了元代。如果这话确实，那么，李治寰的推测就有商榷的余地了，而且盖泥法的发明就可能比蛋清净化法还要早些了。总之，这个问题还值得进一步考证。不过笔者倾向于认为，盖泥法是我国糖房工匠从偶然事件中受到启示而发明的说法早就广为流传，大致是可以相信的，表明这种方法很可能确为我国古代糖匠自己发明的。

这种盖泥法经过后人的不断效仿，糖匠明确意识到黄泥浆具有脱色的本领，于是改进盖泥法，演变为添加黄泥浆的做法。这一改进不仅使脱色效果更佳，而且大大提高了制糖脱色的效率，再无需从“三月梅月作”直到“大小暑月”才仅制得一圂白糖了，而且质地均匀，皆为上乘精品。这便是黄泥法发展的第二阶段，也就是宋应星在其《天工开物·甘嗜》中所描述的工艺。该书中关于煎熬、脱色与结晶部分的记述如下：

每汁一石，下石灰五合于中。凡取汁煎糖，并列三锅如“品”字。先将稠汁聚入一锅，然后逐加稀汁两锅之内。……看水花为火色。其花煎至细嫩，如煮羹沸，以手捻试，粘手则信来矣。此时尚黄黑色。将桶盛贮，凝成黑沙。然后以瓦溜置缸上。其溜上宽下尖，底有一小孔，将草塞住，倾桶中黑沙于内。待黑沙结定，然后去孔中塞草，用黄泥水淋下，其中黑滓入缸内，溜内尽成白霜。[②]

为配合文字说明，书中还附了“轧蔗取浆”和“澄结糖霜瓦器”图（见图

① 李治寰：《中国食糖史稿》，第61页，农业出版社，1990年。
② 明·宋应星：《天工开物·甘嗜》，（上海）国学整理社，1936年。

3-2-3、图3-2-4），足可以使读者一目了然。值得注意的是，宋应星所描述的此项工艺中还明确提到了用石灰对蔗汁进行预处理，在压榨所得的蔗汁中加入少量石灰使蔗汁中的杂质凝结沉淀，在继续加热煮沸的过程中，沉淀的微粒随泡沫浮到液面。泡沫可用带筛孔的铜瓢撇出，用布袋过滤便可得到澄清的蔗汁。这一举措对改善蔗糖的质量意义重大。

图3-2-3 《天工开物》所绘轧蔗取浆图（采自喜咏轩丛书刊本）

图3-2-4 《天工开物》所绘瓦溜、黄泥水使蔗糖脱色（采自喜咏轩丛书刊本）

据郑尊法所著《糖》一书的记载，宋应星所介绍的方法很长时间为我国糖坊所沿用。在本世纪20年代时，四川内江、资中、资阳、广东汕头、潮州、江西赣江流域及福建漳州、泉州等地糖坊的压榨、煎熬、脱色诸工序与明末的情况仍无多大差异，即使在近年仍保留着这种作坊。①

在《物理小识》中方以智还提到一种利用白土吸附的脱色法。其原文如下："造白糖法：煮甘蔗汁，以石灰少许投［入］，调成赤沙糖。再以竹器盛白土，以赤沙糖淋下锅，炼成白沙糖。劈鸭卵搅之，使渣滓上浮。"② 这种白土大概就是高岭土，即一种铝矾土，化学组成是硅酸铝，除具有很好的可塑性，可用作烧瓷原料外，还有很强的吸附活性，因此确是一种很有效的蔗汁脱色剂。现代制糖业中还有应用。不过，在欧美各国似乎很晚才发现铝矾土及铝酸盐具有这种功能。直到 1941 年，W. A. Lande 才提出采用"波罗舍尔"（Porocel，也是一种铝矾土），指出其效果可与骨炭相媲美。同年，B. Heinemann 也提出铝酸钠对糖浆有脱色作用。③ 而利用含氧化铝物质作糖浆脱色剂的尝试，我国则在 17 世纪已经进行了。不过，这种方法在《物理小识》以后的书中未能再找到记载，似乎没有推广。

20 世纪初，西欧的近代蔗糖制造法传入我国，出现了一些新式糖厂，但这些工厂绝大部分操纵在外商手中。例如 1878 年和 1894 年英商在香港建立了"怡和精糖公司"和"太古精糖公司"；1905 年我国官办了"呼兰制糖厂"，同年在哈尔滨中俄合办了"阿什河糖厂"。于是骨炭（即由骨头烧成的骨灰）脱色法传入我国。它是利用活性炭的吸附活性，这仍是目前应用最广的方法。

以上介绍的砂糖、冰糖技术都表明在唐宋时期，我国古代制糖技术有了较大的进步。这不仅表现在食糖新品种的创制和其相应生产技术的掌握上，还表现在对果蔗和用于榨糖蔗种的区分及新蔗种的引进和认识上，表现在甘蔗栽培技术的进步及其与气候和环境关系的认识上。总之，从甘蔗选种直到制成糖品的贮存等一整套技术已基本完善。元代的官方农书《农桑辑要》在详细地介绍了甘蔗的栽培技术后，对于红糖的煎熬技术，该书是这样叙述的：

煎熬法：若刈倒放十许日，却不中煎熬。将初刈倒楷秆，去梢、叶，截长二寸，碓铸碎，用密筐或布袋盛顿，压挤取汁。即用铜锅内——斟酌多寡——以文武火煎熬。其锅隔墙安置，墙外烧火，无令烟火近锅。专一令人看视。熬至稠粘似黑枣，合色。

用瓦盆一只，底上钻箸头大窍眼一个，盆下用瓮承接。将熬成汁用瓢豁于盆内，极好者澄於盆；流于瓮内者，止可调渴水饮用。将好者止就用有窍眼盆盛顿，或倒在瓦罂内亦可，以物覆盖之。食则从便。慎勿置于热炕上，恐热开化。

大抵煎熬者，止取下截肥好者，有力糖多；若连上截用之，亦得。

根据这段文字，可以判定当时的蔗糖生产已成为制糖业的主流。但是技术状况仍不平衡，较先进的白糖、冰糖生产技术没有清楚提及就表明该技术还没有被普及。到了明代，情况又有了变化。明代宋应星在《天工开物・甘嗜第六》的记叙，可以说是最好的展示。下面是该记叙的全文：④

① 刘绎如：《潮州制蔗糖的方法及糖的加工》，《化学通报》1958 年 6 期。

② 明・方以智：《物理小识》，《万有文库》，总 543 册，第 134 页，商务印书馆，1930 年。

③ ［荷］P. Honig 编，陈树功等译：《制糖工艺学原理》，轻工业出版社，1978 年。

④ 明・宋应星：《天工开物・甘嗜》，（上海）国学整理社，1936 年。

甘嗜第六

宋子曰，气至于芳，色至于艶，味至于甘，人之大欲存焉。芳而烈，艶而艳，甘而甜，则造物有尤异之思矣。世间作甘之味，什八产于草木，而飞虫竭力争衡，采取百花，酿成佳味，使草木无全功。孰主张是而颐养遍于天下哉？

蔗种

凡甘蔗有二种，产繁闽广间。他方合并得其什一而已。似竹而大者为果蔗，截断生啖，取汁适口，不可以造糖。似荻而小者为糖蔗，口啖即棘伤唇舌，人不敢食，白霜、红砂皆从此出。凡蔗古来中国不知造糖。唐大历间，西僧邹和尚游蜀中遂宁，始传其法。今蜀中种盛，亦自西域渐来也。凡种荻蔗，冬初霜将至，将蔗砍伐，去杪与根，埋藏土内。雨水前五六日，天色晴明，即开出，去外壳，砍断约五六寸长，以两个节为率。密布地上，微以土掩之，头尾相枕，若鱼鳞然。两芽平放，不得一上一下，致芽向土难发。芽长一二寸，频以清粪水浇之。俟长六七寸，锄起分栽。凡栽蔗必用夹沙土，河滨洲土为第一。试验土色：掘坑尺五许，将沙土入口尝味，味苦者不可栽蔗。凡洲土近山上流河滨者，即土味甘，亦不可种。盖山气凝寒，则他日糖味亦焦苦。去山四五十里。平阳洲土，择佳而为之。凡栽蔗治畦，行阔四尺，犁沟深四寸。蔗栽沟内，约七尺列三丛。掩土寸许，土太厚则芽发稀少也。芽发三四个或六七个时，渐渐下土，过锄耨时加之。加土渐厚，则身长根深，庶免欹倒之患。凡锄耨不厌勤过，浇粪多少，视土地肥饶。长至一二尺，则将胡麻或芸苔枯浸和水灌，灌肥欲施行内。高二、三尺，则用牛进行内耕之，半月一耕，用犁一次垦土，断傍根一次，掩土培根。九月初培土护根，以防砍后霜雪。

蔗品

凡荻蔗造糖，有凝冰、白霜、红砂三品。糖品之分，分于蔗浆之老嫩。凡蔗性，至秋渐转红黑色，冬至以后，由红转褐，以成至白。五岭以南无霜国土，蓄蔗不伐以取糖霜。若韶、雄以北，十月霜侵，蔗质遇霜即杀，其身不能久待以成白色，故速伐以取红糖也。凡取红糖，穷十日之力而为之。十日以前，其浆尚未满足；十日以后，恐霜气逼侵，前功尽弃。故种蔗十亩之家，即制车釜一付，以供急用。若广南无霜，迟早唯人也。

造糖

凡造糖车制，用横板二片，长五尺、厚五寸、阔二尺，两头凿眼安柱，上筍出少许，下筍出板二三尺，埋筑土内，使安稳不摇。上板中凿二眼，并列巨轴两根，轴木大七尺围方妙。两轴一长三尺，一长四尺五寸，其长者出筍安犁担。担用屈木，长一丈五尺，以便驾牛团转走。轴上凿齿，分配雌雄，其合缝处须直而圆，圆而缝合。夹蔗于中，一轧而过，与棉花赶车同义。蔗过浆流，再拾其滓，向轴上鸭嘴扔入，再轧，又三轧之，其汁尽矣。其滓为薪。其下板承轴凿眼，只深一寸五分，使轴脚不穿透，以便板上受汁也。其轴脚嵌安铁锭于中，以便捩转。凡汁浆流板有槽枧，汁入于缸内。每汁一石，下石灰五合于中。凡取汁煎糖，并列三锅如“品”字。先将稠汁聚入一锅，然后逐加稀汁两锅之内。若火力少束薪，其糖即成顽糖，起沫不中用。

造白糖

凡闽、广南方，经冬老蔗，用车同前法榨汁入缸。看水花为火色。其花煎至细嫩，如煮羹沸，以手捻试，粘手则信来矣。此时尚黄黑色，将桶盛贮，凝成黑沙。然后以瓦溜置缸上。其溜上宽下尖，底有一小孔，将草塞住，倾桶中黑沙于内。待黑沙结定，然后去孔中塞草，用黄泥水淋下，其中黑滓入缸内，溜内尽成白霜。最上一层厚五寸许，洁白异常，名曰洋糖。下者稍黄褐。造冰糖者，将洋糖煎化，蛋清澄去浮滓，候视火色。将新青竹破成篾片，寸斩撒入其中。经过一宵，即成天然冰块。造狮、象、人物等，质料精粗由人。凡白糖有五品：石山为上，团枝次之，瓮鉴次之，小颗又次，沙脚为下。

宋应星在糖品中，主要介绍了蔗糖，从甘蔗的种植，一直到白糖、冰糖及兽糖的制成，十分详尽。可以说宋应星在这里是对当时蔗糖及其他制糖技术的全面总结。尽管关于榨蔗汁、熬糖浆、制红糖、白糖、冰糖的技术及脱色技术前面有人已做过介绍，但是宋应星还是根据自己的调查研究，作了清晰的陈述，同时还绘出了“轧蔗取浆”、“澄结糖霜瓦器”两幅插图对该工艺进行形象的剖示。此外，宋应星还对甘蔗的品种和种植及收获时机作了客观的介绍，可见他是进行过实地考察的。《天工开物》关于制糖技术的资料的确是很珍贵的，在它的帮助下，后人对中国古代制糖技术有了形象的了解。

根据宋应星对制糖工艺的陈述，现将其工序路线图表述如下（从榨蔗开始）：

甘蔗 —每蔗/榨三次→ 糖车（由两石辊组成的榨蔗机）—汁一石下/石灰五合→ 蔗汁 —加热浓缩/过滤除杂质→ 澄清的糖汁 ——→ 糖茶（浓稠的糖浆）—倒入桶/中凝结→ 块状的黑沙（又称乌糖，即红糖）

制白糖：

黑砂 —倒进糖漏/待结定→ 黑砂 —用黄泥水淋下→
- →上层洋糖（即白砂糖）
- →下层黄褐色砂糖
- →漏下有色物质和糖蜜（又称糖水）

制冰糖：

洋糖 —加热熬化→ 糖液 —加入稀释的蛋清/不停搅拌并除去泡沫→ 熬到一定浓度的糖液 ——→ 倒入密布篾片的瓷缸 —缓慢冷却结晶→ 天然冰糖

为了更清楚地认识明清时期的制糖技术，笔者再依据一直流传在广大产糖区的民间制糖技艺对上述的制糖工艺①作一参照和补充。

榨汁：民间所用的榨汁机仍是由两个并立在石板上的大石辊构成的糖车，用两头牛来转动，当石辗转动时，甘蔗就从两辊间的狭缝进去，榨出的蔗汁通过竹管流到容器中。每根甘蔗一般要榨三次，第三次榨汁时要适当往甘蔗上喷水，以增加蔗汁，减少损失。

澄清：在蔗汁中加入少量的石灰促使蔗汁中的杂质凝结沉淀，随后加热煮沸，

---

① 刘绎如：《潮州制蔗糖的方法及糖的加工》，《化学通报》1958 年 6 期。

沉淀的微粒会随泡沫浮起，用带筛孔的铜瓢撇出经过布袋过滤。当蔗汁表面的泡沫减少到一定程度，再将蔗汁舀入大桶中，静置一段时间，便可得到澄清的蔗汁，沉淀会积聚到桶底。石灰的用量对糖的质量影响较大，加得太多，颜色深红；加得太少，杂质又难除尽。宋应星介绍的是一石蔗汁加五合石灰，这用量也不是绝对合适。一般要看甘蔗的品种、质量，要看蔗汁中杂质的多少而定。在实际操作中，一般是有经验的煮糖师父根据加石灰后蔗汁的颜色来判断所加的石灰量是否合适。

煮熬：澄清后的蔗汁要放在大锅中煮熬，浓缩至可以让糖分结晶。宋应星介绍的是并列三锅如品字，一锅熬稍稠一点蔗汁，两锅熬稍稀蔗汁。也有的地方用灶底为前低后高的孔明灶，其上一字排放四口大锅，蔗汁先在后面的锅里煮熬，煮到一定浓度时，逐一移至前面锅里，浓缩在头一锅里完成。从蔗汁中熬出高质量的糖，煮熬技术很关键，它的操作一般都是由经验丰富的老师傅掌控。老师傅依据糖液的颜色和糖液跳出液面的高低来判断糖液的浓度。最后靠试火候的方法来决定。该方法是用竹片蘸点糖液迅速放到盛有冷水的大瓷碗中，若糖液能凝结成块，则表明其达到了相当的浓度。同时老师傅用两个指头捏捏糖块，根据软硬的程度来判断其火候的老嫩。若火候未到，继续煮继续试，直到满意为止。此外，不同种类的糖，要求的火候老嫩是不同的。如制乌糖，即红砂糖、黑砂糖，火候要老些；若制糖菜（制白糖的原料），火候要嫩些。这一操作过程似乎比宋应星所介绍的通过观察水花来掌握火候，当熬到水花呈细珠状，好像煮羹一样沸腾时，用手捻试一下，黏手则熬好了要详细、准确一些。

结晶、脱色制白糖：将熬好的糖液倒入糖槽［一般是长约一丈（1 丈 =10 尺，1 尺约合 31.1 cm），宽四五尺，深约八九寸的大木槽］中，两人用铁铲将其反复地搅拌翻转，糖液很快就凝结，从而得到包含许多黄褐色结晶的红糖，再经简单加工成片状或块状就成可以贮存的红糖。

制白糖还需经过脱色和除蜜处理。脱色除蜜的操作在糖漏（即宋应星所称瓦溜）中进行。糖漏是一类请制陶师傅特意烧制的，直径约一尺、高一尺，尖端有孔的圆锥形陶罐。在使用糖漏前应先将其充分浸水，使其陶壁空隙中饱含水分，以避免以后糖质被吸附在这些空隙中。用草塞住糖漏顶端的小孔后，倒入已煮好的糖液，随后用铁铲搅拌至微细结晶产生止。这种结晶的糖人们称其为糖茶，其内含结晶的糖分、不结晶的糖分及许多水分，许多色素物质也附在糖结晶体的表面。溶在水中的不结晶糖分，就是糖蜜，有人称其为糖水。脱色除蜜之前，要将糖漏倒过来放在竹席上，拔去草塞，让糖块从糖漏中脱落。随后将糖块重新装进糖漏中，并将糖漏放在糖锅（一个高约一尺多的瓷缸）中。再将调好的黄泥浆水缓缓地淋下，糖中的色素随着糖蜜及其他杂质从糖漏中滴入糖锅。约过七八天，糖漏上层五寸多为洁白的砂糖，下层的砂糖略呈黄褐色。漏入糖锅的是黑褐色的糖蜜及泥浆。上述的黄褐色砂糖和黑褐色的糖蜜一般要经过类似过程的三次处理，还可以得到一些白糖和颜色带黄的赤砂糖。整个脱色、除蜜过程约需一个月。黑褐色的糖蜜也可以直接熬煮成红褐色的块糖。

制冰糖：将白糖再溶于水，入锅煮熬。在煮熬中进行起清，即将用鸡鸭蛋蛋清、蛋黄制成的稀薄水溶液逐步加入糖液中，边加边搅，蛋液遇热凝结夹带不溶的杂质变成泡沫浮出，再用铜瓢将泡沫除去。当煮到需要浓度后，倒入瓷钵（瓷钵中密布篾片数十条），加上木盖，再用谷壳包围，缓慢冷却，经过几天待结晶完全后，倾倒出钵中未结晶的糖蜜，然后将钵劈开，取出其结成团的冰糖。

在古代，各地的制糖工艺虽有差异，但其主要工序、技术，基本上是大同小异，大多都符合科学原理。到了近代，西方制糖的机械化生产引进之后，以钢铁为原料的大型榨蔗机取代了石辊榨蔗，榨出的蔗汁较过去干净。澄清时不仅加入了足量的石灰，还用通入碳酸气来中和过量的石灰，使其变成沉淀而除去。煮熬蔗汁不是三口或四口锅而是一字排开的十口锅。前面几口锅装的蔗汁容量较大，受热温度也较高，蒸发浓缩就较快，后面几口锅受热温度稍低些，浓缩也较慢，防止过火烧焦产生焦糖。在煮熬过程中，人们可以根据泡沫的颜色、气味来判别蔗汁的酸碱度、浓缩的程度及是否有焦糖产生。正常的沸腾所产生的泡沫颜色由淡黄色逐渐变浓变深最后呈金黄色。其气味也由蔗汁的清香逐渐变浓为甜蜜的香味。最后浓缩的程度可以用波美表来测量。糖液脱色漂白则改用硫熏法，特别是改用高效率的离心机以除去糖蜜取得白糖。不难看出，近代的制糖工艺仍是古代制糖技术的延续和发展。

五、甜菜制糖

甜菜制糖，在中国直到近代才有，现在它也成为制糖的一个组成部分，下面作一简单的回顾。

甜菜在我国古代其实早已栽植和利用了。但主要是食用它那肥大的叶子，它的叶和茎略带有苦味；也常利用其叶和种子作为药物。据说“主治时行壮热，解风时毒”。① 这种植物大约是在3世纪时的汉魏时期从西域引进来的，在黄河流域种植。它有很多名字，汉晋时叫菾菜（见《名医别录》），五代时叫甜菜（见《日华子本草》），宋代时叫若送菜（见《嘉祐本草》）。此后又有牛皮菜、石菜、杓菜、猪㹸菜、光菜等名。② 但没有意识过食用其含糖的根部。

据说波斯在两千多年前已经栽种甜菜，但也只是采食它的叶部，或把它充作牲畜饲料。经过几个世纪后才发现它的根比带苦味的叶子要可口得多。这种植物属于藜科，二年生草本，性喜寒冷。气候越冷，它的根部含糖分越多。

最早发现甜菜块根里含有糖分的人是18世纪时德国矿物化学家马格拉夫（S. A. Marggraf，1709—1782年）。1747年，他在显微镜下检查到甜菜根内糖分的结晶，随即向普鲁士科学院作了报告。于是，德国的农学家开始有意识地对它进行高糖定向培育，使它根部的含糖量逐渐增加。③ 其后，在各国农学家的共同努力下，在20世纪初时已使甜菜根部的含糖量从原初的6%，提高到了18%左右。而目前的良种甜菜含糖量已可达24%，成为某些国家制造食糖的主要原料。④ 在欧洲，首先研究甜菜的虽然是德国，但最早建造甜菜糖厂的则是俄国，因为它的国

① 唐·苏敬著，尚志钧辑校：《唐·新修本草》卷十六，安徽科技出版社，1981年。
② 江苏新医学院编：《中药大辞典》下册，总第1815页，上海人民出版社，1977年。
③ 胡亚东主编：《世界著名科学家传记》第Ⅱ册，第128页，科学出版社，1992年。
④ 李治寰：《中国食糖史稿》，第61页，农业出版社，1990年。

土处于较寒冷的地带，耕地不宜种植甘蔗，蔗糖必须从英国进口。于是俄国在1800年建立了世界上第一座甜菜糖厂；另一个则是法国，因为它在19世纪初时正处于拿破仑当政时期，海道被英国封锁，缺乏盛产于南亚的甘蔗资源，于是也在北方大力推广种植甜菜。以后，德国也随之效仿，建造了甜菜糖厂，并且对其实行优惠的保护政策。① 于是甜菜糖的研究和生产得到了很快的发展，甜菜种植逐渐向南发展。近年，由北纬高纬度地区向南已发展到接近甘蔗生产区，即由北纬54°已向南发展到33°地区。到1970年时，全世界的甜菜栽种面积已经达到800万公顷，世界甜菜年产量已超过22 000万吨，其中大部分产于欧洲。

甜菜块根部榨汁的成分，当然会因甜菜品种、营养状况、生长时土地和气候环境的不同而有所差别；而且随着品种改良和栽培技术的进步而逐渐在提高。郑法尊在所撰《糖》（第四章）中指出：在20世纪30年代时，一般来说，甜菜根含糖量在12%～16%。他在书中举出了一种甜菜榨汁的成分（见表3－1－2）。

表3－1－2　甜菜榨汁的成分

甜菜糖（蔗糖）	转化糖②	含氮物	非糖有机物	钾钠盐	其他金属氧化物	磷硫硝硅酸	水分
14.5%	0.16%	0.80%	0.40%	0.25%	0.07%	0.20%	83.60%

在近代的制糖工厂中，从甜菜制造食糖的工序和设备与甘蔗榨糖所差无几，生产的工序大致也都是：①洗涤；②切片；③榨汁和过滤；④加入生石灰或石灰乳处理，然后通入碳酸气沉淀掉过量的石灰；⑤加热（约80 ℃）浓缩；⑥分蜜与结晶。

我国引进作为制糖原料的甜菜的时间，目前一般认为是1906年。那年，一些俄籍波兰人最早在黑龙江流域试种。1905年，中俄在哈尔滨南阿什河畔的阿城县着手合建“阿什河糖厂”。1908年投产时，每天可生产甜菜糖21吨。若以此为据，我国生产甜菜糖的历史，迄今（2008）已有百年。不过在1987年时，李治寰得到宋湛庆的函告，③ 称1896年河南滑县人郭云升在其所著《救荒简易书》中谓：

云（郭云升）在山东省齐河县黄河船中，见奉天海州（今辽宁省海城市）商人，闻其说洋蔓菁（即甜菜）碾汁作糖，为利甚厚，而其渣为用甚大，丰年能饲牛马，荒年可以养人。云喜，细问原委，则曰：“奉省海州种洋蔓菁业已二十余年矣，故能言之详且尽也。”

若此说可靠，我国引种制糖甜菜并“碾汁作糖”已有130余年之久了。

1905年以后，日本人也在我国东北地区推广甜菜种植，1916年在南满成立“制糖株式会社”，并同时在沈阳市建立“奉天糖厂”，在铁岭、范家屯、哈尔滨设分厂。国人自己创建的甜菜糖厂则首推富华公司于1914年在哈尔滨北呼兰县开办的“呼兰制糖厂”。此后，1921年溥益实业公司在济南又建立了“溥益实业公司制糖厂”（1927年停业）；1921年，中日合办的济南制糖公司也开始投产。④

① 盛诚桂、张宇和：《植物的驯服》，上海科学技术出版社，1979年。

② 转化糖是葡萄糖和果糖等量混合物，是蔗糖的水解产物。

③ 李治寰：《中国食糖史稿》，第61页，农业出版社，1990年。

④ 郑尊法：《糖》，《万有文库》，总678册，第22～23页，上海商务印书馆，1930年。

第三章

酒

在当今生活中，许多人对酒的关注远胜于盐、糖、醋。因为饮酒已不止于物质上的享受，还成为礼仪交往、情感抒发的常见载体。正是酒在生活中的这种特殊地位，促使它的生产技术较受人们重视，中国历史上不乏像宋代大文豪苏轼这样的名人都曾热心于酿酒技术的考察和实践。但是更多文人墨客注重酒的味美醇香，留下无数赞赏美酒的诗词，酿酒技术的奥秘对他们来说实在是太神奇了。

酿酒技术属发酵工程，既是最古老的技术，又是现今最前沿的生物工程（现代生物技术）的一部分。说它古老，是因为这项技术出现在 8 000 年前，人们模仿自然发酵的现象掌握了它。尽管沿用发酵酿酒的技术那么绵长，但是直到 19 世纪下半叶，才对谷物究竟是为什么能酿成酒有了一知半解的认识，接着化学家、生物学家围绕着发酵过程究竟是生物过程还是化学过程争论了几十年。20 世纪初，化学家才揭示了发酵酿造的机理在于一种叫做酶的蛋白质在起作用。随后的研究，人们进一步认识到多种酶的化学结构及其作用机制，建立起今天生物工程的又一分支——酶工程，现今的酿酒技术正是在这种科学的认知基础获得了新的发展。

本书讲的是中国古代的酿酒技术，即仍处于知其然不知其所以然的那个朦胧阶段的技术发展历程。古代的先民至迟在距今五千多年前的仰韶文化时期，已开始模仿自然界的发酵现象采用谷物酿酒，在实践中，逐渐认识了酒曲及其制造方法。酒曲是培养和储藏有利于发酵的微生物的载体，制备酒曲和科学地使用酒曲是酿酒技术中的关键。从战国到秦汉，人们从使用散曲发展到制备多种块曲，这是制曲技术的重要进步。伴随着制曲技术的完善，人们又摸索出为发酵朝着产出好酒方向变化的一整套控温、调湿及环境预留等系统技术。总之，中国的发酵原汁酒——黄酒的生产工艺在宋代时已成熟定型。用蒸煮方法加工食品古已通行。在炼丹制药中使用蒸馏技术也十分流行。但是生产蒸馏酒相对来说就较迟。成吉思汗的子孙们在西征中把中亚地区的葡萄烧酒及其生产技术传回中原大地，依此，已熟悉蒸馏技术的酿酒师很快利用黄酒或黄酒糟、酸败黄酒等生产出蒸馏酒，当时俗称烧酒、火酒，现今通称白酒。白酒的生产工艺在明代得到了迅速的推广。当今的名酒——泸州老窖、汾酒、五粮液、茅台等都是源于明代。白酒的工艺是在黄酒工艺基础上发展而来的，致使中国的白酒和它的工艺在世界酿酒业中独树一帜。啤酒和葡萄酒工艺，由于多种原因在中国一直就没有发展起来形成气候。直到 19 世纪末由外国传教士和像张弼士这样的华侨的努力，才在中国慢慢发展起来。此外，中国酿酒技术中还有一枝奇葩，它就是在华人中有很高信誉的药酒和滋补健身酒及其研制技术。由于它的生产属于酒的应用，故一般都是放在中药中加以陈述。

第一节 中国酿酒技术的起源

从古至今，关于酿酒技术在中国的起源一直为众多学者所关注。由于学者的专业倾向，考察角度的不同，曾有多种认识。直到近代科学知识的传播和深化以及考古发掘提供了愈来愈丰富的资料，讨论甚至争论才开始了实质的进展，至今逐渐明朗和清晰。

一、古代关于酿酒技术起源的几种说法

仅从古代文献资料来看，人们对酿酒技术的发明曾有以下几种说法。

成书于公元前3世纪的《吕氏春秋·卷十七·勿躬》中提出了“仪狄作酒”一说。汉代刘向（约公元前77—前6年）整理的《战国策·魏策二》中写道：“昔者，帝女令仪狄作酒而美，进之禹，禹饮而甘之，遂疏仪狄，绝旨酒。曰：‘后世必有以酒亡其国者。’”东汉许慎则指出：“酒，就也……古者仪狄作酒醪，禹尝之而美，遂疏仪狄。杜康作秫酒。”① 宋代李昉等进而据《世本》写道：“仪狄始作酒醪，变五味，少康作秫酒。”② 还有其他一些著作也有类似的内容，他们认为夏禹时代的仪狄发明了制造酒醪的技术，杜康则创造了秫酒的技术。这是古代流传最广的一种看法。至今仍有个别学者持这一看法。

现存我国最早的医学论著《黄帝内经》中有一段黄帝与岐伯讨论醪醴的对话：“黄帝问曰：‘为五谷汤液及醪醴，奈何？’岐伯对曰：‘必以稻米、炊之稻薪。稻米者完，稻薪者坚。’”清代学者王冰校注：“五谷，黍、稷、稻、麦、菽，五行之谷，以养五脏者也。醪醴，甘旨之酒，熟谷之液也。帝以五谷为问，是五谷皆可汤液醪醴，而养五脏。而岐伯答以中央之稻米稻薪，盖谓中谷之液，可以灌养四脏故也。”③ 这段对话即暗示在夏禹之前的黄帝时期，人们已能造酒。汉代人写的《孔丛子》也有一段话：“平原君与子高饮，强子高酒曰，有谚云：尧舜千钟，孔子百觚，子路嗑嗑，尚百饮，古之圣贤无不能饮，子何辞焉？”④ 尧、舜都是夏禹之前的氏族社会的首领。可见酿酒技术的出现似在夏禹之前，这是流传于民间关于酿酒起源的第二种说法。

上述两种说法都把酿酒的发明归功于某个人，这是可以理解的。古人认为只有把某些发明创造归功于某个圣人或伟人，才有说服力。然而，也有学者对此提出了质疑。例如，东汉末年的孔融在其《与曹操论酒禁书》中就提出了“酒与天地并也”的观点。他说：“夫酒之为德久矣。古先哲王，类帝禋宗，和神定人，以齐万国，非酒莫以也。故天垂酒星之耀，地列酒泉之郡，人着旨酒之德。尧不千

① 汉·许慎撰，清·段玉裁注：《说文解字注》十四篇酉部，第747页，上海古籍出版社，1981年。

② 宋·李昉等纂：《太平御览》卷八四三“饮食部酒（上）”，第3766页，中华书局，1960年。

③ 清·王冰校注：《黄帝内经·素问》，第74页，商务印书馆，1931年。

④《孔丛子》卷四，第40页，上海商务印书馆《四部丛书》初编本。

钟，无以建太平。孔非百觚，无以堪上圣。”①

晋代学者江统对酒的发明则认为：“酒之所兴，肇自上皇，或云仪狄，一曰杜康。有饭不尽，委余空桑，郁积成味，久蓄气芳，本出于此，不由奇方。”② 他明确怀疑上皇、仪狄、杜康的造酒之说，提出了自然发酵的观点。另一位晋人庾阐也说：“盖空桑珍味，始于无情。灵和陶酝，奇液特生。圣贤所美，百代同营，故醴泉涌于上世。”③ 这个观点也属自然发酵的见解。他们的见解来自对生活中酿酒实践的仔细观察，但是在当时仍难以为多数人所接受。随着社会的发展，愈来愈多的人对酿酒的起源有了新的认识，其中，宋代的窦革（又有人称其为窦苹）就是一个代表。窦革在其撰写的《酒谱》中首先讨论了“酒之源”：

世言酒之所自者，其说有三，其一曰，仪狄始作酒，与禹同时。又曰尧酒千钟，则酒作于尧，非禹之世也。其二曰，《神农本草》着酒之性味。《黄帝内经》亦言酒之致病，则非始于仪狄也。其三曰，天有酒星，酒之作也，其与天地并矣。予以谓是三者，皆不足以考据，而多其赘说也。夫仪狄之名，不见于经，而独出于《世本》。《世本》非信书也。其言曰，仪狄始作酒醪，以变五味，少康始作秫酒。其后赵邠卿之徒遂曰，仪狄作酒，禹饮而甘之，遂绝旨酒而疏仪狄，曰，后世必有以酒败国者乎。夫禹之勤俭，固尝恶旨酒而乐谠言。附之以前所云，则赘矣。或者又曰，非仪狄也，乃杜康也。魏武帝《乐府》亦曰，何以消忧，唯有杜康。予谓杜氏本出于刘累，在商为豕韦氏，武王封之于杜，传国至杜伯，为宣王所诛，子孙奔晋，遂有杜为氏者，士会亦其后也。或者，康以善酿得名于世乎。④

朱肱在《北山酒经》中就直接地说：“酒之作尚矣，仪狄作酒醪，杜康作秫酒，岂以善酿得名，盖抑始于此耶。”⑤

综观窦革等人的说法，他们不同意前面三种观点，而是认为说仪狄作酒，而禹疏远仪狄，是后人为赞美禹之勤俭而编造出来的。说杜康造酒是因为曹操曾说过，何以消忧，唯有杜康，考究杜康的生平，充其量只是一个善酿而闻名者。尧舜千钟，也属委巷之说。孔融说酒与天地并也，仅仅为了骂曹操禁酒。《神农本草经》虽传说它传自炎帝。但若辨其药所出地名，皆为汉代地名，可见它实际上不是炎帝时的书。考究《黄帝内经》中的相关内容，大概也在六国秦汉之际。窦革最后提出了智者作之的看法。这个看法虽然有点模糊，但是在当时的历史条件下，应算是颇有见地的，因而对部分学者曾有一定影响。

由于历史条件的局限，古人是无法了解酿酒的科学奥秘的。直到近代，科学的发展揭示了酿酒的过程是项利用微生物在一定的条件下，将淀粉或糖类物质转化为乙醇的生物化学过程，从而使人们能够依据科学的原理和考古发现所提供的

---

① 《后汉书·孔融传》卷七十，第2272页，中华书局，1965年。

② 晋·江统：《酒诰》，中华书局影印本《古今图书集成》第278卷698册，第14页。

③ 晋·庾阐：《断酒戒》，见清·严可均校辑《全上古三代秦汉三国六朝文》，全晋文卷三十八，第1681页，中华书局，1958年。

④ 宋·窦革：《酒谱》，见《说郛》卷九十四，宛委山堂本，商务印书馆，1927年。

⑤ 宋·朱肱：《北山酒经》，见《中国科技典籍通汇》化学卷一，第856～868页，河南教育出版社，1995年。

资料，再结合古代文献，对酿酒起源作科学的分析。

二、酿酒技术源于古人对自然发酵现象的模仿

从上述古人有关酿酒技术发明的见解，不难看到，由于缺乏必要的科学知识，古人把自然界存在的天然酒或某些含糖物质自然发酵成酒与人工有意识地将谷物酿造成酒等基本观念混淆起来，得出模糊、不科学的结论。

从地球上生命进化历程来看，乙醇（酒精）作为一种基础的有机化合物，与各种生命共存于自然界，特别是生命繁衍的过程。某些含糖物质演化为酒，是一种自然现象。

在自然界中，凡是含有糖（葡萄糖、蔗糖、麦芽糖、乳糖等）的物质，例如，水果、兽乳等含糖丰富的物质，受到酵母菌的作用就会生成乙醇。所以在自然界中一直存在着酒或含酒的物质。正如古人所讲的，“酒与天地并也”。宋代周密在《癸辛杂识》中就记述了山梨久储成酒的现象。“有所谓山梨者，味极佳，意颇惜之。漫用大瓮储数百枚，以缸盖而泥其口，意欲久藏。旋取食之，久则忘之。及半岁后，因至园中，忽闻酒气熏人。疑守舍者酿熟，因索之，则无有也。因启视所藏梨，则化之为水，清冷可爱，湛然甘美，真佳酿也。饮之辄醉。回回国葡萄酒止用葡萄酿之，初不杂他物，始知梨可酿，前所未闻也。”① 金代元好问曾记述了山西安邑的自然发酵而成的葡萄酒。“贞祐中（1213～1217 年），邻里一民家，避寇自山中归，见竹器所贮蒲桃，在空盎上者，枝蒂已干，而汁流盎中，熏然有酒气。饮之，良酒也。”② 明代李日华也曾提到：“黄山多猿猱，春夏采杂花果于石洼中，酝酿成酒，香气溢发，闻数百步。”③ 清代刘祚蕃则记载说：“粤西平乐等府，山中多猿，善采百花酿酒。樵子入山，得其巢穴者，其酒多至数百，饮之，香美异常，名曰猿酒。”④ 猿猴尚知模仿水果自然发酵而制得酒，人类掌握了这一方法显然是不难的。这种自然发酵而成的水果酒应是最原始的酒。

当人类进入畜牧时代，驯养了许多牲畜，知道以畜奶充饥。而一时未喝完的畜奶放在皮质的容器中，放置久了，这些畜奶也会自然发酵成奶酒。人工制备奶酒是十分简便的，所以许多游牧的民族都会制作奶酒。

据此，许多人类学家和发酵专家都认为，人类在远古即旧石器时代业已掌握了水果酒和奶酒的制取。当然这种原始的酒只能说是乙醇含量极低的水果浆或畜奶。

水果或畜奶还难于满足日常的消费，用于酿酒显然是很少的，即水果或畜奶酿酒由于自然资源和社会条件的限制，当时是不可能形成社会的、规模的生产，只有采用谷物酿酒才能为人们提供大量的酒。所以，人们讨论中国的酿酒起源时，主要指粮食酒的起源。用谷物酿酒，其过程较之果酒或奶酒就复杂多了，所以，从水果、畜奶酿酒到谷物酿酒的发展必定经历了很长的时间。

谷物的主要成分为多糖类的高分子碳水化合物：淀粉、纤维素、蛋白质。稻

① 宋·周密：《癸辛杂识》，《说郛三种》卷 21，上海古籍出版社，1988 年。
② 金·元好问：《蒲桃酒赋》，见胡山源：《古今酒事》，第 146 页，世界书局，1939 年。
③ 明·李日华：《蓬拢夜话》，见《说郛三种》卷 26，第 1320 页，上海古籍出版社，1988 年。
④ 清·刘祚蕃：《粤西偶记》，载《说铃》第 6 册，1705 年。

米中含淀粉在70%以上，小麦含淀粉为60%。淀粉不能被酵母菌直接转化为乙醇，它必须经过两个步骤才能被转化为乙醇。

第一步是将淀粉分解为麦芽糖等糖类，即糖化过程：淀粉$\xrightarrow{\text{多种方法}}$糖分。

第二步是将糖分化为乙醇，即酒化过程：糖分$\xrightarrow{\text{酵母菌}}$乙醇。水果、兽乳酿酒只需完成酒化过程，而谷物酿酒则需完成糖化、酒化两个过程。两个过程依次先后进行，后人称其为单式发酵，假若使两个过程同时进行，则称复式发酵。在发酵过程中，还有以下生化反应：

酸的生成　糖分$\xrightarrow{\text{醋酸菌、细菌}}$有机酸

蛋白质分解　蛋白质$\xrightarrow{\text{霉菌}}$肽$\xrightarrow{\text{霉菌}}$氨基酸$\longrightarrow$高级醇

脂肪分解　脂肪$\xrightarrow{\text{霉菌}}$甘油+脂肪酸$\longrightarrow$酵母菌酯

水解淀粉的糖化酶在自然界存在于多种物质之中，因而使淀粉完成糖化过程的方法有很多种，在古代最常见的途径有四种。一是利用人的唾液中的糖化酶，将谷物中的淀粉糖化。二是使谷物生芽，谷芽会分泌出糖化酶，促进淀粉分解变成糖分。三是将谷物加水加热糊化而促使淀粉分解变成糖分。四是利用某些可分泌糖化酶的霉菌使谷物中的淀粉转化为糖分。这是人们在生活中可观察或体会到的自然现象，先民正是模仿这些自然现象，实现谷物的糖化，然后进一步让酵母菌完成糖分物质的酒化而造出酒。

第一种方法，人们在咀嚼淀粉类食物时，慢慢地会感到有甜味，这就是唾液中的糖化酶将淀粉分解为糖分后的感觉。在古代，一些地区和民族曾经采用咀嚼生或熟的谷物后，将其吐出来积聚在小口的陶制容器中。唾液中的糖化酶将淀粉分解为糖分，浮游于大气中的酵母菌侵入容器内又将其中部分糖分转化为乙醇。过些日子，打开容器，里面的酒制成了。这种方法可能由于不卫生和不雅观，更可能是成功率不高，从来就没有被普及过。在中国少数民族地区有无此方法，尚待考察，但是这种方法确实曾在一些地区出现过。《魏书·勿吉国传》写道：“勿吉国嚼米酿酒，饮能至醉。”① 清代末年中国近代科学刊物《格致汇编》1878年出版的第一期上，介绍过南美洲部分印第安人就曾采用口嚼糖化的方法制造出一种名叫“珍珠米”的酒②。在太平洋某岛国也将这种由部族妇女口嚼加工成的酒作为美酒款待贵宾。

第二种方法，利用谷物发芽使淀粉糖化，是先民观察自然现象而掌握的重要技术。谷物发芽时，自身会产生糖化酶，使淀粉变成糖分以供生物生根成长的需要。由于发芽的谷物存在着糖分，将它浸在水中，在合适的温度条件下，酵母菌落入其中并迅速繁殖，发酵后就会生成乙醇。用谷芽酿酒也是最古老的酿酒方法之一。在古代中国，谷芽酒就是最原始的酒品之一，下面有专节讨论。在世界古代文明的其他发祥地：西亚两河流域、古埃及和古希腊，谷芽酒不仅是最早的酒

① 《魏书·勿吉国传》卷100，第2220页，中华书局，1974年。

② 清·徐寿、傅兰雅：《格致汇编》1878年1月卷，格致书院出版。

品，而且还一直流传下来成为主要的酒品，后来的啤酒和经蒸馏而成的威士忌等名酒都是由谷芽酒发展而来。谷芽变淀粉为糖的现象，促使谷芽又成为制造饴糖的主要原料，人们熟悉的麦芽糖即关东糖就是由麦芽制造的。

第三种方法，谷物加水加热而糊化，这一过程中，淀粉得到部分分解也会产生糖，熟软的谷物在适宜条件下，同样会被酵母菌发酵而生成乙醇。前面晋代学者江统所说的“酒之所兴，……，有饭不尽，委余空桑，郁积成味，久蓄气芳，本出于此，不由奇方”就是观察到这一现象而得出的结论。宋代酿酒专家朱肱在他的著作《北山酒经》卷上中也说：“古语有之，空桑秽饭，酝以稷麦，以成醇醪，酒之始也。”① 朱肱的观察较之江统更细心，说得也较科学，这里的秽饭实际上已被当作酒曲了。这种现象在远古时期就可能存在，观察到它而制得酒也不奇怪。问题是用这种方法酿酒，要依赖酵母菌的积极活动，假若环境条件不适宜酵母菌的繁衍或其他类型的细菌抢先占领，就酿不出酒，而是饭馊酸败。由此可见，这种方法的掌握是要有一定的技术条件的。

第四种方法，也是最先进的方法，即是利用酒曲将谷物酿制成酒。所谓的酒曲，实际上就是一类以谷物为原料，专职繁殖霉菌的培养基。在霉菌中既有能使淀粉糖化的曲霉、根霉及毛霉（霉菌在繁殖中分泌糖化酶，就像人分泌含糖化酶的唾液一样）等，又有使糖分酒化的酵母菌。当在生或熟的谷物中加上预先制好的酒曲后，过些时候酒就酿造好了。

以上四种酿酒方法就是先民在模仿自然现象的基础上探索掌握的酿酒技术。在实践摸索中，先民继而对上述各种方法的条件、利弊，有所识别和判断，有所取舍和综合，终于在经验不断继承和积累的前提下，创造出一整套较先进的酿酒工艺。

第一种方法实际上可以归属于第三种方法，它只是由人的口嚼替代了加水加热糊化的谷物淀粉糖化过程。由于发酵过程不好掌握，酿制酒品的成功率很难说，特别是人们不同的习俗观念，对用这种方法酿成的酒必然会有截然不同的看法。这当然要影响这种方法的推广普及。

其他三种方法，中国先民都实践过，通过比较和发展，后来还是选择了将第三、四种两种方法糅合起来的多种多样的，用酒曲来酿酒的独特、先进的技术。

三、曲蘖的发明和早期状况

中国先民创造的酿酒技术，其最重要的特色，即是使用了酒曲，而且制醋、做酱等工艺也使用了曲。使用曲已成为中国酿造业的特色，故曲仅用酒来限定它就显得不全面了。

在古代的许多文献中，特别在南北朝以前，人们往往将曲和蘖联在一起来称谓，似乎它们是不可分割的。古代的曲蘖究竟是指什么，它们又是怎样发明的，过去人们在认识上并不很清楚，甚至还存在着争议和存疑。

---

① 宋·朱肱：《北山酒经》，见《中国科技典籍通汇》化学卷一，第856~868页，河南教育出版社，1995年。

汉代学者许慎的《说文解字》载："曲，酒母也；糵，牙米也。"① 东汉刘熙在《释名》中进而解释说："糵，缺也；渍麦覆之，使生芽开缺也。"② 由此可见，当时已明确曲和糵是两种物质。明代宋应星在《天工开物》中指出："古来曲造酒，糵造醴，后世厌醴味薄，逐至失传，则并糵法亦亡。"③ 宋应星也认为曲和糵是两种东西。曲是用于酿酒的酒曲，糵是一种发酵能力较弱的酒曲，由糵酿造的醴的方法，由于醴的味薄而早已失传。中国化学史专家袁翰青在其《中国化学史论文集》中也认为：曲糵从来就是两种东西，曲是酒曲，糵是谷芽。④ 他的观点与宋应星是一致的。日本学者山崎百治在他所著的《东亚发酵化学论考》中也主张，曲和糵从来都是两种东西，曲主要指饼曲，饼曲后来发展为大曲、酒药等，糵为散曲，后来发展为黄衣曲（《齐民要术》中称麦䴬，是酿造酱、豉常用曲）和女曲（清酒曲）。⑤

上述看法似乎都有其根据和道理，但是从逻辑推理来分析，似乎实际情况比这要复杂得多。

中国微生物学家方心芳（1907—1992 年）认为，曲糵的概念有个发展的过程，即人们对曲糵有个认识过程。在新石器时期，秋季收获的谷物要储存，当时虽已有陶器制作，但制出的陶器件小，容量有限，尚不能满足贮粮之需，谷物大多贮存在特别挖成的地窖中。假若遇上大雨或其他异常情况，谷物受潮受热的情况时有发生，结果是谷物发霉或发芽，视环境条件的不同，有时可能是同一窖中，部分谷物发芽，部分谷物发霉。发霉谷物中的霉菌菌丝及孢子柄与发芽谷物的芽混在一起。在当时粮食尚很珍贵的情况下，人们是不会抛弃这些发霉或发芽的谷物，而会继续食用它。假若把它们泡浸在水中，在一定条件下就会发酵成酒。这些发霉发芽的谷物就是最原始的曲糵。在当时人们也分不清发霉的和发芽的谷物在发酵过程中有什么不同，怎么称呼它，可能有一个名词，可惜当时文字尚未发明，现在也就无记录可考。后来经过很长时间，实践使人们认识到发霉的谷物与发芽的谷物虽然都可以酿酒，但是还是有区别的。在技术进步的前提下，人们遂能专门生产出发芽的谷物和发霉的谷物，并分别用于酿酒，这时才开始专称发芽的谷物为糵，发霉的谷物为鞠，至于"鞠"字从革，很可能是在制曲中常用皮革来包裹受潮的谷物发霉成鞠，故造字时出现鞠，后来人们又掌握了更多造曲的方法，而制曲的原料都是原粮，这个"鞠"就遂被麴或曲所取代。堆积在一起的谷物制曲时，由于发霉所产生的菌丝和孢子柄相互绕缠在一起，有时就不成颗粒状，而成块状。当人们认识到颗粒状的曲与块状的曲在发酵后有不同的效果时，人们进而分别生产出块曲和散曲，前者用于酿酒，后者主要用于制酱做豉。⑥

以上仅是根据科学知识推测的早期的人们认识曲糵和使用曲糵的大致过程，

① 汉·许慎撰，清·段玉裁注：《说文解字注》十四篇酉部，第 747 页，上海古籍出版社，1981 年。
② 东汉·刘熙：《释名》卷四，《丛书集成初编》，总 1151 册，第 66 页。
③ 明·宋应星：《天工开物·曲糵》卷十七，第 47 页，崇祯十年初刻本。
④ 袁翰青：《中国化学史论文集》，第 47 页，三联书店，1956 年。
⑤ ［日本］山崎百治：《东亚发酵化学论考》，第 20 页，东京第一出版株式会社，1945 年。
⑥ 方心芳：《曲糵，酒的起源和发展》，《科技史文集》第 4 辑，上海科技出版社，1980 年。

由于当时它们主要被用于酿酒，故常被连在一起使用。《尚书·商书·说命》里说："若作酒醴，尔惟曲蘖。"① 表示商代人就认为制作酒醴，关键在曲蘖。后来由蘖制醴的技术被淘汰后，人们仍习惯用曲蘖来泛指酒曲。

其实在远古时期，人们促使谷物糖化的四种方法中，发芽的谷物在其干燥后，碾碎了也可以成为酒曲，发霉的熟制谷物也可以作为酒曲。人们获取酒曲的途径很多，后来在实践中才渐有取舍和发展。

四、清醠之美，始于耒耜

通过上述对发酵自然现象的模仿和曲蘖发明的分析，人们对汉代刘安主撰的《淮南子·说林训》中的名言"清醠之美，始于耒耜"② 可以有更深的理解。酿酒技术的起始与农业，特别是种植业的兴起密切相关。

根据考古资料，在我国的新石器时代中期，部分地区的原始氏族社会已由渔猎为主的游牧生活转入以农业生产（种植业和养殖业）为主的定居生活，此时的遗址中曾发现有粮窖和谷物，表明当时已大量种植谷物。谷物的生产为酿酒准备了条件。在南方，浙江余姚河姆渡遗址、良渚文化遗址都已出土有大量窖藏谷物和酿酒、饮酒的器具，器具虽然数量不多，但表明此时已开始酿酒。在北方，河北武安发现的早期磁山文化遗址、河南新郑发现的裴李岗文化遗址都发现储粮用的窖穴堆积的粮食，其数量是相当大的，现仅就磁山文化遗址的发掘情况做一简介。

河北武安磁山第一文化层遗址，经^{14}C法测定年代在距今约7 235 ~ 7 355年。在2 579 m^2发掘面积中，发现灰坑186个，大小不等，深者达6 m，浅者0.5 m左右。其中平面呈圆形或椭圆形灰坑22个，深者1.5 m，浅者0.5 m。从浅者堆积物来看，它们可能是遭到严重破坏的居住遗址。长方形灰坑157个，一般坑壁垂直规整，极少数为袋状，其中62个还有粮食堆积。出土时厚度为0.3 ~ 2 m，其中超过2 m者10个。堆积谷物虽已腐朽，出土时谷粒粒粒可见，不久即风化成灰。经分析，判定为粟。③ 由此可以推测，这里曾是部落聚居地，当时还没有私有财产，谷物为公共所有。结合出土的农具和生活用具来看，当时仍有狩猎，并开始养猪，但农耕生产已占主导地位，粮食较充裕，显然具备了酿酒的物质条件。通过对粮窖的考察，可知当时将粮食入窖后，一般上面用黄土或灰土覆盖，以延长谷物的保存期，覆盖物的厚度约为谷物的三倍。

遗址出土的陶器虽然仍很粗糙和原始，但用于盛水或发酵酿酒是不成问题的。总之磁山新石器遗址的发掘资料表明，在大约距今7000年的黄河流域，不仅有了原始的农业，而且先民们食用的谷物主要是粟，是否饮用粟酒尚值得进一步研究。

仰韶文化是我国黄河流域进入母系氏族社会的典型，因最早发掘的该文化遗址是河南渑池县的仰韶村而得名。年代约为公元前5000 ~ 前3000年。目前，仰韶文化遗址的发现和发掘已多达千处。现以西安半坡遗址为例，看看当时的社会，

① 《尚书·商书·说命》，见《十三经注疏·尚书正义》第175页，（上海）国学整理社，1935年。
② 汉·刘安：《淮南子·说林训》卷十七，第10页，《四部丛刊》。
③ 河北省文管处等：《河北武安磁山遗址》，考古学报，1981年3期。

特别是农业生产的状况。①

据考，西安半坡遗址定居的先民达到数百人至千人，可以说是一个不小的群居寨落。共发掘出200多个贮粮的窖穴，表明贮粮的数量相当大。在贮粮窖中，115号灰坑有点特别。坑的口径约为115 cm，底径168 cm，深52 cm，坑中尚残存谷物约18 cm厚，已腐朽的谷壳呈灰白色。与发掘出来的其他贮粮窖有明显不同，一是灰坑很浅，不像用于贮粮。二是灰坑壁仅涂有1 cm厚的黄土层，不像其他贮粮窖有厚达10～20 cm的防潮层。三是灰坑底部四边有圈浅沟，这也是贮粮窖所没有的。根据以上三个特殊点，笔者猜测它很可能是用于谷物发芽的。灰坑较浅，显然是便于操作。坑壁涂上黄土薄层，可能是为了防止周围泥土污染谷芽。底部环沟的设置，可能是为了谷物发芽的湿度控制，既要经常洒水，使谷物保持必需的水分，又能排除多余的浸渍水，以免因水淹而窒息谷芽。根据上述分析，可以推测当时已在生产谷芽酒了。

虽然制陶技术尚在进步，仰韶文化时期还没有较大型的缸、瓮之类陶器，但是在半坡遗址中还是出土了不少质量很好的泥质陶和砂质陶，其中就有盛水的平底瓮、小口壶、漏斗等陶制品，特别是那种小口尖底瓮，其外形整体成流线型，小口尖底，鼓腹短颈，腹侧有两耳。大者高60 cm，小者有20 cm（见图3－3－1）。

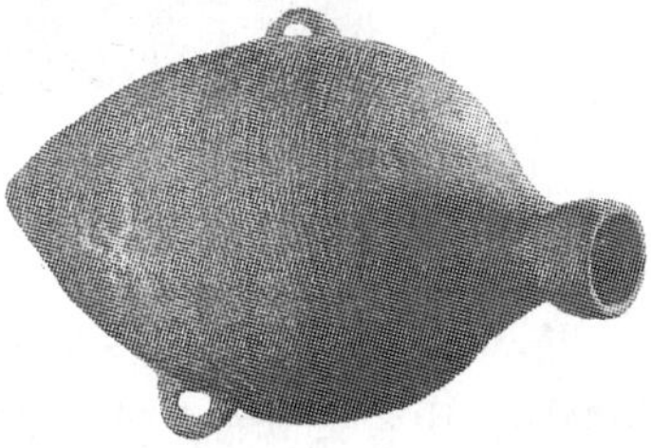

图3－3－1 仰韶文化时的小口尖底瓮（陕西临潼出土）

许多学者曾认为它是一种盛水器，既方便汲装井水，又便于携带而不洒水出瓮，还可架起来用于煮水。从古巴比伦和古埃及酿制葡萄酒和麦酒的器具中看到大量的这类小口尖底瓮（见图3－3－2），笔者得到启示，在仰韶文化时期，中国的先民曾用过这种小口尖底瓮，是值得思考的。从酿酒角度来看，由于早期的酒，酒精度都是极低的，防腐酸败是酿造技术的突出问题，小口尖底瓮可以减少与空气的接触面积，即可减少酒精氧化变酸的可能性，当装满酒而加木塞后，则可以杜绝空气的直接接触。再者，细长的瓮体便于谷物的发酵和渣滓的沉降，尖底部分可以有效地集中沉淀物而有助于酒的澄清和吸收。有酒共饮是氏族社会的习俗之一，用细管吸饮则是共饮的一种常见方式。目前，部分少数民族仍保留吸饮方式，作为欢度节庆的一种特有的民俗（见图3－3－3）。由此可推

图3－3－2 古希腊遗迹中的酒库里留存的酒缸

① 中国科学院考古所：《西安半坡》，北京文物出版社，1963年。

测这类小口尖底瓮在中国古代也曾被用于酿酒。

图3－3－3　傣族共饮竹竿酒

最早出现的文字大多是象形文字，汉字也不例外。甲骨文和钟鼎文属于早期的汉字，甲骨文和钟鼎文中的“酒”字几乎都是小口尖底瓮的形象，即“酒”字曾用酿酒容器来象形（见图3－3－4），由此可以推测小口尖底瓮与酿酒的关系。

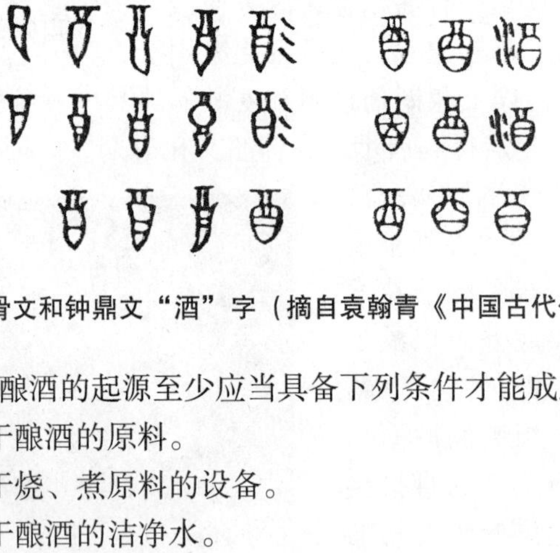

图3－3－4　甲骨文和钟鼎文“酒”字（摘自袁翰青《中国古代化学史论文集》）

有人认为，谷物酿酒的起源至少应当具备下列条件才能成立：

1. 要有可以用于酿酒的原料。
2. 要有可以用于烧、煮原料的设备。
3. 要有可以用于酿酒的洁净水。
4. 要有可以用于酿酒的酒曲。
5. 要有可以制醪发酵的设备。
6. 古人要具有起码的酿酒经验。

姑且不讨论这六个条件是否符合酿酒的科学依据，仅根据这六个条件，从上述资料和分析，可以认为仰韶文化时期都已具备。尽管人们可能对这六个条件的要求在程度上有不同理解，但是遵循历史演进的眼光，认为仰韶文化时期，在中国的部分地区出现酿酒技术是可信的。

有人曾认为，仰韶文化时期，即“我国原始社会的氏族公社时期，主要的生活资料来自农业生产的谷物，而畜牧业则处于从属地位。尽管有了储备的粮食，但它为氏族所公有，为人们所珍视，要把全体赖于托命的粮食作为酿酒之用，以供很少数人的享受，在当时是大有问题的。只有在生产力提高的情况下，只有在由之而起的阶级分化的情况下，才会有比较剩余的粮食集中于很少数较富有者之手。只有到这样一个时期，谷物酿酒的社会条件才够成熟"①。这种把酿酒起源和剩余产品私有制、阶级产生联系在一起是有些牵强，是不符合实际的。如前文所说，酿酒技术的出现是人们模仿发芽、发霉谷物自然发酵产生酒的自然现象的结果。这种技术的发明并不取决于粮食生产的规模和粮食产量的多少，也不是有了多余粮食才想起酿酒，而是有了充足的粮食会促进酿酒及其技术的发展。酿酒技术的出现和制陶技术、纺织技术一样，起初都是原始社会中，人们物质生活的提高和生存能力增强的表现，技术的发明是社会生产力发展的必需条件，是直接服务于每一社会成员的生活需求，而不是少数人的专门享受。

酿酒技术的发明和早期发展还有两个问题必须考虑到。一是酿酒与吃饭的关系，二是酒品与祭祀神祖的关系。历史学家吴其昌根据他对甲骨文、钟鼎文的研究以及对古文献的考证，于1937年曾提出一个很有趣的见解。他认为在远古时代，人类的主要食物原是肉类，至于农业的开始乃是为了酿酒。他说，我们的祖先种植稻和粟黍的目的是做酒而不是做饭，吃饭乃是从吃酒中带出来的。② 他的这一见解虽然未能为大家所接受，但是这一见地对后人是有启迪的。他所说的远古时代，吃酒是连酒糟一起吃的是合乎历史事实的。

原始的果酒和奶酒，充其量只能说是带点酒味的果汁或果浆和发酵奶。远古时期的谷物酒也强不到哪里。当时的人们将发芽或发霉的谷物泡浸在水里，一般只经过很短时间（一宿至几天），发酵的程度是有限的，故酒度很低，假若发酵时间长一点，因为发酵的条件掌握不好，极易酸败。酒度低，人们就可以像喝普通饮料那样大量饮用。又由于粮食的珍贵，人们在吸饮掉酒液之后，略有甜味的酒糟也要一起吃掉。连酒糟一起吃，在当时不仅节约，而且也较可口。当时烧、炒、煮等谷物加工方式大都是十分简陋，保存熟或半熟的谷物更是乏术，将谷物酿造成酒，倒可能是简便而有效的方法。客观的条件和环境将吃饭与吃酒统一起来，人们何乐而不为之。再者，当时吃酒的目的与当今人们饮酒的观念是有一定差异的，远古的人们吃酒不仅能暖身饱肚，而且还能兴奋精神，舒畅身体。综上所述，远古时期很可能将吃酒当作吃饭的一种方式。突出的问题是掌握酿酒技术尚在初始，酿出较好的酒的几率可能是很低的。

为了表示对祖先的尊重和对鬼神的敬畏，在祭祀仪式上，人们总是奉供最好的食物。酒很自然成为必不可少的供品。这种社会需求必定也会促进人们对酿酒技术的探索，促进酿酒技术的发展。事实上，作为供品的酒，除部分会被洒在地下，大部分在仪式之后，成为主持祭祀的头人的饮品，这就造就了商周时期出现

---

① 张子高：《中国化学史稿》（古代之部），第11页，科学出版社，1964年。

② 吴其昌：《甲骨金文中所见殷代农稼情况》，《张菊生先生生辰纪念论文集》，第336页，商务印书馆，1937年。

了事酒、昔酒和清酒。酒作为供品对酿酒技术的推广、交流起什么作用，也值得讨论。

总之，酿酒技术在远古时期的源起和发展，是当时社会生产力发展的必然结果，是人类在改善和提高自己生活质量的奋斗中的重要成果。依据考古发现和科学的推理，中国先民在仰韶文化时期已学会了采用谷物的酿酒技术。他们是模仿自然界存在的水果、谷物的发酵现象而学会的。为了让后人对这一发明过程更加信服和尊重，人们才塑造出像仪狄、杜康一类的发明者。杜康已成为后世社会流传的酒神，供人崇敬。

第二节　先秦时期的酿酒技术

先秦时期通常指中国历史上秦代以前的夏、商、周、春秋战国时期，这是中华文明发展的重要时期。中原地区的龙山文化，早期属于父系氏族原始公社，晚期与夏代相映交错。

从大量的考古资料可以证明，龙山文化时期的社会生产力较之仰韶文化时期有了新的发展，收获的粮食也增多了，酿酒的物质条件更殷实了，酿酒技术在部落内外也会有进一步的推广。

《礼记·明堂位》中写道："夏后氏尚明水，殷尚醴，周尚酒。"① 表明在不同时期，祭祀等礼仪上必用酒，但酒的内容是不同的。《礼记·礼运》中写道："玄酒在室，醴醆在户，粢醍在堂，澄酒在下。……玄酒以祭，……醴醆以献……"② 孔颖达疏云："玄酒，谓水也，以其色黑谓之玄。而太古无酒，此水当酒所用，故谓之玄酒。"每祭必设玄酒，但是人们并不喝它。醴醆即是指醴齐和盎齐，陈列在室内稍南的地方。粢醍即缇齐，也是一种酒，以卑之故，陈列靠南近户而在堂。澄酒即沈齐，也是一种酒，陈列在堂下。这几句话讲的是在祭祀中各种酒的安放位置和作用。玄酒既然是水，为什么要冠以酒名，并陈列在祀堂的显著位置。《礼记·乡饮酒义》中说："尊有玄酒，贵其质也。"③ "尊有玄酒，教民不忘本也。"其意思是太古时期，有些时候或有些地方没有酒，在礼仪中，人们是以水代酒，并给此水冠以玄酒之称。这样做是因为此水贵在其质，教人们不要忘本。

对玄酒的一段讨论有助于对"夏后氏尚明水"的理解。"殷尚醴，周尚酒"进一步反映了一个基本事实：人们对酒品的要求和祭祀礼仪上用酒一样是向着提高醇度方向而变化的，这正是先秦时期酿酒技术的提高和酿酒业发展的方向。

一、醴、鬯、酎及其酿造工艺

对文献资料进行大致整理，发现夏商周至少有以下被归划为酒的名目：醴、鬯、酎、三酒（事酒、昔酒、清酒）、四饮（清、医、浆、酏）、五齐（泛齐、醴齐、盎齐、缇齐、沈齐）及春酒、元酒、醪等。酒名还有一些，因大多疑是重复，

---

① 《十三经注疏·礼记正义》卷三十一，第263页，（上海）国学整理社，1935年。

② 《十三经注疏·礼记正义》卷二十一，第188页，（上海）国学整理社，1935年。

③ 《十三经注疏·礼记正义》卷六十一，第456~458页，（上海）国学整理社，1935年。

这里没有一一列出。对这些酒的名目的考察，不难看见人们对酒的认识和酿酒技术的发展，还反映了人们对酒的喜爱和取向。

在商代及之前，醴是最受器重的酒，也是最早用于祭祀的酒。在甲骨文中，豊写作𧯸，就是指醴。《说文解字》谓："醴，酒一宿熟也。"① 《释名》里说："醴，齐醴体也，酿之一宿而成，体有酒味而已也。"② 《尚书·说命下》明确指出："若作酒醴，尔惟曲蘖。"就是说若要制酒，只能依靠曲和蘖。古代一般情况是用曲造酒，用蘖来制醴。蘖即是谷芽。由此可见，醴应是一种以蘖为主，只经过一宿的短时间发酵，略带有甜味（含少量麦芽糖），酒味很薄的酒。上面介绍的西安半坡遗址中发现的较浅的灰坑，据分析推测，它很可能是当时用于制取谷芽的发芽坑。这些谷芽大概是主要用于生产谷芽酒即醴的原料。其实古代制作谷芽的方法还有一些，例如，把洗淘过的谷物放在皮囊中，不时泼水保持湿度和温度，谷物就会发芽。对于谷物发芽，此方法可能比土坑发芽更好。

制取醴的第一道工序是制造谷芽。保证谷芽的生长主要掌握好温度和湿度。对此，古人在实践中可以体验而逐渐掌握。谷物以在30°C发芽者居多，约为22°C发芽的两倍。因此，在气温较高的夏天，谷物发芽快而质量好。制造醴的第二道工序是让发芽的谷物发酵制酒。酒化的温度则不能太高，太高了易变酸，还不能广敞在空气中，空气中有杂菌。因此，上述小口尖底瓮应是一个很合适的酿酒器具。实际上，当时用于酿酒的器具，开始时主要是陶瓮之类，商周时期又大量使用青铜制的瓮和罐及盆之类的器具。阻绝大量空气接触的办法是器具加盖。此外，人们还可以通过将发芽的谷物风干储存，这就随时（包括冬天寒冷时节）都可以制取醴了。随着酿酒技术的提高，特别是用曲酿酒技术的推广和发展，相形之下，醴较之用曲酿造的酒，酒味太淡了，虽有甜味，吃起来就不如酒刺激，而且其他带甜味的酒料也较多，于是到了周代，特别是战国时期，人们已较少吃醴了。这就是宋应星所说的："古来曲造酒，蘖造醴，后世厌醴味薄，遂至失传，则并蘖法亦亡。"③ 宋应星的最后一句话实际上欠考虑。蘖法制醴虽然在许多地区失传了，但是蘖法并没有亡，笔者2007年获知蘖法制酒至今仍在陕北农村存在。在汉代起，人们利用制蘖的技术，用蘖为糖化剂，制造饴糖，即蘖法遂成为生产糖品的主要技术。这点在上章已有详细的介绍。

《礼记·内则第十二》："饮（饮目，诸饮也），重醴。稻醴清糟，黍醴清糟，梁醴清糟，或以酏为醴。"④ 这段记载的意思是当时的诸多饮料中有稻、黍（即今黏黄米）、梁（可能是糯粟或高粱的一种）为原料而制成的醴。当时称釃（以筐滤酒）者为清，未釃者为糟，以清与糟相配重酿云重醴。酿粥为醴者则叫做酏。由此可见，当时的醴因原料不同，有无过滤加工及加工原料的方式不同而有多种醴。无论是哪种醴都由于发酵时间短而酒味淡。这是醴逐渐被淘汰出酒品队伍的主要原因。

---

① 汉·许慎撰，清·段玉裁注：《说文解字注》十四篇酉部，第747页，上海古籍出版社，1981年。
② 东汉·刘熙：《释名》卷四，《丛书集成初编》，总1151册，第66页。
③ 明·宋应星：《天工开物·曲蘖》卷十七，第47页，崇祯十年初刻本。
④ 《十三经注疏·礼记正义》，第236页，（上海）国学整理社，1935年。

用曲酿酒的技术与用糵制醴的技术有点不同。假若用带壳的谷物为原料，在适当的温度和湿度条件下，根据掌握的手段，要么全部生成谷芽，要么生成谷芽和发霉谷物的混合体。两者都可以制酒，不同的是人们将前者制成的酒称作醴，后者制成的称作酒。还有另一种情况，若原料不是带壳的谷物，而是去掉谷壳的、臼成米的谷物，那么，只能是发霉而不会长芽。粟、黍与稻谷、大小麦的情况不一样，因为它们籽实裸露的状况不一样，这些区别致使制曲的技术更为多样和复杂，为此人们必定经过了冗长的摸索。

稷、黍是先秦时期北方居民的主食，二者的差异仅在于成熟后籽实的性质不同。不黏或粳性的为稷，黏性或糯性的为黍。黍具有易于分解的支链淀粉和适宜微生物繁殖的各种营养成分，较之稷更适宜用作酿酒原料。因此得到广泛栽培，成为先秦时代北方地区的主要酿酒原料。在商殷甲骨文中，黍出现竟达 300 次以上，较之稷的 40 余次多许多。

浙江余姚河姆渡文化遗址出土了数量相当可观的稻谷遗物，颗料完整，较野生稻大些，证明它是人工栽培的籼稻。这个史实表明在 7 000 年前那个时期，稻米已成为南方许多居民的主食之一。

无论是黍还是稻，其加工方法不外乎舂之磨之，以省咀嚼。烹饪方式主要是煮、炒、蒸，以助消化。上述谷物的加工方式都为将谷物制成曲提供了方便。无论是生的还是熟的加工过的谷物，在控制一定的温度和湿度条件下都可以制成曲。曲实际上是微生物繁殖后含有糖化酶和酒化酶的粮食。用曲酿制的酒，显然酒精的含量会比醴高。由于在远古时期，制糵的工艺较制曲的工艺简单，易于掌握，故醴的出现会比曲酒早。可是当人们熟练地掌握了制曲技术后，人们就会生产较多的曲酒以替代醴。

殷商时期，酿酒业有了较快的发展，其主要的表现就是以曲酿酒成为当时酿酒的主要方法。酿酒器具的大型化，特别是贵族已有专用的酿酒青铜器具，都可以证明这点。

1976 年从安阳殷墟发掘的妇好墓出土的 440 多件青铜器，有 150 多件是酒器，约占 1/3，觚、爵就达到 90 余件。商代晚期，青铜酒器的品种和数量之多，在世界古代史中也是少见的，而且出土的酒器多是配套的。如，一角二斝，一觚二觯，一卣二爵。最简单的是以爵、觚、斝合成一组，爵是三足有流的杯；觚是容酒器；斝是灌酒器，在这个基础上，逐渐发展，增添了盉、尊、卣、壶、罍（见图 3－3－5～图 3－3－8）等中型或大型的饮酒器和容酒器，此外，尚有更高级的方彝、兕觥、牺尊等容酒器。酒器的品种和数量之多，充分展示了商代奴隶主贵族沉湎于酒的历史镜头，同时也反映了商代农业生产的进步和发展。1953 年和 1958 年，在河南安阳大司空村共发掘了 217 座墓，无论是中型墓还是小型墓，几乎都出土了觚、爵。这说明殷代普通平民墓中觚、爵也是不可少的殉葬品，确实是富者铜觚铜爵，贫者陶觚陶爵，由此可见殷人嗜酒之一斑。

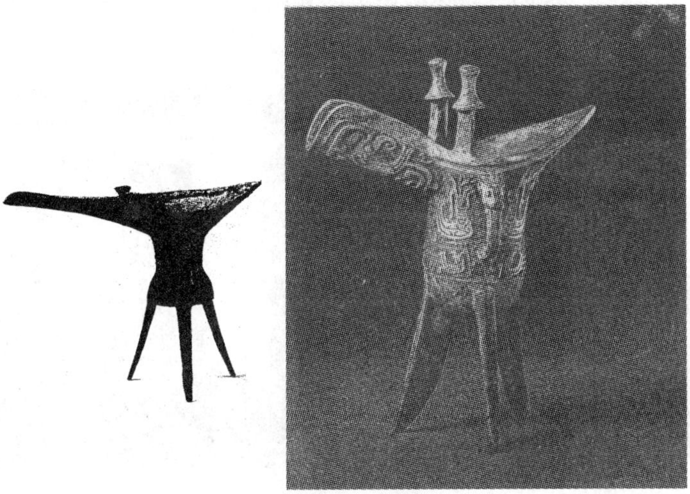

图 3－3－5　商代的青铜爵

图 3－3－6　商代的青铜斝

图 3－3－7　青铜觚

图 3－3－8　青铜罍

1974 年在河北省藁城台西村商代遗址，发现了商代中期的造酒作坊，出土了一批酿酒用器材及酒器。它是一座建在夯土台基上的两间没有前墙的屋子，室内面积约 36 m^2，作坊出土了陶瓮、大口罐、罍、尊、壶等酒器。其中一只大陶瓮内存在 8.5 kg 灰白色水锈状沉淀物，经中国科学院微生物研究所鉴定为发酵酒挥发后的残渣，其主要成分为死亡的酵母残壳，这是曲酒中天然酵母留下的残壳。这些曲酒不是浊酒，否则，瓮中的残渣就不会只有 8.5 kg，但这不等于当时人已大量饮用清酒。因为当时可能还没有榨酒设备，只是舀取酒醪上面清液进行简单过滤而得。出土的大口罐还有四口（见图 3－3－9），分别装有相当数量的李、枣、草木、大麻子仁、桃仁，证明当时还生产果酒和药酒。①

(1)

(2)

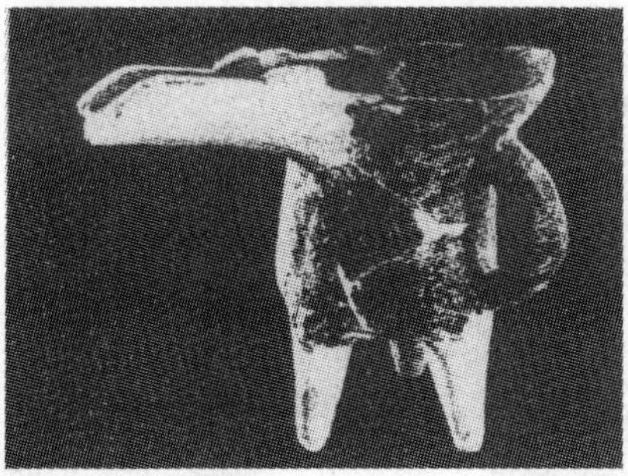

(3)

(4)

(1) 大陶翁（出土时内存8.5kg灰白色酒渣）(2) 将军盔 (3) 陶爵 (4) 陶漏斗

图3-3-9　河北省藁城县台西村商代遗址制酒作坊出土器物

鬯在商周时期常用作敬神祭祖仪式上的供品。《周礼·春官》记载说："王崩，大肆，以秬鬯溉。""小宗伯大肆，以秬鬯溉。"东汉学者郑玄注曰："大肆，大浴也。杜子春读溉为泯，以秬鬯浴尸。"② 能用秬鬯于浴尸，肯定不是一般的场合和普通的人，秬鬯必定具有某种香气或一些药用的效果。既然鬯常用于祭礼等重要礼仪，故在周代就专门设"鬯人"来管理鬯的制造和使用。《周礼·春官》写道："鬯人：下士二人，府一人，史一人，徒八人。""鬯人掌共秬鬯而饰之。""……大丧之大溉，设斗，共其衅鬯。凡王之齐事，共其秬鬯，凡王吊临，共介鬯。"③ 这段话的意思是：鬯人掌握供给鬯酒和彝樽上的饰巾，……大丧时洗浴尸体，准备好的勺子，并供给洗尸用的鬯酒。王者斋戒，供给沐浴时倒在浴汤中的鬯酒。王者吊临诸侯诸臣的丧葬，也要供给避凶秽的鬯酒。对于上述鬯，郑玄注曰："鬯，

① 河北省文物研究所《藁城台西村商代遗址》，第175页，文物出版社，1985年。

② 《十三经注疏·周礼注疏》卷十九，第767、771页，(上海) 国学整理社，1935年。

③ 《十三经注疏·周礼注疏》卷十九，第767、771页，(上海) 国学整理社，1935年。

酿秬为酒，芬芳调畅于上下也。秬如黑黍，以事上帝。”《诗经·大雅·江汉》中有“釐尔圭瓒，秬鬯一卣”① 的歌词。汉代学者毛亨注曰：“釐，赐也。”“秬，黑黍也；鬯，香草也，筑煮合而郁之曰鬯；卣，器也。”② 再根据构词分析，鬯可能是用黑黍加香草而酿制的一类酒，也可以推测它是最早的一类药酒。酒味不一定很浓，但要具备一定的香气，在此重气而不重味。

古时的酒，酒精度较低，由于微生物对淀粉、脂肪、蛋白质的分解作用，酒体的营养成分也很丰富。当人们适量饮食后，由于酒精的作用，会产生浑身发热、精神兴奋、身体舒畅等良好感受。于是人们认为它具有保健医疗的作用，从而不仅把酒当作美味，而且也被视作能治病的药。为了提高酒的药效，同时也为了酿造更好的酒，古人有意识地在制曲和发酵酿酒过程中，往里添加一些药材或香料，从而丰富了药酒的种类并发展了药酒的功效，鬯就显得更加珍贵，而被更广泛地用于某些隆重的礼仪中。由于酒与医药这种特殊的关系，繁体汉字“醫”字从酉字。《说文解字》就指出：“酒，所以治病也。《周礼》有医酒。”③ 后来，篡夺汉代皇位的王莽在其诏书中也说：“夫盐，食肴之将；酒，百药之长，嘉会之好。”④

制鬯的技术，对后来的制曲和酿酒工艺都有重要影响，曾是酿酒技术发展的一个方向。

《礼记·月令》中写道：“是月也，天子饮酎，用礼乐。”汉代学者郑玄注：“酎之言醇也，谓重酿之酒也，春酒至此始成，与群臣以礼乐饮之于朝。”⑤《左传》襄公二十二年记道：“溴梁之明年，子蟜老矣，公孙夏从寡君以朝于君，见于尝酎，与执燔焉。”⑥《左传》的这段记载是讲述一段史实：溴梁会盟的第二年，子蟜已经告老了，公孙夏跟从寡君朝见君王，在尝祭饮酎的时候拜见了君王，并参与了祭祀。尝酎，即是用新酒于祭祀。晋代学者杜预注：“酒之新熟，重者为酎。”以上记载，表明酎在当时是较珍贵的，只有王公贵族和重要的祭祀礼仪中才能饮用到。

关于酎的制法，有两种解释。许慎的《说文解字》说：“酎，三重醇酒也。”⑦ 清代学者段玉载注说：“用酒代水再酿造两遍而成的酒。”这是一种以水代替酒，加到米、曲中再次发酵来提高醇度的方法，从汉代的酿酒工艺中可以证明它的确是存在过。该技术应属酿酒技术的一项创新，后来曾得到推广和发展。关于制酎工艺还有第二种解释，《史记》“文帝本纪”提到了高庙酎，学者张晏解释说：“正月旦作酒，八月成，名曰酎，酎之言纯也。”⑧ 正月作，八月才成，可见发酵时间长达半年多。因此，增长发酵期是制造酎的第二种手段。宋玉在其《楚辞·招魂》

---

① 金启华译注：《诗经全译》，第 776 页，江苏古籍出版社，1984 年。
② 金启华译注：《诗经全译》，第 776 页，江苏古籍出版社，1984 年。
③ 汉·许慎：《说文解字》卷十四下，第 313 页，中华书局，1963 年。
④ 汉·班固：《汉书·食货志》卷二十四，第 1183 页，中华书局，1962 年。
⑤ 《十三经注疏·礼记·月令》卷十五，第 137 页，世界书局，1935 年。
⑥ 王守谦等译注：《左传全译》，第 911 ~ 912 页，贵州人民出版社，1990 年。
⑦ 汉·许慎撰，清·段玉裁注：《说文解字注》十四篇酉部，第 747 页，上海古籍出版社，1981 年。
⑧ 汉·司马迁：《史记》卷十“孝文本记”，第 436 页，中华书局，1959 年。

中曾写道："挫糟冻饮，酎清凉些。"① 可见酎在战国时已开始流行。

二、三酒、四饮、五齐

进入周朝，随着农业的繁荣，酿酒业更为普遍和发达。鉴于夏商时期因贵族酗酒造成的恶劣影响，周成王登基，颁布了禁止酗酒的政令，同时进一步加强酒类生产的管理和销售，在朝廷设置了一套机构从事此项工作。

《周礼·天官冢宰》记载："酒正：中士四人，下士八人，府二人，史八人，胥八人，徒八十人。"② 这是管理酒类生产、政令、销售的机构编制。其中，酒正是酒官之长，酒官隶属天官。中士、下士属于中层管理官员。府是保管文书和器物的官员，史是记载史事和制作文书的官员。胥和徒都是供酒正使唤的工作人员，胥是徒的官长，即领队。

关于酒正的职能，《周礼》是这样记载的："酒正：掌酒之政令，以式法授酒材，凡为公酒者，亦如之。"③ 其意是酒正掌管有关酒的一切政令，根据造酒的方法和规格要求，拨给酒人酿酒的材料。凡是因公事饮宴所需的酒，酒正也发给酿酒的材料，让相关的官员自行酿造。酒正还具体地监督、管理各种酒的生产和区分。"辨五齐之名，一曰泛齐，二曰醴齐，三曰盎齐，四曰缇齐，五曰沈齐。辨三酒之物，一曰事酒，二曰昔酒，三曰清酒。辨四饮之物，一曰清，二曰医，三曰浆，四曰酏。"然后进一步关注和管理："掌其厚薄之齐，以共王之四饮三酒之馔，及后世子之饮与其酒。凡祭祀，以法共五齐三酒，以实八尊。大祭三贰，中祭再贰，小祭壹贰，皆有酌数。唯齐酒不贰，皆有器量。共宾客之礼酒，共后之致饮于宾客之礼，医酏糟，皆使其士奉之。凡王之燕饮酒，共其计，酒正奉之。凡飨士庶子、飨耆老孤子，皆共其酒，无酌数。掌酒之赐颁，皆有法以行之。凡有秩酒者，以书契授之。酒正之出，日入其成，月入其要，小宰听之，岁终则会。唯王及后之饮酒不会，以酒式诛赏。"④

由以上记载可见，"酒正"不仅要注意各类酒的辨别和组织它们的生产，因为每类酒都有自己使用的场所和饮用的对象，而且酒正还要保证大王及其妻妾子女的酒的供给，保证各种祭祀礼仪上供酒的数量和配给，保证款待大王宾客及王宫侍卫和国老遗属之酒的供给。遵王之意赏赐什么酒，多少酒，也由酒正执行。在管理酒库中，酒正必须让下属对每天进出酒的品种、数量记录造册。对于王和王后的饮用量不必计较，以造册中的酒的数量和质量来考核酒人的业绩，并以此作为对他们奖惩的依据。

酒人是具体掌管酒类生产的官员，据《周礼·天官冢宰》说："酒人，奄十人，女酒三十人，奚三百人。"⑤ 奄应是供官吏使役的宦人（即后来的太监，除其生殖能力的男人）。女酒是没入官府的女奴之长，奚即是直接从事造酒的女奴。

酒人的具体职责是："酒人掌为五齐三酒，祭祀则共奉之，以役世妇，共宾客

① 清·王夫之：《楚辞通释》卷九，第147页，上海人民出版，1975年。
② 《十三经注疏·周礼注疏》卷一，第641页，（上海）国学整理社，1935年。
③ 《十三经注疏·周礼注疏》卷一，第641页，（上海）国学整理社，1935年。
④ 《十三经注疏·周礼注疏》卷一，第641页，（上海）国学整理社，1935年。
⑤ 《十三经注疏·周礼注疏》卷一，第641页，（上海）国学整理社，1935年。

之礼酒，饮酒而奉之。凡事共酒，而入于酒府，凡祭祀共酒以往。宾客之陈酒亦如之。”① 其意思是酒人负责酿造五齐三酒，祭祀时供给酒品，并让他手下的女奴供仪式上的世妇差遣。凡是供给宾客所需酒，都由酒人派人送上。凡有事所用之酒，由酒人交酒正存入酒库中；凡是小型祭祀，酒人派人送酒以保证供给，包括送给宾客之酒也照样派人送上。

另有浆人来掌管王者的六饮。“浆人，掌共王之六饮：水、浆、醴、凉、医、酏，入于酒府。”② 这六饮也入酒库归酒正管。六饮可能是包括某些酒在内的饮料，其中水就不属于酒。此外，有郁人掌握礼仪上的各种器具（包括酒具），鬯人掌管鬯酒，司尊彝掌管祭祀降神的礼器——六尊六彝，可谓是分工明确，各司其职。特别要指出的是司尊彝，他的职责不仅在看管祭神的礼器，而且也与酒的使用有密切关系。“司尊彝，掌六尊六彝之位，诏其酌，辨其用，与期实。”意思是司尊彝掌管六尊六彝所陈设的位置，诏告盛放酒品酌的方法，辨明各种尊彝的不同用处和里面所应盛放的酒。说明祭祀敬神仪式上用酒是有讲究的。“凡六彝六尊之酌，郁齐献酌，醴齐缩酌，盎齐涚酌，凡酒修酌。”③ 这段话中，献酌，汉代学者郑玄注：“献读为摩莎之莎，齐语声之误也。煮郁和秬鬯，以醆酒摩莎，泲之出其香汁也。”摩莎即是用手搅拌搓揉的意思。因此，郁齐献酌的意思是将煮好的郁草和入秬鬯，再加入盎齐，然后用手搅拌搓揉，使香汁完全渗入酒中，再用竹筐过滤。缩酌的缩是指用茅草滤去酒的滓。醴齐缩酌即是将醴齐和进事酒，然后用茅草过滤，去其渣滓。涚酌，郑玄引前人郑众的注云：“涚酌者，捝拭勺而酌也。”因此，盎齐涚酌也是滤酒的一种方法，只是将盎齐和入清酒，再用竹筐过滤。凡酒，郑玄注：“谓三酒也。”修酌，郑玄注：“修，读如涤濯之‘涤’。”因此，凡酒修酌即是三酒都搀入水，再过滤。归纳起来，这段话的意思就是凡是盛在六彝六尊里的酒，尽管它们是不同的酒，但是都是经过特殊调配后，再经过滤才能用。这里不仅表明古代先人在祭祀敬神中对用酒的重视和讲究，同时也表明当时已广泛采用简单的过滤方法而获得无渣滓的酒，以示对神或先祖的尊敬。

从《周礼》的上述记载，不难看出周代酿酒业的兴旺。酒不仅已成为社会重要礼仪的需要和王公贵族的日常生活饮品，也开始成就平民生活的喜乐哀愁。

从科学技术角度来考察，人们不禁会问，三酒、四饮、五齐究竟是不是酒？究竟是什么样的酒？它们又是怎样生产的？

先秦时期虽然没有关于酒类生产的专著，但是通过《周礼》《礼记》等文献，还能从一个角度分析，推测当时的酒品和它们的酿造技术。

关于三酒，东汉经学家郑玄和唐人贾公彦及其他一些人都曾作过注释。汉人郑司农（郑众）云：“事酒，有事而饮也；昔酒，无事而饮也；清酒，祭祀之酒。”所以，事酒指为某件事临时而酿的新酒，主要供祭祀时执事的人饮用。因为它随时可以酿制，所以是新酒。郑玄注：“事酒，酌有事者之酒。”④ 郑众和郑玄的看法

---

① 《十三经注疏·周礼注疏》卷一，第641页，（上海）国学整理社，1935年。
② 《十三经注疏·周礼注疏》卷五，第668页，（上海）国学整理社，1935年。
③ 《十三经注疏·周礼注疏》卷二十，第774页，（上海）国学整理社，1935年。
④ 《十三经注疏·周礼注疏》卷五，第668页，（上海）国学整理社，1935年。

是一致的。关于昔酒，唐代学者贾公彦说："昔酒者，久酿乃孰，故以昔酒为名，酌无事之人饮之。"① 这无事之人指的是在祭祀时"不得行事者"。由此可见昔酒是一类酿造时间较长的酒；冬酿春熟，酒味较浓厚的酒。事酒的酒度很低，所以供祭祀时执事人饮用，不易醉。而祭祀时不是执事的人，喝酒度稍高的酒，即使醉了也不碍事。清酒，郑众说："清酒，祭祀之酒。"② 这酒应该是较好的，一般是头年冬天酿制，第二年夏天才成熟。酿造时间比昔酒的更长，酒味也比昔酒更为醇厚，清亮，而且还必须是经过滤而去掉渣滓的酒。三酒明确指酒，后人好理解。它们之间的差别主要在于酿造时间的长短和酒味的厚薄。

四饮是不是酒，后人就需要作进一步探讨。当时的饮料肯定有很多，专供给王者的四饮想来必定是有讲究的。它和三酒一样，不归酒正造，但归酒正负责辨别它们的成分厚薄。据分析，清，很可能是五齐之中的醴齐，经过滤去糟后制成的清酒，酒度低得接近于甜水。一般是将蘖曲投入煮好的稀粥里，经短时间发酵而制成的醴。这种醴由于粥较稀，较五齐中的醴齐稀而清，无需过滤即可饮用。浆，唐代学者贾公彦注："浆亦是酒，米汁相载，汉时名截浆。"孙诒让进一步注释说："截浆同物……酿糟为之，但味微酢耳。"③ 贾思勰在《齐民要术》中记载一种寒食浆，说它是用熟饭做成的，就是汉代的截浆。综上所说，浆可能是用熟饭为原料，加米汤后发酵而榨取的汁，既有点酒味，又有点酸味。酏，汉代学者郑玄注："酏，今之粥。"既然是酿酒用的稀粥，有没有加曲蘖发酵，不得而知。但是酏字有"酉"旁，当时将其列为酒类，肯定与酒有关。由以上分析来看，四饮主要是类似粥一样的发酵液，较稀薄，酒味也较淡，故可作为常用饮料。

关于五齐的认识，有两种看法。一种来自于《周礼》的传统注释者，他们认为：古代按酒的清浊及味的厚薄分为五等，叫五齐。五齐都是味薄、有滓未经过滤的酒，大都用于祭祀。汉代学者郑玄就说："齐者，每有祭祀，以度量节作之。""齐"即是造酒中米、曲、水火的控制状况。郑玄又注："作酒既有米曲之数，又有功沽之巧。"唐人贾公彦疏："谓米曲多少及善恶也。""作酒既有米曲之数者，谓此为法式也。云又有功沽之巧者，谓善恶亦是法式也。"④ "法式"，就是指酿酒的方法和技术要领，不仅要知道原料的配比，还要了解酿造过程中的变化，因为掌握法式的好坏，直接影响酒的质量。关于"五齐"，郑玄《周礼》的注疏作了以下解释："泛者，成而滓浮，泛泛然，如今宜成醪矣。醴，犹体也，成而汁滓相将，如今恬酒矣。盎，犹翁也，成而翁翁然，葱白色，如今酇白矣。缇者成而红赤，如今下酒矣。沈者，成而滓沉，如今造清矣。"⑤ 据郑玄的解释，不难看到，当时的人们是依照发酵醪五个阶段所发生变化的主要特征而将它们分列为五种酒。这一方面展示了他们对发酵酿酒过程的仔细观察，另一方面，也表明当时一些糊涂观念。其实，只要仔细观察和剖析我国传统黄酒和日本清酒的生产发酵过程，

① 《十三经注疏·周礼注疏》卷五，第668页，（上海）国学整理社，1935年。
② 《十三经注疏·周礼注疏》卷五，第668页，（上海）国学整理社，1935年。
③ 《十三经注疏·周礼注疏》卷五，第668页，（上海）国学整理社，1935年。
④ 《十三经注疏·周礼注疏》卷十七，第1383页，（上海）国学整理社，1935年。
⑤ 《十三经注疏·周礼注疏》卷五，第668页，（上海）国学整理社，1935年。

就会发现，《周礼》所说的五齐完全符合生产黄酒或清酒的复式发酵现象的客观描述。中国化学史专家袁翰青曾明确指出：五齐是指发酵酿酒过程的五个阶段。认为第一阶段泛齐，指发酵开始，醪醅膨胀，并产生二氧化碳，它使部分醪醅冲浮于表面。第二阶段醴齐，是指在曲蘖的引发下，醪醅的糖化作用旺盛，逐渐有了像醴那样的甜味和薄酒味。第三阶段盎齐，是指在糖化作用的同时，酒化作用渐渐旺盛，并达到了高潮。发酵中产生了上逸的二氧化碳气泡，并发出声音，这时的酒醪液呈白色。第四阶段为缇齐，这时发酵液中的酒精含量明显增多，同时，蛋白质生成的氨基酸与糖分反应生成色素，溶解于酒精中，从而改变了发酵液的颜色，呈现出红黄色。我国传统方法生产的发酵原汁酒大多呈现红黄色就是由此而来，故命名为黄酒。第五阶段沈齐，这时发酵逐渐停下来，酒糟开始下沉，上部即是澄清的酒液。① 这是运用近代的酿酒知识来审视五齐，应是合理的。

对照古人和今人的不同解释，可以看出，古人对酿酒发酵过程的描述是生动、细微的。酒正的辨五齐之名即是要求他必须熟悉发酵过程的五个阶段的变化现象，以此考察酒人是否按法式来组织生产。尽管古人错把发酵过程五个阶段的半成品分别称为不同的酒，有欠科学，但是它还是从一个侧面表明当时的酿酒生产技术已达到一定水平。

从上古时期对上述酒品的介绍分析，不难看出当时酿酒技艺还很不成熟，所以人们还只是根据在酿酒实践中的有限经验，依据原料的不同、加工方法的差异、酿酒发酵的程度和用途的不同，来对酒进行分类和命名，甚至把一些中间产品和加工过程、特征都当做酒品来命名，因此，分类和命名有许多重叠，既不规范，也不科学。这就迫使后人要花费很大精力来考证，才能对这些记述稍有理解。

三、酿酒技术的古六法

《尚书·商书·说命（下）》里说："若作酒醴，尔惟曲蘖。"表明商代时人们已清楚地认识到曲蘖在酿酒中的决定作用了。既表明酿酒技术的发展对曲蘖技艺的依赖关系，也表明这一时期曲、蘖已分别指两种东西，用于酿酒和制醴。从谷物偶然受潮受热而发霉、发芽形成天然曲蘖到人们模仿这一自然过程而有意识地让某些谷物发霉生芽制成人工曲蘖，这是制造曲蘖的开始。当人们进而采取适当操作使谷物仅发芽为蘖或仅发霉为曲，分别制得蘖和曲，并了解了它们在酿酒作用上的差别，从而能够将蘖和曲分开并且单独使用，这应是酿酒技术和制曲技术的一大进步、认识上的一大飞跃。

制曲可以采用不同的谷物为原料，又在不同的工艺条件下制成不同种类酒曲，这就逐渐丰富了酒曲的种类。人们通过实践逐步认识和筛选出制曲的最佳原料及其配方，这当然是制曲技术的又一重要发展。用于制曲的谷物，可以是整粒，也可以是大小不等的碎粒；可以是预先采用水蒸煮或焦炒使之成为全熟或半熟的谷物，也可以是生的谷物。通过实践和比较，对制曲原料的预加工及预加工的方式和程度有了更深入的了解，也进一步丰富了酒曲的品种，并提高了酒曲的质量。以上这些酒曲制造技艺的进步大体是在商周时期完成的。

---

① 袁翰青：《中国化学史论文集》，第 87 页，三联书店，1956 年。

《左传·宣公十二年》里记载了一段对话：申叔展（楚大夫）问还无社（萧大夫）："有麦曲乎？"答曰："无。""有山鞠穷乎？"答曰："无。"叔展又问道："河鱼腹疾，奈何？"答曰："目于眢井而拯之。"① 这段对话表明当时已使用麦曲，而且麦曲还被用来治腹疾。麦曲的利用表明它和糵在当时已经分化为两种明确不同的物料，而且酒曲也因采用不同的原料而有进一步的区分。麦曲称谓的出现说明当时酒曲已不止一种。

《楚辞·大招》里有"吴醴白糵"② 之说。这话一方面表明吴醴在当时已很有名气，另一方面也说明曲和糵已区分开。糵中既然出现了白糵，就可以推想糵也有很多种。白糵的制成又表明当时在制糵工艺中，人们已能控制到使谷芽中只有较少霉菌繁生，或只使白霉发生，而在一般情况下糵必然会呈现五颜六色，而不是白色。《周礼·天官冢宰》记载："内司服掌王后六服，袆衣、揄狄、阙狄、鞠衣、展衣、缘衣、素沙。辨外内命妇之服，鞠衣、展衣、缘衣、素沙。"郑玄注曰："鞠衣，黄桑服也，色如鞠尘，像桑叶始生。"③ 这说明当时在制鞠时，从鞠上落下的尘粉也呈幼桑叶的黄色。

由此可知，当时的鞠仍是颗粒状的散曲，否则不会落鞠尘；而且那时在鞠上繁殖的霉菌是黄色孢子，落下黄色的鞠尘。这些记载部分地反映了当时制曲技艺的进步，而制曲技艺的发展是酿酒技术发展中的重要组成部分。

《礼记·月令》主要是按月记载当时天子的活动以及重大农事活动。在仲冬有关于酿酒的记述："乃命大酋，秫稻必齐，曲糵必时，湛炽必洁，水泉必香，陶器必良，火齐必得。兼用六物，大酋监之，毋有差贷。"郑玄注："酒熟曰酋，大酋者，酒官之长也，于周则为酒人。"④ 通过这简短的记述可知初冬是酿制发酵酒的最佳季节，这和我国酿制黄酒的最佳季节一样。在这个季节，天子下令掌握酿酒的官长开酿，要求非常严格，将酿酒的工艺作了概括而中肯的规定。

"秫稻必齐"是对制酒原料的要求，郑玄曰："秫稻必齐，谓熟成也。"意即选用成熟的秫稻。这里值得探讨的是"秫稻"，这里的"秫"字的含义通常有三种，一是如《说文》中所指的"秫，稷之粘者"，是指黏谷子，二是指高粱，三是指糯米。笔者认为"秫稻"应是两种谷物，即黏谷子及稻米。

"曲糵必时"，是对曲糵的要求，"曲糵必时者，选之必得时"。必就是曲糵的生产应按时妥善进行。限于当时科学技术水平，制曲质量受季节、气温影响甚大，因而强调制曲时间是完全必要的。

"湛炽必洁"，郑玄注曰："湛，渍也；炽，炊也。谓炊渍米曲之时，必须清洁。"即浸渍米、蒸煮成饭，水和用具都必须保持清洁。总之，在原料处理时务必清洁。

---

① 王守谦等注译，《左传全译》，第556～558页，贵州人民出版社，1990年。文中"山鞠穷"又叫川芎，多年生草本植物，其根茎可入药；"河鱼腹疾"是指久浸水中腹将膨胀如河中之鱼，后人称"腹疾"为"河鱼之患"，即源于此话；"眢井"即枯井，"目"，看。

② 清·王夫之：《楚辞通释》卷九，第147页，上海人民出版社，1975年。

③ 《十三经注疏·周礼注疏》卷八，（上海）国学整理社，1935年。

④ 《十三经注疏·周礼注疏》卷十七，第1383页，（上海）国学整理社，1935年。

"水泉必香"，是对酿酒用水的要求："水泉必香者谓渍曲，渍米之水必须香美"，当时井水有苦水及甜水之分，苦水即含碱量较高，味苦，不宜用作酿造水，正如《齐民要求》所讲，以河水最佳，所以，水泉必香这点要求在当时具有重要意义。另外，从渍曲、渍米可以推知在周人酿酒时的曲处理方法可能是渍曲法。

"陶器必良"，是对酿酒器具的要求。"陶器必良者，酒陶瓮中，所烧器者必须成熟，不津云"，从此可以看出当时的人们已认识到陶瓮是较好的发酵酿造用容器，直至今日，烧结成熟而无渗漏现象的高质量陶器仍是较好的贮酒器。例如在周代，印纹硬陶就可以制成贮酒器。

"火齐必得"是对酿造中温度的要求。"火齐必得者，谓酿之时生熟必宜得所也。"意即酿造时火候必须适当，既不能不足，也不能过火。火表现为温度，温度既不能低也不能过高，现在制曲术语中有"起潮火""大火""后火"等叫法，就反映了人们在酿造过程中对掌握温度的重视。

就"兼用六物，大酋监之，毋有差贷"，郑玄曰："物犹事也。差贷，谓失误，有善有恶也。"如兼备以上六件要点，在掌管酿酒之官大酋监督指导之下，就不会发生失误，而保证了酒品的质量。

总括以上所讲，上述的六项技术元素，确实构成了酿酒技术管理核心，非常中肯，后人尊之为酿酒"古六法"。它不仅是传统酿酒工艺规范，为人们所奉行，而且其细节内容不断地为后人所丰富，促进了酿酒业的发展。近代，山西汾酒厂所总结的酿酒七条秘诀："人必得其精，水必得其甘，曲必得其时，高粱必得其实，器具必得其洁，缸必得其温，火必得其缓。"① 实际是"古六法"的继续和发展，"古六法"不仅反映出当时酿酒技术水平，而且对后世产生深刻影响。

1974 年，在河北藁城台西村商代遗址中，发现了商代中期的制酒作坊。作坊内存有发酵或贮酒用的大陶瓮、大口罐、罍、尊、壶等。其中一只陶瓮中存有 8.5kg 灰白色水锈状沉淀物，经科学鉴定，原来是当初酿酒用的酵母，只是由于年代久远，酵母死亡，仅存残壳。这是我国目前发现的最早的酿酒实物资料。在发掘中发现，在另外四件罐中分别存有一定数量的桃仁、李、枣、草木樨、大麻子等五种植物种子，② 据推测它们大概是用于酿酒的原料。在 1985 年继续发掘中，又发现在酿酒作坊附近有一个直径在 1.2 m 以上，深约 1.5 m 的谷物储存窖穴。这些谷物经鉴定为粟。台西村商代酿酒作坊的完整发现，至少给我们以三点启示：一是发现的人工培养的酵母和酒渣粉末，展示了商代中期酿酒的工艺过程和水平；二是根据酿酒的实物资料，可以推测当时除酿制粮食酒外，还可能也酿制果酒和药用酒；三是出土的酿酒具表明商代酿酒器已具有一般的配套组合。

一旦酒作为重要的食品或饮料进入人类的生活，饮酒、储存酒的器皿便应运而生。据分析，最早被当作酒具的应是动物的角。古代的酒具，如爵、角、觥、觞、觚等，或在字音上，或在字形上都与动物的角相关，可以说明这种情况。早期的酒，大多是酒浆和酒糟的混合体，呈糊状或半流质，使用动物角不仅容量有

① 方心芳：《汾酒酿造情况报告》，黄海化学工业研究社，1934 年。

② 河北省文物研究所：《藁城台西村商代遗址》，第 175 页，文物出版社，1985 年。

限，而且也不很方便，所以很快改用陶制酒具。陶器中的盆、罐、瓮、钵、碗都可以当作酒器。约在距今五六千年的新石器时代晚期，特意设计作为酒器的陶制品开始出现。发展到铜石并用时代，陶制酒器的种类迅速增加，组合酒器的雏形逐渐形成。罐、瓮、壶、鬶、盂、碗、杯等，有的专司存，有的专司饮。酒具组合群体的发展，也从一个侧面反映了酿酒业的发展和地位，同时也展示了不同地区的文化特征。商周时期的酒具又发展到一个新的水平，迅速崛起的青铜冶铸业，使精美的青铜酒器成为权贵和财富的象征。贮酒用的尊缶、鉴缶、铜壶等，盛酒用的尊、卣、方彝、觥、瓮、瓿、罍等，饮酒用的爵、斝、角、觚、觯、杯等组合青铜酒器的发展充分反映了当时酿酒业的发达，饮酒风的炽盛。据分析，这些式样繁多的酒器大致可以分为适用于液态清酒的小口容器和适用于带糟醴酒的大口容器两大类。

甲骨文、金文为后人研究商周文化提供了可靠的资料。在已发现的甲骨文或金文中，“酒”可能是一个较常使用的字。它的象形文字见图3－3－10，有多种形式。从这些象形文字的变化来看，当时的酒字还没有最后定形。金文中不少酒字也都与酋字相近。进一步的比较还可能看到，酒字又与酋字有着密切的联系，可推测“酋”最初的含义是造酒。《说文解字》对“酋”的解释是：“酋，绎酒也。从酉，水半见于上。《礼》有‘大酋’，掌酒官也。”①《礼记·月令》称监督酿酒的官为“大酋”，设官管理，表明在周代，酒的生产和供应颇受重视。

图3－3－10　甲骨文和钟鼎文的“酋”字（摘自袁翰青《中国古代化学史论文集》）

从酋字与酒字的关系中已能看到酿酒在古代社会生活中的重要地位。实际上，在甲骨文、金文中还有许多与酒相关的文字，它们也都能说明在商周时期，饮酒现象已较普遍，酿酒业也很发达。反映了自西周初年至春秋中叶（约公元前11世纪～公元前6世纪）时代生活的我国第一部诗歌集《诗经》里，有诗305篇，直接写到酒的大约有20多篇。有的以饮酒表达爱情生活；有的是庆贺丰收的喜悦；有的写祭祀；有的写招待宾客的活动；还有的则描述一些重大的庆典。总之，充分体现了酒在社会生活中的重要地位，也反映了人们对酒的喜爱和尊崇。

古代人们常饮食的酒主要是醪醅之类。醪，“汁滓酒也”，即浊酒，醅，“未泲之酒也，”泲即酾，意即使清。古代最常用以分离酒液与糟的方法是采用茅草过滤。这种过滤方法显然得不到较澄清的酒，所以，饮的酒不是浊酒，就是连酒糟一起吃。《楚辞·渔父》里说：“众人皆醉，何不铺其糟而啜（饮也）其醨。”糟和醨皆是酒滓。② 说明当时吃酒确实是将酒糟一起吃掉。当时的酒大多是醇度极低的，酒度可能不比当今的啤酒高，所以，人们能海量饮酒。在饮酒即是吃饭的观

① 汉·许慎撰，清·段玉裁注：《说文解字注》十四篇酉部，第747页，上海古籍出版社，1981年。
② 清·王夫之：《楚辞通释》卷七，第119页，上海人民出版社，1975年。

念引导下，人们节制食酒确实较困难，当时制约食酒的关键在于粮食富足与否，对于一般百姓的确是个问题，对于权贵们则不成问题，所以，贵族们几乎普遍都像前面所述的那样嗜酒成风。

总之，先秦时期的酒品种类很多，例如三酒、四饮、五齐等，它们都是以糵或曲为发酵剂而酿成的低酒精度的发酵原汁酒。此时的酒已取代了水作为礼拜神仙或祖先的祭品。当时的王室贵族饮酒是讲究场合的，并有一定的规范和礼仪。当酒品从祭坛上走下来，从贵族家走出去而进入千家万户后，酒开始从一类神秘的饮品演进为表现民俗的必备之物和许多文化活动或抒张精神状态的载体。对这一时期酿酒工艺的要求，先民概括为“六必”：“秫稻必齐，曲糵必时，湛炽必洁，水泉必香，陶器必良，火齐必得。兼用六物，大酋监之，毋有差贷。”

第三节 酿酒技术的早期发展

一、酒政的建立和酿酒业的发展

酿酒技术相对于制陶、冶金、纺织等手工技术简便、较易普及，只要拥有较多的谷物和一些简单的坛罐之类容器即可酿酒。当酒作为一种特殊的饮品从祭祀的神坛上走下来，首先为富有的权贵所享用，《周礼》中反映的周朝皇室的用酒制度足以说明这一史实。随后，酒又迈入了千家万户，成为大众生活中所喜爱的饮品。又当传统文化逐渐赋予酒某些特殊的功能，进一步使它深入到人们日常生活的方方面面，并成为民俗民风的一部分。例如，在拜祖敬神的庄严仪式上，酒是必不可少的供品；在尊老敬长、亲朋欢聚的人际交往中，酒是常见的礼品；在欢度喜庆的节日里，酒成为重要的助兴剂；在排除烦恼、发泄情绪的气氛中，酒又成为消愁药，甚至许多文人墨客都借用酒劲来抒发自己的哀乐或灵感；政治家则借用酒来实践自己的阴谋诡计。总之，酒作为一种特殊饮品融入许多民俗民风的活动中。有了这样的文化背景和不同寻常的社会需求，势必促进酿酒业的蓬勃发展。

从另一个视角来看，酒是粮食深加工的产品，酿酒业发展的规模和速度直接受制于粮食收成的丰、歉。碰上好的年景，粮食丰收了，自然有了较多的谷物供人们酿酒；相反，当遇到灾年，粮食歉收了，供人们用于酿酒的谷物就少了。因此，粮食的丰、歉对酿酒业的发展，影响是最直接的。这种直接的影响一方面表现在农民对收获粮食的消费安排，更明显的表现则在政府关于酿酒政策的调整上。

在夏商时期，当时的环境和技术条件，使人们将酿酒作为谷物的一种加工方式。吃酒连酒糟一块吃，吃酒也能饱腹，故将吃酒与吃饭联系起来。这种略带酒香、稍有甜味、容易消化的酒食对于社会的权贵们具有很大诱惑力。当时酒的醇度极低，故能海量而不立即醉倒。他们就利用他们手中掌握的较多粮食来酿酒，因此当时的贵族们嗜酒成风，终于造就“大冣乐戏于沙丘，以酒为池，悬肉为林，使男女倮，相逐其间，为长夜饮”① 的商纣酗酒之说。为了吸取这一历史教训，周

① 汉·司马迁：《史记》卷三，“殷本记”，第105页，中华书局，1959年。

代新君周文王在登基之初立即颁布了中国历史上的第一个禁酒令《酒诰》。《酒诰》中强调说：酒只能在祭祀时用，不能常饮。官员们到下面去，可以饮酒，但不能饮醉。酗酒会误事、会乱行、会丧德，甚至因酗酒而灭国。明令禁止民众群饮，不听命令的人，要收捕起来，送到京师，将择其罪重者而杀之。做官的要以身作则，做人表率。《酒诰》的上述内容明确显示了当时关于酒的政策，即中国历史开始有了酒政。所以《周礼》中关于酒政的记载多了起来。实际上，一个《酒诰》并不能把酒禁绝，而只是加强了对酒生产的管理，使官家和民间用酒都有了限度。

到了春秋战国时期，各诸侯国大多各自为政，因此，对酒的政策各有其方，《酒诰》已名存实亡。绝大多数统治者不再禁酒，对酒的生产采取放任、不加严管的政策，酿酒、卖酒、饮酒都自行其是。当时的齐秦赵魏楚燕韩诸国的统治者大都是“嗜酒而甘之”。因狂饮而误事败业丧德者，屡见不鲜。上行下效，大臣们饮酒也都放胆无忌，加上酒业管理基本上解体，酿酒卖酒初步形成了行业，生意兴隆，酒旗高悬。《史记·刺客列传》对荆轲的描写就很形象：“荆轲嗜酒，日与狗屠及高渐离饮于燕市，酒酣以往，高渐离击筑，荆轲和而歌于市中，相乐也。已而相泣，旁若无人者。”① 荆轲等在集市上酗酒，撒酒疯竟无人管。荆轲是个平民，尚敢此态，可见人们饮酒已无约束。各诸侯国大多无酒的专门政策，只要在市场上卖酒者缴纳一定的市税即可。

唯独秦国，在商鞅变法后，其酒政才有变化。商鞅变法的基本点是重农抑商。抑商政策表现在酒业上，则是对酒业课以重税，其税重到使酒价高于其成本十倍以上，酒价这样高，一般人当然买不起，从而达到限制酒业发展的目的。与此同时，变法中制定的《秦律》，禁止在农村居住的人（包括地主和富裕农民）用剩余的粮食来酿酒，更不能到市场上沽卖取利。这样做，实际上也达到了禁酒的目的。由此可见，商鞅变法后的秦国是春秋战国时代唯一实行禁酒政策的国家，同时也是税酒的开始。当然，商鞅的税酒目的在于限制酿酒的发展。这种税酒政策到了汉代则变成了另一个模样。

西汉初年曾在部分地区实行禁酒。汉初律令规定：“三人以上无故群饮酒，罚金四两”。只是在“赐民”的日子里才能会聚饮食数日。例如，文帝即位，赐令天下可大饮五日。但是，由于酒已成为大众生活的必需品，生产又那么简便，实际上禁酒是行不通的。到了汉武帝即位后的40多年里，再也没有下过禁酒令，私人可以自由酿酒了。但考虑到酿酒投资少、原料广、利润丰厚，它可以为政府谋得一大笔收入，于是在天汉三年（公元前98年）二月，政府下令“初榷酒酤”，即榷酒政策。这项政策的实质就是官买官卖，不再准许私人自由酿酤。这项政策成为盐铁官营后的又一大经济决策。汉武帝死后，榷酒政策受到抨击，于是在昭帝始元六年（公元前81年）七月，“罢榷酤官，卖酒升四钱”，即以税酒政策代替已实行了18年的榷酒政策，私人又可以酿酒了，但每卖一升酒要交税四钱。酒税成为一项专税直接交到国库以供政府开支。从此以后，禁酒、榷酒、税酒政策在不同的朝代的不同时期被交替使用，作为一条基本国策，没有变的是酿酒业的税收

① 汉·司马迁：《史记》卷二十六，“刺客列传”，中华书局，1959年。

是政府的一项重要的财政收入。

酒政的变化和农业的发展，与粮食收成的丰、歉一样，能左右酿酒业发展的规模和速度，对酿酒技术的发展有着直接的影响，但并不是唯一的决定因素。人们对酒品的鉴赏、喜好和酿酒实践中的经验积累也是决定酿酒技术进步的重要因素。在中国传统的酿酒技术中，它实际上可分为两大部分：制曲技术和酿酒技术。

二、从散曲到块曲：大曲和小曲

酿酒技术的进步，首先表现在制曲技术的提高。长期的酿酒实践使人们认识到，酿制醇香的美酒，首先要有好的酒曲；要丰富酒的品种，就要增加酒曲的种类。中国酿酒技术的发展正是沿着这条路线前进的。

从近代科学知识来看，酒曲多数以麦类（小麦和大麦）为主，配加一些豌豆、小豆等豆类为原料，经粉碎加水制成块状或饼状，在一定温度、湿度条件下让自然界的微生物（霉菌在其中繁殖）培育而成，其中含有丰富的微生物，如根霉、曲霉、毛霉、酵母菌、乳酸菌、醋酸菌等几十种。酒曲为酿酒提供了所需要的多种微生物的混合体。微生物在这块含有淀粉、蛋白质以及适量无机盐的培养基中生长、繁殖，会产生出多种酶类。酶是一种生物催化剂，分别具有分解淀粉为糖的糖化能力、变糖为乙醇的酒化能力及分解蛋白质为氨基酸的能力。微生物就是凭借其分泌的生物酶而获取营养物质才能生长繁衍。若曲块以淀粉为主，则曲里生长繁殖的微生物多数必然是分解淀粉能力强的菌种；若曲中含较多的蛋白质，则对蛋白质分解能力强的微生物就多。由此可见，不同原料的不同配比会对曲的功效产生影响。曲的不同功效则会进一步影响酿造过程和结果，因为酒曲的质量决定酒品的质量。

传统酒曲的制造大多是在春末至仲秋，即“伏天踩曲”。因为这段时间的气候最适宜霉菌的繁殖，而且也比较容易控制培菌的条件。酒曲质量的好坏，主要取决于曲坯入曲室后的培菌管理。在调节好曲坯本身的配料、水分及接入曲母后，调节好曲室的温度和湿度及通风情况是很关键的，这些条件必须有益于微生物的繁殖。制好的曲应贮藏陈化一段时间，最好要过夏，再投入使用。经过一段时间贮藏的曲，习称为陈曲。在传统的工艺中，非常强调要使用陈曲，这是因为在制曲时潜入的大量产酸细菌，在比较干燥的环境中存放时会大部分死掉或失去繁殖能力，所以相对而言，陈曲中糖化与酒化的微生物菌种就较纯，有利于糖化和发酵，而避免酒醪变酸。先民制曲工艺经验的积累正是不自觉地遵循了这些科学道理。

从西汉时起，先民中的酒工已认识到曲和糵在酿酒过程中有不同的功效，并以此为根据将它们区分开来。糵主要指谷芽，曲主要指酒曲。《说文解字》说：“糵，牙米也。”又说：“曲，酒母也。”[①]《释名》谓：“糵，缺也，渍麦覆之使生芽开缺也。”又谓：“曲，朽也，郁之使生衣朽败也。”[②] 从历史上看，《礼记》所

① 汉·许慎撰，清·段玉裁注：《说文解字注》十四篇酉部，第747页，上海古籍出版社，1981年。

② 东汉·刘熙：《释名》卷四，《丛书集成初编》，总1151册，第66页。

讲的："夏后氏尚明水，殷尚醴，周尚酒。"① 这样讲虽然不是非常准确，但是它至少也说明，随着酿酒技术的发展，人们对提高酒的醇度愈加看重，并且开始意识到蘖与曲的酿酒效果有差异。在周代，醴尚存在。到了西汉，由蘖酿制的醴，就因人们嫌它酒味淡薄而被淘汰。这本身恰好正是制曲和酿酒技术提高的明证。从春秋战国时起，蘖便逐渐专门被用来制作饴糖，而酿酒主要采用酒曲了。

两汉时制曲方法与先秦时期比较，最大的进步反映在饼曲和块曲的制作和运用上。在商周乃至春秋战国时期，酒曲主要还是以散曲形式进行生产。所谓散曲，是指将大小不等的颗粒状谷物，经煮、蒸或炒等手段预加工成熟或半熟状态后，引入霉菌让它们在适当的温度、湿度下繁殖，制得松散、颗粒状的酒曲。事实上，在制曲过程中，那些发霉的谷物由于霉菌的繁殖，往往由于菌丝和孢子柄的生长，它们相互缠混在一起而很自然地会结成块状，所以，制曲生产的结果通常不仅有散曲，而且还总有块曲。在散曲的生产操作中，由于其温度及原料中的水分不易在发酵过程中保持稳定，因而在曲中得以快速繁殖的微生物主要是那些对环境条件要求不很苛刻的曲霉，如黄曲霉、黑曲霉等，而它们的大量繁殖则抑制了其他糖化、酒化能力更强的微生物的生长。块曲的情况则有所不同。由于原料被制成块状，团块内的水分和温度相对来说比较恒定，加上团块内空气少，较适宜酵母菌、根霉类微生物的繁殖，而不适宜于曲霉的繁殖。

现代微生物学知识表明，根霉的糖化能力较曲霉强，酵母菌更是酒化的主要菌种。人们在酿酒的实践中，逐渐认识到块曲的酿酒能力强于散曲，从而有意识地将酒曲原料团制成饼状或块状，以饼曲、块曲取代散曲用以酿酒。从用散曲发展到饼曲、块曲，是制曲技术的一大进步，也是酿酒工艺的重要发展。《说文解字》中所列的曲已都是饼曲，可见在汉代饼曲的生产已很普遍。从此，饼曲、块曲的制造、使用及其发展成为中国酿酒技艺中的奇葩，也是中国酒（包括后来的蒸馏酒）具有独特风格的奥秘所在。

中国地域辽阔，各地的自然环境差异也很明显，这对酒与其酿造技术的地方特色的形成也是至关重要的。最直观的事实就是南北地区在原料、制曲及酿造工艺上都有自己的特点。就在北方迅速发展块麦曲、饼麦曲的同时，南方出现一种草曲。晋代襄阳（今襄樊市）太守嵇含所著的《南方草木状》记载了这种曲：

> 南海多美酒，不用曲蘖，但杵米粉杂以众草叶沾葛汁涤溲之，大如卵，置蓬蒿中，荫蔽之，经月而成。用此合糯为酒，故剧饮之，既醒犹头热涔涔，以其有毒草故也。南人有女，数岁即大酿酒。既漉，候冬陂池竭时，填酒罂中，密固其上，瘗陂中。至春潴水满，亦不复发矣。女将嫁，乃发陂取酒，以供贺客，谓之女酒，其味绝美。②

唐代刘恂的《岭表录异》也记载："南中酝酒，即先用诸药，别淘，漉粳米，晒干；旋入药和米，捣熟，即绿粉矣。热水溲而团之，形如餢飳，以指中心刺作一窍，布放簟席上，以枸杞叶攒罨之。其体候好弱。一如造曲法。既而以藤蔑贯之，

---

① 《十三经注疏·礼记正义》卷三十一，第263页，（上海）国学整理社，1935年。

② 晋·嵇含：《南方草木状》，《百川学海》第30册第3页。

悬于烟火之上。每酝一年（鲁迅按：‘年’字疑），用几个饼子，固有恒准矣。南中地暖，春冬七日熟，秋夏五日熟。既熟，贮以瓦瓮，用粪埽（鲁迅按：‘埽’字疑）火烧之。”①

唐人房千里的《投荒杂录》② 关于“新洲酒”的制曲记载，大致与《南方草木状》类同。从这些记载可以看到，当时南方酿酒所用的曲确实不同于北方的块曲、饼曲而别具特色，后来人们习称它为小曲。它们是以生米粉为原料，附加拌上某些草叶、葛汁“溲而成团”，再使之发霉而制成。用这种曲和糯米合酿出的酒，酒力较大，饮后头热出汗。据近人研究，在制曲中加入某些草药是有其道理的。一是这些草药含有多种维生素，辅助创造了发霉的特殊环境，能促进酵母菌和根霉的繁殖；二是使酒曲和所酿的酒具有某种独特的风味。古代的酿酒师虽然不可能明白这些道理，但是他们在实践中，从简单地用曲直接酿酒，发展到借助于曲的同时又把某些草药的风味引进酒中，从体会出曲中草药成分会给酒增添风味到发现曲中加入草药有助于制出优质曲，逐步积累了经验，掌握了在制曲中应加入哪些草药，并能使酒具有什么口味等特殊的技能。这些技术又经此后的实践鉴别和发展，至今已成为许多酒厂生产名酒、美酒的宝贵科技遗产。

现存的最为翔实的记述两汉至魏晋、南北朝时期中国北方、黄河中下游地区酿酒技艺的史籍，当属后魏贾思勰撰写的《齐民要术》③。《齐民要术》不仅是中国现存最早、最完整的农学名著，也是世界农学史上最有价值的历史名著之一。贾思勰关于酿造工艺的记述具有相当的科学性。他已清楚地认识到制曲在酿酒工艺中的关键地位，所以在介绍诸种酿酒法时，必先介绍其相应的制曲法。他把酿造原动力的微生物称作“衣”，并能把制曲归纳起来作专门的叙述，表明他的见识是很卓越的。

《齐民要术》着重介绍了当时的九种酒曲。从原料看，有八种用小麦、一种用粟（汉以后，粟指今小米）。八种小麦曲中，有五种属神曲类，两种为笨曲类，一种为白醪曲。无论是神曲或笨曲，都被制成块状，都属于块曲。一般笨曲为大型方块，神曲为小型圆饼或方饼状。所谓“神”与“笨”，是神曲的酿酒效率远比笨曲高，而白醪曲介乎于二者之间。据《齐民要术》的记载大略计算，神曲类一斗曲杀米少则一石八斗（1 石 =10 斗，1 斗约合 2 000 mL），多至四石，即有曲量占原料米的 2.5% ~5.5%；笨曲类一斗曲杀米仅六七斗，即用曲量占原料米的 14.3% ~16.6%；白醪曲一斗杀米一石一斗，占原料米的 9.1%。从制曲原料来看，神曲的原料中有三种是以蒸、炒、生的小麦等量配合而成；一种是以蒸、炒小麦各为 100、生小麦为 115 的比例配合而成；还有一种神曲原料，其中蒸、炒、生小麦的比例为 6:3:1。白醪曲的原料是以蒸、炒、生小麦等量配合。两种笨曲则皆用炒过的小麦为原料。此外，以粟米为原料的粟曲，生粟与蒸粟之比为 1:2。这九种曲都没有单纯用生料。尽管小麦经过蒸、炒，有利于霉菌的繁殖，但是当时

---

① 唐·刘恂撰，鲁迅校勘：《岭表录异》，第 9 ~10 页，广东人民出版社，1983 年。
② 唐·房千里：《投荒杂录》，见《说郛》卷二十三，宛委山堂本，上海商务印书馆，1927 年。
③ 后魏·贾思勰：《齐民要术》，见缪启愉校释：《齐民要术校释》，农业出版社，1982 年。

酿酒对此似乎还缺乏明确的认识，以致由于蒸、炒加工，增加了工序的繁复。北宋以后，制曲大多只用生料，这反映了制曲工艺上的又一进步。

《齐民要术》所介绍的神曲制法，虽有多种，却是大同小异。下面仅举一种，以窥当时神曲制作技艺之一斑。

作三斛（1 斛 =10 斗）麦曲法：蒸、炒、生，各一斛。炒麦：黄，莫令焦。生麦：择治甚令精好。种各别磨。磨欲细。磨讫，合和之。

七月取中寅日，使童子着青衣，日未出时，面向杀地，汲水二十斛。勿令人泼水，水长亦可泻却，莫令人用。其和曲之时，面向杀地和之，令使绝强。团曲之人，皆是童子小儿，亦面向杀地，有污秽者不使。不得令人室近。团曲，当日使讫，不得隔宿。屋用草屋，勿使瓦屋。地须净扫，不得秽恶；勿令湿。画地为阡陌，周成四巷。作“曲人”，各置巷中，假置“曲王”，王者五人。曲饼随阡比肩相布。

布讫，使主人家一人为主，莫令奴客为主。与“王”酒脯之法：湿“曲王”手中为碗，碗中盛酒、脯、汤饼。主人三偏读文，各再拜。

其房欲得板户，密泥涂之，勿令风入。至七日开，当处翻之。还令泥户。于二七日，聚曲，还令涂户，莫使风入。至三七日，出之，盛着瓮中，涂头。至四七日，穿孔，绳贯，日中曝，欲得使干，然后内之。其曲饼，手团二寸半，厚九分。①

其工序见图 3 –3 –11。

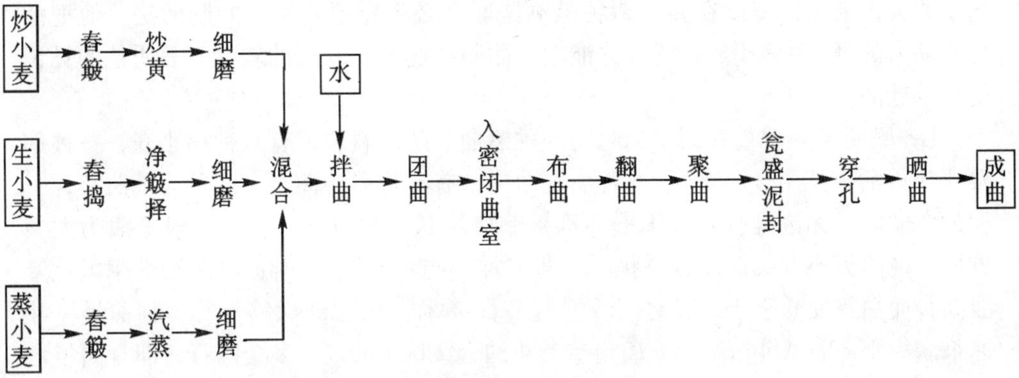

图 3 –3 –11　《齐民要术》中神曲生产工艺流程

由该文可见，制神曲中，除了要做好原料的选择、配比及加工外，还应注意：择时，七月取中寅日；取水，在日未出时，这时的水因尚未被人动过，一般较纯净清洁；选曲房，得在草屋，勿用瓦屋，因为草屋的密闭程度胜于瓦屋，便于保温、保湿、避风；地须净扫，不得秽恶。在制曲时，不得令杂人接近曲房。

这些措施表明当时制曲已十分强调曲房的环境卫生和气温、湿度及用水的洁净，以利于霉菌的正常繁殖。制成的原料饼块要按行列比肩相布，即左右相挨近，

① 后魏·贾思勰：《齐民要术》，见缪启愉校释：《齐民要术校释》，农业出版社，1982 年。

又必须保持曲块之间有一定的空隙，以利于发酵热量的散发和霉菌的均匀生长。以后每隔七日，分别将曲块翻身、堆聚、盛著瓮中，直到四七（28）日，再穿孔、绳贯、日晒。这种对处于培菌过程的曲块调理是有一定道理的，其目的仍然是促使霉菌正常、均匀地繁殖，但是在很大程度上，还是听其自然繁殖。在曲房中，只进行两次翻曲，中间没有采用开闭门窗来进行调湿、控温，因此对于生产的季节是较讲究的。

在贾思勰生活的那个时期，神曲大致代表了一批酿酒效能相对较强的酒曲。但这样的命名和分类还不是很严格。其后，在实践中，经过人们有意识的筛选和培植霉菌，逐渐地使大多数酒曲都具有较强的酿酒效能，所以，神曲原有的权威性逐渐地消退，于是其含义发生了转变。唐代孙思邈的《千金要方》① 及其他一些医学著作中，"神曲"则已是指那些专门用于治病的酒曲了。明代宋应星在其《天工开物》中说："凡造神曲，所以入药，乃医家别于酒母者。法起唐时，其曲不通酿用也。"据此，宋应星在"曲蘖"篇里专列一节讲此神曲。

笨曲即粗曲之意，是相对神曲而言的，不仅其酿酒效能较弱，而且块型较大，配料单纯，制曲时间也不强求在七月的中寅日，制作过程的要求也不像神曲那么严格，总之，较为粗放，故谓笨曲。例如，《齐民要术》中介绍的"秦州春酒曲"（秦州在今甘肃天水、陇西、武山一带），其制法是：

七月作之，节气早者，望前作；节气晚者，望后作。用小麦不虫者，于大镬釜中炒之。炒法：钉大橛，以绳缓缚长柄匕匙着橛上，缓火微炒。其匕匙如挽棹法，连疾搅之，不得暂停，停则生熟不均。候麦香黄便出，不用过焦。然后簸择，治令净。磨不求细；细者，酒不断；粗，刚强难押。

预前数日刈艾，择去杂草，曝之令萎，勿使有水露气。溲曲欲刚，酒水欲均。初溲时，手搦不相著者佳。溲讫，聚置经宿，来晨熟捣，作木范之：令饼方一尺（1 尺 =10 寸，1 尺约合 30.9 cm），厚二寸。使壮士熟踏之。饼成，刺作孔。竖槌，布艾椽上，卧曲饼艾上，以艾覆之。大率下艾欲厚，上艾稍薄。密闭窗、户。三七日曲成。打破，看饼内干燥，五色衣成，便于曝之；如饼中未燥，五色衣未成，更停三五日，然后出。反覆日晒，令极干，然后高厨上积之。此曲一斗，杀米七斗。②

由此可见，笨曲制作在工艺过程上与神曲没什么根本的差别，但是有以下几点值得注意：

（1）制曲时间，神曲在夏历七月十日至二十日，笨曲则放宽至六月至八月。

（2）神曲使用蒸、炒及生麦，笨曲只用焙炒的小麦。

（3）神曲厚 1 ~2 cm，6 cm 见方的方形，笨曲则厚 6 cm，长宽可达 30 cm。

（4）神曲管理细致，笨曲管理粗放。

但是其中有两点要注意。其一，"磨不求细；细者，酒不断；粗，刚强难押。"

---

① 唐·孙思邈：《备急千金要方》（江户医学影北宋本），第 104 页，人民卫生出版社（影印），1955 年。

② 后魏·贾思勰：《齐民要术》，见缪启愉校释：《齐民要术校释》，农业出版社，1982 年。

指的是粉碎曲料不求细，过细使酒液浑浊，不利压榨分离。这里讲的仅是曲料过细影响以后酒糟与酒液的分离。事实上，曲粒过细，还会造成曲块过于黏结，水分不易蒸发，热量也难以散发，以致微生物繁殖时通风不良，培养后便容易引起酸败及发生烧曲现象，将会影响酒质；假若曲粒过粗，曲块中间隙大，水分即难以吃透，又容易蒸发散去，而热量也易散失，使曲坯过早干涸和裂口，影响有益微生物的繁殖。这一道理，当时的酿酒师并不明了，所以，《齐民要术》虽认为将曲料的粉碎“唯细为良”，同时又要求捣到“可团便止”，并且是用手团而不是用脚踏，似乎也含有避免过黏的意思。第二点是要求对制成的曲“反覆日晒，令极干”。这点的确也是很重要的。曲要晒得很干，并经过一定时间的存放后才能使用，其目的是使制曲时所繁殖的杂菌在长期干燥的环境中陆续死灭、淘汰，可提高曲的质量。神曲多用于冬酒，而笨曲多用于春夏酒。

实际上，曲的质量不仅在于它能杀米多少，即酿酒效能，还在于它本身的菌种质量，也就是说，好品种的曲才能酿出好酒。神曲酿出的酒未必一定是好酒，笨曲有时也能酿出好酒。例如，当今一些著名的黄酒，其麦曲的用量与原料米的百分比都较高。例如，江苏丹阳特产甜黄酒为8%；山东即墨黄酒为13%；浙江绍兴酒约为15%。这些酒除用麦曲外，还要另加酒药或酒母。这些酒用曲量都较《齐民要术》的神曲指标高。由此可见，只以杀米量作为曲好坏的标准是不科学的，即神曲不一定较笨曲好。当然，贾思勰在书中没有讲神曲较笨曲好，但是使读者极易产生这种误会。总之，从这个意义上来说，将酒曲分成神曲、笨曲的分类原则（杀米多少）并不完全可取。所以，在宋代《北山酒经》中就无“神曲”的称谓了。

《齐民要术》中介绍的“白醪曲”按酿酒效能似乎介于神曲与笨曲之间；“方饼曲”接近于笨曲；“女曲”接近于神曲。“黄衣”“黄蒸”都是散曲，贾思勰将它与蘖放在一起另成一篇，是因为黄衣、黄蒸当时主要是用于制豆豉、豆酱及酱曲，而非用于酿酒。蘖主要用于制糖。据缪启愉研究，《齐民要术》内的黄酒和黄酒酿造可分三大类：第一类，利用蒸、炒、生三种小麦混合配制的神曲及其他神曲酒类，多是冬酒；白醪酒虽是夏酒，但其所用之曲也是蒸、炒、生三种小麦配制的，故列于神曲篇之后。第二类，单纯用炒小麦的笨曲及其笨曲酒类，多是春夏酒，曲的性能和酒的酿法都不同。“法酒”酿法虽异，但也用笨曲，并且也是春夏酒，故列于笨曲篇之后。第三类是用粟子为原料的白堕曲及其白堕酒。白堕曲属方饼曲，故附于法酒之后。

在当时制曲生产中，虽然已注意到温度、湿度及水分的控制，但是由于整个操作仍属于利用微生物的开放性繁殖，加上对微生物繁殖规律还缺乏科学的认识，抑制杂菌侵入的手段也十分简单，因此，在制曲中特别强调制曲季节的掌握。在《齐民要求》中的九种曲，除白堕曲没有说明制曲时间外，神曲五种、白醪曲及春酒曲都要求在农历七月作，只有笨曲中的颐曲可以在九月作。可见对制曲的诸因素的调控在很大程度上还依赖自然环境的变化规律。这种状况一直延续到近代。

三、酿酒工艺

《礼记·明堂位》说："夏后氏尚明水，殷尚醴，周尚酒。"① 这句话不见得很确切，但是它反映了一个基本事实：随着酿酒技术的提高和酿酒业的发展，人们的口味向着提高醇度方面而变化。在战国时期，经过重复发酵所得的酎较受欢迎。《礼记·月令》谓："孟夏之月，天子饮酎。"② 可见天子饮用的是酎，足以表明它是当时最好的酒。宋玉的《楚辞·招魂》中也有"挫糟冻饮，酎清凉些"③ 的话。在其他文献中，酎也较常出现，在一定程度上反映了酎的发展和受欢迎的程度。传为葛洪所撰《西京杂记》谓："汉制，宗庙八月饮酎，用九酝太牢，皇帝侍祠。以正月旦作酒，八月成，名曰酎，一曰九酝，一名醇酎。"④ 这时所记的发酵时间达到了八个月，真若如此，不仅醇度由于多次重复发酵而高些，而且还可能采用了固体醪发酵。

为了提高醇度，汉代时在酿制方法上有一项重要发展。东汉末年曹操为了讨汉献帝的欢心，以奏折的形式介绍了一种"九酝春酒法"，谓：

> 臣县故令南阳郭芝，有九酝春酒法。用曲三十斤，流水五石，腊月二日渍曲，正月冻解，用好稻米，漉去曲滓。便酿。法饮曰譬诸虫，虽久多完，三日一酿，满九石米止。臣得法，酿之常善，其上清，滓亦可饮。若以九酝苦，难饮，增为十酿，易饮不病。⑤

"春酒"，指春酿酒。《四民月令》称正月所酿酒为"春酒"，十月所酿酒为"冬酒"。关于"九酝"，一种解释为原料分九批加入依次发酵；另一种解释为原料分多批（至少三次）加入，依次发酵。《西京杂记》则认为"九酝"与"酎"是一样的酒。《说文解字》谓："酎，三重醇酒也。"清人段玉裁解释说，酎为用酒代水再酿造两遍而酿成的酒。"十酿"是相对"九酝"而言的。由此可以认为曹操介绍的这种酿酒法，是在正月酿造，每酿一次，用水五石（1石约合26.7 kg），用曲30斤（1斤约合223 g），用米九石。三日一批，分几批加入，依次发酵，推算可知，用曲量是较少的，加入的曲主要作菌种用。由于曲中以根霉为主，能在发酵液中不断繁殖，其分泌的糖化酶将淀粉分解为麦芽糖，酵母菌又将部分麦芽糖转变成乙醇。在整个发酵过程中，不仅用曲量少，而且只加了五石水，用水量也是很少的，可以认为发酵是接近于固体醪发酵，又是重酿，所以酿制出的酒当然比较醇酽，加上根霉糖化能力强，它较之酵母菌又能耐较高的醇度，从而使酒中能保留住部分糖分，故此酒带甜味。方法的最后一句是："若以九酝苦，难饮，增为十酿（投），易饮不病。"补充这点很重要，所谓酒"苦"，就像现在称谓的"干"酒，如干葡萄酒、干啤酒，即酒中的糖分都充分地被转化为乙醇，无甜味，会觉得略苦。再投一次米，其中淀粉被根霉分解为糖，同时由于醪液已具有一定的乙醇浓度，抑制了酵母菌的发酵活力，已无法使新生成的糖分继续转化为乙醇，从

---

① 《十三经注疏·礼记正义》卷三十一，第263页，（上海）国学整理社，1935年。

② 《十三经注疏·礼记·月令》卷十五，第137页，世界书局，1935年。

③ 清·王夫之：《楚辞通释》卷九，第147页，上海人民出版社，1975年。

④ 东晋·葛洪：《西京杂记》，见《笔记小说大观》（第一册），江苏广陵古籍刻印社，1983年。

⑤ 东汉·曹操："上九醞春酒法奏"，见《全三国文》卷一，《曹操集》，中华书局，1974年。

而可使酒略带甜味。由此可见，在这种制酒法中，人们已掌握了利用根霉在酒度不断提高的环境中，仍能继续繁殖，产生糖化酶的特点，促使发酵醪的糖化功能高于酒化能力，终使酒液具有甜味。

九酝春酒法中，稻米为酿酒原料，所用曲很可能是小曲。因为如此少量的曲能在五石水中产生强的糖化作用，只有小曲才能达到。九酝春酒法在技术上有两大特点。一是上面已讨论过的九酝即酿酒的米饭为九次投入过滤过的浸曲酒母中外，还有一个特点是浸曲技术。文中所说的渍曲即是浸曲，它已不是单纯地将饼曲破碎，加以渍浸，而是在浸出糖化酶、酵母菌后，不断利用它进行扩大培养。该工艺就是我国古代长期应用的酒母培弄法。九酝和浸曲在当时都属于新技术。正是由于连续投料包含了这些新技术，所以在汉魏时期得到推广，在晋代已相当普遍。浸曲技术还有一点问题在九酝春酒法也已被重视。浸曲过程不仅将各种酶及酵母菌浸出，同时也会将饼曲的酸类溶出，提高了酸度有助于酵母的增殖。但是气温高时，也会有利于杂菌繁殖，因此浸曲一般选在低温季节进行较好，低温可抑制杂菌污染。九酝春酒法选在腊月浸曲就较好。

东晋炼丹家葛洪在《抱朴子·内篇》中也说："犹一酘之酒，不可以方九酝之醇耳。"① 酘，即投，用于饮食酿造者。酘酒，即将酒再酿之意。所以葛洪讲，只酿一次的酒在醇度上当然不能与九酝之酒相比。在晋代，酒的优劣是以投料多少次来判定的。以近代微生物工程知识来看，这种九酝春酒法可谓近代霉菌深层培养法的雏形。

《齐民要术》介绍了多达40种的酿酒法，它们分别被列在某种曲的下面，表示是使用该种曲酿造的。造酒法中大多包括以下内容，首先是关于曲的加工，如碎曲、浸曲，以及淘米、用水等酿酒的准备工作，以下再具体介绍做某种酒的方法，工艺过程大同小异。所以下面只举"作三斛麦曲法"一例来作典型说明。

造酒法：全饼曲，晒经五日许，日三过以炊帚刷治之，绝令使净。若遇好日，可三日晒。然后细锉，布帊盛，高屋厨上晒经一日，莫使风土秽污。乃平量曲一斗，臼中捣令碎。若浸曲一斗，与五升水。浸曲三日，如鱼眼汤沸，酘米。其米绝令精细。淘可二十徧（遍）。酒饭，人狗不令啖。淘米及炊釜中水，为酒之具有所洗浣者，悉用河水佳也。

若作秫、黍米酒，一斗曲，杀米二石一斗：第一酘米三斗；停一宿，酘米五斗；又停再宿，酘米一石；又停三宿，酘米三斗。其酒饭，欲得弱炊，炊如食饭法，舒使极冷，然后纳之。

若作糯米酒，一斗曲，杀米一石八斗。唯三过酘米毕。其炊饭法，直下酘，不须报蒸。其下馈法：出馈瓮中，取釜下沸汤浇之，仅没饭便止。②

其酿酒工序见图3－3－12。

① 东晋·葛洪：《抱朴子·内篇·金丹》，见王明著：《抱朴子内篇校释》，第72页，中华书局，1985年。

② 后魏·贾思勰：《齐民要术》，见缪启愉校释：《齐民要术校释》，农业出版社，1982年。

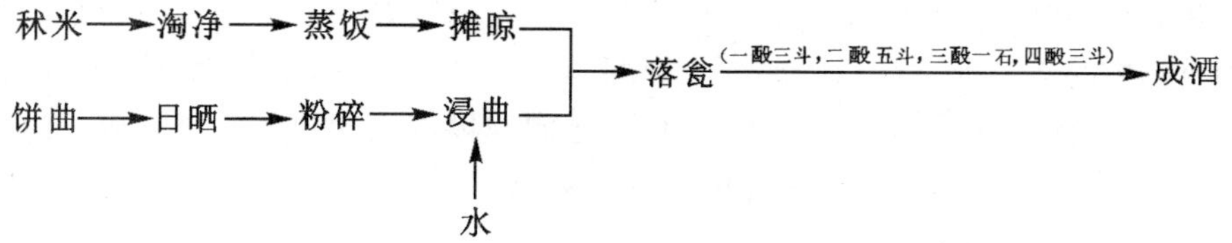

图 3－3－12 《齐民要术》中一种酿酒工序

其他酿酒法的工序大致类同，基本工序是：

1. 将曲晒干，去掉灰尘，处理得极干净。然后研碎成细粉。古代酿酒时，用曲大多经过净曲、锉曲、曝曲的处理，处理得当与否，必然会影响酿成酒的过程和质量。

2. 浸曲三日，使曲中的霉菌和酵母菌恢复活力，并得到初步的繁殖。发酵作用中会逸出碳酸气，因而产生如鱼眼的气泡。到这时，此醪液可以投饭了。一般制成的醪液呈半流动的状态。将水、曲、饭一起制成醪或醅，再发酵成酒，这是最早的技术。从汉代起人们更多地采用先制酒母而后酘饭法，该技术在《齐民要术》中得到很好的展示。

3. 一切用具必须清洁，避免带入污染物，尤其是带入油污，用水也须洁净，最好是河水。

4. 米要绝令精细，淘洗多遍。对米的处理要求“绝令精细”，即舂得精白，是有道理的。因为糙米外层及糠皮杂质含蛋白质、脂肪较多，会影响酒的香气及色泽。但是米的淘洗也不应过度，若多至五六十遍，反而会损失大量营养的无机成分，所以“淘米须极净，水清为止”是合适的。秫米、黍米的饭要炊得软熟些，糯米则可以不必蒸，而采用在釜中以沸水浇浸。投入发醪液的饭必须摊放凉后，才可下酘。

5. 至于每次酘饭多少，什么时刻酘，要依“曲势”而定。曲势实际上指的是发醪液的发酵能力。即根据曲中糖化酶、酒化酶的活力而定。例如“造神曲黍米酒方：……气味虽正，沸未息者，曲势未尽，宜更酘之；不酘则酒味苦、薄矣”①。又如“神曲酒方”中讲：“第四、第五、第六酘，用米多少，皆候曲势强弱加减之，亦无定法。或再宿一酘，三宿一酘，无定准，惟须消化乃酘之。”② 古时酒工判断“曲势”主要依靠他们的操作经验。

贾思勰在他的著述中，进一步强调了酿酒的季节和酿酒用水：“春秋二时酿者，皆得过夏；然桑落时作者，乃胜于春。桑落时稍冷，初浸曲，与春同；及下酿，则茹瓮——止取微暖，勿太厚，太厚则伤热。春则不须，置瓮于砖上。”③ 他认为选择春秋两季酿酒皆好，尤其是桑树落叶的秋季，这时候天气已稍凉，酿造过程中不再存在降温问题，保持微温也较容易，选择酿酒季节，目的是便于酿酒过程的温度控制。关于冬季酿酒，环境温度低，不利于酵母菌的活动，需要采取

① 后魏·贾思勰：《齐民要术》，见缪启愉校释：《齐民要术校释》，农业出版社，1982 年。
② 后魏·贾思勰：《齐民要术》，见缪启愉校释：《齐民要术校释》，农业出版社，1982 年。
③ 后魏·贾思勰：《齐民要求》，见缪启愉校释：《齐民要求校释》，农业出版社，1982 年。

加温和保温措施。为此贾思勰提出，天很冷时，酒瓮要用茅草或毛毡包裹，利用发酵所产生的热来维持适当的温度。当酿酒瓮中结冰时，要用一个瓦罐，灌上热水，外面再烧热，堵严瓮口，用绳将它吊进酒瓮以提高温度，促进发酵。这种加温的土办法很有趣，体现了酒工的智慧。关于夏季酿酒，则必须采取降温措施，例如把酒瓮浸在冷水中。

我国酿酒历来重视水质，贾思勰对此也有很清楚的了解。他说："收水法，河水第一好；远河者取极甘井水，小咸则不佳。"① 又说："作曲、浸曲、炊、酿，一切悉用河水。无手力之家，乃用甘井水耳。"② 酿酒重视所用水质是完全符合科学的。因为，天然水中或多或少地溶解有多种无机和有机物质，并混杂有某些悬浮物，这些成分对于酿酒过程中的糖化速率、发酵正常与否及酒味的优劣都很有影响。例如，水中氯化物如果含量适当，对微生物是一种养分，对酶无刺激作用，并能促进发酵。但含量多到使味觉感到咸苦时，则对微生物有抑制作用了，所以，要"极甘井水，小咸则不佳"。贾思勰所熟悉的黄河流域地下水一般含盐分较高，所以井水往往会带有咸苦味。当然也有少量的泉源井水，其盐分含量较低，味道淡如河水，通常称其为甘井水。一般河水虽然浮游生物较多，但其所含盐分是较低的。尤其是冬季，其中浮游生物也较少，冬季的河水可直接用于酿酒作业，其他季节则常用熟水，即煮沸过的冷水。总之，对酿酒用水的水源和水质必须慎重选择和鉴别。贾思勰反复强调了这点，说明他把握住了关键。

在《齐民要术》关于酿酒法的记载中，除对酿酒季节的分析、酿酒温度的控制、酿酒用水的选择外，还有几项技术要领也突出地反映了当时酿酒的工艺水平。

1. 酿酒法大都采用分批投料法，表明此法已经实践检验，被酿酒师普遍认可，的确是较好的酿酒方法。而这项经验发展的关键是对分批投料不是采取定时定量，而是根据曲势来确定。这就排除了曲本身质量或外部环境条件等因素对发酵过程所产生的影响。这显然是一个进步。

2. 介绍了几种制酒的方法，接近于固态发酵。例如"穄米酎法"。

净治曲如上法。笨曲一斗，杀米六斗；神曲弥胜。用神曲者，随曲杀多少，以意消息。曲，捣作末，下绢簁（意同筛）。计六斗（1 斗约合 2 000 mL）米，用水一斗。从酿多少，率以此加之。

米必须䏝（浅白色），净淘，水清乃止。即经宿浸置。明旦，碓捣作粉，稍稍箕簸，取细者如糕粉法。讫，以所量水煮少许穄粉作薄粥。自余粉悉于甑中干蒸，令气好馏，下之，摊令冷，以曲末和之，极令调均。粥温温如人体时，于瓮中和粉，痛抨使均柔，令相着；亦可椎打，如椎曲法。擗破块，内着瓮中。盆合，泥封。裂则更泥，勿令漏气。

正月作，至五月大雨后，夜暂开看，有清中饮，还泥封。至七月，好熟。接饮，不押。三年停之，亦不动，一石米，不过一斗槽，悉着瓮底。酒尽出时，冰硬糟脆，欲似石灰。酒色似麻油，甚酽。先能饮好酒一斗者，唯禁得升半。饮三

① 后魏·贾思勰：《齐民要术》，见缪启愉校释：《齐民要术校释》，农业出版社，1982 年。
② 后魏·贾思勰：《齐民要术》，见缪启愉校释：《齐民要术校释》，农业出版社，1982 年。

升，大醉。三升不浇，必死。①

这类“酎”的酿造过程中，制醪不是浸曲法，而是将曲粉、干蒸米粉混匀，与冷却至体温的粥混合，檑打，务必均匀，制成醅状，然后盖上瓦盆，用泥密封，进行发酵。加水很少，基本上属于固态发酵。发酵时间长达半年或半年以上，酒度较高，以致酒的颜色像麻油一般，浓酽味厚，放三年也不会变质。平时酒量在一斗者，饮此类酒则至多饮升半。这项酿酒工艺表明当时固体发酵技术又有了进步。近代，山东即墨老酒的酿制方法与此相类似。近代中国传统的蒸馏酒工艺中，将蒸料与曲末拌匀入池，然后入池封顶进行复式发酵，就与此法相似。

3. 在用白醪曲酿制白醪的方法中提到了浸渍原料米以酸化米质。方法如下。

酿白醪法：取糯米一石，冷水净淘，漉出着瓮中，作鱼眼沸汤浸之。着酒经一宿，米欲绝酢，炊作一馏饭，摊令绝冷。取鱼眼汤沃浸米泔二斗（1 斗 =10 升，1 斗约合 2 000 mL），煎取六升，着瓮中，以竹扫冲之，如茗渤。复取水六斗，细罗曲末一斗，合饭一时内瓮中，和搅令饭散。以毡物裹瓮，并口覆之。经宿米消，取生疏布漉出糟。别炊好糯米一斗作饭，热著瓮中为汛，以单布覆瓮。经一宿，汛米消散，酒味备矣。若天冷，停三五日弥善。②

其酿酒工序见图 3－3－13。

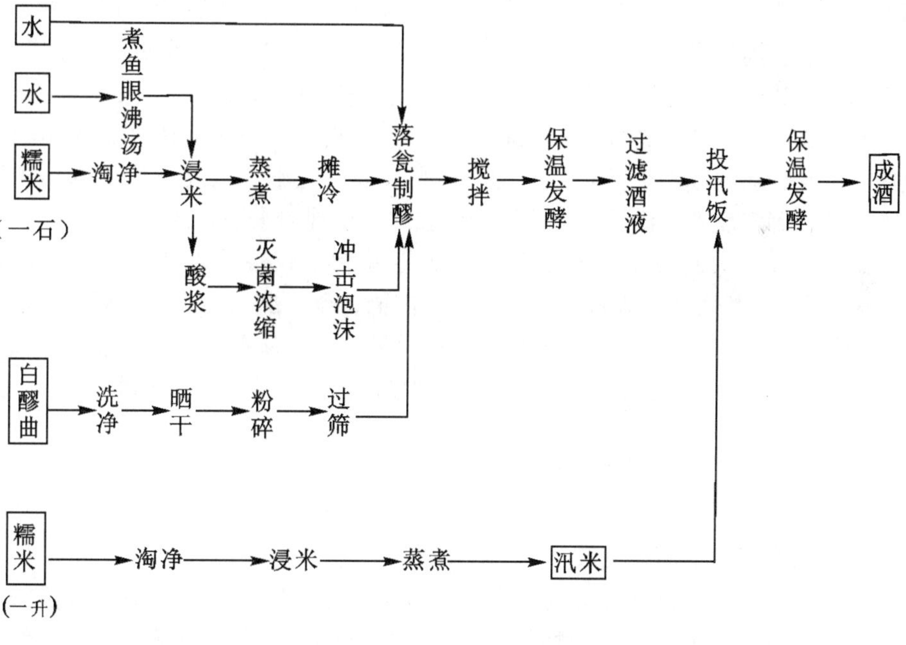

图 3－3－13　《齐民要术》中酿白醪法的工艺流程

由此可见，白醪是在夏季高温条件下，用白醪曲和原料米速酿而成的，这是此酿酒法的一个特点。在此工艺中首次提到了浸渍原料米。浸米的一般目的在于

① 后魏·贾思勰：《齐民要术》，见缪启愉校释：《齐民要术校释》，农业出版社，1982 年。

② 后魏·贾思勰：《齐民要术》，见缪启愉校释：《齐民要术校释》，农业出版社，1982 年。

使原料米淀粉颗粒的巨大分子链由于水化作用而展开，便于在常压下经短时间蒸煮能糊化透彻。但在此法中，浸米的目的更在于使米质酸化，并取用浸米的酸浆水作为酿酒的重要配料。酸浆可以调节发酵的酸度，有利于酵母菌的繁殖，对杂菌还起抑制作用。这是用酸浸大米及酸浆调节发酵醪中酸碱度的最早记载。该书下篇的“冬米明酒法”和“愈疟酒法”中也采用了浸米的酸浆水。这种调酸的方法后来在南方许多地区的酿酒中被继承和推广。《北山酒经》就对此作了较详细的论述。

4. 低温酿酒法的推广。无论是冬酿或春酿，都是在低温季节进行。主要目的在于利用低温可防止醪液酸败和杂菌繁殖。低温条件下，醪液发酵时升温缓慢，不仅有利于酵母菌活动，而且也抑制杂菌的污染。古人是在实践中掌握了这点，现代科技知识证实这是优质酒酿制的重要条件。《齐民要术》中介绍的粟米酒法就是一个典型。

5.《齐民要术》中介绍的“粟米炉酒法”，将白曲与小麦、大麦、糯米，置于瓮中发酵而成，浇饮以汤。古代称其为“芦酒”，就是今天仍流行于西南少数民族中的咂酒。

6. 由于工艺操作不当，酒变酸很易发生，为此，贾思勰介绍了一种当时医治酒发酸的方法：“治酒酢法：若十石米酒，炒三升小麦，令甚黑，以绛帛再重为袋，用盛之，周筑令硬如石，安在瓮底。经二七日后，饮之，即回。”“回”即指回复到好的味道。该方法实际主要是利用了炭黑来吸附酒液中的乙酸（醋）成分。

贾思勰所收集的资料主要局限在黄河中下游地区，对于我国辽阔的疆域和多民族的文化，遗漏或不全面是肯定的，但是人们不能不承认《齐民要术》关于酿酒的记载，确实反映了汉晋时期中国酿酒技术所呈现的水平。

综上所述，酿酒技术从秦汉至南北朝期间有了较快的发展。其标志就是从“若作酒醴，尔惟曲蘖”发展到先制曲，后酿酒，蘖、醴已很少见。酒曲也由散曲演进为块曲，《齐民要术》中所介绍的神曲、笨曲都是块曲。酿酒中注重酒液中酒度的提高，从而发明了以酒代水的重酿法和接近固体发酵的浓醪发酵。

第四节　唐宋时期的酿酒技术

一、从免税到榷酒的酒政

唐宋时期，中国封建社会的发展步入鼎盛状态，以自给自足的小农经济为基础的封建经济和以中央集权为特征的专制政体都趋于成熟。有繁荣的农业经济作基础，文化事业也处处展现了封建的农业文明的各种景象。唐诗宋词的文字，程朱理学的哲学，莺歌燕舞的文艺，修史立传的史学及新的教育制度与科举取士的结合都表明炎黄文化在唐宋时期又沿着传统的轨道上向前迈进了一大步。对外文化及科技的交流，不仅使中国古代的文明远播至欧亚的许多地区，同时在广泛的交往中，中国与这些地区，特别是周边的地区在经济和科技发展中都取得了互赢。在这种社会背景下，中国古代的科学技术也发展到了一个丰收的阶段，这一时期涌现出的大量科技成果，最突出、最耀人眼目的是从雕版到活字印刷术，从司南到指南针的应用，从黑火药的发明到火药武器的应用。仅这三项成果在世界的传播和推广就在世界文明的进程中发挥了无与伦比的巨大作用。

作为与人们生活中各种活动联系密切的酒及酿酒业，在唐宋时期，也随着经济的发展和起伏，随着朝廷皇位的更迭和变化，统治者根据他们的需求，让酒政也经历了一个免税、税酒、榷酒的反复交替的变化过程。

隋文帝杨坚在589年灭陈统一中国后，为了恢复农业，发展了工业及商业，休养民息，他对酿酒业采取了宽松政策。酒不再是官家垄断独售，而是与百姓共之。酿酒、卖酒皆是免税。初唐时期，继续推行隋代的酒免税政策，允许百姓私酿私卖，造就了近百年酒政最宽松的年代。由此可以想象，这一时期酿酒业的盛况和饮酒人的放纵景象。

到了中唐时期，唐代宗在位的764年，朝廷终于下令恢复税酒制，“定天下酤户，以月收税”。几年后又进而改为：“三等逐月税钱，并充布绢进奉。”即按酿酒量将酒户分三等，再按等纳税。这种纳税法实际上就是后来的累进征税法。此后的酒政，虽然因朝廷管事人的认识不同，在税率上会有升降，但是基本的税酒政策没有本质的变化。

到了五代和两宋时期，由于政局动荡，朝廷开支大增，只能是强化税酒政策。官府不仅要卖酒，而且还要从控制酒曲买卖从中捞一把，即酿酒原料的供给、酒曲的生产、商品酒的买卖，朝廷都要从中纳税收钱。战乱的五代十国的酒政也是这样。外软内虚的北宋朝廷也需要用酒税来支撑那极其臃肿的官僚体制。苟且偷安的南宗朝廷更离不开酒税。当时推行的官卖酒，主要表现为官府自己组织酿酒生产，同时还设立自己管辖的酒楼饭店卖自己生产的酒。当时推行的官卖曲，主要实行酒曲由官府垄断生产，到时连同糯米、秫米一起借贷给酒户，然后再从酒户那里收回贷款。这些酒户大多数是以承包商的形式，承包酿酒作坊，组织酒类生产和酤卖。承包一般以三年为一周期，由政府采取投标法来选择出高价者为酒户。这一系列措施，显然确保了朝廷对酒类生产的管理和控制，同时也为酒税的收入打了保票。据史料记载，当时的酒税收入相当可观，在朝廷的财政收入中占据一个不小的比例。例如南宋时期，酒利收入仅次于盐税收入，约占全年财政收入的1/4。

酒政这一变化让我们从经济角度窥视当时酿酒业的盛况，可以推测，酿酒技术在这一过程中肯定获得较快的发展。

唐代大诗人杜甫（712—770年）曾写过一首脍炙人口的诗篇“饮中八仙歌”：“知章骑马似乘船，眼花落井水底眠。汝阳三斗始朝天，道逢曲车口流涎。恨不移封向酒泉。左相日兴费万钱，饮如长鲸吸百川，衔杯乐圣称避贤。宗之潇洒美少年，举觞白眼望青天，皎如玉树临风前。苏晋长斋绣佛前，醉中往往爱逃禅。李白一斗诗百篇，长安市上酒家眠，天子呼来不上船，自称臣是酒中仙。张旭三杯草圣传，脱帽露顶王公前，挥毫落纸如云烟。焦遂五斗方卓然，高谈雄辩惊四筵。”① 诗里杜甫用生动、形象的诗句描绘了他所熟知的文人酒客饮酒后的千姿百

① 唐·杜甫：“饮中八仙歌”，见《全唐诗》卷二一六，第2259页，中华书局，1960年。

态。由此不难看到，唐代的文人有许多都是嗜好饮酒，而且还是无节制地饮酒。造就这一情况的当然是当时适合的环境，至少可以说，市场上有较充裕的酒，而且酒价也不高。因此，在唐代的文坛作品中，处处洋溢着令人陶醉的酒香。李白被后人誉为“酒仙”，杜甫被称为“酒圣”，其根据就是他们与酒的姻缘。可惜的是唐代的酒客文人，喝酒太容易了，也无需他们亲自动手酿酒，所以留下赞美酒的诗句不少，却很少有酿酒技术的文字留下。

到了宋代，虽然文人中仍然有众多嗜酒者，诗词中也飞舞着赞誉酒和饮酒作乐的篇章，但是他们至少为后人留下了20多篇关于酿酒技术的文字。这一结果也是环境所致。宋代的文人或由于仕途不畅，或由于官场失意，他们被迫辞官隐退乡里，闲暇之中研究起酿酒技术。宋代吴兴人朱肱就是一例。

朱肱，字翼中，其祖父朱承逸曾任地方州官。父朱临，官至大理寺丞，其兄朱服，熙宁六年（公元1073年）的进士，曾任监察御史裹行、礼部侍郎。后因与苏轼交往被株连，贬兴国军安置，死于流放地。朱肱于元祐三年（公元1088年）考取进士，官至奉议郎直秘阁。崇宁元年（公元1102年），他借口看到日食，上书皇帝说这是灾异，要求罢免当时的权臣章惇。没想到，皇上看了奏章，认为他造谣惑众，陷害大臣，下旨将他罢官。此事使朱肱认为，官场没有是非标准。于是回到杭州大隐坊定居，潜心研究医学和酿酒，过着自在的逍遥生活，自称为“无求子”、“大隐翁”。从喝酒到自己酿酒，从酿酒到研究酿酒方法，学习和试验使他积累了丰富的酿酒经验，遂成为酿酒高手。他研究医学，花了近十年时间，完成了《伤寒百问》一书。该书不仅把张仲景的《伤寒论》加以充实，而且以问答形式讲述了伤寒病的病症和医治方法，被世人称为《南阳活人书》。1114年该书被宋徽宗看中，重新起用他为医学博士。但是在第二年，朝廷又以他书写苏轼诗而将他贬到达州（今四川达县）。一年后又被召还任朝奉郎，不久即病故。《北山酒经》是他在流放达州期间，为把他掌握的酿酒经验记录下来而完成的关于酿酒工艺的一本专著。

苏轼的情况有点大同小异。苏轼，字子瞻，号东坡居士，是中国历史上著名的大文豪。他不仅在诗词、散文、绘画、书法等文学艺术领域有极高造诣，取得了富于创造性的成果，为后人留下了数在千计的诗词及散文。同时，由于他热爱生活，关心民间疾苦，无论在任上或在流放中，都通过自己的实践，在水利建设、医药、农学、生物学及食品诸多方面作出过贡献。其中他对酿酒技术从兴趣到研究，通过亲手实践经验的总结，完成了《东坡酒经》等著述。正如他在因“乌台诗案”而被贬黄州后所写的杂文“饮酒说”所说的那样：“予虽饮酒不多，然而日欲把盏为乐，殆不可一日无此君。州酿既少，官酤又恶而贵，遂不免闭户自酝。”①正是在流放黄州期间，他将流放居所前的坡地种上粮食，专供自己酿酒，从而开始了酿酒实践和研究。除了《东坡酒经》外，他还写了：“洞庭春色赋”“中山松醪赋”“酒隐赋”“浊醪有妙理赋”“密酒歌”“桂酒歌”“酒子赋”“真一酒法”等有关酿酒技术的杂文和诗赋。

① 宋·苏轼：“饮酒说”，见《苏轼文集》卷一十三，第2369页，中华书局，1986年。

借助于朱肱、苏轼及其他一些文人著述的关于酿酒技术的文献，可以帮助我们窥视和讨论唐宋时期的酿酒技术和水平。

二、《东坡酒经》所叙的酿酒工艺

比《北山酒经》稍早写成的《东坡酒经》是北宋大文豪苏轼的作品，是他根据实地考察和亲自实践而撰写的一部杂文。内容如下：

南方之氓，以糯与粳杂以卉药而为饼。嗅之香，嚼之辣，揣之枵，然而轻。此饼之良者也。吾始取面而起肥之，和之以姜汁，蒸之使十裂，绳穿而风戾之，愈久而益悍。此曲之精者也。米五斗为率，而五分之，为三斗者一，为五升者四。三斗者以酿，五升者以投，三投而止，尚有五升之赢也。始酿以四两之饼，而每投以三两之曲，皆泽以少水，足以解散而匀停也。酿者必瓮按而井泓之，三日而井溢，此吾酒之萌也。酒之始萌也，甚烈而微苦，盖三投而后平也。凡饼烈而曲和，投者必屡尝而增损之，以舌为权衡也。既溢之，三日乃投，九日三投，通十有五日而后定。既定，乃注以斗水。凡水，必熟冷者也。凡酿与投，必寒之而后下，此炎州之令也。既水五日乃篘，得三斗有半，此吾酒之正也。先篘半日，取所谓赢者为粥，米一而水三之。操以饼曲，凡四两，二物并也。投之糟中，熟润而再酿之。五日压得斗有半，此吾酒之少劲者也。劲正合为五斗，又五日而饮，则和而力，严而猛也。篘不旋踵而粥投之，少留则糟枯，中风而酒病也。酿久者，酒醇而丰，速者反是，故吾酒三十日而成也。①

他以这么简练的数百字，从制曲到酿酒都作了扼要、清晰的介绍。其要点是：

（1）以糯与粳米杂以草药制成草曲（小曲）。

（2）面粉和以姜汁等，制成酒曲（类似于朱肱所讲的“真一曲”）。

（3）3 斗（1 斗 =10 升，1 斗约合 2 000 mL）米炊熟后，和以 4 两（1 两约合 40 g）小曲、3 两酒曲和少量水，装入瓮中，中间挖一“井坑”。

（4）3 日后，瓮中井坑因发酵后产生醪液而满溢，表明此时发酵在激烈进行。口尝味有点苦。这时候可以投饭五升，3 日后再投饭 5 升，9 日三投，15 日完成投饭。然后再注入 1 斗水（必是熟冷水，酿与投饭都必放凉后再投）。再过 5 日，可以用酒笼漉取酒液 3 斗半。

（5）利用漉后的酒糟，加上 5 升饭和 3 倍于饭的水及 4 两酒曲，再入瓮发酵，5 日后，发醪液用酒笼漉取，再得酒 1 斗半。

（6）两次共漉得酒 5 斗，合在一起，放置五日就可以饮用了。

其酿酒操作可示意如图 3－3－14。

---

① 宋·苏轼：《东坡酒经》，见《苏轼文集》卷六十四，第 1987 页，中华书局，1986 年。

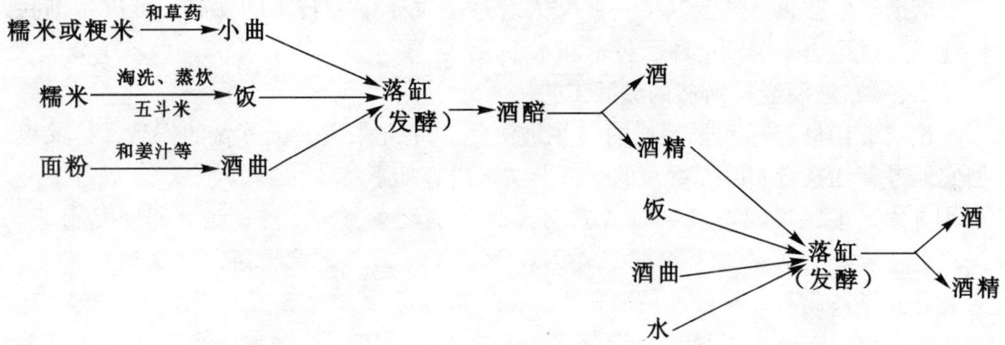

图3－3－14　《东坡酒经》的酿酒工艺流程

苏轼讲了在酿酒过程应注意的几点事项：

（1）酒药（小曲）以“嗅之香，嚼之辣，揣之枵（空虚的意思），然而轻”者为良。这种判断酒药质量办法是很科学且切实可行的。

（2）酒曲放置“愈久而益悍”，这一认识也是有道理的，《齐民要术》中就已强调要使用陈曲，因为在存放中大部分产酸细菌会死去。

（3）“凡饼烈而曲和，投者必屡尝而增损之”，即在酒药、酒曲都很好的情况下，每次投饭都应先品尝酒醅，根据品尝的结果来确定投饭的量。

（4）“凡水，必熟冷者”，这里明确要求所用的水，必须先煮沸后，放凉了再用，以免由水带入杂菌。

（5）“凡酿与投，必寒之而后下”，这里指的是投饭应是在摊凉之后，和前面加水要求是凉开水一样，为的是酿酒过程中控制温度。

《东坡酒经》所陈述的制酒经验，特别是使用酒药和风曲进行三次投曲及蒸米的酿酒技术，对后世影响很大，具体表现在以下三方面：

1. 记载酒药的最早文献虽是晋嵇含的《南方草木状》，但直到唐宋，还没有更详细的应用和其性能介绍的文献。《东坡酒经》中既介绍了由煮熟面粉制成的小曲（风曲），又讲述了由大米制成的饼曲，并将两者结合起来使用，聚其所长，利于酿酒，为我国南方小曲酒工艺打下了坚实的基础。用面粉制的风曲主要霉菌是米曲霉，结有黄色孢子。米曲霉除有相当强的糖化能力，使所制之酒风味好，还有较强的蛋白水解酶系，分解蛋白质生成氨基酸。利用这种曲作为辅助糖化剂，可加强蛋白质的水解。饼曲则是以根霉为主，还有少量米曲霉、毛霉、犁头霉等，另外还有大量酵母菌及少量以乳酸菌为主的产酸菌。同时使用上述两种曲，实质是根霉与米曲霉的混合发酵，表现出多菌株培养混合发酵的成功。其最重要的影响是使酒的成分复杂，氨基酸种类多而含量高。微生物的代谢产物也多，再加上苏东坡提倡长周期发酵，使产品风味得到提高，具有独特的风味。今天的绍兴酒所用麦曲或称草包曲，就是米曲霉的麦曲，是苏东坡风曲使用的延续。

2. 创立了饭、曲、水分三次投入的三投法，这一方法较只将蒸米分批投入法更为科学，充分发挥了浓醪复式发酵的优越性。

（1）避免了浓醪对发酵微生物的不利影响，使糖化米饭和酒精的发酵两种主要生化作用，同时而均衡地进行。若将大米蒸成米饭进行浓醪发酵，其总糖分可达40%，在这一高浓度醪中酒精发酵是不可能顺利地进行的。但是由于糖化和酒精发酵同时进行，生成的糖分逐渐变成酒精，降低了糖分含量，就避免了浓醪对酵母的抑制作用。《东坡酒经》不仅采用了米饭分批投入法，还将曲分批投入，这样就有效地避免了浓醪发酵的缺点，这也是复式发酵能够取得高酒精含量的重要原因之一。

（2）使用分批投饭和投曲，也可避免酸性蛋白酶的不足，使淀粉糖化及发酵酒化均衡地进行。如果酸性蛋白质酶不足，会影响蒸米的糖化，产生大量酒糟。

（3）由于采用了三次投料，避免了由于蒸米一次大量的投入而降低了发酵微生物的密度和发酵醪酸度及酒精含量下降的缺点，从而使发酵正常进行。

（4）由于风曲是分三次投入，持续地提供了发酵动力——酶的活性和发酵微生物数量。

（5）由于三次投料法使复式发酵产品的酒精浓度达到高水平。

3．规定了“凡酿与投，必寒之而后下”的技术管理，明确规定了制醪、制醪水、米饭均要求低温时投。低温制酒的优点在于使乳酸菌在低温下增殖以抑制杂菌，并淘汰掉野生酵母，使有用而且健壮的酵母得到增殖。这对酵母的培养是很有利的，为后世所采用。

《东坡酒经》是对当时南方酿酒工艺的真实写照。所描述的方法与近代江浙一带黄酒的传统工艺也基本相近，产率也相差不远。这就再次表明黄酒酿造工艺在宋代已成熟定型。苏轼的这篇杂文可能是他在被流放岭南时写的，为的是向岭南人民介绍他所熟悉的黄酒酿造工艺。这里也暗示，当时岭南可能由于自然环境的不同，酿酒的方法和所饮用的酒与当时中原地区和东南沿海一带不尽相同，工艺大概也较原始。

三、《北山酒经》中的制曲工艺

1．制曲工艺的进步

宋代朱肱所撰的《北山酒经》是继《齐民要术》之后的另一本关于制曲酿酒的专著。它总结了隋唐至北宋时期部分地区（主要是江南）制曲酿酒工艺的经验。全书分上、中、下篇三个部分。其中篇集中介绍了他所知道的当时13种曲的制法。根据制法的特点，朱肱将这13种曲分为罨曲、曝曲和风曲三类。所谓罨曲，即是曲室中，以麦茎、草叶等掩覆曲饼发霉而成。它包括顿递祠祭曲、香泉曲、香桂曲、杏仁曲等。风曲不罨，而用植物叶子包裹，盛在纸袋中，挂在透风不见日处阴干。它包括瑶泉曲、金波曲、滑台曲、豆花曲等。曝曲，先罨后风，罨的时间短，风的时间长。它包括玉友曲、白醪曲、小酒曲、真一曲、莲子曲等。在这13种曲中，有五种以小麦为原料，三种用大米，四种为米、麦混合，一种为麦、豆混合。除瑶泉曲、莲子曲分别以60%和40%的熟料与生料掺和外，其余各曲皆用生料。在原料上除小麦外，增加了米，并采用米面合用，特别是麦豆的混合，这在过去很少见。在这13种曲中，也普遍地掺入了草药。少者一味，如真一曲、杏仁曲；一般为4～9味，最多的达到16种草药。对此，朱肱议论说：“曲之于黍，犹铅之于汞，阴阳相制，变化自然。《春秋纬》曰：麦，阴也；黍，阳也。先渍曲而投黍，是阳得阴而沸。后世曲有用药者，所以治疾也。曲用豆亦佳，神农氏赤小豆饮汁愈酒病。酒有热，得豆为良。”① 朱肱用阴阳说的观点来认识酿酒发酵的原理，包括曲中为什么加豆及草药。事实上，制曲中若仅用麦类，因其蛋白质含量少，而不利于微生物的生长。加入一定量的豆类，不仅增加黏着力，还增加了霉菌的营养；加入某些草药，客观上同样起了这种作用，而且能造就酒的某种风味。在曲中加入草药的另一原因大概是受到酿制滋补健身酒的启发，试图通过曲把某些草药的有效成分引入酒中，以达到强身健体的目的。

我国的酒曲演进主要表现在四个方面。一是由散曲向饼曲的形态变化，这一转化从周代开始，汉代时饼曲已占多数；二是打破米曲霉为主的格局，使曲中微生物趋于多样化，并以根霉为主；三是制曲的原料由熟料向生料发展；四是制曲原料除麦、米以外，还增加了豆类和许多草药，实现了原料的多样化，创造出许多新品种的曲。后三项的转变大多是在唐宋时期完成的。

由于用料、配药更为多样，所以《北山酒经》所记载的制曲工序较之《齐民要术》更为复杂。曲类的增多，从一个角度表明制曲工艺在发展。地区环境、制曲时间的不同，制曲的配料和操作方法的差异，必然使各地生产的酒曲往往有不同的性能，酿制的酒很自然就带有地方的特色，这正是中国酒类丰富的原因所在。《北山酒经》在制曲篇中还未能细致地探讨这些问题。不久后，李保的《续北山酒经》② 所列的数十种酿酒法就此则作了补充说明。

朱肱所介绍的制曲法中，有几点经验可谓制曲工艺的重要发展。《齐民要术》关于“和曲”要求“令使绝强”，即少加水，把曲料和得很硬，很匀透。有的曲要求“微刚”或仅下部“微浥浥”，但都没有说明标准的用水量。事实上，因为不同的微生物对水分的要求是不相同的，所以，制曲中控制曲料的水分是一个关键。如加水量过多，曲坯容易被压制过紧，不利于有益微生物向曲坯内部滋长，而表面则容易生长毛霉、黑曲霉等；另外，水量过多还会使曲坯升温快，易引起酸败细菌的大量繁殖，使原料受损失，并会降低成品曲的质量。当加水量过少时，曲坯不易黏合，造成散落过多，增加碎曲数量；并因曲坯干得过快，影响有益微生物的充分繁殖，也会影响成品曲的质量。所以一般制曲加水量在40%左右。朱肱在书中指出：“拌时须干湿得所，不可贪水，‘握得聚，扑得散’是其诀也。”③ 欲达到溲曲的这一标准，需要在拌曲中加入38%左右的水分。

朱肱在该书中第一次提出了判定曲的质量标准：做大曲“直须实踏，若虚则不中，造曲水多则糖心；水脉不匀，则心内青黑色；伤热则心红，伤冷则发不透而体重；唯是体轻，心内黄白，或上面有花衣，乃是好曲”④。这一标准来自经验，

① 宋·朱肱：《北山酒经》，见《中国科技典籍通汇》化学卷一，第856~868页，河南教育出版社，1995年。

② 宋·李保：《续北山酒经》，见《说郛三种》卷九十四，第4296页，上海古籍出版社，1986年。

③ 宋·朱肱：《北山酒经》，见《中国科技典籍通汇》化学卷一，第856~868页，河南教育出版社，1995年。

④ 宋·朱肱：《北山酒经》见《中国科技典籍通汇》化学卷一，第856~868页，河南教育出版社，1995年。

是很科学的。若不实踏，势必出现曲坯内有空隙，水多则会在空隙中积水，有益微生物就不能正常生长，干燥后，该部呈灰褐色，曲质很差。“水脉不匀”即曲块干湿不匀，则断面常呈青黑色，曲的质量也不好。“伤热”是由于温度过高，曲块内出现被红霉菌侵蚀而产生的红心；“伤冷”则是由于温度过低，霉菌在曲中没有充分繁殖，曲料中营养物质没有被利用而“体重”，这也是质量很差的曲。只有体轻，曲块内呈黄白色，面上有霉菌形成的花衣，才是好曲。对酒曲质量的判定，后人一直沿用这一标准。

2. “接种”“用酵”和“传醅”经验的取得

《齐民要术》在介绍“酿粟米炉酒”时说：“大率米一石，杀，曲末一斗，春酒糟末一斗，粟米饭五斗。”① 这里除原料米和粟米及酒曲外，还加了一斗春酒酒糟的粉末。这显然不仅仅是糟的利用，更重要的是引入经过筛选出来的优良菌种。这段文字可以说是微生物连续接种的最早记载。虽然贾思勰仅把它当做经验记载下来，却反映了人们已不自觉地掌握了一项重要技术。在《北山酒经》中，朱肱在介绍玉友曲和白醪曲的制法时，都谈到了“以旧曲末逐个为衣”，“更以曲母遍身糁过为衣”。这是明确而有意识地进行微生物传种接种的举措。这一介绍较《齐民要术》的记载，不仅是方法上的进步，更重要的是表明这时利用接种已完成从无意识过渡到有意识的进步。正是这种传种的方法，使用于酿酒的霉菌经过鉴别和筛选，终于使我国现用的一些根霉具有特别强的糖化能力。这是900多年来，酿酒师世世代代人工连续选种、接种的结果，成为世人称颂的我国古代科技成就之一。

在《齐民要术》卷九中“饼法”里已提及做饼酵法，但是论述不充分。《北山酒经》则比较完整地记述了利用酵母和制作酵母以及“传醅”的方法，表明那时在利用曲蘖的同时，又已相当普遍地附加利用了酵母。其卷上指出：“北人不用酵，只用刷案水，谓之信水，然信水非酵也……凡酝不用酵，即酒难发，醅来迟则脚不正。只用正发酒醅最良，不然则掉（撇）取醅面，绞令稍干，和以曲蘖，挂于衡茅，谓之干酵。”② 在卷中又重复说：“北人造酒不用酵（即酵母）。然冬月天寒，酒难得发，多撷了。所以要取醅面，正发醅为酵最妙。其法，用酒瓮正发醅，撇取面上浮米糁，控干，用曲末拌，令湿匀，透风阴干，谓之‘干酵’。”并指出：“用酵四时不同，须是体衬天气。天寒用汤（热水）发，天热用水（冷水）发，不在用酵多少也。不然，只取正发酒醅二三勺拌和尤捷，酒人谓之‘传醅’，免用酵也。”③ 这里面明确提出酿酒利用“酵”的必要性，并且指出“酵”可以从正在发酵的醪液表面撇取“浮米糁”，然后再将它“和以曲蘖”制成干酵，留待后用。这说明人们已意识到发酵酒化也可以由这种“正发酒醅”而引起，所以在当时，酿酒工艺过程中又增加了一个合酵的工序。这种制备干酵母的方法至迟应在

① 后魏·贾思勰：《齐民要术》，见缪启愉校释：《齐民要术校释》，农业出版社，1982年。

② 宋·朱肱：《北山酒经》，见《中国科技典籍通汇》化学卷一，第856~868页，河南教育出版社，1995年。

③ 宋·朱肱：《北山酒经》，见《中国科技典籍通汇》化学卷一，第856~868页，河南教育出版社，1995年。

北宋以前已经发明，而且是在南方发明的。

仅从以上的简单分析，显而易见，《北山酒经》所叙述的制曲技术已明显高于《齐民要术》所反映的水平。同时也标志着中国传统的制曲工艺及曲与酵母结合使用的经验已逐渐趋于成熟。

四、黄酒工艺的成熟定型

传统的酿酒技艺在唐宋时期的发展，北宋朱肱所著的《北山酒经》是一个集中的写照。《北山酒经》的下卷专论当时的酿酒技术。朱肱将酿酒工序大致分为卧浆、煎浆、汤米、蒸醋糜、酴米、蒸甜糜、投醹、上槽及煮酒等九个主要环节。此外在这些环节中穿插着“淘米”“用曲”“合酵”“酒器”“收酒”“火迫酒”等辅助工作或操作。

所谓“卧浆”，是在三伏天将小麦煮成粥，让其自然发酵成酸浆。“造酒最在浆……大法，浆不酸，即不可酝酒。”因为酴米偷酸，全在于浆，卧浆中不得使用生水，以免引进杂菌。“煎浆”是对浆水的进一步加工，根据使用季节，用它来调节酸浆的浓度。古谚云：“看米不如看曲，看曲不如看酒，看酒不如看浆。”说明了酸浆在酿酒中的重要作用。“淘米”包括对原料米的拣择和淘洗。该书对米的纯净度极为重视，方法也精细。

造酒，治糯为先，须令拣择不可有粳米。若旋（随时）拣，实为费力，要须自种糯谷，即全无粳米，免更拣择。……凡米，不从淘中取净，从拣中取净，缘水只去得尘土，不能去砂石、鼠粪之类。要须旋舂簸令洁白。走水一淘，大忌久浸，盖拣簸既净，则淘数少而浆入。但先倾米入箩，约度添水，用杷子靠定箩唇，取力直下，不住手急打干，使水米运转，自然匀净，才水清即住。如此则米已洁净，亦无陈气。①

“汤米”则是用温热的酸浆浸泡淘洗过的大米。夏日浸 1 ~ 2 日，冬天浸 3 ~ 4 日，至米心酸，用手一捏便碎，即可漉出。“蒸醋糜”即是将已经酸浆泡过的汤米漉干，放在蒸甑中炊熟。另有所谓的“蒸甜糜”，不同于“蒸醋糜”，被炊熟的原料不是汤米，而是淘洗净的大米。“用曲”显然讲的是怎样正确地使用各种酒曲。“合酵”中首先介绍了怎样制干酵，然后再讲酵母的使用方法。“酴米”，即酒母。蒸米成糜后，将其摊开放凉，拌入曲酵，然后放入酒瓮中，让其发酵。“投醹”是指将甜糜根据曲势和气温，分批地加到发酵液中，直到酒熟，在整个过程中，酒器必须洗刷干净。还须检查和做好防渗漏的处理。“上槽”“收酒”主要是利用适当的器具控制发酵过程的温度等条件，并将酒液从发酵液中压榨出来，两三日后再澄去渣脚。并要求在蜡纸封闭前，务必满装。“煮酒”“火迫酒”皆是为了防止成品酒的酸败而进行的加热杀菌处理。

下面具体地探讨《北山酒经》所反映的宋代酿酒技术相较于《齐民要术》所代表的南北朝时的酿酒技术到底有哪些进步。

1. 用曲法

① 宋·朱肱：《北山酒经》，见《中国科技典籍通汇》化学卷一，第 856 ~ 868 页，河南教育出版社，1995 年。

《北山酒经》，对曲的干燥处理有明确要求。

凡用曲，日曝夜露。《齐民要术》：夜乃不收，令受霜露。须看风阴，恐雨润故也。（这是有一定道理的，其实质是缓缓使水分挥发掉，这对菌体自溶有利，产生风味物质也愈多。）若急用，则曲干亦可，不必露也。受霜露二十日许，弥令酒香，曲须极干，苦润湿则酒恶矣。新曲未经百日，心未干者，须擘破炕焙，未得便捣，须放隔宿，若不隔宿，则造酒定有炕曲气。①

焙曲的记载始见于《北山酒经》。《齐民要术》虽对干燥强调甚厉，还没有用火力焙干曲的记载。书中所谓“燥曲”并无用火焙烤的意思。《北山酒经》中所说“炕焙”是指心未干的大型曲，擘开在火炕上使之干，决非一般的正常操作，实是应急方法。

古代对饼曲的水分及陈贮要求严格，陈贮的主要目的是以减少水分，防止产酸菌的增殖，并让其消亡。如用湿曲，在制醪后由于其中乳酸菌会继续繁殖、产酸，影响发酵和酒的质量。另外，减少水分也可防霉变，促进菌体的自溶。可见，曲的陈贮确实对酒的质量影响很大。

至于破碎曲的程度，在《北山酒经》卷下“用曲”项下记道：

四时曲（根据四季所用曲）粗细不同，春冬酝造日多，即捣作小块子，如骰子或皂子大，则发断有力，而味醇酽。秋夏酝造日浅，则差细，欲其曲米早相见而就熟。要之，曲细则味甜美，曲粗则硬辣。若粗细不匀，则发得不齐，酒味不定。大抵寒时化迟，不妨宜用粗曲，暖时曲欲得疾发，宜用细末。②

对曲的破碎程度的阐述，充分体现出因季节及要求的不同而应有随机应变的灵活性。这是有一定科学道理的。细曲与米接触面积增大，糖化、酒精发酵速度加大，迅速产生酒精，抑制产酸菌的增殖，保证发酵迅速正常进行，这就是书中所说“欲其曲米早相见而就熟”的含义。至于春冬天气温低，空间杂菌少、发酵期长，安全地进行较缓慢的发酵，无妨将曲破碎成较大的小块，使糖化和发酵均衡地持续进行。饼曲块的大小可以调节发酵速度和效果，由此可见古人制酒操作的细致。

在用曲的问题上，《北山酒经》还作了进一步叙述。曲的用量常因曲的陈新、人的嗜好而不同。

曲有新陈，陈曲力紧，每斗米用十两，新曲十二两或十三两。腊脚酒用曲宜重，大抵曲力胜则可存留，寒暑不能侵。米石百两，是为气平、十之上（一斗米十两米以上）则苦，十之下（一斗米十两以下）则甘，要在随人所嗜而增损之（这种曲味苦，曲少则甜的经验到宋朝更得到重视）。

醅紧，恐酒味太辣，则添入米一二斗，若发得太慢，恐酒甜，即添曲三四斤。定酒味全在此时，亦无固必也。供御祠祭用曲，并在酴米内尽用之，投饭更不入曲（这是将曲全量用于培养酵母时，这一方法不一定好）。一法，将一半曲于投饭

① 宋·朱肱：《北山酒经》，见《中国科技典籍通汇》化学卷一，第856～868页，河南教育出版社，1995年。

② 宋·朱肱：《北山酒经》，见《中国科技典籍通汇》化学卷一，第856～868页，河南教育出版社，1995年。

内分使，使气味芳烈，却须并为细末也（这是曲、饭分批落罐的操作法，苏东坡在其《酒经》中早已明确提出了分三次将曲、饭投入的操作法）。惟羔儿酒尽于脚饭内着曲，不可不知也。①

在这段记载中，除曲、饭分批落罐的操作法外，还举了两个将曲全部投入酵母中的例子。通篇细读《北山酒经》，对曲、饭分批落罐技术，未被看重地加以介绍，说明在朱肱心目中，这一方法并不是令人瞩目的用曲法。《东坡酒经》中的将曲、饭、水分三次投入法也未得到朱肱应有的重视。

宋代使用不同制法的曲进行混合发酵，是酿酒史上的一件大事。《北山酒经》“用曲”项下还道：

大约每斗用曲八两，须用小曲一两，易发无失，善用小曲，虽煮酒亦色白。今之玉友曲，用二桑叶者是也。酒要辣，更于投饭中入曲，放冷下此，要诀也。②

这里值得注意的是使用小曲，并指明如玉友曲，这实际是酒药，用辣蓼、勒母藤、苍耳、青蒿、桑叶等浸汁，和糯米粉制成的曝曲。这些植物叶浸汁可促进发酵微生物的生长，所以“易发无失”，这是小曲的优越性。《东坡酒经》即已肯定酒药的优点而加以使用。另外，要使酒味浓，可以投饭时用曲，这是饭和曲一起投的作法，未明确说明投几次，只是作为加强酒味的一种措施而提出的方法而已。这种使用酒药和混合发酵的做法，早些时候已在《东坡酒经》中有明确记载。

张进造供御法酒，使两色曲，每糯米一石，用杏仁罨曲六十两，香桂罨曲四十两。一法酝酒，罨曲风曲各半，亦良法也。③

这是使用杏仁曲和香桂曲两种不同性质的曲进行混合发酵的例子。

2. 制酵技术

正如《北山酒经》所讲：“古法先浸曲，发如鱼眼。汤净淘米，炊作饭，令极冷，以绢袋滤去曲滓，取曲汁于瓮中，即投饭。”④ 这里的古法应是指始自汉代（或春秋战国时代）的浸曲酒母法。到了宋代，酒母的制备则有很大的改变，如《北山酒经》所说：“近世不然，炊饭冷，同曲搜拌入瓮。”⑤ 即已不采用浸曲酒母法，除投饭于酸浆酒母的制酵方法外，已是曲与饭同时落罐，在低温下令低温乳酸菌先繁殖起来，由于有大量饭存在，酒曲中的糖化酶分解出了大量糖分，为酵母的迅速增殖提供了营养成分和能源，同样为酵母进行酒精发酵提供了基质。而浸曲酒母法只是用曲，而没有投入蒸饭，仅靠曲中所含有限的淀粉，因而缺乏充裕的糖分来供酵母繁殖及酒精发酵所需，所以，酵母的繁殖受到限制。这就体现

① 宋·朱肱：《北山酒经》，见《中国科技典籍通汇》化学卷一，第856～868页，河南教育出版社，1995年。

② 宋·朱肱：《北山酒经》，见《中国科技典籍通汇》化学卷一，第856～868页，河南教育出版社，1995年。

③ 宋·朱肱：《北山酒经》，见《中国科技典籍通汇》化学卷一，第856～868页，河南教育出版社，1995年。

④ 宋·朱肱：《北山酒经》，见《中国科技典籍通汇》化学卷一，第856～868页，河南教育出版社，1995年。

⑤ 宋·朱肱：《北山酒经》，见《中国科技典籍通汇》化学卷一，第856～868页，河南教育出版社，1995年。

了曲与饭同时落罐制酒母的优越性，并成为以后制酒母的框架。所以说，这是一种进步的酒母制备法。以后的投饭也是分批投入酒母中，直至发酵停止或成熟而止。投的次数也较《齐民要术》时代有了减少，而且已不用“酘”字了，而改用了“投”字。苏东坡《东坡酒经》已定为三投，而且每投都是曲、饭、水一起投入，其优越性在前面《东坡酒经》专题已论述。

这种曲、饭同时落罐进行酒母培养，而后再分批投饭的工艺，标志着酒母培养技术的一大进步。其最大特点在于利用气温低的季节，做到低温发酵，如果低到6～7 ℃，首先繁殖起来的会是硝酸还原菌一类菌属，它与繁殖起来的低温乳酸菌所生成的乳酸起到抑制杂菌作用。同时，随着乳酸发酵的进行，以及曲中根霉所生成的乳酸为主的有机酸使酒母醪的 pH 逐渐下降，达到酵母生长的最适 pH，酵母就会更旺盛地增殖。酵母保持了强劲势头，随着酒精发酵的进行，更有效地抑制了杂菌的生长。较安全地培养好酵母，就是本方法特点。这一酒母培养过程已成为传统酒母生产的基本形式。现代传统淋饭酒母就是在这个基础上发展起来的。

3．投饭法

酵母培养好后，投饭的时机是一个非常关键的技术问题。正如《齐民要术》中“造神曲黍米酒方”所说：“以渐待米消即投，无令势不相及。”① 《北山酒经》中称投饭为“投”，更有详细的阐述：

投醹最要厮应，不可过，不可不及（下面又继续举出不及时的过晚及过早的毛病）。脚（指酒醪）热发紧（发酵旺盛品温升高之意），不分摘开，发过无力方投（意即如不及时分罐，等发酵已近尾期，酵母无力时才投饭），非特酒味薄，不醇美，兼曲末少（加上曲已少，糖化力已衰弱之意），咬甜糜不住（无法发酵之意），头脚不厮应，多致味酸（投饭和酵母不相适应，由于酵母发酵力弱，酒精量也随之少，结果会导致产酸菌的污染，常使酒醪味酸，这是投饭过迟所出现的不正常现象）。若脚嫩，力小投早（如酵母未熟早投）甜糜冷，不能发脱折断（甜糜冷，发酵不起而停止），多致涎慢（以致醪变黏），酒人谓之“颠了”（颠是倒下之意，就是说发酵停止，酒醪死了）。②

《北山酒经》在“投醹”一段中则具体地阐述了关于曲势的看法。朱肱认为：第一，要选择最佳发酵状态的酒母及时投入原料中，不可不及，也不可过；第二，还应根据酒母的状况来确定加料的量；第三，根据酒醅即发醪液上泛起的绿色浮沫的状况来确定是补酒曲还是添加饭；第四，要根据不同的季节情况来决定每次的投料量，季节不同，气温则不同，即酿酒的外部环境也不同。在《齐民要术》中，贾思勰极力推崇曹操所推荐的“九酝春酒法”，认为投料次数多为善。但是经过实践，北宋时的朱肱已认识到投料次数和量应根据曲势的状况来掌握，不见得非拘泥于投九次不可，所以在这一时期，投料的次数一般在2～4次。天气寒冷四

① 后魏·贾思勰：《齐民要术》，见缪启愉校释：《齐民要术校释》，农业出版社，1982年。

② 宋·朱肱：《北山酒经》，见《中国科技典籍通汇》化学卷一，第856～868页，河南教育出版社，1995年。

六投，温凉时中间停投，热时三七投。根据发酵醪的旺盛程度增减投的次数是一个很好的办法。如果发酵恰到好处，就可一次投饭，如发得很厉害，怕酒太辣，即入曲3~4次，决定酒味全在此时。

另外，投饭的温度也很重要。《北山酒经》在“投醹”一节中说：

投饭，寒时烂揉，温凉时不须令烂，热时只可拌和停匀，恐伤人气。北人秋冬投饭，只取脚醅（发酵醪）一半，于案上共投饭一处，搜拌令匀，入瓮，却以旧醅盖之（原注：缘有一半旧醅在瓮）。夏月，脚醅须尽取出案上搜拌，务要出却脚糜中酸气。一法，脚紧（酵母繁殖旺盛）案上搜，脚慢（酵母繁殖不旺盛）瓮中搜，亦佳。①

关于制醪后的保温及技术管理，在《北山酒经》中也有较详尽的记载。

寒时用荐盖，温热时用席。若天气大热发紧，只用布罩之，逐日用手连底掩拌，务要瓮边冷，醅来中心。寒时以汤洗手臂助暖气，热时只用木杷搅之。不拘四时，频用托布抹汗。五日以后，更不须搅掩也。如米粒消化，而沸末止，曲力大，更投为佳。……②

4．“酴米（酒母）”的制备

酒母在《北山酒经》中称作酴米，当时又有脚饭的称呼。制备酒母首先要将米蒸熟成饭，《北山酒经》中称之为“蒸甜糜”（不经酸浆浸，故曰甜糜）。其蒸法如下：

凡蒸投糜，先用新汲水浸破米心，净淘，令水脉微透，庶蒸时易软。然后控干候甑，气上撒米，装甜米比醋糜松利（疏松之意）易炊，候装彻气上，用木篦锨帚掠拨甑周围生米，在气出紧处，掠拨平整，候气匀溜，用篦翻搅，再溜，气匀，用汤泼之，谓之“小泼”。再候气匀，用篦翻搅，候米匀熟，又用汤泼，谓之“大泼”。复用木篦搅拌，随篦泼汤，候匀软，稀稠得所，取出盆内，以汤微洒，以一器盖之，候渗尽，出在案上，翻梢两三遍，放令极冷，四时并同。③

这一蒸法与《齐民要术》中的“沃馈”有相同之处，但较之稍麻烦。其水分似应较大而饭软，所以称之为糜亦可。冷却的程度因天气季节而不同，温凉时微冷，热时要极凉，冷天如人体温。这一操作法是符合开放式酵母繁殖要求的，一石饭加麦蘖（麦芽）四两（1两约合40 g），撒在饭上，然后将曲和酵掺在一起，令曲和糜混合，这是麦蘖和曲并用的例子。如果饭硬可加入冷浆，将曲、饭拌匀即可。拌用的曲不需过细，曲细甜味大，曲粗则味辣，粗细不匀则发得不齐。天冷因作用缓慢不宜用细曲，可投小块曲。暖时可用细曲末，每斗米可用大曲八两、小曲一两，就会很快地发起，这是用多种曲进行混合发酵的例子。曲要加入米饭内再投放，不宜将生曲直接加入。瓮底先加曲末，然后将拌匀的曲饭入瓮，逐段

① 宋·朱肱：《北山酒经》，见《中国科技典籍通汇》化学卷一，第856~868页，河南教育出版社，1995年。

② 宋·朱肱：《北山酒经》，见《中国科技典籍通汇》化学卷一，第856~868页，河南教育出版社，1995年。

③ 宋·朱肱：《北山酒经》，见《中国科技典籍通汇》化学卷一，第856~868页，河南教育出版社，1995年。

排垛曲饭，堆成中心成窝，并用手拍之令实，再将微温刷案曲水入窝中，并泼在醅面上作为信水。这是现代黄酒“搭窝”的端倪。这些操作都在五更初下手，不到天明前即应操作完了，如果太阳出，酒多酸败。约十天即可揭开瓮，如果信水未渗尽，加草荐围裹，进行保温，促进糖化作用及酵母的增殖发酵。三天后，如发起，用手搭破醅面，搅起令匀。如发得过于旺盛，应分装入别瓮，酒人称之为“摘脚”。这时的技术管理贵在勿使酵母发得过度，同时要立即炊米成饭投之，不可过夜，以免过发酵母无力，酵母过发，多半由于糜热，甚至两三天后会发生酸败。如果信水未渗尽，醅面不裂，是发得慢，需加围席物，进行保温，过一两天如还未发，每石醅取出二斗，加入一斗热糜，提高发酵温度，同时还须用酵母繁殖旺盛的老醅盖在上面，用手捺平，一两天后就会发起，这叫“接醅”，如果发得还很慢，可多次热水蘸热胳膊，入瓮搅拌，借助热气，使品温上升，或用一二升小瓶贮热水，密封口后置于瓮底，稍发起即去之，谓之“追魂”。《齐民要术》中“河东神曲方，造酒法”也有同样方法：“凡冬月酿酒，中冷不发者，以瓦瓶盛热汤，坚塞口，又于釜汤中煮瓶，令极热，引出，着酒瓮中，须臾即发。”① 或将醅倒在案上与热甜糜混拌再入瓮，厚厚地盖住保温，隔两夜即可拌和，然后再紧盖保温，谓之“搭引”或加入正在发酵醅一斗，在瓮心中拌和，盖紧保温，次日发起，搅和，也谓之“搭引”。强调制酒之要点在于酒母正常，最忌发起慢，要借助各种措施使之正常，冬天可置瓮于温暖处，用席或麦秸之类围裹保温，夏天则将瓮置屋内阴凉处，勿透日光，天气极热时不得掀开，用砖垫起，避免地气侵入。

通过以上记载，可以认为宋代制酒母工艺基本和现代绍兴酒的淋饭酒母工艺相似，其中将曲饭垛成窝状，醅面上撒曲末等操作与今日绍兴酒的搭窝操作相同。虽然没有明确指出操作的时间，但是由于要求在五更前下手，天明前即应完了，如果太阳出来，酒多酸败，从这一告诫看，它是低温操作的酒母培养法，是很科学的。这点由下述“曝酒法”更为清楚地表现出来了。

5. 曝酒法

《北山酒经》中的“曝酒法”是我国黄酒淋饭酒操作法的始祖。其方法是早起煮甜水三四升，冷却后，下午时称取纯正糯米一斗，淘洗干净，浸渍片刻，淋干，炊成再馏饭，约四更天蒸熟，把饭薄薄摊在案上，冷却至极冷，于日出前用冷却水拌饭，淋去黏物质，令饭粒松散，互不粘连，以利通风，促进乳酸菌及酵母增殖，同时由于淋水使饭粒含水量增加，使饭温达到要求温度，这又是淋饭法的端倪。

每斗米用药曲二两（1 两约合 40 g）（玉友曲、白醪曲、小酒曲、真一曲均相同），槌成碎小块，与曲末一起拌入饭，务使粒粒饭均粘有曲，随即入瓮，中间开一井，直见底，明显是今天的“搭窝”操作。四周酒醅不需压得太实，保持疏松透气，以利酵母增殖，尽量增加与空气的接触面积，最后将曲末撒在醅表面，加强糖化作用及酵母的增殖，同时防止杂菌的污染，这种撒曲法近代仍在采用。待酒浆渗入窝内，常酌浆水浇四周醅上，浆水是酒饭经液化、糖化而含各种酶的水

① 后魏·贾思勰：《齐民要术》，见缪启愉校释：《齐民要术校释》，农业出版社，1982 年。

解液，其中含有增殖的酵母及发酵而生成的酒，随着浆水的回浇，促进饭的水解、乳酸菌及酵母的增殖和酒精发酵，水解成分也均衡地增长着，待浆水量增到极多，即可投入用水一盏、大酒曲一两调制的酒浆，增加了霉菌，强化了糖化力，并增加了酵母，也是强化了酒精发酵，是现在黄酒所忽略的操作。用竹刀将酒醅切成五六片，翻拌后即下新汲水，用湿布盖之，过些时候，由于霉菌的生长自然结成菌盖，漂在上面，下面即为酒浆，到此酒母培育即告完成。这段过程除摊饭冷却酒饭外，与目前黄酒工艺中淋饭酒母非常相似，所以认为这是淋饭酒母工艺的始祖似无不可。

酒母既成，下面就是制醪发酵。即淘洗糯米，蒸成饭，取瓮中酒浆拌匀，捺在瓮底，以旧醅盖在上面，次日即大发。待投饭消化，发酵，即可插竹篘子于罐中心取酒。

6. 酸浆的制备及其重要性

到了宋代，对制备酒母时需有适当的酸的重要性有了更深刻的认识。在《北山酒经》中许多地方都提到。如，“酝酿须酴米偷酸”，“自酸之甘，自甘之辛，而酒成焉”。正因为是这样，酸浆酒母的制备受到重视。该书在“卧浆”项下谈到：“造酒最在浆，其浆不可才酸便用，须是味重。酴米偷酸，全在于浆。大法浆不酸即不可酝酒，盖造酒以浆为祖。”① 所谓偷酸，用现在的科学语言来说，即是通过添加适量的具有一定酸度的浆来调节发醪液的 pH，因酵母菌在一定酸性环境中才可能旺盛地繁殖，同时酸性的环境也抑制了某些杂菌的滋生。酸浆的标准不仅要酸，还要味重。鉴于调酸是酿酒过程中一个重要技术环节，所以，他总结后指出：“造酒看浆是大事，古谚云：‘看米不如看曲，看曲不如看酒，看酒不如看浆。’”这个经验当时已成为民谚而在酿酒师间流传。从汉代采用浸曲制酒母开始，到了南北朝《齐民要术》时代，对酿酒之初必须有酸的体验已形成了几种操作法，到《北山酒经》时代才提出了这一方法，其重要性已为现代科学所证实。

《北山酒经》中的酸浆制作方法有的已与《齐民要术》的不同，即除沿用汤米方法外，还有煮粥法，如《北山酒经》“卧浆”项下所载：“六月三伏时，用小麦一斗，煮粥为脚，日间悬胎盖，夜间实盖之。逐日侵热面浆，或饮汤不妨给用，但不得犯生水。”另外还提出了没有酸浆时做新浆的方法：

> 无浆处或以水解醋（用水稀释醋），入葱椒等煎，谓之合新浆；如用已曾浸米浆，以水解之，入葱椒等煎，谓之传旧浆，今人呼为酒浆。②

《北山酒经》对制备酸浆时的汤米操作法作了详细的记载，可以说是继《齐民要术》以来生产经验的总经。先用沸水汤瓮，如为新米，先将沸水入瓮，再投入米，此谓之“倒汤”；如为陈米，则先加入米，后加沸水，此谓“正汤”。边搅拌，边加水，但水不可过热，否则米烂成团块；要慢投，这样成浆会酸而米仍不烂，宁可热点，否则米不酸，也不会起黏。还要看季节及米的陈新而操作不同。春天

① 宋·朱肱：《北山酒经》，见《中国科技典籍通汇》化学卷一，第 856～868 页，河南教育出版社，1995 年。

② 宋·朱肱：《北山酒经》，见《中国科技典籍通汇》化学卷一，第 856～868 页，河南教育出版社，1995 年。

用插手汤，夏季用近似沸水，秋天则用鱼眼汤（比插手汤热），冬季则用沸水。如冬季用温汤，浆水发酵慢，甚至不能发起，夏天如用热汤，浆水同样发不起。四季用水应该根据气温恰当地掌握。汤米时要将汤连续投入，同时用笊篱不断地搅，使汤旋转，以米光滑为度。搅时连底搅起，直至米滑浆温，冬天用席围要保温，不令透气。夏天也要加盖，只不需厚盖而已。如早晨汤米，晚间又搅一遍，晚间汤米，翌晨再搅一次。每次搅一二百转即可。第二天再加汤搅拌，谓之“接汤”。之后，逐渐发生泡沫，如鱼眼虾跳，约三天必然产酸，一般规律是汤米后第二天生泡，浆如水浮沤。第三天生浆衣，天寒时成厚饼，天暖时稍薄。第四天即成酸浆，味酸发黏，用笊篱去掉浆面，用手彻底搅拌，令米粒相离。夏天隔宿可用，春天要两天，冬天要三天，但不要拘日数，只要浆发黏，米心酸，用手捻便碎，立即漉出。夏天浆经过四五宿会渐渐淡薄，谓之“倒了”。这是因为天热发过的缘故。浆有死活之分，如果浆面有花衣渤起，白色明快，发黏，米粒圆，松散，嚼之有酸味，瓮内温暖，这是浆活；如瓮内冷，无浆沫，绿色不明快，米不酸或有气味，即是浆死。浆死用勺撇出原浆，重煮，再汤，谓之“接浆”，盖好当日即酸；或撇出原浆，以新水冲去米的恶气，蒸过，用煎好原浆泼过亦可。

通过《北山酒经》“汤米”“煎浆”的详细叙述，不难看出，酸浆的制备就是为了制醪时用酸浆调整 pH 至酸性以利于酒母的培养。现代绍兴酒也是在制醪时使用酸浆来调节 pH 后添加酒母制酒的。与《北山酒经》酸浆不同之处在于低温浸米主要是利用低温乳酸菌制备酸浆的。

《北山酒经》有“蒸酸糜”的方法。《说文解字》解释说：黄帝初教作糜。《释名》：糜，煮米使糜烂也。这里所说的酸糜，即酸饭，即将制酸浆后的酸米淋干进行蒸煮的方法。其法是先漉出浆衣，倾出浆水，将米放于淋瓮，滴尽水脉，当米粒疏松成粒状即可进行蒸熟。如米粘连，须泼浆，与葱椒一起加热，并进行搅拌，防止偏沸及黏着锅底，然后在盆中冷却，将米放入笼中蒸熟；投米要分批，待圆气再加，必要时用锹翻拌，务使蒸米均匀地蒸熟。每石（1 石约合 76 kg）米下冷浆二斗，用席盖上，焖片刻，即可将糜摊在用熟浆清洁过的案板上冷却，翻一两遍，得稀薄如粥的蒸米。如用篦拍打，皮破心开，成烂糜。这样拌入曲，吸收水分恰到好处，较另加别水为佳，最忌用生水。使用酸糜也是调整 pH 的一个手段。

《北山酒经》中有“冷泉酒法”，是一种典型的酸浆酒母酿酒法。估计在当时是相当成功而广泛采用过的酿酒法。

朱肱能把酿酒的技术依次有序地划列出来，并把每一操作要点讲解清楚，这在其他相关著作中非常少见。这一特点正体现了这部专著具有较高的学术价值，使人们可以清晰、透彻地了解当时酿酒的全过程及每一工序的操作要领。若将朱肱所介绍的酿酒程序与近代绍兴黄酒的酿造方法相比较，不难发现它们是大致相近的。

根据《北山酒经》总结出的酿酒工艺，其流程见图3－3－15。

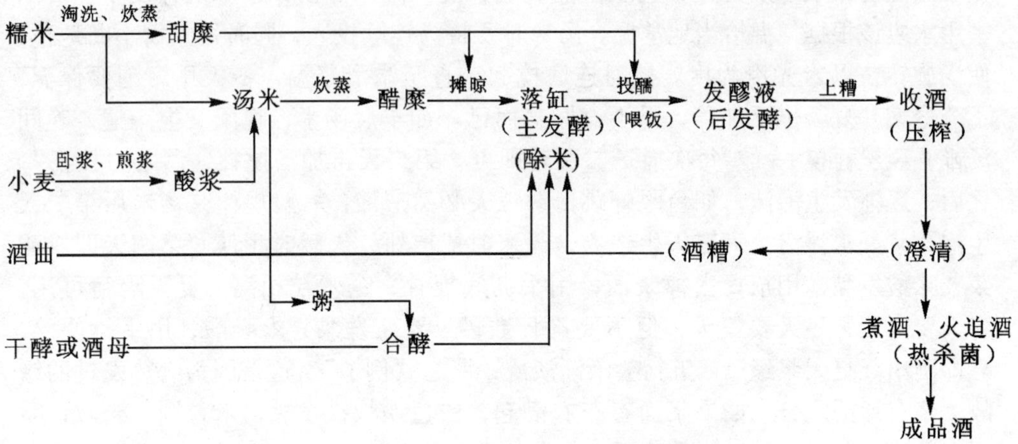

图3－3－15　《北山酒经》酿酒工艺流程

下面则是近代绍兴元红酒的酿造工艺程序（见图3－3－16）。

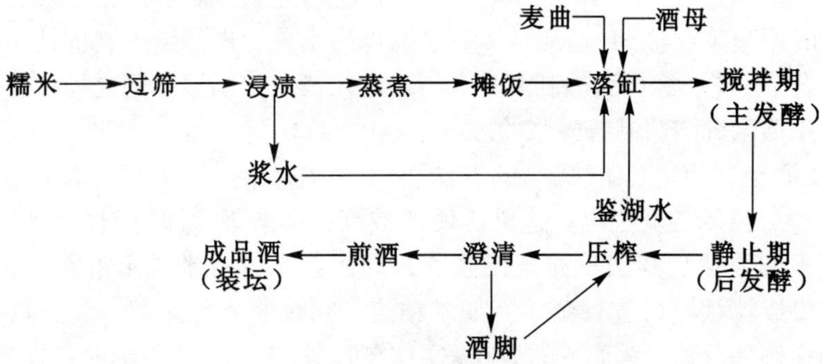

图3－3－16　近代绍兴元红酒的酿酒工艺流程（摘自徐洪顺、周嘉华著《黄酒酿造》）

认真考察《北山酒经》，还可以使我们了解到中国古代酿酒技艺的演进历程及朱肱对这些进步的总结，所以，这部著作在酿造史的研究中也有重要意义。

在调查研究中，朱肱还总结了酿酒过程中发醪液的口味变化："自酸之甘，自甘之辛，而酒成焉。"若用现代科学知识来理解，即调节好发醪液的酸度后，根霉菌将淀粉分解为麦芽糖，故酒醅变甜；继之酵母菌又将部分糖类转化为乙醇，故酒醅的辛辣味渐浓；当出现一定程度的辛辣味，即酒度后，酵母菌的繁殖受到抑制，酒化作用停顿下来，这时酒做成了。朱肱能通过观察和品尝，把发酵的糖化阶段和酒化阶段划分开来，这在当时确属不易。此外，他还提出了判断酒已成熟的标志："若醅面干如蜂窠眼子，拨扑有酒涌起，即是熟也。"这时也应是发酵的旺盛阶段，冒出的气泡是酒化反应所产生的二氧化碳。

朱肱不仅总结了当时酿酒过程的实践经验，同时也对酿酒过程的机理进行了探讨："酒之名以甘辛为义。金木间隔，以土为媒，自酸之甘，自甘之辛，而酒成焉（原注：酴米所以要酸也，投醹所以要甜也）。所谓以土之甘，合水作酸，以水之酸，合土作辛，然后知投者，所以作辛也。”① 这段文字可以理解为酒之所以是酒，是由于它含有甘、辛两味。金（辛）和木（酸）没有直接联系，通过土（甘）这一媒介可以把它们联系起来，由酸（木）变甘（土），由甘（土）变辛（金），酒做成了，所以酴米要有酸浆，投醹要有甜味。土中种植出来的谷物，通过水可以做成酸浆，酸浆又可促成谷物变成辛味物质，明白这一道理，就可以做酒了。这里的土既表示土地、谷物滋长的地方，又可表示从土地里收获的谷物；甘代表甜味物质（即稼穑作甘），辛代表酒味物质，酸即酸浆。由此，朱肱的上述酿酒机理的表述见图 3－3－17。

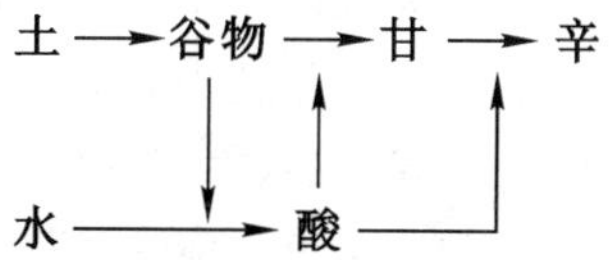

图 3－3－17 《北山酒经》叙述的酿酒机理

现代酿酒理论关于酒精发酵机理见图 3－3－18。

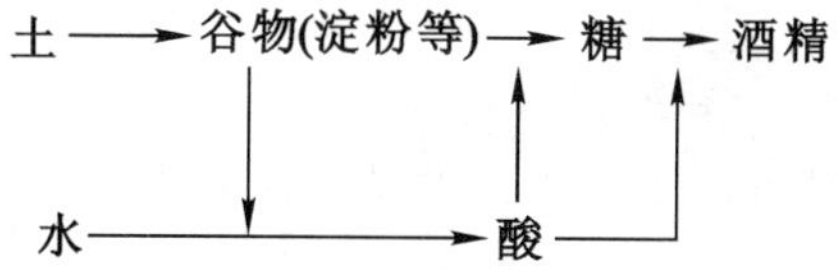

图 3－3－18 近代科学关于酒精的发酵机理

比较两者，可见它们基本一致。

此外，朱肱还介绍了当时在酒的压榨过程中采取了防止酸败的措施和成品酒的热杀菌技术。这一技术比法国科学家巴斯德（L. Pasteur，1822—1895 年）发明的低温杀菌法早了 700 年。

通过对《北山酒经》的解读，特别是将它所叙述的酿酒工艺流程示意图与近代绍兴元红酒的酿造工艺程序相对照，可以认为黄酒的酿造技术在宋代已很成熟，黄酒酿造程序也基本定型。

五、红曲工艺的发明和改进

在唐宋时期，制曲技术中有一项重大成就，即红曲工艺的发明和红曲的使用。红曲又名丹曲，是一种经过发酵作用而得到的透心红的大米。它不仅可用于酿酒，还是烹饪食物的调味品，又是天然的食品染色剂，而且还是治疗腹泻的一种良药，有消食、活血、健脾的功效。

北宋初年陶谷所撰的《清异录》② 中已有红曲煮肉之句。北宋大文豪苏轼的诗文中至少有两处提到了红曲。“剩与故人寻土物，腊糟红曲寄驼蹄”，“去年举君苜

---

① 宋·朱肱：《北山酒经》，见《中国科技典籍通汇》化学卷一，第 856～868 页，河南教育出版社，1995 年。

② 宋·陶谷：《清异录》，见《说郛三种》卷六十一，第 953 页，上海古籍出版社，1986 年。

荐盘，夜倾闽酒赤如丹”①。说明苏轼不仅饮过红曲酒，还吃过红曲加工的食品。清代文人王文诰在注释苏轼上述诗文时指出：“李贺诗云：小糟酒滴真珠红。今闽、广间所酿酒，谓之红酒，其色殆类胭脂。”② 李贺是唐代诗人，如果他喝过的珠红酒确是红曲酒，那么，红曲发明和应用至少不晚于唐代。正如注释所说，红曲在清代仍主要在福建、广东及浙南、赣南一带使用，这与红曲的繁殖环境有关。红曲中的主要微生物是红曲霉，它生长缓慢，在自然界中很容易被繁殖迅速的其他霉菌所压制排挤，所以，在一般情况下，制曲是很难促成红曲霉的大量繁殖。红曲霉的繁殖需要较高的温度，往往在一些曲块内部偶然能看到的一些红小点就是它。正如朱肱在《北山酒经》中所说的“伤热心红”。正因为红曲霉具有耐高温、耐酸、耐缺氧的特性，所以在较高温度下，在一些酸败的大米中，许多菌类不能正常生长，红曲霉却能迅速繁殖。福建、广东、浙江南部一带正好具备了红曲霉繁殖的自然环境，所以，红曲的生产、应用首先出现在这些地区。这就难怪朱肱在《北山酒经》中没有详细地介绍红曲。因为他没有到过福建、广东，也没有生产红曲的实践或观察。

据方心芳研究，他认为红曲是由乌衣曲逐步演化而来的。乌衣曲是一种流行于福建一带的外黑内红的大米曲。由乌衣曲演进为红曲，也要经历很长一段时间的人工培养和筛选。③ 这一培养过程可能在唐代已经完成。

现存文献中最早记载红曲生产工艺的是元代成书的《居家必用事类全书》，在其已集的酒曲类中有“造红曲法”，谓凡造红曲皆先造曲母。

造曲母：白糯米一斗，用上等好红曲二斤。先将秫米淘净，蒸熟作饭。用水升合，如造酒法。搜和匀下瓮，冬七日，夏三日，春秋五日，不过以酒熟为度。入盆中擂为稠糊相似，每粳米一斗只用此母二升，此一料母可造上等红曲一石五斗。

造红曲：白粳米一石五斗，水淘洗，浸一宿。次日蒸作八分熟饭，分作十五处。每一处入上项曲二斤，用手如法搓揉，要十分匀，停了，共并作一堆，冬天以布帛物盖之，上用厚荐（草席）压定，下用草铺作底，全在此时看冷热。如热，则烧坏了，若觉太热，便取去覆盖之物，摊开。堆面微觉温，便当急堆起，依元（原）覆盖；如温热得中，勿动。此一夜不可睡，常令照顾。次日日中时，分作三堆，过一时分作五堆，又过一两时辰，却作一堆。又过一两时，分作十五堆。既分之后，稍觉不热，又并作一堆；候一两时辰，觉热又分开。如此数次。第三日用大桶盛新汲井水，以竹箩盛曲作五六分浑蘸湿便提起，蘸尽又总作一堆。似（俟）稍热，依前散开，作十数处摊开，候三两时又并作一堆，一两时又撒开。第四日，将曲分作五七处，装入箩，依上用井花水中蘸，其曲自浮不沉，如半浮半

① 宋·苏轼：“八月十日夜看月有怀子由并崔度贤良”，《苏轼诗集》卷八，第375页，中华书局，1982年。

② 唐·李贺：“将进酒”，《全唐诗》第6册卷三九三，第4434页，中华书局，1960年。

③ 方心芳：“曲蘖，酒的起源和发展”，《科技史文集》第4辑，上海科技出版社，1980年。

沉，再依前法堆起、摊开一日，次日再入新汲水内蘸，自然尽浮。日中晒干，造酒用。①

由上述记载可见，采用熟料接种的方法，工艺上特别注意温度的控制。明代，红曲的生产得到进一步推广和发展。记录当时红曲生产技术较重要的著述有：成书可能在元末明初的，由吴继刻印的《墨娥小录》②、李时珍的《本草纲目》、宋应星的《天工开物》。

主要是辑录江浙一带事物的《墨娥小录》关于红曲的工艺记载如下：

造红曲方：无糖粞舂白粳米，水淘净浸过宿，翌日炊饭，用后项药米乘热打拌，上坞，或一周时或二周时，以热为度。测其热之得中，则准自身肌肉。开坞摊冷……洒水打拌，聚起，候热摊开，至夜分开摊。第二日聚起，洒水打拌，再聚，热，即摊冷，又聚，热，又摊，至夜分开摊。第三日下水，澄过，沥干，倒柳匾内，候收水，作热摊开冷，又聚，热，又摊，至夜分开摊。第四日如第三日，第五日下水澄过，沥干，倒柳匾内，候收水分，开薄。摊三四次，若贪睡失误，以至发热，则坏矣。药：每米一石，用曲母四升，磨碎，海明砂一两、黄丹一两、无名异一两。滴醋一大碗，一处调和打拌。③

《本草纲目》卷二十五的有关记载如下：

其法，白粳米一石五斗，水淘浸一宿，作饭，分作十五处，入曲母三斤，搓揉令匀，并作一处，以帛密覆。热即去帛摊开，觉温急堆起，又密覆。次日日中又作三堆，过一时分作五堆，再一时合作一堆，又过一时分作十五堆，稍温又作一堆，如此数次。第三日，用大桶盛新汲水，以竹箩盛曲作五六分，蘸湿完又作一堆，如前法作一次。第四日，如前又蘸。若曲半沉半浮，再依前法作一次，又蘸。若尽浮则成矣，取出日干收之。其米过心者谓之生黄，入酒及酢醢中，鲜红可爱。未过心者不甚佳。入药以陈久者良。④

《天工开物》记载如下：

凡丹曲一种，法出近代。其义臭腐神奇，其法气精变化。世间鱼肉最朽腐物，而此物薄施涂抹，能固其质于炎暑之中，经历旬日，蛆蝇不敢近，色味不离初。盖奇药也。

凡造法，用籼稻米。不拘早晚，舂杵极其精细，水浸一七日，其气臭恶不可闻，则取入长流河水漂净（必用山河流水，大江者不可用）。漂后恶臭犹不可解，入甑蒸饭则转成香气，其香芬甚。凡蒸此米成饭，初一蒸，半生即止，不及其熟。出离釜中，以冷水一沃，气冷再蒸，则令极熟矣。熟后，数石共积一堆，拌信。

凡曲信，必用绝佳红酒糟为料，每糟一斗，入马蓼自然汁三升，明矾水和化。每曲饭一石，入信二斤，乘饭热时，数人捷手拌匀，初热拌至冷。候视曲信入饭，久复微温，则信至矣。凡饭拌信后，倾入箩内，过矾水一次，然后分散入篾盘，

① 元·无名氏：《居家必用事类全书》已集，（台北）中文出版社影印日本宽文十三（1673 年）松柏堂和刻本，第 248 页。

② 郭正谊："明代《墨娥小录》一书中的化学知识"，《化学通报》，1978 年 4 期。

③ 明·吴继：刻印《墨娥小录》卷三，中国书店（影印本），1959 年。

④ 明·李时珍：《本草纲目》卷二十五，第 1547 页，人民卫生出版社，1982 年。

登架乘风。后此风力为政，水火无功。

凡曲饭入盘，每盘约载五升。其屋室宜高大，妨（防）瓦上暑气侵逼。室面宜向南，妨（防）西晒。一个时中，翻拌约三次。候视者七日之中，即坐卧盘架之下，眼不敢安，中宵数起。其初时雪白色，经一二日成至黑色，黑转褐，褐转代赭，赭转红，红极复转微黄。目击风中变幻，名曰“生黄曲”。则其价与入物之力，皆倍于凡曲也。凡黑色转褐，褐转红，皆过水一度。红则不复入水。凡造此物，曲工盥手与洗净盘簟，皆令极洁。一毫滓秽，则败乃事也。①

由上述资料可见，当时红曲制造技术已很成熟，其中，以宋应星的介绍最为翔实、科学。其中有三点尤其值得称道：

（1）用绝佳红酒糟为曲信，表明作者强调了选好最佳的菌种做曲信。这是人工筛选菌种最常见的方法。

（2）用明矾水来维持红曲生长环境所需的酸度，并抑制了杂菌的生长。这是一项惊人的创造。

（3）采用分段加水法，把水分控制在既足以使红曲霉可钻入大米内部，但又不能多至使其在大米内部发生糖化和酒化作用，从而得到色红心实的红曲。这三点加上对温度的严格控制方法足以体现当时酒工的技巧和智慧。

六、葡萄酒工艺的缓慢发展

葡萄酒是以葡萄为原料，通过酵母菌的作用使其果汁内所含的葡萄糖、果糖转化为乙醇而酿成的酒。葡萄酒在许多人的印象中，似乎在近代才从国外引进。其实不然，我国先民很早就掌握了葡萄的栽培和葡萄酒的酿造。世界上抗病的原生葡萄有27种，我国就有六种，葡萄属的野生葡萄分布在大江南北，古书曾称之为“葛藟”“蘡薁”。《诗经·豳风七月》中就有“六月食郁及薁”② 的歌词。郁即山楂，薁即山葡萄。野生葡萄与栽培葡萄在植株形态上无明显差异。明代朱橚的《救荒本草》说：“野葡萄，欲名烟黑，生荒野中，今处处有之，茎叶及实俱似家葡萄，但皆细小，实亦稀疏味酸，救荒采葡萄颗紫熟者食之，亦中酿酒饮。”③ 李时珍的《本草纲目》也说：“蘡薁野生林墅间，亦可插植。蔓、叶、花、实与葡萄无异，其实小而圆，色不甚紫也，《诗》云‘六月食蘡’即此。”④ 可见人们在闹饥荒的时节，曾时常到灌木丛林中去采集它，用以充饥。由于葡萄能自然发酵成酒，所以人们采集它并酿成酒并不是件复杂的事，问题在于用这种野生葡萄酿制成的酒，口味究竟怎样，不得而知。《神农本草经》记载说：“葡萄味甘平，主筋骨湿痹，益气，倍力强志，令人肥健，耐饥，忍风寒，久食轻身，不老延年。可作酒，生山谷。”⑤ 陶弘景辑录的《名医别录》说它“生陇西、五原、敦煌”，这就进一步证实先民很早就知道葡萄可以酿酒了。

① 明·宋应星：《天工开物·曲糵》卷十七，第47页，崇祯十年初刻本。

② 金启华：《诗经全译》，第328页，江苏古籍出版社，1984年。

③ 明·朱橚：《救荒本草》卷七，第34页，《文渊阁四部丛书》子部三六农家类，台湾商务印书馆（影印本），1983年。

④ 明·李时珍：《本草纲目》，第1887页，人民卫生出版社（影印本），1982年。

⑤ 清·黄奭辑：《神农本草经》卷上，第137页，中国古籍出版社（刊印本），1982年。

葡萄的栽培和利用在地中海沿岸和里海地区至少已有四五千年的历史。根据考古学家的研究，葡萄在2 000多年前已广泛地分布在中东、中亚、南高加索和北非广大地区。据新疆地区的民间传说，早在2 000年以前，当时鲁番三堡的底开以努斯国的国王曾派使臣到大食国（今阿拉伯国家）以重金购买优质的葡萄种，在今吐鲁番地区种植，所以《史记·大宛列传》记载："宛左右以蒲萄为酒，富人藏酒万余石，久者数十岁不败。"又说："汉使取其实来，于是天子始种苜宿、蒲萄（于）肥浇地。"① 这些汉使即是以公元前138年出使西域的张骞为始。《史记》成书于公元前91年的西汉中期，作者司马迁亲身经历了张骞及其以后的使者们出使西域的这段历史，并曾在朝廷中为太史令，所以《史记》的这项记载是可信的。它至少说明两点：一是中亚古国大宛（今塔什干一带）等国及新疆地区早在公元前2世纪已在广种葡萄，并有酿造葡萄酒的丰富经验；二是由于张骞等的努力，使良种葡萄和优质葡萄酒的酿造技术在汉代时传播到了我国中原广大地区。在汉武帝的上林苑就把葡萄列为奇卉异果，收获的葡萄作为珍品供皇家享用。

三国时期，魏文帝曹丕对葡萄和葡萄酒倍加赞赏，他曾对群臣说："且说葡萄，醉酒宿醒，掩露而食，甘而不饴，酸而不脆，冷而寒，味长汁多，除烦解渴。又酿以为酒，甘于曲米，善醉而易醒。道之固以流涎咽唾，况亲食之耶，他方之果，宁有匹之者。"② 掩露即带有露珠之意，所以能"掩露而食"的葡萄，应当是很新鲜的葡萄。依当时的交通条件，不太可能从西域长史、乌孙运来，当是中原地区自产的。据传当时洛阳城外许多地方都种植了葡萄，尤以白马寺佛塔前的葡萄长得格外繁盛，"枝叶繁衍，子实甚大，李林实重七斤，葡萄实伟于枣，味并殊美，冠于中京"③。依据曹丕的话，当时曾采集这类葡萄用来酿酒也是事实。问题是当时葡萄的产地、产量都有限，美味的葡萄鲜吃尚嫌不足，难以大量供用于酿酒，当时皇家贵族饮用的葡萄酒很可能主要仍是依靠从西域运进，昂贵的运费是可以想象的，所以，葡萄酒当时是很珍贵的。难怪东汉时，扶风孟池送张让葡萄一斛，便取了凉州刺史的职位。据《北齐书》记载：李元忠"曾贡世宗蒲桃一盘，世宗报以百练缣"④。

唐代是中国葡萄、葡萄酒发展的一个重要时期。公元640年，唐太宗命侯君集率兵平定了高昌（今吐鲁番）。高昌以盛产葡萄而著称。《册府元龟》《唐书》和《太平御览》都记载："及破高昌，收马乳蒲桃实于苑中种之，并得其酒法。帝自损益，造酒成，凡有八色，芳辛酷烈，味兼醍盎。即颁赐群臣，京师始识其味。"⑤ 这段记载清楚地叙述了侯君集把马奶葡萄种带回长安，唐太宗把它种植在御苑里；同时学习到其先进的酿葡萄酒法，试酿成功，并曾用这种自酿的上品葡萄酒赐赏群臣。但这项记载还表明，当时即使在京师，饮用优等葡萄酒实是机会难得。

高昌马奶葡萄（一种优质葡萄品种）引入中原，增加了内地栽培葡萄的品种，

① 汉·司马迁：《史记·大宛列传》卷一二三，第3173页，中华书局，1974年。
② 唐·欧阳询：《艺文类聚》卷八十七，第1495页，中华书局（刊印本），1965年。
③ 后魏·杨之：《洛阳伽蓝记》卷四，宋·李昉等编纂：《太平御览》卷九二七，中华书局，1960年。
④ 宋·李昉等编纂：《太平御览》卷九二二，第4308页，中华书局，1960年。
⑤ 宋·李昉等编纂：《太平御览》卷九二二，第4308页，中华书局，1960年。

同时葡萄的栽培地域有了新的发展。唐人李肇所撰《国史补》还把葡萄列为四川第五大水果。葡萄产量高了，葡萄酒当然也就有了普及的可能。当时山西、河北生产的葡萄干和葡萄酒也成为太原府的土贡之一。① 这些史实表明，唐代的葡萄种植和葡萄酒的酿造确实有了很大的进步和扩展。关于这一时期葡萄酒的酿造方法，史料不多。根据《新修本草》的记载："酒，有蒲桃、秫、黍、粳、粟、曲、蜜等。作酒醴，以曲为；而蒲桃、蜜等独不用曲。"② 表明此时葡萄酒的主要酿制法是依据从高昌传进来的自然发酵法。

可能由于原料的珍贵或匮缺，也可能由于传统酿酒工艺对曲的倚重所造成的影响，导致葡萄酒的酿制方法在中原地区传播的过程中逐步发生了歧变。宋代酿酒专家朱肱所介绍的葡萄酒法已是利用曲的酿造法。

酸米入甑蒸，气上。用杏仁五两（去皮尖），蒲萄二斤半（浴过，干去子、皮）与杏仁同于砂盆内一处，用熟浆三斗，逐旋研尽为度。以生绢滤过。其三斗熟浆泼饭软盖良久，出饭摊于案上，依常法候温，入曲搜（溲）拌。③

明代人高濂介绍的葡萄酒法则是："用葡萄子，取汁一斗，用曲四两，搅匀，入瓮中，封口，自然成酒，更有异香。"④

由此可见，葡萄酒的酿制方法在宋代已有三种：一是苏敬记载的自然发酵法，这种方法由于天然酵母菌未经驯化，或常有杂菌引入，发酵过程难以掌握，酿成的酒质量不稳定，未必醇美。朱肱记载的方法是葡萄与粮食的混酿法，这种方法所酿成的葡萄酒，已完全改变了葡萄酒所具有的独特风味，口感也未必好，喝这样的葡萄酒未必比喝纯正的黄酒更好。金人元好问就曾提到：

刘邓州光甫为予言：吾安邑多蒲桃，而人不知有酿酒法。少日，尝与故人许仲祥，摘其实并米炊之。酿虽成，而古人所谓甘而不饴，冷而不寒者，固已失之矣。贞祐中，邻里一民家，避寇自山中归，见竹器所贮蒲桃，在空盎上者，枝蒂已干，而汁流盎中，熏然有酒气。饮之，良酒也。盖久而腐败，自然成酒耳。

世无此酒久矣。予亦尝见还自西域者云，大食人绞蒲桃浆，封而埋之，未几成酒，愈久者愈佳，有藏至千斛者。其说正与此合。物无大小，显晦自有时，决非偶然者。夫得之数百年之后，而证之数万里之远。⑤

这表明葡萄酒技术的发展在中国中原地区（或个别地区）曾走过一段弯路。高濂所记录的葡萄汁加曲发酵法，显然比上述两种方法都要好，它以曲代替了天然酵母，便于对发酵过程的控制。近代的葡萄酒酿制法就是采用在葡萄酒中加入经长期筛选和人工培养的酵母来发酵酿成。很可惜，中国古代上述三种葡萄酒法都没有讲到对温度的控制。

元代是中原地区葡萄酒酿造技艺发展的又一个重要时期。蒙古族曾长期在北

---

① 宋·欧阳修、宋祁：《新唐书·地理三》卷三十九，第1003页，中华中局，1975年。

② 唐·苏敬等撰，尚志均辑校：《唐·新修本草》第489页，安徽科学技术出版社，1981年。

③ 宋·朱肱：《北山酒经》，见《中国科技典籍通汇》化学卷一，第856～868页，河南教育出版社，1995年。

④ 明·高濂：《遵生八笺·饮馔服食笺·造类》，第127页，中国商业出版社，1985年。

⑤ 金·元好问：《蒲桃酒赋》，见胡山源《古今酒事》，第146页，世界书局，1939年。

方寒冷地域中过着游牧生活，由于生活的需要和习俗，喝酒成为蒙族的风尚。入主中原前他们主要喝马奶酒，那是一种将马奶装入皮囊中，待其自然发酵而生成的酒。西征和入主中原后，他们常喝的酒又增加了葡萄酒、米酒、蜜酒。当时蒙族权贵的生活中有三件大事：狩猎、饮宴和征战。重大决策都是在宴会中议定，宴会当然就离不开喝酒，从而把酒的地位提得很高。其时，他们最推崇的酒是马奶酒——其民族的传统酒以及葡萄酒。据《元史》记载："至元十三年（1276）九月己亥，享于太庙，常馔外，益野豕、鹿、羊、蒲萄酒。"又记载："十五年冬十日己未，享于太庙，常设牢礼外，益以羊、鹿、豕、蒲萄酒。"祭祖时，增加了葡萄酒，反映了他们对葡萄酒的器重。① 元代在粮食不足时，曾发布过禁酒令，禁用粮食酿酒，但是葡萄酒则不在禁酿之列。因此，在这一时期，葡萄的栽培和葡萄酒的酿制都有了较大发展。这种发展必然会促进酿酒技艺的进步。最重要的成就要算葡萄烧酒（即今称谓的白兰地酒）的制法被引进中原地区，从而也促进了蒸馏酒在中国的迅速推广。元人忽思慧在其《饮膳正要》中就说：葡萄酒"有数等，有西番者，有哈剌火者，有平阳、太原者，其味都不及哈剌火者，田地酒最佳"②。李时珍在介绍葡萄酒时说："葡萄酒有二样。酿成者味佳，有如烧酒法者有大毒。酿者，取汁同曲，如常酿糯米饭法。无汁，用干葡萄末亦可。魏文帝所谓葡萄酒'甘于曲米，醉而易醒'者也。烧者，取葡萄数十斤，用大曲酿酢，取入甑蒸之，以器承其滴露，红色可爱。"③ 这一介绍十分清楚，当时以葡萄为原料可以制取葡萄酒和葡萄烧酒。前者既可用葡萄汁，又可以干葡萄末代替葡萄汁与曲混合如平常酿糯米饭法酿制；后者则是将葡萄酿后入甑蒸馏，以器承其滴露，当是酒度较高的葡萄烧酒无疑。

元明清时期，葡萄酒的酿制虽然有了一定的发展，但由于受到葡萄生长地域条件的限制，葡萄酒的发展不可能像谷物酿酒那样普遍，再者，人们采用上述果粮混酿法而生产的葡萄酒在口味上也难以与传统的黄酒在市场上竞争，这就限制了葡萄酒的生产规模，只在相对很少的一部分人当中享饮。真正让较多的中国人领略到葡萄酒的美味，应该说是到近代时才开始的。

1892 年，印度尼西亚华侨张弼士在山东烟台创办了中国第一座近代葡萄酒厂——张裕葡萄酿酒公司，结束了我国葡萄酒的手工作坊生产状况。他聘请了外国技师，引进世界上著名的酿酒葡萄的种苗，购置了当时先进的酿酒设备，终于在中国酿造出了可跻身于世界一流的多品种葡萄酒。1915 年张裕葡萄酿酒公司生产的干白葡萄酒"雷司令"、干红葡萄酒"解百纳"、甜型玫瑰香葡萄酒、"白兰地"、"味美思"都获得了巴拿马国际博览会的金奖。张裕葡萄酿酒公司生产的葡萄酒不仅为国争了光，同时也为中国葡萄酒、果酒的生产发展作出了表率并积累了新的经验。从此，中国葡萄酒、果酒的生产历史揭开了新的一页。

---

① 明·宋濂：《元史·世祖本纪》卷九，第 185 页，中华书局，1974 年。
② 元·忽思慧：《饮膳正要》，中国书店据上海涵芬楼本影印，1985 年。
③ 明·李时珍：《本草纲目》，卷二十五，第 1547 页，人民卫生出版社，1982 年。

七、果酒、露酒及蜜酒

许多水果和葡萄酒一样都可以酿制酒，对此古人早有认识。根据古籍记载，我国先民曾酿制过枣酒、甘蔗酒、荔枝酒、黄柑酒、椰子酒、梨酒、石榴酒等。例如，苏轼在其好友赵德麟家曾品尝过安定郡王（赵德麟的伯父）家酿的黄柑酒，赞不绝口，为此曾赋诗一首。诗之引言写道："安定郡王以黄柑酿酒，谓之洞庭春色，色香味三绝。"① 诗文赞美黄柑酒，认为它赛过了当时的葡萄酒。可惜苏轼仅仅只是品尝，并未亲自酿制，所以，他不知道这种酒的酿制方法，也就没有记录下来。②

南宋初年抗金名将李纲曾被诬流放海南，他饮了当地的椰子酒后，赞美道："酿阴阳之氤氲，蓄雨露之清泚。不假曲蘖，作成芳美。流糟粕之精英，杂羔豚之乳髓。何烦九酝，宛同五齐。资达人之嗽吮，有君子之多旨。穆生对而欣然，杜康尝而愕尔，谢凉州之葡萄，笑渊明之秫米，气盎盎而春和，色温温而玉粹。"③ 由这段介绍，可知当时酿造椰子酒不需曲蘖，当是采用自然发酵。

南宋人周密在其《癸辛杂识》中曾记载了自然发酵而成的梨酒，其内容如下：

仲宾云：向其家有梨园，其树之大者，每株收梨二车。忽一岁盛生，触处皆然，数倍常年，以此不可售，甚至用以饲猪，其贱可知。有谓山梨者，味极佳，意颇惜之，漫用大瓮，储数百枚，以缶盖而泥其口，意欲久藏，旋取食之，久则忘之。及半岁后，因至园中，忽闻酒气熏人，疑守舍者酿熟，因索之，则无有也。因启观所藏梨，则化之为水，清冷可爱，湛然甘美，真佳酿也。饮之辄醉。回回国葡萄酒，止用葡萄酿之，初不杂以他物。始知梨可酿，前所未闻也。④

明人谢肇淛在其《五杂俎·论酒》中谓："北方有葡萄酒、梨酒、枣酒、马奶酒，南方有蜜酒、树汁酒、椰浆酒，《酉阳杂俎》载有青田酒；此皆不用曲蘖，自然而成者，亦能醉人，良可怪也。"⑤ 这段记载大概也只是当时果酒生产的部分情况。可见明代时各地生产的果酒，已呈百果齐酿的局面。

我国古代的先民不仅采用部分果品酿酒，还常采撷某些植物的花、叶甚至根茎配入粮食中同酿，制成过具有独特风味的多种露酒。商代的鬯可以说是最古老的露酒，它是用黑黍为原料添加了郁金香草共同酿成的，必然带有明显的药香味。此后人们正是因为欣赏某种花叶的香味或某种药物的口味而配制了众多的露酒。这里只列举桂酒、竹叶酒作为它们的典型。

在中国古代，被人们称为桂酒的，至少有两种。一种是由桂花浸制或熏制而成的桂花酒。我国是桂花树的原产地，栽培历史已 2 500 余年。馥郁香甜的桂花深受人们喜受，约在春秋战国时期，人们已将它浸泡于酒中以成桂酒。屈原的《楚辞·九歌·东皇太一》中就有"蕙肴蒸兮兰藉，奠桂酒兮椒浆"⑥ 的歌词。《汉书

① 清·王文诰辑注：《苏轼诗集》第六册，第 1835 页，中华书局，1982 年。
② 周嘉华："苏轼笔下的几种酒及其酿造技术"，《自然科学史研究》1988 年 3 期。
③ 宋·李纲："椰子酒赋"，胡山源编：《古今酒事》，第 142 页，上海书店，1987 年。
④ 南宋·周密：《癸辛杂识》，《说郛三种》，上海古籍出版社，1986 年。
⑤ 明·谢肇淛：《五杂俎·论酒》，胡山源编：《古今酒事》，第 102 页，上海书店，1987 年。
⑥ 战国楚·屈原：《楚辞·九歌·东皇太》，袁梅：《屈原赋译注》，第 77 页，齐鲁书社，1984 年。

·礼乐志·郊祀歌》中有“牲茧栗，粢盛香，尊桂酒，宾八乡”① 的歌句。可见桂酒已是当时奠祀上天，款待宾客的美酒。历代文人墨客对它多有赞赏。至明代时仍普遍采用这种熏浸法。明初刘基的《多能鄙事》讲解甚明，谓：“花香酒法：凡有香之花，木香、荼蘪、桂、菊之类皆可摘下晒干，每清酒一斗，用花头二两，生绢袋盛，悬于酒面，离约一指许，密封瓶口，经宿去花，其酒即作花香，甚美。”② 另一种桂酒是采用木桂、菌桂、牡桂等泡浸或将谷类与诸桂合曲发酵而成。宋代大文豪苏轼对这种桂酒颇有研究。他不仅喝过，还亲自酿制过。在他的“桂酒颂”并叙中写道：

《礼》曰：“丧有疾，饮酒食肉，必有草木之滋焉。姜桂之谓也。”古者非丧食，不御姜桂。《楚辞》曰：“奠桂酒兮椒浆。”是桂可以为酒也。《本草》：桂有小毒，而菌桂、牡桂皆无毒，大略皆主温中，利肝腑气，杀三虫，轻身坚骨，养神发色，使常如童子，疗心腹冷疾，为百药先，无所畏。陶隐居云：《仙经》，服三桂，以葱涕合云母，蒸为水。而孙思邈亦云：久服，可行水上。此轻身之效也。吾谪居海上，法当数饮酒以御瘴，而岭南无酒禁。有隐者，以桂酒方授吾，酿成而玉色，香味超然，非人间物也。③

据此可以判定苏轼所酿的桂酒，采用的是木桂、菌桂、牡桂等药材。自言方法来自当时南方的一种酿酒秘方。这种酒不仅香美醇厚，还有一定的滋补御瘴的药用功能。但很遗憾，他没有记述下这种桂酒的制法，既言“酿成”，可能是通过了曲的发酵。宋人叶梦得在其《避暑录话》中写道：“（苏轼）在惠州作桂酒，尝谓其二子迈、过云，亦一试而止，大抵气味似屠苏酒……刘禹锡‘传信方’有桂浆法。善造者，暑月极快美。凡酒用药，未有不夺其味，况桂之烈。楚人所谓桂酒椒浆者，安知其为美酒，但土俗所尚。今欲因其名以求美，迹过矣。”④ 由此可知，苏轼在惠州酿制的桂酒，口味与当时的屠苏酒相似。屠苏酒是汉代以后一种较流行的低酒度药用酒，正如窦苹所云：“今人元日饮屠苏酒，云可以辟瘟气。”桂酒必定像屠苏酒一样，具有浓烈的药味。苏轼后来酿制桂酒时，又写了一首诗“新酿桂酒”，谓：“捣香筛辣入并盆，盎盎春溪带雨浑。收拾小山藏社瓮，招呼明月到芳樽。酒材已遣门生致，菜把仍叨地主恩。烂煮葵羹斟桂醑，风流可惜在蛮村。”⑤ 这种桂醑大约是将木桂等药材和米、酒曲一起入瓮共同发酵酿造的。

竹叶酒又叫做竹酒、竹叶青酒。早在西晋时，张华在其“轻薄篇”中就写道：“苍梧竹叶清，宜城九酝酒。”⑥ 晋人张协在其“七命”中写道：“乃有荆南乌程，豫北竹叶。浮蚁星沸，飞华萍接。玄石尝其味，仪氏进其法。倾罍一朝，可以沉

---

① 汉·班固：《汉书》“礼乐志”，第1052页，中华书局，1962年。

② 明·刘基：《多能鄙事》，第3页，上海荣华书局藏版，1917年。

③ 宋·苏轼：桂酒颂，见王文浩辑注《苏轼文集》卷二十，第593页，中华书局，1986年。

④ 宋·叶梦得：《避暑录话》，《丛书集成初编》，总2786册，第1页。

⑤ 宋·苏轼：“新酿桂酒”，清·王文诰辑注：《苏轼诗集》卷三十八，第2077页，中华书局，1982年。

⑥ 晋·张华：“轻薄篇”，梁·萧统编，唐·李善注：《昭明文选》，第497页，中华书局，1977年。

湎千日。单醪投川，可使三军告捷。”[①] 这里的竹叶清、九酝酒、乌程、竹叶均指当时的名酒。此后众多文人笔下不断提到竹酒、竹叶酒，例如，萧纲云：“兰羞荐俎，竹酒澄芳。”庾信云：“三春竹叶酒，一曲鹍鸡弦。”杜甫诗云：“崖密松花熟，山杯竹叶青。”特别是在宋代，许多地方都酿制竹叶酒，其中产于杭州、成都、泉州的竹叶青都很有名。古时，各地的竹叶酒不仅酒基不同，而且酿制方法也各有特色。最初的方法可能只是在酒液中浸泡嫩竹叶以取其淡绿清香的色味。后来在中国传统医药的影响下，人们又添加了其他一些药材。当蒸馏酒大量生产后，人们又改用白酒代替黄酒作酒基来生产竹叶青。近代绍兴生产的竹叶青就是继承了前一种传统；山西汾阳杏花村汾酒厂生产的竹叶青则是发扬后一种传统。《本草纲目》所载的竹叶酒制法是：“淡竹叶煎汁，如常酿酒饮。”即将淡竹叶水煎取汁，加入适量米、曲同酿而成。李时珍记载的这种竹叶酒据云有“治诸风热病，清心畅意”[②] 之功效。

古代饮用菊花酒也有悠久的历史，更不乏赞颂、歌咏菊花酒的诗文。晋代陶潜云：“往燕无遗影，来雁有余声。酒能祛百虑，菊解制颓龄。”唐代郭元震诗云：“辟恶茱萸囊，延寿菊花酒。”唐代孟浩然诗云：“开轩而场圃，把酒话桑麻，待到重阳日，还来就菊花。”唐代白居易诗云：“待到菊黄家酿熟，与君一醉一陶然。”宋代陆游诗云：“采菊泛觞终觉懒，不妨闲卧下疏帘。”可见菊花酒是人们喜爱的一种美酒。《西京杂记》记载：“（汉高祖时）九月九日佩茱萸、食蓬饵、饮菊花酒，令人长寿。”又说：“菊花舒时，并采茎叶杂黍米酿之，至来年九月九日始熟，就饮焉，故谓之菊花酒。”[③] 南宋人吴自牧《梦粱录》也记载说：“今世人以菊花、茱萸，浮于酒饮之，盖茱萸名‘辟邪翁’，菊花为‘延寿客’，故假此两物服之，以消阳九之厄。”《本草纲目》记载：“菊花酒，治头风，明耳目，去痿痹，消百病。用甘菊花煎汁，同曲、米酿酒。”[④] 由以上记载可知菊花酒是人们常饮的一种有一定药效的露酒。其具体制法与竹叶酒相同。

明代冯梦祯的《快雪堂漫录》中记有茉莉酒，其制法是采摘茉莉花数十朵，用线系住花蒂，悬在酒瓶中，距酒一指许处，封固瓶口，“旬日香透矣”[⑤]。这种熏制法与窨制茉莉花茶的方法十分相近。

古籍中还记载了椰花酒、菖蒲酒、蔷薇酒等众多以花、叶、根为香料的露酒，其制法也大致相同，这里就不一一赘述。这类露酒不仅风味各异，而且大多有滋补强身的功效，所以人们常把它们并入滋补酒或药酒之列。

蜂蜜酒又习称为蜜酒，是以蜂蜜为原料经发酵酿制的酒。因蜜蜂口中含有转化酶可以水解蔗糖，成为葡萄糖和果糖的混合物，所以蜂蜜可作为酿酒的原料。

---

① 晋·张协（景阳）：“七命”，梁·萧统编，唐李善注：《昭明文选》卷三十五，第407页，中华书局，1977年。

② 明·李时珍：《本草纲目》卷二十五，第1547页，人民卫生出版社，1982年。

③ 《西京杂记》传为东晋葛洪撰，又有说为汉代刘歆撰，见《笔记小说大观》第1册，江苏广陵古籍刻印社，1984年。

④ 明·李时珍：《本草纲目》卷二十五，第1547页，人民卫生出版社，1982年。

⑤ 明·冯梦祯：《快雪堂录》，见王文濡：《说库》下册，浙江古籍出版社，1986年。

古往今来，蜜酒的酿制在欧洲、非洲许多国家都流行，方法很多，品种繁多。由于蜜酒中含有人体所需的丰富营养，因而深受欢迎。蜜酒的酿制在中国也有悠久的历史。据传说，蜜酒已见于西周周幽王的宫宴上。这是可能的，因为蜂蜜加水稀释后会自然发酵成酒。但是在史料上笔者尚找不到很充分的证据。古籍中还有不少关于用蜂蜜来腌制果品、加工药品的记载，甚至有用蜂蜜来制醋的记载。例如《齐民要术》卷八“作酢法”中有“蜜苦酒法：水一石，蜜一斗，搅使调和。密盖瓮口，著日中，二十日可熟也。”① 出现这种情况，有可能是因为原意用蜂蜜自然发酵制酒，但未能有效地避免杂菌，未能严格控温，结果酿出的蜜酒味道不佳，或竟酿成了醋。看来蜜酒的酿造难度反而较大，未能推广普及，因此，有关的史料反而比较少见。对此，苏轼关于蜜酒的研制就是一个很好的说明。元丰三年（公元1080年）苏轼因乌台诗案（“乌台诗案”是北宋一场有名的文字狱，苏轼因写诗讥讽时政和新法而被下狱，几乎被杀。）被贬官黄州（今湖北黄冈）。在黄州他不仅躬亲农事，还亲自酿酒。一位来自四川绵竹武都山的道士杨世昌路过黄州，苏轼从他那里得知蜜酒的酿造法，并做了酿造蜜酒的试验。对此苏轼作了题为“蜜酒歌”的诗。

西蜀道士杨世昌，善作蜜酒，绝醇酽。余既得其方，作此歌以遗之：

真珠为浆玉为醴，六月田夫汗流泚。不如春瓮自生香，蜂为耕耘花作米。一日小沸鱼吐沫，二日眩转清光活，三日开瓮香满城，快泻银瓶不须拨。百钱一斗浓无声，甘露微浊醍醐清。君不见南园采花蜂似雨，天教酿酒醉先生。先生年来穷到骨，问人乞米何曾得，世间万事真悠悠，蜜蜂大胜监河侯。②

这首诗既描述了蜜酒的酿造过程，又抒发了作者虽穷困但有骨气的生活情操；不仅赞颂了蜜蜂的辛勤劳动，也赞美了蜜酒的香醇。诗中所描述的“一日小沸鱼吐沫，二日眩转清光活，三日开瓮香满城”，实际上就是他酿制蜜酒的观察记录。

关于当时蜜酒的酿制法，曾有流传。南宋人张邦基在其《墨庄漫录》中写道：

东坡性喜饮，而饮亦不多。在黄州，尝以蜜为酿，又作“蜜酒歌”，人罕传其法。每蜜用四斤，炼熟，入熟汤相搅，成一斗，入好面曲二两、南方白酒饼子米曲一两半，捣细，生绢袋盛，都置一器中，密封之。大暑中冷下，稍凉温下，天冷即热下。一二即沸，又数日沸定，酒即清可饮。初全带蜜味，澄之半月，浑是佳酎。方沸时，又炼蜜半斤，冷投之，尤妙。予尝试为之，味甜如醇醪，善饮之人，恐非其好也。③

据此介绍，这种蜜酒的酿造法是可行的，张邦基也成功地酿制了蜜酒。其酿制法虽然并不复杂，但是工艺中对温度控制的要求是不能疏忽的。据今科学研究，温度若超过30 ℃，蜜水极易酸败变味；若发酵不完全，又往往会有令人不快的口感。因此苏轼在黄州酿制蜜酒并不顺利。《避暑录话》记载了一则后人的评论，谓：“苏子瞻在黄州作蜜酒，不甚佳，饮者辄暴下，蜜水腐败者尔。尝一试之，后

① 后魏·贾思勰：《齐民要术》，见缪启愉校释：《齐民要术校释》，北京农业出版社，1982年。

② 清·王文诰辑注：《苏轼诗集》第四册，第1115页，中华书局，1982年。

③ 宋·张邦基：《墨庄漫录》卷五，《笔记小说大观》第7册，第94页，江苏广陵古籍刻印社，1984年。

不复作。”[①] 在当时，人们不可能了解微生物在酿造中的作用，虽然凭经验知道，在酿制中容器要洁净，水要熟冷，但对温度稍高易引起蜜水腐败就缺乏了解，重视不够，结果酿出的酒往往变质变酸。苏轼遇到的挫折是可以理解的。

由于苏轼的介绍，“蜜酒方”引起了人们的关注。苏轼之后的李保在其《续北山酒经》中，就把“蜜酒方”列为酿法之一。[②] 元代宋伯仁也把“杨世昌蜜酒”列入名酒之列。[③] 明代卢和在《食物本草》中说：“蜜酒，孙真人曰治风疹风癣。用沙蜜一斤，糯饭一升，面曲五两，熟水五升，同入瓶内，封七日成酒，寻常以蜜入酒代之亦良。”[④] 这段记载表明，唐代孙思邈时已采用蜜酒治病，可见蜜酒在唐代早已有之。《唐·新修本草》就指出：“酒，有蒲桃、黍、粳、粟、曲、蜜等。作酒醴，以曲为；而蒲桃、蜜等独不用曲。”[⑤] 据推测，“蜜酒方”当时大概主要在炼丹家或医药家间流传，直到经苏轼宣扬，才在民间传播开来。而且到了明代，蜜酒的酿造，也和其他果酒一样，在酿造中常加入糯饭，而且也常添加酒曲。例如据传为明初人刘基所撰的《多能鄙事》中就记录了三种蜜酒方：

蜜二斤，以井水一斗慢火熬至沸，鸡羽掠去沫，再熬再掠，沫尽为度。桂心、胡椒、良姜、红豆、缩砂仁各等分，为细末。先于器内下药末八钱，次下干面末四两，后下蜜水，用油纸封，箬叶七重密固，冬二七日，春秋十日，夏七日熟。

蜜四斤，水九升，同煮，掠去浮沫。夏候冷，冬微温，入曲末四两，酵一两，脑子一豆大，纸七重掩之，以大针刺十孔，则去纸一重，至七日酒成。用木搁起，勿令近地气。冬日以微火温之，勿令冻。

沙蜜一斤，炼过；糯米一升，蒸饭。以水五升、白曲四两，同入器中密封之。五七日可漉，极醇美。[⑥]

这样酿造蜜酒既可使之带有黄酒的风味又可节省蜂蜜。到了近代，人们酿制蜜酒的工序大致固定下来：将 1 kg 的蜂蜜放入清洁的坛中，冲入 2 ~ 2.5 kg 的开水，搅拌至蜂蜜完全溶解。待蜜水温度降至 24 ~ 26 ℃时，将麦曲和白酒药各 50 ~ 100 g 研成细粉，在不断搅拌下加入，然后用木板或厚纸盖好坛口，使发酵醪温度保持在 27 ~ 30 ℃。夏季经一周，春秋 2 ~ 3 周，冬季一个多月，即可完成发酵。再将坛口封好，放在 15 ~ 20 ℃的室内，经过 2 ~ 3 个月后的发酵，酒即成。清液可直接饮用，混酒需过滤，贮藏或瓶装均需加热灭菌处理并密封。由此可见这种方法与苏轼当年的方法仍很接近，但是要更注意封闭、灭菌、控温等工艺要求。

唐代的繁荣经济造就了兴旺的酒业，也造就了“酒仙”李白，“酒圣”杜甫一类文化名人。杜甫的“饮中八仙歌”形象地描述了这些文人。宋代的文人喜饮好酒，有的还亲手酿酒，于是有了《东坡酒经》《北山酒经》之类酿酒专著和众多诗文。从这些著作可以清楚地看到，宋代的酿酒技艺又上了一个新台阶，趋于成熟。

① 宋·叶梦得：《避暑录话》，《丛书集成初编》，总 2786 册，第 1 页。
② 宋·李保：《续北山酒经》，见《说郛三种》卷九十四，第 4296 页，上海古籍出版社，1986 年。
③ 元·宋伯仁：《酒小史》，见胡山源编：《古今酒事》，第 71 页，上海书店，1986 年。
④ 明·卢和：《食物本草》，乾隆癸卯年金阊书业堂藏本。
⑤ 唐·苏敬等撰，尚志均辑校：《唐·新修本草》，第 489 页，安徽科学技术出版社，1981 年。
⑥ 明·刘基：《多能鄙事》，第 3 页，上海荣华书局藏版，1917 年。

红曲的发明和应用出现在宋代，这是制曲技术发展的重要成果。

葡萄酒的酿制在唐代再次获得发展的机遇，然而由于资源、习俗等诸多因素，仍然没有发展起来。其中一项技术原因成为重要的障碍，这就是人们仍在酿制中加入曲和谷物，使酿成的葡萄酒不伦不类，失去了自己的特色。直到 1892 年华侨张弼士在山东烟台创办了张裕葡萄酿酒公司，才使葡萄酒的酿制在中国翻开了新的一页。

果酒、露酒、蜜酒的酿制，在古代早已有之，只是一直没有多大的份额。当然，作为治病健身的药酒和某些露酒一直为人们所关注，它们在中医药宝库中占有一席之地。

第五节　白酒酿造技术的成熟

一、酿酒新技术出现的历史背景

1206 年，在中国北方草原地带，成吉思汗建立了蒙古汗国，1234 年吞并了金朝，1279 年推翻了南宋政权，统一了中国，在世界东方屹立起一个蒙元帝国。通过不断的征战，成吉思汗的子孙，又将帝国的疆域扩到亚洲、欧洲的许多地区。

蒙古族原先是生活在中国北方的一个游牧民族，习惯于围地放牧，擅长骑马射箭。该地区的经济和科学技术远较中原地区落后。为此，忽必烈建立元朝后，为巩固其在中原的统治，大力推行学习汉族文化，并把发展农业经济作为立国之本。官方组织学者编纂《农桑辑要》等农学著作，以推广先进的农业技术，指导农业生产。酿酒技术也与其他食品加工技术一样被列入推广之列。此外，酒在蒙古族生活习俗中还有一特殊地位。他们待人豪爽好客，常把酒看做是食品的精华。同时，由于蒙古族居住在高寒地带，喝酒排寒取暖已成为生活的嗜好，酒是蒙古包的必备之物，甚至在当时蒙古统治集团议事决策的集会上，喝酒也是必不可少的，许多重大的决定都是在酒宴上商量拍板的。开始时他们常饮的是他们民族的特产马奶酒。后来，随着疆域扩大、文化交流的展开，蒙古人的饮酒口味也变了，他们接受了中原地区普遍饮用的黄酒，也品尝到产自中亚的葡萄酒，但是他们最钟爱的是产自中亚或阿拉伯的葡萄烧酒，这种酒是通过蒸馏葡萄酒而取得，酒度远高于马奶酒或黄酒。为此，元朝的统治者把葡萄烧酒列为法酒。这种酒的生产技术最大的特点是通过蒸馏而取得，原先在炼丹制药中已熟悉蒸馏技术的汉族先民，模仿着将蒸馏技术应用于黄酒上，从而掌握了烧酒即今之白酒的生产技术，从此，中国的传统酒品中增加了烧酒一大类，进一步丰富了中国饮品，同时也表明中国的酿酒技术又迈向了一个新的台阶。

在元末农民起义的大潮中，农家弟子朱元璋于 1368 年登上了皇位，建立了明朝。面对着战乱的创伤，土地的荒芜，生产的凋零，朱元璋执政伊始，推行了一系列旨在安民乐业、发展生产的政策，从奖励垦荒、实行屯田，到修河筑堤、种棉植麻、轻徭薄赋，调动了广大农民的生产积极性，很快就医治好战伤，农业生产有了恢复和发展。

朱元璋还从元朝不到百年的历史中汲取了一条教训，那就是要禁酒。原本强悍的蒙古骑兵，进驻繁华的中原地区后，富饶的物产和美丽的景色让他们眼晕，特别是那些令人陶醉的歌舞酒肉让他们折服，时常的酗酒逐渐让这些勇士变成拉不开弓、跑不动马的不堪一击的朽兵。这就是饮酒害人的教训，据此，朱元璋强力推行了禁酒政策。他为了自榜躬行节俭，是开基创业的君王，不仅多次发令禁止饮酒，“因民间造酒，糜费米麦，故行禁酒之令”，而且也拒收贡酒，连不用粮食酿造的葡萄酒也在禁限之列，甚至他还把造曲酿酒所用的糯米列入禁种范围，可谓真要表明其“塞其源，遏其流”的决心。

皇帝有着至高无上的权威，然而，其对社会的控制和影响还必须得到臣民的支持才能得以实现。此时的酒已深入到社会生活的方方面面，上至皇亲国戚，下至平民百姓，生活中都不能断酒，所以，禁酒令实际上没有得到真正的贯彻，而且很快就成为一纸空文，遂被废止。洪武二十七年（公元 1394 年），朝廷又令民可建酒楼，很快京都四处就酒楼林立。官吏们常设饮酒大宴，饮酒之风又起。统治者不禁，民间酿酒业很快有了规模。

朱元璋禁酒的结果，倒是促成了官方掌控的酒类专卖的废除。后来朝廷不能完全放弃酒利收入对财政的贴补，遂又推行起税酒政策，酒的税率也定得较低。在这一政策的鼓励下，民间酿酒、贩酒及制曲业都有了相应的发展。明英宗时，明令：“各处酒课，收贮于州县，以备其用。”这实际上将酒税的收入纳入到地方财政。这种酒政无疑促进了酿酒业，特别是烧酒业的蓬勃发展。直到明末，由于财政日趋困难，粮食又告不足，朝廷又打起了酒类专卖的主意，但是时间已不允许它顺畅地贯彻。

明末的腐败再次导致了农民大起义。在东北强悍起来的后金满族在汉族地主阶级的配合下，乘机入主中原，建立了满汉地主阶级联合统治的清王朝。清朝初期，由于连年的战争，不仅使自然经济，甚至使那些孕育在商品生产中的资本主义幼芽都遭到严重的摧残。直到康熙、雍正、乾隆三朝，采取了一系列旨在恢复生产的措施，经济才逐渐得以恢复和发展。即使这样，这一时期中国的经济和科学技术已被在西方蓬勃发展起来的资本主义工业文明远远地抛在后面。落后就要受欺挨打，殖民者的坚船利炮终于在鸦片战争后让中国沦落为半殖民地半封建社会。

在上述的社会变化中，似乎像酿酒业这样的传统手工业没有受到致命的打击和影响。除了西方较先进的葡萄酒生产技术和啤酒生产技术被引进外，蒸馏酒和黄酒的生产技术大致上维持着原有的水平。倒是关于酿酒业的政策有了某些变化。

清代前期基本上是继承了明代的酒政，对酒的生产采取征税的管法。国家不设专职征酒税的官吏，而是由地方管理赋税。地方官府像对油、盐之类日用品一样，对酿酒业设立了经营税和流通中的关税、船税，数额有限，赋税较轻。例如，雍正年间，天下门关所征的酒税总共为十万两银。乾隆年间，北新关税每酒十坛（119 kg）征银二分。嘉庆年间，北京崇文门的酒税：烧酒每十斤（1 斤约合 595 g）征银一分八厘；黄酒每小坛（29.8 kg）征税一分九厘。在有些地方，不禁造曲，而征收曲税，相当于原料税。正是这种赋税较轻的政策，致使酿酒、制曲及贩酒的私营作坊有了很大发展。在这个发展中，有一变化是特别引人注目的。尽管生产饮用黄酒在市场中还成主体，但是蒸馏酒生产的发展速度已大大超过黄酒。即以高粱为原料，大麦作曲，用蒸馏技术生产的烧锅业获得较快的发展，特别是在北方地区。能饮白酒四两始醉者，饮黄酒两三斤仍感不足。加上当时黄酒的实际税率高于白酒数倍，造成价低易得一醉的白酒在广大平民中有了较大的市场。价高的黄酒不仅难以久贮远运，而且在晚春、炎夏、初秋等季节都不可酿造，生产受季节温度的制约，而生产白酒就不受此限，这是其一。其二是当时酿造白酒的原料高粱、黍、大麦，都被看做较贱的粗粮，售价低，就可降低成本。此优势也促成了白酒在北方地区获得较快发展。白酒不仅在北方有了自己的市场，而且其牟利也较大，一些官僚、地主及工商业都热衷于投资此业，白酒的生产规模也逐渐壮大，与此相适应，白酒的生产技术逐渐成熟定型。

随着酿酒业的发展，供应酒曲的踩曲业也兴旺起来，当时盛产大、小麦的河南，成为酒曲的主要产地，直隶晋陕等地区所需的曲均购自豫。贩酒也能发财，于是贩酒的商船或挑夫，穿梭于各水陆码头名镇大集，造就了一批批繁华的商埠。人们还应看到，酿酒业的发展，必定会消耗大量的粮食，势必形成与民争口粮的局面。每当遇到歉收的年代，朝廷被迫颁布禁酒令。这一状况在清代中后期时有发生。禁酒令随着农业的丰歉而波动，清代的酒禁较之明代有所不同。清代禁的明确是高粱酿制的白酒，而官僚地主喜饮的黄酒却不在禁酿之列。二是禁酒令的次数多了，从政府到百姓反而疲了，甚至还出现朝廷颁布禁酒令，有人就会出来反对禁酒，并想出一些反限制的对策，其实地方官员为了其自身的利益，对禁酒也常采取对上阳奉阴违的做法，所以，禁酒的效果一直不好。直到清末，由于财政困难，理财者想到的办法就是加重酒税。名目繁多的酒税的出笼，进一步激化了禁酒与反禁酒的争论。

禁酒与反禁酒的争论对酿酒技术的发展可能会产生什么影响，难以评估。但是粮食丰歉对酿酒技术的发展，肯定会产生直接影响。丰收之年，酿酒的多了，市场竞争也激烈了，以质取胜是酿酒作坊参与竞争的重要手段。歉收之年，粮食少了，人们往往会寻找一些主粮的代用品用做酿酒原料，用这些代用品酿出质量可靠的酒，必须在酿酒技术上下工夫。可以想象，无论是粮食的丰产或歉收，酿酒的技术都会因为社会对酒的需求和人们对好酒的追求而在发展，成熟。这一进步不仅表现在原料的扩展上，更多体现在酿酒技术的成熟上。蒸馏酒技术在明清时期日趋完备，从而开始形成不同风味、各具特色的多种蒸馏酒（白酒）的面世。例如四川泸州的老窖酒，宜宾的五粮液，山西汾阳杏花村的汾酒，贵州仁怀的茅台酒，贵州遵义的董酒，安徽亳州的古井贡酒，江苏泗洋的洋河大曲和泗洪的双沟大曲以及广西桂林的三花酒，广东佛山石湾和南海县九江镇的玉冰烧，它们或是明清两朝皇室贡品，或是在巴拿马万国博览会和南洋劝业会等国际展览会上获奖的产品，或是在内地、港澳及东南亚地区享有盛誉的历史名酒。它们从原料到制曲，从酿造到勾兑都有自己独特的工艺过程，这是在长期酿造生产中逐渐摸索总结出来的。这一史实表明蒸馏酒生产技术在元朝出现后，经过蒸馏技术与中国传统酿造技术磨合的300多年逐步趋于成熟。与此同时，黄酒生产中，除了应用蒸馏技术利用酒糟生产烧酒外，还采用蒸馏酒勾兑的办法提高某些品牌黄酒的酒度，以增加新的风味品种。总之，在清朝，中国传统的酿酒工艺基本定格。

随着近代科学技术的传入和传播，人们开始了解到酿酒发酵的真谛。谷物利用酒曲发酵成酒的过程是一个微生物参与的生物化学变化过程。中国独有的酒曲在酿酒（粮食酒）中的不可或缺的重要性，完全是因为酒曲实际上是某些酿酒微生物如根霉、毛霉、米曲霉、乳酸菌、酵母菌等的培养基和携带者。首先揭开酒曲这一秘密的是一位法国的学者。在法国科学家巴斯德在研究发酵问题时揭示了酿酒的机理后，法国人卡尔特不仅注意到中国酿酒的独特方法，还研究了传教士带回的中国酒曲，认识到中国利用霉菌糖化制酒的先进性，并将这种淀粉霉法在酒精工业中加以推广，极大地促进了世界酿造业的发展和酿造技术的提高。

中国学者用近代的科学技术来研究中国的传统酿酒技术大约开始于 20 世纪 30 年代。从 20 世纪初开始，将发酵技术与微生物的菌学研究联系起来成为科学探索的一个热门课题。从美国哈佛大学留学归来的孙学悟，在 1922 年配合中国近代化工的奠基人范旭东（1883—1945 年）创办黄海化学工业研究社后，敏锐地觉察到开展菌学研究，在利用霉菌发酵酿酒、制醋、做酱有着悠久历史的中国尤为重要。于是在研究社组建了发酵与菌学研究室。他亲自带领方心芳、金培松等一批年轻学者研究微生物与发酵技术。他们的第一步工作即是对我国传统的发酵酿造工艺进行考察、研究，对其进行科学的总结。为了做好这一工作，他们除了亲赴一些酒厂，收集酒曲，分析、分离酒曲中所含微生物，考察酿酒工艺，总结经验，并提出科学建议外，还以优厚的待遇聘请那些身怀绝技或富有经验的酿酒师傅来社与研究人员一起劳作，用最新的科学知识对传统酿酒技术和经验进行系统的整理，既保护了传统酿酒工艺的精髓，又让工艺中的科学内涵得以升华。他们收集了蓄藏在酒曲中的大批菌种，以供分析、鉴别和择优汰劣之用，他们还写出了关于中国传统酿酒工艺的第一批科学论文，例如“唐山高粱酒之酿造”“改良高粱酒酿造之初试验”“酒花测验烧酒浓度法”“汾酒酿造情况报告”“汾酒用水及其发酵醅之分析”等。这些研究成果既是对传统酿酒技术的研究总结，也是发展酿酒新技术的起点。除了黄海化学工业社有一批学者从事酿酒技术和微生物工程的研究外，还有陈騊声等学者开展相近课题的研究，也取得不少研究成果。正是这些学者的开创性研究工作，不仅维护和滋润了这一酿酒工艺——中国传统工艺中一枝奇葩的进一步绽放，而且也为传统的酿酒技术在科学原理指导下获得改造和发展构筑了新的平台。从此，中国酿酒技术的发展翻开新的一页。

二、蒸馏酒工艺的起源

人们习惯将那些以谷物或某些杂粮为原料而酿制的蒸馏酒称为白酒。实际上，绝大多数蒸馏酒的颜色并不是白色，而是无色透明或略带有某一色调。不过人们已习惯这种称谓，也就不考究其是否贴切了。

蒸馏酒在世界上分布很广，因各地的资源、环境、民族风俗、文化传统的不同而千差万别，品种极多。世界蒸馏酒的分类，通常可沿用两种方法。一种是按原料来分，可分为淀粉类和含糖类两大类别。另一种是按糖化、发酵剂来分，可分为三类：一是用曲作为糖化发酵剂，采用边糖化、边发酵的复式发酵技术，例如中国的大多数白酒、日本的烧酒；二是以麦芽为糖化剂，尔后加入发酵剂来制酒；三是在含糖的原料中仅加入发酵剂的单边发酵技术，例如白兰地、兰姆酒等。后面这种分类法比较科学，系统性也较强，并且能概括工艺的特点。由此可见，中国白酒的生产工艺在世界上独树一帜。

（一）关于蒸馏酒（白酒）起源的几种观点

关于蒸馏酒在中国发明、生产的起始年代，一直是学术界长期争论的问题。目前仍没有定论，大致有以下几种观点。

长期以来较流行的观点是白酒起始于元代。提出这一点，并最具影响力的是明代嘉靖中撰著《本草纲目》的作者李时珍。他写道："烧酒，非古法也，自元时始创。其法用浓酒和糟入甑，蒸令气上，用器承取滴露。凡酸坏之酒，皆可蒸烧。近时惟以糯米或粳米或黍或秫或大麦蒸熟，和曲酿瓮中七日，以甑蒸取，其清如水，味极浓烈，盖酒露也。"他又说："烧酒，纯阳毒物也。面有细花者为真。与火同性，得火即燃，同乎焰硝。北人四时饮之，南人止暑月饮之。其味辛甘，升扬发散；其气燥热，胜湿祛寒。……"① 这里不仅指出烧酒自元时始创，还清楚地讲述了烧酒的原料和制法、烧酒的性质和饮用的医用疗效及利弊。立论清楚，所以为后来的许多学者所赞同。

第二个观点始自宋代。早在1927年，曹元宇依据宋人宋舜钦的诗句"苦无蒸酒可沾巾"，说："蒸酒，其烧酒乎？"而认为："宋时已知有烧酒矣。"② 致力于研究中国食品史的日本学者筱田统在1976年又根据宋代田锡在《曲本草》中有如下记载："暹罗酒，以烧酒复烧二次，入珍贵异香。每坛一个用檀香十数斤，烧烟熏令如漆。然后入酒，蜡封，埋土中二三年，绝去火气，取出用之。有人携之至舶，能饮之人三四杯即醉。有疾病者饮一二杯即愈，且杀蛊。予亲见二人饮此酒，打下活虫二寸许，谓之鞋底鱼蛊。"③ 认为这种经"复烧二次"的酒当为蒸馏酒。不过田锡所言是"暹罗酒"（按暹罗即今泰国），有人推测中国当时也可能有类似的蒸馏酒。筱田统又提到苏轼《物类相感志》中的一段文字："酒中火焰，以青布拂之自灭。"④ 他认为这种能燃烧的酒也应该是烧酒，即蒸馏酒。而1975年在河北青龙县发现的一套金代以前的铜制蒸馏器，被许多人认为是宋代已能生产烧酒的最有力的证据。⑤

第三种观点是烧酒始自唐代。袁翰青持这一观点，⑥ 其根据是唐代的一些诗文。例如白居易有"荔枝新熟鸡冠色，烧酒初开琥珀香"⑦ 的诗句，李商隐有"歌从雍门学，酒是蜀城烧"⑧ 的诗句，雍陶有"自到成都烧酒熟，不思身更入长

① 明·李时珍：《本草纲目》卷二十五，第1547页，人民卫生出版社，1982年。

② 曹元宇："中国作酒化学史料"，《学艺》卷八，第6页，1927年。

③ 宋·田锡：《曲本草》，《说郛三种》，第4332页，上海古籍出版社，1988年。

④ 宋·苏轼：《物类相感志》，《说郛三种》卷22，第1076页，上海古籍出版社，1988年。

⑤ 方心芳："关于中国蒸馏酒器的起源"，《自然科学史研究》，第六卷第2期，第131～134页，1987年。

⑥ 袁翰青：《中国化学史论文集》，第87页，三联书店，1956年。

⑦ 唐·白居易："荔枝楼对酒诗"，《全唐诗》卷441，第4925页，中华书局，1960年。

⑧ 唐·李商隐："碧瓦"，《全唐诗》卷539，第6158页，中华书局，1979年。

安"① 的诗句，唐人李肇在其《国史补》中讲到："酒则有剑南之烧春"②，宋代窦苹在其《酒谱》的"酒之名"中也说："唐人言酒之美者有鄂之富水、荥阳土窟、富春石冻春、剑南烧春、河东乾和……"③ 唐人言酒为某某春，故此有的推测烧春就是一种烧酒。另外，李时珍在其《本草纲目》的"葡萄酒"条下写道："葡萄酒有二样。酿成者味佳，有如烧酒法者有大毒。酿者，取汗同曲，如常酿糯米饭法。无汁，用干葡萄末亦可。魏文帝所谓葡萄酿酒，'甘于曲米，醉而易醒'者也。烧者，取葡萄数十斤，同大曲酿酢，取入甑蒸之，以器承其滴露，红色可爱。古者西域造之，唐时破高昌，始得其法。"④ 如果葡萄酒酿造有如烧酒法，即"入甑蒸之，以器承其滴露"，应是今白兰地一类的蒸馏酒。李时珍讲唐时破高昌始得其法，如果确实，那么这是唐代已有蒸馏酒的又一证据。

第四种观点是蒸馏酒始自东汉。1981 年上海博物馆马承源在第三届考古学会上宣读了一篇题为"汉代青铜蒸馏器的考查和实验"的论文。⑤ 据此，上海社科院历史研究所吴德铎于 1986 年 5 月在澳大利亚举行的第四届中国科技史国际学术讨论会上报告了在中国东汉利用蒸馏器制酒的发现。并在 1988 年发表文章，认为蒸馏酒在东汉已有。⑥ 他所持中国蒸馏酒始于东汉的观点逐渐为科技史界所注目。1987 年，四川博物馆王有鹏依据四川彭县、新都县出土的东汉酿酒画像砖表示赞同烧酒始于东汉的观点。⑦

以上各种观点及其论证究竟如何？哪一种观点更符合历史的客观实际，有必要作一番深入细致的考察和辨析。

（二）白酒起源的史料分析

李时珍在《本草纲目》中关于烧酒的论述，仅就上文所摘引的内容可以归纳为五点：

（1）中国蒸馏酒自元始创。

（2）其法为用浓酒和糟，或用酸坏之酒，或采用糯米、硬米、黍、秫及大麦蒸熟后和曲于瓮中酿七日成酒，分别以甑蒸取。即前者以发酵液蒸取，中者以液态的酸坏之酒蒸取，后者以固态的发酵醅蒸取。

（3）原料的多样化也表明蒸馏酒的生产已有一段发展的历史。

（4）烧酒与火同性，触火即能燃，这是烧酒的特性，表明酒的乙醇含量应在 40% 以上，否则难以得火即燃。

（5）北人四时饮之，南人止暑月饮之，表明南北方都已饮用烧酒，那么，烧酒的生产在南北方都已普及。

从以上五点，可以确认李时珍讲的烧酒肯定是高酒度的蒸馏酒。在明代，烧

① 唐·雍陶："到蜀后记途中经历"，《全唐诗》卷 518，第 5915 页，中华书局，1979 年。

② 唐·李肇：《国史补》卷下，见《津逮秘书》第 10 集。

③ 宋·窦苹：《酒谱》，《说郛三种》卷六十六，第 995 页，上海古籍出版社，1988 年。

④ 明·李时珍：《本草纲目》卷二十五，第 1547 页，人民卫生出版社，1982 年。

⑤ 马承源："汉代青铜蒸馏器的考查和实验"，参看《第六届中国科学史国际会议论文集》，1990 年。

⑥ 《文汇报》1988 年 5 月 28 日，或见吴德铎：《烧酒问题初探》，《史林》1988 年 1 期。

⑦ 王有鹏："我国蒸馏酒起源于东汉说"，《火的性格、水的外形——中国酒文化研究文集》，第 19 页，广东人民出版社，1987 年。

酒的饮用和生产都已得到普及和一定的发展。需要讨论的问题则在于李时珍是怎样得出“自元时始创其法”的结论及这种说法是否准确。

李时珍在烧酒的“释名”条下，举出了烧酒的两个异名。一是来自《本草纲目》自引的“火酒”，其名主要根据是它得火即能燃烧的特性，既客观又形象。二是采自《饮膳正要》的“阿剌吉”，《饮膳正要》是元代蒙古族学者忽思慧为蒙古统治者提供的一份营养食品参考资料，于元天历三年（公元1330年）刊印。书中关于“阿剌吉”是这样介绍的：“阿剌吉酒，味甘辣，大热，有大毒，主消冷坚积，去寒气，用好酒蒸熬，取露成阿剌吉。”① 这里只讲了酒的性能和制法，并没有讲酒始于何时，也没有讲是从哪里传入抑或中国早已有之。在忽思慧的眼里，阿剌吉并不新奇，所以才写得这么平淡、简练。从这段文字至少可以判定，忽思慧没有说过“烧酒自元始创”。那么，“烧酒，非古法也，自元时始创”这句话可能是李时珍自己的观点。为了作进一步分析，必须对阿剌吉这一名词做一些考察。

阿剌吉这一外来语词，从目前的资料来看，可能是元代人首先采用的。袁翰青认为阿剌吉是东南亚 Arrack 一语的音译，指的是利用棕榈汁和稻米合酿而成的一种蒸馏酒。② 黄时鉴、吴德铎等认为袁氏的说法并不妥帖，因为言“东南亚”，在地域概念上是不够明确的。他们认为阿剌吉源于阿拉伯语之 Araq。马来语称烧酒为 Araq，其词就源自阿拉伯语；波斯语也称烧酒为 Araq，同样源于阿拉伯语。在元朝，与波斯诸国的交往很密切，所以 Araq 作为波斯语传入是很自然的。③ 人们采用音译而产生的“阿剌吉”一词也是正常的，所以，在蒙古语中“阿剌吉酒”是类似于原从波斯传入的那种蒸馏酒。

吴德铎认为阿剌吉是早已风行的阿拉伯语，它是汗的同义词，本来指树汁，后来发展成用植物汁液发酵成的酒，再进一步就成为一切用当地原料所酿制之酒的总称。它既指酿造酒，又指蒸馏酒，没有严格的界限。假若指果汁酿制的酒，例如椰酒，则早在南北朝的史书中就有记载，以后的记载就更多了。④ 直到宋代，对 Arrack 或 Araq 都是采用意译的方法，所以像椰酒一类的外来酒早已为人们所了解。忽思慧采用音译，“阿剌吉”就使人感到很生疏了，也很好奇，从而留下很深的印象。采用音译，可能会因译者的口音不同，译名也会不一样。但《饮膳正要》所言“阿剌吉”酒即明确言“用好酒蒸熬，取露成”，则可肯定为蒸馏酒，并不像吴氏言既可为酿造酒又可指蒸馏酒，语意不明。

元代至正四年（公元1344年），朱德润所写的“轧赖机酒赋”的序中谓：“至正甲申冬，推官冯时可惠以轧赖机酒，命什赋之，盖译语谓重酿酒也。”他在赋中写道：

……法酒人之佳制，造重酿之良方，名曰轧赖机，而色如酎。贮以扎索麻，而气微香。卑洞庭之黄柑，陋列肆之瓜姜。笑灰滓之采石，薄泥封之东阳。观其酿器，扁钥之机。酒候温凉之殊甑，一器而两圈铛，外环而中洼，中实以酒，仍

① 元·忽思慧：《饮膳正要》卷三，中国书店据上海涵芬楼本影印。1985年。

② 袁翰青：《中国化学史论文集》，第87页，三联书店，1956年。

③ 黄时鉴：“阿剌吉与中国烧酒的起始”，《文史》第31册，第166～168页，中华书局，1988年。

④ 吴德铎：“阿剌吉与蒸馏酒”，《辉煌的世界酒文化》，第109页，成都出版社，1993年。

槭合之无余。少焉，火炽既盛，鼎沸为汤。包混沌于郁蒸，鼓元气于中央。薰陶渐渍，凝结为炀。滃渤若云蒸而雨滴，霏微如雾融而露瀼。中涵既竭于连熝，顶溜咸濡于四旁。乃泻之以金盘，盛之以瑶樽。……①

赋中介绍的轧赖机应是烧酒。朱德润认为它属重酿酒，色如酎，即酒度较高。从赋中介绍的酿器和工艺看，可以确认轧赖机是一种蒸馏酒。由于这是作赋，故描述中带有浓烈的文学色彩，不可能描述得很具体。

在《饮膳正要》成书之前30年，即元大德五年（公元1301年）编成的《居家必用事类全集》中有一段关于南蕃烧酒法的记载。南蕃烧酒法（番名阿里乞）：

右件不拘酸甜淡薄，一切味不正之酒，装八分一瓮，上斜放一空瓮，二口相对。先于空瓮边穴一窍，安以竹管作嘴，下再安一空瓮，其口盛（承）往上竹嘴子。向二瓮口边，以白磁碗碟片遮掩，令密。或瓦片亦可。以纸筋捣石灰厚封四指。入新大缸内坐定，以纸灰实满，灰内埋烧熟硬木炭火二三斤许，下于瓮边。令瓮内酒沸，其汗腾上空瓮中，就空瓮中竹管内部却溜下所盛（承）空瓮内。其色甚白，与清水无异。酸者味辛，甜淡者味甘。可得三分之一好酒。此法腊煮等酒皆可烧。②

这段文字较清楚地介绍了当时的一种制造烧酒的器具装置及工艺。与《饮膳正要》讲的有所不同：①它直接称烧酒，并冠以南蕃，当传自中国南部或东南亚；②它的番名为阿里乞，而非阿刺吉。阿里乞和阿刺吉是否指同一类蒸馏酒呢？还可进一步研究讨论。《居家必用事类全集》是一种民间日用百科全书，其初刊本为大德五年。黄时鉴指出上面引用的资料来自明代的司礼监刻本，对于初刊本是否已有此段“南蕃烧酒法”应持审慎的保留。③ 但这项质疑又嫌缺乏根据。

与朱德润同时代的文人许有壬在“咏酒露次解恕斋韵·序”中写道：“世以水火鼎炼酒取露，气烈而清，秋空沆瀣不过也。虽败酒亦可为。其法出西域，由尚方达贵，今汗漫天下矣。译曰阿刺吉云。”④ 许有壬称蒸馏酒为酒露，也译曰阿刺吉。酿制方法是以水火鼎炼酒取露，败酒亦可做原料。他认为此法来自西域。首先在宫廷和达官贵族家由权贵所享用，后来流传到民间，于是“汗漫天下”。

元人熊梦祥在其著写的《析津志》中也说：“葡萄酒，……复有取此酒烧作哈刺吉，尤毒人。”又谓：“枣酒，京南真定为之，仍用些少曲蘖，烧作哈刺吉，微烟气甚甘，能饱人。”⑤ 这里补充了一点：枣酒也能烧作哈刺吉。

明初叶子奇在其《草木子》的“杂制篇”中写道：“法酒，用器烧酒之精液取之，名曰哈刺基。酒极浓烈，其清如水，盖酒露也。……盖葡萄之精液也，饮之则令人透液而死。二三年宿葡萄酒，饮之有大毒，亦令人死。此皆元朝之法酒，

① 元·朱德润：“轧赖机酒赋”，见《存复斋文集》卷三，《四部丛刊续编》第七一函，第6页，上海商务印书馆，1934年。

② 《居家必用事类全书》，第141页，书目文献出版社据朝鲜刻本影印。

③ 黄时鉴：“阿刺吉与中国烧酒的起始”，《文史》第31册，第166～168页，中华书局，1988年。

④ 元·许有壬：《至正集》卷16，《四库全书集部》，总1211册，第27页，台湾商务印书馆，1986年。

⑤ 北京图书馆善本组辑：《析津志辑佚》，第239页，古籍出版社，1983年。

古无有也。”又谓：“葡萄酒答刺吉自元朝始。”① 在这段文字里，叶子奇称蒸馏酒为酒露，又名哈剌基，他说这种哈剌基是元朝之法酒。所谓法酒，即按法定规格酿造的酒，亦称“官法酒”或“官酝”。元朝把哈剌基视为法酒，可见哈剌基受到元朝宫廷的重视。我们通常所讲的烧酒，大多是以粮食为原料酿制而成的。而叶子奇这段文字所介绍的，却是由葡萄酒蒸馏制成哈剌基。这种哈剌基在今天通常称为白兰地。叶子奇还明确讲葡萄酒答剌吉自元朝始。

比李时珍稍后仅百年的方以智，在他所著的《通雅》中写道：“阿剌吉酒烧酒也。《饮膳正要》：‘烧酒之法，自元始有。’无功引：‘暹罗国以烧酒复烧，入异香，二三年，人饮三杯即醉。……’宋·窦苹《酒谱》有‘榗酒烧春’，升庵特赏烧春之名，余谓是烧酒耳。”② 在这里，他所言《饮膳正要》烧酒法是专指葡萄烧酒，所以，他同意叶子奇的说法，而对李时珍的说法持疑惑态度。由此可见，“烧酒始于元朝”的说法，虽然在明代为某些人所支持，但并没有成为定论。到了清朝，烧酒有了发展，认识也有发展。清人檀萃所著的《滇海虞衡志》谓：“……盖烧酒名露，元初始入中国，中国人无处不饮乎烧酒，见黄酒反攒眉。……”③ 他明确赞同李时珍的观点，同时表示在清代中期，烧酒已遍及大江南北。另一清代文人梁章巨在其《浪迹续谈》中说：“烧酒之名，古无所考，始见白香山（白居易）诗‘烧酒初开琥珀香’，则系赤色，非如今之白酒也。元人谓之汗酒，李宗表称阿剌吉酒，作诗云：‘年深始得汗酒法，以一当十味且浓。’则真今之烧酒矣。今人谓之气酒，即汗酒也。今各地皆有烧酒，而以高粱所酿为最正。北方之沛酒、潞酒、汾酒，皆高粱所为。而水味不同，酒力亦因之各判。”④ 他指出，白居易所说的烧酒非今之烧酒，重申烧酒始创于元朝。这两段文字可以反映出清代文人对于烧酒起始的看法，他们大多数是赞同李时珍的观点的。

分析以上资料，笔者认为：

1. 在元朝，阿剌吉、答剌吉、轧赖机、哈剌吉、哈剌基都是指蒸馏酒。尽管名称文字不同，但读音相近，都是对阿剌吉类型的蒸馏酒的不同译写。同时这些译写也表明蒸馏酒的烧制方法主要是由国外传入，人们对它较生疏，一时找不到适当的词，故采用音译。酒露、汗酒、烧酒也都是指蒸馏酒，它们是当时人们对蒸馏酒最初的意译。到了明代，烧酒一词才逐渐流行起来。

2. 在元代，蒸馏酒至少有两类：一类是从西域传入的，由葡萄酒烧制的蒸馏酒，即今日白兰地类型的蒸馏酒；另一类是由粮食发酵原汁酒或酸败之粮食发酵酒经烧取而得的蒸馏酒，即后来所称的烧酒。此外，还有以枣酒、椰酒等果酒烧制的蒸馏酒。其中用葡萄酒烧制者，“极浓烈，尤毒人，饮之则令人透液而死”；用枣酒烧制者，“微烟气，甚甘，能饱人”；用酸酒烧制者，味辛；用甜酒烧制者

---

① 明·叶子奇：《草木子》卷39，《四库全书》第857册，台湾商务印书馆，1988年。

② 明·方以智：《通雅》卷39，《四库全书》第857册，台湾商务印书馆，第743页；又见侯外庐主编：《方以智全书》第一册《通雅》，第1179页，上海古籍出版社，1988年。

③ 清·檀萃：《滇海虞衡志》，《丛书集成初编》，总3023册。

④ 清·梁章巨：《浪迹续谈》卷四，第5页，《笔记小说大观》第33册，第144页，江苏广陵古籍刻印社，1984年。

味甘。元代尊奉蒸馏酒为法酒，尤以葡萄酒烧制的阿剌吉最为名贵。

3. 制取蒸馏酒，有水火鼎、殊甑、联瓮等多种蒸馏装置。水火鼎无疑源于炼丹家的炼丹房，经改制而成；殊甑之殊表示的特殊，过去没有见过；联瓮的装置虽较简陋粗放，但也较大众化。蒸馏装置的多样化，则表示蒸馏酒烧制已有一段发展。仔细考察文献可以发现，元代蒸馏酒的制取基本上采用液态的酒醅，即由各种液态的成品酒来蒸馏，至今尚未发现那时的著作中有像李时珍所介绍的，采用固态或半液态酒醅的烧酒法，这表示蒸馏酒的烧制，元代仍处于初期发展的阶段。

4. 在元代，阿剌吉被奉为法酒，这种酒的烧制获得了官方的赞许，因此推广普及较快，很快就由达官贵人家推向民间，并且逐渐形成“汗漫天下”局面。假若仅用葡萄酒蒸馏阿剌吉，由于受自然条件的局限，不可能发展这么快，所以，当时普遍采用粮食发酵原汁酒来作为原料，烧酒才能迅速地发展。

5. 谓“阿剌吉始于元朝”，这不是元朝人所讲的，而是明代人所说。明初叶子奇说得很有分寸，他说：“葡萄酒阿剌吉自元朝始。”叶作为元末明初与刘基、宋濂齐名的浙江著名学者，加上他对元朝的掌故十分熟悉，所以，他的看法是可信的。到了李时珍，他把《饮膳正要》中葡萄烧酒概括为一切烧酒，于是说：“烧酒，非古法也，自元时始创。”于是清代的众多人都认为烧酒之法始创于元代，当时中国不仅已生产蒸馏酒，并已在相当地域内得到推广和发展。以葡萄酒烧制的阿剌吉则是从西亚通过西域传进来，人们对这种蒸馏酒的认识的确始于元朝，它的传入在中国酿酒发展史上起了一个里程碑的作用，认为元代已生产烧酒的论断是充分的，无可争议的。但谓烧酒创于元代的说法则需进一步探讨。

让我们再看看“宋代已有烧酒”的有关论证。

关于宋代田锡著《曲本草》之事，已有学者提出质疑。刘广定列举了以下五点：(1)《宋史》卷293有田锡的传记，没有他去过南海的记载，也没有说他曾写过《曲本草》。(2)《宋史》卷205和卷207的《艺文志》里并没有《曲本草》一书。(3)《四库全书集部》有田锡著的《咸平集》30卷，以及范仲淹为他写的墓志铭、司马光替他写的神道碑文，也都未提及《曲本草》或他游南海诸国的事。(4)两宋人的笔记里，也未见过有关《曲本草》的论述。(5)最重要的是宋代并没有“暹罗”这一名称。暹罗古称“赤土国”，隋炀帝大业三年（公元607年）始通中国。唐及宋初仍称“赤土”。直到宋代，双方似仍无往来，故《宋史》中不见著录。《元史》中有元成宗大德三年及四年（公元1299、1300年）“暹番国”“罗斛”来朝的记载。① 到了元顺帝至正年间（公元1341～1368年），“暹番”降“罗斛”国，遂称“暹罗”。明洪武四年（公元1371年）始有“暹罗”国入供的记载。② 故知元末明初人陶宗仪所辑《说郛》中所收之《曲本草》不是北宋人田锡的作品，而其成书年代当在元末或明初。我们不能据《曲本草》的记载来断定中

① 明·宋濂：《元史》卷20“本纪第二十·成宗三”，第425页，中华书局，1974年。
② 清·张廷玉：《明史》卷2“本纪第二·太祖二”，第26页，中华书局，1974年。

国在北宋时期已引入暹罗蒸馏酒。①

刘广定的论述是有说服力的。李时珍在《本草纲目》中引用《曲本草》那段话时，就没有云“田锡曰”，而是写“汪颖曰”（汪颖，明代江陵人，曾任九江知府）。他将明代中期医家卢和的《食物本草》② 加以整理，编辑成二卷本的《食物八类》。据此线索，笔者确在卢和的《食物本草》中找到了关于暹罗酒的那段话。所以按李时珍的记载，上述暹罗酒的那段话当是出自汪颖、卢和的《食物本草》，而非田锡的《曲本草》。

《物类相感志》是一本笔记小说。传说是苏轼的作品，但《宋史》和马端临的《文献通考》都说它是宋僧赞宁所著。③ 赞宁和苏轼差不多是同时代的人。方以智的《物理小识》也有“凡酒中火焰，以青布拂之自灭”④ 的话，估计就是摘自《物类相感志》，可惜他没注明，推测方以智也不认为该书是苏轼的作品。这段话实在太简单而含糊了，笔者只能揣度，能燃起火焰的酒，似应是酒度较高的酒，它能否用其他方法制备？

从上述对文献资料的分析，笔者认为宋代已有蒸馏酒生产的结论仍不足信，有待深入研究。但近年来对出土文物的研究，特别是对金代蒸馏器的研究已能说明，至迟在北宋后期，一些炼丹家和医药家确实掌握了蒸馏技术，他们有可能在制药中制备出蒸馏酒吗？但可以判定这种酒并没有形成社会性的规模生产。

关于唐朝已有烧酒的论说不是很多，但倒也耐人寻味。对于唐诗中出现的“烧酒”一词，许多人认为，我国饮用黄酒自古以来都有暖酒的习俗。饮前，人们往往用热水温酒，或将酒器直接置于火上加热。饮用这种温酒不仅口感较好，而且也不容易上头醉人。那些诗文中的“烧酒”就是指这种经加热后的酒，或是指加热酒的活动。所以，仅根据诗人文中有“烧酒”一词就认为唐代已有蒸馏酒，论据是很不足的。但是又有人提出：诗人在诗文中也有直接采用暖酒、温酒或热酒一类的词，为什么一定要用烧酒一词呢？尤其是酒有名为“剑南烧春”者，它应是出自剑南的一种酒，为什么要用“烧”字，当然不是为了叫得顺口或好听，推想此酒的酿造工艺或饮用过程必定与“烧”字发生某种联系，这一联系又是什么？上述有关“烧酒”的诗文为什么又多发生在四川？鉴于地理位置，使四川在汉族与西部少数民族的文化交流中处于一个特殊的位置，从历史上看，域外的众多科技文化都是通过周边少数民族而传入中原的，那么，这一情况是否可以推想：四川曾是我国较早掌握蒸馏技术的地区。在唐宋时期，四川是道教活动盛行地区，道家炼丹术的发展与蒸馏技术的发展有密切的关系，这里是否曾响起了蒸馏酒技术的先声？值得探讨。总之这些疑问还待今后的深入研究。

《本草纲目》中，在“葡萄酒”条下说：“魏文帝所谓葡萄酒，甘于曲米，醉而易醒者也。烧者，取葡萄数十斤，同大曲酿酢，取入甑蒸之，以器承其滴露，

① 刘广定：”再探我国蒸馏酒的时期“，《第二届科学史研讨会汇刊》，台北，1989 年。

② 明·卢和：《食物本草》，乾隆四十八年重镌食物本草会纂，金阊书业版。

③ 元·马端临：《文献通考》卷二百十四，经籍四一，第 1751 页，浙江古籍出版社影印本，1988 年。

④ 方以智：《物理小识》，见商务印书馆《万有文库》第 543 册，上海商务印书馆，1930 年。

红色可爱。古老西域造之，唐时破高昌，始得其法。"① 由于这段话表述得不清楚，可以有两种理解：①葡萄酒，古者西域造之，唐时破高昌，始得其法；②葡萄烧酒，古者西域造之，唐时破高昌，始得其法。第二种理解就与李时珍所说"烧酒自元时始创"的话发生了冲突。据查，新、旧《唐书》及《太平御览》等书都没有关于葡萄烧酒的记载，但是有许多关于葡萄的记载。据《册府元龟》卷970载："……及破高昌，收马乳蒲桃实于苑中种之，并得其酒法。帝自损益，造酒成，凡有八色，芳辛酷烈，味兼醍盎，即颁赐群臣，京师始识其味。"② 这里讲，破高昌时传入是葡萄酒的酿制法，而不是葡萄烧酒的烧制法。再者，在公元八九世纪时，即使在西域乃至西亚地区都还尚不能生产葡萄烧酒。所以，对李时珍这段话，应以第一种理解为妥。

最后，再试探烧酒始自东汉说的根据。关于上海博物馆列的东汉青铜蒸馏器以及河北青龙出土的金代蒸馏器，拟在后文作专题讨论。这里先考察一下四川博物馆收藏的，在1955年和1979年分别出土于彭县和新都的画像砖（见图3-3-19）。我们摘录王有鹏的有关介绍："这是笔者想着重述说的，即四川新都县和彭县先后两次出土过两方属于东汉晚期的，雕刻了'酿酒'图像的画像砖，……认为这两方相同图像的画像砖，解释为酿造蒸馏酒的生产图像才符合实际和情理。新中国成立前后，四川农村都有许多酿造作坊，俗称'烧坊'，即酿烧酒的作坊，均用'天锅蒸馏法'酿酒。其法是：灶上置一大铁锅，锅上安放一有箅的大木甑，甑上放置一个大甑径的'天锅'，这种特制的'天锅'底部另焊接一盘（为不至于生锈，均系铜质），盘底有一小导管穿过木甑伸向甑外。蒸煮时，下部沸水之蒸气上升，通过木甑箅上的酒醅层，成为含酒精的蒸气，再上升到天锅底部聚成细珠状，并顺着天锅斜壁流至圆铜盘内，再从圆铜盘底部的小管流至甑外的蒸酒器内。为了加速冷却成露的作用，天锅内的冷水必须勤换，而且还需有人不断搅拌。新都和彭县所出土的酿酒画像砖的图像，同天锅蒸馏法十分相似。画像砖图像中部有一灶，上有一锅，一人正卷袖在锅中搅拌，这正像搅拌天锅内冷水之情景。另外，灶、锅前还有一长方形平案，其上有3个似漏斗状器物排列一线，每件漏斗状器物下的导管接在3个罐的口内。这也正像酿制蒸馏酒过程中，将头、中、尾酒分导入不同容器内的'按质摘酒'手法。若制一般酒，则无需用3个漏斗状器物把酒分别导入不同酒罐内，还值得注意的是，画像砖图案上的盛酒器均是小口罐，这种小口罐便于密闭，以防挥发，加之蒸馏酒的酒度高、饮量少，亦宜用小罐盛。"③

但仔细审看此画像砖拓片，笔者认为王文值得商榷之处颇多。

（1）画中有一灶，上有一锅，但该锅与天锅蒸酒器相去甚远。为什么铁锅之上的有箅的木甑（蒸馏器的关键装置）没有展示出来，这对于画者并不难，只需加上几笔即可。

---

① 明·李时珍：《本草纲目》卷二十五，第1547页，人民卫生出版社，1982年。

② 宋·李昉等编纂：《太平御览》卷九二二，第1308页，中华书局，1960年。

③ 王有鹏："我国蒸馏酒起源于东汉说"，《火的性格、水的外形——中国酒文化研究文集》，第19页广东人民出版社，1987年。

图 3－3－19 四川新都汉墓出土的汉代酿酒画像砖拓片

（2）从画面上看，从事搅拌的人和他操作的铁锅的水平高度之间看不出存在带蒸馏甑的天锅，假设烧火的炉灶是在地平面下，那么右边那人便不是烧灶的，那又是在做什么？

（3）看不见凝聚蒸气的圆盘，更看不见将酒液收集后引入小口罐的装置。这是又一个很关键的设备，不应该被遗忘。

（4）、一般的黄酒也采用小口陶罐盛酒，所以，小口陶罐绝不足以证明它盛的必定是烧酒。

笔者推测，假若这是一幅描绘酿酒过程的图画，那么，它很可能是描绘酿酒工艺最后的一道工序：将成品酒加热灭菌后装入贮酒的小口陶罐。画面上操作者正拿着舀酒的水瓢，右边是装置有漏斗的灌酒设备及小口陶罐。总之，这幅画不足以作为东汉已有蒸馏酒的根据。

（三）蒸馏技术的早期发展

探讨蒸馏酒的起源，除了必须对文献资料进行认真的研究考证外，还应对古代蒸馏技术和蒸酒器的发展进行必要的考察，这是蒸馏酒问世的最有说服力的证据。蒸馏技术的发展有一个漫长的历史，从蒸馏器到蒸馏酒也需要有一个演进的过程，这一过程不仅与社会经济、科学技术、文化传统诸因素有关，在中国，它更与炼丹术、药剂加工及中外文化交流有着密切的关联。兹仅局限于现有的史料作一番粗浅的探讨。

1. 从炊蒸到蒸馏

陶器的发明和发展，促成炊煮法逐步地取代了烧烤法，而成为先秦时代烹饪的主要方法。而甑的出现意味着先秦时代的人们又掌握了一种新的烹饪方式——炊蒸法。如图 3－3－20，甑的形状像一口敞开的陶罐，底部有许多小孔，将其置于放有水的鬲或釜上，一旦加热鬲和釜，其中产生的水蒸气通过小孔便可蒸熟甑中的食物，所以陶甑就是后世蒸笼的先声。它最早出现在仰韶文化时期。在龙山文化时期又出现一种叫甗的陶制炊器。它是一种有箅的炊器，分两层，上层相当于甑，可以蒸食；下层如鬲，可以煮食，一器可两用，所以它实际上是甑和鬲或釜的套合。后来又有新的发展，例如殷墟妇好墓出土的以青铜铸造的分体，可分可合，轻巧灵便，特别是三联甗，能同时蒸煮多种的食物。这些文物表明，先秦时代的炊蒸法已达到相当高的水平。如果从全世界来说，煮食法是人类发明陶器后最普通的烹饪法，那么，蒸食法却是东亚和东南亚地区出现的独特的烹饪法。这种情况的出现可能是因为这些地区都是很早就以稻米为主食。当然，其后面食的加工也部分采用了蒸法，所以，常见的面食制品中大量出现的是蒸成的馒头、包子等，馒头的出现及酵面的产生与酿酒有关，最早的面团发酵技术就是酒酵发面法，这种炊法，据考证大约问世于2世纪前后。而蒸食法的发展为蒸馏技术的出现奠定了技术前提。

A 大汶口文化陶甗　　　　B 商代晚期青铜甗

图3-3-20　最早的炊蒸器——（摘自北京大学考古系编《燕园聚珍》）

秦汉之际，中国炼丹术兴起。方士们不可避免地会借鉴生产、生活中的实用技术，把它们适当地引用到炼丹活动中，煮食法与蒸食法及其器具就逐渐演进为升炼和蒸馏技术，成为炼丹家的炼丹手段之一。最典型的例子就是从硫化汞中提取汞，正是采用的蒸馏技术。当然，若用现代的科技术语，这一提炼过程确切地讲是升华技术。两汉以来，尽管炼丹家采用了蒸馏技术，但是被使用的多数蒸馏器都不够完好，所以炼丹家并没有因采用蒸馏技术而有重要的发现。唐宋时期是炼丹术最盛的时期，那些“仙丹”不仅未能达到长生不老的目的，反而使食用者因中毒而提前毙命。在声名狼藉的情况下，炼丹术进一步转向并强化了制药的功能，这又促使蒸馏技术有了发展。唐代本草学家陈藏器所著的《本草拾遗》中有“甑气水”、“以物承取”的记载。① 南宋吴悮所著《丹房须知》描绘了比较完好的蒸馏水银的装置，表明蒸馏技术日趋成熟。②

可能由于炼丹家所用的药品主要是汞、硫、铅等少数几种化合物，最常见的方法又是升华。实验器具大多是陶制或金属制，因无玻璃仪器，因而妨碍了对炼

① 唐·陈藏器：《本草拾遗》，已佚。参看宋·唐慎微：《重修政和经史证类备用本草》卷五，第139页“甑气水”条，人民卫生出版社影印张存惠原刻晦明轩本，1957年。

② 宋·吴悮：《丹房须知》，第5页，见涵芬楼影印《道藏》洞神部众术类，总588册。

丹过程中化学变化的观察。尽管蒸馏器已较完好，但是蒸馏技术仍用得不多，除了升炼水银所用的石榴罐和抽汞之器外，几乎找不到利用蒸馏技术的更多实例。尤其是由于他们不知收集作为反应产物的气体，因而失去不少获得并了解新物质的机会。在唐宋时期的本草或医方中，固然“九蒸九曝”或“百蒸百曝”的制药方法是常见的，但是这种蒸往往只是用热气或水汽来加热软化药物或萃取药物中某种组分。其中，最接近蒸馏酒工艺的算是花露水的制取。唐人冯贽的《云仙杂记》卷六“大雅之文”引《好事集》所载：“柳宗元得韩愈所寄诗，先以蔷薇露灌手，薰玉蕤香后发读。”① 又据《册府元龟》记载，五代时后周显德五年（公元958年）占城国王的贡物中有蔷薇水15瓶，“言出自西域，凡鲜花之衣，以此洒之，则不浣而复，郁烈之香，连岁不歇”②。此后传入的蔷薇水就多起来了，例如，宋代赵汝适《诸蕃志》谓：“蔷薇水，大食国花露也。五代时番使蒲歌散以十五瓶效贡，厥后罕有至者。今多采花浸水，蒸取其液以代焉。”③ 北宋人蔡绦在其《铁围山丛谈》中记述：“旧说蔷薇水乃外国采蔷薇花上露水，殆不然，实用白金为甑，采蔷薇花，蒸气成水，则屡采屡蒸，积而为香，此所以不败。”④《明实录·太祖实录》记载：“洪武六年二月己卯，海贾回回以番香阿剌吉为献。阿剌吉者，华言蔷薇露也。”⑤ 这里将阿剌吉与蔷薇露混为一谈，究其原因，很可能是“番香阿剌吉”（即这种蔷薇露）的制取方法与蒸馏烧酒相似，都采用了蒸馏技术。从上述文献可知，蔷薇水一类花露水是从唐代开始传入，唐代传入的花露水是浸取而成，还是蒸馏而成，尚待考证。但很可能已是蒸馏液，因为在公元八九世纪，阿拉伯炼金术中已普遍采用了蒸馏术。宋代传入的花露水可以肯定是采用的蒸馏技术，一种是先将蔷薇花用水浸泡，再蒸馏而得；另一种是直接用水蒸气蒸馏蔷薇花而得。“蔷薇露”可能不同于蔷薇水，陆游在其《老学庵笔记》中写道：“寿皇时，禁中供御酒，名蔷薇露。”⑥ 周密的《武林旧事》记载了当时的诸色名酒54种，蔷薇露名居第一⑦。由此可见，上述记载中的蔷薇露应是酒，但它是蒸馏而得，还是用蔷薇水与酒勾兑而成的，尚待考究。笔者推测后者的可能性较大。而中国古籍中用蒸馏法制配香水的记载，最翔实具体的当属明初问世的《墨娥小录》卷十二中的“取百花香水法”，兹照录如下：“采百花头，满甑装之，上以盆合，盖周回络以竹筒，半破，就取蒸下倒流香水贮用，为（谓）之花香，此乃广南真法，极妙。”⑧ 这也就是张世南《游宦纪闻》卷八中所言“以甑釜蒸煮之”的方法⑨。但它是直接以水蒸气蒸馏花头，而免去了先以水浸泡花头的工序，当是更进步的

① 唐·马贽：《云仙杂记》卷6，第7页“大雅之文”，《从书集成初编》，总2836册。
② 宋·王钦若等编：《册府元龟》卷970，“外臣部”，第11425页，中华书局，1960年。
③ 宋·赵汝适：《诸蕃志》，第31页，见《丛书集成初编》，总3272册。
④ 宋·蔡绦：《铁围山丛谈》，《说郛三种》卷19，第31页，上海古籍出版社，1986年。
⑤《明实录·太祖实录》第三册卷七九，第2页，台湾中央研究院历史研究所校印本，1963年。
⑥ 宋·陆游：《老学庵笔记》卷七，《丛书集成初编》，总2766册。
⑦ 宋·周密：《武林旧事》卷六，《笔记小说大观》第9册，第183页，江苏广陵古籍刻印社，1983年。
⑧ 明·吴继：刻印《墨娥小录》卷三，中国书店（影印本），1959年。
⑨ 宋·张世南：《游宦纪闻》，《笔记小说大观》第7册，江苏广陵古籍刻印社，1983年。

形式。

仅从上述蔷薇水等的传入、认识和制造，表明人们对蒸馏技术的认识和掌握，可以说至迟在南宋时，少数人，特别是制药的炼丹家和药剂师，已积累了关于蒸馏技术的经验。这是蒸馏酒生产技术在中国得以出现、传播和发展的技术基础。正是有了这个基础，才出现了上述的多种生产蒸馏酒的装置和技术。

2. 东汉的青铜蒸馏器

上海博物馆所收藏的东汉时期的以青铜铸造的蒸馏器，是国内目前已知的最早期的蒸馏器实物，它的基本形式与汉代的釜甑相似，但有一些特殊部件。其形制见图3－3－21。

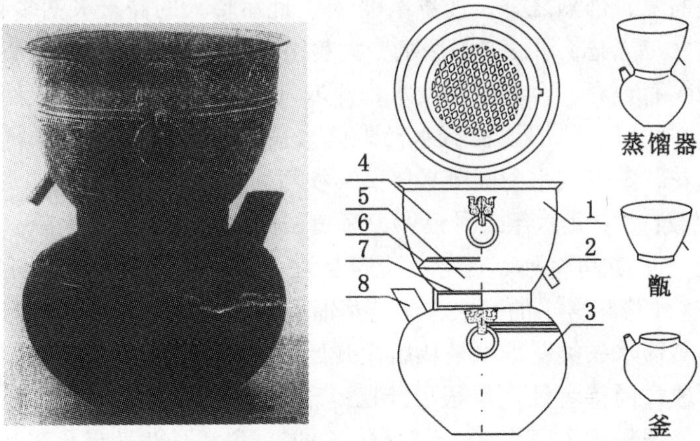

1. 甑　2. 导流管　3. 釜　4. 冷凝室
5. 酒醅　6. 斜隔层　7. 多孔板（箅）　8. 加料管

图3－3－21　上海博物馆所收藏的青铜铸造的蒸馏器及其剖视图

（摘自马承源："汉代青铜器的考察和实验"）

实测数据如下：通高53.9 cm；甑体高30.6 cm；口外径30.55 cm；口内径28 cm；甑下部储料室上缘宽2.7～2.9 cm，口径22.2 cm；储料室底径17.7 cm；甑底高2.7 cm；储料室容积约1 900 mL；储料室上缘至甑上口为凝露室，容积约7 500mL；蒸馏液流管长4.4 cm，径1.6 cm；釜体高26 cm，颈高2.9 cm，内口径17.4 cm，腹外径31.6 cm，底外径12.8 cm，注水管6.9 cm，注水管下端至底部容积约10 500 mL。

马承源对该蒸馏装置解释说：从图可知，这具蒸馏器是釜甑分离式，它与通常的甑不同的是，在甑内壁的下部有一圈穹形的斜隔层，该斜隔层把甑体分隔为上、下两室。下室可称为储料室，即用以填装待蒸的物料，储料室底部为多孔箅。储料室斜隔层起积贮蒸馏液的作用。上室可称为凝露室，蒸馏的气体升至上室，在甑盖和甑壁上冷却凝露而下流，蒸馏液聚于储料室斜隔层的凹陷处，通过小流管导出管外。……甑口有内斜的唇边，加工得相当规矩，以便与盖密合。甑的圈足套于釜口之中，而不是通常甑圈足在釜口之外，这也是为了密封而取得充分的水蒸气。

又说：这该具是否能起实际的蒸馏作用，我们做了几次试验。蒸器必须有盖，我们参照上海博物馆所藏一盖带流甗的顶盖形状，配制了一个能密合于甑口的金属圆顶盖。所用的蒸料是上海酒厂提供的酿造七宝大曲的酒醅，由于储料室容积不大，一次装醅 800 g，在 20 min 时间内出酒 50 mL，反复进行多次，蒸馏酒液的酒度为 20.4°～26.6°，若出酒时间延长 30 min，则含酒度为 14.7°～15.5°。……以上蒸馏过程都是在室温 13 ℃的条件下的自然冷却，……如果室温降低或加以冷却的其他措施，出酒量必然会增加，酒度也会提高。……我们用酒醅做蒸馏试验，目的不是打算证明它是一具蒸馏器，由于储料室容积仅有 1900 mL，虽然能顺利地蒸馏出含有一定浓度乙醇的酒，但是对饮酒者来说，这样的蒸馏数量可能是不敷需要的，因此，它应是药物或者花露水之类的蒸馏器。由于釜的容水量很大，储料室容积不大，加满一次水可以换蒸三次酒而不会煮干，因此，釜上这个流管的加水装置，必定是储料耐蒸馏或难蒸馏，才有此需要。……以上我们从器具的构造特点和实验中证明这是一个真正的蒸馏器，虽然是简单的装置，但蒸馏的效能却是很显著的。……由此，我们推断这是一件汉代的蒸馏器，它可能是药用蒸馏器。这件器具的实验表明，在化学领域中，我国在汉代已掌握了蒸馏技术，并设计和铸造出有效的蒸馏器。①

马承源的研究是细致、严谨的，他的部分结论，例如，“用它来制取蒸馏酒，可能是不敷需要，因此它应是用来蒸馏药物或花露水之类的物质”，极有参考价值。

3. 金代蒸馏器

1975 年在河北省青龙县西山嘴村金代遗址中出土了一具青铜蒸馏器，对于研究中国蒸馏酒的起源又是一件极为重要的实物。② 该蒸馏器的结构图和蒸酒流程见图 3－3－22。由图可见，它是由上下两个分体叠合组成。根据其构造，可以推测其使用时的操作方法可能有两种：

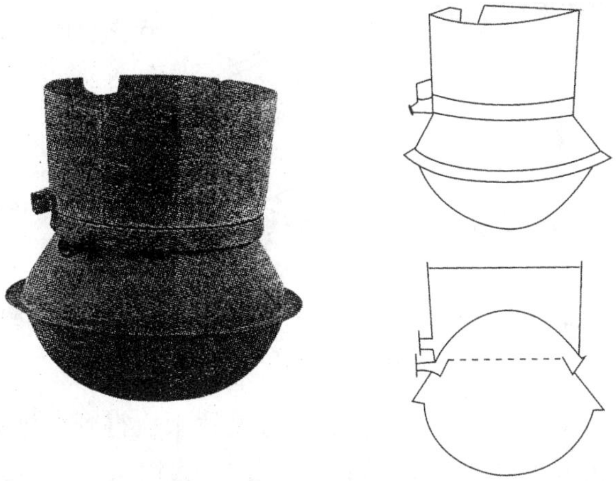

图 3－3－22　河北省青龙县出土的金代蒸馏器及其剖视图

① 马承源：“汉代青铜蒸馏器的考查和实验”，参看《第六届中国科学史国际会议论文集》，1990 年。

② 承德市避暑山庄博物馆：《金代蒸馏器考略》，《考古》1980 年 5 期。

（1）直接蒸煮，即将蒸料和水或黄酒类的酒醅直接放入蒸锅内，而不用箅，再将冷却器套合在甑锅上面，然后开始加热蒸煮，蒸煮中产生的蒸汽上升到顶部后，冷凝为蒸馏液，顺着输出管流出而被收集。

（2）加箅蒸烧。先在蒸锅内加入一定量的水，然后，在相当于甑高1/3的位置上，加置一个卷帘式的箅，（即可用秫秸，也可用其他漏气的材料制成），再在箅上把蒸料装好，套合上冷却器即可热蒸，同样可以收集到蒸馏液。

从该蒸馏器壁上遗留下的使用痕迹来看，甑锅内壁明显地分成三层，从锅底到高出6 cm的下部呈灰黑色；其上约10 cm高的中间部呈浅灰色；最上部表面附着有一层薄薄的青铜锈。据此可以推测它不仅曾用于直接蒸煮，同时也曾用于加箅蒸烧。

考古工作者曾用该装置以加箅方式进行蒸酒试验，结果出酒顺利，蒸馏速度也快，约45 min可完成一次蒸酒过程，乙醇度虽然不高，出酒量可达500 g。证明该套装置是一件实用有效的小型蒸馏器，它既可以蒸酒，又可以蒸制花露水。但是它器形尚小，不可能用于生产大量蒸馏酒。

4．元明时期的蒸酒器及其发展

现存有关元代时期蒸馏酒烧制的最早、最详细的记载，当属上文已转录的《居家必用事类全集》中关于“南蕃烧酒”的记载。日本学者菅间诚之助根据这一记述将其蒸馏器复原试绘出来（见图3－3－23）。尽管外形和设备可能不完全是这种状况，但在原理上它是符合实际的。两甏相对而成的蒸酒器是可以用于生产蒸馏酒，但是使用的原料只能是液态的酒醅。表明当时蒸馏酒的生产还处于初始、试生产的阶段。但器具的这种组合装配，表明当时的酿酒师已明白，蒸馏酒即是蒸馏过程中的馏出液，这种馏出液产生于酒醅中，是酒醅中的精华部分。

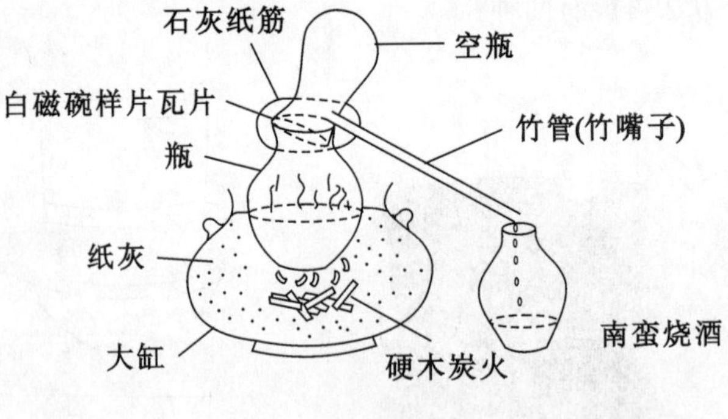

图3－3－23　《居家必用事类全集》所描述之蒸馏器
（菅间诚之助试绘，摘自《辉煌的世界酒文化》）

随着蒸馏酒的普及和生产，蒸馏酒和蒸馏技术也得到发展和完善，据方心芳研究，我国传统的酒蒸馏器可分为两种形式：一为锅式，二为壶式。图3－3－24所示的一种是天锅式的蒸馏器，它属于顶上水冷式，蒸馏器主要由天锅、地锅组成。天锅内装冷却水；地锅下釜装水，烧沸后，水蒸气通过地锅箅上装满着固态酒醅的甑桶，将酒醅中的酒精蒸出成乙醇气体上升，在顶部被天锅球形底面冷却，凝成液体沿锅底向中央汇集，由一漏斗形导管引出，从而收集到酒液。倘若不用箅子，也可将低酒度的酒液加入地锅，加热蒸馏，也同样可以获得浓度较高的酒液。这种天锅式的蒸馏器在中国西南地区较盛行，与泰国、菲律宾、印度尼西亚传统的蒸馏酒生产装置较接近。第二种壶式蒸馏器（见图3－3－25），也属顶上水冷式，但是它顶部的冷凝形式与天锅的不同。它的冷凝器底部呈拱形，拱形周围有一凹槽，冷凝成的酒液汇集于槽，再导引到锅外。这种壶式蒸馏器在结构上似与金代蒸馏器有相承的联系，它主要在中国北方地区较多地被使用。日本元禄时代（公元1685年，相当于清代康熙时代）的《本朝食鉴》中介绍的“兰引”蒸馏器，从结构上看与金代的蒸馏器十分相近，所以有人认为日本的兰引蒸馏器可能又是从中国传过去的。

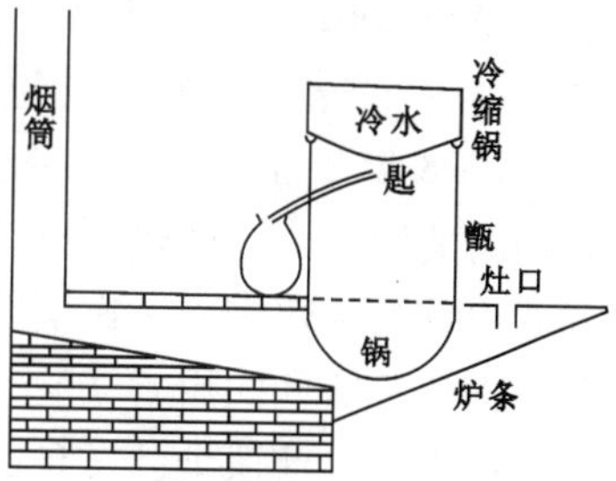

图3－3－24　中国天锅式蒸馏器
（摘自方心芳“关于中国蒸馏酒的起源”）

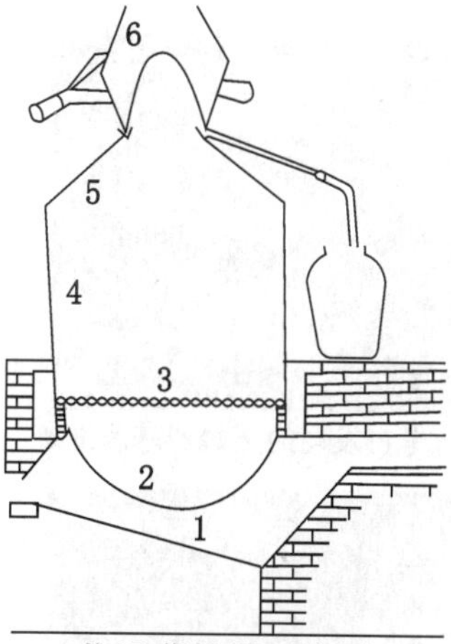

烧酒蒸馏器示意图

1.灶 2.锅 3.箅子 4.甑 5.盖 6.锡壶

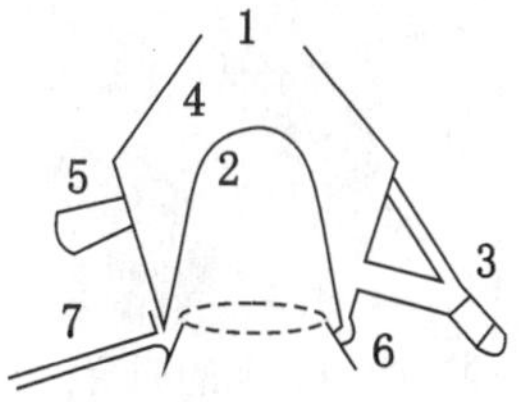

烧酒蒸馏器锡壶示意图

1.壶上口　2.酒气被冷缩处
3.出水口　4.冷却水
5.把手　6.锡壶坐子
7.酒露流出口

图3－3－25　中国壶式蒸馏器（摘自方心芳“关于中国蒸馏酒的起源”）

三、考古发现的新证

依据古代史籍和诗词文赋中关于酒的记载及造酒方法的介绍来探讨蒸馏酒在中国的起源，虽然是必要和重要的，但是毕竟对文字的理解及古人对技术的表述，后人会有不同认识，势必影响对讨论结论的信服。关于传世蒸馏器的器物、设备及蒸馏技术发展的分析，虽然也很重要，没有蒸馏技术的应用就不可能有蒸馏酒的产出，但是蒸馏技术的演进与蒸馏酒生产毕竟不能等同起来，即你可能已掌握较先进的蒸馏技术和设备，未必想到将它用于酒的生产。故关于蒸馏技术的讨论也只能作为蒸馏酒源出的一个重要参考。应该说，出土的文物或考古的新发现作为一部无字的史书，它的说服力是前者无法比拟的。关天中国蒸馏酒起源于何时，最初的生产形态又是怎样，近年来考古的新发现为此提供了两则重要的第一手资料，它们分别是荣获1999年度中国十大考古新发现之一的四川成都水井街酒坊遗址和荣获2002年度十大考古新发现之一的江西南昌进贤县李渡烧酒作坊遗址。

（一）成都水井街酒坊遗址

1998年8月，四川成都全兴酒厂在其位于成都市区东门，传统的游乐胜地水井街的曲酒生产车间进行改建厂房时，发现地下埋有古代酿酒遗迹和遗物。随后由四川省博物馆进行考古调查，确定遗址的分布范围。1999年3～4月，成都市文物考古研究所和四川省文物考古研究所在上级主管部门领导下进行为期一个半月的发掘工作。此遗址已发现的面积约为1700 m^2，发掘面积仅280 m^2，揭露出晾堂三座、酒窖八口、灰坑四个、灰沟一条、蒸馏器基座、路面（散水）石条墙基、木柱及柱基等酿酒作坊的相应设施，还出土了众多瓷片、陶片等遗物，它们大都是碗、盘、杯、碟、壶等酒具的残片。

晾堂是酿酒过程中用于拌料、配料、堆积、发酵的场地。此次揭露的三座晾台依次重叠，建筑材料有青灰色方砖和三合土两种。晾堂因长期受发酵酒糟中酸性液体腐蚀，表面多呈凹凸不平状。

（1）始建于明清时期的酒窖

（2）考古发现的蒸馏器基座遗迹

图3－3－26　水井街酒坊遗址发掘出土的明清晾堂、酒窖蒸馏器基座等遗迹

酒窖，如图3－3－26（1）所示，是施加曲药粉末后的发酵醅（又称母糟）进行前期发酵和后期发酵的场所。它一般位于地下，呈口大底小的斗状，窖口平面为长方形，规格不一。其内壁和底部均用纯净的黄泥土涂抹而成，窖泥厚度8～25 cm不等。部分酒窖内壁插有密集的竹片，用来加固窖泥层。从建筑结构和配套设施来看，个别酒窖可能经过增修、改造，并被长期使用。

蒸馏器基座的平面呈圆形，直径2.25 m，上部已被破坏，残高约0.4 m。底部平铺环形石盘，其上琢刻均匀的纵向渠槽，似为废弃的磨盘或辗盘。盘上砌有两圈砖石结构的立壁，外壁厚约0.25 m，内壁厚约0.3 m，壁间填以砖、石块和灰浆，立壁外表面用白色灰浆抹光，基座内底砌一圈呈向心状排列的青砖，直径约0.9 m，砖与砖之间的缝隙填有白色灰浆。如图3－3－26（2）所示，该基座做工精细，且设在建筑物内，表明该设备在生产过程中占据十分重要的地位。从其形状和内部的烟炱痕迹，联系早期类似于天锅一类蒸馏器的装置，可以判断这基座应是蒸馏酒器具的遗存。

出土的遗物以瓷片、陶片为主，其中以酒具最为丰富。此外还有酿酒作坊窖池上常见的竹签和酒糟等，进一步揭示这一古代酿酒作坊的面貌。

根据考古专家的研究，将水井街酒坊遗址分为三期。第一期遗存包括晾堂L3、路基及以下部分地层，遗物有瓷片、陶片等，不见青花瓷，其年代不晚于明代。第二期遗存包括晾堂L2，第4～6层，酒窖J5～J7，灶Z3，蒸馏器基座及其外部的红砂石条墙基和木柱等，遗物有瓷片、陶片、石碾、石臼、兽骨、酒槽等，其年代为清代。等三期遗存包括第1～3层，晾堂L1，酒窖J1～J4、J8，灶Z1、Z2、Z5，灰沟G1等，遗物有瓷片、陶片、铁铲、竹签等，其年代为近现代。由于传统的蒸馏酒酿造工艺所使用的酒窖、晾堂等设施一经建成，即会被长期使用，其间还可能被改造或扩建。特别是酒窖的使用，由于酒窖窖泥愈老，酒质就愈佳，故酒窖使用时间会很长，愈长愈好，这就造成上述酒窖、晾堂的始建年代、使用年代、废弃年代之间在客观上存在一个差数。初步判断可以认为晾堂L3的始建年代不晚于明代，其使用时间较长，可能直到清代仍在使用。由此可以判断，水井街酒坊遗址蒸馏酒的生产不晚于明代，历经明清，并延续发展至今。①

根据对水井街酒坊遗迹的实物资料（见图3－3－26）研究，有学者以保存遗迹较为齐备的第二期遗存，即清代遗存为例，分析了当时的蒸馏酒生产工艺及其相关设备，认为当时蒸馏酒生产主要有蒸煮、拌曲发酵、蒸馏三大工序。第一步是将酿酒原料（高粱或谷物等）予以碾制加工，出土的石碾、碾盘等就是加工的设施。之后将粉碎的原料置于灶内进行蒸煮。揭露出的灶可以表明这一工序。第二步拌曲、发酵过程是酿酒中技术性较强的工序，它通常是在晾台和酒窖中交叉进行。此遗迹中展示晾台，就安排在蒸馏车间附近，表层砖面凹凸不平，受侵蚀严重，一则说明它是拌料、配料、堆积及前期发酵的主要场所，二则表明它已经长期累年使用。发酵的主要过程是在酒窖中完成，不仅固体发酵所需的时间较长，而且酒窖已经长期使用，窖泥愈老愈好。第三道工序就是蒸馏，尽管未见到类似于天锅的蒸馏器，但是从遗迹中的蒸锅基座的结构可以判断当时的蒸馏器设施是配套的。明代酿酒设施（第一期遗存）由于年代久远而没有清代齐全完整，但是残留的遗迹表明它在设施上与清代的是一脉相承的。由此可以说，最迟到明代，中国已有较成熟的蒸馏酒酿造技术。②

（二）江西李渡烧酒作坊遗址

2002年6月江西李渡酒业有限公司在改建老厂无形堂车间时，发现地下埋有

① 以上资料详见成都市文物考古研究所、四川省文物考古研究所："四川成都水井做酒坊遗址发掘简报"，《文物》2000年3期。

② 参看陈剑："水井街酒坊遗址和初步研究史"，《四川文物》2001年6期。

古代酿酒遗存。7～11月间，江西省文物考古研究所在李渡酒业有限公司的大力协助下，经上级批准，对该遗址进行发掘。该遗址位于江西省南昌市进贤县李渡镇，面积约15 000 m^2，现发掘面积约300 m^2。

（1）明代水井J1（南→北）

（2）明代炉灶Z1和蒸馏设施R2（东北→西南）

（3）元代酒窖C10～C19（东北→西南）

（4）明代酒窖C1～C7（东南→西北）

图3－3－27　江西进贤县李渡烧酒作坊遗址（《考古》2003年7期）

李渡烧酒作坊遗址地层共划分为11层。第十、十一层为第一期，年代约在南宋，未见酿酒遗迹。第二期包括第七、八、九层和开口于灰坑下F20下，打破第九层的圆形酒窖，年代约为元代。第三期包括第四、五、六层和开口于第四层下，打破第五层的水井、水沟、炉灶、晾堂、圆形酒窖、蒸馏设施、墙基、灰坑，年代约为明代。第四期包括第二、三层和开口于第二层下，打破第三层的晾堂、蒸馏设备、砖池、墙基、灰坑等，年代约为清代。开口于第一层下，打破第二层的墙基，砖柱等属第五期，年代为近代。第六期为现代路面、晾堂、炉甑、蒸馏设备、长方形酒窖和增建、修补并沿用至今的圆形、腰形酒窖。

已揭露出来的遗迹中有水井、炉灶、晾堂、酒窖、蒸馏设施及墙基、水沟、路面、灰坑、砖柱等。它们按照元、明、清至近代几个不同层次呈现出来。之所以形成这种现象，是与李渡地下水位逐年升高分不开的，即作坊是随着地下水位升高而不断抬高。

水井是提供酿酒用水和生产用水的设施，该遗迹中的水井始建于元代，中经增建、修补，近代弃用。

炉灶是用于原料蒸煮糊化和烧酒蒸馏的重要设施。该遗迹中的炉灶始建于明代，一度有过短暂废弃，后经增建、修补后继续沿用。

晾堂是用于拌料、配料、堆积、酒醅调温及前期发酵的重要场所。该遗迹晾堂有两处。距地表深0.15～0.25 m，厚0.06～0.16 m的为清代使用的晾堂，已揭露面积约 40 m^2。其土色棕黄，坚硬，边界用红石砌成，东部仍残留有酒醅和有卵石修补的痕迹。距地表深 0.58 ~ 0.7 m，厚约 0.08 ~ 0.11 m 的晾堂为明代晾堂，已揭露面积约 50 m^2。该晾堂表面凹凸不平，且由北向南倾斜。该现象说明表面经酸性的酒醅长期使用而受腐蚀。经剖析，明代晾堂有三层堆积，第一、二层仅限北部，且有石灰，第三层系土合土，说明该晾堂经多次增建、修补。

酒窖是蒸煮加工后的原料与曲、酒糟等混匀后进行主发酵和后期发酵的重要设施。该遗迹中，按平面形状酒窖可分为圆形、腰形和长方形三种。圆形酒窖共发现有 22 个，其中，明代酒窖 9 个，其中 6 个仍在使用，它们直径为 0.9 ~ 1.1 m 之间，深 1.52 m；元代酒窖 13 个，直径约在 0.65 ~ 0.95 m 之间，深度在 0.56 ~ 0.72 m 之间。对上述圆形酒窖进行剖解，可以看到它是先挖一大坑，坑底再挖一小圆坑放置陶缸，然后用青砖夹土修建而成。是一种特有结构的砖砌圆形地缸发酵池。部分酒窖中还有酒醅和黄水。据观察推测，这些酒窖的始建、使用及废弃在形态和时间上各不相同，即酒窖建成后，曾被长期使用，且经多次修建、改造。这些酒窖中，部分经修建改造后，一直沿用至今；另有一部分则废弃较早。腰形和长方形酒窖大都是近代开始使用的，腰形的酒窖是把两个圆形酒窖的地缸封闭改造而成，长 2 m、宽 0.78 ~ 0.94 m、深 1.43 m；长方形酒窖则由砖砌，窖底用泥，长 2.23 m、宽 1.08 m、深为 1.48 m，实为现代酒窖。

形如圆桶的砖座，内壁与底部用三合土填抹的蒸馏设施有两个，它们分别为清代、明代始建。明代蒸馏设施一度有过短暂的废弃；清代的经增建、修补后继续沿用。两设施直径 0.8 m，高 0.62 m，距炉灶 0.85 m。这两个蒸馏设施都是当时盛放天锅的地方。

统观这一酿酒遗迹，可以看到其布局合理、砌筑精细，具有鲜明的地方特色。水井在场地内，取水方便。以水沟为主体的排水系统极其流畅。晾堂宽敞、结实、防潮，有利于地面培菌，也便于操作。炉灶的灶基较大，表明使用的甑也有较大的容量。烟道分别在两侧，可以使热能得以充分利用。圆形地缸发酵既可以保持发酵温度，又可承接黄水，还可防止地下水的侵入。总之，遗迹中揭露的井、灶、晾堂、酒窖、蒸馏设施、水沟、墙基构成了一个比较完整、齐全的蒸馏酒生产作坊。由此，人们可以再现从原料蒸煮，拌曲发酵到蒸馏摘酒的蒸馏酒的工艺全过程。参照当地民间的传统小曲酒生产工艺，工艺过程大致上是：第一步，先把李渡盛产的优质稻谷用对臼（旧式臼米脱壳器具）破碎成米和谷壳，大米作为酿酒的原料，谷壳用作制酒的辅料，在拌料时加入，以调剂酒醅的淀粉浓度和某些有效成分，利于发酵和蒸馏顺利进行。第二步，用井水润料，为蒸煮糊化创造条件。第三步，在炉灶上对原料进行蒸馏，使其内含的淀粉颗粒进一步吸水膨胀，破裂糊化，同时也使其在高温下灭除杂菌。第四步，把蒸煮后的醅在晾堂上摊凉，拌曲，堆积进行前期发酵。第五步，把拌匀摊凉后的酒醅入酒窖发酵，面上用黄泥封窖。第六步，发酵 8 ~ 15 天后，酒醅起窖入甑桶中，在天锅等蒸馏设备上蒸馏，就可以获得蒸馏酒，有经验者在取酒时还可以掐去初流出的、含有较多较低沸点物质的酒头，看酒花形状大小而取酒，让最后流出的酒（俗称为酒尾），倒入底锅再蒸馏。

李渡烧酒作坊遗址还出土了石器、陶器、瓷器、竹木器、铁器、铜器和酒醅等，其中以陶、瓷器为主。石器有对臼、磨盘、井圈等。竹木器有拌料的工具和晾堂上用的竹签等。铁器有刀等。铜器则有钱币和房屋的构件等。陶、瓷器除日用的碗、盘、碟、盏、杯、罐、灯、盒缸、瓮等外，以酒具最为丰富。出土的瓷器，如“裸白釉瓷”“青釉瓷”“青白釉瓷”“葵口碗”等，都是典型的元代产品。在350余件完整和复原的遗物中，有73个不同时代、不同器形的饮酒器具。这些饮酒具的器形依年代而呈逐渐变小的趋势，正好反映了从饮用酿造酒到蒸馏酒的变化特点。①

总之，考古的新成果为我们研究元、明时期的蒸馏酒生产技术提供了重要的实证。四川成都水井坊是我国迄今为止发现的第一家大曲工艺白酒作坊遗址，而江西进贤李渡酒坊遗址是我国迄今为止发现的第一家小曲工艺白酒作坊遗址。它们开始生产蒸馏酒的年代都可以上溯到元代，作坊的蒸馏酒生产设备都可以确定为明代，而且都是前店后厂的布局。从酿酒、卖酒到运输销售都能展现出来。尽管许多问题还待继续深入研究，但其科学结论确是明确的，我国蒸馏酒的生产不会晚于元代。

① 参看：江西省文物考古研究所：“江西进贤县李渡烧酒作坊遗址发掘”，《考古》2003年7期。

第四章

醋

有许多食品放置一段时间后会变酸。变酸了的食品不一定就是腐坏了，再不能食用了。在食品十分宝贵的原始社会，由于储存方式的落后，食品变酸时常会发生，变酸了的食品仍要吃掉也是常见的事。在品尝中，先民们发现有些变酸的食品别有风味。这样，不仅自然界本来就存在的酸味果品颇受欢迎，一些通过加工有意让其变酸的食品同样受到青睐。某些民族或某些地区的人们遂养成爱吃某类酸味食品的习俗。例如，有人爱吃腌酸的黄瓜，有人爱吃酸菜。又如，今山西的许多人就有食醋的嗜好。在中华民族的饮食中，的确有不少酸味的好食品。获取略带酸味的好食品，除了通过发酵、腌制的方法外，更常用的方法是加点醋一类的调味品，由此，食醋遂成为中国烹饪技术中不可或缺的重要佐料。

制醋工艺的起源可以说几乎与酿酒工艺同时。人们在日常生活中发现，有些酒在存放一段时间后变酸了，甚至有些刚酿出的酒变酸了（这种酸味与干型的水果酒，例如干型葡萄酒的酸味不一样），变酸了的酒就成了醋。酒与醋的主要区别在于，前者含有一定量的酒精。在化学上酒精叫乙醇（C_2H_5OH），是一种常见的简单有机化合物。后者含有一定量的醋酸。醋酸即乙酸，化学式为 CH_3COOH，也是常见的有机化合物。乙醇浓度低的酒（乙醇浓度不超过 7%）长时间暴露在空气中（最适宜的温度在 25～35 ℃），在浮游于大气中的醋酸菌作用下，其中的乙醇会被氧化成乙酸，其化学反应式为：

$$C_2H_5OH + O_2 \xrightarrow[\text{醋酸菌}]{25\sim35\ ℃} CH_3COOH + H_2O$$

乙醇　　氧　　　　　　乙酸　　　水

这就是为什么酒会变成醋的机理。人们正是模仿这一存在于自然界的化学变化而掌握了做醋的技术。

西方一些民族，也有许多人爱吃酸味食品，但是他们使用的调味品——醋，主要是由果酒加工成的果醋，也有直接使用像柠檬一类含果酸丰富的果品，基本没有利用谷物酿制的醋。我国先民利用谷物酿制出多种风味的醋应该说是酿造史上一项伟大的发明。

第一节 醋在古代的称谓及其变化

含有较强酸味汁液的梅子一类水果，可以认为它们是中国先民最早的酸味调料之一。《尚书·说命下》就说："若作和羹，尔惟盐梅。"汉代孔安国注释说："盐咸梅醋，羹须咸醋以和之。"① 意思是若制作口味和美的羹汤，就必须使用咸盐和梅醋。这句话的上一句是"若作酒醴，尔惟曲蘖"，这两句话在当时都是最普通的常识哲理，一个讲酿制酒醴，少不了曲蘖，另一个讲做好羹汤必须要有盐梅。由此推测在远古时期，梅一类酸味水果曾被加工成梅汁或梅酱，用作食物或烹饪的调味品。然而事实上，在自然界，梅子一类水果，种植有一定的时限和区域，产量也是很有限的，它难以满足生活中的需求，因此，人们还开辟了另一个获得酸味调料的渠道，这就是利用自然发酵技术，像酿酒一样地变谷物为食醋。这一办法较之果醋，原料广、产量大、生产季节长，于是这种办法很快成为提供食醋的主要途径。

在商周时期，包括食醋在内的酸味食物统称为醯。以后才有酢、醋、苦酒等专有名词的出现。对这些相关名词的考察可以帮助后人了解醋字的演进和制醋技术的发展。在古代的文献中，至少有以下的名词：醯、酢、醋、苦酒及截等被认为是醋或与醋相关。它们之间有何关系，有何差别，应该首先搞清楚，否则在研读相关文献时，就会出现理解的差错或不准确。

以上几个与醋相关的字都有"酉"字旁。酉是酒字最早出现的甲骨文字。这里醋字有"酉"旁表明古人在造字时，是考虑到醋与酒的关系，即醋可以由酒变来。《韩非子》中曾讲过两个因酒卖不出去而变酸的故事："宋人有酤酒者，升概甚平，遇客甚谨，为酒甚美，悬帜甚高，著然不售。酒酸，怪其故，问其所知，问长者杨倩，倩曰：'汝狗猛耶。'曰：'狗猛则酒何故而不售？'曰：'人畏焉。或令孺子怀钱挈壶瓮而往酤，而狗迓而龁之，此酒所以酸而不售也。'"另一相似的故事："宋之酤酒者有庄氏者，其酒常美，或使仆往酤庄氏之酒，其狗龁人，使者不敢往，乃酤佗家之酒，问曰：'何为不酤庄氏之酒？'对曰：'今日庄氏之酒酸。'故曰：不杀其狗则酒酸。"② 这两则故事都指出：酒好，待客也好，酒旗高悬，却因为酒店有一只咬人的狗，客人怕狗咬都不敢去酒店，酒就卖不出去。酒卖不出去，放置那里就变酸了。汉代杨雄在其著的《法言》中也讲过一个因礼仪过多，待礼仪完了，准备饮用的酒也变酸了的故事。"《礼》多仪，或曰：'日昃不食肉，肉必干；日昃不饮酒，酒必酸。'"③ 昃是太阳偏西的意思。可见在古代，酒会变酸是一个路人皆知的常识。

醋与酒尽管有着这样密切的关系，古代人还是明确地将它们区分为两类性质和用途都不相同的东西。在周朝，掌管酒类生产和供给的官员有酒正、酒人及酋等。而掌管醋类生产调配的也有醯人一职。官职的设置表明当时制醯和酿酒一样

① 《十三经注疏·尚书正义》，第175页，（上海）国学整理社，1935年。

② 陈奇猷较注：《韩非子集释》"外储说右上"，第737页，上海人民出版社，1974年。

③ 汉·杨雄：《法言》卷二，《丛书集成初编》，总530册，第8页。

已成为社会，特别是王室的生产部分。

据《周礼》记载："醯人，奄二人。女醯，二十人。奚，四十人。""醯人，掌共五齑七菹。凡醯物，以共祭祀之齑菹。凡醯酱之物，宾客亦如之。王举，则共齑菹醯物60瓮，共后及世之子之酱齑菹，宾客之礼，共醯50瓮，凡事共醯。"汉代郑玄注释："齐，当为齑。五齑，昌本、脾析、蜃、豚拍、深蒲也……七菹，韭、菁、茆、葵、芹、䈙菹……凡醯酱所和，细切为齑。全物若䐑为菹……由此言之，则齑菹之称，菜肉通……齑菹酱属醯人者，皆须醯成味。"唐代贾公彦又对郑氏的注释加以说明："郑案三豆之内，七菹皆菜无肉，五齑之内，菜肉相兼……凡醯物者，此乃是醢人所掌豆实，今在此者郑云'齐菹酱皆须醯成味'，故与醢人共掌。云'以共祭祀之齐菹，凡醯酱之物'者，醯人连言酱者，并豆酱亦掌。"① 从以上的注释和说明来看，七菹是指七种蔬菜，而五齑中则有两种蔬菜和三种肉，即菜肉都有。醯物，也就是醯酱，是用醯所调拌的各种蔬菜或肉的酱状食品。

醯人，实际上就是指负责掌管或供应这一类食品的人，所引《周礼》一段话大意是说醯人掌管用醯调拌的各种菜、肉的酱状食品，用来祭祀祖先和招待宾客。君主祭祀祖先时供给醯酱食物60瓮，招待宾客时，供给醯酱食物50瓮。大凡掌管醯酱的生产和供应的官吏就是醯人，制醯已成为当时宫廷中的一个专业部门，由此推测醯的出现大概在周代以前。到了春秋时期，醯更加普及。《论语·公冶长》中就记载了某人向邻居讨醯的事情："孰谓微生高直，或乞醯焉，乞诸其邻而与之。"② 意思是谁说高微生性情耿直，他想要醯，也向四周邻居讨醯，直至有人给他醯。

那么，醯为何物呢？在《论语·公冶长》那段话中宋代邢昺注释："醯，醋也。"《左传·昭公二十年》："水、火、醯、醢、盐、梅以烹鱼肉。"唐代孔颖达又注释："醯，酢也；醢，肉酱也。"③ 又如，唐代贾公彦解释《仪礼·聘礼》中醯醢百瓮时说："醯是酿谷为之，酒之类……醢是酿肉为之。"④ 也就是说，醯是谷物酿制的。与酒属于同类；醢是由肉类酿制的。东汉的许慎在《说文解字》中也解释说："醯，酸也。"由以上资料可以推测，醯在秦汉以前代表着一类酸味的汁，包括酸的酱汁和由酒、酒糟加工而成的酸汁。"醯，酸也。"这句话，是否可以这样认为：谷类等食物经过霉菌的作用由酶分解成酸味的汁。由于淀粉分解的最终产物中含有大量的有机酸，如，各种氨基酸、乳酸、醋酸等，因此，醯的味道是酸的，同时也说明当时制醯已开始用粮食作为原料。

从先秦到汉代，"醯"与"酢"字出现了混称现象。西汉史游的《急就篇》中有"芜荑盐豉醯酢浆"一句，唐人颜师古注："醯、酢，亦一物二名也。"⑤ 可见，"醯""酢"字都曾代表着酸味汁。

"酢"字是什么时候出现的呢？在周法高主编的《金文诂林》一书中"酢"

① 《十三经注疏·周礼注疏》，第337页，（上海）国学整理社，1935年。
② 《四书五经》"论语"，第110页，（上海）世界书局，1936年。
③ 王守谦等译注：《左传全传》，第1303页，贵州人民出版社，1990年。
④ 《十三经注疏·仪礼注疏》，第118页，（上海）国学整理社，1935年。
⑤ 汉·史游：《急救篇》，第16页，《丛书集成初编》，总1052册。

字写作“酢”或“酢”。金文是随着殷周时期青铜器的产生而产生的，它主要是指刻在钟鼎彝器（铜器）上的文字。战国时期，随着铜器使用的范围越来越广，文字的字形也更简化，简化的字形也就渐渐地不再被称为金文了。春秋时期的著作《国语》中出现了“酢”字：“四曰蕤宾，所以安靖神人，献酬交酢也。”① 从以上资料可推测“酢”字的出现最晚在春秋时期，最早可追溯至殷商时期。

“酢”字含义有一段演变过程。上文引用《国语》一段，清代韦昭注：“酢，报也。”文中大意是乐律的第四律叫蕤宾，它可以使供奉的神人安宁，主客之间便可借此行斟酒、敬酒的礼节。《大雅·行苇》中说：“或献或酢。”汉代郑玄注：“饮酒于客曰献，客答之曰酢。”②即主人敬客人叫献，客人回敬主人叫酢。到了西汉，史游的《急就篇》中有：“酸咸酢淡辨浊清。”唐人颜师古注：“大酸谓之酢。”这里的酢是指酸醋。清代段玉裁在《说文解字注》中解释酢时说：“凡味酸者皆谓之酢。”这几句中酢代表着一类酸味调料。从以上分析可以看出，在先秦时期“酢”字曾是表示酬谢、报答之义，后来“酢”的含义有了演变，变成表示酸醋的意思，即代表着一类酸性调味料。崔实的《四民月令》中记载说：“四月四日作酢，五月五日亦可作酢。”③ 说明在汉代酢的称呼较为普遍。

关于“醋”字的出现，宋代的史绳祖认为：“九经（即四书五经：《论语》《大学》《中庸》《孟子》《易经》《书经》《诗经》《礼经》《春秋》）中无醋字，止有醯及和用酸而已，至汉方有此字。”④ 史绳祖所指的“醋”字是酸醋的醋，从这个角度来认识，他的观点是可以接受的。但醋字在汉代之前出现时，最初的含义是回敬、报答之意。如《仪礼·特牲饮食礼》中有“尸以醋主人”“酢如主人仪”的句子，汉代郑玄注释：“醋，相报之义。古文醋作酢。”⑤ 这里的尸指代表死者受祭的人。这两句话的意思是代表死者受祭的人回敬主人的酒，回敬的礼节就如主人（拜祭）的礼节一样。很明显，这里的醋和酢的含义是相同的，是酬谢、报答之意。到了汉代以后，醋字的含义由回敬、报答之意逐渐转向代表了食醋，如葛洪《抱朴子》中“酒酱醋臛（臛，肉羹）犹不成”“内醇大醋中”⑥ 等句，其中的醋字是指食醋。

通过上述分析，是否可以这样认为：两汉以前，醯代表着一种酸味食品，酢和醋都表示酬谢、报答之意。到了汉代，酢又用来代表酸醋，在表示酬答之意上酢和醋互用。汉魏以后，醯渐少用，醋专指食醋，而酢的含义也渐渐明确，指相报之义，由于转义有个过程，所以在很长一段时间里，醯、酢、醋也常混用。例如，在《齐民要术》中，就将醋的生产方法称作酢，并在“作酢法第七十一”中解释说：“酢，今醋也。”⑦但有一点不能混淆，无论是醋或酢，当用做酸醋之意

① 薛安勤、王连生：《国语译注》“周语下”，第137页，吉林文史出版社，1991年。

② 金启华译注：《诗经全译》“大雅·行苇”，第675页，江苏古籍出版社，1984年。

③ 东汉·崔实著，缪启愉辑释：《四民月令辑释》，第53页，农业出版社，1981年。

④ 宋·史绳祖：《学斋占毕》，第63页，《丛书集成初编》，总313册。

⑤ 《十三经注疏·仪礼注疏》，第118页，（上海）国学整理社，1935年。

⑥ 晋·葛洪：《抱朴子内篇》，《中国科学技术典籍通汇》“化学卷”，第361页，河南教育出版社，1995年。

⑦ 后魏·贾思勰著，缪启愉校释：《齐民要术校释》，第532～559页，农业出版社，1998年。

时，都读作“cù”；而当作“客酌主人”意思时，都读作“zuò”音，醋字发展到唐末已专指食醋，并且出现了多种醋。

从文字的角度来说，对于同一类事物，不同的地方有不同的称谓，这一现象并不少见。所以，某一地区曾将酸醋称为苦酒就不足为怪了。汉代刘熙《释名·释饮食》中说：“苦酒，淳毒甚者，酢苦也。”① 意思是苦酒是非常厉害的，又酸又苦。这可能是比较早记载着“苦酒”与醋有密切关系的文字了。在陶弘景著的《名医别录》中，就指出醋：“以有苦味，俗呼为苦酒。”②《唐·新修本草》中说：“醋酒为用，无所不入，逾久逾良，亦谓之醯，以有苦味，俗呼苦酒。”③这是说醋的用途很广，什么（伤痛）都可用它治，而且存放时间越久越好，也曾叫做醯，因为有苦味，俗称其为苦酒。以上两段文献都指出，苦酒即是醋（酢或醯），它与酒有关，即来自酒，略有苦味。

葛洪《抱朴子》中也有“苦酒”的称谓：“如千岁苦酒之内水也。”④ 苦酒在《齐民要术》中则有更多的记载。贾思勰介绍了当时他所知的23种制醋法，其中前15种他都称醋为酢；而后8种，他都称之为苦酒。他明确地指出苦酒制法的内容都是取自《食经》。仔细地考察《齐民要术》就可以发现，苦酒和酢是属于同一类调味品，苦酒的酿造原料，除麦、秫外，还增加了大豆、小豆、黍米、蜜等。同时，苦酒在酿造过程中一般不用曲，而是利用在高温环境中，酵母菌、醋酸菌等在富含糖类物质或已经完成酒化阶段的酿造原料中自然发酵而获得醋。因为苦酒中尚含许多未转化为乙酸的乙醇，所以苦酒有酒味。苦酒的酿造方法大都是液体发酵法，这是当时南方制醋工艺的一个特点。由于《食经》作者的身世不详，所以只能推测，苦酒是当时南方人对酸醋的称谓。

另外，在古代文献中，截、醶、醦等字也曾是醋的名称，都应是一地一时的称法，所以，后人知道的不多。

综上所述，早在商周时期，人们食用的酸味调料已从酸味的果汁扩展到由谷物发酵而酿制的醋，尽管不同时期，人们对醋的称谓不同，但这正反映了人们对醋的认识在深化。

第二节 《齐民要术》所介绍的制醋技术

醋的称谓的演变，从一个侧面反映了包括醋在内的酸性调料的物源的多头性和它们表现形态、制造技术的多样性。从酸酱到酸汁醋这一发展过程和从酒醪到清酒一样是复杂和渐变的。假若以酒为原料，只需其在较高温度下，让醋酸菌催化就可获得液态醋。假若以单糖类物质发酵制醋，也需先制成酒，再氧化成醋。

① 汉·刘熙：《释名》“释饮食”，《丛书集成初编》，总1151册，第66页。

② 南朝梁·陶弘景：《名医别录》，见李时珍：《本草纲目》卷三十五，第1554页，人民卫生出版社，1982年。

③ 尚志钧辑校：《唐·新修本草》卷十九，第494页，安徽科学技术出版社，1981年。

④ 晋·葛洪：《抱朴子内篇》，《中国科学技术典籍通汇》“化学卷”，第361页，河南教育出版社，1995年。

假若以谷物为原料，其酿造过程和工序就更多更复杂。不管以什么为原料，采取什么技术，其方法的精粹依然离不开上面已述的酿酒制醋的科学原理，即包括由多糖变单糖的糖化工序，再由单糖变酒的酒化工序，最后才是由酒变醋的醋化工序这样一个系统工程。因而考察制醋工艺的发展，就要着重讨论这一系列工序的实施环境、条件及操作要素。

从现存的史料来看，描述制醋工艺的文献极少。“九经”中，醯字虽然常见，但是没有讲述醯的具体制法。东汉崔实所著的《四民月令》中倒是把制酢列入农事之一，但只有一句话：“四月四日作酢，五月五日亦可作酢。”讲的是什么时候可以做醋了，而没深谈酢的制作技术。著于东汉年间的《神农本草经》把酸酱列入中品药之中，它说：“酸酱，味酸平，主热烦满定志益气，利水道产难吞其实立产，一名醋酱，生川泽。吴普曰酸酱一名酢酱。”① 可见此书讲的主要是醋果酱。在《史记·货殖列传》中，曾记述说：“通邑大都，酤一岁千酿，醯酱千瓨，酱千甔。……糵曲盐豉千荅……此安比千乘之家，其大率也。”② 酤即卖，瓨为长颈大腹的陶瓶，甔是容量为一石的陶制大瓮，荅为瓿，是容量为六升陶制容器，这段记载表明在汉初，享用醯已推广到平民百姓。在通邑大都这个地方，已有专门生产和经营醯、酱及豆豉的商人，他们的财富不比当时的“千户”（官职）差。由此可见，在汉代醯的生产已成为社会生产的一个组成部分，尽管规模和产量不能与酒相比，但是它已成为人们日常生活的常用调味品。

《周礼》有醯人、醯物，表明周代的宫廷中已有专门负责王室用醯的生产供应机构。两汉以后，醯或酢的生产随着百姓的需求而有较大的发展。城镇出现酤醯大户，表明醯酢和酱豉已作为商品在市场流通，制醯工艺也在农产品加工而兴起的手工技术中占有一席之地。

一、制醋的曲

在现存的古代文献中，比较集中地介绍早期的制醋技术的资料算是北魏贾思勰所著的《齐民要术》。它一共介绍了当时的23种制醋法。从这些制醋法所用的原料来看，有黍米、秫米、小麦、大麦、大米、粟米、面粉、大豆、小豆、酒醅、酒糟、败酒、粟糠、蜂蜜等，绝大多数谷物已包括在内，前15种制酢法大多是流行在北方地区的制醋法，收录自《食经》的8种制苦酒法是当时流行在南方地区的制醋法，由此可以认为《齐民要术》所反映的制醋技术在当时是较全面的。用谷物酿制食醋，根据微生物学知识，一般要经过以下三个主要发酵过程：①淀粉在微生物的酶系作用下，经糖化分解为低糖；②糖再通过酵母菌的酶系作用，分解为酒精和二氧化碳；③酒精再经过醋酸菌的酶系作用，转化为醋酸。这三个发酵过程在同一醪液中进行，主要依靠的是引入酒曲所携带的微生物，下面就探讨当时相关曲的制造。

考察15种制酢法可以发现，这些制酢法采用的参与淀粉糖化、酒精发酵和醋酸发酵过程的曲或其他配料都不尽相同。其中有8种采用麦䴬（即作大酢法的三种

① 黄奭辑本：《神农本草经》，第189页，中医古籍出版社，1982年。

② 汉·司马迁：《史记》“货殖列传”，第3274页，中华书局。

制法、秫米神酢法、大麦酢法、烧饼作酢法、回酒制酢法和动酒酢法的第二种制法，其中回酒制酢法是以同时加入麦䴷和含酒精物质的酒醅为原料的）；有1种采用笨曲（即粟米、曲制酢法）；有3种以酒糟为原料的（即制糟糖酢法、酒糟酢法和制糟酢法）；有1种采用黄蒸的（即神酢法）；也有加入酸浆的秫米酢法；较特殊的是直接采用酸败变质的春酒做醋的动酢法。由此可见，制酢法中大多选麦䴷，说明麦䴷是较好的制醋曲种，那么，麦䴷（即黄衣曲）是如何被我国古代劳动人民认识并加以制备和使用的呢？

从制醋的工艺流程来看，酿醋必须先酿酒，而酿酒必须先制曲，酿酒主要采用酒曲。在新石器时期，人们贮藏的谷物受潮受热后会发霉，将它们浸泡在水里，在一定条件下就会发酵成酒，所以这些发霉的谷物就是天然的酒曲。随着人们生产技能的不断提高，有意识地制造了发霉的谷物，即开始了酒曲的生产。最初的曲是散曲，到了商周，酒曲主要还是以散曲形式进行生产。所谓散曲，是指将大小不等的颗粒状谷物，经煮或蒸或炒等手段预加工成熟或半熟状态，再引入霉菌让它们在适当的温度和湿度下繁殖，最后制得松散的颗粒状酒曲。黄衣曲就是从散曲中分化和筛选出来的。在制曲过程中，那些发霉的谷物由于霉菌的繁殖，往往很自然地会形成块状，所以，制曲生产的结果通常不仅有散曲，而且还有块曲。

在先人们使用酒曲酿酒做醋的过程中，逐渐发现用块曲酿造的酒的风味比较好，而散曲则较适于酿制食醋。这是因为块曲上所繁殖的主要霉菌以根霉、酵母菌等为主，而散曲上繁殖的微生物主要以米曲霉等霉菌为主。根霉的糖化能力比米曲霉强，而酵母菌又是酒化的主要菌种，所以，酿酒通常选用以根霉为主的块曲。米曲霉中含有多种酶类，其中糖化型淀粉酶和蛋白酶较强，蛋白酶能将蛋白质分解为氨基酸，而氨基酸则是食醋中不可缺少的呈味成分，所以，米曲霉是酿醋的主要菌种。黄衣曲就是让蒸熟的整粒的麦繁殖大量的菌丝体及呈黄色孢子的米曲霉。不同的技术方法产生不同的曲种，不同的曲种内含不同的微生物（霉菌），不同的霉菌具有不同的功能。块曲中的根霉、毛霉——糖化酶、酵母菌，更适用于酿酒。散曲中的米曲霉——多种酶，更适于制醋。

当时的"鞠"仍是以米曲霉为主的散曲，只有空气充分的散曲，米曲霉才能结得旺盛如尘的黄色孢子。"黄衣"可能是我国古代劳动人民对培养米曲霉的最早描述，因为限于当时的科技水平，人们不可能直接看到霉菌的分生孢子和菌丝，却可以看到大量分生孢子囊所呈现的黄色。

关于米曲霉的培养，即黄衣曲的制备，贾思勰《齐民要术》中是这样记述的："作黄衣法：六月中，取小麦，净淘讫，于瓮中以水浸之，令醋。漉出，熟蒸之。槌箔上敷席，置麦于上，摊令厚二寸许，预前一日刈薍叶薄覆。无薍叶者，刈胡枲，择出杂草，无令有水露气；候麦冷，以胡枲覆之。七日，看黄衣色足，便出曝之，令干。去胡枲而已，慎勿扬簸。齐人喜当风扬去黄衣，此大谬：凡有所造作用麦䴷者，皆仰其衣为势，今反扬去之，作物必不善矣。"① 从记述中可以看出，麦曲培养条件的控制在制曲过程中是很重要的。

① 后魏·贾思勰著，缪启愉校释：《齐民要术校释》，第532～559页，农业出版社，1998年。

首先，文中强调了制曲的季节——“六月中”，又如其他曲的制作“作黄蒸法：六七月中”等。酿造学知识表明，曲的培养主要是依靠自然界中的微生物通过天然接种于曲料上，进行培养取得大量酿造所需的有益微生物。而自然界中微生物的分布情况随季节的不同而变化，一般春秋季酵母多，夏季霉菌多。这使人们在长期实践中得知，春末夏初到仲秋季节是制曲的最佳时期，即“伏天踩曲”。在这段时间里，环境的温度和湿度比较高，有利于曲的培养条件的控制。而米曲霉的生长繁殖需要比较高的温度和湿度。农历六七月气温较高，湿度也较大，空气中霉菌、酵母等的数量也较多，选择这个时期制曲是有科学道理的。

其次，所制备的曲的质量优劣，主要是取决于曲入室后的培菌管理，曲室的温度、湿度和通风情况对于霉菌的生长繁殖是很关键的。《齐民要术》卷七中已介绍对曲室的要求：“屋用草屋，勿使瓦屋”；“闭塞窗户，密泥缝隙，勿令通风”。在霉菌生长的初始阶段，曲要保温，密封曲室防止透气，就起了保温作用。草屋曲室较瓦屋好，不仅保温效果好，而且有自动调节湿度的作用，还可以避免产生冷凝水。制备黄衣曲的前一天要求在曲室的地上铺上一层薄薄的荻叶，这样做也是起保温作用，便于霉菌孢子的繁殖。“候麦冷，以胡枲覆之”，是指由于此时霉菌的孢子需要水分及温度以发芽，用胡枲盖在麦上，是为了保温，便于菌丝正常发育。七天后待霉菌生长遍结孢子，便可取出，在阳光下暴晒干燥，以便保存备用。

另外，酸度的控制也是黄衣曲制备过程中的重要环节。“于瓮中以水浸之，令醋”，也就是说，将小麦或麦粉进行浸泡，让其进行乳酸发酵，使它们变酸。米曲霉的生长是耐酸性的，所以，“令醋”的措施就可以促进米曲霉的繁殖，从而抑制一部分不耐酸性的微生物，尤其是细菌的生长。

当时人们制备黄衣曲，实际上就是培养米曲霉及其他有益微生物的混合物。这里的“衣”其实是指霉菌的繁殖分布，“黄衣”的“衣”是曲霉繁殖后的菌体及所结的孢子。“皆仰其衣为势”中的“势”，是当时米曲霉等霉菌中的酶及其活力的称呼。文中还指出山东齐郡的人喜欢顶风把黄衣簸掉是错误做法，能指出这一错误，说明当时人们已意识到霉菌孢子在酿造工艺中的作用。图 3-4-1 是《齐民要术》所描述的黄衣的生产流程。

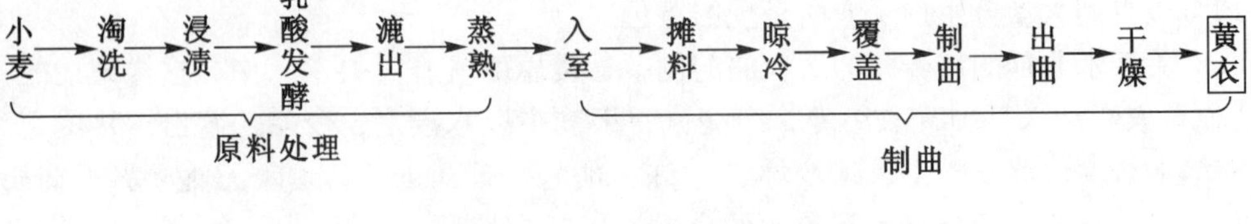

图 3-4-1 “黄衣”生产流程

《齐民要术》中记述的“神酢法”是采用黄蒸作为制醋的曲，黄蒸也属于米曲霉散曲，但它与黄衣不同，是用带麸皮的面粉做的曲。其工艺如下：“作黄蒸法：六七月中，晡生小麦，细磨之。以水溲而蒸之，气馏好熟，便下之，摊令冷。布置，覆盖，成就，一如麦䴷法，亦勿扬之，虑其所损。”①其生产流程见图3－4－2。

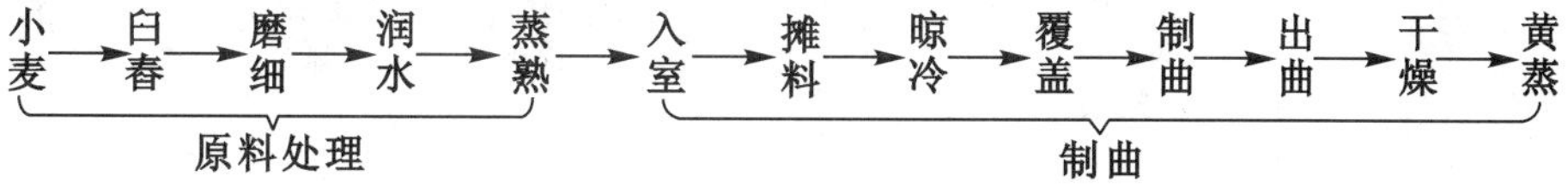

图3－4－2　**“黄蒸”生产流程**

用黄蒸制醋，除利用米曲霉的酶系进行糖化及蛋白质分解外，还利用生产黄蒸时所产生的乳酸菌分解生成多种有机酸来提高食醋的风味，同时还可以利用麸皮中的蛋白质转化为氨基酸来调整食醋的营养和风味。在制醋中较少采用笨曲，笨曲近似于现在的大曲。其主要原料是小麦，其生产工艺上一章酿酒中已作介绍。这种曲主要以根霉为主，酶系中蛋白酶较弱，因此成品中氨基酸的含量较低，醋的风味就逊色些。当时人们遵从先酿成好酒，再酿制成醋的思路，故在分段发酵中依然使用笨曲。

采用以米曲霉为主的散曲制醋的方法中，“回酒制酢法”是同时加入酒醅的制醋法。这种方法是将黄酒的发酵醪或将成熟并已酸败的醪改酿成醋的方法，这种方法要重新加入曲、米等配料，使醋酸菌进一步繁殖，促使酸化，将酸败的酒酿成醋。

二、15种制酢法的工艺简介

贾思勰在《齐民要术》中介绍的15种制酢法，大多是当时黄河中、下游地区的制醋方法。这些方法几乎全部都是液态发酵，即从原料糖化到醋酸发酵的全过程都是在液态下进行的。例如，大麦酢法、作大酢法、秫米神酢法及秫米酢法都是边糖化边酒精发酵，随着酒精发酵到旺盛时和后期，在醋酸菌等的作用下，开始了醋酸发酵。在这种糖化、酒化、醋化同时进行的复式发酵中，不存在糖度和酒精度过大的问题，而是醋酸发酵势头逐渐加大，变成了主导变化，直到食醋发酵的成熟和生产的结束。下面先讲述《齐民要术》中几种主要的制酢法的工艺要点。

《齐民要术》中以谷物为原料的制酢工艺有八项之多。其中以粟米为原料制酢的“作大酢法”有三则。

其一，

七月七日取水作之。大率麦䴷一斗，勿扬簸；水三斗；粟米熟饭三斗，摊令冷。任瓮大小，依法加之，以满为限。先下麦䴷，次下水，次下饭，直置勿搅之。以绵幕瓮口，拔刀横瓮上。一七日，旦，著井花水一碗。三七日，旦，又著一碗，便熟。常置一瓠瓢于瓮，以挹酢；若用湿器、咸器内瓮中，则坏酢味也。②

此方法的工艺流程见图3－4－3。浓醪发酵，料、水、曲比3:3:1，投法：一次投入。

① 后魏·贾思勰著，缪启愉校释：《齐民要术较释》，第532～559页，农业出版社，1998年。
② 后魏·贾思勰著，缪启愉校释：《齐民要术较释》，第547页，农业出版社，1998年。

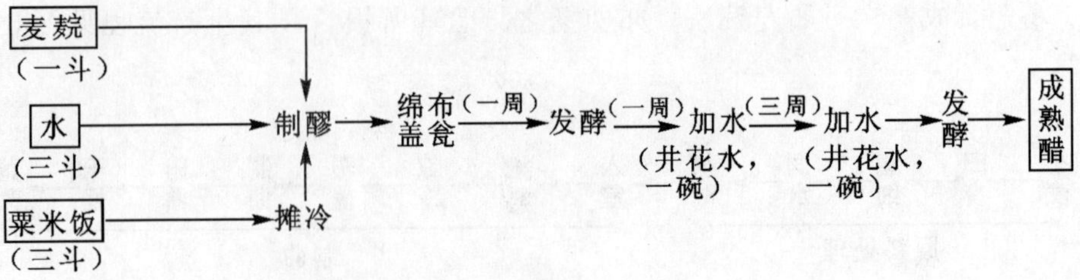

图 3－4－3　“作大酢法”工艺流程

其二，

亦以七月七日取水。大率麦䴬一斗，水三斗，粟米熟饭三斗。随瓮大小，以向满为度。水及黄衣，当日顿下之。其饭分为三分：七日初作时下一分，当夜即沸；又三七日，更炊一分投之；又三日，复投一分。但绵幕瓮口，无横刀、益水之事。溢即加甑。①

其工艺流程如图 3－4－4。浓醪发酵，料、水、曲比 3:3:1，投法：三投。

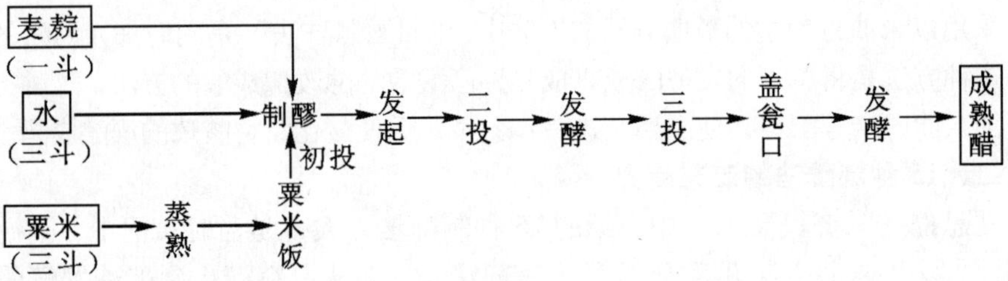

图 3－4－4　“作大酢法”其二工艺流程

其三，

又法，亦七月七日作。大率麦䴬一升，水九升，粟饭九升，一时顿下，亦向满为限。绵幕瓮口。三七日熟。②

其工艺流程如图 3－4－5。浓醪发酵，料、水、曲比 1:9:9，投法：一次投入。

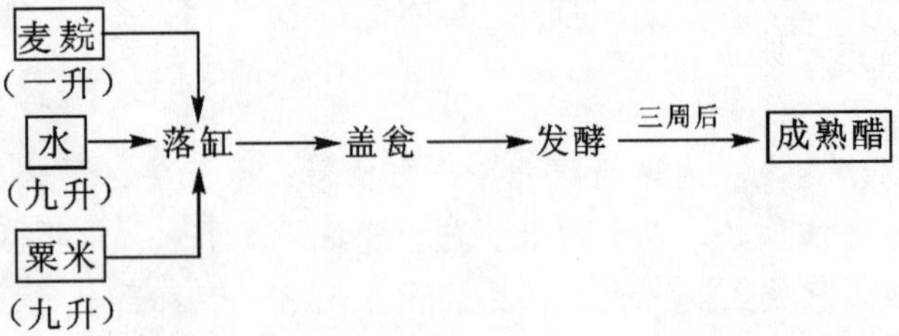

图 3－4－5　“作大酢法”其三工艺流程

① 后魏·贾思勰著，缪启愉校释：《齐民要术校释》，第 547 页，农业出版社，1998 年。

② 后魏·贾思勰著，缪启愉校释：《齐民要术校释》，第 547 页，农业出版社，1998 年。

前件三种酢，例清少淀多。至十月中，如压酒法，毛袋压出，即贮之。其糟别瓮水澄，压取先食之。①

这三种方法都是以粟米为原料，麦䴷为曲，其麦䴷：粟米：水的比例分别是1:3:3，1:3:3，1:9:9。所酿成的醋都是“清少淀多”，也就是说出醋率不高。

值得一提的是，在方法一中就明确麦䴷勿扬簸，这样可以减少米曲霉的损失。其他酿醋工艺中，麦䴷大多也不扬簸。这与麦䴷用作制酱或豆豉时是不同的。由于使用的是笨曲，用曲量相对减少。

以秫米为原料的制酢法有二则。一是秫米神酢法，二是秫米酢法。秫米神酢法如下：

七月七日作。置瓮于屋下。大率麦䴷一斗，水一石，秫米三斗，无秫者，黏黍米亦中用。随瓮大小，以向满为限。先量水，浸麦䴷讫，然后净淘米，炊为再馏，摊令冷，细擘曲破，勿令有块子，一顿下酿，更不重投。又以手就瓮里搦破小块，痛搅令和，如粥乃止，以绵幕口。一七日，一搅；二七，日一搅；三七日，亦一搅。一月日，极熟。十石瓮，不过五斗淀。得数年停，久为验。②

其工艺流程见图 3－4－6。稀醪发酵，料、水、曲比 3:10:1，投法：一次投入。

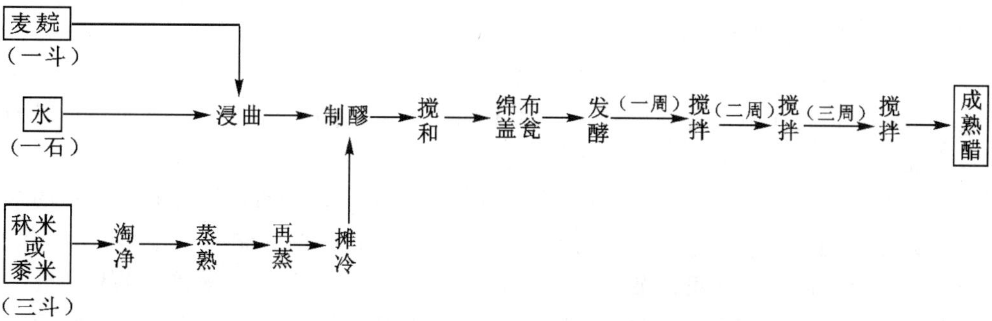

图 3－4－6　“秫米神酢法”工艺流程

秫米酢法：五月五日作，七月七日熟。入五月则多收粟米饭醋浆，以拟和酿，不用水也。浆以极醋为佳。末干曲，不绢筛。经用粳、秫米为第一，黍米亦佳。米一石，用曲末一斗，曲多则醋不美。米唯再馏，淘不用多遍。初淘渖汁泻却。其第二淘泔，即留以浸馈，令饮泔汁尽，重装作再馏饭。下，撣去热气，令如人体，于盆中和之，擘破饭块，以曲拌之，必令均调。下醋浆，更搦破，令如薄粥。粥稠即酢克，稀则味薄。内著瓮中，随瓮大小，以满为限。七日间，一日一度搅之；七日以外，十日一搅；三十日止。初置瓮于北荫中风凉之处，勿令见日。时时汲冷水，遍浇瓮外，引去热气，但勿令生水入瓮中，取十石瓮，不过五六斗糟耳。接取清，别瓮贮之，得停数年也。③

① 后魏·贾勰思著，缪启愉校释：《齐民要术较释》，第 548 页，农业出版社，1998 年。
② 后魏·贾思勰著，缪启愉校释：《齐民要术较释》，第 548 页，农业出版社，1998 年。
③ 后魏·贾思勰著，缪启愉校释：《齐民要术较释》，第 548～549 页，农业出版社，1998 年。

其工艺流程见图3－4－7。夏季制醪，用酸浆制醪发酵，曲、料比1:10。

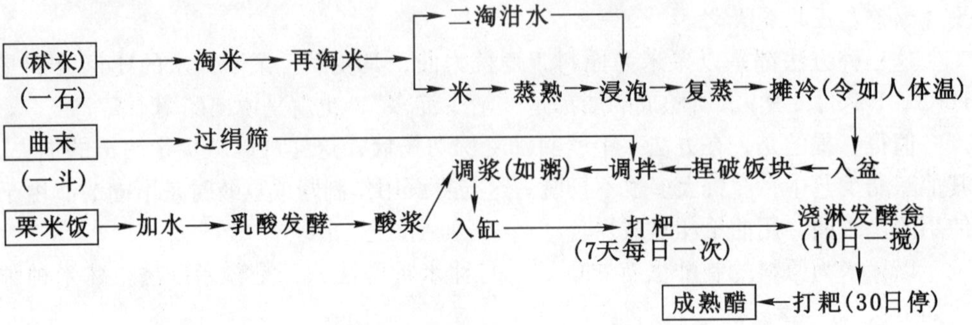

图3－4－7　“秫米神酢法”工艺流程

“秫米神酢法”中，“十石瓮，不过五斗淀”，出醋率较高，醋糟较少。这方法在操作上与大酢法无大差别，原料配比的差异也不成主要原因，为什么出醋率会有这么大的差别呢？主要是因为秫米中的淀粉含支链淀粉较多，易于糖化。另外，笨曲中含较多根霉菌，显得糖化能力较强，故在酿醋中若使用笨曲，用曲量可以少些，而使用麦䴷，用曲量必须大些，贾思勰及当时的酿醋师傅当然不可能知道这些科学的原理，但是在《齐民要术》中，已清楚指出：“经用粳、秫米为第一，黍米亦佳。”这是来自实践的经验总结。

在“秫米酢法”中，其出醋率较高，除了原料品种和用曲性能的原因外，还有一个特色值得注意，那就是使用了粟米醋浆，所谓醋浆，即是用粟米制作成的乳酸菌母液，这里的醋实际上是酸的意思。

关于醋浆，文中是这样写道：“入五月则多收粟米饭醋浆，以拟和酿，不用水也。浆以极醋为佳。”这种做法的实质是扩大培养乳酸菌。制醪不用水，而用酸浆，既接种乳酸菌，又可调节发酵醪的pH，使之适合于酵母的繁殖，并利用乳酸菌的抑菌作用，保证酒精发酵的进行，这是“以酸抑酸”技术的应用。和酿酒技术中的酸浆应用一样，是酿造技术上的一大进步。此外，发醪液中乳酸的存在，也改善了食醋的风味。

“秫米酢法”在原料处理方面，也有科学的记述：“淘不用多遍”，只要求淘洗两遍，这是为了保留秫米水溶性营养成分，不致因多淘而造成营养物质的损失；而且一遍淘米水虽然弃掉，但是用二遍淘米水浸初蒸米，并“令饮泔汁尽”，这样又把泔水中的营养成分吸收净尽，防止水溶性营养成分的损失，这对发酵微生物的增殖极为有利。该法系浓醪发酵，每天搅拌一次，7日后每10天搅一次，至30天即可停止搅拌。并常常汲冷水浇瓮外，以引去发酵所产生的热量。

《齐民要术》中的“大麦酢法”是以大麦为原料生产食醋的最早文献，其原文如下。

大麦酢法：七月七日作。若七日不得作者，必须收藏；取七日水，十五日作。除此两日，则不成，于屋里近户里边置瓮。大率小麦䴷一石，水三石，大麦细造一石，不用作米则利严，是以用造。簸讫，净淘，炊作再馏饭，掸令小暖如人体，下酿，以杷搅之，绵幕瓮口。三日便发。发时数搅，不搅则生白醭，生白醭则不好。以棘子彻底搅之；恐有人发落中，则坏醋。凡醋悉尔，亦去发则还好。六七日，净淘粟米五升，米亦不用过细，炊作再馏饭，亦揲如人体投之，杷搅，绵幕。三四日，看米消，搅而尝之，味甜美则罢；若苦者，更炊二三升粟米投之，以意斟量。二七日可食，三七日好熟。香美淳严，一盏醋，和水一碗，乃可食之。八月中，接取清，别瓮贮之，盆合，泥头，得停数年。未熟时，二日三日，须以冷水浇瓮外，引去热气，勿令生水入瓮中。若用黍、秫米投弥佳，白、苍粟米亦得。①

其工艺流程见图 3－4－8。

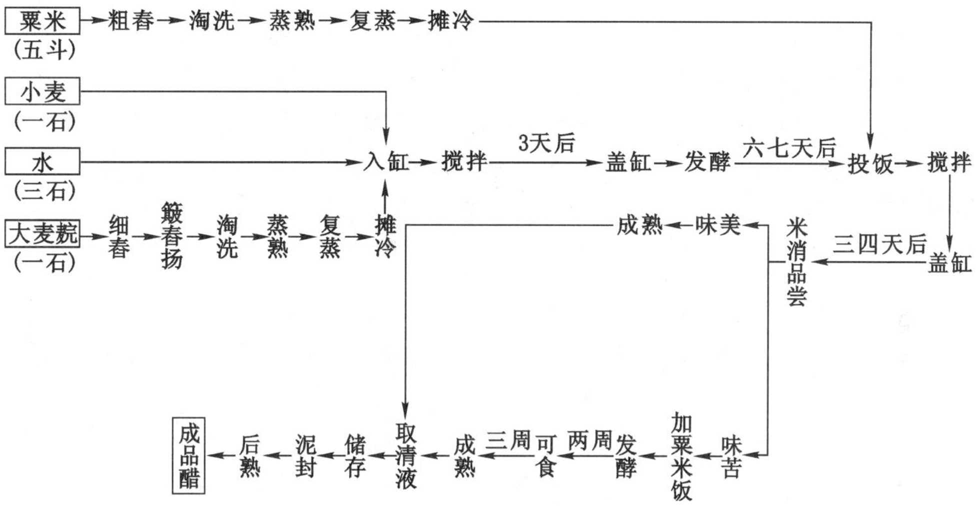

图 3－4－8　“大麦酢法”工艺流程

文中所说的“造”相当于“舂”字的含义，就是今日的精白，即将大麦的硬外皮、胚芽或麸层去掉，精白程度越好，淀粉含量越高，但蛋白质、脂肪、灰分则少。文中所说“大麦细造一石，不用作米则利严，是以用造”含义是大麦要适度精白，不太精白的米则“利严”，就是说发酵非常激烈，温度不易控制，其原因是精白不够则残留有胚芽及麸层，蛋白质、灰分、生长素等较多，有利于微生物发酵作用，其结果是发酵速度快而温度难以控制，所以说：“是以用造”，就是说要用适当加入精白的大麦。关于这一要求，唐朝韩鄂在《四时纂要》麦醋一项中说得较为具体，他说：“取大麦一石。舂取了一糙。”这“一糙”的程度是“取一半完人（仁），一半带皮便止”。酿酒与制醋不一样，它则需要精白的少含灰分的米。

“大麦酢法”中还提到白醭这样一个技术问题。由于制醋大都在夏天进行，又多属稀醪发酵，成熟较快。在这个过程中，气温高，杂菌极易侵入，稍不注意，即有白醭生成，白醭是一种产膜酵母，不同于酿醋中出现的“衣”。文中所说的衣是指醋酸发酵旺盛时所产生的菌膜，这种菌膜可任其自然生长，当它老熟而失去产酸能力后，会自然地从发酵醪表面下沉，菌膜下沉即标明酿醋已成熟了。白醭则不一样，它会消耗醪液中的醋酸和含氨成分，同时由于它的菌体自溶，会产生恶臭，从而影响了成品醋的质量。故贾思勰说：“生白醭则不好。”怎样防范呢？

① 后魏·贾思勰著，缪启愉校释：《齐民要术校释》，第 551～552 页，农业出版社，1998 年。

“发时数搅，不搅则生白醭”，假若已有白醭生成，则可“以棘子彻底搅之”。这种防范的方法和补救的方法都是很科学的，因为产膜酵母是好气性菌，无法接触空气则难以繁殖，故可以通过搅拌，特别是加棘子彻底搅拌，让已生成的白醭菌孢沉入醪液中，使其处于与空气隔绝状态，无气而繁殖被抑制。关于对付白醭，“神酢法”也讲到了。对“衣”和“白醭”这两种具有截然不同特性的两类微生物，先人已能采取不同的方法来处理，是酿醋工艺中的重要成果，是通过长期实践和细心的科学观察而取得的。

“烧饼作酢法”实际上是利用面粉为原料，其工艺如下：

烧饼作酢法：亦七月七日作。大率麦䴷一斗，水三斗，亦随瓮大小，任人增加。水、䴷亦当日顿下。初作日，软溲数升面，作烧饼，待冷下之。经宿，看饼渐消尽，更作烧饼投。凡四五投，当味美沸定便止。有薄饼缘诸面饼，但是烧煿者，皆得投之。①

其生产工艺流程见图3－4－9。

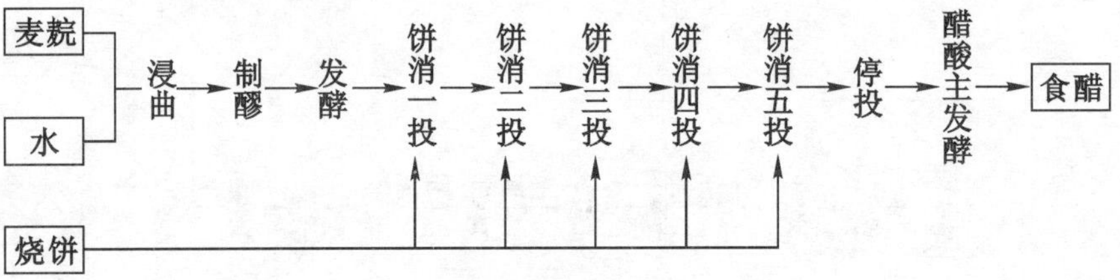

图3－4－9　“烧饼作酢法”工艺流程

这种利用烧饼的制酢法实际上是一种分批投料法，模仿酿酒中的“酘”法，即将原料烧饼分批投入已将麦䴷中的酶和酵母充分溶化的发酵醪中，边糖化边酒化，既保持了糖化的有序进行，从而保证酵母进行酒精发酵所需的糖化，又可以避免高糖现象的出现和高糖对酵母的抑制作用，从而在发酵醪中具有一定数目的酵母和一定浓度的酒精，防止杂菌对醪液的污染。在分批投入面饼4～5次后，醪液已较浓，不再继续酒精发酵时，醪液“沸定”，就可以停止投放面饼，醪液将转入以醋酸发酵为主的发酵阶段。

“回酒酢法”“动酒酢法”都是以酒为原料的制酢法，其工艺如下：

回酒酢法：凡酿酒失所味醋者，或初好后动未压者，皆宜回作醋，大率五石米酒醅，更着曲末一斗，麦䴷一斗，井花水一石，粟米饭两石，掸令冷如人体，投之，杷搅，绵幕瓮口。每日再度搅之。春夏七日熟，秋冬稍迟，皆美香。清澄后一月，接取，别器贮之。②

其生产生艺流程见图3－4－10。

① 后魏·贾思勰著，缪启愉校释：《齐民要术较释》，第551～552页，农业出版社，1998年。
② 后魏·贾思勰著，缪启愉校释：《齐民要术较释》，第552页，农业出版社，1998年。

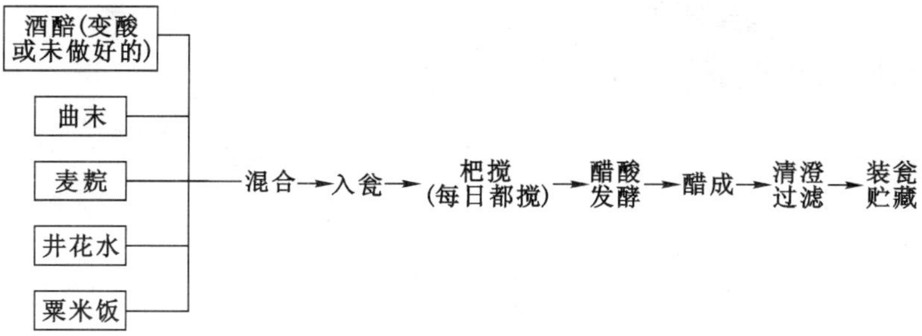

图 3－4－10　“回酒酢法”工艺流程

动酒酢法：春酒压讫而动不中饮者，皆可作醋。大率酒一斗，用水三斗，合瓮盛，置日中曝之。雨则盆盖之，勿令入水；晴还去盆。七日后当臭，衣生，勿得怪也，但停置，勿移动、挠搅之。数十日，醋成，衣沈，反更香美。日久弥佳。

又方：大率酒两石，麦䴬一斗，粟米饭六斗，小暖投之，杷搅，绵幕瓮口，二七日熟，美酽殊常矣。[①]

其工艺流程见图 3－4－11。

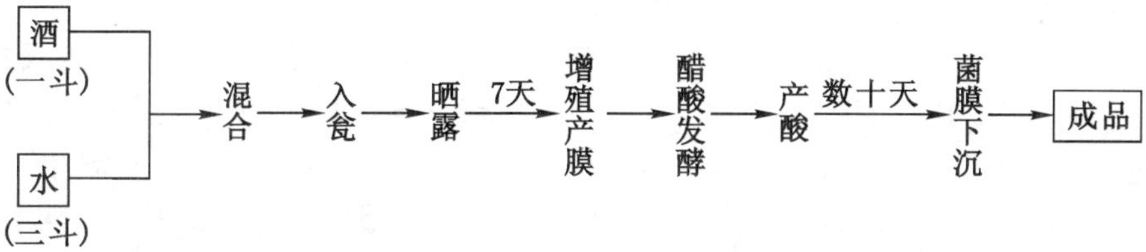

图 3－4－11　“动酒酢法”工艺流程

“回酒酢法”是利用酿酒不正常酸败的酒醪进行制醋的工艺。由于发酵不正常，糖化不完全，可能还残存淀粉，因而人们采取了“大率五石米酒醅，更着曲末一斗，麦䴬一斗”以补充糖化力及酵母，同时由于酸败，酸度上升，这对淀粉酶作用不利，因而加“井花水一石，粟米饭两石”，以降低酸度，补充发酵微生物繁殖所需营养源。发酵的要领是将粟米饭“挏令冷如人体，投之，杷搅，绵幕瓮口。每日再度搅之”。这因为发酵微生物醋酸菌是喜氧型的菌种，繁殖过程需要大量氧气，于是需要每天搅动。

“动酒酢法”用的原料不是酒醅，而是已变酸的酒。首先是加水稀释，稀释后的酒有利于醋酸发酵。然后是在日光下曝晒，下雨时要盖，勿令雨水进入，晴天再去盖继续晒，7 日后开始产醋酸，这时候不移动或搅拌，即使有臭味或菌衣生成，数十日后，醋成，菌衣自然下沉，醋反而特别香美。

“神酢法”是利用麦䴬为原料，以黄蒸为糖化发酵剂而生产的麸醋。其工艺如下：

神酢法：要用七月七日合和，瓮须好，蒸干。黄蒸一斛，熟蒸麸三斛：凡二物，温温暖，便和之。水多少，要使相淹渍，水多则酢薄不好。瓮中卧经再宿，三日便压之，如压酒法。压讫，澄清，内大瓮中。经二三日，瓮热，必须以冷水浇；不尔，酢坏。其上有白醭浮，接去之。满一月，酢成可食。初熟，忌浇热食，犯之必坏酢。若无黄蒸及麸者，用麦䴬一石、粟米饭三斛合和之。方与黄蒸同，盛置如前法。瓮常以绵幕之，不得盖①。

其生产工艺流程见图3－4－12。

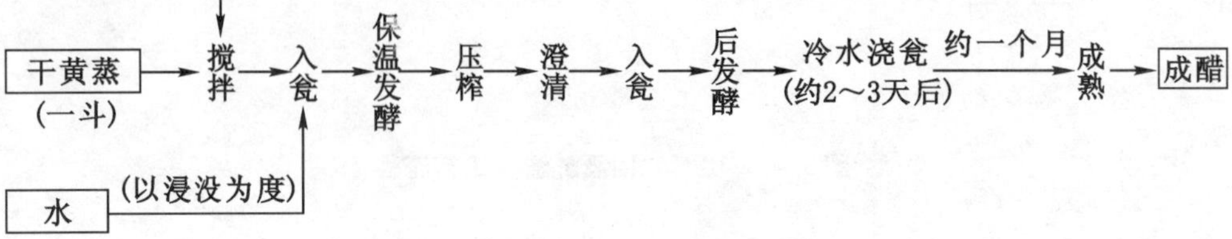

图3－4－12　“神酢法”工艺流程

由于古代精白加工技术尚落后，麦麸中含有较多的淀粉，淀粉分解后又产生较多的五碳糖类，在发酵酿醋中不仅赋予鲜艳的褐色，而且还生成某些特殊的香气。古人较早就认识到麦麸非常适合酿醋，故贾思勰在文中作了较详细的介绍，应用麦麸酿醋的方法后世一直沿用下来，成为酿醋工艺的一个重要分支。至今仍享有盛誉的四川保宁醋就是这一传统工艺的产品代表。

介绍当时使用麦麸为原料制醋的“神酢法”，其特点之一是不用笨曲或麦䴷，而是以黄蒸为糖化发酵剂，“黄蒸一斛，熟蒸麸三斛：凡二物，温温暖，便和之。水多少，要使相淹渍，水多则酢薄不好”。由此可见，水加得不多，只需相互淹没即可，属浓醪发酵。假若水加多了，变稀醪发酵，醋薄则不好，这因为麦麸中的淀粉与大麦、秫米等相比要少多了，而且黄蒸中的糖化酶也较少，被过度稀释，是不利于发酵的。“神酢法”中是明显地将以糖化反应、酒化反应为主发酵的阶段与以醋酸反应为主发酵的后阶段区分开。“瓮中卧经再宿，三日便压之，如压酒法。压讫，澄清，内大瓮中。经二三日，瓮热，必须以冷水浇；不尔，酢坏。”这里的醋酸发酵进行得非常旺盛，产生的热量会使瓮体发热，还需用冷水来降温，否则，可能因温度过高而会造成醋酸菌本身的死亡，醋自然就坏了。凡在未成醋前因温度过高而坏醋者，后人称其为烧醅，这一方法的醋酸发酵为什么会这样旺盛，应与黄蒸用量较大有关。

“做糟糠酢法”是利用黄酒糟的一种制醋工艺。一般是将酒糟与谷糠、砻糠拌和进行固体发酵，不加任何曲料和醋醅，单纯借助于酒糟余热发酵酿成。其工艺如下：

置瓮于屋内。春秋冬夏，皆以穰茹瓮下，不茹则臭。大率酒糟、粟糠中半，粗糠不任用，细则泥，唯中间收者佳。和糟、糠，必令均调，勿令有块。先内荆、竹篗于瓮中，然后下糠、糟于篗外，均平以手按之，去瓮口一尺许便止。汲冷水，绕篗外均浇之，候篗中水深浅半糟便止。以盖覆瓮口。每日四五度，以碗挹取篗中汁，浇四畔糠糟上。三日后，糟熟，发香气。夏七日，冬二七日，尝酢极甜美，无糟糠气，便熟矣。犹小苦者，是未熟，更浇如初。候好熟，乃挹取篗中淳浓者，别器盛。更汲冷水浇淋，味薄乃止。淋法，令当日即了。糟任饲猪，其初挹淳浓

① 后魏·贾思勰著，缪启愉校释：《齐民要术较释》，第554页，农业出版社，1998年。

者，夏得二十日，冬得六十日；后淋浇者，止得三五日供食也。①

其生产工艺流程见图 3－4－13。

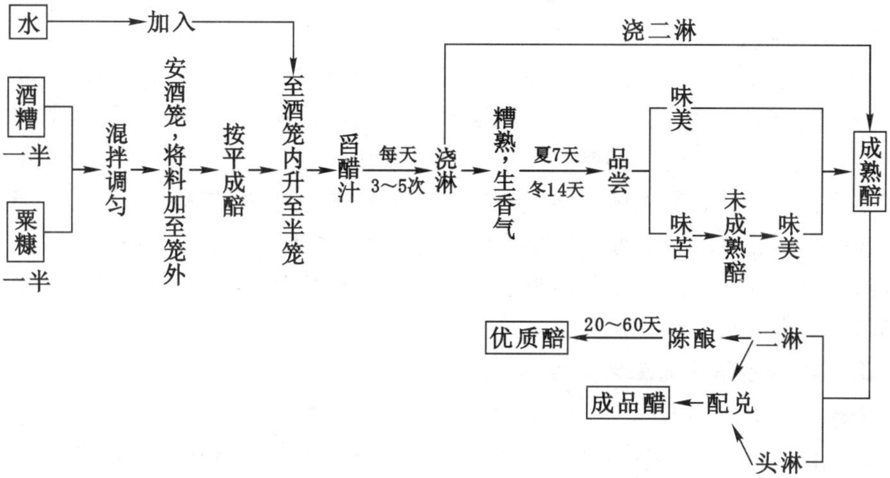

图 3－4－13　“制糟糠酢法”工艺流程

该方法具有以下特点：

第一，系室内麦秸保温酿造法：“置瓮于室内。春秋冬夏，皆以穰茹瓮下，不茹则臭”。原料配比是“酒糟、粟糠中半”。加糠可以使发酵醅疏松、通气，促进醋酸发酵。这对原料粟糠的质量也有一定的要求：“粗糠不任用，细则泥，唯中间收者佳”，以粗细适当者为好。制醅时酒糟及粟糠“必令均调，勿令有块”。

其二，发酵的方法更是独具特点，即发展成后来的固态的“回浇发酵法”。文中记道：“先内荆、竹篗（即用荆或竹编制的长圆形笼子）于瓮中，然后下糠、糟于篗外，均平以手按之，去瓮口一尺许便止。汲冷水，绕篗外均浇之，候篗中水深浅半糟便止。以盖覆瓮口。每日四五度，以碗挹取篗中汁，浇四畔糠糟上。”从这段记载来看，这种制醋法是每天舀取竹篗中汁液浇到醋醅上，供给醋酸菌以氧气，以促进酒精氧化成醋，同时也取得降低醋醅温度的效果。“三日后，糟熟，发香气”是醋酸发酵旺盛的象征，如不采取浇淋的工艺，势必温度不断上升，最后导致“烧醅”。于 1 400 多年前，先人就巧妙地采取这种浇淋醋液方法，解决了固态醋酸发酵需氧及降温的难题。这种固态淋浇发酵制醋法是否始自南北朝时期，尚待进一步考证。

其三，“夏七日，冬二七日，尝酢极甜美，无糟糠气，便熟矣。犹小苦者，是未熟，更浇如初。候好熟，乃挹取篗中淳浓者，别器盛”。取完质量浓醇的头淋醋之后的醋醅仍含有大量食醋，于是继续浇淋：“更汲冷水浇淋，味薄乃止。”并嘱说：“淋法，令当日即了”，以防变质。采取这样的工艺成熟较快，“夏七日，冬二七日，尝酢极甜美”。欲得成熟优质的产品，则说：“其初挹淳浓者，夏得二十日，冬得六十日。”经过这样多次浇淋，不仅可以获得质量好的醋，而且也解决了固态

① 后魏・贾思勰著，缪启愉校释：《齐民要术较释》，第 554 页，农业出版社，1998 年。

发酵后怎样将固液分离，取得液态醋的技术难点。这种方法不需翻倒醋醅，节省劳力，故很快被推广并流传下来，今日著名的江苏镇江恒顺香醋就是继承、发展这种工艺的成果。

此外，“酒糟酢法”“制糟酢法”的工艺与上面的方法大同小异。

总之，通过贾思勰对上述15种制醋工艺的客观介绍，后人不难发现，北魏时期，当时的劳动人民已在长期的制醋实践中，不仅掌握了一些食醋及其酿制技术的知识，而且也摸索到一些制醋过程的变化规律，积累了一些经验，并能较好地运用某些技能，如通过人体的触觉和味觉等对制醋过程中的水分、温度、酸度等条件进行控制，以便获得香美醇厚的食醋。下面综合地比较一下前面已述的15种制酢法在技术条件控制方面的异同，从而可以从科学技术的视角认识当时制醋工艺的科学技术内涵。

三、15种制酢法的工艺比较

（一）原料的处理

首先在选料方面，不同的制醋法选用了不同的原料，其中在加入酒糟、黄蒸制醋的四种方法中，原料选用了粮食加工的副产品酿醋，这有别于直接用粮食酿造的醋。用酒糟作为原料，是充分利用酒糟中所含的酸类、酯类、羰基化合物等和残留的部分乙醇，经过发酵促进醋酸菌的繁殖。“酒糟酢法”是用春酒糟或颐酒糟做醋，制酢过程中要注意酒糟常保持湿润，如果压榨酒糟使酒糟过于干燥，那么做出的醋的浓度就淡了。这是因为酒糟压得很干后，其中所含的酒精量就会减少，经过醋化反应制得的醋也就不多了。

较特殊的“动酒酢法”是采用酸败变质的春酒，只加水，不加其他配料，放在阳光下暴晒，经过数十天的自然发酵而做成醋的方法。这是利用自然界存在的醋酸菌，在液面繁殖结成灰白色的菌膜（即“衣”），借表面空气氧化，当氧化到一定程度时，菌已老化不能再氧化而从液面沉降下去。在此法中，贾思勰很清楚地写道：“七日后当臭，衣生，勿得怪也，但停置，勿移动、挠搅之。数十日，醋成，衣沉，反更香美。”“衣生”说明“衣”是有生命的物质，即菌膜是生长出来的，在发酵液面上形成一层薄膜；当发酵终止时，菌膜自动下沉，醋便成熟了。《齐民要术》中明确地意识到醋的成熟是从“衣生”到“衣沈”的过程。

贾思勰在《齐民要术》中很明确地记载了选择不同的原料做醋，制取的成品醋的风味各不相同。而且在15种制酢法中一些制酢法对某一选定的原料有具体的要求，如，“大麦酢法”中提到：“大麦细造一石，不用作米则利严，是以用造。”就是要求选择经过细舂的大麦，而细舂并不要求将大麦舂成细末，而是舂成碎米，并带有外皮。大麦的外皮不容易舂去，而保存外皮反而有利于酿醋。这主要是因为麦皮比较疏松，麦皮之间保持有一定的空隙，增加麦皮作为辅料，可以增加菌种繁殖时与空气的接触面积，保证氧气的供给，有利于菌丝的良好生长。同时，还可以利用麦皮中的蛋白质转化为氨基酸来调整食醋的营养和风味。另外，麦皮中的五碳糖较多，有利于食醋的色泽。这就是为什么原料中保存麦皮酿成的醋香浓味醇的原因。

又如，“制糟糠酢法”中写道：“酒糟、粟糠中半，粗糠不任用，细则泥，唯中间收者佳。”这是一种通过添加疏松的填料——糠来通气的办法，至今仍在用。

其次，在蒸料方面，15种制酢法中，绝大多数制酢法都要对某些原料进行蒸煮处理。如“大麦酢法”中，“炊作再馏饭”，再馏即复蒸，也就是将蒸过的饭再进行第二次蒸煮。蒸煮的目的是使淀粉粒的外皮破坏，而细胞的内容物能完全糊化，或呈部分的溶化状态，以利淀粉水解酶的作用。糊化过程是在一定温度下、有一定的水存在时，淀粉粒膨胀而呈糊状的过程。再馏的目的是使首次蒸熟的饭粒软硬一致，生熟均匀，糊化透彻，有益于糖化作用。这样再馏的饭比只经过蒸熟的饭更有利于复式发酵，特别是有利于醋酸发酵的过程。根据微生物学知识，谷物等粮食原料中的淀粉，不能直接发酵成酒精。在发酵前必须先将它变为可发酵的糖，而淀粉通常只有糊化才能有效地被淀粉酶作用而生成糖。这一操作步骤还体现在“秫米神酢法”“秫米酢法”等工艺中。

最后，在原料的具体操作方面，不同的制酢方法又存在着差别。如，在“作大酢法”的第一种制法中十分强调麦䴷的“勿扬簸”，也就是不要把麦䴷上的黄色霉菌颠簸掉，以免影响它的酵解作用，进而影响到成品质量。

又如，“作大酢法”“粟米和曲制酢法”的酿制过程中，当原料与配料入瓮后，强调“勿搅”，这样是为了保证酒精发酵过程的顺利进行和彻底完成。酒精发酵是酵母菌把可发酵性的糖类经过酒化酶的作用，生成乙醇和二氧化碳。酵母菌是兼性厌氧性微生物，在进行酒精发酵时，它不需要空气，即进行厌氧反应。在反应过程中，由于酵母的大量繁殖，醪液中溶解的氧基本消耗完了，这时酵母便以无氧呼吸的方式把糖转化为酒精和二氧化碳，其反应式为：$C_6H_{12}O_6 \xrightarrow{\text{酵母菌}} 2CO_2 + 2CH_3CH_2OH$，所以，酿制过程中不必搅动。在这个阶段，由于酵母菌的作用是在无氧条件下进行的，所以就需要控制厌氧条件。

再如，“作大酢法”中“任瓮大小，依法加之，以满为限”，“秫米神酢法”中“随瓮大小，以向满为限”，“制糟酢法”中“盆覆，密泥”等，这些措施的采用就使得瓮由于装满了原料而通气不足；用盆盖住瓮口也是为了密封少通气，以保证此阶段的发酵作用，同时减少好气性菌的污染机会。

在“秫米神酢法”的工艺中，有一浸曲的操作过程：“先量水，浸麦䴷讫。”浸曲的实质是制备酒母的过程。当曲被浸入水中，曲中的酶类以及制曲过程中所产生的代谢产物，如，糖类、酸类及生长素等均溶入水中，来自曲的酵母在适当的温度下增殖，米曲霉同时增殖并产酶，补充糖化能力。随着酵母的增殖和酒精发酵，消耗掉部分糖分，而米曲霉所产生的糖化酶却是提供酵母所需糖分的源泉，因此，此过程中酵母是依靠米曲霉酶解而增殖的。酵母的增殖及酒精发酵是需要大量糖分的，米曲霉的增殖也需要部分糖作增殖的能源，而曲中所含的淀粉却是一个定量。因此，两者之间又存在着相互争营养成分的关系。酵母的增殖及酒精发酵进一步抑制了一些杂菌的滋长，创造有利于酵母增殖的环境，结果酵母的密度及所产生的酒精会抑制其他微生物的生长，使酵母占主导地位，即所说的酒母。这就是浸曲酒母的生化过程。

又如，“烧饼作酢法”中强调分批加料：“亦七日七日作。大率麦䴷一斗，水三斗，亦随瓮大小，任人增加。水、䴷亦当日顿下。初作日，软溲数升面，作烧饼，待冷下之。经宿，看饼渐消尽，更作烧饼投。凡四五投，当味美沸定便止。”第一批烧饼投入后，即被浸曲酒母的液化酶、糖化酶所糖化。酵母由于得到糖分而继续增殖，同时酒精发酵又消耗掉部分糖分，使糖分的浓度下降，而酒精的浓度在逐步增加；当再次投入新烧饼即二投，糖化又继续旺盛地进行，酵母在获得能量的同时继续增殖，酒精发酵也旺盛地进行，糖分又逐步下降，如此分批投料即可使糖化和酒精发酵平衡地进行。除此以外，每次投料后都有一段酵母增殖的时间，这样可以确保有足够的酵母数和酒精浓度，所以，也起到防止杂菌污染的作用。只要有足够的酵母和水解酶活力，就可以使发酵顺利地进行。在“作大酢法”的第二种做法中也有类似的操作：“其饭分为三分：七日初作时下一分，当夜即沸；又三七日，更炊一分投之；又三日，复投一分。”其道理也是如此。

（二）发酵水分的控制

水是制醋过程中微生物活动存在的必要条件之一，只有在水分充足的环境中，原料中的有效成分才能最大限度地溶出，才能最大限度地通过生化反应生成食醋的有效成分。从生产的角度看，必须选择一个合理的加水比。贾思勰记述的制酢法中对此也大都有一些量的要求，也就是说，加入适量的水是发酵成功的首要条件。如，“大麦酢法”中要求：“大率小麦䴷一石，水三石，大麦细造一石”；“秫米神酢法”中也要求：“大率麦䴷一斗，水一石，秫米三斗”。如果入瓮的水量过少，糖化发酵就不完全；相反水量大了，发酵也会不正常。其原因是水分过量，有害杂菌会大量繁殖，导致酒醅发黏，酸度大幅度增加，影响成品醋的质量。即使有些制酢法中未标明具体的用水量，但也作了大概的估量，如，“神酢法”中指出：“水多少，要使相淹渍，水多则酢薄不好。”“制糟糠酢法”中也指出：“汲冷水，绕篅外均浇之，候篅中水深浅半糟便止。”

（三）温度的控制

由于微生物的生长发育是一个极其复杂的生物化学过程，这个过程需要在一定温度范围内进行，所以，温度对微生物的整个生命过程都有极其重要的影响。根据微生物学知识，制醋过程中的温度控制，一般指糖化、酒化和醋化阶段的最适温度。通过温度的控制来促进有益微生物的生长，抑制或消灭有害微生物的发育。《齐民要术》记载的传统制醋工艺对这几个阶段的温度都有一定的表述。对温度的控制包括两个方面，一是气温，二是品温（这里指制醋过程中发酵醪液的温度）。在北魏时期，由于没有温度计，人们不可能精确地测量和控制温度。劳动人民经过长期的实践经验的积累，基本上已能较好地通过掌握制醋的季节来满足制醋所需的气温条件。大多数酿醋的时间都在农历七月上旬，这个月份是气温较高的月份，经一个月，醋便成熟了。如果在气温较低的五月酿醋，那么醋的发酵周期就长一些，因而成熟期就延长了一个月。如“秫米酢法”中记载：“五月五日作，七月七日熟。”

另一方面，在酿醋过程中对于品温的控制，劳动人民凭着经验提出了控制品温界限的标准，即“掸令小暖如人体”。通常人的体温稳定在 37 ℃左右，根据这个相对稳定的标准来控制品温就方便多了，而且这个标准也是符合科学原理的。因为在此温度下制醋时所利用的米曲霉，不仅菌类生长旺盛，而且产生的蛋白酶和淀粉酶的活性也高，这样发酵时酶水解的产物就会多，醋的风味就鲜美。《齐民要术》把品温控制在“小暖如人体”正是这个道理。

在制醋工艺中，由于存在着糖化和酒化的复式发酵，而温度的高低直接影响到复式发酵的效果，所以这个过程的温度控制也不容忽视。

制醋选用的黄衣曲等糖化剂中含有淀粉水解酶，可使淀粉水解为葡萄糖。如，《齐民要术》中的“作大酢法”的第一种做法、“粟米和曲作酢法”、“秫米神酢法”、“秫米酢法”、“大麦酢法”、“回酒酢法”和“动酒酢法”的第二种做法等七种工艺中都强调了当原料米蒸成熟饭后，要摊开并且不断地翻动散去热气，使饭温和体温一样，做到温饭落瓮下酿。这较符合现代酿造学所限定的糖化和酒化过程中的温度范围。米曲霉的淀粉酶最适作用温度为 50～52 ℃，酵母正常的生活和繁殖温度为 29～30 ℃。如温度过高，野生酵母和细菌会迅速繁殖；同时由于发酵过程中会产生热量，会使醪液的温度升高。发酵温度过高，滋生的杂菌会导致发酵醪酸度增加，从而破坏了曲内的酶，造成酒醅发黏、糖化不彻底、酒精发酵不完全，而使出酒率降低。所以，开始发酵时往往控制较低的温度，这样可起到控制杂菌的效果。用温饭下酿则确保了发酵过程中酶的作用和微生物繁殖、代谢时所需的最适温度。另外，在使用黄蒸的“神酢法”中，要求将干黄蒸和熟蒸麸在温热的时候调拌入瓮，并在入瓮后将瓮移入室内，需要经过两个夜晚的保温发酵。这些措施都是为了确保糖分、酒化阶段所需的发酵温度。但是发酵温度过低也会影响到酒精发酵的作用，因此“作糟酢法”中也强调要将粟米饭趁热投入瓮中。

制醋工艺中醋酸发酵过程的温度控制直接关系到成品醋的优劣，因而这一阶段的温度控制显得尤为重要。醋酸发酵主要是利用醋酸菌将酒精（即乙醇）氧化成乙酸的过程。制醋过程中的淀粉糖化、酒精发酵和醋酸发酵这三个过程是连续发生的。酒精在发酵过程中逐渐转化为醋酸，并伴随着放热现象，瓮内的温度逐渐升高，即“来温”，并且温度达到 38 ℃左右，这个温度最适于醋酸菌的生长繁殖。但如温度再继续升高，则会影响醋酸的繁殖，甚至造成不产酸和少产酸，因此，这个过程的温度控制相当重要。《齐民要术》中不同的工艺采取了相应的措施达到控温的目的。在“大麦酢法”等工艺中，酒化及醋化阶段通过用冷水浇瓮以散去热气来防止醋酸发酵过程中温度的持续升高，从而保证发酵的最适温度。

在“大麦酢法”工艺中有一个重要的操作——“搅拌”，当料入瓮后先用杷搅拌，再用棉布盖口，这是因为在发酵初期，通过搅拌可使氧气进入瓮内，促使酵母菌的繁殖。而当大量增殖后的酵母进行酒精发酵时，又不再需要空气而进行厌氧反应，这时便不能再进行搅拌。在发酵后期，要“发时数搅”，也就是酒精发酵完成后进行醋酸发酵时，要再进行搅拌。这时搅拌的作用主要表现为两个：一是为了降低发酵醪的温度，使瓮内的发酵温度和发酵成分上下均匀一致；二是可使积聚在下面的大量二氧化碳排泄出去，让氧气更易进入瓮内，从而促进醋酸发酵。这是因为搅拌能增加通气量，有利于醋酸菌的生长繁殖。醋酸菌是好气菌，在发酵时需要大量氧气，醋酸菌的氧化酶会促进乙醇和氧气发生氧化反应而生成醋酸。从 15 种制酢法可以发现，有些工艺是同时采用浇淋和搅拌两种方法来控制醋化阶段发酵的温度，如“秫米酢法”等；而有些工艺只采取其中一种方法来进行控温，如“回酒酢法”等采取搅拌方法，而“神酢法”等采取浇淋方法。

《齐民要术》中不但强调了制醋过程中各主要阶段的发酵温度的控制，同时还阐述了一些保温措施。如以酒糟为原料的三种制酢法，其中“制糟糠酢法”中提出四季都要用秸秆等裹瓮，并将瓮放入屋内；“酒糟酢法”的工艺中则强调春秋天裹瓮。这些保温措施都是来保证发酵过程顺利进行的。

（四）酸度的控制

由于微生物都是由蛋白质组成的，因此，它们的生长和作用都需要适宜的酸碱度范围。不同的微生物要求的pH不同，大多数细菌最适于pH接近中性或微碱性的环境，酵母和霉菌的最适pH趋向酸性，因此在发酵过程中，酸度的控制是十分重要的。适宜的酸度范围有利于曲霉的生长，还可以加强淀粉酶的糖化活动。在酒精发酵过程中，不同的pH可以使发酵的产物不同，pH对酵母菌的生长影响也很大。酵母菌只能在微酸性的条件下生长并进行正常的酒精发酵，发酵时一般要求pH为4.2~5.0，超出这一酸度范围就不适宜酵母菌的繁殖。

《齐民要术》中的“秫米酢法”通过在原料中直接加入酸浆来控制入瓮的酸度：“入五月则多收粟米饭醋浆，以拟和酿，不用水也。浆以极醋为佳。”醋浆即酸浆。根据微生物学知识，进入农历五月以后，空气中乳酸菌的数量较多，粟米饭浆可作为乳酸菌的培养液，落入饭中的乳酸菌经过生长繁殖，可使饭浆变酸。饭浆中含有相当数量的乳酸菌，乳酸菌分解葡萄糖产生乳酸，可使醪液pH降低，使酵母迅速繁殖。同时还可防止一些不耐酸的有害菌的繁殖。浆越酸，含有醋酸菌、乳酸菌的数量也越多，酿出来的醋的质量也越好。

（五）酒精度的控制

在酒精发酵阶段控制生成的酒精度数，也是酿制好醋的一个关键。现代酿醋工艺中，乙醇的含量在7%左右，如其含量过高则不利于醋酸菌的繁殖。北魏时期，人们已经比较深刻地认识到了这一点，如，《齐民要术》中酿醋用的酒，一般都比直接饮用的酒的味道淡些，其中，“动酒酢法”中“大率酒一斗，用水三斗”，就是通过加水稀释酒的浓度，使酒精浓度不致过高，以免抑制醋酸菌的繁殖。

（六）卫生条件的控制

15种制酢法中每种制醋的全过程大多十分讲究器具和用水的洁净，如，“大麦酢法”等中指出：“勿令生水入瓮中。”“作大酢法”的第一种做法中告诫说：“若用湿器、咸器内瓮中，则坏酢味也。”特别在发酵过程中，大多制酢法的容器中都要蒙上一层丝绵，既保持了瓮内空气流畅，又防止了灰尘杂菌的进入。

（七）成醋的保存方法

《齐民要术》记述的制酢法对此也有要求，如，“制糟酢法”中要求“瓮置屋下阴地”，盛装成醋的瓮要在屋下阴凉处存放。酿造学知识表明，食醋在保存过程中会由于光和温度的影响而使色度、浊度、沉淀物发生一些变化。在高于常温下保存，会促使沉淀物与混浊物质的产生，这主要是由于原料米和其酶系中的肽和糖经化学反应大部分会变成氨基、羰基化合物等，混浊物质中还含有微量的灰分和肌醇六磷酸等。如果成醋受阳光直射就会产生日光臭味，这种日光臭味的主体是食醋中存在的微量维生素B_2和蛋氨酸发生光化学反应，变成了消旋蛋氨酸，生成令人不快的臭味。除了这种消旋蛋氨酸外，硫化氢、甲基硫醇、甲基化二硫也是日光臭味的主体。虽然当时人们不能认识到将食醋放在阳光下存放而发臭的科学道理，但通过实践发现保存成醋最好放在避光阴凉的地方。另外，“大麦酢法”中保存成醋要求“盆合，泥头”，在瓮口盖上盆并用泥封住，是为了防止空气中的杂菌渗入瓮内而使成醋变坏。

从以上分析比较可以看出，贾思勰记述的15种制酢法强调了原料的处理和制醋的过程中水分、温度、酸度、酒精度、卫生等的条件控制以及成醋的保存方法等，这些都是传统制醋工艺中重要的环节，对现代制醋工艺产生了深远的影响，其中的许多原理和方法至今仍有借鉴作用。

四、8种苦酒法的工艺比较

贾思勰引自《食经》的8种苦酒制法与上述15种制酢法不完全一样。“作大豆千岁苦酒法”“作小豆千岁苦酒法”和“作小麦苦酒法”都是以含乙醇的物质为原料，而不用任何曲或酵母。“水苦酒法”和“卒成苦酒法”是以含淀粉物质的谷物为原料，加入曲来促成发酵制醋。而“蜜苦酒法”和“外国苦酒法”则是以含糖物质为原料，通过酒化和醋化过程制醋。

从工艺方面来说，“蜜苦酒法”最能体现当时南方制醋的特点。《齐民要求》中是这样叙述的：“蜜苦酒法：水一石、蜜一斗，搅使调和，密盖瓮口。著日中，二十日可熟也。”这种制醋方法，直接将水和蜜调拌，在高温季节放在日光下暴晒，利用空气中的酵母及醋酸菌进行酒精发酵和醋酸发酵而酿取食醋，这是靠自然条件来制取食醋的方法。将它与其他7种苦酒法比较，会发现这8种苦酒法彼此之间既有相同之处，又存在着差别。

“作大豆千岁苦酒法”，由于豆类属于多糖，不能直接用来制醋，所以，在制醋过程中要先把大豆浸泡在水中，捞出来后煮熟再放在太阳下暴晒。煮熟的目的是使大豆蛋白发生变性，而暴晒是为了使豆失去水分。晒干后再用酒醅浇灌大豆，是为了把大豆中可溶于酒精的有效成分溶解出来，以增加氨基酸的含量，这也利于醋酸菌的繁殖。“作小豆千岁苦酒法”和“作小麦苦酒法”的原理也是如此，这三种制醋法都是直接经过乙醇氧化而制取醋。

“水苦酒法”的制作中有浸泡粗米过夜的过程。浸米的目的是为了保证淀粉原料吸足水分，让水分不只是附着于淀粉的颗粒表面，而且要进入淀粉颗粒内部，使淀粉颗粒的巨大分子链由于水解作用而展开，便于在常压下蒸煮时在较短时间内就能糊化透彻。

米浸泡一夜就会变酸，米在酸性溶液中浸泡，可除去外部的一部分蛋白质，使酿成的醋风味醇厚。“以渍米汁随瓮边稍稍沃之”，将浸米汁倾入瓮中做醋，是因为浸米后的泔水在制醋过程中起了酸浆的作用。泔水在发酵过程中不但可以调节发酵液的酸度，而且可促使乳酸菌进一步分解某些蛋白质类的有机物为氨基酸。

“卒成苦酒法”的制醋过程中，首先将曲烧至黄色，是为了将曲的表面杂菌消灭。“二日便醋”实际是酸化的过程，即等料发酸后再拌入粟米饭进一步发酵制取成醋。对于这个工艺，贾思勰曾亲自做试验，品尝后认为“直醋亦不美”。在经过“以粟米饭一斗投之，二七日后，清澄美酽”的加工后，此醋的质量才有所提高，与“大醋”的风味差不多。

“乌梅苦酒法”的工艺比较特殊，与其他7种苦酒做法不大相同。此法是直接采用苦酒浸泡乌梅肉数日，目的是让醋酸进入梅肉中去，把其中的糖类、果酸等成分溶解出来，进入醋液而提高食醋的风味。此醋类似于现在的固体醇。在此工艺中由于采用了已经酿制的苦酒，所以无需再经过生化反应来制取醋液了。

以上8种苦酒法中大多数工艺在最后工序中强调用布密盖瓮口，这样做一是为了保证发酵过程的反应完全，二是为了严防杂菌的侵入。

在发酵方式上，8种苦酒制法都是采用类似于现代的液体发酵法，这也是当时南方制醋的一个特色。液体发酵是指酿醋的主要过程都是在液体基质中进行，这种方法以酒液为原料，通过酒液同空气接触而使乙醇氧化成醋酸，待酒精度降到一定程度时，即告成熟。贾思勰记述的前15种北方制酢法，有些是采用类似于现代的固态发酵法，如“制糟糠酢法”、“酒糟酢法”和“制糟酢法”等。固态发酵法是以粮食为主要原料，加水拌匀后蒸熟，如用米为主料，经蒸熟成饭后，冷却至体温，再经曲的糖化、酵母的酒精发酵，最后再进行醋酸发酵。固态发酵法最后采用加水淋醋的方法而获取醋液。淋醋是制醋过程中的最后一道工序，这一过程主要是使醋酸溶于水，再经过过滤和煎煮来清除杂质，以保持醋的纯净度，防止沉淀。蒸煮后，便密封贮存。“作大酢法”、“粟米和曲作酢法”等则属于醋酸菌表面发酵法。这种方法是以粮食为原料先酿成酒醪，然后，在常温下或保持30 ℃左右静置发酵，利用醋酸菌的特性在液体表面覆盖的醋酸菌膜完成醋酸发酵的过程。北方制酢法中也有特殊的，如“神酢法”，制作过程中做酒时采用固态发酵法，而做醋时则采用液体发酵法。

“烧饼作酢法”则类似于液体发酵法。液体发酵法制醋，工艺时间短，原料中微生物单一，香味成分来源贫乏，产品风味单薄。而固态发酵法制醋，在配料时常配入大量的酒糟，以调节淀粉浓度和酸度，并给以疏松醅料，从而给微生物一些营养物质。这些糟醅中，经过多次发酵，积累了大量的微生物尸体和代谢产物，如酸类、酯类、羰基化合物等，这些物质中有的本身就是香味的成分。所以，固态法生产中酵母等微生物的营养很充足，而且成品醋中含有丰富的香味物质。

以上23种制酢法，采用不同的发酵糖化剂和不同工艺，不仅由于地域的不同和原料的差异，而且也反映了当时的人们仍在通过自己的实践，探索多种制醋的良方。

贾思勰所记载的23种制醋法不仅反映了当时我国劳动人民经过长期的生产实践，已经掌握了较丰富的生物化学知识，而且基本上形成了现代酿醋工业的技术体系，提出了一些极有参考价值的制醋工艺的科学道理。主要包括：

（1）在“动酒酢法”中提出了“衣生”和“衣沈”的概念，明确提出酒精转化为醋酸是醋酸菌（衣）的作用，并进一步指出“衣”是生物。

（2）“秫米酢法”中提出的酸浆代替水拌料，这是早期利用天然的乳酸菌进行乳酸发酵的一种方法。

（3）在“烧饼作酢法”和“作大酢法”的“又法”中进行分批加料的操作，这种操作起了扩大培养微生物的作用。这种方法是当时酿酒“酘”法的酿醋上的应用，也是现代酿醋技术“流加法”的开端。

（4）制酢的过程中提出了“掸令小暖如人体”的控制品温界限的标准，这一温度标准虽然粗略，但对这一标准的提出却是非常宝贵的。

（5）“制糟糠酢法”、“酒糟酢法”和“制糟酢法”等的工艺中出现了用谷物做原料进行固体发酵酿醋，我国这种酿醋方法的特点，对现代酿醋工艺产生了较大的影响。

第三节 传统制醋工艺走向成熟定型

隋、唐、宋时期的《食经》或《食谱》大多罗列了一些菜单，基本没有涉及烹调法，当然很少论及制醋法。当时的医药类典籍，例如《备急千金要方》，虽然有一些地方谈及醋或苦酒，但是醋主要用作药剂或其他味药的调料。本草著作中也介绍过醋，例如，《唐·新修本草》谓：“酢有数种，此言米酢。若（或）蜜酢、麦酢、曲酢、桃酢、葡萄、大枣等诸杂果酢，及糠糟等酢，会意者亦极酸烈，止可啖之，不可入药用也。”①这里也同样没有详细地介绍具体的制醋技术。倒是唐代的农书《四时纂要》里介绍了当时的七种制醋方法。下面全文列出：

败酒作醋：春酒停贮失味不中饮者，但一斗酒，以一斗水合和，入瓮中，置日中曝之，雨即盖，晴即去盖；或生衣，勿搅动，待衣沉，则香美成醋。

凡酿酒失味不中者，便以热饭投之，密封泥，即成好醋。

米醋法：又，先六月中取糙米三五斗，炊了，细磨，取苍耳汁和溲，踏作曲，一如麦曲法。又取三五斗糙米，炊了，隔宿于瓮中热汤浸，来日早蒸，蒸了，摊开，蒿覆如黄衣法。至造醋时，又炒糙米三五斗，向星露下，以沸汤泼，经宿，来日蒸之，亦无剩水，依常炊饭。候熟，每斗用汤一斗，亦蒸米了，便下汤中。待如人体，即下黄衣及曲末，大约每斗米用黄衣、曲末共二斤。三七日成。放至四十九日成，更佳。

暴米醋：糙米一斗，炒令黄，汤浸软后，熟蒸。水一斗，曲末一升，搅和。下洁净瓮器，稍熟为妙。夏一月，冬两月。密封头。日未足，不可开。

医醋：凡醋瓮下须安砖石，以隔湿气。又忌杂手取。又忌生水器取及碱器贮。皆致易败。

又醋因妊娠女人所坏者，取车辙中土一掬著瓮中，即还好。

麦醋：取大麦一石，舂取一糙，取一半完人、一半带皮便止。取五斗烂蒸，罨黄，一如作黄衣法。五斗炒令黄，熟浸一宿，明日烂蒸，摊如人体，并前黄衣一时入瓮中，以蒸水沃之，拌令匀。其水于麦上深三五寸即得。密封盖。七月便香熟。即中心著沥取之，头者别收贮。馀以水淋，旋吃之。

《齐民要术》云：“造麦醋，米酘之。”此恐难成，成亦不堪，盖失其类矣。

暴麦醋：大麦一斗，熟舂插，炒令香、焦、黄，磨中掔破。水拌湿后，熟水一斗五升冷如人体，以曲一升搅和，入罂瓮中，封头断气。二七日熟。淋如前法。

醋泉：面一石，七月六日造。淡溲，作餺飥，熟煮，漉出，箔上摊晒，令干。

① 尚志钧辑校：《唐·新修本草》卷十九，第494页，安徽科学技术出版社，1981年。

勿令虫鼠吃著。收馎饦汤八斗已来，小麦曲末二大斗，结尖量，于二石瓮中，先下馎饦一重，即下曲末一重，又下馎饦、曲末，如此重重下之，以尽为度。即一时泻馎饦汤八斗入瓮中，更不得动著。仍先以砖石垫瓮底。夏月令日照著。

先以七介纸单子：初下日，一重纸单子盖头，密系之；一七日，加一重；至四十九日，七重足。又七日，去一重厚衣。以竹刀割作二孔，南北对开，须贴瓮唇。每以胡芦杓南边取一杓，北边入一杓新汲水。每日长出五升，即入水五升。如此至三十年不竭。

然则须一手取，切忌殗污，立坏。又初造时，忌人吃著馎饦片子，切防家人背食之，即不成矣。①

上面所列的制醋法，只要将它们与《齐民要术》相近方法进行比较就能看出酿醋技术的变化和进步。

“败酒作醋法”与“动酒酢法”十分相近，只是唐代的制醋师傅没有强调发酵时间多长，而是根据发酵成熟与否来掌握时间。

“米醋法”是《齐民要术》未载的，它以糙米为原料。所谓“糙”，是指舂到某种程度，有一糙、二糙之分，一糙相当于舂到一半精白，一半带皮。文中的“炊了”，可能是“炒了”之误，因为炊了就难以细磨了。该法的生产工艺流程见图3－4－14。

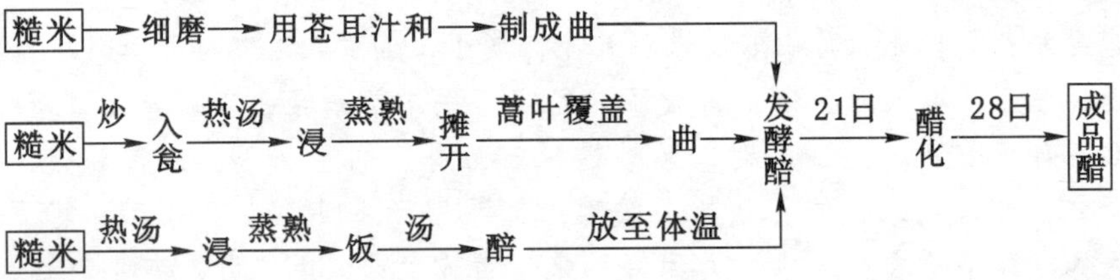

图3－4－14 ”米醋法“工艺流程

此法与《齐民要术》的“大酢法”大致相近，不同的是此法用了两种曲，用曲量较大，故发酵速度快。另外就是文字较简练达意。

“暴米醋”也是以糙米为原料，暴的意思是在时间上速成，在手续上简化，即比上面“米醋法”的工艺更简便。

“医醋”，实际上是录自《齐民要术》防范醋变坏的措施，只是加了一段：“又忌杂手取。又忌生水器取及碱器贮。皆致易败”。“麦醋”是以大麦为原料，其生产流程见图3－4－15。

该法与《齐民要术》中的“大麦酢法”相比较，可以看到，它们都是以舂到粗放的大麦为原料，以麦䴬（黄衣）为发酵剂，工艺大致相近。不同的是该法已较简便，特别是没有采用分批投料的技术。该法也没有谈到白醭的防范。《齐民要术》中的“大麦酢法”除了以同样量的大麦和麦䴬为原料外，在发酵中还多次分批投入少量的粟米饭。对此，《四时纂要》的作者韩鄂认为：“此恐难成，成亦不

① 唐·韩鄂著，缪启愉校释：《四时纂要校释》，第177～178页，农业出版社，1981年。

堪，盖失其类矣。”这一评价是不对的，因为在“大麦酢法”中，大麦和小麦制成的麦䴬都是完整的颗粒，有坚厚的外皮，虽经蒸熟，但未经破碎，淀粉被包裹着，与菌类接触面不大，故发酵进行缓慢。而加入适量的粟米饭，由于粟米饭颗粒小，容易糊化，就可以加速糖化、酒化、醋化。这样做在当时是合理的。在唐代的“麦醋法”中，大麦已经舂过成碎粒，一半带皮，故可以不需添加粟米饭来帮助发酵。从这一点来看，也可以说唐代的“麦醋法”又前进了一步。

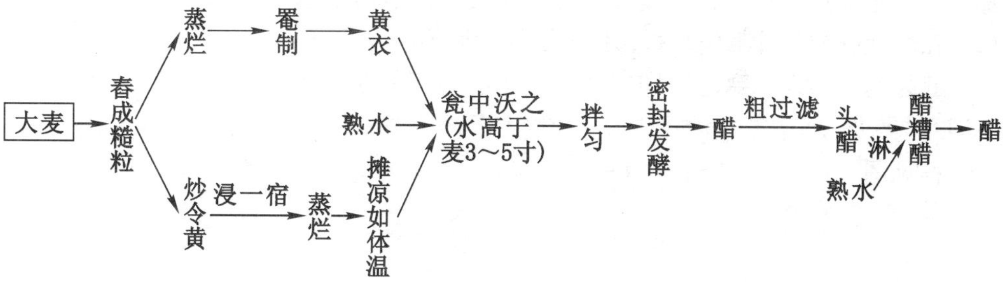

图 3－4－15　“麦醋”工艺流程

“暴麦醋”相对于“麦醋”只是简化了工序和节省了时间而已。醋的质量可能比不上前者。

“醋泉”是以面粉为原料，小麦曲为发酵剂。将面粉制成汤饼，即包括各种汤煮的面食。故该法与《齐民要术》中的“烧饼作酢法”相近。除了用曲不一样外，最大的不同，“醋泉”是一次用多量的原料做成而可较长时间取用醋的方法，因此，叫它为“醋泉”，实际上不可能“三十年不竭”，这是夸张的说法。这种醋，只要不让带杂菌的生水人为地介入，使用的时间是较长的。

忽必烈建立的元朝，把发展农业作为立国之本，采取了一系列发展农业的措施。其中一项措施是由官方亲自组织编纂《农桑缉要》等农学著作，用以推广先进的农业生产技术。例如，元代鲁明善编著的《农桑衣食撮要》中在6月那章里就列举了做麦醋、老米醋、米醋、莲花醋等。

做麦醋：大麦一石或三五斗炒过，取一半细碎，取一半完全。先以细碎者浸一宿，次日蒸成饭，用楮叶盖，盦成黄子。七日后，以完全者浸一宿，炊成饭，以炊汤半镬候温，将黄子同酿，密封盖。如不密封，则生虫。过七日后则成醋，二七日后出头醋，煮过收贮。二糟有味，再酿之。

做老米醋：将陈仓粳米三斗或五斗淘净，水浸七日，每日换水一遍。七日后蒸熟，候饭冷，于席箔上摊开，以楮叶盖覆。发黄衣遍，晒干。临下时簸净。每黄子一斗，用水二斗，入瓮内；又用红曲一合，温水泡下，将瓮口封闭。二十日看一遍，候白衣面坠下；或白衣不下，澄清；以味酸为度，去白衣。将醋锅内熬一沸，又炒盐少许，候冷，用洁净瓶瓮收贮，以泥封之，可留一二年。

做米醋：用籼谷三斗，每日换水，浸七日。蒸熟摊开，盦成黄子，曝晒干极。三伏内以糙糯米一斗五升，水略浸，蒸熟候冷，以谷黄捣碎，拌和蒸熟糯米。缸底先用蓼子数茎，然后入缸内，用水五升，上又用蓼子数茎，以米糠盖之，密糊封闭一月，然后沥出，用乌梅数个，盐少许，同入缸内，煮数沸，泥封收贮。切忌生水、湿器盛顿。

做莲花醋：白面一斤，莲花三朵捣细，水和成团，用纸包裹，挂于当风处，一月后取出。以糙米一斗，水浸一宿，蒸熟，用水一斗酿之，用纸七层密封定。每层写七日字，过七日揭去一层。至四十九日，然后开封沥出，煎数沸，收之。如二糟有味，用滚水再酿，尽有日用。忌生水、湿器收贮。①

此处的"做麦醋法"与《四时纂要》中唐人的"麦醋法"十分相近，唯有增加了"二七日后出头醋，煮过收贮。"指出了收贮前应将醋液煮过。通过煮沸可将残留在醋液中的各种霉菌杀灭，保证了贮藏后不会变质。

此处的"做老米醋法"和"做米醋法"与《四时纂要》中的"米醋法"有点不同。"做老米醋法"用的原料是陈仓粳米，"做米醋法"用的原料是糯米。其工艺流程见图3－4－16和图3－4－17。

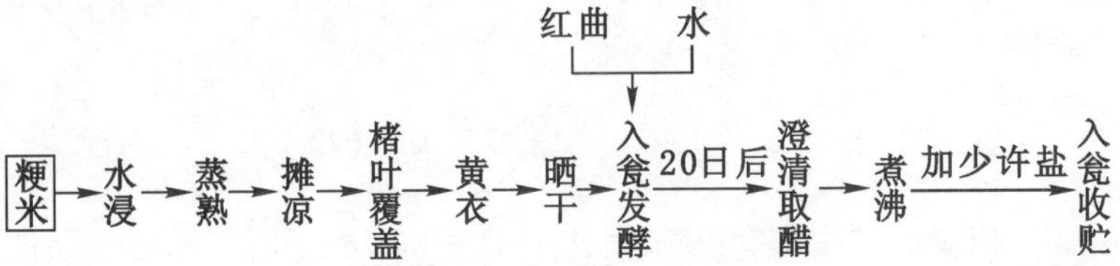

图3－4－16　"做老米醋"工艺流程

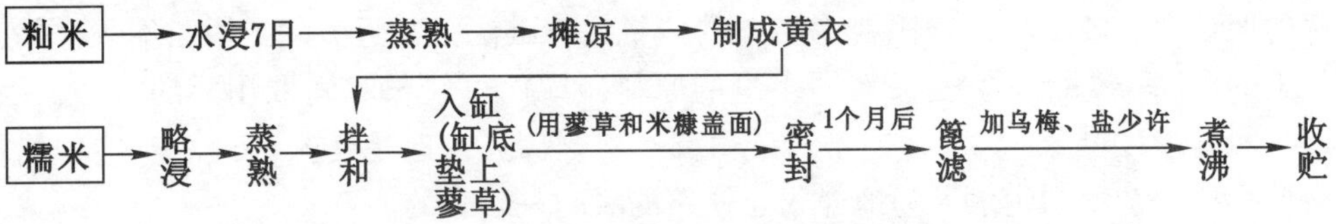

图3－4－17　"做米醋法"工艺流程

"做老米醋法"使用陈粳米，是由于在存放中，米中淀粉已部分氧化，支链较多，容易糊化，而且结构较疏松，故有利于发酵，特别是喜氧的醋化反应。该法使用了红曲，红曲属高温曲，更适应醋酸发酵中的较高温度。该法没有加蒸熟的大米，而是直接以黄衣替代，因此发酵应是较旺盛的。

"做米醋法"较唐代的"米醋法"简单，不同之处有二：一是在发酵醅上下都铺垫蓼叶，这可能是因为增加空气储量有利于醋酸发酵；二是在滤取得的醋液中加点乌梅和少许盐，再煮沸，这有助于改善成品醋的风味。

"做莲花醋法"是过去著述中没有提到的。它以糙米为原料，以白面粉制成风曲，工艺上与其他醋相近。特别的是在制风曲中，加入三朵莲花，将它捣细后，和面粉、水成团。然后由风曲，将莲花的清香带入发酵醅至成品醋。

同在元代编著，为人们饮食起居提供参考的《居家必用事类全书》在其"造诸醋法"条下介绍了十种制醋法及收藏醋法。这十种制醋法分别是：造七醋法、造三黄醋法、造小麦醋法、造麦黄醋法、造大麦醋法、造糟醋法、造饧糖醋法、

① 元·鲁明善著，王毓瑚校注：《农桑衣食撮要》，第91～92页，农业出版社，1962年。

造千里醋法、造曲醋法、造糠醋法。与《农桑衣食撮要》的记载一样，只要进行认真的比较，就能看出制醋工艺的进步。

1. 无论在《农桑衣食撮要》还是在《居家必用事类全书》中，已不再用酢表示北方的酸醋、苦酒代表南方的食醋，而是直接采用醋来统一称谓。这反映人们对醋这类物质有了更明确的认识。

2.《齐民要术》中列举了23种制醋法，从分类和命名来看，并不严谨，似没有什么规则可遵循。而《居家必用事类全书》虽只介绍了十种，命名原则却很清晰，主要依据原料，一目了然。

3. 在具体的酿制工艺上，也可以看到变化。例如，在《居家必用事类全书》中关于“大麦醋法”的记述则是这样的：

大麦仁二斗，内一斗炒令黄色。水浸一宿，炊熟。以六斤白面拌和，于净室内铺席摊匀，楮叶覆盖七日。黄衣上，晒干。更将余者一斗麦仁，炒黄，浸一宿，炊熟，摊温。同和入黄子，捺在缸内，以水六斗匀搅，密盖，三七日可熟。①

相比之下，可以看到后面元人的记述，不仅文字简练，内容精辟，把工艺要点都讲到，而且还包括了黄衣曲的制造。正是在工艺技术要领已熟练掌握，对制醋的方法有深切认识的前提下，才能作出这种去伪存真、由繁琐到精练的表述。这种表述的本身就是一种进步。

4. 在《居家必用事类全书》所介绍的十种制醋法中，诸如“造七醋法”“造饧糖醋法”“造千里醋法”等，不仅有自己的工艺特点，而且还是《齐民要术》中所没有的。例如，“造七醋法”的酿制工艺如下：

假如黄陈仓米五斗，不淘净，浸七宿，每日换水一次。至七日，做熟饭，乘熟便入瓮，按平封闭，勿令气出。第二日番转动，至第七日开，再番转。倾入井花水三担，又封闭一七日。搅一遍，再封二七日。再搅，至三七日即成好醋矣。此法甚简易，尤妙。②

此法未用任何曲和醋母，而是只用米饭和水直接发酵成醋。再如，“造饧糖醋法”采用饧糖为原料，其原理和方法与蜂蜜造醋法大致相同，可以说它是“蜜苦酒法”的发展和推广，表明当时已初步理解到具有甜味的糖类物质都是可以用来制醋的。又如“造千里醋法”的工艺是：“乌梅去核一斤许，以酽醋五升浸一伏时，曝干，再入醋浸，曝干，再浸，以醋尽为度，捣为末，以醋浸蒸饼，和为丸，如鸡头大。欲食，投一二丸于汤中即成好醋矣。”这是一种以乌梅肉吸附醋质，再与蒸饼一起加工而揉成的固体醋，存放携带方便，食用也简捷。这些新方法，无论在工艺上，还是在人们对制醋工艺原理的认识上，都从一个侧面反映了制醋工艺的进步。

5. 在“造三黄醋法”中，投放水仅要求“饭面上约有四指高”，可见用水是很少的，接近于固态发酵。在“造麦黄醋法”中，“用水拌匀，上面可留一拳水，封闭四十九日可熟”，用水同样也是很少的。“造糟醋法”则是：腊糟（冬酒的糟）

① 元·无名氏撰：《居家必用事类全书》“已集”，第256页，台湾中文出版社影印日本松柏堂刻本。
② 元·无名氏撰：《居家必用事类全书》“已集”，第255页，台湾中文出版社影印日本松柏堂刻本。

一石，用水泡粗糠三斗、麦麸二斗，和匀，温暖处放，罨盖勤拌捺。待气香尝有醋味，依常法淋之。按四时添减，春秋糠四斗半，麸二斗半；夏即原数；冬用糠五斗，麸三斗，看天气冷暖加减用之。该方法已完全是固态发酵法了，醋醅较稠，成醋较浓，只能采用水淋的办法获得醋液。

6. 后面这两种造醋法还有一个特点，就是利用了糠或麸做原料，这与酿酒明显不同。酿酒要求原料加工要细造，即以精细为好；而制醋却要求原料糙些，这是因为保存谷物外皮有利于酿醋。糠和麸在固态发酵中能使发醅体更多地接触空气，现代微生物学已探明，醋酸菌在空气充分的环境中繁殖得更快。在工艺过程中，发酵醅要定时杷搅的经验，也符合这个道理。近代著名的江苏镇江香醋就是以酒糟、砻糠为原料，加入成熟的醋醅，采用固态发酵的方法酿成；山西老陈醋也将粗谷糠和麸皮作为原料，和入粟米、高粱、大麦、豌豆曲制成的醋浆中，亦采用固态发酵法。这两种名醋和其他地方名醋都可以在《居家必用事类全书》的制醋法中找到自己的影子。

当今山西老陈醋中最著名、最正宗的传统酿造技艺——山西美和居老陈醋有限公司的老陈醋酿造技艺就是这样一个典型案例。在明清以前，山西晋阳地区以产销的陈年白醋闻名。大约在明洪武年间，太原的美和居醋坊大师傅开始不断地对原先流行的制醋工艺进行改造，首先强调了使用豌豆、大麦按比例制作的红心大曲为糖化发酵剂，注意醋化过程加入的主要辅料谷糠、麸皮的质和量，采用了低温酒醪液体发酵工艺，从而保障了酒精发酵的正常有序进行。此后，在完善工艺过程中，引进了一系列独特的创新，其中最重要的是创造了“高温接种引火，熏淋醋醅结合”的工艺和“夏暴晒，冬捞冰，贮陈老熟”的工艺。前一道技术即是在“醋化”与“淋醋”两道工序中增加了一道熏蒸醋醅的工序，高温引火熏蒸醋醅不仅增加了醋的颜色，促进酯化，抑制一些细菌的过旺繁殖，进而使成品醋更为味浓绵酸。后一道工序是让满盛淋醋的醋缸放在院子里风吹日晒（不能进雨水）；冬日里将醋缸内结成的冰块捞出。这种不断浓缩的陈酿过程，使成品醋更为醇厚香浓，口感尤佳。只有经过这样的“夏暴晒，冬捞冰”的工艺处理过的隔年醋方能称为老陈醋。

山西老陈醋色泽棕红（或褐红），有光泽，具有特别的醋香。熏香、酯香、陈香，入口绵酸，滋味柔和，酸甜适口，回味绵长，深受食客喜爱。1934 年初，当时在黄海化学研究所工作的方心芳，专程从天津来到太原，详细考察了山西老陈醋的生产工艺，完成了报告《山西醋》。在该书中方心芳在客观地记述和总结了山西老陈醋独特的酿造工艺后指出：“我国之醋最著名者，首推山西陈醋和镇江醋。镇江醋酽而带药气，较之山西醋犹逊一筹，盖上等山西醋之色泽气味皆因陈放长久，醋本身起化学作用而生成，初非人工而伪制，不愧为我国之名产。”由于这些名醋的工艺在明清、民国时期的传承、发展的细节尚待深入研究，故下面列述的近代名醋的传统工艺流程图供大家对照考察（见图 3-4-18 ~ 图 3-4-22）。

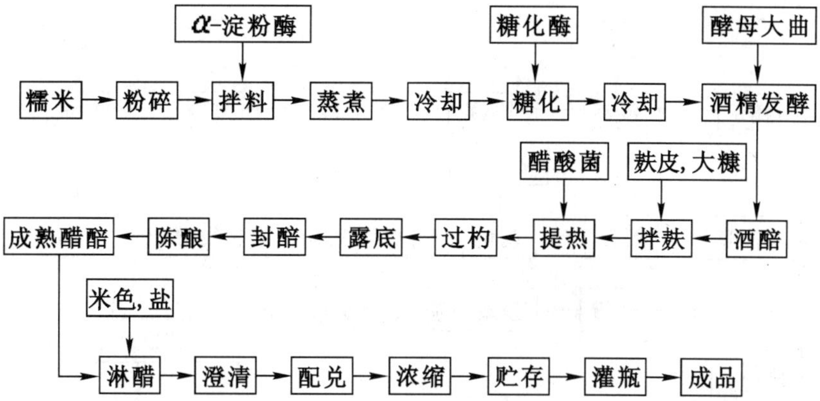

图 3-4-18 镇江恒顺香醋工艺流程

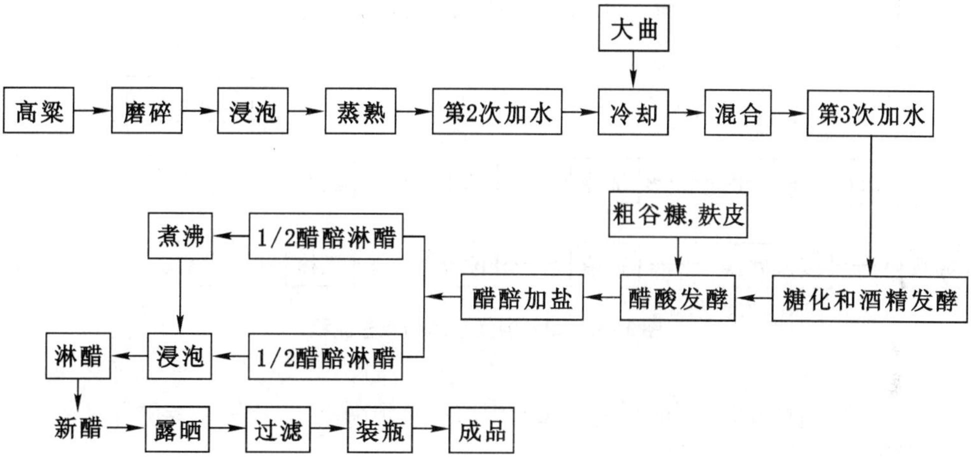

图 3-4-19 山西老陈醋工艺流程

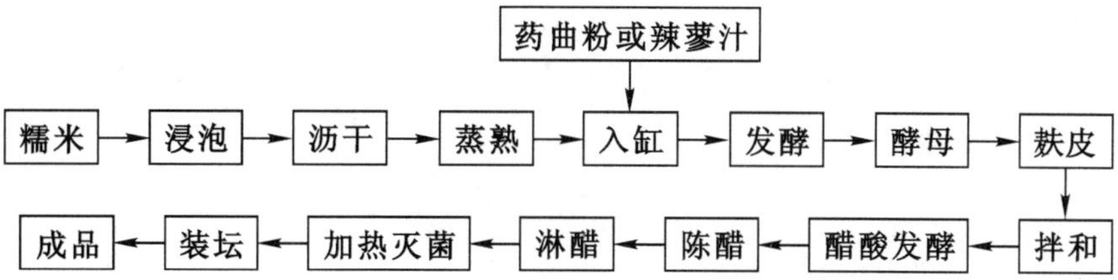

图 3-4-20 四川老法麸醋工艺流程

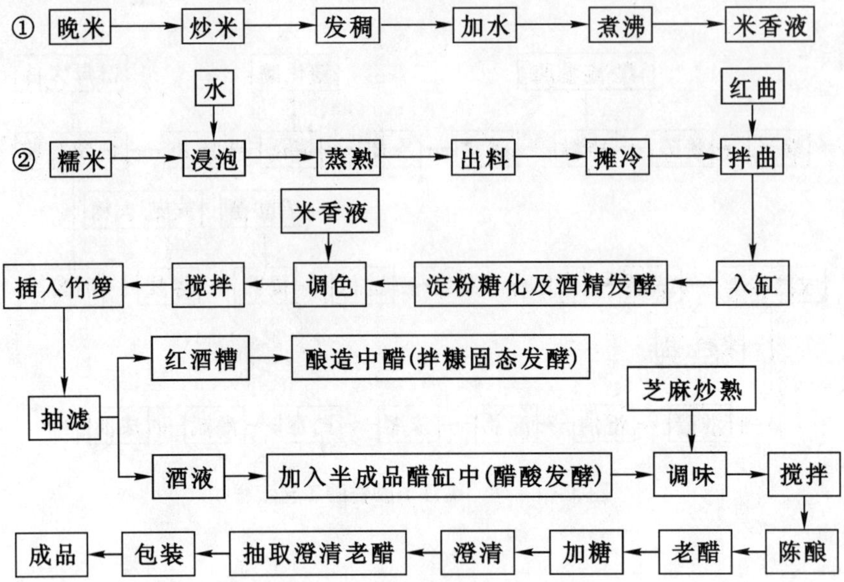

图3-4-21　福建红曲老醋工艺流程

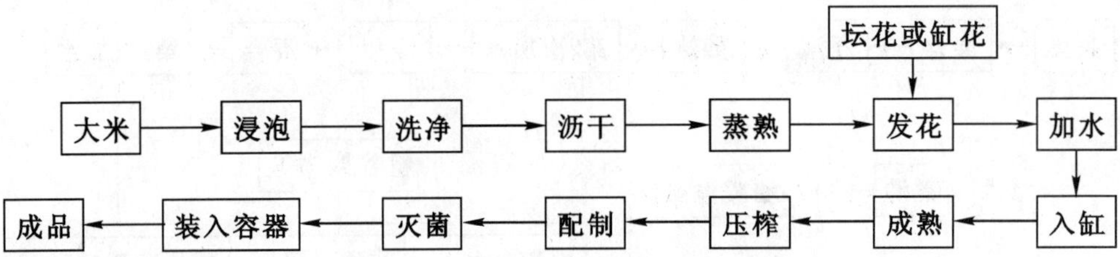

图3-4-22　浙江玫瑰醋工艺流程

明代刘基所编的《多能鄙事》卷一中的诸“造醋法”，内容大多录自《居家必用事类全书》，没有什么变化和进步。

通过以上的比较分析，可以认为中国传统的制醋工艺到元明时期已基本成熟并定型了。

编者的话

《中国古代工程技术史大系》（简称“大系”）是1995年由中国科学院自然科学史研究所开始策划，1997年正式开始运作的，是中国科学院“九五”立项的重大课题。参加编撰的单位有：中国科学院、中国军事科学院、中国国家博物馆、中国水利水电科学研究院、中国制浆造纸研究院、中国钱币博物馆、中国科技大学、中国矿业大学北京研究生院、中国美术学院、清华大学、南京农业大学、西北农业大学、浙江理工大学、长江水利委员会、云南省轻工设计院、湖北省文物考古研究所、吉林省博物馆、福建省造纸总公司、福州纸业公司、广州市番禺博物馆、四川省自贡市盐业博物馆、河北省铅安市党校文史教研室等有关科研单位和高等院校。“大系”最初设计为10个学科，即采矿、冶铸、机械、建筑、纺织、陶瓷、水利、兵器、日用化学、造纸印刷，大体涵盖了中国古代工程技术的一些主要部门。

“大系”的内容包括三大方面，即：(1)工程技术史，(2)传统技术，(3)技术与社会的关系和技术思想。“大系”的目的，一是增进我们对我国古代工程技术发展状况及其杰出成就的了解，二是使今人能在历史的经验和教训中得到一些有益的启迪和借鉴，并为现代生产和科研服务。《中国古代工程技术史大系》之“大”有两层含义，一方面是言其包含的学科稍多，更为重要的是望其“有容”也。《尚书·君陈》：“有容，德乃大。”

“工程”、“技术”这两个词汇都产生较早。“工程”原泛指一切工作、工事和有关程式。《新唐书》卷一二六“魏知古传”：“会造金仙、玉真观，虽盛夏，工程严促。”此指一般工作。《元史》卷一九〇“韩性传”：“所著有读书工程，国子监以颁示郡邑校官，为学者式。”此当指某种程式。《红楼梦》卷十七：“园内工程，俱已告竣。”此指与建筑、装修有关的工事。“技术”原指技巧、技艺和方术。《说文解字》：“技，巧也。”《玉篇》：“技，技艺也。”《礼记》卷十三“王制”篇说“技”包括祝、史、射、御、医、卜、百工七个方面。《汉书》卷三十“艺文志·方技”说到过“技术”一词：“汉兴有仓公，今其技术晻昧。”这显然是指医术、技艺。历千百年后，虽然这两个词汇的含义都有了一些发展和变化，但大体上依然承袭了原有的含义。本丛书中的“工程”，多数是“工事”和“程式”的意思，“技术”则较接近于“百工”的技艺和技巧。

“大系”内容的时间范围是从原始社会到1840年，但“传统技术”不受此限，因它指的是古代早已产生，至今仍在沿用，并发挥积极作用的生产技术。

“大系”采用各卷主编负责制，在整个学术活动中，皆遵从“百花齐放、百家争鸣”的方针。

用现代科学的观点来研究我国古代工程技术史之事约始于民国初年。当时，各门现代科学技术皆已传入我国，我国的第一批产业也已出现，第一批具有现代科学知识的工程技术队伍亦开始形成，便为工程技术史研究打下了良好的基础。从民国初年至20世纪末，我国古代工程技术史研究大约经历了四个阶段，即萌芽期，约相当于民国初年至20世纪20年代；初步发展期，约相当于20世纪三四十年代；健步发展期，20世纪50年代至70年代初期；蓬勃发展期，约相当于20世纪70年代中、后期至90年代。我国古代工程技术史研究能取得今日之成果，一方面得益于先人创造的光辉业绩，另一方面则是由于近百年来几代中、外学者，其中包括科技史工作者和考古工作者等的共同探索和努力。

“大系”在策划、立项和编撰过程中，得到了上述参与单位和山西教育出版社的许多支持，本书顾问及科技史界有关学者都给予了许多帮助。其中尤其是我国科技史研究的老前辈、中国科学院院士钱临照先生，以及中国科学院院士席泽宗、雷天觉、汪闻韶、中国工程院院士韩德馨诸位先生，山西教育出版社历任社长总编任兆文、王宇鸿、左执中，责任编辑王佩琼诸位先生，给予了许多支持和帮助。对所有这些支持和帮助，我们将永远铭记，并表示衷心的谢意。

《中国古代工程技术史大系》编委会

图书在版编目(CIP)数据

中国古代日用化学工程技术史/后德俊,周嘉华著.—太原:
山西教育出版社,2011.1
(中国古代工程技术史大系/路甬祥主编)
ISBN 978-7-5440-4642-8

Ⅰ.①中… Ⅱ.①后…②周… Ⅲ.①日用化学品-化学工程-
技术史-中国-古代 Ⅳ.①TQ072-092

中国版本图书馆 CIP 数据核字(2010)第 246504 号

中国古代日用化学工程技术史
ZHONGGUOGUDAI RIYONGHUAXUE GONGCHENGJISHU SHI

出版策划 王佩琼
责任编辑 彭琼梅
复　　审 张大同
终　　审 刘立平
装帧设计 王耀斌
印装监制 贾永胜

出版发行 山西出版集团·山西教育出版社
（太原市水西门街馒头巷7号 电话:4035711 邮编:030002）
印　　装 山西新华印业有限公司
开　　本 787×1092 1/16
印　　张 31.5
字　　数 666千字
版　　次 2011年1月第1版 2011年1月山西第1次印刷
印　　数 1—5000册
书　　号 ISBN 978-7-5440-4642-8
定　　价 100.00元
